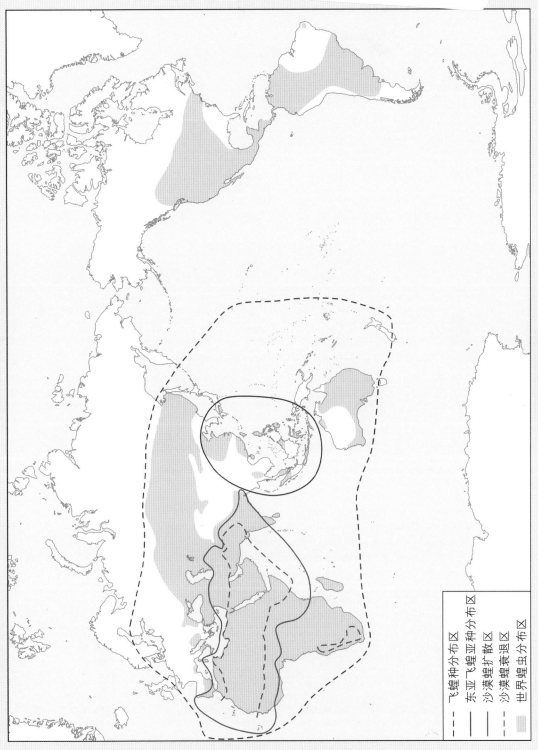

---- 飞蝗种分布区
—— 东亚飞蝗亚种分布区
—— 沙漠蝗扩散区
---- 沙漠蝗衰退区
▨ 世界蝗虫分布区

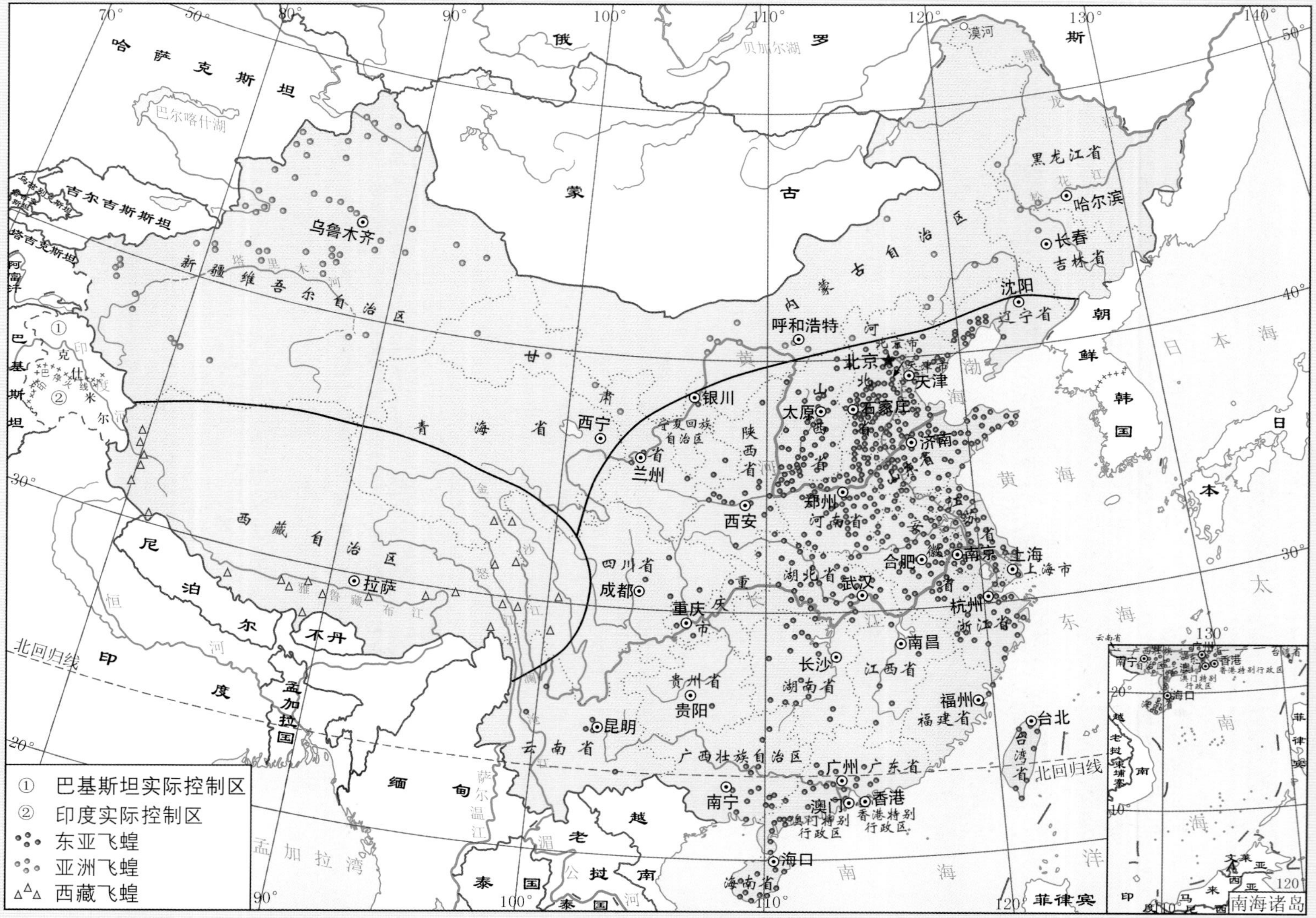

① 巴基斯坦实际控制区
② 印度实际控制区
东亚飞蝗
亚洲飞蝗
西藏飞蝗
哈萨克斯坦
俄罗斯
蒙古
朝鲜
韩国
日本
日本海
黄海
东海
南海
太平洋
印度
尼泊尔
不丹
孟加拉国
缅甸
老挝
越南
泰国
菲律宾
吉尔吉斯斯坦
塔吉克斯坦
阿富汗
巴基斯坦
孟加拉湾
巴尔喀什湖
贝加尔湖
新疆维吾尔自治区
乌鲁木齐
西藏自治区
拉萨
青海省
西宁
甘肃
兰州
宁夏回族自治区
银川
内蒙古自治区
呼和浩特
黑龙江省
哈尔滨
吉林省
长春
辽宁省
沈阳
北京市
北京
天津
石家庄
太原
济南
郑州
河南省
西安
陕西省
四川省
成都
重庆市
重庆
湖北省
武汉
合肥
南京
上海
上海市
杭州
浙江省
南昌
江西省
长沙
湖南省
贵州省
贵阳
云南省
昆明
广西壮族自治区
南宁
广东省
广州
澳门
澳门特别行政区
香港
香港特别行政区
海南省
海口
福州
福建省
台湾省
台北
北回归线
漠河
南海诸岛

图2　中国飞蝗分布

图3 民国时期蝗群起飞

图4 1933年蝗虫迁飞

图5 1933年水稻遭蝗害（浙江）

图6　东亚飞蝗群居型若虫（蝻）

图7　东亚飞蝗群居型成虫

图8 亚洲飞蝗群居型蝻（左）和成虫（右）

图9 西藏飞蝗群居型蝻（左）和成虫（右）

图10 东亚飞蝗（蝻）聚集在芦苇上（1989年，山东微山湖）

图11 东亚飞蝗聚集压倒芦苇（1994年，天津北大港水库）

图12 东亚飞蝗（蝻）在芦苇地严重发生（2001年，河北白洋淀）

图13 东亚飞蝗（蝻）在芦苇上部（2001年，河北白洋淀）

图14 东亚飞蝗（蝻）在芦苇中部（2001年，河北白洋淀）

图15　东亚飞蝗在荒草滩聚集（2006年，山东河口）

图16　东亚飞蝗（蛹）在荒草滩聚集（2007年，山东垦利）

图17　东亚飞蝗（蝻）在芦苇上部（2007年，河南黄河滩）

图18　东亚飞蝗（蝻）在芦苇中部（2007年，河南黄河滩）

图19 东亚飞蝗（蝻）在芦苇地严重发生（2008年，天津北大港水库）

图20 东亚飞蝗（蝻）在芦苇上部（2008年，天津北大港水库）

图21 东亚飞蝗（蝻）在芦苇中部（2008年，天津北大港水库）

图22 东亚飞蝗（蝻）在芦苇下部（2008年，天津·北大港水库）

图23　车轮上的蝗群之一（2008年，天津北大港水库）

图24　车轮上的蝗群之二（2008年，天津北大港水库）

图25 东亚飞蝗（蝻）地面迁移（2008年，天津北大港水库）

图26 东亚飞蝗为害玉米（2014年，河南黄河滩）

图27 东亚飞蝗为害玉米（2017年，山东潍坊）

图28　东亚飞蝗起飞（2018年，山东潍坊峡山水库）

图29　亚洲飞蝗在芦苇上聚集为害（2009年，黑龙江肇源）

图30　亚洲飞蝗在草滩聚集为害（2009年，黑龙江肇源）

图31 西藏飞蝗为害青稞（2005年，四川甘孜）

图32 西藏飞蝗（蝻）为害锦鸡儿灌丛（2006年，西藏阿里噶尔县）

图33 亚洲飞蝗迁飞入境（2000年，新疆中哈边境）

图34 亚洲飞蝗起飞（2004年，新疆）

国家出版基金项目
NATIONAL PUBLICATION FOUNDATION

中国蝗灾发生防治史

第一卷

中国历代蝗灾发生防治概论

朱恩林　主编

中国农业出版社
北　京

图书在版编目（CIP）数据

中国蝗灾发生防治史 . 第一卷，中国历代蝗灾发生防治概论 / 朱恩林主编 . —北京：中国农业出版社，2021.10

国家出版基金项目

ISBN 978-7-109-28324-4

Ⅰ.①中… Ⅱ.①朱… Ⅲ.①飞蝗－植物虫害－防治－历史－中国 Ⅳ.①S433.2

中国版本图书馆 CIP 数据核字（2021）第 108544 号

审图号：GS（2020）3705 号

中国蝗灾发生防治史 第一卷 中国历代蝗灾发生防治概论

ZHONGGUO HUANGZAI FASHENG FANGZHI SHI DI-YI JUAN

ZHONGGUO LIDAI HUANGZAI FASHENG FANGZHI GAILUN

中国农业出版社出版

地址：北京市朝阳区麦子店街 18 号楼

邮编：100125

责任编辑：孙鸣凤 姚 红 赵 刚 张 丽 邓琳琳 杨 春

文字编辑：王玉水 宫晓晨 李大旗 丁晓六 齐向丽 张 毓

版式设计：王 晨 责任校对：周丽芳 责任印制：王 宏

印刷：北京通州皇家印刷厂

版次：2021 年 10 月第 1 版

印次：2021 年 10 月北京第 1 次印刷

发行：新华书店北京发行所

开本：787mm×1092mm 1/16

印张：67.5 插页：20

字数：1300 千字

定价：680.00 元（全四卷）

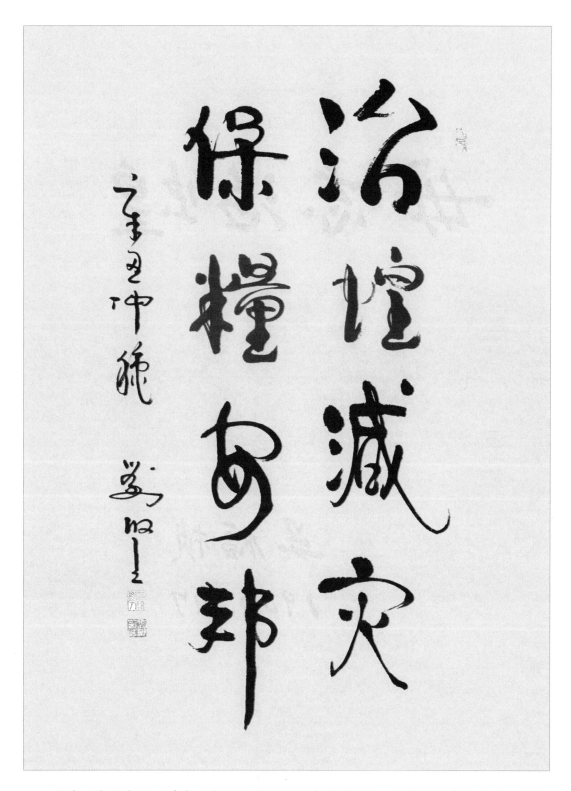

治蝗减灾 保粮安邦

辛巳仲秋 刘坚

原农业部副部长（兼农业部蝗灾防治指挥部总指挥）、国务院扶贫办主任、国务院参事刘坚为本书的题词。

毋忘治蝗

吴福桢

1986.1.17

中国农业科学院植物保护研究所研究员、著名治蝗专家吴福桢对蝗灾史文献研究人员的鼓励题词。

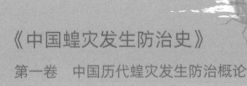

《中国蝗灾发生防治史》
第一卷　中国历代蝗灾发生防治概论

本 书 编 委 会

顾　　问：康　乐　吴孔明　陈萌山　曾衍德
　　　　　潘文博　夏敬源　魏启文

主　　编：朱恩林
副 主 编：刘金良　朱景全　吕国强
编　　委（按姓氏笔画排序）：

王　猛	王同伟	王向荣	王凯学	王建强
王贵生	王福祥	吕国强	朱　凤	朱恩林
朱景全	贠旭疆	任彬元	刘金良	严勇敢
芦　屹	杜桂林	李　晶	李　鹏	杨普云
张东霞	张志武	陈　俐	陈志群	陈继光
卓富彦	庞其贞	封传红	赵中华	黄　辉
曹辉辉	常兆芝	常雪艳	熊延坤	魏　娜

序

中国是一个人口众多的文明古国，也是一个农业大国。仓廪实，天下安，从殷商时期的传统农业发展到当今的现代农业，保障粮食安全始终是历朝历代执政者的头等大事。历史上，蝗灾与水灾、旱灾并称三大自然灾害，对农业特别是粮食生产累累造成毁灭性打击，给古代和近代人民造成了深重灾难。早在前11世纪的殷商甲骨文中就有关于蝗灾的卜辞，从春秋时期到近代的历史文献中，"飞蝗蔽天、赤地千里、禾草皆光"的记载不胜枚举。蝗灾一直是威胁农业生产的重大灾害，在我国灾荒史上占有十分突出的位置。

几千年来，我们的先人与蝗灾进行了长期而艰难的斗争。帝王将相高度重视，文人墨客热情关注，有识之士万般施策，人民大众艰苦捕打，但由于受到思想认识、科学技术、物质装备等条件的制约，蝗灾在古代和近代很长一段时期都没有得到有效控制。新中国成立以后，在中国共产党领导下，各级政府高度重视，并投入大量人力、物力致力于蝗灾的治理，在相关部门的协同支持配合下，广大治蝗工作者和科技人员坚持不懈推进"改治并举"措施，蝗灾危害程度逐步减轻。特别是进入21世纪以后，随着生态控制、生物防治和高效施药等技术的发展，现代治蝗减灾能力显著增强，使千年蝗患得到全面遏制，许多昔日的"蝗虫窝"变成了今朝的"米粮川"，这是中国也是世界治蝗史上的壮举。

古往今来，人们面对蝗灾经历了神化思想、朴素了解和科学认知的过程，最终战胜了蝗灾。在历代治蝗实践中，不仅有许多成功的经验做法，而且还积淀了丰富的治蝗文化底蕴。本书编者长期从事蝗虫防治工作，出于对治蝗事业的责任感与执着情怀，坚持30多年梳理、研究历代蝗灾发生防治史料，并查阅大量地方志和研究文献，系统总结了古代、近代和当代的蝗灾发生及防治情况。目前我国蝗灾得到了有效控制，但其隐患尚未根除，控制蝗虫不起飞、不成灾依然是一项长期的目标任务。本书的出版，有益于传承发扬我国历代治蝗优秀成果，对促进重大病虫害治理具有重要现实意义，也值得各级治蝗工作者和科教人员参考借鉴。

　　朱恩林同志牵头编纂此书，是非常合适的人选。新中国成立以来，在党和政府的坚强领导下，全国农业植保系统一直有一支专门的力量从事治蝗事业，并取得了显著的成绩。21世纪初，本人有幸与陈萌山、朱恩林等同志共事，投身这项事业，不但学习了许多专业知识，也从同志们身上学习到一种"献身农业、默默耕耘、锲而不舍、造福桑梓"的宝贵精神。

　　在此，谨向全国治蝗领域的同志们致以深深的敬意！

范小建

2021年10月

前言

在中国几千年的历史长河中，蝗虫灾害一直伴随着人类社会发展进程，并严重影响我国农业生产和人民生活。翻阅史书史料，蝗灾记载之详细、发生之持久、范围之广泛、危害之严重，远胜于其他自然灾害。史书上记载飞蝗蔽天、赤地千里、禾草皆光、饿殍枕道、人饥相食等蝗灾惨状不胜枚举，正如明代徐光启在《农政全书·除蝗疏》中所述："凶饥之因有三：曰水、曰旱、曰蝗。地有高卑，雨泽有偏被，水旱为灾，尚多幸免之处，惟旱极而蝗，数千里间，草木皆尽，或牛马毛、幡帜皆尽，其害尤惨过于水旱也"，可见蝗灾发生的严重性。蝗灾在中国农业灾荒史上占有非常重要的位置，其危害影响深远，是农业自然灾害的最典型代表。

鉴于蝗灾的危害性，历朝历代对其发生都十分关注，不仅史料记载多，而且防治手段多种多样。关于统计整理中国历代蝗灾记载工作，在我国已有不少学者进行过不同程度的梳理。如元代马端临在《文献通考·物异考》中，收集整理了自前 707 年至宋嘉定十年（1217 年）的中国蝗灾记载 173 年。清代蒋廷锡在《古今图书集成·庶征典·蝗灾部》中，收集整理了自春秋时期至清康熙三十四年（1695 年）的中国蝗灾记载 403 年。民国陈家祥在 1935 年浙江省昆虫局年刊上，用英文发表了《中国历代蝗患之记载》一文，收集整理了自前 707 年至 1935 年的中国蝗灾记载 794年。周尧在 1988 年出版的《中国昆虫学史》中，收集整理了自前 707 年至 1911 年的中国蝗灾记载 538 年。但上述对蝗灾记载的统计都不够系统、全面。

针对 20 世纪 80 年代中后期，我国 10 余个省（区、市）出现蝗灾加重发生情况，我们组织全国植保系统对东亚飞蝗发生区以及历史蝗灾开展了全面勘查。该项工作分为两个阶段：第一阶段从 1986 年开始，至 1998 年历时 13 年，初步完成了正史和地方志中的蝗灾记载情况的查阅和研究整理，共收集整理了自前 707 年至 1949 年的中国蝗灾记载 940 年，该项成果与当代蝗灾治理技术结合，于 1998 年、1999 年分别获得农业部科技进步一等奖和国家科技进步二等奖。第二阶段从 1999 年开始，至 2019年历时 21 年，对史料中的历史蝗灾进行系统梳理和考证，整理中华人民共和国成立以前的蝗灾共 1 094 年，其中唐前时期 187 年、唐代（含五代十国）101 年、宋代

（含辽、金）165 年、元代 93 年、明代 247 年、清代 263 年、民国时期 38 年，分布于包括台湾省在内的 32 个省（区、市）。另外，对中华人民共和国成立至 2019 年的蝗灾发生概况也作了记述。这次对中国历代蝗灾记载考证工作前后持续 30 余年，所查阅的文献包括二十五史、《春秋三传》《资治通鉴》《续资治通鉴》《文献通考》《艺文类聚》《古今图书集成·庶征典·蝗灾部》《治蝗全法》《中国历代天灾人祸表》《中国昆虫学史》等 30 余部著作及国家图书馆保存的山东、河北、河南、江苏、安徽、陕西、山西、浙江、北京、天津、湖北、广东、江西、湖南、甘肃、广西、辽宁、新疆、上海、福建、贵州、海南、云南、宁夏、四川、青海等省（区、市）的 2 500 余部地方志，并查阅了近代以来的主要期刊，参考的文献范围之广，是以前从来没有过的。

本书共分为四卷，第一卷为中国历代蝗灾发生防治概论，主要描述历史蝗灾发生概况、重大蝗灾危害影响、主要蝗灾防治的发展进程、与蝗虫有关的文学诗词、治蝗传说故事、主要治蝗人物和古代至近代治蝗书籍史料。第二卷为中国蝗灾史编年，描述前 707 年至 2019 年的蝗灾发生情况，并收录正史及其他史书史料中的蝗灾记述。第三卷是分省蝗灾史志，分省叙述 2 700 多年历史蝗灾的发生情况。第四卷是地方志蝗灾集成，详细收录了我国 32 个省（区、市）历史上 2 500 余部地方志中的蝗灾发生事件。本书的出版，将使我国蝗灾史料和防治文化得到全面汇集与传承，为各级政府和农业防灾主管部门提供决策参考，同时为广大科研工作者进一步深入研究蝗虫灾变规律提供基础材料，也有助于广大读者了解我国蝗虫文化。

本书中飞蝗仍按照传统分类方法，划分三个地理区域亚种：吉林、黑龙江、内蒙古、新疆等西北、东北和华北北部发生的飞蝗按亚洲飞蝗统计；西藏、四川、青海发生的飞蝗按西藏飞蝗统计；黄淮海及其以南大部分区域发生的飞蝗按东亚飞蝗统计，黄淮海地区东亚飞蝗第 1 代一般在夏季发生，简称夏蝗，东亚飞蝗第 2 代主要在秋季发生，简称秋蝗。

此书编写出版过程中，得到了国家图书馆、中国科学院院士康乐、中国工程院院士吴孔明、中国社会科学院研究员赫治清、中国人民大学教授朱浒、中国农业科学院以及各级农业植保部门治蝗工作者的大力支持与帮助，赵国芳、杨立国、王立昌、杨万海、郭海鹏、徐翔、谢义灵、余浪等同志帮助核对新中国成立以来的蝗虫发生情况，尤其是中国农业出版社领导的支持和孙鸣凤等编辑的辛勤付出，在此一并表示衷心感谢。由于水平有限，难免会存在一些错误，欢迎广大读者提出宝贵意见。

编　者

2020 年 10 月

总目

序

前言

目 录

第七章　近代治蝗书籍史料集要

第一章
历史蝗灾发生概况

蝗虫，俗称"蚂蚱"，也是直翅目昆虫的统称。该虫作为自然界和人类社会一大农业虫害，历史上曾被视为"瘟疫""神虫""天灾"。在中国几千年的历史长河中，蝗虫问题一直困扰着我国农业发展、影响人民生活和社会稳定。蝗虫的危害亦称"蝗害"，造成的灾害称为"蝗灾"。由于蝗灾与水旱灾害密切相关，并常常交替发生，历史上将水灾、旱灾、蝗灾并称三大自然灾害。蝗灾发生史在我国农业灾荒史上占有非常重要的位置，其危害影响深远，是我国自然灾害史的最典型代表之一。前707—1949年的2 656年间，蝗灾记载就有1 094年，平均2.4年就有一次蝗灾记载。其中唐前记载187年、唐代（含五代十国）101年、宋代（含辽、金）165年、元代93年、明代247年、清代263年、民国38年。研究考察中国史书文献，其中的蝗灾记载数量之多、范围之广、内容之丰富，在国内外自然灾害史上绝无仅有。明代徐光启在其《农政全书·除蝗疏》中记述道："凶饥之因有三：曰水、曰旱、曰蝗。地有高卑，雨泽有偏被；水旱为灾，尚多幸免之处，惟旱极而蝗，数千里间，草木皆尽，或牛马毛、幡帜皆尽，其害尤惨过于水旱也。"可见我国历史上蝗灾发生的严重性，甚至大于水旱灾害。

分析中国古代至近代蝗灾发生情况，其发生频率和危害程度伴随着人类的文明进步而呈逐年加重趋势，究其原因，既有旱涝灾害的影响，也有生态环境的变化成因，还有人为等因素。新中国成立以后，蝗虫的发生态势未变，但因防治措施有力有效，蝗灾危害程度逐步得到控制。纵观中国文明发展史，可将历史上的蝗灾分为三个时期：古代蝗灾（1840年以前）、近代蝗灾（1840—1949年）、当代蝗灾（1949年中华人民共和国成立以后）。

一、古代蝗灾

据统计，我国古代发生蝗灾的文字史料记载有 984 年，从蝗灾发生频率看，蝗灾发生大致可划分为三个阶段：蝗灾偶发期、蝗灾上升期、蝗灾频发期。

（一）蝗灾偶发期

偶发期的蝗灾不是连年发生，一般间隔 3～5 年发生一次，此阶段涵盖先秦、秦汉、魏晋南北朝和隋唐时期，在上述 1 666 年中，共发生蝗灾 288 次，平均 5.78 年发生一次。其中唐前 1 324 年中发生蝗灾 187 年，平均 7.08 年发生一次；唐代（含五代十国）342 年中发生蝗灾 101 年，平均 3.39 年发生一次。

1. 先秦时期蝗灾

据史料记载，我国先秦时期发生蝗灾的文字记载共有 12 年，平均 18.75 年发生一次。其实，关于蝗灾的发生，可以追溯到更早的殷商甲骨文时期。甲骨文是我国最早的成体系的象形文字，又称卜辞，盛行于商代，是人们占卜、记事使用的一种文字。西北农学院（今西北农林科技大学）周尧教授在研究西安半坡村遗存时认为：我国禾本科作物栽培历史已经有 6 000 多年了，在栽培那些作物的同时，人们必然会注意到成群结队的暴食性蝗虫。查阅殷商时期甲骨文，可发现不少蝗虫的"蝗"字和"蟓"字（图 1-1、图 1-2）。①

图 1-1 殷墟甲骨文中的"蝗"字和"蟓"字

1.（《林》2·18·2）　2.（《安》4·15）　3.（《存下》463）　4.（《前》2·5）

5.（《拾》7·2）　6.（《前》6·513）　7.（《林》2·18·3）　8.（《佚》525）

据古文字学家康殷介绍："郭老释 𧒷、𧑐 为蝗形，胜诸家之说，意甚近。"② 又说："𧒷、𧑐 像有触须、翅、啮齿的昆虫，如天牛、蝈蝈之类，郭说为蝗，近是。"③ 甲骨文当中的这些"蝗"字和"蟓"字，是关于蝗虫文字的最早记载。

---

① 周尧，1988. 中国昆虫学史［M］. 杨凌：天则出版社.

② 康殷，1979. 文字源流浅说［M］. 北京：荣宝斋出版社.

③ 康殷，1983. 古文字学新论［M］. 北京：荣宝斋出版社.

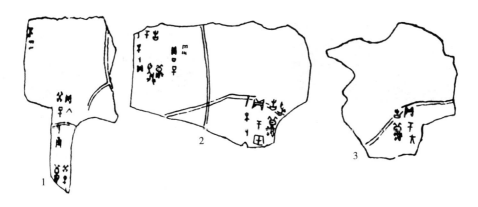

图 1-2 殷墟甲骨上关于蝗虫的卜辞

戴应新20世纪70年代在陕西神木石峁发现的新石器时代晚期圆雕青玉蝗虫（图1-3）[①]，河南安阳殷墟妇好墓1976年考古发掘出土的商代晚期浅绿色圆雕玉蝗（图1-4）[②]，北京昌平1975年出土的西周时期黄褐色玉料蝗虫（图1-5）[③]，均说明蝗灾在更早的时期就受到关注。彭邦炯在研究商代甲骨文时梳理了与"蝗"有关的卜辞材料，如"贞于上甲告蠢再"（《续存上》196）、"蠢不隽""其隽蠢"（《京人》2367）、"告蠢隽"（图1-6）。彭邦炯研究认为，"卜蠢"与"求禾"放在同版甲骨上，这无意中反映出二者都与农业生产的好坏密切相关，商人有关"蠢"的占卜就是占卜蝗灾的记录，并分析指出"秋"字的出现和衍化过程（图1-7）所反映的以烟火驱杀蝗虫的事实，说明商代对防治农作物病虫害十分重视[④]。刘继刚在考古研究中发现，殷墟甲骨文中有诸多关于"秋（即蝗虫）"的卜辞，认为殷商时期人们对蝗虫有了一定的认知，通过问卜蝗虫会不会成灾，也反映出商王对当时发生蝗灾的极大关注（表1-1）[⑤]。根据以上分析推测，编者认为中国蝗灾发生至少有3 000年以上的文字记载历史，即殷商时期（约前1300—前1046年），按照考古玉蝗的发现推算，我国蝗虫应该出现在远古更早时期，约前4000—前5000年。

图 1-3 新石器时代晚期玉蝗

（戴应新，1977. 新西神木县石峁龙山文化遗址调查.）

① 戴应新，1977. 陕西神木县石峁龙山文化遗址调查 [J]. 考古（3）.
② 范毓周，1983. 殷代的蝗灾 [J]. 农业考古（2）.
③ 陈志达，方国锦，1993. 中国玉器全集·商 西周 [M]. 石家庄：河北美术出版社.
④ 彭邦炯，1983. 商人卜蠢说——兼说甲骨文的秋字 [J]. 农业考古（2）.
⑤ 刘继刚，2017. 甲骨文所见殷商时期的蝗灾及防治方法 [J]. 中国农史（4）.

图1-4 商代晚期玉蝗

（陈志达，方国锦，1993. 中国玉器全集·商西周 .）

图1-5 西周玉蝗

（陈志达，方国锦，1993. 中国玉器全集·商西周 .）

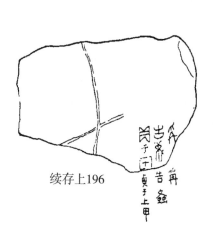

续存上196

京人2367

京人2362

图1-6 甲骨文摹本

（彭邦炯，1983. 商人卜螽说——兼说甲骨文的秋字 .）

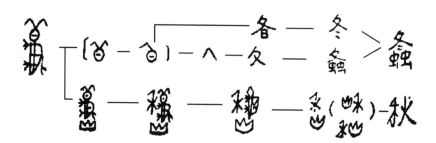

图1-7 螽、秋两字的衍化示意图

（彭邦炯，1983. 商人卜螽说——兼说甲骨文的秋字 .）

表 1-1　殷商甲骨文中的部分蝗灾卜辞

卜辞内容	卜辞含义	来源
甲申卜，宾贞：告秋于河？	商王告祭先祖河，蝗虫入侵，求其护佑。	《佚》525
告蠢隻于高祖夔。	商王告祭高祖，蝗虫要飞来了，求其护佑。	《粹》2
其告蠢上甲。	商王告祭先祖上甲，蝗虫入侵，求其护佑。	《粹》4
贞于上甲告蠢再。	商王告祭先祖上甲，蝗虫飞到了商地，求其护佑。	《续存上》196
丁酉贞：蠢不隻？/其蠢隻。	商王问卜：蝗虫会不会大片成群飞来？	《京人》2362
壬戌贞：其告蠢隻于高。	商王将蝗虫飞来之事以告祭的形式向祖神报告。	《京人》2367
秋再至商？六月。	问卜：蝗虫会不会在六月（殷历秋季）飞到商地？	《龟》2·15·9
癸酉贞：〔秋〕不至？	问卜：蝗灾会不会到商地？	《怀特》1600
癸酉卜：其……/弜亡雨？/秋其出于田？	商王问卜：不会没有降雨吧？蝗虫会不会危害农田？	《摭续》216
庚午贞：秋大隻，于帝五玉臣宁？才祖乙宗卜。	商王祖甲祭祀先祖，报告蝗虫要飞来了，祷告天神消弭蝗灾。	《屯南》34148 历二类
乙酉卜，宾贞：……秋大隻	商王武丁在乙酉日问卜：商地会不会发生严重蝗灾？	《存》1·1192 宾二类
庚申卜，出贞：今岁秋不至兹商？二月。/贞：秋其至？	问卜：兹商（商王畿安阳）今年会不会遭遇蝗灾？	《合集》24225 出一类
贞：于王〔亥〕告秋？	商王将发生蝗灾之事告祭祖神，求其护佑。	《合集》9630 宾二类
丁巳〔卜〕，□〔贞：告〕秋〔于〕西〔邑〕？七月。	商王问卜：七月，蝗灾会不会在（安阳）西部发生？	《合集》9631 宾二类

　　注："秋"和"蠢"都是根据甲骨文中象形文字简化表述，即释为"蝗"；卜辞中的"告蠢"和"告秋"均指商王占卜蝗灾的活动；再（隻）有飞或并举的意思，"蠢再（隻）"和"秋再（隻）"意指蝗虫成群起飞或飞来。

前 771 年以前的周幽王时期，《诗经·小雅·大田》记载："既方既皂，既坚既好，不稂不莠。去其螟螣，及其蟊贼，无害我田稚。田祖有神，秉畀炎火。"反映了当年陕西风调雨顺、庄稼丰收的情景，但是人们仍担心着虫灾，希望田祖有灵，帮助他们将这些害虫捉来，用火烧的办法消灭害稼之虫。朱熹注："食心曰螟，食叶曰螣，食根曰蟊，食节曰贼，皆害苗之虫也。稚，幼禾也。言其苗既盛矣，又必去此四虫，然后可以无害田中之禾，然，非人力所及也，故愿田祖之神，为我持此四虫，而付之炎火之中也。"陆玑注："螣，蝗也。"可见，当时劳动人民已将蝗虫列为重要的虫灾，并注意到了防治，这也是古代劳动人民已知道用火烧死蝗虫的最早文字记载。

《诗经》产生于前 11 世纪至前 6 世纪，是我国最古老的诗歌总集，也是反映我国上古社会人民生活的百科全书，是研究上古社会人们活动的可靠参考文献。据说《诗经》由孔子删订而成，全书共有诗歌 305 篇，大部分产生于今陕西、山西、河南、河北、山东、安徽、江苏、湖北等广大中原地区，这些地区也是我国蝗灾发生的主要区域。

鲁桓公五年（前 707 年），《春秋》中有关"螽"的记载是我国最早的蝗灾文字史录。从那时起，史籍对蝗灾的严重性常有描述。孔子在《春秋》一书中共记载了前 476 年以前的蝗灾 10 年：

鲁桓公五年（前 707 年）	秋，大雩，螽。
鲁僖公十五年（前 645 年）	八月，螽。
鲁文公三年（前 624 年）	秋，雨螽于宋。
鲁文公八年（前 619 年）	冬十月，螽。
鲁宣公六年（前 603 年）	秋八月，螽。
鲁宣公十三年（前 596 年）	秋，螽。
鲁宣公十五年（前 594 年）	秋，螽。冬，蝝生。饥。
鲁襄公七年（前 566 年）	秋八月，螽。
鲁哀公十二年（前 483 年）	冬十有二月，螽。
鲁哀公十三年（前 482 年）	九月，螽。十有二月，螽。

2. 秦汉时期蝗灾

我国秦汉时期发生蝗灾记载共有 86 年，平均 5.13 年发生一次。涵盖秦、西汉（包括新莽和更始帝）和东汉时期，历时 441 年，其蝗灾发生频率比先秦时期有所增加，受灾程度也比先秦时期有所加重。

如《史记》中的蝗灾记载共 5 年，其中秦王政四年（前 243 年），"十月庚寅，蝗虫从东方来，蔽天，天下疫"。

《汉书》记载的蝗灾有 30 年，其西汉太初元年（前 104 年）"夏，蝗从东方飞至敦煌"，第一次记载了发生于甘肃敦煌地区的飞蝗蝗灾问题。又据《汉书·严延年传》记载，西汉神爵四年（前58年），"河南界中又有蝗虫，府丞义出行蝗"。河南，郡名，治所在今河南洛阳东北。"府丞义出行蝗"，即外出查看蝗情，最早记载派人侦查蝗情的情形。《汉书·平帝本纪》记载，西汉元始二年（公元2年），"夏四月，郡国大旱蝗，青州尤甚，民流亡。遣使者捕蝗，民捕蝗诣吏，以石①斗受钱"，这是有关蝗灾暴发后，官方动员民众捕杀蝗虫并出钱收买蝗虫的记载。

《汉书·王莽传》记载：新莽地皇三年（22年），"夏，蝗从东方来，飞蔽天，至长安，入未央宫，缘殿阁。莽发吏民设购赏捕击。流民入关者数十万人，乃置养赡官禀食之。使者监领，与小吏共盗其禀，饥死者十七八"。该年，山东、河南、山西、陕西、安徽均遭遇严重的蝗虫灾害，蝗虫食尽禾稼、草木，造成大批流民饥死、入关等悲惨情况。

据《后汉书·五行志》注引三国吴谢承书、谢沈书记载，东汉永平十五年（72年），"蝗起泰山，弥行兖、豫"，"未数年，豫章遭蝗，谷不收，民饥死，县数千百人"。这是最早记载蝗虫从东方向西部迁飞，遮天蔽日，毁灭庄稼，飞入皇宫，造成庄稼、草木皆尽以及大批流民饿死无数等悲惨情况。

《后汉书·安帝纪》记载，东汉永初五年（111年），"九州蝗"。汉安帝刘祜下诏曰："灾异蜂起，盗贼纵横，夷狄猾夏，戎事不息，百姓匮乏，疲于征发。重以蝗虫滋生，害及成麦，秋稼方收，甚可悼也。"永初七年（113年）八月，蝗虫飞过洛阳，安帝刘祜下诏曰："郡国被蝗伤稼十五以上，勿收今年田租；不满者，以实除之。"元初二年（115年）五月，河南及郡国十九蝗。安帝刘祜又下诏曰："被蝗以来，七年于兹，而州郡隐匿，裁言顷亩②。今群飞蔽天，为害广远。"

《后汉书·桓帝纪》记载，东汉永兴二年（154年）六月，桓帝刘志诏司隶校尉、部刺史曰："蝗灾为害，水变仍至，五谷不登，人无宿储。其令所伤郡国种芜菁，以助人食。"京师蝗。九月，又下诏曰："川灵涌水，蝗螽孳蔓，残我百谷，太阳亏光，饥馑荐臻。其不被害郡县，当为饥馁者储。天下一家，趣不糜烂，则为国宝。其禁郡国不得卖酒，祠祀裁足。"由于蝗灾，人民生活疾苦，为了度灾，朝廷除要求人们广种芜菁和未受灾地区援助蝗灾地区，还制定了郡国不得卖酒的法令。

《资治通鉴》记载，西汉本始二年（前72年）五月，宣帝刘询诏曰："孝武皇帝躬仁谊，厉威武，功德茂盛，而庙乐未称，朕甚悼焉。其与列侯、二千石、博士议。"

---

① 石为中国古代计量单位，作为重量单位使用时，1石＝60千克。1929年后，仅作容量单位使用，1石＝100升。下同。——编者注

② 顷为中国古代土地面积单位，1顷≈66 667米²。亩为中国非法定计量单位，15亩＝1公顷。下同。——编者注

于是群臣大议庭中，皆曰："宜如诏书。"长信少府夏侯胜独曰："武帝虽有攘四夷、广土境之功，然多杀士众，竭民财力，奢泰无度，天下虚耗，百姓流离，物故者半，蝗虫大起，赤地数千里，或人民相食，畜积至今未复，无德泽于民，不宜为立庙乐。"

3. 魏晋南北朝时期蝗灾

魏晋南北朝时期发生蝗灾记载共84年，平均4.28年发生一次。涵盖三国、两晋和南北朝时期360年间的蝗灾发生情况。

《三国志》记载的蝗灾有5年，其中多次提到东汉兴平元年（194年）曹操与吕布大战于濮阳，由于蝗虫起，缺粮少谷，双方被迫罢兵的事情。《三国志·魏书》记载，三国魏黄初三年（222年），"秋七月，冀州大蝗，民饥"，是年河北保定、望都、南和、安新、饶阳、邱县、成安等县均由于蝗灾严重发生而造成饥荒。

《晋书》记载的蝗灾有18年。《晋书·怀帝纪》记载，西晋永嘉四年（310年），"五月，幽、并、司、冀、秦、雍等六州大蝗，食草木、牛马毛皆尽"。《晋书·五行志》记载，东晋太兴元年（318年），"六月，兰陵合乡蝗，害禾稼。乙未，东莞蝗出纵广三百里①，害苗稼。七月，东海、彭城、下邳、临淮四郡蝗虫害禾豆。八月，冀、青、徐三州蝗，食生草尽，至于二年"。可见晋代蝗灾发生也是很严重的。

4. 隋唐（含五代十国）时期蝗灾

隋唐（含五代十国）时期发生蝗灾记载共106年，平均3.58年发生一次。从发生频率看，比秦汉和魏晋南北朝时期又有增加，其危害和影响进一步加重，并引起朝廷和帝王们的高度关注。

据《旧唐书·五行志》记载，唐贞观二年（628年）"六月，京畿旱，蝗食稼"。京畿发生蝗灾时，蝗虫能飞到皇宫之内，并有唐太宗李世民捕蝗而食的记录。唐开元三年（715年），"六月，山东诸州大蝗，飞则蔽景，下则食苗稼，声如风雨"。开元四年（716年），山东、河南、河北蝗虫大起，山东百姓皆烧香礼拜，眼看食苗不敢捕；河南、河北的蝗虫所经之处，苗稼皆尽。唐兴元元年（784年）秋，"关辅大蝗，田稼食尽，百姓饥"。

《旧唐书》共记载蝗灾24年，其中有9次出现了田稼尽食的严重情况，占《旧唐书》蝗灾记载的37.5%。唐代戴叔伦在其《屯田词》中写道："新禾未熟飞蝗盈，青苗食尽余枯茎。"白居易在讽喻诗《捕蝗》中也写出了蝗虫"始自两河及三辅，荐食如蚕飞似雨。雨飞蚕食千里间，不见青苗空赤土"的诗句，可见蝗害的严重性已引起

---

① 里为中国非法定计量单位，据闵宗殿主编《中国农业通史·附录卷》（中国农业出版社2020年版），战国至西汉时期，1里＝417.6米；东晋时期，1里＝441.0米；宋代，1里＝561.6米；明代，1里＝572.4米；清代，1里＝576.0米；自民国至今，1里＝500米。下同。——编者注

了人们的高度关注。

后晋天福八年（943 年），《资治通鉴》记载："春夏旱，秋冬水，蝗大起，东自海壖，西距陇坻，南逾江淮，北抵幽蓟，原野、山谷、城郭、庐舍皆满，竹木叶皆尽。重以官括民谷，使者督责严急，至封碓碨，不留其食，有坐匿谷抵死者。县令往往以督趣不办，纳印自劾去。民馁死者数十万口，流亡不可胜数。"《旧五代史》还记载，天福八年四月，"天下诸州飞蝗害田，食草木叶皆尽"。

（二）蝗灾上升期

据史料记载，宋代（含辽、金）发生蝗灾记载共 165 年，平均 1.82 年发生一次。其发生频率比之前的蝗灾明显增加，960—965 年、981—986 年、1004—1013 年、1204—1218 年、1240—1246 年等时段蝗灾连年发生，最长时持续发生长达 10 年之久，说明宋代（含辽、金）蝗灾发展之快速。

《宋史》记载的蝗灾有 86 年，其大中祥符九年（1016 年）六月，"京畿、京东西、河北路蝗蝻继生，弥覆郊野，食民田殆尽，入公私庐舍"。七月，飞蝗"过京师，群飞翳空，延至江、淮南，趣河东，及霜寒始毙"。八月，"磁、华、瀛、博等州蝗，不为灾"。九月，"督诸路捕蝗"，"青州飞蝗赴海死，积海岸百余里"。

《辽史》记载的蝗灾有 10 年，其统和元年（983 年）九月，东京、平州旱蝗，诏："五稼不登，开帑而代民税。螟蝗为灾，罢徭役以恤饥贫。"

《金史》记载的蝗灾有 21 年，其泰和六年（1206 年）六月，定"除飞蝗入境虽不损苗稼亦坐罪法"。泰和七年（1207 年）三月，初定："虫蝻生发地主及邻主首不申之罪。"泰和八年（1208 年）四月，诏谕有司："以苗稼方兴，宜速遣官分道巡行农事，以备虫蝻。"七月，诏"更定蝗虫生发坐罪法"，诏颁《捕蝗图》于中外。

（三）蝗灾频发期

元明清时期，我国蝗灾进入高频率发生期。从元代至清中期（1840 年），共发生蝗灾 531 年，平均 1.09 年发生一次，蝗灾几乎连年发生，危害程度也相当严重。

1. 元代蝗灾

元代发生蝗灾记载共 93 年，平均 1.16 年发生一次，蝗灾发生频率比之前显著增加，其中 1262—1273 年、1275—1286 年、1288—1313 年、1319—1346 年、1357—1367年为高发期，甚至连年发生，最持久的一次蝗灾长达 27 年。史料中"飞蝗蔽天""人马不能行""禾稼、草木尽""人相食"等惨状不胜枚举。

《元史》记载的蝗灾有 73 年。《元史·武宗本纪》记载，元至大二年（1309 年），夏四月至八月，河北、河南、山东、安徽等数十个州县发生蝗灾。《元史·文宗本纪》记载，元天历二年（1329年），夏四月，"黄河以西所部旱蝗，凡千五百户，命赈粮两月。大宁兴中州、怀庆孟州、庐州无为州蝗"；六月，益都莒、密二州"夏旱、蝗，饥民三万一千四百户，赈粮一月"，"永平屯田府昌国、济民、丰赡诸署，以蝗及水灾，免今年租。汴梁蝗"；秋七月，真定、河间、汴梁、永平、淮安、大宁、庐州诸属县及辽阳之盖州蝗；八月，保定之行唐县蝗。《元史·顺帝本纪》《元史·五行志》记载，元至正十九年（1359年）五月，"山东、河东、河南、关中等处蝗飞蔽天，人马不能行，所落沟堑尽平，民大饥"，"饥民捕蝗以为食，或曝干而积之，又罄，则人相食；七月，"淮安清河县飞蝗蔽天，自西北来，凡经七日，禾稼俱尽"；八月，"蝗自河北飞渡汴梁，食田禾一空"，"大同路蝗，襄垣螟蟓"。

《续资治通鉴·元纪》记载，元至大三年（1310年）九月，监察御史上时政书，其略曰："累年山东、河南诸郡，蝗旱洊臻，郊关之外，十室九空，民之扶老携幼就食他所者，络绎道路，其他父子、兄弟、夫妇全相与鬻为食者，比比皆是。"

此外，许多地方志也记述了蝗灾严重发生的情况。如道光河南《尉氏县志》记载，元至元十九年（1282年）五月，"尉氏蝗食禾稼、草木叶皆尽，所至蔽日，碍人马不能行，填坑堑皆盈，饥民捕蝗以食，或曝干积之，又尽，则人相食"；河北《海兴县志》记载，是年"蝗食禾稼、草木叶俱尽，所至蔽日，碍人马不能行，填坑堑皆盈，饥民捕蝗为食，或曝干积之，又尽，人相食"。元至正十九年（1359年），河北、山东、河南、陕西等省近80个州县地方志均有蝗灾记载，如民国河北《雄县新志》记载，夏五月，"蝗飞蔽天，沟堑尽平，大饥，银一锭易米八升，有杀子而食者"；河南《博爱县志》记载，"怀庆蝗灾，赤地千里，饥民捕蝗为食，甚至以死尸为食"。

2. 明代蝗灾

明代发生蝗灾247年，平均1.12年发生一次，蝗灾发生频率比元代又有增加。其中1368—1375年、1397—1409年、1428—1458年、1460—1475年、1477—1497年、1505—1562年、1564—1594年、1596—1600年、1602—1644年的蝗灾均连年发生，最持久的一次连发蝗灾长达57年。明代蝗灾发生十分频繁而严重，许多年份、许多地方出现严重饥荒，导致人吃人、父子相食、兄弟相食、夫妻相食的惨状。

《明史》记载的蝗灾有62年。明万历四十四年（1616年），"四月，复蝗。七月，常州、镇江、淮安、扬州、河南蝗。九月，江宁、广德蝗蝻大起，禾黍、竹树俱尽"。崇祯十三年（1640年）五月，"两京、山东、河南、山西、陕西大旱蝗"，秋七月，"畿内捕蝗"，"发帑振被蝗州县"，"是年，两畿、山东、河南、山、陕旱蝗，人相食"。

《明会要》记载的蝗灾有26年，明建文四年（1402年），京师飞蝗蔽天。明宣德九年（1434 年）七月，"两畿、山西、山东蝗蝻覆地尺①许，伤稼"。明弘治六年（1493 年）六月，"飞蝗过京师，自东南而西北，日为掩者三日，户部请遣顺天府丞行县督捕"。弘治七年（1494 年）三月，"两畿蝗，命捕蝗一斗给米倍之"。

《明实录》记载的蝗灾有 91 年。明宣德五年（1430 年）二月，免顺天府房山、良乡二县民三百八十户蝗灾田地一百一十九顷七十八亩，十二月，保定府定兴县奏："连年蝗涝，田谷不收，徭役频繁，人民逃窜。"

明正统六年（1441 年），蝗灾持续发生长达 6 个月。五月，山东武城县、直隶静海县"蝗旱相继，麦尽槁死，夏税无征，上命行在户部覆视以闻"，"应天府江浦县蝗，命户部会同监察御史严督捕瘗，毋使滋蔓"。六月，亢旱不雨，蝗蝻为患，"顺天等府蝗旱，谷草少收"，"所过涿州等一十州县，谷麦间有伤损，尤未为害，惟房山县地僻蝗多，麦苗殆尽，其民饥乏损伤"，"山东乐陵、阳信、海丰因与直隶沧州天津卫地相接，蝗飞入境，延及章丘、历城、新城，并青、莱等府，博兴等县"，派专委设法捕瘗。山东寿光、临淄二县奏："旱蝗，民食不给。"七月，河南彰德、卫辉、开封、南阳、怀庆五府，山西太原府，山东济南、东昌、青、莱、兖、登六府，辽东广宁前、中屯二卫，直隶东胜、兴州二卫蝗生，上命行在户部速移文，严督军卫有司捕灭。直隶河间、顺德二府所属州县复蝗，命大理寺少卿并监察御史分捕之。八月，直隶并山东等处春夏亢旱，蝗蝻生发。河南所属府、州、县蝗灾。九月，直隶保定、大名、广平、永平诸府，德州、卢龙、山海、兴州、东胜、抚宁诸卫各奏："蝗伤禾稼"，命有司设法捕灭之。顺天府所属州县蝗，民贫民艰，房山尤甚。安肃县奏："去岁蝗，民困之食。"巡按直隶监察御史邢端奏："顺天府所属宛平等七县并隆庆等卫所俱蝗，黍谷被伤。"直隶河间府所属州县蝗伤禾稼。十月，顺天府蓟州奏："不意今秋苗稼又为蝗蝻所伤。"

明正统十二年（1447 年）七月，直隶永平、凤阳并河南开封等六府旱蝗。真定、大名二府蝗，上命户部移文严督扑灭，勿遗民患。八月，应天、安庆、广德等府、州，建阳、新安等卫，山东兖州等府、济宁等卫所州县各奏："旱蝗相仍，军民饥窘，鬻子女易食。"八月，山东莱州、青州府各奏："雨涝、蝗生，禾稼无收。"

明万历三十九年（1611 年）兵部奏：蓟州镇团营地亩春夏旱蝗。六月，徐州以北阴雨连绵，到处蝗飞蔽天，所过之处，千里如扫，房屋倾颓，万室无烟。淮安、凤阳蝗旱灾伤，分别蠲赈。八月，河南巡按奏："今春至夏，开、归、汝等处飞蝗蔽天，

---

① 尺为中国非法定计量单位，据闵宗殿主编《中国农业通史·附录卷》（中国农业出版社 2020 年版），明代，1 量地尺＝32.7 厘米；清代，1 量地尺＝34.5 厘米；自民国至今，3 尺＝1 米。下同。——编者注

禾麦一空。"

明万历四十四年（1616 年）九月，江宁、广德等处蝗蝻大起，应天巡抚骆骎曾疏陈其状云："垂天蔽日而来，集于田而禾黍尽，集于地而菽粟尽，集于山林而草皮不实，柔桑、疏竹之属条干枝叶都尽。"

《古今图书集成》记载，明成化二十一年（1485 年），太平、垣曲县蝗，群飞蔽天，民流亡，人相食。明崇祯十三年（1640 年），"河南汝宁蝗蝻生，人相食。洛阳蝗，草木、兽皮、虫蝇皆食尽，父子、兄弟、夫妇相食，死亡载道"。

明代地方志中，蝗灾发生记载也十分常见，饿殍枕道、人饥相食的惨状不胜枚举。如浙江《临海县志》记载，明洪武二十五年（1392 年），临海"蝗自北来，禾稼、竹木皆尽"。陕西《白水县志》记载，明成化十一年（1475 年），白水"蝗食禾、草木尽，所到处遮天蔽日，人马不能行，饥民捕蝗以食"。河南《延津县志》记载，明成化二十年，延津"大旱蝗，民饥死者十之七八"。明嘉靖七年（1528 年），万历《安丘县志》、乾隆《原武县志》、嘉庆《昌乐县志》、光绪《南阳县志》等地方志均有蝗灾造成人相食的记载。民国《潍县志稿》记载，明万历四十三年（1615 年），"夏，旱蝗。秋，大饥，米价涌贵，民刮木皮和糠秕而食，林木为之尽，饥死者道相枕藉，有割尸肉而食者，法不能止，又有奸民掠卖男女，贩至远方，辄获重利，谓之贩销。往来道路络绎不绝，哭号之声震动天地，周岁之间兵死者、狱死者、饥寒死者、疾疫死者、流亡者、弃道旁者、贩至四方者，全齐生齿十去其六，民间相传，从来未有"。雍正《浙江通志》记载，明崇祯十二年（1639 年）五月，浙江"蝗从东南来，几蔽天。八月，蝗大积，积二三寸"。是年，湖南乾隆《安乡县志》记载："秋，蝗虫自石首过青苔渡来，蔽日若云，聚响成雷，所过草木、禾稻无有存者，经明公寺下县凡四，歇集琴堂尤厚尺许。"

明崇祯十三年（1640 年），河北、陕西、河南、江苏、安徽蝗灾暴发，50 多部方志中有大饥荒导致人相食的记载。如乾隆《天津府志》记载，青县"旱蝗，人相食"，静海"飞蝗蔽天，禾苗枯槁，民饥死"，盐山"禾苗尽枯，飞蝗遍野，木皮、草根剥掘俱尽，人民相食"；河北民国《大名县志》记载，大名"旱蝗，大饥，斗粟千钱，鬻妻卖子，人相食"；山东康熙《兖州府志》记载，兖州"连岁蝗旱，斗米银三两，父子相食"；康熙《续修汶上县志》记载，汶上"大旱蝗，斗米三金，父子、兄弟相食"；康熙《续安丘县志》记载，安丘"大蝗，蝻从平地涌出，道路、场圃皆满，乘壁渡河，不可捕截，田禾食尽，亦有啮人衣物及小儿者"；河南民国《河阴县志》记载，河阴"蝗蝻生，饿殍枕藉，人相食"；江苏同治《徐州府志》记载："夏秋，蝗蝻遍野，积道旁成丘，臭秽闻数十里，民大饥，斗米千钱，徐、邳人相食，流亡载道，妇子易钱百文、米数升即去不顾"；安徽嘉庆《萧县志》记载，萧县"秋，蝗蔽野，田无遗穗，大饥，人相食，以妇子易米三升无有受者，人争吃干蝗，树根、灰苋、牛皮皆尽"；甘肃民国《庆阳县志》记载，庆阳"蝗飞蔽天，落地如岗阜，岁大饥，人民十死八九，有易子而食者"。明末，蝗灾发生范围之广、危害之惨，在中国以及世界灾害史上都是少有的。

3. 清前期蝗灾

清前期发生蝗灾 191 年，平均 1.02 年发生一次，蝗灾已进入高度频发期。其间，除了 1790 年、1816 年、1820 年这三年未发现蝗灾记载，其余年份的蝗灾均连年发生，最持久的一次蝗灾连发长达 145 年，创历史之最。

《清史稿》记载的蝗灾共有 119 年，其中 1840 年以前 89 年。蝗灾发生范围主要涉及河北、河南、山东、安徽、江苏、山西、陕西、湖北等 10 多个省份，其中记载了不少蝗飞蔽天的事件。清康熙十一年（1672 年），"二月，武定、阳信蝗害稼。三月，献县、交河蝗。五月，平度、益都飞蝗蔽天，行唐、南宫、冀州蝗。六月，长治、邹县、邢台、东安、文安、广平蝗，定州、东平、南乐蝗。七月，黎城、芮城蝗，昌邑蝗飞蔽天，莘县、临清、解州、冠县、沂水、日照、定陶、菏泽蝗"。康熙三十年，"五月，登州府属蝗。六月，浮山、翼城、岳阳蝗，万泉飞蝗蔽天，沁州、高平落地积五寸，乾州飞蝗蔽天，宁津、邹平、蒲台、莒州飞蝗蔽天。七月，昌邑、潍县、真定、卢龙、平度、曲沃、临汾、襄陵蝗，平阳、猗氏、安邑、河津、蒲县、稷山、绛县、垣曲、中部、宁乡、抚宁等县蝗"。清乾隆十七年（1752 年），"四月，柏乡、鸡泽、元氏、东明、祁州蝗"，"五月，直隶东光、武清等四十三州县蝗，山东济南等八府蝗，江南上元等十二州县生蝻"，"七月，东阿、乐陵、惠民、商河、滋阳、范县、定陶、东昌蝗"。乾隆二十八年，"三月，临邑、静海、滦州、文安、霸州、蒲台飞蝗七日不绝"，"六月，山东历城等州县蝗"，"秋七月，顺直大城、沧州等州县蝗"。乾隆五十年，"六月，日照县大旱，飞蝗蔽天，食稼；苏州、湖州、泰州大旱蝗"。清嘉庆十年（1805 年），"春，博兴、昌邑、诸诚蝗，临榆蝻生。夏，滕县飞蝗蔽天，食草皆尽。秋，昌邑蝗，食稼；宁海蝗"。道光五年（1825 年），"七月，清苑、定州飞蝗蔽天，三日乃止；内丘、新乐、曲阳、长清、冠县、博兴旱蝗"。道光十五年，"春，黄安、黄冈、罗田、江陵、公安、石首、松滋大旱蝗。五月，均州、光化蝗。七月，滨州、观城、巨野、博兴、谷城、应城蝗。八月，安陆、玉山、武昌、咸宁、崇阳蝗；黄陂、汉阳大旱蝗"。

地方志对蝗灾的记载很多，受灾也很严重，记载飞蝗蔽日、蝗虫吃庄稼、人吃蝗虫、蝗虫吃人等灾情。清顺治三年（1646 年），山西民国《洪洞县志》记载，洪洞

"秋，飞蝗蔽日，绵亘三十里，所过穗叶立尽"；宁夏道光《中卫县志》记载，中卫"夏，蝗自东来飞蔽天日，不落田间，有飞过河南者，有飞过边墙者，边外数十里沙草尽吃，而中卫田苗不伤，异事也"；《中宁县志》记载，中宁"夏，蝗自东来飞蔽天日，不落田间，有飞过黄河者，有飞过边墙者，边外数十里沙草尽吃"。顺治五年，山西民国《永和县志》记载，永和"秋，蝗飞蔽日，所过谷黍无存"；河北光绪《蠡县志》记载，六月，蠡县"飞蝗西南来，飞蔽日，宽十余里，长四十余里，城西北伤稼"；《涿鹿县志》记载，涿鹿"蝗虫复起，灾民以蝗为食，饥死者无数"。

清康熙十年（1671年），《安徽省志·大事记》记载，"夏，泗县、五河、怀远、蒙城、滁县、凤阳、全椒、天长、来安、合肥、舒城、六安、和县、含山、无为、庐江、巢县、宿松、望江、桐城、潜山、太湖、怀宁、贵池、东流、建德、石埭、当涂、芜湖、繁昌、南陵、泾县、宣城、宁国等地旱，蝗飞蔽天，民大饥"；是年，嘉庆《备修天长县志稿》记载，天长"大旱不雨至九月，飞蝗蔽天，人民相食，鬻子女，奉旨发帑恤蠲"。康熙十一年，江苏《赣榆县志》记载，五月，"蝗大作，千里云集，日照、赣榆半罹其灾"；同治《六安州志》记载，是年春，六安"蝗蝻遍生，蔓延数百里"。同治《即墨县志》、乾隆《莱州府志》、乾隆《掖县志》、民国《密县志》、民国《清河县志》、民国《馆陶县志》、光绪《广平府志》等地方志均记载飞蝗蔽天、蔽日等灾情。康熙三十年，安徽、山西、陕西、河南等多地发生蝗灾。乾隆《凤台县志》记载，"六月，蝗食苗。七月，蝻生，岁大饥，民流亡，发粟赈济、免田租"；山西《高平县志》记载，夏六月，高平"飞蝗蔽日，自南而北，落地积五寸，田禾一空，东南刘庄、双井、李门至西北高良、柳林、通义等35村被灾独甚"；陕西《宝鸡市志》记载，宝鸡"蝗自东南来，蔽天，集树枝折，眉县蝗飞蔽天，食禾尽"；河南乾隆《登封县志》记载，六月，登封"蝗自东南来，障日蔽天，集地厚尺许，食秋禾立尽，蝻生至十月不绝"。

清乾隆九年（1744年），河北乾隆《河间县志》记载，六月，河间"飞蝗自山东来，凡三四日，翛翛然，昼夜不绝，是岁，稔"。广东光绪《化州志》记载，八月，化州"蝗虫食田禾几尽"。乾隆三十九年，《潍坊市志》记载，六月，潍坊"蝗虫成灾，致使有人迷路，误入蝗群被咬死"。乾隆五十年，民国《潍县志稿》记载，"秋七月，大蝗，人有不辨路径为蝗所食者"；民国《安丘新志》记载，安丘"大蝗，飞蔽天日，落地辄数尺，有人不辨路径陷入沟渠不能自出，遂为蝗所食者"。

清嘉庆九年（1804年），《畿辅通志》记载，近畿发生飞蝗，广渠门外田禾被食害十分之四，六月飞蝗落于宫内案上，经太监捕获十数个。嘉庆十七年，山东光绪《峄县志》记载，夏，峄县"蝗自西南来，平地深半尺，所过谷叶俱空，入民室啮食衣服，人多流亡"。

清道光四年（1824 年），海南海口、琼山、定安、文昌、屯昌等地发生严重蝗灾。道光《琼州府志》记载，琼州府旱，"蝗虫漫天遍野，所过麦禾一空，饿殍载道"。光绪《定安县志》记载，定安"秋，蝗，群飞蔽天，落地盈寸，所至之野禾稼一空"。清道光十八年，山东光绪《泗水县志》记载，"泗水蝗蝻伤稼，大饥，饿死者甚多"；河南民国《阌乡县志》记载，六月阌乡"蝗食禾殆尽，百姓食树皮、草根"。

前清时期，我国蝗灾发生十分频繁，但因各地官府积极组织军民扑打，其灾害损失比明代有所减弱。

二、近代蝗灾

近代蝗灾仍然处于持续频发阶段，加之外敌入侵和长期内战，蝗虫暴发频繁，防治无暇顾及，在晚清至民国时期的 100 余年中，蝗灾危害十分严重。

1. 晚清时期蝗灾

晚清时期（1840—1911 年）共发生蝗灾 72 年，连年发生，蝗灾发生范围进一步扩大。蝗灾从华北平原蔓延至黄河流域和长江流域的广大地区。随着西方治蝗方法的引进，部分地区蝗灾发生程度有所控制。

《清史稿》记载晚清时期发生蝗灾 30 年。清咸丰六年（1856 年），"三月，青县、曲阳蝗。六月，静海、光化、江陵旱蝗，宜昌飞蝗蔽天，松滋蝗。八月，昌平蝗，邢台蝗，香河、顺义、武邑、唐山蝗"。咸丰七年，"春，昌平、唐山、望都、乐亭、平乡蝗；平谷蝻生，春无麦；青县蝻好生；抚宁、曲阳、元氏、清苑、无极大旱蝗；邢台有小蝗，名曰蝽，食五谷茎俱尽；武昌飞蝗蔽天；枣阳、房县、郧西、枝江、松滋旱蝗；宜都有蝗长三寸余。秋，咸宁、汉阳、宜昌、归州、松滋、江陵、枝江、宜都、黄安、蕲水、黄冈、随州蝗；应山蝗，落地厚尺许，未伤禾；钟祥飞蝗蔽天，亘数十里；潜江蝗"，蝗灾继续大范围发生。清光绪五年（1879 年），"五月，河南蝗。六月，乌拉特、阿拉善等旗蝗。八月，江、皖各属蝗"。

地方志中，也频繁记载蝗灾发生情况。清咸丰二年（1852 年），广西《来宾县志》记载："来宾早稻遭蝗灾，飞蝗蔽天，所至田禾俱尽。四月，迁江蝗。"民国《武宣县志》记载，武宣"蝗虫食禾，颗粒无收"。《宁明县志》记载："七月，土思州飞蝗成群，遮天蔽日，所过之处田禾均被啃食，为百年所未见。"咸丰三年，河北、山东、江苏、广西等省份多县发生严重蝗灾。山东《武城县志》记载，武城"夏旱，飞蝗蔽天，禾苗尽伤"；广西《柳江县志》记载，柳江"飞蝗蔽天，飒飒有声，一落原野，青草如剃"；广西《崇左县志》记载，崇左"旱，蝗灾，民饥死过半"。咸丰七年，山东宣统《重修恩县志》记载："飞蝗蔽空，饥"；民国《清平县志》记载："五月，飞蝗蔽天。六月，蝻出四乡，食禾稼殆尽"；民国《续修曲阜县志》记载："雹、旱、蝗三灾均有，五谷不登，人相食"；光绪《费县志》记载："秋，蝗蝻为灾，集人家舍厚数寸，小儿卧者多被咬伤"；民国《续修博山县志》记载："秋，飞蝗蔽日，禾稼尽伤"。

2. 民国时期蝗灾

民国时期，由于日寇入侵、内战频繁，国民政府组织治蝗的力度不足，蝗灾发生范围及其危害也十分严重。1912—1949 年，史料中每年都有蝗灾发生的记载，严重蝗害发生年份有 16 个，分别为 1919 年、1920 年、1927 年、1928 年、1929 年、1930 年、1931 年、1933 年、1934 年、1935 年、1936 年、1942 年、1943 年、1944 年、1946 年和 1949 年。蝗灾涉及河北、河南、江苏、山东、安徽、浙江、湖南、湖北、山西、陕西、辽宁、四川等省 278 县。1928 年，河北、河南、山东、江苏、安徽、浙江大蝗，经济损失值银 1 亿元。1929 年，全国 11 省 168 县蝗，受灾面积 3 676 万亩，经济损失值银 1.1 亿元。1930 年，全国 188 县蝗，灾民 873 万人，损失值银 1.5 亿元。河南省的蝗灾受害县数，1942 年有 40 个、1943 年 90 个、1944 年 104 个、1945 年 89 个、1946 年 12 个。研究表明，20 世纪 30—40 年代，我国 90% 的蝗灾由东亚飞蝗引发，每年最大发生面积可达 6 000 万亩以上，其他飞蝗亚种和飞蝗以外的蝗虫种类（草原蝗虫、农区土蝗）发生成灾只在局部范围。

民国八年（1919 年），河北、山东、河南、陕西、江苏等省暴发蝗灾，《丰南县志》记载，丰南"蝗虫起飞，遮天盖日，所过禾苗一扫而光"；《济南市志》记载，"六月，长清蝗灾。秋，飞蝗蔽天"；《泰安市志》记载，"五月，泰安中、东部飞蝗大至。六月，蝻生岸谷，厚者系二寸，侵及村庄，缘壁入人家，谷菽食尽"；《榆次市志》记载，榆次"七月，蝗突起，由东北向西南飞去，弥天蔽日，农田受害"。

民国九年（1920 年），《中国的飞蝗》记载，河北、河南、山西、陕西、浙江蝗，山东省 56 县蝗。《中国历代蝗患之记载》，山东长清等 56 县和浙江杭县发生蝗灾。民国《满城县志略》记载："六月，飞蝗入境，食禾苗殆尽。七月，蝻生，大饥。"《南和县志》记载，南和"秋，蝗蔽天，声如风雨，食稼尽"。

民国十六年（1927 年），《中国的飞蝗》记载，浙江蝗，山东 63 县蝗；民国参政会经济策进会西北办事处印发的《治蝗浅说》记载："民国十六年，山东蝗患，灾民达七百万";《飞蝗概说》记载,山东旱蝗,罹灾者 900 万人;山东《郯城县志》记载,郯城"飞蝗蔽日,食尽田禾,南下陇海铁路卧轨厚三尺,火车停开";河南《台前县志》记载,七月,台前"蝗虫遮天蔽日,禾草尽食,大饥";江苏《盱眙县志》记载:"四月,蝗落(盱眙)县城,盖地五六寸,商店无法开门,蝗到处禾草无存。"

民国十七年(1928 年),《中国的飞蝗》记载,河北、河南、山东、江苏、安徽、浙江蝗,损失值银 1 亿元。《江苏省昆虫局十七、十八年年刊》记载,江苏省东台、沛县、如皋、邳县、南通、常熟、泰兴、铜山、六合、兴化、宿迁、睢宁、太仓、泰县、淮阴、涟水、嘉定、靖江、江阴、无锡、江都、淮安、东海、阜宁、镇江、萧县、江浦、宝山、句容、泗阳、高淳、灌云、宝应、宜兴、吴县、江宁、金坛、青浦、赣榆、高邮、武进、溧阳、崇明、松江、上海、吴江、丰县、南汇、扬中、溧水、丹阳 51 县蝗。《江苏省志·农业志》记载:"夏,南京、镇江等地发生飞蝗,沪宁铁路沿线下蜀地方蝗虫群集路轨,火车不能通行,镇上商店不敢开门营业。"《山东蝗虫》记载,五月菏泽飞蝗成灾,赤地千里;平度蝗食麦,城东尤甚。《安徽省志·农业志》记载,太和、五河、定远、蒙城、霍邱、涡阳、全椒、来安、滁县、东流、青阳等 11 县蝗,受灾面积 34.93 万亩。河北《衡水市志》记载,"衡水蝗灾,400 余村受害"。《广平县志》记载,"四月,广平蝗蝻生。七月,飞蝗蔽天,所到之处田禾一空"。

民国十八年(1929 年),据《中国的飞蝗》《江苏省昆虫局十七、十八年年刊》《安徽省志·农业志》等史料记载,全国 11 个省 180 多个县(其中,河北 48 县、江苏 47 县、山东 29 县、安徽 16 县、河南 14 县、浙江 8 县、山西 4 县、辽宁 2 县、陕西 2 县、湖北 3 县、四川 8 县)蝗,受灾面积 3 676 万亩,损失值银 1.1 亿元。江苏省下蜀镇大群蝗蝻从长江直趋内地,当群蝻跃经铁路时,把轨道盖没,导致火车无法通行。下蜀镇受成千万蝗蝻袭击,房屋墙壁、屋顶都爬满蝗虫,商店无法开门营业。安徽怀宁、全椒、当涂、宣城、和县、繁昌、天长、含山、庐江、凤台、铜陵、灵璧、桐城、来安、无为、宿县因蝗受灾面积达 325.54 万亩。河南商水县秋季发生蝗虫面积约 30 里宽,高粱、谷子被吃光。陕西大荔蝗虫大发生,飞则蔽天,落则盖地,所过禾稼一空。天津津南五月蝗虫为害严重,作物损失 70%~77%。

民国十九年(1930 年),《飞蝗概说》记载,全国 188 县蝗,灾民 873 万人。《中国的飞蝗》记载,陕西等省大蝗,损失值银 1.5 亿元。《陕西蝗区勘察与治理》记载:"早秋吐穗时期,陕西各县忽有蝗虫,飞则遮天蔽日,落则遍陌盈阡,道路布满蝗虫，行人无隙足地，早秋晚作同被啮食罄尽，男哭女号，痛无生路。夏秋之交，平利蝗虫四起，东二、三区及南一、二区延长 300 余里。延安蝗虫大起，禾苗尽食。定边蝗。"另，《渑池县志》记载，渑池蝗灾严重，东区 30 余里、南区 40 余里禾苗被蝗吃尽。

民国二十年（1931 年），《飞蝗概说》等有关史料记载，陕西、河北、湖南、热河发生蝗灾；河北武清、霸县、青县、沧县、盐山、庆云、南皮、静海、河间、任丘、故城、东光、滦县、临榆、丰润、宁河、满城、徐水、束鹿、高阳、饶阳、濮阳、尧山、清河、冀县、新河、枣强、武邑、隆尧、肃宁、衡水、南宫、宁晋、清苑、武强、深泽、大城、香河、景县、巨鹿、宝坻、文安、献县等 44 县蝗。白洋淀、宁晋泊、大陆泽、七里海等湖沼地及运河、永定河、大清河、滹沱河、胡卢河两岸分布更多。陕西礼泉、蓝田、宝鸡、合阳、兴平、武功蝻为灾；陇县蝗伤麦；乾县、扶风多蝗；凤翔蝗食苗，夏无收；三原蝗生遍地；眉县、高陵蝗食秋苗尽；长安、临潼蝗起；周至蝗食早禾尽；永寿飞蝗遍野。另据《洪泽县志》记载，洪泽蝗灾，90% 庄稼被吃光。

民国二十二年（1933 年），《中国的飞蝗》记载，河北、河南、江苏、山东、安徽、浙江、湖南、山西、陕西、南京 9 省 1 市 265 县蝗，被害面积 686.3 万亩，损失值银 1 500 万元。蝗灾区涉及河北省 85 县、河南省 54 县、江苏省 43 县、山东省 40 县、安徽省 23 县、浙江省 9 县、湖南省 7 县、山西省 2 县、陕西省 2 县以及南京市。

民国二十三年（1934 年），据《民国二十二年全国蝗患调查报告》不完全统计，河北、江苏、河南、安徽、浙江、山东、南京、杭州 6 省 2 市 83 县蝗，被害面积 84.56 万亩，损失值银 102.15 万元。蝗灾区涉及河北省 19 县、江苏省 37 县、安徽省 13 县、浙江省 5 县、河南省 6 县、山东省 3 县以及南京市、杭州市。部分方志记载的蝗灾也十分严重，《丹阳县志》记载，"夏，丹阳蝗，受灾 104.5 万亩"；《丹徒县志》记载，"夏，镇江蝗虫蔓延，受灾 46 万亩"；《湘阴县志》记载，湘阴"蝗虫为害，20 万亩受灾"；《灌南县志》记载，秋，灌南"蝗虫铺天盖地而至，顿时天昏地暗，遍地蝗虫，农民鸣锣驱赶，农作被吃光，民四出逃荒要饭"。

民国二十四年（1935 年），据《飞蝗概说》《中国的飞蝗》《昆虫与植病》等史料记载，江西、湖北、江苏、浙江、安徽、河北、山东、河南 8 省 68 县蝗灾，受灾面积 17 万亩，损失值银 30 万元。蝗灾区涉及江西九江，安徽安庆、婺源，湖北蕲春、黄梅、蒲圻，江苏宝应、淮安、金坛、句容、灌云、松江，浙江杭县、萧山，河北曲周、廊坊、邯郸等地。由于蝗灾严重，国民政府军事委员会委员长蒋介石下治蝗电令。

民国二十五年（1936年），《中国的飞蝗》记载，全国7省1市111县蝗，掘卵4 000斤[①]，捕蝻290万斤，损失值银486万元。《浚县志》记载，六月，浚县"大批飞蝗自西北而来，田禾全被吃光，为害方圆数十里"；《商水县志》记载，六月，商水"蝗虫从北方飞来，玉米、谷子、高粱吃成光秆，连过3个年头，均遭灾"；《微山县志》记载，沛县沿湖蝗灾，蝗灾发生面积30千米^2。

民国三十一年（1942年），《中国的飞蝗》记载，河北、河南、江苏3省42县蝗，受灾面积2 247万亩。《中牟县志》记载："七月，成群蝗蝻自北向南过河，抱成团滚成蛋，小如斗大如筛，一望无际向南爬行，在刘集，村里村外、街头巷尾、房上房下、院里院外、庄稼树上，到处都爬满蝗虫，有的棚屋压塌，各家各户锅灶不敢掀，高粱、谷子吃成光秆，树叶吃光，群众抢收的庄稼装上车拉不到家，穗叶就被蝗虫吃光，后变成飞蝗，飞起来遮天蔽日，所到之处犹如狂风暴雨，天昏地暗，一片轰鸣声，压塌房屋，压折树枝，庄稼一扫而光，县北四区东西近百里、南北40里，除黄豆外，全成白地。"《商水县志》记载，商水"泛区各乡又生蝗虫，禾苗被吃殆尽，受害面积55.5万亩，麦收仅三成"。《鹿邑县志》记载，七月，鹿邑"飞蝗入境，落地产卵，后孵化黑蝻，田野每平方米达600～1 000只，一渔网捕捉三四十斤，地头挖沟片刻捕杀一布袋，灾民晒蝻干备荒，秋作尽食，蝗蝻外迁方向一致，遇河聚成蝻团大如斗，凭水漂浮而过"。《信阳县志》记载，信阳蝗群由北向南，每群宽1里、长数里，断续飞行历时3天，高粱、玉米、谷子受灾严重。

民国三十二年（1943年），据史料记载，河北、河南、山东等省多地蝗虫发生严重。河南92县发生蝗虫，受灾面积5 708万亩，其中蝗灾面积100万亩以上的县有21个（图1-8）。阳武356万亩庄稼遭蝗灾。延津因蝗灾受害面积30余万亩。武陟县蝗虫大规模发生，遮天蔽日，来如风雨，落地成层，飞如云阵，飞蝗所至秋禾全成光秆，落于村庄、树木，集结成球如斗大，数以万计，入室则锅灶皆盈，秋粮绝收，人民奔走呼号，哭天无泪，外出逃荒者十多万，卖儿卖女，人相食。孟县连遭旱蝗灾害，飞蝗蔽日，树为之折，草房压塌，人行受阻，农民摇旗敲锣打鼓追赶，幼蝗挖沟掩埋，庄稼绝收，大荒，人相食。河北省黄骅县的蝗虫吃完了芦苇和庄稼，"又像洪水一样冲进村庄，连糊窗纸都被吃光，甚至婴儿的耳朵也被咬破"。故城县城北地蝗灾受害面积15万亩，其中10万亩农作物叶被吃光。磁县（磁武）抗日根据地五月发生蝗蝻，庄稼、树叶、杂草被一扫而光，破坏麦田6 574亩。

---

① 斤为中国非法定计量单位，据闵宗殿主编《中国农业通史·附录卷》（中国农业出版社2020年版），战国至东汉时期，1斤=250克；隋代，1大斤=700克，1小斤=250克；唐代，1大斤=670克，1小斤=224克；宋代，1斤=640克；元代，1斤=620克；明清时期，1斤=590克；自民国至今，1斤=500克。下同。——编者注

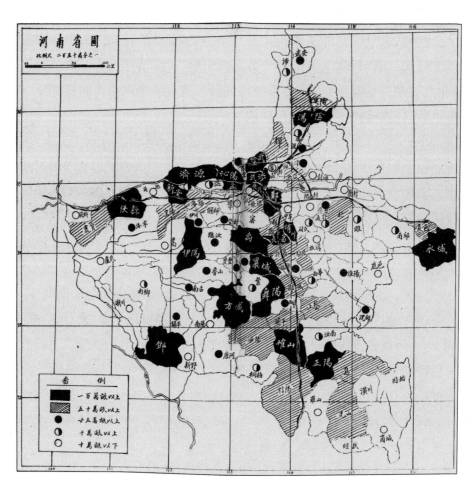

图 1-8 河南省民国三十二年蝗灾面积

(民国河南省治蝗委员会 1943 年制)

民国三十三年（1944 年），《中国的飞蝗》记载，河北、河南、山西 3 省 129 县蝗，受害面积 5 900 余万亩，其中河南省蝗灾面积 100 万亩以上的县有 20 个（图 1-9）。《山西通志·大事记》记载，五月，太行区发生数十年来未见的特大蝗灾，"本年春，边区政府组织群众挖卵，共灭蝗蛹 910 万斤。五月，河南蝗虫再次向太行区东部 20 余县 900 多个村庄袭来，蝗群遮天蔽日，有地头婴儿被蝗咬死，据不完全统计，蝗虫吃光禾苗 27 万亩，部分禾苗吃光 29 万亩，太行区党委、政府从上到下建立剿蝗指挥部"。另据《打蝗斗争》记载，在解放区，南起黄河北岸的修武、沁博，北至正太路南的赞皇、临城、磁武、邢台、沙河及山西和顺、左权等 23 县 879 村蝗患大发，分布范围南北长 800 余里，东西宽 100 余里，严重蝗情；太行区赞皇、临城、磁县、武安、邢台、沙河等县蝗，一大批飞蝗从磁武暴风雨般飞来，经过武安磁山、八特向岗西一带降落，一个多小时，满山遍野落了很厚一层，多的地方有一二

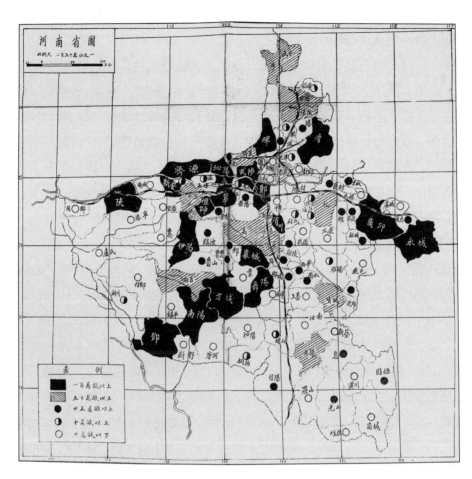

图 1-9　河南省民国三十三年蝗灾面积

(民国河南省治蝗委员会 1944 年制)

尺厚，落在树上，竟将树枝压弯、压断。《安徽省志·农业志》记载，立煌（金寨县）、霍邱等 14 县蝗，受灾 230 万亩。《林县志》记载，林县蝗灾，540 个村的 77 万亩庄稼除豆类外，其他作物叶净秆光，粮食减产 50% 左右。

民国三十五年（1946 年），《中国的飞蝗》记载，河北、河南、江西、安徽、江苏、山东、山西、湖北、台湾、南京 9 省 1 市 66 县蝗，受灾面积 121 万亩，损失值银 52 亿元。《安徽省志·农业志》记载，泗县、灵璧、宿县、涡阳、蚌埠、亳县、阜阳、临泉、太和、颍上、霍邱等 19 县蝗灾，受灾面积 324.67 万亩，蝗灾惨重，野无青草；六月，一批飞蝗飞入寿县，遥望如云，遮天盖日，聚集大孤堆、水家湖一带，连绵数十里，禾稼、青苗蚕食十之七八。《大名县志》记载，大名部分地区蝗虫成灾，"飞蝗遮天蔽日，蛹生，用碗盛蛹子"。《韩城市志》记载，七月，韩城"飞蝗自东向西群起迁飞，所过田禾一空"。

民国三十六年（1947年），国民政府农林部农业推广委员会编印的《农林部三十六年治蝗报告》记载，"本年发生蝗之省有苏、皖、豫、冀四省，凡二十县，江苏为邳县、睢宁、灌云等三县；安徽为滁县、定远、宿松等三县；河北仅宁河一县；河南为扶沟、西华、淮阳、滴水（以上四县统称黄泛区）、郾城、西平、陕县、伊川、新野、华县、偃师、洛阳、鹿邑等十三县。以安徽和河南黄泛区蝗势最烈，发生面广达数百方里至一万方里，每方尺蝗蝻之密度，多至千头，情势严重，一若三十三年，惟因防治得宜，未成巨灾"。《中国的飞蝗》记载，河北、河南、安徽、江苏4省20县蝗，新疆迪化、伊犁蝗。《江苏省志·农业志》记载，七月，苏北淮安、邳县、睢宁、灌云发生蝗灾。《宁波市志》记载，八月，鄞县蝗灾4万亩，飞蝗飞扰城区，居民捕蝗4 588斤。《塔城地区志》记载，塔城大面积蝗灾发生。

民国三十八年（1949年），河北、天津、河南、山东、陕西、山西、安徽、新疆等省份均不同程度发生蝗灾。《中国的飞蝗》记载，河北43县蝗，受灾面积123万亩。《石家庄市志》记载，"五月，栾城龙门等村蝗灾，咬光谷子21.1万亩"。《武安县志》记载，五月，武安316个村庄53万亩禾苗发生蝗灾，吃毁3.5万亩庄稼。《长清县志》记载，夏，长清蝗虫为灾，受害面积11万亩。《怀远县志》记载，怀远蝗，50万亩庄稼受灾。《新疆通志》记载，迪化、哈密发生蝗灾，损失禾苗6 000余亩，减产粮食2 500万大石，为害牧草6 000余公顷，防治耗人工10万个以上；伊犁、塔城、阿山三区动员1万人捕蝗，耗省币350余万元，当时防治药品缺乏，多以人力驱赶捕打或举火焚烧。

民国时期，兵燹连年、灾害频仍，治蝗技术落后，国民政府防治措施也不力，特别是抗日战争时期，蝗灾尤为严重。中原民谣云："河南四荒，水、旱、蝗、汤（指国民党河南驻军汤恩伯部）！"可见，蝗灾和兵灾给人民造成了深重灾难。

三、当代蝗灾

近代和当代的有关研究表明，我国蝗灾主要由具有暴发性、迁飞性和群集性的飞蝗引起，按照传统的地理种群分布划分法，可将我国发生的飞蝗分为东亚飞蝗、亚洲飞蝗和西藏飞蝗三个亚种，其中又以东亚飞蝗分布范围最广、暴发频率最高、危害程度最重。从全国蝗灾的构成成分来看，东亚飞蝗的暴发与否，对蝗灾的形成具有十分重要的影响。中国历史上发生的蝗灾中，90%以上是由东亚飞蝗暴发引起的。新中国成立以后，蝗灾发生程度逐步得到缓解，从过去连年成灾变成局部成灾、偶发成灾和有蝗不成灾。梳理1950—2019年蝗灾发生及演变过程，可以将其大致划分为频发控制期、下降稳定期、反弹回升期、稳定偶发期四个阶段。

（一）频发控制期

当代蝗灾频发控制期从 20 世纪 40 年代末开始，至 60 年代中期结束，此阶段蝗灾持续 16 年（1950—1965 年），以东亚飞蝗为主，具有发生面积大、暴发频率高等特点。因统计不全，前期蝗灾发生记载只有几百万亩至上千万亩，但从实际发生面积看，要大得多，到 20 世纪 50 年代初以后，我国东亚飞蝗的发生面积从近 6 000 万亩逐步减少到 2 300 万亩，50 年代后期至 60 年代初，发生面积又回升到 3 000 万～5 000 万亩。通过中央政府和地方各级政府全力组织防治，受灾程度得到抑制，与近代相比，蝗灾损失明显减轻，但部分地区农作物损失依然不可避免。主要集中在黄淮海地区，以河北、平原、山东、河南、安徽、江苏 6 省最重，其次是山西、陕西、广东、广西、海南等省（区）。另外，新疆、西藏的飞蝗以及西北、华北和长江中下游的土蝗也时有发生危害。如 1953—1955 年，新疆呼图壁县、博乐市沼泽周边发生亚洲飞蝗灾害；1960—1961 年乌苏、精河、博乐等地亚洲飞蝗灾害再度发生（表 1-2）。

表 1-2　频发控制期全国飞蝗发生面积及暴发地点统计（1950—1965 年）

年份	发生面积（万亩次）	暴发地点（发生 100 头/米² 以上蝗群）
1950	>1 250	山东东营、沾化，河南内黄、宜阳、辉县、汤阴，湖北黄石，湖南南县
1951	>1 300（重发区）	北京大兴，河北黄骅*，天津，山东铜北*、凫山*、曹县、梁山、鱼台、东阿、成武，江苏泗洪，安徽五河*、嘉山，河南内黄、汤阴、辉县、原阳、濮阳，新疆吐鲁番、绥来、昌吉、博乐、乌苏、沙湾、通古、哈密等
1952	>1 800	山东德州*、东平*、沾化，河南商丘*、民权，江苏微山湖、洪泽湖*，新疆博斯腾湖*
1953	>850	山东梁山、峄县，江苏宝应*、高邮*、铜山，安徽霍邱
1954	>900	山东东营，江苏高邮*、泗洪*，安徽灵璧，新疆裕民**
1955	1 464	河北沧县*、保定*，安徽灵璧
1956	1 250	河北永定河泛区*，山东寿光*，安徽灵璧
1957	3 185	河北魏县*、大名*、邱县*，山东临清*、馆陶*、武城*、无棣、夏津，河南内黄*等
1958	4 600	山东成武、滕县、金乡、嘉祥*、定陶，河南 65 县
1959	2 400	河北武清（今属天津），山东济宁、菏泽、无棣，河南滑县
1960	3 800	山东无棣，新疆乌苏、博乐等

（续）

年份	发生面积（万亩次）	暴发地点（发生 100 头/米² 以上蝗群）
1961	3 520	河南鄢陵*，山东无棣
1962	4 300	山东聊城*、德州*、东营*
1963	3 650	山西芮城*，河南灵宝*，内蒙古乌梁素海
1964	5 700	河北*、河南*、山东*多县
1965	4 160	山西芮城*

注：* 表示虫口密度达 1 000 头/米² 以上，** 表示虫口密度达 4 000 头/米² 以上。因部分年份蝗虫发生面积统计不全，所列面积多为发生密度较高面积或受害面积。

1950 年，山东、河南、安徽、湖北、新疆 5 省飞蝗发生面积 262 万亩。安徽省飞蝗发生 38.52 万亩，其中夏蝗 12.24 万亩、秋蝗 26.28 万亩。山东、河南、湖北、新疆等地还发生土蝗危害，9 月湖南南县 16 万亩农田遭受蝗灾。湖北黄石保安、长灵等地因蝗虫受灾 5.28 万亩。

1951 年，全国发生蝗虫 1 300 多万亩。5 月以来，发生蝗蝻的地区有皖北、苏北、山东、河南、湖北、河北、平原、山西、新疆 9 个省 150 个县市，面积为 280 余万亩。蝗灾严重地区如皖北泗洪、河北省黄骅及山东省铜北等地，皖北嘉山、五河及山东省凫山已有蝗群起飞，河北天津专区也有半数蝗蝻羽化为飞蝗。截至 6 月 25 日，河北省已有 62 个县发生蝗蝻，为害面积达 90 万亩；山东省有 23 个县发生蝗蝻，面积 16.76 万亩；安徽省发生飞蝗 316.19 万亩，其中夏蝗 246.70 万亩、秋蝗 69.49 万亩；新疆吐鲁番、绥来、昌吉、博乐、乌苏、沙湾、通古、哈密、镇西等县发生蝗蝻 110 余万亩；河南省发生蝗灾 484 万亩，平原省内黄、曹县、梁山、鱼台、洪县、汤阴、辉县、东阿、成武 9 个县发生蝗蝻；北京大兴县发生蝗蝻 2 万亩。

1952 年，蝗虫发生区涉及河北、平原、山东、安徽、河南、广西、湖北、湖南、福建、辽东、山西、陕西、青海、新疆、绥远、四川、甘肃、察哈尔及苏北 19 个省 75 个专区 594 个县市 1 个盐区和 1 个盟旗，共发生蝗虫 3 779 万亩。全年飞蝗发生 1 817 万亩，其中飞蝗第 1 代（简称"夏蝗"）在河北、平原、山东、安徽、河南、新疆及苏北 7 省发生 1 426 万亩；飞蝗第 2 代（简称"秋蝗"）在以上 6 省（新疆除外）发生 391 万亩。安徽省飞蝗发生 373.36 万亩，其中夏蝗 333.04 万亩、秋蝗 40.32 万亩。土蝗在 13 个省发生 1 470 万亩，其中稻蝗在 6 省发生 280 万亩，竹蝗在福建、湖南、广西、四川 4 省发生 210 万亩。蝗虫密度一般 180～450 头/米²，高者达 10 000～20 000 头/米²。各地受灾面积超过 30 万亩，山东德州专区发生蝗虫 121 万亩，吃毁麦苗几万亩；山东东平发生蝗蝻，受灾面积 12 万亩；河南宝丰 402 个村蝗蝻为害农田 8 万亩、汝南西部 8 万亩农田遭受蝗虫侵袭；平原省南旺县 1 万亩作物被夏蝗吃毁。西藏雪卡谿堆耐仲地区遭受严重蝗灾，收获时节，别说粮食，连麦秆亦无收。

1955 年，河北、山东、河南、江苏、安徽共发生夏秋蝗 1 464 万亩，防治 1 210 万亩，被害面积 13.7 万亩，损失粮食 284 万斤。6 月下旬，河北省蝗蝻面积突增至 110 多万亩，保定等内涝地区秋蝗大发生，沧县有 800 亩成虫起飞。河南全省 31 县发生蝗虫 69 万亩。安徽省飞蝗发生 198.96 万亩，其中夏蝗 106.66 万亩，秋蝗 92.3 万；安徽灵璧县发生蝗虫 15 万亩，平均密度 110 头/米^2，最高达 900 头/米^2。新疆吉木萨尔发生蝗灾 51 万亩。广西柳江、柳城、贵县飞蝗为害，损失稻谷 200 多万斤。广东电白、徐闻发生蝗害，8 万亩水稻和 1 000 亩甘蔗受灾。

1957 年，夏秋蝗发生 3 183 万亩。夏蝗在河北、河南、山东、江苏、安徽省及天津市发生和扩散面积共 1 850 万亩，是新中国成立以来蝗灾发生最严重的一年。夏蝗发生严重地区主要在山东、河北及河南 3 省的内涝农田蝗区，而山东省临清、馆陶、武城，河北省魏县、大名、邱县，河南省内黄等毗连县的内涝蝗区尤为严重。6 月中旬，发生面积 200 余万亩，密度一般在 3～20 头/米^2，高者 1 000 头/米^2 以上。河北省夏蝗发生涉及 8 专区 79 县，554.65 万亩，最高密度 1 000～2 000 头/米^2；河南省夏蝗发生涉及 6 专区 43 县，332 万亩；山东省夏蝗发生涉及 8 专区 52 县，438.6 万亩；江苏省夏蝗发生涉及 4 专区 28 县，159 万亩；安徽省夏蝗发生涉及 3 专区 16 县，99 万亩；天津市夏蝗发生 3.8 万亩。秋蝗在河北、山东、河南、安徽、江苏、天津 6 省市发生和扩散面积共 1 333 万亩，其中河北蝗情比较严重，据统计，8 专区 85 县发生面积达 560 万亩，严重地区 100～1 000 头/米^2；山东省秋蝗发生 182 万亩；河南省秋蝗发生 138 万亩；安徽省秋蝗发生 102 万亩；江苏省秋蝗发生 35 万亩；天津市秋蝗发生 0.95 万。另外，新疆吉木乃发生蝗灾 8.5 万亩。

1958 年，全国共发生夏秋蝗 4 600 多万亩。山东菏泽、济宁两专区发现飞蝗，仅成武、滕县、金乡、嘉祥、定陶 5 县迁飞来的飞蝗 12.92 万亩。迁飞时间为 8 月 27—31 日。其中，嘉祥县 29 日、30 日飞来两批蝗虫，张楼乡一天发动 3 500 人，一人一天捕蝗 5 斤多，31 日晚 8—10 时由梁保寺乡上空（从西南飞向东北）飞过三批蝗虫，密度最大的一批飞蝗把月光遮住了。河南全省 65 县夏蝗发生 582 万亩，秋蝗发生 295 万亩，密度最高者每平方米可达千头以上。安徽省飞蝗发生 380.05 万亩，其中夏蝗 193.68 万亩、秋蝗 186.37 万亩。甘肃夏河县甘加乡发生蝗灾 20 万亩，牧草损失 30%～50%。

1964 年，河北、河南、山东、江苏、安徽 5 省夏秋蝗共发生 5 700 万亩（包括部分扩散面积），是新中国成立以来蝗灾发生面积最大的一年。安徽省飞蝗发生 46.65

万亩，其中夏蝗 12.41 万亩、秋蝗 34.24 万亩。

　　1965 年，安徽省飞蝗发生 130.1 万亩，其中夏蝗 72.9 万亩、秋蝗 57.2 万亩。风陵渡至城关公社黄河滩，在东西长 20 余公里、南北宽 2～5 公里的范围内发生蝗虫，其密度少者 100 多头/米^2，多者 2 000 头/米^2 以上，滩内 8 万亩秋作物被灾。同年，新疆巴里坤县蝗灾发生严重，损失粮食 300 万千克。

（二）下降稳定期

　　此阶段维持 19 年（1966—1984 年），由于大力推行以药剂防治和蝗虫孳生地改造相结合的改治并举措施，飞蝗孳生地面积逐年收缩，发生面积减少，暴发频率下降，飞蝗和土蝗发生危害趋于下降与稳定阶段。1966—1976 年，受"文革"影响，各级治蝗队伍受到冲击，蝗虫发生统计数据也不完整。据不完全统计，20 世纪 60 年代中期以后，东亚飞蝗发生面积逐年下降，到 60 年代末至 70 年代初期，发生面积降到 900 万亩的最低点，70 年代至 80 年代初期，年度蝗灾发生面积虽有所升降，但波动范围不到 600 万亩（表 1-3）。

表 1-3　下降稳定期全国飞蝗发生面积及暴发地点统计（1966—1984 年）

年份	发生面积（万亩次）	暴发地点（发生 100 头/米^2 以上蝗群）
1966	＞2 900	天津北大港[*]，山东东平等
1967	＞1 300	
1968	＞750	山东东营，新疆博斯腾湖
1969	＞620	山东东营[*]，新疆博斯腾湖
1970	＞580	陕西华县、大荔，新疆博斯腾湖
1971	＞650	新疆博斯腾湖
1972	＞600	
1973	＞700	
1974	＞500	
1975	＞550	
1976	＞640	山东惠民、垦利，新疆博斯腾湖
1977	＞600	
1978	1 200	新疆博斯腾湖
1979	＞700	山东东营[*]，新疆博斯腾湖
1980	＞850	

（续）

年份	发生面积（万亩次）	暴发地点（发生 100 头/米² 以上蝗群）
1981	>750	山西永济
1982	>700	
1983	>770	
1984	>650	

注：＊表示虫口密度达 1 000 头/米² 以上。因蝗虫发生统计不全，所列面积多为发生密度较高面积或受害面积。

1966 年，天津北大港发生蝗虫 12 万亩，密度 1 000 头/米²。安徽省飞蝗发生 211.77 万亩，其中夏蝗 85.21 万亩、秋蝗 126.56 万亩。6 月，山东东平 19.6 万亩农田蝗灾，东平湖、稻屯洼等低洼地区严重，省农业厅派飞机灭蝗。

1973 年，津、冀、鲁、豫、苏、皖 6 省（市）蝗虫又有不同程度回升，夏蝗发生比较严重。全年蝗虫发生 698 万余亩，其中夏蝗发生 454 万亩。在沿海、沿黄河主要蝗区出现了点片高密度群居型蝗群。全年防治 301 万亩，其中飞机防治 118 万亩。安徽省飞蝗发生 45 万亩。

1976 年，山东惠民地区夏蝗发生严重，面积 48.9 万亩，主要集中在黄河入海口；垦利蝗灾比 1966 年还严重，密度 100～400 头/米²。安徽省飞蝗发生 83.68 万亩。

1978 年，全国夏秋蝗发生面积 1 200 余万亩，比 1977 年增加近一倍。1976—1977 年连续干旱，洪泽湖水位下降，湖滩暴露，蝗虫在退水区集聚，导致沿湖秋蝗发生 24 万亩。安徽省飞蝗发生 140.73 万亩。

1983—1984 年，全国大部分蝗区的蝗虫发生程度趋于稳定，但局部地区有所加重。1983 年，山东、河北的沿海蝗区以及河南、山东的黄河滩蝗区，出现了高密度的群居型蝗蝻。安徽省飞蝗发生 42.33 万亩。河南封丘蝗虫发生 12 万亩，除治 6.2 万亩。

1977 年，新疆亚洲飞蝗发生扩散面积达 30 万亩，迁飞蝗群长 3 000 米、宽 500 米，局部高密度区施药后地面每平方米有死亡成虫近千头。1984 年，塔城市南湖亚洲飞蝗小面积发生。

（三）反弹回升期

此阶段延续 25 年（1985—2009 年），受全球性异常气候的影响，飞蝗和土蝗孳生地增加，暴发频率上升、发生面积扩大、危害程度加重。20 世纪 80 年代中期以后，仅东亚飞蝗的发生面积由过去每年的 900 万～1 200 万亩次，上升到 1 500 万～2 200 万亩次。此外，亚洲飞蝗、西藏飞蝗和土蝗也在部分地区有所加重。从发生情况看，主要呈现以下成灾特点（表 1-4）。

表 1-4　反弹回升期年全国飞蝗发生面积及暴发地点统计（1985—2009 年）

年份	发生面积（万亩次）	暴发地点（发生 100 头/米² 以上蝗群）
1985	850	天津北大港*
1986	1 500	河南巩县
1987	1 428	海南东方*，河南巩县、孟津、原阳，河北黄骅
1988	1 455	陕西淮南、大荔、韩城、海南乐东、东方，河北平山，广西武宣、来宾，山东烟台福山
1989	1 550	山东微山*，江苏沛县
1990	1 380	河南中牟、武陟，河北南大港，天津北大港，山东东平
1991	1 473	山西芮城、永济，河北献县、辛集、高邑
1992	1 372	河南灵宝、中牟、封丘，河北磁县
1993	1 374	海南乐东、东方，山东东平，河北衡水、平山、安新
1994	1 713	天津北大港*、静海，河南中牟、武陟、孟县、荥阳、汝南、上蔡、遂平、西平，海南乐东、东方、三亚，河北霸州
1995	2 300	河北黄骅*、安新、大城、文安，河南中牟*、封丘、长垣、郑州、嵩县，陕西大荔，山东寿光、河口、无棣，安徽濉溪
1996	1 830	河南长垣、封丘、兰考、中牟
1997	1 700	河南中牟，山东枣庄、薛城等
1998	2 290	河北安新*、海兴，山东无棣*、河口、垦利，河南中牟、偃师
1999	2 400	河北冀州、黄骅、安新、海兴，天津北大港、静海，山东东营、滨州、菏泽、济南
2000	2 760	天津北大港*、静海，河北海兴*、安新*、冀州*，山东滨州，新疆塔城，西藏日喀则
2001	2 811	河北安新*、黄骅、南大港、海兴，河南中牟、开封、兰考，山东垦利、无棣、沾化，天津大港、静海，辽宁葫芦岛
2002	2 450	天津北大港*、宁河、汉沽、武清、静海，河北黄骅、海兴、沧县、献县、平山*、中捷、盐山、玉田、丰南、唐海、南大港，山东东营
2003	3 018	山东东营、滨州、河口，河北沧州、廊坊，天津宝坻，西藏噶尔、新疆塔城、吉木乃*
2004	2 894	广西北海，新疆吉木乃*，四川石渠

（续）

年份	发生面积（万亩次）	暴发地点（发生100头/米² 以上蝗群）
2005	2 635	广西兴宾*，海南*，四川石渠
2006	2 524	山东河口，广西兴宾*，四川石渠*，西藏噶尔*
2007	2 400	河北黄骅、海兴、盐山、沧县，天津北大港，山东垦利*，四川石渠、日孜，西藏江达、林芝、扎囊、日喀则
2008	2 342	天津北大港*，河北安新、黄骅、海兴
2009	2 426	天津宁河*、北大港*，黑龙江龙江*、肇州、肇源，吉林农安*

1. 东亚飞蝗发生特点

20世纪80年代中期以后，受大气温室效应和全球气候变暖的影响，东亚飞蝗灾变规律出现新的特点，与以往相比，表现为发生期提前、暴发频率增加、发生范围扩大。

（1）发生期提前。东亚飞蝗在我国黄淮海大部地区一般每年发生2代，第1代发生在春夏季，简称"夏蝗"；第2代发生在夏末至秋季，简称"秋蝗"。20世纪50—60年代，东亚飞蝗在我国华北地区（河北、山西、山东黄河入海口及渤海湾地区等）为1~2代发生区，黄淮地区为2代发生区，长江中下游及洞庭湖、鄱阳湖地区为2~3代发生区，赣南至珠江流域为2~3代发生区，珠江以南为3~4代发生区。20世纪80年代中期以后，我国北方地区高温带出现北移趋势，其结果是冬季暖冬、夏季炎热、春季气温回暖早，华北大部蝗区与50年代相比，全年气温普遍偏高1~3℃。由于温度升高，有效积温增加，蝗虫发育速度加快，致使蝗虫的发生期普遍提早3~5天，多者7~10天，导致发生世代有北移趋势。以天津渤海湾蝗区为例，50—60年代该区为1~2代发生区（或不完全2代发生区），80年代后期以后，北大港防蝗站连续多年观察，发现东亚飞蝗在该区完全能完成2代；此外，在河南南部至淮河流域蝗区，蝗虫的发生世代也由50年代的2代发生区发展为90年代的2~3代发生区。如1994年、1995年，安徽淮南、河南驻马店等发生了3代蝗虫（秋蝗2代），生活史完成率在50%~70%，世代的增加，有利东亚飞蝗发生危害。

（2）暴发频率增加。20世纪80年代中期至21世纪初，我国各地东亚飞蝗发生区相继进入不同程度的活跃期，天津、河南、山东、河北、安徽、陕西、山西、海南、广西9省（区、市）蝗区均多次发生高密度蝗群，密度高达1 000头/米²以上。1985—2009年，蝗灾大发生年份有10年（1985年、1987年、1989年、1991年、1995年、1998年、1999年、2000年、2002年、2008年），中等至中等偏重发生年份有9年（1986年、1990年、1994年、1997年、2001年、2003年、2004年、2007

年、2009 年），轻发生至中等偏轻年份 6 年（1988 年、1992 年、1993 年、1996 年、2005 年、2006 年）。从不同的生态区生态类型看，发生频率依次是河泛蝗区＞滨湖蝗区＞沿海蝗区＞隐伏蝗区＞内涝蝗区。大发生年份如 1985 年，天津北大港水库严重发生秋蝗 15 万多亩，密度高达 2 000 头/米^2 以上，同年 9 月 20 日，东亚飞蝗从北大港水库起飞，经过河北省黄骅、海兴、沧县、盐山、孟村 5 县和 2 个国有农场（中捷和南大港）等地。蝗虫面积东西宽约 30 公里、南北长 100 余公里，波及面积 251 万亩，这是新中国成立以后东亚飞蝗首次出现跨省迁飞。此后，又相继在海南岛的东方、乐东，山东的微山湖、黄河入海口，河南省黄河滩，河北的黄骅、安新，天津北大港等蝗区出现大发生或特大发生年份，密度高达 1 000～10 000 头/米^2。

1989 年，夏蝗在河北献县、河南武陟、山东黄河入海口、东平湖、微山湖发生较重，同年秋蝗在微山湖区大发生，面积 20 多万亩，密度高达 1 000～10 000 头/米^2，微山湖脱水区地面蝗蝻成片成群、行如流水，部分玉米被啃食成光秆，中午蝗虫成群在湖上空盘旋，农业部全国植物保护总站派出工作组到现场督导，经及时调集飞机防治，未造成蝗虫迁飞。1994 年，秋蝗在天津北大港水库地区发生 20 多万亩，其中高密度区 10 余万亩，蝗蝻成片、成带、成团，密度 1 000～10 000 头/米^2，其发生程度是 1985 年蝗虫起飞以后又一个大发生年。

1998 年，山东黄河口夏蝗大发生，发生面积 430 万亩，最高密度达 2 000 头/米^2，滨州地区无棣县出现 30 万亩高密度蝗区，最高密度达 10 000 头/米^2，是 20 世纪 60 年代以后山东滨州地区飞蝗发生最严重的年份。5 月 28 日，全国夏蝗防治工作会议在无棣县召开，农业部副部长白志健、山东省副省长陈延明及 11 个有蝗省市的农业厅厅长参加了会议。6 月 6—22 日历时半个多月，完成防治面积 45 万亩次，参加治蝗达 1 800 余人，使用农药 166 吨，发生区普治一遍，部分蝗区防治 2～3 次，防效 99％以上。此外，这年河北黄骅、南大港、安新、平山等蝗区夏蝗重发生，最高密度达 1 000 头/米^2 以上；河南黄河滩区夏蝗发生最高密度达 1 500 头/米^2；河北沧州秋蝗重发生，发生 122 万亩，局部地区出现 3 000 头/米^2 的高密度蝗群。

2001 年辽宁省葫芦岛市发生新中国成立以来首次飞蝗危害，另外也发现其他 5 种土蝗发生。飞蝗发生面积 60 多万亩（其中农田 25 万亩），发生区涉及葫芦岛、锦州 2 市 5 县（区）23 乡镇 216 个村。飞蝗发生密度一般 5～20 头/米^2，局部地区达到 100～1 000 头/米^2。蝗虫发生主要特点是土蝗和飞蝗混合发生，以土蝗比例居多，发生区域呈点片状分布。发生区环境主要分布于水库边、女儿河两侧以及山坡荒草地、傍山农田，有 8.5 万亩农作物受灾比较严重，受害对象主要是谷子、玉米、高粱、黍子等禾本科作物。据当地百姓反映，在 2000 年秋季就发现有大量蝗虫，但怀疑是外来迁入虫源，并未引起注意。据实地调查，结合历史资料综合分析，蝗虫不太可能从外省迁入，应属于当地虫源在适宜干旱气候条件下大量繁殖大发生。

2007 年山东东营垦利芦苇地飞蝗大发生，夏蝗高达 1 000～5 000 头/米²。2008 年，天津北大港水库夏秋蝗均出现高密度蝗群，高密度发生面积 5 万亩，夏蝗最高密度 10 000 头/米²，秋蝗最高密度达 500 头/米²。此外，河北安新、黄骅、海兴等地出现了高密度重发生点片，最高密度达 1 000 头/米²。

总的来看，1985—2009 年，我国东亚飞蝗的暴发频率比之前明显增高。

（3）发生范围扩大。1985 年，东亚飞蝗夏秋蝗发生面积 514 万亩次，1986—1993 年发生面积 1 370 万～1 550 万亩次，1994—1999 年发生面积 1 700 万～2 400 万亩次，2000—2009 年发生面积 1 800 万～2 800 万亩次，发生范围呈明显扩大趋势。1985—2009 年，夏秋蝗发生面积超过 2 000 万亩次的有 13 个年份，蝗虫常发区涉及 100 余个县（市、区），主要分布在山东、河北、河南、天津等省份的蝗虫孳生区。受异常气候及农业生态环境变化等因素的影响，一些潜在或隐伏的蝗区（非常发区或偶发区）也出现了有利东亚飞蝗孳生的条件，从而导致原有的散栖飞蝗种群密度的累积增长并暴发成灾。如 1988 年 8 月，在广西中部地区的来宾、武宣和宾阳三县的 20 个乡镇及 3 个农场发生了 25 年未有的东亚飞蝗灾害，面积达 48 万亩，虫口密度一般 5～10 头/米²，高者 100～200 头/米²，最高者达 2 000 头/米²，甘蔗受害面积近 12 万亩，水稻、玉米、高粱等作物受害面积近 1.2 万亩；同年在山东烟台市的福山水库也发生了 30 年未有的群居型飞蝗。1991 年在河北的辛集和高邑，1994 年在河南的汝南、上蔡、遂平及西平，1995 年在河南的嵩县，1997 年在山东的枣庄，1998 年在河南的偃师，2004 年在广西的北海等地，都发生了多年未有的群居型东亚飞蝗，密度达 100～1 000 头/米²，对农业生产构成严重威胁。

2. 亚洲飞蝗发生特点

亚洲飞蝗发生区主要分布在新疆西北部与哈萨克斯坦毗邻地区，塔城市发生频率较高。此外，内蒙古和东北地区西南部也有分布，受气候变暖和持续干旱的影响，在吉林农安、大安，黑龙江齐齐哈尔、大庆等相继局部大发生。

1985 年，亚洲飞蝗在新疆塔城市南湖小规模发生；1987 年在阿勒泰地区克兰河与阿拉哈克河交汇处发生小面积群居型飞蝗；1993 年在博斯腾湖西南河口人工草场发生飞蝗 3 000 亩。

20 世纪末，亚洲飞蝗在新疆中哈边境毗邻地区呈加重发生趋势。1999 年，新疆 7 个地（州）的 22 个县（市）农田发生面积约 570 万亩，其中严重发生面积 280 万亩，造成绝收面积 19 万亩，直接经济损失达 1.6 亿元。该年亚洲飞蝗从邻国迁飞入境，以塔城、阿勒泰、博尔塔拉蒙古自治州 3 地（州）数量最多、危害最重。据塔城地区边防站观测，1999 年入秋后亚洲飞蝗迁入塔城盆地有 10 余批，进入我国境内覆盖范围达 600 多万亩，造成 2.7 万亩秋作物绝收。当年还发现博尔塔拉蒙古自治州博乐市由阿拉山口迁入艾比湖大批亚洲飞蝗产卵。1999 年哈萨克斯坦的意大利蝗多次从塔城地区长达 120 公里的边境线上扩散迁飞进入我国新疆塔城盆地，导致农田、草地蝗灾大暴发，严重危害面积 500 多万亩，其中农田 200 多万亩、草场 300 多万亩。伊犁地区霍城县边境线上迁入两批意大利蝗，危害面积近 10 万亩。

2000 年在伊犁、塔城、阿勒泰、博尔塔拉蒙古自治州、昌吉回族自治州、乌鲁木齐、吐鲁番、哈密等地（州、市）的农田亚洲飞蝗与意大利蝗等土蝗混合发生面积 2 730 万亩（严重发生 750 万亩），全疆造成 645 万亩农田、1 400 万亩草场严重受灾。其中，亚洲飞蝗发生 263 万亩，发生区涉及 8 个地（州、市）的 71 个县（市），蝗虫密度每平方米一般 50～100 头，严重地区每平方米高达 5 000～10 000 头；意大利蝗等土蝗发生面积 355 万亩，严重地区虫口密度达每平方米近万头。

2000 年，亚洲飞蝗、意大利蝗再次由哈萨克斯坦扩散迁飞进入新疆塔城地区，分塔城—额敏、裕民—托里、乌苏甘家湖三条线进入并向区内纵深地带发展，最远处迁飞进入克拉玛依市区域内。据不完全统计，遭受损失农田达 111 万亩、草场 553.5 万亩，同时部分蝗虫在塔城南湖、乌苏甘家湖、裕民江格斯乡、托里莫墩那瓦一带产卵，同年，上年博尔塔拉蒙古自治州博乐市由阿拉山口迁入艾比湖产卵孵化的亚洲飞蝗造成危害面积 1.5 万亩。2000 年从察布查尔锡伯自治县边境沼泽地迁入少量亚洲飞蝗。南疆阿克苏地区乌什县与吉尔吉斯斯坦的伊塞克湖州交界的别迭里、臻丹、阿日、铁里克等山区边境草场均发现了亚洲飞蝗，虫口密度达 3～5 头/米^2。

21 世纪初，亚洲飞蝗在新疆西北部继续频繁发生。2001 年 7 月 1 日，博尔塔拉蒙古自治州博乐市东南部靠近艾比湖处发现亚洲飞蝗，平均虫口密度 25～35 头/米^2，造成危害面积近万亩；7 月 9 日，塔城地区乌苏甘家湖发生亚洲飞蝗灾情。2002 年，塔城南湖、乌苏甘家湖发生小批量飞蝗灾情，塔城、托里、裕民等地暴发意大利蝗灾，经调查，虫源是前一年迁飞入境蝗虫产卵次年孵化后成灾；7 月 25 日，阿勒泰地区可可苏湖突然发现亚洲飞蝗 10 万亩，平均虫口密度 0.3 头/米^2；驻守哈巴河县的新疆生产建设兵团第十师一八五团三连，于吉木乃县克克其木与哈萨克斯坦交界处发现迁飞的亚洲飞蝗。

2003 年，新疆阿勒泰、塔城等中哈边境地带遭受亚洲飞蝗大规模迁入侵袭，发生面积超过 300 万亩，塔城地区农牧交错地带最高密度达 7 500 头/米²。7 月，哈萨克斯坦蝗虫大发生，铺天盖地的亚洲飞蝗九次越过中哈边境线，降落在吉木乃县北沙窝南部农田，迁入农田面积 2 万亩，虫口密度一般 2 000 头/米² 左右，其数量之多、密度之大、来势之猛，属多年罕见。7—8 月，吉木乃县受灾面积 50 万亩，平均虫口密度 125 头/米²，最高达 1 300 头/米² 以上，牧草损失率高达 70%。阿克苏地区乌什县边境草场发生亚洲飞蝗危害 75 万亩，其中严重危害面积 1.4 万亩，最高密度达 400 头/米²。

2004 年，亚洲飞蝗由境外迁飞进入阿勒泰吉木乃县，成灾面积近 75 万亩。从 5 月 21 日开始，陆续发现哈萨克斯坦飞蝗迁入我国吉木乃县，涉及该县边境线达 141 公里，每日入境危害面积 1 万余亩，累计入境蝗虫发生面积 450 万亩（含进入隔离带面积 10 万亩），加上县境内蝗虫发生面积 30 万亩，共 480 万亩。入境蝗虫种类主要是亚洲飞蝗和意大利蝗，大多已进入成虫期，平均虫口密度 120~180 头/米²，最高密度超过 1 万头/米²。6 月 29 日下午，该县中哈边境 53 号界碑出现蝗虫雨，扩散迁飞时间长达 45 分钟，覆盖面积 4.5 万亩。2004 年，吉木乃县亚洲飞蝗发生危害 30 万亩，严重受灾面积 1 万亩（其中油葵 0.6 万亩、小麦 0.4 万亩），虫口密度 200 头/米² 以上。针对亚洲飞蝗严重发生，7 月，农业部派出治蝗工作组赴阿勒泰吉木乃县等地督导治蝗近 20 天。此外，当年阿克苏地区柯坪县也发现亚洲飞蝗危害面积 0.33 万亩。

2005 年，新疆农田蝗虫发生面积 912 万亩次，平均虫口密度 30~60 头/米²，最高密度 800~1 000 头/米²，以意大利蝗种群数量最多，乌苏市、特克斯县、阿图什市发生为重，主要受害作物有棉花、小麦、玉米、油葵、胡麻、葡萄、甜瓜等。亚洲飞蝗发生面积 209 万亩，上年迁飞入境的亚洲飞蝗多数被扑灭，遗留蝗虫呈散居分布。

2006—2010 年，亚洲飞蝗每年发生面积在 100 万~150 万亩波动；2011—2013 年，发生面积降至 60 万亩左右；2014—2017 年，亚洲飞蝗发生相对较轻，年均发生面积在 30 万亩以内（农田发生面积约 10 万亩），虫口密度一般在 0.5 头/米² 以下。

在我国东北地区，亚洲飞蝗也从零星分布趋于间歇性暴发。2003 年，吉林大安市安广镇、红岗子乡新荒泡发生亚洲飞蝗，危害面积 7.5 万亩，最高密度达 50 头/米²，重发生面积 2 万亩，政府组织地面防治作业面积 7.5 万亩。2009 年，吉林省农安县巴吉垒乡波罗湖芦苇湿地发生蝗虫 4.5 万亩，蝗虫密度较大区域 2 万多亩，蝗群核心发生区 450 亩左右。一般密度为 50 头/米²，最高密度为 2 000~3 000 头/米²。7 月 25 日发现虫情时，核心区部分芦苇叶片基本被吃光，对周边农作物形成威胁。26 日，县农业局组织当地农民地面喷施马拉硫磷进行防治，7 月底至 8 月初，又调集运-5型农用飞机喷施 90%马拉硫磷油剂，防治面积共 4.5 万亩，防效达 98%。

2009 年 7 月中旬，黑龙江省西部亚洲飞蝗暴发，为新中国成立以来首次。有 3 个发生区，涉及 3 个县和 1 个国有农场。其中齐齐哈尔市龙江县境内的九三分局哈拉海农场，发生面积 21.1 万亩（7 000 亩属龙江县七棵树乡）；龙江县哈拉海乡发生面积 5 000 亩；大庆市肇州、肇源两县交界处，发生面积 10 万亩。总发生面积 31.6 万亩，其中，高密度核心区面积 12.81 万亩。发生区均为人迹罕至的湿地，植被为芦苇及部分碱草。高虫口密度区一般每平方米有蝗蝻 1 000～2 000 头，高者达万头以上，密度之高，全国少有，历史罕见。蝗虫发生后，农业部派出调研组，黑龙江省农业和农垦部门密切配合，紧急调集飞机 3 架进行飞防作业 26 架次、湿地专用大型喷药机械 6 台（套）、机动弥雾机 1 596 台（套），出动人力 11 250 人次，喷洒丁烯氟虫腈、氟虫腈等农药 19.3 吨，防治面积近 40 万亩次。此次飞蝗在黑龙江省是百年不遇的突发事件，从发现确认为飞蝗到 7 月 22 日主体防蝗工作完成，仅用 7 天时间，蝗虫危害得到有效控制。

3. 西藏飞蝗发生特点

受持续干旱气候等因素的影响，21 世纪初西藏部分地区蝗虫发生频率增加。2001 年，西藏日喀则等地发生局部高密度飞蝗。2004 年 5 月，西藏阿里地区蝗虫发生面积达 8 万余亩，涉及噶尔、札达、日土三县，其中，噶尔县发生面积最大、虫口密度最高，受害面积达 7 万余亩。西藏自治区农牧厅先后调集农药 13.3 吨、机动施药机械 20 台（套）、手动喷雾器 650 台（套）、下拨专款 30 多万元用于蝗虫防治。先后进行了 4 次药物防治，持续时间达 22 天。此次蝗虫防治工作阿里地区也投入了大量的人力、物力，组织 800 多人次，动用车辆 100 多台次参加灭蝗工作，防治面积达 14 千米²，防治效果达 80%以上。

2006 年 6 月中旬，四川甘孜藏族自治州石渠县洛须片区有蝗面积约 4.5 万亩，平均虫口密度 5 头/米² 以上者约 5 000 亩，高密度蝗蝻群主要集中在该县正科乡、洛须镇、麻呷乡镇的 10 个村。7 月 19 日，高密度发生面积 6 000 亩，虫口密度一般 30～400 头/米²，其中虫口密度 400 头/米² 以上者 1 500 亩（其中，青稞 500 亩、草地 1 000 亩），虫龄 3～5 龄，少部分成虫。2007—2009 年，西藏飞蝗在农牧区持续发生。

2007 年，西藏飞蝗主要在西藏阿里地区、昌都市和四川的甘孜藏族自治州、阿坝藏族羌族自治州不同程度发生，累计发生面积达 214 万亩，属重度发生，在西藏江达县等地区出现 2 000 头/米² 的高密度发生区。西藏飞蝗在川藏地区连续五年偏重发生，反映出西藏飞蝗进入新一轮高发期。

2012 年，西藏飞蝗在四川甘孜藏族自治州发生面积 118 万亩，高密度蝗群发生面积 4.8 万亩，石渠县正科乡虫口最高密度达 700 头/米²。

2014 年，西藏飞蝗在四川甘孜藏族自治州发生面积 123 万亩，高密度蝗群发生面积 3.9 万亩（其中农田 9 200 亩），石渠县正科乡虫口最高密度达 300 头/米²。

4. 其他蝗虫发生特点

受干旱气候和草原退化等综合因素的影响，21 世纪初，草原蝗虫在我国大面积发生，造成草原生态环境进一步恶化，威胁牧区人民生产和生活。据资料记载，1949—2005 年，新疆农区和草原蝗虫累计发生面积近 9 亿亩。其中，1949—1985 年新疆 84 个县（市）中有 71 个县（市）发生过蝗灾，累计发生面积 4.05 亿亩。1990 年托里县加依尔山下牧场蝗虫猖獗，发生面积大，蝗虫密度达 100 头/米²，60 万头牲畜被困山下。此外，农区土蝗也有不同程度发生（表 1 - 5）。

表 1 - 5 1949—1985 年全国农区主要土蝗发生面积及暴发地点统计

年份	发生面积（万亩次）	暴发地点（发生 100 头/米² 以上蝗群）
1952	1 960	北方土蝗在 13 个省份发生 1 470 万亩；稻蝗在 6 省份发生 280 万亩；竹蝗在福建、湖南、广西、四川 4 省份发生 210 万亩，虫口密度一般 180～450 头/米²，高者达 10 000～20 000 头/米²
1953	331	内蒙古、新疆
1954	100	内蒙古
1955	1 374	内蒙古
1956	45	山西怀仁* 等 16 县
1957	70	山西大同、阳高、怀仁、天镇、运城、阳城等 25 县，内蒙古包头
1958	143	内蒙古兴和*、卓资，甘肃夏河
1959	64	内蒙古
1962	58	湖北
1963	23	山西大同、阳高、怀仁
1964	210	内蒙古乌兰察布、赤峰、巴彦淖尔
1968	100	内蒙古巴彦淖尔
1969	57	内蒙古巴彦淖尔
1973	228	内蒙古察哈尔右翼前旗、武川、卓资等
1974	680	内蒙古乌兰察布、巴彦淖尔、包头、伊克昭等

（续）

年份	发生面积（万亩次）	暴发地点（发生100头/米² 以上蝗群）
1975	443	内蒙古，山西大同
1976	606	山西雁北、大同、忻州、太原、临汾、晋东南、阳高等
1978	617	内蒙古乌兰察布、赤峰、巴彦淖尔、包头等
1979	604	内蒙古
1983	430	内蒙古乌兰察布等

注：* 表示虫口密度达 1 000 头/米² 以上。土蝗发生并非逐年统计，只在较重发生年份统计。

　　自 2003 年 6 月，内蒙古自治区锡林郭勒盟大部分地区出现蝗灾，全盟共 7 000 多万亩草场发生蝗灾，其中 3 400 万亩草场成为重灾区。仅苏尼特右旗一个旗就有 1 375 万亩草场发生蝗灾，占全旗草场总数的三分之一（表 1-6）。

表 1-6　1978—2017 年全国草原蝗虫发生防治统计

年份	发生面积（万亩）	防治面积（万亩）	中央财政补助资金（万元）
1978—1980	9 307	1 764	1 000
1981—1985	7 889	1 292	1 000
1986—1990	6 289	1 136	1 000
1991—1995	8 494	1 499	1 000
1996—2000	18 678	2 735	1 000
2001	32 032	6 039	1 630
2002	20 845	6 844	2 350
2003	26 933	6 929	5 000
2004	26 587	7 371	4 500
2005	19 384	4 710	5 000
2006	14 352	4 569	8 000
2007	15 635	4 621	8 000
2008	17 500	5 749	8 000
2009	22 993	6 100	9 000
2010	17 925	6 318	10 500
2011	18 158	7 076	10 500
2012	17 183	6 652	10 000
2013	15 146	6 056	10 000
2014	14 333	6 338	10 000
2015	12 438	6 027	10 000
2016	12 559	6 484	10 000
2017	13 655	7 455	10 000

　　注：1978—2000 年的发生面积、防治面积及中央财政补助额度均为各个时期的年均水平（资金除用于蝗虫防治，部分地方也用于草原鼠害和其他虫害防治）。

2004 年我国草原蝗虫大规模发生，其中严重发生面积 2.3 亿亩，是新中国成立以来发生面积最大的年份；全国损失牧草累计 1 320 万吨，灾区天然草原及围栏封育草场破坏严重，牧民生产生活受到严重威胁。2004 年中央财政补助全国草原虫灾防治经费 4 500 万元，共计购置农药 2 083.2 吨，投入劳动力 76.32 万人次、技术人员 8 017 人次，租用飞机 1 724 架次、大型喷雾机械 4 905 台（套）、背负式喷雾器 12.56 万台（套）次，动用各种车辆 7.66 万辆次。完成防治面积 6 540.2 万亩，占危害面积的 14.74%，挽回直接经济损失 4 亿元。

2007 年，全国草原蝗虫发生面积 1.56 亿亩。草原蝗虫最重的省（区）为内蒙古、新疆、青海、甘肃、四川和黑龙江，6 省（区）发生面积合计 1.3 亿亩。形成危害的主要种类有亚洲小车蝗、意大利蝗、西伯利亚蝗、宽须蚁蝗、西藏飞蝗、白边痂蝗、鼓翅皱膝蝗、毛足棒角蝗、宽翅曲背蝗、狭翅雏蝗、大垫尖翅蝗、红胫戟纹蝗、亚洲飞蝗等。亚洲小车蝗主要分布在内蒙古中东部的锡林郭勒盟、赤峰市、通辽市和呼伦贝尔市；意大利蝗、西伯利亚蝗主要分布在新疆的阿勒泰、塔城、昌吉地区。2007 年生物防治草原蝗虫 1 430 多万亩，占总防治面积的 28%，比往年有明显提高。其中招引椋鸟治蝗 480 万亩，利用绿僵菌配套技术治蝗 450 万亩。全国累计投入飞机作业 813 架（次），出动大型喷雾器 2 400 余台（套）、背负式喷雾器 8.6 万余台（套）、车辆 1.9 万辆（次）。

此外，20 世纪 80 年代中期以后，北方农区土蝗也呈反弹回升趋势，先后在新疆、内蒙古、山西、河北、黑龙江、山东等省份发生局部高密度蝗虫。南方农区土蝗在部分地区也加重发生，如广东越北腹露蝗，自 1988 年在阳山杜步镇首次发现以来，每年在粤北地区均有不同程度发生。由于蝗虫孳生区广、繁殖力强并具有潜伏性、迁移性、食性杂等习性，发生区域又处于公共场所，暴发区较为贫困，防治难度大，致使越北腹露蝗发生区域逐年扩展，发生面积不断增大，危害持续加重。2002 年 4 月，越北腹露蝗再度在粤北的阳山、连南、连州、连山等地暴发，发生面积近 20 万亩（表 1-7）。

表 1-7　反弹回升期全国农区主要土蝗发生面积及暴发地点统计（1986—2009 年）

年份	发生面积（万亩次）	暴发地点（发生 100 头/米² 以上蝗群）
1986	787	山西汾河、滹沱河、太原市南郊* 和北郊*、清徐等，内蒙古
1987	110	河南洛阳，山西晋城、临汾、运城等
1988	20	山西晋城
1989	50	黑龙江富裕、林甸、肇源等

（续）

年份	发生面积（万亩次）	暴发地点（发生 100 头/米² 以上蝗群）
1994	854	内蒙古多伦、达茂旗、武川、四子王旗、兴和、察哈尔右翼后旗等
1997	1 611	山西大同，内蒙古乌兰察布、锡林郭勒、赤峰、通辽等
1998	820	山西
1999	2 251	山西，新疆塔城，内蒙古乌兰察布、呼和浩特、包头、锡林郭勒、赤峰等
2000	2 129	内蒙古，新疆塔城地区的额敏、裕民等
2001	1 549	北京，内蒙古，新疆
2002	1 590	北京，内蒙古
2003	1 761	陕西澄城、大荔、合阳等，内蒙古
2004	3 461	山西，内蒙古
2005	2 000	内蒙古，河北等
2006	2 039	内蒙古
2007	1 766	广东粤北，内蒙古，新疆察布查尔*
2009	2 711	内蒙古翁牛特旗*、巴林左旗*、克什克腾旗、松山区

注：* 表示虫口密度达 1 000 头/米² 以上。土蝗发生并非逐年统计，只在较重发生年份统计。

（四）稳定偶发期

经过前期 30 多年的持续控制，特别是生态控制、生物防治等综合治理的推广应用，蝗虫孳生区面积得到逐年压缩。2010 年以后，飞蝗发生密度和面积均处于较低水平，飞蝗发生域稳定，飞蝗区基本处于平稳或潜伏状态，但局部发生或偶有点片高密度，发生规模明显小于上一阶段的反弹回升期（表 1-8）。

表 1-8 稳定偶发期全国飞蝗发生面积及暴发地点统计（2010—2019 年）

年份	发生面积（万亩次）	暴发地点（发生 100 头/米² 以上蝗群）
2010	2 261	吉林大安，四川甘孜
2011	2 257	山西永济*，吉林大安，四川理塘
2012	2 265	四川石渠
2013	2 176	天津北辰、北大港
2014	2 023	安徽淮北烈山*，四川石渠
2015	1 939	海南东方、昌江、儋州
2016	1 928	天津北大港

（续）

年份	发生面积（万亩次）	暴发地点（发生 100 头/米² 以上蝗群）
2017	1 794	吉林农安，山东潍坊峡山
2018	1 503	山东潍坊峡山，西藏阿里地区噶尔，天津北大港
2019	1 422	西藏阿里地区噶尔，天津北大港，安徽淮南，海南儋州

注：＊表示虫口密度达 1 000 头/米² 以上。在黄淮海地区，一般按照 0.2 头/米² 以上纳入发生面积统计，部分省份发生区统计有所偏大，一般是见虫面积。

在飞蝗发生区域，2011 年吉林大安市安广镇突发 7.5 万亩高密度亚洲飞蝗，最高密度达 200 头/米² 左右，严重危害面积达 2 万亩。政府组织飞机防治作业面积 2.5 万亩，地面防治作业面积 5 万亩。2014 年安徽淮北市烈山区化家湖发生高密度蝗群 6 000 余亩，虫口密度一般 50～60 头/米²，最高密度近 10 000 头/米²；四川甘孜藏族自治州发现西藏飞蝗高密度蝗群，发生面积 3.9 万亩，其中农田 9 200 亩，石渠县正科乡最高密度达 300 头/米²。2016 年天津北大港水库夏蝗高密度蝗区面积 8 万亩左右，虫口密度 100 头/米² 以上者 1 万亩，最高密度达 1 000 头/米² 以上。2017 年吉林农安县万顺乡平山村元宝洼附近的荒地和芦苇丛发生亚洲飞蝗 3.5 万亩，高密度发生区 1.16 万亩，平均虫口密度 50～60 头/米²，最高密度达 1 000 头/米² 以上。当地政府组织防治 4.66 万亩次，其中动用无人机作业 1 600 架次、防治面积 1.76 万亩，大型直升机作业 42 架次、防治面积 2.1 万亩，人工地面 200 台静电喷雾器共作业 0.8 万亩。2018 年，山东潍坊峡山水库脱水干涸，发生飞蝗约 3 万亩，其中高密度发生区 7 000 亩，虫口密度一般 50～60 头/米²，最高密度达 100 头/米² 以上。在天津市滨海新区北大港水库蝗区，东亚飞蝗夏蝗 10 头/米² 以上者 2.1 万亩，秋蝗 10 头/米² 以上者 2.6 万亩，部分地区超过 100 头/米²。西藏阿里地区发生西藏飞蝗约 2.9 万亩，其中噶尔县 2.87 万亩、日土县 272 亩，重发区 1.6 万亩，虫口密度 50～400 头/米²，最高密度达 700 头/米² 以上。2019 年，西藏阿里地区噶尔县西藏飞蝗发生区域扩大到近 6.7 万亩，每平方米蝗虫 70～500 头，最高密度达 700 头/米² 以上。此外，拉萨、山南局部地方也发生高密度蝗群。

在土蝗发生区域，2012 年，新疆伊犁河谷草原和农牧交错区发生高密度土蝗，严重危害面积达 65 万亩，在察布查尔锡伯自治县、特克斯县、新源县、塔城市重发生，重发生区平均密度 20～300 头/米²，最高密度达 3 000 头/米²。2013 年，新疆察布查尔锡伯自治县、伊宁县、乌什县、温宿县发生土蝗，重发生区平均密度 50～500 头/米²，最高密度达 5 000 头/米²；内蒙古部分农田周边草滩平均虫口密度 20～50 头/米²，最高密度达 200 头/米²。2014 年内蒙古全区共发生土蝗 1 335 万亩，平均虫口密度 15 头/米²，最高密度达 500 头/米²。2018 年，内蒙古自治区呼和浩特市武川县农田周边草滩土蝗虫口密度最高达 80～100 头/米²；新疆生产建设兵团第八师棉田发生土蝗 3.5 万亩，虫口密度 65～70 头/米²（表 1-9）。

表 1-9　稳定偶发期全国农区主要土蝗发生面积及暴发地点统计（2010—2019 年）

年份	发生面积（万亩次）	暴发地点（发生 100 头/米² 以上蝗群）
2010	2 195	内蒙古，新疆察布查尔*、昌吉*
2011	1 557	内蒙古
2012	1 666	内蒙古
2013	1 521	内蒙古
2014	1 335	内蒙古
2015	1 600	内蒙古通辽、巴彦淖尔、呼伦贝尔、乌兰察布、包头、赤峰等
2016	850	内蒙古，新疆察布查尔、温泉、额敏
2017	750	内蒙古，新疆察布查尔*、温泉*、额敏

注：* 表示虫口密度达 1 000 头/米² 以上。土蝗发生并非逐年统计，只在较重发生年份统计。

蝗虫的发生与其所处的生态环境和气候变化密切相关。在黄河流域，21 世纪以来，随着黄河小浪底水利枢纽工程竣工并投入使用，其主要功能为治沙防洪，辅助功能为发电。自 2002 年以来，黄河小浪底水库每年都要进行调水调沙，将黄河下游主河槽的过流能力提高，利用"人造洪峰"将下游河床淤积的泥沙送入大海，同时减少小浪底水库的泥沙淤积。2015 年 6 月，黄河小浪底调水调沙正式开始。随着小浪底调水调沙功能的充分发挥，黄河水位和流量趋于正常化，避免了下游河道断流，河滩农业种植业相对稳定，蝗虫适生环境减少，加之蝗虫生物防治技术的持续应用和滩涂农业的发展，蝗区生态环境得到改善，对减轻和抑制蝗虫的发生也起到良好作用。在华北地区，南水北调工程于 2014 年 12 月正式通水，到 2018 年 12 月已累计调水 222 亿米³，随着 2019 年以后南水北调东线工程的投入使用，上述两大引水工程不仅对缓解华北和黄淮海地区水资源不足意义重大，而且对稳定微山湖、白洋淀、北大港等一些大型湖泊水库水位、改善蝗区生态环境也具有重要作用。同时，渤海湾和黄河入海口等沿海滩涂逐步被开发应用等，飞蝗孳生地逐年压缩，蝗虫暴发频率进一步下降，发生面积趋于缩小。但是，蝗虫孳生地在今后相当长一段时期还难以全部根除，东亚飞蝗、亚洲飞蝗、西藏飞蝗和其他蝗虫优势种类还在沿海、河滩、湖泊等区域有散居分布或潜伏性发生，一旦遇到持续干旱年份或土地长期撂荒等情况，蝗虫在局部地区仍可能大量孳生繁殖，并保持偶发性、间歇性和分散性危害趋势。

1985 年至今，尽管每年都有不小的蝗虫发生面积，但因及时采取防治措施，绝大部分蝗虫被消灭在非农田孳生地，除少数年份有局部零星受害，多数年份没有造成大的灾害损失，基本做到"有蝗不成灾"。纵观中国的蝗灾发生史，历代王朝没有解决的蝗灾问题，在中国共产党的领导下，各级人民政府高度重视并投入大量人力、财力和物力，农业、财政、航空、科技等相关部门协同支持，广大植保工作者持续努力防控，使困扰中国农业生产达几千年的蝗灾得到有效控制，蝗虫由原来的大面积发生变为局部潜伏性偶发，成灾隐患基本消除，昔口的"蝗虫窝"变成今日的"米粮川"，这是新中国治蝗减灾工作的举世壮举。

第二章
历史蝗灾发生统计与危害影响

一、蝗灾发生统计

经查阅二十五史、《春秋三传》《资治通鉴》《续资治通鉴》《文献通考》《艺文类聚》《古今图书集成·庶征典·蝗灾部》《治蝗全法》《中国昆虫学史》等 30 余部著作以及 2 500 余部方志和相关文献史料统计，从前 707 年至 1949 年的 2 656 年间，共有蝗灾发生记载 1 094 年，其中唐前 187 年、唐代（含五代十国）101 年、宋代（含辽、金）165 年、元代 93 年、明代 247 年、清代 263 年、民国时期 38 年。从蝗灾发生频率看，唐前时期的 1 324 年中，平均 7 年发生一次，属长间歇蝗灾期；唐代（含五代十国）的 342 年中，平均 3～4 年发生一次，属中间歇蝗灾期；宋代（含辽、金）、元

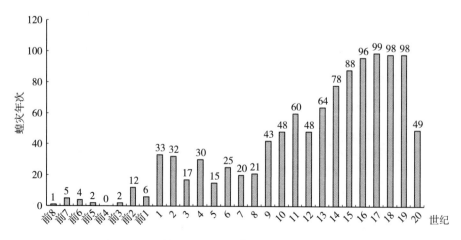

图 2-1　前 8—20 世纪每百年蝗灾发生频次

代和明代的 685 年中，平均 1～2 年发生一次，属于短间歇蝗灾期；清代和民国时期，蝗灾几乎连年发生，属蝗灾频发期（表 2 - 1、表 2 - 2）。新中国成立以后的 70 年中，由于加大了防治力度，投入大量人力和物力，并加强科学研究，持续推进蝗灾的综合治理，蝗灾危害程度逐步得到控制（图 2 - 1）。

表 2 - 1　新中国成立前不同历史时期蝗灾发生频次及分布

时期	公元纪年	总年数	蝗灾年数	频次（年）	主要分布地点 （按发生年次排列）
唐前时期	前 707—617 年	1 324	187	7.08	河北（62）山东（61）河南（57） 陕西（38）甘肃（34）山西（23） 江苏（17）安徽（14）江西（12） 北京（9）天津（6）辽宁（5） 浙江（4）内蒙古（3）四川（2） 宁夏（2）青海（1）湖北（1）
唐代 （含五代十国）	618—959 年	342	101	3.39	河南（48）山东（42）陕西（33） 河北（30）江苏（21）甘肃（14） 安徽（14）山西（11）福建（8） 天津（7）湖北（6）四川（5） 浙江（5）北京（3）青海（2） 宁夏（1）江西（1）
宋代 （含辽、金）	960—1259 年	300	165	1.82	河南（70）河北（67）江苏（57） 山东（56）浙江（51）安徽（44） 北京（22）山西（19）陕西（16） 甘肃（10）江西（9）天津（7） 湖北（7）辽宁（4）福建（4） 内蒙古（3）湖南（3）广西（2） 贵州（2）上海（1）四川（1） 宁夏（1）吉林（1）
元代	1260—1367 年	108	93	1.16	河北（69）山东（63）河南（61） 北京（35）安徽（34）江苏（30） 山西（22）天津（19）陕西（16） 辽宁（11）浙江（11）湖北（11） 内蒙古（9）江西（8）湖南（5） 上海（2）云南（2）甘肃（2） 广东（1）宁夏（1）吉林（1） 新疆（1）
明代	1368—1644 年	277	247	1.12	山东（161）河南（143）河北（142） 江苏（116）安徽（80）陕西（65） 山西（62）浙江（59）北京（56）

（续）

时期	公元纪年	总年数	蝗灾年数	频次（年）	主要分布地点 （按发生年次排列）
明代	1368—1644 年	277	247	1.12	湖北（48）天津（36）广东（29） 湖南（29）甘肃（21）江西（15） 辽宁（12）上海（11）贵州（9） 福建（9）云南（8）海南（8） 广西（7）宁夏（6）重庆（5） 内蒙古（3）四川（1）
清代	1645—1911 年	267	263	1.02	山东（193）河北（170）河南（141） 江苏（135）安徽（121）山西（70） 广东（66）湖北（58）广西（56） 陕西（54）天津（53）浙江（50） 湖南（49）江西（39）北京（31） 新疆（21）西藏（20）上海（19） 甘肃（19）内蒙古（13）福建（12） 重庆（11）海南（11）辽宁（10） 宁夏（8）云南（6）贵州（6） 四川（4）台湾（3）黑龙江（2）
民国时期	1912—1949 年	38	38	1.00	山东（37）河北（37）河南（36） 江苏（35）安徽（30）陕西（23） 山西（21）天津（21）新疆（21） 湖南（20）江西（20）湖北（19） 浙江（17）贵州（16）广东（14） 广西（12）辽宁（11）上海（10） 重庆（9）北京（6）云南（5） 四川（5）福建（5）台湾（4） 西藏（5）青海（4）内蒙古（3） 甘肃（3）海南（2）
合计	前707—1949 年	2 656	1 094	2.43	山东（613）河北（577）河南（556） 江苏（411）安徽（337）陕西（245） 山西（228）浙江（197）北京（162） 湖北（150）天津（149）广东（110） 湖南（106）江西（104）甘肃（103） 广西（77）辽宁（53）上海（43） 新疆（43）福建（38）内蒙古（34） 贵州（33）重庆（25）西藏（25） 云南（21）海南（21）宁夏（19） 四川（16）台湾（7）青海（7） 吉林（2）黑龙江（2）

表 2－2　分省蝗灾记载年份

省别	蝗灾总年数	时期	蝗灾记载年份（公元纪年）
山东	613	唐前时期	前707年　前645年　前619年　前603年　前601年　前596年 前594年　前592年　前566年　前483年　前482年　前147年 前130年　前102年　前90年　前89年　公元2年　11年　22年 46年　49年　53年　55年　56年　72年　91年　92年　105年 109年　110年　111年　112年　122年　137年　153年　194年 197年　198年　234年　275年　304年　310年　317年　318年 337年　359年　390年　391年　426年　477年　481年　482年 484年　504年　510年　516年　530年　557年　558年　560年 612年
		唐代 （含五代十国）	628年　629年　630年　641年　653年　712年　715年　716年 717年　737年　745年　761年　784年　785年　786年　788年 805年　810年　822年　824年　825年　827年　828年　831年 833年　836年　837年　838年　839年　840年　851年　862年 875年　876年　925年　939年　942年　943年　947年　948年 949年　954年
		宋代 （含辽、金）	960年　961年　962年　963年　964年　965年　966年　982年 986年　990年　991年　992年　996年　997年　999年　1004年 1005年　1006年　1007年　1011年　1016年　1017年　1022年 1024年　1028年　1033年　1034年　1035年　1038年　1039年 1072年　1073年　1074年　1081年　1082年　1083年　1100年 1102年　1103年　1104年　1105年　1121年　1157年　1159年 1162年　1163年　1167年　1170年　1174年　1176年　1177年 1197年　1204年　1205年　1206年　1208年
		元代	1263年　1265年　1266年　1267年　1268年　1269年　1270年 1271年　1272年　1273年　1275年　1278年　1281年　1282年 1284年　1285年　1288年　1289年　1290年　1292年　1293年 1294年　1295年　1296年　1298年　1300年　1302年　1303年 1304年　1306年　1307年　1308年　1309年　1310年　1311年 1312年　1319年　1320年　1321年　1322年　1324年　1325年 1326年　1327年　1328年　1329年　1330年　1332年　1333年 1335年　1338年　1339年　1344年　1345年　1348年　1351年 1352年　1357年　1358年　1359年　1360年　1366年　1367年
		明代	1369年　1370年　1372年　1373年　1374年　1375年　1377年 1391年　1399年　1400年　1401年　1402年　1403年　1404年 1405年　1406年　1407年　1408年　1409年　1412年　1413年 1416年　1417年　1425年　1430年　1431年　1433年　1434年 1435年　1436年　1437年　1439年　1440年　1441年　1442年 1443年　1444年　1445年　1447年　1448年　1449年　1452年 1455年　1456年　1457年　1458年　1460年　1465年　1467年

（续）

省别	蝗灾总年数	时期	蝗灾记载年份（公元纪年）						
山东	613	明代	1472年	1473年	1485年	1492年	1493年	1496年	1501年
			1503年	1507年	1509年	1512年	1513年	1516年	1518年
			1519年	1520年	1521年	1522年	1523年	1524年	1525年
			1526年	1527年	1528年	1529年	1530年	1531年	1532年
			1533年	1534年	1535年	1536年	1538年	1539年	1540年
			1541年	1542年	1543年	1544年	1545年	1546年	1548年
			1549年	1550年	1551年	1553年	1554年	1555年	1556年
			1558年	1559年	1560年	1562年	1564年	1565年	1566年
			1568年	1569年	1570年	1571年	1574年	1577年	1579年
			1581年	1582年	1583年	1584年	1586年	1587年	1588年
			1590年	1591年	1593年	1594年	1596年	1597年	1599年
			1602年	1605年	1606年	1607年	1608年	1609年	1610年
			1611年	1612年	1614年	1615年	1616年	1617年	1618年
			1619年	1620年	1621年	1622年	1623年	1625年	1626年
			1627年	1630年	1631年	1633年	1634年	1635年	1636年
			1637年	1638年	1639年	1640年	1641年	1642年	1643年
		清代	1645年	1646年	1647年	1648年	1649年	1650年	1652年
			1654年	1655年	1656年	1659年	1661年	1664年	1665年
			1666年	1667年	1670年	1671年	1672年	1673年	1674年
			1675年	1676年	1678年	1679年	1681年	1682年	1686年
			1687年	1688年	1689年	1690年	1691年	1692年	1693年
			1694年	1695年	1697年	1704年	1705年	1708年	1709年
			1710年	1711年	1715年	1716年	1718年	1720年	1721年
			1722年	1723年	1724年	1727年	1731年	1733年	1734年
			1735年	1736年	1738年	1739年	1740年	1741年	1743年
			1744年	1747年	1748年	1750年	1751年	1752年	1753年
			1755年	1758年	1759年	1760年	1761年	1763年	1764年
			1765年	1767年	1768年	1769年	1770年	1771年	1772年
			1773年	1774年	1775年	1776年	1777年	1779年	1780年
			1782年	1784年	1785年	1788年	1791年	1792年	1793年
			1795年	1799年	1801年	1802年	1803年	1804年	1805年
			1806年	1810年	1811年	1812年	1813年	1814年	1815年
			1818年	1821年	1822年	1823年	1824年	1825年	1826年
			1827年	1829年	1831年	1832年	1833年	1834年	1835年
			1836年	1837年	1838年	1839年	1840年	1841年	1842年
			1845年	1846年	1847年	1848年	1850年	1851年	1852年
			1853年	1854年	1855年	1856年	1857年	1858年	1859年
			1860年	1861年	1862年	1863年	1864年	1865年	1866年
			1867年	1868年	1869年	1870年	1871年	1872年	1876年
			1877年	1878年	1879年	1880年	1881年	1882年	1884年
			1885年	1886年	1887年	1888年	1889年	1890年	1891年

（续）

省别	蝗灾总年数	时期	蝗灾记载年份（公元纪年）						
山东	613	清代	1892 年	1893 年	1895 年	1896 年	1897 年	1898 年	1899 年
			1900 年	1901 年	1902 年	1903 年	1905 年	1906 年	1907 年
			1908 年	1909 年	1910 年	1911 年			
		民国时期	1912 年	1913 年	1014 年	1915 年	1916 年	1917 年	1918 年
			1919 年	1920 年	1921 年	1922 年	1923 年	1924 年	1925 年
			1926 年	1927 年	1928 年	1929 年	1930 年	1931 年	1932 年
			1933 年	1934 年	1935 年	1936 年	1937 年	1938 年	1939 年
			1940 年	1941 年	1942 年	1943 年	1944 年	1945 年	1946 年
			1948 年	1949 年					
河北	577	唐前时期	前 243 年	前 158 年	前 147 年	前 146 年	前 136 年	前 130 年	
			前 129 年	前 112 年	前 105 年	公元 2 年	17 年	22 年	46 年
			52 年	53 年	96 年	110 年	139 年	153 年	154 年	177 年
			178 年	194 年	197 年	220 年	221 年	222 年	271 年	274 年
			278 年	280 年	310 年	313 年	316 年	317 年	318 年	319 年
			320 年	330 年	332 年	333 年	337 年	338 年	340 年	374 年
			382 年	452 年	481 年	482 年	483 年	484 年	504 年	550 年
			551 年	554 年	556 年	557 年	558 年	559 年	560 年	613 年
			614 年						
		唐代（含五代十国）	627 年	628 年	630 年	712 年	714 年	715 年	716 年	717 年
			737 年	784 年	785 年	786 年	806 年	807 年	828 年	835 年
			836 年	837 年	838 年	839 年	840 年	862 年	920 年	925 年
			939 年	941 年	942 年	943 年	948 年	949 年	
		宋代（含辽、金）	960 年	962 年	963 年	964 年	965 年	968 年	969 年	972 年
			974 年	977 年	982 年	983 年	986 年	990 年	991 年	992 年
			1006 年	1009 年	1011 年	1016 年	1017 年	1020 年	1024 年
			1026 年	1027 年	1028 年	1033 年	1039 年	1051 年	1056 年
			1067 年	1068 年	1071 年	1072 年	1073 年	1074 年	1075 年
			1076 年	1077 年	1079 年	1080 年	1081 年	1082 年	1083 年
			1088 年	1098 年	1101 年	1102 年	1103 年	1104 年	1105 年
			1112 年	1113 年	1114 年	1139 年	1141 年	1157 年	1160 年
			1163 年	1164 年	1176 年	1182 年	1215 年	1216 年	1226 年
			1235 年	1238 年					
		元代	1262 年	1263 年	1264 年	1265 年	1266 年	1267 年	1268 年
			1269 年	1270 年	1271 年	1273 年	1276 年	1278 年	1279 年
			1280 年	1281 年	1282 年	1283 年	1284 年	1285 年	1286 年
			1288 年	1289 年	1290 年	1292 年	1293 年	1294 年	1295 年
			1296 年	1297 年	1298 年	1299 年	1300 年	1301 年	1302 年
			1303 年	1304 年	1305 年	1306 年	1307 年	1308 年	1309 年
			1310 年	1311 年	1313 年	1320 年	1321 年	1322 年	1323 年

（续）

省别	蝗灾总年数	时期	蝗灾记载年份（公元纪年）						
河北	577	元代	1324 年	1325 年	1326 年	1327 年	1328 年	1329 年	1330 年
			1331 年	1332 年	1333 年	1334 年	1335 年	1341 年	1343 年
			1348 年	1352 年	1358 年	1359 年	1360 年	1365 年	
		明代	1369 年	1373 年	1374 年	1375 年	1400 年	1403 年	1404 年
			1409 年	1416 年	1426 年	1429 年	1430 年	1433 年	1434 年
			1435 年	1436 年	1437 年	1439 年	1440 年	1441 年	1442 年
			1443 年	1445 年	1447 年	1448 年	1449 年	1450 年	1452 年
			1453 年	1456 年	1458 年	1464 年	1472 年	1473 年	1483 年
			1487 年	1488 年	1490 年	1491 年	1492 年	1493 年	1494 年
			1495 年	1497 年	1500 年	1501 年	1507 年	1510 年	1511 年
			1512 年	1513 年	1514 年	1515 年	1518 年	1519 年	1523 年
			1524 年	1525 年	1527 年	1528 年	1529 年	1530 年	1531 年
			1532 年	1533 年	1535 年	1536 年	1537 年	1538 年	1539 年
			1540 年	1541 年	1542 年	1546 年	1548 年	1550 年	1551 年
			1553 年	1555 年	1556 年	1557 年	1558 年	1559 年	1560 年
			1561 年	1562 年	1564 年	1566 年	1567 年	1568 年	1569 年
			1573 年	1581 年	1582 年	1583 年	1584 年	1585 年	1586 年
			1587 年	1588 年	1589 年	1591 年	1592 年	1594 年	1598 年
			1599 年	1600 年	1602 年	1603 年	1605 年	1606 年	1607 年
			1608 年	1609 年	1610 年	1611 年	1612 年	1614 年	1615 年
			1616 年	1617 年	1618 年	1620 年	1622 年	1624 年	1625 年
			1626 年	1627 年	1628 年	1629 年	1632 年	1633 年	1634 年
			1636 年	1637 年	1638 年	1639 年	1640 年	1641 年	1642 年
			1643 年	1644 年					
		清代	1646 年	1647 年	1648 年	1649 年	1650 年	1653 年	1654 年
			1655 年	1656 年	1657 年	1658 年	1659 年	1661 年	1663 年
			1664 年	1665 年	1666 年	1667 年	1668 年	1671 年	1672 年
			1676 年	1677 年	1678 年	1679 年	1680 年	1683 年	1684 年
			1685 年	1686 年	1687 年	1689 年	1690 年	1691 年	1692 年
			1693 年	1694 年	1695 年	1697 年	1699 年	1700 年	1701 年
			1704 年	1705 年	1706 年	1707 年	1708 年	1709 年	1710 年
			1712 年	1713 年	1718 年	1719 年	1722 年	1723 年	1724 年
			1726 年	1730 年	1732 年	1734 年	1735 年	1737 年	1739 年
			1740 年	1743 年	1744 年	1751 年	1752 年	1753 年	1754 年
			1757 年	1758 年	1759 年	1760 年	1762 年	1763 年	1764 年
			1768 年	1769 年	1770 年	1771 年	1776 年	1777 年	1780 年
			1781 年	1791 年	1792 年	1793 年	1795 年	1799 年	1800 年
			1802 年	1803 年	1804 年	1805 年	1811 年	1813 年	1814 年
			1815 年	1817 年	1818 年	1819 年	1821 年	1822 年	1823 年
			1824 年	1825 年	1826 年	1827 年	1828 年	1831 年	1832 年

（续）

省别	蝗灾 总年数	时期	蝗灾记载年份（公元纪年）						
河北	577	清代	1835 年	1836 年	1837 年	1838 年	1839 年	1847 年	1848 年
			1849 年	1851 年	1853 年	1854 年	1855 年	1856 年	1857 年
			1858 年	1859 年	1860 年	1862 年	1863 年	1864 年	1865 年
			1866 年	1867 年	1868 年	1869 年	1872 年	1873 年	1875 年
			1876 年	1877 年	1878 年	1880 年	1881 年	1882 年	1883 年
			1884 年	1885 年	1886 年	1887 年	1888 年	1890 年	1891 年
			1892 年	1893 年	1894 年	1895 年	1896 年	1898 年	1899 年
			1900 年	1901 年	1902 年	1904 年	1906 年	1908 年	1909 年
			1910 年	1911 年					
		民国 时期	1912 年	1913 年	1914 年	1915 年	1916 年	1917 年	1918 年
			1919 年	1920 年	1921 年	1922 年	1923 年	1924 年	1925 年
			1927 年	1928 年	1929 年	1930 年	1931 年	1932 年	1933 年
			1934 年	1935 年	1936 年	1937 年	1938 年	1939 年	1940 年
			1941 年	1942 年	1943 年	1944 年	1945 年	1946 年	1947 年
			1948 年	1949 年					
河南	556	唐前 时期	前 624 年	前 130 年	前 104 年	前 90 年	前 58 年	前 53 年	
			公元 2 年	公元 4 年	21 年	22 年	29 年	46 年	47 年	52 年
			53 年	55 年	66 年	72 年	82 年	92 年	96 年	97 年	109 年
			110 年	111 年	112 年	113 年	114 年	115 年	122 年	130 年
			136 年	142 年	153 年	154 年	155 年	157 年	158 年	166 年
			175 年	177 年	191 年	194 年	195 年	220 年	277 年	278 年
			310 年	311 年	316 年	317 年	319 年	482 年	483 年	504 年
			507 年	557 年					
		唐代 （含五代十国）	627 年	628 年	629 年	638 年	650 年	651 年	677 年	712 年
			713 年	714 年	715 年	716 年	717 年	726 年	745 年	784 年
			785 年	805 年	809 年	828 年	830 年	831 年	836 年	837 年
			838 年	839 年	840 年	841 年	861 年	862 年	863 年	865 年
			866 年	868 年	869 年	875 年	886 年	907 年	910 年	920 年
			939 年	940 年	942 年	943 年	944 年	948 年	949 年	954 年
		宋代 （含辽、金）	960 年	961 年	962 年	963 年	964 年	965 年	966 年	969 年
			972 年	974 年	975 年	977 年	981 年	982 年	983 年	989 年
			990 年	991 年	992 年	995 年	996 年	1001 年	1004 年	1005 年
			1007 年	1008 年	1009 年	1010 年	1011 年	1016 年	1017 年
			1024 年	1027 年	1028 年	1030 年	1033 年	1034 年	1035 年
			1038 年	1039 年	1041 年	1044 年	1048 年	1052 年	1072 年
			1073 年	1074 年	1075 年	1076 年	1081 年	1082 年	1083 年
			1094 年	1101 年	1102 年	1104 年	1105 年	1121 年	1128 年
			1164 年	1165 年	1176 年	1182 年	1207 年	1208 年	1215 年
			1216 年	1218 年	1226 年	1238 年			

（续）

省别	蝗灾总年数	时期	蝗灾记载年份（公元纪年）						
河南	556	元代	1264 年	1266 年	1267 年	1268 年	1269 年	1270 年	1271 年
			1272 年	1278 年	1281 年	1282 年	1285 年	1286 年	1288 年
			1289 年	1290 年	1292 年	1295 年	1296 年	1297 年	1298 年
			1299 年	1300 年	1301 年	1302 年	1304 年	1306 年	1307 年
			1308 年	1309 年	1310 年	1311 年	1312 年	1315 年	1316 年
			1317 年	1321 年	1322 年	1323 年	1324 年	1325 年	1326 年
			1327 年	1328 年	1329 年	1330 年	1331 年	1332 年	1334 年
			1335 年	1336 年	1337 年	1341 年	1343 年	1344 年	1345 年
			1352 年	1358 年	1359 年	1361 年	1362 年		
		明代	1368 年	1369 年	1372 年	1373 年	1374 年	1375 年	1386 年
			1403 年	1404 年	1405 年	1409 年	1416 年	1417 年	1419 年
			1422 年	1423 年	1424 年	1426 年	1428 年	1430 年	1434 年
			1435 年	1436 年	1437 年	1438 年	1439 年	1440 年	1441 年
			1442 年	1446 年	1447 年	1448 年	1449 年	1450 年	1456 年
			1457 年	1458 年	1466 年	1467 年	1472 年	1482 年	1483 年
			1484 年	1485 年	1486 年	1487 年	1490 年	1495 年	1500 年
			1508 年	1509 年	1512 年	1513 年	1516 年	1519 年	1520 年
			1522 年	1523 年	1524 年	1526 年	1527 年	1528 年	1529 年
			1530 年	1531 年	1532 年	1533 年	1534 年	1535 年	1536 年
			1538 年	1539 年	1540 年	1541 年	1542 年	1543 年	1544 年
			1545 年	1546 年	1547 年	1550 年	1551 年	1554 年	1555 年
			1556 年	1557 年	1558 年	1559 年	1560 年	1561 年	1565 年
			1580 年	1581 年	1582 年	1583 年	1585 年	1586 年	1587 年
			1588 年	1589 年	1593 年	1594 年	1596 年	1597 年	1598 年
			1599 年	1602 年	1603 年	1604 年	1605 年	1606 年	1607 年
			1608 年	1609 年	1610 年	1611 年	1612 年	1613 年	1614 年
			1615 年	1616 年	1617 年	1618 年	1619 年	1620 年	1621 年
			1622 年	1623 年	1626 年	1627 年	1629 年	1633 年	1634 年
			1635 年	1636 年	1637 年	1638 年	1639 年	1640 年	1641 年
			1642 年	1643 年	1644 年				
		清代	1645 年	1646 年	1647 年	1648 年	1650 年	1652 年	1656 年
			1657 年	1658 年	1661 年	1663 年	1664 年	1665 年	1666 年
			1667 年	1668 年	1671 年	1672 年	1673 年	1674 年	1678 年
			1680 年	1682 年	1683 年	1686 年	1687 年	1688 年	1689 年
			1690 年	1691 年	1692 年	1693 年	1694 年	1695 年	1696 年
			1697 年	1708 年	1710 年	1711 年	1712 年	1714 年	1721 年
			1722 年	1723 年	1727 年	1731 年	1733 年	1735 年	1738 年
			1740 年	1741 年	1742 年	1744 年	1745 年	1750 年	1751 年
			1752 年	1758 年	1759 年	1765 年	1767 年	1770 年	1771 年
			1772 年	1775 年	1778 年	1782 年	1784 年	1785 年	1786 年

（续）

省别	蝗灾总年数	时期	蝗灾记载年份（公元纪年）						
河南	556	清代	1787 年	1788 年	1792 年	1796 年	1799 年	1802 年	1803 年
			1804 年	1811 年	1813 年	1818 年	1823 年	1825 年	1826 年
			1832 年	1835 年	1836 年	1837 年	1838 年	1842 年	1843 年
			1845 年	1847 年	1848 年	1850 年	1851 年	1852 年	1854 年
			1855 年	1856 年	1857 年	1858 年	1859 年	1860 年	1861 年
			1862 年	1863 年	1864 年	1865 年	1866 年	1867 年	1869 年
			1870 年	1871 年	1872 年	1874 年	1875 年	1876 年	1877 年
			1879 年	1880 年	1884 年	1886 年	1887 年	1889 年	1890 年
			1891 年	1892 年	1893 年	1896 年	1898 年	1899 年	1900 年
			1901 年	1902 年	1904 年	1907 年	1908 年	1909 年	1910 年
			1911 年						
		民国时期	1912 年	1913 年	1914 年	1915 年	1916 年	1917 年	1918 年
			1919 年	1920 年	1921 年	1922 年	1923 年	1925 年	1927 年
			1928 年	1929 年	1930 年	1931 年	1932 年	1933 年	1934 年
			1935 年	1936 年	1937 年	1938 年	1939 年	1940 年	1941 年
			1942 年	1943 年	1944 年	1945 年	1946 年	1947 年	1948 年
			1949 年						
江苏	411	唐前时期	56 年	87 年	110 年	113 年	154 年	166 年	281 年	318 年
			319 年	320 年	390 年	391 年	426 年	482 年	537 年	549 年
			550 年							
		唐代（含五代十国）	629 年	784 年	785 年	805 年	808 年	810 年	825 年	837 年
			838 年	840 年	844 年	862 年	868 年	885 年	886 年	925 年
			930 年	932 年	942 年	943 年	953 年			
		宋代（含辽、金）	984 年	991 年	992 年	993 年	1016 年	1017 年	1018 年
			1022 年	1033 年	1034 年	1037 年	1039 年	1040 年	1041 年
			1044 年	1052 年	1053 年	1072 年	1073 年	1074 年	1075 年
			1098 年	1102 年	1104 年	1105 年	1128 年	1129 年	1156 年
			1159 年	1162 年	1163 年	1165 年	1167 年	1174 年	1176 年
			1177 年	1181 年	1182 年	1183 年	1187 年	1191 年	1194 年
			1196 年	1202 年	1206 年	1207 年	1208 年	1209 年	1210 年
			1214 年	1215 年	1216 年	1217 年	1240 年	1242 年	1246 年
			1262 年						
		元代	1265 年	1269 年	1278 年	1280 年	1282 年	1295 年	1296 年
			1297 年	1298 年	1299 年	1300 年	1301 年	1302 年	1305 年
			1306 年	1308 年	1309 年	1319 年	1321 年	1322 年	1323 年
			1326 年	1327 年	1328 年	1329 年	1330 年	1336 年	1343 年
			1357 年	1359 年					
		明代	1371 年	1372 年	1399 年	1401 年	1402 年	1403 年	1409 年
			1413 年	1428 年	1432 年	1434 年	1435 年	1436 年	1437 年

（续）

省别	蝗灾总年数	时期	蝗灾记载年份（公元纪年）						
江苏	411	明代	1439 年	1440 年	1441 年	1442 年	1443 年	1444 年	1447 年
			1448 年	1449 年	1455 年	1456 年	1458 年	1464 年	1468 年
			1470 年	1471 年	1479 年	1480 年	1481 年	1487 年	1490 年
			1491 年	1494 年	1502 年	1505 年	1508 年	1509 年	1513 年
			1514 年	1519 年	1523 年	1524 年	1525 年	1526 年	1527 年
			1528 年	1529 年	1530 年	1531 年	1532 年	1533 年	1534 年
			1535 年	1536 年	1539 年	1540 年	1541 年	1542 年	1544 年
			1545 年	1546 年	1550 年	1554 年	1555 年	1558 年	1559 年
			1560 年	1565 年	1576 年	1581 年	1582 年	1583 年	1584 年
			1585 年	1587 年	1588 年	1589 年	1590 年	1596 年	1597 年
			1598 年	1606 年	1608 年	1609 年	1610 年	1611 年	1612 年
			1613 年	1614 年	1615 年	1616 年	1617 年	1618 年	1619 年
			1620 年	1621 年	1623 年	1624 年	1625 年	1626 年	1627 年
			1628 年	1632 年	1634 年	1635 年	1636 年	1637 年	1638 年
			1639 年	1640 年	1641 年	1642 年			
		清代	1650 年	1651 年	1653 年	1654 年	1655 年	1657 年	1661 年
			1662 年	1665 年	1666 年	1667 年	1668 年	1671 年	1672 年
			1673 年	1674 年	1678 年	1679 年	1680 年	1681 年	1685 年
			1686 年	1687 年	1688 年	1690 年	1691 年	1692 年	1693 年
			1694 年	1699 年	1702 年	1703 年	1706 年	1709 年	1711 年
			1713 年	1714 年	1716 年	1718 年	1720 年	1721 年	1722 年
			1723 年	1724 年	1725 年	1726 年	1728 年	1729 年	1731 年
			1732 年	1734 年	1735 年	1736 年	1737 年	1738 年	1739 年
			1740 年	1743 年	1744 年	1745 年	1752 年	1753 年	1755 年
			1757 年	1758 年	1759 年	1765 年	1766 年	1768 年	1769 年
			1770 年	1774 年	1775 年	1781 年	1782 年	1784 年	1785 年
			1786 年	1787 年	1789 年	1792 年	1796 年	1801 年	1802 年
			1803 年	1807 年	1809 年	1811 年	1812 年	1813 年	1814 年
			1815 年	1821 年	1823 年	1827 年	1828 年	1832 年	1835 年
			1836 年	1837 年	1843 年	1847 年	1849 年	1851 年	1853 年
			1854 年	1855 年	1856 年	1857 年	1858 年	1860 年	1862 年
			1863 年	1865 年	1866 年	1873 年	1874 年	1875 年	1876 年
			1877 年	1878 年	1879 年	1880 年	1884 年	1885 年	1891 年
			1892 年	1894 年	1895 年	1900 年	1901 年	1902 年	1904 年
			1908 年	1909 年					
		民国时期	1912 年	1913 年	1914 年	1915 年	1916 年	1917 年	1918 年
			1919 年	1920 年	1921 年	1922 年	1923 年	1925 年	1926 年
			1927 年	1928 年	1929 年	1930 年	1931 年	1932 年	1933 年
			1934 年	1935 年	1936 年	1937 年	1939 年	1940 年	1941 年
			1942 年	1943 年	1944 年	1945 年	1946 年	1947 年	1949 年

（续）

省别	蝗灾总年数	时期	蝗灾记载年份（公元纪年）
安徽	337	唐前时期	公元2年　22年　56年　110年　112年　113年　122年　166年 197年　318年　319年　320年　549年　550年
		唐代（含五代十国）	784年　810年　840年　862年　868年　885年　886年　907年 910年　925年　942年　943年　949年　953年
		宋代（含辽、金）	974年　985年　990年　991年　996年　1010年　1016年 1017年　1018年　1022年　1032年　1033年　1041年　1044年 1052年　1073年　1074年　1075年　1076年　1077年　1102年 1128年　1129年　1135年　1159年　1162年　1163年　1165年 1166年　1174年　1176年　1177年　1182年　1183年　1194年 1208年　1209年　1214年　1215年　1216年　1234年　1240年 1242年　1246年
		元代	1264年　1265年　1267年　1268年　1280年　1285年　1295年 1296年　1297年　1298年　1300年　1301年　1302年　1304年 1305年　1307年　1308年　1309年　1310年　1315年　1321年 1326年　1327年　1328年　1329年　1330年　1331年　1333年 1334年　1335年　1336年　1344年　1359年　1365年
		明代	1403年　1417年　1430年　1435年　1439年　1440年　1441年 1442年　1447年　1448年　1454年　1455年　1456年　1457年 1462年　1474年　1495年　1507年　1508年　1509年　1511年 1522年　1525年　1526年　1527年　1528年　1529年　1530年 1531年　1532年　1533年　1534年　1535年　1536年　1537年 1538年　1540年　1544年　1550年　1555年　1559年　1560年 1565年　1566年　1567年　1583年　1585年　1587年　1589年 1592年　1594年　1597年　1609年　1610年　1611年　1612年 1614年　1615年　1616年　1617年　1618年　1619年　1620年 1621年　1622年　1624年　1625年　1626年　1627年　1628年 1632年　1634年　1635年　1637年　1638年　1639年　1640年 1641年　1642年　1643年
		清代	1649年　1651年　1653年　1661年　1662年　1664年　1666年 1667年　1668年　1670年　1671年　1672年　1673年　1674年 1677年　1678年　1679年　1680年　1681年　1684年　1686年 1687年　1690年　1691年　1692年　1694年　1699年　1700年 1710年　1711年　1712年　1714年　1715年　1717年　1718年 1723年　1724年　1731年　1735年　1737年　1738年　1739年 1740年　1743年　1744年　1745年　1752年　1753年　1755年 1759年　1760年　1767年　1768年　1770年　1772年　1773年 1774年　1775年　1778年　1783年　1785年　1786年　1787年 1798年　1799年　1800年　1802年　1804年　1809年　1814年 1818年　1822年　1824年　1826年　1827年　1830年　1833年

（续）

省别	蝗灾总年数	时期	蝗灾记载年份（公元纪年）						
安徽	337	清代	1834 年	1835 年	1836 年	1839 年	1841 年	1843 年	1845 年
			1851 年	1852 年	1854 年	1855 年	1856 年	1857 年	1858 年
			1859 年	1860 年	1861 年	1862 年	1863 年	1868 年	1869 年
			1870 年	1873 年	1875 年	1876 年	1877 年	1878 年	1879 年
			1885 年	1886 年	1889 年	1890 年	1891 年	1892 年	1893 年
			1895 年	1896 年	1897 年	1899 年	1901 年	1902 年	1905 年
			1909 年	1910 年					
		民国时期	1913 年	1914 年	1915 年	1916 年	1917 年	1918 年	1919 年
			1920 年	1922 年	1923 年	1926 年	1927 年	1928 年	1929 年
			1930 年	1931 年	1932 年	1933 年	1934 年	1935 年	1936 年
			1941 年	1942 年	1943 年	1944 年	1945 年	1946 年	1947 年
			1948 年	1949 年					
陕西	245	唐前时期	前 243 年	前 242 年	前 158 年	前 147 年	前 146 年	前 136 年	
			前 130 年	前 129 年	前 112 年	前 105 年	前 104 年	前 103 年	
			前 102 年	前 90 年	前 89 年	前 29 年	公元 2 年	11 年	22 年
			26 年	29 年	53 年	111 年	175 年	227 年	277 年	301 年
			304 年	310 年	316 年	317 年	318 年	319 年	354 年	355 年
			484 年	504 年	573 年				
		唐代（含五代十国）	623 年	627 年	628 年	650 年	682 年	762 年	763 年	764 年
			784 年	785 年	798 年	805 年	806 年	812 年	818 年	827 年
			833 年	837 年	839 年	840 年	841 年	846 年	865 年	866 年
			868 年	869 年	875 年	876 年	885 年	907 年	939 年	942 年
			943 年						
		宋代（含辽、金）	962 年	964 年	965 年	982 年	992 年	1013 年	1016 年
			1017 年	1027 年	1028 年	1033 年	1054 年	1075 年	1076 年
			1176 年	1216 年					
		元代	1282 年	1283 年	1288 年	1299 年	1309 年	1326 年	1327 年
			1328 年	1329 年	1330 年	1331 年	1340 年	1350 年	1359 年
			1360 年	1365 年					
		明代	1373 年	1374 年	1403 年	1404 年	1405 年	1425 年	1437 年
			1442 年	1445 年	1467 年	1474 年	1475 年	1489 年	1490 年
			1497 年	1509 年	1520 年	1523 年	1524 年	1526 年	1527 年
			1528 年	1529 年	1530 年	1531 年	1532 年	1533 年	1535 年
			1536 年	1537 年	1538 年	1551 年	1561 年	1562 年	1565 年
			1571 年	1573 年	1574 年	1577 年	1582 年	1586 年	1587 年
			1589 年	1605 年	1606 年	1611 年	1616 年	1617 年	1618 年
			1619 年	1622 年	1623 年	1629 年	1631 年	1633 年	1634 年
			1635 年	1636 年	1637 年	1638 年	1639 年	1640 年	1641 年
			1642 年	1644 年					

（续）

省别	蝗灾总年数	时期	蝗灾记载年份（公元纪年）						
陕西	245	清代	1645 年	1646 年	1647 年	1648 年	1649 年	1650 年	1652 年
			1653 年	1657 年	1665 年	1671 年	1676 年	1690 年	1691 年
			1692 年	1693 年	1694 年	1698 年	1708 年	1761 年	1826 年
			1830 年	1834 年	1835 年	1836 年	1837 年	1841 年	1843 年
			1847 年	1848 年	1851 年	1854 年	1856 年	1857 年	1858 年
			1859 年	1861 年	1862 年	1863 年	1864 年	1865 年	1866 年
			1868 年	1876 年	1877 年	1879 年	1880 年	1881 年	1884 年
			1892 年	1897 年	1900 年	1901 年	1902 年		
		民国时期	1914 年	1915 年	1916 年	1917 年	1920 年	1923 年	1926 年
			1928 年	1929 年	1930 年	1931 年	1932 年	1933 年	1934 年
			1935 年	1938 年	1940 年	1943 年	1944 年	1945 年	1946 年
			1947 年	1949 年					
山西	228	唐前时期	前 129 年	114 年	277 年	279 年	294 年	304 年	310 年	311 年
			315 年	316 年	317 年	332 年	356 年	478 年	484 年	504 年
			507 年	556 年	557 年	560 年	563 年	594 年	596 年
		唐代（含五代十国）	630 年	638 年	650 年	784 年	785 年	824 年	836 年	837 年
			927 年	942 年	943 年				
		宋代（含辽、金）	960 年	963 年	992 年	1012 年	1016 年	1017 年	1018 年
			1024 年	1028 年	1033 年	1081 年	1120 年	1121 年	1123 年
			1157 年	1163 年	1164 年	1176 年	1208 年		
		元代	1265 年	1267 年	1270 年	1271 年	1273 年	1280 年	1282 年
			1290 年	1295 年	1296 年	1307 年	1308 年	1309 年	1326 年
			1327 年	1329 年	1330 年	1331 年	1346 年	1351 年	1358 年
			1359 年						
		明代	1372 年	1373 年	1374 年	1398 年	1403 年	1412 年	1424 年
			1428 年	1433 年	1434 年	1436 年	1439 年	1441 年	1442 年
			1485 年	1486 年	1490 年	1495 年	1506 年	1507 年	1513 年
			1517 年	1528 年	1529 年	1531 年	1535 年	1536 年	1537 年
			1540 年	1560 年	1564 年	1566 年	1568 年	1579 年	1583 年
			1584 年	1585 年	1587 年	1588 年	1589 年	1590 年	1612 年
			1613 年	1614 年	1615 年	1616 年	1617 年	1618 年	1619 年
			1620 年	1631 年	1632 年	1633 年	1635 年	1636 年	1637 年
			1638 年	1639 年	1640 年	1641 年	1642 年	1644 年	
		清代	1645 年	1646 年	1647 年	1648 年	1649 年	1650 年	1651 年
			1655 年	1656 年	1667 年	1671 年	1672 年	1673 年	1674 年
			1686 年	1690 年	1691 年	1692 年	1693 年	1694 年	1695 年
			1699 年	1701 年	1703 年	1705 年	1718 年	1722 年	1732 年

（续）

省别	蝗灾总年数	时期	蝗灾记载年份（公元纪年）						
山西	228	清代	1740年	1746年	1753年	1758年	1759年	1765年	1773年
			1786年	1802年	1803年	1811年	1824年	1825年	1826年
			1827年	1832年	1835年	1836年	1837年	1843年	1847年
			1851年	1854年	1856年	1857年	1858年	1859年	1861年
			1862年	1863年	1864年	1872年	1876年	1878年	1879年
			1892年	1896年	1897年	1899年	1900年	1901年	1902年
		民国	1913年	1914年	1915年	1916年	1918年	1919年	1920年
			1921年	1923年	1927年	1929年	1930年	1933年	1941年
			1942年	1943年	1944年	1945年	1946年	1947年	1949年
浙江	197	唐前时期	166年	319年	550年	558年			
		唐代（含五代十国）	693年	822年	839年	840年	928年		
		宋代（含辽、金）	1017年	1018年	1068年	1070年	1071年	1074年	1077年
			1103年	1104年	1105年	1121年	1123年	1128年	1129年
			1135年	1148年	1149年	1158年	1159年	1160年	1162年
			1163年	1164年	1173年	1174年	1182年	1183年	1187年
			1196年	1197年	1200年	1201年	1202年	1205年	1206年
			1207年	1208年	1209年	1210年	1214年	1215年	1216年
			1221年	1227年	1240年	1241年	1243年	1245年	1262年
			1265年	1267年					
		元代	1296年	1298年	1305年	1307年	1308年	1309年	1321年
			1322年	1328年	1336年	1337年			
		明代	1382年	1384年	1390年	1392年	1397年	1401年	1402年
			1403年	1439年	1441年	1446年	1447年	1454年	1455年
			1457年	1461年	1462年	1475年	1477年	1496年	1501年
			1506年	1508年	1514年	1524年	1525年	1526年	1527年
			1529年	1530年	1532年	1535年	1539年	1540年	1541年
			1542年	1543年	1545年	1546年	1552年	1562年	1578年
			1579年	1581年	1587年	1588年	1605年	1613年	1614年
			1616年	1621年	1626年	1628年	1636年	1638年	1639年
			1640年	1641年	1642年				
		清代	1649年	1656年	1660年	1666年	1667年	1669年	1670年
			1671年	1672年	1677年	1679年	1681年	1682年	1686年
			1687年	1688年	1691年	1694年	1705年	1709年	1711年
			1724年	1732年	1738年	1750年	1755年	1772年	1776年

（续）

省别	蝗灾总年数	时期	蝗灾记载年份（公元纪年）						
浙江	197	清代	1783 年	1785 年	1786 年	1802 年	1811 年	1828 年	1833 年
			1834 年	1844 年	1847 年	1853 年	1856 年	1857 年	1858 年
			1859 年	1860 年	1871 年	1875 年	1876 年	1877 年	1879 年
			1892 年						
		民国时期	1914 年	1915 年	1918 年	1919 年	1920 年	1923 年	1925 年
			1927 年	1928 年	1929 年	1932 年	1933 年	1934 年	1935 年
			1936 年	1941 年	1947 年				
北京	162	唐前时期	17 年	285 年	310 年	382 年	481 年	484 年	557 年	559 年
			614 年						
		唐代（含五代十国）	714 年	784 年	840 年				
		宋代（含辽、金）	1017 年	1056 年	1067 年	1076 年	1081 年	1082 年	1083 年
			1088 年	1103 年	1104 年	1141 年	1157 年	1158 年	1163 年
			1164 年	1176 年	1200 年	1207 年	1208 年	1213 年	1216 年
			1217 年						
		元代	1262 年	1263 年	1266 年	1271 年	1273 年	1279 年	1282 年
			1283 年	1285 年	1286 年	1293 年	1296 年	1297 年	1298 年
			1302 年	1305 年	1306 年	1309 年	1310 年	1313 年	1320 年
			1321 年	1324 年	1326 年	1327 年	1328 年	1330 年	1335 年
			1337 年	1340 年	1341 年	1342 年	1351 年	1358 年	1359 年
		明代	1373 年	1374 年	1375 年	1382 年	1416 年	1426 年	1428 年
			1429 年	1430 年	1434 年	1435 年	1436 年	1437 年	1439 年
			1440 年	1441 年	1442 年	1443 年	1447 年	1448 年	1449 年
			1450 年	1451 年	1456 年	1473 年	1486 年	1490 年	1491 年
			1493 年	1494 年	1517 年	1523 年	1524 年	1527 年	1529 年
			1533 年	1541 年	1557 年	1558 年	1559 年	1560 年	1561 年
			1566 年	1591 年	1606 年	1609 年	1611 年	1617 年	1621 年
			1625 年	1626 年	1636 年	1638 年	1639 年	1640 年	1641 年
		清代	1648 年	1656 年	1664 年	1691 年	1705 年	1709 年	1723 年
			1724 年	1753 年	1759 年	1760 年	1762 年	1770 年	1774 年
			1792 年	1802 年	1804 年	1821 年	1825 年	1855 年	1856 年
			1857 年	1858 年	1862 年	1872 年	1876 年	1877 年	1878 年
			1891 年	1892 年	1900 年				
		民国时期	1920 年	1923 年	1928 年	1929 年	1933 年	1934 年	

（续）

省别	蝗灾总年数	时期	蝗灾记载年份（公元纪年）						
天津	149	唐前时期	153年	221年	222年	337年	382年	557年	
		唐代（含五代十国）	628年	714年	717年	836年	837年	838年	840年
		宋代（含辽、金）	990年	992年	1017年	1081年	1082年	1083年	1164年
		元代	1263年	1271年	1282年	1284年	1288年	1302年	1303年
			1304年	1305年	1306年	1308年	1309年	1327年	1328年
			1330年	1331年	1332年	1358年	1359年		
		明代	1374年	1416年	1429年	1430年	1436年	1439年	1440年
			1441年	1442年	1449年	1458年	1472年	1485年	1494年
			1495年	1524年	1527年	1532年	1556年	1560年	1569年
			1585年	1586年	1587年	1590年	1591年	1596年	1606年
			1611年	1617年	1625年	1626年	1638年	1639年	1640年
			1641年						
		清代	1666年	1672年	1676年	1677年	1678年	1679年	1684年
			1689年	1690年	1695年	1698年	1699年	1705年	1719年
			1735年	1740年	1752年	1753年	1759年	1763年	1768年
			1770年	1783年	1791年	1792年	1793年	1794年	1795年
			1796年	1800年	1801年	1802年	1803年	1804年	1806年
			1812年	1821年	1825年	1826年	1852年	1854年	1855年
			1856年	1857年	1858年	1861年	1872年	1876年	1877年
			1881年	1892年	1896年	1911年			
		民国时期	1913年	1914年	1915年	1920年	1924年	1927年	1928年
			1929年	1930年	1931年	1932年	1933年	1934年	1936年
			1939年	1940年	1943年	1946年	1947年	1948年	1949年
湖北	150	唐前时期	92年						
		唐代	721年	784年	841年	868年	885年	886年	
		宋代	982年	1017年	1163年	1167年	1187年	1198年	1215年
		元代	1292年	1296年	1298年	1299年	1301年	1308年	1313年
			1326年	1327年	1330年	1336年			
		明代	1469年	1510年	1512年	1514年	1516年	1526年	1528年
			1529年	1530年	1531年	1532年	1533年	1534年	1535年
			1536年	1539年	1540年	1541年	1554年	1559年	1560年
			1565年	1566年	1570年	1572年	1573年	1574年	1580年
			1581年	1584年	1586年	1587年	1614年	1615年	1616年

（续）

省别	蝗灾总年数	时期	蝗灾记载年份（公元纪年）						
湖北	150	明代	1617 年	1618 年	1619 年	1634 年	1635 年	1636 年	1637 年
			1638 年	1639 年	1640 年	1641 年	1642 年	1643 年	
		清代	1646 年	1647 年	1654 年	1660 年	1664 年	1667 年	1672 年
			1677 年	1683 年	1685 年	1691 年	1696 年	1704 年	1719 年
			1730 年	1737 年	1765 年	1770 年	1778 年	1786 年	1787 年
			1797 年	1821 年	1827 年	1828 年	1830 年	1831 年	1832 年
			1833 年	1834 年	1835 年	1836 年	1837 年	1838 年	1839 年
			1843 年	1845 年	1846 年	1847 年	1853 年	1855 年	1856 年
			1857 年	1858 年	1859 年	1860 年	1861 年	1862 年	1863 年
			1864 年	1865 年	1876 年	1877 年	1878 年	1888 年	1893 年
			1909 年	1911 年					
		民国时期	1914 年	1915 年	1916 年	1918 年	1921 年	1923 年	1924 年
			1925 年	1928 年	1929 年	1931 年	1934 年	1935 年	1941 年
			1942 年	1943 年	1944 年	1945 年	1946 年		
广东	110	元代	1304 年						
		明代	1441 年	1462 年	1488 年	1508 年	1511 年	1512 年	1513 年
			1514 年	1517 年	1526 年	1528 年	1530 年	1531 年	1538 年
			1540 年	1542 年	1553 年	1558 年	1560 年	1573 年	1577 年
			1581 年	1585 年	1587 年	1588 年	1591 年	1611 年	1632 年
			1637 年						
		清代	1651 年	1652 年	1665 年	1667 年	1677 年	1679 年	1680 年
			1696 年	1697 年	1703 年	1704 年	1713 年	1717 年	1721 年
			1723 年	1725 年	1737 年	1741 年	1744 年	1748 年	1751 年
			1764 年	1768 年	1777 年	1778 年	1785 年	1786 年	1788 年
			1794 年	1801 年	1806 年	1807 年	1808 年	1811 年	1812 年
			1817 年	1825 年	1826 年	1830 年	1831 年	1834 年	1835 年
			1837 年	1839 年	1844 年	1849 年	1851 年	1852 年	1853 年
			1854 年	1856 年	1857 年	1858 年	1859 年	1860 年	1867 年
			1870 年	1977 年	1885 年	1889 年	1891 年	1899 年	1900 年
			1902 年	1903 年	1908 年				
		民国时期	1916 年	1918 年	1925 年	1926 年	1927 年	1932 年	1933 年
			1934 年	1935 年	1936 年	1940 年	1942 年	1943 年	1948 年
湖南	106	宋代	1017 年	1167 年	1197 年				
		元代	1296 年	1305 年	1324 年	1326 年	1331 年		
		明代	1414 年	1469 年	1471 年	1507 年	1508 年	1514 年	1516 年
			1519 年	1529 年	1531 年	1532 年	1544 年	1569 年	1570 年
			1571 年	1572 年	1573 年	1586 年	1588 年	1593 年	1610 年

（续）

省别	蝗灾总年数	时期	蝗灾记载年份（公元纪年）						
湖南	106	清代	1616 年	1617 年	1619 年	1636 年	1637 年	1638 年	1639 年
			1641 年	1645 年	1659 年	1660 年	1661 年	1664 年	1665 年
			1667 年	1671 年	1672 年	1676 年	1677 年	1678 年	1679 年
			1691 年	1706 年	1707 年	1730 年	1746 年	1778 年	1786 年
			1789 年	1817 年	1818 年	1819 年	1832 年	1835 年	1836 年
			1837 年	1839 年	1842 年	1846 年	1847 年	1854 年	1856 年
			1857 年	1858 年	1859 年	1864 年	1868 年	1869 年	1874 年
			1875 年	1877 年	1878 年	1879 年	1888 年	1898 年	1910 年
			1911 年						
		民国时期	1919 年	1921 年	1923 年	1924 年	1927 年	1928 年	1929 年
			1930 年	1931 年	1932 年	1933 年	1934 年	1935 年	1936 年
			1938 年	1945 年	1946 年	1947 年	1948 年	1949 年	
甘肃	103	唐前时期	前 243 年	前 104 年	前 103 年	前 102 年	前 90 年	前 89 年	
			公元 1 年	公元 2 年	53 年	61 年	97 年	108 年	111 年	301 年
			304 年	310 年	316 年	317 年	353 年	355 年	363 年	450 年
			458 年	477 年	478 年	481 年	492 年	503 年	504 年	506 年
			507 年	508 年	510 年	512 年			
		唐代（含五代十国）	623 年	629 年	650 年	676 年	682 年	785 年	786 年	813 年
			837 年	868 年	939 年	941 年	942 年	943 年	
		宋代（含辽、金）	963 年	964 年	965 年	985 年	1017 年	1076 年	1103 年
			1141 年	1176 年	1177 年				
		元代	1271 年	1299 年					
		明代	1378 年	1437 年	1489 年	1490 年	1528 年	1529 年	1532 年
			1534 年	1553 年	1559 年	1560 年	1628 年	1634 年	1635 年
			1636 年	1637 年	1638 年	1639 年	1640 年	1641 年	1644 年
		清代	1646 年	1647 年	1738 年	1758 年	1830 年	1837 年	1857 年
			1862 年	1863 年	1865 年	1866 年	1870 年	1877 年	1878 年
			1879 年	1881 年	1882 年	1888 年	1907 年		
		民国时期	1938 年	1945 年	1947 年				
江西	104	唐前时期	前 42 年	48 年	75 年	154 年	166 年	305 年	319 年	320 年
			381 年	431 年	558 年	559 年			
		唐代（含五代十国）	823 年						
		宋代（含辽、金）	1159 年	1167 年	1180 年	1208 年	1215 年	1217 年	1221 年
			1240 年	1245 年					

（续）

省别	蝗灾总年数	时期	蝗灾记载年份（公元纪年）						
江西	104	元代	1280 年	1296 年	1303 年	1305 年	1306 年	1307 年	1321 年
			1334 年						
		明代	1391 年	1403 年	1411 年	1434 年	1447 年	1526 年	1532 年
			1533 年	1538 年	1539 年	1545 年	1592 年	1610 年	1614 年
			1617 年						
		清代	1653 年	1669 年	1671 年	1672 年	1678 年	1679 年	1680 年
			1683 年	1699 年	1703 年	1723 年	1748 年	1749 年	1750 年
			1751 年	1755 年	1773 年	1775 年	1799 年	1810 年	1821 年
			1826 年	1834 年	1835 年	1836 年	1837 年	1846 年	1853 年
			1855 年	1856 年	1857 年	1858 年	1860 年	1865 年	1868 年
			1875 年	1882 年	1892 年	1899 年			
		民国时期	1916 年	1917 年	1918 年	1919 年	1920 年	1921 年	1922 年
			1927 年	1929 年	1930 年	1932 年	1934 年	1935 年	1937 年
			1938 年	1940 年	1941 年	1942 年	1943 年	1946 年	
广西	77	宋代（含辽、金）	1178 年	1191 年					
		明代	1404 年	1488 年	1513 年	1514 年	1517 年	1610 年	1643 年
		清代	1651 年	1682 年	1683 年	1686 年	1705 年	1720 年	1737 年
			1777 年	1778 年	1807 年	1808 年	1817 年	1823 年	1829 年
			1831 年	1832 年	1833 年	1834 年	1835 年	1836 年	1837 年
			1839 年	1840 年	1842 年	1843 年	1845 年	1846 年	1847 年
			1848 年	1849 年	1850 年	1851 年	1852 年	1853 年	1854 年
			1855 年	1856 年	1857 年	1859 年	1860 年	1861 年	1863 年
			1864 年	1866 年	1874 年	1875 年	1882 年	1886 年	1887 年
			1893 年	1894 年	1895 年	1897 年	1899 年	1906 年	1910 年
		民国时期	1914 年	1921 年	1924 年	1925 年	1928 年	1932 年	1935 年
			1938 年	1941 年	1942 年	1943 年	1946 年		
辽宁	53	唐前时期	352 年	452 年	482 年	484 年	557 年		
		宋代（含辽、金）	983 年	1142 年	1176 年	1177 年			
		元代	1265 年	1266 年	1280 年	1298 年	1301 年	1302 年	1303 年
			1325 年	1329 年	1334 年	1359 年			
		明代	1403 年	1436 年	1441 年	1492 年	1524 年	1527 年	1529 年
			1533 年	1552 年	1558 年	1561 年	1640 年		
		清代	1656 年	1764 年	1773 年	1774 年	1802 年	1803 年	1825 年
			1835 年	1858 年	1882 年				

（续）

省别	蝗灾总年数	时期	蝗灾记载年份（公元纪年）						
辽宁	53	民国时期	1913 年	1919 年	1920 年	1923 年	1928 年	1929 年	1930 年
			1931 年	1932 年	1935 年	1949 年			
上海	43	宋代	1240 年						
		元代	1305 年	1306 年					
		明代	1434 年	1453 年	1455 年	1524 年	1529 年	1539 年	1638 年
			1639 年	1640 年	1641 年	1642 年			
		清代	1666 年	1671 年	1672 年	1679 年	1694 年	1698 年	1724 年
			1731 年	1732 年	1753 年	1755 年	1776 年	1856 年	1857 年
			1858 年	1877 年	1897 年	1902 年	1903 年		
		民国时期	1919 年	1926 年	1927 年	1928 年	1929 年	1932 年	1933 年
			1934 年	1935 年	1937 年				
新疆	43	元代	1282 年						
		清代	1765 年	1766 年	1774 年	1874 年	1875 年	1876 年	1877 年
			1878 年	1879 年	1882 年	1883 年	1892 年	1893 年	1894 年
			1896 年	1897 年	1898 年	1900 年	1903 年	1907 年	1909 年
		民国时期	1916 年	1918 年	1919 年	1920 年	1921 年	1922 年	1923 年
			1925 年	1935 年	1937 年	1939 年	1940 年	1941 年	1942 年
			1943 年	1944 年	1945 年	1946 年	1947 年	1948 年	1949 年
福建	38	唐代	628 年	646 年	647 年	692 年	693 年	764 年	838 年
			840 年						
		宋代	1208 年	1209 年	1230 年	1240 年			
		明代	1409 年	1424 年	1507 年	1509 年	1536 年	1545 年	1576 年
			1579 年	1588 年					
		清代	1677 年	1685 年	1689 年	1691 年	1702 年	1825 年	1833 年
			1834 年	1876 年	1877 年	1888 年	1899 年		
		民国时期	1912 年	1914 年	1921 年	1935 年	1948 年		
内蒙古	34	唐前时期	46 年	51 年	478 年				
		宋代（含辽、金）	1056 年	1142 年	1176 年				
		元代	1265 年	1266 年	1271 年	1282 年	1303 年	1329 年	1330 年
			1334 年	1359 年					
		明代	1403 年	1434 年	1640 年				

（续）

省别	蝗灾 总年数	时期	蝗灾记载年份（公元纪年）						
内蒙古	34	清代	1647 年	1648 年	1649 年	1753 年	1760 年	1836 年	1846 年
			1879 年	1895 年	1896 年	1900 年	1906 年	1907 年	
		民国 时期	1929 年	1932 年	1938 年				
贵州	33	宋代	962 年	1017 年					
		明代	1378 年	1482 年	1514 年	1529 年	1549 年	1561 年	1619 年
			1627 年	1631 年					
		清代	1682 年	1687 年	1740 年	1835 年	1855 年	1900 年	
		民国 时期	1917 年	1919 年	1921 年	1924 年	1928 年	1929 年	1930 年
			1932 年	1934 年	1935 年	1939 年	1942 年	1943 年	1944 年
			1945 年	1948 年					
重庆	25	明代	1510 年	1517 年	1541 年	1574 年	1577 年		
		清代	1706 年	1827 年	1839 年	1841 年	1850 年	1864 年	1869 年
			1871 年	1873 年	1886 年	1910 年			
		民国 时期	1929 年	1934 年	1936 年	1944 年	1945 年	1946 年	1947 年
			1948 年	1949 年					
西藏	25	清代	1828 年	1829 年	1847 年	1848 年	1849 年	1850 年	1851 年
			19 世纪 50 年代	1852 年	1853 年	1854 年	1855 年	1856 年	
			1857 年	1891 年	1892 年	1893 年	1894 年	1901 年	1911 年
		民国 时期	1912 年	1915 年	1928 年	20 世纪 30 年代	20 世纪 40 年代		
云南	21	元代	1337 年	1342 年					
		明代	1465 年	1470 年	1524 年	1529 年	1533 年	1547 年	1553 年
			1598 年						
		清代	1659 年	1660 年	1714 年	1770 年	1866 年	1891 年	
		民国 时期	1918 年	1927 年	1931 年	1943 年	1946 年		
海南	21	明代	1403 年	1404 年	1409 年	1529 年	1543 年	1587 年	1620 年
			1621 年						
		清代	1647 年	1714 年	1736 年	1742 年	1788 年	1823 年	1824 年
			1864 年	1878 年	1908 年	1911 年			
		民国 时期	1945 年	1946 年					

（续）

省别	蝗灾总年数	时期	蝗灾记载年份（公元纪年）
宁夏	19	唐前时期	111 年　355 年
		唐代	623 年
		宋代	960 年
		元代	1308 年
		明代	1484 年　1529 年　1630 年　1637 年　1640 年　1644 年
		清代	1646 年　1647 年　1866 年　清光绪初年　1877 年　1878 年 1880 年　1881 年
四川	18	唐前时期	92 年　97 年
		唐代（含五代十国）	647 年　650 年　854 年　940 年　941 年
		宋代	961 年
		明代	1541 年
		清代	1684 年　1686 年　1857 年　1874 年
		民国时期	1918 年　1920 年　1921 年　1929 年　1935 年
台湾	7	清代	1896 年　1900 年　1905 年
		民国时期	1914 年　1923 年　1925 年　1946 年
青海	7	唐前时期	390 年
		唐代（含五代十国）	629 年　785 年
		民国时期	1917 年　1930 年　1943 年　1948 年
吉林	2	宋代（含辽、金）	1124 年
		元代	1334 年
黑龙江	2	清代	1763 年　1773 年

在清代上谕档、《清实录》《清会典》等史料中，有关蝗灾的记载十分频繁，对蝗灾及其防治措施表述不一，如蝗、蝻、蝗蝻、飞蝗、蝗灾、捕蝗、扑蝗、捕蝗不力等词语在清廷档案中记录十分完整，这也可以印证当时蝗灾的严重性（表2-3至表2-9）。

表2-3　清代档案中有关蝗灾的记载情况

单位：条次

关键词	上谕档	《清实录》	《清会典》
蝗	1 207	1 329	272
蝻	657	799	143
蝗蝻	340	397	121
飞蝗	367	316	26
蝗虫	31	43	9
蝗灾	9	65	15
捕蝗	202	229（其中，扑蝗2条、打蝗2条）	50
捕蝗不力	53	45	13

表2-4　清代不同时期档案中关于"蝗"的记载情况

单位：条次

时期	上谕档	《清实录》	《清会典》
顺治		34	
康熙		70	7
雍正		31	27
乾隆	530	808	23
嘉庆	318	140	107
道光	140	75	
咸丰	138	98	
同治	25	13	
光绪	56	58	108
宣统		2	
合计	1 207	1 329	272

表2-5 清代不同时期上谕档中关于"蝗""捕蝗"与"捕蝗不力"的记载情况

单位：条次

时期	"蝗"记载	"捕蝗"记载	"捕蝗不力"记载
乾隆二年至五十九年	530	103	31
嘉庆元年至十四年	318	19	2
道光元年至二十九年	140	40	9
咸丰三年至九年	138	28	8
同治元年至十三年	25	2	
光绪二年至二十五年	56	10	3
合　计	1 207	202	53

表2-6 清代不同时期《清实录》中关于"蝗"与"捕蝗"的记载情况

单位：条次

时期	"蝗"记载	"捕蝗"记载	"捕蝗不力"记载
顺治	34	1	
康熙	70	6	3
雍正	31	2	
乾隆	808	156（其中，扑蝗2条、打蝗2条）	32
嘉庆	140	5	
道光	75	21	2
咸丰	98	21	5
同治	13	2	
光绪	58	15	3
宣统	2		
合计	1 329	229	45

表2-7 清代不同时期《清会典》中关于"蝗"与"捕蝗"的记载情况

单位：条次

时期	"蝗"记载	"捕蝗"记载	"捕蝗不力"记载
康熙朝卷	7		
雍正朝卷	27	2	1
乾隆朝卷	23	8	2
嘉庆朝卷	107	18 （其中，捕治蝗蝻1条）	5
光绪朝卷	108	22 （其中，捕治蝗蝻1条）	5
合　计	272	50	13

表 2-8　清代乾隆朝上谕档中有关"蝗""捕蝗"与"捕蝗不力"的记载情况

单位：条次

年份	"蝗"记载	"捕蝗"记载	"捕蝗不力"记载
乾隆二年	1		
乾隆三年	1		
乾隆四年	5	2	1
乾隆九年	14	3	2
乾隆十年	5	5	1
乾隆十六年	6	1	
乾隆十七年	18	7	2
乾隆十八年	33	14	5
乾隆二十三年	5		
乾隆二十四年	16	3	
乾隆二十五年	55	10	10
乾隆二十六年	3		
乾隆二十八年	39	2	
乾隆二十九年	2		
乾隆三十年	1	1	
乾隆三十一年	1		
乾隆三十二年	2	1	
乾隆三十四年	1	1	
乾隆三十五年	140	39	
乾隆三十六年	5	1	1
乾隆三十七年	35	9	9
乾隆三十九年	11	1	
乾隆四十一年	1	1	
乾隆四十八年	6		
乾隆四十九年	2		
乾隆五十一年	6	1	
乾隆五十七年	104	1	
乾隆五十八年	8		
乾隆五十九年	4		
合　计	530	103	31

表2-9　《清实录·乾隆朝实录》中关于"蝗"及"捕蝗"的记载情况

单位：条次

年份	"蝗"记载	"捕蝗"记载
乾隆元年	2	1
乾隆二年	5	
乾隆三年	8	
乾隆四年	24	8
乾隆五年	19	4
乾隆六年	2	2
乾隆七年	4	1
乾隆八年	7	1
乾隆九年	25	4
乾隆十年	7	5
乾隆十三年	2	
乾隆十四年	20	1
乾隆十六年	13	2
乾隆十七年	110	34（其中，扑蝗1条）
乾隆十八年	86	26
乾隆十九年	2	
乾隆二十三年	9	
乾隆二十四年	33	7
乾隆二十五年	60	8
乾隆二十六年	5	
乾隆二十七年	1	
乾隆二十八年	50	2
乾隆二十九年	5	
乾隆三十年	1	1
乾隆三十一年	7	
乾隆三十二年	4	1
乾隆三十四年	2	
乾隆三十五年	139	40（其中，扑蝗1条、打蝗2条）
乾隆三十六年	7	1
乾隆三十七年	5	3

（续）

年份	"蝗"记载	"捕蝗"记载
乾隆三十八年	4	
乾隆三十九年	19	
乾隆四十一年	1	1
乾隆四十四年	1	1
乾隆四十八年	5	
乾隆四十九年	2	
乾隆五十一年	5	1
乾隆五十五年	1	
乾隆五十七年	95	2
乾隆五十八年	10	
乾隆六十年	1	
合　计	808	157（其中，扑蝗2条、打蝗2条）

1935年，陈家祥在《浙江省昆虫局年刊》（年刊第5号）上发表《中国历代蝗患之记载》一文（英文），共记载自前707年至1935年发生在我国各地的蝗灾记载794年[①]，主要发生区域以河北、山东、河南、江苏较多，安徽、浙江次之，山西、陕西、湖北、湖南又次之（表2-10）。

陈家祥在《中国历代蝗患之记载》中指出，蝗虫灾害在中国是一个非常重要的问题，它每年造成的损失，相当于水稻钻心虫带来的危害。但政府和人民已经注意到了它，在我国1936年以前的文献中，有很多关于蝗虫发生情况的记载，整理出来则是一项艰巨的工作。在全部记载中，危害大的种类主要是飞蝗，占90%以上。湖南省竹蝗可造成重大危害，有些地方还有草地蝗虫种类，如长翅稻蝗、中华稻蝗、斑角蔗蝗、棉蝗等，但对这些蝗虫种类的记述较少。

据《中国历代蝗患之记载》介绍，自前707年首次记载蝗虫发生情况以来，蝗虫发生记载的年份有794年，约占整个时期（前707—1935年，共2 642年）的30%。古代蝗灾记载可能不十分准确，但自960年以后，蝗灾记载就比较详尽和完整了。

960—1935年，发生蝗灾的年份有619年，约占全时期975年的64%。在619年中，出现独自记载的63次，占12%，出现连续不断记载的120次，占88%，平均发

---

① 原文文字表述为796年，有误，应为794年。

生记载时间为 5.5 年。在 975 年中，有 356 年没有蝗虫发生记载，占全时期的 36%；在这 356 年当中，有 164 次出现中断，平均间隔时间为 2.2 年。

表 2-10 前 707—1935 年蝗灾发生记载情况

序号	省份	发生年次（年）	发生州县数（个）
1	河北	329	130
2	山东	312	101
3	河南	272	98
4	江苏	269	61
5	安徽	182	52
6	浙江	146	57
7	山西	92	56
8	陕西	90	36
9	湖北	87	52
10	湖南	48	37
11	甘肃	46	30
12	江西	30	19
13	广东	24	18
14	辽宁	18	7
15	福建	14	4
16	察哈尔	11	6
17	四川	10	14
18	广西	9	6
19	宁夏	8	3
20	云南	5	6
21	贵州	5	2
22	热河	4	3
23	吉林	2	0
24	黑龙江	1	1
25	新疆	1	2
26	未明	23	2

数据来源：陈家祥，1935. 中国历代蝗患之记载（英文）[J]. 浙江省昆虫局年刊（5）：188-241.

邹树文编著的《中国昆虫学史》（科学出版社 1981 年版），根据《古今图书集成·庶征典·蝗灾部》及《清史稿·灾异志》所记虫灾，对前 722—1908 年共 2 630

年的虫灾史籍记录进行了统计，共 520 次，其中蝗灾 388 次、螽灾 12 次、蟓灾 10 次、螟灾 32 次、螣灾 3 次（表 2 - 11）。

表 2 - 11　前 800—1700 年有关螽、蝗、蟓、螟、螣灾史籍记录统计

单位：年次

公元纪年	螽	蝗	蟓	螟	螣	小计
前 800—前 700 年	1					1
前 601—前 700 年	4					4
前 501—前 600 年	3		1			4
前 401—前 500 年	3					3
前 301—前 400 年						0
前 201—前 300 年		1				1
前 101—前 200 年		9				9
前 1—前 100 年		2				2
公元 1—100 年		15				15
101—200 年		18				18
201—300 年		2				2
301—400 年	1	8				9
401—500 年		11				11
501—600 年		10				10
601—700 年		8				8
701—800 年		6				6
801—900 年		17				17
901—1000 年		12	2	8		22
1001—1100 年		29	2	6		37
1101—1200 年		33	2		2	37
1201—1300 年		46		2	1	49
1301—1400 年		42	3	4		49
1401—1500 年		33		3		36
1501—1600 年		42		4		46
1601—1700 年		44		5		49
合计	12	388	10	32	3	445

注：此表仅录用了原表中螽、蝗、蟓、螟、螣五种蝗虫灾害记载，其余虫灾未收录。

数据来源：邹树文，1981. 中国昆虫学史［M］. 北京：科学出版社.

二、蝗灾造成的负面影响

蝗字从"皇"，皇者，王也。从历代蝗灾造成的危害和影响来看，蝗虫可谓虫中之王，有人甚至将蝗虫神化为"神虫""天灾""饥虫"；一旦发生严重蝗灾，其负面影响十分广泛，直接关系到人类的生存、社会的稳定、战争的进程和成败、国家和政府的形象等诸多方面。

（一）蝗灾对人类生存的影响

蝗灾对人类生存的影响，主要表现为其对农作物的毁灭危害和粮食安全的威胁。中国是一个人口众多的农业大国，自古以来，农业的丰歉始终影响着人类的生存与社会的发展。然而具有暴发性、迁移性和毁灭性特点的蝗虫，时常会吃光禾稼，令草木叶皆尽，对农牧业生产特别是粮食生产造成毁灭性打击，进而导致粮食歉收、饥荒四起、民不聊生，不少人被迫逃离家园，甚至发生人饥相食的悲惨局面。历史上将蝗灾大暴发描述为"蝗大疫"，可见其对人类生存影响之大。

春秋时期，鲁文公三年（前624年）秋，蝗虫吃光了人们居住的茅草屋顶。鲁宣公十五年（前594年），"秋，螽。冬，蝝生"，一岁而再为灾，并发生了饥荒。西汉时期，有记载的蝗灾24年，其中公元2年、21年、22年、23年发生了蝗害稼、民流亡的情景。在《后汉书》44年的蝗灾记载中，有13年记载了蝗虫害稼食谷、人民饥荒的情景。72年，蝗发泰山，流徙郡国，荐食五谷，民饥死县数千百人。318—319年发生在山东、江苏、安徽微山湖和洪泽湖一带的蝗灾，除吃光了苗稼、生草，吴郡百姓多饿死。550年，江南连年旱蝗，江、扬尤甚，百姓流亡，相与入山谷、江湖，采草根、木叶、菱芡而食之，所在皆尽，死者蔽野，千里绝烟，人迹罕见，白骨成聚，如丘垄矣。

据史料分析，从唐代至1949年的1 332年，共发生蝗灾907年，平均每间隔1.47年即有一次蝗灾记载，其中发生蝗害稼、饥或人相食等情况的年份达400余年，占全部蝗灾记载的44％。943年，蝗大起，东自海堧，西距垄坻，南逾江淮，北抵幽蓟，原野、山谷、城郭、庐舍皆满，竹木叶皆尽，民馁死者数十万口，流亡不可胜数。1034年，开封府蝗亘田野，坌入郛郭，跳掷官寺，井堰皆满，而使者数出，府县监捕驱逐，蹂践田舍，民不聊生。1164年，平、蓟二州蝗，百姓艰食，父母、兄弟不能相保，多昌鬻为奴。

1359年，山东、河东、河南、关中等处蝗飞蔽天，人马不能行，所落沟堑尽平，民大饥，饥民捕蝗以为食，或曝干而积之，又罄，则人相食。1485 年，太平、垣曲、台前、阳谷、鱼台县蝗，群飞蔽天，民流亡，人相食。1560 年，河北大蝗，赵州、晋州、灵寿、栾城、清河、曲周、满城、完县、清苑、饶阳、鸡泽、顺义蝗蝻害稼，民大饥，多流离饿死；赞皇、深泽、柏乡、临城、广宗、丰润飞蝗蔽天，食禾殆尽，民流离饥死者甚多；内丘蝗飞蔽天，大饥，民食草根、树皮尽，或剥殍肉，气尚未绝而操刀剥之，流离人不可胜数。

1640 年，河北、山东、河南、陕西、江苏、安徽大蝗，天津、兴济、霸县、徐水、深州、栾城、泗水、登州、安丘、冠县、鄄城、郑州、开封、孟县、陕县、阌乡、大荔、合阳、华县、周至、萧县蝗食禾几尽，大饥；遵化、青县、盐山、阜城、宁晋、大名、齐河、平原、单县、福山、濮州、汝宁、洛阳、荥阳、麟游、扶风、沛县、铜山、徐州、邳州蝗伤稼，人相食；沂州蝗，大饥，赤地千里，父子相食，弃婴满道。

1774 年，山东潍坊等地出现过蝗群咬人致死的情况。1822—1829 年、1851—1858 年，出现了两次连续 8 年蝗食禾稼、草木尽的记载。1857 年，元氏飞蝗蔽天，禾稼尽，蝗去蝻生，横行遍野，疾如流水，涌如行军，集满街巷，食难举火，睡不能眠，炕上小儿为蝗吮啖而哭，为害至此极甚，大饥。

民国时期，蝗灾严重，涉及河北、河南、江苏、山东、安徽等 12 省 278 县。1930 年，全国 188 县蝗，灾民 873 万人，损失值银 1.5 亿元。

蝗灾发生直接影响到农业生产，特别对粮食生产是毁灭性的，其所造成的饥馑，对人类生存具有很大的影响。

（二）蝗灾对社会稳定的影响

农业丰收是人民安居乐业之基石。中国历史上，蝗虫食禾尽，民饥，人流亡，甚至发生人相食等情况不胜枚举。蝗灾引发饥荒、饥荒引发民怨、民怨引发社会动乱；历史上，蝗灾引发了灾民流动和抱怨情绪，以此为导火线，进一步发展为社会动乱、农民起义和朝代更替。

《汉书·食货志》记载：莽末，莽乃下诏曰："枯旱霜蝗，饥馑荐臻，百姓流离，害气将究矣。"岁为此言，以至于亡。王莽于公元 8 年称帝，23 年灭亡，在位 15 年，其间蝗灾记载有 6 年：11 年，濒河郡蝗生；17 年，枯旱、蝗虫相因；20 年，数遇枯旱、蝗蝻为灾；21 年，关东大饥，蝗；22 年，"蝗从东方来，飞蔽天，流民入关者数十万人，饥死者十七八"；23 年，天下连岁灾蝗，王莽灭亡。另据《旧五代史·五行志》记载：后晋天福八年（943 年），"天下诸州飞蝗害田，食草木叶皆尽"，"人民流移，饥者盈路，关西饿殍尤甚，死者十七八。朝廷以军食不充，分命使臣诸道括粟麦，晋祚自兹衰矣"。由此可见，连年的蝗灾，不但是王莽王朝灭亡的原因之一，也是后晋王朝走向衰亡的重要因素。

唐代宰相姚崇在论治蝗时曾说："今飞蝗所在充满，加复蕃息。且河南、河北家无宿藏，一不获则流离，安危系之。"宋端平元年（1234 年），宋理宗赵昀召江东提点刑狱徐侨议事，见其衣履垢敝，谓曰："卿可谓清贫。"侨对曰："臣不贫，陛下乃贫耳。陛下国本未建，疆宇日蹙；权幸用事，将帅非材；旱蝗相仍，盗贼并起；经用无艺，帑藏空虚；民困于横敛，军怒于掊克，群臣养交而于子孤立，国势阽危而陛下不悟：臣不贫，陛下乃贫耳。"这些记载都说明前人是把蝗灾放到有关社会稳定及国家安危的高度上来认识的。另据史载，辽统和元年（983 年），东京、平州旱蝗，暂停关征。金大定四年（1164 年），平、蓟二州蝗旱，百姓艰食，父母、兄弟不能相保，多昌鬻为奴。元至元十九年（1282 年），大都、燕南、燕北、河间、河东、河南、山东等 60 余处皆蝗，所至蔽日，碍人马不能行。据《元史·敬俨传》记载："武宗临御，旱蝗为灾，民多因饥为盗，有司捕治，论以真犯。狱既上，朝议互有从违，俨曰：'民饥而盗，迫于不得已，非故为也。且死者不可复生，宜在所矜贷。'用是得减死者甚众。"由于蝗灾，民多因饥为盗，有司捕治，官逼民反，造成了社会的极大不稳定，朝廷不得不采取抚救措施。

明万历十五年（1587 年），临晋蝗灾，有弃婴儿于野者。崇祯十三年（1640 年），大名旱蝗，大饥，斗粟千钱，鬻妻卖子，人相食；沂州蝗，赤地千里，父子相食，弃婴满道；安丘大蝗，有啮人衣物及小儿者；徐州蝗蝻遍野，积道旁成丘，臭秽闻数十里。清乾隆五十年（1785 年），安丘大蝗，落地尺厚，有不辨路径而陷入沟渠为蝗所食者。

从历史上看，蝗灾被称为"天灾"，"天灾"发生后，往往会有"人祸"随之，造成灾上加灾。所谓"人祸"主要表现为朝廷和官府不作为；官吏在救灾赈灾中乱作为，或压榨百姓、私吞钱粮；商人富户囤积居奇、见利忘义；灾民无序流动；反政府势力趁机暴乱等。最为典型的例子莫过于明末农民起义。《明实录·熹宗实录》记载，天启五年（1625 年），陕北地区"大饥，人相食，延安尤甚"。天启六年、七年，北方大旱，蝗灾泛滥，严重的地区如陕西延安府，连续几年庄稼颗粒无收。《陕西通志》记载，在连续三年的大灾之下，民生艰难，蓬草、树皮食尽，有的甚至挖掘山中石块来吃，因不能消化、腹部发胀致无法大便、胃部下垂而死。一些不愿吃石块而死的乡民们，只好集结起来当强盗，另一些稍有积蓄的家庭，被抢劫一空，也变成饥民。天灾面前，饱受磨难的饥民，为了生存被逼盗抢；但一些地方官吏却不顾饥民死活，仍然催逼赋税榨取农民，澄城知县张斗耀成了明末农民起义被杀死的第一人。历史学家邓云特在其 1937 年出版的《中国救荒史》中说："灾荒严重发展的最主要结果，就是社会的变乱，所谓社会变乱的主要形式，不外人口的流移死亡、农民的暴动和异族的侵入。"就明末蝗灾而言，其引发的社会变乱主要是前二者，其中"农民的暴动"则是最严重的后果。

1929 年，江苏省下蜀镇大群蝗蝻从长江直趋内地，当群蝻跃经铁路时，把轨道盖没，导致火车无法通行。下蜀镇房屋墙壁、屋顶都爬满蝗虫，商店无法开门营业。

蝗灾，使灾区人民被迫鬻妻卖子、弃婴于道，过着饥贫的生活，严重影响了正常的生活秩序和社会秩序。对此，为了稳定社会局势，历代帝王下达的治蝗或赈蝗灾诏令，在史籍中多有记载。据不完全统计，宋代（含辽、金）达 23 个，元代 7 个，明代 5 个，清代 22 个。这些措施，对稳定民心起到了很重要的作用。

（三）蝗灾对战争的影响

古人常云"兵马未动，粮草先行"，充分说明了粮食和草料对战争成败的重要性。由于蝗灾发生对粮草供给有着重要影响，因此，蝗灾的发生程度、范围也常常影响到粮草的有效供给以及战争的进程和成败。关于蝗灾与战争的关联性，在史料中也多有记载。

汉光武帝时期，匈奴经常南下侵扰边民，汉朝与匈奴连年战争不断。建武二十七年（51 年），匈奴旱蝗，赤地千里，侯王臧宫、马武即上书曰："匈奴贪利，无有礼信，今旱蝗赤地，疫困之力，不当中国一郡。命将攻其左、击其右。"是年，汉军打败了匈奴，匈奴不但遣使乞和，而且每年还要给汉朝献贡。

东汉兴平元年（194 年），曹操与吕布在濮阳大战，是时蝗虫起，食稼伤谷，百姓大饥，人相食。双方争战百余日，粮食都吃光了，只好罢兵各引去。曹操当时很强大，但因于蝗灾的发生，还是没能打赢这场战争。

明末，李自成领导的农民起义军一度因明军的打击而几乎被扑灭。崇祯十三年（1640 年），李自成趁明军主力在四川追剿张献忠之际转入河南。当时河南连年遭遇大旱和蝗灾，蝗灾的范围几乎遍及全省，以黄河沿岸最为严重。崇祯时期更发生了连续 5 年的大蝗灾，明王朝赈救不足，农民苦不堪言、饥死无数，一些走投无路的农民纷纷发展成地方性的起义队伍。李自成入河南后，收留灾民，并提出"均田免粮"的口号，深得民心。李自成的实力迅速壮大，在短短的一年时间里，从五十骑发展成百万之众。当地的那些毫无组织、混乱一团的饥民投入起义队伍成为农民军的主力军，最终攻入北京导致明王朝覆灭。

近代蝗灾严重暴发时，农业受灾、粮食减产及其导致的饥荒和社会动乱等，也对战争进程造成一定影响。1944—1945 年，八路军驻地所属的太行山区遭遇严重蝗灾，大批蝗虫从河北等地迁飞进入山西境内，满山遍野都是蝗虫。中国共产党太行区党委、军区政治部发出关于扑灭蝗蝻的紧急号召，号召各地军队指战员投入扑灭蝗虫运动。尽管扑打蝗虫影响了部分军队作战安排，但蝗灾的控制对保护太行革命根据地军民生产与生活发挥了重要作用。

（四）蝗灾对国家和政府形象的影响

历史上，蝗虫暴发时形成一个庞大的害虫群体，以其强大的繁殖力和为害性，成为人们公认的社会性虫灾。蝗灾的发生程度虽然带有自然属性和规律性，但危害是可防可控的，其控制得好坏，取决于人为防治措施水平和力度。因此，蝗灾的危害程度常常标志着社会的发展水平与统治阶级执行能力，进而影响国家声誉和统治者的执政形象。明代徐光启曾经指出，蝗虫"必借国家之功令，必须百郡邑之协心，必赖千万人之同力"，认为"一身一家，无戮力自免之理"，"必合众力共除之"。

清康熙帝也说："茕茕小民，何以堪此。"可见，治蝗只有依靠国家的财力、人民的力量才行。因此，发生了蝗灾，有损于国家和政府的形象，不少人为此而罢官丢爵。能否治住蝗灾，成为衡量国家和政府工作能力的标志之一，蝗虫受到人们越来越多的关注。清康熙帝不但御制《捕蝗说》，而且于 1691—1709 年颁布了 6 道治蝗诏令。大清律例中还制定了"捕蝗需用兵役、民夫及易换收买蝻子的费用，准其动公"等律令。

民国初期，由于战乱，农民饱受兵匪之扰而流离失所，蝗灾也愈发严重。1926年秋，美国某报刊发表《奇异之中国捕蝗法》，讥讽中国治蝗之无效、农民之无知、政府之无能。蝗灾使国家、政府和人民的形象受到了很大影响。

新中国成立以后，中国共产党和人民政府高度重视蝗灾防治工作。1950 年农业部成立病虫害防治机构，并持续投入大量的人力、财力致力蝗灾的治理，有效遏制了蝗虫的发生、迁飞和危害，保障了农业生产安全和人民安居乐业，各级政府的治蝗成绩在国内外均赢得良好声誉。

当代著名文学家莫言在小说《红蝗》（《收获》1987 年第 3 期）中描述 50 年前（1935 年）和 50 年后两次蝗虫灾害中人类大战蝗虫的故事，在结尾总结时指出："经年干旱之后，往往产生蝗灾。蝗灾每每伴随兵乱，兵乱、蝗灾导致饥馑，饥馑伴随瘟疫，饥馑和瘟疫使人残酷无情，人吃人，人即非人，人非人，社会也就是非人的社会，人吃人，社会也就是吃人的社会。"这也形容中国历史上蝗灾对人类社会的影响之严重。

三、蝗虫重大迁飞事件

我国历史上记载的蝗灾以迁移性或迁飞性蝗虫居多，其造成的远距离迁飞危害影响深远。据史料记载，蝗虫多数从东向西迁飞，也有从北向南迁飞或其他方向的。蝗虫迁飞至农田、村舍甚至皇宫。迁飞时，群飞蔽天、声如风雨，落地时，形成赤地千里、沟堑皆平、禾草皆光、人饥相食、饿殍遍野的惨景。蝗群迁飞时跨省、跨区域、跨国界的情况均有发生，其迁飞距离近者几十公里，远者数百公里甚至更远。王充在《论衡·状留篇》中说："蝗虫之飞，能至万里"，在《商虫篇》中指出，蝗虫成虫迁飞时"蔽天如雨"，数量很多，且具有很强的迁飞能力以及"集地食物，不择谷草"的食性，可见蝗虫迁飞的危害。

据不完全统计，我国历史上先后发生重大蝗虫迁飞事件 146 次，其中唐前时期 12 次、唐代（含五代十国）7 次、宋代（含辽、金）22 次、元代 3 次、明代 30 次、清代 44 次、民国时期 22 次、中华人民共和国时期 6 次（表 2-12）。

表 2-12　蝗虫迁飞路径与距离统计

时期	迁飞日期	起止地点	大致迁飞距离（千米）	备注
唐前时期	前 104 年	关东—敦煌	>300	跨省迁飞；亚洲飞蝗
	22 年	关东—长安	>150	跨省迁飞
	55 年	太山—河南—夷狄	550	黄河以北少数民族地区跨省迁飞
	56 年	山阳—九江	250	跨省迁飞
	61 年	塞外—酒泉	70	亚洲飞蝗；省内迁飞
	72 年	泰山—兖、豫	>150	跨省迁飞
		泰山—邹县	50	省内迁飞
		泰山—寿张	100	省内迁飞
	227 年	关东—高陵	100	跨省迁飞
	557 年	安阳—临漳	30	省内迁飞
唐代（含五代十国）	785 年	江苏—甘肃	>1 000	跨省迁飞
	885 年	淮南—扬州	200	跨省迁飞

（续）

时期	迁飞日期	起止地点	大致迁飞距离 （千米）	备注
宋代 （含辽、金）	1016 年	开封—淮河	300	跨省迁飞
		开封—河东	300	跨省迁飞
	1073 年	长江北—江宁	＞20	省内迁飞
		涞水、归义—宋境	30	省内迁飞
	1159 年	金界—淮北	20	省内迁飞
	1162 年	淮南—湖州	250	跨省迁飞
	1165 年	淮北—淮西	＞10	省内迁飞
	1176 年	淮北—盱眙	60	省内迁飞
	1196 年	凌塘—高邮	30	省内迁飞
	1202 年	丹阳—武进	50	省内迁飞
	1215 年	淮北—杭州	350	跨省迁飞
元代	1359 年	黄河北—开封	40	省内迁飞
明代	1509 年	安徽—福建	250	跨省迁飞
	1527 年	徐州、邳州—宿州	50	跨省迁飞
	1529 年	颍水西—潼关	500	跨省迁飞
		黄河南—潞安	150	跨省迁飞
		河南—长治	100	跨省迁飞
		河南—华县	60	跨省迁飞
		河南—临潼	100	跨省迁飞
		河南—西安	120	跨省迁飞
	1530 年	兖州—莘县	130	省内迁飞
	1537 年	洛河—宜君	10	省内迁飞
	1554 年	东山—麻城	40	省内迁飞
	1616 年	关东—耀县	120	跨省迁飞
		山东—六合	300	跨省迁飞
	1637 年	山东—鄢陵	150	跨省迁飞
	1641 年	宁国—绩溪	20	省内迁飞
清代	1647 年 8 月	寿阳—徐沟	40	省内迁飞
	1672 年	徐淮—邹县	200	跨省迁飞
		灵宝—芮城	20	跨省迁飞
	1691 年	京口—常州	60	省内迁飞

（续）

时期	迁飞日期	起止地点	大致迁飞距离 （千米）	备注
清代	1734 年	天津—商河	200	跨省迁飞
		河间—商河	180	跨省迁飞
	1744 年	山东—景县—河间	120	跨省迁飞
		昭阳湖—山阳—盱眙	250	跨省迁飞
		江南—固始	20	跨省迁飞
	1825 年	井陉—山西	40	跨省迁飞
	1826 年	抚宁—卢龙	20	省内迁飞
	1835 年	广西—高明	170	跨省迁飞
	1836 年	河南—西安	100	跨省迁飞
		湖北—汉中	50	跨省迁飞
	1857 年	河南—长安	150	跨省迁飞
		崇阳—通山	20	省内迁飞
	1892 年	亳、鹿—柘城	>10	省内迁飞
	1900 年	邻县—兰考	>10	省内迁飞
	1902 年	山西—合阳	>40	跨省迁飞
		山西—华阴、潼关	>50	跨省迁飞
		山西—韩城	>20	跨省迁飞
民国时期	1915 年	济县—阌乡	40	跨省迁飞
		安徽—南京	30	跨省迁飞
	1917 年	华阴—华县	15	省内迁飞
	1918 年	吴江—嘉善、嘉兴	20	跨省迁飞
	1928 年	句容—溧水	20	省内迁飞
		无锡—苏州	20	省内迁飞
	1929 年	江北—丹徒	20	省内迁飞
	1931 年	天津—武清	30	省内迁飞
		天津—静海	35	省内迁飞
		文安—大城	30	省内迁飞
		献县—河间	30	省内迁飞
		冀县—衡水	35	省内迁飞
		宁晋—新河	30	省内迁飞

（续）

时期	迁飞日期	起止地点	大致迁飞距离（千米）	备注
	1931 年	南皮—东光	20	省内迁飞
	1932 年	洪泽湖—淮阴	35	省内迁飞
		洪泽湖—淮安	40	省内迁飞
		洪泽湖—宝应	50	省内迁飞
	1933 年	长兴—杭州	120	省内迁飞
		宜兴—常州	20	省内迁飞
		凤阳—蚌埠	40	省内迁飞
		淮安—宝应	40	省内迁飞
		淮安—涟水	40	省内迁飞
		淮安—泗阳	50	省内迁飞
		大城—高阳	80	省内迁飞
		清苑—蠡县	40	省内迁飞
民国时期	1935 年	吴江—苏州	20	省内迁飞
		宜兴—常州	70	省内迁飞
	1939 年	洪泽湖西—洪泽湖东	50	省内迁飞
	1942 年	河南—郧西	40	跨省迁飞
	1943 年	河南—韩城	150	跨省迁飞
		河南—合阳	100	跨省迁飞
		河南—大荔	50	跨省迁飞
	1944 年	磁县—武安	40	省内迁飞
		邢台—左权	90	跨省迁飞
		邢台—和顺	90	跨省迁飞
		河南—陇县	>300	跨省迁飞
		阌乡—潼关	>20	跨省迁飞
		河南—襄樊	>20	跨省迁飞
		河南—均县—十堰	80	跨省迁飞
		河南—丹凤	>20	跨省迁飞
		陕西—竹溪	20	跨省迁飞

（续）

时期	迁飞日期	起止地点	大致迁飞距离（千米）	备注
民国时期	1945 年	河西—宝井	30	跨省迁飞
		山阳—镇安	15	省内迁飞
	1946 年	菲律宾—中国台湾	600	跨国界迁飞
中华人民共和国时期	1951 年	淮南—泗洪	50	省内迁飞
		五河—泗洪	20	省内迁飞
	1958 年	微山湖—成武	70	省内迁飞
		微山湖—定陶	70	省内迁飞
		微山湖—金乡	20	省内迁飞
		微山湖—嘉祥	20	省内迁飞
	1985 年	北大港—黄骅—盐山	100	跨省迁飞
	1999 年	哈萨克斯坦—中国新疆塔城、博乐、霍城	100～300	意大利蝗、亚洲飞蝗跨国界迁飞
	2000 年	哈萨克斯坦—中国新疆塔城、额敏、裕民、克拉玛依、察布查尔	100～300	意大利蝗、亚洲飞蝗跨国界迁飞
	2004 年	哈萨克斯坦—中国新疆吉木乃	100～300	亚洲飞蝗跨国界迁飞

历代蝗虫重大迁飞事件相关史料记载如下：

◎ **秦王政四年（前 243 年）**

十月庚寅，蝗虫从东方来，蔽天。天下疫。 　　　　　　《史记·秦始皇本纪》

◎ **西汉太初元年（前 104 年）**

关东蝗大起，飞西至敦煌。 　　　　　　　　　　　　《资治通鉴·汉纪》

◎ **新莽地皇三年（22 年）**

夏，蝗从东方来，飞蔽天，至长安，入未央宫，缘殿阁，草木尽。

《文献通考·物异考》

蝗从东方来，飞蔽天，流民入关者数十万人。　　　　　《资治通鉴·汉纪》

高陵蝗自东方来，草木尽食。　　　　　　　　　　　　《高陵县志》

◎ 东汉建武三十一年（55 年）

蝗起太山郡，西南过陈留、河南，遂入夷狄，所集乡县以千百数。

《论衡·商虫篇》

◎ 东汉中元元年（56 年）

山阳、楚、沛多蝗，其飞至九江界者，辄东西散去。　　《后汉书·宋均传》

◎ 东汉永平四年（61 年）

十二月，酒泉大蝗，从塞外入。　　　　　　　　　　　《后汉书·五行志》

◎ 东汉永平十五年（72 年）

蝗起泰山，弥行兖、豫。　　　　　　　　　　　　　　《后汉书·五行志》

蝗发泰山，流徙郡国，荐食五谷，过寿张界，飞逝不集。

《后汉书·谢夷吾传》

蝗起泰山，流被郡国，过邹界不集。　　　　　　　　　《后汉书·郑弘传》

◎ 东汉永初七年（113 年）

八月，蝗虫飞过洛阳。　　　　　　　　　　　　　　　《后汉书·安帝纪》

◎ 东汉元初二年（115 年）

今（蝗虫）群飞蔽天，为害广远。　　　　　　　　　　《后汉书·安帝纪》

◎ 三国魏太和元年（227 年）

夏，高陵蝗，自关东来。　　　　　　　　　　　　　　《高陵县志》

◎ 东晋太元十六年（391 年）

五月，飞蝗从南来，集堂邑县界，害苗稼。　　　　　　《晋书·五行志》

◎ 北齐天保八年（557 年）

自夏至九月，畿内八郡大蝗，是月，飞至京师，蔽日，声如风雨。

《北齐书·文宣帝纪》

彰德州郡大蝗，飞至邺，蔽天，声如风雨。　　　乾隆《彰德府志》

◎ 唐开元三年（715 年）

六月，山东诸州大蝗，飞则蔽景，下则食苗稼，声如风雨。

《旧唐书·玄宗本纪》

◎ 唐贞元元年（785 年）

五月，蝗自海而至，飞蔽天，每下则草木及畜毛无复子遗。

《旧唐书·德宗本纪》

夏，蝗东自海，西尽河陇，群飞蔽天，旬日不息，所至草木叶及畜毛靡有孑遗。

《文献通考·物异考》

六月，长山蝗飞蔽天，旬日不息，所至草木及畜毛靡有孑遗。

嘉庆《长山县志》

◎ 唐乾符二年（875 年）

蝗自东而西蔽天。　　　　　　　　　　　　　　《新唐书·五行志》

◎ 唐乾符三年（876 年）

单县蝗，自东而西蔽天。　　　　　　　　　　　　《山东蝗虫》

◎ 唐光启元年（885 年）

秋，蝗，自东方来，群飞蔽天。　　　　　　　　《新唐书·五行志》

◎ 后唐天成三年（928 年）

六月，有蝗蔽日而飞，昼为之黑，庭户衣帐悉充塞。《十国春秋·吴越世家》

◎ 后晋天福八年（943 年）

五月，飞蝗自北翳天而南。　　　　　　　《旧五代史·晋书·少帝纪》

◎ 宋淳化元年（990 年）

    棣州飞蝗自北来，害稼。 　　　　　　　　　　　　　　　《宋史·五行志》

◎ 宋淳化三年（992 年）

    六月，飞蝗自东北来，蔽天，经西南而去。 　　　　《宋史·太宗本纪》

    六月，京师有蝗起东北，趣至西南，蔽空如云翳日。 　　《宋史·五行志》

◎ 宋大中祥符九年（1016 年）

    七月，（蝗）过京师，群飞翳空，延至江、淮南，趣河东，及霜寒始毙。

　　　　　　　　　　　　　　　　　　　　　　　　　　《宋史·五行志》

◎ 宋熙宁六年（1073 年）

    江宁府（南京）飞蝗自江北来。 　　　　　　　　　　《宋史·五行志》

    七月，归义、涞水两县蝗飞入宋境。 　　　　　　　　《辽史·道宗本纪》

◎ 宋元丰四年（1081 年）

    闻河北飞蝗极盛，渐已南来，速令开封府界提举司，京东、西路转运司遣官督捕；仍告谕州县，收获先熟禾稼。 　　　　　　　《续资治通鉴·宋纪》

◎ 宋崇宁三年（1104 年）

    连岁大蝗，其飞蔽日，来自山东及府界，河北尤甚。 　　《宋史·五行志》

◎ 宋崇宁四年（1105 年）

    连岁大蝗，其飞蔽日，来自山东及府界，河北尤甚。 　　《宋史·五行志》

◎ 金正隆二年（1157 年）

    六月，飞蝗飞入京师。 　　　　　　　　　　　　光绪《顺天府志》

◎ 宋绍兴二十九年（1159 年）

    七月，盱眙军、楚州金界三十里，蝗为风所坠，风止，复飞还淮北。

　　　　　　　　　　　　　　　　　　　　　　　　　　《宋史·五行志》

◎ **宋绍兴三十二年**（1162 年）

六月，江东、淮南北郡县蝗，飞入湖州境，声如风雨。至七月，遍于畿县，余杭、仁和、钱塘皆蝗。丙午，蝗入京城。 　　　　　　　　　　　　《宋史·五行志》

◎ **宋隆兴元年**（1163 年）

四月，菏泽飞蝗自北来，蔽天有声。 　　　　　　　光绪《新修菏泽县志》

八月，飞蝗过都，蔽天日。 　　　　　　　　　　　　《宋史·五行志》

◎ **金大定四年**（1164 年）

八月，中都以南八路蝗，飞入京畿。《古今图书集成·庶征典·蝗灾部汇考》

◎ **宋乾道元年**（1165 年）

淮西蝗，自淮北飞渡。 　　　　　　　　　　　《续资治通鉴·宋纪》

◎ **宋淳熙元年**（1174 年）

四月，济阴蝗自北飞来，亘天有声。 　　　　　　　康熙《兖州府志》

◎ **宋淳熙三年**（1176 年）

八月，淮北飞蝗入楚州、盱眙军界，如风雷者。 　　　《宋史·五行志》

◎ **宋淳熙九年**（1182 年）

六月，滁州全椒县，和州历阳、乌江县蝗。飞蝗过都（杭州）。

《文献通考·物异考》

◎ **宋庆元二年**（1196 年）

飞蝗起，自凌塘俄遍四野，继皆抱草死。 　　　　　乾隆《高邮州志》

◎ **宋嘉泰二年**（1202 年）

浙西诸县大蝗。自丹阳入武进，若烟雾蔽天，其坠亘十余里。

《宋史·五行志》

◎ 金泰和八年（1208 年）

六月，飞蝗入京畿。 《金史·五行志》

◎ 宋嘉定二年（1209 年）

六月，飞蝗入畿县。 《文献通考·物异考》

◎ 宋嘉定八年（1215 年）

四月，飞蝗越淮而南，江、淮郡蝗，食禾苗、山林、草木皆尽。乙卯，飞蝗入畿县。

《宋史·五行志》

◎ 金贞祐四年（1216 年）

秋七月，飞蝗过京师。 《金史·宣宗本纪》

◎ 元至元十九年（1282 年）

五月，河东蝗飞蔽天，人马不能行，所落沟堑尽平，民大饥。

光绪《永济县志》

清河蝗飞蔽天，自西北来，凡经七日，禾稼俱尽。 民国《清河县志》

◎ 元至正十九年（1359 年）

八月，蝗自河北飞渡汴梁，食田禾一空。 《元史·顺帝本纪》

五月，山东、河南、直隶、京师蝗飞蔽天，所落坑堑尽平。

光绪《宁津县志》

◎ 元至正二十五年（1365 年）

绩溪县蝗，自西北蔽空而至。 《古今图书集成·庶征典·蝗灾部汇考》

◎ 明建文四年（1402 年）

夏，京师飞蝗蔽天，旬余不息。 《明史·五行志》

◎ 明正统七年（1442 年）

东安蝗，蔽天而行，所过野无青草。 乾隆《东安县志》

◎ 明成化十八年（1482 年）

秋，虞城蝗飞蔽天，从东入境。　　　　　　　　　　　光绪《虞城县志》

◎ 明弘治六年（1493 年）

六月，飞蝗过京师，自东南而西北，日为掩者三日。　　《明会要·祥异》

◎ 明正德四年（1509 年）

安徽蝗，凤阳严重大发生，另地迁飞至福建。　《中国东亚飞蝗蝗区的研究》

◎ 明正德九年（1514 年）

河间诸州县蝗，食苗稼皆尽，所至蔽日，人马不能行。　光绪《吴桥县志》

◎ 明嘉靖六年（1527 年）

夏，宿州大旱，蝗飞蔽天，来自徐、邳，生小蝻遍野，厚数寸。

　　　　　　　　　　　　　　　　　　　　　　　嘉靖《宿州志》

◎ 明嘉靖八年（1529 年）

六月，潞州蝗自河南来，食稼；陕西飞蝗蔽天，自河南来。七月，蔡、颍间蝗，食禾穗殆尽，经陕、阌、潼关，晚禾无遗。

　　　　　　　　　　　《古今图书集成·庶征典·蝗灾部汇考》

高陵蝗飞蔽天，自河南来。　　　　　　　　　　　　　《高陵县志》

西安蝗飞蔽天，自河南来，食禾无遗。　　　　　　　　《西安市志》

七月，临潼蝗飞蔽天，自河南来，食禾稼无遗。　　　　《临潼县志》

华县蝗飞蔽天，自河南来。　　　　　　　　　　　　　《华县志》

夏，长治飞蝗自河南入境。　　　　　　　　　　　　《长治市志》

七月，巩县飞蝗从东南来，飞蔽日，止栖阔长四十里，五谷、苗草食尽，后蝻生，地皮尽赤，民流移。　　　　　　　　　　　　民国《巩县志》

◎ 明嘉靖九年（1530 年）

夏五月，莘县蝗自兖郡来，群队如云，所过无遗稼。　光绪《莘县志》

◎ 明嘉靖十一年（1532 年）

英山向无蝗，忽自北蔽空而来，食禾且尽。　　　　　　　同治《六安州志》

◎ 明嘉靖十三年（1534 年）

六月，宿州飞蝗从东北来，延蔓不绝，至七月始去，秋稼无收。

嘉靖《宿州志》

◎ 明嘉靖十四年（1535 年）

六月初旬，冠县飞蝗骤至，食禾苗几半，至末旬，蝻生，积地至三五寸。

光绪《增修冠县志》

◎ 明嘉靖十五年（1536 年）

七月，阳高蝗自境外至，群飞蔽天，伤稼殆尽。　　　　　《阳高县志》

◎ 明嘉靖十六年（1537 年）

八月，有蝗自洛河来宜君，其势蔽天，其声如雷，大食田禾，平川尤甚。

《铜川市志》

◎ 明嘉靖十七年（1538 年）

六月，蝗自东入（长山）境，越城渡河而西，所过田禾一空。

嘉庆《长山县志》

◎ 明嘉靖三十三年（1554 年）

九月，麻城蝗自东山入，无食，自去。　　　　　民国《麻城县志前编》

◎ 明嘉靖三十九年（1560 年）

怀柔飞蝗蔽天，日为之不明，禾稼殆尽。　　　　　康熙《怀柔县新志》
三河蝗自南来如水，越城北飞，碍人马不能行。　　　光绪《顺天府志》

◎ 明万历十九年（1591 年）

夏，天津蝗飞蔽天，声如雷雨，食苗殆尽。　　　　　乾隆《天津府志》

◎ 明万历三十五年（1607 年）

　　东明飞蝗东北来，遮天蔽日，二十日不尽，蝗蝻复生。　　　　《东明县志》

◎ 明万历四十三年（1615 年）

　　四月，武乡蝗从东南来，飞蔽天，禾稼大损。　　　　乾隆《沁州志》

◎ 明万历四十四年（1616 年）

　　六月，阌乡飞蝗蔽天自东而西，食禾尽。　　　　民国《阌乡县志》

　　六月，蝗从关东来耀县，声如风雨，害秋稼。　　　　《铜川市志》

　　六月，猗氏飞蝗自东而来，飞蔽天，食禾殆尽。　　　　康熙《猗氏县志》

　　六月，闻喜蝗飞蔽天，东来，数日不绝，食禾立尽。　　　　民国《闻喜县志》

　　六月，丹阳有蝗从西北来，蔽天翳日。　　　　《捕蝗必览》

　　七月，六合蝗从山东来，飞蔽天，声如雷，布境遍野，伤稼过半。

　　　　　　　　　　光绪《六合县志》

◎ 明万历四十五年（1617 年）

　　六月，陈州蝗自东南来，如烟雾蔽天，至城东分二股，余向西北飞去，伤禾。

　　　　　　　　　　乾隆《陈州府志》

　　七月，项城飞蝗蔽天，其声如雨。　　　　民国《项城县志》

　　稷山飞蝗自东南来，十二日不断，虫蝻满地。　　　　同治《稷山县志》

　　七月，沁源飞蝗自东南来，飞蔽天。　　　　民国《沁源县志》

　　蝗从东南来，禾尽伤，蝻生。　　　　民国《续修醴泉县志稿》

◎ 明天启六年（1626 年）

　　夏旱，曹县蝗大起，冲天翳日，禾苗一空。　　　　光绪《曹州府曹县志》

◎ 明崇祯二年（1629 年）

　　铜川飞蝗自东南同官来，天日为暗，触人面目挥之不去，禾苗立尽。

　　　　　　　　　　《铜川市志》

◎ 明崇祯五年（1632 年）

　　交河旱蝗，飞掩日，横占十余里，树叶、禾秸俱尽。　　　　民国《交河县志》

◎ 明崇祯七年（1634 年）

六月，尉氏蝗自东南飞来，落地尺余。 道光《尉氏县志》

◎ 明崇祯十年（1637 年）

六月，鄢陵有蝗自山东来，蔽野断青。 民国《鄢陵县志》

◎ 明崇祯十二年（1639 年）

肥乡蝗飞蔽天，暗如黑夜，行人路阻，草尽集树，枝皆折。

民国《肥乡县志》

曹县旱，蝗飞蔽天，状如黑云，声如风雨。 光绪《曹州府曹县志》

宝应飞蝗自北来，天日为昏，禾苗尽食。 《宝应县志》

八月，崇明有蝗自江北来，食禾如刈。 光绪《崇明县志》

八月，金湖旱，飞蝗北来，天日为暗，禾苗尽食。 《金湖县志》

◎ 明崇祯十四年（1641 年）

秋，绩溪蝗自宁国入境，蔽天，至雄路、临溪止，一路害稼。 《绩溪县志》

◎ 明崇祯十五年（1642 年）

夏，大城蝗，如烟似雾，草木叶一过如扫。 光绪《大城县志》

◎ 清顺治三年（1646 年）

七月，冠县飞蝗过境三日，不为大害。 民国《冠县志》

七月，束鹿飞蝗自南来，望之黑黄，如烟至，落地，树枝干皆折。

乾隆《束鹿县志》

秋，洪洞飞蝗蔽日，绵亘三十里，所过穗叶立尽。 民国《洪洞县志》

◎ 清顺治四年（1647 年）

元氏飞蝗四至，如红云丽天，蔽日无光，落树枝折，集禾仆地厚尺许，食禾顷刻立尽。 民国《元氏县志》

六月，祁县连日蝗飞蔽天，长亘六十里，阔四十里，集树，枝干委垂、枝折。

《祁县志》

交城蝗从西南来蔽日遮天，有如风声，伤禾稼。 　　　　　　　《交城县志》

六月，吉州飞蝗骤至，食苗几尽。 　　　　　　　　　康熙《吉州志》

七月，蝗由寿阳过徐沟，向西南飞去，遮天蔽日，集义、楚王等村遭蝗，伤损禾苗。 　　　　　　　　　　　　　　　　　　　　　　　　《清徐县志》

七月，保安州飞蝗从西南来，禾稼立尽，灾无甚于此者。　道光《保安州志》

◎ 清顺治五年（1648 年）

六月，蠡县飞蝗西南来，飞蔽日，宽十余里，长四十余里，城西北伤稼。

　　　　　　　　　　　　　　　　　　　　　　　　　光绪《蠡县志》

夏，冀州衡水有蝗自西南来，遮天蔽日，亦不为灾。　乾隆《冀州志》

夏，衡水蝗自西南来，遮日蔽空。 　　　　　　　　　《衡水市志》

◎ 清康熙五年（1666 年）

五月，宝坻蝗自东来，蔽日，伤禾。 　　　　　　　光绪《顺天府志》

◎ 清康熙六年（1667 年）

秋，罗山飞蝗蔽天，绵亘数里，禾黍食尽。 　　　　　　《罗山县志》

◎ 清康熙十一年（1672 年）

夏六月，行唐飞蝗蔽天，自南而东不停落。 　　　乾隆《行唐县新志》

夏，蝗蝻生，自徐淮来，入邹县境，飞则蔽天掩日，止则积野折枝，官民惊惧。

　　　　　　　　　　　　　　　　　　　　　　　　　康熙《邹县志》

六月，菏泽有蝗自东南来，群飞蔽天。 　　　　光绪《新修菏泽县志》

南汇飞蝗自西北蔽天而来，草根、木叶立尽，独不食稻，半月悉向南去。

　　　　　　　　　　　　　　　　　　　　　　　民国《南汇县续志》

◎ 清康熙十六年（1677 年）

湖州飞蝗蔽天，过而不下。 　　　　　　　　　　　　《湖州市志》

◎ 清康熙十八年（1679 年）

六月，抚宁飞蝗自西北飞来，蔽天漫野十余日，损晚禾十之二。

　　　　　　　　　　　　　　　　　　　　　　　　光绪《抚宁县志》

◎ 清康熙二十五年（1686 年）

五月，章丘飞蝗布天，经七日夜，南山稼伤。　　　　　道光《章丘县志》

七月，睢州蝗自东来，过境如云蔽天。　　　　　　　光绪《续修睢州志》

◎ 清康熙二十九年（1690 年）

蒲县蝗飞蔽日，自东而西，食禾苗过半。　　　　　　　乾隆《蒲县志》

陕州飞蝗蔽天，自东而西。　　　　　　　　　　　　乾隆《直隶陕州志》

◎ 清康熙三十年（1691 年）

长子蝗飞十日，禾不为害。　　　　　　　　　　　　雍正《山西通志》

六月，沁州蝗从东南来，飞蔽天，禾稼大损。　　　　　乾隆《沁州志》

宝鸡蝗自东南来，蔽天，集树枝折。　　　　　　　　　《宝鸡市志》

眉县蝗自东来，蔽天，大饥。　　　　　　　　　　　　《眉县志》

麦始收，陈州有蝗自南而北，日暮则飞，夜静则止，所落处盈尺。

乾隆《陈州府志》

六月，登封蝗自东南来，障日蔽天，集地厚尺许，食秋禾立尽。

乾隆《登封县志》

六月，栖霞飞蝗自西南来，蔽天。　　　　　　　　　乾隆《栖霞县志》

夏，常州蝗，自京口蔽天而来。　　　　　　　　　　康熙《常州府志》

◎ 清康熙三十三年（1694 年）

秋，郾城蝗自东来，蔽天。　　　　　　　　　　　　民国《郾城县记》

◎ 清康熙三十四年（1695 年）

邹县有蝗自西南来，落地尺余。　　　　　　　　　　康熙《邹县志》

◎ 清康熙三十八年（1699 年）

七月，晋州蝗自东北来，郡守率乡民捕捉。闰七月，蝗蝻生。

咸丰《晋州志》

◎ 清雍正元年（1723 年）

四月，蝗过齐河，不为灾。　　　　　　　　　　　　道光《济南府志》

五月，仪征飞蝗过境，落新洲食芦苇，官令民捕之。　　　道光《仪征县志》

八月，任县有飞蝗遮拥从东北至。　　　《扑蝻历效》

◎ 清雍正十二年（1734 年）

夏，直隶河间、天津蝗生，六月初一飞至乐陵，初五飞至商河，乐、商二邑协力扑捕，尽行扑灭。　　　《治蝗全法》

◎ 清乾隆四年（1739 年）

夏，夏津城东飞蝗过境，自西北来，零星散落张家集等处。

乾隆《夏津县志》

◎ 清乾隆九年（1744 年）

六月，景县飞蝗成群自山东来，凡三四日，翛翛然北去，昼夜不停，不曾下损一禾。

民国《景县志》

六月，献县飞蝗自山东至，翳空不下，凡二四日乃绝，秋稔。

民国《献县志》

六月，河间飞蝗自山东来，凡三四日，翛翛然，昼夜不绝。

乾隆《河间县志》

六月，有蝗自昭阳湖经山阳而来，遮蔽天日。　　　光绪《盱眙县志稿》

七月，江南飞蝗入（固始）境，不伤禾稼。　　　乾隆《重修固始县志》

◎ 清乾隆十七年（1752 年）

六月，元氏飞蝗自北而来，数日向南而去，至七月间，遗蝻大发。

民国《元氏县志》

七月，鸡泽飞蝗自西南来，过境去。　　　民国《鸡泽县志》

◎ 清乾隆二十八年（1763 年）

夏，蒲台飞蝗自西来，七日不绝。　　　乾隆《蒲台县志》

◎ 清乾隆五十一年（1786 年）

七月，郏县蝗自西南来，群飞蔽天，禾苗食尽。　　　《郏县志》

八月，固始飞蝗入境，伤禾稼。　　　《固始县志》

◎ 清嘉庆七年（1802 年）

夏，密县飞蝗过境。 民国《密县志》

八月，黄县蝗自西飞来，残食麦苗。 同治《黄县志》

秋，阳谷飞蝗入境，蝗蝻复生。 光绪《阳谷县志》

邢台蝗飞蔽天，声如雷，落地不见土，无禾。 民国《邢台县志》

◎ 清嘉庆二十二年（1817 年）

元氏飞蝗自南至，秋禾一空。 民国《元氏县志》

◎ 清道光五年（1825 年）

六月，井陉飞蝗蔽天，从东来，入山西界。 民国《井陉县志料》

七月，清苑蝗飞蔽空，三日乃止。 民国《清苑县志》

九月，邯郸蝗自西北而来，遮天蔽日，食麦苗一空。 《邯郸县志》

◎ 清道光六年（1826 年）

夏五月，卢龙蝗，自抚宁西北来，伤田苗殆尽。 民国《卢龙县志》

夏五月，抚宁蝗自西北来，伤田苗殆尽。 光绪《抚宁县志》

◎ 清道光十五年（1835 年）

闰六月，高明大群蝗虫从广西方面飞入县境，遮天蔽日，乡民用锣鼓声驱赶，庄稼没受害。 《高明县志》

六、七月，黎平蝗虫伤稼。黎邑向无此种，适因广西滋生，飞入境内致伤禾稼，武官遣兵持铳捕灭。 光绪《黎平府志》

◎ 清道光十六年（1836 年）

西安、同州、汉中、兴安、商州蝗，由河南、湖北飞入。 《临潼县志》

六月，柘城飞蝗从西北入，生蝻子，食禾几尽。 光绪《柘城县志》

六月，浑源蝗入境，伤禾稼，大饥。 《浑源县志》

怀仁飞蝗入境，秋禾尽食。 光绪《怀仁县新志》

七月，正阳飞蝗自西北来，遮天蔽日。 民国《重修正阳县志》

◎ 清道光十九年（1839 年）

六安蝗自西南来，飞蔽天日。 同治《六安州志》
金寨蝗自西南来，飞蔽天。 《金寨县志》

◎ 清道光二十六年（1846 年）

六月，滕县飞蝗过境，害稼。 道光《滕县志》

◎ 清道光二十七年（1847 年）

元氏大旱，飞蝗四至，如云丽天，是岁，荒歉。 民国《元氏县志》

◎ 清咸丰五年（1855 年）

七月，恩县蝗从南来，飞蔽天，集田害稼。 宣统《重修恩县志》

◎ 清咸丰六年（1856 年）

六月，井陉飞蝗东来，蔽日。 民国《井陉县志料》
八月，平谷飞蝗自南大至，蔽天，晚田损。 光绪《顺天府志》
秋八月，乐亭飞蝗自东南入境，晚禾灾。 光绪《乐亭县志》
秋，直隶、河南一带多被蝗灾，晋省接畛燕、豫沿边地界间有停落。凤台、黎城、潞城、绛县各属，均禀报有飞蝗停落。 《捕蝗除种告谕》

◎ 清咸丰七年（1857 年）

五月，元氏飞蝗自东南来，丽天蔽日，落地顷刻禾尽。 民国《元氏县志》
六月，大城飞蝗蔽日，天如阴，数日尽去。 光绪《大城县志》
六月，西平飞蝗忽至，掩蔽日光，草叶尽食。 民国《西平县志》
六月，安丘大蝗，自东南来，飞蔽天，所过食禾稼俱尽。

民国《续安丘新志》

秋，飞蝗自豫、晋经潼、华飞入咸宁、长安一带。 《捕除蝗蝻要法三种》
七月，黎城蝗自东来，食秋禾麦苗。 《黎城县志》
七月，潞城飞蝗入境。 光绪《潞城县志》
七月，睢州蝗自东南来，积地尺许，秋禾尽。 光绪《续修睢州志》
七月，通山蝗自崇阳大至，禾未收者尽食。 同治《通山县志》

◎ 清咸丰八年（1858 年）

五月，深泽飞蝗入境。　　　　　　　　　　　　　　　　　《深泽县志》

六月，东光飞蝗过境，无伤。　　　　　　　　　　　　光绪《东光县志》

七月，应山飞蝗蔽天，过几昼夜。　　　　　　　　　　　　《应山县志》

◎ 清咸丰十一年（1861 年）

九月，叶县蝗自东来，沿澧河数十里不绝，食麦苗。　　同治《叶县志》

秋，武功飞蝗过境，遮天蔽日，落地，禾苗树叶食尽。　　《武功县志》

博白蝗虫成群结队飞来，每次入境蝗虫覆盖面大至十多千米^2，小至二三千米^2，所至之处植物被吃光，县北受灾尤甚。　　　　　　　　　　　　《博白县志》

◎ 清同治元年（1862 年）

秋，稷山旱蝗，腾空飞，集于北山下，食禾殆尽。　　同治《稷山县志》

六月，长治飞蝗入境。　　　　　　　　　　　　　　　　《长治市志》

六月，永寿飞蝗蔽天，由东而西，食禾殆尽。　　　　　　《永寿县志》

六月，周至飞蝗自西向东去。　　　　　　　　　　　民国《盩厔县志》

六月，兴平蝗自西向东飞去。　　　　　　　　　　　　　《兴平县志》

六月，定陶蝗，遍野，飞去东南，不害稼。　　　　　民国《定陶县志》

四月，永城飞蝗自北来，麦禾大损。　　　　　　　　光绪《永城县志》

◎ 清光绪三年（1877 年）

信阳蝗灾，蝗群南飞，三日不绝，最大一群宽长数十里，天为之黑。

民国《重修信阳县志》

六月，定陶蝗虫飞落，生蝻，害稼。　　　　　　　　民国《定陶县志》

◎ 清光绪十一年（1885 年）

七月，宁津有蝗，南飞蔽日，未集县境。　　　　　　光绪《宁津县志》

◎ 清光绪十八年（1892 年）

夏五月，昌乐飞蝗过境。　　　　　　　　　　　　民国《昌乐县续志》

闰六月，柘城蝗自亳、鹿入境，蔓延买臣寺等处，旋复蝻生，官费千缗，捕买五

十余日乃尽，幸不成灾。   光绪《柘城县志》

◎ 清光绪二十二年（1896 年）

夏，宿县旱，飞蝗入境，遮天蔽日，飞声鸣鸣，民望之心惊胆战，所过草木皆空。

《宿县县志》

◎ 清光绪二十三年（1897 年）

七月，蓝田飞蝗自东来，秋苗被食过半。   《蓝田县志》

◎ 清光绪二十六年（1900 年）

六月，兰考蝗从邻县入，飞蔽日，平地尺余，食禾殆尽。   《兰考县志》
五月，永城飞蝗入境。   光绪《永城县志》

◎ 清光绪二十八年（1902 年）

五月，华阴、潼关飞蝗自山西渡河入境。   《华阴县志》
五月，飞蝗自山西渡河入韩城、合阳境。   《韩城市志》

◎ 清宣统二年（1910 年）

夏，宿县蝗群起，蔽日如夜，田禾尽食。   《宿县地区志》

◎ 民国元年（1912 年）

初秋，昌邑飞蝗自西北来，龙池一带，谷子、高粱叶尽被吃光。七月二十七日，
飞蝗蔽日，自西南飞行东北，一昼夜高粱、谷子叶被吃光。   《昌邑农业志》

◎ 民国三年（1914 年）

霸县蝗，群飞蔽天，其声如雷。   民国《霸县新志》

◎ 民国四年（1915 年）

六月，阳信飞蝗自北来，蔽天，不见边际。   民国《阳信县志》
六月，临邑飞蝗自北来，遮天蔽日，幸不为灾。   《临邑县志》
八月，飞蝗从山西永济越河入阌乡境，蝗群宽长约一里，自西北飞向东南。

民国《阌乡县志》

南京大蝗，从安徽迁入。 《飞蝗之研究》

◎ 民国六年（1917 年）

秋，寿光飞蝗自西南来，数日始尽。 民国《寿光县志》
七月，华县飞蝗自华阴来，伤禾苗。 《华县志》

◎ 民国七年（1918 年）

秋，成群飞蝗由吴江飞到嘉善，很快又迁飞到嘉兴。《中国历代蝗患之记载》

◎ 民国八年（1919 年）

六月，临邑飞蝗自东北来。 《临邑县志》
六月，阳信飞蝗蔽日，自东北来，田禾食尽。七月，蝻生遍野，满坑盈沟，两月
不绝。 民国《阳信县志》
五月，泰安中、东部飞蝗大至。六月，蝻生，厚者系二寸。 《泰安市志》

◎ 民国九年（1920 年）

六月，满城飞蝗入境，食禾苗尽。 民国《满城县志略》

◎ 民国十二年（1923 年）

夏，濉溪飞蝗自西向东飞过，遮天蔽日，持续二日，庄稼被吃光。

《濉溪县志》

◎ 民国十六年（1927 年）

四月，蝗落盱眙县城，盖地五六寸，商店无法开门，蝗所过处禾草无存。

《盱眙县志》

◎ 民国十七年（1928 年）

七月，溧水蝗由句容入境。 《溧水县志》
七月，大批飞蝗从无锡飞入苏州境内。 《苏州市志》
七月，沙洲蝗从西北飞来，遮天蔽日，所到之处禾苗食尽。 《沙洲县志》

◎ 民国十八年（1929 年）

六月，完县飞蝗遍野，数日飞去。 民国《完县新志》

六月，江北蝗虫飞渡江南，境内焦东、谏壁、丹徒蝗虫遍地都是，高资至龙潭铁轨布满蝗虫，火车被迫滞行。 《丹徒县志》

◎ 民国十九年（1930 年）

夏，礼泉蝗虫由东向西飞来，遮天蔽日，禾苗尽食。 《礼泉县志》

◎ 民国二十年（1931 年）

静海、武清蝗，从天津飞入。大城蝗，由文安飞入。河间蝗，从献县飞入。衡水蝗，由冀县飞入。新河蝗，由宁晋飞入。东光蝗，由南皮飞入。

《民国二十年河北省之蝗患》

◎ 民国二十一年（1932 年）

夏，江苏洪泽湖滩地蝗虫飞出，停落于淮阴、淮安、宝应等县。

《实业部中央农业实验所研究报告》

◎ 民国二十二年（1933 年）

夏，宜兴县太湖堤岸，蝗虫迁飞于长兴，止于杭州湾一带。

《实业部中央农业实验所研究报告》

七月，常州飞蝗自宜兴入境，东安等 14 乡受灾。 《常州市志》

六月，凤阳飞蝗飞过蚌埠。 《民国二十二年我国之蝗患》

七月，淮安飞蝗飞食各地，宝应、淮阴、涟水、泗阳亦受淮安影响。

《民国二十二年我国之蝗患》

七月，大批飞蝗由大城经任丘飞至河间，由河间飞入高阳。

《民国二十二年我国之蝗患》

七月，蠡县飞蝗由清苑飞来甚多。 《民国二十二年我国之蝗患》

◎ 民国二十四年（1935 年）

六月，苏州满天飞蝗，从东太湖及吴江飞来。常州蝗，从宜兴飞来。

《昆虫与植病·消息》

◎ 民国二十八年（1939 年）

蝗虫飞越洪泽湖至湖东，遮天蔽日，农作受灾严重。 《洪泽县志》

◎ 民国三十一年（1942 年）

七月，飞蝗从河南省飞入县内，稻苗、包谷苗多被啃光。　　　　　《郧西县志》

◎ 民国三十二年（1943 年）

八月，飞蝗由豫经晋渡河飞陕西，集韩城、朝邑、大荔、合阳等县。

《韩城市志》

夏，界首飞蝗自西北飞向东南，连续三日，禾稼尽。　　　　　《界首县志》

◎ 民国三十三年（1944 年）

八月，一大批飞蝗突然从磁武敌占区暴风雨般飞来，经过武安磁山、八特向岗西一带降落。8 月 31 日，蝗虫从邢台县一座大山上起飞，落在邢台与山西交界的夫子岭山脚下，又飞到了山西左权、和东的边地界上。　　　　　　　　　《打蝗斗争》

秋，潼关蝗自阌底镇飞入，食禾。　　　　　　　　　　　　　《潼关县志》

河南蝗经均县蔓延至十堰，蝗势如海潮蜂拥而入，蝗自东而西遮天蔽日，所到之处禾苗被噬，田地多颗粒无收。　　　　　　　　　　　　　　　　《十堰市志》

八月，飞蝗由豫南侵入襄阳县境，飞蔽日，苗全尽。　　　　　《襄樊市志》

秋，蝗由陕西至竹溪，为害甚烈，将大同乡稻穗食尽。　　　　《竹溪县志》

六月，丹凤飞蝗蔽天，自豫西而来，铺天盖地，积蝗盈野，田禾殆尽。

《丹凤县志》

◎ 民国三十四年（1945 年）

六月，山阳蝗虫群飞至镇安灵龙等地，百余里庄稼受害。　　　《镇安县志》

◎ 民国三十五年（1946 年）

飞蝗从菲律宾北部起飞，利用台湾小岛做跳板，最后在台湾东南海岸和石垣、澎湖登陆。　　　　　　　　　　　　　　　　　　　　　　　　　《飞蝗的故事》

七月，韩城飞蝗自东向西群起迁飞，所过田禾一空。　　　　　《韩城市志》

◎ 1951 年

6 月 21 日，淮南嘉山、五河飞蝗飞落泗洪鲍集、管桥等地。

《中国农报·治蝗工作获巨大成绩》

◎ 1958 年

8 月 27 日晚，金乡县由东南飞入飞蝗 2.2 万亩，成武由东南飞来飞蝗 3 200 亩，定陶飞蝗由东南飞向西北。29 日，嘉祥由西南飞来蝗虫 8.5 万亩。

农业部〔58〕农保轩字 67 号文件

◎ 1985 年

9 月，天津北大港水库出现了东亚飞蝗起飞的严重情况，蝗虫在河北省黄骅、盐山、献县（注：应为沧县）、孟村四个县和两个国营农场降落，遗蝗面积 250 万亩左右。

国务院办公厅〔1986〕12 号文件

◎ 1999 年

哈萨克斯坦共和国意大利蝗多次从塔城地区长达 120 千米的边境线上扩散迁飞进入新疆塔城盆地农田、草地，迁入蝗虫扩散面积 727.5 万亩，严重危害面积 531 万亩，其中农田 208 万亩，30.75 万亩农田绝收。当年还发现博尔塔拉蒙古自治州博乐市由阿拉山口迁入艾比湖大批亚洲飞蝗产卵。伊犁地区霍城县边境线上迁入两批意大利蝗。

◎ 2000 年

亚洲飞蝗、意大利蝗由哈萨克斯坦扩散迁飞进入新疆塔城地区，分塔城—额敏、裕民—托里、乌苏甘家湖三条线进入，最远处迁飞进入克拉玛依市区域内，遭受损失农田达 110 万亩、草场受害 536 万亩。同年，从察布查尔锡伯自治县边境沼泽地迁入少量亚洲飞蝗。南疆阿克苏地区乌什县与吉尔吉斯斯坦的伊塞克湖州交界的别迭里、臻丹、阿日、铁里克等山区边境草场，均发现了亚洲飞蝗。

◎ 2004 年

哈萨克斯坦亚洲飞蝗多次迁飞进入新疆吉木乃县。5 月 21 日，发现意大利蝗、亚洲飞蝗蝗蝻多次从边境线迁移入境。7 月 17 日以后，先后有 6 批亚洲飞蝗迁飞入境危害。7 月 19 日，吉木乃县 13 时 30 分和 17 时 30 分发现两批亚洲飞蝗从 64～65 号界碑间迁飞入境，迁入地点北纬 47°34′，东经 85°41′，入境距离 3 千米。

四、蝗灾大事记

（一）古代蝗灾大事记

商王朝时期（约前13—前11世纪）

◎甲骨文最早记载了蝗虫"蝗"字和"螽"字，关于"蠡""秋"的卜辞反映了商代了解以烟火驱杀蝗虫，重视农作物病虫害防治。

周幽王时期（前771年以前）

◎西周时期首次出现类似蝗虫和火烧害虫的文字记述。据《诗经·小雅·大田》记载："去其螟螣，及其蟊贼，无害我田稚。田祖有神，秉畀炎火"。这是产生于前771年以前周幽王时期的诗歌，陆玑注："螣，蝗也。"朱熹注："食心曰螟，食叶曰螣，食根曰蟊，食节曰贼，皆害苗之虫也。稚，幼禾也。言其苗既盛矣，又必去此四虫，然后可以无害田中之禾，然，非人力所及也，故愿田祖之神，为我持此四虫，而付之炎火之中也。"

鲁桓公五年（前707年）

◎《春秋三传》载："秋，大雩，螽。"第一次文字记载发生在我国的蝗灾，同时记载了蝗虫的发生与干旱有关系。

◎是年，山东大蝗。

鲁文公三年（前624年）

◎《春秋三传》载："秋，雨螽于宋。"这是关于蝗虫迁飞时有大批死虫坠落情况的最早记载。

◎是年，河南大蝗。

鲁宣公十五年（前594年）

◎《春秋三传》载："秋，螽。冬，蝝生。饥。"这是区分蝗虫为成虫和若虫两种形态的最早记载。蝝，刘向以为蝝，蝗始生，指蝗虫的蝗蝻。据《春秋三传》记载，春秋之秋，夏时之夏，春秋之冬，夏时之秋，螽灾于夏，蝝灾于秋。

春秋时期（前 541 年以前）

◎《诗经·周南·螽斯》记载："螽斯羽，诜诜兮，宜尔子孙，振振兮。螽斯羽，薨薨兮，宜尔子孙，绳绳兮。螽斯羽，揖揖兮，宜尔子孙，蛰蛰兮。"朱熹注：螽斯，蝗属，一生九十九子。这首诗不但描述了蝗虫群飞时发出"薨薨"的声音，也表达了蝗虫群集在一起时的生物学特性。这是关于蝗虫繁殖力很强等生物学特性的最早记载。

宋元公二年（前 530 年）

◎"蝗虫"一词首次出现于春秋时期。据《史记·龟策列传》记载，博士卫平对宋元王曰："今龟周流天下，还复其所，上至苍天，下薄泥涂。还遍九州，未尝愧辱，无所稽留。今至泉阳，渔者辱而囚之。王虽遣之，江河必怒，务求报仇。自以为侵，因神与谋。淫雨不霁，水不可治。若为枯旱，风而扬埃。蝗虫暴生，百姓失时。王行仁义，其罚必来。"孔子闻之曰："神龟知吉凶。"

鲁哀公十二年（前 483 年）

◎《春秋三传》载："冬，十二月，螽。季孙问诸仲尼，仲尼曰：'丘闻之，火伏而后蛰者毕，今火犹西流，司历过也。'"家氏铉翁曰："十二月螽，气燠也。"据《春秋三传》记载，春秋十二月，夏时之十月。气燠，气温暖和，燠热之意。此时发生螽灾的蝗虫是第 3 代，并解释了发生第 3 代蝗虫与气温较高有关系。

齐威王时期（前 320 年以前）

◎《吕氏春秋·不屈》载："匡章谓惠子于魏王之前曰：蝗螟，农夫得而杀之，奚故？为其害稼也。"农民为保护自己的庄稼，捕捉蝗虫"得而杀之"。这是关于农民主动治蝗的最早记载。

秦王政四年（前 243 年）

◎《史记·秦始皇本纪》载："十月庚寅，蝗虫从东方来，蔽天。天下疫。"这是蝗虫可作远距离迁飞的最早记载。

◎ 是年，甘肃、河北、陕西大蝗。

秦王政八年（前 239 年）

◎《吕氏春秋·审时》载："得时之麻，必芒以长，疏节而色阳，小本而茎坚，厚枭以均，后熟多荣，日夜分复生。如此者不蝗。"《礼记·月令》载："孟夏行春令，则虫蝗为灾。仲夏行春令，则五谷晚熟，百螣时起，其国乃饥。仲冬行春令，则蝗虫为败。"这是蝗虫不食麻，以及蝗虫的发生与气候关系密切的最早记载。

西汉后元六年（前 158 年）

◎《史记·孝文本纪》载："天下旱蝗。帝加惠，令诸侯毋入贡。发仓庾以振贫民，民得卖爵。"最早记载了因为蝗灾而发仓谷赈济贫民的情况。

西汉元光六年（前 129 年）

◎ 是年，山西、河北、陕西大蝗。

西汉太初元年（前 104 年）

◎ 是年，甘肃、河南、陕西大蝗。

西汉元康三年（前 63 年）

◎《汉书·宣帝纪》载："夏六月，诏曰：'今春，五色鸟以万数飞过属县，翱翔而舞，欲集未下。其令三辅毋得以春夏摘巢探卵，弹射飞鸟。具为令。'"这是最早的关于保护鸟类的官方法令。

西汉成帝时期（前 32—前 7 年）

◎《齐民要术·种谷第三》引《氾胜之书》曰："锉马骨、牛、羊、猪、麋、鹿骨一斗，以雪汁三斗，煮之三沸。取汁以渍附子，率汁一斗，附子五枚。渍之五日，去附子。捣麋、鹿、羊矢等分，置汁中熟挠和之。候晏温，又溲曝，状如'后稷法'，皆溲汁干乃止。若无骨，煮缲蛹汁和溲。如此则以区种之。大旱浇之，其收至亩百石以上，十倍于'后稷'。此言马、蚕，皆虫之先也，及附子，令稼不蝗虫，骨汁及缲蛹汁皆肥，使稼耐旱，终岁不失于获。"附子为毛茛科植物乌头的侧根，有剧毒，西汉氾胜之用附子溲种治蝗，开创了用药剂治蝗的先河。

西汉元始二年（公元 2 年）

◎《汉书·平帝纪》载："夏四月，郡国大旱蝗，青州尤甚，民流亡。遣使者捕蝗，民捕蝗诣吏，以石斗受钱。天下民赀不满二万，被灾之郡不满十万，勿租税。民疾疫者，舍空邸第，为置医药。募徙贫民，县次给食。至徙所，赐田宅什器，假与犁牛、种、食。"这是官方动员群众捕杀蝗虫并出钱收买蝗虫的最早记载。

◎ 是年，山东、甘肃、安徽、河北、河南、陕西6省大蝗。

新莽地皇三年（22年）

◎《汉书·王莽传》载："夏，蝗从东方来，飞蔽天，至长安，入未央宫，缘殿阁。莽发吏民设购赏捕击。流民入关者数十万人，乃置养赡官禀食之，使者监领，与小吏共盗其禀，饥死者十七八。"

◎ 是年，山东、安徽、河北、河南、陕西大蝗。

东汉建武六年（30年）

◎《后汉书·光武帝纪》载："春正月，诏曰：'往岁水旱蝗虫为灾，谷价腾跃，人用困乏。朕惟百姓无以自赡，恻然愍之。其命郡国有谷者，给禀高年、鳏、寡、孤、独及笃癃、无家属贫不能自存者，如《律》。二千石勉加循抚，无令失职。'"这是朝廷命有谷郡国对因蝗灾造成困乏的百姓进行安抚的一道法令。

东汉建武二十八年（52年）

◎《后汉书·五行志》载："三月，郡国八十蝗。"校补记曰："光武时，郡国九十三，如八十蝗，蝗几遍全国矣。"这是全国大部分地区发生蝗灾的最早记载。

东汉建武三十一年（55年）

◎《论衡》全面记述了该年蝗虫的群飞地点、迁飞路线、迁飞距离、为害范围、被灾情况等。首次提出蝗虫是以谷草为主要食物的杂食性害虫，同时也最早提出了使用挖沟耙埋等除治蝗虫的方法。《论衡·状留篇》载："蝗虫之飞，能至万里。然而蝗虫为灾。"《论衡·商虫篇》载："蝗时至，蔽天如雨，集地食物，不择谷草。建武三十一年，蝗起太山郡，西南过陈留、河南，遂入夷狄，所集乡县以千百数。"《论衡·顺鼓篇》载："蝗虫时至，或飞或集，所集之地，谷草枯索。吏卒部民，堑道作坎，榜驱内于堑坎，杷蝗积聚以千斛数。正攻蝗之身，蝗犹不止。"

东汉章和元年（87年）

◎《后汉书·马棱传》载："马棱迁广陵太守，时谷贵民饥，奏罢盐官，以利百姓，赈贫羸，薄赋税，兴复陂湖，溉田二万余顷，吏民刻石颂之"。《东观汉记》曰："棱在广陵，蝗虫入江海，化为鱼虾，兴复陂湖，增岁租十余万斛。"盐官，在今浙江海宁西南盐官镇。马棱通过兴修陂湖、增加灌溉面积等技术，改造蝗区 2 万余顷，变蝗害为鱼虾丰产，吏民刻石颂之。这是关于我国蝗区改造工作的最早记载。

东汉永元四年（92 年）

◎《后汉书·孝和帝纪》载："诏：今年郡国秋稼为旱蝗所伤，其什四以上勿收田租、刍稿；有不满者，以实除之。"这是关于被蝗灾后国家救助标准的首次记载。

◎ 是年，湖北大蝗。

东汉永元八年（96 年）

◎ 帝王第一次下诏，要求百僚师尹、刺史、二千石思惟致灾兴蝗之咎，以塞灾变。据《后汉书·孝和帝纪》载："九月，京师蝗。吏民言事者，多归责有司。诏曰：'蝗虫之异，殆不虚生，万方有罪在予一人，而言事者专咎自下，非助我者也。朕寤寐恫矜，思弭忧瘝。昔楚严无灾而惧，成王出郊而反风。将何以匡朕不逮，以塞灾变？百僚师尹勉修厥职，刺史、二千石详刑辟，理冤虐，恤鳏寡，矜孤弱，思惟致灾兴蝗之咎。'"

东汉永元九年（97 年）

◎ 是年，出现对蝗灾发生地区减免租税的最早记载。据《后汉书·孝和帝纪》载："六月，蝗旱。诏：'今年秋稼为蝗虫所伤，皆勿收租、更、刍稿；若有所损失，以实除之，余当收租者亦半入。其山林饶利，陂池渔采，以赡元元，勿收假税。'"

东汉永初五年（111 年）

◎ 是年，出现用委任官职的办法鼓励人们献计献策以寻求治蝗方法的最早记载。据《后汉书·安帝纪》载："是岁，九州蝗。诏曰：'灾异蜂起，盗贼纵横，夷狄猾夏，戎事不息，百姓匮乏，疲于征发。重以蝗虫滋生，害及成麦，秋稼方收，甚可悼也。公、卿、大夫将何以匡救？其令三公、特进、侯、中二千石、二千石、郡守、诸侯相，举贤良方正、有道术、达于政化、能直言极谏之士各一人，及至孝与众卓异者，并遣诣公车，朕将亲览焉。'"

东汉元初二年（115 年）

◎《后汉书·安帝纪》载："五月，河南及郡国十九蝗。诏曰：'被蝗以来，七年于兹，而州郡隐匿，裁言顷亩。今群飞蔽天，为害广远。三司之职，内外是监，既不奏闻，又无举正。天灾至重，欺罔罪大。今方盛夏，且复假贷，以观厥后。其务消救灾眚，安辑黎元。'"在封建社会，朝廷官员对民间发生的蝗灾漠不关心，互相欺骗，以致出现了连续 7 年严重蝗灾的情况。这也是朝廷向官职人员提出务必消灭蝗灾的最早记载。

东汉永兴二年（154 年）

◎《后汉书·桓帝纪》载："六月，诏司隶校尉、部刺史曰：'蝗灾为害，水变仍至，五谷不登，人无宿储。其令所伤郡国种芜菁，以助人食。'京师蝗。九月，又诏：'蝗螽孳蔓，残我百谷，太阳亏光，饥馑荐臻。其不被害郡县，当为饥馁者储。天下一家，趣不糜烂，则为国宝。其禁郡国不得卖酒，祠祀裁足。'"由于蝗灾，人民生活疾苦，为了度过蝗灾，朝廷除要求不被害地区援助蝗灾地区，还制定了郡国种芜菁、不得卖酒等法令。

东汉延熹九年（166 年）

◎ 是年，江西、江苏、安徽、浙江 4 省大蝗。

东汉建安二年（197 年）

◎ 出现百姓食用蝗虫的最早记载。《艺文类聚·灾异部·蝗》引《吴书》载："袁术在寿春，时谷石百余万，载金钱于市求籴，市无米，而弃钱去，百姓饥穷，以桑葚、蝗虫为干饭。"这为三国吴韦昭注《国语·鲁语》中"蟓"为"蟓，腹陶也，可食"提供了依据。

西晋泰始元年至八年（265—272 年）

◎ 出现了关于侦察蝗情的最早要求。《艺文类聚·灾异部·蝗》引《晋令》曰："常以蝗向生时，各部吏案行境界，行其所由，勒生苗之内，皆令周遍。"《晋令》，西晋贾充撰，贾充泰始元年封为车骑将军，泰始八年改司空，在任车骑将军时，曾与杜预定律令，《晋令》由此产生。《晋令》中规定了各部吏在经常发生蝗虫的地方，要案行巡视，皆令周遍。

西晋建兴四年（316 年）

◎ 首次提出将扑捉到的飞蝗掘坑埋瘗，最早将人工扑打飞蝗技术与挖沟埋瘗技术结合起来。《晋书·刘聪载记》载："河东大蝗，唯不食黍豆。靳准率部人收而埋之，哭声闻于十余里。"

◎ 地方志中首次出现"蝻"字。河北民国《新河县志》载："七月，大旱，蝗蝻并生。"

◎ 是年，山西、甘肃、河北、河南、陕西大蝗。

西晋建兴五年（317 年）

◎ 出现认识蝗虫孵化、蜕皮习性以及喜食百草、不食三豆食性的最早记载。《晋书·石勒载记》载："河朔大蝗，初穿地而生，二旬则化状若蚕，七八日而卧，四日蜕而飞，弥亘百草，唯不食三豆及麻。"

东晋太兴二年（319 年）

◎ 是年，江西、江苏、安徽、河北、河南、陕西、浙江 7 地大蝗。

东晋咸康四年（338 年）

◎ 出现对发生蝗灾地区的地方官员予以处分的最早记载。《资治通鉴·晋纪》载："五月，冀州八郡大蝗，赵司隶请坐守宰。赵王虎曰：'司隶不进谠言，佐朕不逮，而欲妄陷无辜，可白衣领职。'"

东晋太元七年（382 年）

◎《晋书·苻坚载记》载："幽州蝗，广袤千里，坚遣使发青、冀、幽、并百姓讨之，经秋冬不灭。"

东晋太元十五年（390 年）

◎ 出现观察到蝗虫产卵、卵期及孵化后幼蝻活动习性的最早记载。《艺文类聚·灾异部·蝗》引《凉记》载："蝗虫所到之处，产子地中，是月尽生，或一顷二顷，覆地跳跃，宿昔变异。"

南朝梁武陵王时期（552 年左右）

◎ 出现鸟类可食蝗虫的最早记载。据《南史·鄱阳忠烈王恢传附谘弟脩传》："范洪胄有田一顷，将秋遇蝗。忽有飞鸟千群蔽日而至，瞬息之间，食虫遂尽而去，莫知何鸟。"

北齐天保八年（557 年）

◎ 是年，山东、山西、天津、辽宁、河北、河南 6 地大蝗。

唐武德七年（624 年）

◎ 是年，欧阳询《艺文类聚》编成，该书《灾异部·蝗·何祯笺》曰："凡言蝗生，此谓见其始生，知其所处，可得言。初上蝗事云，县及下部，各不旱见，至今生翅能飞，臣辄躬亲扑灭。"又说："布在及下部各不旱见，至一顷田中，往往十步五步一头，按其言事，蝗之数枚数，可得而知也。"这是在田间数蝗虫枚数，确定蝗虫密度后再采用不同除治方法的最早记载。

◎ 是年，始定律令：凡水旱蝗霜为灾，十分损四以上免租，损六以上免调，损七以上课役俱免。这是针对蝗灾具体规定减免赋税数量的最早律令。

唐开元三年（715 年）

◎ 官方派遣官员组织百姓采用驱赶、扑打、焚烧、埋瘗等多种办法消灭蝗虫。《旧唐书·玄宗本纪》载："六月，山东诸州大蝗，飞则蔽景，下则食苗稼，声如风雨。紫微令姚崇奏请差御史下诸道，促官吏遣人驱、扑、焚、瘗，以救秋稼，从之。是岁，田收有获，人不甚饥。"

唐开元四年（716 年）

◎ 出现官方设置专职捕蝗使组织捕蝗的最早记载。官方以粟米换取蝗虫，鼓励人民捕蝗。观察到蝗虫大小如手指，蝗卵大小如粟米。《新唐书·姚崇传》载："山东大蝗，民祭且拜，坐视食苗不敢捕。姚崇乃出御史为捕蝗使，分道杀蝗。"《旧唐书·五行志》载："八月，敕河南、河北检校捕蝗使狄光嗣等，宜令待虫尽而刈禾将毕，即入京奏事。"《朝野佥载》载："河南北蚕为灾，飞则翳日，大如指，食苗草、树叶连根并尽。敕差使与州县相知驱逐，采得一石者与一石粟；一斗，粟亦如之。掘坑埋却，埋一石则十石生，卵大如黍米，厚半寸，盖地。"

唐兴元元年（784 年）

◎ 出现百姓食用蝗虫方法的最早记载。《旧唐书·五行志》载："秋，关辅大蝗，田稼食尽，百姓饥。捕蝗为食，蒸，曝，扬去足翅而食之。"

◎ 是年，山东、山西、北京、河北、河南、陕西、湖北 7 地大蝗。

唐贞元元年（785 年）

◎ 是年，山东、山西、甘肃、江苏、青海、河北、河南、陕西 8 地大蝗。

唐开成二年（837 年）

◎《旧唐书·文宗本纪》载："六月，郓州蝗得雨自死"。出现蝗虫因雨而大量死亡的最早记载。

◎ 是年，山东、山西、天津、甘肃、江苏、河南、河北、陕西 8 地大蝗。

唐开成三年（838 年）

◎ 春正月，唐文宗诏曰："去秋旱蝗，所及稼穑卒痒，哀此蒸人，惧罹艰食，是用顺时，布令助煦育之，深仁施惠。其淄青、兖海、郓、曹、濮去秋蝗虫害物偏甚，去年上供钱及斛斗并宜放免，今年夏税上供钱及斛斗亦宜全放，仍以当处常平义仓斛斗速加赈救。遭蝗虫处，刺史委中书门下精加察访，如有烦苛暴虐、贪浊懦弱者，即须与替闲，籴禁钱为时之蠹方将革弊。"这是唐朝诏令赈济蝗灾的最严法令。（光绪《益都县图志》）

唐开成五年（840 年）

◎ 是年，山东、天津、北京、江苏、安徽、河北、河南、浙江、福建 9 地大蝗。

唐光启二年（886 年）

◎ 出现观察到蝗虫可以浮水缘城并具有自相残食习性的最早记载。《新唐书·五行志》载："淮南蝗，自西来，行而不飞，浮水缘城入扬州府署，竹树幢节，一夕如剪，幡帜画像，皆啮去其首，扑不能止。旬日，自相食尽。"

后梁开平二年（908 年）

◎ 出现根据蝗虫产卵习性组织群众分地界消灭蝗卵的最早记载。《旧五代史·梁书·太祖纪》载：五月，梁太祖朱温下达了扑蝗诏，"令下诸州，去年有蝗虫下子处，盖前冬无雪，至今春亢阳，致为灾诊，实伤陇亩。必虑今秋重困稼穑，自知多在荒陂榛芜之内，所在长吏各须分配地界，精加翦扑，以绝根本"。

吴越宝正三年（928 年）

◎ 出现蝗虫在飞翔时遇大风坠江河而死的最早记载。《十国春秋·吴越世家》载：

"夏六月，大旱，有蝗蔽日而飞，昼为之黑，庭户衣帐悉充塞，是夕大风，蝗坠浙江而死。"

后晋天福八年（943 年）

◎《资治通鉴·后晋纪》载："是岁，蝗大起，东自海壖，西距陇坻，南逾江淮，北抵幽蓟，原野、山谷、城郭、庐舍皆满，竹树叶皆尽。"这是记述我国蝗虫发生区域的最早记载，其范围包括我国山东、山西、天津、北京、陕西、河南、河北、江苏、安徽等主要蝗区。

◎ 是年，蝗虫吃光了庄稼，加之诸道官员搜刮民谷，民不聊生，其严重后果导致了后晋的灭亡。

后汉乾祐元年（948 年）

◎《旧五代史·五行志》载："开封府阳武、雍丘、襄邑等县蝗，寻为鸲鹆食之皆尽。敕'禁罗弋鸲鹆'，以其有吞蝗之异。"这是朝廷颁布禁止捕杀食蝗鸟类天敌法令的又一记载。

后汉乾祐二年（949 年）

◎ 出现蝗虫因患抱草瘟病大面积死亡的最早记载。《旧五代史·汉书·隐帝纪》载："五月，宋州蝗抱草而死。六月，魏、博、宿三州蝗抱草而死。"

宋乾德二年（964 年）

◎ 是年，山东、甘肃、河北、河南、陕西 5 地大蝗。

宋大中祥符九年（1016 年）

◎ 出现在江淮以及河东地区生活的蝗虫，至霜寒季节开始死亡的最早记载。《宋史·五行志》载："七月，蝗虫飞过京师，群飞蔽空，延至江、淮南，趣河东，及霜寒始毙。"

◎ 首次规定出一定数量私谷赈恤蝗灾贫乏者的，给以功名奖励。《宋史·真宗本纪》载："九月，督诸路捕蝗，青州飞蝗赴海死，积海岸百余里。诏：'民有出私廪振贫乏者，三千石至八千石第授助教、文学、上佐之秩'。"

◎ 是年，山东、山西、江苏、安徽、河北、河南、陕西 7 地大蝗。

宋天禧元年（1017 年）

◎ 是年，山东、山西、天津、甘肃、北京、江苏、安徽、河北、河南、陕西、贵州、浙江、湖北、湖南 14 地大蝗。

宋乾兴元年（1022 年）

◎ 出现采用种植蝗虫不喜食作物预防蝗灾的最早记载。《宋史·范讽传》："范讽通判淄州，岁旱蝗，他谷皆不能立，民以蝗不食菽，犹可艺，而患无种。讽行县至邹平，发贷官廪贷民，即出贷三万斛。比秋，民皆先期而输。"

宋明道二年（1033 年）

◎ 是年，山东、山西、江苏、安徽、河北、河南、陕西 7 省大蝗。

宋景祐元年（1034 年）

◎ 出现朝廷用粮食悬赏百姓挖掘蝗卵、消灭蝗虫的最早记载。《宋史·仁宗本纪》载："正月，诏：'募民掘蝗种，给菽米'。"光绪《盱眙县志稿》载："春正月，诏：'去岁飞蝗所至遗种，恐春夏滋长，其令民掘蝗子，每一升给菽五斗。'既而诸州言得蝗种万余石。"

宋庆历四年（1044 年）

◎ 出现募民纳粟与官，以备蝗灾赈贷的最早法令记载。光绪《盱眙县志稿》载："五月，诏：'淮南比年谷不登，今春又旱蝗，其募民纳粟与官，以备赈贷'。"

宋熙宁五年（1072 年）

◎ 首次出现割芦灭蝗的记载。《昆山县志》载："昆山蝗虫在滩荡芦丛集结，官府命割芦苇灭蝗。"蝗虫在滩荡芦苇中集结，对当时只掌握人工捕打、挖沟埋瘗等灭蝗技术的人们来说，造成了很大困难。割芦灭蝗，无疑为采用人工捕打或挖沟埋瘗灭蝗技术扫清了不少障碍。

辽咸雍九年（1073 年）

◎ 出现蜂类天敌食蝗的最早记载。《辽史·道宗本纪》载："七月，南京归义、涞水蝗飞入宋境，余为蜂所食。"

宋熙宁八年（1075 年）

◎ 出现我国现存最早的一道治蝗法规。《救荒活民书》载："八月，诏：'有蝗蝻处，委县令佐躬亲打扑，如地方广阔，分差通判、职官、监司、提举，仍募人得蝻五升或蝗一斗，给细色谷一斗，蝗种一升，给粗色谷二升，给价钱者，作中等实值。仍委官烧瘗，监司差官员覆按以闻。即因穿掘打扑损苗种者，除其税，仍计价，官给地主钱，数毋过一顷'。"

宋元丰四年（1081 年）

◎ 出现采用抢收先熟庄稼的办法减轻蝗灾损失的最早记载。《续资治通鉴·宋纪》载："六月，河北蝗。诏：'闻河北飞蝗极盛，渐已南来，速令开封府界提举司，京东、西路转运司遣官督捕，仍告谕州县，收获先熟禾稼'。"

宋绍兴二十九年（1159 年）

◎ 出现关于飞蝗在迁飞过程中，具有遇风坠地躲避，风止又复飞习性的最早记载。《宋史·五行志》载："七月，盱眙军、楚州金界三十里，蝗为风所坠，风止，复飞还淮北。"

宋绍兴三十二年（1162 年）

◎ 出现最早针对蝗灾正式颁布的官方祀令，并将其作为治蝗的一种手段。《宋史·五行志》载："八月，时孝宗已即位，礼部、太常寺言：欲依绍兴祀令，虫蝗为灾则祭之，有蝗虫处，即依仪式差令设位祭告施行，从之。山东大蝗，颁祭醡礼式。"

金大定三年（1163 年）

◎《金史·世宗本纪》载："五月，中都蝗。诏参知政事完颜守道按问大兴府捕蝗官。"

宋淳熙三年（1176 年）

◎ 是年，山东、山西、内蒙古、辽宁、甘肃、北京、江苏、安徽、河北、河南、陕西 11 地大蝗。

宋淳熙九年（1182 年）

◎ 发布《淳熙敕》除蝗条令，这是宋朝最为严厉的除蝗条令，也是我国的第二道治蝗法规。

◎ 是年，江苏、安徽、河北、浙江大蝗。

宋绍熙四年之前（1182—1193 年）

◎ 董煟撰成《捕蝗法》七条。这是我国现存最早的、较为完整的一部除治蝗虫方面的技术资料，其中每日清晨捕捉蝗虫法、用鞋底制作捆搭拍子扑打蝗蝻法、挖沟驱赶蝗蝻塞埋法及火烧蝗蝻法，在我国一直应用到新中国成立初期才废止，沿用了 770 余年。

宋庆元二年（1196 年）

◎ 首次记载麻蝇幼蛆寄生蝗虫的情景。乾隆《高邮州志》载："七月，飞蝗自凌塘俄遍四野，继皆抱草死，每一蝗有一蛆食其脑。"

金承安二年（1197 年）

◎《金史·章宗本纪》载："十二月，谕宰臣：'今后水潦、旱蝗，命提刑司预为规画'。"

金泰和六年（1206 年）

◎《金史·章宗本纪》载：六月，定"除飞蝗入境虽不损苗稼亦坐罪法"。

金泰和七年（1207 年）

◎《金史·章宗本纪》载：三月，初定："虫蝻生发，地主及邻主首不申之罪。"

金泰和八年（1208 年）

◎《金史·章宗本纪》载：七月，诏"更定蝗虫生发坐罪法"，朝献于衍庆宫，诏颁《捕蝗图》于中外。"更定蝗虫生发坐罪法"，是我国的第三道治蝗法规。

金贞祐四年（1216 年）

◎ 是年，北京、江苏、安徽、河南、陕西、浙江 6 地大蝗。

元至元七年（1270 年）

◎ 是年，官方设置司农司，出现定期侦查蝗情并设法除治的最早记载。《元史·

食货志》载：诏颁："每年十月，令州县正官一员，巡视境内有蝗遗子之地，多方设法除之。"

元至元八年（1271 年）

◎ 是年，山东、山西、天津、内蒙古、北京、甘肃、河北、河南 8 省（区、市）大蝗。

元至元十九年（1282 年）

◎ 出现关于我国新疆亚洲飞蝗成灾的首次记载。《元史·五行志》载："四月，别十八里部东三百余里蝗害麦。"

◎ 是年，山东、山西、天津、内蒙古、北京、江苏、河北、河南、新疆 9 省（区、市）大蝗。

元至大二年（1309 年）

◎ 是年，山东、山西、天津、北京、河北、河南、江苏、安徽、浙江、陕西 10 省（市）大蝗。

元皇庆二年（1313 年）

◎ 出现耕翻蝗卵消灭蝗虫，在蝗区推广种植蝗虫不喜食植物，以备蝗灾的最早记载。《元史·食货志》载："是岁，复申秋耕之令，盖秋耕之利，掩阳气于地中，蝗蝻遗种，皆为日所晒死，次年所种必盛于常禾也"。《王祯农书·备荒论》载："蝗之所至，凡草木叶靡有遗者，独不食芋、桑与水中菱、芡，宜广种此。"

元延祐六年（1319 年）

◎ 是年，马端临《文献通考》撰成，他在《文献通考·物异考·蝗虫》中收集整理了自前 707 年至宋嘉定十年（1217 年）之间的蝗灾记载 173 年。这是我国第一次集中整理全国蝗灾的发生情况。

元至顺元年（1330 年）

◎ 是年，山东、山西、天津、北京、河北、河南、江苏、安徽、陕西、湖北 10 省（市）大蝗。

元至正十九年（1359 年）

◎ 是年，山东、山西、天津、内蒙古、北京、河北、河南、江苏、安徽、陕西 10 省（区、市）大蝗。

元代（1368 年以前）

◎ 首次公布针对治蝗中有过错的官员进行处罚的法律标准。《元史·刑法志》载："诸虫蝗为灾，有司失捕，路官各罚俸一月，州官各笞一十七，县官各二十七，并记过。"

明永乐元年（1403 年）

◎ 嘉靖《宿州志》载：九月初八，奉太宗皇帝旨，吏部发布明代第一道治蝗法令。

明永乐十五年（1417 年）

◎ 嘉靖《宿州志》载：五月二十八日，奉太宗皇帝旨，吏部发布明代第三道治蝗法令。

明正统六年（1441 年）

◎ 是年，广东、山东、山西、天津、北京、辽宁、河北、河南、江苏、安徽、浙江 11 省（市）大蝗。

明正统十一年（1446 年）

◎ 朱国祯《明大政记》载："差在京堂上官往南北直隶，山东、河南督捕蝗虫。"

明嘉靖三年（1524 年）

◎ 出现用官职奖励人民捕蝗的最早记载。光绪《安东县志》载："安东旱蝗，令纳蝗子五斗，准入三等吏缺。"

明嘉靖七年（1528 年）

◎ 出现关于蝗蝻聚集时，可结成球状或成团的最早记载。乾隆《怀庆府志》载："是年，怀庆蝗，结块如球。"

◎ 是年，广东、山东、山西、甘肃、江苏、安徽、河北、河南、陕西、湖北 10 省大蝗。

明嘉靖八年（1529 年）

◎ 是年，上海、山东、山西、辽宁、甘肃、宁夏、江苏、安徽、河北、河南、陕西、浙江、海南、湖北、湖南 15 省（区、市）大蝗。

明嘉靖十四年（1535 年）

◎ 是年，上海、山东、山西、江苏、安徽、河北、河南、陕西、浙江、湖北 10 省（市）大蝗。

明嘉靖二十六年（1547 年）

◎ 出现蛙类吃食蝗蝻的最早记载。嘉庆《长垣县志》载："六月，长垣蝗遍野，食稼，有蛤蟆食蝗尽净。"

明嘉靖三十九年（1560 年）

◎ 是年，山东、山西、天津、甘肃、北京、江苏、安徽、河北、河南、湖北 10 省市大蝗。

明万历十五年（1587 年）

◎ 首次记载把蝗虫消灭在幼龄未生翅阶段。乾隆《武清县志》载："四月，武清旱蝗，县令乘其初产未生翅，示军民能捕者以粟易蝗，男女争先掘坑捕打二百余石，不为灾。"

明万历二十五年（1597 年）

◎ 出现利用鸭子生物治蝗的最早记载。据陈世元《治蝗传习录》载：芜湖蝗灾，养鸭除蝗，效果很好。

明万历三十八年（1610 年）

◎ 出现关于蝗蝻可结伴以结球方式渡河的最早记载。《灌南县志》载："是年，灌南飞蝗遮天蔽日，蝗蝻结伴迁徙，遇河结球而过，禾草皆食。"

明万历四十三年（1615年）

◎ 是年，山东、山西、江苏、安徽、河北、河南、湖北7省大蝗。

明万历四十四年（1616年）

◎ 是年，山东、山西、江苏、安徽、河北、河南、陕西、湖北、湖南9省大蝗。

明万历四十五年（1617年）

◎ 出现以捕蝗数量准许入学校学习，用入学资格（或功名）奖励捕蝗的最早记载。咸丰《青州府志》载："秋，临淄、乐安、寿光、昌乐、安丘、诸城大蝗，奉檄捕蝗三百石，准给儒学生员。"民国《重修新城县志》载："是岁，蝗灾遍山东，饿死甚众，御史过庭训建议纳粟、纳蝗者给衣巾送学，始有谷生、蝗生之名。"道光《城武县志》载："蝗飞蔽天，赈荒直指使过庭训奏，以入粟为庠生，时谓之粟生，又以捕蝗应格亦许入庠，时谓之蝗生。"

◎ 是年，山东、山西、天津、北京、江苏、安徽、河北、河南、陕西、湖北、湖南11省（市）大蝗。

明崇祯九年（1636年）

◎ 是年，山东、山西、甘肃、江苏、河北、河南、陕西、湖北、湖南9省大蝗。

明崇祯十年（1637年）

◎ 是年，山东、山西、广东、甘肃、宁夏、江苏、安徽、河北、河南、陕西、湖北11省（区）大蝗。

明崇祯十一年（1638年）

◎ 是年，上海、山东、山西、天津、甘肃、北京、江苏、安徽、河北、河南、陕西、浙江、湖北13省（市）大蝗。

明崇祯十二年（1639年）

◎ 徐光启《农政全书》刊行，其《除蝗疏》曰："凶饥之因有三：曰水、曰旱、曰蝗。地有高卑，雨泽有偏被；水旱为灾，尚多幸免之处，惟旱极而蝗，数千里间草木皆尽，或牛马毛、幡帜皆尽，其害尤惨过于水旱也。"《除蝗疏》是徐光启根据历史记载，结合自己的采访、观察和实践中除治蝗虫的经验总结出来的，对蝗虫的发生规律、生活史、活动习性比前人有了更加深入、正确的认识。《除蝗疏》中提出的改造蝗虫原生地的措施，以及用草木灰、石灰混合过筛后撒到禾稼上避免蝗虫为害的办法，则是我国治蝗史上的最早记载。

◎ 是年，上海、山东、山西、天津、甘肃、北京、江苏、安徽、河北、河南、陕西、浙江、湖北、湖南 14 省（市）大蝗。

明崇祯十三年（1640 年）

◎ 是年，上海、山东、山西、天津、内蒙古、辽宁、甘肃、北京、宁夏、江苏、安徽、河北、河南、陕西、浙江、湖北 16 省（区、市）大蝗。

明崇祯十四年（1641 年）

◎ 出现民间变蝗害为利研究的最早记载。《捕蝗必览》载："是年，嘉湖旱蝗，乡民捕蝗饲鸭，鸭最易大而且肥。又山中人养猪，无钱买食，捕蝗以饲之。其猪初重只二十斤，旬日之间，肥而且大，即重五十余斤。始知蝗可供猪、鸭。"

◎ 是年，上海、山东、山西、天津、甘肃、北京、江苏、安徽、河北、河南、陕西、浙江、湖北、湖南 14 省（市）大蝗。

明崇祯十五年（1642 年）

◎ 是年，上海、山东、山西、江苏、安徽、河北、河南、陕西、浙江、湖北 10 省（市）又大蝗。

清顺治四年（1647 年）

◎ 是年，山东、山西、甘肃、宁夏、河北、河南、陕西、海南、湖北 9 省（区）大蝗。

清康熙六年（1667 年）

◎ 是年，山东、山西、广东、江苏、安徽、河北、河南、浙江、湖北、湖南 10 省大蝗。

清康熙十一年（1672 年）

◎ 是年，上海、山东、山西、天津、江苏、江西、安徽、河北、河南、浙江 10

省（市）大蝗。

清康熙二十三年（1684 年）

◎ 是年，陈芳生所辑《捕蝗考》刊行，是最早出版的治蝗专业书籍。

清康熙三十年（1691 年）

◎《古今图书集成·庶征典·蝗灾部汇考》载："九月十八日，上谕户部，要求各地治蝗救灾。"

◎ 是年，山东、山西、北京、江苏、安徽、河北、河南、陕西、浙江、湖北、福建 11 省（市）大蝗。

清康熙三十二年（1693 年）

◎ 清代发布又一道治蝗法令。《古今图书集成·庶征典·蝗灾部汇考》载："十月初十，上谕内阁，要求各地扑灭蝗灾。"

清康熙四十八年（1709 年）

◎ 清代制定了对治蝗不力官员进行处分的法令标准。

清雍正四年（1726 年）

◎ 是年，蒋廷锡《古今图书集成》重辑完成，其《庶征典·蝗灾部汇考》收集整理了我国自春秋时期至清康熙三十四年（1695 年）之间的蝗灾记载 403 年。这是我国第二次集中整理全国蝗灾的发生情况。

清雍正十年（1732 年）

◎ 出现关于相邻蝗区州县之间联查联治、团结治蝗的最早记载。王勋《捕蝻历效》于雍正十年撰成，记载了雍正元年、二年连续扑灭当地飞蝗及发生蝗蝻之事。书中第十二则说："初起事时，早查邻近州邑有无蝻生。如有时，即便移关商确如何扑打之处。若待邻封失误扑灭，移灾本境，不言则恐无辜受累，详报则重伤同气，尚宜彼此发愤。"其重视睦邻间团结治蝗的态度，是值得称道的。王勋时任河北任县县令。

清乾隆四年（1739 年）

◎ 陆曾禹主编、鄂尔泰总阅的《钦定康济录》刊行，该书收录了陆曾禹原撰的

《捕蝗必览》。《捕蝗必览》的主要内容是捕蝗十所和捕蝗十宜，是继《捕蝗考》之后的又一部专业治蝗书籍。由于钦定，《捕蝗必览》不但成为各级官员捕蝗的参考书，也成为民间捕蝗的主要参考资料。

清乾隆九年（1744 年）

◎ 是年，山东、广东、江苏、安徽、河北、河南 6 省人蝗。

清乾隆十六年（1751 年）

◎ 清代颁布对治蝗有功人员进行奖励的法令标准。规定：凡有蝗蝻地方，文武官弁合力搜捕，应时扑灭者，应行文该督，确实察明，果系实时扑灭，俟具题到日，准其记录一次。蝗蝻生发之处，能统率兵夫，立时扑灭净尽者，将该员记录一次。

清乾隆十八年（1753 年）

◎ 乾隆帝定例处罚治蝗不力官员，首次确定了飞蝗是社会性害虫的地位，规定大部治蝗费用由官府承担，并明确有关费用的官府支出渠道。

清乾隆二十四年（1759 年）

◎ 户部以条令形式公布《捕蝗法六条》，系统规范捕蝗方法。

◎ 是年，山东、山西、天津、北京、江苏、安徽、河北、河南 8 省（市）大蝗。

清乾隆二十五年（1760 年）

◎ 在蝗区设置专业查蝗队伍，有组织、定时间、有秩序地轮流侦查蝗情。《治蝗全法》载："通州等处蝗，直督方观承饬司道议设护田夫。其议三家出夫一名，十名设一夫头，百夫立一牌头。每年二月为始，七月底止，令各村按日轮流巡查。"

清嘉庆七年（1802 年）

◎ 发布户部则例，对督捕蝗蝻、邻封协捕、捕蝗公费、捕蝗禁令、捕蝗损禾给价等进行规范。

清道光五年（1825 年）

◎ 官方最早在蝗区现场设置治蝗指挥机构督率治蝗，并对下乡治蝗的官吏给予生活补助，不准下乡官吏蚕食百姓。《治蝗全法》载："顺天蝗，府尹朱为弼奏准捕蝗事宜六条。"

清道光八年（1828 年）

◎ 西藏山南市朗县境内遭受蝗灾。这是首次记载西藏的蝗灾情况。

清道光十五年（1835 年）

◎ 是年，山东、山西、广东、广西、辽宁、江西、江苏、安徽、河北、河南、陕西、湖北、湖南 13 省（区）大蝗。

清道光十六年（1836 年）

◎ 是年，山东、山西、广西、江西、江苏、安徽、河北、河南、陕西、湖北 10 省（区）大蝗。

（二）近代蝗灾大事记

清咸丰六年（1856 年）

◎ 最早发行图文并茂的治蝗专业书籍。七月二十六日，直隶有飞蝗自西南而来，飞过境时停落何方未据，州县具报已分委确查。但民瘼攸关，颇深忧惧。直隶布政使钱炘和查有旧存《捕蝗要说》二十则，《图说》十二幅，语简意赅，实捕蝗之要诀，爰付剞劂通行查办，俾各牧令有所依据仿照扑捕。

◎ 是年，上海、山东、山西、广东、广西、天津、北京、江西、江苏、安徽、河北、河南、陕西、浙江、湖北、湖南 16 省（区、市）大蝗。

清咸丰七年（1857 年）

◎ 是年，顾彦撰《治蝗全法》刊印发行。该书总结了简便易行的士民治蝗法 33 条，又根据官方告示总结了官司治蝗法 24 条，同时收录很多前人名论、治蝗实绩、捕蝗律令、捕蝗诗记、蝗螟字考等文献，内容广泛，是清代最完整、篇幅最长的治蝗资料书。

◎ 是年，上海、山东、山西、广东、广西、天津、甘肃、北京、江西、江苏、安徽、河北、河南、陕西、浙江、湖北、湖南 17 省（区、市）大蝗。

清咸丰八年（1858 年）

◎ 民间最早设立蝗虫防治机构，组织治蝗专业队伍，群防群治。是年，咸宁、长安、蓝田、户县蝗蝻生。长安令李炜撰《捕除蝗蝻要法三种》，劝民成立捕蝗社。捕蝗社是民间的群众治蝗机构，长安县旧有十八廒，每廒八至十保障，一保障或数保障成立一个捕蝗社。保障总约任社正，各村村约为社副，一廒为一总社，廒约任社总。每社制大旗一面，将社内村庄、牌甲写在旗上，并按社内户册预先确定的男壮丁造册报社总收管。县总保任社首，专司禀报蝗情事宜。每社若干村，若干男丁，社长、社总、社正副各单开具清单报送县令备查。同时，刊有《治飞蝗捷法》，印刷多本，发社总作为宣传捕蝗的技术资料，一旦发现飞蝗，不论飞窜何地，该社正副一面报官，一面组织社员携器齐集田头驱捕飞蝗。如距城三十里之内，县官闻蝗情报告后于本日不到现场者，罚官加倍给民夫口食，加倍收买蝗虫钱。如官到现场而社民观望迟疑，不如法捕除，照例将社首枷号，社总人等酌量处罚。

◎ 是年，上海、山东、山西、广东、天津、辽宁、北京、江西、江苏、安徽、河北、河南、陕西、浙江、湖北、湖南16省（市）大蝗。

清同治元年（1862年）

◎ 是年，山东、山西、甘肃、北京、江苏、安徽、河北、河南、陕西、湖北10省（市）大蝗。

清同治十三年（1874年）

◎ 出现对水旱蝗的关联性认识与毒水除治蝗卵的最早记载。正月，河间知府陈崇砥撰《治蝗书》指出："蝗为旱虫，故飞蝗之患多在旱年，殊不知其萌孽则多由于水，水继以旱，其患成矣。"又说："凡飞蝗遗子，必高埂坚硬之地，深约及尺，有筒裹之如麦门冬，虽有孔可寻，而刨挖甚属费手，不如浇之以毒水，封之以灰水，则数小儿之力便可制其死命。其法：用百部草煎成浓汁，加极浓碱水、极酸陈醋，如无好醋，则用盐卤匀贮壶内。用壮丁二三人，携带童子数人，挈壶提铁丝赴蝗子处所，指点子孔，命童子先用铁丝如火箸大，长尺有五寸，磨成锋芒，务要尖利，按孔重戳数下，验明锋尖有湿，则子筒戳破矣。随用壶内之药浇入，以满为度，随戳随浇，必遍而后已，毋令遗漏。次日再用石灰调水按孔重戳重浇一遍，则遗种自烂，永不复出矣。"

清光绪三年（1877年）

◎ 是年，上海、山东、天津、甘肃、北京、江苏、安徽、河北、河南、陕西、浙江、湖北、湖南、新疆、福建15省（区、市）大蝗。

清光绪十八年（1892年）

◎ 是年，山东、山西、天津、北京、江西、江苏、安徽、河北、河南、陕西、新疆 11 省（区、市）大蝗。

清光绪十九年（1893年）

◎ 出现用煤油烧死蝗虫的最早记载。《马鞍山市志》载："五月，蝗灾，大批民夫以竹帚扑蝗，浇以火油（即煤油）将蝗虫烧死。"

清光绪二十二年（1896年）

◎ 是年，山东、天津、安徽、台湾、河北、河南、新疆 7 省（区、市）大蝗。

清光绪二十六年（1900年）

◎ 是年，山东、广东、北京、台湾、江苏、河北、河南、陕西、贵州、新疆 10 省（区、市）大蝗。

清光绪二十八年（1902年）

◎ 最早记载使用喷雾器喷洒土农药除治蝗虫。六月，赵县蝗灾，知县于振宗斟酌群言，纂辑誊印《赵县捕蝗办法》，其中捕飞蝗法：用煤油掺入麻油、松香、胆矾水、石灰水等，用喷雾器从上风喷之，蝗身沾染微点数刻便死。若恐夜间蝗咬伤禾稼，可用煤油或石灰水与矾水喷在禾苗之上，蝗闻味即避而飞去。赵县捕蝻捕飞蝗办法还了解到了飞蝗产卵前的一些症状，"凡见蝗虫飞集不食禾稼，即系将遗卵子之证"。认为此时蝗虫其肉已肥，其子已成，可以用代食品而且味极美。若能捕得多数，秋冬之交，运销京津，定获厚利。

民国四年（1915年）

◎ 七月，中国昆虫学家应安徽省的邀请，实地考察皖北蝗灾区蝗虫发生情况。建议对永生蝗区治水、垦荒、造林，以求根治，首次提出根治蝗害的具体意见。

民国五年（1916年）

◎ 是年，《科学》杂志第 2 卷发表《耶路撒冷蝗祸记》和《说蝗》两篇文章，首次向国内介绍国外蝗虫的发生、为害情况及除治方法，最早将蛇、鼹鼠、蟾蜍、蜘蛛列为蝗虫的天敌，首次介绍了用巴黎绿与伦敦紫混合后加麸子制成毒饵治蝗的办法。刊印《治蝗辑要》，所举蝗虫 48 种。

◎ 是年，山东、山西、广东、江西、江苏、安徽、河北、河南、陕西、湖北、新疆 11 省（区）大蝗。

民国十一年（1922 年）

◎ 国民政府设立昆虫局，开展包括蝗虫在内的害虫研究工作。一月，江苏昆虫局在南京正式成立，此为江苏省昆虫局之创始。局址设于国立东南大学农科，吴伟士博士任局长，胡经甫、邹树文、张巨伯、张海珊为技师，开展江苏害虫的研究防治事宜。

民国十二年（1923 年）

◎ 首次提出"治蝗方针"和"改治结合"的根本治蝗之法。成立捕蝗所，春，徐州、清江、东海捕蝗分所相继成立，每所均有专管技术员主其事。二月，付焕光在《农学杂志》发表《治蝗》一文；九月，张景欧在《科学》杂志上发表《蝗患》一文。

◎ 是年，山东、山西、辽宁、北京、台湾、江苏、安徽、河北、河南、陕西、浙江、湖北、湖南、新疆 14 省（区、市）大蝗。

民国十四年（1925 年）

◎ 九月，张景欧、尤其伟在《农学杂志》发表《飞蝗之研究》的论著文章，从飞蝗的地位、飞蝗的分布、飞蝗的食料、飞蝗的形态、飞蝗的发育、飞蝗的习性、飞蝗的防治、飞蝗的用途等方面，论述了我国科技工作者对飞蝗的研究成果。

民国十七年（1928 年）

◎ 我国最早记载设置治蝗研究机构，开展蝗虫研究和防治工作。江苏省昆虫局一月改组，设置总务、技术二课。技术课分蝗虫、稻虫、标本三股，吴宏吉、陈家祥任蝗虫股技师。蝗虫股分设研究、推广两部，关于研究者，设治蝗研究所于灌云，陈家祥任所长。关于推广者，分设一、二、三、四治蝗分所。是年，江苏全境蝗虫猖獗，江苏省昆虫局先后任用捕蝗员 50 余人，分赴各地指导治蝗及开展治蝗研究工作，为今后的治蝗工作积累了大量宝贵的资料。

◎ 是年，陈家祥在江苏南京浦口镇首次发明将石油撒入注水的捕蝗沟中，再将蝗蝻赶入水沟而杀之，获得良好的效果。

◎ 是年，上海、山东、广西、天津、辽宁、北京、江苏、安徽、河北、河南、陕西、贵州、浙江、湖北、湖南15省（区、市）大蝗。

民国十八年（1929年）

◎ 是年，上海、山东、山西、天津、内蒙古、四川、北京、辽宁、江西、江苏、安徽、河北、河南、贵州、浙江、陕西、湖北、湖南18省（区、市）170余县大蝗，受灾面积达3 676万亩，损失值银1.1亿元。

民国十九年（1930年）

◎ 是年，山东、山西、天津、辽宁、江西、江苏、安徽、青海、河北、河南、陕西、贵州、湖南13省（市）大蝗。

民国二十二年（1933年）

◎《中国农业之改进》出版，其第八章为《中国植物病虫害防治计划草案》，对蝗虫防治工作作出规划：蝗虫问题，由中央与江苏、河南、安徽、河北、陕西成立治蝗局于江苏徐州，试验新的防治方法，请国家组织导淮浚河，控制蝗患。中央农业实验所设置治蝗局。这是我国最早的蝗虫治理规划。

◎ 第一次组织大规模的全国蝗患调查，明确了我国飞蝗的地理分布区域。九月，实业部中央农业实验所为了明确全国蝗虫发生状况，以作为当年预防蝗虫之参考，曾制定全国蝗患调查表，分寄向来发生蝗患之各省建设厅或实业厅、县政府、农事机关及农业学校从事调查，并发表《民国二十二年全国蝗患调查报告》。

◎ 是年，上海、山东、山西、广东、天津、北京、江苏、安徽、河北、河南、陕西、浙江、湖南13省（市）265县大蝗，被害面积686万亩，损失值银1 500万元。

民国二十三年（1934年）

◎ 我国第一次集中央和蝗灾发生省的治蝗专家共同讨论中国几千年来的蝗患治理问题。五月，国民政府鉴于以前治蝗之缺点，召集江苏、安徽、山东、河北、河南、湖南、浙江七省农政官厅长官召开全国治蝗会议，讨论关于中央与各省能力之联合，治蝗组织之统一，治蝗技术之改良，经费调整及全国蝗害调查方法等问题。会后，决议了《治蝗奖惩办法案》《就地驻防军警协助治蝗案》《充分研究防治蝗患案》《强制垦荒以绝蝗虫产地案》等22案。《农业周报》发表了《七省治蝗会议》的社论。

◎ 是年，上海、山东、广东、天津、江西、江苏、安徽、河北、河南、陕西、贵州、重庆、浙江、湖北、湖南 15 省（市）大蝗。

民国二十四年（1935 年）

◎ 陈家祥《中国历代蝗患之记载》发表，文章收集整理了自前 707 年至 1935 年之间的蝗灾记载 794 年（原载 796 年，有误），是我国第三次集中整理全国蝗灾的发生情况。

◎ 六月，国民政府军事委员会委员长蒋介石电令治蝗，要求各主管机关责成各县县长积极治蝗，邻近各县亦应互相联络，必要时准商请当地驻军或团队协助。省政府随时考核各县治蝗成绩，造成灾害的加以惩处。

◎ 七月，邹钟琳发表《中国飞蝗之分布与气候地理之关系及其发生地环境》一文，首次报道飞蝗之分布与气候地理的关系，发生地之环境、蝗虫发生与海拔、温度的关系，周期性现象、蝗区划分等研究成果。

◎ 是年，上海、山东、广东、广西、辽宁、四川、江西、江苏、安徽、河北、河南、陕西、贵州、浙江、湖北、湖南、福建、新疆 18 省（区、市）大蝗。

民国三十二年（1943 年）

◎ 是年，山东、山西、广东、广西、天津、云南、江西、江苏、安徽、青海、河北、河南、陕西、贵州、湖北、新疆 16 省（区、市）大蝗。

民国三十三年（1944 年）

◎ 中国共产党首次组织大规模治蝗行动。

◎ 是年，在解放区，南起黄河北岸的修武、沁博，北至正太路南的赞皇、临城、磁武、邢台、沙河及山西和顺、左权等 23 县 879 村蝗患大发，分布范围南北长 800余里、东西宽 100 余里严重蝗情。太行区赞皇、临城、磁县、武安、邢台、沙河等县蝗，一大批飞蝗从磁武暴风雨般飞来，经过武安磁山、八特向岗西一带降落，一个多小时，满山遍野落了很厚一层，多的地方有一二尺厚，落在树上，竟将树枝压弯、压断。

五月四日，中国共产党太行区党委、军区政治部发出关于扑灭蝗蝻的紧急号召，号召各地共产党员、军队指战员、人民大众开展一场热烈的扑灭蝗蝻、肃清蝗卵的运动，为扑灭蝗祸，保护军民生产与生活而奋斗。要求凡是去年曾经发现过蝗虫的地方，特别是曾经比较多或今年已经发现的地方，都应进行搜掘，将其全部掘尽。

◎ 是年，山东、山西、江苏、安徽、河北、河南、陕西、贵州、重庆、湖北、新疆 11 省（区、市）大蝗。

民国三十四年（1945 年）

◎ 毛泽东对解放区人民群众的治蝗工作给予充分肯定。四月二十四日，毛泽东发表《论联合政府》，指出："解放区民主政府领导全体人民，有组织地克服了和正在克服着各种困难，灭蝗、治水、救灾的伟大群众运动，收到了史无前例的效果。"

◎ 是年，山东、山西、甘肃、江苏、安徽、河北、河南、陕西、贵州、重庆、湖北、湖南、新疆 13 省（区、市）大蝗。

民国三十五年（1946 年）

1946 年 5 月，国民政府农林部要求各省立即组织成立治蝗委员会，并由建设厅厅长出任主任委员，以便治蝗委员会开展工作。

◎ 是年，山东、山西、广西、天津、云南、台湾、江西、江苏、安徽、河北、河南、陕西、贵州、重庆、海南、湖北、湖南、新疆 18 省（区、市）大蝗，受灾面积 121 万亩，损失值银 52 亿元。

民国三十六年（1947 年）

◎ 首次引入使用六六六农药除治蝗虫试验。是年，随着有机杀虫剂滴滴涕、六六六的兴起，我国科技工作者邱式邦等进行六六六粉剂治蝗试验，证明六六六药剂灭蝗效果显著。

◎ 是年，天津、甘肃、江苏、安徽、河北、河南、陕西、重庆、浙江、湖南、新疆 11 省（区、市）大蝗。

1949 年

◎ 是年，山东、山西、天津、辽宁、江苏、安徽、河北、河南、陕西、重庆、湖南、新疆 12 省（区、市）大蝗。

（三）当代蝗灾大事记

1950 年

◎ 中央人民政府农业部成立病虫害防治司，下设治蝗处，组织有关部门和各省开展蝗虫调研和蝗虫防治工作。根据病虫害的发生情况，全国建立了徐州、惠民、文登、坊子、泰安、莒县、杭州、嘉兴、宁波、绍兴、衢县、金华、温州、丽水、临安、台州、丹阳、无锡、嘉定、淮阴、大中集、蚌埠、芜湖、昌黎、邢台、新乡、聊城、菏泽、天津、张家口、太原、武昌、荆州、天沔、襄阳、孝感、长沙、湘中、湘东、滨湖、广州、南昌、开封、泾阳、绥德、兰州等病虫防治站。

◎ 在山东、河南、新疆及其他地区 493 万人的治蝗运动中，扑灭了连续发生的蝗灾 905 万余亩，基本控制了蝗灾。华北各地发生的蝗虫，大部分是土蚂蚱（土蝗），据对津海、运河、卫河三区调查，夏蝗发生并不算严重，土飞蝗混生，发生较严重的地方有内黄的硝河，虫口密度 80～100 头/米²。德县曹村亦有飞蝗发生，且多为散居型及中间型，未发现群居型，汤阴一带亦有少数散居型和中间型飞蝗。安徽省飞蝗发生 38.52 万亩，其中夏蝗 12.24 万亩、秋蝗 26.28 万亩。

◎ 6 月，苏联政府派出灭蝗团，支持新疆防治蝗虫。

1951 年

◎ 蝗灾严重地区如皖北泗洪、河北省黄骅及山东省铜北等地，皖北嘉山、五河以及山东凫山已有蝗群起飞，河北天津专区也有半数跳蝻化为飞蝗。山东省有 23 个县发生蝗蝻面积 16.76 万亩，动员 13.8 万人进行扑打。新疆吐鲁番、绥来、昌吉、博乐、乌苏、沙湾、通古、哈密、镇西等县发生蝗蝻 110 余万亩，中国人民解放军每日有 500～600 人参加扑打。平原省内黄、曹县、梁山、鱼台、淇县、汤阴、辉县、东阿、成武 9 个县发生蝗蝻。北京大兴县发生蝗蝻 2 万亩，6 月 23 日，北京市院校师生 6 200 人下乡扑打蝗虫。皖北盱眙、泗洪、阜南等县，河北省黄骅、静海、饶阳、景县、恩县、衡水、卢龙等县，以及山东省新海连市、沛县、无棣、吴桥等县发生大批蝗蝻为害作物。

◎ 2 月，《中国农报》发表农业部病虫害防治司撰《1950 年的病虫害防治工作》，明确在今后防治病虫害工作中，要执行"防重于治"的方针。报道中，还批评了河南发出 60 万斤粮食，奖励群众扑打蝗虫、蟋蟀和稻苞虫的问题。

◎ 6 月 2 日，中央财政经济委员会发出《关于防治蝗蝻工作的紧急指示》，要求凡已发生蝗蝻的地区，人民政府应立即发动和组织广大人民，用掘沟、围打、火烧、网捕、药杀等办法紧急进行捕杀，坚决贯彻"打小、打少、打了"的精神，干净、彻底、全部把蝗害消灭在幼虫阶段，做到"蝗蝻发生在哪里，立即消灭在哪里"。6 月 14—28 日，农业部决定抽调 4 架飞机前往安徽泗洪、河北黄骅治蝗，将严重的 10 余万亩蝗虫及时扑灭，这是我国首次使用由人民空军驾驶的飞机喷洒六六六粉剂治蝗。领导这次飞机治蝗工作的有农业部副部长杨显东、防治司司长李世俊，昆虫专家曹骥、刘崇乐，农业部首席苏联专家卢森科等人。6 月 28 日，《中国农报》刊登了题为《治蝗工作获得巨大成绩》的评论员文章。

◎ 7 月 11 日，《中国农报》发表了农业部副部长杨显东在中央人民广播电台上关于《新中国开始用飞机来消灭蝗虫》的广播词。指出：这次用飞机治蝗虫，虽然是第一次，而且还是试验性质的，但是，给我们新中国农业的发展，指出了一个新的方向。强调：关于今后防除病虫害工作的方针，还是以组织人力捕打为主，科学药剂防治为辅。在今天，还不能靠飞机来解决全部或者大部的灭蝗问题，只有在虫灾特别严重，而且害虫又集中的地区，或者不能组织人力捕打的地区，或者人力捕打来不及的地区，才能重点使用飞机。7 月 13 日，由中央财政经济委员会主任陈云签发的《关于继续加强害虫防治工作的指示》在《中国农报》上发表。要求在已经发生蝗蝻的地区，必须大力组织群众继续捕打，争取短期内迅速消灭，坚决不使起飞。如有起飞蝗群，应采用最迅速的方法通知飞向地区，迅速组织群众力量予以扑灭，不使产卵以免秋蝻发生。已经产卵地区应大力进行查卵、挖卵，要在孵化前予以彻底消灭。

◎ 9 月 28 日，农业部通报了《1951 年过冬蝗卵检查办法》。1951 年，我国开始筹建工厂，准备大规模生产六六六农药。

1952 年

◎ 3 月 26 日，政务院发出《关于 1952 年防治农作物病虫害的指示》，要求"在历年蝗虫严重地区建立治蝗站，必须把蝗蝻消灭在 3 龄以前"。建立情报制度，组织情报网，掌握病虫发生与发展的真实情况，及时组织力量进行防治，要求做到"病虫发生在哪里，即消灭在哪里"。

◎ 4 月 30 日，河南省民权县发现蝗蝻分布面积约 30 万亩，密度最大的地方，每平方米有蝗蝻 20～30 头。新疆吐鲁番盆地胜金口地方，早在 4 月中旬就发现了蝗蝻，各地情况都很严重。为此，农业部认为：华北、华东、中南、西北各蝗区，除应将已挖出尚未消灭的蝗卵立即毁掉，应继续加强检查蝗卵和侦查跳蝻孵化情况，如发现蝗蝻，立即发动农民扑灭，坚决把蝗虫消灭在卵蝻的阶段，不使蔓延成灾。

◎ 5 月 4 日，山东省滕县专区凫山县蔡家洼已经在长 3 里、宽 1 里的一块地上，发现了密度很高的蝗蝻群，一手可拍死 15 头。5 月 13 日，《新华日报》发表《中央人民政府农业部号召大力除卵灭蝻，发动农民坚决把蝗虫消灭在卵蝻的阶段》的文章，报道：各蝗区蝗卵面积大、密度高，过冬死亡率低，给蝗虫发生造成有利条件。5 月 14 日，农业部部长李书城签发了《为成立天津、徐州治蝗工作组希查照并转知蝗区各专县及病虫防治站查照的函》，正式成立了天津、徐州两个治蝗工作组。

◎ 6 月 3 日，农业部部长李书城签发了《关于防治蝗虫、棉蚜的紧急通知》。指出：夏蝗必须消灭在 6 月中旬以前，在这一紧张阶段中，各地必须切实掌握蝗情，组织农民力量，用尽各种方法予以彻底消灭。否则，不但现在要造成灾害，还会发生秋蝗，贻害更大。

◎ 党中央召开全国农业工作会议，会上，华北行政委员会农林水利局副局长李菁发言指出：防治蝗虫方面，河北省实行了查卵、查孵化、查蝻的"三查"方法，做到了及时了解情况，组织力量监视，集中力量加以扑灭。也改变了过去因成飞蝗，蝗灾加重而不得已采取"人力捕打为主，药械为辅"的方针，实施了"药械喷杀为主，人力为辅"的方针，这种聚歼方法，特别适合于大片草原荒地和幼虫出土之时。在灭蝗斗争中，特别是体会到了"防重于治"的重要性。提到了河北最早实行的查卵、查孵化、查蝻的"三查"工作。

◎ 11 月 4—10 日，农业部在济南召开了新中国成立后的第一次全国治蝗座谈会，参加座谈的代表包括各地治蝗领导干部、治蝗劳动模范及治蝗专家等 123 人。座谈会通过小会座谈结合大会报告的方式，广泛地讨论了治蝗工作中各项主要技术问题，认真地总结了一年来治蝗工作的基本情况和除治成绩，对于治蝗中的突击观点、单纯挖卵耕卵、组织领导、使用药械以及如何进行侦查、掌握灭蝗有利时机、联防联治、施用毒饵治蝗、喷粉治蝗等重要问题，都进行了深入的讨论分析，使与会者在思想认识上提高了一步。特别明确了 1953 年的治蝗工作要贯彻"防重于治""药剂为主"的方针。在主要蝗区建立专业性的治蝗站 23 处，其中河北省 6 处、山东省 6 处、安徽省 3 处、河南省 3 处、新疆省 1 处、江苏省 4 处。在侦查蝗情方面，提出了要做好"查卵、查蝻、查成虫"的"三查"工作。在防治上，首次确定手摇喷粉器喷撒使用 0.5％ 的六六六粉剂，每亩 2～3 斤的用药标准。首次提出了第一批蝗卵孵化出土后，夏蝗 10～15 天，秋蝗 7 天，即开始大力使用药剂彻底消灭，蝗蝻孵化不整齐的地区，第一次防治 10 天后，再用药一次的防治方法。同时，废除了单纯的挖卵、耕卵、挖封锁沟等劳民伤财的治蝗办法。会议推广了山东惠民专区设置长期侦查员，经常掌握蝗情的经验，推广了河北黄骅县查卵、查孵化、查蝻的"三查"工作经验，推广了江苏泗阳县掌握有利时机，把蝗蝻消灭在 3 龄以前的经验，推广了平原省梁山县利用鸭群灭蝗的经验。

1952 年

◎ 全国发生蝗虫 3 777 万亩。其中飞蝗夏蝗在河北、平原、山东、安徽、河南、新疆及苏北 7 省区发生 1 426 万亩；秋蝗在以上 6 省（新疆除外）发生 391 万亩。防治蝗虫 2 970 万亩，挽回粮食约 174.96 亿斤。仅华北区蝗虫发生 1 100 万亩，其中夏蝗 1 000 余万亩、秋蝗 100 余万亩；平原省南旺县 1 万亩作物被夏蝗吃掉；山东德州专区发生蝗虫 121 万亩，吃毁麦苗几万亩，花费 203 万个工日才得以扑灭，莱州市蝗虫为害作物 500 亩；河北、山东、平原 3 省 21 县推广毒饵治蝗 80 万亩。

1953 年

◎ 2 月，农业部植物保护司颁发《侦查蝗虫试用办法》并在全国实行。《侦查蝗虫试用办法》针对治蝗指挥部、地方政府、蝗虫防治站在侦查工作中应做的事情，以及在查卵、查蝻、查成虫的"三查"工作中，侦查员的任务、怎样做好侦查工作以及表示密度所用的面积都进行了详细规定。首次明确查蝗密度用每平方丈有蝗 0.5～1 头、2～3 头、4～5 头、6～10 头、11～50 头、51～100 头、101～500 头、501～1 000 头、1 001 头以上 9 个指标。

◎ 农业部植物保护司在《中国农报》上发表《1953 年夏蝗防治工作的意见》，指出：1953 年蝗虫发生情况已经起了变化，历来严重为害的群居型飞蝗，已变为密度较小的散居型飞蝗。根据各地经验和苏联专家的意见，对于散居型飞蝗的对策应该是：凡每平方丈密度只有 1～2 头的，可暂不防治，但应严密监视其发展；密度已逾 3 头的，可用人工或结合药械防治；10 头以上的可用药剂防治。农业部要求各地必须加强侦查工作，正确掌握蝗蝻密度，依以上原则灵活运用。这是我国最早确定的蝗虫防治指标。

◎ 4 月 23 日，根据去冬今春侦查蝗卵的结果，农业部植物保护司发出《1953 年飞蝗发生的预报》，指出：各省有卵面积已达 320 余万亩，其中山东省惠民、昌潍、泰安、滕县、湖西、德州 6 个专区共 136 万余亩，安徽省滁县、阜阳、宿县、六安 4 个专区及淮南市共 78 万余亩，河北省天津、沧县、唐山、邯郸 4 个专区 66 万余亩，江苏省徐州、淮阴、扬州 3 个专区 34 万余亩，河南省仅郑州专区就有 9 万余亩，估计全国飞蝗有卵面积 500 万亩左右。预测今年飞蝗可能严重发生，按气象预测今年又有干旱的可能，因此飞蝗发生的严重性也将随之加大。多年经验证明，旱灾和蝗灾是分不开的，今年情况如此严重，必须提起高度警惕，及时做好治蝗一切准备工作，务必掌握有利时机，消灭蝻子于 3 龄以前。

◎ 5 月，农业部植物保护司主编的病虫防治参考资料《蝗虫防治法》，由中华书局出版，书中分别介绍了飞蝗、稻蝗、竹蝗及土蝗的危害性、形态、习性及防治方法，尤其对飞机撒粉治蝗的技术问题，做了详细介绍。5 月 28 日，农业部发出《治蝗紧急通知》，指出：目前各地蝗蝻大部已届 3 龄，治蝗工作已进入最紧张阶段，各地必须配合足够的人力，并普遍深入查蝻，做到消灭在 3 龄以前；防治飞蝗，以使用药剂为主，但仍须辅以人工捕打，因药械有限，只能在蝗蝻密集地区使用，对于密度过小的飞蝗跳蝻，尽可能组织人工扑灭，不用药械；今年夏蝻发生面积超过预计面积的地区，必须纠正单纯依赖药剂思想，以免误事；喷粉器械不够的地区，可试用布袋撒粉法。

◎ 5 月中旬，新疆、江苏、安徽、山东、河南等省发生的夏蝗蝻已进入 3 龄，各蝗区共发动组织 9.5 万多人，消灭夏蝗 168.4 万亩（其中，人工扑打 78.5 万亩、药械除治 89.9 万亩），这次各地灭蝗大多贯彻了"以药剂为主"的方针，掌握有利时机将蝗蝻消灭在 3 龄以前。全国除新疆，夏蝗发生面积 350 余万亩，密度小，孵化不整齐，一般 3～4 头/米²，最高密度约 1 000 头/米²。河北、江苏、山东、安徽和河南 5 省在夏蝗时期用毒饵治蝗面积占药剂治蝗面积的 52.8%。据报告，江苏宝应、高邮两县秋蝗蔓延达 10 余万亩，多是群居型，密度一般 30～50 头/米²，个别地方达 500～1 000 头/米²。江苏铜山、安徽霍邱以及山东梁山、峄县亦有类似情况，以上各地已组织群众除治。安徽省飞蝗发生 241.11 万亩，其中夏蝗 179.51 万亩、秋蝗 61.60 万亩。这年除在微山湖重点使用飞机灭蝗，新疆在苏联政府派来的灭蝗团和飞机的援助下，开展飞机治蝗，仅在北疆就抢救了 60 万亩田禾，并保障了 30 万亩田地不受侵害；飞机治蝗解决了广大荒漠地区缺人缺水和湖沼地区苇高水深的困难。

◎ 5 月 31 日，《新华日报》报道：5 月中旬以来，新疆、江苏、安徽、山东、河南等省发生蝗害地区，积极地有效展开灭蝗工作。新疆省已查出蝗蝻面积 165 万亩，孵化期较去年约早 20 天。安徽省沿淮河各县已查出蝗蝻面积 80 余万亩。河北省黄骅等县 3.9 万亩地中发现蝗蝻，丰南县发现土蝗 2.5 万多亩。山东省沂水县地区发现土蝗 20 余万亩。

◎ 6 月 25 日，农业部发出通知，要求各蝗区继续贯彻治蝗方针，做到彻底消灭蝗蝻。江苏、安徽等省消灭夏蝗工作已基本结束或即将结束的地区，需组织一定人力打扫战场，消灭残蝗。

◎ 8 月 20 日，农业部发出了《关于加强秋蝗防治工作的指示》。

1954 年

◎ 4 月 12 日，农业部发出《关于对 1954 年农作物病虫害发生情况的估计和防治措施意见的通知》，指出：全国蝗虫有卵面积 511.2 万亩，一般密度 0.5～1.1 块/米²，江苏灌云、赣榆，安徽嘉山、灵璧，山东昌潍等地 2.5 块/米² 以上，安徽泗洪、江苏高邮等个别地区达 40 块/米²。在安徽、江苏、河南、绥远、新疆等省，夏蝗可能严重发生。对于蝗虫，仍应贯彻以"药剂除治为主"的方针，发动组织群众，使用喷粉、撒饵，辅以人工捕打、放鸭啄食等办法消灭于 3 龄以前。

◎ 新疆、江苏、安徽 3 省发生蝗虫较重，共出动飞机 21 架，飞行 1 个多月，治蝗面积近 100 万亩。安徽省飞蝗发生 63.57 万亩，其中夏蝗 60.17 万亩、秋蝗 3.40 万亩。新疆裕民大面积粮田发生蝗灾，最高密度达 3 000～4 000 头/米^2，经人工捕打、药剂喷杀和飞机灭蝗，共作业 10.97 万亩，死亡率 80％以上。

1955 年

◎ 河北保定等内涝地区秋蝗大发生，中央及时派出专家和飞机进行抢治。江苏省铜山、沛县发生秋蝗 11.8 万亩，因秋雨连绵，难以除治，先后动员 7.4 万只鸭群治蝗，历时 20 天，灭蝗 10.3 万亩。

◎ 7 月 26 日，农业部《最近虫害发生、防治情况简报希参阅的函》指出：今年夏蝗一般防治得不够好，主要是不少蝗区领导干部思想麻痹，放松了对夏蝗防治的领导，以致情况掌握不住，防治不彻底，防治工作表现得十分被动。目前秋蝻在个别地区已出土，各蝗区应吸取防治夏蝗被动的教训，加强对秋蝗的防治工作。

1956 年

◎ 2 月 15 日，《人民日报》发表马世骏《争取五年以内消灭飞蝗灾害》的文章。

◎ 是年，河北、山东、江苏、安徽、河南 5 省和天津市共发生夏秋蝗 1 250 万亩，其中夏蝗 870 万亩、秋蝗 380 万亩。蝗虫密度一般 3～5 头/米^2，河北省永定河泛区和山东省昌潍专区寿光县密度高达 1 000 头/米^2。夏秋蝗药剂和人工防治 1 100 万亩。安徽省飞蝗发生 81.84 万亩，其中夏蝗 56.35 万亩、秋蝗 25.49 万亩。

1957 年

◎ 7 月 5 日，农业部发出《关于加强夏秋农作物病虫害防治的通知》，要求蝗区各省继续加强对夏蝗的扫残工作，总结防除夏蝗经验，严密监视残蝗产卵活动，划出秋蝗防治面积，做好防治秋蝗的药械和人力准备工作。7 月 5—9 日，农业部召开了河北、河南、山东、江苏、安徽及天津市的治蝗座谈会，总结了今年防治夏蝗经验并布置了秋蝗防治工作。这是新中国成立后召开的第二次全国治蝗工作座谈会。

◎ 8 月 1 日，国务院第七办公室发出关于《农业部关于治蝗座谈会的报告》的批复。批复同意农业部 5 省治蝗工作座谈会对于补助今年治蝗经费、加强和恢复治蝗机构、解决土蝗防治经费等问题的处理意见。1953 年，农业部在蝗区曾建立治蝗站 23

处，现在只剩下 18 处，几年来，除江苏省，其他省区多有时撤销、有时恢复，干部调动频繁，不能熟悉专业，对治蝗工作造成很大损失。要求各省加强现有治蝗机构，恢复并使治蝗干部能专门从事治蝗工作。对秋蝗防治确有困难的河北、河南、山东 3 省，适当补助治蝗经费 268.5 万元，拟由农业部危险病虫害抢救费中拨付；土蝗防治费需款 50 万元，作为危险害虫抢救费拨给各地。

◎ 10 月 5 日，国务院第七办公室转发《农业部关于 1957 年防治秋蝗的报告》，报告指出：为争取明年治蝗工作的胜利，纠正治蝗工作中的被动、忙乱和浪费等现象，建议各地要做好蝗虫侦查工作；健全与恢复治蝗机构，加强技术训练；做好治蝗的长期规划及明年的具体防治计划；认真做好治蝗总结工作。

◎ 河北、河南、山东、江苏、安徽及天津市夏蝗发生和扩散面积共 1 550 万亩，是新中国成立以来最严重的一年。据统计，共防治 1 250 万亩，其中药剂防治 936 万亩（包括飞机防治 191 万亩）。河北秋蝗比较严重，一般有蝗蝻 3～5 头/米²，密度高者 100～1 000 头/米²；山东省的临清、馆陶，河南省的浚县、内黄等毗连县域，发生面积在 30 万亩以上，一般密度在 10～100 头/米²，密度高者达 1 万头/米²。

1958 年

◎ 9 月 1 日，农业部报送国务院第七办公室、中央办公厅、总理办公室的《呈报山东菏泽、济宁两专区发现飞蝗的情况》，指出：山东菏泽、济宁两专区最近发现飞蝗，仅城武、滕县、金乡、嘉祥、定陶 5 县发现 12.92 万亩。城武县 8 月 27 日晚 8 时由东南方向飞来一批飞蝗降落在塔红庙乡，面积达 3 200 亩，密度每平方丈 20 头左右。定陶县 23 日晚 12 时发现有一批飞蝗从西南向东北方飞去，27 日晚 9—11 时又发现一批飞蝗从东南向西北飞。金乡县 27 日晚由东南飞来，落在普胜乡、王禄乡共 2.2 万亩，密度每平方丈 30 头，经两天防治后每平方丈有残蝗 1～2 头。嘉祥县 29 日晚由西南飞来的蝗虫，落在梁宝寺乡 5 万亩，张楼乡 3.5 万亩，30 日晚又从西南飞来一批飞蝗落在疃里乡 1 万亩，每平方丈 20～30 头，31 日晚 8—10 时，由梁宝寺乡上空（从西南飞向东北）飞过 3 批，有一批密度最大的蝗群把月光遮住了，济宁专署当晚已通知汶上县检查，省农业厅通知东平县检查。据该县汇报，飞来的蝗虫与当地蝗虫颜色不同，发现飞蝗后，立即进行了防治，梁宝寺乡从 30 日开始每天出动 7 800 人灭蝗，每人每天捕捉飞蝗 500～700 头；张楼乡每天发动 3 500 人，每人每天捕蝗 5 斤多，另外撒施毒饵的面积达 3 万亩。

1959 年

◎ 农业部在济宁、新乡分别开了夏、秋蝗现场会，组织了 5 省评比检查，指出：

过去是争取不起飞为主，现在是着眼于根治蝗害。冀、鲁、豫、苏、皖5省发生夏蝗2 400多万亩，发生秋蝗2 100多万亩。山东济宁、菏泽专区，河南滑县、河北武清等夏蝗发生面积广、密度大。安徽省飞蝗发生224.0万亩，其中夏蝗94.2万亩、秋蝗129.8万亩。国家支援治蝗出动了65架飞机（其中，治夏蝗33架、治秋蝗32架），飞机治蝗面积占蝗虫发生面积的40%以上。

◎ 4月上旬，农业部在山东济宁召开了冀、鲁、豫、苏、皖5省灭蝗会议。会议在总结过去治蝗经验的基础上，提出了力争在4~5年根除蝗害的奋斗目标，拟定了冀、鲁、豫、苏、皖5省根治蝗害的实施规划。提出了"猛攻巧打，积极改造蝗区自然环境，采取各种有效方法，迅速根除蝗害"的治蝗方针。4月9日，农业部副部长杨显东在5省灭蝗会议上做了总结发言。这是新中国成立后召开的第三次全国治蝗工作座谈会。

◎ 5月6日，《人民日报》发表题为《为根除蝗害而战》的评论员文章及《全民动手，根绝蝗害》的新闻报道，介绍了安徽、山东等省拟定的灭蝗规划。昆虫知识编辑室还为5省灭蝗会议撰写了《根除蝗害规划》一文。

1960 年

◎ 冀、鲁、豫、苏、皖5省夏秋蝗共发生3 800万亩，其中夏蝗发生2 500万亩，防治2 700万亩，占发生面积71%强，其中飞机防治1 900万亩。发生密度一般0.2~0.5头/米^2，高者达10头/米^{2}以上。安徽省飞蝗发生140.7万亩，其中夏蝗97.0万亩、秋蝗43.7万亩。

◎ 10月7日，农业部送国务院农林办公室、中央农村工作部《关于1960年蝗虫发生防治情况的报告》指出：在治蝗方面，河北省提出了"巧打初生，猛攻主力，彻底扫残"，把蝗虫消灭在点片发生阶段扩散以前，控制了蝗虫的发生发展；在蝗区改造方面；安徽省总结出了"五改"（改荒地为良田、改旱田为水田、改洼地为水库、改粗放为精耕细作、改田沿路旁闲地为果园）、"六化"（水稻化、园田化、河网化、农田化、养殖化、绿化）、"三养"（养鸡、养鸭、养鱼）等经验。

1961 年

◎ 全国蝗虫发生面积2 400万亩。天津蝗虫大发生，夏蝗发生117万亩，秋蝗103万亩。安徽省飞蝗发生169.02万亩。湖北、广西飞蝗发生100多万亩。

1962 年

◎ 6月25日，国务院农林办公室转发《农业部关于夏蝗防治工作的报告》，指出：农业部曾于 2 月间通知河北、河南、山东、江苏、安徽、湖北 6 省农业厅派人来京汇报，总结和交流了治蝗经验，对今年夏蝗发生作出初步估计，对治蝗飞机做了初步安排；3 月下旬，国务院农林办公室召集中国民航总局、林业部和农业部讨论治虫飞机问题，明确指出应以治蝗为主；4 月，农业部发出治蝗工作通知，要求各地抓紧督促检查治蝗准备工作的进行情况，成立与加强治蝗指挥部；6 月，农业部成立治蝗临时办公室，并派人分赴山东、湖北协助治蝗工作。报告还指出，秋蝗防治任务和具体措施，首先要进行复查，摸清蝗情，做好药剂调运、器械修配、机场准备以及其他地面后勤等工作。

◎ 冀、豫、鲁、苏、皖 5 省夏蝗发生 2 600 余万亩，其中河北 456 万亩，河南 329 万亩，山东 1 570 万亩（比上年扩大 680 万亩），江苏 223 万亩，安徽 117 万亩。已防治面积共计 1 045 万亩，其中使用飞机防治 762 万余亩。总的看来，防治面积不及发生面积的半数，湖北即将开展防治稻蝗。蝗灾严重地区主要是河北沧州专区和山东聊城、德州专区，受害作物面积 100 万亩。此外，湖北飞蝗和稻蝗夹杂发生 58 万亩。安徽省飞蝗发生 207.47 万亩，其中夏蝗 140.23 万亩、秋蝗 67.24 万亩。8 月，中央责成民航总局增派 5 架飞机协助山东突击消灭蝗虫。

1963 年

◎ 河北、河南、山东、江苏、安徽 5 省发生飞蝗 2 500 多万亩。天津蝗虫大发生，其中夏蝗 67 万亩、秋蝗 122 万亩。安徽省飞蝗发生 69.28 万亩，其中夏蝗 50.90 万亩、秋蝗 18.38 万亩。湖北、广西发生东亚飞蝗 46 万亩。

1964 年

◎ 河北、河南、山东、江苏、安徽 5 省夏秋蝗共发生 5 700 万亩，是新中国成立以来发生面积最大的一年，防治面积 4 400 多万亩，其中飞机防治 1 700 多万亩、人工喷粉 1 500 多万亩、毒饵防治 560 多万亩、人工扑打 600 多万亩。安徽省飞蝗发生 46.65 万亩，其中夏蝗 12.41 万亩、秋蝗 34.24 万亩。1964 年的治蝗工作还存在对夏蝗估计不足，秋蝗有所放松，治蝗队伍没有系统完整地建立起来，有依赖国家、依赖飞机防治的思想，结果在经费和农药方面造成了很大浪费。河北提出了"药治为主，毒饵为主，挑治为主"的口号，大面积推广了麦糠、麦麸毒饵治蝗技术。

1965 年

◎ 2 月 10—14 日，农业部在北京召开了河北、河南、山东、安徽、江苏 5 省治蝗工作座谈会，农业部副部长朱荣在治蝗工作座谈会上作了总结发言，这是新中国成立后召开的第四次全国治蝗工作座谈会。会议指出，为解决合理负担治蝗经费问题，集体必须合理负担一部分治蝗经费。根据各地提出的意见，在经费负担上，可划为3类：①对于沿海、滨湖、河泛、洼泊、水库等国有大片荒地蝗区，治蝗经费，应由国家负担，或主要由国家负担；②对于内涝农田蝗区，包括小片夹荒地的治蝗经费，主要由受益单位负担，包括公社、生产队、国有农、林、牧场；③对于连续受灾或当年遭受重灾的蝗区，要在贯彻群众路线、自力更生的基础上，国家给予大力支持，经费酌情补助。1965年的治蝗工作要在掌握蝗情的基础上，合理使用飞机防治，进一步发挥地面喷粉治蝗的作用，考虑使用毒饵治蝗，积极推广河北省利用70%麦糠、30%麦麸，1千克2.5%六六六作饵料的新创造。各地提出的重点挑治、武装侦查、带药侦查、边查边治等针对点片蝗虫进行防治的好办法，可因地制宜推广；农田蝗区特别是粗种麦田，应在小麦返青后，立即耙磨、中耕，破坏蝗卵；易涝地区应修筑台田条田，逐步改变蝗虫发生的环境，实行治改结合、土洋结合、地空结合、喷粉与撒毒饵结合，力争把蝗虫消灭在点片阶段。

◎ 3月27日，农业部发出《关于转发治蝗工作座谈会纪要的通知》。

◎ 山西芮城县风陵渡至城关公社黄河滩，在东西长20余公里、南北宽2～5公里的范围内发生蝗虫，其密度小者100多头/米^2，高者2 000头/米^{2}以上，滩内8万亩秋作物受蝗虫为害。安徽省飞蝗发生130.1万亩，其中夏蝗72.9万亩、秋蝗57.2万亩。

1966 年

◎ 天津北大港发生蝗虫12万亩，密度1 000头/米^2。安徽省飞蝗发生211.77万亩，其中夏蝗85.21万亩、秋蝗126.56万亩。

1967 年

◎ 4月20—24日，农业部在济南召开冀、鲁、豫、苏、皖5省治蝗工作汇报会，参加会议的有冀、鲁、豫、苏、皖5省农业厅及重点专区、县的有关同志，会议汇报了治蝗工作，交流了勤俭治蝗经验，研究了治蝗工作中的问题。这是新中国成立后召开的第五次全国治蝗工作座谈会。据会议估计，1959年以来，每年夏、秋两季防治蝗虫3 000万～4 000万亩，国家投资1 000万元以上，至少浪费损失一半左右。会议审查了1965年5省治蝗工作座谈会上提出的"依靠群众，自力更生，勤俭治蝗"的方针，建议在原有治蝗方针上加入"根除蝗害"一句，指出了治蝗工作的奋斗目标，修改后的治蝗方针是："依靠群众，自力更生，勤俭治蝗，根除蝗害"。会议认为，内涝蝗区的治蝗经费，可由所在地的社、队自行负担；沿海、滨湖、水库等处的大片国有荒洼地蝗区，凡是划归国家企事业或集体生产单位经营，有固定收益的林地、苇田、农田等，治蝗经费由受益单位负担；凡是收益少或无人经营的蝗区，治蝗经费仍由国家负担。5月5日，农业部印发《1967年冀、鲁、豫、苏、皖5省治蝗汇报会纪要》。

1973 年

◎ 津、冀、鲁、豫、苏、皖6省（市）蝗虫又有不同程度的回升，全年发生698万余亩，其中夏蝗454万亩。在沿海、沿黄河主要蝗区，出现了点片高密度群居型蝗群，这是20世纪70年代以来少见的现象。全年防治301万亩，其中飞机防治118万亩。安徽省飞蝗发生45万亩。河北沧州地区和天津市9县（场）夏蝗发生严重，黄骅、南大港农场和武清县出现了超过1 000头/米² 的高密度蝗群。

◎ 12月18—22日，农林部邀请津、冀、鲁、豫、苏、皖6省（市）农业局负责治蝗工作的干部和中国科学院动物研究所、中国农林科学院、中国民航总局、原中国农业科学院植物保护研究所、河北省植保土肥研究所等单位的科技人员召开全国治蝗工作座谈会，这是新中国成立后召开的第六次全国治蝗工作座谈会。会议座谈和交流了治蝗经验，分析了1974年夏蝗发生趋势，研究了防治意见，会议期间，听取了国务院副总理陈永贵的报告。会议认为：随着治蝗工作的开展，河北省提出的"依靠群众，勤俭治蝗，改治并举，根除蝗害"治蝗工作方针，能更好地贯彻群众路线、坚持勤俭治蝗的原则，通过改治的途径，达到根除蝗害的目的，建议各省、区、市认真贯彻这一方针。会议指出，狠治夏蝗必须巧打初生，猛攻主力，彻底扫残，只有这样，才能抑制秋蝗，并要发扬加强联防协作、团结治蝗的精神，制订出蝗区改造计划，逐年压缩蝗区，根除蝗害。

1974 年

◎ 2月2日，农林部转发了《1973年治蝗工作座谈会纪要》。

1976 年

◎ 山东惠民地区夏蝗发生严重，发生面积48.9万亩，主要集中在黄河入海口，是该蝗区自1965年以来受灾最重的一年，垦利比蝗灾大发生的1966年还要严重，最高密度100～400头/米²。安徽省飞蝗发生83.68万亩。

1977 年

◎ 10 月 24 日，《人民日报》刊发题为《"飞蝗蔽日"的时代一去不返》的新闻报道，指出：危害我国数千年的东亚飞蝗之灾，已被我国人民和科学工作者控制，我国已连续十多年没有发生蝗害，有关部门准备把这项成果推荐给全国科学大会。

1978 年

◎ 3 月 30 日，《人民日报》刊登新华社文章，报道 3 月 27 日中国农林科学院院长金善宝在全国科学大会上的发言，指出：我国历史性的蝗灾问题，解放后通过大量基础研究，掌握了蝗虫生活习性和发生规律，采取改造蝗虫生活环境和药剂防治的"改治并举"方针，使数千年来的蝗灾得到了控制。"改治并举，根除蝗害"综合技术获全国科学大会重大科技成果奖。

◎ 全国夏秋蝗发生面积 1 200 余万亩，比 1977 年增加近一倍。由于 1976—1977 年连续干旱，洪泽湖水位下降，湖滩暴露，蝗虫在退水区集聚，导致沿湖秋蝗发生 24 万亩。安徽省飞蝗发生 140.73 万亩。

1979 年

◎ 3 月 13 日，根据 1978 年中东、北非和美国西部发生恐怖性蝗灾和我国飞蝗回升扩展的情况，农业部及时在沧州召集江苏、安徽、山东、河南、河北、天津、内蒙古、新疆等省（区、市）主管治蝗工作的同志对治蝗工作专门进行了讨论和研究。与会人员认真总结了新中国成立以来的治蝗经验，分析了 1979 年飞蝗发生趋势，检查了当前治蝗工作中存在的问题，研究了今后进一步根除蝗害、加强治蝗工作的意见。这是新中国成立后召开的第七次全国治蝗工作座谈会。会议指出：新中国成立以来，我国治蝗工作取得巨大成绩，到 1978 年，全国已改造蝗区 4 500 多万亩，国外认为我国在短时间内控制了飞蝗灾害是一个奇迹，对我国的治蝗工作评价很高。但由于"四人帮"的干扰破坏，大部分治蝗专业机构被砍掉，人员减少，治蝗机场也被破坏。1965 年以前，全国共有治蝗站 32 处，治蝗专业干部 329 人，蝗情长期侦查员 1 800 人，1979 年治蝗站只剩下 14 处，治蝗干部 127 人，蝗情长期侦查员 602 人，使治蝗工作受到严重影响。特别值得注意的是，由于对治蝗工作的反复性、长期性和艰巨性认识不足，在干部群众中滋长了一种盲目乐观、麻痹轻敌的思想情绪。这是造成 1978 年飞蝗回升的原因之一。会议要求继续贯彻"依靠群众，勤俭治蝗，改治并举，根除蝗害"的治蝗方针，加强治蝗站的建设，重点蝗区的地、县两级要恢复和建立治蝗站，配备专职治蝗技术干部。使用动力药械治蝗工效高，效果好，成本低，节省劳力。沿海蝗区洼大人稀，除大面积发生需要使用飞机防治，较小面积和点片发生的应积极发展地面药械防治，逐步实现治蝗机械化、现代化。同时各地应抓好蝗区改造工作，制定蝗区改造规划，并把这一规划纳入农业发展规划之内，争取早日根除蝗害。各级农、牧业部门和财政部门对已安排的治蝗经费要管好、用好，不得挪作他用。会后，农业部植物保护局局长裴温、高级农艺师王炳章、中国科学院动物研究所陈永林教授等到海兴县参观了地面治蝗机械的研制情况，检查了沿海蝗区的治蝗工作。

◎ 4月18日，农业部向国家农委报出《关于继续加强我国飞蝗防治工作的报告》，5月8日，国家农委向有关省、区、市革命委员会转发了农业部的这个报告。报告除提醒注意防治飞蝗，西藏、云南两省区还应警惕沙漠蝗的侵袭。

◎ 6月13日，农业部农业局转发了关于《河北省沧州地区围剿夏蝗战斗已经打响的报告》，文件指出：河北省沧州地区防治夏蝗贵在及时，他们的主要经验是：领导重视，亲自督战，情况明，措施有力，行动快，发现问题，及时解决，力争主动。

1980 年

◎ 10月，国家农委下达通知，要求解决一些省区病虫测报临时工转正问题。此后，一些省区从事蝗虫测报工作的侦查员陆续转为正式工。

1981 年

◎ 5月6日，《人民日报》记者郭永文发表《灭蝗老将的战斗历程》，对我国著名昆虫学家邱式邦进行了专访。

◎ 李允东主持的"取代'六六六'粉剂防治蝗虫——飞机超低容量制剂的研究"获农业部农牧科技成果技术改进二等奖。

1982 年

◎ 马世骏主持的"东亚飞蝗生态、生理等理论研究及其在根除蝗害中的意义"获国家自然科学二等奖。

1983 年

◎ 3月17日，农牧渔业部召开全国植保站站长会议，研究取代六六六、滴滴涕等有机氯农药问题。

◎ 山东、河北的沿海蝗区，河南、山东的黄河滩蝗区，又出现了高密度的群居型蝗蝻。安徽省飞蝗发生 42.33 万亩。黄骅、南大港农场夏蝗出现了高密度群居型蝗蝻 5.7 万亩。山东的长青、寿光、东明，河北的黄骅、岗南水库，河南的长垣、封丘，山西的芮城、永济，新疆塔城等地出现了大面积群居型蝗虫。

1984 年

◎ 3 月 20—24 日，全国植物保护总站在河北沧州召开了全国治蝗工作座谈会，参加会议的有河北、河南、山东、江苏、安徽、天津 6 省（市）农业（林）厅植保站、新疆维吾尔自治区治蝗灭鼠指挥部及有关蝗区植保站、中国科学院动物研究所、哈密农机所等 43 人，这是新中国成立后召开的第八次全国治蝗工作座谈会。会议着重总结了近 5 年的治蝗工作，交流了经验，分析了 1984 年夏蝗的发生趋势，安排了防治任务，讨论了进一步加强治蝗工作的意见。会议指出：河北省丰南县、沧州地区南大港农场，实行划片承包治蝗的办法；山东省无棣县实行"5 定 1 验收"（定面积、定指标、定遍数、定报酬、定奖罚、验收质量）；潍坊地区各有蝗县实行三级治蝗承包责任制（即县与公社订合同、公社与治蝗专业队或侦查员订合同，层层落实责任制），大大推动了治蝗工作的开展。实践证明，实行治蝗专业承包责任制，使治蝗人员责、权、利三者统一起来，从而调动了治蝗干部和侦查员的积极性，增强了责任心，提高了查治质量；同时为国家节约了经费，也适应了新形势。各地要在总结经验的基础上，进行试点，创造经验，积极推广。会议还指出，河北省提出把全省蝗区重新划分为重点防治区、一般防治区和监测区，明确了治蝗工作的重点和有计划有步骤地推行间歇防治的策略，值得各地参考。与会人员认为，当前各地可根据实际情况把沿海蝗区及黄河滩等蝗情严重发生的地区，列为重点防治区，把洼淀、湖库等蝗情不稳定的地区列为重点监视防治区，把已得到改造、蝗情比较稳定的内涝蝗区列为监视区，因蝗情制宜，搞好治蝗工作。会议期间，新疆、天津、江苏、河南等省（区、市）介绍了应用马拉松油剂、敌百虫、稻丰散、敌马合剂等农药取代六六六粉剂以及应用航空和地面超低容量喷雾技术的经验；江苏省泗洪县介绍了放宽防治指标的试验，他们把防治指标由每平方丈 2 头放宽到 5 头，提高了经济效益。会议建议各地进一步试验，逐步推广，并要求进一步贯彻"改治并举"的治蝗方针，把改造蝗区的计划纳入长远规划中，有计划、有步骤地对蝗区进行开发、利用和改造。要求到 1990 年把现有蝗区面积再压缩四分之一。4 月 3 日，农牧渔业部发出了《批转 1984 年全国治蝗工作座谈会纪要的通知》。

◎ 11 月 26—29 日，全国植物保护总站在江苏省泗洪县召开了全国治蝗会商会议，参加会议的有河北、河南、山东、江苏、安徽、新疆、天津 7 省（区、市）植保总站及有关市县植保站的科技人员 29 人，中国科学院动物研究所派员参加了会议。会议交流了 1984 年蝗虫发生与防治情况，尤其对蝗虫预测预报工作作了详尽的讨论。

1985 年

◎ 全国夏秋蝗发生面积共 514 万亩。天津北大港水库脱水，秋蝗大发生，将天津境内 10 余万亩芦苇吃光，周围几百亩玉米被吃成光秆。9 月 20 日，北大港蝗虫起飞南迁，沿途经过河北黄骅、沧县、海兴、盐山、孟村和中捷、南大港两个农场，遗蝗范围东西宽 60 里、南北长 200 余里，蝗虫遗卵面积 250 万亩左右，这是新中国成立以来飞蝗首次跨省迁飞。该年蝗虫受灾的地区包括天津、河北、河南、山东，这些地区气候干旱，造成了飞蝗的大量繁殖。安徽省飞蝗发生 54.19 万亩。

1986 年

◎ 1 月 4 日，农牧渔业部向国务院呈送《关于做好蝗虫防治工作的紧急报告》，报告指出：新中国成立以来，我国治蝗工作取得了很大成绩，蝗虫发生面积已从解放初期的 6 000 万亩压缩到 1 000 多万亩，蝗区基本得到改造，控制了蝗灾。这项成绩在国际上影响很大。1985 年 9 月，天津北大港水库出现了东亚飞蝗起飞的严重情况，如不采取紧急措施，不仅在经济上将造成重大损失，而且会影响我国的国际声誉。为了防止蝗虫起飞，并逐步根除蝗害，各地要做好抓紧部署，狠治夏蝗，控制秋蝗；及时解决治蝗经费问题；加强重点治蝗站的建设、充实人员、配备必要的施药器械和交通工具，做好蝗情监测和防治等工作。2 月 6 日，国务院办公厅下达《转发农牧渔业部关于做好蝗虫防治工作紧急报告的通知》，通知指出：该报告已经国务院同意，现转发给各省遵照执行。

◎ 2 月 25 日，《中国日报》记者朱琳对全国植物保护总站副站长刘松林进行了专访，26 日，发表了 "Locusts-The Old Nightmare Threatens to Return" 的报道。报道指出：自古以来，蝗虫就像噩梦一样威胁着我国的农业生产，中国昆虫学专家们正研究解决蝗虫发生地的环境问题。近些年由于异常天气的影响，从 1983 年开始，蝗虫在某些地区有所回升，如不采取适当的措施，飞蝗灾害还存在潜在的危险。

◎ 3 月 20—23 日，为了贯彻《国务院办公厅转发农牧渔业部关于做好蝗虫防治工作紧急报告的通知》精神，部署 1986 年的治蝗工作，农牧渔业部在天津召开了全国治蝗工作会议。参加会议的有山东、河北、河南、江苏、安徽、天津、陕西、山西、内蒙古、新疆等 10 省、区、市农（牧、渔）业厅（局）、植保站；泗洪、东明、北大港区（县）防蝗站；商业部、水电部、化工部、中国民航局、国家气象局；中国科学院动物研究所、中国农业科学院植物保护研究所等单位的代表共 55 人。这是新中国成立后召开的第九次全国治蝗工作会议。会议期间，代表们汇报了近年来各地防蝗工作的情况，对天津北大港蝗区进行了现场考察，研究了 1986 年的防蝗工作，农牧渔业部副部长朱荣出席会议并讲话。会议指出，由于各地坚持了"依靠群众，勤俭治蝗，改治并举，根除蝗害"的治蝗方针，我国的治蝗工作获得很大的成绩，在国际上也受到好评。但是，近年来一些地方领导对治蝗工作的长期性和艰巨性认识不足，思想上有些麻痹，防治组织也不健全，放松了防蝗工作。以致 1985 年 9 月下旬，东亚飞蝗从天津北大港水库起飞，沿途经过河北省沧州黄骅等 5 个县和 2 个国营农场。这是新中国成立 36 年来蝗虫第一次起飞，是一次严重的事故，应引起高度重视。要按照国务院要求，采取一切有效措施，确保今后蝗虫不再起飞。会议认为，为了有效地控制蝗害并保证蝗虫不起飞，今后应进一步做好提高对治蝗工作的认识；加强领导，健全防蝗组织；省间、县间要加强联系，互相支援，团结治蝗，共同搞好毗邻间联查联防工作。在治蝗工作中要继续贯彻"改治并举"的方针，按不同类型蝗区进行分类指导，因地制宜采取不同的对策；关于治蝗经费问题，可按国务院办公厅文件第 2 条的规定执行，在摸清蝗情基础上制定治蝗工作规划，加强对蝗虫的监测工作，发扬愚公精神，搞好治蝗工作。4 月 10 日，农牧渔业部印发《全国治蝗工作会议纪要》。

◎ 河北、河南、山东、安徽、江苏、陕西、山西和天津共发生飞蝗 1 500 万亩，其中夏蝗 772.5 万亩、秋蝗 727.5 万亩；新疆亚洲飞蝗发生 7.5 万亩。河南、河北、山东、天津发生较重。夏蝗在河南巩县康店乡密度较高，秋蝗在巩县、中牟、开封、范县、孟津、长垣和郑州郊区黄河滩出现高密度蝗群。以巩县最重，发生蝗虫 4 万亩，高密度蝗群 86 个，约 4 000 亩，密度 500～2 000 头/米²，有的聚集成团，密度高达 1 万头/米²，险些起飞。其他县也出现了 100～500 头/米² 高密度点片，面积约 2 万亩。安徽省飞蝗发生 87.59 万亩。

1987 年

◎ 2 月 26—28 日，农牧渔业部全国植物保护总站在河南新乡市召开了全国治蝗工作经验交流会。会议着重交流了 1986 年治蝗工作的经验，研究了 1987 年治蝗工作计划，分析了 1987 年夏蝗的发生趋势，还就新老蝗区的勘察方案进行了讨论。这是新中国成立后召开的第十次全国治蝗工作会议。会议通报了河北省海兴县对 18 万亩夏蝗全部实行承包，承包人员同县防蝗站签订承包合同后，仅用了 9 天时间就完成了全部除治任务，防效达 80% 以上，为国家节约经费 15 万元。河南省郑州市制定了

《治蝗专职干部岗位责任制》《蝗虫侦查员岗位责任制》。各地可因地制宜地推广治蝗承包责任制，以提高治蝗效果。会议讨论了《东亚飞蝗蝗区综合治理及生态环境、飞蝗发生动态（演变）调查方案》，认为做好蝗区调查工作，是贯彻执行"改治并举、根除蝗害"的方针和制定科学治蝗方案的一项重要措施，建议各地根据实际情况，制定具体执行方案。

◎ 3月28日，农牧渔业部农业局印发《关于印发全国治蝗工作经验交流会总结的函》，并附有关于开展《东亚飞蝗蝗区综合治理及生态环境、飞蝗发生动态（演变）调查方案》。

◎ 4月1日，农牧渔业部全国植物保护总站发出《关于转发陕西省治蝗工作会议纪要（摘要）的通知》，认为陕西省成立治蝗工作领导小组，加强领导，明确当前蝗情，落实组织和职责，抓紧做好治蝗各项准备工作的做法很好，希望各地抓紧时间，认真做好防治夏蝗的各项准备工作，打好夏蝗防治这一仗。

◎ 河南、河北、山东、天津、江苏、安徽、山西、陕西、新疆、海南10省（区、市）飞蝗发生面积1428万亩，其中夏蝗910万亩、秋蝗518万亩；防治面积510.7万亩（包括飞机防治120万亩），其中夏蝗防治368.0万亩、秋蝗防治142.7万亩。海南岛西南部发生蝗虫75万亩，其中东方县12万亩，密度高达1000~2000头/米^2。此外，夏蝗在河南巩县、孟津、原阳等黄河滩也出现了200~500头/米^{2}的局部蝗蝻群。陕西黄河"鸡心滩"出现了新的蝗情。安徽省飞蝗发生49.63万亩。

1988年

◎ 3月29—31日，农牧渔业部全国植物保护总站在西安市召开了全国治蝗工作座谈会，参加会议的有河南、河北、山东、天津、江苏、安徽、山西、陕西、新疆、海南10省（区、市）植保站、治蝗指挥部，有关蝗区地（市）、县植保站、治蝗站，中国民航局，中国科学院动物研究所，中国农业科学院植物保护研究所等单位的代表共62人。这是新中国成立后召开的第十一次全国治蝗工作会议，会议交流了1987年治蝗工作的情况和经验，讨论了存在的问题，分析了1988年夏蝗发生的趋势，提出了今后任务和改进治蝗工作的意见及要求。会议认为，1987年海南岛南部发生飞蝗，建省筹备委员会，组织了灭蝗指挥部；陕西省黄河荒滩出现新的蝗情，省地组成了治蝗领导小组，对治蝗工作实行统一领导、统一部署、统一规划，及时研究解决重大问题，协调各方关系，这是做好治蝗工作的根本保证。江苏、安徽、河北、河南、山东、天津等老蝗区对蝗情侦查员进行了调整、充实和业务培训。河北省推广承包治蝗以来，河南、山东、江苏、安徽、天津等省市也开展了多种形式的承包治蝗，效益显著。郑州市制定了《治蝗专职干部岗位责任制》和《蝗虫侦查员岗位责任制》。当前要着重做好以下三件事：治蝗农药品种、剂型、剂量及施药方法的试验筛选，土蝗优势种生活规律和防治技术的研究，蝗区勘察。4月12日，农业部全国植物保护总站转发了《全国治蝗工作座谈会议纪要》。

◎ 7月28日，农业部印发《关于进一步做好治蝗工作的报告的通知》，通知指出，《关于进一步做好治蝗工作的报告》已经国务院批准，要求各省、区、市蝗区，要尽快查清本地蝗区的变动情况。要组织业务班子，确定负责人，制定工作计划，适当安排经费，争取用3年时间查清本省、区、市的蝗区变动情况，为蝗区的综合治理奠定基础。稳定蝗情查治队伍，要合理解决查蝗员的报酬，保证治蝗的物资供应。在广无人迹的芦苇、草丛、荒滩上侦查蝗情，工作条件艰苦，应配备必要的交通工具和通信设备。

◎ 河南、河北、山东、安徽、陕西、山西、江苏、海南、天津、广西10省（区、市）飞蝗共发生1 455万亩，其中夏蝗发生771万亩、秋蝗684万亩；全年防治496.5万亩（包括飞机防治78万亩），其中夏蝗防治321.0万亩、秋蝗防治175.5万亩。夏季，河北平山岗南水库干涸，夏蝗出现1 000～5 000头/米² 蝗蝻群。秋蝗在安徽淮南洛河湾、陕西大荔、韩城出现了500～1 000头/米² 点片蝗群，部分农作物受害。海南省蝗虫发生22万亩，受害作物15万亩，其中4万亩水稻被吃光，乐东等地密度在1 000头/米² 以上，最高达1万头/米²。8月下旬，广西武宣、宾阳、来宾三县发生20多年来未有过的飞蝗，密度100～800头/米²，甘蔗、水稻、高粱受害7 000多亩。此外，山东烟台福山区也发生多年未见的飞蝗，密度在50头/米² 以上。

1989 年

◎ 4月4—6日，农业部全国植物保护总站在山东寿光县召开了全国治蝗工作会议，参加会议的有河南、河北、山东、安徽、陕西、山西、江苏、海南、天津、广西10省（区、市）植保站、治蝗指挥部；部分蝗区地（市）、县（区）植保站、治蝗站；中国民航专业司、中国科学院动物研究所、中国农业科学院植物保护研究所、北京农业大学植保系的领导和专家、教授共60多人。这是新中国成立后召开的第十二次全国治蝗工作座谈会。与会人员总结交流了1988年治蝗工作经验，分析了1989年的蝗虫发生趋势，讨论了蝗区勘察工作及土蝗的防治对策等问题。农业部农业司副司长张士贤、山东省农业厅副厅长郑守荣出席会议并讲话，全国植物保护总站副站长李吉虎做总结发言，部署了治蝗工作。会议指出：冀、鲁、豫、皖、苏、陕等省结合蝗区勘察，将蝗区进行分类管理、分类指导，以"狠治夏蝗、抑制秋蝗"为基本策略，因地制宜采取防治措施，有效地控制了蝗害。此外，河北、山东、河南、陕西等省在部分地区推广了"治蝗承包责任制"，使责、权、利相结合，既调动治蝗员积极性、增强责任心，又提高防效、节省开支。山东省仅 1988 年就承包查、治蝗区面积 400 万亩，节约费用 80 万元；河北省承包防治 45 万亩，占实防面积的 77.6%，防效达 90% 以上。实践证明，承包治蝗是一条切实可行的路子，值得进一步推广。4 月 22 日，农业部全国植物保护总站印发《关于全国治蝗工作会议纪要》。

◎ 全国夏秋蝗发生 1 550 万亩，防治 600 万亩（包括飞机防治 140 万亩）。发生面积较大的是山东（450 万亩）、河北（300 万亩）、河南（230 万亩），其余 7 省份共发生 570 万亩。夏蝗在河北献县、河南武陟、巩县，山东黄河入海口、东平湖、微山湖发生较重；秋蝗在微山湖区大发生，面积 30 多万亩，密度高达 1 000～10 000 头/米^2。地面蝗蝻成片、成群，中午空中蝗虫成群在湖上空盘旋，出现了即将起飞的险情，经飞机防治未造成迁飞。

◎ 全国植物保护总站副站长李厚忠、高级农艺师王润黎和助理农艺师朱恩林组成的工作组赴山东调查并指导防蝗工作。

1990 年

◎ 全国夏秋蝗共发生 1 380 万亩，其中夏蝗发生 700 万亩，夏蝗防治 300 多万亩（包括飞机防治 70 多万亩）。夏蝗在天津北大港水库发生最重，有 7 万多亩高密度蝗虫，密度 100～500 头/米^2，局部达 1 000 头/米^2 以上，一个牲畜脚印中有蝗蝻 300 头。此外，山东东平湖，河北黄骅、南大港、献县，河南中牟、武陟等地也出现了500～1 000 头/米^2 的蝗虫点片。

◎ 3 月 8—11 日，农业部在北京召开了全国治蝗工作暨先进表彰会议，参加会议的有山东、河北、河南、山西、陕西、江苏、安徽、新疆、海南、天津 10 省（区、市）植保总站及有关地、县防蝗植保站先进代表，中国民航局、中国科学院动物研究所、中国农业科学院植物保护研究所等 90 余人参加了会议。这是新中国成立后召开的第十三次全国治蝗工作会议，也是我国第一次召开的全国治蝗工作暨先进表彰会议。3 月 8 日，国务院秘书三局局长周锁洪在会上宣读了国务院副总理田纪云写给全国治蝗工作暨先进表彰会议的贺信。3 月 8 日，农业部副部长陈耀邦出席会议并讲话。这次会议主要议题有二：一是总结交流 1989 年的治蝗工作经验，部署 1990 年的治蝗工作；二是表彰新中国成立以来在治蝗工作中作出突出贡献的先进集体和先进个人。陈耀邦强调，为了进一步做好 1990 年的治蝗工作，各地应做好加强对治蝗工作的领导、抓好治蝗机构的建设、稳定治蝗队伍、加强蝗情监测、大力推行承包治蝗、尽早做好治蝗物资的准备等工作，要保证蝗虫不起飞、不为害。这次会议共表彰 20 个先进集体和 98 名先进个人，主要是县和县以下植保、治蝗站中长期从事治蝗工作并作出突出贡献的单位和个人。

1991 年

◎ 全国夏蝗发生 700 万亩，防治 300 多万亩（包括飞机防治 70 多万亩），在天津北大港、河南中牟以及山东垦利、东平等地区密度较大，河北献县、孟村、南皮出现了 100 头/米^2 左右的蝗虫。秋蝗在河北辛集、高邑农田突然发生多年未见的飞蝗，面积 2 万亩，密度高达 100～500 头/米^2，山西芮城黄河滩也发生 5 万亩蝗虫，密度达 1 000 头/米^2 以上。

◎ 5 月 8 日，农业部全国植物保护总站下发了《渤海湾蝗区东亚飞蝗天敌调查及保护利用研究方案》。该项目由全国植物保护总站牵头，协作单位有山东省植保总站、惠民地区植保站、无棣县植保站、东营市植保站、垦利县植保站、河北省植保总站、沧州地区植保站、黄骅市植保站、天津市植保站、大港区防蝗站。

◎ 7 月 8 日，农业部发出《关于认真做好蝗虫监测与防治工作的通知》，通报了河北献县出现的严重蝗情问题，指出献县发现蝗情的时间过迟，发现后又没有足够的农药、药械防治，说明还未真正树立起长期治蝗、常备不懈的观念。要求对蝗虫的监测，不仅要做好对现有蝗区的监测，对已经改造好的老蝗区也绝不能放弃监测。提醒各地防治秋蝗的时间即将到来，凡是对夏蝗未进行防治的蝗区（包括已经改造、多年未发生蝗虫的蝗区），都要认真做好监测工作和防治准备工作，确保不为害农作物。

1992 年

◎ 全国夏秋蝗共发生 1 372 万亩。夏蝗在河北磁县岳城水库突然发生 3 万亩飞蝗，密度高达 100～300 头/米^2；河南长垣、中牟最高密度 167～270 头/米^2，灵宝县局部黄河滩密度 1 000 头/米^2 以上，有 20 个高密点，面积约 4 000 亩，封丘发生 4 000 亩，密度在 150～500 头/米^2。

1993 年

◎ 全国夏秋蝗共发生 1 374 万亩。夏蝗在山东东平湖大发生，蝗群密度 1 000 头/米^2 以上，面积 1 万亩，100 头/米^2 以上的蝗区面积 3 万亩，部分小麦、芦苇被吃成光秆。河北衡水湖、平山岗南水库、安新白洋淀、磁县岳城水库、东武士水库都出现密度 200~500 头/米² 的蝗群，密度最高者达 1 000 头/米² 以上，发生总面积 30 万亩。海南 7 月后干旱少雨，3 代蝗虫发生 53 万亩，乐东、三亚大发生，乐东县 17 万亩，有 205 个高密度蝗群约 850 亩，九所镇密度达 800~2 000 头/米²；三亚市的梅山、崖城最高密度 1 200 头/米²，东方、陵水、昌江、儋州也出现了 100 头/米² 以上的点片蝗群。

◎ 李玉川、朱恩林主持的"北方农区土蝗优势发生规律及综合防治技术研究与应用"获农业部科技进步二等奖。

1994 年

◎ 5 月，农业部全国植物保护总站在安徽黄山市召开全国治蝗工作会议，参加会议的有河北、河南、山东、山西、陕西、江苏、安徽、海南、新疆、天津 10 省（区、市）植保总站负责人及有关地县植保站防蝗干部，中国民航总局、天津、辽宁化工厂等代表共 45 人参加。会议讨论了 1993 年蝗虫发生防治情况和 1994 年蝗虫防治意见。

◎ 全国夏秋蝗共发生 1 713 万亩。秋蝗在天津北大港水库发生 20 多万亩，其中高密度区 10 余万亩，蝗蝻成片、成带、成团，密度 1 000~10 000 头/米²，发生程度重于 1985 年。7—8 月，海南的乐东、东方、三亚等地，蝗虫在荒坡地和甘蔗地发生较重，密度一般 10 头/米² 以上，高者 1 000 头/米²。河南省汝南、上蔡、遂平、西平秋蝗发生 70 万亩。河北霸州与天津静海县接壤的子牙河及大清河沿岸农田也发生了 20 万亩多年未有的高密度飞蝗，密度高达 1 000 头/米² 以上，农作物受害严重。

1995 年

◎ 4 月 12 日，农业部全国植物保护总站在天津召开全国治蝗工作会议，参加会议的有河北、河南、山东、山西、陕西、江苏、安徽、海南、天津 9 省（市）植保总站负责人及有关地县植保站防蝗干部。会议讨论了 1994 年蝗虫发生防治情况和 1995 年蝗虫防治意见。

◎ 5 月，农业部在河南郑州市召开治蝗工作会议，吴亦侠副部长出席会议并讲话，全国植物保护总站站长刘松林、防治处朱恩林参加会议。

◎ 6 月 30 日，时任国务院总理李鹏对新华社反映"天津发生大面积夏蝗"一文作出批示："请春云同志阅处"；时任国务院副总理姜春云 7 月 2 日批示："刘江同志：

近期天津及河北、河南、山东等多省市发生大面积蝗虫，对农作物危害很大，灭蝗工作需要认真抓抓，希研究进一步采取措施，尽力减少灾害损失。"

◎ 12月8日，国家技术监督局发布了于1996年6月1日开始实施的《东亚飞蝗测报调查规范》，使东亚飞蝗测报工作达到了国家标准。规范提出了卵期的调查方法和调查内容标准；蝻期出土及龄期调查时间、调查方法和调查内容标准；成虫期调查时间、调查方法和调查内容标准；明确了蝻期和成虫期天敌调查时间、调查方法和调查内容标准。明确了蝗蝻发生面积、密度的调查时间、取样方法和调查内容标准。使我国的蝗虫测报调查技术达到前所未有的最高水平。

◎ 12月25日，农业部全国农业技术推广服务中心在北京召开"九五"蝗虫监测治理规划会议，参加会议的有来自各省（区、市）植保站和科研单位代表140余人。会议讨论了蝗虫发生现状、"八五"期间所采取的治蝗措施、成效和问题，讨论了"九五"蝗虫监测治理规划。会议认为，蝗灾是一种毁灭性的自然灾害，东亚飞蝗对农业生产构成了严重威胁。1985年秋，天津北大港水库蝗虫出现了新中国成立以来首次跨省迁飞，1994年秋，天津北大港蝗虫再次大发生，1995年，有30多个县严重发生，蝗虫密度高者达每平方米几百头至数千头。"八五"期间，年均发生蝗虫1 650万亩次，最高年份达2 300万亩次。总结5年的治蝗工作，基本澄清了全国东亚飞蝗宜蝗区分布、飞机治蝗走向正规化和标准化、地面施药技术进一步完善、生态控制示范和生物防治试验取得了新进展等成绩。治蝗工作还得到各级政府的重视和有关部门的支持，国务院领导作了重要批示，民航、空军等部门在飞机治蝗上给予积极配合，5年间财政部门累计投入治蝗经费6 600多万元，累计开展治蝗面积3 380万亩，通过治蝗直接挽回粮食损失11亿斤。治蝗工作中仍存在的主要问题有：一是蝗虫监测队伍还不健全；二是查蝗治蝗的交通、通信手段落后；三是一些地方治蝗配套资金落实不好，领导重视不够；四是新蝗区缺乏一支治蝗快速反应"部队"。

◎ 会议提出，"九五"期间，控制东亚飞蝗的总要求是"压低农田粮食损失，控制荒地蝗虫迁飞"。目标是经过5年的治理，力争使宜蝗区面积减少10%，夏、秋蝗的发生面积减少30%，力争每年挽回粮食3亿～4亿斤。"九五"期间，控制蝗害的指导思想将继续贯彻"改治并举"的治蝗方针，采取"狠治夏蝗、抑制秋蝗"的策略，认真落实蝗区分类管理措施，改善查蝗治蝗手段，因地制宜开展飞机与地面化学防治，扩大生态控制面积，发展生物防治技术，立足标本兼治，向持续治蝗和农业稳定发展的目标迈进。主要任务是加大统一防治力度；加快生物治蝗技术的开发利用速度；扩大生态控制面积；加强蝗情监测，稳定防蝗队伍；建立一支治蝗快速反应部队。计划"九五"期间在 9 省市建立 100 个治蝗专业队，配套大中型机动药械 2 000 台（套）。会议还制订了 1996 年治蝗主要行动计划。

◎ 全国夏秋蝗共发生 2 300 万亩，其中夏蝗 1 200 万亩、秋蝗 1 100 万亩。郑州段黄河断流 104 天，山东利津段黄河断流 120 天。夏蝗在天津静海、北大港独流减河分洪道，山东寿光、河口、无棣，陕西大荔，河南驻马店、嵩县，河北黄骅、海兴、献县、沧县、青县、文安、大城、安新白洋淀，安徽濉溪等 30 个县市区蝗虫大发生，密度高达 500~1 000 头/米²。秋蝗在河南中牟、封丘、长垣、邙山区、灵宝等黄河滩和嵩县发生严重，密度高达 100~1 000 头/米²；此外，陕西大荔、华阴也出现了 100~200 头/米² 的点片蝗群。秋季华北阴雨较多，秋蝗发生轻于夏蝗。

1998 年

◎ 5 月 28 日，农业部在山东省无棣县召开全国夏蝗防治工作会议。参加会议的有来自 9 个蝗区省（市）农业厅（局）的负责人和植保站站长，财政部、中国民航总局等单位也应邀派员参加了会议。与会代表考察了山东省无棣县蝗区现场，分析了虫情，汇报了各地夏蝗防治准备工作，部署治蝗对策和措施。农业部副部长白志健在会上作了"立即行动起来，狠抓各项措施落实，打好一场治蝗减灾攻坚战"的讲话。

◎ 朱恩林、常兆芝、吕国强、姜瑞中、王贵生主持的"东亚飞蝗蝗区勘察及可持续控制技术研究与应用"获农业部科技进步一等奖。

1999 年

◎ 6 月 7 日，农业部在河北召开了全国夏蝗防治现场会，研究和部署蝗灾的可持续控制对策。参加会议的有来自 9 个蝗区省（市）农业厅（局）负责人、植保站站长和治蝗专职干部，国务院办公厅、财政部、中国民航总局等单位也应邀派员参加了会议。大家考察了河北省海兴县蝗虫发生和防治现场，汇报了各地夏蝗发生状况和防治工作进展。农业部副部长刘坚在会上作了"认清形势，狠抓落实，切实推进蝗灾的可持续治理"的讲话。

◎ 7 月，西藏发生飞蝗，农业部副部长万宝瑞批示，派出全国农业技术推广服务中心病虫防治处处长朱恩林带队、农艺师陈志群参加的工作组赴西藏日喀则市，会同西藏自治区农业技术推广中心书记布雷、植保站站长安周家实地指导蝗虫防治。

◎ 朱恩林等主持的"东亚飞蝗蝗区勘察及可持续控制技术研究与应用"获国家科技进步二等奖。

2000 年

◎ 6 月 15—16 日，农业部在山东省东营市组织召开了全国夏蝗防治现场会，农业部副部长刘坚、中共山东省委常委朱正昌出席会议，参加会议的还有来自蝗区的天津、河北、河南、陕西、山西、海南、安徽、新疆、江苏、山东等省（区、市）代表，刘坚副部长讲话。会议期间，与会代表考察了东营黄河三角洲蝗虫发生现场，检查了飞机治蝗准备情况，看望了机组人员。

◎ 新疆中哈边境地区发现境外蝗虫迁入危害，受农业部派遣，以全国农业技术推广服务中心防治处处长朱恩林为团长的农业部蝗虫防治考察团一行 6 人，于 2000 年 9 月 8—22 日赴哈萨克斯坦进行了为期 15 天的考察。在中国驻哈大使馆的协助下，先后访问了哈萨克斯坦植物保护研究所、哈萨克斯坦国立农业大学、阿拉木图州农业局、哈萨克斯坦农业部植保司及国家植保公司等单位，并拜会了中国驻哈萨克斯坦大使馆姚培生大使和哈萨克斯坦农业部阿斯卡尔副部长，实地考察了中哈边境地区的蝗虫发生基地。中哈双方交流了本国的蝗虫发生防治情况，就开展中哈边境地区蝗虫防治合作进行友好协商，考察团与哈萨克斯坦农业部植保司签订了中哈治蝗合作意向书（草案），为以后正式签订协议奠定了基础。

2001 年

◎ 3 月 10 日，农业部常务副部长万宝瑞批示同意成立农业部蝗灾防治指挥部，刘坚副部长任总指挥。6 月 5 日，刘坚副部长主持部长办公会议，宣布治蝗指挥部成立，种植业管理司司长陈萌山和畜牧兽医局局长贾幼陵任副总指挥，指挥部办公室设在全国农业技术推广服务中心，种植业管理司副司长隋鹏飞任办公室主任，全国农业技术推广服务中心防治处处长朱恩林等任办公室副主任。

◎ 5 月 14 日，农业部在天津召开全国治蝗工作暨表彰会议。农业部副部长刘坚、中共天津市人大常委会副主任张毓环、副市长孙海麟以及来自山东、河北、海南等防蝗重点地区的代表出席会议。会议贯彻落实温家宝副总理批示精神，总结"九五"期间治蝗成绩和经验，通报全国蝗虫发生趋势，对防治工作进行全面部署。通报表彰 1996—2000 年全国蝗虫防治先进集体和先进工作者（治蝗先进集体 18 个，先进工作者 100 名，这是第三次表彰）。刘坚副部长作了"加强领导，狠抓落实，确保蝗虫不起飞，不扩散，不成灾"的讲话。

◎ 6 月 21 日，农业部副部长刘坚、总经济师薛亮、种植业司司长陈萌山一行到蝗虫严重发生的河北安新白洋淀考察蝗虫发生情况，督导防治工作，现场慰问治蝗队员。全国农业技术推广服务中心主任夏敬源，防治处处长朱恩林、副处长杨普云等陪同考察。

◎ 5—6月，辽宁省葫芦岛市发生50年未遇的蝗虫危害，发生飞蝗60多万亩（其中农田25万亩），8.5万亩农作物受灾。发生区涉及葫芦岛、锦州两市的5个县（区）。飞蝗发生密度局部达到100~1000头/米²。省政府紧急动用省长预备费100万元，葫芦岛市紧急动用市长预备费70万元，用于灭蝗。使用农药170吨，机动和手动喷雾机1600多台（套）。6月，农业部派出工作组，种植业管理司副司长隋鹏飞、全国农业技术推广服务中心主任夏敬源、财务司专项处处长王正普、种植业管理司农情处副处长左孟孝、全国农业技术推广服务中心防治处处长朱恩林、副处长杨普云和郭永旺等同志实地调研并督导防治。

2002年

◎ 3月，农业部、国家发展计划委员会、国家经济贸易委员会、财政部四部委联合下发《关于进一步加强蝗虫灾害治理工作的意见》，明确了"十五"期间的蝗灾治理思路、目标以及基础设施建设、资金投入和技术创新等措施。

◎ 6月，农业部印发《关于切实加强治蝗安全工作的紧急通知》。

◎ 中国与哈萨克斯坦两国农业部经过多次会商和共同努力，双方本着相互尊重、相互理解、友好务实的态度，两国农业部部长于2002年12月23日在阿拉木图签署了《关于防治蝗虫及其它农作物病虫害合作的协议》。

2003年

◎ 5月26—27日，农业部部长杜青林，在河北省副省长宋恩华陪同下，到黄骅市就蝗虫防治、草业发展等问题进行考察。在黄骅生态治蝗示范区，当地农业部门介绍了1997年以来以苜蓿种植进行蝗区生态治理的效果和生态经济效益。杜青林强调要密切注意蝗情，在适当时机抓紧灭蝗，确保蝗虫不起飞、不成灾，并对生态防蝗方法给予肯定。

◎ 7月，西藏阿里地区飞蝗大发生，胡锦涛总书记作出批示，农业部派出贠旭疆带队、黄辉等参加的工作组实地指导防治。

◎ 10月20—24日，在新疆乌鲁木齐市召开了中哈第一次联合工作组会议，中方农业部种植业管理司司长陈萌山、哈萨克斯坦农业部植保司司长共同主持会议，会议讨论了联合治蝗事宜和边境地区蝗虫考察活动，对共同关心的问题达成共识并签发了会议纪要。国际合作司亚非处调研员成立军、种植业管理司农情处处长蒋湘梅、全国农业技术推广服务中心防治处处长朱恩林、全国畜牧总站草业饲料处处长负旭疆等以及新疆农业厅、畜牧厅有关负责人参加会议。

2004 年

◎ 5月13日，农业部在北京召开全国蝗虫防治工作会议。会议分析了蝗虫发生趋势，交流了近年治蝗工作经验和各地的工作安排，农业部蝗灾防治指挥部总指挥刘坚副部长部署了全国的蝗虫防治工作。刘坚副部长作了"认清形势，狠抓落实，全力做好蝗虫防治工作"的讲话，强调树立科学治蝗思想，必须标本兼治，确保"飞蝗不起飞成灾，土蝗不扩散危害"。

◎ 新疆中哈边境地区出现亚洲飞蝗从哈萨克斯坦迁飞进入中国。7月24日—8月10日，农业部蝗灾防治指挥部派出由治蝗办公室副主任、全国农业技术推广服务中心防治处处长朱恩林带队、农业部畜牧总站草业饲料处副处长余民组成的工作组赴新疆吉木乃县蹲点工作，调查分析蝗情，指导当地采取应急治蝗行动。参加此项活动的还有新疆维吾尔自治区治蝗办公室主任哈文光以及植保站站长赵红山和李晶等同志。

◎ 10月27—30日，在北京举办了中哈治蝗合作专家研讨会，双方就加强边境地区蝗虫发生与防治信息沟通，开展蝗虫联合调查，探索蝗虫联防机制等具体合作事宜达成了一致意见。

2005 年

◎ 5月21—22日，农业部副部长范小建、种植业管理司司长陈萌山一行到天津北大港、河北黄骅、山东东营等重点蝗区考察蝗虫发生及防治准备情况，看望治蝗飞机机组人员。全国农业技术推广服务中心副主任钟天润、防治处处长朱恩林等陪同。

◎ 5月28日，农业部部长杜青林在安徽凤台考察测土配方施肥示范田和蝗虫应急防治站，并检查治蝗设施、看望治蝗队员，种植业管理司司长陈萌山等陪同。

◎ 7月，中哈双方互派专家组开展边境地区蝗虫联合调查，全国农业技术推广服务中心防治处处长朱恩林等参加新疆考察。7月2日，在塔城市主持召开中哈边境地区治蝗考察专家座谈会。

2006 年

◎ 5月15日，农业部召开全国蝗虫防治工作视频会议，范小建副部长出席会议并讲话。

◎ 6月2日，农业部副部长范小建、种植业管理司司长陈萌山一行到山东菏泽考察蝗虫发生及防治准备情况。农业部办公厅秘书王大洋、种植业管理司植保植检处处长吴晓玲、全国农业技术推广服务中心防治处处长朱恩林、山东省农业厅厅长占树毅等陪同。

◎ 6月5—9日，在哈萨克斯坦阿拉木图市召开了中哈治蝗第二次联合工作组会议，双方进一步统一了认识，并签发会议纪要。

2007 年

◎ 5月18日，农业部召开2007年全国蝗虫防治工作视频会议，范小建副部长出席会议并讲话。

2008 年

◎ 4月30日，农业部召开2008年全国蝗虫防治工作视频会议，危朝安副部长出席会议并讲话。

◎ 6月7日，农业部副部长危朝安、种植业管理司司长叶贞琴一行考察天津北大港水库蝗区。全国农业技术推广服务中心防治处处长朱恩林、天津市植保站高雨成等陪同。

◎ 6—8月，天津北大港水库蝗虫大发生，农业部派出工作组。

2009 年

◎ 7月，黑龙江齐齐哈尔（龙江、肇州等）发生高密度飞蝗，农业部派出工作组。

2010 年

◎ 6月9日，农业部召开全国农作物重大病虫害暨蝗虫防控工作视频会议，危朝安副部长出席会议并讲话。

2013 年

◎ 马川、康乐在《应用昆虫学报》第1期发表研究文章，通过对飞蝗分子谱系地理学研究，尤其是基于线粒体基因组序列的研究，为飞蝗的种群遗传关系提供了新观点，认为世界范围内仅有2个飞蝗亚种，分布于欧亚大陆温带地区的飞蝗属于亚洲飞

蝗 *Locusta migratoria migratoria*，分布于非洲、大洋洲和欧亚大陆南部地区的飞蝗属于非洲飞蝗 *Locusta migratoria migratorioides*。

2014 年

◎ 由中国科学院动物研究所康乐等对飞蝗基因组进行了测序，获得飞蝗基因组图谱，研究成果在《自然·通讯》发表。

2017 年

◎ 康乐主持的"飞蝗两型转变的分子调控机制研究"成果获得国家自然科学奖二等奖。

第三章
对蝗虫的认识与研究简史

人类对蝗虫的认识过程伴随着人类文明发展，几千年来，从古代的朴素认识，到近代的生物学观察和当代的系统研究，积累了大量有关蝗虫的丰富知识，从蝗虫生活史、生活习性、外部形态观察，到蝗虫分类学、解剖学、生态学、分子生物学等方面的深入研究，逐步实现了从对蝗虫、蝗灾的自然感知到科学认知的转变。在不断认识蝗虫的基础上，在不同阶段采取相应的措施，最终走上科学治蝗之路并战胜了蝗灾，这在中国灾荒史上是一件非常了不起的事情。需要说明的是，新中国成立前的蝗虫灾害记载与观察研究，主要指东亚飞蝗，未对飞蝗与其他蝗虫进行明确划分，是广义的蝗虫认识研究史。

一、古代对蝗虫的认识

古代先人在关于蝗虫、蝗灾方面留下了丰富遗产，从殷商甲骨文、《诗经》《春秋》《尔雅》《吕氏春秋》中，均可以间接或直接找到很多有关蝗虫的记载。此后，古人在观察实践基础上，对蝗虫、蝗灾的文字记载越来越多，认识也逐步深入。

（一）先秦时期对蝗虫的朴素认识

甲骨文是我国最早的文字体系，又称卜辞，盛行于前 11 世纪以前的商代，是人们占卜、记事使用的一种文字。西北农学院（今西北农林科技大学）周尧教授从商代甲骨文中找到不少蝗虫的"蝗"字和"蟓"字，认为是有关蝗虫的最早记载。中国社会科学研究院彭邦炯、南京大学范毓周、河南科技大学刘继刚等学者对殷代甲骨文有关蝗灾卜辞的研究结果，也说明了商代对蝗虫迁飞危害和以烟火驱杀蝗虫的认知。由此推断，中国古代人民对蝗虫的朴素认识至少已有 3 000 年以上的历史。

在西周、春秋战国和秦汉时期，人们对蝗虫生物学特性有了一些深入的了解，可以说是中国蝗虫生物学观察的原始启蒙时期。但仅这些，也能证明蝗虫生物学知识在蝗虫防治方面已起到了积极的作用。

前 479 年以前，在由孔子删订的《诗经》当中，明确记载了一些蝗虫习性。《周南·螽斯》是前 541 年以前产生于陕西、河南一带民间的诗歌，诗中用"螽斯羽，诜诜兮，宜尔子孙，振振兮。螽斯羽，薨薨兮，宜尔子孙，绳绳兮。螽斯羽，揖揖兮，宜尔子孙，蛰蛰兮"的诗句，生动描述了蝗虫繁殖力强、子孙众多及群集时数量很大、迁飞时发生薨薨声等生物学特性。清王念孙《广雅疏证》引严粲《诗缉》，"螽斯，蝗也，即阜螽也。斯，语助也"，"螽蝗生子最多，信宿即群飞，因飞而见其多，故以羽言之，喻子孙之众多也"。另外，在《草虫》《出车》两首诗中，都写到了"喓喓草虫，趯趯阜螽"的词句。阜螽，《康熙字典》引《陆玑疏》曰："今人谓蝗子为螽子。《诗》云'趯趯阜螽'是也。"陆玑所说的"蝗子""螽子"以及《诗经》中的"阜螽"，即《春秋》中所说的"蝝"，或今《辞海》中所释"蝗的幼虫"。在西周时期，人们已经能分辨出飞蝗的成虫与幼蝻两种虫态了。《豳风·七月》还说到"五月斯螽动股"。斯螽，即阜螽。动股，即蝗蝻蹦跳，也就是"趯趯阜螽"之意。

我国最早的蝗灾文字记载见于孔子《春秋》。《春秋》共记载了前 476 年以前的蝗灾 10 年，有三年记述了蝗灾与气候的关系。虽数量不多，内容却很深刻。《春秋》中的蝗灾记载，是最早的蝗灾文字记载，对考证蝗灾的发生意义重大。

《春秋》第一次记载了蝗灾发生与干旱的关系。鲁桓公五年（前 707 年），"秋，大雩，螽"，这是我国发生蝗灾的最早文字记载，同时首次记载了蝗虫的发生与干旱有关系。大雩，古代大旱时求雨的祭典活动，《公羊传》曰："大雩者何？旱祭也。"螽，《穀梁传》曰："螽，虫灾也。"许慎《说文解字》曰："螽，蝗也，从虫。"《公羊传》曰："何以书？记灾也。"杨国峻《春秋左传注》指出："《春秋》所书之'螽'，皆飞蝗，成灾甚大，故书之。"

《春秋》记载蝗灾发生与降雨的关系。鲁文公三年（前 624 年），"秋，雨螽于宋"。宋，古国名，建都今河南商丘，这是蝗虫在河南迁飞时遇雨，有大批死蝗坠落情况的最早记载。《左传》曰："雨螽于宋，坠而死也。"是说飞蝗在迁飞过程中，蝗飞于下，雨降于上，使大量飞蝗坠地而死。《穀梁传》曰："此何以志？灾甚也。其甚奈何？茅茨尽矣。"茅茨，茅草房屋顶盖，蝗虫连草屋顶都吃光了，这么大的蝗虫灾害，是很值得记载下来的。

　　《春秋》记载了蝗虫的虫态及第 3 代蝗蝻发生的原因。鲁宣公十五年（前 594 年），"秋，螽。冬，蝝生。饥"。这是区分蝗虫有成虫和若虫两种虫态的最早记载。飞蝗的幼虫，古时称为蝝或蝗子，今称为蝻。秋、冬时间问题，孙觉曰："春秋之秋，夏时之夏，春秋之冬，夏时之秋。螽为灾于夏，而蝝生于秋，一岁而再为灾，故谨志之。"另外，鲁哀公十二年（前 483 年），"冬十有二月，螽"。孙复曰："周之十二月，夏之十月。"《左传》曰：季孙问诸仲尼，仲尼曰："丘闻之，火伏而后蛰者毕，今火犹西流，司历过也。"意指蝗灾发生在热气向西流行时，暖气尚在，当为九月的天气，是司历计算有过错的问题。家氏铉翁也说："十二月螽，气燠也。宣公十五年，冬蝝生，与此记同。"燠，温暖意，秋、冬季气候燠热的意思。这是解释发生第 3 代蝗虫与秋冬季气温较高有关系的最早记载。

　　在由秦相吕不韦等编著的《吕氏春秋》一书中，还提到了"孟夏行春令，则虫蝗为败"，"仲夏行春令，则五谷晚熟，百螣时起"。百螣指螽，也就是蝗虫。是说初夏的天气如像春天那样行起蛰之令，则蝗虫会成灾，盛夏的时候，气候还像春天那样行起蛰之令，不但五谷晚熟，而且蝗虫也要发生。西汉宣帝时，戴圣撰《礼记·月令》又说，到冬十一月，气候如像春天那样温和，蝗虫也会为灾。《吕氏春秋》成书于秦始皇六年（前 241 年），这时，人们对蝗灾发生与气候的关系，就已经有了一些记述。《吕氏春秋》还指出："得时之麻，必芒以长，疏节而色阳，小本而茎坚，厚枲以均，后熟多荣，日夜分复生。如此者不蝗"，首次记述了蝗虫的不喜食植物。焦赣在《易林》中指出："蝗食我稻，驱不可去，实穗无有，但见空槁。"

　　早期人们基于对蝗虫习性的不断了解，逐步树立起了蝗虫可以除治的信念，据《吕氏春秋·不屈》载，匡章谓惠子于魏王之前曰："蝗螟，农夫得而杀之，奚故？为其害稼也。"匡章，齐威王（前 356—前 320 年）时任将军，他的这句话证实，早在春秋时，人们不但已认识到蝗虫可为害人们赖以生存的庄稼，而且明确指出了对待蝗虫必须"得而杀之"。虽然没说怎样杀死蝗虫，但在西周时已采用了"秉畀炎火"的治蝗方法。西汉成帝时（前 32—前 7 年），氾胜之撰《氾胜之书》，提出了用马骨附子（毛茛科植物乌头的侧根，有剧毒）汁溲种治蝗虫的方法。以上，都是春秋战国时期，人们根据蝗虫习性而采用的主要治蝗方法。另外，在由汉初学者编纂而成的《尔雅》当中，蝗虫分类工作也已经开始。《尔雅疏证》曰："今考《尔雅》云：'阜螽，蠜。'阜螽，即蝗也，蠜也，螣也，同是一物。《尔雅》又云：'蜇螽''蚣蝑'，此别是一物，蝗之类也，螽斯即阜螽，非蜇螽也。"《尔雅·释虫》不但解释了蝝为蝗子未生翅者，而且还将螽分为阜螽、草螽、蜥螽、蜇螽、土螽等。螽为蝗虫的总名，后来逐渐转变成了飞蝗的曾用名，而土螽则演变为今日所说的土蝗或土蚂蚱等的用词了。

《史记》共记载了蝗灾 5 年。据《史记·龟策列传》记载：宋元王二年（前 530 年），博士卫平对宋元王曰："今龟周流天下，还复其所，上至苍天，下薄泥涂。还遍九州，未尝愧辱，无所稽留。今至泉阳，渔者辱而囚之。王虽遣之，江河必怒，务求报仇。自以为侵，因神与谋淫雨不霁，水不可治。若为枯旱，风而扬埃。蝗虫暴生，百姓失时。王行仁义，其罚必来。"孔子闻之曰："神龟知吉凶。"这个故事将"蝗虫"一词的出现时间，确定在了春秋宋元王时期。《史记·秦始皇本纪》还记载了秦始皇四年（前 243 年）十月，"蝗虫从东方来，蔽天"，这是蝗虫可作远距离迁飞的最早记载。

（二）汉晋时期对蝗虫的认识

自汉高祖刘邦建立汉朝，至汉献帝刘协被曹操灭亡，历时 426 年（含新莽和更始帝），其中记载发生的蝗灾有 84 年，虽然次数不多，但蝗灾的严重性及皇帝对治蝗工作的重视程度，在中国蝗虫学史上却占有非常重要的位置。这一时期，人们对蝗灾的认识从唯心到唯物转变。同时，皇帝颁发的治理蝗灾法令很多，包括收买蝗虫、赈济灾民、减免税收、查找兴蝗原因、委官献计献策寻求治蝗方法、处置不力官员、蝗灾区人民互相帮助、不得卖酒等措施，以及侦查蝗虫、食蝗等。

据《资治通鉴·汉纪》记载，汉前元三年（前 154 年），"彗星出，蝗虫起，此万世一时。而愁劳，圣人所以起也。"《汉书》记载，西汉太初元年（前 104 年）"夏，蝗从东方飞至敦煌"，第一次记载了发生于甘肃敦煌地区的亚洲飞蝗蝗灾问题。又据《汉书·严延年传》记载，神爵四年（前 58 年），"河南界中又有蝗虫，府丞义出行蝗"。河南，郡名，治所在今河南洛阳东北。府丞义出行蝗，即外出查看蝗情，最早记载派人侦查蝗情的情形。

班固（32—92 年）和王充（27—97 年），都是东汉初期著名的文学家、史学家。班固编著的《汉书》和王充所著《论衡》二书有关蝗虫致灾原因的分析，观点很是不同，充满唯物主义和唯心主义的思想斗争。班固《汉书·五行志》在解释宣公十五年（前 594 年）"冬，蝝生"时说："是时初税亩 …… 乱先王制而为贪利，故应是而蝝生。"初税亩，即履亩而税，是鲁宣公推行以土地面积为征税标准的新制度，改变了过去以农户耕种公田所收谷物为税收来源的办法，触及了拥有大量土地的地主阶级的利益，因而遭到了他们的反对。班固站在地主阶级的立场上，在发生蝗灾时，就把蝗灾发生的原因归结到实行初税亩制度上了。《汉书》记载蝗灾达 30 年，在分析蝗灾原因时除一次说是因为"温燠生虫"，即冬季高温致蝗，其他或曰贪虐取民，或曰推行田赋，或曰发动战争，或曰无罪杀人，或曰秉政夺权，这种唯心主义的解释都是毫无道理可言的。

东汉王充是一名讲究实际的唯物主义者，他用毕生精力撰写《论衡》（成书于67—97 年）。当时人们对蝗灾发生的原因，多认为是为官者不廉政、用酷刑或乱先王制等人为因素造成的，因此才会遭受蝗灾的惩罚。王充在《论衡》中指出："鲁宣公履亩而税，应时而有蝝生者，或言若蝗。蝗时至，蔽天如雨，集地食物，不择谷草。建武三十一年，蝗起太山郡，西南过陈留、河南，遂入夷狄。所集乡县以千百数，当时乡县之吏，未皆履亩。蝗食谷草，连日老极，或飞徙去，或止枯死，当时乡县之吏，未必皆伏罪也。"王充这段论述谈到了蝗虫四个方面的生物学特性：其一，蝝是蝗的幼虫，亦称若蝗；其二，蝗虫成虫迁飞时蔽天如雨，数量很大；其三，蝗虫具有集地食物、不择谷草的食性；其四，举例说明了建武三十一年（55 年）蝗虫的迁飞路线、距离和被灾范围。以此为依据，王充认为，当时蝗虫所集乡县未皆履亩而税，用初税亩而有蝝生，以此治乡县之罪，乡县之吏是不会信服的。

王充在分析蝗灾发生原因时指出："虫之生也，必依温湿。温湿之气，常在春夏。秋冬之气，寒而干燥，虫未曾生。""蝗虫之飞，能至万里，……然而蝗虫为灾。"又举例说："世称：南阳卓公为缑氏令，蝗不入界。盖以贤明至诚，灾虫不入其县。此又虚也。""蝗虫，闽虻之类也，何知何见，而能知卓公之化？使贤者处深野之中，闽虻能不入其舍乎？闽虻不能避贤者之舍，蝗虫何能不入卓公之县？如谓蝗虫变，与闽虻异，夫寒温，亦灾变也，使一郡皆寒，贤者长一县，一县之界能独温乎？寒温不能避贤者之县，蝗虫何能不入卓公之界？夫如是，蝗虫适不入界。""夫蝗之集于野，非能普博尽蔽地也，往往积聚多少有处。非所积之地，则盗跖所居；所少之野，则伯夷所处也。集过有多少，不能尽蔽覆也。夫集地有多少，则其过县有留去矣。"王充这些论述，不但说出了蝗灾发生与温湿度、迁飞能力有关，而且指出了蝗虫主要发生在春夏之季，果断说明，蝗虫不入卓公之界是"适不入界"。适，为恰巧、偶然之意。理由是蝗虫积聚有多有少，不是普蔽其地，不能说积聚蝗虫的地方就是盗跖所居之野，而蝗虫少的地方是伯夷所处之地。蝗虫集地有多有少，过县有去有留，道理是很清楚的。

据《后汉书·五行志》记载，东汉永初四年（110 年）夏，蝗。谶曰："主失礼烦苛，则旱之，鱼螺变为蝗虫"，第一次将鱼螺变为蝗虫写进了正史。

据《艺文类聚·灾异部》记载，东汉建安二年（197 年），"袁术在寿春，时谷石百余万，载金钱于市求籴，市无米，而弃钱去，百姓饥穷，以桑葚、蝗虫为干饭"。这是百姓食用蝗虫的最早记载。这为三国吴韦昭注《国语·鲁语》中"蝝"为"蝝，腹陶也，可食"提供了依据。

三国吴陆玑所撰《毛诗草木鸟兽虫鱼疏》，是解释《诗经》中动植物名称的专著，书中有引用西汉舍人犍为文学一句话的注："旧说螟、螣、蟊、贼，一种虫也，如言寇、贼、奸、宄，内外言之耳。故犍为文学曰：'此四种虫皆蝗也。'"犍为文学的一句话，由陆玑的引用而存世，也就有了某些主观主义学者将一切虫灾全归因于蝗灾而遁词的借口。虽然《尔雅》及朱熹的《诗经集传》，已将螟、螣、蟊、贼解释得很清楚，但唐欧阳询的《艺文类聚》、清蒋廷锡的《古今图书集成》等，还是犯了将螟、螣、蟊、贼全归纳为蝗虫的错误。

在分析东汉学者论蝗灾发生原因时，还应注意蔡邕（132—192年）的一段论述："蝗，螣也，当为灾则生，故水处泽中，数百或数十里，一朝蔽地，而食禾粟，苗尽复移，虽自有种，其为灾，云是鱼子在水中化为之。"（见欧阳询《艺文类聚·灾异部》）蔡邕，字伯喈，东汉文学家，灵帝时（168—188年）任议郎，这时期人们已了解到蝗虫发生与湖泊的积水退水环境有密切的关系，同时对蝗虫的危害习性也有了一定认识，但对蝗虫繁殖方式，蔡邕"蝗是鱼子在水中化为之"的说法，则大错特错了，但这种错误的观点还是流传了1 700多年，直至新中国成立以后才彻底消除。

蝗虫是"鱼子在水中化为之"的说法，最早来源于《诗经·小雅·无羊》的诗句："牧人乃梦，众维鱼矣。大人占之：众维鱼矣，实维丰年。""众"，通"螽"，指蝗虫。意思是说，有一牧人做梦，梦见蝗虫变成了鱼，问占卜先生，先生说梦见蝗虫变成鱼，明年丰收谷满仓。随《诗经》的流传，遭遇蝗灾时，后人则常解释为"鱼子变成了蝗虫"。宋陆佃撰《埤雅》曰："春遗鱼子，如粟埋泥中，明年水及故岸，则化为鱼。如遇旱，水不及故岸，子久阁为日所暴，乃生飞蝗"，更是推动了这一错误说法的流行。

《晋书》记载的蝗灾有18年。据《晋书·五行志》记载，东晋太兴元年（318年），"六月，兰陵、合乡蝗，害禾稼。乙未，东莞蝗虫纵广三百里，害苗稼。七月，东海、彭城、下邳、临淮四郡蝗虫害禾豆。八月，冀、青、徐三州蝗，食生草尽，至于二年"。可见晋代蝗灾发生情况也是很严重的，因此晋朝在蝗虫研究和防治方面有很大进步。

晋代对蝗虫的取食、产卵等生物学习性有初步观察成果。据《晋书·刘聪载记》记载，西晋建兴四年（316年），"河东大蝗，唯不食黍豆。靳准率部人收而埋之，哭声闻于十余里，后乃钻土飞出，复食黍豆"。这是朝廷派遣官员组织人民群众除治蝗虫的最早记载。靳准是刘聪时期的大将军，他采用"收而埋之"的方法组织讨蝗，即人工捕捉到蝗虫后再掘坑埋掉。这和东汉时王充掘沟埋蝗有所不同，王充埋的是蝗蛹，靳准埋的是成虫，由于成虫体壮善飞，埋蝗时又没有采取什么措施，因此才有了飞蝗在土中骚动声传闻十余里，后乃从覆土钻出复食禾豆的结果，这就给后人留下了深刻的教训，因此在很多清代治蝗书籍里，都提到了覆土埋蝗时，或水煮，或火烧，一定要把蝗虫弄死，或者将土埋实，过一宿乃可。

据《晋书·石勒载记》载，西晋建兴五年（317 年），"河朔大蝗，初穿地而生，二旬则化状若蚕，七八日而卧，四日蜕而飞，弥亘百草。唯不食三豆及麻"。这是认识蝗虫孵化、蜕皮习性以及喜食百草、不食三豆食性的最早记载。

又据《艺文类聚·灾异部》引《凉记》记载，后凉麟嘉二年（390 年），"往年蝗虫所到之处，产子地中，是月尽生，或一顷二顷，覆地跳跃，宿昔变异。王乃躬临扑虫"。这是观察到蝗虫产卵、卵期及孵化后蝗蛹活动习性的最早记载。

在蝗虫的天敌观察方面，据《古今注》记载，"蝇虎，形如蜘蛛，色灰白，善捕蝗，一名蝇蝗。"周尧考证，《古今注》，作者崔豹，为 3 世纪前的作品，说明晋代已知蜘蛛是蝗虫的天敌了。又据《南史·鄱阳忠烈王恢传附谘弟脩传》记载，梁武陵王时期（552—553 年），"范洪胄有田一顷，将秋遇蝗。忽有飞鸟千群蔽日而至，瞬息之间，食虫遂尽而去，莫知何鸟。"这是了解蜘蛛和鸟类食蝗虫的最早记载。

（三）唐代（含五代十国）对蝗虫的认识

贞观之治带来了唐初的强盛，中国文化有了很大的发展，同时对蝗虫的认识也有较大进步，对蝗虫的生物学观察逐步增加，对蝗虫的危害性、生活史、发生与气候的关系、天敌以及人们佐食蝗虫均有进一步的认识。唐太宗食蝗虫增强了治蝗决心，姚崇的治蝗思想得以推行。唐武德七年（624 年），唐高祖李渊下令编修的《艺文类聚》，由欧阳询等修撰完成，其中《灾异部·蝗》总结了自春秋时期以来的 30 余种书籍中有关蝗虫问题的论述文章，其中很多内容涉及蝗虫的生物学特性。这种集中整理蝗虫文献的做法，在历史上尚属首次。唐代对蝗虫的观察记载有很多，概括起来有以下几点：

1. 蝗虫孵化与生活史观察

自东汉蔡邕提出蝗虫"是鱼子在水中化为之"的错误认识后，人们在蝗虫繁殖问题上仍在不断进行着研究探索。欧阳询在《艺文类聚》中除引用蔡邕的这句话，还先后引用了三篇文章说明蝗虫是从土壤中孵化出来的。《艺文类聚》引《春秋佐助期》曰：蝗虫"阴中阳也"，古代阴阳学是以地下为阴、地上为阳的，也就是说蝗虫是从地下土壤中孵化出来的。《艺文类聚》还引用《赵书》曰："飞蝗穿地而生，二十日化如蚕，七八日作虫，四日则飞，周遍河朔，百草无遗，唯不食三豆及麻。"引用《凉记》曰："蝗虫所到之处，产子地中，是月尽生，或一顷二顷，覆地跳跃，宿昔变异。"这些论述，不但指出了蝗虫产子地中，一月即可孵化出土，而且还指出了飞蝗自孵化出土至羽化为成虫需要 30 天左右的时间，在蝗虫的一生当中，还要经过蚕一样的蜕皮变异。唐开元四年（716 年），人们已知道了蝗"卵大如黍米"，大和二年（828 年），宣统《濮州志》将覆地跳跃的蝗虫称为蝗蝻生，这些都和我们现在对夏蝗生活史的研究结果相一致。

2. 蝗虫为害性认识

《艺文类聚》说蝗虫"顷日益炽""之为言众，暴众也"。《旧唐书·玄宗本纪》在唐开元三年（715 年）山东大蝗时记载，蝗"飞则蔽景，下则食苗稼，声如风雨"。《新唐书·五行志》还记载，唐光启二年（886 年），"淮南蝗，自西来，行而不飞，浮水缘城入扬州府署，竹树幢节，一夕如剪，幡帜画像，皆啮去其首，扑不能止。旬日，自相食尽"。这时期，人们已认识到了蝗虫惊人的繁殖速度和庞大的个体数量是蝗虫成灾的主因，加之蝗虫具有浮水缘城及杂食、残食等适应外部环境条件的能力，因而经常会造成"田稼食尽""野草、树叶、细枝亦尽""茅茨尽也"的严重后果。由于人们对蝗虫的危害性有了较明确的认识，则坚定了与蝗虫作斗争的决心，因而也产生了像宰相姚崇那样的治蝗人士。

3. 蝗虫发生与气候的关系

蝗虫发生与气候有密切关系，早在春秋时期就已认识到降雨、高温和干旱诸因子对蝗虫发生具有影响。直到唐代，关于蝗虫发生与气候关系的研究并没有突破前人的这些认识。《艺文类聚》引《洪范五行传》曰："虫为害矣。介虫有甲，能飞扬之类，阳气所生，于春秋为螽，今谓之蝗，皆其类也。旱气动象至矣，故曰有介虫之孽也。"这里所说的阳气是指高温天气，旱气则指干旱的气候。《艺文类聚》还三次引用《春秋》关于"雨螽于宋"的记载，但解释为什么会发生雨螽时，仍是宣扬实行暴政、重刑或多赋敛所致，或者说是因为上天降雨惩罚蝗虫等封建迷信说法。唐开成二年（837 年），《旧唐书·文宗本纪》记载了"六月，郓州蝗得雨自死"一节，蝗得雨自死，必然与降水后高温高湿的环境有关。

4. 蝗虫的天敌

关于蝗虫天敌鸟类、抱草瘟及残食性的记载，是在唐代开始的，唐李延寿《南史·鄱阳忠烈王恢传附谘弟脩传》中说："范洪胄有田一顷，将秋遇蝗。忽有飞鸟千群蔽日而至，瞬息之间，食虫遂尽而去，莫知何鸟。"这是继东晋崔豹《古今注》记载蝗虫天敌蜘蛛后，最早记载了蝗虫天敌鸟类，也是在南朝梁承圣元年（552 年）之前记载的蝗虫天敌鸟类。《旧唐书·五行志》记载：开元二十五年（737 年），"贝州蝗食苗，有白鸟数万，群飞食蝗，一夕而尽。"当时虽未说明此白鸟属何种类，但自唐代开始，人们对蝗虫天敌的作用已开始重视了。唐开成二年（837年），《旧唐书·文宗本纪》记载了"六月，郓州蝗得雨自死"一节，蝗得雨自死，必然与降雨有关，六月降雨，高温高湿环境，蝗虫是很容易发生抱草瘟病而死的。这是蝗虫因雨感染抱草瘟病而大量死亡的最早记载。

据《新唐书·五行志》记载，唐光启二年（886年），"淮南蝗，自西来，行而不飞，浮水缘城入扬州府署，竹树幢节，一夕如剪，幡帜画像，皆啮去其首，扑不能止。旬日，自相食尽"。这是蝗虫可以浮水缘城并具有自相残食习性的最早记载。

5. 蝗虫佐食问题

蝗虫能不能吃，在唐前记载得很少，是人们不太了解的事情。唐贞观二年（628年），京畿旱蝗，太宗在苑中掇蝗曰："人以谷为命，而汝害之。但当食我，无害吾民。"将吞之，侍臣恐上致疾，遽谏止之。太宗曰："所冀移灾朕躬，何疾之避？"遂吞之。是岁，蝗不为灾。唐太宗食蝗的事在民间传开后，蝗虫可以佐食的问题，也就推广开了。

《艺文类聚》还引用《吴书》中袁术在寿春，以桑葚、蝗虫为干饭的事例。干饭，是秦汉时期的一种饮食方法，《释名·释饮食》曰："干饭，饭而爆干之也。"此事例为蝗虫可食用找到了根据。《旧唐书·五行志》和《旧唐书·德宗本纪》，不但记载了唐兴元元年（784年）、贞元元年（785年）连续二年大蝗，人民捕蝗为食的事情，而且还介绍了"蒸，曝，扬去足翅而食之"的食用方法。

6. 蝗虫发生密度计算方式

蝗虫密度是衡量其发生程度的重要标志，最早在唐代提出。鉴于唐代人们对蝗虫习性的不断了解，尤其是唐相姚崇在治蝗问题上与倪若水、卢怀慎等人之辩论，人们对蝗虫的认识也在不断进步。针对当时人们在蝗虫幼小时很难发现，而普遍采用等蝗虫长翅能飞才去除治的被动现状，《艺文类聚》引《何祯笺》曰："凡言蝗生，此谓见其始生，知其所处，可得言。又云，布在及下部各不旱见，至一顷田中，往往十步五步一头，按其言事，蝗之数枚数，可得而知也。"意思是说，讲蝗虫发生，一要说蝗虫开始发生，二要了解蝗虫发生地的环境，只有这样，才能更好地掌握蝗情。由于蝗虫开始发生时很难发现，《何祯笺》教给人们一个在田间数蝗虫枚数的方法，最后得出顷田中五步一头、十步一头，或言三步一头、二步一头，这样一个蝗虫密度的概念，根据这个蝗虫密度概念，可采用不同治蝗方法。这种在田间数蝗虫枚数计算蝗虫密度的方法，在唐代已经是一件非常了不起的侦查蝗情的技术，其生物学意义则更加重大了。

五代时期的蝗灾发生频繁。据《资治通鉴·后晋纪》记载，后晋齐王天福八年（943 年），"是岁，蝗大起，东自海壖，西距陇坻，南逾江淮，北抵幽蓟，原野、山谷、城郭、庐舍皆满，竹木叶皆尽"。其蝗灾发生范围包括我国山东、山西、天津、北京、陕西、河南、河北、江苏、安徽等主要蝗区。是年，蝗虫吃光了庄稼，加之诸道官员搜刮民谷，民不聊生，其严重后果导致了后晋的灭亡。

五代时期对蝗虫天敌作用的认识加深。《旧五代史》共记载蝗灾 10 年，其中 5 次记述了蝗虫天敌的情况，有 3 次记述了鸟类天敌，2 次记述蝗虫抱草干死。在《旧五代史·汉隐帝纪》《旧五代史·五行志》及《新五代史·汉隐帝纪》中，还都以鸟类有"吞蝗之异"，记载了"禁罗弋鸲鹆"的诏令，据《旧五代史·五行志》记载，后汉乾祐元年（948 年）秋七月，开封府阳武、雍丘、襄邑三县的蝗虫皆为鸲鹆聚食，诏"禁罗弋鸲鹆"，以其有吞蝗之异。这是朝廷颁布禁止捕杀食蝗鸟类天敌法令的最早记载。《旧五代史·汉书》记载，后汉乾祐二年（949 年）五月，宋州蝗抱草而死；六月，魏、博、宿三州蝗抱草而死。这是蝗虫因患抱草瘟病大面积死亡的最早记载。

（四）宋元（含辽、金）时期对蝗虫的认识

蝗虫作为农业生产领域的重大虫害，宋元时期更受到了人们的高度重视。宋代对蝗虫的认识又迈出了一大步，特别是对自然因子对蝗虫影响的观察更为细致，在蝗虫虫态、发生区域、危害习性、自然天敌等方面都有新的认识。宋乾兴元年（1022 年），山东最早采用了种植蝗虫不喜食作物的防蝗措施；景祐元年（1034 年），在全国第一次开展了大规模群众挖掘蝗卵运动；熙宁八年（1075 年），朝廷下达了我国现存第一道治蝗法规；绍熙年间（1190—1194 年），董煟编印了中国第一部治蝗手册《捕蝗法》；元大德三年（1299 年），成宗下诏"禁捕鹜"，保护食蝗鸟类天敌。所有这些，都凝结着宋元时期劳动人民对蝗虫生物学特性研究的智慧结晶，其研究成果比宋代以前有了更大的进步，归纳起来有以下几点。

1. 记述蝗虫的虫态

宋太平兴国六年（981 年），由李昉等编著的《太平广记》记载了蝗虫一生中的虫态特征及各种虫态的为害特点。《太平广记》引《玉堂闲话》曰：蝗"斯臭腥"，"每岁生育，或三或四（卵块）；每一生（卵块），其卵（粒）盈百；自卵及翼（长翅），凡一月而飞，故《诗》称螽斯子孙众多"。蝗"羽翼未成，跳跃而行，其名蝻"，"其蝻之盛也。流引无数，甚至浮河越岭，逾池渡堑，如履平地。入人家舍，莫能制御，穿户入牖，井溷填咽，腥秽床帐，损啮书衣，积日连宵，不胜其苦"。蝗虫"行则蔽地，起则蔽天，禾稼草木，赤地无遗"。《宋史·五行志》曰：天禧元年（1017

年），"蝗生卵，如稻粒而细"。宋代的这些记载，已清楚说明了蝗虫共有卵、蝻、成虫三种生育虫态，其卵数量很大，形状如稻粒而细，由于子孙众多，蝗蝻和成虫又都可造成严重的为害后果，严重时，挖沟流引消灭蝗蝻的方法也会失去作用，使人们不得不根据蝗虫的习性再去研究更有效的治蝗方法。

2. 动员挖掘蝗卵

控制蝗害，一直是劳动人民的美好憧憬，然而人们多年研究出来的人工扑打法、火烧蝗虫法、挖沟埋塞法在严重的蝗灾面前却很难奏效。宋元时期，人们在了解了蝗虫产卵及蝗卵的特征后，逐渐总结出了挖掘蝗卵法，为了鼓励人们挖卵，据《宋史·仁宗本纪》载，宋景祐元年（1034年）正月，诏"募民掘蝗种，给菽米"。仁宗皇帝下达了挖掘蝗卵的动员令，至六月，诸路募民掘蝗种万余石。这种广泛发动群众挖掘蝗卵的运动，不但在中国治蝗史上是第一次，在世界治蝗史上也是最早的。到元皇庆二年（1313年），朝廷又下达了秋耕之令，人们开始结合秋耕消灭土壤中的蝗卵，这种耕作与治蝗结合起来的做法，不但比过去人工掘卵的速度快，而且大部蝗卵埋于土中而腐烂，少量暴露地表的蝗卵会被太阳晒死或为鸟所啄食，这些措施不能不说是一种进步。

3. 首次划分蝗虫发生区域

后晋天福八年（943年），是中国蝗灾发生较严重的一年。对这次蝗灾，不论薛居正于宋开宝六年（973年）所撰的《旧五代史》，还是欧阳修于宋皇祐五年（1053年）编撰的《新五代史》，都作了较为详尽的记载。《旧五代史·五行志》还写道："四月，天下诸州飞蝗害田，食草木叶皆尽"，"时蝗旱相继，人民流移，饥者盈路，关西饿殍尤甚，死者十七八。朝廷以军食不充分，分命使臣诸道括粟麦，晋祚自兹衰矣"。但司马光在宋元丰七年（1084年）编著的《资治通鉴》中，对天福八年这次蝗灾的记述没有用"天下诸州"这样的含糊概念，而是写道："是岁，蝗大起，东自海堧，西距陇坻，南逾江淮，北抵幽蓟，原野、山谷、城郭、庐舍皆满，竹木叶皆尽。"在中国第一次划出了这次蝗灾的主要区域，包括了东部以沿海蝗区为主的山东、河北，西部陇山脚下的陕西蝗区和北部海河流域以内涝蝗区为主的北京、天津，南部江淮流域以滨湖蝗区为主的安徽、江苏，中部以黄河滩蝗区为主的山西、河南。这和1965年马世骏等在《中国东亚飞蝗蝗区的研究》一书中的研究结果"东亚飞蝗的主要发生地分布于长江以北的华北平原，即淮河流域、黄河流域及海河流域中下游的冲积滩地"非常一致。

4. 种植蝗虫不喜食作物防治蝗虫

观察蝗虫不喜食作物，并利用这一习性广泛种植蝗虫不喜食作物，不但在防治蝗虫上具有重大作用，而且在救灾上也具有重要意义。《续资治通鉴》记载：宋乾兴元年（1022 年），范讽通判淄州，"岁旱蝗，他谷皆不粒，民以蝗不食菽，犹可艺，而患无种，讽行县至邹平，发官廪贷民，即出三万斛"。该记载也可见于《宋史·范讽传》。通过这些记载，可以看出，这是一项来源于人民，应用于人民的有效防蝗措施，当时山东邹平大蝗，人民苦于没有蝗虫不喜食的豆种种植，范讽作为一名淄州官员，即发放了三万斛豆种给人民种植，是秋，蝗不为灾，农业还获得了丰收，人民喜庆，并提前还清了贷种。这也是我国创造性采用种植蝗虫不喜食作物防治蝗虫的最早记载。另据董煟《救荒活民书》记载："吴遵路知蝗不食豆苗，且虑其遗种为患，故广收豌豆教民种食，非惟蝗虫不食，次年，民大获其利。"是时，吴遵路在宋仁宗（1023—1063 年）时任工部郎中、淮南转运副使、陕西都转运使等职。到了元代，人们所知道的蝗虫不喜食作物除麻、豆，又深入了解到还有芋桑及水中菱芡。王祯于皇庆二年（1313 年）撰《王祯农书·备荒论》曰："蝗之所至，凡草木叶靡有遗者，独不食芋、桑与水中菱、芡，宜广种此。"如果说宋代最早采用了种植蝗虫不喜食作物的技术，到元代则最早提出了大面积推广这项技术的建议。

5. 认识蝗虫天敌的作用

宋初，人们对蝗虫的天敌问题，已开始重视起来。在《宋史》《辽史》和《元史》当中，就有 7 次记载鸟类食蝗的情况，食蝗鸟类有鸲鹆、鹙、鱼鹰及其他鸟类。元大德三年（1299 年），元成宗皇帝还下诏"禁捕鹙"。除鸟类天敌，《宋史》《元史》等还 9 次记载了蝗虫抱草而死的现象。据《辽史·道宗本纪》记载，咸雍九年（1073 年），南京归义、涞水二县蝗虫为蜂所食，这在我国尚属首次记载蝗虫蜂类天敌。另据乾隆《高邮州志》记载，宋庆元二年（1196 年），"飞蝗自凌塘俄遍四野，继皆抱草死，每一蝗有一蛆食其脑"。据此记载，说明蝗虫抱草而死的原因除抱草瘟病菌可使蝗虫致病而死，还存在蝇蛆寄生蝗体而致蝗虫死亡的现象。

6. 蝗虫与风雪的关系

蝗虫与风的关系，最早见于《汉书·五行志》记载："厥风微而温，生虫蝗，害五谷。"虽然说到了风，但说的是微风，而且是温热的微风，并涉及风和温度两个因子。在当时，人们已普遍知道蝗虫为"阳气所生"，或说"温燠生虫"，温度是一个关键因子，而微风在这里只是温度的陪衬而已，不起主要作用。宋元时期，《宋史·五行志》曾两次记述了蝗虫与风的关系：宋天禧元年（1017 年），"六月，江淮大风，多吹蝗入江海"。绍兴二十九年（1159 年），"七月，盱眙军、楚州金界三十里蝗，为风所坠，风止，复飞还淮北"。现代科学研究表明，风与蝗虫的迁飞行为具有密切关系。飞蝗，由于性成熟原因，需要做飞翔运动，然而，远距离的迁飞会增加体温，消耗体内养分，这样就需要借助风力降低体温，延长飞行时间，其飞行方向与风向、风力有直接的关系。但在 6 级以上的大风时，飞蝗会紧抱禾草或躲在草丛中不动。另据《金史·五行志》记载，大定二十二年（1182 年），"五月，庆都蝗蝻生，散漫十余里，一夕大风，蝗皆不见"。说明大风不但对蝗虫迁飞有控制作用，而且可以吹散幼龄的蝗蝻。关于蝗虫与雪的关系，最早见于元丰三年（1080 年）苏轼所作《雪后北台书壁二首》诗曰："冻合玉楼寒起粟，光摇银海眩生花。遗蝗入地应千尺，宿麦连云有儿家。"诗中注曰："雪宜麦而辟蝗，故为丰年之兆。蝗遗子于地，若雪深一尺，则入地一丈；麦得雪则滋茂而成稔岁。此老农之语也。"看来，大雪可以杀死蝗卵之说，并非苏轼为迎合诗意的艺术创作，而是通过调查访问的真实写照。蝗卵喜干畏湿，遗蝗入地千尺，是因为大雪融化后土壤过湿，蝗卵易烂而死亡率高的意思，所以到了明代，徐光启总结出了"一月见三白，田翁笑吓吓，主杀蝗虫子"的谚语，就不足为奇了。

7. 编印治蝗手册

宋绍熙五年（1194 年）之前，由董煟编著的《救荒活民书》刊行，其中《捕蝗法》总结了七条当时人们基于对蝗虫习性深入了解而制定出来的治蝗方法。第一条："蝗在麦苗禾稼深草中者。"作者观察到蝗虫每日清晨尽聚草梢食露，体重不能飞跃。这时，清晨可用箄箕、栲栳之类左右抄掠，蝗虫倾入布袋，或焚或埋，即能达到消灭蝗虫的目的。第二条："蝗初生如蚁之时。"董煟观察到蝗初生如蚁，虫小难以捕捉。这种情况，采用旧皮鞋底或牛皮制成的蝗虫拍子"蹲地捆搭"，应手而毙，且不损伤苗稼。第三条："蝗在光地者。"董煟观察到蝗虫在光地时具有向一个方向跳跃的习性，据此提出了在蝗蝻行进方向的前方掘沟，长阔要适宜，集众用木板发喊将蝗虫赶入沟内，或发火焚烧或掩土埋之。第七条："烧蝗法。"董煟观察到蝗虫怕烟火，一经火气，无能跳跃，于是提出了挖深阔各约五尺、长一丈的大坑，下面用干柴发火，将捕捉到的蝗虫倾入火中烧死瘗埋后永不复出。董煟根据蝗虫习性制定出来的《捕蝗法》是中国古代首部治蝗技术手册，不但效果好，也很实用，深受群众欢迎。自宋代提出以后，元、明、清各朝代都进行过宣传推广，有些技术则一直应用到新中国成立后才停止。

宋代关于蝗虫的唯心主义思想有所抬头。南宋孝宗时，在治蝗方面，除继续动员民众捕蝗及对蝗灾地区赈济，又增加了祭祀等迷信色彩，并产生了《绍兴祀令》。据《宋史·五行志》记载，绍兴三十二年（1162 年）六月，"江东、淮南北郡县蝗，飞入湖州境，声如风雨。至七月，遍于畿县，余杭、仁和、钱塘皆蝗。丙午，蝗入京城。八月，山东大蝗，颁祭醮礼式"。《文献通考·郊社考》认为，绍兴三十二年八月，孝宗已即位，礼部、太常寺言：依《绍兴祀令》，虫蝗为灾则祭之。有蝗虫处，即依仪式差令设位祭告施行，从之。正式颁发了《绍兴祀令》。自后，民间捕蝗时，多祭祀蝗神。

据《金史·王维翰传》记载，泰和七年（1207年）七月，复诏维翰曰："雨虽沾足，秋种过时，使多种蔬菜犹愈于荒莱也。蝗蝻遗子，如何可绝？旧有蝗处来岁宜菽麦，谕百姓使知之。"

元延祐六年（1319年），马端临《文献通考》撰成，他在《文献通考·物异考·蝗》中，收集整理了自前707年至宋嘉定十年（1217年）之间的蝗灾记载173年，这是我国第一次集中整理全国蝗灾的发生情况。

据《元史·五行志》记载，至元十九年（1282年）四月，"别十八里部东三百余里蝗害麦"。别十八里，亦称别失八里，古城名，治所在今新疆吉木萨尔北。这是关于我国新疆亚洲飞蝗成灾的首次记载。

（五）明代对蝗虫的生物学观察研究

明代，随着对蝗虫的生物学观察研究增加，对蝗虫的生活史和危害规律有了更加深入的认识，进而提出更加有效的应对措施。明崇祯十二年（1639年），徐光启编著的《农政全书》刊行，其《除蝗疏》是徐光启根据历史记载，结合自己的采访、观察和实践中除治蝗虫的经验总结出来的，并将蝗灾列入了中国第一大凶饥灾荒，其对蝗灾严重性的认识可见一斑。但如何控制如此严重的蝗灾，《农政全书》曰："必借国家之功令，必须百郡邑之协心，必赖千万人之同力。总而论之，蝗灾甚重，而除之则易。必合众力共除之，然后易。此其大指矣。"徐光启在这里将蝗虫总结为社会性害虫，认为只有通过上至国家，下至百姓，全国人民的共同努力，蝗灾是大有希望被控制住的。在明代封建主义制度下，徐光启能提出如此雄壮的防治蝗虫意见，的确是一件非常了不起的事情。纵观《农政全书》，可体会到徐光启通过对老农的访问及自己的亲自观察，对蝗虫生活史、生活习性、发生动态及发生环境等蝗虫生物学特性，已有了很深入的了解。

1. 蝗虫的发生期与生活史观察

徐光启通过对史籍中111次蝗灾发生月份的研究，考证出蝗灾发生"最盛于夏秋之间，与百谷长养成熟之时，正相值也，故为害最广"。徐光启将蝗虫发生期考证为每年的四至八月，这对于蝗情侦查和做好防治蝗虫的准备工作具有重要意义。徐光启通过对老农的访问，得知飞蝗一年可发生2代，其年生活史为："蝗初生如粟米，数日旋大如蝇，能跳跃群行，是名为蝻，又数日即群飞，是名为蝗（夏蝗）。""又数日孕子于地矣，地下之子，十八日复为蝻，蝻复为蝗（秋蝗）。""秋月下子者，十有八九，而灾于

（翌年）冬春者，百止一二。""如是传生，害之所以广也。"徐光启认为只要掌握了蝗虫这种自生自灭的生活规律，就能得到除治蝗虫的有效办法（图3-1）。

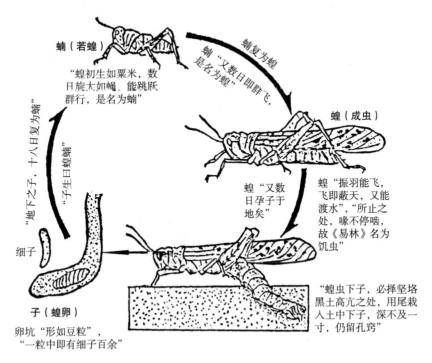

图3-1　据《农政全书》绘制的蝗虫年生活史

2. 蝗虫产卵观察

《农政全书》曰："蝗虫下子，必择坚垎黑土高亢之处，用尾栽入土中下子，深不及一寸，仍留孔窍"，"其下子必同时同地，势如蜂巢，易寻觅也"，"一蝗所下十余（卵块），形如豆粒，中止白汁，渐次充实，因而分颗（卵粒），一粒（卵块）中即有细子百余（卵粒），或云一生九十九子"。这段记载，详尽记述了蝗虫的产卵过程，既包括蝗虫产卵地的选择，又包括蝗虫产卵形态、产卵深度、产卵数量和蝗卵在土壤中的发育过程。此外，《农政全书》对蝗卵的生物学特性还有如下描述："夏月之子（夏蝗卵）易成，八日内遇雨则烂坏，否则十八日生蝻矣。冬月之子（秋蝗卵）难成，至春而后生蝻。故遇腊雪春雨，则烂坏不成。亦非能入地千尺也。此种传生，一石可至千石。"又曰："三冬之候，雨雪所摧，陨灭者多矣。"由于夏蝗卵发育快，仅18天即可孵化生蝻，加之草高茂密，没有时间挖卵灭蝗。而秋蝗卵滞留土中的时间很长，至第二年春才出土为蝻，虽然雨雪所摧，蝗卵死亡率较高，但遗卵仍然很多，所以提倡冬月挖掘蝗卵。冬月挖卵，"农力方闲可以从容搜索"，而且官方以粟易蝗犹不足惜，"民众乐趣其事"。《农政全书》认为，冬月掘卵是"尤为急务"之事。

3. 蝗蝻习性观察

宋建隆三年（962年），《宋史·五行志》在正史中首次记载"深州蝻虫生"之后，蝗蝻的习性问题逐渐受到了人们的广泛关注，蝻灾记载也随之增多。到了明清时期，人们对蝗蝻的生物学特性开始进行了研究探索。徐光启通过观察，在《农政全书》中写道："蝗初生如粟米，数日旋大如蝇，能跳跃群行。""蝗初生时，最易扑治，宿昔变异，便成蝻子，散漫跳跃，势不可遏。""但见土脉坟起，即便报官集众扑灭，此时措手，力省功倍。""已成蝻子，跳跃行动，便须开沟捕打。"这里，徐光启对蝗蝻龄期分辨的不是很清楚，只是将蝗蝻简单地分为"初生蝻"和"蝻子"两种形态，并分别对这两种形态的蝗蝻特性与防治策略进行了记述。

4. 蝗虫成虫习性观察

古时书螽、书蝗皆指飞蝗成虫而言，其强大的迁飞能力和食禾稼草木叶皆尽的为害性也早为人们所了解。至明清时期，虽然加大了对蝗虫成虫习性的观察力度，然而面对"蝗阵如云"的蝗虫成虫，人们却显得是那么的无奈，正如《农政全书》所言："所惜者北土闲旷之地，土广人稀，每遇灾时，蝗阵如云，荒田如海。集合佃众，犹如晨星，毕力讨除，百不及一，徒有伤心惨目而已。"徐光启《农政全书》关于蝗虫成虫习性的记载较少，只有蝗"振羽能飞，飞即蔽天，又能渡水""蝗盛时，暮天匝地，一落田间，广数里、厚数尺，行二三日乃尽""所止之处喙不停啮，故《易林》名为饥虫"等寥寥数语。根据成虫习性而提出的防治方法，也只有"飞蝗见树木成行，多翔而不下，见旌旗森列，亦翔而不下。农家多用长竿，挂衣裙之红白色，光彩映日群逐之，亦不下也"。蝗"又畏金声炮声，闻之远举。总不如用鸟铳入铁砂或稻米，击其前行。前行惊奋，后随之去矣"等驱除蝗虫法。

5. 蝗虫发生区的划分

自司马光《资治通鉴》首次划出中国蝗区的主要范围之后，很长时间以来，史籍中的蝗灾记载大都局限在这个范围之内。徐光启经过多年的研究，在《农政全书》中除肯定司马光记述的中国蝗区范围，又提出了很多新见解，并就蝗区的原生地（或曰常发区，或曰蝗虫发生基地）和延及区（或曰偶发区，或曰扩散区）谈了自己的一些意见。徐光启认为："蝗之所生，必于大泽之涯。然而洞庭、彭蠡、具区之旁，终古无蝗也。必也骤盈骤涸之处，如幽涿以南，长淮以北，青兖以西，梁宋以东，都郡之地，湖巢广衍，旱溢无常，谓之涸泽，蝗则生之。"又曰："若他方被灾，皆所延及与其传生者耳。"徐光启通过历史文献记载，将中国蝗区基本划分为两种类型，一种是蝗虫原生地，即北京以南、长江以北、山东以西、陕西以东的广大区域，在这一区域，广泛分布着大大小小深浅不一的湖泊、淀洼，而且经常的骤涸骤盈，旱涝无常，称之为涸泽，因而会经常发生蝗灾。另一种是蝗虫延及区。为证实延及区的存在，徐光启用自己的亲身体会加以说明：万历四十五年（1617年）秋，徐光启奉使夏州，"关、陕、邠、岐之间，遍地皆蝗。而土人云百年来所无也"。又说："江南不识蝗为何物，而是年亦南至常州，有司士民尽力扑灭，乃尽。"徐光启认为，这些地方都是由原发区蝗虫延及而至，为其传生而已。关于"蝗之所生，必于大泽之涯"的说法，徐光启认为蝗虫与旱涝关系甚密，具体情况应具体分析，如湖南洞庭湖、江西鄱阳湖和江苏太湖，常年积水而终古无蝗也。但万历三十八年，徐光启见山东滕、邹之间，皆言蝗起于昭阳、吕孟湖，河北任丘之人则言蝗起于赵堡口（白洋淀北部），或言来自苇地。湖泽之旁发生蝗虫，关键在于这些湖泽是否成为涸泽。

6. 蝗虫的利用

蝗虫食用，自唐代以来已是不争的事实。《十国春秋》杨吴太和四年（932年）还有"钟山之阳，积飞蝗尺余厚，有秋千僧白昼聚首啗之尽"的记载。到了明代，蝗虫食用与利用得到了很大的发展，蝗虫已不再单纯作为一种度荒救灾的临时食品，而被当成一种害虫资源充分开发利用起来。《农政全书》曰："食蝗之事，载籍所书，不过二三。唐太宗吞蝗，以为代民受患，传述千古矣。乃今东省畿南，用为常食，登之盘飧。臣常治田天津，适遇此灾，田间小民不论蝗、蝻，悉将煮食。城市之内，用相馈遗。亦有熟而干之，粥于市者，数文钱可易一斗。啖食之余，家户囷积，以为冬储，质味与干虾无异，其朝晡不充，恒食此者，亦至今无恙也。""长寸以上，即燕齐之民，畚盛囊括，负载而归，烹煮曝干，以供食也。"由此可知，明代以来，蝗虫不但已成为人们冬季改善生活的食品，而且在城市还作为一种相互赠送的礼品，成为销售于市的商品，又可成为体弱之人恒食以强身健体的保健品。

7. 农业与生物措施治蝗实践

在治蝗技术非常落后的旧中国，面对严重的蝗灾，为了多打粮食，最好的办法就是预防，尽量种植蝗虫不喜食作物。据不完全统计，明代农家种植的蝗虫不喜食作物已有绿豆、豌豆、豇豆、黑豆、黄豆、大麻、苘麻、芝麻、棉花、芋、桑、菱、芡、荞麦、苦麦、芋头、洋芋、薯蓣、红薯等。在这些作物中，徐光启独欣赏红薯，即甘薯。《农政全书》曰："甘薯，即俗名红山药。""剪藤种薯，易生而多收。至于蝗蝻为害，草木无遗，种种灾伤，此为最酷。乃其来如风雨，食尽即去，唯有薯根在地，荐食不及，纵令茎叶皆尽，尚能发生，不妨收入。若蝗信到时，能多并人力，益发土遍壅其根节枝干，蝗去之后，滋生更易，是虫蝗亦不能为害矣。故农人之家，不可一岁不种，此实杂植中第一品，亦救荒第一义也。"古时候关于生物防治的记载，又多属于自然界生态平衡中的食物链现象，真正有意识地利用生物防治蝗虫，开始于明代养鸭治蝗。万历二十五年（1597 年），陈经纶在其《治蝗笔记》中说："经过试验，发现鸭子除蝗效果很好。"

（六）清前期的蝗虫观察认识

清前期对蝗虫的认识没有多大进步，主要是对明代的继承，但仍有一些持续的观察认识。关于蝗虫的习性，清乾隆二十四年（1759 年），史茂还总结出了"捕蝗不如捕蝻，捕蝻不如掘子"的治蝗策略，这一策略在清代实行了很长时间。陈芳生《捕蝗考》（1684 年）曰："蝻即稍大如蝇，群行能跳"，"蝻闻人声金声必即惊跃，即可乘势将蝻驱至沟边，蝻必全入沟中，形如注水，应用干柴燃火投入沟中烧之。"陈文恭《除蝻檄》（1760 年）曰："初出蝻形如蝼蚁，只能行动，尚不能跳，所生地面不过如席片之大，此时扑捕犹易。"这和徐光启在蝗初生时，"但见土脉坟起，集众捕灭，此时措手，力省功倍"的观察结果相似，都是巧打初生，将蝗蝻消灭在点片未扩散之前的意思。陆桴亭《除蝗记》（1806 年）曰："蝗喜干畏湿，喜日畏雨，有蝗时能阴雨连旬，蝗必烂尽"，看来，阴雨天对蝗蝻发育极为不利。关于蝗虫的防治，康熙三十二年至三十四年（1693—1695 年），康熙帝连续三年下诏命令各地冬季积极耕耨田亩，使土覆压蝗种，勿致成灾。关于蝗虫的利用，到乾隆三十五年，副都御史窦光鼐上疏认为："蝗烂地面长发苗麦，甚于粪壤。"

关于蝗灾发生的统计，雍正四年（1726 年），蒋廷锡《古今图书集成·庶征典·蝗灾部》收集整理了自春秋至康熙三十四年（1695 年）之间的蝗灾记载 403 年，这是我国第二次集中整理全国蝗灾的发生情况。

二、近代蝗虫生物学观察与研究

随着社会的发展和西方文化的传入，人们对蝗虫发生有了一些较为系统的观察和局部的研究，对蝗虫的生物学特性和应对措施有了一些新的进展。19 世纪后期，近代生物学传入中国，昆虫学知识传入则较晚。1897—1905 年出版《农学报》，译载了一些科学著作。1903 年起，规定农科大学及高、中等农校开设昆虫课，并开始派遣留学生。我国最早的昆虫学留学生是邹树文，1908 年毕业于美国康奈尔大学昆虫系，回国后为培养昆虫学人才做了许多工作。特别是民国时期，一批昆虫学家借鉴西方的研究方法，开展了蝗虫的科学观察与研究，并获得了许多新的科学认识。

（一）晚清时期蝗虫生物学观察

由于蝗灾频繁而得不到根除，晚清时期开始注重对蝗虫生物学特性的观察研究，逐步对蝗虫的生活史、生活习性等发生规律有了一些新的认识。

1. 蝗蝻形态学观察

清代之前，人们对蝗虫的龄期还不是很清楚，咸丰六年（1856年），钱炘和撰《捕蝗要诀》，认真总结了蝗蝻的不同形态，认为："蝗初出土，色黑如烟，如蚊如蟆蝻，渐而如蚁如蝇，两三日渐大。日行数里至十余里不等，并能结球渡水。数日后倒挂草根，褪去黑皮，则而变为红赤色。又十余日，再倒挂草根，褪去红皮，则变而为淡黄色，即生两翅。"钱炘和在这些记载中，除描述群居型蝗蝻红脑袋、黑翅胸之基本体色，还将蝗蝻从出土到长翅又划分为5个龄期形态：一龄，蝗初生，色黑如烟，如蚊如蟆。二龄，渐大如蚁如蝇。三龄，再渐大日行数里至十余里，并能结球渡水。四龄，数日后倒挂草根，蜕去黑皮变为红赤色。五龄，又十余日再倒挂草根，蜕去红皮即生两翅。尤其对蝗虫倒挂草根的蜕皮方式，观察得非常细致。

2. 蝗蝻习性观察

咸丰七年（1857年），顾彦《治蝗全法》将清代人们观察到的蝗蝻习性进行了认真总结，为以后推广将蝗蝻消灭在点片阶段的巧打初生技术奠定了基础。《治蝗全法》又引马源《捕蝗记》（1845）曰："蝻性好群"，"日间扑之，如或散去，至夜仍聚一处。次日再扑之，即尽矣"，"蝻性向阳，晨东、午南、暮西，凡开沟捕蝻，俱须按时刻顺蝻所向驱之方易为力，否则不顺，必至旁出蔓延他所"。引申镜淳《捕蝗章程》曰："蝻性向火，凡开沟捕蝻者，最易夜间用柴烧火，沟边蝻见火光必俱来赴。"咸丰八年，李炜《捕除蝗蝻要法三种·除蝻八要》指出："蝻未生翅，只能跳跃，高约四五寸，远约七八寸"，并据此习性提出了"就地挖沟，长与地齐，深二尺，面宽一尺，底宽一尺五寸，两边俱用铁锨铲光。蝻至沟边，必自落下，不得复出"的掘沟捕蝗法。又曰："麦地之蝻，早晚多抱麦穗，零星散布，亦有停聚一处者。……因仿《捕蝗要诀》所载抄袋一法，试之颇觉有效。"

3. 第三代蝗蝻发现

在光绪《保定府志》及马源《捕蝗记》、钱炘和《捕蝗要诀》中，还记述了或旱或高温等原因会发生第三代蝗虫问题。《捕蝗要诀》认为：第三代蝻，"生在白露前者，不久即毙，无遗患"。如久旱，第三代蝻发育为飞蝗，又"生子入土，则须待明岁五、六月方出"。由此看来，第三代蝗蝻在北方一般是完不成一个世代的，只有在长江以南地区，第三代蝗蝻才有可能完成一个世代并产卵。

4. 成虫生物学特性观察

飞蝗成虫强大的迁飞能力和为害性，已为人们所了解。至清代，虽然加大了对蝗虫成虫习性的观察力度，面对"蝗群如云"的蝗虫成虫，人们显得是那么的无奈。正如光绪《获鹿县志》记载，获鹿"连年饥馑甚矣，而更继以飞蝗，民生之困以至于此，奈岁何奈，无可奈何而已矣"。清代很多人都知道"飞蝗为害最大，而扑灭最难"（《治蝗全法》，1857年），或曰："飞蝗之害较螟螣为烈，捕捉之法亦较螟螣为难"（《治蝗书》，1874年）。虽然飞蝗难治，但人们还是不断去研究防治成虫的办法。《治蝗全法》还认为，"捕蝗之难，以其飞也，故必于其沾露、交媾、群聚不能飞时捕之"，顾彦指出："蝗宜在早晨、日午、日暮、夜间再加以五更共五时捕之"。李炜《治飞蝗捷法》补充说："蝗于卯辰二时（指上午5时至9时）群向太阳晒翅，此时捉亦较易。"李炜在扑治飞蝗问题上还认为："飞蝗善动，只能捉，不能打，治蝗者宜知之。"因此，在白天，只能采用驱逐轰赶法不使飞蝗停落食禾即可，至晚上便设法捕之。晚间捕捉蝗虫，李炜利用了蝗虫趋光性和"蝗性扑火"的习性，提出"每夜于壕内积薪举火，蝗俱扑入"，如蝗虫散落，则"宜用执灯合捕法"，灯光所照，四面蝗即能飞来捉之。"蝗见月光则多飞"，飞蝗多在对着月光方向活动，容易发现，此时"向月捕之"。

李炜还观察到"蝗性顺风"迁飞。"蝗每遇大风则紧粘禾上随之摇曳，一捉便得"，"西北风起，蝗则畏寒而僵，往往滚地落土或群避深坑及高坎下"。关于前人捕捉蝗虫"五时"之说，李炜认为："五更至黎明，蝗聚禾梢，露浸翅重不能飞起，此时扑捕为上策。"而"日出晒翅，多在禾颠及地头、大路或空地，亦有交尾者，触之即飞。午间群交，触之相负而飞。日落时，蝗乍停息，翅未沾露，触之亦仍飞。三者效果均不过十获二三"，故"捕于夜者易，捕于昼者难"。对此之说，钱炘和则建议白天用菱角形捕虫网抄之，效果最好。如蝗"长翅尚嫩，不能高飞，但能飞至数步者，用缯网合网式，蝗俱入网内"。

钱炘和《捕蝗要诀》关于飞蝗起飞时顺风迁移"每行必有头，有最大色黄者领之"之说。虽然目前对此说研究不多，但尤其儆等1953年观察蝗群起飞情况：蝗群起飞前一天上午，有部分飞蝗在芦苇丛上空飞翔，历1小时飞返原芦苇丛中，迁飞当天上午，发现比前一日为数更多的飞蝗在空中飞翔，除少数，大部仍然返回原地，至下午6时，起初有少量飞蝗在空中盘旋，以后虫数逐渐增多，飞翔高度亦逐渐上升，高达30米，历时1小时左右，大批蝗虫即顺风向东南方向飞去。此观察结果，也可证明古人"每行必有头"的记述不是没有道理的。

（二）民国时期蝗虫生物学研究

民国以后，我国学者开始发表有关蝗虫的论著，一批学者和有识之士相继开展了蝗虫发生规律的研究与防治方法的探索，对蝗虫灾害形成原因及其防治有了一些科学的认识。1914 年，北京中央农事试验所章祖纯发表《北京蝗虫名录》。1916 年，我国微生物学奠基人戴芳澜发表《说蝗》，介绍美国红腿蝗的外部形态、内部解剖、生活习性及捕蝗有效方法。其后，通过留学生之手传入的有关蝗虫及其防治方法的文章逐渐增多。民国时期 38 年中，在全面抗日战争时期和解放战争时期，治蝗机构曾撤销，对蝗虫的研究工作停顿了一段时间，实际上，民国时期蝗虫生物学研究工作只有 20 余年。1922 年元旦江苏昆虫局成立，成为我国第一个昆虫学研究机构。该局聘请美国加州大学昆虫系主任吴伟士（C. W. Woodworth）任第一任局长兼总技师，并先后聘请胡经甫、邹树文、张巨伯、张海珊为技师。1928 年江苏昆虫局改组以后，为加强对蝗虫习性的研究工作，决定于灌云增设蝗虫研究所，陈家祥为主任，这也是中国第一次成立专门的蝗虫研究机构，研究项目包括蝗虫生活史、蝗虫习性、蝗虫天敌利用、蝗虫分布及其为害情形、蝗虫防治方法等。江苏昆虫局在江北的徐、海、淮、扬各区设立了捕蝗分所，并附带研究蝗虫的生物学特性。第一至第四治蝗所，由吴宏吉、张而耕、杨惟义等任主任。在江苏省昆虫局的带动下，浙江、江西、广东、湖南等省份亦先后成立昆虫研究机构，除浙江省，其他各省成立时间均不长。1932 年春，江苏省昆虫局因经费问题停办，有关蝗虫的调查研究于 1933 年转到实业部中央农业实验所病虫害系进行，直至全面抗日战争爆发而终止。民国时期，中国蝗虫生物学研究取得了显著进展，为以后蝗虫深入研究奠定了重要科学基础。

1. 蝗虫解剖学研究

1915 年，美国某报刊发表《奇异之中国捕蝗法》，嘲笑中国治蝗技术之落后，识蝗知识之无知，中国政府之无方。戴芳澜出于义愤，决定在国内宣传蝗虫生物学知识和治蝗方法。1916 年 9 月，他在《科学》杂志上发表《说蝗》一文，首次发表了蝗虫解剖学知识。文章阐述了蝗体之构造，共分头部、腰部（胸）、尾部（腹）三大部；蝗之知觉分视官、听官、触觉、嗅觉、味觉五部；蝗之行动有一跳、二飞，跳以腿，飞以翼，腿有三副，飞以四翼；蝗之口部器官分列为上唇、上齿、上舌、下舌、下齿、下唇。另外，《说蝗》还介绍了蝗之呼吸、血之循环、食物之消化及吸收、蝗之消化器、蝗体内之神经、蝗之生殖等蝗虫内部结构和解剖学知识。《说蝗》还第一次介绍了国外先进的"煤油捕蝗器"治蝗技术，以及用巴黎绿与伦敦紫混合麦麸制成毒饵的治蝗方法。戴芳澜《说蝗》的发表，为中国蝗虫生物学及防治技术的研究注入了新的思维，使人们增添了破除迷信、科学治蝗的信心。1925 年，张景欧等撰《飞蝗之研究》，对中国飞蝗的头、口器、胸、翅、足、腹等外部形态及飞蝗的消化系统、生殖系统、神经系统、骨骼系统又做了认真的观察与记载，开创了中国蝗虫解剖学的新纪元。

2. 飞蝗的外部形态研究

蝗虫的外部形态，是区分飞蝗与土蝗、飞蝗群居型与散居型的主要特征依据。1928 年，尤其伟撰《飞蝗》一文，特别注意到了这个问题。尤其伟认为：飞蝗与土蝗的为害性甚是不同，除治时要分别出轻重缓急，必须首先识别它们的外部形态。飞蝗头部较大，并有一黄色条纹自复眼之前端穿过复眼至前胸，而土蝗则无此条纹。飞蝗翅甚长，常超过体端 1/3，前翅具有黑斑，后翅阔大而善飞。而土蝗前翅短而后翅狭小，善跳不善飞。飞蝗个体较土蝗体大。飞蝗体色黑灰色或渐呈褐色，成虫黄色，老熟后黄褐色。土蝗色黄或微绿。由于密度等原因，飞蝗可分为群居型和散居型两种形态存在于田间，对此问题，当时争议颇大，有认为是两个种类者，也有认为是飞蝗一个种类两种形态者。尤其伟根据多数人意见，将飞蝗列为两个种类对待，即远迁飞蝗（群居型飞蝗类型）和赤足飞蝗（散居型飞蝗类型）。

关于飞蝗的变型研究，1933 年陈方洁《蝗虫问题的新局面》研究认为：出现蝗虫变型的因素有气象、环境、食料植物及天敌数量诸因子之影响，也有蝗虫自身生理上的刺激和性器官的发育等原因。1935 年 4 月，吴福桢在《中国蝗虫问题》论著中，概述了中国关于蝗虫变型问题的研究结果，认为："蝗虫因为环境的不同，它的形性可以因之改变，这种改变形性的现象，我们称之为'变型'。""蝗虫成群而居，有迁移习性，即称为群居型，亦曰蝗虫型，它的体色大都是黄褐色，此型蝗虫若因天气及其他关系，其集团的个体数目减少，东零西散，则失去其原来的群居习性，且不会迁移，颜色以绿褐色为多，这种蝗虫，我们称之为散居型，因习性好像蚱蜢，故又称为蚱蜢型。""我们如果把群居型蝗虫各个分散，不使密集群居，则群居型蝗虫就会渐渐变为散居型蝗虫，反过来，如果把散居型蝗虫使其密集而居，则散居型蝗虫，也会渐渐变为群居型蝗虫。"吴福桢的论述，抓住了蝗虫密度这一关键因子，为我国以后开展蝗虫变型问题研究奠定了良好的基础。

3. 蝗虫发育与习性研究

蝗虫的年生活史。飞蝗为不完全变态昆虫，经 5 次蜕皮而羽化为成虫，其蝗蝻龄期长短与温湿度、食料植物及蝗虫个体发育等因素有密切的关系。张景欧（1925）、尤其伟（1934）研究认为：飞蝗蝻自孵化至羽化成虫，一般历期 26.9～34.3 天，其中一龄期为 5.0～6.8 天；二龄期 4.3～5.7 天；三龄期 5.5～6.0 天；四龄期 5.1～6.4 天；五龄期 7.0～9.4 天。在飞蝗蝻期中，雌虫发育历期略短于雄虫 1～2 天，雌虫的早羽化有利于飞蝗卵发育。又据张景欧（1925）和季正（1929）观察，飞蝗在江苏仅存 2 个世代。飞蝗年生活史为：第一代蝗蝻生存于每年的 4 月下旬至 6 月下旬，是为夏蝗蝻，夏蝗蝻羽化为夏蝗后，4～7 天即可交尾，大约 20 天方可产卵，蝗卵经

15 天左右孵化为第二代蝗蝻。第二代蝗蝻出现在每年 7 月下旬至 8 月下旬，是为秋蝗蝻，秋蝗蝻羽化为秋蝗后 20 天左右又可产卵，秋蝗卵至第二年四五月间方得孵化，此规律在江苏比较稳定。但第一代成虫发育不整齐，因而会出现第一代成虫与第二代蝗蝻并存的重叠现象。第二代成虫产卵后，一般在 10 月以后逐渐死亡。1928 年，尤其伟又补充说：也有因气候温和而使秋蝗卵生第三代蝗蝻者，但往往会因天气骤冷而致蝗蝻中途死亡，第三代蝗蝻很难发育至成虫。

飞蝗卵及卵的孵化习性。张景欧（1925）和季正（1929）在研究飞蝗卵及其蝗卵孵化习性时认为：飞蝗卵粒长约 0.7 厘米，长圆形，稍弯，一端钝圆，一端尖，每斤卵粒约 8 万粒。卵块细长，4～7 厘米，其卵粒部分长不过 3～4 厘米。顶部充满泡沫状物质，能通气且不透水，可起到保护卵粒及卵孵化时幼蝻通道的作用。卵粒呈 4 行纵状排列，微斜而整齐。据野外调查，每块卵含卵粒 78～144 粒不等，每雌虫平均产卵 4 块，按其产卵顺次计算，先产卵块含卵量高于后产卵块的含卵量。卵粒在即将孵化时，卵壳内压力甚大，幼蝻破壳而出，到达地面时，幼蝻身体尚有一层白色薄膜包裹，名曰胎衣，数分钟内则蜕去胎衣，可以试跳，远不过一寸。也有一些在土中卵块通道上蜕去胎衣者，而一出土即能跳跃。卵孵化时间多在每天上午 10 时至下午 3 时。据调查，由于天气和土壤含水量的影响，蝗卵孵化率平均为 94.5％，其中雌虫占 53.3％，雄虫占 41.3％。

蝗蝻蜕皮习性。张景欧（1925）认为：蝗虫成长依靠蜕皮来完成，当生长至一定长度需蜕皮时，则停止取食，多爬于杂草或植物体之上，以足紧抱茎叶，头向下倒悬其体，倒挂不动可达数小时之久。蜕皮时，先于头胸中部开裂旧皮，依次蜕去头部、胸部，最后抽出腹部及后足。蜕皮时间依龄期大小约数分钟至 45 分钟。蜕皮蝻，身体极软，抗性弱，故受害者不少，蜕皮完毕后，身体渐硬，一小时后即可取食。

蝗虫跳跃习性。张景欧（1925）、尤其伟（1926）调查考证，蝗蝻跳跃力主要依龄期大小而不同，因气候的影响，天气温暖干燥时跳跃力强而远，温度低或阴雨天气跳跃必近。实验证明：蝗蝻平均每次的跳跃距离，一龄为 23～30 厘米；二龄为 37～47 厘米；三龄为 56～73 厘米；四龄为 66～87 厘米；五龄为 100～130 厘米。依此为据，推广开沟灭蝗之法，沟的上宽为 4 尺，保证蝗蝻无论大小均无法跳跃出去。

蝗蝻的聚集迁移习性。据张景欧（1925）观察，蝗蝻聚集性，在相同条件下，一、二龄聚集性较强，即使驱散，很快又会聚集，而三龄后聚集性渐弱，各虫态的聚集，实为取食的需要。尤其伟（1926）、吴福桢（1929）认为：飞蝗聚集不单为了取食，蝗蝻自小到大就不断地进行跳跃迁移，而聚集密度愈大，蝗蝻迁移性愈强，迁移距离愈远。尤其伟、吴福桢还通过多年的观察指出：蝗蝻初孵化时先为一小群，此小群蝗蝻开始活动时往往无规则，而两小群蝗蝻相遇则聚集为一大群，再遇另一群又聚集之，最大时可聚集为厚数寸、达数十百方里之面积，尽是蝗虫世界。此时蝗蝻迁移活动趋向一致，日出则向东、日落则向西，不断地迁移。此迁移活动即使遇大河也能结球渡河而过，迁移中的蝗蝻常常会遇到丰富的喜食植物，除个别蝗虫，大部蝗蝻仍会继续前进，不会停下来取食，只是迁移速度比前略有迟缓而已。蝗蝻迁移速度平均每天为5～6里，最快的每小时可达3里。蝗蝻的迁移习性主要受温湿度的影响较大，白天迁移，夜间则停止活动，趴于植物茎叶上休息，天刚亮则活动，开始大量取食，不久便跃下地面继续向同一方向迁移。如遇气温骤降或突然降雨，会停止前进或放缓迁移速度；如遇天气燥热，气温过高，蝗蝻亦会停止迁移，因此蝗蝻在中午时刻多在草丛中或阴凉处休息。

飞蝗的迁飞习性。据尤其伟（1926）观察，飞蝗最后蜕皮羽化为成虫后不久，即能进行飞翔活动。在一大群蝗蝻当中，先羽化的个别成虫，仍随大群蝗蝻活动，或爬或跳，不离开蝗群，只做近距离飞翔。当飞蝗具相当数量需要远距离迁飞时，先由少数飞蝗初做近距离飞翔，或在大群静止的飞蝗上面盘旋，经多次盘旋飞翔后，飞翔蝗虫数量越来越多，而后大部分飞蝗先后接踵而飞，邻近飞蝗亦加入，向同一方向迁飞。迁飞中的飞蝗相互追逐，如遇另一大群起飞的蝗群，两群蝗虫亦聚合为一群，蝗群愈大，飞行方向愈有秩序，飞翔的时间愈长，于是飞蝗远离蝗虫原生之地而远迁。尤其伟（1926）、陈家祥（1933）在解释飞蝗迁飞原因时指出：飞蝗迁飞并非为了取食，而是生殖生理发育的需要，飞蝗迁飞可增进食欲，多产高质量的蝗卵。按苏联尤瓦洛夫（Uvarov）的解释，蝗虫的飞行与温度有关，当气温在13℃以上、30℃以下时，飞蝗体的气囊会发生膨胀，压迫食道而不舒服，促使飞蝗进行飞翔活动，经一定时间的飞翔，气囊缩小，增进食欲，方能进食，因此飞蝗需经常做飞翔活动。又实验表明，饲养当中的雌蝗产卵量少，且不饱满，孵化率低；而迁飞后停落的飞蝗产卵量多，而且饱满个大，孵化率高。据陈家祥调查，飞蝗成虫每千克600余个。

飞蝗的交尾与产卵。1915年，河北赵县了解到飞蝗产卵前的一些现象，"凡见蝗虫飞集不食禾稼，即系将遗卵子之证"。认为，此时蝗虫其肉已肥，其子已成，可以用代食品而味极美。1926年，尤其伟通过5年的观察，撰《飞蝗》一文认为：飞蝗羽化后，一般7天之内即可进行交尾。飞蝗如果迁飞，飞落后即行交尾。交尾次数无定期，每次交尾后，数分钟后又可交尾。交尾4天后，可以产卵，产卵地多选择荒地平原或干涸湖泊边缘，其土质以黏沙土、坚硬之地为好。微不同者，夏蝗产卵喜选择芦滩地，而秋蝗通常喜在近农田的道路两旁或荒滩地的坚硬土中。飞蝗产卵靠产卵器的开闭作用而使腹钻入土中，依不同土质，数分钟或更长的时间即可使腹深入土中产卵。产卵时先排出泡沫状液体物质，充满洞底，然后产卵并放于泡沫状液体之中，再排泡沫状物质，再排卵，再排泡沫状物质，直至产卵完毕。卵粒 4 个一排，相连为块，包在泡沫状物质之中，其卵块上部空隙处，全部排满泡沫状物质，又很快坚硬，起到保护卵粒的作用。蝗虫产卵多在土下一寸之地，然有时产卵粒多而洞浅，则蝗虫会提起一些腹部，并以后足扫土填高腹下土壤，以利于腹部用力产卵，如此行为可行之数次，至产卵完毕，因此卵洞显深，有的可达 3 寸以上。

飞蝗的食性与食量。1928 年，陈家祥在《蝗虫研究所工作报告》中指出：蝗虫取食不限于一种植物，成虫与幼虫的食性相同，其嗜食者为芦苇、玉米、粟、稷、稻、麦等禾本科植物的叶与嫩茎、嫩穗等，在饥饿时亦取食非禾本科植物。蝗虫幼时，食量不大，随虫体渐大而食量增加，综合蝗虫全生育期，以第五龄开始，至羽化成虫后产卵之前这段时间内，取食量最大。蝗虫卵巢发育成熟后，需要产卵时，食量反而减少，往往会出现飞蝗迁飞后停落某地暂时休息而不取食植物的现象。蝗虫取食，以每日清晨为甚，傍晚时刻次之，晴天与白昼取食者较少，通常白天取食 2 次，天气较寒冷时，多在上午 9 时前和下午 4 时后取食，盛暑日间停止取食的时间则更长。1935 年吴福桢又补充说：蝗虫只要饿了，各种杂草当即就吃，但有时蝗虫取食不是因为饥饿，而是因为口渴，因此常会见到蝗虫在食物很丰富时，却吞食弱蝻、蚕食同类，或不断乱咬植物茎叶，随咬随吐，并不吞入胃中，此举只是为了吸取同类或植物中的水分。1929 年，季正《蝗虫浅说》对飞蝗取食部位及其被害（嗜食）程度进行了试验研究。

蝗虫的趋光性。自古以来，人们就认识到飞蝗有趋光性，并以此制定了治蝗方法。张景欧（1925）对此习性做了认真实验后认为：飞蝗成虫趋光性甚弱，用煤油灯于夜间行进，飞蝗则四周散去，许久，个别蝗虫才会慢慢爬近灯火。如以电灯强光，飞蝗亦有趋光性，据实验，普通灯光不能诱之，利用强光在飞蝗休息或取食时亦可诱之一部分。但幼虫初期具有向日光迁移的习性，日出于东方，幼蝻则向东方聚集迁移，日沉于西方，蝗蝻又向西聚集迁移。于夜间用灯光实验，亦可取得相同的效果。

蝗虫残食性。蝗虫因食料缺乏，常会出现互相残食现象。据尤其伟（1926）观察，此现象多出现在初蜕皮之幼蝻，或羽化时足翅残缺者。通过长期观察，尤其伟认为初孵化幼蝻残食性尤烈，先孵出者多占优势，常取食其后孵出者，后孵出者毫无阻挡之力，任其啖食，先食头部，再食胸腹，而六足则不食。也有一些学者认为，蝗虫残食性，除为了取食，主要原因还是为了摄取同类体内的水分。

4. 蝗虫的营养成分

古今中外，几乎无人不知蝗虫是人类之一大虫害。但善于利用者，则变害为利，既可佐食免于饥馑饿殍，又可壅田获得高产，饲畜得取厚利。1925 年张景欧等撰《飞蝗之研究》，向人们介绍了路魄（J. H. Roop）分析的新鲜蝗虫营养成分为：水分 68.4%、脂肪 1.9%、蛋白质 25.1%、纤维 3.4%、灰分 1.2%。由此可见，蝗虫之成分与其他食物无异，故当极力宣传，有蝗时可捕而食之。小林功（1942）《飞蝗的饲料价值》，分析了蝗虫干燥幼虫的营养成分为：水分占 9.32%、粗蛋白 71.21%、粗脂肪 9.10%、碳水化合物 5.13%、粗灰分 5.24%，其成分与鱼粉成分接近，可充分用以饲猪、鸡，定可大获裨益。

5. 蝗虫分布区划分

蝗虫在我国分布很广，相关蝗患记载涉及 25 个省，查明飞蝗在我国的发生地及其分布，是民国时期进展较大的工作。1925 年张景欧、尤其伟在《飞蝗之研究》中指出，飞蝗分布在我国广东、福建、浙江之外的广大地区，以江苏省为害甚烈

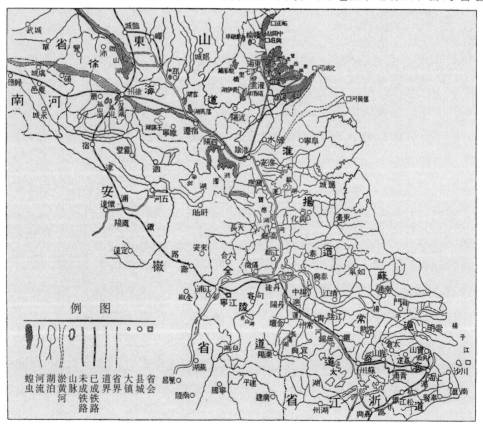

图 3-2 江苏省蝗虫分布

（张景欧，尤其伟，1925.飞蝗之研究．）

（图 3－2）。1928 年陈家祥根据徐光启关于蝗虫分布地区的记述及关于原产地（亦即发生地）、延及地、传入地的思想，以及飞蝗的生活习性，排除了辽宁、四川、陕西、浙江、江西等省为飞蝗原产地的可能性，提出我国飞蝗的原产地为河南、河北、山东、安徽、江苏。他对古代蝗灾发生的统计，上述五省发生蝗灾多至 392 年，浙江省发生 146 年。

1933 年，实业部中央农业实验所在国内第一次大规模组织了全国蝗患调查工作。这次调查工作的方法，主要由各蝗区县政府按《蝗患调查表》汇报当地蝗情，并由中央会同全国的 6 000 余名农情报告员进行实地考察，还邀请了一些治蝗专家到蝗区视察，以尽量减少调查结果的误差。这次调查工作，由中央农业实验所向全国各地省、县政府及农业机关、学校发放统一制定的《蝗患调查表》511 份，收回 361 份，占发放总数的 70.6％。以收回的《蝗患调查表》为基础，加上各地农情报告员的蝗情报告以及有关专家的指导，1934 年 9 月，吴福桢等撰写了《民国二十二年全国蝗患调查报告》并发表。该调查报告指出：这次全国蝗患调查明确了全国蝗虫发生县的分布区域。1933 年，我国飞蝗发生区域计有：南京、江苏、安徽、山东、河南、河北、浙江、湖南、陕西、山西九省一市。在地理分布上，南北在北纬 30°（浙江上虞）至41°（河北昌平）之间；东西则在东经 107.5°（陕西扶风）至 121.5°（江苏启东）之间。地势上，蝗区分布在海拔 50 米以下者为最多，如江苏、安徽、浙江、河北、山东诸省；河南蝗区大都在海拔 50～200 米；湖南及河南部分地区在海拔200～400 米，海拔 400 米以上的高地蝗区仅有陕西三原、扶风及山西五台、曲沃数县。

吴福桢的调查报告列举全国共 9 省 1 市 265 县发生蝗患的名单如下：

河北省：冀县、永清、大名、濮阳、新镇、安国、新河、献县、容城、南乐、赵县、定县、大城、邢台、行唐、静海、永年、获鹿、清河、枣强、磁县、平乡、深泽、任县、武邑、深县、任丘、南和、博野、满城、安平、景县、高阳、曲阳、隆平、衡水、藁城、南宫、固安、天津、安新、沧县、曲周、宁晋、望都、完县、广宗、清丰、巨鹿、尧山、沙河、文安、雄县、正定、清苑、成安、肥乡、鸡泽、饶阳、昌平、徐水、邯郸、栾城、东光、河间、武强、束鹿、交河、唐县、青县、霸县、柏乡、广平、庆云、肃宁、蠡县、定兴、新城、临城、赞皇、威县、故城、晋县、元氏、盐山县。

河南省：内黄、修武、孟津、西平、洛阳、新乡、叶县、温县、嵩县、郾城、沁阳、安阳、济源、太康、宝丰、武陟、汲县、原武、虞城、阳武、郏县、延津、宜阳、耀县、信阳、郑县、方城、商丘、临颍、中牟、永城、正阳、广武、汤阴、孟县、息县、洛宁、禹县、巩县、夏邑、临漳、浚县、获嘉、封丘、睢县、氾水、偃师、新安、灵宝、阌乡、内乡、邓县、鄢陵、舞阳县。

江苏省：赣榆、阜宁、溧水、江阴、丹阳、宜兴、海门、兴化、东海、江宁、东台、泰县、江浦、如皋、川沙、仪征、砀山、萧县、江都、启东、常熟、南汇、铜山、沭阳、淮阴、宝应、宿迁、南通、丰县、武进、涟水、灌云、金坛、睢宁、淮安、盐城、六合、高邮、邳县、沛县、镇江、靖江、泗阳县。

山东省：临朐、海阳、新泰、冠县、沾化、博兴、馆陶、昌邑、东平、益都、寿光、邹平、广饶、临清、巨野、利津、汶上、临沂、宁阳、费县、茌平、青城、邱县、莱阳、无棣、德平、临淄、高苑、德县、夏津、曹县、武城、高唐、齐河、历城、肥城、泗水、峄县、郯城、文登县。

安徽省：怀宁、合肥、凤阳、全椒、涡阳、天长、和县、含山、滁县、嘉山、当涂、宿县、灵璧、芜湖、定远、繁昌、泗县、舒城、蒙城、六安、来安、盱眙、怀远县。

浙江省：萧山、上虞、海宁、杭县、富阳、海盐、余姚、绍兴、长兴县。

湖南省：益阳、常德、安化、桃源、汉寿、永兴、邵阳县。

山西省：五台、曲沃县。

陕西省：扶风、三原县。

南京市。

吴福桢等据全国蝗情调查，提出我国飞蝗的分布，一般以江湖河海之滩地为中心，海拔 50 米以下之地最多，并划分为钱塘江区域、太湖区域、长江滩区域、洪泽湖区域、黄河滩区域、沿海滩区域和其他区域 7 个区域。其中洪泽湖区域为中国蝗虫永久产地，最为重要；河北省（属其他区域）蝗虫则发生于碱地及洼地。这是第一次对我国飞蝗分布地区的概括，除前两个区域为蔓延地，反映了我国飞蝗的主要发生地。

1935 年 7 月，邹钟琳在连续参加全国蝗患调查工作以后，结合历年调查资料，将中国蝗虫发生区域又分为三个区：一为蝗虫适生区。该区北自河北安新，南至安徽临淮，其特征为：全年平均气温 12℃以上，平均降水量 400～800 毫米。飞蝗发生保留地（基地）多分布于此区。如气候适宜，蝗虫发生量会骤然增加，为害极为严重。蝗虫大发生时，亦可由该区迁飞侵入邻近地区。二为蝗虫偶灾区。该区在适生区之外，又分南、北偶灾区，北偶灾区在天津，河北安次、涿县一带；南偶灾区则在安徽合肥，江苏南京、镇江、句容、南通等处。其特征为，在适生区以北者，年均气温 10～12℃；在适生区以南者，年均降水量 800～1 000 毫米。南北偶灾区很少发生蝗灾，只是在大发生年份受适生区的影响，由适生区迁入该区一部分飞蝗而造成灾害。
北偶灾区当年秋蝗产卵亦能越冬，南偶灾区秋蝗产卵受降雨影响极大，气候适宜时，
飞蝗在该区可发生 1~2 年，降雨较大时，飞蝗在此区生长极难。偶灾区飞蝗发生较
重时，亦能蔓延波及不活跃区，由于该区无飞蝗发生保留地（基地），亦不会经常发
生蝗灾。三为蝗虫不活跃区。该区在偶灾区之外，北不活跃区在北平、昌黎、秦皇岛
一带，年均气温 10℃ 以下，由于秋季低温，大多飞蝗不能产卵越冬，因此连续发生
蝗灾的情况甚少。南不活跃区大部分分布于长江下游南岸，年均降水量达 1 000 毫米
以上，受此影响，如遇旱年，该区能偶发 1~2 年飞蝗，但很快为充足的降雨所消灭。
该区内蝗患发生很少，尤以北不活跃区蝗患发生更少（图 3-3）。

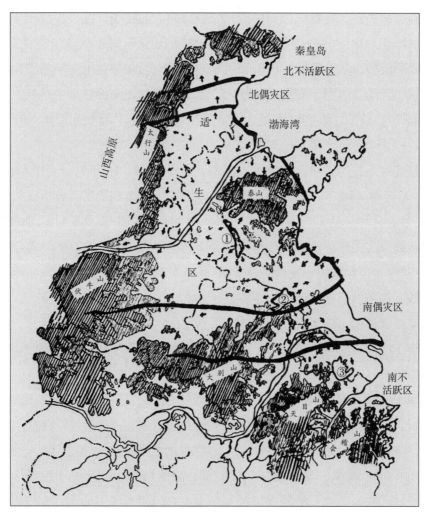

图 3-3　中国飞蝗的分布区域

①微山湖　②洪泽湖　③太湖 → 蔓延方向

（邹钟琳，1935. 中国飞蝗之分布与气候地理之关系及其发生地之环境 .）

西以连绵的山脉为障碍，北以年均气温所限制，南以年均降水量为基础，成为划定中国飞蝗分布三大区域的依据。

6. 蝗虫分布与气候的关系

邹钟琳据实业部中央农业实验所多年的全国蝗患调查报告资料分析：中国飞蝗的发生区域为北纬30°至北纬41°，东经107.5°，向东滨于海这一范围。其中发生较密集的地方在河北、河南、江苏三省，自此三省向南、向北、向西均呈逐渐稀少的态势。据此状况，1935年7月，邹钟琳又结合竺可桢《中国气候区域论》发表《中国飞蝗之分布与气候地理之关系及其发生地之环境》一文，是我国第一篇根据以往资料及实地考察所写的研究论文，具体分析了中国飞蝗分布与扬子江、黄河、淮河、海河四大水系以及山脉的关系。文章认为：中国飞蝗分布地大部在华北区，少部在华中区。华北区的气候特征为年均气温10℃以上，在中部可出现年均400毫米等雨量分割线，每年7月降雨最多，冬季干燥，历年降雨差异很大，因此常会出现旱涝灾害。此区域包括了山东、河南、山西、安徽、陕西、江苏北部和河北南部。华中区气候特征是冬季平均气温10℃以下，年均降水量达750毫米以上，冬季温和而每年4—6月又为梅雨季节，7—9月常遇台风影响，降雨丰富。

关于温度对飞蝗的影响，邹钟琳（1935）选择上海（44年）、杭州（10年）、南京（24年）、天津（10年）的气温资料与该地蝗虫生活史相参考，分析认为：此四地每年5—9月的月均气温19.9～28.3℃，能充分满足飞蝗生长发育对温度的要求，因而每年大多能完成二代。第一代自每年5月上旬至8月中旬，称夏蝗。第二代自7月中旬至11月中旬，称秋蝗。夏蝗发生期在南京为4月下旬，愈往北发生愈迟，但南北差异日数不甚多。而秋蝗活动终了期在天津为10月上旬，愈往南愈迟，然而南北终了期相差日数甚远。南至长江下游地区，秋蝗所产越冬卵如遇高温天气，一部分往往可于当年10月孵化出第三代蝗蝻，第三代蝗蝻有时可为害麦苗，而此现象在华北区则极为罕见。

关于降水量对飞蝗发生的影响，邹钟琳仍应用上海、杭州、南京、天津的气象资料进行分析，认为：当地降水量的多寡与飞蝗的发生关系密切，在飞蝗发生区域内，自南向北，降水量逐渐减少，而飞蝗发生则愈向北愈严重。例如自天津至徐州段，全年降水量400～640毫米，属华北区气候特征，降水量偏少而集中于每年7月，此时飞蝗已由蝗蝻羽化为飞蝗，故降水量对飞蝗成虫的阻碍力显得颇小。南自江苏淮阴以南，进入华中区气候特征，即降水多而集中降水日期差异又很大，集中降水时间多集中于4月、6月，南至宁波又增加8月，计3个降水集中日期。4—6月飞蝗多处于蝻期，如当年梅雨，则夏蝗很难成活。例如杭州，5—9月平均降水量111毫米，6月最高达 249 毫米，故杭州附近，由于充足的降水，限制了飞蝗的繁殖。另外，降水促使了南方湖泊的水位上涨，飞蝗产卵地被淹，蝗虫发生受阻，反之则在旱年会引起湖泊滩地暴露，而有利于飞蝗的繁殖。中国蝗虫发生区域向北主要受到温度的影响，向南，则主要受到降水量及集中降雨日期的限制。

7. 蝗虫分布与山水的关系

据 1929 年、1933 年两次蝗虫迁飞的情况，邹钟琳（1935）研究认为，中国飞蝗分布区域大部限于海拔 50 米以下平原地区的原因之一，是山脉阻挡了飞蝗的迁飞。河北、山西间的太行山脉，河南西部的伏牛山脉，安徽西南的大别山脉及东南的黄山山脉，都能阻挡飞蝗的迁飞。如河北省飞蝗，迁入山西者极少，因此自古以来就有"蝗虫不吃山西"之说。又如河南省的西部、南部均为山脉包围，因而蝗虫多发生于中部、北部地区，而东部冲积平原的蝗虫发生则主要与微山湖有关。山东省中部，由于泰山山脉影响，山东南部微山湖所产蝗虫，颇少飞越泰山危及鲁北，而多危及山东鱼台、嘉祥，河南虞城及江苏沛县、铜山、丰县，安徽的萧县、砀山等地。同时发生于山东东北部蝗虫，也颇少飞越泰山南下，而只是危及利津、沾化、博兴、青城（高青）、广饶、益都（青州）等县。由于山脉的影响，中国飞蝗才得以限制在中国的北部、中部和东部的平原区。

蝗虫分布除受山脉影响，还受水系影响。在中国飞蝗分布区域内自南向北，分布着长江、淮河、黄河、海河四大水系。长江南岸湖泊很多，水位稳定，非特殊年份很少发生蝗灾，但长江沿岸及江心滩地，如安庆与芜湖间鸟落洲，南京附近之江心洲、八卦洲等，偶遇干旱，杂草丛生，一时又不能利用，而成为蝗虫繁殖基地。安徽北部，全为淮河流域之范围，淮水经洪泽湖、高邮湖入长江，若遇夏秋少雨，湖滩大量暴露，极易成为飞蝗繁殖地。淮河流域多年来，一直成为中部地区飞蝗发生基地之一。大发生时，湖中滩地飞蝗常会迁飞至湖之四周地区，江苏、安徽数县最先蒙受灾害，甚至会远飞至杭州湾一带。黄河水系发生飞蝗关键之地，主要分布在山东利津以东黄河入海口之河滩地以及河南郑州、巩县等沿黄两岸。黄河入海口面积辽阔，土质盐碱，杂草丛生，不能种植，一直是飞蝗的繁殖地。黄河两岸土质较好，尽行开垦，在蝗虫大发生时多由附近各县飞入产卵，以致引起蝗蝻暴发。然而处于黄河南部与废黄河故道之间的独山湖、微山湖区长约 100 公里，四周滩地极多，而且平坦，一旦涸水，蝗虫即大暴发，是中国飞蝗的主要繁殖地之一。海河流域主要分布在河北省，受其影响，河北蝗虫密集区域则在徐水至天津平行线之南部。其原因，一是低湿地多。低洼地广布全省，植被又多为禾本科植物，如任县的大陆泽，宁晋的宁晋泊，安新白洋淀至保定间的大片湿地，雨量稀少年份淀泽尽干，芦苇丛生，蝗灾极重。二是碱地多。河北各县均有碱地分布，只是多少不一而已，大部碱地荒芜不用，柽柳、茅草、芦苇等杂草很多，尤以滨海产蝗带所常见，借以繁殖，可连续数年蝗灾不断。三是河滩河床地多。此为北方特有蝗虫发生地之一，河内水流断断续续，涨落无常，河床、河滩常成为飞蝗产蝗基地。海河流域此三种产蝗环境几乎散布于全省中南部地区，以至达河南省北部之地，因此，海河流域发生蝗虫县数最多。

8. 蝗虫天敌调查研究

民国时期，人们对蝗虫天敌的研究，无论在深度和广度方面都比过去的研究认真细致。自1916年戴芳澜提出飞蝗螨类天敌后，先后总结、概括蝗虫天敌种类为12类74种。

鸟类：鹳、鸥、鸦、鹊、杜鹃、鹧鸪、麻雀、鹌鹑、百灵、山鸟、松鸡、驹马、怪鸥鹊、猫头鹰、必胜鸟、沙漠鸟、野鸟、杜丽鹊、海鸟、鹰、鹭、鸢、食蝗鸟、翠鸟、伯劳、燕子，共26种。

寄生菌类：杀蝇菌（抱草瘟菌）、杀蝗菌，共2种。

寄生蜂类：山蜂、黄蜂、野蜂、细腰蜂、土蜂（黑胡蜂）、蝗黑卵蜂、飞蝗黑卵蜂、尼黑卵蜂、蝗卵蜂，共9种。

寄生蝇类：麻蝇、蝗螉、肉蝇、针蝇、花蝇、食虫蝇，共6种。

蜘蛛类：豹蛛，共1种。

蚂蚁类：食蝗蚁、蝗卵蚁，共2种。

螨类：蝗恙虫（红蜘蛛）、壁虱、赤壁虱，共3种。

虻类：长吻虻、蝗蜂虻，共2种。

芫菁类：苹斑芫菁、华地胆、葛上亭长，共3种。

线虫类：铁线虫、雨线虫，共2种。

其他昆虫类：步行虫、虎甲、螽斯、大蟋蟀、叩头虫、螳螂、蝼蛄等，共7种。

其他动物类：青蛙、蟾蜍、鸭子、鸡、蜥蜴、蛇、田鼠、黄鼠狼、牛、马、羊，共11种。

9. 根治蝗患的新认识

自古以来，饱受蝗灾之苦的中国人民就有"去其螟螣""毋害我田稚"的美好愿望，为实现这个愿望，人们与蝗虫奋战了上千年。以往，人们治蝗恨不能一下子治绝了它，往往是一处治毕，另一处又起，今年治毕，明后年又有蝗患，只能治标，找不到有效的根除蝗害的理想方法。曹骥（1985）曾说："迁移蝗不同于一般害虫的最主要之点，在于它需要一个特定的孳生地，消灭这个孳生地，就能致它的死命。"杨惟义（1928）也说："产蝗之区皆为荒地，欲绝蝗祸，非尽去荒地不为功。"付焕光

（1923）、张景欧（1923）在总结过去治蝗只能治标、不能治本的经验教训后，提出了《根本治蝗计划》，一是开垦荒地。中国荒地，各省都有，据统计，荒地占全国总面积的30％左右，可实行农垦、军垦，广泛植树造林，改变蝗区生态环境。二是颁布治蝗法规。动员国家的、地方的和个人的各种能力，统一部署，通力合作，团结治蝗。三是增设昆虫局。开展对蝗虫的研究与防治工作，协调并解决各省根本治蝗的问题。四是推广科学治蝗技术。五是宣传蝗虫知识，破除农民迷信思想。杨惟义（1928）还推广了江苏灌云县龙王荡的蝗区改造经验。龙王荡蝗区，原为产蝗之荒地，后开垦为农田，不但杜绝了蝗患，而且取得了农业丰收。同时指出：有些地方荒地性盐碱，又常患水，因此开荒还必须结合兴修水利，使其既能排水，又能洗碱，一片荒地才能变为万顷良田。但是在封建主义旧中国，言根本治蝗计划谈何容易，正如张景欧（1925）指出："农民饱受兵匪之惊扰而流离失所，尚不能安居乐业，言治蝗，真空谈耳。"

（三）近代蝗虫主要调查研究活动

1913年，民国政府中央农事试验场成立，设病虫害科，1914年开始考察长江南北蝗灾情况。

1915年，安徽大蝗，中国昆虫学家应安徽省的邀请，实地考察皖北蝗灾区的蝗情，提出了对永生蝗区治水、垦荒、造林等根除蝗害的建议。

1916年，金陵大学成立农科，开始培养中国自己的害虫防治专家，成为创立和开拓中国蝗虫学史的前导。

1922年，江苏昆虫局在南京正式成立，开展包括蝗虫、螟虫等主要害虫的研究、防治事宜，并在清江、徐州和省立第三农校各设一个捕蝗分所。

1923年2月，付焕光在《农学杂志》上发表《治蝗》一文，在总结过去治蝗时只能治标不能治本的教训后，提出了改、治结合的根本治蝗计划。

1923年8—9月，张景欧在《科学》杂志上发表《蝗患》一文，将我国的飞蝗定名为赤足飞蝗和隆背飞蝗两种，并在蝗虫除治方面，推广使用喷雾器喷洒砷酸铅、亚砷酸钠、巴黎绿等农药。

1925年9月，张景欧、尤其伟在《农学杂志》发表论著《飞蝗之研究》，认为飞蝗为不完全变态昆虫，凡经5次蜕皮而羽化为成虫，其蝗蝻龄期长短与温湿度、食料植物及蝗虫个体发育等因素有密切的关系；并从飞蝗的地位、飞蝗的分布、飞蝗的食料、飞蝗的形态、飞蝗的发育、飞蝗的习性、飞蝗的防治、飞蝗的用途等诸多方面进行了系统研究。

1926 年，尤其伟《飞蝗》一文对飞蝗的交配、产卵、取食等习性进行了较为系统的研究论述。

1928 年，江苏省昆虫局改组，开始对飞蝗生活史、生活习性、为害及天敌利用等进行系统研究，并试验白砒代替巴黎绿配制毒饵，倡导毒饵治蝗，同时开展江苏省蝗虫种类及其分布的调查研究。陈家祥在《蝗虫研究所工作报告》中，对蝗虫取食习性进行阐述；杨惟义在江苏省昆虫局海州第三捕蝗所研究提出蝗虫查卵方法。

1930 年春，江苏省昆虫局根据 1929 年冬季蝗卵调查结果，结合冬季气温严寒、春季又多雨少晴的天气情况，作出了 1930 年夏蝗发生偏轻的预测预报。把蝗虫侦查结果首次应用到蝗虫预测预报上，并获得了成功，充分发挥了侦查工作在治蝗当中的作用。

1931 年 5 月，河北蝗灾几遍全省，白洋淀、宁晋泊、大陆泽、七里海等湖沼地及运河、永定河、大清河、滹沱河、胡卢河两岸分布更多。5 月，河北省政府派员分赴各县调查督捕，并通过治蝗暂行简章 13 条。

1932 年，湖南农事试验场建立虫害系，开始对黄脊竹蝗生活史进行调查研究。

1933 年，实业部中央农业实验所为明确全国蝗虫的发生状况，大规模组织了全国蝗患调查。这次调查工作的方法，主要由各蝗区县政府及农业机关按《蝗患调查表》汇报当地蝗情，并由中央会同全国的 6 000 余名农情报告员进行实地考察，还邀请了一些治蝗专家到蝗区视察，以尽量减少调查结果的误差。这次调查，由中央农业实验所向全国各地省、县政府及农业机关、学校发放统一制定的《蝗患调查表》511 份，收回 361 份，占发放总数的 70.6%。以收回的《蝗患调查表》为基础，加上各地农情报告员的蝗情报告以及有关专家的指导，得知全国蝗虫的发生情况。这是我国第一次大规模地组织全国蝗患调查。

1934 年，吴福桢、郑同善发表实业部中央农业实验所《民国二十二年全国蝗患调查报告》。调查报告列举 1933 年 9 省 1 市 265 县发生蝗患，展现了全国蝗患调查工作的巨大成果。民国时期全国蝗患之调查，每年举行一次，其作用有五个方面：其一，根据产卵面积再加以气候关系及寄生病虫情形，预测次年之蝗患。其二，测定蝗患大发生之假定周期性。其三，决定全国蝗虫永久产生地带之分布及其环境。其四，明了全国蝗患之损失。其五，查出蝗患大发生之因子，以策根本防治。

1934 年，蔡邦华在研究历代蝗灾发生与水旱灾的关系后，着重研究了 5—7 月的降水量和冬季气温、干湿度与蝗虫发生的相关性，发表了《中国蝗患之预测》一文，这是我国最早的一篇关于飞蝗预测预报的论述文章。

1935 年，吴福桢在论著《中国蝗虫问题》中，概述了中国关于蝗虫变型问题的研究结果。邹钟琳连续参加全国蝗患调查工作以后，结合历年调查资料，发表论文《中国飞蝗之分布与气候地理之关系及其发生地之环境》，将中国蝗虫发生区域分为蝗虫适生区、偶灾区、不活跃区。陈家祥开展历史蝗灾研究，其《中国历代蝗患之记载》收集整理了自前 707 年至 1935 年我国的蝗灾记载 794 年。

三、当代蝗虫科学研究

新中国成立以后，蝗虫研究工作得到高度重视，国家投入大量的人力和物力，一大批科学家致力以东亚飞蝗为重点的蝗虫研究与防治工作。在东亚飞蝗生物学、生态学和防治技术等方面取得巨大进步，对蝗虫的发生危害规律有了全新的认识，并在不同时期研究制定了科学的防控措施，为各级政府和农业部门控制蝗灾提供了有力支撑。

（一）蝗虫生物学和生态学研究

20 世纪 50—70 年代，中国科学院、中国农业科学院等单位投入大量科研力量，以钟启谦、魏鸿钧、吴福桢、曹骥、陈家祥、马世骏、钦俊德、邱式邦、李光博、尤其儆、郭尔溥、夏凯龄、陈永林、郭郛等为代表的一大批科学家，对东亚飞蝗分布、蝗区形成演变、蝗虫生物学以及蝗区改造、防治技术等进行全面、系统的调查研究。同时，对其他灾害性蝗虫种类也不同程度地开展了研究。许多专家长期深入山东微山湖、江苏洪泽湖等蝗虫孳生区开展调查研究和科学实验，并及时将研究新进展、新成果加以应用。

1. 种类与分布

自 1936 年起确定我国飞蝗为东亚飞蝗后，1955 年报道新疆的飞蝗为迁移飞蝗，后称亚洲飞蝗。1956 年提出内蒙古沿湖及河流两岸的飞蝗可能也是亚洲飞蝗，以后得到证实。1963 年报道西藏的飞蝗为另一个亚种西藏飞蝗。因而，我国共有 3 个飞蝗亚种。东亚飞蝗除在河北、山东、河南、安徽、江苏发生，在广东、广西尚发现小面积的发生地。

2. 蝗区形成与演变

马世骏在 1956 年首次提出四类蝗区基础上，于 1960 年明确划分为四类蝗区，即滨湖蝗区、沿海蝗区、内涝蝗区、河泛蝗区。四类蝗区所占比重以 1957—1959 年积累的最大发生面积计算，分别依次为 29.7%、20.5%、39.4%和 10.4%；四类蝗区发生基地的面积分别为 25.8%、41.8%、8.7%、23.7%。1962 年马世骏提出四类蝗区分别包括性质不同的小蝗区，称为蝗区的次级结构。每类蝗区所包含的次级结构不同，各类蝗区次级结构间能互相转化，并导致不同类型蝗区间的互相转化，反映了蝗区的发展或趋于消灭的动态变化。滨湖蝗区、沿海蝗区、河泛蝗区在趋于消灭的过程中，其次级结构一般都经内涝型而趋向消灭，表明内涝蝗区可能是以往蝗区自然变化的最终因素。马世骏、陈永林根据大量历史资料，分析发现东亚飞蝗各类蝗区的形成与黄淮平原的生成，特别是与此平原上黄淮水系的生成变化有密切关系。黄河较大的改道对于河泛区蝗虫发生地的形成以及滨湖蝗区的形成，都有较明显的作用。在影响蝗区形成的地形、气候、水文、土壤以及植被五个因素中，水文是作用中心，它不仅在蝗区形成上起主导作用，而且在当前蝗区变化中也有决定性影响。

3. 蝗区改造

1965 年总结了关于四类蝗区的改造经验。滨湖蝗区以洪泽湖蝗区为例，采取了控制湖水水位、绿化造林、改种水稻、耕垦荒地等措施。黄海蝗区采用培育高芦苇田、扩建盐场、修建平原水库以及旱地改水田、改良土壤、开垦荒地、改种棉花等措施。河泛蝗区采用开辟人工湖及分洪区、治理河道、洼地改稻田等。内涝蝗区利用洼地或旧河道蓄水，平整土地，实行沟洫畦田的耕作方法等，均有明显效果。对南阳湖蝗区改造过程中的昆虫群落演替进行调查，发现随着自然植被为栽培作物所替代，昆虫群落的组成也随食料植物及生境的演变而发生变化。1965 年马世骏等《中国东亚飞蝗蝗区的研究》一书出版，以生态地理学的动态观点，阐述我国东亚飞蝗蝗区的形成、自然地理特征及其演变规律，并结合四类蝗区飞蝗发生的特点，概括说明改造蝗区的理论依据、实施途径及经验，是一部东亚飞蝗蝗区系统研究的总结性著作。

4. 飞蝗中长期预测

1958—1959 年马世骏先后以降水量、温度、晴雨日数、湖水位及虫口基数为依据，提出发生程度的经验公式。1962—1963 年，马世骏、丁岩钦等开展飞蝗中长期数量预测研究。他们以洪泽湖蝗区为例，从作用于湖区飞蝗数量变动的自然地理因素、人为因素和飞蝗种群若干生物学因素，根据 1663—1962 年 300 年间水、旱、蝗发生的资料及 1913—1962 年淮河流域各月降水等级图的资料等，用计算机进行多因素分析，提出三种预测方法。这项数量预测研究不仅在国内是首创的，而且在国际同类工作中也属先进水平。

5. 蝗虫的生物学研究

20 世纪 50—70 年代，郭郛、陈永林等围绕蝗虫的形态学与生物学开展了一系列研究。如东亚飞蝗生活史及种群数量中的调节机制；东亚飞蝗飞翔过程中脂肪和水分消耗及温度的影响、飞翔对性成熟及生殖的影响；东亚飞蝗生殖研究方面，关于咽侧体的作用、去势和交尾的生理效应、成虫生殖腺发育过程中几种主要成分的变化、雄蝗促性腺因子的作用及来源等；东亚飞蝗两型的生物学特性和形态的比较，东亚飞蝗的嗅觉反应和触角机能；东亚飞蝗的消化、生殖、感觉器官等各系统的解剖与组织构造等。印象初、刘举鹏、郑哲民等对飞蝗和其他蝗虫开展分类学研究。上述研究为掌握蝗虫发生动态以及发展我国昆虫学作出有益的贡献。

6. 水位对蝗虫的影响研究

1966 年后蝗虫研究一度中断。20 世纪 70 年代陈永林、龙庆成及济宁专区农业局、泗洪县蝗虫防治站的有关同志，对微山湖、洪泽湖蝗区改造过程中的飞蝗发生动态进行了调查研究。同时，根据蝗区改造后出现的低密度情况，丁岩钦、李典谟等开展东亚飞蝗分布及蝗蝻抽样方法的研究，提出采用 100 平方尺的最适配额分层抽样。

根据对微山湖、洪泽湖 20 多年飞蝗发生动态变化的观察研究，再次证明兴修水利、控制湖水水位，是抑制飞蝗发生数量与发生面积、改造蝗区的关键。1964 年微山湖二级坝工程完成后，湖滩浅水区及泛水区全部漫水，使飞蝗繁殖场所转移到湖滩阶地及一部分外围阶地。随着这些阶地改种水稻、实行稻麦两熟，飞蝗在湖堤外的产卵场所由过去连片被割成点线。到 1970 年随着湖堤与田埂的绿化，飞蝗在湖区的常年产卵场所才基本消灭。同样洪泽湖区在 20 世纪 60 年代完成水利工程配套，使 40 多万亩内涝蝗区不再受淹，结合农田基本建设实现河网化和沟、渠、田、路、堤的全面绿化，并扩种水稻、增植棉花和油菜等经济作物，使过去大面积、高密度的蝗区被分割成点线零星发生。在此期间，以 1963 年、1964 年、1969 年、1970 年发生最轻，一直到 1976 年皆不需防治。然而 1977—1978 年由于连续特大干旱，洪泽湖水位下降，致使许多滩地全部露出水面，夏蝗向退水地带聚集产卵，引起秋蝗大发生，不得不再次采用飞机防治。直到 1979 年秋洪泽湖水位恢复，蝗虫密度未达到防治标准。这充分表明蝗区改造后的成果能否巩固，仍取决于控制湖水水位的能力。

根据 20 世纪 70 年代末的统计，新中国成立以来大部分老蝗区如洪泽湖、微山湖、黄泛区、鲁豫交界的七十二大洼，黄海、渤海部分沿海蝗区，以及河北、山东、河南等省的内涝蝗区，都已彻底改变了蝗区的原来面貌。这些蝗区占新中国成立前蝗区面积的 75%。从各类蝗区看，其中内涝蝗区已基本完成改造，滨湖蝗区除一部分地区，大多已完成改造，这与滨湖蝗区、内涝蝗区的形成较晚是一致的；由于黄河摆动及出口处延伸造成的蝗区，还有待于蝗患的根治；沿海蝗区结构比较复杂，有其独特的限制因素，因此，还有较多地区有待改造，这与沿海蝗区发生基地百分比最高也是一致的。蝗区防治面积趋于稳定，约占新中国成立前蝗区面积的 10% 左右。

（二）生物防治与可持续控制研究

20 世纪 80 年代中期以后，中国科学院、中国农业大学、重庆大学、各级植保系统等科研教学推广单位，加强了生物防治、生态控制、高效施药等研究与推广应用。新疆草原治蝗站范福来等于 20 世纪 60—90 年代，长期从事草原蝗虫的监测与防治，开展草原牧鸡牧鸭、粉红椋鸟等生物防治草原蝗虫示范应用，积极探索草原蝗虫生态控制措施，取得显著进展。20 世纪 80 年代后期至 90 年代后期，中国农业大学严毓骅、张龙、石旺鹏等开展蝗虫微孢子虫等生物防治技术研究，并在海南、天津、河南、河北等省市开展试验示范和推广应用。

1988—1993 年，全国植物保护总站朱恩林、李玉川组织山东、河南、河北、天津、山西、黑龙江等省市开展北方农区土蝗优势种发生规律及综合防治技术研究。1987—1999 年，朱恩林、吕国强、常兆芝等组织全国蝗区省植保站开展东亚飞蝗蝗区勘察和可持续治理技术研究。在摸清蝗虫孳生地土壤、植被、天敌、气候、水文等生态和生物因子演变情况基础上，根据蝗虫的发生频率进行分区治理。将我国遗留的151 个蝗区县（市、区）蝗虫发生区划分为三种类型，共 2 295 万亩，其中一类蝗区（重点蝗区）46 个县（市、区），面积 495 万亩；二类蝗区（一般蝗区）56 个县（市、区），面积 825 万亩；三类蝗区（偶发区和监视区）49 个县（市、区），面积 975 万亩。针对不同类型蝗区，采取相适应的生态控制模式：沿海蝗区采取丰育草场、蓄水养苇、保护天敌、垦荒植棉（苜蓿）等以植被改变为主的生态控制措施。内涝蝗区采取排涝行洪、精耕细作、改造台地，形成上能旱涝保收、下能蓄水养鱼的"上粮下鱼"农业生态区，减少适宜飞蝗孳生的环境，逐步抑制种群密度，减少蝗区面积。河泛蝗区调整种植业结构，在黄河二滩加强农业开发，在行洪规定的范围内，适度种植大豆、油菜、芦笋、棉花等蝗虫非喜食作物，降低蝗虫密度 60% 以上；在老滩发展畜牧业和水产养殖，巩固蝗区改造成果。滨湖蝗区采取稳定水位、保护利用天敌的生态控制措施，在微山湖、洪泽湖和天津北大港水库减少化学农药使用，加强对飞蝗黑卵蜂、中国雏蜂虻以及益鸟、蜘蛛、蛙类等天敌的保护利用，结合生物制剂和高效化学制剂的超低容量精准使用，实现蝗虫可持续控制。

"九五"期间，朱恩林等主持了国家科技攻关计划"飞蝗综合防治技术的集成与示范"项目，针对我国飞蝗防治技术组装不配套、防治效果不理想和防治成本偏高等问题，在山东、河南、河北、天津的沿海、河滩、湖泊、水库等蝗虫发生区开展可持续控制技术的集成与示范，并提出 8 个区域性防治技术模式。"十五"期间，张龙等通过农业公益性行业科研专项开展了"我国迁移性蝗害绿色防控技术研究与示范"，重点对我国迁移性蝗虫防治的共性关键技术薄弱环节开展研究，在蝗虫 GIS 和 GPS 防治指挥辅助信息系统、亚洲小车蝗暴发关键影响因素、东北地区亚洲飞蝗的生物学特性和发生规律、飞机防治精准施药自动控制、绿色防控技术模块的集成示范等方面取得新进展。

21 世纪初，重庆大学夏玉先、王中康等开展防治蝗虫的绿僵菌工厂化生产和田间应用技术研究，开发生产和登记了超低容量油剂，经在天津、河南、河北等东亚飞蝗常发区示范和推广应用，取得良好持续控制效果。

（三）分子生物学研究

2005 年，张民照、康乐在《中国科学（C 辑）》报道，研究中国飞蝗 11 个地理种群的遗传分化、种群间相互关系以及空间隔离在种群分化中的作用。用遗传距离和空间距离进行 Mantel 测验，发现它们存在极显著的相关性，说明地理隔离在飞蝗地理种群分化的过程中起重要作用。飞蝗种群聚类分成由黄淮平原、新疆和内蒙古、西藏和海南种群组成的四大分支。主成分分析发现 11 个种群明显聚集成黄淮平原种群、新疆和内蒙古种群、海南种群和西藏种群 4 簇。所有个体聚类则分成 5 个分支：黄淮平原种群、海南种群、新疆和内蒙古种群、新疆哈密种群和西藏种群。认为飞蝗在中国东部呈明显的连续和梯度变异特点，进一步划分亚种既不实际也无必要。

2013 年，马川、康乐在《应用昆虫学报》第 1 期对飞蝗的种群遗传学、亚种分类的研究历史、研究进展以及飞蝗地理种群的谱系地理关系进行了阐述。认为飞蝗的远距离迁移习性，不同地理种群间的基因交流非常复杂。基于形态学特征，飞蝗曾被建议划分为 13 个亚种。然而，这些亚种的分类地位一直存有争议，不同亚种或地理种群间的亲缘关系也不十分清楚。通过飞蝗分子谱系地理学研究，尤其是基于线粒体基因组序列的研究，为飞蝗的种群遗传关系提供了全新的观点。线粒体基因组研究结果表明，飞蝗起源于非洲，通过南北两条主要线路扩散到全世界。分子证据证明世界范围内仅有 2 个飞蝗亚种，分布于欧亚大陆温带地区的飞蝗属于亚洲飞蝗 *Locusta migratoria migratoria*，分布于非洲、大洋洲和欧亚大陆南部地区的飞蝗属于非洲飞蝗 *Locusta migratoria migratorioides*，所有其他的亚种和地理宗都是这两个亚种的地理种群。

2014 年，由中国科学院动物研究所康乐领衔，深圳华大基因研究院和中国科学院北京生命科学研究院等单位参与，采用新一代测序技术，对飞蝗基因组进行了测序、组装、注释等，获得飞蝗基因组图谱。研究成果在《自然·通讯》发表，公开了飞蝗基因组数据。飞蝗基因组是人类的两倍多，约是果蝇基因组的 30 倍，预测出大约 17 300 个蛋白质编码基因。同时完成的还包括飞蝗的遗传图谱以及飞蝗重要生物学特性的基因组学基础。基于基因组信息，这项研究还揭示了飞蝗食性、迁飞和群聚的奥秘，为进一步揭示蝗灾暴发机制，以及探索可持续性治理策略和新的控制方法提供了基因组资源。康乐长期从事生态基因组学研究，将分子生物学与生态学结合，系统研究昆虫适应性和表型可塑性。此外，石旺鹏、张龙等开展了东亚飞蝗聚集信息素生理活性相关研究。

（四）当代蝗虫主要研究报道

1950 年华北农业科学研究所出版了钟启谦、魏鸿钧主编的《飞蝗及其防治》；《中国农业研究》发表了钟启谦《几种杀虫剂对东亚飞蝗的胃毒及触杀研究》、曹骥《历代有关蝗灾记载之分析》；《中国昆虫学报》发表曹骥等《六六六对于飞蝗蛹期的熏蒸作用》；《农业科学通讯》发表曹骥《有关治蝗的几个技术问题》《津海运河卫河三区蝗虫发生地调查概况》等文章。通过实验，证实 γ-六氯苯杀蝗效果最好，我国开始研制以 γ-六氯苯为主要原料的六六六药粉，并获得成功。

1951 年，吴福桢《中国的飞蝗》由上海永祥印书馆出版，该书全面介绍了中国飞蝗的种类、形态、发育、生活年史和习性，飞蝗的分布和为害区域，飞蝗大发生的原因、变型学说和防治方法；商务印书馆出版了黄逸之编著的《蝗虫》一书；华东人民出版社出版了何兆熊撰《飞蝗防治法》；《农业科学通讯》连续发表李占英《滦南丰南沿海地带捕蝗法》、曹雨晴《怎样测算蝗蛹发生面积及发生密度》、曹骥《参加飞机治蝗的体验》《从今年飞蝗发生情形讨论今后应采取的防治途径》、李光博等《静海县蝗虫发生调查及毒饵防治示范报告》《毒饵治蝗的研讨》、夏云峰《怎样铲除蝗虫》、尹善等《黄骅县扑灭蝗虫工作情况介绍》、张香蓉《如何才能正确侦察蝗情》、刘芹轩等《用六六六治蝗的经验》等多篇论文。《中国农报》还介绍了中共沧县地委撰写的《河北黄骅治蝗工作总结》；《人民日报》发表了《消灭虫害，争取丰收》的社论。

1952 年，《中国农报》发表了林英《黄骅县消灭夏蝗的经验》、邱式邦等《安次县毒饵治蝗的经验介绍》、陈励生《乳山县铁山区三年来的治蝗工作》、萧宾诺夫斯基《苏联灭蝗经验》；《昆虫学报》发表了徐凤早等《几种蝗科昆虫的腹听器》；《农业科学通讯》发表了邱式邦等《为什么提倡毒饵治蝗》《毒饵治蝗的方法》《对于侦查蝗虫方法的建议》、王德浩《六六六撒粉与用毒饵杀蝗效力的比较》、曹骥《参加沛县毒饵治蝗简记》等文章。首次引进国外的治蝗经验，介绍苏联使用毒饵治蝗、地面撒药粉治蝗和飞机治蝗的情况。

1953 年，《中国农报》发表了陈家祥《为什么必须停止单纯耕卵挖卵和挖封锁沟

的治蝗老办法》、农业部植物保护司《掌握治蝗有利时机，消灭蝗蝻于 3 龄以前》《做
好药械治蝗工作的意见》；《昆虫学报》发表刘维德《飞蝗腹听器的形态及其发生》、
岳宗《1951 年飞机治蝗的成绩与经验》、虞佩玉等《飞蝗蝻期各龄外部形态上的区
别》；《生物学通报》发表郭郛《从蝗虫的变型说到灭蝗》；《农业科学通讯》发表邱式
邦等《蝗虫的侦查问题》《1952 年推广毒饵治蝗的结果》《侦查蝗虫工作中存在的问
题和改进意见》《几种主要蝗卵的识别》《值得注意的全国土蝗问题》、李光博等《有
关毒饵施用技术上的两个问题》《怎样认识飞蝗和它的龄期》、杨寿椿《安徽省六安专
区发生第三代蝗蝻》等多篇论文。陈永林等合著、马世骏作序的《侦查蝗情办法》，
由宿县专区泗洪蝗虫防治站刊印，详细介绍了查卵、查孵化和查蝻、查成虫"三查"
工作，首次刊登了飞蝗胚胎的 5 个重要发育阶段形状图。

1954 年，《昆虫学报》发表尤其儆等《散栖型东亚飞蝗迁移习性初步观察》、郭
郛《寄生蝗虫的拟麻蝇》、钦俊德等《蝗卵的研究：Ⅰ. 东亚飞蝗蝗卵孵育期中胚胎
形态变化的观察及野外蝗卵胚胎发育期的调查》、贝·比恩科《蝗虫生态学》；《科学
通报》发表马世骏《洪泽湖及微山湖地区蝗虫研究工作概况介绍》；《中国农报》发表
郭尔溥《飞机治蝗效力显著提高》；《农业科学通讯》发表邱式邦等《1953 年毒饵治
蝗情况》、于紫电《治蝗的两个窍门》、邱式邦等《几种主要蝗虫的识别》等文章。中
国科学院昆虫研究所蝗虫工作组提出了《根治洪泽湖区蝗害建议（草案）》，指出：改
造飞蝗发生地的关键在于治水，洪泽湖区大雨后上水就淹，水退后无雨就旱，控制湖
区水位变化，使湖区不再成为飞蝗的适宜发生地。通过开垦荒地、种植蝗虫不喜食植
物等措施，降低飞蝗种群数量，使蝗区得到改造。农业部植物保护处主编《中国农业
主要病虫害及其防治（第一集）》，刊载了《蝗虫及其防治》一文。赵建铭等编著、马
世骏作序的《微山湖和洪泽湖区常见的蝗虫》由财政经济出版社出版，详细介绍了微
山湖和洪泽湖区常见的 19 种蝗虫卵、蝻和成虫的外部形态和生活习性。

1955 年，中国科学院昆虫研究所蝗虫工作组提出了《根治微山湖区蝗害建议
（草案）》，指出：根除微山湖区蝗害的原则是蓄洪、蓄水、便利航运、合理利用沿湖
荒地。根除微山湖区蝗害的办法有筑堤防水，浚河排涝控制湖水位，开办机耕农场，
改良土地利用方法，沟洫畦田台田化，植树护堤，在退水地种麻等措施。《昆虫学报》
发表郭郛《中国古代的蝗虫研究的成就》、刘玉素等《东亚飞蝗消化系统的解剖和组
织构造》、张学祖《新疆蝗虫初步观察》；《昆虫知识》发表邱式邦等《几种饵料对蝗
虫嗜食性的比较》、马世骏《我国的大害虫——飞蝗》、张学祖《怎样布置飞机治蝗的
信号》、郭尔溥《介绍苏联的侦查残蝗和蝗卵的办法与工作中的几点经验》；《农业科
学通讯》发表了张福海《草饵防治飞蝗》、陈绍武等《微山湖鸭群治蝗的几点体会》、

沈崇本《跟水位，查蝗情》。江苏省农业厅主编《飞蝗防治法》，由江苏人民出版社出版。《农业学报》刊登郑作新等《微山湖及其附近地区食蝗鸟类的初步调查》，发表微山湖附近食蝗鸟类 18 种，即小鸊鷉、草鹭、池鹭、牛背鹭、麻鳽、游隼、红脚隼、小杓鹬、燕鸻、白翅浮鸥、短耳鸮、喜鹊、灰喜鹊、秃鼻乌鸦、白颈鸦、乌斑鸫、红尾伯劳、田鹨，食蝗较多的为燕鸻、白翅浮鸥、田鹨 3 种。

1956 年，农业部植物保护局发出《飞蝗的预测预报试行办法》，指出：蝗虫预测预报工作的主要内容包括查卵、查蝻和查成虫"三查"工作。农业出版社出版了农业部植物保护局等合编的《消灭飞蝗为害》，通俗读物出版社出版发行了朱先立主编的《飞蝗的故事》。《昆虫学报》发表钦俊德等《蝗卵的研究：Ⅱ．蝗卵在孵育时的变化及其意义》、郭郛《东亚飞蝗的生殖》；《科学通报》发表马世骏《根除飞蝗灾害》；《农业科学通讯》发表邱式邦等《飞蝗》《介绍一种轻便捕蝗器》等文章。

1957 年，邱式邦等主编《飞蝗及其预测预报》由财政经济出版社出版。《昆虫学报》发表陆近仁等《东亚飞蝗的骨骼肌肉系统：Ⅰ．头部》、钦俊德等《东亚飞蝗的食性和食物利用以及不同食料植物对其生长和生殖的影响》；《科学通报》发表郭郛《咽侧体对东亚飞蝗生殖的作用》、陈永林等《新疆蝗虫地理研究》、马世骏《东亚飞蝗猖獗周期特性的研究》；《昆虫知识》发表刘富春《防治飞蝗成虫的经验介绍》；《农业科学通讯》发表陈祖瑜《我对稻改地区防治散居型飞蝗的看法》、李光博《我对飞蝗防治工作的几点意见》、邱式邦等《防治莜麦蝗虫》等多篇论文。

1958 年，科学出版社出版了夏凯龄主编《中国蝗科分类概要》，这是第一部有关中国蝗虫分类的专著，全书记述了 6 亚科 91 属 211 种中国蝗虫的形态特征。《昆虫学报》发表了马世骏《东亚飞蝗在中国的发生动态》、尤其儆等《东亚飞蝗的生活习性》、钦俊德《蝗卵的研究：Ⅲ．东亚飞蝗卵的失水和耐干能力》、郭郛《东亚飞蝗生殖期及去势情况下咽侧体的比较观察》；《动物学报》发表了项维《飞蝗杂种的细胞学的研究》；《昆虫知识》发表了尤端淑等《野外东亚飞蝗的饲养、观察和调查方法》；《农业科学通讯》发表了郭尔溥《提高警惕加强内涝蝗区的治蝗工作》、尤其杰《飞蝗的物候预测初步观察》等文章。

1959 年，《昆虫学集刊》发表马世骏等《蝗虫研究与防治》；《昆虫学报》发表刘玉素等《东亚飞蝗生殖系统的解剖和组织构造》、楼亦槐《沿淮蝗区水涝与飞蝗发生关系的初步调查及其在防治措施上的探讨》、钦俊德等《蝗卵的研究：Ⅳ．浸水对于蝗卵胚胎发育和死亡的影响》、郭郛《东亚飞蝗生殖的研究：去势和交尾在生理上的效应》；《科学记录》发表郭郛《东亚飞蝗成虫生殖腺的相互移殖》；《昆虫知识》发表聂秀生等《山东省聊城专区 1957 年东亚飞蝗发生期物候观测》、尤其儆《拟麻蝇对蝗虫寄生的初步观察》、章士美《江西东亚飞蝗分布概况及其不成灾原因的分析》《庐山牯岭采到东亚飞蝗》；《中国科学通讯》发表钦俊德《根治蝗害》等文章。

1960年，农业出版社出版了农业部植物保护局主编的《坚决打好灭蝗战役，为根治蝗害而奋斗》一书，介绍了"改治并举"的根治蝗害方针、飞蝗主要防治方法及改造飞蝗发生地的经验。《中国农业科学》发表了马世骏《东亚飞蝗发生地的形成与改造》；中国科学院动物研究所刊印了马世骏《中国东亚飞蝗生态学的研究》；《昆虫学报》发表了刘玉素等《东亚飞蝗循环系统和排泄器官的解剖和组织构造》《东亚飞蝗的感觉器官和附肢的组织构造》等文章。

1961年，《昆虫学报》发表陈元光等《东亚飞蝗翅振频率的初步研究》；《中国植物保护科学》发表马世骏《改造东亚飞蝗发生地》等文章。

1962年，江西人民出版社出版了江西科技普及协会主编《消灭蝗虫的好办法》一书。《昆虫学报》发表马世骏《东亚飞蝗蝗区的结构与转化》、罗祖玉等《东亚飞蝗生殖的研究：抱持动作在生理上的效应》、黄冠辉等《东亚飞蝗飞翔时的体温变化》；《植物保护学报》发表邱式邦等《蝗虫的分布消长和活动与植被关系的研究》等文章。

1963年，《昆虫学报》发表陈永林《飞蝗的一个新亚种——西藏飞蝗》；《植物保护》发表马世骏《飞蝗的侦查与计算方法》、王炳章《防治飞蝗 改治并举》；《昆虫知识》发表郭尔溥《飞机喷粉防治东亚飞蝗的用药量问题》；《动物学报》发表郑哲民等《陕西省蝗虫的初步调查报告》等文章。科学普及出版社出版了由中国植物保护学会主编、陈永林编写文字的《蝗虫挂图》，图式分为"飞蝗在我国的分布""飞蝗的一生""改治并举，根除蝗害"对开3张，这是我国首次出版蝗虫挂图。

1964年，《昆虫学报》发表黄亮文等《东亚飞蝗二型生物学特性的初步研究》、虞佩玉等《东亚飞蝗的骨骼肌肉系统：Ⅱ·胸部》、黄冠辉《飞翔对东亚飞蝗性成熟和生殖的影响》；《科学通报》发表郭郛等《雄蝗分泌出促进雌蝗卵巢成熟的物质》；《实验生物学报》发表陈宁生《东亚飞蝗的嗅觉反应和触角机能》；《植物保护学报》发表尤端淑等《东亚飞蝗产卵及蝗卵孵化与土壤含盐量的关系》；《昆虫知识》发表吴亚《高温低湿对东亚飞蝗一龄蝻生长的影响及其实验方法》、胡少波《广西柳州地区东亚飞蝗大发生原因及其防治意见》等文章。

1965年，中国科学院动物研究所向农业部植物保护局呈送《蝗虫测报技术碰头会纪要》。农业出版社出版农业部植物保护局主编《杂粮病虫害预测预报资料表册》，其中收录了1951—1963年的蝗虫资料；科学出版社出版了马世骏等主编《中国东亚飞蝗蝗区的研究》。《中国农业科学》发表了金思明《从阜阳蝗区近年来飞蝗发生的特点讨论今后防治策略》；《昆虫学报》发表郭郛《东亚飞蝗生殖的研究：咽侧体的作用》、马世骏等《东亚飞蝗中长期数量预测的研究》、高慰曾《东亚飞蝗两型形态比较初步研究》；《植物保护》发表郭尔溥《蝗情变化以后的防治措施》；《动物学报》发表马世骏等《东亚飞蝗种群数量中的调节机制》；《科学通报》发表马世骏《根除蝗害的阶段性》；《植物保护学报》发表黄心华等《高温低湿土壤对东亚飞蝗卵孵化的影响》等文章。

1966 年，《科学通报》发表郭郛等《雄蝗促性腺因子的作用及其来源》、夏邦颖等《东亚飞蝗卵巢中核酸和蛋白质的合成与激素调节》；《昆虫学报》发表陈元光等《东亚飞蝗鼓膜器对于不同方向声刺激的反应》；《植物保护》发表河北省农业厅植保处编《河北省糠麸毒饵治蝗的经验》；《昆虫知识》发表郭尔溥等《关于抽条普查、等距取样查蝻方法的试验》等文章。

1973 年，《动物利用与防治》发表山东省鱼台县科技办公室等编《鱼台县东亚飞蝗蝗区改治经》。

1974 年，《昆虫学报》发表夏邦颖等《东亚飞蝗生殖的研究：雌蝗成虫卵巢发育过程中核酸和蛋白质的代谢与激素调节》、河北省丰南县农林局编《采取综合措施改变蝗区面貌》、山东省济宁地区农业局等编《改治结合根除微山湖蝗害》；《昆虫知识》发表山东生产建设兵团 11 团编《改治并举根除蝗害——改治滨湖蝗区的几点做法》等文章。

1975 年，《动物学报》发表李世纯等《粉红椋鸟的食性及其对蝗虫种群密度的影响》，详细阐述了粉红椋鸟控制蝗虫种群的作用。

1976 年，《昆虫知识》发表新疆维吾尔自治区治蝗灭鼠指挥部等编《地面超低容量制剂的治蝗试验》，认为马拉硫磷、乐果等农药，是取代六六六药剂治蝗的理想农药。

1978 年，《昆虫学报》发表丁岩钦等《东亚飞蝗分布型的研究及其应用》；《昆虫知识》发表陈家祥《论挖掘蝗卵和耕翻蝗卵》。农业出版社出版了丁汉波等编著《保护青蛙养蛙治虫》，书中介绍食蝗蛙有黑斑蛙（别名田鸡）、泽蛙、沼蛙、虎纹蛙、弹琴蛙、棘胸蛙、大树蛙、黑眶蟾蜍、中华大蟾蜍 9 种。

1979 年，科学出版社出版的《中国主要害虫综合防治》收录陈永林《改治结合根除东亚飞蝗蝗害》一文；《昆虫学报》发表了刘举鹏《新疆维吾尔自治区的蝗虫研究》。

1980 年，新疆人民出版社出版了陈永林等编《新疆的蝗虫及其防治》一书。《植物保护学报》发表丁岩钦等《飞蝗蝗蝻抽样的研究》一文。

1981 年，李允东等“取代六六六粉剂防治蝗虫——飞机超低容量制剂的研究”

获农业部农牧科技成果技术改进二等奖。科学出版社出版了邹树文著《中国昆虫学史》；中国少年儿童出版社出版了魏信编写的《姚崇治蝗》。《生态学报》发表兰仲雄等《改治结合根除蝗害的系统生态学基础》、陈永林等《洪泽湖蝗区东亚飞蝗发生动态的研究》；《昆虫分类学报》发表黄复生等《西藏蝗虫区系及其演替的研究》等文章。

1982年，印象初发表《中国蝗总科分类系统研究》，受到国内外学者称赞，被广泛采用。沧州地区防蝗站编印《东亚飞蝗研究论文汇编》，收录新中国成立后发表的东亚飞蝗研究论文33篇。《中国科技史料》发表陈永林《我国是怎样控制蝗害的》；《昆虫学报》发表李允东等《用飞机喷洒有机磷超低容量制剂防治蝗虫》；《病虫测报》发表王炳章等《新疆的亚洲飞蝗》。10月10日，《工人日报》发表吴新民等《"东亚飞蝗"的泯灭——马世骏教授谈我国的飞蝗治理成就》。马世骏等"东亚飞蝗生态、生理等理论研究及其在根除蝗害中的意义"获国家自然科学二等奖。

1983年，农业出版社出版农牧渔业部农作物病虫测报站主编《农作物病虫预测预报资料表册》，收录了《东亚飞蝗1964—1979年的资料表册》；《农史研究》发表彭世奖《中国历史上的治蝗斗争》，文章中附有历代治蝗纪要；《农业考古》发表范毓周《殷代的蝗灾》、彭邦炯《商人卜螽说——兼说甲骨文的秋字》。

1984年，科学出版社出版了印象初主编《青藏高原的蝗虫》。《昆虫知识》发表黄人鑫等《新疆天山西部果子沟山区蝗虫的垂直分布》、刘举鹏等《蝗虫产卵选择的初步研究》。

1985年，科学出版社出版了郑哲民主编《云贵川陕宁地区的蝗虫》；甘肃人民出版社出版了甘肃省蝗虫调查协作组主编《甘肃蝗虫图志》；江苏省植物保护站编印《江苏省治蝗工作成就》。《昆虫学报》发表了姬庆文《飞蝗黑卵蜂的生物学特性和利用》；《自然科学史研究》发表潘承湘《我国东亚飞蝗的研究与防治简史》；《昆虫知识》发表王鼎武等《铜山县滨湖蝗区的演变与分析》、刘金良《东亚飞蝗名称的由来及演变过程》等文章。

1986年，沧州地区防蝗站、河北省农作物病虫综合防治站编印《东亚飞蝗研究文献汇编》，汇编收录了新中国成立后发表的东亚飞蝗研究论文124篇。《昆虫学报》发表刘举鹏等《中国蝗卵的研究：12种有危害性蝗虫卵形态记述》、魏凯等《湖南省蝗虫的初步调查》；《植物保护》发表李敬《岳城水库脱水地形成和蝗虫发生特点的初步分析》；《生态学杂志》发表毕木天《蝗虫生活习性及人工养蝗生态工程的经济效益和环境效益》等文章。

1987年，《生物物理学报》发表吴卫国等《蝗虫复眼小网膜细胞角敏感度的变化规律》；《植物保护》发表王丽英等《从我国内蒙发现的蝗虫微孢子虫》；《昆虫知识》发表林凤鸣《蝗虫双翅振动发音方式与作用的初步观察》、董振远等《唐山地区的蝗虫种类及其分布》等文章。

1988年，天则出版社出版了周尧主编《中国昆虫学史》，书中附有《历代蝗虫灾害统计表》，整理出自前707年至1911年的蝗灾记载538年，这是新中国成立后我国第一次系统整理全国历代蝗灾记载。《遗传》发表徐连城等《蝗虫精母细胞染色体制片法》；《植物保护》发表袁书钦《大面积人工治蝗快速施药方法——跑车治蝗》等文章。

1989年，《昆虫学报》发表康乐等《中国散居型飞蝗地理种群数量性状变异的分析》；《草地与饲料》发表游余三等《阿克苏地区生物治蝗推广试验报告》等文章。

1990年，陕西师范大学出版社出版了郑哲民等主编《陕西蝗虫》。《昆虫学报》发表王丽英等《蝗虫微孢子虫对东亚飞蝗的实验感染》；《生态学报》发表任春光等《河北省蝗虫分布状况》；《昆虫分类学报》发表李鸿昌等《内蒙古蝗总科区系组成及其区域分布的研究》；《饲料研究》发表王建军等《蝗虫——一种待开发的蛋白饲料资源》；《植物保护》发表齐贵林等《水库滩蝗区东亚飞蝗发生情况及防治策略》、李范等《20％林丹悬浮剂飞机治蝗》；《昆虫知识》发表任春光等《河北蝗虫的垂直分布》；《病虫测报》发表王元信《亚洲飞蝗发育起点温度和有效积温测定及在测报中的应用》；《西南农业学报》发表何潭《西藏蝗虫的发生与防治》等文章。

1991年，河北科学技术出版社出版了张长荣等主编《河北的蝗虫》；山东科学技术出版社出版了郭郛等主编《中国飞蝗生物学》。《森林与人类》发表尤其儆等《广西东亚飞蝗蝗区研究》；《生物学通报》发表陈永林《蝗虫和蝗灾》；《热带作物学报》发表黄光斗等《海南岛西南部东亚飞蝗的形态及生物学特性》；《动物学集刊》发表康乐等《散居型飞蝗地理种群相互关系的数量分析》；《昆虫知识》发表席瑞华等《蝗虫产卵与气候因子关系的研究》、何忠等《中华稻蝗营养成分的分析及其利用价值的评估》；顾以俊等《金山县北部地区蝗虫"死灰复燃"情况调查》；《中国草地》发表马耀等《蝗虫微孢子虫防治草原蝗虫的研究》等文章。

1992年，西安地图出版社出版了赵国锦等主编《陕西蝗区勘察与治理》。《动物学集刊》发表了席瑞华等《蝗虫鸣声结构的研究》；《植物保护》发表问锦曾等《几种蝗蝻对麦麸接受性的比较》；《现代农业》发表李宝兴《蝗虫发生概况及防治》；《华北农学报》发表刘金良等《东亚飞蝗蝗蝻种群密度与型变的关系》；《环境》发表李原等《人蝗大战》；《中国减灾》发表康乐等《关于蝗虫灾害减灾对策的探讨》等文章。

1993年，河南科学技术出版社出版了河南省植保植检站主编《河南东亚飞蝗及其综合治理》；陕西师范大学出版社出版了郑哲民主编《蝗虫分类学》。《昆虫学报》发表了杜树国等《东亚飞蝗天敌——中国雏蜂虻的研究》；《生物防治通报》发表陆庆光《四种不同绿僵菌菌株对东亚飞蝗毒力的初步观察》；《生物学杂志》发表葛绍荣等《一株蝗虫致病菌的分离及回复试验》；《生物学教学》发表苏建鹤《蝗虫复眼的形态结构和成像原理实验》；《农业科技要闻》发表廉振民《加强蝗情测报 重视防蝗工作》；《植物保护》发表吕国强等《河南省河泛蝗区的形成与演变初探》；《植保技术与推广》发表吕国强等《河南省黄河流域历史上蝗灾发生与旱涝关系的初步分析》等文章。

1994 年，科学出版社出版了夏凯龄等主编《中国动物志·第四卷·蝗总科》，其中由陈永林编写的《总论》部分，概述了我国古代蝗虫的研究史略。《动物分类学报》发表孟庆臣等《坝上草原牧鸡灭蝗的技术要点》；《生物学杂志》发表葛绍荣等《P_{m-1}蝗虫病原菌的鉴定》；《植保技术与推广》发表严毓骅等《我国蝗虫微孢子虫治蝗的进展》等文章。

1995 年，天则出版社出版了刘举鹏等主编《海南岛的蝗虫研究》；山西科学技术出版社出版了张经元等主编《山西蝗虫》；中国科学技术出版社出版了《第二届全国青年植物保护科技工作者学术讨论会论文集》，收录吕国强等《河南省蝗虫种类及区系分布的研究》；江苏文史资料编辑部出版了姬庆文主编《治蝗丰碑》。《昆虫学报》发表丁岩钦《中国东亚飞蝗新类型蝗区——海南热带稀树草原蝗区的生态地理特征及其与大沙河蝗区比较》；《昆虫分类学报》发表谭永恒等《应用林丹大面积草原灭蝗试验》、刘举鹏《新疆蝗总科区系研究》；《生态学报》发表范福来等《亚洲飞蝗在中国新疆维吾尔自治区的发生与防治》；《中国生物防治》发表张龙等《蝗虫微孢子虫对雌性东亚飞蝗生殖器官侵染的初步观察》；《草地学报》发表张龙等《蝗虫微孢子虫对东亚飞蝗飞翔能力的影响》；《动物学研究》发表蒋国芳《广西蝗虫研究》；《草业科学》发表熊志焱《人工招引粉红椋鸟控制蝗害生物系统工程研究》等文章。

1999 年，中国农业出版社出版了朱恩林主编《中国东亚飞蝗发生与治理》，系统论述东亚飞蝗发生分布、蝗区演变及治理对策措施。

2000 年以后，在蝗虫生态控制、生物防治、分子生物学和信息管理技术等方面的研究取得新进展（文献略）。

四、关于蝗虫学研究的几个问题

(一) 蝗螽字考

从我国最早解释词义的书《尔雅》、最早的字书《说文解字》，到宋代《埤雅》、现今的《文字源流浅说》；从清代《治蝗全法》《除螟八要》，到现代昆虫学著作《中国昆虫学史》《中国飞蝗生物学》，以及一些地方的方志资料和农业部门出版的杂志中，都能找到人们对蝗（螽）字、螟（蟓）字的考证情况。

周尧（1988）看到不少"告蝗"的卜辞，从中找到大量的"蝗"和"蟓"的象形文字。中国著名古文字学家康殷（《文字源流浅说》，1979 年版；《古文字学新论》，1983 年版）认为：甲骨文中的🜲、🜲、🜲，"像有触须、翅、啮齿的昆虫，如天牛、蝈蝈之类，郭说为蝗，近是"，"郭老释为蝗形，胜诸家之说，意甚近"。在前 1 100 年以前的甲骨文中，就有蝗（螽）、螟（蟓）的象形文字了，然而这些象形文字，没有说明其读法。

蝗虫，在春秋时期的史书中称之为"螽"，或称之为"螣"，而在民间语言中亦有称之为"皇"的。史书中称之为"螽"，可见于《春秋》鲁桓公五年"秋大雩，螽"的记载。将蝗虫称之为"皇"，可见于《诗经·鲁颂·駉》"有骓有皇"的诗句，"皇"就是指蝗虫的黄白色。高亨注曰："骓之名疑出于鹬。《尔雅·释鸟》：'翠，鹬。'鹬即翡翠的别名。马的毛色似翡翠，所以名鹬。皇之名疑出于蝗。蝗虫灰黄色。马的毛色似蝗，所以名皇。"据《汉语大字典》记载：蝗，曹操宗族墓砖有"**皇虫**"。清康熙三十年（1691 年），清苑学者郭菜《学源堂诗集》有"马陆百足，牛蠓一雌，皇螽百子，蜾蠃异儿"的诗赋。民国《沛县志》中，记有"皇灾为害，水变乃至"；《周礼·考工记·梓人》中也有"翼鸣，发皇属"的记载，这都证明了过去确实有将蝗虫称为皇虫的地方。宋代《埤雅》、清代《康熙字典》也有"蝗字从皇"的说法。而春秋时期在民间语言的传播中，亦有称"螽"为蝗虫的，如《史记·龟策列传》记载：宋元王二年（前 530 年），卫平对元王曰：渔者辱而囚之，"江河必怒，务求报仇。淫雨不霁，水不可治。若为枯旱，风而扬埃，蝗虫暴生，百姓失时"。孔子闻之曰："神龟知吉凶。"这是在史书中最早记载了"蝗虫暴生"一词。《吕氏春秋·不屈》也有战国时期民间使用"蝗"字的记载。如"匡章谓惠子于魏王之前曰：蝗螟，农夫得而杀之，奚故？为其害稼也"。匡章是战国齐威王时期（前 356—前 320 年）的齐将；魏王，指魏惠王（前 369—前 319 年）。也就是说在春秋战国时期，民间已有"蝗虫"或"蝗螟"的称谓了。

从秦始皇开始，春秋战国时期史书中的"螽""螣""皇"，就普遍地改称为"蝗虫"了。据《史记·秦始皇本纪》记载：秦王政四年（前 243 年）十月，"蝗虫从东方来，蔽天"。在《吕氏春秋》中，除《不屈》中记有"蝗螟"，还曾使用过多次"蝗"，如"孟夏行春令，则虫蝗为败""得时之麻，必芒以长，疏节而色阳，小本而茎坚，厚枲以均，后熟多荣，日夜分复生。如此者不蝗"等，"蝗"字在秦代已被广泛应用的事实，这和顾彦（1857）、邹树文（1982）、郭郛等（1991）、陈永林（1994）等指出的"书籍上有蝗字，当不早于秦"的说法相一致。

秦代之前，书籍中将"蝗"称之为"螽""螣""皇"，而在民间传说中，认为蝗虫为害虫之王，而冠以蝗虫的叫法，也是不足为奇的。秦代之后书籍中普遍使用"蝗虫"，这与秦始皇讳"皇"字有关。秦代以前，皁帝称为君主，秦朝时才将君主改称为皇帝。据《史记·秦始皇本纪》记载：秦王政二十六年（前221年），秦初并天下，众臣上尊号，称秦王为秦皇，号曰皇帝，秦王为始皇帝，后世以计数，二世、三世至于万世，传之无穷。此后，"皇"字在字义上也就与帝王联系在一起了，不能再随便使用。《吕氏春秋》则将"凤皇"称之为"凤凰"（《吕氏春秋·应同》），始皇讳"皇"字，就是和"皇"字相近的字也改了很多，如秦始皇以"辠"字近"皇"字，而改为"罪"字（《资治通鉴》卷五）。将"皇虫"改写成蝗虫的原因，北宋陆佃在《埤雅》中也进行了探求，陆佃云："蝗字从皇，今其首腹皆有王字。"这也可能是解释《吕氏春秋》和《史记》中称"蝗"而不再称"皇"的另一个主要原因。

蝻（蝝）是蝗虫的若虫，又称若蝗。春秋时称蝝、蝮、蝮。《尔雅·释虫》曰："蝝、蝮、蝮"，皆指蝗子未生翅者。"蝻"字最早见于民国《新河县志》记载：西晋建兴四年（316年）"七月，大旱，蝻蝗并生"。其后，宣统《濮州志》记载：唐大和二年（828年），"魏、濮诸州蝗蝻生"。《宋史·五行志》记载：宋建隆三年（962年）"七月，深州蝻虫生"，这是在正史中最早使用"蝻"字的。"蝻"字在宋代之前只存在于民间地方文献，正史中未见使用；宋代以后"蝻"字使用频率才逐渐增多，并逐步取代了"蝝"字。"蝻"字不见于东汉时期的《说文解字》，亦不见于南北朝时期的《玉篇》，是在情理之中的事情，但不被《康熙字典》收录，确实是个谜。据顾彦（1857）《治蝗全法》卷三《蝻蝗字考》解释："蝻乃蝺字之误，盖因篆体匎字与南相似，故误作蝻，是以字典上止有蝺字而无蝻字也。"关鹏万（1941）《飞蝗概说》据《外传》"虫舍蚯蝝"，以及《尔雅·释虫》"蝝，一名蝮蝻"，认为蝻乃蝺字之误，因篆体之匎与南相似。这些解释，邹树文（1982）认为是错误的，经查《四体大字典》，无论正、草、篆、隶或更古的古文字，"南"字和"匎"字绝无相似之处，而且以相似解释古字之通转是讲不通的。《康熙字典》未收录"蝻"字，至今还是个谜。

蝗、蝻之字，在今日，已得到人们广泛使用。

（二）鱼虾子化蝗传说

"鱼虾子化蝗"之说，盛传于世，在我国流传了2 000多年。直到新中国成立后，人们通过不断学习科学文化知识，才知道了鱼虾之子是不可能变成蝗虫的道理，尤其在科学界，认为"鱼虾子化蝗"之说纯属谬论。

1. "鱼虾子化蝗"之说的产生

在古代的中国，由于封建统治阶级的各种约束，文化的传布主要靠四书五经等著作。孔子作为封建统治阶级尊崇的圣人，其著作在人们的心目中是占有非常高的位置的。经孔子整理编纂的《诗经》，共收录各类诗歌 305 首，其《螽斯》《草虫》《七月》《出车》《无羊》《东山》《大田》《桑柔》《駉》等都提到了蝗虫，不但有蝗虫的群飞情景，而且还有蝗虫繁殖、蝗虫习性、蝗虫颜色、蝗虫发生时期、蝗虫危害性以及蝗虫防治等内容。《无羊》则编出了一个蝗虫变成鱼的美好故事。《无羊》说："牧人乃梦，众维鱼矣，旐维旟矣。大人占之：众维鱼矣，实维丰年。"这里的"众"字，即"螽"字，也就是蝗虫。意思是说：有一个牧人做了一个梦，梦见蝗虫变成了鱼，就问占卜先生。占卜先生说：梦见蝗虫变成了鱼，来年丰收谷满仓。《诗经》最早提出了"蝗虫变鱼"之说。受此影响，西汉刘安《淮南子》则为"蝗虫变鱼"奠定了理论基础。到西汉末年，古文经博士刘歆在解释蝗灾原因时论道"贪虐取民则螽，介虫之孽，与鱼同占"，将蝗虫与鱼放在了同一种类的位置上。这一说法又被东汉班固写入了《汉书·五行志》中，蝗虫与鱼同占的问题，在正史中得到了确认。之后，东汉蔡邕又说：蝗，"虽自有种，其为灾，云是鱼子在水中化为之"，首次提出了"鱼子化蝗"之说。南朝范晔《后汉书·五行志》又将"鱼螺变为蝗虫"写进了正史。《东观汉记》又载：汉章和元年（87 年），马棱迁广陵太守，"棱在广陵，蝗虫入江海，化为鱼虾"。于是，"鱼子化蝗"或"蝗化鱼虾"之说，从此也就广泛产生出来了。

2. "鱼虾子化蝗"之说的流传

唐武德七年（624 年），由欧阳询等编纂完成官书《艺文类聚》，收录了东汉蔡邕关于蝗"虽自有种，其为灾，云是鱼子在水中化为之"的"鱼子化蝗"之说，对"鱼子化蝗"的流传起到了推波助澜的作用。至宋太平兴国八年（983 年），供皇帝阅读的《太平御览》编辑完成，该书依照孔子《诗经·小雅·无羊》中蝗虫变成鱼的故事，创造出了"丰年则蝗变为虾"的结论，为"鱼虾子化蝗"之说加入了皇权思想。宋徽宗时期，陆佃撰成训诂书《埤雅》，对"鱼子化蝗"之说进行了解释，指出："蝗即鱼卵所化……俗云春鱼遗子如粟，埋于泥中。明年，水及故岸，则皆化而为鱼。如遇干旱，水缩不及故岸，则其子久阁为日所暴，乃生飞蝗"，初步从理论上分析了"鱼子化蝗"的原因。蝗虫变成鱼，原本是民间百姓期盼丰收的美好传说故事，经过封建统治阶级文人们的一番解释，逐步变成了人们不得不信的"科学"了，从此，人们在很长时期内，再也摆脱不了"蝗虫是鱼虾之子变成的"这一伪科学的束缚。

宋天禧年间，华阳人彭乘编著《墨客挥犀》一书，其卷五中还编了一个蝗变鱼虾的故事进行传播："蝗一生九十九子，皆联缀而下，入地常深寸许，至春暖始生。初出如蚕，五日而能跃，十日而能飞。喜旱而畏雪，雪多则入地愈深，不复能出。蝗为人掩捕，飞起蔽天，或坠陂湖间多化为鱼虾。有渔人于湖侧置网，蝗坠压网至没，渔人辄有喜色，明日举网得虾数斗。"

明代著名科学家徐光启，曾任礼部尚书、宰相等职，其著作《农政全书》对清代以后的治蝗工作起到了至关重要的作用。但是，徐光启仍然摆脱不了"蝗虫是鱼虾之子变成的"这一歪理邪说的束缚，在其著作中除将"鱼子化蝗"更订为"虾子化蝗"，大谈"虾子化蝗"的原因和依据，以其崇高的威望，又为"鱼虾子化蝗"之说的流布提供了坚实基础，致使整个清代甚至到民国初年，我国出版发行的各类书籍，几乎无不打上"鱼虾子化蝗"的思想烙印。清代在阐述"鱼虾子化蝗"之说当中，简直达到了登峰造极的地步，从陈芳生的《捕蝗考》（1684）到顾彦的《治蝗全法》（1857），从陆曾禹的《捕蝗必览》（1739）到钱炘和的《捕蝗要诀》（1856），从钦定《康济录》（1793）到巡抚部院的《捕蝗除种告谕》（1856），从郝懿行的《尔雅义疏》（1856）到陈崇砥的《治蝗书》（1874），都在宣传"鱼虾子化蝗"的思想，为"鱼虾化蝗"提供"理论"依据。《治蝗全法》是清代资料最为齐全的治蝗专业书籍，开文第一句话就是"鱼虾生子水边及水中草上，如水常大，浸草于水中，则虾仍为虾，鱼仍为鱼。若水不大，及虽大而忽大忽小，及虽有水而极浅，不能常浸草于水中，则草上之虾、鱼子，日晒熏蒸，渐变为蝻"。钦定《康济录》收录陆曾禹《捕蝗必览》一书，文中指出："蝗之起，必先见于大泽之涯及骤盈骤涸之处。崇祯时，徐光启疏：以蝗为虾子所变而成，确不可易。在水常盈之处，则仍又为虾。惟有水之际，倏而大涸，草留涯际，虾子附之。既不得水，春夏郁蒸，乘湿热之气，变而为蝻，其理必然。故涸泽有蝗，苇地有蝗，无容疑也。"为证明此说，还列举了《述异记》《太平御览》《尔雅翼》等书中有关鱼虾变蝗或鱼虾蝗关系的论述。陈崇砥《治蝗书》还专门为"鱼虾子化蝗"之说设置了一论，认为蝗虫是鱼虾之子遇旱所变，并创造性地指出，水中沙石、瓦砾等物，也是鱼虾之子所附之物，在治蝗当中，除将水中杂草焚烧，还须将沙石、瓦砾等物尽行弃于水中，不使其化为蝗，为此，该书还绘制《治化生蝻子图说》二帧。

民国四年（1915年）六月，河北任县与南和县交界处蝗，大名道尹指示：两县蝗孽应协力捕净，一律肃清，不惟该县，不分畛域，迅速办理。之后，任、南两县团结治蝗，消灭了两县的蝗虫。任县知县王亿年撰《捕蝗纪略》，详细记述了两县消灭蝗虫的情况，为团结治蝗树立了好的典范。但是，王亿年顽固地认为，1915年的蝗虫，是由于连年水后当年遇旱鱼虾遗子经湿热蒸熏而变成的，因而，在该书的自叙、日记、详文、批饬、示谕等篇目中，处处可见"鱼虾子·化蝗"的论述，使"鱼虾子化蝗"之说在民间有了更广泛的流布。

3. "鱼虾子化蝗"之说的消亡

辛亥革命推翻了清朝的封建统治，新文化、新思想不断进入中国，以张景欧、吴福桢等为首的一些科学家，在向民众不断灌输新知识的同时，不断撰文对"鱼虾子·化蝗"之说进行批判。1923 年张景欧撰写《蝗患》、付焕光撰写《治蝗》，1925 年张景欧又撰写《飞蝗之研究》，文章中都有针对"鱼虾子·化蝗"之说的驳斥。张景欧说："'鱼虾子变蝗'纯属谬论，鱼是脊椎动物，虾和蝗虽都是节肢动物，但虾属甲壳类，蝗属昆虫类，各自相差远矣，焉有互变之理。"又说："鱼虾要能变成蝗虫，鸡蛋鸭卵布满全球，何物不变，茫茫大陆没有走鹰，就会有飞虎，害物之事就不足为奇了。"指出"鱼虾子·化蝗"之说所以能流传至今，是由于后人追随旧说而不加体察的结果，以科学的态度，针对旧说中"鱼虾子·化蝗"所采用的理论依据一一进行了批驳。

1928 年《中央通信社稿》第 314 号以及该年 6 月 12 日《新闻报》，在刊登蝗灾消息时，又宣传了"鱼虾子·化蝗"之说，昆虫学家尤其伟及时撰写《蝗·蝗虫化生之谬误》，对此说进行了严厉批驳。之后，中国昆虫学家季正（1929）、陈家祥（1933）、李凤荪（1933）、吴福桢（1935）等都撰写了批驳"鱼虾子·化蝗"之说的文章，使"鱼虾子·化蝗"之说在科学界已无立足之地。人们对"鱼虾子·化蝗"之说，渐渐地也就不相信了，自此，"鱼虾子·化蝗"之说也就逐步走向了消亡。

1951 年，吴福桢出版《中国的飞蝗》一书，针对当时民间以及部分知识分子中流传的"鱼虾子·化蝗"之说，又从科学角度加以纠正，指明"鱼虾子·化蝗"之说实是没有根据的错误说法。并以洪泽湖、微山湖区蝗虫发生的规律，阐明"鱼虾子·化蝗"的说法之所以被人们相信并加以流行，是由于蝗虫的发生环境与鱼虾的发生环境有互为消长的关系。干旱年份，湖水干涸，湖水位降至枯水位，有大量湖滩地暴露，吸引蝗虫来产卵，并孵化为蝗；遇上大水，湖水上涨，湖水位达洪水位，即可将蝗虫在湖滩地所产的蝗卵全部淹没，无法孵化，湖区就只见鱼虾，而不见蝗虫。再遇干旱，湖水位再退，湖滩地又可成为蝗虫的产卵基地，发生大量蝗虫。只要了解了这些规律，"鱼虾子·化蝗"之说即不攻自破。1956 年，朱先立写成《飞蝗的故事》，再次对"鱼虾子·化蝗"之说进行了批驳。从此以后，随着科学知识的不断普及，在我国出版的各种有关蝗虫的书籍中，再也见不到"鱼虾子·化蝗"的说法了。

（三）飞蝗名称由来及其亚种的确定

自古以来，蝗虫都是一个笼统的名称。飞蝗一词始于晋朝或更早的时期，如《长安县志》记载新莽地皇三年（22年）"夏，飞蝗蔽天"，《艺文类聚》记载东晋咸和七年（332年）"飞蝗穿地而生"，同治《九江府志》记载东晋太元六年（381年）"飞蝗从南来"，《晋书·五行志》载东晋太元十六年（391年）"五月，飞蝗从南来"。此后，我国历代人民常将暴发迁飞的蝗虫称为飞蝗。

德国昆虫学家 Meyen 于 1830—1832 年乘普鲁士皇家商船环球旅行时，在菲律宾马尼拉采到了该种蝗虫，1835 年正式发表，学名定为 *Acrydium manilensis* Meyen。他还在文中写道：该蝗虫雄性体小，性成熟时颜色鲜艳，在菲律宾群岛看到了群飞。

20 世纪 30 年代以前，飞蝗学名主要沿用国外的研究，30 年代起，我国昆虫学家蔡邦华等开展蝗虫分类研究，才鉴定一些新种。1923 年，张景欧在《科学》杂志上发表文章写道："蝗虫一物，中国自古不辨其种类"，并在美国昆虫学家帮助下，收集编列出中国蝗虫名录 80 余种，认为其中以飞蝗属（*Locusta*）的赤足飞蝗（*Pachytylus danicus* Linn.）和隆背飞蝗（*Pachytylus migratoroides* R. & F.）在中国各境为害甚烈。1928 年，国内学术界针对中国飞蝗有几个种的问题，曾展开过讨论。尤其伟在《农学杂志》发表文章，认为飞蝗属（*Locusta*）蝗虫仅有 2 种，一是远迁飞蝗（*Locusta migratoria* L.），二是赤足飞蝗（*Locusta danica* L.）；而 Forms 则认为赤足飞蝗是远迁飞蝗的一个变种。陈家祥在江苏省昆虫局《十七年蝗虫研究所工作报告》中指出："中国普通所称之蝗虫，系指远迁飞蝗（*Locusta migratoria* L.）而言。"马骏超（1933）、吴福桢（1935）也都撰文谈到了我国所产飞蝗，学名是 *Locusta migratoria* L.。

1936 年，苏联昆虫学家尤瓦洛夫（Uvarov）认为梅耶（Meyen）在马尼拉采到的迁移性飞蝗与亚洲地区另外两个亚种 *Locusta migratoria rossica* Uv. et Zol.（1929）和 *Locusta migratoria migratoria* L.（1758）较接近，而与非洲地区的两个亚种 *Locusta migratoria migratorides* R. et F.（1850）和 *Locusta migratoria capito* Sauss.（1884）相差较大，故把 Meyen 1835 年采到的飞蝗学名订正为 *Locusta migratoria manilensis*（Meyen）。我国东部沿海以及江苏、河北、山东、安徽、浙江、河南、台湾等地所发生的飞蝗均属于这一亚种。我国昆虫学工作者对该蝗虫也进行了不少研究工作：张景欧和尤其伟先称我国飞蝗为赤足飞蝗和隆背飞蝗；1928 年尤其伟又改称为远迁飞蝗，马骏超称之为东半球蝗；而较多的人沿用古代的叫法，称之为飞蝗或中国飞蝗。

最早将 *Locusta migratoria manilensis*（Meyen）译为汉名的是我国昆虫学家马骏超，他在 1936 年将其译为亚东飞蝗，以后在译 *Locusta migratoria manilensis*（Meyen）名称的问题上，有的称为台湾飞蝗（关鹏万，1941），有的称东亚飞蝗（钟启谦，

1950)，有的称迁移蝗（曹骥，1950），有的称中国飞蝗（吴福桢，1951），有的称亚洲飞蝗（尤其儆，1954），而较多的人仍称之为飞蝗（邱式邦等，1953）。到1956年，为了统一命名，将 *Locusta migratoria manilensis*（Meyen）一律译为东亚飞蝗，从此结束了东亚飞蝗名称上的混乱并应用至今。另外，尤其伟将产生于我国新疆、内蒙古、青海等地的另一飞蝗亚种定名为亚洲飞蝗 *Locusta migratoria migratoria*（L.），陈永林将西藏发生的飞蝗定名为西藏飞蝗 *Locusta migratoria tebetensis*（Chen），中国飞蝗已知有3个飞蝗亚种。

按照传统的昆虫学分类方法，飞蝗隶属昆虫纲、直翅目、蝗总科、丝角蝗科、飞蝗属，飞蝗属只有一个物种即飞蝗。根据飞蝗的地理种群变异特点可分为不同亚种。目前国际上先后命名或未命名的飞蝗亚种有13种，包括先后定名的亚洲飞蝗、地中海飞蝗、东亚飞蝗、非洲飞蝗、马达加斯加飞蝗、俄罗斯飞蝗、西欧飞蝗、缅甸飞蝗、何氏飞蝗、西藏飞蝗10个亚种和尚未定名的印度飞蝗、阿拉伯飞蝗和澳大利亚飞蝗3个亚种。但 Uvarov 认为西藏飞蝗是缅甸飞蝗的同物异名。人们通常将蝗总科的各物种统称为蝗虫或蚂蚱（包括已划分为蚱和蜢的菱蝗与短角蝗），而飞蝗主要特指飞蝗属物种。历史上发生的蝗灾，基本是由飞蝗引起，其中绝大部分又是由东亚飞蝗引起。

按照现代分子生物学分类方法，马川、康乐等通过对飞蝗线粒体基因的研究和分子遗传变异情况分析认为，世界范围内的飞蝗可分为南北两大支系，并将飞蝗划分为两个亚种。北方种群为亚洲飞蝗，主要分布于欧亚大陆的温带地区。南方种群为非洲飞蝗，主要分布于欧亚大陆的南部、非洲和大洋洲的热带地区。按照上述研究结果，在中国长江流域（含金沙江流域）以北为亚洲飞蝗亚种分布区，西藏东南部和中国南部热带地区为非洲飞蝗亚种分布区，另外将西藏阿里地区的飞蝗划为亚洲飞蝗亚种分布区。

关于亚种的划分只是在生物分类学上有一定意义，从防治角度看，种的意义更大。因此，定多少亚种，定什么亚种，对现代治蝗技术来说，并不十分重要。

（四）飞蝗变型学说

飞蝗变型学说，最早由俄国人凯宾于1870年提出，凯宾发现同一种飞蝗存在两种形态学上的变异形式，而且可以互相转变。1912年秋，苏联昆虫学家尤瓦洛夫（Uvarov）在北高加索工作时，发现大批群居型飞蝗产卵，次年春幼蝻孵化，到了3龄时，发现其中大部分为群居型蝗蝻，且有不少已变成散居型蝗蝻，其中还有不少中间型蝗虫。这种现象，引起了 Uvarov 的高度注意，并作了多种试验，最终证实此种飞蝗有两种不同的形态，且形态和生活习性都可以互变。1915年，土耳其学者柏乐氏在实验室中进行试验，也得出了相同的结果。1921年，Uvarov发表《变型学说》报告，确认同种蝗虫的两种形态为飞蝗的变型，并非是两个不同的种，其形态与生活习性是可以互相变化的，两型间尚有中间型。此变型学说一发表，立即震惊了全球昆虫界，纷纷试验寻找变型的原因，有的人认为群居型蝗虫体色暗，吸收日光多体温高、新陈代谢快、尿酸高、呼吸快，蝗虫体温高低是主要因子。也有的人将群居型蝗蝻赶入大面积草丛中，蝗蝻被打散，变成了散居型，据此认为草高茂密、虫群不易密集是主要因子。1927年，柏乐氏试验认为蝗蝻拥挤密度是影响变型的主要原因。其后，Faure（1932）、陈方洁（1933）、吴福桢（1935）、邹钟琳（1936）、道家信道（1943）、Key（1950）、曹骥（1950）、郭郛（1953）、马世骏（1955）、尤其儆等（1958）、Kennedy（1961）、黄亮文等（1964）、胡少波等（1964）、高慰曾（1965）、王敏慧等（1965）、内田（1972）、陈永林（1979，1981）、康乐等（1989）、刘金良等（1992）等对飞蝗的变型问题进行了一系列研究报道，都证实了蝗虫变型学说的存在，在其形态、习性、生态、生理、解剖、遗传、防治学等研究领域有了突飞猛进的发展，普遍认为高密度下易出现群居型，低密度下易出现散居型，密度是变型的主要因子。

1926年，尤其伟发表《飞蝗》一文，指出：江苏省飞蝗有2种，一曰远迁飞蝗；一曰赤足飞蝗，多数学者均如此主张，惟少数学者认为赤足飞蝗为远迁飞蝗之变种，两种蝗虫实为一种蝗虫的两种不同形态。前者主张，则以两种蝗虫的外部形态区别显然；后者之主张，则谓其可以互相交配，益足证其为同种。孰是孰非，可见当时辩论之激烈。

1929年，Uvarov等又拟定了一个"标准形象说"，实现了蝗虫变型问题在生物学上的突破，"标准形象说"认为：蝗科中的迁移性蝗虫通常具有3种不同形态，一种为独居型（Phasis solitaria），另一种为群居型（Phasis gregaria），还有一种为介于两者之间的转变型（Phasis transiens）。各类型蝗虫的习性、形态都不相同，因而独居型与群居型又常被误认为是两种不同的种类。

1933年，陈方洁撰写《蝗虫问题的新局面》，认为：影响蝗虫变型的因素有气象、环境、食料植物及天敌数量诸因子，也有蝗虫自身生理上的刺激和性器官的发育等原因。

1934年9月，第三次国际蝗虫会议在英国伦敦召开，会议讨论了蝗虫变型原因，并针对蝗虫变型在生态及生理学上的影响，安排了国际研究计划。

1935年4月，吴福桢在《中国蝗虫问题》论著中，概述了中国关于蝗虫变型问题的研究结果，认为："蝗虫因为环境的不同，它的形性可以因之改变，这种改变形性的现象，我们称之为'变型'。""蝗虫成群而居，有迁移习性，即称为群居型，亦曰蝗虫型，它的体色大都是黄褐色，此种蝗虫若因天气及其他关系，其集团的个体数目减少，东零西散，则失去其原来的群居习性，且不再迁移，颜色以绿褐色为多，这种蝗虫，我们称之为散居型，因习性好像蚱蜢，故又称为蚱蜢型。""我们如果把群居型蝗虫各个分散，不使密集群居，则群居型蝗虫就会渐渐变为散居型蝗虫，反过来，如果把散居型蝗虫使其密集而居，则散居型蝗虫，也会渐渐变为群居型蝗虫。"吴福桢抓住了蝗虫密度这一关键性因子，为我国开展蝗虫变型问题研究奠定了良好的基础。此后，同种蝗虫的两种不同形态被称为两种不同蝗虫的说法，也就销声匿迹了。

1943 年，道家信道认为：在蝗科的种类中，飞蝗 *Locusta migratoria* L. (Uv., 1921)、沙漠蝗 *Schistocerca gregaria* F. (Uv., 1923)、褐蝗 *Locustana pardalina* Waik. (F., 1923)、南美蝗 *Schistocerca paranensis* Burm. (Damp, 1925)、摩洛哥蝗 *Dociostaurus maroccanus* Thunb. (Uv., 1922)、红蝗 *Nomadacris septemfasciata* Serv. (Uv., 1923)、洛矶山蝗 *Melanoplus mexicanus atlanis* Riley (Parker, 1925) 等均存在变型问题。

1954 年，尤其傲观察到散居型飞蝗在自然条件下，当每平方米成虫密度在 1 头以上时，即有群聚行为而迁飞。

1980 年，北京农业大学主编《昆虫学通论》指出：飞蝗的群集是蝗蝻粪便中具有群集外激素——蝗呱酚 (Locustol) 的缘故。虫量越大，越容易群集，而且越聚越多。只有大量消灭蝗蝻，虫口变得稀少，才能使其转变为散居型。

1992 年，刘金良等通过三年的试验，发表《东亚飞蝗蝗蝻种群密度与变型的关系》，认为每平方米有虫 4 头以下时，蝗虫任何发育期均不会出现群居型个体，仅在成虫后出现 10% 的中间型个体；每平方米有虫 10 头以上时，从 2 龄开始即可出现群居型个体；其比例随虫口密度增加而增加，当每平方米有虫 80 头以上时，会有 90% 以上群居型个体产生。

（五）蝗区的由来

"蝗区"一词，是我国现近治蝗史上形式的一个习惯用语，也就是"蝗生之地"或"蝗虫发生地域"的意思。宋司马光《资治通鉴》记载："后晋天福八年（943 年），蝗大起，东自海堧，西距陇坻，南逾江淮，北抵幽蓟，原野、山谷、城郭、庐舍皆满。"这只不过是第一次划出了该年中国蝗虫发生地的范围，而绝非是对蝗区进行研究的开始。

最早关于蝗区研究之记载，可见于明徐光启《农政全书·除蝗疏·蝗生之地》。徐光启在书中除肯定了司马光提出的中国蝗虫发生地范围，还对中国蝗虫原生地和延及区等问题，提出了新的见解。他说："蝗之所生，必于大泽之涯，然而洞庭、彭蠡、具区之旁，终古无蝗也。必也骤盈骤涸之处，如幽涿以南，长淮以北，青兖以西，梁宋以东，都郡之地，湖巢广衍，旱溢无常，谓之涸泽，蝗则生之。"明确提出在幽涿以南、长淮以北、青兖以西、梁宋以东的广大蝗区范围，广泛分布着很多湖巢，这些湖巢只要常年积水，则不会发生蝗虫。但也有很多骤盈骤涸的湖巢，这些地方旱溢无常，谓之涸泽，蝗则生之。也就是我们现在所说的蝗虫发生基地。徐光启又说："若他方被灾，皆所延及与其传生者耳。"并举例说：万历四十五年（1617年）秋，奉使夏州，时关、陕、邠、岐遍地皆蝗，而当地人皆说这是百年来未见过的。又举例说：江南人不认蝗虫为何物，而这一年南至常州，士民都在捕蝗。认为这些地方虽然发生蝗虫，但这只是蝗虫的延及区而已。

1930年，江苏省昆虫局编印《江苏省昆虫局十七、十八年年之刊》，使用了"安徽、山东、河南、河北等重要产蝗各区"一语，吴福桢等1933年在《民国二十二年全国蝗患调查报告》中说："今年全国蝗虫之分布地域，大都分布于海拔50公尺以下之地，如江苏、安徽、浙江、河北、山东各省之蝗区是也。如河南省之蝗区，大都在50公尺至200公尺之地，湖南省之安化、河南省之辉县、洛宁、方城等县之蝗区，则在200公尺至400公尺之地。"第一次使用了"蝗区"一词，自此，"蝗区"一词被广泛使用了起来。

1935年，邹钟琳撰写《中国飞蝗之分布与气候地理之关系及其发生地之环境》一文，并根据蝗虫分布与为害情况，将中国蝗区划分为三个区：一曰适生区，该区在年平均等温线12℃以上，年降水量400～800毫米，有很多蝗虫发生保留地（或曰蝗虫发生基地），在气候适宜时，蝗虫骤增，蝗灾极重。二曰偶灾区，分南北两个偶灾区，北偶灾区年平均等温线10～12℃，南偶灾区年降水量800～1 000毫米，该区没有蝗虫发生基地，不经常发生蝗灾。三曰不活跃区（或波及区），也分为两个不活跃区，北不活跃区年平均等温线在10℃以下，南不活跃区年降水量在1 000毫米以上，该区可以发现蝗虫，但极少发生蝗灾。

1965年3月，中国科学院动物研究所在郑州召开了蝗虫测报技术碰头会，提出列为蝗区的条件：一是经常有蝗虫发生的大面积沿海、滨湖及河滩荒地；二是大水后的内涝农田、蝗虫发生密度在防治标准以上；三是历年一麦一水的半休闲地，年年须进行防治蝗虫；四是废弃的大面积水库，历年都有蝗虫迁移集中。自然面貌已彻底改造的蝗区可不再称为蝗区条件：一是大面积垦荒，并达到精耕细作及连续两年以上的稳产区；二是湖泊蓄水，水位固定，其周围荒地亦全部改造；三是大面积造林，绿化成荫、覆盖度达80％以上；四是大面积开围盐场，并已完成作业区，基本投入生产；五是水涝问题基本解决，大面积实行机耕或精耕细作的稳产区。会议将虽已改造但改造的效益尚未稳定的老蝗区，易涝易旱的耕作粗放区，积水时间较长、一般年份只能收获一季麦的低洼地区，以及经连年全面防治或小面积武装侦查，虫口密度已下降到防治标准以下的荒地，划为监视区。

1965年，马世骏在其编著的《中国东亚飞蝗蝗区的研究》指出，"蝗区"是治蝗工作中的习惯用语，意指发生飞蝗的地区。蝗区在景观外貌上代表生态地理的一个类型，也可以看成东亚飞蝗生态学特征在空间上的一个标志。马世骏将中国当时的蝗区分为不同等级的三类，即发生基地、一般发生地和临时发生地（又称扩散区），就其生态结构及形成原因而言，又分为滨湖蝗区、沿海蝗区、河泛蝗区及内涝蝗区四种类型。蝗区的划分，为蝗虫综合治理奠定了重要理论基础。

20世纪中后期，受异常气候和农业生态环境变化等因素的影响，东亚飞蝗的灾变规律和蝗区构成都发生了很大变化，在前人研究基础上，朱恩林（1998）将东亚飞蝗分布区和以前的蝗区区别开来，认为东亚飞蝗分布区是指适宜或可能适宜飞蝗孳生和栖息的最大地理生态区域，包括蝗区（宜蝗区）、潜在蝗区（隐伏蝗区）、零散分布区和老蝗区（已改造蝗区）四种类型。蝗区具有适宜飞蝗孳生和栖息环境，根据飞蝗暴发频率的高低，可将蝗区进一步划分为常发蝗区和偶发蝗区。潜在蝗区通常不具备飞蝗的孳生条件或没有飞蝗分布（如被水淹没的湖库），仅在持续干旱、水位下落、植被受到严重破坏或长期弃耕撂荒等情况下才可能转变成飞蝗发生环境。零散分布区是指曾有飞蝗的分布但不具备适生环境，也不会造成灾害威胁的地理分布区。老蝗区是指历史上曾经发生过蝗灾，但经过生态环境的改造和治理已经消除蝗患或摘掉蝗区"帽子"的区域（如原来的沿海、河湖滩涂和内涝蝗区）。在生态恶化情况下，上述分布区可以发生转化或演变，如常发区与偶发区之间可以相互转变，老蝗区可以"反复"并演变为潜在蝗区、偶发蝗区甚至常发蝗区。

（六）治蝗方针演进过程

"治蝗方针"一词，最早由付焕光于1923年在《治蝗》一文中提出，他认为"消灭蝗虫，首在察勘发生地点，研究生活规律，寻求适当时间，采用经济方法群力捕灭之"，据此提出了"以新法改良古法"的治蝗方针。但在当时战乱频繁的情况下，"改良古法"的治蝗方针无法执行，正如张景欧1925年在《飞蝗之研究》一文中感叹："农民饱受兵匪惊扰而流离失所，尚不能安居乐业，言治蝗真空谈耳。"

新中国成立后，中央人民政府极为重视病虫害的防治工作，及时提出了"防重于治"的病虫害防治基本方针。依据这一方针精神，1951年5月农业部又提出了"发动群众防治为主，药剂为辅"的治虫方针。7月13日，中央财政经济委员会主任陈云同志在《继续加强害虫防治工作的指示》中再次强调：目前防治害虫必须继续贯彻"以人工捕打为主，药剂为辅"的方针。由于当年蝗虫发生严重，农业部杨显东副部长在《新中国开始用飞机来消灭蝗虫》的电台广播词中认为：在今天还不能靠飞机来解决灭蝗问题的条件下，还应执行"人工捕打为主，科学药剂为辅"的工作方针。从此，新中国成立后的第一个治虫方针，被广泛应用到治蝗工作中。

1952年12月，农业部在济南召开全国首次治蝗工作座谈会，会上，根据我国财政经济已根本好转，治蝗药、械能批量出产，尤其六六六粉的生产应用以及治蝗技术的不断提高等实际情况，经参加会议的100多位治蝗专家、干部和劳模的充分讨论，确定从1953年起，治蝗工作必须贯彻"防重于治""药剂为主"新方针。从此改变了过去只能依靠人工挖卵、逐赶焚理、人工捕打、收买等古老治蝗办法灭蝗的历史，废除了单纯的耕卵、挖卵工作，使治蝗工作进入了以"药剂除治为主"新阶段。

1958年，在"大跃进"的新形势下，根除蝗害的问题被提了出来，1959年4月农业部在济宁召开五省全国灭蝗会议，会上围绕"力争4～5年根除蝗害"的奋斗目标，重点研究了今后的治蝗方针，最后确定了"猛攻巧打，积极改造蝗区自然环境，采用多种方式方法，迅速根治蝗害"的治蝗方针，并在全国实行。1965年2月，农业部在北京再次召开冀、鲁、豫、苏、皖五省全国治蝗工作座谈会，农业部朱荣副部长作了总结发言，在发言中将治蝗方针又精练为"改治并举，群众路线，勤俭治蝗"。1967年4月，农业部在济南召开了全国治蝗工作座谈会，对我国的治蝗方针又进行了认真的讨论和修改，最后将治蝗方针更订为"依靠群众，自力更生，勤俭治蝗，根除蝗害"。

1973年4月，河北省农林局在沧州召开全省治蝗工作经验交流会，省农林局华践副局长在总结发言中提出了河北省"依靠群众，勤俭治蝗，改治并举，根除蝗害"的治蝗方针。1973年12月，农林部在北京召开六省市治蝗工作座谈会，认为河北省提出的"依靠群众，勤俭治蝗，改治并举，根除蝗害"治蝗方针，能更好地贯彻群众路线，坚持勤俭治蝗的原则，通过改治途径，达到根除蝗害的目的。建议全国认真贯彻执行这一方针。1974年以后，"依靠群众，勤俭治蝗，改治并举，根除蝗害"的治蝗方针被全国统一使用。1986年，治蝗方针简化为"改治并举，根除蝗害"。2002年农业部等5部委发文提出"改治并举，综合防治"的治蝗方针（农农发〔2002〕6号文）。2005年5月12日，在全国蝗虫防治工作视频会议上，农业部范小建副部长在讲话中明确提出，在治蝗工作思路上要坚持"预防为主，综合治理"的方针，并一直应用至今。

（七）关于飞蝗防治指标

防治指标是植物保护学中的常用术语，是有害生物防治阈值的具体数值体现，是指某种有害生物造成允许危害损失所对应的种群密度控制指标（或发病程度）。防治指标一般是通过科学实验确定的经济阈值和相应控制数值，也有是经过多年实践总结确定出的经验数值。我国防治飞蝗中采用的防治指标主要属于后一种，飞蝗的防治指标问题在新中国成立前从来没有提出过。

农业部病虫害防治局根据各地经验，在《一九五三年的夏蝗防治工作》一文中提出："对于散居型飞蝗的对策应该是：凡每方丈1～2头的，可暂不防治，但应严密监视其发展，密度已逾3头的，可用人工或结合药剂防治，10头以上的可用药剂防治。"这一最早的蝗虫防治指标在1953年受到农业部的肯定，明确规定了蝗虫密度在每平方丈2头以下者暂不除治，加以监视；3～9头者用药或人工，或两者结合防治；10头以上者一律用药剂除治。同时农业部为搞好1954年夏蝗的防治工作，在秋后查蝗卵时还确定了每平方丈有卵0.05块的计划防治指标。即每平方丈有卵在0.05块以下的蝗区为无卵面积，每平方丈有卵在0.05块以上的蝗区为有卵面积，可列入翌年夏蝗防治计划。

1953年，江苏省泗洪县蝗虫防治站在运用这个指标时，将每平方丈有卵0.05块（荒地）或0.025块（农田）以下的蝗区列入翌年夏蝗监视区，每平方丈有卵0.05～0.4块（荒地）或0.025～0.2块（农田）的蝗区，列入翌年人工或结合药剂防治区，每平方丈有卵0.4块（荒地）或0.2块（农田）以上的，列入翌年药剂防治区。

以上防治指标直到1956年农业部植物保护局公布《飞蝗预测预报试行办法》以后才有了变更，即规定每平方丈有飞蝗0.03头（农田）至0.1头（荒地）以下者不作有蝗面积论，每平方丈有蝗0.03头（农田）至0.1头（荒地）以上的均列为有蝗面积。飞蝗的防治指标，在1955年12月27日农业部关于《1956年治蝗工作方案》的通知中又作了明确规定，即飞蝗每平方丈在2头以上者用药剂防治，2头以下者用人工结合药剂防治，比1953年的防治标准要严格一些。

1957年农业部植物保护局在《飞蝗预测预报试行办法的补充》中，根据用蝗卵调查结果估计来年蝗虫发生面积不够准确的情况，又首次提出了每亩1头以下不做残蝗面积统计，每亩1头以上列入残蝗面积的指标。要求参考残蝗面积及历史资料来制订翌年的防治计划。

1965年3月，中国科学院动物研究所在郑州召开了由河南、河北、山东、江苏、安徽等17个单位技术干部和科研人员参加的蝗虫测报技术碰头会，会上对防治指标问题进行了研讨，最后确定防治指标仍维持在每平方丈2头。虫口密度在2头以下者作为监视区，不计算防治面积。虫口密度在2只以上的进行防治，其中有虫样点占调查总样点50%以下的蝗区进行挑治，有虫样点占调查总样点50%以上的蝗区进行全面防治。残蝗在每亩6头以下的蝗区，不列入翌年防治计划，每亩6头以上的蝗区列入下年度的防治计划。

1984年，全国植物保护总站根据全国蝗区和蝗情有很大变化的新情况，在沧州召开了全国治蝗工作座谈会，会议对放宽防治指标、蝗区分类管理、分类指导、间歇治蝗等问题进行了讨论。4月农牧渔业部在批转的《1984年全国治蝗工作座谈会纪要》的通知中指出：江苏泗洪县将每平方丈2头的防治指标放宽到5头，提高了经济效益，建议各地进一步试验，总结经验，逐步推广。从此以后，各地将防治指标逐渐确定为每平方丈5头。

1987年2月，全国植物保护总站在河南新乡召开全国治蝗经验交流会，部署了东亚飞蝗蝗区勘察工作，为使蝗虫数据统计工作规范化、标准化，计量单位一律使用公制，各地将防治指标基本确定为每平方米有蝗0.2头以下者不计算发生面积，每平方米有蝗0.2～0.4头的蝗区列入蝗虫发生面积（监视区），但不列入普治面积，每平方米0.5头以上者列入药剂防治面积，这一防治指标一直应用至今。

第四章
历代蝗灾应对措施

在中国几千年的历史长河中，水灾、旱灾和蝗灾等自然灾害频发，特别是蝗灾的多发重发，使劳动人民饱受灾难之苦。为了人类生存与发展，历朝历代同蝗灾进行了坚持不懈的斗争，可以说，中国的农业发展史伴随着人与蝗虫的斗争史。随着古代文明与现代科技的发展，创造出许多宝贵而有效的治蝗方法和经验，虽然有些方法现已废止，但有些方法却一直沿用至今。中国的治蝗斗争史反映了一部自然科学发展史，经过几千年的"人蝗斗争"，在当代中国得以充分实现，并使千年蝗患得以长治久安，其经验十分可贵，值得传承借鉴。

一、历代治蝗对策

（一）唐前时期治蝗对策

先秦时期，人类就开始尝试与蝗虫的斗争，但由于对蝗灾的认识严重不足，应对蝗灾多是被动的。其治蝗措施从最初的听天由命到逐步引起封建王朝的重视，通过帝王诏令和官府命令，采取了简单的人工扑打捕杀措施。约前13—前11世纪的殷商时期，甲骨文中大量"告螽"或"告秋"的卜辞，反映了祈祷消灾、网捕以及用火驱杀蝗虫的古老防治方法。前11—前6世纪，从《诗经·小雅·大田》关于"去其螟螣，及其蟊贼，无害我田稚。田祖有神，秉畀炎火"的记载，说明当时求助田祖降灵帮助，并用火烧的办法消灭蝗虫。

《吕氏春秋·不屈》记载，匡章谓惠子于魏王之前曰："蝗螟，农夫得而杀之，奚故？为其害稼也。"匡章是齐威王时期的将军，他的这句话证实，早在前320年以前，人们不但认识到蝗虫可以为害人们赖以生存的庄稼，而且明确指出了对待蝗虫必须

"得而杀之"。春秋时期这种为保护庄稼而治蝗之说，表达了人民与蝗灾抗争的决心，也是古代农民为保护自己的庄稼，捕捉蝗虫而杀死的最早文字记载。

秦代，最早提出了耕翻蝗卵灭蝗的方法。耕翻蝗卵的方法产生后，在我国一直被作为重要的灭蝗措施来推广。据《吕氏春秋·任地》载："上田弃亩，下田弃畎。五耕五耨，必审以尽。其深殖之度，阴土必得。大草不生，又无螟蜮。"陈奇猷《吕氏春秋校释》注云："蜮，当为螣。螣作滕。今作蜮者，盖音、形皆近而误耳"，"兖州谓蜮为滕"。螟滕，泛指食叶害虫，主要是指蝗虫。农田经五耕五耨的精耕细作，不但可以消灭杂草，而且还能破坏蝗卵，不使蝗虫为害。

在汉代 426 年间记载发生的蝗灾 84 年（含新莽和更始帝时期），蝗灾的严重性及皇帝对治蝗工作的重视程度，在中国治蝗史上占有非常重要的地位，集中记载了皇帝下达的各方面控制蝗灾的诸多法令，包括收买蝗虫、赈济灾民、减免税收、查找蝗灾原因、委官献计献策寻求治蝗方法、处置不力官员、灾民互助、禁止卖酒以及侦查蝗虫和捕食蝗虫等措施。《史记·孝文本纪》记载，西汉后元六年（前 158 年），"天下旱蝗。帝加惠：发仓庾以振贫民"。这是最早反映朝廷采取的治蝗赈灾措施。《汉书·严延年传》记载，西汉神爵四年（前 58 年），"河南界中又有蝗虫，府丞义出行蝗"。河南为郡名，治所在今河南洛阳东北。"府丞义出行蝗"，即外出查看蝗情，是最早记载派人侦查蝗情的情形。《汉书·平帝纪》记载，西汉元始二年（公元 2 年）"夏四月，郡国大旱蝗，青州尤甚，民流亡。遣使者捕蝗，民捕蝗诣吏，以石斗受钱。天下民赀不满二万，被灾之郡不满十万，勿租税。民疾疫者，舍空邸第，为置医药。募徙贫民，县次给食。至徙所，赐田宅什器，假与犁牛、种、食"。这是官方动员民众捕杀蝗虫并出钱收买蝗虫，以及对灾区贫民疾疫者置医药、迁徙者给饭食、至徙所者赐田宅什器等救灾措施的最早记载。《汉书·王莽传》记载，新莽地皇三年（22 年）"夏，蝗从东方来，飞蔽天，至长安，入未央宫，缘殿阁。莽发吏民设购赏捕击"，通过以钱购买方式奖赏捕蝗者。

西汉时期，氾胜之用附子溲种治蝗，开创了药剂治蝗的先河。据后魏高阳太守贾思勰所撰《齐民要术》转引《氾胜之书》曰："薄田不能粪者，以原蚕矢杂禾种种之，则禾不虫。"又曰："又取马骨剉一石，以水三石，煮之三沸；漉去滓，以汁渍附子五枚。三四日，去附子，以汁和蚕矢、羊矢各等分，挠令洞洞如稠粥。先种二十日时，以溲种，如麦饭状。当天旱燥时溲之，立干；薄布，数挠，令易干。明日复溲。天阴雨则勿溲。六七溲而止。辄曝，谨藏，勿令复湿。至可种时，以余汁溲而种之，则禾稼不蝗虫。无马骨，亦可用雪汁。雪汁者，五谷之精也，使稼耐旱。"又曰："剉马骨、牛、羊、猪、麋、鹿骨一斗，以雪汁三斗，煮之三沸。取汁以渍附子，率汁一斗，附子五枚。渍之五日，去附子。捣麋、鹿、羊矢等分，置汁中熟挠和之。候晏温，又溲曝，状如'后稷法'，皆溲汁干乃止。若无骨，煮缫蛹汁和溲。如此则以区种之，大旱浇之，其收至亩百石以上，十倍于'后稷'。此言马、蚕，皆虫之先也，及附子，令稼不蝗虫，骨汁及缫蛹汁皆肥，使稼耐旱，终岁不失于获。"（附子为毛茛科植物乌头的侧根，有剧毒。据周尧考证，《氾胜之书》原书已佚，于前60年问世。）

东汉时期，朝廷颁布了许多有关蝗虫的救灾诏令。东汉永元八年（96年）五月，河内、陈留蝗，九月，京师蝗，汉和帝刘肇下诏查找兴蝗致灾原因。永元九年六月，蝗旱，再下诏对蝗灾发生地区减免租税。《后汉书·安帝纪》载，永初五年（111年），九州蝗。汉安帝刘祜下诏，令三公、特进、侯、中二千石、二千石、郡守、诸侯相，举贤良方正、有道术、达于政化、能直言极谏之士各一人。这是用委任官职的办法鼓励人们献计献策以寻求治蝗途径的最早记载。元初二年（115年）五月，河南及郡国十九蝗，群飞蔽天，为害广远。安帝刘祜又下诏，指责朝廷官员对民间发生的蝗灾漠不关心，互相欺骗，以至出现了连续7年严重蝗灾，并首次向朝廷官职人员提出警告，要求务必消灭蝗灾。

《后汉书·桓帝纪》记载，东汉永兴二年（154年）六月、九月，由于蝗灾，人民生活疾苦，为了度灾，汉桓帝两次下诏，除要求人们广种芜菁和不被灾地区援助蝗灾地区，还制定了郡国不得卖酒的法令。《艺文类聚·灾异部》记载，东汉建安二年（197年），袁术在寿春，时谷石百余万，载金钱于市求籴，市无米，而弃钱去，百姓饥穷，以桑葚、蝗虫为干饭。这是关于百姓食用蝗虫的最早记载，为三国吴韦昭注《国语·鲁语》中"蝝"为"蝝，腹陶也，可食"提供了依据。

王充根据对蝗虫习性的不断认识，表示了治蝗的决心，他在《论衡·顺鼓篇》中指出："蝗虫时至，或飞或集，所集之地，谷草枯索。吏卒部民，堑道作坎，榜驱内于堑坎，杷蝗积聚以千斛数，正攻蝗之身，蝗犹不止。"最早提出了掘沟杷蝗埋瘗蝗蝻的治蝗方法，这种方法在我国使用了1 900余年才被新的治蝗技术所取代。

晋代蝗灾发生严重，蝗虫防治受到重视。晋朝发布了最早的侦查蝗情的法令。《艺文类聚·灾异部·蝗》引《晋令》记曰："常以蝗向生时，各部吏案行境界，行其所由，勒生苗之内，皆令周遍。"《晋令》由西晋贾充撰，贾充于西晋泰始元年（265年）封为车骑将军，泰始八年（272年）改司空，在任车骑将军的7年间，曾与杜预定律令，《晋令》由此产生。案行，指出行巡视调查；勒，特别、强制之意。《晋令》规定在经常发生蝗虫的地方，特别是农田地带，各部吏要案行巡视，皆令周遍，说明晋朝开国伊始就有了侦查蝗情的法令。

《晋书·刘聪载记》记载，西晋建兴四年（316年），河东大蝗，朝廷派遣官员靳准率部人收而埋之，哭声闻于十余里，后乃钻土飞出。靳准是刘聪时期的大将军，他组织讨蝗，采用了"收而埋之"的方法，即将人工扑捉到的蝗虫掘坑埋掉。这和东汉时王充掘沟埋蝗有所不同，王充埋的是蝗蝻，靳准埋的是成虫，由于成虫体壮善飞，埋蝗时又没有采取其他特殊措施，因此才有了飞蝗在土中骚动声"闻于十余里，后乃钻土飞出，复食禾豆"的结果，这给后人留下了深刻的教训，因此在清代很多治蝗书籍里，都提到了覆土埋蝗时，或水煮，或火烧，一定要把蝗虫弄死，或者将土埋实，过一宿乃可。

晋代出现了关于处置治蝗不力官员的记载。《资治通鉴·晋纪》记载：东晋咸康四年（338年）"五月，冀州八郡大蝗，赵司隶请坐守宰。赵王虎曰：'司隶不进谠言，佐朕不逮，而欲妄陷无辜，可白衣领职。'"白衣，通指百姓；领职，暂时带领职务；白衣领职，即给予撤职处分。这是对发生蝗灾的地方官员因推卸责任而给予处分的最早记载。东晋太元七年（382年）五月，幽州蝗生，广袤千里，前秦苻坚遣其散骑常侍刘兰持节为使者，发青、冀、幽、并百姓讨之，经秋冬不灭，有司奏请刘兰讨蝗不灭下廷尉诏狱。再次记载了对治蝗不力的官员给予严厉处分的情况。

（二）唐代（含五代十国）治蝗对策

唐朝应对蝗灾有了一些积极主动的措施，朝廷颁布了较为严厉的赈灾法令，以姚崇为代表的朝廷官员积极主张治蝗，开始重视蝗虫的发生预防和采取多种控制措施。唐武德七年（624年），唐在均田赋税中规定："凡水旱虫霜为灾，十分损四以上免租，损六以上免调，损七以上课役具免。"这是唐朝针对蝗灾发生，始定减免赋税数量的律令。据唐制赋役之法规定，成年男子每年缴纳2石田租，每丁岁役为2旬。开成三年（838年），唐文宗李昂下诏，要求遭蝗处"刺史委中书门下精加察访，如有烦苛暴虐、贪浊懦弱者，即须与替闭"。

唐朝最早提出蝗虫调查监测和预报方法。在了解蝗虫发生地点和发生密度后发出布告，并根据不同的蝗虫密度，采用不同除治方法。姚崇曾任夏官侍郎、春官尚书、紫微令、中书令、宰相等职，在推进蝗虫防治方面发挥了重要作用。开元三年（715年）六月，"山东诸州大蝗，飞则蔽景，下则食苗稼，声如风雨"，紫微令姚崇奏请差御史下诸道，促官吏采用驱赶、扑打、焚烧、挖沟土埋等多种办法消灭了蝗虫，"是岁，田收有获，人不甚饥"。开元四年，山东、河南、河北蝗大起，山东百姓皆烧香礼拜，眼看食苗不敢捕；河南、河北的蝗虫所经之处，苗稼皆尽。面对如此严重的蝗灾，姚崇仍主张采用驱、扑、焚、瘗等办法进行除治。但姚崇的治蝗决心受到了各方面的阻挠，皆以驱蝗为不便。唐玄宗认为杀虫太多，有伤和气。一些朝廷和地方官员也认为蝗是天灾，难以人治。面对是治蝗还是不治蝗两种主张，姚崇引《诗经》为证，并以"古人行之于前，陛下用之于后，古人行之所以安农，陛下用之所以除害"这样的哲理说服玄宗支持治蝗。姚崇主张设置检校捕蝗使赴各地捕蝗，推行"夜中设火，火边掘坑，且焚且瘗"法，在他的领导下，全国共捕蝗 900 余万石，蝗虫因此亦渐止息。姚崇在我国最早主张设置专职捕蝗官员，其积极的治蝗精神是非常可贵的，广受后人赞誉。

唐太宗食蝗影响深远。《旧唐书·五行志》记载，唐贞观二年（628 年）六月，"京畿旱，蝗食稼。太宗在苑中掇蝗，咒之曰：'人以谷为命，而汝害之，是害吾民也。百姓有过，在予一人，汝若通灵，但当食我，无害吾民。'将吞之，侍臣恐上致疾，遽谏止之。上曰：'所冀移灾朕躬，何疾之避？'遂吞之。是岁蝗不为患"。京畿发生蝗灾，蝗虫能飞到皇宫之内，皇帝就可能捕蝗并食蝗。举动不大，却具有深远的宣传意义，太宗因以身示险而知蝗虫可食、代民受患的高大形象，传述千古。唐兴元元年（784 年）秋，"关辅大蝗，田稼食尽，百姓饥"，百姓"捕蝗为食，蒸，曝，扬去足翅而食之"，开始出现百姓食用蝗虫及食蝗方法的最早记载。

在唐朝之后的若干朝代里，人们总在缅怀唐太宗为民食蝗的精神，并在蝗神庙的建设中，常以唐太宗为"蝗神"祭祀。据民国时尤其伟考证，在江苏海州城南，有一蝗神庙，其神身穿黄袍，头带王冠，面白长须，仪容雍和，神位横联为"昆虫永息"，对联为"诚若保之求请命祈年当时兆庶蒙麻久垂贞观于史册""切如伤之视弭灾消患此日威灵有赫载赓田祖于诗篇"。细分析，这是世人纪念唐太宗治蝗消灾。

五代时期，朝廷也下令诸州捕蝗。后梁太祖开平元年（907 年）六月，高绾为封丘令，以封丘境内虫蝗为灾最甚，太祖令近界扑灭，下明敕以悬赏，罚高绾免官。《旧五代史·梁书·太祖纪》记载：后梁开平二年（908 年）五月，梁太祖朱温下达了令诸州捕蝗诏"令下诸州，去年有蝗虫下子处，盖前冬无雪，至今春亢阳，致为灾沴，实伤陇亩。必虑今秋重困稼穑，自知多在荒陂榛芜之内，所在长吏各须分配地界，精加翦扑，以绝根本"。这是根据蝗虫产卵习性，组织群众分地界消灭蝗卵的最早记载。后晋天福七年（942 年），河南、河北、关西发生蝗害稼，朝廷下令有蝗处，不论军民人等，捕蝗一斗者，即以粟一斗易之，有司官员、捕蝗使者不得少有揸滞。《旧五代史》还记载了天福八年（943 年）四月，朝廷下诏，要求州县长吏捕蝗，侍卫马步军都指挥使往皋门祭告，仍遣诸司使七人分往开封府界捕蝗。五代时期还加深了对蝗虫天敌作用的认识，朝廷下令禁止捕杀鸲鹆等食蝗鸟类天敌。

（三）宋代（含辽、金）治蝗对策

宋朝治蝗以朝廷为主导，其治蝗策略既有朴素唯物的扑打捕杀措施，又有唯心的神话寄托。宋朝制定了极为严格的治蝗法令，治蝗法令数量之多，是以前历代王朝都无法相比的，极大地促进了民间的治蝗工作。宋朝在治蝗方面，虽然也存在着捕蝗官员不负责任，甚至出现借此欺压百姓、践踏民田等问题，但是朝廷在解决问题的方法上却是积极的，在发生蝗虫时，通常不仅委官督捕，而且查办不称职者，其治蝗的力度和措施的有效性均比唐代有明显提升。

1. 颁布治蝗政令

宋朝颁布了两道严格的治蝗法令。一道是北宋熙宁八年（1075 年）八月，宋神宗赵顼下的治蝗诏令，称"熙宁诏"。这是《救荒活民书》保存下来我国现存最早、内容具体的一道治蝗法规，规定有蝗蝻处要委县令、佐要躬亲打扑，相关人员参与，募人捕捉，分蝗、蝻、卵给谷或钱，并规定了分别给谷的标准、损苗的赔偿与免税。熙宁诏大大提高了人民捕蝗的积极性。另一道是南宋淳熙九年（1182 年）时，宋孝宗赵昚下达的更为严厉的除蝗令，称"淳熙敕"。淳熙敕明确规定对发现蝗虫不报告、不除治、除治不力的相关人员实行杖一百等处罚，对治蝗不力的官员给予相应处罚。这是宋朝最为严厉的除蝗条令，也是我国的第二道治蝗法规。宋朝还有许多关于治蝗备灾的诏令。淳化三年（992 年）六月，有蝗自东北来，蔽天。太宗赵炅诏曰："此虫必害田稼，朕忧心如捣，亟遣人驰诣所集处视之。"大中祥符九年（1016 年），开封府祥符县蝗附草死者数里，朝廷下诏戒郡县，诏京城禁乐一月，要求所在官司谨察视蝗情，诸路转运使督民捕蝗。庆历四年（1044 年）五月，诏："淮南比年谷不登，今春又旱蝗，其募民纳粟与官，以备赈贷。"这是募民纳粟与官，以备蝗灾赈贷的最早法令记载。

在南宋孝宗时，在治蝗方面，除继续动员民众捕蝗及对蝗灾地区赈济，增加了祭祀等迷信色彩，颁布了"绍兴祀令"。绍兴三十二年（1162 年）八月，山东大蝗，颁祭醮礼式。《文献通考·郊社考》认为：绍兴三十二年八月，孝宗已即位，礼部、太常寺言：依绍兴祀令，虫蝗为灾则祭之，有蝗虫处，即依仪式差令设位祭告施行，从之。正式颁发了《绍兴祀令》。自后，民间捕蝗时，多祭祀蝗神。《宋史·五行志》记载：嘉定元年（1208 年）五月，江、浙大蝗。六月，祭醮。七月，又醮，颁醮式于郡县。《宋史·宁宗本纪》记载：嘉定元年六月，以蝗祷于天地、社稷。《宋史·礼志》记载：嘉定八年（1215 年）六月，以飞蝗入临安界，诏差官祭告。又诏两浙、淮东西路州县，遇有蝗入境，守臣祭告醮神。八月，蝗，祷于霍山。以后，则逐渐产生了主管蝗虫的神庙——刘猛将军庙。

宋代产生的蝗神庙有二人，其一，《漫塘文集》载："刘通判，讳极，知乐平县时有蝗过县不下，人以为德政所致，端平中（1235 年左右），敕命主管建昌军。"其二，

《怡庵杂录》记载：宋景定四年（1263 年）三月八日，敕云："国以民为本，民实比于干城；民以食为天，食尤重于金玉。是以后稷教之稼穑，周人画之井田，民命之所由生也。自我皇祖神宗列圣相承，迨兹奕叶。朕嗣鸿基，夙夜惕若。迩年以来，飞蝗犯禁，渐食嘉禾，宵旰怀忧，天以为也。黎民恣怨，未如之何。民不能祛，吏不能捕。赖尔神力，扫荡无余。上感其恩，下怀其惠。尔故提举江州太平兴国宫，淮南、江东、浙西制置使刘锜，今特敕封为扬威侯天曹猛将军之神。"以刘锜为刘猛将军者，后世多有记载。

金朝与南宋并存于我国一北一南。金朝疆域包括山东、河北、河南、山西、陕西、北京、天津等我国大部分蝗虫滋生区，并继承了宋朝所制定的大部分治蝗法规和治蝗办法。金朝的治蝗法令也非常严格，对治蝗不力的官员，予以处分。金大定三年（1163 年）三月，中都以南八路蝗，尚书省遣官捕之。《金史·梁肃传》记载，大兴少尹梁肃以坐捕蝗不如期，贬川州刺史，削官一阶，解职。《金史·章宗本纪》记载：金承安二年（1197 年），章宗谕宰臣："今后水潦、旱蝗，发命提刑司预为规画。"金泰和六年至八年（1206—1208 年）朝廷连续颁布治蝗令，其中的"蝗虫生发坐罪法"是我国的第三道较为完整的治蝗法规。其内容包括"除飞蝗入境虽不损苗稼亦坐罪法"，"虫蝻生发，地主及邻主首不申之罪"等，这也是我国第一次公布捕蝗图的政令。

2. 出台捕蝗鼓励措施

宋朝鼓励捕蝗的措施有功名激励和以钱粮换取蝗虫蝗卵。《宋史·真宗本纪》记载，宋大中祥符九年（1016 年）九月，"督诸路捕蝗"，"青州飞蝗赴海死，积海岸百余里"。皇帝诏令，只要捐 3 000～8 000 石数量私谷赈恤贫乏者，就可授予助教、文学、上佐官职，这是在历史上以功名奖励捕蝗救灾的最早记载。天禧元年（1017 年）五月，诸路蝗食苗。朝廷下诏遣内臣分捕，仍命使安抚。景祐元年（1034 年）春正月，朝廷用粮食悬赏百姓挖掘蝗卵，这种广泛发动群众挖掘蝗卵的运动，不但在中国治蝗史上是第一次，在世界治蝗史上也是最早的。《宋史·食货志》记载：蝗虫为害，又募民扑捕易以钱粟，蝗子一升至易菽粟三升或五升。

在推广以米换蝗虫方面，高邮人孙觉是一个典型人物。北宋仁宗末期，孙觉任合肥主簿时，他根据捕蝗难的问题，向太守谏言："民方艰食难督以威，若以米易之必尽力，是为除害享利也。"太守高兴地采纳了孙觉的建议，要求各地不断推广以米易蝗的办法，并使之成为治蝗的重要措施。采取收买蝗虫的办法，对消灭蝗虫起到了一定的作用。宋朝收买蝗虫，基本是以粟易蝗的形式进行的，兼有以钱收买的情况。宋孝宗年间，时任浙东常平茶盐公事朱熹捕蝗，募民得蝗之大者，一斗给钱一百文，得蝗之小者，每升给钱五百文，对收购蝗虫分大小给价，鼓励农民将蝗虫消灭在幼蝻时期，较好解决了捕蝗与因路途遥远回家吃饭耽误时间的问题。

宋朝还注重治蝗赈灾措施。《宋史·查道传》记载，天禧元年（1017 年），查道得知虢州，秋，蝗灾，民歉，道不候报，出官廪米赈之，又设粥糜以救饥者，给州麦四千斛为种于民，民赖以济，所全活万余人。《宋史·李仕衡传》记载，真宗时，旱蝗，李仕衡发积粟赈民，又移五万斛济京西。《宋史·李行简传》记载，陕西旱蝗，命侍御史李行简前往安抚，发仓粟救乏绝，又蠲耀州积年逋租。

3. 制定人工捕打为主线的治蝗方法

董煟编《救荒活民书》拾遗《除蝗条令·捕蝗法》记述了对蝗虫的习性认识和捕杀方法。《捕蝗法》共七条：

第一条　蝗在麦苗禾稼、深草中者。每日侵晨，尽聚草梢食露，体重不能飞跃。宜用筲箕、栲栳之类，左右抄掠，倾入布袋，或蒸焙，或浇以沸汤，或掘坑焚火，倾入其中。若只瘗埋，隔宿多能穴地而出，不可不知。

第二条　蝗最难死。初生如蚁之时，用竹作搭，非惟击之不尽，且易损坏。莫若只用旧皮鞋底，或草鞋、旧鞋之类，蹲地掴搭，应手而毙，且狭小不损伤苗稼。一张牛皮，或裁数十枚，散与甲头，复收之。北人闻亦用此法。

第三条　蝗有在光地者。宜掘坑于前，长阔为佳，两旁用板及门扇接连八字铺摆。却集众用木枝发喊，赶逐入坑。又于对坑用扫帚十数把，俟有跳跃而上者复扫下，覆以干草，发火焚之。然其下终是不死，须以土压之，过一宿乃可（一法，先燃火于坑，然后赶入）。

第四条　捕蝗不必差官下乡。非惟文具，且一行人从未免蚕食里正，其里正又只取之民户。未见除蝗之利，百姓先被捕蝗之扰，不可不戒。

第五条　附郭乡村，即印《捕蝗法》，作手榜告示：每米一升，换蝗一斗。不问妇人、小儿，携到即时交与。如此，则回环数十里内者可尽矣。

第六条　五家为甲，姑且警众，使知不可捕。其要法只在不惜常平、义仓钱米，博换蝗虫。虽不驱之使捕，而四远自临凑矣。然须于稽考钱米必支，倘或减克邀勒，则捕者沮矣。国家贮积，本为斯民。今蝗害稼，民有饿殍之忧，譬之赈济，因以捕蝗，岂不胜于化为埃尘，耗于鼠雀乎？

第七条　烧蝗法。掘一坑，深阔约五尺，长倍之，下用干柴茅草发火正炎，将袋中蝗虫倾下坑中。一经火气，无能跳跃，此《诗》所谓"秉畀炎火"是也。古人亦知瘗埋可复出，故以火治之。事不师古，鲜克有济。诚哉是言！

董煟《捕蝗法》七条，是我国现存最早的、较为完整的一部除治蝗虫方面的技术资料，这些治蝗方法大多是在人们对蝗虫习性更进一步了解的基础上制定出来的。前三条对于蝗虫习性又有进一步的认识，第一条描述"蝗在麦苗禾稼深草中者"，即蝗虫每日清晨尽聚草梢食露，因体重而不能飞跃。这时，清晨可用筲箕、栲栳之类左右抄掠，蝗虫倾入布袋，或焚或埋，即能达到消灭蝗虫的目的。第二条描述"蝗初生如蚁之时"，说明蝗初生如蚁，虫小难以捕捉，此时可采用旧皮鞋底或牛皮制成的蝗虫拍子"蹲地掴搭"，可应手而毙，且不损伤苗稼。第三条描述"蝗在光地者"，即蝗虫在光地时，具有向一个方向跳跃的习性，据此提出了在蝗蝻行进方向的前方掘沟，长阔要适宜，集众用木板发喊将蝗虫赶入沟内，或发火焚烧或掩土埋之。《捕蝗法》七条中，三条谈的都是人工捕打法，可见宋朝在除治蝗虫技术上，仍然是以人工扑打为主。董煟在第六条中大力提倡官方以钱米收买蝗虫。第七条介绍"烧蝗法"，董煟观察到蝗虫怕烟火，一经火气，无能跳跃，于是提出了挖深阔各约 5 尺、长 1 丈的大坑，下面用干柴发火，将捕捉到的蝗虫倾入火中烧死瘗埋后永不复出。董煟根据蝗虫习性制定出来的《捕蝗法》不但效果好，也很实用，深受群众的欢迎。自宋朝提出以后，元、明、清各朝代都进行过宣传推广，有些技术则一直应用到新中国成立后才停止。

在募民挖掘蝗卵方面，宋景祐元年（1034 年）正月，朝廷诏令"募民掘蝗种，给菽米"，六月，"诸路募民掘蝗种万余石"，开创了国家动员、支持人民群众挖掘蝗卵并用菽米奖励人民挖掘蝗卵的新纪元，出现了历史上最为壮观的群众掘卵灭蝗运动。1182 年，淳熙敕颁布以后，对宋朝推广挖掘蝗卵、减轻蝗害起到了很大作用。

在灭杀蝗虫方面，《昆山县志》记载：宋熙宁五年（1072 年），昆山蝗害，蝗虫在滩荡芦丛集结，官府命割芦苇灭蝗。蝗虫在滩荡芦苇中集结，对当时只掌握人工捕打、挖沟埋瘗等灭蝗技术的人们来说，造成了很大困难。割芦灭蝗，无疑为采用人工捕打或挖沟埋瘗灭蝗技术扫清了不少障碍。但割芦后再挖沟、驱蝗、埋瘗、捕打，实在是麻烦，不如一把火将芦烧掉。《宋史·希言传》记载，淳熙十四年（1187 年）希言登第，后知临安仁和县，适大旱，蝗集御前芦场中，亘数里，希言欲去芦以除害，中使沮其策，希言驱卒燔之。

《续资治通鉴·宋纪》记载：宋元丰四年（1081 年）六月，河北诸郡蝗生。诏："闻河北飞蝗极盛，渐已南来，速令开封府界提举司，京东、西路转运司遣官督捕，仍告谕州县，收获先熟禾稼。"这是采用抢收先熟庄稼的办法，减轻蝗灾损失的最早记载。

在捕蝗为食方面，宋明道二年（1033 年），岁大蝗，京东、江淮尤甚，范仲淹上疏曰："蝗可和菜煮食，曝干可代虾米，苟力捕蝗，既可除害，又可佐食，何惮不为。" 熙宁六年至八年（1073—1075 年），安徽全椒连续三年大蝗，民捕蝗为食。熙宁八年，淮南诸路蝗，民捕蝗为食，以度饥荒。熙宁十年，宋神宗问道："闻滁、和二州民食蝗以济，有之乎？" 对曰："有之，民甚饥。" 饥民捕蝗以食，既除害又佐食，比过去有了长足的进步。南宋嘉定年间，陆游《剑南诗稿·杜门》还写出了 "烧灰除菜蝗，送芋谢牛医" 的诗句，让我们看到了人们在田间烧烤蝗虫的情景。

在农业措施预防蝗虫方面，宋朝观察蝗虫习性，广泛种植蝗虫不喜食植物，不但在预防蝗虫上发挥良好作用，而且在救灾上也具有重要意义。据《宋史·范讽传》记载，乾兴元年（1022 年），山东邹平大蝗，人民知道蝗虫不喜食豆类作物，想种这种作物，可苦于没有豆种。范讽作为一名淄州官员，冒着很大的风险，发放豆种给人民种植，蝗不为灾，农业还获得了丰收，人民喜庆，并提前还清了贷种。这是我国创造性采用种植蝗虫不喜食作物预防蝗虫的最早记载和范例，为以后的推广工作打下了良好的基础。另据董煟《救荒活民书》记载，明道二年（1033 年），"吴遵路知蝗不食豆苗，且虑其遗种为患，故广收豌豆教民种食，次年民大获其利"。吴遵路在宋仁宗（1023—1063 年）时任工部郎中、淮南转运副使、陕西都转运使等职。这是推广种植蝗虫不喜食作物的又一典范。

在利用天敌灭蝗方面，宋初，人们认识到蝗虫天敌的作用，并已经开始重视起来。在《宋史》《辽史》《元史》中，就有记载鸟类食蝗的情况，食蝗鸟类有鸲鹆、鹜、鱼鹰及其他鸟类。据《辽史·道宗本纪》记载，宋咸雍九年（1073 年）七月，"南京归义、涞水蝗飞入宋境，余为蜂所食"，在我国首次记载蝗虫蜂类天敌。另据乾隆《高邮州志》记载，宋庆元二年（1196 年），"飞蝗自凌塘俄遍四野，继皆抱草死，每一蝗有一蛆食其脑"。据此记载，说明蝗虫抱草而死的原因，除抱草瘟病菌及寄生蜂可使蝗虫致病而死，还存在蝇蛆寄生蝗体而致蝗虫死亡的现象，而这种蝇蛆很可能是拟麻蝇幼蛆。

金朝也采取捕蝗易粟和其他预防措施。《金史·宗宁传》记载，金大定二年（1162 年），宗宁为归德军节度使，时方旱蝗，宗宁督民捕之，得死蝗一斗给粟一斗，数日捕绝。《金史·王维翰传》记载，金泰和七年（1207 年）七月，复诏维翰曰："雨虽沾足，秋种过时，使多种蔬菜犹愈于荒莱也。蝗螕遗子，如何可绝？旧有蝗处来岁宜莜麦，谕百姓使知之。"

（四）元代治蝗对策

元代治蝗措施继续沿用朝廷主导策略，元代统治者尤其是元世祖忽必烈非常重视农桑业的发展和灾害的防治，其治蝗法令在机构设置、官员处罚等方面有新的内容，还规定了对官吏的处罚标准，并于蝗灾严重年份减免田租和劳役。蒙古至元七年（1270年），设立司农司，又颁农桑之制十四条。这是古代官方设置司农司机构主管治蝗工作，定期侦查蝗情并设法除治的最早记载。同时，元职制首次制定出对治蝗中有过错的官员进行处罚的法律标准。《元史·世祖本纪》记载，至元二十年，谕"自今管民官，凡有灾伤，过时不申及按察司不即行视者，皆罪之"，对不履职的官员给予治罪。

为促进治蝗，朝廷下诏将董煟编《救荒活民书》印发各地。《元史·泰定本纪》记载，元泰定二年（1325年）五月，彰德路蝗；六月，济南、河间、东昌等九州蝗；秋七月，般阳新城县蝗；十二月，诏颁董煟编《救荒活民书》于州县。据《元史·文宗本纪》记载，元天历元年（1328年）十一月，汴梁、河南等路及南阳府频岁蝗旱，"禁其境内酿酒"。

元代治蝗办法主要吸取宋代治蝗的经验和做法，也有一些进步。在耕翻蝗卵方面，改进了以往的做法。《元史·食货志》记载，元皇庆二年（1313年），复申秋耕之令，"盖秋耕之利，掩阳气于地中，蝗蝻遗种，皆为日所晒死，次年所种必盛于常禾也"。朝廷下达了秋耕之令，人民开始结合秋耕消灭土壤中的蝗卵，这种将耕作与治蝗结合起来的办法，不但比过去人工掘卵的速度快，而且大部蝗卵埋于土中而腐烂，少量暴露于地表的蝗卵会被太阳晒死或为鸟所啄食，这些措施有利于农业生产，所以很受群众欢迎。这也是我国采用耕翻蝗卵方法消灭蝗虫的最早记载。在推广种植蝗虫不喜食植物方面，增加了新的作物。《王祯农书·备荒论》曰："蝗之所至，凡草木叶靡有遗者，独不食芋、桑与水中菱、芡，宜广种此。"到了元朝，人们不但知道蝗虫不喜食作物除麻、豆外，而且深入了解到还有芋、桑及水中菱、芡。如果说宋代最早采用了种植蝗虫不喜食作物的方法，到元代则使这种方法得以大面积推广应用。

在捕打蝗虫方面，元朝地方州府动用了大量捕蝗劳役，引起百姓不满，甚至祈祷蝗神治蝗。《元史·陈祐传》记载，蒙古至元二年（1265年），适东方大蝗，徐、邳尤甚，责捕至急，南京路治中陈祐部民丁数万人至其地，谓左右曰："捕蝗虑其伤稼，今蝗虽盛，而谷以熟，不如令早刈之，庶力省而有得。"或以事涉专擅，不可。祐曰："救民获罪，亦所甘心。"即谕之使散去，两州之民皆赖焉。至元三年，朝廷以祐降官无名。《元史·袁裕传》记载，至元六年，洧川县达鲁花赤贪暴，盛夏役民捕蝗，禁不得饮水，民不胜忿，击之而毙。《元史·阿合马传》记载，至元七年五月，尚书省奏括天下户口，既而御史台言，所在捕蝗，百姓劳扰，括户事宜少缓，遂止。《元史·王磐传》记载，至元八年，蝗起真定，朝廷遣使者督捕，役夫四万人，以为不足，欲牒邻道助之。王磐曰："四万人多矣，何烦他郡。"使者怒，责磐状，期三日尽捕蝗，磐不为动，亲率役夫走田间，设方法督捕之，三日而蝗尽灭，使者惊以为神。沉重的捕蝗劳役，人民不堪重负，开始祈祷蝗神。《元史·许维祯传》记载，至元十五年，淮安属县盐城境内旱蝗，许总管府判官维祯祷而雨，蝗亦息。《元史·塔海传》记载，塔海任庐州路总管期间，时有飞蝗北来，民患之，塔海祷于天，蝗乃引去，亦有堕水死者，人皆以为异。《元史·王思诚传》记载，元至正二年（1342 年），王思诚拜监察御史，上疏言："京畿去年秋不雨，冬无雪，方春首月蝗生，黄河水溢。敕有司行祷百神，陈牲币，祭河伯，发卒塞其缺。"

在蝗灾严重年份，灾民也捕蝗为食。元至元十三年（1276 年），巨鹿民食蝗。至元十八至十九年，河北大蝗，食禾稼、草木皆尽，所至蔽日，碍人马不能行，燕南、燕北、河间等 60 余县饥民捕蝗以食，或曝干积之，又尽，则人相食。至正十八至十九年（1358—1359 年），《元史·五行志》还记载了河北、山东、山西、陕西、河南等省大蝗，饥民捕蝗以食或曝干积之的情况。

元朝注重对益鸟的保护。《元史·成宗本纪》记载，元大德三年（1299 年）秋七月，扬州、淮安属县蝗，为鹜啄食。元成宗诏"禁捕鹜"，以保护食蝗鸟类天敌。《元史·刘天孚传》记载，野有蝗，天孚令民出捕，俄群鸟来，啄蝗为尽。

（五）明代治蝗对策

1. 颁布治蝗政令频繁

《明史·食货志》记载，明太祖年间（1368—1398 年），就有了太祖之训："凡岁灾，尽蠲二税，且贷以米，甚者赐米布若钞。"青州旱蝗，有司不以闻，逮治其官吏。且谕户部："自今凡岁饥，先发仓庾以贷，然后闻，著为令。"盖二祖、仁、宣时，仁政亟行。蝗蝻始生，必遣人捕瘗。

明朝先后颁布了四次重要治蝗政令。嘉靖《宿州志》记载，明永乐元年（1403 年）九月初八，奉太宗皇帝旨，吏部发布明代第一道治蝗法令，要求各级官员及时扑打蝗虫，对坐视怠慢者严加问罪，军队也要参与打捕蝗虫。《明会要》记载，永乐十一年九月，下诏发布第二道治蝗法令。嘉靖《宿州志》记载，永乐十五年五月二十八日，吏部又奉太宗皇帝旨发布第三道治蝗法令；宣德五年（1430 年）四月二十九日，户部奉宣宗皇帝旨发布第四道治蝗法令，要求各处军卫、有司遇蝗蝻生发，务要打捕尽绝，敢有怠慢者不饶。

《明史·宣宗本纪》记载，宣德五年六月，"遣官捕近畿蝗，谕户部曰：'往年捕蝗之使害民不减于蝗，宜知此弊。因作《捕蝗诗》示之"。明前期，如此诸多的治蝗政令，为以后的治蝗工作打下了良好的基础，捕蝗令也得到了延续。《明史·王家彦传》记载，万历十二年（1584 年），吏科都给事中王家彦上疏曰："又旧制捕蝗令，吏部岁九月颁勘合于有司，请实意举行。"

2. 出台捕蝗奖惩措施

明朝尝试采用官职和学历奖励捕蝗。如光绪《安东县志》记载，明嘉靖三年（1524 年），"安东旱蝗，令纳蝗子五斗，准入三等吏缺"。这是用官职奖励人民捕蝗的最早记载。万历四十五年（1617 年），山东又飞蝗蔽天，赈荒使过庭训奏请皇帝批准，为筹集捕蝗用粮，以缴纳一定数量的粮食可以入学，时谓之粟生，或以捕得蝗虫三百石交官，亦许入校学习，时谓之蝗生，广饶、垦利、潍坊、青州、寿光、昌乐、临朐、昌邑等县均出现了这样的学生。这是以捕缴三百石蝗虫即准许入学，用学历奖励捕蝗的最早记载。同时，明朝对捕蝗不力官员进行处分。据《明史·郁新传》载："成祖即位，（郁新）召掌户部事。永乐元年（1403 年），河南蝗，有司不以闻，新劾治之。"

明朝还采取物质鼓励治蝗措施，即以粟易蝗宽恤灾民。据《明史·叶盛传》记载，明景泰元年（1450 年）叶盛还朝谏言："畿辅旱蝗相仍，请加宽恤"，帝多采纳。《明史·李中传》记载，嘉靖十八年（1539 年），李中巡视山东，岁歉，令民捕蝗者倍予谷，蝗绝而饥者济。《明史·孙玮传》记载，万历三十年（1602 年），孙玮以右副都御史巡抚保定，岁比不登，旱蝗、大水相继，玮多方赈救，帝亦时出内帑佐之。乾隆《武清县志》记载，万历十五年四月，武清旱蝗，县令乘其初产未生翅，示军民能捕者以粟易蝗，男女争先掘坑捕打二百余石，不为灾。这是首次记载把蝗虫消灭在幼龄未生翅阶段的情况。

明万历四十四年（1616 年），山东省大蝗，御史过庭训任山东赈荒使赴山东救灾，他在《山东赈饥疏》内写道："捕蝗男妇，皆饥饿之人，如一面捕蝗，一面归家吃饭，未免稽迟时候。遂向市上买面做饼，挑于有蝗去处，不论远近大小男妇，但能捉得蝗虫与蝗子一升者，换饼三十个。"这样，捕蝗的人不但能捕蝗，还解决归家吃饭问题。为解决捕蝗人夫不足问题，过庭训查得长清县崮山，有领粮饥民 1 020 名可乘机拨用，即发布告示：自去年十一月，朝廷就养尔等饥民，使尔等免于逃亡饥死，现在当知报效国家，今蝗虫生发，尔等正是报效之日，自今以后，凡能近地捕得蝗虫或蝗子半升者，可给米面一升，为五日之粮，如不捕蝗虫，不许准给米面。这样，解决了捕蝗人夫不足问题。但有后人批评曰："崮山饥民，升数之粟，必令有蝗而始给，彼老弱残疾，艰于行动，力不能捕蝗者，不尽死于此疏耶？要知捕蝗易粟，官亦易于励众，众亦乐于从官。故天子不可惜费，近臣不可蒙蔽，君臣一体，朝野同心，再法十宜而力行之，何患乎蝗之不除而螟之不灭哉？"

3. 探索生物治蝗方法

生物治蝗，古时多属于自然界生态平衡中的食物链现象，据嘉靖《长垣县志》记载，明嘉靖二十六年（1547 年）六月，长垣蝻遍野，有蛙食蝻尽净。这是蛙类吃食蝗蝻的最早记载。人们有意识地利用生物防治蝗虫，则开始于明代养鸭治蝗。据闵宗殿研究：万历二十五年（1597 年），陈经纶在他的《治蝗笔记》写道，经过试验发现鸭子除蝗效果很好。这是利用鸭子生物治蝗的最早记载。后来他的后人陈九振在芜湖做官，遇到蝗灾时，即利用家鸭防除，也取得了显著效果，于是便把这种方法推广到其他州县。《捕蝗必览》记载，明崇祯十四年（1641 年），"嘉湖旱蝗，乡民捕蝗饲鸭，鸭最易大而且肥。又山中人养猪，无钱买食，捕蝗以饲之。其猪初重只二十斤，旬日之间，肥而且大，即重五十余斤，始知蝗可供猪、鸭"。这是民间捕蝗饲畜，开展变害为利研究的最早记载。

4. 推行徐光启的治蝗对策

明崇祯十二年（1639 年），徐光启《农政全书》刊行。《除蝗疏》在《农政全书》中占有重要的地位，是徐光启根据历史记载，结合自己的采访、观察和在实践中除治蝗虫的经验总结出来的。他对蝗虫的发生规律、生活史、活动习性比前人有了更加深入而正确的认识，在此基础上提出了一系列捕打、扑杀和农业预防等措施。

《除蝗疏》曰："凶饥之因有三：曰水、曰旱、曰蝗。地有高卑，雨泽有偏被；水旱为灾，尚多幸免之处，惟旱极而蝗，数千里间草木皆尽，或牛马毛幡帜皆尽，其害尤惨过于水旱也。"又说："闻之老农言，蝗初生如粟米，数日旋大如蝇，能跳跃群行，是名为蝻。又数日即群飞，是名为蝗。所止之处，喙不停啮，故《易林》名为饥虫也。又数日孕子于地矣，地下之子，十八日复为蝻，蝻复为蝗，如是传生，害之所以广也。""蝗之所生，必于大泽之涯。然而洞庭、彭蠡，具区之旁，终古无蝗也。必也骤盈骤涸之处，如幽涿以南，长淮以北，青兖以西，梁宋以东，都郡之地，湖潢广衍，旱溢无常，谓之涸泽，蝗则生之。……故涸泽者，蝗之原本也。欲除蝗，图之此其地矣。"

《除蝗疏》叙述了捕杀蝗虫的三种方法。"若虾子在地，明年春夏，得水土之气，未免复生，则须临时捕治。其法有三：其一，臣见傍湖官民，言蝗初生时，最易扑治，宿昔变异，便成蝻子，散漫跳跃，势不可遏矣。法当令居民里老，时加察视，但见土脉坟起，即便报官，集众扑灭，此时措手，力省功倍。其二，已成蝻子，跳跃行动，便须开沟捕打。其法视蝻将到处，预掘长沟，深广各二尺，沟中相去丈许，即作一坑，以便埋掩。多集人众，不论老弱，悉要趋赴沿沟摆列。或持帚，或持扑打器具，或持锹锸，每五十人用一人鸣锣其后，蝻闻金声，努力跳跃，或作或止，渐令近沟。临沟即大击不止，蝻虫惊入沟中，势如注水，众各致力，扫者自扫，扑者自扑，埋者自埋，至沟坑俱满而止。前村如此，后村复然，一邑如此，他邑复然，当净尽矣。若蝻如豆大，尚未可食，长寸以上，即燕齐之民，畚盛囊括，负戴而归，烹煮曝干，以供食也。其三，振羽能飞，飞即蔽天，又能渡水，扑治不及。则视其落处，纠集人众，各用绳兜兜取，布囊盛贮，官司以粟易之，大都粟一石，易蝗一石，杀而埋之。然论粟易，则有一说，先儒有言，救荒莫要乎近其人。假令乡民去邑，数十里负蝗易粟，一往一返，即二日矣。臣所见蝗盛时，幕天匝地，一落田间，广数里，厚数尺，行二三日乃尽。此时蝗极易得，官粟有几，乃令人往返道路乎。若以金钱近其人而易之，随收随给，即以数文钱易蝗一石，民犹劝为之矣。"

《除蝗疏》还介绍了蝗虫的产卵、食性等习性和应对措施。"蝗虫下子，必择坚垆黑土高亢之处，用尾栽入土中，下子，深不及一寸，仍留孔窍。且同生而群飞群食，其下子必同时同地，势如蜂巢，易寻觅也。一蝗所下十余，形如豆粒，中止白汁，渐次充实，因而分颗，一粒中即有细子百余。……夏月之子易成，八日内遇雨则烂坏，否则至十八日生蝻矣。冬月之子难成，至春而后生蝻。故遇蜡雪春雨，则烂坏不成。此种传生，一石可至千石。故冬月掘除，尤为急务。且农力方闲，可以从容搜索。官司即以数石粟易一石子，犹不足惜。""唐开元四年夏五月，敕委使者，详察州县勤惰者，各以名闻。由是连岁蝗灾，不至大饥，盖以此也。臣故谓主持在各抚按，劝事在各郡邑，尽力在各郡邑之民。所惜者北土闲旷之地，土广人稀，每遇灾时，蝗阵如云，荒田如海。集合佃众，犹如晨星，毕力讨除，百不及一，徒有伤心惨目而已。""《王祯农书》言：蝗不食芋桑与水中菱芡，或言不食绿豆、豌豆、豇豆、大麻、苘麻、芝麻、薯蓣，凡此诸种，农家宜兼种以备不虞。""飞蝗见树木成行，多翔而不下，见旌旗森列，亦翔而不下。农家多用长竿，挂衣裙之红白色，光彩映日者，群逐之，亦不下也。又畏金声炮声，闻之远举。总不如用鸟铳入铁砂或稻米，击其前行。前行惊奋，后者随之去矣。""除蝗方：用秆草灰、石灰灰，等分为细末，筛罗禾谷之上，蝗即不食。"

将蝗灾列为中国凶饥灾害之首，徐光启对蝗灾严重性的认识，可见一斑。但如何控制如此严重的蝗灾，《除蝗疏》曰："必借国家之功令，必须百郡邑之协心，必赖千万人之同力……总而论之，蝗灾甚重，而除之则易。必合众力共除之，然后易。此其大指矣。"徐光启将蝗虫定性为社会性害虫，认为通过上至国家、下至百姓的共同努力，蝗灾是才有可能被控制住。在明代封建制度下，徐光启能提出如此雄壮的防治蝗灾意见，的确是一件非常了不起的事情。徐光启通过对老农的访问及自己的观察，对生活习性、发生动态及发生环境等蝗虫生物学特性，已有了深入的了解，其研究成果，基本代表了明代蝗虫研究的整体状况。

徐光启将蝗虫发生期考证为每年的四月至八月，这对于蝗情侦查和做好防治蝗虫的准备工作都具有重要意义。徐光启通过对老农的访问，得知飞蝗一年可发生两代，认为只要掌握了蝗虫这种自生自灭的生活规律，就能得到除治蝗虫的有效办法。《除蝗疏》描述了蝗虫产卵及蝗卵的生物学特性，提出冬月挖卵，农力方闲可以从容搜索，而且官方以粟易蝗犹不足惜，民众乐趋其事。《除蝗疏》认为，冬月掘卵是"尤为急务"之事。

至明代以后，虽然加大了对蝗虫成虫习性的观察力度，然而面对"蝗阵如云"的蝗虫成虫，人们却仍然显得是那么的无奈，正如《除蝗疏》所言："所惜者北土闲旷之地，土广人稀，每遇灾时，蝗阵如云，荒田如海。集合佃众，犹如晨星，毕力讨除，百不及一，徒有伤心惨目而已。"徐光启《除蝗疏》关于蝗虫成虫习性的记载较少，根据成虫习性而提出的防治方法，也只有"飞蝗见树木成行，多翔而不下，见旌旗森列，亦翔而不下。农家多用长竿，挂衣裙之红白色，光彩映日者，群逐之，亦不下也"，同时指出蝗虫"又畏金声炮声，闻之远举。总不如用鸟铳入铁砂或稻米，击其前行。前行惊奋，后者随之去矣"等驱除蝗虫法。

徐光启经过多年的研究，提出了很多新见解，为根除蝗灾，果断指出："涸泽者，蝗之原本也。欲除蝗，图之此其地矣"，在中国首次提出了改造蝗虫原生地环境的根本治蝗意见。

关于蝗虫的食用与利用问题，《除蝗疏》曰："食蝗之事，载籍所书，不过二三。唐太宗吞蝗，以为代民受患，传述千古矣。乃今东省畿南，用为常食，登之盘飧。臣常治天津，适遇此灾，田间小民不论蝗、蝻，悉将煮食。城市之内，用相馈遗。亦有熟而干之，粥于市者，数文钱可易一斗。啖食之余，家户困积，以为冬储，质味与干虾无异。其朝晡不充，恒食此者，亦至今无恙也"，"长寸以上，即燕齐之民，畚盛囊括，负戴而归，烹煮曝干以供食也"。由此可知，明代以来，蝗虫不但已成为人们冬季改善生活的食品，而且在城市还作为一种相互赠送的礼品，成为销售于市者的商品；恒食此者，体弱之人可强身健体。

在科学技术落后的封建社会，面对严重蝗灾，尽管有各种各样的治蝗方法，但效果十分有限，有的方法措施也多成为一纸空文。对此，人们是有很深刻认识的。为了多打粮食，最好的办法就是预防，尽量种植蝗虫不喜食作物。据不完全统计，明代农家种植的蝗虫不喜食作物种类已有绿豆、豌豆、豇豆、黑豆、黄豆、大麻、苘麻、芝麻、棉花、芋、桑、菱、芡、荞麦、苦麦、芋头、洋芋、薯蓣、红薯等。在这些作物中，徐光启独欣赏红薯，即甘薯。《农政全书》曰："甘薯，即俗名红山药。""剪藤种薯，易生而多收。至于蝗蝻为害，草木无遗，种种灾伤，此为最酷。乃其来如风雨，食尽即去，唯有薯根在地，荐食不及，纵令茎叶皆尽，尚能发生，不妨收入。若蝗信到时，能多并人力，益发土遍壅其根节枝干，蝗去之后，滋生更易，是虫蝗亦不能为害矣。故农人之家，不可一岁不种，此实杂植中第一品，亦救荒第一义也。"

（六）清代蝗灾治理对策

1. 朝廷颁布治蝗旨令

为应对严重的蝗灾，清朝几代皇帝都很重视对蝗灾的控制，朝廷户部、内阁等部门根据皇帝谕令，多次发布治蝗旨令，一定程度上起到治蝗法令的效果。康熙帝先后下达 6 道治蝗相关旨令。其中，《古今图书集成》记载康熙帝颁布治蝗法令 4 次，分别为康熙三十年（1691 年）九月十八日，康熙帝谕户部第一道旨令，要求各州县全面察勘蝗虫灾情，延缓征收钱粮，体恤民生；康熙三十二年十月初十，康熙帝谕内阁第二道旨令，要求各地对蝗虫先事预图、区划逐捕、不使滋蔓，命户部速牒直隶、山东、河南、山西、陕西巡抚，示所领郡县咸令悉知，蝗蝻之灾务令消灭，毋使蝗灾为患；康熙三十三年四月十三日，康熙帝谕内阁第三道旨令，传谕直隶、山东、河南等省地方官，发动百姓消灭蝗种（蝗卵），以除后患，差户部司官一员前往直隶、山东巡抚，督促治蝗；康熙三十四年正月二十六日，康熙帝谕内阁第四道旨令，要求各地强化预防措施，消灭蝗种，扑灭蝗虫，毋使滋蔓成灾。康熙帝在 5 年内颁布 4 道旨令治蝗，属历代帝王之罕见。《授时通考·敕谕》记载，康熙四十一年，康熙帝谕户部第五道治蝗旨令，要求蝗虫发生区所在官吏提早预防工作。《中国虫文化》引《钦定大清会典则例》载，康熙四十八年，康熙帝颁布第六道治蝗旨令，明确规定，对各级官员治蝗不力者进行革职问罪。《授时通考》记载，康熙帝还御制诗文《捕蝗说》，对历史蝗灾的危害、捕蝗经验以及自己的治蝗感想作了生动描述。康熙帝多次对蝗灾问题下达旨令并作御制诗，可见其对治蝗的重视。

雍正帝为应对蝗灾先后颁布了 5 道旨令。第一道旨令是关于蝗虫与刘猛将军庙。《畿辅通志·诏谕》记载，雍正三年（1725 年）七月，提到过去一些地方，每有蝗蝻之害，土人虔祷于刘猛将军庙，则蝗不为灾。两江总督查弼纳奏称：江南地方有为刘猛将军立庙之处，则无蝗蝻之害，其未曾立庙之处则不能无蝗。虽然雍正帝也不完全相信刘猛将军庙的作用，但也希望民众领会"天人感应"之理。雍正帝的一道圣旨，使全国兴起了建设刘猛将军庙的热潮。据考察，在河北省 120 个县中，建有刘猛将军庙的县达 80 个，占考察总县数的 67%，其中建于雍正二年之前的只有 2 处，雍正二年以后建成的 46 处，未注明建庙时间的 32 处。由此可见，如此广泛分布的刘猛将军庙，与雍正帝旨令的颁布密切相关。第二道治蝗旨令是关于各级官员治蝗责任的。《中国荒政全书》记载，雍正六年八月十七日奉上谕，明确规定了地方官员的治蝗责任，对玩忽职守、不即时扑灭蝗虫的地方官员，进行革职问罪。据《授时通考·敕谕》记载，雍正八年、九年、十年分别颁布了第三、四、五道治蝗旨令，都是涉及地方官员查蝗治蝗要求和问责的规定。

乾隆帝也重视蝗灾控制，先后颁布 6 道治蝗旨令。据《中国荒政全书》记载，乾隆四年（1739 年）四月，乾隆帝颁布第一道旨令，要求各省在对待蝗灾上应当"思患预防，无得疏忽"，对捕蝗不力的地方大员及州县文武官必须严加处理。乾隆十六年闰五月，乾隆帝颁布第二道旨令，要求各省督抚州县捕蝗过程中践踏庄稼的，应酌量给予受害者补偿。乾隆十八年连续颁布了 4 道治蝗令，五月下一道旨令，要求捕蝗官员督办捕蝗时要轻车简从，减少对农民的滋扰；七月，乾隆皇帝于一个月内颁布了两道治蝗令，九月又颁布一道治蝗令，其中州县捕蝗经费"准其动公"的法令，首次确定了飞蝗是社会性害虫的地位，大部治蝗费用，自此之后也就由朝廷官府划拨了。据《畿辅通志·诏谕》记载，乾隆二十四年五月，乾隆帝颁布了第七道治蝗令；乾隆二十八年七月，颁布第八道治蝗令。乾隆帝的治蝗谕令，既有关心蝗灾发生区人民生活的，也有具体防治意见的；既有要求认真巡视思患预防的，也有要求邻里蝗区团结治蝗的；既有严惩治蝗不力官员的，也有州县捕蝗经费准其动公的；既有加紧捕除务期净尽的，也有灭绝根株永除灾害的；谕令之多，要求之严，内容之广，前无仅有。《清史稿·曹秀先传》记载，乾隆十八年，近畿蝗，曹秀先请御制文以祭，举蜡礼。乾隆帝曰："蝗害稼，惟实力捕治，此人事所可尽。若欲假文辞以期感格，如韩愈祭鳄鱼，鳄鱼远徙与否，究亦无稽。朕非有泰山北斗之文笔，好名无实，深所弗取。"罢蜡礼。由此也可以看出，乾隆帝确有实心实意治蝗的态度。

嘉庆七年（1802 年）《户部则例》制定了严格的捕蝗规定。在督捕蝗蝻方面，要求"直省滨临湖河低洼之处，须防蝻子化生……每年于二三月早为防范，实力搜查，一有蝻种萌动，即多拨兵役人夫及时扑捕。或掘地取种，或于水涸草枯之际，纵火焚烧"，对"不早扑除，以致长翅飞腾者，一经发觉，重治其罪"。同时要求"邻封协捕蝗"，"若邻封官推诿迁延，严参议处"。在捕蝗公费方面，规定换易收买蝗蝻及捕蝗兵役人夫酌给饭食，俱准动支公项，令同城教职、佐杂等官会同地方官给发，开报该管上司核实报销。据记载，直隶省、江苏省、安徽省捕蝗人夫都有捕蝗报酬，不同地方都有给米、给钱的标准。

《户部则例》中的捕蝗禁令还规定官员的捕蝗纪律。要求"地方遇有蝗蝻，州县官轻骑减从，督率佐杂等官，处处亲到，偕民扑捕，随地住宿寺庙，不得派民供应。

州县报有蝗蝻，该上司躬亲督捕，夫马不得派自民间。如违例滋扰，跟役需索，借端科派者，该管督抚严查，从重治罪"。还要求捕蝗损禾给予补偿，"地方督捕蝗蝻，凡人夫聚集处所，践伤田禾，该地方官查明所损确数，核给价值，据实报销"。

《畿辅通志·帝制纪·诏谕》记载，清道光元年（1821年）五月，宁河、宝坻等县及山东近海近河所属，亦因风日高燥，蝻种渐孳，不可不及早扑治。谕令："直隶总督、顺天府尹、山东巡抚各饬所属亲行查勘，赶紧搜除。其接壤之区，务协力扑捕，不得互相观望，稽延时日，致令贻害田禾。"这是道光帝颁布的要求接壤蝗区邻里协作治蝗的法令。

2. 制定治蝗奖惩措施

清朝最早制定了对治蝗人员功过进行奖惩罚的法令标准。康熙四十八年（1709年）发布治蝗旨令，明确规定，对治蝗不力的官员进行革职问罪，降级1～3级不等，这是康熙帝首次制定的对治蝗不力官员进行处分的法令标准，也是最具体最严格的帝王政令。乾隆十六年（1751年），明确规定凡有蝗蝻地方，文武官员合力治蝗成效属实的，准其记录（记功）一次。对能统率兵夫，立时扑灭净尽者，将该员记录一次。《中国荒政全书》记载，又定例："一有蝗虫萌动，即时速拨人夫立刻扑灭。倘有玩忽，以致长翅飞扬，为害禾稼者，即行严参议处。并令督抚查明萌起之处，将不行扑灭之地方官严参。"乾隆十八年七月，明确州县捕蝗不力即有革职拿问之定例，对不申报上司者革职之例，强调捕蝗不力，必应遵照皇考世宗皇帝谕旨重治其罪，不可姑息，嗣后州县官遇有蝗蝻不早扑除，以致长翅飞腾贻害田稼者，均革职拿问。

史料记载，清朝因治蝗功过而升迁或免职的官员案例不少。如《清史稿·吴士功传》记载，乾隆十六年，旱蝗为灾，吴士功督吏捕治，昼夜巡阅，未及旬，蝗尽，被调升为湖南粮道。《清史稿·赵尔丰传》记载，赵尔丰以盐大使选山西静乐，历永济。躬捕蝗，始免灾。擢河东监掣同知，获河东道。《清史稿·李因培传》记载，乾隆十八年，李因培署刑部侍郎，兼顺天府尹。蝗起，因培劾通永王楷等不力捕，皆夺职。《清史稿·陈宏谋传》记载，陈宏谋任两广总督，乾隆二十四年，以督属县捕蝗不力，被夺总督衔。《清史稿·窦光鼐传》记载，乾隆二十七年，以窦光鼐迁拙，不胜副都御史，坐属县蝗不以时捕，左迁四品京堂。《清史稿·裘曰修传》记载，乾隆三十四年，裘曰修召授刑部尚书。畿南蝗，命曰修捕治。曰修至武清，令顺天府尹窦光鼐行求蝗起处。上责曰修不亲勘，左授顺天府府尹。《清史稿·范宜宾传》记载，范宜宾出安徽布政使，奏言属县蝗见，屡请捕治，巡抚胡文伯执不可。上为此黜文伯，而宜宾亦以捕蝗不力下吏议，当左迁。《清史稿·和瑛传》记载，嘉庆七年（1802年），和瑛以匿蝗灾事觉，遣戍乌鲁木齐。

在清朝严厉的奖惩制度下，也出现了一些认真捕蝗的官员。《清史稿·白登明传》记载，康熙十八年（1679年），白登明起授高邮知州。值岁旱蝗，登明严禁胥吏克减，役者踊跃从事。《清史稿·荫爵传》记载，康熙初，荫爵授直隶蠡县知县。夏旱，蝗起，捕蝗尽。《清史稿·刘秉琳传》记载，咸丰二年（1852年），刘秉琳授顺天宝坻知县。蝗起，督民自捕，集资购之，被蝗者得钱以代赈，且免践田苗。据《清史稿·方大湜传》记载，咸丰十一年，方大湜被吏议，革职留任。调署襄阳，飞蝗遍野，大湜躜属持竿，躬率农民扑捕，三日而尽。

3. 建立蝗虫捕打指挥机构和队伍

《清史稿·胡全才传》记载，清顺治四年（1647年），山、陕蝗见，全才为《捕蝗法》授州县吏，蝗至，如法捕辄尽，不伤稼。因以其法上闻，命传示诸直省。顺治帝亲命传示胡全才《捕蝗法》于各省，为清朝捕蝗工作奠定了良好的基础。

在蝗区设置治蝗指挥机构，规定报酬。《治蝗全法》记载，清道光五年（1825年），顺天蝗，府尹朱为弼奏准《捕蝗事宜》六条：一是本府尹单骑就道，所有书吏跟役人等，自给饭食大钱二百文；其番役有马匹者，每3匹给草料钱二百文。二是设厂在相近之庙宇，先出示谕明每斤价若干，须活者始给价，随时下锅，煮毙埋之。三是各州县自行捐资购买，不准摊派地保、里正。四是各州县亲自督率一主厂，附近各厂委县丞、千把外委分查。五是日祷。六是各官弁日给，俱应自备，即有上司稽查，亦不准馈送食物。这是官方在蝗区现场设置治蝗指挥机构督率治蝗的最早记载，并对下乡治蝗的官吏给予生活补助、不准下乡官吏蚕食百姓作出了规定。

在蝗区基层建立群防群治队伍。《治蝗全法》记载，清乾隆二十五年（1760年），通州等处蝗，直督方观承饬司道议设护田夫。其议三家出夫一名，十名设一夫头，百夫立一牌头。每年二月为始，七月底止，令各村按日轮流巡查。这是在蝗区设置专职查蝗队伍，有组织、定时间、有秩序轮流侦查蝗情的最早记载。

据李炜咸丰八年（1858年）编印的《捕除蝗蝻要法三种》记载，劝民成立捕蝗社。捕蝗社是民间群众治蝗机构，长安县旧有18廒，每廒8～10保障，一保障或数保障成立一个捕蝗社。保障总约任社正，各村村约为社副，一廒为一总社，廒约任社总。每社制大旗一面，将社内村庄、牌甲写在旗上，并按社内户册预先确定的男壮丁造册报社总收管。县总保任社首，专司禀报蝗情事宜。每社若干村，若干男丁，社长、社总、社正副各单开具清单报送县令备查。同时，刊有《治飞蝗捷法》印刷多本，发社总作为宣传捕蝗的技术资料，一旦发现飞蝗，不论飞窜何地，该社正副一面报官，一面组织社员携器齐集田头驱捕飞蝗。如距城30里之内，县官闻蝗情报告后于当日不到现场者，罚官加倍给民夫口食，加倍收买蝗虫钱。如官到现场而社民观望迟疑，不如法捕除，照例将社首枷号，社总人等酌量处罚。这是关于民间设立蝗虫防治机构，组织治蝗专业队伍，群防群治的最早记载。

4. 制定捕蝗组织管理措施

乾隆三十五年（1770年），副督御史窦光鼐将查捕蝗虫所见情形，酌为捕蝗事宜数条上《条陈捕蝗酌归简易疏》曰：

一、捕蝗人夫，不必预设名数，致滋烦扰，但查清保甲册造村庄户口，临时酌拨应用。旗庄则理事同知查造清册，交州县存查。

二、捕蝗必用本村近地之人，方得实用。嗣后凡本村及毗连村庄在五里以内者，比户出夫，计口多寡，不拘名数，止酌留守望馈饷之人而已。五里之外，每户酌出夫一名；十里之外，两户酌出夫一名；十五里之外，仍照旧例三户出夫一名，均调轮替。如村庄稠密之地，则五里以外，皆可少拨。如村庄稀少，则二十里内外，亦可多用。若城市闲人，无户名可稽者，地方官临时酌雇添用。

三、牌头每县不过数十名，因而增之。大村酌设二、三、四名不等，中村酌设一名，小村则二三村酌设一名，免其杂差，俾领率查捕人夫。

四、各村田野令乡地、牌头劝率各田户，自行巡查。若海滨、河淀阔远之地，则令各州县自行酌设护田夫数名，专司巡查。向来有以米易蝗之例，若蝗子一升，给米三升，则搜刨自力。

五、凡蝗蝻生发，乡地一面报官，牌头即率本村居人齐集扑捕。如本村人不敷用，即纠集附近毗连村庄居人协捕。如能即时扑灭，地方官验明，酌加赏费。如扶同隐匿，一经查出，即将田户与牌头、乡地一并治罪。如近村人夫仍不敷用，地方官酌拨渐远村庄，轮替协捕。如虫孽散布，连延数村，则各村之人，在本村扑捕，各于附近村庄拨夫协济，以次及远。仍照例会同营汛兵丁，督以干员妥役，则捕灭迅速，而田禾亦不致损伤。

六、外村调拨之夫，仍照旧例，每名日给米一升，或大钱十五文。其奋勇出力者，酌加优赏。如阔远之地，须调拨远夫者，加给米钱一倍。

七、捕蝗器具，莫善于条拍。其制以皮编直条为之，或以麻绳代皮亦可。东省人谓之挂打子，最为应手。顺天各属，向无此物，宜饬发式样，使预制于平日，以便应用。其次则旧鞋底，各属多用之，然常不齐全，宜预行通饬。若仍有以木棍、小枝等物塞责者，即将乡地、牌（头）一并究处。

八、蝻子利用开沟围逼，加土掩埋。蝗翅初出，未能飞，亦可围捕。至长成之后，则宜横排人夫，尾随追捕。若乘黎明露濡，歼除尤易。若在禾稼之地，则宜随垄赶捕，不得合围喊逼，致令惊起，且易损田禾。

　　九、收买飞蝗之法，向例皆用之。总缘乌合之众，非得钱不肯出力耳。其实拾掇、收贮、给价、往返、掩埋，皆费工夫，故用夫多而收效较迟。惟施之老幼妇女，及搜捕零星之时，则善矣。若本村近邻力能护田，以精壮之人，持应手之器，当蝗势厚集，直前追捕，较之收买，一人可以当数人之用，故用夫少而成功多。且蝗烂地面，长发苗麦，其于粪壤也。

　　清朝建立后，人数众多的旗民，在蝗区拥有很多特权，如捕蝗可以不出夫役，汉民不得随意到旗民田地内查蝗捕蝗等，旗民田地捕蝗事宜，一向是县官十分棘手的问题。乾隆二十七年（1762年），窦光鼐旋赴三河、怀柔督捕蝗虫，疏言："近京州县多旗地，嗣后捕蝗，民为旗地佃，当一体拨夫应用。"上从所请。乾隆三十五年六月，谕：军机大臣等，前据窦光鼐奏，各处旗佃应一体出夫捕蝗，已批，如所请行，复思捕蝗原以保卫田禾，非特，旗佃当协力赴公，而大粮庄头亦不应稍存歧视，蝗蝻长发处所，不但旗佃人等尽力争捕，即王公属下旗人无不协同扑打。旗民应一体出夫捕蝗问题得到了初步解决。

　　清代地方志中，人工捕蝗的事例繁多，如光绪《杭州府志》卷八十五《祥异》记载了浙江巡抚三宝带领官民捕蝗情况：

　　巡抚三宝《捕蝗节略》云：乾隆四十一年七月，余以勘海宁老盐仓塘工，至仁和四堡，见有虫孽跳跃，询问土人无知者。令人扑取，与北方蝗蝻无异。因告以蝻子虽旱地所生，有翅即能飞赴水田，亟令搜捕，顷刻积数十斤，携至庆春门，告司道及杭府州县，并令亲勘。而仁和沿海新升刈草沙地，遍处皆虫孽矣，余告以捕蝗不力，定例甚严。捕蝗之法宜于五更露水未干，蝗虫垂翅不飞，易于扑捕，即于七月初九日五更率标兵役夫扑捕，并教以刨沟捕捉之法，捐给饮食，司道府县亦多集民夫约三千余人，令文武官员分行搜捕，并令居民能捕蝗者，积筐篮满布袋，按斤以给钱，每日获七八千斤至万余斤，将军亦率驻防官兵协同搜捕，至十三日而蝗尽灭。钱塘沿江亦如法扑捕，禾稼无伤损。

5. 注重综合捕蝗措施应用

(1) 刨挖蝗卵或用毒水杀死蝗卵

　　康熙帝于康熙三十二年至三十四年（1693—1695年）连续3年下诏，命令各地冬季积极耕耨田亩，使土覆压蝗种，勿致成灾。据《中国荒政全书》载，乾隆八年（1743年），"定例严饬州县于冬月预行刨挖，并严谕乡民，凡草苇、圩埂及水泽、山崖、涧石之处，逐细寻捉。如得蝻子一斗，照例官给银二钱。或止数升，以此减给"。冬月农闲时，预行刨挖蝗卵，并照例由官府收买，已成大清定例。

据同治十三年（1874 年）河间知府陈崇砥编印《治蝗书》记载："凡飞蝗遗子，必高埂坚硬之地，深约及尺，有筒裹之，如麦门冬。虽有孔可寻，而刨挖甚属费手，不如浇之以毒水，封之以灰水。则数小儿之力，便可制其死命。其法：用百部草煎成浓汁，加极浓碱水、极酸陈醋，如无好醋，则用盐卤，匀贮壶内。用壮丁二三人，携带童子数人，挈壶提铁丝，赴蝗子处所，指点子孔，命童子先用铁丝如火箸大，长尺有五寸，磨成锋芒，务要尖利。按孔重戳数下，验明锋尖有湿，则子筒戳破矣。随用壶内之药浇入，以满为度，随戳随浇，必遍而后已，毋令遗漏。次日再用石灰调水，按孔重戳重浇一遍，则遗种自烂，永不复出矣。"用毒水除治蝗卵，是我国用药水治蝗的最早记载。但是这一技术由于费工费事、效果差，而没能得到推广。

（2）使用煤油烧蝗或杀蝗

《马鞍山市志》记载，清光绪十九年（1893 年）五月，马鞍山蝗灾，民夫以竹帚捕蝗，浇以煤油将蝗虫烧死。光绪二十八年，赵县知县于振宗撰成《赵县捕蝗办法》，记曰：用煤油掺入麻油、松香、胆矾水、石灰水，用喷雾器从上风喷之，蝗身沾染微点数刻便死。若恐夜间蝗咬伤禾稼，可用煤油或石灰水与矾水喷在禾苗之上，蝗闻味即避而飞去。这是使用喷雾器喷洒煤油等土农药除治蝗虫的最早记载。

（3）烧芦苇灭蝗

《畿辅通志·诏谕》记载，清乾隆二十八年（1763 年）七月，谕："据阿桂等覆奏，查办飞蝗一折称，飞蝗在水洼、芦荡及淀泊之中，现届白露，是其将尽之候，各处俱已报扑净等语。飞蝗隐匿于淀泊、水洼、苇荡之中，虽似难以人力胜，但既见有倒挂苇上者，则其留遗蝻种，恐复不少，正当及时设法净除为要。裒曰修前此曾以淀中苇荡虑占水面，议思所以划除，而从前吉庆查办蝗蝻，亦曾有焚烧苇荻之事，但此等苇荡弥望蔓延，亦近淀居民自然之利，未便因搜捕蝗蝻尽举而弃之，第留此沮洳之地，徒为蝗孽萌生之薮，其贻患于生民者更大，自当权其轻重，筹酌办理。著传谕阿桂等，会同该督等，或火燎或俟刈割后，将根株烧尽，毋使再留遗孽，以绝民害。"

（4）利用自然天敌

《清史稿·高其位传》记载，清雍正二年（1724 年）秋，高其位奏飞鸦食蝗，秋禾丰茂。上以蝗不成灾，传示王大臣，赐诗褒之。

乾隆二十四年（1759 年），大清户部条例公布了捕蝗法六条，规定："乡民自行扑捕蝗蝻交官，应即立定章程。每交蝻一斗，即给米若干；蝗则减半。蹂损田禾，则给价若干；如为期尚早，可种晚禾，则每亩给银若干；补种不及者，每亩给米若干。俱应立时发给，不可迟吝。"同时还规定了具体的捕蝗方法措施，捕蝗法六条，成为清朝除治蝗虫的主要措施。

清代制定了许多捕蝗方法，其中图文并茂的捕蝗图册主要有 4 种，即李源主持编绘的《治蝗图册》、杨米人的《捕蝗要法》附图、钱炘和的《捕蝗要诀》附图和陈崇砥的《治蝗书》附图。上述四种图册内容既各有特色，又有一脉相承之处，对促进治蝗均有贡献（表 4-1）。

表 4-1　清代主要捕蝗图名称及内容

名称	作者	时间	内容	
《捕蝗图册》	李源	乾隆二十四年（1759 年）	1. 翻耕盖蝗 2. 扑捕飞蝗 3. 用灯捉捕 4. 收买蝗虫 5. 放鸭吞蝗	6. 挖沟驱入 7. 芦帘围倚 8. 空地围打 9. 搜挖蝻子 10. 五更捕蝗
《捕蝗要诀》附图	钱炘和	同治八年（1869 年）	1. 布围式 2. 鱼箔式 3. 合网式 4. 抄袋式 5. 人穿式 6. 坑埋式	7. 扫蝻子初生式 8. 扑半大蝻子布围式 9. 扑半大蝻子箔围式 10. 捕捉飞蝗式 11. 围扑飞蝗式 12. 扑打庄稼地蝗蝻式
《治蝗书》附图	陈崇砥	同治十三年（1874 年）	1. 治化生蝻子图第一 2. 治化生蝻子图第二 3. 治卵生蝻子图 4. 捕蝻孽图第一 5. 捕蝻孽图第二 6. 捕蝻孽图第三	7. 埋蝻孽图 8. 治骤来蝻孽图 9. 捕飞蝗图 10. 焚飞蝗图 11. 捕粘虫图 12. 滑车图式
《捕蝗要法》附图	杨米人	光绪十六年（1890 年）	1. 布围式 2. 鱼箔式 3. 扫初生蝻子式 4. 扑半大蝗蝻 5. 扫落蝗蝻式 6. 露捕飞蝗式	7. 网捕飞蝗式 8. 抄捕飞蝗式 9. 围打飞蝗式 10. 扑打田蝗式 11. 童子穿围式 12. 土埋灰压式

（七）民国时期蝗灾治理对策

1911 年，辛亥革命推翻了清朝统治。1912 年中华民国临时政府成立后，新民主主义思想促进了新文化的发展，加之国外的先进技术逐步引入国内，中国的治蝗技术开始注重科学防治，民国前期部分地方政府也开始重视蝗灾的控制。该时期的治蝗对策除了沿袭过去的人工扑打措施，还体现了一些政府行为和科学治蝗的思想。

1. 国民政府推动治蝗

民国前期，蝗灾频发，并逐步引起了一些地方政府的重视。其中，江苏省地方政府推动较早，随之推广到相关省份。后来得到国民政府实业部和中央政府的支持，对推动各地控制蝗灾发挥了积极作用。但由于国民政府腐败，特别是抗日战争、连年内战等因素的影响，蝗灾防治工作没有从根本上受到重视，导致民国时期蝗灾发生仍相当严重。

1912 年，江苏省参议会通过决议，要求政府每年拨付 3 万元作为各县的治蝗经费，这是我国首次由参议会决议下达治蝗专项经费。然而，经费虽定，但却移作他用，并未开展实际工作，蝗患依然。

1915 年，河北任县与南和县交界处发生了蝗虫，任县知事王亿年组织领导全县人民，扑灭了这次蝗灾。王亿年把这次捕蝗工作总结出来，定名《捕蝗纪略》，并刻版发行。同年安徽大蝗，中国昆虫学家应安徽省的邀请，实地考察皖北蝗灾区的蝗情，提出了对永生蝗区治水、垦荒、造林等根除蝗害的建议。

1928 年 11 月 16 日，江苏省政府委员会第 159 次会议通过《江苏省各县治蝗人员奖惩规则》，首次系统规范了七条治蝗奖罚措施。同年，江苏阜宁县冯亦龙县长，对于第四捕蝗所戈恩溥之捕蝗请求，置之不理达数月之久，以致酿成该县不可收拾之蝗灾，经呈报农矿厅，奉令予以记过处分。这是民国时期县长因治蝗不力而受处分的最早记载。

1931 年 5 月，河北蝗灾几乎波及全省，白洋淀、宁晋泊、大陆泽、七里海等湖沼地及运河，永定河、大清河、滹沱河、胡卢河两岸分布更多。河北省政府派员分赴各县调查督捕，并于同年由河北省政府委员会第 258 次会议通过《河北省治蝗暂行简章》，明确了该省蝗虫收购、蝗情报告、处罚等 13 条治蝗管理措施。

1933 年，蝗灾发生十分严重，河北各县成立治蝗总会，总会会长由县长兼任，另外，区、乡分别设分会和支会。

1943 年，国民参政会经济策进会西北办事处印发《治蝗浅说》。

1946 年，国民政府农林部要求各省成立治蝗委员会，由建设厅厅长出任主任委员，并制定了《三十五年治蝗实施办法》和《三十五年各级政府应办事项》，组织各县成立治蝗队。

1946 年 1 月，国民党河南省政府颁布了《河南省各县搜掘蝗卵及收则办法》。

1947 年间，国民党地方各级政府对治蝗工作不同程度采取了一些措施。

2. 召开专门治蝗会议

1934 年 6 月，国民政府鉴于以前全国治蝗缺乏系统组织、治蝗方法墨守旧习、部分农民迷信观念深、治蝗经费不确定以及缺乏蝗患调查统计等问题，由实业部召集江苏、安徽、山东、河南、河北、湖南、浙江农政主管官厅代表及专家，召开七省治蝗会议，讨论统一治蝗组织、改进治蝗技术、筹措治蝗经费和调查全国蝗患等应对措施。这是我国第一次召开的全国性的治蝗专业会议，其意义在于国家对于治蝗工作的重视，会议形式直至新中国成立后都被继承了下来，这对推进的蝗害治理起到了重要作用。

6月5日晨9时，七省治蝗会议在中央农业实验所举行开幕式，由钱天鹤主持并报告开会宗旨，谓："此会在以科学方法，于事前防止蝗患之发生。"旋即开始讨论各提案。议决将各案分行政、技术两组审查后，再提交第二次大会议决。当即指定毛雝、张宗成、谢家声等11位为行政组审查委员，邹钟琳、吴福桢、蔡邦华等11位为技术组审查委员。6日晨9时，召开第二次大会，由钱天鹤主持，先后通过《各省治蝗办法大纲案》《各县治蝗办法大纲案》《治蝗月历案》《全国蝗患调查办法大纲案》《拟请设立全国治蝗委员会，颁布治蝗法规案》《拟请在洪泽湖附近设立治蝗机关案》《拟请制定治蝗惩奖办法案》《拟请就近驻防军警协助治蝗案》《拟请强制垦荒，以绝蝗虫产地案》《拟请华北各省设立昆虫局案》《拟请各县组织除蝗会案》《拟请中央拨定治蝗经费八十万元案》《设立七省防除蝗虫联合会案》《拟请中央通令各省划拨一定治蝗经费案》《各省应令各县搜除蝗卵，肃清蝗蝻案》《拟请中央酌拨河北治蝗经费案》《切实试验毒饵治蝗案》。7日晨10时，举行第三次大会，仍由钱天鹤主持，又议决通过《拟请实业部于产蝗中心区域设置治蝗督察专员案》《保护蝗虫天敌案》《设置杀蝗毒菌室案》《设置蝗害陈列室案》。

6月7日上午七省治蝗会议闭幕。会后，《农业周报》发表七省治蝗会议社论如下：

> 治虫犹治水，古今中外无划疆而治之水害，亦无划疆而治之虫灾也。蝗为虫灾中之较烈者，而防除之法亦较备，然而灾患频闻，终难绝迹者，则雍于划疆而治，治又不能尽其力之咎也。我国患蝗省分，计有苏、皖、鲁、冀、豫、湘、浙、晋、陕等9省，晋、陕两省灾不时发，故以前列七省为重。国民政府成立以后，召开会议冀辅政事者亦已多矣，独阙于虫，虫既不可以划疆而治，会又安可终阙于虫，用是号令七省，会议治蝗，斯诚实业部之新猷，不能谓其不是也。
>
> 《桑柔》之诗曰："降此蟊贼，稼穑卒痒，哀恫中国，具赘卒荒！"农民之厌苦虫害，戕贼禾稼，盖自古已然矣。历代帝王，其重农求治者，罔不兢兢于灾患之防除。逮及清代，尤能辟天灾之谬说，而以人力与之抗衡。清康熙朝，上谕有云："或有草野愚民，云蝗虫不可伤害，宜听其自去者，此等无知之言，切宜禁绝，捕蝗弭灾，全在人事。"雍正六年八月，训饬地方各官，以捕蝗为急务，其不力者，加以处分。后以两江总督范时绎对于督率捕灭邳州蝗蝻不力，诏令除将地方官令其题参外，督抚交部议处。清代之治蝗政事，果能行于今之世耶？患蝗县分之锢塞者，且有目蝗为神而事祈祷者

矣，亦有听其自然生灭而以邻为壑者矣，时代迈进，科学日昌，犹复倒行逆施，因循坐失，是蝗之不治，亦固有其由矣！至于治蝗官吏，虽有考成之具文，终无稽实之惩奖，民国成立迄今，县长因治蝗不力而罢黜者，绝无所闻，主省政者，更不遑论。夫政废于赏罚失公，以视清代因治蝗而罪及疆吏者，其得失为何如也。

今日患蝗省分，主省县政者，平日固无视于蝗也，蝗患猝发，县张其辞以告省，省张其辞以告中央，盖所以为乞振地也。蝗患既剧，始措手足，更肆其力于宣传，省当局震其告灾文电之急迫也，准支省帑，价买蝗蝻，贤者犹能竭其事，不肖者则因缘以为奸，蝗灾幸减，不罚有赏。下不克防患于未然，上未能为公平之黜陟，道揆法守，两遂荡然，蝗安得而不灾？灾安得而不为民害耶？省之治蝗，病在绌费，吾闻诸七省出席代表之告语，治蝗专款，多不过二三千元，少则仅列数百，盖蝗不岁值，故宁靳其费，使有此名目已矣，不幸而灾，固可为临渴掘井之谋，犹可乞振于中央，似不必为未雨之绸缪也。七省之中，设有主管治虫机关者，仅一浙省，而人才经费亦较裕。初，苏省亦有昆虫局之创立，且导全国之先河，徒以不重视于省政当局故，辛苦经营之局，中道凋零，迄今犹难遽复。苏尚如此，他省可知，则平昔之所谓"为民"，"为民"云者，几何而不生"哀恫中国，具赘卒荒"之感；而所谓"降此蟊贼，稼穑卒痒"云者，其意义将别有诠释，蝗果足以伤农乎哉？

七省治蝗会议既获其诣归而宣告闭幕矣，则将何以循塗径而达终鹄？决议二十二案，尚能见其远大，而归纳其精义，则无出于技术、组织、经费三端。技术之要，诚无非议，各省虽不克延致专家，为万一备；然苟能致力于成法者，未尝绝无绩效可言。今之技术人才，集中于京省，伴食终日，无事可为，设能分徙各专家于患蝗省分，责以事功，则才不废弃而济于事，譬诸金银，与其锢藏宝库，毋宁散诸市廛。至言组织，似毋亟亟，省则统率于主管厅，事须共治者，则听令于部，此就行政方面言之也。至于技术之处理，部辖之中央农业实验所，似难逃遁于职责。每二三稔，患蝗省分，集议于京，通其情而利于事，则不致于划疆而治。在司农仰屋之今日，叠床架屋，增设组织，似非有识者所许可也。技术、组织，事犹近易，独难于经费之筹措，七省代表之来会，肯与中央周旋者，仅为此耳。以八十万之款，治七省频患之蝗，诚不为过。十八年苏、皖、鲁三省失于蝗者逾百兆，今七省之治费，犹不及其百一，数可谓微。然而中央之拨给与否，实难逆料，设不然者，则会之为会，几何不同于时下流行之所为也耶？治云蝗乎哉！

1934 年，国民党政府实业部在南京举行全国治蝗会议，要求发生蝗灾各县填报治蝗旬报表。

3. 设立蝗虫试验研究机构

1913 年，中央农事试验场成立，设病虫害科，1914 年开始考察长江南北蝗灾情况。1922 年 1 月 1 日，江苏昆虫局在南京正式成立，此为江苏省昆虫局之创始。局址设于国立东南大学农科，吴伟士任局长，胡经甫、邹树文、张巨伯、张海珊为技师，开展包括蝗虫、螟虫等主要害虫的研究、防治事宜，并在清江、徐州和省立第三农校各设一所捕蝗分所。这是我国设立昆虫局开展包括蝗虫在内主要害虫研究、防治工作的最早记载。

1928 年 1 月，江苏昆虫局改组，设置总务、技术二课。技术课分蝗虫、稻虫、标本三股，吴宏吉、陈家祥任蝗虫股技师。蝗虫股分设研究、推广二部，关于研究者，设治蝗研究所于灌云，陈家祥任所长；关于推广者，分别在徐州、清江浦、灌云、阜宁设置一、二、三、四治蝗分所。这是我国设置治蝗研究机构的最早记载。民国时期关于蝗虫工作，江苏省最早开始，先以防治为主，1928 年起，开始对飞蝗生活史、生活习性、为害及天敌利用等进行系统研究，并试验白砒代替巴黎绿配制毒饵，倡导毒饵治蝗，同时开展江苏省蝗虫种类及其分布的调查研究。

1937 年以后，随着全面抗日战争的爆发，治蝗及研究机构相继解体，科技人员流离失所，蝗虫研究和防治工作被迫中断。

1945 年，抗日战争结束，国民政府的治蝗工作有所恢复。1946 年，农林部要求各蝗区省立即组建治蝗委员会。如农林部治蝗总督导、治蝗专家刘淦芝到河南督导治蝗工作，并帮助河南设立蝗情侦察队。6 月 10 月，河南省建设厅召开治蝗委员会成立大会，该委员会由建设厅厅长宋渊任主任委员，行总河南分署主任万晋、河南省农业改进所所长崔宗栋任副主任委员，内设总督导和总务技术两个组。此后，安徽、河北等省的治蝗工作也得到较好推进。

4. 宣传普及蝗虫知识

1916 年，《科学》杂志创刊，在第 2 卷上发表了《耶路撒冷蝗祸记》和《说蝗》两篇文章，戴芳澜在《说蝗》中，详细介绍了美国红腿蝗等 3 种蝗虫的口部器官、知觉、呼吸、血液循环、体内神经、食物消化与吸收等蝗虫解剖学知识，以及蝗虫蜕皮、生殖、行动等生物学特性。首次向国内介绍国外蝗虫的发生、为害情况及除治方法，最早将蛇、鼹鼠、蟾蜍、蜘蛛列为蝗虫的天敌，首次介绍了国外先进的"煤油捕蝗器"治蝗技术，以及国外用巴黎绿与伦敦紫混合后加麸子制成毒饵的治蝗办法，为中国蝗虫生物学及防治技术研究注入了先进思想和新的活力，使人们增添了破除迷信、科学治蝗的信心。同年，金陵大学成立农科，开始培养中国自己的害虫防治专家，成为创立和开拓中国蝗虫学史的先导。中央农事试验场刊印《治蝗辑要》一书，首次介绍中国蝗虫 48 种。

1923 年 8—9 月，张景欧在《科学》杂志上发表《蝗患》论文，认为："蝗虫一物，中国自古不辨其种类。春秋时曰螽、曰蝝，后人则认其无翅者为蝻，长翅为蝗。对于外部形态、习性等种种特性，始终未有系统研究。无怪数千年来，为害各异，持议不一，而使后人疑窦百出矣。著者在美国借知我国蝗虫种类已有 85 种，其中赤足飞蝗（*Pachytylus danicus* Linn.）和隆背飞蝗（*Pachytylus migratoroides* R. & F.）在中国各境为害甚烈。"

1925 年 9 月，张景欧、尤其伟在《农学杂志》发表论著《飞蝗之研究》，介绍飞蝗为不完全变态昆虫，经 5 次蜕皮而羽化为成虫，其蝗蝻龄期长短与温湿度、食料植物及蝗虫个体发育等因素有密切的关系；并从飞蝗的地位、飞蝗的分布、飞蝗的食料、飞蝗的形态、飞蝗的发育、飞蝗的习性、飞蝗的防治、飞蝗的用途等诸多方面，论述了我国科技工作者对飞蝗的研究成果。《飞蝗之研究》认为，飞蝗成虫趋光性甚弱，如以电灯强光，飞蝗亦有趋光性，普通灯光不能诱之，但幼虫初期具有向日光迁移的习性；还介绍了蝗虫的营养成分，认为古今中外，几乎无人不知蝗虫是人类一大虫害，但善于利用者，则变害为利，既可佐食免于饥馑饿殍，又可壅田获得高产，饲畜得取厚利。吴福桢在《中国蝗虫问题》中，概述了中国关于蝗虫变型问题的研究结果，认为飞蝗因为环境和密度的不同，可分为群居型和散居型（蚱蜢型），蝗虫只要饿了可取食各种杂草，但有时蝗虫取食不是因为饥饿，而是因为口渴，因此常会见到蝗虫在食物很丰富时，却吞食弱蝻，残食同类，或不断乱咬植物茎叶，随咬随吐，并不吞入胃中，此举只是为了吸取植物或同类当中的水分。

民国时期有关蝗虫的研究报道增多，1944 年河南各地宣传《剿除蝗蝻法》，1946—1947 年各地加大了培训力度，据 1946 年《河南省三十五年度治蝗报告》记述，该年培训治蝗学员 79 人，邀请京沪各地专家讲学，农林部美籍顾问田吉士博士（Dr. John Deal）参加讲授。这对广大民众了解蝗灾、认知蝗虫以及增强防灾意识、提高治蝗能力均起到积极作用。

5. 提出治蝗综合措施

针对传统的人工扑打治蝗措施效力低、效果差等问题，1923 年付焕光在《农学杂志》发表《治蝗》，首次提出"治蝗方针"和"改治结合"的根本治蝗之法，指出："驱除蝗虫，首在察勘其发生地点，研究其生活历史，求得一适当时期，用最经济之方法，策群力以扑灭之。"认为古法治蝗缺乏昆虫专门学识与技能，不能预防于平素，徒扑救于祸后，言治蝗，宜实行"新法改良古法"的治蝗方针，这是最早使用"治蝗方针"一词。付焕光在总结了过去治蝗只能治标、不能治本的教训后，提出了改、治结合的根本治蝗计划：一是开垦荒地。中国荒地，各省都有，据统计，荒地占全国总面积的3%以上，可实行农垦、军垦，广泛植树造林，改变蝗区生态环境。二是颁布治蝗法规。动员国家的、地方的和个人的各种能力，统一部署，通力合作，团结治蝗。三是增设昆虫局，开展对蝗虫的研究与防治工作，协调并解决各省根本治蝗的问题。四是推广科学治蝗技术。五是宣传蝗虫知识，破除农民迷信思想。付焕光提出的治蝗方针有利于蝗灾的标本兼治，也是一项较为科学和系统性的综合措施，但是在旧中国，推广根本治蝗计划谈何容易，正如张景欧指出："农民饱受兵匪之惊扰而流离失所，尚不能安居乐业，言治蝗，真空谈耳！"

民国时期的治蝗措施主要还是传统的人工扑打方法，在除治上，部分学者还积极试验探索和推广使用喷雾器喷洒砷酸铅、亚砷酸钠、巴黎绿等农药。1923年张景欧在《科学》杂志上发表《蝗患》一文中提出，在蝗虫幼小的时代，用砷酸铅3磅加水50加仑或巴黎绿1.5磅加水50加仑，或亚砷酸钠加水60加仑加糖水0.5加仑，用喷雾器在被害植物上喷射1~2次，3日后蝗虫可完全死亡。

1947年国民政府《农林部三十六年治蝗报告》记载："本年治蝗办法人，仍照三十五年部所颁办法办理。在防治方法方面，侧重于氟矽酸钠毒饵之使用，以4斤氟矽酸钠＋100斤麦麸配比效果最佳。本年治蝗工作从3月上旬开始，至9月底结束，历时7个月，中央工作人员凡36人，审计工作人员百余人。夏秋蝗共掘蝗卵17 161.75斤、扑灭跳蝻4 431 012.3斤、捕杀飞蝗472 833.8斤，受益农田7 897 112.7亩，减少粮作损失7 897 112.7担[①]，每担以最低价15万元计，约值118 456 690.5万元，除物资和各项费用652 078.692 5万元，纯益为117 804 611.807 5万元，约占全部费用的181倍强。"由此可见，当时的多种治蝗措施结合，取得了良好效果。

6. 中国共产党在太行解放区的治蝗行动

1943—1949年，中国共产党和抗日政府领导太行解放区人民积极开展治蝗度荒行动，不少地方成立了临时治蝗领导机构，安阳、林北、磁县、淇县等成立了剿蝗指挥部。

河南、河北、山西等太行解放区在治蝗方面取得良好成效，1943—1944年太行区的打蝗斗争，树立了军民团结治蝗的典范。1944年5月4日，中国共产党太行区党委、军区政治部发出关于扑灭蝗蝻的紧急号召，号召各地共产党员、军队的指战

---

① 担为中国非法定计量单位，1担＝50千克。下同。——编者注

员、人民大众的先进战士，立即动员广大群众，开展一场热烈的灭蝗运动。这是抗日战争后期中国共产党领导的一次成功的"打蝗人民战争"。在太行区灭蝗运动中涌现出许多先进事迹，为鼓励治蝗，太行区五地委还颁发了灭蝗英雄奖章（图4-1）。

1948年7月，太行区发出《关于全力扑灭蚂蚱蝗虫的指示》。1949年3月13日，太行区五地委发出《关于当前灭蝗的通知》，有力推进了当时蝗灾的控制。据五专区对9个县统计，1949年5月24日至6月12日，蝗灾面积102.88万亩，有11.46万人参加剿蝗运动。

图4-1 太行区五地委颁发的灭蝗英雄奖章

二、历代治蝗政令法规

梳理史书文献，历代帝王都不同程度地采取过治蝗措施，兹列举在94个年份中的125项代表性政令法规（其中民国地方政府2项），一般年份发布1～2次政令，多的年份发布政令3～6次，如乾隆时期有两个年份就发布了6道治蝗谕令。史上较早的治蝗救灾令是西汉诸侯开仓赈济灾民、遣使者捕蝗令，晋朝发布了蝗情侦查令和处置治蝗官员不作为令，唐朝制定了减免赋税令，宋朝主要发布了2道治蝗令，明朝发布了4道治蝗令。清朝先后发布了19道重要的治蝗令，其中康熙时期6道、雍正时期5道、乾隆时期6道、嘉靖时期和道光时期各1道。

清乾隆二十四年（1759年）大清户部条例明确"捕蝗法六条"，要求乡民捕蝗交官府，并规定具体方法。嘉庆七年（1802年），颁布《户部则例》又发布新的捕蝗规定，对督捕蝗蝻、邻封协捕、捕蝗公费、捕蝗禁令和捕蝗损禾给价等作出明确规定，如要求"地方遇有蝗蝻，州县官轻骑减从，督率佐杂等官，处处亲到，偕民扑捕，随地住宿寺庙，不得派民供应。州县报有蝗蝻，该上司躬亲督捕，夫马不得派自民间。如违例滋扰，跟役需索，借端科派者，该管督抚严查，从重治罪。地方官扑捕蝗蝻，需用民夫，不得委之胥役地保科派扰累。倘农民畏向他处扑捕，有妨农务，勾通地甲胥役，嘱托买放，及贫民希图捕蝗得价，私匿蝻种，听其滋生延害者，均按律严参治罪。地方督捕蝗蝻，凡人夫聚集处所，践伤田禾，该地方官查明所损确数，核给价值，据实报销"。

1935年，苏、浙、皖、冀、鲁、豫各省农作，受蝗患之损失岁达千万元以上，6

月，国民政府军事委员会委员长蒋介石电令治蝗，要求各省政府迅速酌量当地情形，颁发治蝗实施办法，从严督饬所属县长，务须随时切实防治，必要时可由各县随时征工办理，并准商请当地驻军或团队协助，总期迅速扑灭。还令各该省政府随时考核各县治蝗成绩，尚各县长仍蹈故辙，因循延误，致成灾害情事，应即分别轻重加以惩处。

历代帝王政令及法规列举如下：

◎ **西汉后元六年（前 158 年）**

天下旱蝗。帝加惠：令诸侯毋入贡，弛山泽，减诸服御狗马，损郎吏员，发仓庾以振贫民，民得卖爵。　　　　　　　　　　　　　　　　　　《史记·孝文本纪》

◎ **西汉元始二年（公元 2 年）**

夏四月，郡国大旱蝗，青州尤甚，民流亡。遣使者捕蝗，民捕蝗诣吏，以石斗受钱。天下民赀不满二万，被灾之郡不满十万，勿租税。民疾疫者，舍空邸第，为置医药。募徙贫民，县次给食。至徙所，赐田宅什器，假与犁牛、种、食。

《汉书·平帝纪》

◎ **新莽地皇三年（22 年）**

夏，蝗从东方来，飞蔽天，至长安，入未央宫，缘殿阁。莽发吏民设购赏捕击。

《汉书·王莽传》

◎ **东汉建武六年（30 年）**

春正月，诏曰："往岁水旱蝗虫为灾，谷价腾跃，人用困乏。朕惟百姓无以自赡，恻然愍之。其命郡国有谷者，给禀高年、鳏、寡、孤、独及笃癃[①]、无家属贫不能自存者，如《律》。二千石勉加循抚，无令失职。"　　　《后汉书·光武帝纪》

◎ **东汉永元四年（92 年）**

是夏，旱蝗。十二月，诏："今年郡国秋稼为旱蝗所伤，其什四以上勿收田租、刍稿；有不满者，以实除之。"　　　　　　　　　　　　　《后汉书·孝和帝纪》

◎ **东汉永元八年（96 年）**

九月，京师蝗。吏民言事者，多归责有司。诏曰："蝗虫之异，殆不虚生，万方

---

① 《后汉书》注曰：六十无妻曰鳏，五十无夫曰寡。幼而无父曰孤，老而无子曰独。笃，困也。癃，病也。

有罪在予一人，而言事者专咎自下，非助我者也，朕瘝寐恫矜，思弭忧衅。昔楚严无灾而惧，成王出郊而反风。将何以匡朕不逮，以塞灾变？百僚师尹勉修厥职，刺史、二千石详刑辟，理冤虐，恤鳏寡，矜孤弱，思惟致灾兴蝗之咎。”

《后汉书·孝和帝纪》

◎ 东汉永元九年（97 年）

六月，蝗旱。诏：“今年秋稼为蝗虫所伤，皆勿收租、更、刍稿；若有所损失，以实除之，余当收租者亦半入。其山林饶利，陂池渔采，以赡元元，勿收假税。”

《后汉书·孝和帝纪》

◎ 东汉永初五年（111 年）

是岁，九州蝗。诏曰：“重以蝗虫滋生，害及成麦，秋稼方收，甚可悼也。公、卿、大夫将何以匡救？其令三公、特进、侯、中二千石、二千石、郡守、诸侯相，举贤良方正、有道术、达于政化、能直言极谏之士各一人，及至孝与众卓异者，并遣诣公车，朕将亲览焉。”

《后汉书·安帝纪》

◎ 东汉永初七年（113 年）

八月，蝗虫飞过洛阳。诏赐民爵：“郡国被蝗伤稼十五以上，勿收今年田租；不满者，以实除之。”

《后汉书·安帝纪》

◎ 东汉元初二年（115 年）

五月，京师旱，河南及郡国十九蝗。诏曰：“朝廷不明，庶事失中，灾异不息，忧心悼惧。被蝗以来，七年于兹，而州郡隐匿，裁言顷亩。今群飞蔽天，为害广远，所言所见，宁相副邪？三司之职，内外是监，既不奏闻，又无举正。天灾至重，欺罔罪大。今方盛夏，且复假贷，以观厥后。其务消救灾眚，安辑黎元。”

《后汉书·安帝纪》

◎ 东汉永兴二年（154 年）

六月，诏司隶校尉、部刺史曰：“蝗灾为害，水变仍至，五谷不登，人无宿储。其令所伤郡国种芜菁，以助人食。”京师蝗。九月，又诏：“朝政失中，云汉作旱，川灵涌水，蝗螽孳蔓，残我百谷，太阳亏光，饥馑荐臻。其不被害郡县，当为饥馁者储。天下一家，趣不糜烂，则为国宝。其禁郡国不得卖酒，祠祀裁足。"

《后汉书·桓帝纪》

◎ 西晋泰始元年至八年（265—272 年）

《晋令》① 曰："常以蝗向生时，各部吏案行境界，行其所由，勒生苗之内，皆令周遍。"

《艺文类聚·灾异部·蝗》

◎ 北魏兴安元年（452 年）

十二月，诏："以营州蝗，开仓振恤。"

《北史·魏本纪》

◎ 北齐天保八年（557 年）

九月，飞至京师，蔽日，声如风雨。诏："今年遭蝗之处，免租。"

《北齐书·文宣帝纪》

◎ 北齐乾明元年（560 年）

夏四月癸亥，诏："河北定、冀、赵、瀛、沧、河南南青、胶、光、青九州，往因蚕水，颇伤时稼，遣使分涂赡恤。"

《北史·齐本纪》

◎ 北周建德元年（572 年）

三月，诏曰："去秋灾蝗，年谷不登。自今正调以外，无妄征发。"

《北史·周本纪》

◎ 唐武德七年（624 年）

始定律令：凡水旱虫霜为灾，十分损四以上免租，损六以上免调，损七以上课役俱免。②

《旧唐书·食货志》

◎ 唐永徽二年（651 年）

春正月，诏曰："去岁关辅之地，颇弊蝗螟，其遭虫水处有贫乏者，得以正、义

---

① 《艺文类聚》未说明《晋令》的产生时间，但《晋书·杜预传》中有杜预"与车骑将军贾充定律令"的记载，贾充在晋泰始元年至八年任车骑将军。

② 据唐制赋役之法，成年男子每年需缴纳二石田租。租，田租；调，需缴纳的绫、绢、布等；役，劳役，每丁岁役为二旬；课，指租与调的全部。据《文献通考·田赋考》，武德七年，唐始定均田赋税，规定"凡水旱虫蝗为灾，十分损四分以上免租，损六以上免租调，损七以上课役俱免"。

仓赈贷。"　　　　　　　　　　　　　　　　　　　　　《旧唐书·高宗本纪》

◎ 唐开元三年（715年）

六月，山东诸州大蝗，飞则蔽景，下则食苗稼，声如风雨。紫微令姚崇奏请差御史下诸道，促官吏遣人驱、扑、焚、瘗，以救秋稼，从之。《旧唐书·玄宗本纪》

◎ 唐开元四年（716年）

八月，敕："河南、河北检校捕蝗使狄光嗣等，宜令待虫尽而刈禾将毕，即入京奏事。"　　　　　　　　　　　　　　　　　《旧唐书·五行志》卷

河南北蝱为灾，飞则翳日，大如指，食苗草、树叶连根并尽。敕："差使与州县相知驱逐，采得一石者与一石粟；一斗，粟亦如之。掘坑埋却。"

《太平广记·蝗》引《朝野佥载》

◎ 唐兴元元年（784年）

是秋，螟蝗蔽野，草木无遗。冬闰十月，诏："宋亳、淄青、泽潞、河东、恒冀、幽、易定、魏博等八节度，螟蝗为害，蒸民饥馑，每节度赐米五万石，河阳、东畿各赐三万石。"　　　　　　　　　　　　　　　　《旧唐书·德宗本纪》

◎ 唐贞元元年（785年）

秋七月，关中蝗食草木都尽。诏："虫蝗继臻，弥亘千里。菽粟翔贵，稼穑枯瘁，嗷嗷蒸人，聚泣田亩，兴言及此，实切痛伤。遍祈百神，曾不获应，方悟祷祠非救灾之术。朕自今视朝不御正殿，有司供膳并宜减省，不急之务，一切停罢。除诸军将士外，应食粮人诸色用度，本司本使长官商量减罢，以救凶荒。"

《旧唐书·德宗本纪》

◎ 唐开成三年（838年）

春正月，诏："去秋旱蝗，所及稼穑卒瘁，哀此蒸人，惧罹艰食。其淄青、兖海、郓、曹、濮去秋蝗虫害物偏甚，……仍以当处常平义仓斛斗速加赈救。遭蝗虫处，刺史委中书门下精加察访，如有烦苛暴虐、贪浊懦弱者，即须与替闭籴禁钱为时之蠹方将革弊。"　　　　　　　　　　　　　　　　　　光绪《益都县图志》

◎ 后梁开平二年（908年）

五月，令下诸州，去年有蝗虫下子处，盖前冬无雪，至今春亢阳，致为灾沴，实

伤陇亩。必虑今秋重困稼穑，自知多在荒陂榛芜之内，所在长吏各须分配地界，精加蒭扑，以绝根本。 《旧五代史·梁书·太祖纪》

◎ 后晋天福七年（942 年）

飞蝗为灾。诏："有蝗处，不论军民人等，捕蝗一斗者，即以粟一斗易之，有司官员、捕蝗使者不得少有指滞。" 清陆曾禹《捕蝗必览》

六月，河南、河北、关西蝗害稼。秋七月，帝宣制："天下有虫蝗处，并与除放租税。" 《旧五代史·晋书·少帝纪》

◎ 后晋天福八年（943 年）

四月，天下诸州飞蝗害田，食草木叶皆尽，诏州县长吏捕蝗。

《旧五代史·五行志》

六月庚戌，以螟蝗为害，诏："侍卫马步军都指挥使李守贞往皋门祭告，仍遣诸司使梁进超等七人分往开封府界捕之。" 《旧五代史·晋书·少帝纪》

◎ 后汉乾祐元年（948 年）

秋七月，开封府阳武、雍丘、襄邑三县蝗为鸲鹆聚食。诏："禁捕鸲鹆。"

《旧五代史·汉书·隐帝纪》

◎ 辽乾亨五年（983 年）

诏曰："五稼不登，开帑而代民税。螟蝗为灾，罢徭役以恤饥贫。"

《辽史·食货志》

◎ 宋淳化三年（992 年）

六月，有蝗自东北来，蔽天。帝曰："此虫必害田稼，朕忧心如捣，亟遣人驰诣所集处视之。" 《续资治通鉴·宋纪》

◎ 宋大中祥符九年（1016 年）

秋七月，飞蝗过京城。诏曰："蝗蝝伤于苗稼……仍令所在官司谨察视之。"九月，帝令"诸路转运使督民捕蝗"。 《续资治通鉴·宋纪》

秋七月，开封府祥符县蝗附草死者数里。以畿内蝗下诏戒郡县，诏京城禁乐一月。九月，督诸路捕蝗，诏："以旱蝗得雨，宜务稼省事及罢诸营造。"青州飞蝗赴海死，积海岸百余里。诏："民有出私廪赈贫乏者，三千石至八千石第授助教、文学、上佐之秩。"

《宋史·真宗本纪》

◎ 宋天禧元年（1017 年）

五月，诸路蝗食苗，诏："遣内臣分捕，仍命使安抚。"是岁，诸路蝗，民饥，诏发廪振之，蠲租赋，贷其种粮。

《宋史·真宗本纪》

五月，蝗蝻食苗。诏："遣使臣与本县官吏焚捕，每三五州命内臣一人提举之。"

《续资治通鉴·宋纪》

◎ 宋明道二年（1033 年）

秋七月，诏以蝗旱去尊号"睿圣文武"四字，以告天地宗庙，仍令中外直言阙政。

《宋史·仁宗本纪》

◎ 宋景祐元年（1034 年）

春正月，诏："募民掘蝗种，给菽米。"

《宋史·仁宗本纪》

春正月，诏："去岁飞蝗所至遗种，恐春夏滋长，其令民掘蝗子，每一升给菽五斗。"

光绪《盱眙县志稿》

◎ 宋庆历四年（1044 年）

五月，诏："淮南比年谷不登，今春又旱蝗，其募民纳粟与官，以备赈贷。"

光绪《盱眙县志稿》

◎ 宋嘉祐五年（1060 年）

三月，诏："以蝗涝相仍，敕转运使、提点刑狱督州县振济，仍察不称职者。"

《宋史·仁宗本纪》

蝗虫为害，又募民扑捕易以钱粟，蝗子一升至易菽粟三升或五升。诏："州郡长吏优恤其民间，遣内侍存问或监司，俾察官吏之老疾，罢惓不任职者。"[①]

《宋史·食货志·赈恤》

---

① 《宋史·食货志》中未注明年份。《文献通考·国用考》认为是宋仁宗、英宗时期。据《宋史·仁宗本纪》，将此诏纳入宋仁宗嘉祐五年（1060 年）。

◎ 宋熙宁七年（1074 年）

秋七月，诏："河北两路捕蝗。"又诏："开封、淮南提点、提举司检覆蝗旱。以米十五万石振河北西路灾伤。"
　　　　　　　　　　　　　　　　　　　　　　　　　　　《宋史·神宗本纪》

◎ 宋熙宁八年（1075 年）

八月，诏："有蝗蝻处，委县令佐躬亲打扑，如地里广阔，分差通判、职官、监司、提举，仍募人得蝻五升或蝗一斗，给细色谷一斗；蝗种一升，给粗色谷二升；给价钱者，作中等实值。仍委官烧瘗，监司差官员覆按以闻。即因穿掘打扑损苗种者，除其税，仍计价，官给地主钱，数毋过一顷。"
　　　　　　　　　　　　　　　　　　　　　　宋董煟《救荒活民书》

◎ 宋元丰四年（1081 年）

六月，河北诸郡蝗生。诏："闻河北飞蝗极盛，渐已南来，速令开封府界提举司，京东、西路转运司遣官督捕；仍告谕州县，收获先熟禾稼。"

　　　　　　　　　　　　　　　　　　　　　　《续资治通鉴·宋纪》

◎ 宋建炎二年（1128 年）

七月十九日，御批：大水、飞蝗为害最重之处，仰百姓自陈，州县监司次第保明奏闻，量轻重与免租税。
　　　　　　　　　　　　　　　　　　　　　　宋董煟《救荒活民书》

◎ 宋绍兴三十二年（1162 年）

六月，江东、淮南北郡县蝗，飞入湖州境，声如风雨。至七月，遍于畿县，余杭、仁和、钱塘皆蝗。丙午，蝗入京城。八月，山东大蝗，颁祭醮礼式。
　　　　　　　　　　　　　　　　　　　　　　　　　《宋史·五行志》

八月，时孝宗已即位，礼部、太常寺言：欲依《绍兴祀令》，虫蝗为灾则祭之。有蝗虫处，即依仪式差令设位祭告施行。从之。　　　《文献通考·郊社考》

◎ 金大定三年（1163 年）

三月，中都以南八路蝗。诏："尚书省遣官捕之。"五月，中都蝗。诏："参知政事完颜守道按问大兴府捕蝗官。"
　　　　　　　　　　　　　　　　　　　　　　　　《金史·世宗本纪》

◎ 金大定四年（1164 年）

九月，上谓宰臣曰："平、蓟二州近复蝗旱，百姓艰食，父母、兄弟不能相保，多冒鬻为奴，朕甚悯之，可速遣使阅实其数，出内库物赎之。"

《金史·世宗本纪》

◎ 金大定五年（1165年）

诏命有司："凡雁蝗、旱、水溢之地，蠲其赋税。" 　　　《金史·食货志》

◎ 金大定十七年（1177年）

三月，诏："免河北、山东、陕西、河东、西京、辽东等十路去年被旱蝗租税。"

《金史·食货志》

◎ 宋淳熙九年（1182年）

六月，临安府蝗，诏："守臣亟加焚瘗。"八月，淮东、浙西蝗。壬子，定诸州官捕蝗之罚。 　　　《宋史·孝宗本纪》

淳 熙 敕

　　诸虫蝗初生若飞落，地主、邻人隐蔽不言，耆保不即时申举扑除者，各杖一百。许人告当职官，承报不受理，及受理而不即亲临扑除，或扑除未尽而妄申尽净者，各加二等。

　　诸官私荒田（收地同）经飞蝗住落处，令佐应差募人取掘虫子，而取不尽，因致次年生发者，杖一百。

　　诸虫蝗生发飞落及遗子而扑掘不尽，致再生长者，地主、耆保各杖一百。

　　诸给散捕取虫蝗谷而减克者，论如吏人乡书手揽纳税受乞财物法。

　　诸系公人因扑掘虫蝗，乞取人户财物者，论如重禄公人因职受乞法。

　　诸令佐遇有虫蝗生发，虽已差出而不离本界者，若缘虫蝗论罪，并依在任法。

宋董煟《救荒活民书》

◎ 金承安二年（1197年）

十二月，谕宰臣："今后水潦旱蝗，命提刑司预为规画。"《金史·章宗本纪》

◎ 金泰和六年（1206年）

六月，定："除飞蝗入境虽不损苗稼亦坐罪法。" 　　　《金史·章宗本纪》

◎ 金泰和七年（1207 年）

　　三月，初定："虫蝻生发地主及邻主首不申之罪。"　　　　《金史·章宗本纪》

　　七月，复诏维翰曰："雨虽沾足，秋种过时，使多种蔬菜犹愈于荒莱也。蝗蝻遗子，如何可绝？旧有蝗处来岁宜菽麦，谕百姓使知之。"　　　　《金史·王维翰传》

◎ 宋嘉定元年　金泰和八年（1208 年）

　　夏四月，诏谕有司："以苗稼方兴，宜速遣官分道巡行农事，以备虫蝻。"秋七月，诏："更定蝗虫生发坐罪法。"朝献于衍庆宫，诏："颁《捕蝗图》于中外。"

　　　　　　　　　　　　　　　　　　　　　　　　　　　　《金史·章宗本纪》

　　五月，江、浙大蝗。六月，祭醮。七月，又醮，颁醮式于郡县。《宋史·五行志》

◎ 宋嘉定二年（1209 年）

　　夏四月，诏："诸路监司督州县捕蝗。"　　　　　　　　《宋史·宁宗本纪》

◎ 宋嘉定八年　金贞祐三年（1215 年）

　　夏四月，河南路蝗，遣官分捕。上谕宰臣曰："朕在潜邸，闻捕蝗者止及道旁，使者不见处即不加意，当以此意戒之。"　　　　　　　　《金史·宣宗本纪》

　　六月，以飞蝗入临安界，诏差官祭告。又诏两浙、淮东西路州县，遇有蝗入境，守臣祭告醮神。　　　　　　　　　　　　　　　　　　　《宋史·礼志》

◎ 金兴定二年（1218 年）

　　五月，诏："遣官督捕河南诸路蝗。"　　　　　　　　　《金史·宣宗本纪》

◎ 蒙古太宗十年　宋嘉熙二年（1238 年）

　　秋八月，陈时可、高庆民等言诸路旱蝗，诏："免今年田租，仍停旧未输纳者，俟丰岁议之。"　　　　　　　　　　　　　　　　　　　《元史·太宗本纪》

◎ 宋嘉熙四年（1240 年）

　　六月甲午朔，江、浙、福建大旱蝗。秋七月，诏："今夏六月恒阳，飞蝗为孽，朕德未修，民瘼尤甚，中外臣僚其直言阙失毋隐。"又诏："有司振灾恤刑。"

　　　　　　　　　　　　　　　　　　　　　　　　　　　　《宋史·理宗本纪》

◎ **宋景定四年**（1263 年）

三月八日，敕曰：国以民为本，民实比于干城。民以食为天，食尤重于金玉。以后稷教之稼穑，周人画之井田，民命之所由生也。自我皇祖神宗列圣，相承迨兹弈业，朕嗣鸿基，夙夜惕若。逮年以来，飞蝗犯禁，渐食嘉禾，宵旰怀忧，无以为也。黎元恣怨，末如之何！民不能祛，吏不能捕，赖尔神力，扫荡无余，上感其恩，下怀其惠。尔故提举江州太平兴国宫、淮南江东浙西制星使刘锜，今特敕封为扬威侯天曹猛将军之神。

民国《济阳县志》

◎ **蒙古至元六年**（1269 年）

六月，河南、河北、山东诸郡蝗。敕："真定等路旱蝗，其代输、筑城役夫户赋悉免之。"
《元史·世祖本纪》

◎ **蒙古至元七年**（1270 年）

三月，益都、登、莱蝗旱，诏："减其今年包银之半。" 《元史·世祖本纪》

是年，立司农司，又颁农桑之制一十四条，第十四条曰："每年十月，令州县正官一员，巡视境内，有虫蝗遗子之地，多方设法除之。"《元史·食货志·农桑》

◎ **元至元二十年**（1283 年）

谕："自今管民官，凡有灾伤，过时不申及按察司不即行视者，皆罪之。"

《元史·世祖本纪》

◎ **元大德三年**（1299 年）

秋七月，扬州、淮安属县蝗，在地者为鹜啄食，飞者以翅击死，诏："禁捕鹜。"

《元史·成宗本纪》

◎ **元皇庆二年**（1313 年）

复申秋耕之令，"惟大都等五路许耕其半。盖秋耕之利，掩阳气于地中，蝗蝻遗种皆为日所曝死，次年所种，必盛于常禾也。" 《元史·食货志·农桑》

元 职 制

诸虫蝗为灾，有司失捕，路官各罚俸一月，州官各笞一十七，县官各二十七，并记过。诸有司检覆灾伤，或以熟作荒，或以可救为不可救，一项以上者罚俸，二十顷者笞一十七，二百顷以上者笞二十七，五百顷以上笞三十七，惟以荒作熟，抑民纳粮者，笞四十七，罢之。托故不行，妨误检覆者，笞三十七。

《元史·刑法志》

◎ 元天历元年（1328 年）

十一月，汴梁、河南等路及南阳府频岁蝗旱，禁其境内酿酒。

《元史·文宗本纪》

◎ 明太祖时期（1368—1398 年）

太祖之训："凡岁灾，尽蠲二税，且贷以米，甚者赐米布若钞。"青州旱蝗，有司不以闻，逮治其官吏。且谕户部："自今凡岁饥，先发仓庾以贷，然后闻，著为令。"盖二祖、仁、宣时，仁政亟行。蝗蝻始生，必遣人捕瘗。　《明史·食货志》

◎ 明永乐元年（1403 年）

谓户部曰："近因兵戈、蝗旱，民流徙废业不及，今劝相使尽，尽力南亩，将不免有失所者，其遣人督劝毋忽。"　　《明会要·食货·劝农桑》

九月初八，吏部奉太宗皇帝旨："各处有司，多不得人所，以前日敕恁吏部教内外文职官员荐举贤才，且如今年山东等处蝗蝻生时，有司官合当随即打捕，却乃坐视不理。虽有几处打捕，亦不用心，致朝廷得知，差人打捕，方才尽绝。这便见得那有司官不得人处，若是得人处肯用心，见蝗初生便设法打捕，如何得这滋蔓。恁吏部便行文书与各处有司知道，明年春初惊蛰之时，所在官司差人巡视境内，遇有蝗蝻初生时，随即设法扑捕，务要尽绝。如是仍前坐视，致使滋蔓，伤损禾稼，为民患害，拿来也罪他。若布政司、按察司官不行严督所属巡视打捕，拿来也问他罪。行文书去，到十一月间再行去，恐有怠慢的，到明年正月又行一遍也。着户部知道，军卫家着兵部行文书去一般打捕。钦此。"　　嘉靖《宿州志》

◎ 明永乐十一年（1413 年）

九月，诏："郡县官每岁春初行视境内，蝗蝻害稼，即捕绝之，不如诏者，并罪其布、按二司。"　　《明会要·食货·劝农桑》

◎ 明永乐十五年（1417 年）

五月二十八日，吏部奉太宗皇帝旨："今山东、河南来奏，蝗蝻生发，已令户部差人去督察打捕。恐所在军卫有司不行用心打捕尽绝，以致滋蔓伤害禾稼，恁户部再差人铺马裹将文书去说与各处军卫有司知道，但有蝗蝻生发，不即设法打捕尽绝，致有飞蝗延蔓者，当该官吏与蝗蝻一般罪。钦此。"　　　　　　　　嘉靖《宿州志》

◎ 明宣德五年（1430 年）

四月二十九日，户部奉宣宗皇帝旨："恁户部便行文书各处军卫有司知道，但有蝗蝻生发，着他遵依原奉太宗皇帝圣旨，务要打捕尽绝，敢有怠慢的，拿来不饶。钦此。"

嘉靖《宿州志》

六月，遣官捕近畿蝗。谕户部曰："往年捕蝗之使，害民不减于蝗，宜知此弊。"

《明史·宣宗本纪》

◎ 清康熙三十年（1691 年）

九月十八日，上谕户部："朕顷巡行边外，入喜峰口，见有民间田亩为蝗蝻所伤，又闻榛子镇及丰润等处地方被蝗灾者亦所在间有。秋成失望，则粮食维艰。朕心深切轸念，倘今不为区划储蓄，恐至来岁不免饥馑之虞，著行该抚亲历直隶被灾各州县通加察勘，悉心筹划应作何积贮，该抚详议具奏。其被灾各地方明岁钱粮仍照例催科，小民必致苦累，著俟该抚察报，分数到日，将康熙三十一年春夏二季应征钱粮缓至秋季征收用称。朕体恤民生，休息爱养至意，尔部即遵谕行。特谕。"

《古今图书集成·庶征典·蝗灾部汇考》

◎ 清康熙三十二年（1693 年）

十月初十日，上谕内阁："闻山东今年田收之后，九月中，蝗蝝丛生，必已遗种于田矣，而今岁雨水连绵，来春少旱，蝗则复生，未可知也。先事豫图可不为之计欤！乘时竭力尽耕其田，庶几，蝗种瘗于土而糜烂，不复更生矣。若遗种即有未尽，来岁复萌，地方官即各于疆理区划逐捕，不使滋蔓，其亦大有益也。命户部速牒直隶、山东、河南、山西、陕西巡抚等，示所领郡县咸令悉知，田则必于今岁来春皆勉力耕耨，蝗蝝之灾务令消灭，若郡县有不能尽耕其田者，蝗或更生，则必力为捕灭，毋使蝗灾为吾民患。"　　　　《古今图书集成·庶征典·蝗灾部汇考》

◎ 清康熙三十三年（1694 年）

四月十三日，上谕内阁："朕处深宫之中，日以间阎生计为念，每巡历郊甸，必循视农桑，周咨耕耨田间事宜。昨岁因雨水过溢，即虑入春微旱，则蝗虫遗种，必致为害。随命传谕直隶、山东、河南等省地方官，令晓示百姓，即将田亩亟行耕耰，使覆土尽压蝗种，以除后患。今时已入夏，恐蝗有遗种在地，日渐蕃生，已播之谷，难免损蚀。或有草野愚民云蝗虫不可伤害，宜听其自去者，此等无知之言，切宜禁绝。捕蝗弭灾，全在人事。应差户部司官一员前往直隶、山东巡抚，令申饬各州县官亲履陇亩，如某处有蝗，即率小民设法耰土覆压，勿致成灾。其河南、山西、陕西等省，亦行文该抚一体晓谕，钦依尔等将此事交与户部遵行。"

《古今图书集成·庶征典·蝗灾部汇考》

◎ 清康熙三十四年（1695 年）

正月二十六日，上谕内阁："去岁于直隶、山东、河南、山西、陕西、江南诸省下诏捕蝗，诸郡国尽皆捕灭，蝗不为灾，农田大获，惟凤阳一郡未能尽捕。去岁雨水连绵，今岁春时若或稍旱，蝗所遗种至复发生，遂成灾沴，以困吾民，未可知也。凡事必预防而备之，斯克有济，其下户部速敕直隶、山东、河南、山西、陕西、江南诸巡抚，准前制亟宜耕耰田亩，令土瘗蝗种，毋致成患，若或田亩有不能尽耕者，蝗始发生，即力为扑灭，毋使滋蔓成灾。"　　《古今图书集成·庶征典·蝗灾部汇考》

◎ 清康熙四十一年（1702 年）

谕户部："去冬北地少雪，今春雨泽微降，尚未沾足，诚恐蝗蝻易生，有伤农事。所在官吏，亟宜先时预防。"

《授时通考·敕谕》

◎ 清康熙四十八年（1709 年）

皇帝覆准：州县卫所官员，遇蝗蝻生发，不亲身力行扑捕，借口邻境飞来，希图卸罪者，革职拿问。该管道府不速催扑捕者，降三级留任。布政使不行查访速催扑捕者，降二级留任。督抚不行查访严饬催捕者，降一级留任。协捕官不实力协捕，以致养成羽翼，为害禾稼者，将所委协捕各官革职。该管州县地方，遇有蝗蝻生发，不申报上司者，革职。道府不详报上司，降二级调用。布政使不详报上司，降一级调用。布政使详报，督抚不行题参，将督抚降一级留任。

《钦定大清会典则例》卷十九

康熙皇帝御制诗文《捕蝗说》：尝读《诗》至《大田之什》曰"去其螟螣，及其蟊贼，无害我田稚。田祖有神，秉畀炎火"，则知古人之恶害苗也，甚矣。注曰："食心曰螟，食叶曰螣，食根曰蟊，食节曰贼。"昔人又云："此四虫皆蝗也，而实不同，故分别释之。"且蝗之种类最易繁衍，故其为灾在旬日之间。夫水旱固所以害稼，或遇其年，禾稼被陇，可冀有秋。乃蝗且出而为灾，飞则蔽天，散则遍野。所至食禾黍，苗尽复移。茕茕小民，何以堪此？古人欲弭其灾，爰有捕蝗之法。朕轸念民食，宵旰不忘。每于岁冬即布令民间，令于陇亩之际，先掘蝗种，盖是物也。除之于遗种之时则易，除之于生息之后则难；除之于稚弱之时则易，除之于长壮之后则难；除之于跳跃之时则易，除之于飞扬之后则难。当冬而预掘蝗种，所谓去恶务绝其本也。至不能尽除而出土，其初未能远飞，厥名曰"蝻"。是当掘坑举火，以聚而驱之歼之。昔姚崇遣使捕蝗，以诗人"秉畀炎火"之说为证，夜中设火，火边掘坑，且焚且瘗，盖祖诗人遗意也。又晨兴日未出时，露气沾濡，翅湿而不能飞，掘坑以驱之，尤易为力。汉平帝时，诏捕蝗者诣吏以斗石受钱。朕区画于衷，务弭其害。每岁命地方官吏督率农夫，于冬则掘蝗蝻之种，毋俾遗育于土中。或时而为灾，则参用古法多方以扑灭之。计其所捕多寡，给钱以示劝赏。古人有言曰："螟蝗，农夫得而杀之，为其害稼也。"以是观之，捕蝗之事，由来旧矣。但自古有治人无治法，惟视力行何如耳。苟奉行不力，虽小灾亦大为民患，朕故详指其义，为说以示之。

《授时通考·御制诗文》

◎ 清雍正三年（1725 年）

七月，谕：旧岁，直隶总督李维钧奏称，畿辅地方每有蝗蝻之害，土人虔祷于刘猛将军之庙，则蝗不为灾。朕念切痌瘝，凡事之有益于民生者，皆欲推广行之。且御灾捍患之神，载在祀典，即《大田》之诗亦云："去其螟螣，及其蟊贼，无害我田稚。田祖有神，秉畀炎火。"是蝗蝻之害，古人亦未尝不借神力以为之驱除也。曾以此密谕数省督抚留意，以为备蝗之一端。

今两江总督查弼纳奏称：江南地方有为刘猛将军立庙之处，则无蝗蝻之害，其未曾立庙之处，则不能无蝗。此乃查弼纳偏狭之见，讥讽朕惑于鬼神，专恃祈祷以为消弭灾祲之方也。其他督抚亦多有设法祈雨、祈晴之奏者。夫天人之理，感应不爽，凡水、旱、蝗蝻之灾，或朝廷有失政，则天示此以警之；或一方之大吏不能公正宣猷，或郡县守令不能循良敷化；又或一郡一邑之中，风俗浇漓，人心险伪，以致阴阳沴戾，灾祲荐臻，所谓人事失于下，则天道变于上也。故朕一闻各直省雨旸愆期，必深自修省，思改阙失，朝夕乾惕，必诚必敬，冀以挽回天意。尔等封疆大吏及司牧之官，以及居民人等，亦当恐惧修省，交相诫勉，改愆悔过，崇实去伪。夫人事既尽，自然感召天和，灾祲可消，丰穰可致，此桑林之祷所以捷于影响也。盖唯以恐惧修省、诚敬感格为本，至于祈祷鬼神，不过借以达诚心耳。若专事祈祷以为消弭灾祲之方，而置恐惧修省、诚敬感格于不事，是未免浚流而舍其源，执末而遗其本矣，亦安有济乎？况上天好生，栽培倾覆原因物之自召。而愚民无知，每遇水旱，不知反躬省咎，更尔多生怨憾，罪愆重增。此乖戾之气上干天和，以致频遭降罚。荒歉连年，多由于此也。朕实有见于天人感应之至理，而断不惑于鬼神巫祷之俗习，故不惜反复明晰言之。内外臣工黎庶，其共体朕意。

光绪《畿辅通志》

◎ 清雍正六年（1728 年）

八月十七日，奉上谕："蝗蝻最为田禾之害，然迅加扑灭，可以人力胜之。昔我圣祖仁皇帝训饬地方官，谆谆以捕蝗为急务，其不力者加以处分，无非养民防患之至意。乃州县有司，往往玩忽从事，不肯实心奉行。而小民性耽安逸，惮于捕灭之劳，且愚昧无知，又恐捕扑多人，以致践伤禾黍，瞻顾迟回，不肯尽力。不知蝻子初生，就地扑灭，易于驱除。一或稍懈，听其生翅飞扬，则人力难施，且至蔓延他境，为害不可言矣。前江南总督范时绎折奏邳州地方有蝗蝻萌生，朕即谕令竭力扑灭。旋经该督奏闻，该地方已经扑尽。比即批谕范时绎云：扑尽之说，朕实未信。须令有司实力奉行，无俾遗种，莫被属员蒙蔽。近闻彼处蝗虫，该地方官并未用力扑灭，与朕前旨相符矣。地方官如此怠玩从事，而督抚尸位，付之不闻，是何理也。著范时绎查明题参，并将该督抚交部严加议处，以儆怠玩。嗣后各省地方，如有蝗蝻为害之处，必根究其起于何地，其不将蝻子即时扑灭之地方官，著革职拿问。若蝗虫所到之地，而该地方官玩忽从事，不尽力扑灭者，亦著革职拿问，并将该督抚严加议处。特谕。钦此。"

清姚碧《荒政辑要》

◎ 清雍正八年（1730 年）

谕直省督抚："凡直省地方，向有蝗蝻之害者，该督抚大吏，应转饬有司通行晓谕附近居民，于大热久晴之后，周历湖滨洼地及深山穷谷无人之处，实心实力，审视体察，见有萌动之机，无分多寡，即行翦除消灭。"

《授时通考·敕谕》

◎ 清雍正九年（1731 年）

谕内阁："今年五六月间，直隶、山东、河南等处，雨泽愆期，朕即虑及上年被水低洼之地，鱼子存留。今夏烈日蒸晒，恐变为蝗蝻，为禾苗之患，特令大学士等，寄信与直隶、山东督抚，严饬属员，留心访察，预为防遏。""从来蝗蝻始生之时，以人力治之尚易，而小民耽逸偷安，惮于用力，又恐践踏禾稼，瞻顾逡巡，及至飞扬之后，远近蔓延，而势已不可遏矣。是在实心任事之官员，督率乡民，力为捕治，不得姑顺舆情，酿成大患。著直隶、山东、河南、江南等处督抚，通行所属，实力奉行。倘视为具文，苟且塞责，将来飞扬之时，朕必察其发生之处，将该地方官从重治罪，不少宽贷。"

《授时通考·敕谕》

◎ **清雍正十年**（1732 年）

谕内阁："上年冬间，北方雨雪稀少，朕恐今夏蝗蝻萌动，已密谕该督抚等留心防范。顷闻江南淮安府属之山阳、阜宁，及海州所属之沭阳，扬州府属之宝应等县，各有一二乡村，生发蝻子。虽目前萌动之处，不过数里，然恐捕治不力，渐至蔓延，为田禾之害。著该督抚严饬有司，督率人役乡民，速行扑灭，俾无遗种。倘有怠忽从事者，即行纠参，从重议处。"

《授时通考·敕谕》

◎ **清乾隆四年**（1739 年）

四月，奉上谕："闻直隶青县、静海等县蝻子萌生，甚可忧虑。著地方文武官弁加紧扑灭，毋使滋蔓。江南淮安等近水之处，去年被旱，今春雨泽不足，亦恐蝗蝻萌动，为害田苗。其他各省雨少之处，均当思患预防，无得疏忽。从来捕蝗之事，原可以人力胜者，倘地方大员董率不力，及州县文武官弁奉行懈弛，经朕访闻，必严加议处，不少宽贷。钦此。"

清姚碧《荒政辑要》

◎ **清乾隆八年**（1743 年）

定例：严饬州县于冬月预行刨挖，并严谕乡民，凡草苇、圩埂及水泽、山崖、洞石之处，逐细寻捉。如得蝻子一斗，照例官给银二钱。或止数升，以此减给。

清朱澍《灾蠲杂款》

◎ **清乾隆十六年**（1751 年）

闰五月，奉上谕："今岁雨旸时若，入夏以来，田禾畅茂，西成可望有收。据直隶总督方观承奏报，河间县之西里门及程各庄等处，有飞蝗自东而来，虽据称地方员弁合力搜捕，已应时捕灭，但所在州县，不可不预为防范杜绝。盖蝗蝻最为田禾之害，当其始生，本不难于捕灭。捕蝗之令，已再四申明。但农家恐其践踏苗稼，往往各怀观望，以致滋生繁衍，势不可遏。虽愚民虑不及远，护惜己之田禾，而不虑贻害他人，然先受向隅之苦，亦人情所必有。朕思计其所损苗稼，官为赏给以偿之，且向有以米易蝗之法，若仿而行之，凡因捕蝗践伤田禾，所在有司查明所损之数，酌量分晰给与价值，则农民无所顾恤，尽力搜捕，较之蝗灭已成始行捕灭者，难易悬殊矣。该部即速行知各省督抚，令其通饬所属州县实力奉行，永除灾害，以承天麻。钦此。"

清姚碧《荒政辑要》

覆准：凡有蝗蝻地方，文武官弁合力搜捕。应时扑灭者，应行文该督，确实察明，果系实时扑灭，俟具题到日，准其纪录一次。又奏准：蝗蝻生发之处，能统率兵夫，立时扑灭净尽者，将该员纪录一次。

孟昭连《中国虫文化》引《钦定大清会典则例》

◎ 清乾隆十八年（1753年）

五月，奉上谕："蝗蝻为害甚大，朕屡敕督抚大员躬亲督率搜捕，是以提镇亦有协同往捕者。然若携带多人，需索供应，则农民转受其滋扰。捕蝗之害，更甚于蝗，此尤甚大不可者。一并通行传谕知之。钦此。" 清姚碧《荒政辑要》

七月，奉上谕："定例州县等官捕蝗不力，借口邻封，希图卸罪者，革职拿问。该管上司不速催扑捕者，降级留任。向来督抚以该道府前经节次督催，现在揭报情由，于本内声叙，遂得邀免处分，以致道府玩视民瘼，并不留心督察。今岁直隶自春徂秋，捕蝗未尽者，即由于此。嗣后州县捕蝗不力应拿问者，俱应将道府一并题参，交部议处。该督抚等不得有心姑息，于本内滥为声叙，以为宽贷之地。该部通行传谕知之。钦此。" 清姚碧《荒政辑要》

七月，奉上谕："州县捕蝗，需用兵役民夫，并易换收买蝻子费用，准其动公。其有所费无多，自能捐办，而实能去害利稼者，该督抚据实奏请议叙。其已动公项，而仍致滋害伤稼者，奏请着赔。钦此。"（附律条例：凡有蝗蝻之处，文武大小官员，率领多人，公同及时捕捉，务期全净。其雇募人夫，每名计日酌给银数分，以为饭食之资，许其报明督抚，据实销算。果能立时扑灭，督抚具题，照例议叙。如延蔓为害，必根究蝗蝻起于何地及所到之处，该管地方官玩忽从事者，交部照例治罪，并将该督抚一并议处。） 清姚碧《荒政辑要》

九月，部议：嗣后捕蝗时雇募夫役，动用钱粮，令同城教职佐杂会同给发，即会书名押开报。该管上司查核其雇募夫役工价并易换蝻子价值，务须核实报销，毋得稍有浮冒。 清姚碧《荒政辑要》

又定例：一有蝗虫萌动，即时速拨人夫立刻扑灭。倘有玩忽，以致长翅飞扬，为害禾稼者，即行严参议处。并令督抚查明萌起之处，将不行扑灭之地方官严参。又上谕，所需兵役人夫费用并易蝗夫价之类，准动公项。若仍致害禾稼，奏请着赔。若自行捐办，去害利稼，奏请议叙。仍将扑灭缘由通报。 清朱澍《灾蠲杂款》

谕："嗣后州县官遇有蝗蝻，不早扑除，以致长翅飞腾贻害田稼者，均革职拿问。著为令。" 清杨景仁《筹济编》

◎ 清乾隆二十四年（1759 年）

大清户部条例（捕蝗法六条）

一、乡民自行扑捕蝗蝻交官，应即立定章程。每交蝻一斗，即给米若干，蝗则减半。踹损田禾，则给价若干；如为期尚早，可种晚禾，则每亩给银若干，补种不及者，每亩给米若干。俱应立时给发，不可迟吝。

二、生蝻之处，如近田亩，则应度地挑浚长濠，宽三四尺，深四五尺，长倍之。掘出之土，堆置对面濠口，宜陡不宜平。濠之三面，密布人夫，各执响竹、柳枝，进步喊逐，将蝻赶至濠口，竭力合围，用扫帚数十尽行扫入，覆以干草，发火焚之。其下尚有未死，须再用土填压，越宿乃可。

三、蝻性向阳，辰东、午南、暮西。凡驱蝻者，须按时、按向逐之方顺，否则乱行，必致蔓延他所，而且多费人力。又蝻生发，如在前后左右不相连接之处，则应多制五色旗帜，树于有蝻之处，其最多者树赤，稍少者树黑或树白不拘，以分别缓急，依次扑治，每一处净，则去一处之旗。如是则旷野之中，一目了然，审向可端，成功可速。

四、蝻初生如蚁，最宜用牛皮截作鞋底式，钉于木棍之上，蹲地捆搭，可以应手而毙，且狭小不伤禾稼。

五、蝗在稻麦田中者，每日五更，必尽聚稻麦梢上，露浸体重，不能飞跃，可以手掳之，或用筲箕拷之，倾入大袋，置之死地。又午间蝗交不飞，此时捕之，亦事半功倍。又每水一桶，入麻油五六两，帚洒禾颠，蝗即不食。

六、烧蝗须掘一坑，深宽约五尺，长倍之。先入干燥柴草，发火极炎，然后将蝗倾入，一见火气，便不能飞跃。古人知但土埋，仍能穴土而出，故以火治之。

清顾彦《治蝗全法》

五月，谕军机大臣等："刘纶奏报捕蝗一折，内称遵化州属毗连永平地方亦间有萌生之处，其地虽非顺天所属，事关农田民食，现饬通永道明琦协同副将胡大猷前往查勘等语，未免存畛域之见。刘纶系钦差督捕大员，凡遇有蝗蝻之处，即宜就近前往，董率员弁尽力搜捕，庶地方有司不敢怠玩从事，永平地方既有蝻孽萌生，自当早为扑灭，以绝根株。著传谕刘纶，现在蓟州一带既可就绪，即速前赴该处督同该道府等查勘捕除，务期净尽，以杜他处蔓延，正不得以非顺天所属，遂意分彼此，而自弛其担也。"

光绪《畿辅通志》

◎ 清乾隆二十八年（1763 年）

七月，谕军机大臣等："据阿桂等覆奏查办飞蝗一折，称飞蝗在水洼苇荡及淀泊之中，现届白露，是其将尽之候，各处俱已报扑净等语，飞蝗隐匿于淀泊水洼苇荡之中，虽似难以人力胜，但既见有到苇上者，则其留遗蝻种恐复不少，正当及时设法净除为要，裘曰修前此曾以淀中苇荡虑占水面议思，所以划除，而从前吉庆查办蝗蝻，亦曾有焚烧苇荻之事，但此等苇荡弥望蔓延，亦近淀居民自然之利，未便因搜捕蝗蝻尽举而弃之，第留此沮洳之地，徒为蝗孽萌生之薮，其遗患于民生者更大，自当权其轻重，筹酌办理。著传谕阿桂等会同该督等，或此时亟用火燎或俟刈割后将根株烧尽，毋使再留遗孽，以绝民害。至称有蝗州县田禾间被损伤，皆按亩借给籽粒补种荍麦杂粮一节，目下将交白露，秋麦尚早，若各色杂粮此时赶种已迟，折内所云系久经借令补种乎，抑现在办理之事乎，俱著查明速奏。再观音保折称，前赴南皮、宁津、东光、吴桥一带再为搜查，遇有停落即亲督捕，如无停落即行回省等语，所奏亦未明晰，飞蝗停落不在于此即在于彼，即云群飞远扬，究竟作何归宿，抑别有化生消灭之处，勿得谓祛除出境遂为毕，乃事而弛己责也。将此传谕阿桂等并观音保知之。"

光绪《畿辅通志》

◎ 清乾隆三十五年（1770 年）

闰五月，谕："裘曰修等奏，在永定河武清、东安连界扑捕蝻孽，忽见飞蝗南来渐往西北，周元理即带领员役追视其所落之处扑打，自应如此办理。至折内又称窦光鼐带同都司糜大礼，前往迤南一带照飞来方向寻觅，所办甚属错谬，窦光鼐为人拘钝无能，自顾尚且不暇焉，能彻底根查得其实情？裘曰修平日尚属晓事，如即亲往查勘，当不致为人蒙蔽，今既目击情形，自应迅速赴蝗起处所查明，贻误之地方官参奏治罪，而留窦光鼐在彼督捕方合事理，乃竟安坐武清等处，仅听窦光鼐前往一查塞责，全不知实心任事，已属非是。至折内称将来或于隐僻无人之河淀等处查得一语，尤为取巧，其意不过以隐僻河淀寻觅难于周到，隐为玩误劣员豫留地步，此等伎俩岂能于朕前尝试？裘曰修著交部严加议处，仍著即往迤南一带切实根究，倘于起蝗处所讳匿不报州县复徇庇开脱，裘曰修能任其咎乎？"

闰五月，谕军机大臣等："据杨廷璋奏称，接藩司周元理禀报，武清、东安连界地方，见有飞蝗自南而往西北，现在选委干练人员分投确查飞蝗来历，协同扑打，并于十五日轻骑亲往严查督捕一折，此事前据裘曰修等奏至，既派侍卫巴达色等带同三营将备迎往扑捕，饬令裘曰修亲赴迤南一带查明蝗起处所，将贻误之地方官据实参奏，并传谕该督即行亲往查办，今该督闻报，次日即轻骑前往严查督捕，自能妥速集事。但杨廷璋年逾八旬，精力亦须自爱，现在天气炎热，若触暑自行督捕，或致稍有烦倦，转于公事无裨，该督但当选派妥干员弁实力扑打，并不时留心查察，毋使稍存遗孽贻害田禾，固不在仆仆道途徒劳筋力也。但蝗虫致于鼓翅飞扬，实由该地方官因循玩误所致，其罪难于轻逭，自应查明蝗起处所，该州县严参重治，以示惩儆。前衺曰修奏内有幽僻无人之河淀等处一语，明系为劣员等豫留开脱地步，有心取巧，已将伊交部严加议处，试思州县各有分界，岂有无人管理之地，即云苇丛、河淀非人迹所常经，而有司当查捕蝻孽时于此等沮洳处所，即应及早留心搜剔，岂得诿为耳目所难？周且普天之下尺土寸田孰非司牧者所当隶治，虽万里之外之新疆尚各有人统辖其地，安有近畿属邑转得以无人二字为阘茸之员宽其责任乎。杨廷璋务须切实根究，将飞蝗所起之地方官即速查参，毋得稍有姑息。"

闰五月，谕："据杨廷璋查究，飞蝗起处即系武清、东安二县地面，果不出朕所料，折内请将玩视民瘼之知县甄克允、郭麟绂革职拿问，该管各员严加议处等语，已交部严查议奏矣。该县等于蝻孽初萌之时并不搜寻刨捕，以致蔓延飞散，贻害田禾，罪无可逭，该管上司自有应得处分。"

六月，谕："前据窦光鼐奏，民人佃种旗地之户请一体拨夫扑捕蝗蝻一折，因其所奏近理，即批交部照所请行，并谕地方偶遇捕蝗，不独旗佃与民田通力合作，即大粮庄头亦应一体派拨。"

六月，谕军机大臣等："前据窦光鼐奏，各处旗佃应一体出夫捕蝗，已批如所请行。复思扑蝗原以保卫田禾，非特旗佃当协力赴公，而大粮庄头亦不应稍存歧视。……蝗蝻长发处所，不但旗佃人等尽力争扑，即王公属下旗人无不协同扑打。"

光绪《畿辅通志》

谕：嗣后捕蝗不力地方官，并就现有飞蝗之处，予以处分，毋庸查究来踪，致生推诿。著为令等因。钦此。
清杨景仁《筹济编》

◎ 清嘉庆七年（1802 年）

大清户部则例

督捕蝗蝻

直省滨临湖河低洼之处，须防蝻子化生。该督抚严饬所属，每年于二三月早为防范，实力搜查，一有蝻种萌动，即多拨兵役人夫及时扑捕。或掘地取种，或于水涸草枯之际，纵火焚烧。各该州县据实禀报，该督抚具奏。倘有心讳饰，不早扑除，以致长翅飞腾者，一经发觉，重治其罪。

邻封协捕

地方遇有蝗蝻，一面通报上司，一面径移邻封州县星驰协捕。其通报文内，即将有蝗乡村邻近某州县，业经移文协捕之处，逐一声明，仍将邻封官到境日期，续报上司查核。若邻封官推诿迁延，严参议处。

捕蝗公费

换易收买蝗蝻及捕蝗兵役人夫酌给饭食，俱准动支公项，令同城教职、佐杂等官会同地方官给发，开报该管上司核实报销。其有所费无多，地方官自行给办，实能去害利稼者，该督抚据实奏请议叙。其已动公项，仍致滋害伤稼者，奏请着赔。（直隶省捕蝗人夫，分别大口每名给钱十文、米一升，小口每名给钱五文、米五合。每钱一千，每米一石，俱作银一两。长芦所属盐场地方，雇夫扑捕，壮丁日给米一升，幼丁日给米五合。又老幼男妇自行捕蝻一斗，给米五升。江苏省捕蝗雇募人夫，每名日给仓米一升，每处每日所集人夫不得过五百名。收买蝗蝻，每斗给钱二十文。挖掘蝻种，每升给钱一十文。安徽省捕蝗雇募人夫，每夫一名日给米一升，每处每日最多者不得过五百名。挖掘未出土蝻子，每斗给银五钱；已出土跳跃成形者，每升给钱二十文；长翅飞腾者，每斗给钱四十文。每草一束，价银五厘。每柴一束，价银一分。每日每处柴不得过一百束，草不得过二百束。）

捕蝗禁令

地方遇有蝗蝻，州县官轻骑减从，督率佐杂等官，处处亲到，偕民扑捕，随地住宿寺庙，不得派民供应。州县报有蝗蝻，该上司躬亲督捕，夫马不得派自民间。如违例滋扰，跟役需索，借端科派者，该管督抚严查，从重治罪。

地方官扑捕蝗蝻，需用民夫，不得委之胥役地保科派扰累。倘农民畏向他处扑捕，有妨农务，勾通地甲胥役，嘱托买放，及贫民希图捕蝗得价，私匿蝻种，听其滋生延害者，均按律严参治罪。

捕蝗损禾给价

地方督捕蝗蝻，凡人夫聚集处所，践伤田禾，该地方官查明所损确数，核给价值，据实报销。

清杨景仁《筹济编》

◎ 清道光元年（1821 年）

五月，谕内阁：前据方受畴奏，天津、静海、沧州各属村庄俱有蝻孽萌生，当即降旨，令该督严饬该地方官赶紧扑捕。本日复据鲁垂绅奏称，界连天津之宁河、宝坻等县，及山东近海近河所属，亦因风日高燥，蝻种渐孳，不可不及早扑治。著直隶总督、顺天府尹、山东巡抚各饬所属亲行查勘，赶紧搜除。其接壤之区，务协力扑捕，不得互相观望，稽延时日，致令贻害田禾。　　　　　　　　光绪《畿辅通志》

五月，沧州、天津、静海、宁河、宝坻、武清等县蝗蝻相继萌生，道光颁发《康济录·捕蝗十宜》交顺天、天津等府指导治蝗。　　　　《天津通志·大事记》

◎ 清咸丰八年（1858 年）

七月，谕：朕闻近京各州县地方，均有蝗蝻蠕动，若不亟筹扑捕，必致为害农田。著顺天府府尹、直隶总督各饬所属，查有蝗蝻滋长之处，即行设法扑捕，勿令长翅飞腾，致伤禾稼。倘该地方官不能认真办理，或任意玩视，即著从严参办。各大吏若不严饬属员，置之不问，甚至故为徇隐，朕必将各大吏加等惩处不贷。

光绪《畿辅通志》

◎ 民国十七年（1928 年）

江苏省政府委员会制定《江苏省各县治蝗人员奖惩规则》（1928 年 11 月 16 日江苏省政府委员会第 159 次会议经决议修正通过，于 11 月 20 日发布第 6522 号训令）。

江苏省各县治蝗人员奖惩规则

第一条　江苏省各县治蝗人员之奖惩，除江苏省是治蝗考成条例有规定者外，均依本规则办理。

第二条　凡办理治蝗人员，具有左（下）列情事之一者，应予奖励。

一、调度有方，任事切实，成绩卓著者；

二、扑灭大股小蝻跳蝻，仍能保存芦苇及田禾者；

三、扑灭大股飞蝗，及防堵邻区飞蝗，能使该区田禾，得保安全者；

四、每日集夫二百人以上，协助邻区邻村，或本区本村，扑捕蝗蝻，借以肃清者；

五、收买蝻子跳蝻，自捐私款至一百元以上者；

六、捐助扑捕蝗蝻器具材料，价值在一百元以上者；

七、能于两县或数县交界之处，不分畛域，扑灭大股蝗蝻者；

八、发明扑灭蝗蝻新法，呈经试验，成效卓著者。

第三条　凡应予奖励者，由左（下）列各项中，酌量奖励之：

一、奖章；

二、奖状；

三、记功；

四、升职。

第四条　凡办理治蝗人员，具有左（下）列情事之一者，应于惩戒：

一、不服行政机关指挥，违误治蝗方法，以致蔓延不可收拾者；

二、本区本村境内，发现蝗蝻，事前不呈报，事后不挖捕者；

三、因挖捕蝗蝻，任意损伤田禾芦苇者；

四、调度无方，任意疏忽，不尽职责者；

五、各区各村住户，逢派人夫，转相推诿，抗不遵行者。

第五条　凡应予于惩戒者，由左（下）列各项中，分别惩戒之：

一、撤职；

二、减薪；

三、援用违警条例处罚；

四、记过。

第六条　本规则之奖惩，由县政府查明办理，但须分呈省政府暨各主管
　　　　厅备案。

第七条　本规则自公布日施行。

《江苏省昆虫局十七、十八年年刊》

◎ 民国二十年（1931 年）

河北省政府委员会制定《河北省治蝗暂行简章》（1931 年河北省政府委员会第
258 次会议通过）。

河北省治蝗暂行简章

第一条　曾受蝗害，或飞蝗停落之处，遗种潜伏，待时孵化，应由县政
府及建设局，指导民众依法搜掘，或酌量备价收买。

第二条　县境如有蝻子发生，应由县政府建设局备价收买，并由县长、

局长督饬各区村长，率警团民众，依法乘时扑灭。若怠惰因循，听其长翅飞腾者，应将各该县长、局长，从重议处。

第三条　县境遇有蝗蝻，应一面通报主管官署，一面咨请邻封星驰协捕。其通报文内，应将有蝗蝻乡村、邻近县份，业经咨请协捕之处，逐一声明，仍将邻封官到境日期，续报主管官署查核。若邻官推诿迁延，致成灾害时，由主管官署查明，从严议处。

第四条　收买蝗卵费用，及扑捕蝗蝻之警团民众饭食，均准动支公款，由县长及局长召集农商会长等，会同发给，据实报销。其确能除害，因以保存农作物者，由主管官署核请给奖。其已动用公款，仍不能除害，而残毁农作物者，责令赔偿。

第五条　地方遇有蝗蝻，县长应轻骑减从，督率局长、区长、村长等，躬亲巡视，偕民捕灭，住宿寺庙或公所，不得受民间供应。如违例滋扰，纵容差役需索，或借端科派者，查明从严治罪。

第六条　县境发生蝻蝗，自县长以至村民，应一律停止他项工作，昼夜专以防除蝻蝗为事。倘发生后十日内，不能肃清者，立将该县长撤任。

第七条　地方发生蝻蝗，县长隐匿不报，经他人举报，派员查明后，立将该县长撤任。

第八条　地方发生蝻蝗，地主、邻人即刻投报者赏。如敢隐匿不言，经人首告者，派员查明后，首人重赏，隐匿地主酌量处罚。其惩罚章程，由各该县长酌定呈厅备案。

第九条　蝻蝗发生之地，或附近邻村，应视发生情形，按户口及耕地多少，限定每村于若干日内，征收死蝻蝗若干斤，交区公所或村公所验明掩埋。迟交或交不足者罚，逾格者奖。倘至成灾，每村报灾时，须携带死蝻蝗若干斤，为被灾之凭证；即以此核定被灾成数，其无蝻蝗，空报灾情，或未交蝻蝗，而报肃清者，罚其区村长。

第十条　关于蝻蝗之防除，遇有必要时，县长得视耕地之多寡，征集民众，为大规模之搜捕。若民众以搜捕蝻蝗妨碍农作，阻扰搜捕，或勾通警团村里农，嘱托买放；及贫民希图捕蝗售价，私匿蝗卵或蝻子，听其滋生延害者，查明均从严治罪。

第十一条　因防除蝻蝗之处置，致农田或作物受损失时，得由县长查明损失，按数呈厅查核。

第十二条　收买蝗卵及蝻子、飞蝗之价值，并治蝗方法，应遍贴通衢，俾众周知。

第十三条　本简章自政府委员会议决之日施行。

◎ 民国二十四年（1935 年）

六月，国民政府军事委员会委员长蒋中正（介石）电令治蝗："查我国蝗虫为患至巨，比年以来，受害尤深，苏、浙、皖、冀、鲁、豫各省农作，受蝗患之损失，岁达千万元以上，现在又届夏蝻发生之期，若不先事预防，则滋长蔓延，为患不堪设想，各省防治事宜，应由各主管机关责成各县县长积极办理，惟各县县长，每多奉行不力，敷衍从事，遂至酿成灾患，挽救不及，言念及此，殊堪惕虑，兹为思患预患惩前毖后起见，着由各该省政府迅速酌量当地情形，拟具治蝗实施办法颁发，一面从严督饬所属县长，以后对于蝗卵、蝗蝻、飞蝗，务须随时切实防治，邻近各县亦应互相联络，同时并举，于必要时，可由各县随时征工办理，并准商请当地驻军或团队协助，总期迅速扑灭，俾不为灾。仍由各该省政府随时考核各县治蝗成绩，倘各县长仍蹈故辙，因循延误，致成灾害情事，应即分别轻重，加以惩处，以昭儆戒，电到之日，仰将各该省从前蝗虫发生为患状况暨防治之经过情形，先行具报考查，并饬各县嗣后应将有无蝗虫发生暨如何防治各情形，限令逐月据实详报，各该省府专案汇呈本行营，以凭查核而资考成。"　　　　《昆虫与植病》1935 年第 3 卷第 18 期

◎ 民国三十三年（1944 年）

五月四日，中国共产党太行区党委、军区政治部发出关于扑灭蝗蝻的紧急号召，从边区政府、军分区，到行署、县、村，层层动员，成立了专门的指挥部、委员会等灭蝗组织。号召各地共产党员，军队的指战员同志，人民大众的先进战士——劳动英雄们，有经验的父老兄弟们，模范工作者同志们，立即动员广大群众，开展一个热烈的扑灭蝗蝻、肃清蝗卵的运动，继续加紧掘挖蝗卵的工作，凡是去年曾经发现过蝗虫的地方，特别是曾经比较多或今年已经发现的地方，都应进行搜掘，将其全部掘尽。

《打蝗斗争》

三、古代蝗灾的赈济措施

历史上，每遇蝗灾暴发，常常对农业特别是粮食生产造成毁灭性打击，进而引发严重的饥荒和社会动荡。如新莽天凤四年（17 年）王莽法令烦苛，民摇手触禁，不

得耕桑，徭役烦剧，而枯旱蝗虫相因，狱讼不决，最终导致了王莽政权的倒台。因此，自西汉以来，历朝历代为了稳定社会秩序，在蝗灾之后，都要积极采取赈济措施，这些措施主要包括蠲免租赋和赈恤钱粮等形式，以减轻蝗灾影响，安抚灾民人心。宋元丰八年（1085年）哲宗嗣立，司马光立即上疏哲宗，提醒要爱护人民，说："夺其衣食，使民无以为生，是驱民为盗也。"又说："万一遇数千里之蝗旱，而民失业饥寒，武艺成就之人，所在蜂起，其为国家之患，此非小事，不可以忽。"

（一）蠲免租赋

减免灾民赋税，是古代帝王应对蝗灾所采用的常见赈灾措施之一，最早可追溯到近2 000年前的西汉时期。西汉元始二年（公元2年），郡国大旱蝗，青州尤甚，民流亡。汉平帝罢安定呼池苑以为安民，县起官寺市里募徙贫民，县次给食，至徙所赐田宅、什器，假与犁牛、种食，又起五里于长安城中宅二百区以居贫民，并下达勿租税的诏令。东汉建武六年（30年）春正月，光武帝刘秀发布诏令，要求郡国有谷者对因蝗灾而造成困乏的百姓进行安抚，重点是鳏、寡、孤独及笃癃、无家属，贫不能自存者。

东汉时期，朝廷连发三道诏令减免赋税。东汉永元四年（92年）夏季发生旱灾和蝗灾，和帝刘肇下诏，第一次规定了蝗灾后朝廷减免田租的标准，对郡国秋稼为旱蝗所伤"十四以上勿收田租、刍稿，有不满者，以实除之"。永元九年，发生蝗灾后，再次诏令灾区皆勿收假税。永初七年（113年）八月，蝗虫飞过洛阳，郡国被蝗伤稼十五以上，皇帝诏令勿收当年田租，不满者，以实除之。后汉时期的这三道赈蝗灾诏令，奠定了我国因蝗灾而蠲免租赋的法律地位，提出了蠲免标准：一是被蝗伤稼损失在十分之四或十分之五以上者，全部蠲免田租、人夫、饲草、烧柴、借贷等租赋。二是损失不满十分之四或十分之五者，以实际损失蠲免。三是其他需要收租者，亦半入。这种针对水旱蝗灾等而蠲免租赋的制度，又称之为"灾蠲"，被历代帝王所采用，并延续到了清代。

东晋穆帝永和十年（354年），蝗大起，自华阴至陇山，食百草无遗，蠲免百姓租税。361年，哀帝即位，仍诏令减免蝗灾的田租。北齐天宝八年（557年），河南、河北大蝗，蝗飞入京师，声如风雨。朝廷诏令对当年遭蝗之处免租。

唐武德七年（624年），李渊参照后汉时期的赈灾标准，制定了"凡水旱虫蝗为灾，十分损四以上免租，损六以上免租调，损七以上课役具免"的律令。太宗时，李世民又根据谏议大夫的提议，诏令"田耗十四者免其半，耗十之七者皆免之"。唐开元五年（717年），河南、河北遭蝗，免地租。开成五年（840年），河南、河北、淮南、浙东、福建蝗，除其徭。五代时，后晋天福七年（942 年），河南、河北、关西蝗害稼，帝宣制："天下有虫蝗处，并与除放租税。"

宋朝赈恤水、旱、蝗虫、饥疫之灾，多采用"赈贫恤患"的政策，并返还其租赋。蝗虫为害，募民扑捕，易以钱粟，蝗子一升易菽粟三升或五升，诏令州县长吏优恤其民。

宋大中祥符九年（1016 年）七月，飞蝗过京城，帝令所在官司察视之，蝗伤民田十之一二，命所令定蠲税分数更加优厚。天禧元年（1017 年），诸路蝗，民饥，诏发廪赈之，并蠲免租赋。天圣五年（1027 年），陕西蝗，减免其租赋。熙宁八年（1075 年）八月，淮西蝗，陈、颍州蔽野，诏"募民捕蝗易粟，苗损者偿之，仍复其赋"，"因穿掘打扑损苗种者，除其税，乃计价，官给地主钱，数毋过一顷"。建炎二年（1128 年）六月，京畿、淮甸蝗，州郡灾甚者，蠲田赋。隆兴元年（1163 年），两浙旱蝗，悉免其租。金大定五年（1165 年），诏令有司："蝗旱水溢之地，蠲其赋税。"大定十七年（1177 年）三月，诏免河北、山东、陕西、河东、西京、辽东等十路上一年被旱蝗租税。

蒙古至元六年（1269 年），真定蝗，敕命"其代输、筑城役夫户赋悉免之"。至元七年立司农司，诏颁"农桑之制"十四条，把治蝗工作从法律上确定下来。是年，山东登、莱二州蝗，诏减其当年包银之半；南京、河南蝗，减其差赋十之六。之后，元代对蝗灾的赈济政策，采取了"悉免赋税"或"减免田租之半"等多种形式。至元二十九年，广济署屯田蝗，免其田租计 9 218 石。大德二年（1298 年），淮安、扬州旱蝗，除其税粮。大德三年（1299 年），陇、陕蝗，免其田租。泰定四年（1327 年），平原旱蝗，免田租之半。天历二年（1329 年），永平府屯田蝗，免其租。

明太祖朱元璋在位时，制定了"凡岁灾，尽蠲二税（夏税和秋税），且贷以米，甚者赐米、布、若钞"的训令。洪武四年（1371 年）溧阳蝗虫遍野，诏免税粮。洪武六年，陕西延安等州县蝗，诏免其租。洪武七年，山东、山西、北平、河南蝗，并免田租。建文四年（1402 年），宁海蝗灾，减免税粮。明宣德时，朝廷针对蝗灾，又诏令富户蠲免佃户租，大户贷贫民粟者，则免其杂役。景泰元年（1450 年），畿辅旱蝗，请加宽恤，帝多采纳。弘治中期，孝宗始定免租标准，全灾者，免七分租赋，自九分灾及以下者，递减其租，并成为永制。宣德七年（1432 年），沛县大蝗，免租税。宣德九年，两京、河南蝗，蠲秋粮十之四，工部派办物料即皆停止。正统六年（1441 年），临朐蝗，免税粮。嘉靖十年（1531 年），济南诸州蝗，免被灾税粮；任丘蝗，免田租之半。嘉靖十一年，河间、真定、保定、顺德蝗，免税粮。嘉靖十五年，济南蝗饥，免税粮。嘉靖十九年，山东东昌蝗，免秋粮。嘉靖二十八年，贵州旱蝗，免秋粮。隆庆三年（1569 年），盐山旱蝗，飞蔽天，蠲免夏粮之半。万历十三年（1585 年），盐山蝗飞蔽天，赈免夏麦之半。万历四十五年，孟津蝗灾，免征税赋。

清朝蠲免租赋制度，始于顺治年间，蠲免标准经几次修订到雍正时，才固定下来。顺治时规定：四分灾者蠲免租赋十之一，五至七分灾者蠲免租赋十之二，八至十分灾者蠲免十之三。康熙时又分为，六分灾者蠲免租赋十之一，七至八分灾者蠲免租赋十之二，九至十分灾者蠲免租赋十之三。雍正六年（1728 年），雍正帝规定：六分灾者蠲免十之一；七分灾者蠲免十之二；八分灾者蠲免十之四；九分灾者蠲免十之六；十分灾者蠲免十之七，共 5 个标准。另外还规定：灾情再重者，可全行蠲免。清咸丰之后，扩大了赈济费用的用度，每遇灾荒，莫不予以蠲免，灾甚者辄蠲免、赈济并施。顺治六年（1649 年），广平蝗，免田租。康熙二十三年（1684 年），威县旱蝗，免田租。康熙二十五年，历城蝗，免田租。康熙二十九年，新泰蝗伤禾，免租一年。康熙三十一年，孟津旱蝗伤禾，大饥，免田赋。康熙三十二年，山东蝗，蠲免地丁额赋。雍正二年（1724 年），临朐蝗蝻遍野，免租银百万两。乾隆四年（1739 年），深州蝗，诏免田租。嘉庆二十二年（1817 年），元氏蝗，民大饥，豁免粮银。嘉庆二十三年，高邑蝗，奉文免粮银。道光十五年（1835 年），阳谷飞蝗蔽野，免钱粮。咸丰五年（1855 年），高密旱蝗，免租赋。咸丰六年，河北玉田、滦县等五十七县水旱蝗灾，免被灾县额赋；高密旱蝗，免租赋。咸丰七年，高密旱蝗，免租赋。民国六年（1917 年），商河蝗，免丁银十之四。

蠲免租赋的治蝗救灾制度，给遭遇蝗灾的人们减轻了不少生活负担，但在旧中国，皇帝下达的免租诏令到达乡里时，地方官府往往早已强行从灾民手中征完了租赋，免租诏令有时只不过是一纸空文。正如白居易诗云："昨日里胥方到门，手持敕牒榜乡村。十家租税九家毕，虚受吾君蠲免恩。"

（二）赈恤钱粮

赈恤灾民是古代最早采用的治蝗救灾措施，主要有向灾民开仓放粮甚至发放钱币、耕牛等形式。

1. 义仓赈济

文帝二年（前 178 年），汉文帝诏曰："农，天下之本也，民所恃以生也"，非常重视民生问题。西汉后元六年（前 158 年）夏四月，大旱蝗，文帝发仓庾以赈民，开创了为蝗灾饥民发放仓粮的赈济措施之先河。

北齐河清三年（564 年），武成帝制《义租律令》规定，对平民每对夫妇每年征义租五升，奴婢减半，义租缴所在郡，以防水旱灾年。从此开创了征收义租的先河。

义仓始建于隋初，据《隋书·长孙平传》载，开皇三年（583 年），度支尚书长孙平奏："令民间每秋家出粟麦一石以下，贫富差等，储之闾巷，以备凶年，名曰义仓。"开皇五年，诏置义仓于州县。在秋收时向农户征粮积储，以备灾年放赈。由于粮仓建置于里社，由官府选择社民自行管理，因此亦称之为社仓。开皇十六年，又诏："社仓并于当县安置"，"社仓准上中下三等税，上户不过一石，中户不过七斗，下户不过四斗"，对社仓粮食的积储办法做出了明确的规定。

隋代以后，蝗灾赈济方式有了重大改变，在采用常平仓减价而粜方式的同时，主要采用以义仓赈济的方式赈济灾民。遇有蝗灾，可将义仓粮库中的粮食，直接发放给灾民。唐贞观二年（628 年），太宗李世民议建义仓，尚书左丞戴胄建议："自垦田亩，每至秋熟，各于所在为立义仓，岁凶以给民。"太宗善之，乃立条制："王公以下垦田，亩纳二升，其粟麦、粳稻之属，各依土地贮之州县，以备凶年。"于是天下州县始置义仓，每有饥馑，则开仓赈给。永徽二年（651 年），诏："去岁关辅之地颇弊蝗螟，其遭虫水处，有贫乏者，得以义仓赈贷。"开成三年（838 年），诏："去秋蝗虫害稼处，仍以常平仓赈贷。"除赈济粮食，唐朝有时还会赈济耕牛。贞元元年（785 年），蝗旱之后牛多疫死，诸道咸请进耕牛。二月，德宗诏曰："所进耕牛，委京兆府勘责有地无牛百姓，量其产业，以所进牛均平给赐。其有田五十亩以下不在给限。"

宋太祖乾德初即诏置义仓。在设置上采用大县建立义仓 7~8 个，小县建立 3~4 个，按远近分布，遇有饥馑，由丞簿尉等分行乡村计口给立。宋景德元年（1004 年），陕、滨、棣三州蝗害稼，赈之。嘉祐五年（1060 年），蝗涝相仍，敕督州县赈济。熙宁七年（1074 年），河北蝗灾，以米十五万石赈之。乾道三年（1167 年），江东西、湖南北蝗，赈之。淳熙十四年（1187 年），临安蝗，赈之。嘉定三年（1210 年），建康旱蝗，赈之。

蒙古至元六年（1269 年），元世祖诏每社立一义仓，社长主之，官司不得拘检借贷勒支，遇有水旱蝗灾，散给社民食用。元代义仓粮于秋稼收获时，计田亩而聚之，常年每亩粟一升，或稻二升，大有年可增数纳之。水旱蝗虫灾年饥馑，则计人口而散之，每户日一升，储粮多则每户日二升，社长、社司不准私用仓粮。元至元二十六年，河北十七郡蝗，诏发仓米一万五千石赈之。元贞二年（1296 年）六月，当涂大蝗，民饥，赈之。大德元年（1297 年），扬州蝗，赈济。大德二年，扬州、淮安旱蝗，赈给之。至大元年（1308 年），汝宁、归德蝗，民饥，赈之。皇庆元年（1312 年），宁海州蝗，赈之。天历二年（1329 年），黄河以西旱蝗，凡一千五百户，赈之。至正十二年（1352 年），大名路元城、南乐等十一县水旱蝗灾，给钞十万锭赈之。

明洪武时，太祖朱元璋谕户部："自今凡岁饥，先发仓庾以贷，然后闻，著为令。"对明代的预备仓和社仓建设做出了一定贡献，使明代义仓发展很快。嘉靖八年（1529 年），诏令各抚按设置社仓，令民二三十户至二三百户为一社，择富户有行义者一人为社首，办事公道者一人为社正，能书算者一人为社副，共同管理社仓。各户分上中下三等，分别出米一至四斗有差，每斗另加损耗半升，贮之于社仓。年饥时上户量贷给米，待岁稔时还仓，中下户赈给之，不还仓，有司造册送抚按察核。嘉靖二年（1523 年），畿内蝗，赈之。嘉靖十一年，任丘蝗，饥，赈之。嘉靖十四年，河北清苑、高阳、蠡县蝗，民饥，赈之。万历十五年（1587 年），平原蝗食禾，赈之。万历四十四年，永平府飞蝗蔽天，大饥，发仓粟赈之。崇祯十三年（1640 年），畿内蝗，发帑赈被蝗州县，大名蝗，赈之。

清康熙元年（1662 年）覆准，八旗蝗、雹灾地，每六亩给米一斛，最早确定了八旗地的蝗灾的赈济标准。康熙十年，天长蝗，人相食，赈之。康熙三十年六月，泽州蝗食禾稼，七月蝝生，入民户与民争食，民死徙过半，诏免租赈济。康熙四十二年，康熙帝诏谕各省州县，各村庄内俱设立社仓，也可数村共立一社，令庄头内有经验者收贮管理，以备饥荒。康熙五十三年，六安旱蝗，赈之。雍正二年（1724 年），雍正帝覆准社仓之法，劝谕奉公乐善者捐粮献米，贮于仓廒，不拘升斗。有捐至三四百石者，经该督抚奏闻，可给以八品顶带。每社设正副社长，择品行端正、有出纳经验者任之，社仓十年无过错，由督抚题请，也可给以八品顶带。乾隆十三年（1748 年），平度、莱阳飞蝗蔽日，麦禾无遗，赈之；兰山、郯城、费县、沂水、蒙阴旱蝗，赈济。乾隆五十一年（1786 年），杞县、封丘蝗，饥，赈给之。道光十六年（1836 年），阳原大蝗，民饥，赈之。咸丰五年（1855 年），南阳旱蝗，发仓筹赈。咸丰七年，永年、曲周、鸡泽、成安、邯郸大蝗，饥，赈之。光绪三年（1877 年）秋，鹿邑大蝗，发义仓谷赈济。光绪十八年，合肥等州县蝗，赈之。金坛飞蝗蔽天，食禾殆尽，赈济。

2. 常平仓赈济

西汉宣帝五凤四年（前 54 年），大司农中丞耿寿昌首次奏设常平仓，以谷贱时增价而籴，谷贵时减价而粜。这种国家管理的储粮仓库，发挥着粮食经营、调节粮价、放贷及赈灾等多种利农功能，对赈济蝗灾同样也发挥了重要的作用。

西汉元始二年（公元 2 年），郡国大旱蝗，青州尤甚，民流亡。诏："遣使者捕蝗，民捕蝗诣吏，以石斗受钱。"这在中国治蝗史上虽然是最早的悬赏人民捕蝗的例子，但遇严重蝗灾时，人民能通过"捕蝗诣吏，以石斗受钱"的方式，从国家那里得到钱粮度灾，也可以说是中国早期的赈济蝗灾措施。东汉永平十年（67 年），郡国雨雹、蝗灾，帝欲置常平仓赈贷，朝臣刘般奏曰："常平仓外有利民之名，而内实侵刻百姓，豪右因缘为奸，小民不能得其利。"极力反对建立常平仓，帝乃从之，并诏敕郡国推行区田法勉务农桑。

东汉和帝时，赈济蝗灾主要采用蠲免租赋之法，而不直接赈济灾民钱粮。至桓帝永兴元年（153年），郡国少半遭蝗，所在乃廪给之，开始动用国库粮食赈灾。永兴二年，蝗虫孳蔓，诏："其不被害郡县当为饥馁者储"，动员有粮食的郡国帮助蝗灾郡县度灾。三国魏黄初三年（222年），秋七月，冀州大蝗，开仓赈之。

西晋泰始四年（268年），晋武帝复立常平仓，丰则籴，歉则粜，以利于民。东晋太兴二年（319年），徐州及扬州、江西蝗，吴郡百姓多饿死，开仓赈之。北魏高祖时，孝文帝诏州郡各立官司常平仓，以丰年籴贮于仓，岁凶直赈于民，在多次蝗灾中发挥了重要赈灾作用。兴安元年（452年），营州蝗，开仓赈之。太安三年（457年），州镇五蝗，开仓赈之。太和元年（477年），州镇八蝗，太和八年，州镇十五水旱蝗灾，民饥，开仓赈恤。北齐天保元年（550年），夏，东安蝗，赈之。乾明元年（560年），河北定、冀、赵、瀛、沧，河南光、胶、青、南青九州蝱水伤稼，遣使赈恤之。

常平仓是历代王朝为调节粮价、储粮备荒而设置的粮仓，在唐前称之为常平仓、常满仓、苑仓等，宋代又称之为惠民仓，元中期曾称为常平义仓，明代称之为预备仓。各朝代名称不一，但其意义基本相同。常平仓一般设置在州县城内，由官方派员管理，丰年由官府出资大量收购粮食储备，而在蝗灾之年则可减价而粜，赈济灾民，对农民度灾起到了很重要的作用。但是，每遇蝗灾，仍有大量的饥民手中无钱，粮价虽低，但还是不能买到赈灾粮食，或灾民远离粮仓，交通不便，又无法前来购买，因此常平仓粮往往由有钱人巧取豪夺，占为己有。宋朱熹认为，常平仓只是对城里市民有利，而对穷苦灾民无补。因此自唐以来各个朝代针对常平仓的利弊褒贬不一，建建停停、屡兴屡废，在赈灾上逐渐退到了次要地位。到清咸丰年间，常平仓已大部分名存实亡了。

四、历代蝗虫监测预报

1. 古代蝗虫侦查方法

自古以来，为把捕蝗工作搞好，常把蝗虫侦查工作当作捕蝗的重要手段，事先在有蝗之地，轮流派人巡视，掌握蝗虫动态，一经发现蝗情，立即报官组织群众捕打，称之"力省功倍"。我国蝗虫侦查工作最早起源于西汉时期，2 000多年来，不断得到了发展、改进和提高。据《汉书·严延年传》载，汉宣帝神爵四年（前58年），"河南界中又有蝗虫，府丞义出行蝗"。行，巡视之意，行蝗即调查蝗情，说明公元前就开始调查蝗情了。

晋代，侦查蝗情得到了广泛的重视和应用，当时朝廷规定"有蝗之处，县官多课民捕之"，强制动员人民捕蝗。在捕蝗当中，晋代人不断了解到一些蝗虫的生活习性。据《晋书·石勒载记》载："河朔大蝗，初穿地而生，二旬则化状若蚕，七八日而卧，四日蜕而飞，弥亘百草，唯不食三豆及麻。"又据《凉记》载：麟嘉二年（390 年），沮渠罗仇为西宁太守，"往年蝗虫所到之处，产子地中，是月尽生，或一顷二顷，覆地跳跃，宿昔变异"。这些关于蝗虫生活习性的记载，到明清时期仍在应用。在晋代律令《晋令》中，还有一段关于侦查蝗情的法律规定。《晋令》曰："常以蝗向生时，各部吏案行境界，行其所由，勒生苗之内，皆令周遍。"意思是说，蝗虫刚出来时，各地方官吏要巡视境内，调查蝗虫发生的原因，有禾苗的地方，都应侦查。这段查蝗法规要比明永乐元年遣御史巡视境内蝗虫的法规早了将近 1 000 年。

唐开元四年（716 年），已有了"出御史为捕蝗使分道杀蝗"的规定，唐开成二年（837 年）七月，文宗皇帝曾以蝗旱遣使下诸道巡复蝗虫，全面继承了《晋令》在蝗生时要求"各部吏案行境界，行其所由"的制度，并设置了专职捕蝗使，在查蝗、治蝗上有了较大的提高。又据《艺文类聚》引《何祯笺》曰："凡言蝗生，此谓见其始生，知其处所，可得言。初上蝗事云，县及下部，各不早见，至今生翅能飞，臣辄躬亲扑灭。"又曰："至一顷田中，往往十步五步一头，按其言事，蝗之数枚数，可得而知也。"这段有关蝗虫的议论，说明了侦查蝗情的重要性，一曰言，是说言蝗，二曰事，就是灭蝗的事，言蝗，应言其始生，知其产蝗地点及产蝗的缘由，才能言其灭蝗的事，不要等到蝗虫长大能飞了，才去除治。治蝗就要查蝗，怎样查？顷田之中，十步五步一头，数一数蝗虫在田间的数量，即可得到蝗情了。这也是历史上最早、最明确的涉及查蝗问题的记述。

宋朝的蝗虫侦查工作，比以前最大的进步是通过侦查，对蝗虫的习性有了更明确的认识，如《太平广记》载："蝗虫每岁生育或三或四，每一生，其卵盈百，自卵及翼，凡一月而飞，羽翼未成，跳跃而行，其名蝻。"同时还把侦查到的蝗情用于治蝗工作上来。宋天禧元年（1017 年）"和州蝗生卵，如稻粒而细"，这是人们观察到地下蝗卵形状的最早记载，也认识到了蝗虫以卵而传生的道理。景祐元年（1034 年），为消灭蝗虫，宋仁宗正月诏"募民掘蝗种，给菽米"，六月诸路掘蝗种万余石，成为历史上最早、最为壮观的群众掘卵灭蝗运动。淳熙九年（1182 年），宋孝宗制定了严厉的治蝗法规，世称淳熙敕，首条就是"诸虫蝗初生飞落，地主邻人隐蔽不言，耆保不即时申举捕除者，各杖一百。当职官承报不受理，及受理不亲临扑除或扑除未净而申报尽净者，各加二等"，从法律上规定了蝗情汇报制度，下级汇报的蝗情，为上级指挥治蝗提供了依据。

与宋朝同时存在的金国，分布着陕西、河南、河北、山西、山东等大面积蝗虫适生地，蝗虫发生普遍，蝗虫侦查工作受到重视。宋承安二年（1197年）十二月，上谕宰臣：今后水潦旱蝗，发命提刑司预为规画。泰和八年（1208年）四月，诏谕有司"以苗稼方兴，宜速遣官分道巡行农事，以备虫蝻"，并在七月诏颁的"更定蝗虫生发坐罪法"中，将蝗虫侦查工作以法令形式固定了下来。

元朝沿袭了宋朝查蝗、捕蝗制度。蒙古至元七年（1270年），诏颁农桑之制中规定："每年十月，令州县正官一员，巡视境内，有虫蝗遗子之地，多方设法除之。"至元二十年，元世祖又下达了"自今管民官，凡有灾伤，过时不申及按察司不即行视者，皆罪之"的诏谕。元朝比宋朝更加严格的是，巡视蝗情，必须是州县的正官。

元朝在查蝗治蝗方面，还有一则史事流传人间。据《元史·王磐传》载，元至元八年（1271年），蝗起真定，朝廷遣使者督捕，役夫四万人，使者以为不足，欲牒邻道助之。磐曰：四万人多矣，何烦他郡。使者大怒，责磐自不量力，限三日内捕尽蝗虫。磐不以为然，亲率役夫走田间，设方法督捕之，三日蝗尽灭，使者惊以为奇。王磐灭蝗之所以成功，是因为王磐在接受任务后，能"走田间"——认真调查蝗情，"设方法"——千方百计采取有效措施，这样，才把蝗虫消灭掉。

明永乐元年（1403年）二月，敕"遣御史分巡天下为定制"。据嘉靖《宿州志》载，永乐元年九月，太宗皇帝旨："令吏部行文各处有司，明年春初惊蛰之时，差人巡视境内，遇有蝗蝻初生，设法打捕，务要尽绝，如仍前坐视，致使滋蔓伤稼，罪之。如布、按二司官不行严督所属巡视打捕，亦罪之。到十一月再行文书去。军卫，令兵部行文书。"这种巡查蝗虫之诏，永乐十一年在《明史·成祖本纪》中也有记载。明朝设有严格的查蝗、捕蝗制度，而且每年两次巡视蝗虫，军卫也要参加查蝗捕蝗，这在以前各朝代是没有过的。明末崇祯年间，通过对蝗虫的调查了解，人们对蝗虫的生活习性和特征有了很明确的认识。据徐光启《农政全书》载："蝗虫下子，必择坚垎黑土高亢之处，用尾栽入土中，深不及一寸，仍留孔窍。""下子必同时同地，势如蜂巢，易寻觅也。""一蝗下子十余，形如豆粒。一粒中即有细子百余。""夏月之子易成，八日遇雨则烂，否则十八日生蝻矣，冬月之子难成，至春而后生蝻，故可从容搜索。"又载"蝻初生如粟米，数日旋大如蝇，能跳跃群行，是名为蝻，又数日群飞，是名为蝗。所止之处，喙不停啮，故名饥虫"。"又数日孕子于地，地下之子十八日复为蝻，蝻复为蝗，如是传生，害之广也。"徐氏这些对蝗虫生活习性的描写，远比宋朝只知道蝗虫是通过产卵传生、卵粒如稻粒而细要进步多了。这也是科学技术在历史上不断进步的最好证明。《农政全书》还特别强调了侦查蝗虫在除治上的重要性，说：

"蝗初生时最易扑治，当令居民里老时加察视，但见蝗虫，即便报官，集众扑灭，此时措手，力省功倍"，也就是我们现在所说的"巧打初生，不使扩散"。

大清律例及户部则例对侦查蝗情都有严格的规定，对扑灭蝗灾发挥了重要作用。乾隆二十五年（1760年），直隶总督方观承"因通州等处捕蝗之失，饬司道议设护田之夫"。护田夫即侦查员。在当时，很多人主张立法设置护田夫，但因满汉之争而未能通过执行，至乾隆三十五年再议，才以法律形式固定了下来，即"三家出夫一名，十名设一夫头，百夫立一牌头，每年二月为始，七月底止，令各村按日轮流巡查蝗虫"，"河淀阔远之地，则令各州县自行酌设护田夫数名专司巡查"。蝗虫侦查员的设立，尤其专职蝗虫侦查员的设立，对掌握蝗情及上级了解蝗情，及时组织捕除，确实起到了很大的作用。嘉庆十一年（1806年）《荒政辑要》载，户部荒政则例规定"滨临湖河低洼之处，有蝗蝻之害，责成地方官督率乡民随时体察，早为防范，一有蝻种萌动，即拨兵投人夫及时扑捕。"这也是官府对蝗虫发生基地采取的侦查和防范措施。

2. 近代蝗虫监测预测

晚清时期，继续推行以前的侦查蝗虫措施，其设置"护田夫"侦查员方式一直沿用到民国时期。民国时期，蝗虫监测方法有了新的发展。民国十一年（1922年）江苏省昆虫局成立，标志着中国植物保护工作开始走向正规化，张景欧、尤其伟等科技人员发表了很多研究蝗虫的论文。1928年，江苏省建立了蝗虫研究所，开始对中国的蝗虫做专业性系统研究，不但较为全面掌握了飞蝗的形态、生活年史和生活习性，而且在侦查蝗虫方面也有了很大发展。

1928年，杨惟义在江苏省昆虫局海州第三捕蝗所工作时，首创蝗虫查卵方法，即在每年植树节前，在上一年曾发生蝗虫的地方，用锄在该地高处掘寻十余处，察看蝗卵数量，计算每平方尺有蝗卵之平均数，以此作为将来发生蝗蝻多少的依据，借以预定治蝗工作的分量。1930年春，江苏省昆虫局根据1929年冬季蝗卵调查结果，结合冬季气温严寒、春季又多雨少晴的天气情况，做出了1930年夏蝗发生偏轻的预测预报。把蝗虫侦查结果首次应用到蝗虫预测预报上，并获得了成功，充分发挥了侦查工作在治蝗当中的作用。

1934年，蔡邦华在研究了历代蝗灾发生与水旱灾的关系后，着重研究了5—7月的降水量和冬季气温、干湿度与蝗虫发生的相关性，发表了《中国蝗患之预测》一文，这是我国最早的关于飞蝗预测预报的论述文章。

1937年全面抗日战争开始以后，治蝗及相关研究机构解体，蝗虫侦查研究工作被迫中断。1945—1949年，查蝗治蝗工作有所恢复，但未取得大的进展。

3. 当代蝗虫预测预报

新中国成立以后，治蝗工作受到高度重视，蝗虫侦查工作得到全新发展。1952年3月，中央人民政府政务院在《关于防治农作物病虫害的指示》中明确指出："在历年蝗虫严重地区建立治蝗站，必须把蝗蝻消灭在三龄以前"，"各地病虫防治机构应掌握病虫发生规律，指导群众适时进行防治"，"以村为基点，建立经常情报制度，组织情报网，掌握病虫发生与发展的真实情况，立即上报"，使蝗虫侦查与测报工作有了组织保障。同年，农业部在全国建立专业治蝗站23个。

1953年2月，农业部印发《侦查蝗虫试用办法》，明确蝗虫侦查工作主要包括查卵、查蝻、查成虫三个环节，参加侦查工作的人员叫侦查员，任务就是把蝗卵、蝗蝻和成虫的发生地点、环境、面积和密度调查清楚，监视蝗虫的活动，调查防治效果。同年，全国训练5万名蝗虫侦查员。事实证明，只有做好侦查工作，建立健全汇报制度，准确掌握蝗情，才能做好治蝗准备工作，主动地、及时地把蝗虫消灭在3龄以前。

1956年农业部植物保护局发布《飞蝗预测预报试行办法》，指定专业技术人员长期从事蝗虫测报工作，使蝗虫的侦查和测报工作更加明确、系统、稳定和统一。《飞蝗的预测预报试行办法》指出：蝗虫预测预报工作的主要内容包括查卵、查蝻和查成虫3部分，简称"三查"工作。因为"三查"工作有整体性和连环性，所以侦查人员必须是长期性和固定性的。强调蝗虫预测预报工作由蝗虫防治站进行指导，以长期侦查员为骨干进行侦查，侦查结果定期向上级汇报。侦查蝗情的工作一般自4月下旬开始，11月下旬结束。"三查"主要内容如下：

——查卵。查卵的目的是为了摸清蝗卵分布的地点、面积和密度，预测第二年蝗虫的发生。各蝗区在秋季蝗虫产卵后，应立刻把产卵地点、面积和密度调查清楚，做上标志，并绘成地图，报告地方政府和农业部。夏蝗成虫所产的卵不必检查。秋季查卵的时期，北部蝗区（山东、河北）以10月下旬—11月中旬为宜，南部蝗区（江苏、安徽、河南）以11月上旬—11月下旬为宜，新疆蝗区查卵工作应在9月中旬结束，内蒙古蝗区应在9月下旬开始。一般在面积大、环境一致、残蝗密度高的地区查卵，每10亩地抽1～6个样，而在面积小、环境不一致、残蝗密度小的地区，抽6～12个样。每样的大小，一般是4平方尺。查卵时，侦查员可排成一字形齐头并进，如每10亩地取1个样，则以人与人间隔120步（30丈），每前进80步（20丈）取1个样较为适宜。查卵的结果记在"查卵原始记载表"内，在记载有卵面积时，注意不要把土蝗面积列入。然后计算出有卵面积和密度，最后将蝗卵调查统计表及蝗卵分布地图逐级呈报上级有关部门。在有条件的地区，可以在第二年春季结合查孵化的工作，有重点地进行复查蝗卵的工作，复查的目的主要在于明确蝗卵越冬期间的死亡率，以修正防治计划。春季开始检查越冬飞蝗卵孵化的时期，南部蝗区一般在 4 月下旬或 5 月上旬，北部蝗区在 5 月中旬，新疆南部 4 月中旬、北部 5 月中旬，内蒙古 5 月下旬。查秋蝗孵化的时期，则应在 7 月。

　　——查蝻。查蝻的目的在于查明蝗蝻发生的地点、面积、种类、密度和龄期，作为确定防治最有利时机的根据。发生面积用亩表示。测定密度可用方框取样法、目测法、步测法等办法，通常用 3 尺见方的木框，或用竹竿、秫秸扎成方框，放在地上，数清框内的蝗虫数，此法在短草地上检查密度很方便。确定有蝗面积：凡庄稼地发生飞蝗的密度在每亩 2 头（每平方丈 0.03 头）以上，荒地每亩 6 头（每平方丈 0.1 头）以上的，或发生土蝗每亩 600 头（每平方丈 10 头）以上的，在统计时，均列为有蝗面积。这些指标的规定，比 1953 年的规定要严格许多倍。至于防治标准，要求农田中飞蝗防治标准应高一些，荒地可以低一些；农田及其附近和牧场中土蝗的危害性较大，防治标准应高一些，荒地中的土蝗防治标准可以低一些。检查防治后的效果，方法是在防治前和防治后各检查蝗虫密度一次，比较这两个数字就可以得出死亡的百分率。对药剂治蝗的杀虫率，要求至少达到 95％以上。

　　——查成虫（查残蝗）。查成虫是查蝻工作的继续。因为查清夏蝗残蝗，大致就可推测秋蝗发生的可能性，查清秋蝗残蝗的情形，就可以为秋末、冬初查卵提供参考。由于成虫经常要活动或迁移，查残的次数应不少于 3 次。河北、山东秋季查秋蝗的日期以 8 月下旬、9 月中旬和 10 月上旬为宜；江苏、安徽和河南以 9 月上旬、9 月下旬和 10 月上旬为宜；新疆以 7—8 月，内蒙古以 8 月为宜。侦查员所用原始记载表，各地可自拟。查成虫可以采用步测、抽样的方法，多查几次，然后得出一个平均数。查成虫工作结束后，应把秋末残蝗查卵前活动的地点、面积和密度绘成地图，报告政府。由于此次查成虫办法不够详尽，1957 年，又将查成虫的办法作了补充规定：在残蝗密度小的情况下，普遍查卵已有困难，除残蝗密度每亩在 30 头以上的地区仍应普遍查卵，每亩 6～29 头的地区可以进行抽查，1～5 头的地区可以不查。凡防治工作结束后，留剩下来的少数飞蝗成虫称为残蝗，残蝗活动的面积称残蝗面积，密度低于每亩 1 头的地区，不作残蝗面积论，但第二年仍须查蝻。首次规定每亩 1 头以上列入残蝗面积的指标。

　　1957 年农业部植物保护局对 1956 年《飞蝗预测预报试行办法》做出了补充规定：一是明确了蝗区普查、抽查和不查蝗卵的具体标准，抽查面积的百分比，取样数量和蝗卵密度的计算方法。二是明确了残蝗面积的标准、查残次数和注意事项。

　　1959 年，农业部植物保护局重新编印《飞蝗预测预报试行办法》，要求预测预报工作必须在系统掌握蝗情的基础上进行，根据七查（查蝗卵密度、孵化期、蝻期密度、蝻期龄比、羽化期、成虫密度、产卵期）预测蝗情变化情况，分期发出预报。预测预报试行办法规定：发生期预报主要是预报蝗蝻孵化期，通过孵化盛期预测3龄盛期、成虫出现期和产卵期。

——预报蝗蝻孵化期。可区别环境类型，检查蝗卵胚胎发育情况，每一环境挖回蝗卵5～10块，剥出卵粒，从中随意取出50个卵粒进行检查，粗略地将胚胎分为原头期、胚转期、显节期、胚熟期4个时期（表4-2），参考蝗卵胚胎在恒温30℃下的发育图解，定出发育天数，然后用式4-1推算出蝗蝻孵化期（210为在30℃恒温下蝗卵发育至孵化所需要的总积温数；15为蝗卵起点发育温度）。

$$由检查到孵化所需天数 = \frac{210 - （15 \times 已完成发育天数）}{5厘米平均地温 - 15} \qquad (4-1)$$

表4-2 蝗卵胚胎不同发育时期至孵化所需时间

胚胎发育期	原头期	胚转期	显节期	胚熟期
在正常天气下（20～25℃）夏蝗孵化所需天数	21～24天	15～18天	9～12天	3～6天
在正常天气下（27～30℃）秋蝗孵化所需天数	10天以上	6～7天	4～5天	2～3天

——预测3龄盛期。可根据地面上30厘米平均草丛温度的预报资料（无草丛温度观测的地区，可暂按草丛温度＝气温＋1.6℃折算）。用式4-2推出（130为在30℃恒温下从1龄发育到3龄所需积温数；18为蝗蝻起点发育温度）：

$$到达3龄盛期所需天数 = \frac{130}{30厘米平均草温 - 18} \qquad (4-2)$$

此外，亦可估计3龄盛期的出现期。一般正常气候条件下，夏蝗由1龄发育到3龄需要12～14天，7—8月温度高，早期秋蝗只需7～9天。

——从蝻期预测成虫出现期。根据有效积温进行预测，参考表4-3所列各龄所需有效积温数，根据当地同时期旬平均气象预报资料，可用式4-3算出：

$$达到各龄所需天数 = \frac{所需有效积温数}{30厘米平均草丛温度 - 18} \qquad (4-3)$$

表4-3 不同温度下飞蝗各发育期所需有效积温数

单位：℃

温度	1龄发育到2龄	2龄发育到3龄	3龄发育到4龄	4龄发育到5龄	5龄发育到成虫	羽化到产卵	总计
30℃下所需有效积温	68.7	61.5	56.9	80.5	137.5	262.7	665.8
35℃下所需有效积温	58.6	74.5	70.1	88.9	117.0	201.9	621.0
一般变温（25～35℃）所需有效积温	63.6	68.0	63.5	84.7	127.7	232.3	643.4

——预测成虫产卵期。在成虫出现后，分期捕捉成虫50只，拉开雌虫腹部，检查体内蝗卵发育程度，可粗略按照初期、中期、后期3个阶段计算出各期所占比重，与表4-4查对即可获得到达产卵期所需的天数。

表4-4 成虫到产卵期所需时间

成虫发育期	发育初期	发育中期	发育后期
夏蝗至产卵所需天数（气温28℃）	7～10天	4～6天	1～2天
秋蝗至产卵所需天数（气温25～30℃）	9～12天	5～8天	2～3天

——从夏蝗产卵期预测秋蝗孵化期。夏季地温高，通常只需15～20天即可孵化，因此，掌握夏蝗产卵期，就可直接预测秋蝗孵化期并作出预报。

关于发生量预报，必须掌握残蝗活动地点及面积、残蝗密度、雌雄比、雌虫产卵百分比、平均每只雌虫的产卵数等资料。关于查残，需根据成虫的产卵初、中、后期分期进行，夏蝗需2次检查，秋蝗应检查3～4次，在淮河及黄河流域一带可参考表4-5所列检查时间。

表4-5 夏秋蝗查残次数及时期

次数	第1次	第2次	第3次	第4次
夏蝗	6月下旬—7月初	7月上中旬		
秋蝗	8月下旬	9月中旬	9月下旬—10月上旬	10月中旬

有残蝗活动的地区，都需要查残，经检查后，每亩地不足1头残蝗的地区不统计面积，但第二年必须加以监视。每亩地有1头以上的残蝗地区，应统计残蝗面积。查残蝗结束后，根据查残结果绘制残蝗分布图，然后分别将推算出来的蝗卵密度和来年可能发生的蝗蝻密度注明在图上，用不同颜色把密度高的地区和密度低的地区分别标出，即可确定出来年夏蝗的发生及防治面积。根据1959年《飞蝗预测预报试行办法》的规定，"凡庄稼地每亩有虫2头，荒地有虫6头"，都作有蝗面积统计。

1965年3月，中国科学院动物研究所在郑州召开了蝗虫测报技术碰头会，交流了各地区两年来的蝗情变化特点、测报工作为防治服务的经验及存在的问题。会议针对夏秋蝗预测方法、调查取样方法等进行了详细的讨论和规定。规定了以下几个标准：

残蝗密度一般以每亩6头为标准，6头以下的不计算残蝗面积。但在干旱年，夏蝗残蝗密度达4头以上的亦计算在内。残蝗面积应分别环境计算，为了便于了解蝗情的变化，可按每亩 3 头以下、4～6 头、6～15 头、15 头以上的残蝗密度等级，分别统计残蝗面积，把 6 头以下的监视区的密度亦予统计，仅供参考。

防治密度维持每平方丈 2 头的计算标准，但有虫样占总样的 20％以下，虫口密度平均仍在 2 头以下的，作为监视区，不计算防治面积，遇有小片集中后再防治；有虫样占 20％～50％，虫口密度平均在 2 头以上的进行挑治；有虫样占 50％以上的，全面进行药剂防治。

蝗虫龄期的始、初、盛、末期计算标准：始期，5％；初期，10％～30％；盛期，50％～80％；末期，剩余的 20％以下。

为害程度应以造成减产或影响作物发育为标准，凡造成减产或影响作物发育不足 0.5％的，不计算为害程度，达到 0.6％～2.0％的，列为轻度为害。

1995 年 12 月 8 日，国家技术监督局发布了《东亚飞蝗测报调查规范》（1996 年 6 月 1 日实施），使东亚飞蝗测报工作有了国家标准。规范提出了卵期的调查方法、调查内容标准；蝻期出土及龄期调查时间、调查方法和调查内容标准；成虫期调查时间、调查方法、调查内容标准；明确了蝻期和成虫期天敌调查时间、调查方法、调查内容标准。明确了蝗蝻发生面积、密度的调查时间、取样方法和调查内容标准，使我国的蝗虫侦查与预测预报进一步走向规范化和标准化。21 世纪以来，随着信息技术的应用，蝗虫预测预报也向数字化和信息化迈进。蝗虫预测预报技术的发展，对适时有效地控制蝗灾发挥了关键性作用。

五、历代主要治蝗技术措施

几千年来，中国人民在饱受蝗灾之苦的同时，也充分发挥智慧和创造力，同蝗灾进行了持续不断的"人蝗斗争"，并创造出许多非常宝贵而有效的传统治蝗方法，尽管现在有些方法已废止，但有些方法则一直沿用至今，如人工扑打蝗虫法、鸡鸭啄蝗法、种植蝗虫不喜食植物法、改造蝗区自然环境等，为促进现代科学治蝗技术的发展发挥了积极作用。梳理历史资料，兹将我国比较有代表性的 12 项治蝗技术发展史分述如下。

（一）人工扑打蝗虫法

人工扑打是我国最古老的一种传统治蝗技术。据《吕氏春秋·不屈》记载，战国齐威王时期（前356—前320年），匡章谓惠子于魏王（前369—前319年）之前曰："蝗螟，农夫得而杀之，奚故？为其害稼也。"文字不多，却说明了当时蝗灾的严重性以及农民为争夺生存空间而与蝗虫作斗争的决心。在封建社会刚刚起步的中国，生产力还十分落后，农民与蝗虫的斗争，只能靠双手"得而杀之"。这段文字记载掀开了我国古代人工扑打蝗虫的序幕。

　　人工扑打蝗虫，也是中国治蝗史上使用时间最长、实施最为普遍、最为重要的一项治蝗措施。西汉元始二年（公元2年）夏四月，郡国大旱蝗，青州尤甚，民流亡，遣使者捕蝗，民捕蝗诣吏，以石斗受钱。《汉书·平帝纪》记载了当时官府组织人民捕蝗，农民把捕捉到的蝗虫送交官府，以石斗计量接受赏钱的情况，官方出资支持人民捕蝗，有力提升人民扑打蝗虫的决心。新莽地皇三年（22年）夏，蝗从东方来，飞蔽天，人民再次奋力捕击，官府仍然设购赏捕击。公元1世纪，人工扑打蝗虫技术已成为我国治蝗史上的重要手段之一。西晋建兴四年（316年），河东大蝗，后汉刘聪派靳准率部人收而埋之，首次提出将捕捉到的飞蝗掘坑埋瘗，最早地将人工扑打技术与挖沟埋瘗技术结合起来。东晋太元七年（382年）夏五月，幽州大蝗，广袤千里，前秦苻坚派散骑常侍刘兰持节为使者，发青、冀、幽、并百姓捕之，经秋冬都未能扑灭。说明人工扑打严重发生的蝗灾，有时也是难以对付的。南北朝宋文帝时，有蝗之处，县官多课民捕之。人工扑打蝗虫虽然有一定的局限性，但在那时，仍然是一项主要的治蝗技术。南朝宋元嘉三年（426年）秋，旱蝗，光禄大夫范泰上书宋文帝："有蝗之处，县官多课民捕之，无益于枯苗，有伤于杀害。"提倡立学治庠、兴劝农功，蝗由政召。站在唯心主义的立场上，对人工扑打蝗虫首次提出了质疑。但是由于没有更好的治蝗技术，人工扑打蝗虫仍是官府采用的主要治蝗技术。北齐天保九年（558年）夏四月，山东及河北饶阳大蝗，均是官府差夫役捕而坑之。

　　唐朝在除治蝗虫方面，不但继承了前人扑打蝗虫的经验，而且将过去发生蝗灾时，临时派遣使者或差官吏课民捕蝗，改为设立"检校捕蝗使"分道杀蝗。专职捕蝗官的设立，对人工扑打蝗虫工作起到了很大的促进作用。开元四年（716年），大蝗，全国人工扑打蝗虫900余万石，时无饥馑。唐代人工捕蝗多为义务性，官府很少出资购买蝗虫进行鼓励，多为强制性要求，且捕蝗时又极有可能践踏庄稼，捕蝗工作受到人民极大的不满。戴叔伦作《屯田词》曰："新禾未熟飞蝗盈，青苗食尽余枯茎。捕蝗归来守空屋，囊无寸帛瓶无粟。"白居易作《捕蝗诗》也说："河南长吏言忧农，课人昼夜捕蝗虫。是时粟斗钱三百，蝗虫之价与粟同。捕蝗捕蝗竟何利？徒使饥人重劳费。一虫虽死百虫来，岂将人力竞天灾？"后晋天福七年（942年）夏六月，淮北大蝗，后晋出帝石重贵命"州县捕蝗，瘗之，诏有蝗处，不论军民人等，捕蝗一斗以粟一斗易之，有司官员捕蝗少有指滞"。后汉乾祐二年（949 年），山东蝗甚，遣官捕之，兖州捕蝗四万斛。重赏之下，人工捕蝗的积极性逐渐有了很大的提高。

宋朝在人工扑打蝗虫方面，虽然也存在着捕蝗官员不负责任，甚至出现借此欺压百姓、践踏民田等问题，但是朝廷在解决问题的方法上却是积极的，在发生蝗虫时，通常不但委官督捕，而且查办不称职者，因此，主张治蝗的人员较多。宋熙宁八年（1075 年），宋神宗下达了中国第一道治蝗法规"熙宁诏"，特别强调有蝗蝻处要委县令佐要躬亲打扑；募人得蝻五升或蝗一斗，给细色谷一斗，委官烧瘗；尚打扑蝗虫损伤苗种者，除其税，仍计价。熙宁诏的诞生，大大提高了人民捕蝗的积极性。直到宋广宗绍熙年间（1193 年前后），进士董煟在《救荒活民书》中撰写捕蝗法七条，首次提出了"蝗在麦苗禾稼、深草中者。每日侵晨，尽聚草梢食露，体重不能飞跃。宜用箐箕、栲栳之类，左右抄掠，倾入布袋，或蒸焙，或浇以沸汤，或掘坑焚火，倾入其中。若只瘗埋，隔宿多能穴地而出，不可不知"。还说："蝗最难死。初生如蚁之时，用竹作搭，非惟击之不尽，且易损坏。莫若只用旧皮鞋底，或草鞋、旧鞋之类，蹲地捆搭，应手而毙，且狭小不损伤苗稼。一张牛皮，或裁数十枚，散与甲头，复收之。北人闻亦用此法。"为调动人民群众捕蝗的积极性，董煟还指出："国家贮积，本为斯民"，"应不惜常平、义仓钱米，博换蝗虫"，"五家为甲，姑且警众，使知不可不捕"。捕蝗法虽有 7 条，其中 3 条谈的都是人工扑打法，可见宋朝在除治蝗虫技术方面，仍然是以人工扑打为主。

元明时期的人工扑打技术没有太大的提高。直到清咸丰年间，才集中出版了一些治蝗专业书籍，对人工扑打蝗虫法进行了认真的总结和提高，咸丰六年（1856 年）钱炘和撰《捕蝗要诀》，分别蝻子大小及成虫，提出了六种人工扑打蝗虫的方式：一是捕初生蝻子。蝻子初生，形如蚊蚁，应乘其初生，用箐帚急扫，以口袋装而杀死。二是围捕半大蝗蝻。视蝗蝻宽广程度，或百人一围，或数百人一围。每人手持扑击物相接连围起，席地而坐，举手扑打，由远而近，由缓而急，打绝一处，再往他处。三是扑打庄稼地内蝗蝻。则用人夫曲身持刮搭子（又名蚂蚱拍子、捆搭拍子），在庄稼地内顺垄赶捕。四是扑捉飞蝗。蝗沾露不飞，多集黍稷之顶，于黎明前用人背口袋捕捉。五是合网法。蝗长翅尚嫩、不能高飞时，用缯网罾之，两人对面执网奔扑，则蝗俱入网内。六是抄袋法。有翅之蝗，早晨露尚未干，用小鱼斗或菱角形小口袋抄之。1858 年，李炜在此基础上，在菱角口袋上用篾圈作口，围圆二尺一寸，袋长一尺二寸，系一竹竿为柄，柄长八尺，持网抄掠，蝻自装入袋中。1925 年，江苏省昆虫局将布袋口改用粗铁丝，制成袋口直径为 1 尺、柄长 5 尺的捕虫网。再经后人不断改进，捕虫网一直使用到现在，成为昆虫学工作者扑捉昆虫的重要工具。

乾隆十七年（1752 年）西华县蝗蝻生，知县率民用布墙法扑打，并捐钱收买蝗蝻，蝗灭。布墙捕蝗法，是河南在全国最早提出来的人工捕蝗办法，曾被《捕蝗汇编》《捕蝗要诀》《捕除蝗蝻要法三种》等书收录，并在陕西、山东、山西、江苏、河北等省广泛推广。

咸丰七年（1857 年），颜彦撰《治蝗全法》，书中除肯定了钱炘和的人工扑打蝗虫方法，又总结出捕芦苇中蝻法、捕田中蝻法、捕空地上蝻法、捕田旁垄畔蝻法、以火诱蝻捕法、捕田中蝗法、捕地上蝗法、捕空中蝗法、以火诱蝗捕法等多种方法。其中特别强调了扑捉蝗虫的时间问题，认为在蝗虫早晨沾露不飞、日午交媾不飞、日暮群聚不飞的时候扑捉蝗虫，尤以五更至黎明时最好。

咸丰八年（1858 年），李炜在《捕除蝗蝻要法三种》中补充了前人不足之处，利用蝗虫习性又总结出 4 种捕蝗方法。一是趁雨捕法。下雨之际，蝗翅淋湿，捕之甚易为力。二是因风捕法。蝗每遇大风，则紧粘禾上，随之摇曳，一捉便得。遇西北风起，则畏寒而僵，或结球落入土堆，或群避深坑及高坎下，捕之较易。三是向月捕法。蝗见月光，则多飞，夜捕时，对月则见，背月则不见，尤以雨后或秋分寒冷后即可乘月而捕。四是执灯捕法。以五人为一班，一人持灯，一人携口袋，三人随灯捕捉蝗虫。四面零星之蝗，趋光而集，分段兜捕，事半功倍。

在此后的很长一段时间里，中国的治蝗方法在"以药剂治蝗为主"之前，主要还是采用上述古老的治蝗扑打方法。

1944 年，河南、河北蝗虫大发生，中国共产党在太行区一面坚持抗战，一面在缺乏治蝗物资的条件下，组织人民进行灭蝗战役，用半年多的时间，领导解放区 25 万人参加了打蝗斗争，扑打蝗虫 927 万多千克，捕蝗战线长达 400 公里，包括修武、和顺、左权等 23 个县的 879 个村庄，治蝗方法就是扑打，打蝗的人除人民群众，还有边区政府的厅长、分区司令员、专员、县长及政府机关、学校、商店的职工，正规部队军人和游击队员也参加了打蝗斗争。1947 年东北书店出版的《打蝗斗争》一书，详细介绍了这次以人工扑打为主的灭蝗情况。

新中国成立后，随着治蝗技术的不断进步，很多古老的治蝗办法陆续停止使用，唯人工扑打办法在 1954 年农业部植保处主编的《蝗虫防治法》中，仍作为治蝗的辅助措施保留了下来，尤以在大面积拉网扫残工作中，仍有使用价值。20 世纪 70 年代之后，大呼隆式的人工扑打蝗虫办法已不再使用。但是随着人们市场经营观念的改变，人们在蝗虫大发生时也会自发地或有组织地利用人工扑扑蝗虫制成食品食用、销售或制作成标本为教学服务。古代人民留下来的人工扑打蝗虫方法，则会有条件地保留下去。

（二）人工驱赶蝗虫法

人工驱赶蝗虫法是封建社会以邻为壑、各自为政、自私自利的产物，从它的产生到消亡，就一直存在着两种不同世界观的思想斗争。最早记载人工驱赶蝗虫办法的是东汉官修史书《东观汉记》。《东观汉记》卷二十一《梁福传》记载："司部灾蝗，台召三府以驱之，司空掾梁福曰：'普天之下，莫非王土，不审伸臣，驱蝗何之，灾蝗当以德消，不闻驱逐。'"充分反映出梁福对待驱赶蝗虫办法的反对态度。唐开元三年（715 年），山东大蝗，宰相姚崇认为，蝗解畏人，易为驱逐，把人工驱赶蝗虫法列为驱、扑、焚、瘗四大治蝗办法之一，提倡驱赶蝗虫。白居易也在《捕蝗》诗中提出了"以政驱蝗蝗出境"的主张。

宋代书法家米芾（1051—1107）在任雍丘令时，雍丘境内及邻县发生严重的蝗灾。据《桑榆漫志》记载，雍丘大蝗，其邻县尤甚，邻县长官以为其蝗是雍丘县驱赶过来的，便移书米芾，要求他下令停止驱赶。米芾读函大笑，便在来函纸尾提笔诙谐地写道："蝗虫本是飞空物，天遣来为百姓灾。本县若能驱将去，贵司还请打回来。"如此说不清、道不明的官司，在江苏省如皋、泰兴两县之间也曾发生过。

明末，徐光启在《农政全书》中也介绍了"农家多用长竿，挂衣裙之红白色，光彩映日者，群逐之"；"（蝗虫）畏金声炮声，闻之远举。总不如用鸟铳入铁砂或稻米，击其前行。前行惊奋，后者随之去矣"等人工驱赶蝗虫的办法。到了清代，人工驱赶蝗虫法被不少书籍列为治蝗的重要措施，当作"治飞蝗捷法"进行推广，并总结出前队驱法、群飞驱法、随风驱法、向阳驱法、护禾驱法、合围驱法、掀土驱法、彩色衣物驱法、高声呐喊驱法、铜器火器驱法，用菜油、麻油、石灰、草木灰等多种驱赶蝗虫办法。清朝之所以热衷于人工驱赶蝗虫的办法，是出于无奈，因为人们对待飞蝗成虫，实在是没有更好的治蝗办法了。

1922 年，江苏昆虫局在南京成立，并设立了蝗虫分所，1928 年昆虫局改组后，设置了蝗虫股，开展了对蝗虫习性的系统研究工作并推广先进的治蝗技术，以张巨伯、吴福桢、张景欧、尤其伟、陈家祥、杨惟义、马俊超等为代表的一大批昆虫学工作者，发表了大量反对以驱赶蝗虫为主被动治蝗的文章，号召人民采用科学的、主动的治蝗方法。自此以后，以邻为壑的人工驱赶蝗虫办法受到了人们多方面的批评，反对的呼声渐高，1933 年，昆虫学家李凤荪在《治蝗古法》一文中批评道："摇衣呐喊，虽可令其勿落于一时，然致为害他地则一也，耗日夜工作，而未能根本捕减一蝗，任其遗子遍地，充分繁殖，误己误人，其失策之甚，可谓极矣。"不少蝗区县还作出了"持旗呐喊驱逐蝗虫者罚洋五元"的规定。新中国成立后，人工驱赶蝗虫办法终被淘汰。

（三）火烧蝗虫法

《诗经·小雅·大田》记载周幽王时期除虫活动时说："去其螟螣，及其蟊贼，无害我田稚。田祖有神，秉畀炎火。"陆玑注："螣，蝗也。"朱熹注："食心曰螟，食叶曰螣，食根曰蟊，食节曰贼，皆害苗之虫也。稚，幼禾也。言其苗既盛矣，又必去此四虫，然后可以无害田中之禾，然，非人力所及也，故愿田祖之神，为我持此四虫，而付之炎火之中也。"自此，产生了火烧蝗虫法之说。由于火烧蝗虫法与蝗虫的习性有关等原因，在此之后的 2 700 多年间，人们对火烧蝗虫法特别感兴趣，不断地进行探讨和研究，直到 1954 年火烧蝗虫法被农业部废止。

唐朝宰相姚崇在开元三年（715 年）山东、河北、河南蝗虫大发生的情况下，力排非议，主张治蝗，认为"蝗既解飞，夜必赴火，夜中设火，火边掘坑，且焚且瘗，除之可尽"，利用蝗虫"夜必赴火"的习性，第一次把火烧蝗虫与挖沟埋瘗结合起来，"是岁，田收有获，人不甚饥"，收到了良好的效果。宋董煟于 1193 年之前所撰的《救荒活民书》，是我国最早的一部宣传治蝗措施的手册，在《捕蝗法》中也提到了火烧蝗虫法："烧蝗法：掘一坑，深阔约五尺，长倍之，下用干柴茅草发火正炎，将袋中蝗虫倾下坑中。一经火气，无能跳跃，此《诗》所谓'秉畀炎火'是也。"明徐光启在《农政全书·除蝗疏》中对火烧蝗虫法也给予了充分的肯定。

清代至民国时期，《治蝗全法》《捕蝗要诀》《捕蝗除种告谕》《治飞蝗捷法》《捕除蝗蝻要法三种》《治蝗书》《捕蝗纪略》《捕蝗汇编》《灭蝗手册》《飞蝗之研究》《江苏省昆虫局十七、十八年年刊》《民国二十二年我国之蝗患》《飞蝗》《治蝗》《飞蝗概说》《世界飞蝗分布及其防治法》《蝗患》等各类治蝗书籍及论述文章也都谈到了火烧蝗虫问题。综上史书史料，可总结出以下 9 种火烧蝗虫的办法。

1. 直接烧蝻法

在不缺草的蝗区，待蝗蝻出土后，在苇草四周先割草，打出宽 2 丈左右的火道，苇草中每隔数丈再打出宽 3～4 尺的草道，把打下的苇草铺在地上晒干，有的地区还在草上洒一些煤油，然后顺风头将草点燃，苇洼中的一片大火便可直接烧死蝗蝻。

2. 聚集蝗蝻烧草法

利用蝗蝻聚集草上过夜的习性，在蝗蝻出土后，把洼中草打净，在地里分堆堆放干草，待夜间蝗蝻在干草上聚集时，火烧草堆，将蝗蝻烧死。也有的在打草时留下点片苇草，夜间蝗蝻聚集时放火烧蝻。

3. 挖沟火烧蝗蝻法

挖大沟，深阔3~4尺，长度不限，沟内放干草，然后集人力齐向沟内驱赶蝗蝻，待沟内蝗满后，点燃干草，即可烧死蝗蝻。也有的地方在蝗填满沟后，在蝗蝻上面再洒些煤油放火烧之，火力更旺。

4. 麦茬烧蝗蝻法

麦收时，正是蝗蝻盛发时，收麦时留麦茬2~3寸，麦田周围再添干草，引烧麦茬，即可烧死麦田蝗蝻。

5. 诱飞蝗烧杀法

飞蝗具趋光性，在无月色之夜间，蝗虫发生区堆入柴草若干堆，燃烧后可诱蝗自投火堆烧死。

6. 干草烧飞蝗法

利用飞蝗在草上过夜习性，在田间堆放干草，待夜间飞蝗聚集后，纵火杀之。

7. 火烧飞蝗法

视飞蝗多少，在地内刨大坑数个，每坑相隔20~30步，坑的围圆6~7丈、深5~6尺，坑内堆放干燥柴草，于夜间点燃，然后集百数十人携带响器潜于蝗虫停落处后面一齐发响，驱蝗前飞，投火烧死，火堆旁留数人用柳条、扫帚不使蝗虫从坑内跃出，最后用土将土坑埋上，蝗即不出。

1933年浙江长兴县蝗灾，亦推广此法，名曰"注油赶杀法"。

8. 煤油灭蝗法

煤油，为轻质石油产品的一种，俗称火油，在治蝗上主要起助燃加速杀灭作用。据《马鞍山市志》记载："光绪十九年（1893年）五月，马鞍山蝗灾，民夫以竹帚捕蝗，浇以煤油将蝗虫烧死。"这是使用煤油烧死蝗虫的最早记载。光绪二十八年，赵县知县于振宗撰《赵县捕蝗办法》写道："先于地之四面或两端，开挖深二尺、宽二尺之沟，沟之深阔以蝻子不能跳过、越出为度，邀合村人击掌大呼，驱蝻入沟，沟内另挖有深坑，待驱入之蝻子跃满深坑时，洒以煤油少许，纵火焚烧"；"蝗翅长成，飞翔极速，捕打甚难，趁早晨蝗翅未干，用煤油掺入麻油、松香、胆矾水、石灰水等，用喷雾器从上风喷之，蝗身沾染微点数刻便死。若恐夜间蝗咬伤禾稼，亦可用煤油或石灰水与矾水喷在禾苗之上，蝗闻味即避而飞去"。这又是使用喷雾器喷洒煤油除治蝗虫的最早记载。

1916年，戴芳澜在《说蝗》中首次介绍了国外先进的煤油捕蝗器治蝗技术。1923年，张景欧在《蝗患》一文中介绍："产蝗之地分为若干区，将每区域内四周杂草刈除尽净，仅留中央一部分，作为蝗虫聚集之所，然后铺干草其上，加以煤油烧之。"

1925年，张景欧、尤其伟在《飞蝗之研究》中介绍直接烧蝻法："在不缺草的蝗区，待蝗蝻出土后，在苇草四周先割草，打出二丈左右宽的火道，苇草中每隔数丈，再打出三四尺宽的草道，把打下的苇草铺在地上晒干，在干草上洒一些煤油，然后顺风头将草点燃，苇洼中，一片大火，可直接烧死蝗蝻。"还介绍："挖大沟深阔三四尺，长度不限，沟内放些干草，然后集人力齐向沟内驱赶蝗蝻，待沟内蝗满后，点燃干草，即可烧死蝗蝻。在蝗满沟后，在蝗蝻上面再洒些煤油放火烧之，火力更旺。"

1928年3月，杨惟义在《科学》杂志上撰《江苏昆虫局海州第三捕蝗分所治蝗报告》写道："1927年6月，东海县五道沟一带发生蝗蝻，成阵而行，东向猴嘴大小村，南向大浦，跳跃进发。杨惟义遂与地方乡董等商酌，蝗蝻善游泳，能过水，凡遇窄沟水面不广之处，即可试验喷煤油于水面，蝗蝻过水，被煤油浸塞其气孔，可闷窒而死。于是以煤油喷于四五道沟之水中，蝗蝻过水，即被煤油杀死，至6月8日，蝗蝻告肃清，试验获得了很大成功。其余农民，见其有效，亦即仿行。"

1928年8月，江苏秋蝗大发生，陈家祥在南京参加灭蝗工作，在浦口九伏洲一带，水深五六寸的水沟中有蝗蝻甚多，乃试验投生石灰于水中，希冀其分化后，使水温增高而杀死蝗蝻。但据试验结果，虽可达到杀死跳蝻之目的，而甚不经济，在一面积很小的水沟内，须投多量生石灰，水温增至50℃，蝻才能死，且此50℃之水温，又不能持久，故此法不适于使用。投生石灰于水中既不适用，陈家祥又想：农民喷浇煤油于水面上以杀孑子，甚为普通，煤油洒入水面，能使水面盖有一层极薄极薄的油层，孑子碰到煤油，就很难逃生，而以之治蝗，前所未闻，不妨试试。就又试验浇煤油少许于此小沟的另一段水面上，使水面盖有一薄层之煤油，未几，沟中之蝗蝻大部死亡，其效果实足惊人，且又甚为经济。8月7日下午，又见九伏洲老圩外之芦洲中有大量蝗蝻，密不见地，纷纷渡河而上圩堤，圩堤内系有正在抽穗的水稻，已有少数蝗蝻，入稻田内为害，其余继续拥来，此时，圩堤上有捕蝗民夫百余人，各持扫帚或柳枝束竭力扑打，这些人因欲保护水稻，非常努力扑打，非迫于功令敷衍从事者可比。但蝗蝻来势太猛，无论如何扑打，都不能阻止，陈家祥与众人乘小舟至河中，以浇水壶二把，浇煤油于水面，凡入河之蝻尽死，蝗蝻渡河之势，未几即止。复将已过河而未入圩内之蝻，再驱回河中或扑死之，最后复令大部分民夫渡河至芦洲上，列队驱逐洲上所留之蝻至河中，约于一小时内，在蝗蝻过河之处的宽三丈余、长十余丈之河面上，浮满红色的死蝻，见者无不大快。是役，计共用煤油五箱，估计杀死之蝗蝻，约有20担左右，已为历来治蝗方法中之收效最速且最经济者。然此法在河水深且宽、难以阻止河水流动处，所浇之煤油，大部分会随水流去，失其效用，在水面上浇煤油的方法中，则为最不经济者，所以在使用时，要把两头堵塞，使水不流动才好。8日，在老圩的另一段蝗蝻多量之处，挖一长约半里，深、宽各三尺之沟，自长江中车水入内，用28人在半日内竣工，仅浇煤油半箱，至下午5时，自然跳入沟内而死亡之蝻，约有50担之多，其功效更是惊人。如果在有蝗虫的地方，附近有池塘、水沟和小河，可用喷雾器或喷水壶浇煤油于水面上，再集众把蝗蝻赶入水中，就可以全数杀死，即使有爬到岸上的，因为有煤油阻塞它的呼吸，终究还是会死。蝗蝻常有因其他原因而自行涉水过河的，也可利用这个机会，喷煤油在水面上，把它们杀死。

1928年，江苏昆虫局出版通俗浅说第七号《秋蝗防治法》，全面介绍了使用煤油灭蝗的经验，由此之后，这一灭蝗法得到了更普遍的推广应用。1933年，浙江长兴县蝗灾，亦推广此法，名曰"注油赶杀法"。

9. 火焰喷射器烧蝗法

不论蝗蝻或成虫，夜间聚集时，用火焰喷射器烧杀，效果极佳，因费煤油，成本太高，又不安全，未能推广。火焰喷射器，为第一次世界大战期间，由欧洲发明用于战争的，不久，国外开始用喷火器灭蝗。据徐宝彝介绍，最好的灭蝗喷火器是法国陆军之P号喷火器，灭蝗结果实在惊人，在500米^{2}的田地上，几秒钟内，用一架喷火器、12升煤油，就能杀死很多的蝗虫。1925年，张景欧、尤其伟在《飞蝗之研究》中介绍其试验："夜间，不论蝗蝻或成虫，聚集时，用火焰喷射器烧杀，效果极佳。"

1951年，吴福桢、何兆熊等在《中国的飞蝗》《飞蝗防治法》等著作中仍推广了"包围蝗蝻烧杀法"和"灯火诱蝗法"的烧蝗技术。1952年在农业部召开的全国治蝗工作座谈会上，以及1953年由农业部植物保护司主编的《蝗虫防治法》中，都谨慎介绍了少数可行的火烧蝗虫法，即烧草留点法和袋形火烧法。烧草留点法是在蝗卵将孵化时烧草，留下少量点片草不烧，这样不仅可以促进烧草地蝗卵早孵化，而且孵化整齐，待蝗蝻出土后齐聚留下的点片草上，便于歼灭。袋形火烧法是在苇草茂密、苇草底面又有较多干草的地方使用（如底草不足，群众可以备些干草铺在下面）。放火前，在苇洼周围打好火道，在下风头的火道要适当加宽一些，放火时，火道两侧每隔一丈站一个人，从下风头开始点火，自两侧依次点至上风头，这样蝗蝻四周都是火，蝗虫不能逃逸而烧死。

1954年，随着我国农药生产能力的加强、药剂治蝗面积的不断扩大及治蝗技术的不断提高，火烧蝗虫法终被农业部宣布废止使用。

（四）挖沟埋瘗蝗虫法

挖沟埋瘗蝗虫，最早见于东汉王充（27—97）撰《论衡·顺鼓篇》："蝗虫时至，或飞或集，所集之地，谷草枯索。吏率部民，堑道作坎，榜驱内于堑坎，杷蝗积聚以千斛数。正攻蝗之身，蝗犹不止。"意思是说，在闹蝗虫的时候，官吏率领群众到蝗虫聚集的地方挖沟作坎，把蝗虫驱赶到沟里再埋上。王充所叙述这次挖沟埋蝗的情况，是埋瘗的蝗蝻，因为对飞蝗成虫的埋瘗，不采取一些其他的辅助措施是不行的，如西晋建兴四年（316年），河东大蝗，后汉刘聪派靳准"率部人收而埋之，哭声闻于十余里，后乃钻土飞出，复食黍豆"。《晋书·刘聪载记》中的这段记载就说明了扑捉的飞蝗成虫未打死就埋瘗，有一部分蝗虫会钻出土来重新为害庄稼。因此在埋瘗飞蝗成虫前，应先将蝗虫杀死才行。北齐天保九年（558年）夏四月，山东大蝗，官府差夫役捕而坑之。北齐文宣帝时也采用了挖沟埋蝗的方法。唐开元三年（715年），山东诸州大蝗，飞则蔽天，声如风雨。紫微令姚崇利用飞蝗在夜间有趋火的习性，"夜中设火，火边掘坑，且焚且瘗"，采取用火吸引飞蝗成虫烧死后再埋瘗的办法。后晋天福七年（942年），淮北大蝗，蔽空而至，州县捕蝗瘗之。

挖沟埋瘗飞蝗成虫，毕竟是一项费时、费力又难以达到预期效果的措施。其一是夜中设火，吸引飞蝗投火烧死，实践证明，这种方法在有大量人力驱赶的情况下才能烧死部分蝗虫，但难以保证庄稼免遭为害；其二是将人工扑捉到的飞蝗倒入火中烧死，也很费事。将扑捉到的蝗虫杀死的方法很多，直接打死，尚可肥田。因此，自宋代以来，挖沟埋蝗法成为针对消灭蝗蝻而实施的一项重要措施。

宋绍熙年间，董煟在谈到挖沟埋蝗法时说："掘一坑，深阔约五尺，长倍之，下用干柴茅草发火正炎，将袋中蝗虫倾下坑中。一经火气，无能跳跃……埋后即不复出。"明崇祯三年（1630年），徐光启在《农政全书·除蝗疏》中总结说："已成蝻子，跳跃行动，便须开沟捕打。其法视蝻将到处，预掘长沟，深广各二尺，沟中相去丈许，即作一坑（后人称之为子坑），以便埋掩。多集人众，不论老弱，悉要趋赴沿沟摆列。或持帚，或持扑打器具，或持锹锸，每五十人用一人鸣锣其后，蝻闻金声，努力跳跃，或作或止，渐令近沟。临沟即大击不止，蝻虫惊入沟中，势如注水，众各致力，扫者自扫，扑者自扑，埋者自埋，至沟坑俱满而止。前村如此，后村复然，一邑如此，他邑复然，当净尽矣。"徐光启发明的向沟内驱赶蝗蝻埋瘗办法，在清康熙二十三年（1684年）陈芳生《捕蝗考》中稍加修改后继续推广。陈芳生修改的部分主要是挖沟深四五尺，阔三四尺，比徐光启提倡挖的沟深、宽几乎大了一倍。乾隆二十四年（1759年），乾隆户部条例规定："生蝻之处，如近田亩，则应度地挑浚长濠，宽三四尺，深四五尺，长倍之。掘出之土，堆置对面濠口，宜陡不宜平。濠之三面，密布人夫，各执响竹、柳枝，进步喊逐，将蝻赶至濠口，竭力合围，用扫帚数十尽行扫入，覆以干草，发火焚之。其下尚有未死，须再用土填压，越宿乃可。"挖沟埋蝗法在清朝第一次以法规形式固定下来并加以推广使用。咸丰六年（1856年），伍辅祥奏陈治蝗诸法疏曰："蝻大能跳跃时，分地为队，每队五十人，于蝻前面掘一长沟，长三四丈，上阔一尺七寸，下阔二尺五寸，深一尺，沟底每距三尺掘一子沟，三面守候之人鸣金呐喊，合力驱之，蝻跃入沟中即以土掩之。"是年，钱炘和在《捕蝗要诀》也谈到了这种刨坑之法，并将沟深确定为三尺，同时指出沟要上窄下宽，沟坡要铲光滑，子沟要深约一尺。钱炘和指出的这三个技术要点，则成为以后直至新中国成立初期推广挖沟埋蝗法的主要注意事项。为了更有效地驱赶蝗虫入沟，钱炘和还发明了"布围式""鱼箔式"等引导蝗虫入沟的办法及利用蝗虫习性而采用的"人穿之法""迎风之法""驱赶之法"等多种方法，收到了良好效果。

咸丰八年（1858年），李炜在《除蝻八要》中指出："蝻未生翅，只能跳跃，高约四五寸，远约七八寸。若就地挖沟，长与地齐，深二尺，面宽一尺，底宽一尺五寸，两边俱用铁锹铲光。蝻至沟边，必自落下，不得复出。"同时认为掘沟要看地势，山地在坡下挖沟；平地在蝻迁移所向前方挖沟；蝻势乱则沿有蝗田四周挖沟；地势长，则在其中挖3～4条横沟；地势宽阔，则挖十字形沟、井字形沟。蝻性喜跳跃，应于上午9点至下午3点之间，在田间用长竿驱赶蝗虫入沟，或烧或埋，予以消灭。

同治十三年（1874年），陈崇砥《治蝗书》对挖沟埋蝗有了更进一步的认识。陈崇砥提倡使用掘宽四尺、深三尺的大沟，沟底每隔三尺挖一子沟，子沟宽、深各一尺。他认为，蝗虫多时，沟满了，田间仍有大量的蝗虫，这时不能埋土，首次提出先在沟前准备数口大锅，当沟内蝗虫满时，则取出装入口袋，倒入锅中随煮随捞出肥田，这样，挖的沟可以消灭更多的蝗虫，最后再将沟用土埋上。

挖沟埋蝗法在没有药械可用的时代，曾经起到过很重要的治蝗作用。明清以来，广受群众欢迎，使用年限很长。1945年抗日战争胜利后，人民群众将挖沟称为挖封锁沟，并在河北、山东、河南等地广泛使用。1951年，吴福桢《中国的飞蝗》、何兆熊《飞蝗防治法》都推广了挖沟埋蝗办法，并绘制了详细的挖沟剖面图。1952年12月，在全国治蝗工作座谈会上，国家确定了"以药剂除治为主"的治蝗方针，同时认为挖封锁沟的作用已不复存在，正式提出在今后的治蝗工作中，不再采用挖封锁沟的办法。

（五）收买蝗虫法

收买蝗虫，主要有两种形式，一种是国家（或富商）出钱购买蝗虫；另一种是国家（或富商）用贮备的仓谷换取蝗虫。虽然所用方式不同，但目的一致，国家（或富商）出资支持人民捕蝗，提高人民捕蝗的积极性，有利于尽快控制蝗灾。

我国最早采用收买蝗虫办法的是在公元2年夏四月，"郡国大旱蝗，青州尤甚，

民流亡，遣使者捕蝗，民捕蝗诣吏，以石斗受钱"。自此之后，直至宋熙宁八年
（1075 年）的 1 000 多年间，历朝历代对收买蝗虫的政策基本上均以帝王政令的形式
推行。新莽地皇三年（22 年），"夏，蝗从东方来，飞蔽天。莽发吏民设购赏捕击"。
唐开元四年（716 年），"河南、北蝝为灾，飞蔽日，敕州县采得一石者与一石粟"。
后晋天福七年（942 年），"诏有蝗处，不论军民人等，捕蝗一斗，即以粟一斗易之"。
天福八年（943 年），赵莹为晋昌军节度使，是时大蝗，境内捕蝗者获蝗一斗，给粟
一斗，使饥者获济，远近嘉之。宋熙宁八年（1075 年），诏有蝗蝻处，"仍募人得蝻
五升或蝗一斗，给细色谷一斗，蝗种一升，给粗色谷二升，给价钱者，作中等实值"，
自此，以粟易蝗的办法，于宋朝在法律上固定了下来（表 4 - 6）。

表 4 - 6 唐宋时期蝗虫收购价格

历史纪年	公元纪年	收购价格	资料来源
唐开元四年	716 年	河南、北蝝为灾，飞则翳日，……敕差使与州县相知驱逐，采得一石者与一石粟；一斗，粟亦如之。掘坑埋却	《朝野金载·补辑》
后晋天福七年	942 年	令有蝗处，不论军民人等，捕蝗一斗者，即以粟一斗易之	《治蝗全法·买易蝻蝗》
后晋天福八年	943 年	雍州捕蝗一斗，以禄粟一斗赏之 清河蝗灾，百姓捕蝗一斗，官给粟一斗 平凉蝗虫大起，百姓捕蝗一斗，赏粟一斗	《旧五代史·五行志》 《清河县志》 《平凉市志》
宋景祐元年	1034 年	春正月，诏：去岁飞蝗所至遗种，恐春夏滋长，其令民掘蝗子，每一升给菽五斗	《盱眙县志稿》
宋庆历二年	1042 年	官钱二十买一斗，示以明信民争驰	《答朱寀捕蝗诗》
宋嘉祐五年	1060 年	蝗虫为害，又募民扑捕易以钱粟，蝗子一升至易菽粟三升或五升	《宋史·食货志》
宋熙宁八年	1075 年	诏有蝗蝻处，……仍募人得蝻五升或蝗一斗，给细色谷一斗，蝗种一升，给粗色谷二升，给价钱者，作中等实值	《救荒活民书》
宋绍兴年间	1131—1162 年	朱熹捕蝗，募民得蝗之大者，一斗给钱一百文，得蝗之小者，每升给钱五百文	《钦定康济录·捕蝗必览》
金大定四年	1164 年	归德蝗，督民捕蝗，死蝗一斗给粟一斗	《古今图书集成·庶征典·蝗灾部汇考》
宋绍熙五年前	1194 年前	作手榜告示：每米一升，换蝗一斗。不问妇人小儿，携到即时交与	《救荒活民书》

南宋以后，以米易蝗的办法已有了法律规定，并成为官方促进人们除治蝗虫比较常用的鼓励性措施，或由官方出钱出粮买易，或动员富商捐资收买，各地根据当地实际情况去实行，就很少出现诏、敕这种非常强硬的政令了。高邮人孙觉在担任合肥主簿时，岁旱，州课民捕蝗输之官。孙觉谏言："民方艰食，难督以威，若以米易之，必尽力，是为除害而享利也。"太守悦，推其说，下之他县。各地不断地推广以米易蝗的办法，并使之成为鼓励治蝗的重要措施。

收买蝗虫的办法，对消灭蝗虫的确起到了一定的作用。据对 1075—1949 年共计 875 年的记载统计，有 80 多个年份在河南、河北、山东、山西、陕西、江苏、安徽、浙江、江西、广东、广西、湖南、湖北、辽宁、新疆、上海、北京、天津 18 个省（市）的 120 多个县使用过收买蝗虫的办法，其中有 27 个年份在收买蝗虫后，达到了蝗不为灾的效果，即 1164 年（归德）、1529 年（禹州）、1536 年（衡水、仪征）、1539 年（山东）、1587 年（武清）、1591 年（衡水）、1617 年（望都、全椒、当涂、武进）、1694 年（遵化）、1695 年（邹县）、1744 年（盱眙）、1752 年（天津、西华）、1753 年（天津）、1803 年（海州）、1804 年（商河、益都）、1834 年（崇仁）、1835 年（崇仁）、1836 年（谷城）、1846 年（弋阳）、1857 年（奉新）、1858 年（善化、黎城）、1863 年（菏泽）、1881 年（武清）、1892 年（柘城、吐鲁番）、1915 年（博山、霸县）、1919 年（博山）、1929 年（平山）、1931 年（武邑）。

收买蝗虫在清代以前，基本是以粟易蝗的形式进行的，兼有以钱收买的情况（表4-7）。为解决一面捕蝗一面归家吃饭未免耽误时间的问题，宋绍兴年间，时任浙东常平茶盐公事朱熹捕蝗，募民得蝗之大者，一斗给钱一百文，得蝗之小者，每升给钱五百文，对收购蝗虫分大小给价，鼓励农民将蝗虫消灭在幼蝻时期，也节省了时间。明嘉靖十二年（1533 年），江西南昌府开始令民捕蝗，炒死后，再以死蝗一石易米一石。万历四十四年（1616 年），山东还实行了将做好的饼担至田间，凡捉到蝗虫或蝗子一升，可换饼三十个的办法。崇祯十二年（1639 年），明代徐光启《农政全书》曰："救荒莫要乎近其人。假令乡民去邑，数十里负蝗易粟，一往一返，即二日矣。臣所见蝗盛时，幕天匝地，一落田间，广数里，厚数尺，行二三日乃尽。此时蝗极易得，官粟有几，乃令人往返道路乎。若以金钱近其人而易之，随收随给，即以数文钱易蝗一石，民犹劝为之矣。"

表 4-7　明代蝗虫收购价格

历史纪年	公元纪年	收购价格	资料来源
明弘治七年	1494 年	三月，京师捕蝗，一斗给米二斗 三月，京畿蝗，命捕蝗一斗给米倍之 天津西青区蝗灾，民捕蝗一斗给米二斗	《北京市房山区志》 《大兴县志》 《西青区志》

（续）

历史纪年	公元纪年	收购价格	资料来源
明嘉靖八年	1529年	蝗虫遍四境，令民捕蝗一斗给粮一斗	《禹州市志》
明嘉靖十二年	1533年	奉新蝗大至，道院临县设法捕之，民卖炒死蝗一石，给米一石	同治《南昌府志》
明嘉靖十五年	1536年	四月，蝗蝻生，县令民掘取其子，每升赏以斗米，成蝻者谷半之	道光《仪征县志》
明嘉靖十八年	1539年	山东岁歉，令民捕蝗者倍于谷，蝗绝	《古今图书集成·庶征典·蝗灾部汇考》
明万历十九年	1591年	秋，蝗虫为灾，令百姓捕捉，用斗蝗换斗米	《安新县志》
明万历三十八年	1610年	蝗灾，令民捕蝗一石给粮一石 芮城旱蝗，官斗粟易斗蝗	《宿县县志》 《芮城县志》
明万历四十四年	1616年	御史过庭训山东赈饥，向市上买面做饼，挑于有蝗去处，不论远近大小男妇，但能捉得蝗虫与蝗子一升者，换饼三十个	《钦定康济录·捕蝗必览》
明万历四十五年	1617年	春，蝗生，县令民捕之，其蝗如蝇捕一斗者与粟一斗，捕蝻二斗者与粟一斗，捕飞蝗三斗者与粟一斗 蝗飞蔽天，谕民捕蝗，每百斤给谷一石	民国《望都县志》 泰昌《全椒县志》
明崇祯十一年	1638年	八月，飞蝗入境，漫天遍野，县出资购蝗四百余石，每石三百文	《靖江县志》

　　用钱收买蝗虫，确是一个好办法，既方便了老百姓捕蝗，又给国家减少了开支，还扩大了消灭蝗虫的面积。因此，在清朝大受欢迎，尤其清康熙二十三年（1684年）陈芳生撰写的《捕蝗考》和乾隆四年（1739年）《钦定康济录》收录的《捕蝗必览》中都提倡以钱收买蝗虫，自乾隆朝以来，用钱收买蝗虫的办法越来越广。道光年间，各地收买蝗虫的方式基本以用钱收买为主，并在蝗区设立若干个收买蝗虫场所，名曰设厂。但是在旧社会，封建地主阶级占据着统治地位，灭蝗救灾虽是好事，但收买蝗虫是要靠他们出钱的，因此统治阶级不会经常采用这种办法，使用年份越来越少，哪怕是在蝗灾很重的年份，官府或富商也很少愿意出资收买蝗虫。顾彦《治蝗全法》曰："（收买蝗虫）既可除害，又可救饥，更可种德，一举而三善具焉，诸公何乐而不为耶！然自军兴四五年来，府库已虚，钱粮又少，兵饷尚且不足，赈济尚无帑，如何有钱收买蝗种？"顾彦认为，即使出些钱，那些官吏也会借此机会为个人谋取私利，很难用到老百姓身上；地主、富商敷衍搪塞，不肯出钱，我们写出了这么多收买蝗虫

的好办法，真是枉废口舌（表4-8、表4-9）。

表4-8　清代蝗虫收购价格

历史纪年	公元纪年	收购价格	资料来源
清康熙十一年	1672年	夏，蝗蝻生，郡守令民捕之，纳蝗一石给米三升 秋东明蝻生，县令捕打五斗者给禾奖赏，多者倍之 下令捕蝗较斗石，斗蝗斗粟何人为	光绪《滁州志》 《山东蝗虫》 《清诗铎·捕蝗谣》
清康熙二十三年	1684年	假令乡民去邑数十里，负蝗易米，一往一返即二日矣。臣所见蝗盛时，幕天匝地，一落田间，广数里，厚数尺，……官粟有几，乃令人往返道路乎？若以金钱近其人而易之，随收随给，即以数文钱易蝗一石。此种传生，一石可至千石。故冬月掘除，尤为急务，官司即以数石粟易一石子，犹不足惜	《捕蝗考》
清康熙三十三年	1694年	六月，蝻生复发，悬示捕捉，每斗给钱十文	乾隆《陈州府志》
清雍正元年	1723年	（任县）每老官版钱六文，称买蝗虫一斤	《扑蝻历效》
清乾隆四年	1739年	宜多写告示，张挂四境，不论男妇小儿，捕蝗一斗者，以米一斗易之；得蝻五升者，遗子二升者，皆以米三斗易之	《钦定康济录·捕蝗必览》
清乾隆十七年	1752年	六月，天津总兵吉庆募民捕蝗，一斗给钱百文	《天津通志·大事记》
清乾隆十八年	1753年	五月，天津、沧州、静海等处蝗，用以米易蝗办法分路设立厂局，凡捕蝗子一斗给米五升	《天津通志·大事记》
清乾隆二十四年	1759年	乡民自行扑捕蝗蝻交官，应即立定章程。每交蝻一斗，即给米若干；蝗则减半	乾隆朝户部条例
清乾隆三十五年	1770年	窦光鼐《条陈捕蝗酌归简易疏》曰：向来有以米易蝗子之例，若蝗子一升，给米三升	《治蝗全法·买易蝻蝗》
清嘉庆七年	1802年	蝗自西飞来，官命民捕之，斗蝗易以十钱	同治《黄县志》
清嘉庆八年	1803年	蝗蝻繁生，捕蝗一斤蝻讨银三钱，民踊跃，蝗蝻遂灭	《海州区志》

（续）

历史纪年	公元纪年	收购价格	资料来源
清嘉庆十一年	1806 年	（直隶）老幼男妇自行捕蝻一斗给米五升。江苏省收买蝗蝻，每斗给钱二十文，挖掘蝻种，每升给钱一十文。安徽省挖掘未出土蝻子，每斗给银五钱，已出土跳跃成形者，每升给钱二十文，长翅飞腾者，每斗给钱四十文	清杨景仁《筹济编》
清道光五年	1825 年	设厂在相近之庙宇，先出示，谕明每斤价若干，须活者始给价，随时下锅，煮毙埋之	《治蝗全法》
		设厂四门，收买蝗虫，每斤二十文	《邯郸县志》
清咸丰六年	1856 年	募民掘取遗种，送官给米。每种一升，给以白米一升	《治蝗全法》
		惟有收买之法，每蝻子（蝗卵）一升，给米一斗。每日所雇之夫，酌量蝗势多寡，限定斤数，此数之外，再多一斤，给钱或十文、五文，再多二斤，给钱或十文、二十文。设厂收买，有蝗处少，则立一厂，有蝗处多，则立数厂。搭盖席棚，明张告示，捕得活者，或五文一斤，或十文一斤，或二三十文一斤。蝗多则钱可少，蝗少则价宜多，一面收买，一面设立大锅，将买下之蝗随手煮之，永无后患	《捕蝗要诀》
清咸丰七年	1857 年	江南须买蝗子为妙，费少而功多，宜以一石粟易一石子	《治蝗全法》
		无锡蝗，赈灾局集资收买蝗子，每升三十文	《治蝗全法》
		八月，蝗。冬，设收蝗局，令民至县输蝻子，一斗给谷一斗	同治《宁乡县志》
		秋，蝗入境。县命农民挖取蝻子送县，每升给钱百文	《醴陵市志》
清咸丰八年	1858 年	湘乡县蝗灾严重，当局设局收买，交虫一斤，奖米一斤	《娄底地区志》
		正月，捕蝗，人掘（卵）一升予钱百文，成虫跳跃者给钱五十，掘益多，钱递减	同治《安福县志》
清同治十三年	1874 年	直隶省老幼男妇捕蝻一斗，给米五升	《治蝗书·论二》

（续）

历史纪年	公元纪年	收购价格	资料来源
清光绪三年	1877 年	夏，蝗飞蔽天，县令民捕蝗，每石给钱数百	民国《六合县续志稿》
清光绪五年	1879 年	旱蝗，令民捕蝗，蝗一石粮一石	光绪《宿州志》
清光绪十六年	1890 年	五月，蝗大至，居民捕蝗交官，每斗换仓谷五升	民国《沧县志》
清光绪十八年	1892 年	六月，胜金突起蝗蝻，当地政府雇觅民夫扑采，每蝗蝻一斤发工银一钱，连日扑灭	《吐鲁番市志》

表 4 - 9 民国时期蝗虫收购价格

历史纪年	公元纪年	收购价格	资料来源
民国四年	1915 年	八月，蝗，设局收买，每斤给铜元四枚	《常州市志》
民国十七年	1928 年	《盐城县各市捕蝗简章》规定：蝻子每斤一百文，跳蝻每斤二十文，飞蝗每斤十文，由该管行政局择地设局，先行布告周知，仍驰报县政府核办	《江苏省昆虫局十七、十八年年刊》
民国十八年	1929 年	武邑县蝗蝻遍地，建设局与财政局商购蝗蝻三万斤，每斤三角	《河北省农业厅·志源》
		秋，蝗蝻遍地，县长及绅民会议悬赏捕捉，每斤洋二角四，捉获万余斤，未成灾	《平山县志》
民国二十年	1931 年	夏武邑县又购蝗蝻二万斤，每斤一至三角，扑蝗甚力，无灾	《河北省农业厅·志源》
民国二十二年	1933 年	河北大名收买蝗虫每斤铜元 10 枚；深县收购蝗卵每斤 3.2 元，飞蝗每斤大洋 6 分；故城收买蝗虫每斤大洋 5 分；任丘收买蝗虫每斤铜元 6 枚；清河每斤蝗虫铜元 15 枚；永年每斤蝗虫 1 角。江苏泗阳每扑蝗虫 10 斤，给铜元一千文。安徽全椒收买蝗蝻，每斤钱 30 文；嘉山收买蝗虫每斤铜元 1 枚；来安以籼稻二升易蝗卵一升；滁县布告，蝗蝻 5 斤易面粉 1 斤。浙江萧山收买蝗虫，每斤铜元 6 枚；杭州收买蝗虫，每斤大洋 5 分	《民国二十二年我国之蝗患》

（续）

历史纪年	公元纪年	收购价格	资料来源
民国三十三年	1944年	一升卵（有二斤重）换一斤十二两小米或二斤豆子；四升半或九升幼虫可换一斤十二两小米或二斤豆	《打蝗斗争》
民国三十五年	1946年	是年，天津军粮城发生蝗蝻，县政府发动农民消灭蝗蝻2 500公斤，并以2 500公斤面粉奖给农民	《东丽区志》
民国三十八年	1949年	春，灵寿三四区政府以斤卵换斤米，鼓励群众挖蝗卵	《灵寿县志》

（六）捕蝗以食

食用蝗虫的最早记载始见于《吴书》。《吴书》曰："袁术在寿春，时谷石百余万，载金钱之市求籴，市无米，而弃钱去，百姓饥穷，以桑葚、蝗虫为干饭。"考证《三国志》，袁术到寿春时为东汉兴平元年（194年），并于建安四年（199年）病死，在寿春的时间为5年。又据《资治通鉴》载，袁术于建安二年（197年）在寿春称帝，搜括民财，夏五月，大旱蝗，百姓饥寒，土地荒芜，袁术求粮于陈，被拒绝。《吴书》说的百姓"以桑葚、蝗虫为干饭"，可能就发生在建安二年（197年）。三国吴韦昭注《国语·鲁语》中的"蟓，腹陶也，可食"，则为蝗虫可以食用奠定了基础。

自唐代以后，人们捕食蝗虫的史料记载更为频繁。唐贞观二年（628年）六月，京畿旱蝗，唐太宗在苑中捉到数只蝗虫说："人以谷为命，而汝害之，是害吾民也。百姓有过，在予一人，汝若通灵，但当食我，无害吾民。"遂将吞食蝗虫，众大臣急劝谏说："不能吃，吃了要生病的。"太宗说："我希望的是能移灾给我，还怕得什么疾病！"于是将蝗虫吃了下去。唐太宗吞蝗代民受患的故事为后人所赞美，但也有些人却以此宣扬德治，制造出唐太宗感通神灵，才不使为灾的迷信之说，江南一些地方还建立了以唐太宗为神像的蝗神庙。唐兴元年间（784—785年）秋，东自海，西尽河陇，蝗飞蔽天，"民捕蝗为食，蒸曝，扬去足翅而食之"。《旧唐书·五行志》首次记载了民间食用蝗虫的方法。唐贞元二年（786年），登州府旱蝗，民蒸蝗而食之。永贞元年（805年），六月徐州蝗，民蒸蝗，曝，扬去足翅而食之；丰县蝗灾，百姓蒸炒蚂蚱吃，开始有了炒蚂蚱的吃法。

宋明道二年（1033年），岁大蝗，京东、江淮尤甚，范仲淹上疏曰："蝗可和菜煮食，曝干可代虾米，苟力捕蝗，既可除害，又可佐食，何惮不为。"熙宁六年至八年（1073—1075 年），安徽全椒连续三年大蝗，民捕蝗为食。熙宁八年，淮南诸路蝗，民捕蝗为食，以度饥荒。熙宁十年，宋神宗问道："闻滁、和二州民食蝗以济，有之乎？"对曰："有之，民甚饥。"

元至元十三年（1276 年），巨鹿民食蝗。至元十八年至十九年（1281—1282 年），河北大蝗，食禾稼、草木皆尽，所至蔽日，碍人马不能行，燕南、燕北、河间等 60 余县饥民捕蝗以食，或曝干积之，又尽，则人相食。至正十八年至十九年（1358—1359 年），《元史·五行志》还记载了河北、山东、山西、陕西、河南等省大蝗，饥民捕蝗以食或曝干积之的情况。另外在 1475 年（白水）、1514 年（吴桥）、1529 年（邢台）、1532 年（延安、榆林）、1537 年（阳原、怀安、怀来）、1541 年（平乡、广宗）、1551 年（香河）、1606 年（天津）、1638 年（永清、大港、西青区）、1640 年（内乡、萧县）、1641 年（宝坻、宁河、清河）、1648 年（涿鹿）、1900 年（新河）、1902 年（赵县）、1928 年（潍坊）、1942 年（鹿邑）及 1943 年（柏乡）等很多的地方志中都记载了人民捕食蝗虫的情况。

明代徐光启在《农政全书·除蝗疏》中，对食用蝗虫问题作了很多介绍。他说：治蝗之法"复有二法，一曰以粟易蝗，一曰食蝗。唐贞元元年，夏蝗，民蒸蝗，曝，扬去翅足而食之"；"唐太宗吞蝗，以为代民受患，传述千古矣。乃今东省畿南，用为常食，登之盘飧"；"田间小民，不论蝗、蝻，悉将煮食。城市之内，用相馈遗。亦有熟而干之，鬻于市者，数文钱可易一斗。啖食之余，家户囷积，以为冬储，质味与干虾无异。其朝晡不充，恒食此者，亦至今无恙也"；"齐燕之民，畚盛囊括，负载而归，烹煮曝干，以供食也"。徐光启不但全面总结了蝗虫食用的经验，而且还首次提出身体瘦弱、精神不振的人，长期食用干蝗，身体会强壮起来。1640—1641 年，南京、山东、天津、河南、河北、山西、陕西、浙江、湖广大旱蝗，加之战乱，全国到处出现人相食现象，萧县、宝坻、宁河捕蝗以食或曝干积之，避免了饥荒。清代人民不但在闹蝗灾时，时常捕蝗而食，或当作备荒食品储存，而且认为蝗卵也是一种美味佳肴。

清康熙年间，人们也常把挖出来的蝗卵制成肉粥食用。彭寿山《留云阁捕蝗记》还说："飞空蔽日之蝗，脂肉俱备，去其翅足曝干，味同虾米，且可久贮不坏，北方人多以此下酒。"清光绪二十八年（1902 年），赵县于振宗《赵县捕蝗办法》记食蝗法："凡能飞之蝗，其肉已肥，其子已成，将捕获之蝗用铁锅炉干渍以盐或糖，可以用代食品而味且极美"；"秋冬之交，运销京津，定获厚利，因京津一带无不嗜食此物也"。蝗虫不但可以供人食用，而且也是饲猪和鸡鸭的上等材料。

民国时期，蝗虫作为一种生物，开始被人们开发利用起来。1916 年，钱治澜《耶路撒冷蝗祸记》介绍国外蝗虫已为市上珍品，食蝗时，"割其身，去其足与翼，而存其头，用烈火炙之，再曝于日光中，干而藏之”，有如鲜鱼风味。1925年，张景欧等《飞蝗之研究》，报道新鲜飞蝗营养成分为：水分含量占68.40％，脂肪占1.94％，蛋白质占25.07％，纤维占3.41％，灰分占1.24％。飞蝗不但可以佐食、度饥，秋冬之交，运销京津，定获厚利。1928年，胡觉根在《治蝗管见》中介绍，蝗虫若去其头足及脏、翼，洗净煮40分钟，取出加以各味，和而炒食，下酒佐餐，味均甚佳，并以此为杀蝗之一法。1933年，彭鹏在《昆虫与植病》发表《蝗卵可以佐膳》，介绍黄岩治蝗专员姚澄在江苏省昆虫局治蝗时，曾试验以蝗卵为食品，办法是用粗布包入洗净的蝗卵，以人力压榨其卵汁，盛于碗中，另加酱油、猪油等料，置锅中饭面上蒸之，熟时颇似鸡蛋，其味尤为鲜美，颇适佐膳之用，且益于人体之营养。1942年，鹿邑大蝗，田野每平方米有蝗600～1 000头，一渔网可捕捉三四十斤，饥民将蝗蝻晒成蝻干备荒。1944年，曲阳大蝗，飞蝗铺天盖地而来，有民谣曰：“蚂蚱神，蚂蚱神，蚂蚱来了救穷人。”意思是说，庄稼没了，穷人还可以吃蚂蚱肉。

新中国成立以后，飞蝗蔽日的时代已一去不返，蝗灾基本已被控制，加之人民的生活水平不断提高，逐渐解决了温饱问题，捕蝗以食已不再成为治蝗方面的一项技术措施。城乡居民还把蝗虫看作稀见食品，用作改善口味，1982年，据邹树文《中国昆虫学史》介绍：“蝗虫加盐水煮熟晒干，与米混合制成粥或饼，或和蔬菜制成菜。去内脏、头及附肢煎炸后，酥松而味美。”1994年秋，青县飞蝗大发生，全县群众人工扑捉蝗虫35吨（约3 000万头），大多数销售天津或县城饭店食用。青县一名乞丐捕捉蝗虫约75千克，卖款500余元，自此摆了一个水果摊，改变了过去要饭乞讨的生活状况，已成为民间的美谈。由于飞蝗含有丰富的蛋白质、维生素等营养物质，可以将蝗虫化害为利并加以开发利用。时至今日，一些地方仍将油炸蝗虫作为美食开发，山东等省还有人工专门养殖出售。

（七）改种作物避害法

古人在劳动实践中就发现蝗虫有不喜食的作物，并在农业活动中加以应用。如前241年，吕不韦撰《吕氏春秋·审时》载：“得时之麻，必芒以长，疏节而色阳，小本而茎坚，厚枲以均，后熟多荣，日夜分复生。如此者不蝗。”

据雍正《山西通志》载：西晋建兴五年（317年）五月，河朔大蝗，初穿地而生，二旬则化状若蚕，七八日而卧，四日蜕而飞，弥亘百草，唯不食三豆。又据《艺文类聚》载，后赵石勒十四年（332年），飞蝗周遍河朔，百草无遗，惟不食三豆（吴福桢解释：三豆即绿豆、豇豆、豌豆）及麻。

《宋史·范讽传》载：宋乾兴元年（1022年），（邹平）旱蝗，“他谷皆不立，民以蝗不食菽，犹可艺，而患无种。讽行县至邹平，发官廪贷民，即出贷三万斛。比秋，民皆先期而输"，成为我国第一个种植蝗虫不喜食作物而防治蝗灾的典型范例，为以后的推广工作打下了良好的基础。

董煟撰《救荒活民书》载：宋明道二年（1033 年），吴遵路知蝗不食豆苗，且虑其遗种为患，故广收豌豆教民种食，非惟蝗虫不食，次年，民大获其利。

王祯 1313 年撰《王祯农书·备荒论》载："蝗之所至，凡草木叶靡有遗者，独不食芋、桑与水中菱、芡，宜广种此。"

徐光启 1639 年撰《农政全书·除蝗疏》载："（蝗）或言不食绿豆、豌豆、豇豆、大麻、苘麻、芝麻、薯蓣，凡此诸种，农家宜兼种以备不虞。"在这些作物当中，徐光启特别看中了甘薯，认为剪藤种薯，易生而多收，蝗虫亦不能为害，农家不可一岁不种，实为救荒第一义也。

钱炘和 1856 年撰《捕蝗要诀》载：黑豆、芝麻等作，或叶味苦涩，或甲厚有毛，蝗皆不能食。

顾彦 1857 年撰《治蝗全法》载：绿豆、豇豆、豌豆、芝麻、大麻、苘麻、薯蓣、芋头、桑树、菱、芡，蝗皆不食。

李炜 1858 年撰《捕除蝗蝻要法三种·除蝻八要》载：黄豆、绿豆、黑豆、豇豆、芝麻、大麻、苘麻、棉花、荞麦、苦荞、芋头、洋芋、红薯皆蝗蝻不食之物。

张景欧 1926 年撰《飞蝗》载：马铃薯、烟草、瓜类、莴苣为飞蝗食用中等植物，草棉、萝卜、豌豆为飞蝗食用下等植物。

关鹏万等 1941 年撰《飞蝗概说》载：瓜类、烟草、杨柳、莴苣、马铃薯、棉花、兰、荞麦、豆类、萝卜，飞蝗除不得已时，则不食也。

吴福桢 1951 年撰《中国的飞蝗》载：马铃薯、大豆、烟草、棉花、蔬菜、大麻、青麻，蝗虫非不得已时，则不食之。

郭郛 1955 年撰《中国古代的蝗虫研究成就》载：蝗虫不喜食作物有大豆、豌豆、蚕豆、绿豆、豇豆、黑豆、落花生、甘薯、荞麦、苦荞麦、芋、芝麻、棉花、苘麻、大麻、桑树、马铃薯、芋草、红兰花、菱、芡、蔬菜。

钦俊德等 1957 年撰《东亚飞蝗的食性和食物利用以及不同食料植物对其生长和生殖的影响》载：飞蝗在自然情况下不取食植物种类有油菜、向日葵、大豆、花生、豌豆、绿豆、马铃薯、洋麻、苘麻、黄麻、棉花、芝麻、甘薯。其中，向日葵、大豆、油菜三种作物在强迫食用时，虽能完成飞蝗生活史，但其产卵量仅为食用芦苇飞蝗产卵量的 3%、8% 和 22%。

郭郛等 1991 年撰《中国飞蝗生物学》载：飞蝗不喜食作物种类有大豆、豌豆、蚕豆、绿豆、豇豆、黑豆、花生、甘薯、荞麦、苦荞麦、芋、芝麻、棉花、苘麻、大麻、洋麻、黄麻、马铃薯、菱、芡、油菜、向日葵、桑、柳、红兰花、田菁、烟草。

孙源正等 1998 年撰《山东蝗虫》载：飞蝗不取食植物有蓼类、蒿类、棉、麻、花生、绿豆、烟草、瓜、甘薯、杞柳、柽柳、果树。饲以大豆、油菜的飞蝗，仅少数可由蛹发育至成虫，大部于蛹期死亡；饲以黄麻、棉、芝麻、烟草、甘薯、田菁、蚕豆、蓖麻及紫穗槐的飞蝗，均不能发育进入下一龄期而全部死亡；饲以绿豆、豌豆、花生、马铃薯、苘麻、苜蓿的飞蝗可维持少数蝗虫个体生存，但不能羽化及交尾；饲以大豆和油菜的蝗虫，少数可以羽化、交尾、产卵，但成活率很低，产卵量降低 80%～90%。

综上所述，飞蝗不喜食植物主要有：大麻（麻）、绿豆、豇豆、豌豆、芋（芋头）、桑、菱、芡、苘麻（青麻）、芝麻、薯蓣、黑豆、马铃薯、烟草、瓜类、莴苣、棉花、萝卜、杨柳、兰、荞麦、黄豆（大豆）、苦荞麦、洋芋、红薯（甘薯）、蔬菜、蚕豆、花生、红兰花、油菜、向日葵、洋麻、黄麻、田菁、蓖麻、紫穗槐、苜蓿、蓼类、蒿类、杞柳、柽柳、果树等 42 种（类）植物。

（八）协作治蝗法

如果说人工驱赶蝗虫是旧社会以邻为壑的产物，那么，协作治蝗（又称睦邻治蝗、团结治蝗、联合治蝗、联防联治等），则是劳动人民友好和睦、团结互助的优良美德。不少地方，在省与省、县与县、村与村之间，在划定界线的时候，由于历史原因而产生很多"插花地"，土地虽然在甲省（县、村），使用权却在乙省（县、村），很容易产生纠纷，因此需要友好和睦、团结治蝗这样一种精神。清康熙四十八年（1709 年）秋，属顺天府的昌平州蝗蝻为灾，邻县属宣化府的怀来县县令亲率民夫600 人协助昌平捕蝗，成为两地团结治蝗的美谈。

最早提倡协作治蝗的是 1732 年王勋在任县任知县时撰写的《扑蝻历效》，书中说："初起事时，早查邻近州邑有无蝻生。如有时，即便移关商确如何扑打之处。若待邻封失误扑灭，移灾本境，不言则恐无辜受累，详报则重伤和气，尚宜彼此发愤。"王勋如此重视协作治蝗的态度是值得称赞的。1760 年，窦光鼐上《捕蝗酌归简易疏》指出："凡蝗蝻生发，乡地一面报官，牌头即率本村居人齐集扑捕。如本村人不敷用，即纠集附近毗连村庄居人协捕。"1806 年，汪志伊在《荒政辑要》中引大清户部则例曰："地方遇有蝗蝻，一面通报上司，一面径移邻封州县星驰协捕。……若邻封官推诿迁延，严参议处"，在法律上规定了协作治蝗的重要性。1821 年，宁河、宝坻等近海县蝗生，道光帝再次谕令直隶总督、顺天府尹各饬所属"其接壤之区务协力扑捕，不得互相观望，延误时日，致令贻害田禾"。1845 年，陈僅编著《捕蝗汇编》一书，在卷二《捕蝗十宜》中写道："宜不分畛域。邻境生蝗，如与本界相离不远，务亲往查勘，于交界处所，挑筑宽沟防备。并雇集人夫，于沟外代为扑打，即远去数里，亦勿存畛域之见。但使不犯本境，则用力少而成功多。即邻封亦知感德，自问无蝗不入境之善政。正不宜妄存希冀也。飞蝗落地，尚有地界。若蝻子萌生，藏匿地中，既在交界处所，岂能自保必无。惟须亲诣该地，两邑面议会捕章程，各设厂夫，尽力扑挖。蝻子则分捕，飞蝗则须合捕、兜捕，以免推诿而贻后患。如我处捕挖净尽，而彼境一味玩延，方可禀明本府，移请邻府会勘，亦不必通禀，以揭其短。"认真总结了清代团结治蝗的经验。1886 年 6 月，安徽宿州蝗入境，会河南永城县协捕，蝗不为灾。

1915 年 6 月，任县与南和县交界处蝗，大名道尹批示："两县蝗孽应协力捕净，一律肃清，不惟该县，不分畛域，迅速办理"，要求两县搞好协作治蝗。为帮助两县协作治蝗，直隶巡按使还通电批饬了安平、深泽两县会同安国县协捕团结治蝗的情形，并指出："如有稍分畛域，致酿蝗灾者，查出定予严处。"很快，任县、南和两县协作治蝗，消灭了两县的蝗蝻。1919 年，山东恩县、平原两县交界处蝗，两县村民互捕，扑灭之。1921 年，山西永济县黄河滩蝗虫密集，有害禾稼，虞乡、临晋、解县三县乡民协助扑灭之。

1944 年，太行山区发生了严重蝗灾，由地委、分区司令部、专员行署等机关领导组成了分区打蝗总指挥部，领导了 23 个县的打蝗斗争，在打蝗斗争中，计划着全盘的工作，统一部署。在发生蝗虫交界的县与县之间，还建立了联合打蝗指挥部，打蝗不分界线，团结一致打蝗虫。武安县洪山村不但消灭了本村蝗虫，还帮助水头村打蝗 4 天，每天出动 250 多人；帮助寨坡村打蝗 2 天，每天出动 230 人；帮助沙河县后井村打蝗 1 天，出动民工 170 人。太行山区打蝗斗争的胜利，也是人民群众团结治蝗的胜利。1945 年，冀中行署在关于扑灭蝗蝻的紧急通知中指出：要建立联防制度，发现蝗蝻，不分村、区、县界，积极扑灭蝗虫。1947 年，四川永川县竹蝗蔓延到复兴、金鼎、茶店、东南、万寿、罗汉、新店等乡，专员公署在璧山召开永川、大足、铜梁、璧山联防治虫会议，制定防治实施办法，控制了灾害。

（九）挖掘耕翻蝗卵法

在众多的治蝗史籍中，多处记载都谈到了挖掘或耕翻蝗卵问题，新中国成立前还把挖掘或耕翻蝗卵当作灭蝗的主要措施，这种挖掘或耕翻蝗卵的灭蝗技术，在中国应用了 2 000 多年，直到 1952 年才被停止使用。

最早提出耕翻蝗卵灭蝗方法的应是吕不韦（前 235 年）撰《吕氏春秋·任地》，书中说："上田弃亩，下田弃圳，五耕五耨，必审已尽，其深殖之度，阴土必得，大草不生，又无蟓蜮。"蜮指一种食叶害虫，兖州人谓蜮为螣，亦谓为蝗。农田经五耕五耨的精耕细作，不但可以消灭杂草，而且还能破坏蝗卵，不使蝗虫为害。

耕翻蝗卵的方法产生后，在我国，一直被作为一项重要的治蝗措施来推广。宋景祐元年（1034年）正月，诏"募民掘蝗种，给菽米"，"六月，诸路募民掘蝗种万余石"。开创了国家动员、支持人民群众挖掘蝗卵并用菽米奖励人民挖掘蝗卵的新纪元，出现了历史上最为壮观的群众掘卵灭蝗运动。1182年，宋淳熙颁布了"诸官私荒田（牧地同）经飞蝗住落处，令佐应差募人取掘蝗子，而取不尽，因致次年生发者，杖一百"的命令。

宋朝对挖掘蝗卵技术的推广，确实对之后的灭蝗工作起到了很大推动作用。蒙古至元七年（1270年），元世祖颁布了农桑之制，再次提出了"有虫蝗遗子之地，多方设法除之"的要求。元皇庆二年（1313年），元仁宗下达了秋耕之令，认为："盖秋耕之利，掩阳气于地中，蝗蝻遗种，皆为日所曝死，次年所种，必盛于常禾。"耕翻蝗卵比挖掘蝗卵速度快，且效果好，又能与农田耕作制度结合起来，有利于农业生产，所以很受群众的欢迎。

明万历四十五年（1617年）靖江蝗生，官令掘取蝗卵90石。崇祯三年（1630年），徐光启在《农政全书·除蝗疏》中写道："蝗虫下子，必择坚垎黑土高亢之处，用尾栽入土中下子，深不及一寸……故冬月掘除，尤为急务，且农力方闲，可以从容搜索。官司即以数石粟易一石子……使民乐趋其事。"又说："盖秋耕之利，掩阳气于地中，蝗蝻遗种，翻覆坏尽。次年所种，必盛于常禾也。"充分肯定了挖掘或耕翻蝗卵的灭蝗作用，为以后大力推广挖掘或耕翻蝗卵奠定了理论基础。

1693—1695年，清康熙皇帝连续三年下达在秋、春两季"竭力尽耕田庶，覆土尽压蝗种而糜烂"的耕耨土地、消灭蝗卵的命令，在清朝200多年的历史中，曾不断出现"捕蝗除种告谕""搜挖蝗子章程"，大力宣传"捕蝗不如捕蝻，捕蝻不如灭种"的治蝗主张，很多学者把挖掘蝗卵作为诸多治蝗方法的第一要法，将挖掘或耕翻蝗卵技术放到灭蝗的最重要位置。

挖掘蝗卵或耕翻蝗卵的技术一直沿用到民国时期乃至新中国成立初期。由于挖掘蝗卵技术存在很多缺点，主要是挖掘不尽，一般不会影响蝗蝻的继续发生，因此该技术的有效性常被怀疑，如1933年，安徽来安县遗卵甚多，4月中旬乡民发现蝗卵将孵化，曾用"锹锲掘杀""犁锄杀虫""灌水杀卵"等多种办法驱除，并用籼稻600石收买蝗卵、每稻2升易蝗卵1升，但还是掘除未尽，春夏之间又发生了蝗蝻。

新中国成立后，围绕挖掘和耕翻蝗卵问题，共进行过两次讨论。一次是在农业部1952年3月发出"秋耕灭卵只能减少30%的蝗卵，效果不大"的指示后，河北省仍然发动人力畜力进行挖掘和耕翻蝗卵工作，结果不但浪费了国家资财，未达到防蝗目的，反而使蝗卵孵化不齐，增加了人工捕打次数。1952 年 11 月，河北省在农业部召开的全国治蝗座谈会上作了书面检查。会议认为，由于单纯的耕卵、挖卵工作，仅能减少蝗蝻密度，不能减少蝗虫发生防治面积，是一种不彻底的技术措施，不是什么经验，而是失败的教训。12 月，在农业部提出了"以药剂除治为主"的方针后，做出了"停止单纯的耕卵、挖卵工作"决定。另一次是 1977 年 10 月 24 日，《人民日报》发表了《飞蝗蔽日的时代一去不返》的报道，把"提高水位，进行灌水，把蝗卵淹死"和"机械深翻，曝晒地面，使蝗卵干死或被天敌取食"两项处理蝗卵的技术措施，总结在我国控制蝗害主要的有效措施当中，引起了著名昆虫学家陈家祥教授的批评。1979 年，陈家祥教授在《昆虫知识》发表《论挖掘蝗卵和耕翻蝗卵》一文指出："报道中所举的两个所谓控制飞蝗的'有效'措施的例子都是处理蝗卵的，实际上处理蝗卵的工作是多余的"，飞蝗"卵产在土下，挖掘或耕翻既浪费劳力、畜力，又不解决问题，没有处理的必要"，"不能把它说成是控制飞蝗的有效措施"。

新中国成立以前，在生产力非常落后的情况下，既没有高效灭蝗农药，又没有先进的治蝗工具，应该说，挖掘蝗卵或耕翻蝗卵对抑制蝗虫发生起到了一定的作用。据陈家祥考证，机耕土地可以破坏蝗卵 45%～60%，个别地方可达 75%。山东省在黄河滩地 6 年的试验结果表明：凡耕翻土壤深度超过 26 厘米时，蝗卵孵化率很低，即使孵化也多死在土中，6 年的试验说明深耕翻后均可使蝗蝻虫口密度降到防治指标以下；凡耕翻深度不到 20 厘米时，蝗卵死亡率较低，且蝗蝻出土不整齐，6 年的调查，有 3 年浅耕翻后蝗蝻虫口密度仍在防治指标以上，需要药剂防治。又据河北省在丰南、献县的农田地耕翻调查，秋耕农田可使蝗卵死亡率高达 85%～90%，精耕细作的农田，虫口密度可降到防治指标以下。这些都说明耕翻蝗卵的灭蝗技术，在一定条件下实施还是可行的，一方面，可在地势较为平坦的内涝、滩地的农田蝗区结合农业耕作措施使用，另一方面，耕翻土壤深度要达到 26 厘米以上，否则这项措施只能降低虫口密度，不能减少药治面积，有可能会造成劳民伤财的后果。

在治蝗"以药剂为主"的今天，专门的挖掘蝗卵技术已被淘汰，但从减少化学农药用量和保护环境的目的出发，仍可以因地制宜结合耕作措施减轻蝗虫发生程度。

（十）药剂治蝗法

自古以来，药剂治蝗就是人们梦寐以求的治蝗措施。从古代到近代，许多有识之士都在寻找能消灭蝗虫的理想药剂，但出于科学技术的制约，到近代都没有取得突破。真正研究并应用药剂治蝗技术，一直到当代才逐步实现。

　　古代药剂治蝗，多采用中草药治蝗法，中草药成本高、药效差，且使用繁杂，很难应对突然发生的蝗灾，因此每次提出来以后，却很少能够推广。王充《论衡·商虫篇》曰：神农后稷藏种之方，"煮马屎以汁渍种者，令禾不虫"。据此浸种防虫的道理，到汉成帝（前 32—前 7 年）时，氾胜之总结出取马骨剉一石，以水三石，煮之三沸，去滓取其汁，每斗汁渍附子五枚，三四日，去附子，加入等分蚕矢、羊粪或蛹汁，搅和后溲种晒干种之，骨汁或蛹汁皆肥田，附子令稼不蝗虫。附子为毛茛科植物乌头的侧根，有剧毒，西汉氾胜之用附子溲种治蝗，开创了药剂治蝗的先河。但附子治蝗办法，除被后魏高阳太守贾思勰在 528—549 年所撰《齐民要术》收录，在往后的 1 000 多年中，很少有人谈及此法，未能推广。明崇祯三年（1630 年），徐光启在《农政全书》中介绍了一种驱避蝗虫的除蝗方："用秆草灰、石灰灰，等分为细末，筛罗禾谷之上，蝗即不食。"

　　乾隆二十四年（1759 年）京畿道御史史茂上《捕蝗事宜疏》说："每水一桶，入麻油五六两，帚洒禾颠，蝗即不食。"这些驱避蝗虫的消极方法，虽然不能直接杀死蝗虫，也曾受到过后人的批评，但比较起当时盛行的人工轰赶、摇旗呐喊等驱逐蝗虫的方法，要省工省事，因此在很多清代治蝗书籍中，还是介绍了这些方法。同治十三年（1874 年），陈崇砥在《治蝗书》中认为："用秆草灰、石灰灰治蝗，不如将桐油煎成黏胶，使用笍篱、栲栳、簸箩，用油匀涂里面，系一长柄，里面放些谷莠、柳枝，置于田间，蝗虫入内，或取势一罩，则两翅粘连，捕捉蝗虫总比两手空空好得多。"同时，陈崇砥在《治蝗书》中还介绍了一种用中草药制成的毒水消灭蝗卵的方法，其法为：用百部草煎成浓汁加极浓碱水，极酸陈醋（或盐卤），匀贮于壶内，用壮丁 2～3 人带童子数人挈壶及火筷子到蝗子处，指点卵穴，令童子用火筷子尖重戳蝗卵，锋尖有湿后，用壶内毒水浇之，随戳随浇，毋令遗漏，次日再用石灰水重戳重浇一次，蝗卵必烂。这种烦琐的治蝗方法比人工掘卵还要费时、费力、费钱，因此自此次提出来后，再也没有人提及。

　　民国时期，药剂治蝗主要还是传统做法，后期借鉴西方国家的一些经验，但也没有大的进展。1915 年，王亿年《捕蝗纪略》记《赵县捕蝗办法》曰："用煤油掺入麻油、松香、胆矾水、石灰水，用喷雾器从上风头喷之，蝗身沾染微点，数刻便死。"同时，此药水喷在禾苗之上，未来之蝗闻味即避而飞去。因该土农药成本高，推广面积甚微。保定道尹出示捕蝻法布告曰：近来又有一种石炭酸，气味最为恶劣，如果泼入禾苗，免蝗停食之，功实比煤油与石灰水效力更大。候补知事陈斐然还介绍了柴灰避蝗法，木鳖护苗法，芦荟、菀花护苗法，红砒、毒虫去蝗法等驱蝗治蝗办法。

　　1923 年，付焕光在总结古代治蝗时说："挖掘蝗卵，其法甚善，然而终多疏漏，遗卵面积广大；蝗蝻开沟驱埋、设局收买，用费颇巨，不适宜大规模捕蝗；捕捉飞蝗、焚烧飞蝗，成效鲜少，古法治蝗很不完善。"据此，提出"以新法改良古法"的治蝗方针。新法治蝗，除推广使用先进捕蝗器具，主要是提倡药剂治蝗，即采用药剂毒饵治蝗法，制作方法为：麸皮 50 千克＋砒霜 0.25 千克＋糖渣少许＋水适量，搅拌均匀，撒于田野诱蝗食而毙之。是年，张景欧试验用巴黎绿 1 份＋盐 2 份＋马粪 50 份＋水适量制成毒饵，治蝗效果甚佳。同时试验用砒酸铅 160 倍液、巴黎绿 320 倍液、亚砒酸钠 600 倍液毒水喷雾，喷一次可杀死 50%～75% 的蝗虫，喷二次死亡率可达 80%～90%。从此，开创了化学药剂治蝗的先例。

1928 年，杨惟义组织江苏海州人民除治蝗虫时，大力推广化学农药治蝗的技术，包括毒饵和喷雾两种方式。毒饵治蝗，选用白砒 1 份＋麦麸 10 份＋红糖 2 份＋水适量；或巴黎绿 1 份＋麦麸 50 份＋水适量，搅拌均匀，撒于有蝗处。喷雾治蝗，主要选用白砒 30 倍液或氰化钠 80 倍液，尤以草高茂密处效果最好。胡觉根还介绍了鱼藤精治蝗的经验。至 1937 年全面抗日战争爆发前，已试验成功并选择了氰化钠、氰化钾、醋酸亚砷酸铜、亚砒酸钠、砒酸铅、氟硅酸钠、白砒、砒酸化钙、亚砒酸钙、石油乳剂、鱼藤精、肥皂乳剂等十几种农药，或配制毒饵治蝗，或喷雾治蝗。在配制毒饵选料上，除麦麸，还试验使用了牛粪、马粪、苜蓿籽粉、玉米粉、米糠、锯末、鲜草等多种配方。1940 年 6 月，新疆伊吾县前山地区发生蝗灾，设治局，组织人力用药水拌马粪灭蝗。1941 年 5 月，新疆温泉县发现蝗虫流动区 9 处，除发动群众挖沟、捕打、火烧，电请派飞机一架喷洒农药灭蝗。7 月，精河县三台、四台地区发生蝗灾，精河县以麦麸 9 石拌入毒蝗药物在蝗区撒药灭蝗。1947—1948 年，钟启谦、邱式邦、郭守桂等昆虫学工作者试验六六六喷粉或毒饵治蝗，并获得成功。但是，内战频发，国民政府不关心人民的疾苦，科学家们辛辛苦苦试验出的药剂治蝗成果无法得到推广，正如张景欧教授叹曰："农民饱受兵匪之惊扰而流离失所，尚不能安居乐业，言治蝗，真空谈耳。"

20 世纪 50 年代以后，随着世界科技的发展，农药的引进与研发在我国也受到重视。以六六六为代表的有机氯农药的生产，解决了治蝗农药短缺的突出问题。随后，有机磷、氨基甲酸酯、拟除虫菊酯等农药也相继研发问世，加之高效施药器械和飞机施药技术的发展，对快速有效控制蝗灾发挥了巨大作用。

（十一）改造蝗区环境法

最早记载蝗区改造工作的是，在东汉章和元年（87 年），马棱迁广陵太守，奏罢盐官，以利百姓，赈贫羸，薄赋税，兴复陂湖，溉田二万余顷，吏民刻石颂之。《东观汉记》曰："棱在广陵，兴复陂湖，增岁租十余万斛，蝗虫入江海化为鱼虾。"盐官，在今浙江海宁西南盐官镇，历史上也曾有蝗飞蔽天的记载，这次通过采用兴复陂湖、增加灌溉面积等技术，改造蝗区二万余顷，变蝗害为鱼虾丰产丰收，吏民称颂，成为我国蝗区改造工作的范例。之后，蝗区改造工作也有很多，如宋朝推广蝗虫不喜食植物、元朝秋耕令等。

明代徐光启在《农政全书·蝗生之地》中指出："蝗之所生，必于大泽之涯。"欲除蝗，必须治理旱溢无常的湖巢（即"涸泽"）这个蝗虫基地，才能达到根除蝗害的目的。

1923年付焕光撰写《治蝗》一文指出：蝗虫祸国殃民数千年，在治蝗上，应推广植树造林、开垦荒地等根本治蝗办法。

1935年，邹钟琳撰写《中国飞蝗之分布与气候地理之关系及其发生地之环境》一文，并根据蝗虫分布与为害情况，将中国蝗区划分为适生区、偶灾区、不活跃区域波及区三个区。其中适生区有很多蝗虫发生保留地或曰蝗虫发生基地，在气候适宜时，蝗虫骤增，蝗灾极重。蝗区的划分，尤其蝗虫发生基地的划分，为根除蝗害提供了可靠的依据。

新中国成立后，我国广大科技工作者对中国蝗区及其治理进行了广泛的调查研究。1951年，吴福桢撰成《中国的飞蝗》一书，作为向新中国成立的献礼，在分析了我国蝗虫发生基地的环境以后，认为：中国的蝗虫发生基地，不是荒原盐碱，就在河、湖、海之滨，这些地方芦苇丛生、人迹罕见，只有通过疏通河道、开垦荒地等根本治蝗办法，才能消灭蝗害。并举例说，大名附近的漳河泛区，水涨则一片泽国，水退则一片荒地，芦苇丛生，成为产蝗基地，若能把这些产蝗基地消灭了，蝗虫也就消灭了。指出：根本治蝗之道，就是把产蝗基地的河道疏通了，盐碱地改造了，荒地开垦出来种植粮食，把适宜蝗虫产卵和生活的环境改造为不适宜蝗虫产卵和生活的环境，既增加了生产，又消灭了蝗虫，一举两得。

1965年，马世骏等在《中国东亚飞蝗蝗区的研究》中提出了包括植树造林、增加植被密度、控制湖水水位、修建水库、旱地改种水稻、疏通河道建立良好排灌系统、开垦荒地、精耕细作、扩种蝗虫不喜食植物、蓄水养殖、管理苇田、扩建盐场等一系列改造蝗区的有效措施。我国昆虫学家对蝗区的研究认为，飞蝗属于选择栖居地比较严格的昆虫，其不同于一般害虫的最主要之点是它需要一个特定的孳生地，只要消灭了这个孳生地，就能置它于死地，这在改造蝗区方面取得了共识。

1959年，农业部修订了"以药剂防治为主"的治蝗方针，制定了"猛攻巧打，积极改造蝗区自然环境，采用各种方式方法根除蝗害"新的治蝗方针。在国家"一定要把淮河修好""治理黄河""一定要根治海河"的伟大工程中，河湖水位控制住了，农田经过精耕细作，大地园林化、园田化程度提高了，很多苇洼、荒地被开垦了，成为国家的农、林、牧、渔场，不但促进了农业生产，还消灭了大量的蝗虫发生孳生地，蝗区面积大为缩减。

（十二）有益生物治蝗法

1. 鸟类

鸟类是人类的朋友，我国在公元前就有了保护鸟类的法令。据《汉书·宣帝纪》记载：元康三年（前 63 年）夏六月，诏曰："今春五色鸟以万数飞过属县，翱翔而舞，欲集未下。其令三辅毋得以春夏摘巢探卵，弹射飞鸟。具为令。"《礼记·月令》里也有"孟春之月，命祭山林川泽，禁止伐木，毋覆巢，毋杀孩虫、胎、夭、飞鸟"的记载。最早记载鸟类食蝗的是《南史·鄱阳忠烈王恢传附谘弟脩传》：梁武陵王（552—553 年）时期，"范洪胄有田一顷，将秋遇蝗，忽有飞鸟千群，蔽日而至，瞬息之间，食虫遂尽而去，莫知何鸟"。之后，有关鸟类食蝗的记载达 40 余次。主要种类有：

（1）白鸟。唐开元二十五年（737 年），贝州蝗食苗，有白鸟数万，群飞食蝗，一夕而尽。周尧（1988）考证该鸟为鸥类。

（2）野禽（飞鸟）。后梁开平元年（907 年）六月，许、陈、汝、蔡、颍五州蝝生，有野禽群飞蔽空，食之皆尽。宋太平兴国七年（982 年）四月，北阳县蝻生，有飞鸟食之尽。另，910 年、1088 年、1327 年、1419 年、1424 年、1612 年、1648 年、1661 年、1751 年、1758 年、1759 年、1774 年、1793 年、1836 年、1862 年、1878 年均有记载。

（3）鸲鹆（又称八哥）。后汉乾祐元年（948 年），开封府阳武、雍丘、襄邑等县蝗，为鸲鹆食之，皆尽。敕禁罗弋鸲鹆。另，1074 年、1268 年、1345 年、1531 年、1532 年亦有载。

（4）鹜（秃鹜）。宋淳熙十年（1183 年），仪征蝗，有鹜食之。元大德三年（1299 年）七月，扬州、淮安属县蝗，为鹜所食。诏禁捕鹜。另，1322 年、1428 年、1583 年、1636 年、1641 年、1646 年亦有载。

（5）鱼鹰。元至元三年（1337 年）七月，河南武陟县蝗自东来，有鱼鹰群飞啄食之。

（6）鸦（乌鸦、山鸦）。明嘉靖八年（1529 年），灵寿蝗，有鸟如鸦群飞食之。另，1535 年、1617 年、1668 年、1712 年、1765 年、1814 年、1824 年、1854 年、1861 年、1877 年、1900 年均有记载。

(7) 白头雀。明隆庆三年 (1569 年)，博平蝗，白头雀群飞食之。

(8) 鹳雀。清康熙二十六年 (1687 年)，宝丰蝗，鹳雀食之尽。

(9) 野鹳。明万历十一年 (1583 年)，怀远淝河蝗起，有野鹳和群鸦食之尽。

(10) 鹭鸟。明万历二十五年 (1597 年)，鹭鸟喜食鱼子，又能除蝗。

(11) 海鸽 (海鸠)。明万历十一年 (1583 年) 夏，扬州旱，大蝗，有秃鹫、海鸽飞而食之。

(12) 鹤。清顺治三年 (1646 年)，元氏蝗，初，有大鸟类鹤蔽空而来，各吐蝗数升。

(13) 山鹊。清雍正十一年 (1733 年)，夏津蝻生，忽有山鹊数千，食之为尽。

(14) 鹰隼。清乾隆十八年 (1753 年)，丰润蝗灾，陈宫山一带忽有异鸟千万，长喙、黑白色、猛如鹰隼，飞掠食蝗。

(15) 海鸟。1920 年，莱阳蝻，有海鸟食之尽。

1923 年，张景欧在《蝗患》一文中指出，蝗虫的鸟类天敌包括鹳、鸥、鸦、鹊、杜鹃、鹧鸪、麻雀、鹌鹑、百灵、山鸟、松鸡、驹马、怪鸥鹊、猫头鹰、必胜鸟、沙漠鸟 16 种。

1955 年中国科学院动物研究室郑作新等对微山湖及其附近地区食蝗鸟类做了调查，认为食蝗鸟类有 7 目 11 科共 18 种，即小䴙䴘、草鹭、池鹭、牛背鹭、麻鹏、游隼、红脚隼、小杓鹬、燕鸻、白翅浮鸥、短耳鸮、喜鹊、灰喜鹊、秃鼻乌鸦、白颈鸦、乌斑鸫、红尾伯劳、田鹨。1975 年李世纯调查新疆的食蝗鸟类有粉红椋鸟。1980 年陈永林补充漠鹛、红嘴山鸦可食蝗虫。1995 年龙庆成等列举海南省食蝗鸟类有 9 目 18 科 23 种，包括牛背鹭、黄夹白鹭、灰鹤、金斑鸻、蒙古沙鸻、白腰草鹬、绿夹地鸠、鹤翅鸦鹃、小鸦鹃、斑头鸺鹠、红头咬鹃、三宝鸟、栗啄木鸟、银胸丝冠鸟、灰鹊鸲、田鹨、白喉冠鹎、橙腹叶鹎、棕背伯劳、白颈鸦、画眉、寿带鸟、大山雀。1999 年，朱恩林在《中国东亚飞蝗发生与治理》一书中，列举蝗虫鸟类天敌 59 种，除上述鸟类，还有苇鸦、苇鸦东北亚种、稻田苇莺、棕扇苇莺、海鸥、黑尾鸥、白额燕鸥、斑鸫、红嘴山鸦、鹌鹑等。

2. 寄生菌类

乾隆《平原县志》载：东汉建武二十五年 (49 年)，青州蝗入境，辄死。这是记录寄生菌致使蝗虫大量死亡的最早记载。这样的现象在历史上的记载还有：唐开成二年 (837 年)，郓州蝗雨自死。后晋天福八年 (943 年)，宿州飞蝗抱草干死。后汉乾祐二年 (949 年)，宋州，魏、博、宿等州蝗抱草死。宋雍熙三年 (986 年)，鄄城蝗自死。宋淳化三年 (992 年)，淮阳军、平定、彭城蝗抱草死。宋至道二年 (996 年)，谷熟，许州、宿州、齐州蝗抱草死。宋大中祥符九年（1016年），祥符县蝗，附草死者数里。宋天禧元年（1017年），和州蝗，抱草木僵死。宋元符元年（1098年），高邮蝗抱草死。宋乾道元年（1165年）六月，蝗自淮北飞渡淮南，皆抱草木自死。明天顺二年（1458年），长垣、东明蝗抱草死，臭不可近。清康熙十一年（1672年），莱阳飞蝗自死，宿州蝗抱草死。康熙十九年，六安蝗蝻生，至夏大盛，忽降大雨，蝗皆抱草死。康熙五十五年，徐州蝗皆抱草死。清雍正元年（1723年），密云蝻生，抱黍自死。清乾隆五年（1740年），三河蝗抱禾死。清嘉庆十四年（1809年），天长蝗，抱芦草死。清同治六年（1867年），范县蝻生，后缢死。同治七年，萧县蝻生抱芦草、禾稼死，如自缢，纵横二三十里，拔取传观，经行百余里死蝗不坠落。同治十一年，陵县蝗雨自僵。以上可见，菌类天敌的控蝗作用历史久远。

1925年，张景欧、尤其伟在《飞蝗之研究》中指出："菌类之杀蝗虫，有令人思想不及者，其效力之宏大，在自然驱除法中，可居第一"。其研究结果认为，杀蝇菌属的病菌效验最大，杀蝗菌（真菌）分布最广。蝗遭其寄生，则身体行动不活泼，爬至植物顶端，用前四足紧抱不放，直至垂毙，蝗体膨胀，先软后僵硬，各节陆续断裂，有棕色孢子顺风吹起至植物上，健康之蝗食之，又染此病而死。1929年，镇江御隆镇蝗虫被菌寄生死者甚多，据江苏省昆虫局观察，多的地方死虫占10%，所抱植物有芦苇、艾、竹、野蔷薇、木槿等之茎叶，抱草位置多在高3～4尺，少量在7～8尺的竹叶上，死蝗以五龄蝻最多，三四龄和成虫次之，死蝗头皆向上，四足向前，后足向后，紧抱植物，海州人称之为"抱草瘟"。1933年马骏超研究指出，寄生蝗虫之菌类有两类，分别是细菌和真菌。

1991年郭郛等认为，菌类天敌主要包括杀蝗菌、小杀蝗菌和球蝗菌三种。2011年，新疆玛纳斯县蝗虫鼠害测报站有大规模调查，意大利蝗5龄蝗蝻受"抱草瘟"病死率为78%，经鉴定，该病由真菌枣状菌纲虫霉属（*Entmophthora grylli*）所致。自20世纪90年代以后，以菌治蝗的研究成果屡有报道，目前已形成了以白僵菌、绿僵菌、微孢子虫等为主要成分的农药系列，生物治蝗不断在防蝗上得到应用。

3. 线虫类

1941年，关鹏万等在《飞蝗概说》一书中介绍寄生蝗体的线虫属铁线虫科和雨线虫科之2种，并调查指出飞蝗寄生率为10%～20%。

1965年，马世骏等在洪泽湖蝗区调查线虫寄生率在5%左右，而黄海蝗区则为8%～14.2%，被寄生蝗虫的雌虫所占比例较大，1头蝗虫一般寄生有线虫1～2条，最多可达10条。线虫最长的可达43.5厘米。蝗虫被寄生后，活动力减弱，不能产卵，易早死。

1980年，陈永林等将线虫列为新疆蝗虫的主要天敌，共10种。一条雨线虫科雌虫常在雨后爬出土壤攀在植物上产卵，产卵量可达 5 000 粒。当蝗虫取食时，其卵粒被食入而寄生。邱式邦、郭郛等都认为线虫寄生蝗虫。

4. 寄生蜂类

《辽史·道宗本纪》载："咸雍九年（1073 年）七月，归义、涞水两县蝗飞入宋境，余为蜂所食。"这是关于蜂类食蝗的最早记载。明嘉靖九年（1530 年），嘉庆《东昌府志》又有"五月，飞蝗自兖郡来，北至莘，忽黑蜂满野，啮蝗尽死"的记载。1560 年，汶上蝗厚寸许，禾稼俱尽，有飞虫如蜂，蝗皆杀之。1642 年春，淇县细腰蜂降蝗；汲县蝗食苗，有黑蜂食蝗，蝗灭。1643 年，大名府蝻生，有黑蜂食之。1656 年，博平蝗遍野，蜂食蝗死。1814 年，山东曹县和菏泽宝镇都蝗，有蜂螫之，蝗尽死。1833 年，栾城飞蝗过境，有坠南宫、安乐两村，正捕间，有黑虫似飞蚂蚁而大，食蝗殆尽，乡人称为巧女。1929 年 8 月，馆陶蝗灾，忽有山蜂无数，将蝗螫死。这些蜂属何种蜂，何种蜂能食蝗，从此就成为人们不断研究的课题。1923 年，张景欧在《蝗患》一文中指出："黄蜂害蝗蝻，蝗蝻被刺后失去知觉，经蜂迁入巢内。野蜂和细腰蜂杀蝗是很普遍现象。"1925 年又补充说："土蜂常用刺刺蝗体而使其麻醉，然后携入土穴中产卵于蝗体上，待幼蜂孵化后取食之。"1930 年江苏省昆虫局认为土蜂即黑胡蜂。

1988 年周尧考证，钱炘和（1856 年）提到的"蝗正盛时，忽有红黑色小虫飞游甚速，见蝗则啮，啮则立毙"，当是蛛蜂，1073 年记载的"蝗飞入宋境，余为蜂所食"，也是这一类蜂。1991 年郭郛等又认为华马蜂和泥蜂均取食蝗蝻。

但是，关于寄生蜂寄生蝗卵的报道却极少。1925 年张景欧在《飞蝗之研究》一文中最早提道：蝗卵蜂，能杀无数蝗卵，常把一卵块中之卵全部食尽，最后每一卵粒皆出一小蜂，此蜂很小，不易察见，体色深黑，足米黄色，不善飞，跳如蚤。1933 年马骏超认为寄生东亚飞蝗卵的黑卵蜂有 6 种，包括蝗黑卵蜂、飞蝗黑卵蜂、拟黑卵蜂等。1983 年，全国病虫测报站调查泗洪县 1954—1979 年的资料，除 1964 年、1965 年、1967 年未发现蝗卵寄生，其他 12 年均有蝗卵被黑卵蜂寄生，寄生率在 1.2%～59.9%。1985 年姬庆文对飞蝗黑卵蜂生物学特性和利用进行了研究，指出：飞蝗黑卵蜂在河南、河北、山东、安徽、江苏蝗区均有分布，寄生率一般在 10% 左右，个别年份可达 50%～90%。在江苏，黑卵蜂一年三代。雌蜂喜在新卵上产卵，每蜂能寄生 2～3 个卵块。同时在人工繁蜂、田间放蜂及利用黑卵蜂防治飞蝗的技术上进行了试验，取得了总寄生率 44.3% 的效果。

5. 寄生蝇类

乾隆《高邮州志》载："宋庆元二年（1196 年）夏旱，飞蝗起，自凌塘俄遍四野，继皆抱草死，每一蝗有一蛆食其脑。"这是关于蝇蛆食蝗的最早记载，据考证，此蛆当是麻蝇科的蝇蛆。

1925年，张景欧研究指出：麻蝇，灰色，形似家蝇而较大，为灭蝗之健将，六月间出现最多，产卵于蝗翅上，孵化后从节间膜钻入蝗体，每蝇产蛆1~16个，蛆在蝗体发育，取其体内营养为生，待蛆成熟后从蝗虫胸、腹节膜或尾部爬出，直接入土化蛹，麻蝇可致蝗虫早早死亡。除此之外，还有蝗螟寄生飞蝗。1933年马骏超在《世界飞蝗之分布及其防治法》一文中指出，肉蝇、针蝇、花蝇均可寄生东亚飞蝗。

1952年和1953年，郭郭从洪泽湖、微山湖蝗区均采集到麻蝇寄生飞蝗之标本，1954年暂定名为拟麻蝇，并全面研究了拟麻蝇寄生蝗虫的情况。1958年6月，大名县亦发现大量的拟麻蝇，并寄生了飞蝗。1999年，朱恩林在《中国东亚飞蝗发生与治理》一书中指出：线纹折麻蝇、宽额麻蝇、角折麻蝇、菲氏麻蝇、盗蝇、巴颜污蝇、红尾折麻蝇均可寄生飞蝗。

6. 蚂蚁类

蚂蚁，以韩非（前233年左右）一句"千丈之堤，以蝼蚁之灾溃"的历史名言而备受关注。《尔雅》在昆虫分类中亦把蚁放到重要位置。晋代《广志》已知蚁有飞蚁、木蚁，黑、黄、大、小数种之蚁。唐末昭宗时期，开始把蚂蚁作为柑树害虫的天敌推广使用。宋、元、明、清各朝对蚂蚁均有研究。

蚂蚁被列为蝗虫的天敌，始于1933年，马骏超在《世界飞蝗之分布及其防治法》一文中列举两种蚂蚁是蝗卵的重要天敌。1943年，道家信道在《华北的飞蝗》中仍将蚂蚁列入蝗卵的天敌。之后，对蚂蚁的研究也有一些报道，如郭郭对大黑蚂蚁和大黄蚂蚁，小黑蚂蚁和小黄蚂蚁等常见天敌进行了初步研究，发现这些蚂蚁分布广、数量大，不但食蝗卵，而且食刚孵化的一龄幼蝻，甚至五龄蝻及产卵时的雌成虫，在蝗区，庞大的蚂蚁种群数量是其他蝗虫天敌不可比拟的。

7. 芫菁类

1925年，张景欧等在《飞蝗之研究》一文中开始报道芫菁以蝗卵为食的情况。认为产蝗区食蝗芫菁种类有华地胆和葛上亭长两种，前者色黑，前胸朱褐色，长约2.4厘米；后者鞘翅上各有二灰色长条，成虫7—10月产卵于疏松地下，每一雌产卵400~500粒，约10日，卵孵化出长足幼虫，幼虫行动活泼，四出觅食蝗卵，并从卵穴口进入，取食蝗卵。如遇另一头芫菁进入，则互相残食，每穴只留一头芫菁，在卵穴内约7天蜕一次皮，3次蜕皮后，将蝗卵吃光，则离卵穴入土做穴而居，再蜕皮后化作伪蛹越冬。1933年马骏超记载食害东亚飞蝗卵的芫菁种类6种。1941年，关鹏万等在《飞蝗概说》一文中将芫菁类列为杀蝗卵之天敌的第一位。

1955年，尤其僦等在黄海蝗区考证，豆芫菁幼虫的食蝗卵作用有些年份高达33％。此外，钟启谦等、何兆熊、吴福桢、朱先立、邱式邦、马世骏、陈永林、邹树文、郭郛、张长荣、吴恩浩、龙庆成、孙源正等的研究文献中均把芫菁类列入了食蝗卵的主要天敌中。

8. 蜂虻类

蜂虻类天敌主要有长吻虻和中国雏蜂虻两种。1925年张景欧等开始对长吻虻寄生蝗卵进行记载：长吻虻幼虫形曲，头钝而小，暗褐色，大颚甚阔，尾尖，体呈透明之白色，具透明淡黄色斑纹，大小形状无大差异，多数不能运动，幼虫常见于卵块之中。

1954年，内蒙古哈素海蝗区长吻虻消灭蝗卵达50％以上。1989年，山东无棣县植保站对中国雏蜂虻进行了研究，认为该虻主要寄生东亚飞蝗蝗卵，在山东、河北、江苏沿海均有分布，据调查，在山东沿海蝗区，雏蜂虻对越冬蝗卵的取食率为27％～75％。1991年，张长荣等在《河北的蝗虫》一书中报道，1981年南大港农场雏蜂虻食卵率达30％～40％。

蜂虻类一般8月成虫很多，常在菊科植物上取蜜，飞行极速，幼虫多寄生于秋蝗卵，翌春如遇干旱，在野外蝗穴中常挖到个体肥大的幼虫。邱式邦、马世骏、郭郛、孙源正等对蜂虻类天敌作用均有研究报道。

9. 蜘蛛类

蜘蛛食蝗，自古知之，王充《论衡·别通篇》就有"蜘蛛之经丝，以网飞虫也"之说。300年左右，东晋崔豹著《古今注》曰："蝇虎（跳蛛科蝇虎属蜘蛛），形如蜘蛛而色灰白，善捕蝇，一名蝇蝗"，最早把蜘蛛列为蝗虫的天敌。

1925年，张景欧等在其养蝗虫的饲养笼内观察到小蜘蛛捕食1～2龄蝗蝻的情况；按照张氏所述蜘蛛的捕食及活动习性分析，当为狼蛛科豹蛛属蜘蛛。以后，马俊超、钟启谦、吴福桢、马世骏、邱式邦、朱先立均把蜘蛛列为蝗虫的重要天敌。1965年，马世骏等在《中国东亚飞蝗蝗区的研究》中，把蜘蛛列为滨湖蝗区、黄海蝗区和渤海蝗区的重要天敌，同时把蜘蛛对东亚飞蝗的控制作用做了初步研究。查出4种蜘蛛是蝗虫的天敌，包括浊斑扁蝇虎和漏斗蛛等。田间观察大型蜘蛛每头每天可食2～3龄蝻10头。

郭郛等在《中国飞蝗生物学》中列举了蜘蛛类蝗虫天敌8种，即草间小黑蛛、八斑球腹蛛、横纹金蛛、拟环纹狼蛛、沟渠豹蛛、四点亮腹蛛、斜纹猫蛛和狭条蛟蛛。刘金良等在《蜘蛛类天敌对东亚飞蝗蝗蝻的控制作用初步研究》一文中列举河北沧州渤海湾蝗区能捕食东亚飞蝗蝻的蜘蛛种类9种，其中控制作用较大的优势种为星豹蛛、镰豹蛛、山西狼蛛、白纹舞蛛和迷宫漏斗蛛 5 种。朱恩林在《中国东亚飞蝗发生与治理》一书中列举蝗虫蜘蛛类天敌 37 种。

10. 螨类

螨类寄生蝗虫，最早由戴芳澜（1916）在《说蝗》中提出："一种红蜘蛛者，亦常吮蝗之血而杀之。"1925 年张景欧等指出："蝗恙虫属蜘蛛纲恙虫科，幼时色红，亦称红蜘蛛。"同时观察到：早春干燥温暖之季，适宜红蜘蛛生长，一雌虫产卵300～400 粒，藏于土下，孵化后为橘红色六足小蜘蛛，颇活泼，当遇到蝗虫成虫时，则紧附其翅底，如蝗蝻则附于翅片之下，位置永不变更，以口器吸其体液，其体形几不能见，附于寄主，宛似一滴血或如一卵，待充分成熟后则离开寄主入土化蛹，不久破蛹而出，方为八足之恙虫。恙虫酷爱蝗卵，故蝗卵常有甚多恙虫以食，有时可吃光蝗卵。1941 年关鹏万等认为螨类三科中，寄生于蝗虫者甚多，寄生幼虫、成虫，均无致命之效果，寄生卵块者，则有致命之能力，其驱除效果为30％～40％。

新中国成立后，魏鸿钧、何兆熊、吴福桢、马世骏、张长荣等均把螨类列为蝗虫的天敌。郭郛等在《中国飞蝗生物学》一书中指出，绒螨、格氏灰足线螨寄生蝗虫蝻和成虫的体表。陈永林等指出在新疆的蝗虫中，螨类天敌主要有红蝗螨、绒螨、拟蛛赤螨和格氏灰足线螨 4 种。龙庆成等以为螨类寄生东亚飞蝗成虫双翅基部，在海南省7—9 月寄生率在 50％以上。

11. 蛙类

蛙类捕蝗以食，自清代就有记载。清康熙十年（1671 年），蒙阴蝗，有蛤蟆数万食之殆尽。康熙十一年，日照蝗蝻生，有蛤蟆食蝻尽。乾隆十八年（1753 年），丰润蝗灾，王兰庄有巨蟆无数跃而食蝗。道光四年（1824 年），宿州旱蝗，有蛤蟆食之。道光十八年，曹县、东明、菏泽蝻遍野，大雨，蛤蟆食之，不为灾。同治二年（1863 年），曹县蝗生，有无数小蛤蟆见蝗便吞，不日而尽。光绪十年（1884 年），泰兴、赣榆蝗，有蛤蟆食之尽。

1963 年 8 月，农业部曾下文保护青蛙。在所存 20 余部有关蝗虫天敌的文献中，绝大多数文献都谈到了蛙类。龙庆成等调查洪泽湖蝗区取食蝗虫蛙类有蟾蜍、黑斑蛙和泽蛙三种，1953 年还在泗洪县采回蟾蜍，经剖胃检查，发现 83％的蟾蜍已取食蝗虫，以 3～4 龄蝗蝻比例最大，最多的一只蟾蜍取食蝗蝻 31 头，又观察 1只蟾蜍每天可食 5 龄蝗蝻 5～10 头。1965 年李泗奎等做青蛙捕蝗试验，发现青蛙在上午 7—10 时捕食量最大，占总捕食量的 75％，夜间不捕食。体重 40 克左右的大型青蛙，不但能捕食蝗蝻，而且能捕食成虫。1960 年郭郛等在黄骅县用同位素

P32 标记蝗蝻，做扩散试验，在释放点附近捕捉蛙类，经测定，80％以上的蛙类具放射性，说明这些蛙类曾捕食不少标记扩散蝗蝻。丁汉波等 1978 年出版《保护青蛙养蛙治虫》，认为黑斑蛙、泽蛙、沼蛙、虎纹蛙、弹琴蛙、棘胸蛙、大树蛙、黑眶蟾蜍、中华大蟾蜍均可捕食蝗虫。吴恩浩等于 1987—1989 年对湖滨蝗区蛙类与东亚飞蝗发生关系进行调查，证实蛙类能控制飞蝗的消长。孙源正等在《山东蝗虫》中列举蝗虫蛙类天敌有中华大蟾蜍、花背蟾蜍、金线蛙、泽蛙、黑斑蛙、无斑雨蛙、北方狭口蛙 7 种。

12. 其他蝗虫天敌

"江头产蝗地无缝，老农披蓑惊晓梦，谋夫孔多策谁贡，鸭来鸭来百千哄，五日腹半果，十日蝗尽嗟，鸭肥田亦肥，捕蝗此良法。""君不见城濠边，水干鹅鸭飞在田，鸭能搜蝗啄蝗子，鸭肥可食相公喜。"从这些乾隆年间江苏上元、浙江鄞县流传下来的捕蝗诗中，就可以看到，鸭子早已成为民间除治蝗虫的好帮手了。据文献记载，万历二十五年（1597 年），陈经伦试验鸭子除蝗效果很好，从此，养鸭治蝗的方法便推广开来。陆世仪（1672 年前）、汪志伊（1806 年）、陈僅（1845 年）、顾彦（1857 年）、张景欧（1923 年）、尤其伟（1926 年）、张巨伯等（1933 年）、何兆熊（1951 年）都介绍了养鸭治蝗。1930 年，江苏省昆虫局试验，大鸭每只可日食跳蝻 1 千克，小鸭日食 0.45 千克。

1951 年吴福桢在《中国的飞蝗》一书中认为，利用鸭群治蝗是非常实际而成功的经验，效力很大。并指出：鸭子啄蝻要管束，不要吃得过饱，吃到一定程度应给饮水，水中略加菜油可防胀死，注意给鸭子一定的休息时间，用鸭要用中等以上的大鸭。1952 年，山东秋蝗，梁山县林成珍集中 1.2 万只鸭子啄蝗蝻，在 8 天中消灭 1.8 万亩水深草茂地方的蝗虫，防治效果达 95％。1953 年农业部病虫害防治司向全国推广了鸭啄治蝗的经验。1955 年秋，铜山、沛县发生秋蝗 1.2 万亩，时遇秋雨连绵，无法药治，两县动员鸭群治蝗，历时 20 余天，灭蝗 1 万亩，防治效果 95％；江苏省农林厅指出，放鸭要注意管理好鸭群，按鸭子数量架设鸭墩，防止丢失。1956 年农业部植物保护局又将鸭子啄蝗写进了 1956 年飞蝗预测预报试行办法。据江苏省植保站统计，20 世纪 50 年代放鸭啄蝗占总除治面积的 0.57％，60 年代为 0.59％，70 年代为 1.82％。

1923 年，张景欧认为雏鸡、火鸡尤喜食蝗蝻，最先把鸡列为蝗虫天敌。又因鸡行动敏捷，且善飞，母鸡又要下蛋，在利用其治蝗方面颇为麻烦，因此长期以来，很少有文献谈到它。1951 年牟平县试验组织群众放鸡啄食蝗虫，获得了成功。1952 年海阳县后村发动妇女携带鸡群，消灭了土蝗为害，为灭蝗运动的顺利开展创造了条件。1980 年陈永林等在新疆调查，一只成鸡一天可食 750～1 000 头西伯利亚蝗。20世纪 80 年代新疆大力推广养鸡放牧治蝗办法，既治蝗，又养鸡，取得很好的经济效益。

除上述蝗虫天敌，据文献报道，捕食性昆虫常见的如步行甲类、虎甲类、螽斯、大蟋蟀、螳螂、蝼蛄、叩头虫等，其他动物还有蜥蜴、蛇、田鼠、黄鼠狼等。

六、新中国的治蝗措施及成就

（一）建立执行有力的治蝗组织指挥体系

1949 年中华人民共和国成立以后，百废待兴，在应对蝗灾方面，中央政府高度重视，设立主管机构，投入大量人力和物力致力蝗虫防治，并加强科学研究。尤其是在政府层面加强了组织领导，组织机制和机构队伍迅速构建，物质资金保障能力提升，同时强化群防群控、统防统治和应急防治等一系列措施，持续推进蝗灾的综合治理。

1. 强化政府组织领导

20 世纪 50 年代，中央人民政府十分重视农业生产和病虫害防治，并明确了中央部门职责和地方政府的治蝗任务。1949 年 11 月，中央任命李书城为中央人民政府农业部（以下简称农业部）部长，吴觉农、杨显东为副部长。1950 年 4 月，农业部成立主管蝗虫防治工作的病虫害防治司（局），席凤洲、李世俊、宋彦人、裴温等先后任局长（高敏珍、宋之光、钟原、季良、束炎南等先后任副局长），病虫害防治司（局）下设治蝗处（后改称病虫害防治处），组织有关部门和各省（区、市）开展蝗虫监测研究和防治工作。1951—1959 年，我国蝗灾频繁发生，李书城部长和杨显东副部长多次部署全国蝗虫防治工作，召开专门治蝗会议，在组织领导全国蝗虫防治方面发挥了十分重要的作用。与此同时，地方各级政府也都加强了对治蝗工作的组织领导。

1950 年，山东、河南、新疆及其他地区，组织 493 万人投入治蝗运动中，采取人工捕打为主的措施，实施区域涉及蝗虫发生面积 905 万余亩，大幅度减轻了蝗灾的危害损失，这对刚刚成立的新中国来说，既是重大防灾举措，也有显著保粮增收成效。

1951 年 5 月，农业部决定抽调 4 架飞机前往安徽泗洪、河北黄骅治蝗，将严重的 10 余万亩蝗虫及时扑灭，这是我国首次使用由人民空军驾驶的飞机，喷撒六六六粉治蝗，成为新中国治蝗史上的创举。领导这次飞机治蝗的有农业部杨显东副部长、病虫害防治局李世俊局长，昆虫专家曹骥、刘崇乐，农业部首席苏联专家卢森科等人。6月2日，中央人民政府政务院财政经济委员会发出《关于防治蝗蝻工作的紧急指示》，指出：目前正值蝗蝻发生季节，据各地报告，皖北的盱眙、泗洪、阜南等县，河北省黄骅、静海、饶阳、景县、恩县、衡水、卢龙等县，以及山东省新海连市、沛县、无棣、吴桥等县，均已发生大批蝗蝻，开始为害作物。这是关系广大人民生产生活的重大问题。凡已发生蝗蝻的地区，当地人民政府应立即发动和组织广大人民，按照当地环境，用掘沟、围打、火烧、网捕、药杀等办法紧急进行捕杀，坚决贯彻"打小、打少、打了"的精神，干净、彻底、全部把蝗害消灭在幼虫阶段。文件还强调：1950年各地散居型蝗蝻密度增大，估计1951年将有大量发生飞蝗的可能，因此在尚未发生蝗蝻的地区，应立即进行深入调查，特别是对大片荒地如海滩、汛区、盐碱荒地以及沼泽地带，更须加倍注意，做到"蝗蝻发生在哪里，立即消灭在哪里"。7月，中央财政经济委员会主任陈云签发《关于继续加强害虫防治工作的指示》，要求在已经发生蝗蝻的地区，必须大力组织群众继续扑打，争取短期内迅速消灭，坚决不使起飞。如有起飞蝗群，应采用最迅速的方法通知飞向地区，迅速组织群众力量予以捕灭，不使产卵以免秋蝻发生。已经产卵地区应大力进行查卵、挖卵，要在孵化前予以彻底消灭。这年山东省的23个县动员13.8万人扑打蝗虫，新疆在关键时期每日动员中国人民解放军500～600人参加扑打蝗虫，北京市院校师生6 200人到大兴等地扑打蝗虫。

1952年3月，中央人民政府政务院发出《关于1952年防治农作物病虫害的指示》，要求"在历年蝗虫严重地区建立治蝗站，必须把蝗蝻消灭在3龄以前"。建立情报制度，组织情报网，掌握病虫发生与发展的真实情况，及时组织力量进行防治，要求做到"病虫发生在哪里，即消灭在哪里"。5月，农业部号召大力除卵灭蝻，发动农民坚决把蝗虫消灭在卵蝻的阶段，要求华北、华东、中南、西北各蝗区，除应将已挖出尚未消灭的蝗卵立即毁掉，应继续加强检查蝗卵和侦查跳蝻孵化情况，如发现蝗蝻，立即发动农民扑灭，坚决把蝗虫消灭在卵蝻的阶段，不使蔓延成灾。6月，农业部部长李书城签发了《关于防治蝗虫、棉蚜的紧急通知》。要求各地必须切实掌握蝗情，组织农民力量，用尽各种方法予以彻底消灭。

1957年7月，农业部发出《关于加强夏秋农作物病虫害防治的通知》，要求蝗区各省应继续加强对夏蝗的扫残工作，总结防除夏蝗经验，严密监视残蝗产卵活动，划出秋蝗防治面积，做好防治秋蝗的药械和人力准备工作。新中国成立以后一段时期，由于各级领导的重视和有关部门的大力支持，经过十多年的努力防治，蝗灾发生程度得到有效控制。20世纪60年代中期，农业部朱荣副部长十分重视治蝗工作，出席

1965 年在北京召开的五省治蝗工作座谈会，并在会上作总结发言。60 年代后期至 70 年代，受各种因素的影响，蝗虫防治工作力度受到削弱。

1985 年，天津北大港蝗虫暴发并迁飞危害以后，引起社会关注和国务院领导的重视，农业部再次加强了对蝗虫防治工作的组织领导。1986—2000 年，农业部全国植物保护总站（1995 年 8 月合并成立全国农业技术推广服务中心）按照国务院领导要求，加强了对各省蝗虫防治的组织指导工作。新中国成立以来，尽管治蝗主管机构历经几次改革调整，但治蝗工作没有中断（图 4-2）。

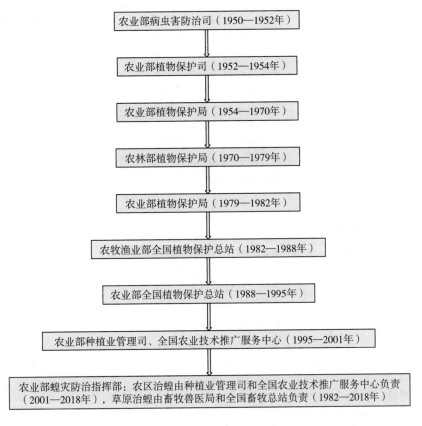

图 4-2　新中国成立以来全国治蝗主管及执行机构

进入 21 世纪以后，治蝗指挥协调机制进一步完善。针对 20 世纪末蝗虫频繁发生的情况，为加强蝗虫应急指挥调度能力，2001 年 2 月，全国农业技术推广服务中心上报《关于成立农业部蝗灾防治指挥部的请示》，经刘坚副部长审定后报常务副部长万宝瑞同意。6 月 5 日，刘坚副部长召开部长办公会议，宣布成立农业部蝗灾防治指挥部，明确指挥部成员及办公室成员，指挥部办公室设在全国农业技术推广服务中心（表4-10）。随后，山东、河南、河北、安徽等 14 个省（区、市）相继设立由副省长

表4-9 2001—2018年农业部蝗灾防治指挥部领导及办公室成员名单

年份	总指挥	副总指挥	指挥部成员	办公室主任	副主任
2001—2004	农业部副部长刘坚	种植业管理司司长陈萌山、畜牧兽医局局长贾幼陵（2004年畜牧业司司长沈镇昭接替贾幼陵）	财务司副司长王鹰、发展计划司副司长万燕华、种植业管理司司长隋鹏飞、国际合作司副司长李正东、农垦局副局长丁力、全国农业技术推广服务中心副主任栗铁申、全国畜牧兽医总站副站长谷继承（2004年增补科技教育司副司长杨雄年、农业机械化管理司副司长刘敏、畜牧兽医局副局长宗锦耀、全国农业技术推广服务中心主任夏敬源，邓庆海接替万燕华、王正谱接替王鹰、钟天润接替栗铁申、陈伟生接替谷继承）	种植业管理司副司长隋鹏飞（2002年种植业司副司长朴永范接替隋鹏飞，2004年全国农业技术推广服务中心主任夏敬源接替朴永范）	全国农业技术推广服务中心防治处处长朱恩林、种植业管理司农情信息处处长吴宏耀、畜牧兽医局草原处处长张智山、全国畜牧兽医总站饲草饲料处处长负旭疆、农垦局农业处处长杭阿龙（2004年农情信息处处长王小兵接替吴宏耀）
2005—2007	农业部副部长范小建	种植业管理司司长陈萌山、畜牧业司司长沈镇昭（2005）	邓庆海、王正谱、李正东、杨雄年、宗锦耀、丁力、夏敬源、钟天润、陈伟生（种植业司副司长王守聪接替隋鹏飞、农业机械化管理司副司长张天佐接替刘敏）	夏敬源	朱恩林、农情信息处处长陈友权（接替王小兵）、张智山（2005）、负旭疆、杭阿龙（2005）
2008—2011	农业部副部长危朝安	种植业管理司司长陈萌山(2008)、畜牧业司司长王智才(2009年种植业管理司司长叶贞琴接替陈萌山)	王正谱（办公厅副主任）、周应华（发展计划司）、李伟国（财务司）、卢肖平（国际合作司）、周普国（种植业管理司）、刘恒新（农业机械化管理司）、杨振海（畜牧兽医司）、吴恩熙（农垦局）、沙玉圣（全国畜牧兽医总站）、杨雄年、夏敬源、钟天润（2009年何新天接替沙玉圣）	夏敬源	朱恩林、吴晓玲（种植业管理司植保植检处处长）、张智山、杭阿龙、负旭疆

（续）

年份	总指挥	副总指挥	指挥部成员	办公室主任	副主任
2012—2018	农业部副部长余欣荣	农业部总经济师、办公厅主任陈萌山（2012）叶贞琴，王智才（2013—2015年总经济师、办公厅主任毕美家接替陈萌山；2014年种植业管理司司长曾衍德接替叶贞琴；2016年办公厅主任叶贞琴接替毕美家、畜牧业司司长马有祥接替王智才）	王小兵（办公厅副主任）、刘英杰（国际合作司）、秦维明（财务司）、胡乐鸣（农业机械化管理司）、何子阳（农垦局）、周应华、杨雄年、周普国、杨振海、陈生斗、钟天润、何新天	全国农业技术推广服务中心主任陈生斗	种植业管理司植保植检处处长朱恩林、畜牧兽医司草原处处长李维薇、全国农业技术推广服务中心防治处处长杨普云、全国畜牧兽医总站草业处处长贠旭疆、农垦局农业处处长王林昌（2013年李建伟接替朱恩林，2017年宁鸣辉接替李建伟）

挂帅的治蝗指挥部或领导小组，进一步强化蝗灾防控应急指挥调度机制。2001—2018年，刘坚、范小建、危朝安、余欣荣等分管种植业工作的副部长先后兼任治蝗总指挥。由于中央和地方加强了对蝗虫防治的组织领导和指挥协调机制，有力保障了蝗虫应急防治等工作的开展。2013年以后，蝗虫发生相对较轻，农业部治蝗指挥部开展活动较少。

回顾新中国成立以来各个阶段的治蝗工作，都得到党和国家领导人关注、重视和支持。1950—1970年，治蝗工作曾得到周恩来总理的亲切关怀，朱德总司令也曾指示空军派飞机支援治蝗工作。1979—2008年，部分党和国家领导人也对治蝗工作作出明确指示批示（表4-11）。在党中央和国务院的重视下，历任农业部部长和分管副部长对治蝗工作都十分重视，多次作出批示，或组织召开专题会议，部署防控工作。1949—2019年的70年间，治蝗主管机构发生了较大变化，随着机构变迁，从新中国成立初期的病虫害防治司（局）逐步演变到植物保护司（局）、农业局、农业司、种植业管理司以及全国植物保护总站和全国农业技术推广服务中心（蝗灾防治指挥部办公室）等，习凤洲、宋彦人、宋之光、裴温、束炎南、劳成之、王炳章、李吉虎、刘松林、姜瑞中、王润黎、李玉川、崔世安、陈萌山、叶贞琴等在推动全国治蝗工作中发挥了重要的组织、协调与指导作用。

表 4-11 新中国成立以来治蝗工作部分重要指示批示

时间	指示批示内容	来源
1979 年 4 月 25 日	李先念副总理批示:"任重、张平化同志阅。"王任重副总理批示:"请士廉、何康同志研究预防及灭蝗方案,早作准备。"此件胡耀邦同志也作出批示	1979 年 4 月 23 日《情况汇报》第 1164 期:今年我国可能发生蝗灾(人民日报社编印)
1990 年 3 月 8 日	田纪云副总理指示:"我国蝗害还没有完全根除决不能放松警惕,要树立坚持不懈、长期治蝗的思想。"	田纪云《全国治蝗工作及先进表彰会议贺信》(农业部〔1990〕农办农字第 2 号文件)
1991 年 7 月 24 日	江泽民总书记指示其办公室电话询问农业部河北省廊坊市蝗虫情况,并要求立即汇报,派专人赴现场指导灭蝗	1991 年 7 月 22 日《廊坊市南部发生蝗灾》情况反映(农业部电话记录)
1995 年 6 月 30 日	李鹏总理批示:"请春云同志阅处。"姜春云副总理 7 月 2 日批示:"刘江同志:近期天津及河北、河南、山东等多省市发生大面积蝗虫,对农作物危害很大,灭蝗工作需要认真抓抓,希研究进一步采取措施,尽力减少灾害损失。"	1995 年 6 月 28 日《天津发生大面积夏蝗》情况反映
1997 年 7 月 20 日	李鹏总理批示:"请春云同志迅速处理。"姜春云副总理 7 月 21 日批示:"请刘江部长按照总理的批示,速派专家组,赴山西帮助扑灭蝗虫灾害,并在资金、农药、器械上给予支持。受气候的影响,今年不少地方病虫害偏重发生,请农业部认真研究抓好病虫害的防治工作,尽量减少灾害损失,争取农业丰收。"	1997 年 7 月 19 日《山西朔州市发生暴发性蝗灾》情况反映
1998 年 3 月 7 日	朱镕基总理批示:"请家宝同志阅。"温家宝副总理 3 月 9 日批示:"请官正、春亭同志阅。要立即采取措施,做好蝗虫防治工作,坚决防止蝗灾发生。"	1998 年 3 月 6 日《黄河出现特大蝗灾迹象》情况反映
1999 年 6 月 14 日	温家宝副总理批示:"对一些地方发生的蝗灾,要立即组织人力、物力尽快扑灭。农业部要负起责任,有关部门要予以协助,请耀邦、马凯同志商办。"	1999 年 6 月 11 日《新疆蝗灾严重》情况反映
1999 年 6 月 22 日	温家宝副总理批示:"同意。抓紧落实,努力实现灭蝗目标,减少灾害损失。"	1999 年 6 月 18 日农业部上报国务院《关于当前夏蝗发生和防治情况的报告》的批复

（续）

来源	时间	指示批示内容
1999 年 12 月 28 日	朱镕基总理批示："请耀邦同志阅。"陈耀邦部长批示："请刘坚、世安同志阅示。对蝗虫要高度警惕，及早制定防治方案，及时行动，千万不能让蝗虫起飞。"	1999 年 12 月 28 日《专家预测明年蝗虫呈大发生趋势》情况反映
2000 年 5 月 14 日	温家宝副总理批示："请耀邦同志阅。严密监测病虫害，及早部署防治工作。"	2000 年 5 月《今年山东夏蝗仍呈大发生趋势》情况反映
2001 年 4 月 20 日	温家宝副总理批示："内蒙古区政府要继续加强对救灾工作的组织和领导，特别要防止蝗灾的暴发。农业部、财政部、民政部要给予指导和帮助。"	2001 年 4 月《内蒙古雪灾区见闻》情况反映
2001 年 7 月 7 日	温家宝副总理批示："宝瑞、刘坚同志：治蝗工作关键在抓落实。农业部要主动协调有关省区解决治蝗方案、措施、资金、物资问题，切实负起指导、协调、监督、检查的责任。"	2001 年 7 月《今年全国草原蝗灾防治形势严峻》情况反映
2001 年 7 月 14 日	温家宝副总理批示："一定要努力实现长期持续控制和治理蝗害的目标。这是一项重大的防灾减灾工程。院士们的建议，请农业部会同计委、经贸委、科技部等部门研究并提出方案。"	2001 年 7 月邱式邦等六位院士的建议信
2001 年 7 月 27 日	温家宝副总理批示："宝瑞同志：近来一些地区蝗灾频发，愈来愈重。要高度重视灭蝗工作，切实加强领导，统一部署，明确责任，集中力量，采取坚决有力的措施，特别要加强灭蝗科技研究与应用，增加灭蝗资金投入，争取较快地控制蝗虫的发生和蔓延。对于蝗情严重而经费短缺的省区，应根据情况给予适当支持。"	2001 年 7 月《内蒙古自治区反映蝗虫正在吞噬锡林郭勒草原》情况反映
2002 年 6 月 14 日	温家宝副总理批示："请青林同志阅。"农业部杜青林部长作出批示（略）	2002 年 6 月《锡林郭勒草原灭蝗工作面临困难》情况反映
2003 年 9 月 7 日	胡锦涛总书记批示："请良玉、金龙、青林同志阅。"回良玉副总理批示："请农业部认真贯彻锦涛总书记的批示，指导西藏开展灭蝗工作，并给予必要的帮助和支持。"农业部杜青林部长、西藏自治区党委书记郭金龙也分别作出批示（略）	2003 年 9 月《西藏阿里首次出现大面积蝗灾》情况反映

（续）

来源	时间	指示批示内容
2003 年 5 月 5 日	回良玉副总理批示："邱式邦院士等 11 位专家所提建议很好。草原重大病虫害的连年暴发，已成为破坏草原生态系统的重要因素。要加强监测和应急防治基础设施建设，加大应急防治经费投入，增强监测预警和应急防治能力，保护好草原生态环境。"	2003 年 5 月邱式邦等 11 位专家关于草原蝗灾防治的建议报告
2003 年 7 月 14 日	回良玉副总理批示："要认真研究钱老提出的情况和意见，对所需防治草原蝗虫灾害的资金，可商财政部给予适当支持。"	2003 年 7 月钱正英院士关于内蒙古草原蝗虫灾害情况的亲笔信
2003 年 8 月	6 日，温家宝总理批示："请回良玉同志批示。一些地区蝗灾严重，要迅即做出部署，加强灭蝗工作。财政要予以支持。" 7 日，回良玉副总理批示："请农业部按照家宝总理的批示精神，即派工作组赴重点蝗区，协助和指导地方采取紧急措施，迅速控制蝗害。同时，主动与财政部协商落实灭蝗经费。"	2003 年 8 月《互联网信息摘要》"百年蝗灾袭击锡林格勒京津风沙治理屏障被吃掉"情况反映
2005 年 7 月 23 日	温家宝总理批示："青林同志：要重视灭蝗工作。"农业部杜青林部长作出批示（略）	2005 年 7 月《一些地方遭受历史罕见蝗灾》情况反映
2006 年 8 月 2 日	回良玉批示："青林、小建同志：今年部分地方干旱、洪涝灾害较重，农作物病虫害也是偏重发生，秋季农业生产抗灾夺丰收的形势不容乐观，望在夏粮夺取较好收成的基础上，继续高标准地抓好秋季粮食生产。在农业病虫害防治上，要进一步落实'属地管理'责任制，加强监测预报和技术服务，切实加大防治工作力度，努力实现农业增产增效增收。"农业部杜青林部长、范小建副部长分别作出批示（略）	2006 年 8 月农业部《关于草原蝗虫灾害防治工作情况的报告》
2008 年 4 月 26 日	回良玉批示："请农业部关注此问题，并加强指导和支持帮助。"	2008 年 4 月《专家预测部分藏区将发生蝗灾担心影响稳定》情况反映

2. 强化治蝗专业队伍及基础设施建设

新中国成立以后，在中央人民政府政务院和农业部的组织领导下，率先在全国建立了一批以蝗虫监测防治任务为重点的区域性防治工作组（队）和研究站（点），对促进 20 世纪 50—60 年代的蝗虫防治发挥了重要作用。随着社会经济的发展和综合国力的提升，我国蝗虫监测和防治体系建设进一步完善。特别是从1998 年开始，国家进一步加大了蝗虫监测和应急防治体系建设力度，对全面提升蝗虫监测预警和防控能力，实现蝗虫早发现、早预报、早防治发挥了至关重要的作用。

1950 年农业部成立病虫害防治司（局）及治蝗处以后，根据病虫害的发生情况，全国建立了徐州、惠民、文登、坊子、泰安、莒县、杭州、嘉兴、宁波、绍兴、衢县、金华、温州、丽水、临安、台州、丹阳、无锡、嘉定、淮阴、大中集、蚌埠、芜湖、昌黎、邢台、新乡、聊城、菏泽、天津、张家口、太原、武昌、荆州、天沔、襄阳、孝感、长沙、湘中、湘东、滨湖、广州、南昌、开封、泾阳、绥德、兰州等病虫防治站。1951 年 9 月，农业部通报了《1951 年过冬蝗卵检查办法》。

1952 年 3 月 26 日，中央人民政府政务院发出《关于 1952 年防治农作物病虫害的指示》，要求"在历年蝗虫严重地区建立治蝗站，必须把蝗蝻消灭在 3 龄以前"，建立情报制度，组织情报网，掌握病虫发生与发展的真实情况，及时组织力量进行防治。5 月 14 日，农业部部长李书城签发了《为成立天津、徐州治蝗工作组希查照并转知蝗区各专县及病虫防治站查照的函》，正式成立了天津、徐州两个治蝗工作组。天津治蝗工作组以天津为中心，协助河北、山东的治蝗工作，由郭守桂、徐崇杰、邱式邦、李光博 4 人负责；徐州治蝗工作组以徐州为中心，协助苏北、皖北、鲁南、豫东及平原省湖西一带的治蝗工作，由郭尔溥、范国桢、王润黎、马世骏、钦俊德、尤其儆 6 人负责。

1953 年，在主要蝗区建立专业性的治蝗站 23 处，其中河北省 6 处，山东省 6 处，安徽省 3 处，河南省 3 处，新疆省 1 处，江苏省 4 处。在侦查蝗情方面，提出了要做好"查卵、查蝻、查成虫"的"三查"工作。

1955 年 12 月，农业部第 183 次部务会议通过《1956 年治蝗工作方案》，并发出通知，要求各地健全蝗虫侦查制度，健全与恢复治蝗机构，在滨海、湖沼等未设技术推广站的蝗区，应设蝗虫防治站，包括江苏洪泽湖区 1 处，山东惠民滨海区 1 处，河北沧县及天津滨海区各 1 处。各站均由省农业（林）厅直接领导。每站设治蝗干部 20～25 人，站内行政干部不得超过 2 人，治蝗干部均应专职专用，调动时应报请省农业（林）厅批准（表 4-12）。凡对侦查和治蝗工作有成绩或有发明创造，使治蝗工作收到很大效果的干部或群众、个人或团体，应分别予以物质和精神奖励；凡对侦查和治蝗工作不力，或有蝗虫故意不报因而造成损失者，应酌情予以处分。

表 4 - 12 1956 年农业部要求蝗区应设治蝗干部的重点县及干部数量计划

省份	人数（人）	县数（个）	蝗区重点县名称（每县1人）
河北	41	41	魏县、大名、宁晋、饶阳、安平、冀县、蠡县、博野、清苑、安新、高阳、定兴、涿县、新城、雄县、容城、安次、宝坻、武清、霸县、文安、青县、静海、宁河、沧县、献县、黄骅、景县、盐山、孟村、肃宁、滦县、丰润、玉田、乐亭、三河、蓟县、香河、无极、深泽、深县
山东	35	35	鱼台、嘉祥、微山、济宁、凫山、梁山、郓城、无棣、沾化、垦利、利津、广饶、阳信、聊城、阳谷、东阿、博平、荏平、莘县、寿光、潍县、昌邑、东平、平阴、苍山、禹城、齐河、临邑、胶县、长清、德县、郯城、临沂、乐陵、恩县
江苏	15	15	沛县、铜山、邳县、睢宁、新沂、淮阴、淮安、泗阳、沭阳、宿迁、灌云、高邮、宝应、滨海、阜宁
河南	4	4	商水、浚县、内黄、民权
安徽	10	10	颍上、阜南、凤台、宿县、灵璧、寿县、霍丘、凤阳、阜阳、濉溪
新疆	35	35	
合计	140	140	

1957 年 8 月，国务院第七办公室发出关于《农业部关于治蝗座谈会的报告》的批复。指出，1953 年农业部在蝗区建立的 23 处治蝗站只剩下 18 处，几年来，除江苏省，其他省区多有时撤销、有时恢复，干部调动频繁，不能熟悉专业，对治蝗工作造成很大影响。要求各省加强现有治蝗机构，务必使治蝗干部能专门从事治蝗工作。

20 世纪 60 年代，蝗虫监测防治体系基本建立，多数省份建立了承担病虫害预测预报和防治的植保站（防治站），重点蝗虫发生区还建立了一批治蝗简易机场。70 年代，部分地方因蝗灾得到控制，人员机构受到削弱。1979 年农业部成立病虫测报总站，束炎南任站长。1980 年，国家农委下达通知，解决一些省区病虫测报临时工转正问题。此后，一些省区从事蝗虫测报工作的侦查员陆续转为正式工。1982 年全面推行机构改革，农业部植物保护局改为全国植物保护总站（病虫测报总站并入），机构性质由行政改为事业单位，各省也相应推进改革，全国建立了部、省、市、县四级植保体系，承担蝗虫和其他病虫害监测防治与检疫等工作。1986 年 2 月，国务院办公厅下达《转发农牧渔业部关于做好蝗虫防治工作紧急报告的通知》，要求各地加强重点治蝗站的建设，充实人员，配备必要的施药器械和交通工具，做好蝗情监测和防治等工作。

20 世纪 90 年代，全国农业技术推广服务中心根据农业部要求，研究拟定了《"九五"蝗虫监测防治规划》，提出加强蝗情监测，稳定防蝗队伍，强化治蝗应急设

施建设，改善交通、通信手段。实施地区包括冀、鲁、豫、苏、皖、陕、晋、津、琼
9省（市）的主要蝗虫发生县。1998年底，农业部会同国家发展改革委员会启动实施
《植物保护工程》，并在之后的国家"十五"计划和"十一五"规划中加快了蝗虫监测
防治基础设施建设，在10余年内，在全国蝗虫重点发生区建立126个蝗虫应急防治
站，包括应急药械库、大中型施药机械、交通工具等设施设备。同时在华北黄骅、山
东垦利、江苏沛县、新疆塔城等地建设了治蝗专用机场。植保工程的投资力度之大、
范围之广、持续时间之久，是新中国成立以来植保领域从来没有的，经过十几年的建
设，蝗虫等重大病虫监测防控体系队伍和应对能力均得到全面提升，对保障蝗灾的持
续控制发挥了关键作用。

3. 强化防治物质资金保障

新中国成立初期，各种物资相对缺乏，防治蝗虫以人工挖卵和扑打蝗虫为主，随
着国力的增强，各级政府和有关部门加大了治蝗物质资金的支持力度，特别是财政、
化工、机械、航空、空军等部门在农药、器械、飞机等方面对防治蝗虫给予优先支
持，对确保蝗灾的有效防控发挥了决定性作用。

在防治药剂方面，1951年，我国开始筹建工厂，随后逐步开始大规模生产六
六六农药，并经历了有机氯、有机磷、菊酯等系列农药的快速发展，加之飞机和地
面喷粉、喷雾等机械的大规模投入应用，为不同时期的蝗虫防治提供了重要物质
保障。

在财政资金投入方面，20世纪50—60年代，中央人民政府和地方各级政府投入
了大量财政资金，对控制蝗灾发挥了重要保障作用。70年代，随着蝗虫发生减轻，
防治资金投入有所减少甚至缺失。1985年天津蝗虫暴发并出现跨省迁飞以后，治蝗
工作再次得到重视，中央和地方各级财政也逐步增加了资金预算投入。据统计，
1985—2000年，中央财政累计投入农区治蝗专项经费1亿多元，其中1985—1995
年，中央财政累计投入农区治蝗经费5000多万元，年均投入500万元以上，较多年
份达800万～1000万元；1995—2000年，中央财政累计投入农区治蝗经费6600多
万元，年均投入1000万元，多的年份超过3000万元。2001—2019年，中央财政累
计投入农区近5亿元，其中每年投入农区蝗虫防治经费3000万～5000万元。此外，
80年代中期以后，中央财政对草原治蝗灭鼠经费也有大量投入，前期每年投入1000
万元左右，后期每年投入5000万～1亿元。

在1998—2010年的植物保护工程项目建设中，国家累计在蝗虫发生区投入建设
资金近10亿元，重点解决防治药械库、配备大中型施药机械、防护用品以及治蝗专
用机场配套设施设备等物质装备。与此同时，河南、山东、河北、江苏、安徽、陕

西、山西、天津等省（市）地方财政也不同程度增加财政资金投入。

4. 强化区域联防联控

新中国成立以后，团结治蝗和联防联控成为大力提倡的治蝗措施。1951年，河北省在省内区与区之间，广泛建立了联合灭蝗指挥部。1952年，河北省农业厅《蝗虫防治法》指出："必须组织起来，统一领导，统一步调，打破村、区、县的界线，建立联合组织，一鼓作气，消灭蝗蝻。"是年，河北沧县与山东南皮县交界处蝗，两省群众联合扑打，全部肃清。

1955年秋，天津秋蝗严重发生，决定采取飞机灭蝗，在技术力量不足情况下，河北省农业厅和沧州专区的治蝗干部急赴天津协助扑灭了秋蝗，开展了毗邻省市协作治蝗实践。1957年，河南武陟、荥阳、温县大蝗，三县联合使用飞机灭蝗，统一指挥，消灭了蝗害。1959年，河北省的邯郸、天津与山东省的淄博、聊城4专市的13个县，成立了2省4专市13县的联合治蝗委员会，并通过了4专市灭蝗联防方案。同年，河南、陕西、山西蝗区交界处也成立了三省蝗虫联防组织。

1972—1990年，河北省与天津市建立的冀津治蝗联防协作组，下设3个联防区，本着主动协商、互相支援、联防联治、团结治蝗的精神，不断交流经验，坚持活动了近20年。1985年9月，天津大港区发生了蝗虫起飞的严重情况，河北沧州紧急调运灭蝗农药40吨，支援天津灭蝗。1989年，河南濮阳、范县、台前、长垣4县与山东省菏泽地区5个县也成立了9县市联防联治协作组，河南省三门峡市与陕西省渭南地区、山西省的运城地区成立了三省三区联防小组。

长期以来，陕西与山西，山西与河南，河南与山东，山东与江苏，江苏与安徽，河北与天津之间，凡蝗区交错镶嵌的地方，都先后建立了联防联控机制，形成了团结治蝗的良好氛围。此外，农区与草原以及农牧交错区的蝗虫监测与防治工作也得到较好协同解决，有效减少了毗邻地区的治蝗死角和盲区，防止飞蝗跨区域迁飞为害和其他蝗虫暴发成灾。

5. 强化国际合作

新中国成立初期，苏联专家对我国蝗虫防治给予了很大的帮助。1950年6月，苏联政府派出灭蝗专家团，支持我国新疆地区防治蝗虫。1951年，农业部决定抽调4架飞机前往安徽泗洪、河北黄骅治蝗，这是我国首次使用由人民空军驾驶的飞机，喷撒六六六粉治蝗，农业部首席苏联专家卢森科参与指导了飞机治蝗行动。20世纪50年代初期，苏联治蝗专家的指导与帮助，对当时飞机治蝗水平的提升发挥了重要作用。随着我国科技人员的深入研究，治蝗技术逐步迈入世界先进行列，新中国的蝗灾持续治理成效得到国内外的充分肯定，为促进对外治蝗交流与合作奠定了坚实基础。

中国新疆与哈萨克斯坦的阿拉木图州和东哈萨克斯坦州毗邻，历史上，中哈两国边境地区亚洲飞蝗和意大利蝗等蝗虫跨界迁移为害情况时有发生，对双方边境地区农牧业生产、经济发展和社会稳定都构成威胁。1999 年，边境地区的蝗虫严重发生，引起两国农业部的关注。2000 年 9 月，我国农业部派出考察团赴哈方实地考察，得到哈方的积极响应，并与哈方农业部植保司草签了治蝗合作意向书。之后，两国农业部经过多次协商达成共识，双方本着相互尊重、相互理解、友好务实的态度，于 2002 年 12 月 23 日签署了《关于防治蝗虫及其它农作物病虫害合作的协议》，为全面推进中哈治蝗合作奠定了基础。这是新中国成立以来首个双边治蝗合作协议，也是植物保护领域执行效果最好、持续时间最长的一份合作协议。该协议每 5 年顺延一次，每两年召开一次双方有关司局长负责人主持的联合工作组会议，工作组会议轮流在两国举办。2003 年 10 月 20—24 日，在新疆乌鲁木齐市召开了第一次联合工作组会议。截至 2019 年，已累计召开 9 次中哈治蝗联合工作组会议。此外，每年在中哈边境地区联合开展蝗虫考察，召开 7 次技术性研讨会，并相互交流蝗虫发生防治进展信息。

中哈治蝗合作以来，在两国农业部的重视下，无论是官方合作还是技术、信息交流都取得了显著成效，且合作与交流进一步密切和深化，近 20 年来中哈两国边境地区的蝗虫灾害得到了有效控制，没有出现相互迁飞的现象，农牧民的生产和生活得到了保障，社会更加稳定。在有效控制中哈两国边境地区蝗灾的同时，也促进了双方蝗虫防治水平和能力的提升，推进了两国植保和农药等方面的广泛交流与合作，加深了双方各层级人员的交流，增进了两国人民的友谊。中哈治蝗合作是全球毗邻国家联合治蝗的成功典范。

2015—2016 年，老挝黄脊竹蝗严重发生，应老挝政府请求，受中国外交部委托，云南省政府指派农业厅牵头援助老挝治蝗，并派出由高级农艺师杨虹带队的植保专家队伍，3 次赴老挝琅勃拉邦省丰团县、烟康县，华潘省宋县，丰沙里省孟迈县、孟夸县指导防治，并援助农药 11 吨、大中型喷雾机 527 台、防护装备 960 套。老挝农林部致函云南省农业厅表示感谢。联合国粮食与农业组织（Food and Agriculture Organization of the United Nations，FAO）对中国专家在老挝的蝗虫防治技术也给予肯定。

进入 21 世纪以后，中国多次将成功的治蝗技术与经验推介给 FAO，并派出专家参与 FAO 的治蝗行动。此外，全国农业技术推广服务中心（农业部蝗灾防治指挥部办公室）与澳大利亚治蝗机构也开展了互访交流，中澳双方负责人和专家多次交流蝗虫防控管理机制、信息管理和生物防治等。

（二）持续创新蝗虫综合防治技术体系

1. 治蝗对策措施与时俱进

回顾中国 2 000 多年的蝗灾斗争史，伴随着人类文明的发展，治蝗对策措施经历了从原始捕打手段到现代科技的演进，其技术手段上可分为两个时期，第一时期是古代和近代的朴素治蝗时期（1949 年以前），该时期长达近 2 000 年之久，其治蝗策略主要以人工捕打为主，还有宗教迷信、篝火诱杀、沟埋、无机化学物质等措施（表4－13）。第二时期是 1949 年以后的现代技术革新时期，该时期的治蝗策略从以人工捕打为主转向化学防治、蝗区改造和综合防治阶段，逐步实现标本兼治与可持续治理。

表 4－13　中国历代治蝗措施演进情况

主要技术措施	新中国成立以前									新中国成立以后				
	公元前	汉晋	南北朝	唐代（含五代）	宋代（含辽、金）	元代	明代	清代	民国	20世纪50年代	20世纪60年代	20世纪70年代	20世纪80年代	20世纪90年代
人工捕打	■	■	■	■	■	■	■	■	■					
人工驱赶	■	■	■	■	■	■	■	■						
火烧蝗虫	■	■	■	■	■	■	■	■						
挖沟埋瘗		■	■	■	■	■	■	■	■					
收买蝗虫		■	■	■	■	■	■	■	■	■				
捕蝗以食		■	■	■	■	■	■	■						
种植蝗不喜食植物														
挖掘蝗卵					■	■	■	■	■					
耕翻蝗卵		■	■	■	■	■	■	■						
生物治蝗		■	■	■	■	■	■	■	■	■	■	■	■	■
鸡鸭啄蝗							■	■	■	■	■	■	■	■
毒饵治蝗												■	■	■
人工喷撒农药												■	■	■
动力机械治蝗													■	■
飞机治蝗												■	■	■
蝗区改造							■	■	■	■	■	■	■	■
蝗虫发生侦查预报	■	■	■	■	■	■	■	■	■	■	■	■	■	■

新中国成立以后的治蝗历程大致经历了以下 5 个阶段：

(1) 人工捕打为主的阶段：1952 年以前

此阶段由于科技发展水平局限，治蝗策略以非化学防治为主，如人工捕打、沟埋、火烧等措施。1950 年，山东、河南、新疆及其他地区，组织 493 万人投入治蝗运动中，主要采取捕打措施减轻蝗灾；河南省还发出 30 万千克粮食，奖励群众扑打蝗虫等害虫。1951 年 6 月，中央财政经济委员会发出《关于防治蝗蝻工作的紧急指示》，要求发生蝗蝻地区人民政府发动和组织广大人民，用掘沟、围打、火烧、网捕、药杀等办法紧急进行捕杀，坚决贯彻"打小、打少、打了"的精神，干净、彻底、全部把蝗害消灭在幼虫阶段，做到"蝗蝻发生在哪里，立即消灭在哪里"。同时积极开展有机氯农药六六六（六氯环己烷）的研制和毒饵治蝗、飞机治蝗的试验。1949—1951 年进行了六六六药剂治蝗的大量试验和示范。1952 年 7 月，中央财政经济委员会主任陈云签发的《关于继续加强害虫防治工作的指示》，要求在已经发生蝗蝻的地区，必须大力组织群众继续捕打，坚决不使起飞。一些地方逐步改变过去人力捕打为主的方法，倡导"药械喷杀为主，人力为辅"的方针，在部分蝗区采取喷粉和毒饵防治等化学防治取代人工捕打灭蝗，为治蝗减灾工作开辟了新途径。

1952 年农业部号召大力除卵灭蝻，发动农民坚决把蝗虫消灭在卵蝻的阶段。农业部认为：根据蝗虫周期性发生的规律，估计当年蝗虫又是严重发生的一年，各地应立即领导农民，大力除卵灭蝻。指出：去年发生过蝗虫的地区，据检查都发现有大量的蝗卵存在，有的地区已开始孵化。河北全省查出蝗卵地 75 万多亩，其中天津以西的胜芳治蝗站，在 49 个村就查出有蝗卵的地 11 000 多亩。苏北区泗阳、灌云、淮阴、宿迁四县估计可能发生蝗蝻面积有 20 多万亩。皖北区泗洪县周台子、车路口一带，发现蝗卵密度很大，平均每平方尺有 3～4 块，多的有 11 块，最密处竟达 49 块。按每块 80～100 粒蝗卵计算，即有蝗虫 4 000～5 000 头。新疆春季也派出了许多扑蝗队检查，这些扑蝗队克服草湖泥泞、人马难行的困难，也在广大地区查出不少蝗卵。各蝗区总的情况都是蝗卵地面积大、密度稠，过冬死亡率很低。加之去冬气候温暖、早春雨少，更给蝗虫发生造成有利条件，发现山东省滕县专区凫山县二区蔡家洼，五月四日已经在长三华里宽一华里的一块地上发现了密度很大的蝗蝻，其密度一手可拍死 15 只。在此以前，四月三十日，河南省民权县的一、二、四、五各区也发现了蝗蝻。蝗蝻分布面积约 30 万亩，多在老河道荒草地里。密度最大的地方，每平方尺有蝻 20～30 只。新疆省吐鲁番盆地胜金口地方，早在四月中旬就已发现蝗蝻，各地情况都很严重。为此，农业部要求华北、华东、中南、西北各蝗区除将已挖出尚未消灭的蝗卵立即毁掉，应继续加强检查蝗卵和侦查跳蝻孵化情况，如发现蝗蝻，立即发动农民扑灭。尚未做好捕打前准备工作的某些地区，应立即加紧准备，并严密掌握蝗情，做到有计划、有领导地动员和组织农民，分别用人工捕打或在适当时期使用药械，坚决把蝗虫消灭在卵蝻的阶段，不使蔓延成灾。

（2）有机氯防治为主阶段：1953—1958 年

从 20 世纪中叶有机氯农药问世以来，蝗灾防控工作发生了巨大变化，大力推广六六六药剂治蝗试验的成功经验。在 1952 年 11 月召开的第一次全国治蝗座谈会上，特别强调 1953 年的治蝗工作要贯彻"防重于治、药械为主"的方针，并首次确定手摇喷粉器喷撒使用 0.5％的六六六粉剂每亩 2～3 斤的用药标准，提出了夏蝗和秋蝗药剂防治时间与方法。同时，废除过去单纯挖卵、耕卵、挖封锁沟等劳民伤财的治蝗办法。1953 年以后，陆续在各蝗区进行了大面积推广应用，从此基本结束人工捕打蝗虫的局面。1954 年，农业部发出通知，要求各地贯彻以"药剂除治为主"的方针，发动组织群众，使用喷粉、撒饵，辅以人工捕打、放鸭啄食等办法将蝗虫消灭于 3 龄以前。1955 年，农业部在当年治蝗工作方案中强调，国家提出在 7 年内基本消灭蝗虫等主要害虫，要求各省为根治蝗虫创造有利条件，在防治上总结提出"堵窝消灭，巧打初生""狠治夏蝗，抑制秋蝗""消灭主力，彻底扫残"等治蝗经验。制定药剂防治指标：飞蝗每平方丈在 2 头以上者，用药剂防治，2 头以下者，用人工结合药剂防治；飞蝗和土蝗混生地区，以飞蝗的密度作标准进行防治；土蝗以毒饵诱杀为主，喷粉次之。1956 年统计，全国蝗区提出新增手摇喷粉器 8 450 架，0.75％六六六粉 1 100.25 万千克，1％六六六粉 83 万千克，1.5％六六六粉 192.185 万千克。该阶段蝗虫发生频繁，主要采取毒饵防治、地面和飞机喷粉防治等治标措施，使蝗灾得到了有效控制。

（3）改治并举阶段：1959—1982 年

从 20 世纪 50 年代末以后，蝗灾发生程度有所缓解，治蝗策略由前一阶段的化学防治为主转向"改治并举"，即在使用有机氯农药防治的同时，结合水利和农田基本建设，改造飞蝗适生环境，不断减少蝗虫适生环境，逐步实现标本兼治。1959 年，农业部在山东济宁召开冀、鲁、豫、苏、皖 5 省灭蝗会议，会议在总结过去治蝗经验基础上，提出力争在 4～5 年根除蝗害的奋斗目标，拟定了冀、鲁、豫、苏、皖 5 省根治蝗害的实施规划。修订了"以药剂防治为主"的治蝗方针，制定了"猛攻巧打，积极改造蝗区自然环境，采用各种方式方法根除蝗害"的新的治蝗方针。1960 年农业部植物保护局推行"改治并举"的根治蝗害方针，推广飞蝗防治和改造其发生地经验。在蝗区改造方面，安徽省总结出"五改"（改荒地为良田、改旱田为水田、改洼地为水库、改粗放为精耕细作、改田沿路旁闲地为果园）、"六化"（水稻化、园田化、河网化、农田化、养殖化、绿化）、"三养"（养鸡、养鸭、养鱼）等蝗区改造经验。1965 年，在五省治蝗工作座谈会上，各地提出重点挑治、武装侦查、带药侦查、边查边治等针对点片蝗虫进行防治的好办法，因地制宜推广农田蝗区特别是秋种麦田，应在小麦返青后，立即耙磨、中耕，破坏蝗卵，易涝地区应修筑台田条田，逐步改变蝗虫发生的环境，实行治改结合、土洋结合、地空结合、喷粉与撒毒饵结合治蝗措施。据统计，截至 1965 年，全国改治并举阶段累计有 4 200 万亩蝗虫孳生地被改造，使蝗虫发生规模显著减小。该阶段各地结合淮河、黄河、海河等国家重大水利和农业工程，疏浚河道、治理内涝洼地，使河湖水位得到稳定，部分苇洼荒地和滩涂被开垦，农田精耕细作，蝗区面积大幅度减少。

（4）有机氯农药的取代与超低量施药技术发展阶段：1983—2000 年

随着有机氯农药残留危害的发现，1983 年国家禁止了有机氯农药的生产和使用，开始推广有机磷农药（主要是马拉硫磷），此阶段的治蝗以化学防治为主，同时飞机和地面的超低量施药技术得到迅速发展，大大提高了治蝗效率，在控制蝗灾的同时，更加注重对人畜安全与环境保护。20 世纪 80 年代中期以后，我国在药剂治蝗方面，飞机超低容量（ULV）喷雾主要使用 75％马拉硫磷原油，一般每亩用药 70～100 毫升，地面机械跑车治蝗及人工背负喷粉弥雾动力机低容量或超低容量喷雾治蝗主要选用有机磷、菊酯类和氨基甲酸酯类等农药，如马拉硫磷、辛硫磷、稻丰散、氧化乐果、敌敌畏、甲胺磷、敌马乳油、溴氰菊酯、速灭杀丁、来福灵、毒死蜱以及敌马粉等多种农药，另外，林丹粉、氟虫腈（锐劲特）也有少量使用。

该阶段开展全国东亚飞蝗蝗区勘察及其可持续控制技术研究，并取得新成果，在各蝗区陆续开展示范应用。1993—1997 年，山东、河南、河北、山西等省开展了生态控制技术的研究和示范工作，累计在渤海湾、黄河滩和内涝蝗区建立生态控制示范区 150 余万亩，成功使蝗虫种群密度下降 60％～80％，蝗虫的暴发频率由原来的 2 年 1 次降低到 3～5 年 1 次，化学农药用量减少近 50％。1991—2000 年，蝗虫微孢子虫在飞蝗发生区逐步得到推广应用。此外，新疆、内蒙古等草原蝗区也积极探索牧鸡牧鸭、粉红椋鸟防治蝗虫。1996—2000 年，飞机 GPS 导航技术逐步研发成熟，并在河南、山东、天津等地应用，逐步替代了传统的人工信号旗引导飞机喷药导航的做法。

（5）可持续治理技术推行阶段：2000 年以后

经过长期的治理，我国遗留的蝗区面积难以继续改造，受异常气候的影响，部分地区蝗虫仍出现局部暴发态势，该阶段的治蝗策略是采取生物生态控制为基础、应急防治为补充的可持续治理措施。可持续性控制蝗害的基本出发点是在有效控制当前蝗虫不起飞和不成灾的同时，适当放宽防治指标，发展生态控制技术，压缩蝗虫孳生地，降低蝗虫的暴发频率和用药次数，逐步实现蝗患的有效控制。生态控制和生物防治是蝗虫可持续控制的基本措施，主要通过优化蝗区植被结构、调整耕作及栽培方式、保护利用天敌、使用微生物药剂等非化学防治手段，结合人为增强自然因子（水位、天敌、植被等）的控制作用，培育有利于天敌繁衍而不利于蝗虫孳生的良性生态环境，促进蝗虫常发区向偶发区转化、重点蝗区向一般蝗区和监视区转化，逐步达到改造蝗虫适生环境、减少农药施用和长期控制蝗害的目的。

可持续治理措施是按照现代农业发展需要，强调通过绿色防控对蝗虫"标本兼治"，充分考虑治蝗减灾目标与生态环保目标的有机统一，通常对每平方米 1 头以下低密度飞蝗发生区采取保护利用天敌、生物防治和改善蝗区生态环境相结合，在蝗虫较高密度区采取应急化学防治措施。蝗虫应急防治分为地面化学防治和飞机应急防治。地面化学防治主要适用于局部高密度蝗区、小面积分散蝗区以及其他复杂地形的蝗虫防治。一般对每平方米蝗虫密度在 1 头以上区域，在 3 龄盛期实施防治，施药方法以超低量喷雾和低容量喷雾为主，药械选用背负式机动喷雾器和拖拉机悬挂式机动药械。在缺水地区，可适当采用油剂、粉剂或烟雾剂取代喷雾。飞机应急防治主要适宜蝗虫发生面积较大、地势平坦区域，施药方式以超低容量施药效率最高，防治时间掌握在绝大部分蝗虫已经出土且羽化以前。飞机应急防治以大型固定翼和直升机为主，部分地方也采用无人机施药。

2000—2009 年，防治蝗虫主要采用有机磷、菊酯、杂环类等化学杀虫剂。在天津大港水库、河南黄河黄河滩等蝗虫密度在 10 头/米² 以下的区域，微孢子虫和绿僵菌逐步得到扩大应用，取得了持续控制蝗灾的良好效果。2010—2019 年，随着主要蝗区河流流量和水库湖泊水位稳定，加之生态控制、生物防治和精准施药等措施的持续推广应用，蝗虫发生区域趋于稳定，蝗虫发生面积进一步下降，危害持续得到控制。该阶段黄河入海口等蝗虫孳生区进一步得到改造治理，生物生态和应急防治技术进一步成熟。另外，现代信息技术的发展也促进了蝗虫防治技术水平的进一步提升，特别是"3S"技术在蝗虫监测和防控方面得到广泛应用。全国农业技术推广服务中心与中国农业大学联合开发的蝗灾防治信息系统，将蝗区的历史数据和田间调查数据结合进行计算与分析，便于实时查询、指挥防治和应急预警，经过实践完善，现已初步建立可供各级植保人员操作使用的蝗灾防治决策信息支持系统，为实现我国蝗灾的数字化管理奠定了基础。

2. 飞机治蝗技术逐步走向成熟

新中国成立后，在空军、民航、航空公司等有关方面的支持下，我国飞机治蝗技术发展迅速，成绩显著，经验丰富。特别是应对大面积蝗虫暴发年份，应急防治任务繁重，飞机在治蝗救灾中发挥了重要作用，多次避免了蝗虫起飞的险情，取得了显著的社会效益和经济效益。据不完全统计，1951—2018 年，我国累计实施飞机治蝗面积超过 1 亿亩次，约占全国治蝗总面积的 20%。飞机治蝗作业是我国农用专业飞行的首次创举，这项技术的使用，加快了我国控制蝗灾的步伐，大大提高了治蝗效率。回顾我国飞机治蝗的发展过程，大致可分为 4 个阶段。

（1）飞机治蝗的创始阶段：1951—1953 年

我国飞机治蝗始于 1951 年，这年夏天长江以北 8 省相继发生蝗虫危害，特别是安徽省北部和河北省南部的蝗灾形势十分严峻。在地方政府的要求下，中央人民政府政务院、财政经济委员会和农业部决定采取飞机治蝗措施。在华北空军和苏联专家卢森科的支持与协助下，于 6 月 11 日将已改装过的 4 架苏制 ПО-2（波2）飞机和美制 L5 教练机经试飞后分赴河北黄骅和皖北泗洪县执行飞机治蝗任务。在两周内，完成近 20 万亩喷撒六六六粉的作业任务，尽管这次飞机治蝗在施药技术上有不足之处，但防治蝗虫的效果仍令人鼓舞，为新中国的飞机治蝗奠定了基础。1952—1953 年，引入了苏制 AH-8 飞机投入治蝗，并在喷粉技术方面得到进一步改进和提高。1953 年，新疆、江苏、安徽三省发生蝗虫较重，共出动飞机 21 架，飞行 1 个多月，治蝗面积近 100 万亩。1953 年 5—6 月，新疆博斯腾湖投入 4 架，飞机喷撒六六六粉，防治蝗虫近 30 万亩。

（2）飞机喷粉治蝗推广阶段：1954—1974 年

进入 20 世纪 50 年代中期以后，我国飞机喷粉技术逐步成熟，并开始在治蝗工作中大面积推广应用。如 1954 年使用飞机 21 架，飞防面积约 100 万亩；1959 年使用飞机增加到 40 多架，飞防面积超过 1 000 万亩，占当时治蝗总面积的 50%；1960 年，冀、鲁、豫、苏、皖 5 省夏秋蝗共发生 3 800 万亩，防治 2 700 万亩，其中飞机防治 1 900 万亩，飞机治蝗面积约占防治总面积的 70%；1962 年夏季使用飞机 50 架，飞防面积 762 万亩，占治蝗面积的 73%。60 年代末至 70 年代初，随着蝗虫发生面积的缩小，飞机防治面积也相应下降，但飞防面积仍占治蝗面积的 30% 以上。

（3）飞机喷粉向喷雾的转变阶段：1975—1983 年

从 20 世纪 50 年代到 70 年代初的喷粉作业，对及时控制蝗害发挥了重要作用。但是，由于六六六粉等有机氯农药的频繁施用，蝗虫的耐药性增强，单位面积的施药剂量逐渐增加，到 70 年代初，每亩喷撒六六六粉的剂量由 50 年代的 1~2 斤增加到 3~4 斤，使飞机作业效率明显下降。加之有机氯农药对环境和人体健康的副作用，也面临被淘汰的趋势。1975—1980 年，在新疆巴里坤进行飞机喷撒马拉松和稻丰散防治草原蝗虫的超低容量（ULV）试验取得成功，随后又在新疆、内蒙古、青海、辽宁等地示范了1 000多万亩，防治效果在90%以上。80 年代初，飞机喷粉面积有所缩减，超低量喷雾面积在蝗虫发生区逐步得到扩大应用，每架次作业面积由喷粉时的750～1 500 亩增加到 6 000～12 000 亩，每架飞机的日作业面积由原来的 0.75 万～1.5 万亩扩大到 4.5 万～7.5 万亩，防治效率明显提高。

（4）超低量喷雾发展与精准导航阶段：1983 年以后

1983 年初，国务院决定停止使用六六六和滴滴涕农药，结束了长达 31 年飞机喷粉的治蝗历史，取而代之的是有机磷农药的超低量喷药技术。1985 年以后，受异常气候影响，黄淮海地区蝗虫频繁发生，飞机治蝗工作常年开展。1986—2000 年，鲁、豫、津、琼、晋、冀等省市均采取了飞机治蝗措施，15 年累计调用飞机 89 架，飞防总面积 1 815 万亩次。经过十多年的研究与实践，飞防作业逐步规范化和标准化，形成一套快速有效的飞机超低量施药技术，并在卫星定位导航（GPS）和自动化喷雾作业试验方面取得新的进展。进入 21 世纪，随着蝗虫的逐步控制，飞机防治面积逐年减少。2008 年以后，飞机导航与精准施药技术得到进一步发展，信息技得到广泛应用，但大型飞机作业使用较少，部分地方推广使用小型无人飞机喷药治蝗，取得良好效果。

3. 治蝗药剂快速发展、保障有力

新中国成立伊始，便开始了使用当时世界上最为先进的六六六粉农药治蝗的研究工作。1950 年，通过多种化学农药的对比试验，充分证明了六六六粉农药对蝗虫不但有很强的触杀作用，而且对蝗虫具有很强的胃杀和熏蒸作用，六六六粉被选定为最理想的治蝗农药。

1951 年，在六六六粉农药的使用技术上，选用了人工手摇喷粉器喷撒 0.5%六六六粉每亩 2～3 斤的人工喷粉治蝗方法；0.5%六六六粉 10 斤或 2.5%六六六粉 2 斤＋麦麸 100 斤＋水 100 斤制成毒饵，每亩用鲜饵 8～10 斤的毒饵治蝗方法；飞机喷撒 0.5%六六六粉每亩 2～3 斤或 1%六六六粉每亩 1.5 斤的飞机喷粉治蝗方法，均获得了 95% 以上的杀虫效果。1953 年，中央人民政府确定了除治飞蝗的药剂和器械全部费用由国家负担的政策以后，国家向蝗区提供了大量的治蝗药品、器械及治蝗专款，药剂治蝗便成为我国除治蝗虫的主要措施。是年，农业部确定 2.5%六六六粉为配制毒饵治蝗的专用农药。

1956 年，国家确定 1.5%六六六粉为飞机治蝗专用药剂。1958 年，随着我国六六六粉农药生产能力的提高，国家开始实行大规模使用飞机治蝗，同时在部分蝗区推广大型动力机械地面喷粉治蝗办法，明确了人工喷粉器治蝗使用 0.5%或 1%六六六粉每亩 3 斤，飞机治蝗使用 2.5%六六六粉每亩 1.25 斤，地面三用动力机治蝗使用

2.5％六六六粉每亩1.5斤的用药标准。直到1983年国务院决定停止生产六六六粉以后，六六六粉农药才被以有机磷农药为主的其他农药取代，但是，飞机治蝗仍是全国除治蝗虫的主要方式。

20世纪80年代中期以后，我国在药剂治蝗方面，飞机超低容量（ULV）喷雾主要使用75％马拉硫磷原油，一般每亩用药70～100毫升，地面机械跑车治蝗及人工背负喷粉弥雾动力机低容量或超低容量喷雾治蝗选用了45％马拉硫磷、10％安绿宝、50％辛硫磷、50％稻丰散、40％氧化乐果、80％敌敌畏、50％甲胺磷、50％新光一号、50％敌马乳油、2.5％溴氰菊酯、20％速灭杀丁、2.5％来福灵以及4％敌马粉、1.5％林丹粉等多种农药。90年代，海南、新疆、河北、山西、山东等地试验使用飞机喷撒菊酯类农药，随后氟虫腈（锐劲特）农药在天津、河北、山东等地逐步大面积应用等，由于其光谱性和对蜜蜂高毒等因素影响，2009年以后陆续停止使用。80年代中后期，以蝗虫微孢子虫为代表的生物治蝗药剂逐步研发应用，此外，苦参碱、印楝素、除虫菊等植物源农药也在部分蝗区示范应用。

进入21世纪以后，杀蝗绿僵菌逐步得到推广应用，治蝗药剂由多元化的化学药剂发展为化学与生物药剂相结合，农药生产和供给保障能力显著增强，甚至供给有余，对持续控制蝗虫种群密度发挥了重要作用，飞蝗暴发频率和发生面积显著下降。总结我国几千年的蝗灾斗争史，兴修水利、疏浚河道、垦荒种植、生态保护等措施的落实，对改造和削减蝗虫孳生区发挥了根本性作用；蝗虫监测预报与信息技术的应用，对蝗虫的早发现、早防治发挥了关键性作用；特别是高效治蝗药剂的研发、推广以及飞机和地面机械防治技术的应用，对快速控制高密度蝗群发挥了决定性作用。

（三）新中国成立以来的主要治蝗成就

几千年来，蝗灾给中国人民的生产和生活带来了不可磨灭的深重灾难，一直是历朝历代帝王的救灾难题。从古代到近代，官府、百姓与蝗灾的斗争伴随着农耕文化的发展过程，但蝗灾问题始终没有从根本上解决。新中国成立以后，中国共产党和各级人民政府高度重视蝗灾的治理，经过几代人的不懈努力，最终战胜了蝗灾，使昔日"飞蝗蔽天，赤地千里，禾草皆光，饿殍枕道"的千年蝗患得到切实有效控制，并成为新中国防灾减灾的伟大壮举。总结70多年的治蝗成就，主要表现在以下4个方面：

1. 形成了政府主导、群防群控的中国经验

实践证明，应对蝗灾这种特殊的生物灾害，不仅需要科学的技术手段，更需要强有力的政府组织措施。从国家领导人到职能部门，从地方省、市、县各级政府到相关单位，都十分关心和支持治蝗工作，在蝗灾防治中充分发挥了中国共产党和各级人民政府的组织优势及群众优势。从组织优势方面看，建立政府主导、属地负责的蝗灾防治责任机制。为有效应对突发蝗灾，党和国家领导人多次做出批示指示。新中国成立初期，农业部把防治蝗虫作为大事来抓。2001年农业部成立了蝗灾防治指挥部和办公室，加强了对蝗虫防控的指挥调度能力。与此同时，重点省市县也建立了由政府分管领导挂帅和相关部门负责人参加的蝗灾防治指挥协调机构，切实加强了对蝗虫防治工作的组织领导，强化部门协作配合，在资金、物资、技术、人员调配方面形成蝗灾防治的合力。相关职能机构和单位负责人员，都认真履行职责，积极致力蝗灾防治工作。从发挥群众优势看，在蝗灾发生区充分动员民众参与，通过群防群治，打一场防治蝗灾的"人民战争"。从1943—1949年中国抗日战争及解放战争时期河北、河南、山西等中国共产党领导的太行解放区军民打蝗运动，到1950—1951年的"百万群众"捕打蝗虫，以及后来的群众治蝗行动与专业化防治相结合，都是人民政府主导和群防群控的成功经验，中国政府和人民投入蝗灾防治的组织程度、规模和力度，不仅在历史上前所未有，在世界蝗灾防治史上也是首屈一指的，其经验值得相关国家借鉴。

2. 创新了改治并举、持续控蝗的技术模式

新中国成立以后，国家投入大量的人力物力，几代科技工作者对蝗虫生物学、生态学及其灾变规律、防治技术等方面开展了艰苦的研究工作，特别是对东亚飞蝗研究最为系统，内容最为全面，成果最为突出。研究的深度、广度和持久性都超越了所有农业病虫害。20世纪70年代以后，蝗虫研究先后获国家和部级科技成果奖，如1978年"改治并举，根除蝗害综合技术"获全国科学大会奖；1981年"取代'六六六'粉剂防治蝗虫——飞机超低容量制剂的研究"获农业部农牧科技成果技术改进二等奖；1982年"东亚飞蝗生态、生理等理论研究及其在根除蝗害中的意义"获国家自然科学二等奖；1993年"北方农区土蝗优势发生规律及综合防治技术研究与应用"获农业部科技进步二等奖；1999年"东亚飞蝗蝗区勘察及可持续控制技术研究与应用"获国家科技进步二等奖；2018年"飞蝗两型转变的分子调控机制研究"获国家自然科学奖二等奖。此外，山东、河南等蝗区各省市也获得了一批地方性治蝗科技成果。蝗虫方面的研究成果，对不断提升蝗虫综合治理水平发挥了强有力的支撑作用。在蝗虫监测预报方面，通过"三查三定"，及时指导采取预防和控制措施，抓住蝗虫3龄盛期施药，将蝗虫杀灭在迁飞以前。在生物生态学以及药剂和机械等方面的研发创新，也为蝗虫孳生区坚持推行"改治并举、持续控害"的技术模式提供了理论和物质基础。特别是在"预防为主，综合治理"方针引领下，确保有效削减蝗虫适生面积和发生程度，实现蝗灾的标本兼治。

3. 构建了监测预警和应急防控体系

1950 年，农业部设立了病虫害防治司（局），并将蝗虫防治作为首要防灾工作任务，各地农业部门也将蝗灾治理纳入重要防灾任务。面向蝗虫监测与防治的工作机构、体系队伍逐步完善，在蝗虫发生区先后建立了一批防治站、测报站、植保站等机构。经过 70 多年的建设，建立了国家、省、市、县四级植物保护机构，蝗虫监测预警能力显著提升，基本做到早发现早预警早防治。蝗虫常发地区还建立了应急设施和防治专业队伍，仅"九五"期间，在 9 个蝗区省市规划建立 100 个治蝗专业队，并设计了应急服务标识和防护服装。2006 年提出了"公共植保、绿色植保"新理念，进一步强化了植保防灾减灾的公共服务能力。与此同时，一些地方植保专业化、社会化服务组织也应运而生，成为蝗虫及重大病虫防控的生力军。20 世纪 80 年代中期后，全国蝗虫监测防治体系在原有被削弱基础上逐步得到加强和完善，到 21 世纪初期，全国农牧区已建成"预报准确、执行有力、防治高效"的蝗灾防控体系，应对突发蝗灾的快速反应能力显著增强，农区和草原蝗虫监测防治工作有序开展，基本保证蝗虫发生以后可防可控，将其消灭在迁飞危害以前。

4. 基本消除蝗灾对粮食安全的威胁

经过长期积极的治理，飞蝗的孳生环境得到改造，新中国成立初期，全国共有蝗区面积 7 815 万亩，飞蝗常年发生面积 6 000 万亩左右，分布在山东、河北、河南、江苏、安徽、天津等省市的 239 个县，蝗区面积之大、县份之多，世界罕见。至 20 世纪 90 年代末，在国家"改治并举"治蝗方针指引下，经长期的化学防治和蝗区改造治理，和新中国成立初期相比，蝗区改造了 5 520 万亩，飞蝗常年发生面积减少了 5 000 万亩左右，蝗区县减少了 88 个，蝗区改造工作取得了举世瞩目的伟大成就。到 2019 年，全国蝗区面积进一步缩减到 1 500 万亩左右（其中常发蝗区面积不到 1 000 万亩），该年飞蝗实际发生面积 1 422 万亩次（其中东亚飞蝗夏蝗发生 693 万亩、秋蝗发生 584 万亩），飞蝗发生分布县减少到不足 200 个，且多为点片或零星发生，发生程度显著减轻，对粮食等作物基本未造成危害。1986—2019 年的 34 年中，没有造成飞蝗的跨省区迁飞危害，农区和草原其他蝗虫也得到全面有效控制，基本实现了"飞蝗不起飞危害、土蝗不暴发成灾"的防控目标。据测算，1950—2019 年，通过蝗虫灾害的有效防治，至少"虫口夺粮"挽回粮食损失 2 000 亿斤以上。新中国成立后，蝗灾的持续有效控制，使山东、河北、安徽、江苏等许多昔日的"蝗虫窝"变成了"米粮川"，成为国家重要粮食生产基地，粮食生产能力显著提升。同时，蝗灾的控制，增加了蝗区农民收入，消除了社会恐蝗心理，经济、社会和生态效益十分显著。

实践证明，我国建立高效的政府应急指挥机制、强大的植保专业防控体系、科学的配套技术和有力的物质资金保障，是控制蝗灾的四大决定性因素，缺一不可。通过对蝗虫发生区准确监测预警，因地制宜采取生态控制、堵窝防治、应急防治、统防统治、联防联控等综合防控措施，并将药剂防治重点放在蝗虫孳生基地起飞前的 3 龄蝗蝻盛期，及时有效控制了飞蝗和其他暴发性土蝗的扩散迁移和起飞成灾。同时，对国内局部迁飞成虫和入境蝗虫实施飞机和地面快速扑杀，防止二次起飞造成危害。目前，虽然蝗虫没有被全面根除，但是蝗灾得到有效控制，达到了"有蝗不迁飞、暴发不成灾"生态平衡状态，标志着千年蝗患已得到可持续控制。新中国的成功治蝗经验得到世人公认，成功消除了蝗灾对我国粮食安全的重大威胁，对促进现代农业发展具有重大贡献，这一成就不仅是中国治蝗史的丰碑，也是世界治蝗史的典范。

第五章
蝗虫文化与人物

一、蝗神祭祀与蝗神庙

古代，人们对自然的认识能力不足，面对蝗虫的突发性、迁飞性和毁灭性，将许多不能解释的蝗灾现象归之于"天灾"和"神"的作用，帝王、官府和百姓时常将蝗虫视为神虫。特别是，历史上的封建统治者无力控制蝗灾，自然把蝗虫的起源也归因于神，将蝗灾认为是天降祸害，进而将蝗虫神化，并鼓励各地修建祭祀"蝗神"的庙宇。

蝗神庙，是中国古代和近代官府、民间迷信蝗神、消除蝗灾的精神寄托场所。陈正祥（1983）在《中国文化地理》中对中国蝗神庙的分布进行了描述，鲁克亮等（2006）和刘鹏辉（2017）分别对广西和新疆蝗神庙作了研究，研究发现，蝗神庙的分布与蝗灾的发生有着密切关系。由于蝗灾给人们带来的深重苦难，因此有蝗神庙的地方，一定曾发生严重的蝗灾，反之，没有蝗神庙的地方，一般没有蝗灾或蝗灾并不严重。我国各地蝗神庙类型较多，但主要有刘猛将军庙、八蜡庙、虫王庙三种庙。中国古代传说中有一位将军（刘锜、刘承忠，是否叫刘猛，考证说法不一），天赋神力，可以驱除蝗虫，于是许多地方就建起刘猛将军庙以镇蝗消灾。八蜡庙原本是祭祀农作物害虫的综合神庙，后来演变成祭祀蝗虫的庙；在一些地方，蝗虫被称为"神虫"或"虫王"，于是祭祀蝗虫的八蜡庙，就变成了虫王庙，民间建立八蜡庙，希望"蝗神"接受了祭物之后，不再来吃他们的庄稼，或只吃邻县的而不吃本县的。在蝗灾特别严重的地区，经常是八蜡庙和刘猛将军庙并存，更有一些地方专门设立虫王庙，以致三庙林立。在史料和地方志中记载的蝗神庙数量之多、分布之广，正是中国历史上农业生产和人民饱受蝗灾苦难的印证。

明代季俞显生动指出"司蝗之神也，蝗有孔在背，神常贯之以绳，不使妄为害"，说的就是蝗神故事。蝗神的活动场所为蝗神庙，其祭祀活动成为中国祭祀文化的重要组成部分。蝗灾，作为与水灾、旱灾并重的三大自然灾害之一，对农业可造成巨大损失，因此，蝗虫问题备受人们的关注，蝗神的祭祀活动也伴随蝗灾的发生而广泛开展起来。这种具有中国特色的蝗虫祭祀文化，影响了中国 2 000 多年的时间。

（一）古代蝗神庙的起源

周尧、范毓周、彭邦炯、刘继刚等学者在殷墟甲骨文中看到不少"告蝗"的卜辞，这是占卜蝗虫的发生。说明蝗虫的祭祀活动，自有古老文字时，就已经有了。《周礼》曾用大量文字描述了祭祀活动，并设宗伯之职掌管祭祀之事，以达到祈福祥、顺丰年、逆时雨、宁风旱、弥灾兵、远罪疾的目的。据《礼记·郊特牲》载："天子大蜡八，伊耆氏始为蜡。蜡者，索也，岁十二月，合聚万物而索飨之也。"伊耆氏即尧帝，蜡即祭，蜡八，即蜡祭八神，先啬一，司啬二，农三，邮表畷四，猫虎五，坊六，水庸七，昆虫八。这就是八蜡庙的起源，也是八蜡庙在民间长期存在的依据，伊耆氏在昆虫的蜡辞中曰："土反其宅，水归其壑，昆虫毋作，草木归其泽"，用强硬的口气不使昆虫为害庄稼。昆虫，在历史上又多指蝗虫，由此也成为蝗神庙产生的原因。历代很多帝王在遭受蝗灾时，会举办祭祀蝗神活动，意在消除蝗灾。王充《论衡·祭意篇》曰："凡祭祀之义有二：一曰报功，二曰修先，报功以勉力，修先以崇恩。"古祭八蜡在十二月，后来改祭于春、秋两季，春祈秋报。

民间祭祀蝗神的活动在汉代就已经非常兴盛了。据《宋史·酺神》载："按《周礼·族师》，春秋祭酺。酺为人物灾害之神，郑玄云：'校人职有冬祭马步，则未知此酺者，蝝螟之酺欤，人鬼之步欤？'"又载："汉有螟蝗之酺神，又有人鬼之步神，历代书史，悉无祭酺仪式，欲准祭马步仪，坛在国城西北，差官就马坛致祭，称为酺神。"直至清代，江苏盐城还建有螟蝗酺神庙。又据《偃师县志》载，薄太后庙在县西北。薄太后，汉文帝之母也，其神凡虫蝗入境，祷之即灭。薄太后庙，每岁六月六日祭。薄太后于前 155 年去世，其庙则一直延续到明代。

卓茂，河南南阳人，汉元帝时学习于长安，后迁密令，劳心谆谆，视人如子，举善而教，口无恶言，数年以后，密县秩序井然，路不拾遗，形成了良好风气。公元 2 年，天下大蝗，河南二十余县皆被其灾，独不入密县界，督邮向太守汇报后，太守不相信，亲自到密县调查后才信服。后卓茂升迁京都丞，在离开密县时，密人老幼哭送。东汉建武四年（28 年）卓茂去世，密县建立了卓茂庙以示纪念，当有蝗虫灾害时，则祭祀于卓茂庙，以祈蝗不入界。延熹八年（165年）四月，桓帝下诏清理拆除滥设的祠庙时，还特别批准保留了密县的卓茂庙。

宋均，南阳安众人，迁九江太守，东汉中元元年（56年），山阳、楚、沛多蝗，其飞至九江界者，辄东西散去，由是名称远近，民共祠之。

北魏郦道元《水经注》曰："洛水山际有九山庙，又有《百虫将军显灵碑》，碑云：将军 姓伊氏，讳益，字隤敳，帝高阳之第二子伯益者也。"据《密县志》载，"今巩洛嵩山有百虫将军庙是也，自汉有之"，又曰："密有虫王庙，即百虫将军，岁祀令必躬亲，祠祀最古。梁武陵王时，肖修在汉中七年，移风改俗，人称慈父，长史范洪胄有田一顷，将秋遇蝗，肖修至田所，深自咎责，忽有飞鸟千群，蔽日而至，瞬息之间食蝗殆尽，诏立碑颂之。"民间自发兴建的各种蝗神庙还有很多，但在封建统治阶级压迫下，人民过着春不得避风尘，夏不得避暑热，秋不得避阴雨，冬不得避寒冻的穷苦日子，一旦遇有水、旱、蝗虫之灾，农民只好卖田宅、鬻子女或流亡，其丰收的希望也只能寄托在祭祀诸神的保佑上，希望有一个能管住蝗虫为害的蝗神。八蜡庙、醋神庙、薄太后庙、百虫将军庙、虫王庙、卓茂庙、宋均祠、肖修祠等的建立，迎合了人民惧怕蝗灾而祈祷的心理，随之而来，也就产生了很多希望能管住蝗虫的蝗神之说。北齐天保八年（557年），河北、河南大蝗，畿人皆祭之。后晋天福八年（943年）六月，以螟蝗为害，诏侍卫马步军都指挥使李守贞往皋门祭告。祭祀蝗神及蝗神庙的建立，已成为中国祭祀文化中不可缺少的一部分。

古代除各种蝗神庙，还建有以蝗虫命名的螽斯庙或螽斯则百堂。据《后汉书·荀爽传》载，东汉延熹九年（166年），荀爽拜郎中，对策陈便宜曰："昔者圣人建天地之中而谓之礼，礼者，所以兴福祥之本，而止祸乱之源也"，又曰："诸非礼聘未曾幸御者，皆遣出，一曰通怨旷，和阴阳；二曰省财用，实府藏；三曰修礼制，绥眉寿；四曰配阳施，祈螽斯；五曰宽役赋，安黎民。此诚国家之弘利，天人之大福也。"建议朝廷配阳施，祈螽斯。汉朝权贵一族开始借用蝗虫繁殖率高的特点，始建螽斯则百堂。《后汉书·皇后纪》也载："螽斯则百堂，福之所由兴也。"古代统治阶级兴建螽斯则百堂，祈螽斯，其用意是希望自己多子多福、人丁兴旺，直至清末，故宫内还建有螽斯门，民间也有"秉关雎之德，衍螽斯之庆"的说法。

（二）蝗神庙类型

据史料分析，蝗神庙因各地及人民的习俗，基本分为7个类型。

1. 纪念帝王治蝗功绩的蝗神庙

唐贞观二年（628年），天下大蝗，太宗在苑中见蝗，掇数枚祝之曰："人以谷为命，而汝食之，百姓有过，在予一人，但当食我，无害百姓。"遂吞之，是岁，蝗不为灾。唐太宗此举，后人多写诗赞美，流传广远。嘉庆《海州直隶州志》载：蒲神庙，顺治六年知州陈培基重修，祀唐太宗于中，左为刘猛将军，右为姚崇。蝗蝻为灾祷于神，蝗不为害。1928 年，尤其伟考证，江苏海州城南，有一蝗神庙，其神身穿黄袍，头戴王冠，面白长须，仪容雍和，神位横联为"昆虫永息"，对联为"诚若保之求请命祈年当时兆庶蒙麻久垂贞观于史册"，"切如伤之视弭灾消患此日威灵有赫载赓田祖于诗篇"。细分析，土人纪念唐太宗治蝗消灾理所当然。

2. 纪念清正廉洁地方官员的蝗神庙

卓茂为密县县令时，把密县治理得秩序井然，形成了路不拾遗的良好风气。公元 2 年，天下大蝗，河南二十余县皆被其灾，独不入密县界。东汉建武四年（28 年）卓茂去世后，其事迹不但写入正史，在民间也广为流传，密县建立了卓茂庙以示纪念，在闹蝗灾的时候，祭祀于卓茂庙。乾隆《江南通志》载：江通知巩县时，招抚流民，教以生业，时蝗飞蔽天，独不入巩县。太守闻而异之，举江通孟津捕蝗，江通祷蝗，蝗飞去，民立祠祀之。宋均为九江太守，山阳、楚、沛多蝗，至九江辄散去，民共祠之。赵熹迁平原太守，青州大蝗，入平原界辄死，岁屡有年，百姓歌之。伯益为唐河虞，是为百虫将军，注虫令，巩、洛、嵩山均有百虫将军庙。梁武陵王时，肖修在汉中七年，移风改俗，人称慈父，长史范洪胄有田一顷，将秋遇蝗，肖修至田所，深自咎责，忽有飞鸟千群，蔽日而至，瞬息之间食蝗殆尽，诏立碑颂之。类似这样记载，在史料中还有很多，在闹蝗灾时，人们祭祀于这些祠庙，以求他们的保佑，消除蝗虫灾害。

3. 纪念捕治蝗虫有功官员的蝗神庙

雍正《陕西通志》载：商州裴晋公庙，在州城东，祀唐相裴度，度知陕西时以捕蝗有功，祀为蝗神。《居易录》记载："宋绍熙进士，金坛人刘宰，字平国，为浙江东仓司干官，告归隐居三十年去世，谥文清，以正直为神，能驱蝗保稼，有功于民，故祀之。"民国版《辞源》云：刘猛将军，"神名承忠，广东吴川人，元末官指挥，有猛将之号，江淮蝗旱，督兵逐捕，蝗尽殄死，后因元亡，自沉于河，土人祠祀之"。

4. 根据皇帝旨令建立的蝗神庙

宋景定四年（1263 年），敕书云："飞蝗入境，渐食禾稼，赖尔神力，扫荡无余。封刘锜为扬威侯天曹猛将。"

清康熙五十八年（1719 年），沧州、静海、青县等处飞蝗蔽天，守道李维钧默以三事祷于刘猛将军庙，一求蝗飞入海，二求为民所捉，三求蝗虫自灭。后经百姓奋力扑打，捕捉蝗虫 7 300 多袋，蝗不为灾。李维钧得了个"默祷有应"的赞誉。雍正二年（1724 年），京畿大蝗，升为直隶总督的李维钧又乘机向雍正帝介绍说："畿辅地方，每有蝗灾，土人虔祷于刘猛将军庙，则蝗不为灾。"雍正帝认为，只要有益于民生者，皆应推广。于是谕令各省，要求把祈祷刘猛将军，作为灭蝗的措施之一。

5. 综合性祠庙

八蜡庙是农业综合性神庙，虫王庙主祭八蜡中的昆虫，刘猛将军又是昆虫中的蝗神，庙的性质不同，但也有一定的联系，因此附祭现象很多。据光绪《畿辅通志·祀典》载，正定县以刘猛将军为昆虫之神，附祀八蜡庙中。东明县刘猛将军庙于清康熙五十一年（1712 年）建成，祭于八蜡庙中。乐亭县乾隆十八年重修八蜡庙，以祀蝗神。卢龙、昌黎、迁安的刘猛将军庙、虫王庙均在八蜡庙内同祭。枣强、获鹿、元氏、南宫、南和、安国、良乡、东安、新城、容城、庆云、正定、肥乡、怀来、宁晋等县的刘猛将军庙均建于八蜡庙中，与八蜡同祭。吴桥刘猛将军庙和大王庙并祀。静海则称之为八蜡将军庙。

6. 专一祠庙

专一祭祀的蝗神庙以特定蝗虫建立。如辽宁辽中的蚂蟥（蚂蚱）庙、山西平陆的螽斯庙、甘肃高台的蝗虫庙、江苏高邮的蝗王庙、山西高平的仔蝗庙等。

7. 其他类型

清代，全国除根据雍正帝旨意大量兴建的刘猛将军庙，山东、江南一带还建有金姑娘娘庙。康熙四十二年（1703 年）夏，吴中乏雨，有人自江北来，传说有一妇乘柴船，行数里即欲去，自云："我非人，乃驱蝗使者，即俗所称金姑娘娘。今年江南该有蝗灾，上天不忍小民乏食，命吾渡江收取麻雀等鸟，以驱蟥蝗。你们可传谕乡农，凡有蝗来，称我名即可驱除。"倏忽不见了。后来常州一带果有蝗从北来，乡农书金姑娘娘位号，揭竿祭赛蝗即去。传言崇祯十三、十四年间，向有金姑娘娘纸马，近六十年来不见刷印，至今岁复兴，大获其利。

（三）不同时期的蝗神庙

1. 唐代蝗神庙

唐代各种蝗神庙的建立，除迎合了一些人的迷信思想，主要还是统治阶级利用祭祀活动加强对各级官吏的管理。唐贞元年间，柳宗元在长安任监察御史时主管祭祀工作，在某次举行祭祀典礼之前，他召集一些官员讨论祭祀问题，说：古时候皇帝于岁末集合百官在南郊祭典百神，为了报答神，在祭祀之前，都要问清户部，哪些地方有旱灾，哪些地方有水灾，哪些地方有蝗灾，哪些地方有瘟疫，然后，取消这些地方神的牌位，不再祭祀这些神了。柳宗元又说：我学过《礼记》，看来没有受灾害的地方神才能享受祭祀之说，已有很长时间了。又说：神长的什么样子，我从来也没见过，祭祀给神的东西，神吃了没有，也不得而知，祭祀真是荒诞模糊的事。古代君主设祭祀，肯定有意图，并不是为了神，而是警戒人，用意是很大的，如果不明白祭祀神是为了警戒人的道理，就是违背了圣上的本意。只要人们明白，祭祀的目的是为了教育人，就是取消祭祀也是可以的；祭祀若失去教育人的目的，其后果则太可悲了。在唐代，朝廷对祭祀蝗神的态度非常淡薄，以致出现了唐太宗食蝗以及姚崇主张捕蝗的生动故事。据《陕西通志》载，商州裴晋公庙，在州城东，祀唐相裴度，度知陕西时以捕蝗有功，祀为蝗神。

2. 宋代刘猛将军庙

刘猛将军庙不过是各种蝗神庙当中的一种，但与其他蝗神庙不同的是，刘猛将军庙是宋景定四年（1263年）皇帝敕封祀典的官方神庙。

宋庆历中，有臣僚上言，天下螟蝗颇为民害，请求颁发诏书祭祀于醮神。并撰其祝文曰："惟年岁次月朔某日，州县具官某，敢昭告于醮神，蝗蝝荐生，害于嘉谷，惟神降祐，应时消殄，请以清酒，制币嘉荐，昭告于神，尚飨。"崇宁二年（1103年），诸路大蝗，诏命有司祭之。建炎二年（1128年）六月，淮甸大蝗，令长吏修醮祭。绍兴三十二年（1162年），诏颁祀令曰："虫蝗为害则祀醮神"，举办祭祀仪礼。嘉定八年（1215年）六月，以飞蝗入临安界，诏差官祭告。又诏两浙、淮东西路州县，遇有蝗入境，守臣祭告醮神。

据褚人获《坚瓠集》载《扬威侯敕》：宋景定四年（1263年）三月八日，皇帝敕曰："国以民为本，民实比于干城；民以食为天，食尤重于金玉。是以后稷教之稼穑，周人画之井田，民命之所由生也。自我皇祖神宗列圣相承，迨兹奕叶。朕嗣鸿基，夙夜惕若。迩年以来，飞蝗犯禁，渐食嘉禾，宵旰怀忧，无以为也。黎元恣怨，未如之何。民不能祛，吏不能捕。赖尔神力，扫荡无余。上感其恩，下怀其惠。尔故提举江州太平兴国宫，淮南、江东、浙西制置使刘锜，今特敕封为扬威侯天曹猛将之神，尔其甸抚，庶血食一方，故敕。"从此，刘猛将军庙就以各种形式建立起来了。

据山东巨野、东阿、济阳、商河等县志的记载，刘锜，字信叔，于理宗朝，以驱蝗有功，敕封扬威侯天曹猛将之神，庙祀500余年。又据民国《吴县志》载，刘猛将军庙，初名扬威侯祠，加封吉祥王，故亦名吉祥庵，其庙乡村到处有之。这就是刘猛将军庙来源的最早记载。雍正《河南通志》诗赞曰："南宋名帅称刘公，张韩岳氏将无同，公副留守京之东，平生报国血一腔"，"护持我稼匡先农，屏去螟螣驱昆虫，中原吏民俎豆供，春秋祈赛年屡丰"。

褚人获撰《坚瓠集·尹山猛将会》曰："江苏长洲尹山乡人，酿金祭赛猛将，三年一大会，装演故事，遍走村坊，众竟往观，男女若狂。"光绪《金山县志》记载："村落中，莽将庙所在多有，冬春赛祷，以祈田事。"由此可见，刘猛将军庙在宋、元、明时期，山东、河北、河南、江苏、安徽及上海、北京、天津等地都有建立。

3. 清代刘猛将军庙

清雍正时期，朝廷为刘猛将军庙推广而行之。据光绪《永年县志》载，刘猛将军庙，在城内东南隅，雍正二年知府王允玫建，庙内并有总督李维钧《将军庙碑记》，碑记曰："庚子（康熙五十九年）仲春，刘猛将军降灵自序：'吾乃元时吴川人，吾父为元顺帝时镇西江名将，吾后授指挥之职，亦临江右剿余江淮群盗，返舟凯还，值蝗孽为秧，禾苗憔悴，民不聊生，吾目击惨伤，无以拯救，因情极自沉于河，后有司闻于朝，遂授猛将军之职，荷上天眷念愚诚，列入神位。'将军自叙如此，己亥年（康熙五十八年）沧、静、青等处飞蝗蔽天，维钧时为守道，默以三事祷于将军，蝗果不为害，甲辰（雍正二年）春，事闻于上，遂命江南、山东、河南、陕西、山西各建庙，并于畅春园择地建庙，将军之神力赖圣主之褒敕，而直行于西北，永绝蝗蝻之祸，其功不亦伟欤！将军讳承忠，将军之父讳甲。"《清史稿》对此事描述如下："世宗朝，各省祀猛将军元刘承忠，先是直隶总督李维钧奏：'蝗灾，土人祷猛将军庙，患辄除。'于是下各省立庙祀。"

据光绪《畿辅通志》载，清雍正三年七月谕："旧岁，直隶总督李维钧奏称：畿辅地方每有蝗蝻之害，土人虔祷于刘猛将军庙则蝗不为灾。朕念切恫瘝，凡是之有益于民生者，皆欲推广行之。且御灾捍患之神载在祀典，即《大田》之诗亦云：'去其螟螣，及其蟊贼，无害我田稚。田祖有神，秉畀炎火。'是蝗蝻之害，古人亦未尝不借神力以为驱除也，曾以此密谕数省督抚留意，以为备蝗之一端。"乾隆《大清通礼·致祭》规定，直省所在专祠之，礼祭猛将军刘承忠于各省府州县致祭，每岁春秋，所在守土官具祝文。乾隆《大清会典》也作了各郡县均设刘猛将军专祠春秋致祭的规定。从此，全国又兴起了建立以元指挥刘承忠为原型的刘猛将军庙的高潮。

通过对全国24个省（区、市）、1 414个府州县志的调查，建有蝗神庙的873个州县，占调查总数的61.7%；其中，建立刘猛将军庙的州县512个，建立八蜡庙的州县340个，建立其他庙的州县21个。而在河北、河南、山东、山西、江苏、安徽、陕西、甘肃、宁夏、北京、天津、上海12省（区、市）的741个州县中，建立蝗神庙的州县达681个，比例高达91.9%，其中建有刘猛将军庙的州县406个，建有八蜡庙的州县257个，建有其他庙的县18个；未查到建庙的60个州县，仅占8.1%。在对辽宁、四川、贵州、浙江、湖南、湖北、江西、福建、广东、广西、海南、重庆

12 省（区、市）的 673 个州县的调查中，建立蝗神庙的 192 个州县，占调查数的 28.5%，其中建有刘猛将军庙的州县 106 个，建有八蜡庙的州县 83 个，建有其他庙的县 3 个，除海南省未查到蝗神庙，其他省份或多或少均有蝗神庙的建立，可见蝗神庙遍天下，且主要分布于我国的中东部地区。在对河北省 117 个县刘猛将军庙建立时间的调查中，建有刘猛将军庙的 84 个县，占调查总数的 71.8%，其中雍正二年之前建立的仅 2 处，雍正二年以后建立的 47 处，未注明建庙时间的 35 处。对上海市 10 县的调查，均建立了刘猛将军庙，其中雍正二年之前建立的有 3 处。由此可见，如此广泛的刘猛将军庙，主要还是通过雍正帝下旨后而建立起来的。

4. 刘猛将军庙考

据乾隆《历城县志》卷十一《坛庙》记载的盛百二《刘猛将军庙考》曰："刘猛将军之列祀典自雍正二年始，因直隶总督臣李维钧之奏也。神讳传闻不一，明季俞显《野庙九歌》，其一为刘猛将军自序云，司蝗之神也，蝗背有孔，神常贯之以绳，不使妄为害，初不详为何代人；有云南宋刘文清公讳宰者，即诗家所称漫塘先生，《居易录》已辨其非矣；《饶阳县志》谓是元末指挥，讳承忠，吴川人，弱冠从戎，盗皆鼠窜，尝挥剑逐蝗，蝗自投境外，已而殉国难沉于河，明洪武时有司奏请立庙；《沂州府志》以为宋刘武穆公锜；《姑苏志》则以为讳锐，乃武穆公之弟；而《坚瓠集》中所采《怡庵杂录》载有宋景定四年三月八日敕略云，迩年以来，飞蝗犯境，渐食嘉禾，民不能祛，吏不能捕，赖尔神力，扫荡无余，尔故提举江州太平兴国宫淮南江东浙西制置使刘锜，今特敕封为扬威侯天曹猛将之神，则以为武穆者似为可据，然神之庙貌并为弱冠之容，又海宁海神庙猛将位在第四，或云彰德属邑有刘猛将军故里，姑备述之，以俟博识者之深考焉（柚堂笔谈）。"这是最早关于刘猛将军庙的考证记载。

至民国时期，民国《交河县志》在对汉以后六位传说中的刘氏蝗神考证后也不得结果，就写上"何从，俟考"四字结束。1928 年，尤其伟考证："刘猛将军之称，其说不一，《后汉书·桓彬传》载：'尚书令刘猛，猛善彬，不举正其事，曹节怒，劾猛下狱'，是汉时有一刘猛也；《北史》载：'铁弗刘武，北部帅刘猛之从子'，是晋世又有一刘猛也；然汉、晋刘猛皆无将军之称，又无驱蝗之事。《漫塘文集》刘通判行述云：'公讳极，知乐平县时有蝗自西北来，所至害稼，过县不下，人以为德政所致，端平中，敕命主管建昌军'，遂讹为将军，然飞蝗过境而不下谓德政所致，并非刘极一人；《灾异录》以为：'宋绍兴进士，金坛人刘宰，字平国，以正直为神，能驱蝗保稼'，俗称将军者误；光绪《畿辅通志》称：'神名承忠，吴川人，元末授指挥，适江淮飞蝗千里，挥剑逐之，蝗尽死后以王事，自沉于河，土人祠之，有猛将军之号'，刘为姓，猛非名，猛将军似又不太确切；《云泉笔记》云：'宋景定四年（1263年），封刘锜为扬威侯天曹猛将'，又有敕云：'飞蝗入境，渐食禾稼，赖尔神力，扫荡无余'，刘猛将军者锜所受封之爵，后世从之，以为将军之号，又不诚然；汪沆《识小录》以为：'神为锜之弟锐'，然《宋史·刘锜传》无弟锐之名，似依托刘锜之事推衍之，固不可信"。尤其伟考证了七位刘氏历史人物，又一一予以否定。在全国几百部省、府、县志的考证中也可以看到这种争论不休的现象很严重。但山东大多数县认为宋绍兴中议举酺祭，蝗虫为灾则祭之，今之祀刘，亦祭酺之遗制也。在民国版《辞源》刘猛将军名下认为：一为光绪《畿辅通志》载之元代刘承忠，一为《怡庵杂录》载之宋代刘锜。刘猛将军究竟是谁，众说不一，未有定论。

5. 刘猛将军新解释

光绪《安国县新志稿》载："刘猛将军不见正史，《畿辅通志》据《灵异录》盖出，缺乏依据。仅案：刘，杀也；猛，与蜢同，为蝗类。刘猛将军，谓杀蝗将军耳。"又据献县、任丘、泰兴、凤阳、高唐、长清、偃师县志载："刘猛将军，曰惟神。"《辞海》释：惟，"思；想"之意，就是思维、想象的意思。由此看来，刘猛将军并无其人，只不过是人们想象中能杀蝗消灾的神将寄托罢了。随着社会的进步，蝗灾已被人们所控制，蝗神庙也就随之一去不复返了，因此，刘猛将军是谁也就不重要了。

6. 关于唐裴晋公祠记

清代在一些地方还有裴晋公祠蝗神庙，当地官员遇到蝗灾时也开展祭祀活动。据乾隆《直隶商州志》卷十三《艺文》记载：

商州之东龙山有裴晋公祠，俗称为蝗神庙。《任庆云记》云：旧在爬楼山麓，弗详所自始，或云公尝知陕州，捕蝗有功故祀之。先是祠遭河患崩啮圮坏，十有一存，祀事弗称。嘉靖三十三年甲寅（1554年），州东螟，太守夏文宪祷于祠下，不三日螟尽死。明年州西蝗，祷如初，蝗复死。于是远近知神之灵能为百姓除患也，相与改作祠于兹山，秩诸祀典。其后，万历四十四年丙辰（1616年）夏，飞蝗蔽天，州守王邦俊祷之六日而蝗死，其秋复蝗，明年愈甚，屡祷辄屡应，十年来无岁不受明赐矣。天启五年乙丑（1625年）秋，余行山麓，顾瞻庙貌，湫隘芜秽不康禋祀，虽幸免河啮，而颓墉败壁，外为诸髡。供淫祠者亦不少，非司土者，所以格参明神以祸福，吾民意也。乃属之州尉亟令葺治，厂其重门改新两序，修其殿厅俻其缭垣，榱桷几筵靡不具筛，污涂金碧肃如焕如，捐俸钱三十缗，不烦官私财力而祠以改观矣。传曰：有功于民则祀之，以劳定国则祀之。公力排群议，身任讨贼卒成平蔡之绩辟国千里，斯不为以劳定国乎！御灾捍患有祷必应，去其螟螣利我烝民，斯不为有功于民乎！生有劳于唐，没有功于商，虽非群望可祀也。如公之一心同德知人善任，以寄长子而伐谋制胜恢复旧疆哉，余愿为公执鞭也。是为记。

历史上，人们将蝗虫神化，并将其视为神虫，主要是对其发生规律缺乏了解，或者是一种消灾除祸的精神寄托。在现代社会，个别地方仍有将蝗虫神化的现象。如20世纪初期西藏自治区和四川涉藏地区发生飞蝗为害，部分藏族群众首先想到的就是诵经祈祷神的保佑，等青稞被吃光了，才配合政府主管部门采取喷药防治蝗虫的科学防治措施。

二、蝗虫诗词文学

中华文化博大精深，不仅将蝗灾详细载入史册，而且还有许多美妙无比的有关蝗虫文学作品。从先秦到唐宋元明清时期，各类史书有关蝗虫的诗词、民谣等文化内容十分丰富，书写蝗虫习性、为害特点和人民治蝗愿望、治蝗行动的史诗比比皆是。如唐代白居易，宋代欧阳修、苏东坡、陆游等著名诗人均有描写蝗虫的诗文。现收集整理110篇诗词作品如下：

螽　斯

螽斯羽，诜诜兮，宜尔子孙，振振兮。
螽斯羽，薨薨兮，宜尔子孙，绳绳兮。
螽斯羽，揖揖兮，宜尔子孙，蛰蛰兮。

《诗经·周南·螽斯》

草　虫

喓喓草虫，趯趯阜螽。
未见君子，忧心忡忡。

《诗经·召南·草虫》

大　田

既方既皂，既坚既好，不稂不莠。
去其螟螣，及其蟊贼，无害我田稚。
田祖有神，秉畀炎火。

《诗经·小雅·大田》

无　羊

牧人乃梦，众①维鱼矣，旐维旟矣。

大人占之：众维鱼矣，实维丰年；

旐维旟矣，室家溱溱。

《诗经·小雅·无羊》

桑　柔

天降丧乱，灭我立王。降此蟊贼②，稼穑卒痒。

哀恫中国，具赘卒荒。靡有旅力，以念穹苍。

《诗经·大雅·桑柔》

饥　虫

（西汉）焦赣　西汉昭帝时作

蝗食我稻，驱不可去。实穗无有，但见空稿。（豫之师）

蝗螟为贼，害我稼穑。秋饥于年，农夫鲜食。（临之恒）

《文渊阁四库全书》第808册《焦氏易林》卷一

奉和药名诗

（梁）庾肩吾　梁武帝天监年作

英王牧荆楚，听松出池台。督邮称蝗去，亭长说鸟来③。

行塘朱鹭响，当道赤帷开。马鞭聊写赋，竹叶暂倾怀。

唐欧阳询等《艺文类聚》，上海古籍出版社1985年版

屯　田　词

（唐）戴叔伦　767—779年作

春来耕田遍沙碛，老稚欣欣种禾麦。

麦苗渐长天苦晴，土干确确锄不得。

---

①　众：借为螽字，指蝗虫。

②　宋欧阳修《诗本义》释"蟊贼"为"蝗螟为灾，稼穑尽病"。

③　督邮称蝗去：东汉卓茂任河南密县县令时，天下大蝗，独不入密县界，太守派督邮查蝗；亭长说鸟来：梁萧修徙为梁、秦二州刺史时，人号慈父，长吏范洪胄将秋遇蝗，忽有飞鸟千群蔽日而来，瞬息之间食虫遂尽。

新禾未熟飞蝗盈，青苗食尽余枯茎。

捕蝗归来守空屋，囊无寸帛瓶无粟。

十月移屯来向城，官教去伐南山木。

驱牛驾车入山去，霜重草枯牛冻死。

艰辛历尽谁得知，望断天南泪如雨。

《新选唐诗三百首》，人民文学出版社 1980 年版

捕　蝗

（唐）白居易　784 年作

捕蝗捕蝗谁家子？天热日长饥欲死。

兴元兵革伤阴阳，和气盘蠹化为蝗。

始自两河及三辅，荐食如蚕飞似雨。

雨飞蚕食千里间，不见青苗空赤土。

河南长吏言忧农，课人日夜捕蝗虫。

是时粟斗钱三百，蝗虫之价与粟同。

捕蝗捕蝗有何利？徒使饥民重劳费。

一蝗虽死百蝗来，岂将人力竟天灾。

我闻古之良吏有善政，以政驱蝗蝗出境。

又闻贞观之初道欲昌，文皇仰天吞一蝗。

一人有庆兆民赖，是岁虽蝗不为灾。

霍松林《白居易诗选译》，百花文艺出版社 1959 年版

祥　瑞　表

（唐）韩洄　唐德宗时作

稼穑茂而，蝗螟不生。

农功以成，年谷大熟。

《文渊阁四库全书》第 1382 册《唐宋元名表》卷上之一

田　家　语

（宋）梅尧臣　1040 年作

谁道田家乐，春税秋未足。里胥扣我门，日夕苦煎促。

盛夏流潦多，白水高于屋。水既害我菽，蝗又食我粟。

前月诏书来①，生齿复版录。三丁籍一壮，恶使操弓韣。

州符令又严，老吏持鞭朴。搜索稚与艾，唯存跛无目。

田间敢怨嗟，父子各悲哭。南亩焉可事，买剑卖牛犊。

愁气变久雨，铛缶空无粥。盲跛不能耕，死亡在迟速。

我闻诚所惭，徒而叨君禄。却咏归去来，刈薪向深谷。

全性尧选注《宋诗三百首》，上海古籍出版社1991年版

答朱寀捕蝗诗

（宋）欧阳修　1042年作

捕蝗之术世所非，欲究此语兴于谁。或云丰凶岁有数，天孽未可人力支。

或言蝗多不易捕，驱民入野践其畦。因之奸吏恣贪扰，户到头敛无一遗。

蝗灾食苗民自苦，吏虐民苗皆被之。吾嗟此语只知一，不究其本论其皮。

驱虽不尽胜养患，昔人固已决不疑。秉蟊投火况旧法，古之去恶犹如斯。

既多而捕诚未易，其失安在常由迟。诜诜最说子孙众，为腹所孕多蜫蚔。

始生朝亩暮已顷，化一为百无根涯。口含锋刃疾风雨，毒肠不满疑常饥。

高原下隰不知数，进退整若随金鼙。嗟兹羽孽物共恶，不知造化其谁尸。

大凡万事悉如此，祸当早绝防其微。蝇头出土不急捕，羽翼已就功难施。

只惊群飞自天下，不究生子由山陂。官书立法空太峻，吏愚畏罚反自欺。

盖藏十不敢申一，上心虽恻何由知。不如宽法择良令，告蝗不隐捕以时。

今苗因捕虽践死，明岁犹免为蟓灾。吾尝捕蝗见其事，较以利害曾深思。

官钱二十买一斗，示以明信民争驰。敛微成众在人力，顷刻露积如京坻。

乃知孽虫虽甚众，嫉恶苟锐无难为。往时姚崇用此议，诚哉贤相得所宜。

因吟君赠广其说，为我持之告采诗。

《古今图书集成·庶征典》卷一百七十六《蝗灾部艺文》

梦　蝗

（宋）王令　1054年

至和改元之一年，有蝗不知自何来。朝飞蔽天不见日，若以万布筛尘灰。

暮行啮地赤千顷，积叠数尺交相埋。树皮竹颠尽剥刮，况又草谷之根荄。

一蝗百儿月再孕，渐恐高厚塞九垓。嘉禾美草不敢惜，却恐压地陷入海。

---

① 诏书：指庚辰诏书，据《续资治通鉴》载，康定元年六月诏籍民为乡弓手，以备盗贼。

万生未死饥饿间，肢骸遂转蛟龙醢。群农聚哭天，血滴地烂皮。

苍苍冥冥远复远，天闻不闻不可知。我时为之悲，坠泪注两目。

发为疾蝗诗，奋扫百笔秃。一吟青天白日昏，两诵九原万鬼哭。

私心直冀天耳闻，半夜起立三千读。上天未闻间，忽作遇蝗梦。

梦蝗千万来我前，口似嚅嗫色似冤。初时吻角犹唧嗾，终遂大论如人然。

问我"子何愚，乃有疾我诗？我尔各生不相预，子何诗我盍陈之？"

我时愤且惊，噪舌生条枝。谓此腐秽余，敢来为人讥。

"尔虽族党多，我谋久已就。方将诉天公，借我巨灵手。

尽拔东南竹柏松，屈铁缠缚都为帚。扫尔纳海压以山，使尔万嚾同一朽。

尚敢托人言，议我诗可否？"

群蝗顾我嗟，"不谓相望多。我欲为子言，幸子未易哦。

我身虽为蝗，心颇通尔人。尔人相召呼，饮啜为主宾。

宾饮啜嚼百豆爵，主不加诟翻欢欣，此竟果有否？子盍来我陈？"

予应之曰然，"此固人间礼。傧介迎召来，饮食固可喜"。

蝗曰："子言然，予食何愧哉？我岂能自生，人自召我来。

啜食借使我过甚，从而加诟尔亦乖。尝闻尔人中，贵贱等第殊。

雍雍材能官，雅雅仁义儒。脱剥虎豹皮，假借尧舜趋。

齿牙隐针锥，腹肠包虫蛆。开口有福威，颐指转赏诛。

四海应呼吸，千里随卷舒。割剥赤子身，饮血肥皮肤。

噬啖善人党，嚼口不肯吐。连床列竿笙，别屋闲嫔姝。

一身万橼家，一口千仓储。儿童袭公卿，奴婢连簪裾。

犬豢羡膏粱，马厩余绣涂。其次尔人间，兵卒倡优徒。

子不父而父，妻不夫而夫。臣不君尔事，民不家尔居。

目不识牛桑，手不亲犁锄。平时不把兵，皮革包矛殳。

开口坐待食，万廪倾所须。家世不藏机，绘绣锦衣襦。

高堂倾美酒，脔肉脍百鱼。良材琢梓楠，重屋擎空虚。

贫者无室庐，父子一席居。贱者饿无食，妻子相对吁。

贵贱虽云异，其类同一初。此固人食人，尔责反舍且。

我类蝗自名，所食况有余。吴饥可食越，齐饥食鲁邾。

吾害尚可逃，尔害死不除。而作疾我诗，子言得无迂？"

胡光舟等《古诗类编》，广西人民出版社 1990 年版

捕　　蝗

（宋）郑獬　1072 年前作

翁妪妇子相催行，官遣捕蝗赤日里。

蝗满田中不见田，穗头栉栉如排指。

峅坑篝火齐声驱，腹饱翅短飞不起。

囊提篇负输入官，换官仓粟能得几？

虽然捕得一斗蝗，又生百斗新生子。

只应食尽田中禾，饿杀农夫方始死。

金性尧选注《宋诗三百首》，上海古籍出版社 1991 年版

驱蝗虫诗

（宋）米元章　1067—1077 年作

蝗虫本是飞空物，天遣来为百姓灾。

本县若能驱得去，贵司还请打回来。

邹树文《中国昆虫学史》，科学出版社 1982 年版

次韵章传道喜雨——祷常山而得

（宋）苏东坡　1075 年作

去年夏旱秋不雨，海畔居民饮咸苦。

今年春暖欲生蝝，地上戢戢多于土。

预忧一旦开两翅，口吻如风那肯吐。

前时渡江入吴越，布阵横空如项羽。

去岁钱塘见飞蝗自西北来极可畏。

农夫拱手但垂泣，人力区区固难御。

扑缘鬓尾困牛马，啖啮衣服穿房户。

坐观不救亦何心，秉畀炎火传自古。

荷锄散掘谁敢后，得米济饥还小补。

　　《苏轼诗集》注曰：国朝诏州县募民
捕蝗，每掘得其子以斗升计，而给米多寡
有数。

常山山神信英烈，挥驾雷公诃电母。

应怜郡守老且愚，欲把疮痍手摩抚。

山中归时风色变，中路已觉商羊舞。

夜窗骚骚闹松竹，朝畦泫泫流膏乳。

从来蝗旱必相资，此事吾闻老农语。

庶将积润扫遗孽，收拾丰岁还明主。

县前已窖八千斛，率以一胜完一亩。

更看蚕妇过初眠，未用贺客来旁午。

今春及今得蝗子八千余斛。蚕一眠则蝗不复生矣。

先生笔力吾所畏，蹙踏鲍谢跨徐庾。

偶然谈笑得佳篇，便巩流传成乐府。

陋邦一雨何足道，吾君盛得九州普。

中和乐职几时作，试问诸生选何武。

《苏东坡集》，商务印书馆 1958 年版

捕 蝗 诗

（宋）苏东坡　1076 年作

捕蝗之浮云岭，山行疲苦，有怀子由弟二首。

西来烟障塞空虚，洒遍秋田雨不如。

新法清平那有此，老身穷苦自招渠。

无人可诉乌衔肉，忆弟难凭犬寄书。

自笑迂疏皆此类，区区犹欲理蝗余。

霜风渐欲作重阳，熠熠溪边野菊香。

久废山行疲荦确，尚能村醉舞淋浪。

独眠林下梦魂好，回首人间忧患长。

杀马毁车从此逝，子来何处问行藏。

《苏东坡集》，商务印书馆 1958 年版

蝗 识 人

（宋）苏东坡　1076 年作

毛君玉国华为於潜令，有德政。苏子瞻捕蝗至其邑，作诗戏之。

诗翁憔悴老一官，厌见首蓿堆青盘。

宦游逢此岁年恶，飞蝗来时蔽天黑。

羡君对境稻如云，蝗自识人人不识。

清褚人获《坚瓠集》七集卷一，康熙三十年

呈郡守陈伯固

（宋）陈造　1196 年作

使君手有垂云帚，虐魅妖螟扫不余。

千顷飞蝗戴蛆死，已濡银笔为君书。

乾隆四十八年《高邮州志》卷十一《诗》

蝗 飞 高

（宋）徐照　1211 年作

战士尸上虫，虫老生羽翼。目怒体甲硬，岂非怨气激。

栴栴北方来，横遮遍天黑。戍妇闻我言，色变气咽逆。

良人进战死，尸骸委沙砾。昨夜梦魂归，白骑晓无迹。

因知天中蝗，乃是尸上物。仰面久迎视，低头泪双滴。

呼儿勿杀害，解系从所适。蝗乎若有知，飞入妾心臆。

《文渊阁四库全书》第 1563 册《宋元诗会》卷四十三

杜 门

（宋）陆游　嘉定年间作

寂寞山深处，峥嵘岁暮时。

烧灰除菜蝗①，送芋谢牛医。

《文渊阁四库全书》第 1162 册《剑南诗稿》卷十三

渔 家 行

（宋）叶茵　宋理宗时作

昔日鱼多江湖宽，今日江湖半属官。

钓筒钓车漫百尺，团罟帆罟空多般。

盖蓑腊雪杨柳岸，笼手西风芦荻滩。

嗟嗟蚱蜢千百只，尽向其中仰衣食。

---

① 除：施与意；蝗：原注：读如横字去声。《通俗篇》按，横，今呼蝗。清吴玉搢《别雅》卷二曰：横虫，蝗虫也。

几谋脱离江湖归，岁恶农家尤费力。

《文渊阁四库全书》第 1464 册《宋元诗会》卷五十七

捕 蝗 行

（元）胡祗遹　至元年间作

奚待里胥来督迫，长堑百里半夜撅。

村村沟堑互相接，重围曲陷仍横截。

女看席障男荷锸，如敌强贼须尽杀。

鼓声催捕声不绝，暍死岂容时暂歇。

孟昭连《中国虫文化》，天津人民出版社 2004 年版

捕蝗示尚书郭敦诗

（明）宣宗朱瞻基　1430 年作

蝗螽虽微物，为患良不细。其生实繁滋，殄灭端非易。

方秋禾黍成，芃芃各生遂。所忻岁将登，淹忽蝗已至。

害苗及根节，而况叶与穗。伤哉陇亩植，民命之所系。

一旦尽于斯，何以卒年岁。上帝仁下民，讵非人所致。

修省勿敢怠，民患可坐视。去螟古有诗，捕蝗亦有使。

除患与养患，昔人论以备。拯民于水火，勖哉勿玩愒。

《古今图书集成·庶征典》卷一百七十六《蝗灾部艺文》

飞 蝗 诗

（明）郭敦　1430 年作

飞蝗蔽空日无色，野老田中泪垂血。

牵衣顿足捕不能，大叶全空小枝折。

去年拖欠鬻男女，今岁科征向谁说。

官曹醉卧闻不闻，叹息回头望京阙。

清顾彦《治蝗全法》卷三《捕蝗诗记》，咸丰七年

中牟鲁令祠

（明）于谦　1398—1457 年作

长民曾羡鲁公贤，民物熙然各遂天。

境外遗蝗徒扰扰，桑间驯雉自翩翩。

闾阎风俗犹前日，史传声华纪昔年。

寄语郎官勤抚字，循良衣钵要人传。

乾隆《河南通志》卷七十四《诗》

捕 蝗 谣

（明）孙绪　1529 年作

　　今年五六月，侯亲捕蝗于境内，炎风酷日，劳苦万状，余往侯之见其唇焦口燥，面黑如漆，不胜叹服，仁哉！侯之心也，民有捕不尽力者重罪不贷，故蝗飞蔽天，禾无少损，作捕蝗谣。

蝗莫飞，蝗莫飞，闾阎赤子方啼饥。

蝗莫育，蝗莫育，田野青苗未成熟，

汝飞漫天复育子，将使吾民骈首死。

吾受命，吾专城，誓与吾民同死生，

汝不尽灭吾不去，吾曹与汝原无情。

手疮痍，面黧黑，郊原弥望黄云色。

光绪《续修故城县志》卷十二《文翰》

遣 蝗 歌

（明）王洪　1540 年作

　　嘉靖十九年，靖江蝗至，时林侯与沙县尉祷于庙，三日蝗尽去。王洪作《遣蝗歌》相赠。

民之灾蝗虫至，壬午月庚子岁，

雷声轰轰撼江国，北风雨卷云随翅。

须臾屯集畎亩间，百万狂兵横压地，

青苗绿豆斗纤纤，忽为戈矛斩生意。

华叶灵根转眼空，纵或余存亦憔悴，

田夫田妇哭相向，击鼓鸣锣走如沸。

捕获无方县官苦，吁告皇天奔属吏，

365

七日斋三日祭，心与神明日相对，

感动皇天转祸机，一夜无踪竟何去，

蝗虫去，莫向邻疆复为祟，

江空海阔有清波，好为乾坤洗余厉。

光绪《靖江县志》卷八《祲祥》

捕 蝗 谣

（明）侯楹 1608 年作

六月时雨足青畴，处处农民望有秋。

努力耘田尚枵腹，衣裳典尽不知愁。

共说连年民困极，谁知今岁暂苏息。

可怜一旦蝗虫来，村村落落凤凰食。

飞时蔽天万人惊，落时满地咋咋鸣。

轻节嫩叶一时尽，连天遍野哀哭声。

数日之间盈四野，脚踏无地手堪把。

大庄小疃男和妇，纷纷都是捕蝗者。

官命捕蝗入社仓，一斗粟易数斗蝗。

霎时粟尽蝗不尽，救民无计徒心伤。

今不愿，当宁吞蝗播令闻，民灾何敢移之君。

又不愿，设法驱蝗不入境，邻境之民何堪病。

但愿蝗飞入东海，留得蝗口余粮在。

议蠲议赈须及时，早使吾民倒悬解。

光绪《南皮县志》卷十五《艺文·志诗》

忧 蝗

（明）赵应斿 1617 年作

万历四十五年二月，知县赵应斿单骑下乡率农捕蝗，
挖掘遗种九十石解郡燔之。

五月，飞蝗入境，从西北来蔽天，集地厚尺许。

忽风大作，卷蝗尽去。

妖蝗底事势猖狂，鼓翅翩翩向此方。

作队几层亭午暗，集郊盈尺众芳戕。

西成欲断三秋望，南亩空担积岁忙。
搔首仰天徒浩叹，不知何计转休祥。

光绪《靖江县志》卷八《祲祥》

捕蝗七绝

（明）朱家栻　1617 年作

一奚一骑下江乡，为捕遗蝗蚤夜忙。
履亩尽搜九十石，逢年应获万斯箱。
双龙并下冷风嗖，解却江城万户愁。
蔽日飞蝗销半晷，盈畴禾黍茂三秋。

光绪《靖江县志》卷八《祲祥》

北 吴 歌

（明）范景文　明末作

春饥指望到秋偿，未老新蚕已典桑。
风刈雨锄浑旧事，如今岁岁打飞蝗。

乾隆《河间府新志》卷二十《艺文》

蝗 灾 诗

（明）李悦心　1617 年作

丙辰丁巳俱飞蝗，结阵排空蔽日光。
过处食苗复食穗，捕来盈窖又盈仓。
井里十九缺晨炊，商贾百千贩女郎。
当事有怀何所惜，矢心调爕格穹苍。

光绪《曹州府曹县志》卷十八《灾祥》

禾已黄歌

（明）孙兆祥　1626 年作

天启魏珰窃政，蝗飞蔽天。

大珰何为日月傍，囹圄汤镬阒忠良。
权门鬻赂民罹殃，腥闻帝怒星生芒。
地轴撼城覆其隍，伏尸百万魂飘扬。

青磷白骨成飞蝗，蝗兮蝗兮禾已黄。

恩斯勤斯匪尔粮，何不往啮彼宵小之肝肠。

乾隆《高邮州志》卷十一《诗》

质蝗诗纪异

（明）陈函辉 1638 年作

崇祯十一年秋，蝗自西北来，群飞蔽空，江外令叩天哀吁，
蝗随风散去。郑雪子学博有诗纪异，知县陈函辉依韵和之。

春秋十月螽，灾纪应则来。小雅咒四虫，饕名旧鼎沸。
生杀惟天行，厥明在贪蔽。或言鱼卵化，其骇介虫至。
曾传幻作蝶，何当聚如蚁。毒肠本善饥，原隰俄伐翠。
轰轰随战鼙，一望杳无际。此孽逾兵火，所过必破碎。
讵惟田畯愁，妇子争含泪。吾读五行传，刑虐感昊帝。
身赤为儒绅，领赤乃武卫。私种入西园，何以药民瘰。
不闻飞坠海，早见穴出地。独有上苑吞，爱民忘肝肺。
九江散不集，外黄丰不瘁。邹县特过驿，茂陵亦返辔。
安得明星屋，坐消百六气。嗟此黑子邦，连哆鸣昭赐。
严雪自何来，瓜瓠将焉避。似闻福掾言，不驱先自去。
令也奋踊踪，誓愿禧疯弊。颖川未下凰，中牟难狎雉。
行县少督邮，膏雨曷不注。鞭空遁点螭，奔陌喘渴骥。
犹盼秋雨来，四郊铺禾穗。虽非德胜妖，讨捕更不易。
若或留须臾，尚忍说抚字。不忆永兴年，食国三十二。
责讵偿己饥，灾敢幸他被。所愧恫瘝身，犹作催科吏。
未赋上林颂，终耻石壕句。却烦梵字书，用志虫灾异。

光绪《靖江县志》卷八《祲祥》

捕蝗代祷

（明）陈函辉 1638 年作

舟中见雨螽，感咏羯鼓。

村村闹螽，旗阵阵，雄闻随御史。

雨原借大王，风俭国偏丰。

罚凶年，恐伏戎，

寄元何必咏，涕泪为民穷。

光绪《靖江县志》卷八《祲祥》

野庙九歌（其一）

（明）俞显　明末作

刘猛将自序，云：司蝗之神也，蝗背有孔，神尝贯之以绳，不使妄为害。

蝗东飞东州，处处青苗稀，蝗西下西州，禾尽余赤野。

民皇皇为蝗哀，蝗之为烈真皇哉。

将军掌蝗气雄岸，千群梵字一绳贯。

广陵有马棱，我蝗自远窜，中牟有鲁恭，我蝗自四散。

或朱轩而鸱鹗，或高冠而沐猴，我蝗聊复从若游。

乾隆《济宁直隶州志》卷十《坛庙》

蝗　叹

（明）张铨　明末作

禾黍高低遍原隰，微雨初晴陇犹湿。田间妇子其招呼，道旁老翁扶杖泣。

我来停骖试问之，老翁弃杖前致词。昔年水患君侯知，桑田一望尽为池。

春来播种亦太苦，播种方成复不雨。便有飞蝗群蔽天，飞来飞去满野田。

翼如轰雷齿如锯，百方逐之不肯去。忆昔种禾如种珠，胼胝那惜发与肤。

谁知一旦遭蟊贼，千里赤地成须臾。不争地赤嗟徭役，里胥临门苦相逼。

室如悬磬已无余，只今留得犁与锄。不惜老身填沟壑，眼前儿女将何如。

吾闻老翁言未毕，戚戚心中如有失。自惭肉食皆民脂，民间愁苦须相惜。

吾将图绘叩天阊，为请蠲诏施宽恩。老翁老翁泣且止，归家语汝妇与子。

雍正《泽州府志》卷四十八《诗》

蝗

（清）孙枝蔚　1650年作

蝗虫闻是鱼所化，此事不劳更踟蹰。不见马援称贤守，政行蝗复化为鱼。

奈何儒吏与武吏，忍欺百姓肆侵渔。鬼神特遣示妖孽，岂关汝类真难除。

秉畀炎火计虽好，子孙蛰蛰尚堪虞。吁嗟农父独何罪，畏吏愁蝗情不殊。

渺茫谁能测天道，忧愁且复观史书。雨螽于宋灾必记，盖以宋公为前车。

《溉堂前集》卷三，康熙二十五年

祷 蝗 歌

（清）吕阳 1653 年作

嗟嗟江南天一方，四百万斛漕储粮，如何监门绘流亡，兵燹厉气皆成蝗。

蝗初飞兮羽翼张，一蝗不殇兮，将于九十九子同翱翔。

苗叶黄，民不沾酒浆。苗心戕，民不留秕糠。有芯有脚，有蒸有尝。

神之不裹兮，抑我之无良。发可咕兮螳螂，溲可饮兮蛄蛴。

蝗兮蝗兮，何不为茹草之青獐，飧英之白鹇，而偏为食人之虎狼。

壮者流兮，老者尪，燐燐野兔燔空桑。

吾为市井之臣兮，戴吾皇，宁食吾寸寸之肠断，吾曲曲之肮。

免吾民之赴火兮，蹈汤将，稽首崩角兮，谢穹苍。

《薪斋初集·歌行》卷八，顺治十年

秋 蝗

（清）孙枝蔚 1656 年作

力田冀有秋，戎马遭蹴踏。蝗飞复何为，绕田势周匝。

农家墙屋矮，误落常在榻。驱之既无术，仰天但鸣邑。

我闻廉吏郊，此物不相纳。谁谓彼苍高，与人成报答。

唐初称贤主，君民志最合。生吞竟无难，何緵种杂沓。

兹事良难遒，禾死同摧拉。收获望明年，除汝仗寒腊。

《溉堂前集》卷一，康熙二十五年

湖南纪异诗

（清）曾国荃 1660 年作

顺治十七年春三月，飞蝗蔽天。

河北旱魃多蝗灾，南土适从何处来。居民少见争语怪，群呼吁祭如奔雷。

湖南兵革二十载，人民戮尽田蒿莱。安用此虫复噬啮，好生不绝帝所哀。

光绪《湖南通志》卷二百四十四《祥异》

蝗

（清）李念慈 1665 年作

飞霜自北至，飞蝗自南来，青苗一夕尽，野田起黄埃。

农夫走仓皇，临苗嘱汝蝗，此田新丈过，寸寸有租粮。

种田御我饥，成苗反饲汝，我饥犹自可，租急鬻儿女。

东有捕蝗人，西有捕蝗人，蝗多捕不得，哀哉东方民。

《谷口山房诗集》卷九，康熙二十八年

姚太守书

（清）法若真　1671年作

龙眠三月后，白水近何如。雪憺司空阁，云藏太守书。

乾封方苦役，蝗蜇待新蔬。恐有蜚鸿①在，二千何所余。

《黄山诗留》卷四，康熙三十八年

祀　蝗

（清）法若真　1672年作

蝗举高夹没，行人道路藏，已见麦根枯，谁踏籼白秧。

大吏不修省，逆忤治桥梁，开纲去钩距，不必出死亡。

乱蹴开槛罟，楚楚洁衣裳，醉歌上下走，车马新张皇。

大者通呼吸，小者凌翱翔，贫者哭无泪，富者杀羔羊。

娄妇祝于途，君子贺于堂，侏儒击社鼓，八蜡喜徜徉。

东南甘雨来，蝗皆死道旁，吁嗟天地心，仁爱在虎狼。

《黄山诗留》卷五，康熙三十八年

捕 蝗 谣

（清）严我斯　1672年夏作

飞蝗尔何来，薨薨如风雨。

朝飞蔽云天，夜聚漫江浒。

江北诸州人苦饥，千村万落少耕犁。

高原如焚下江湖，半为鱼鳖半焦枯。

天生羽孽复蚕食，此邦之人嗟何辜。

官司仓皇无良策，下令捕蝗较斗石。

斗蝗斗粟何人为，我闻其事良嗟咨。

---

① 蜚鸿：泛指害稼之虫，这里指蝗虫。

或云丰荒有数咎在岁，天灾不可以人制。

或云妖不胜德昔可鉴，驱虽不尽胜养患。

吁嗟乎，蝗食民苗，吏食民膏。

蝗食民苗诚可忧，吏食民膏何时瘳。

捕蝗不如捕虐吏，宽租停扑蝗何尤。

君不见昔日中牟鲁恭化，飞蝗不敢伤禾稼。

清张应昌《清诗铎》，中华书局 1960 年版

闵 农 诗

（清）张杨园　1672 年作

闵农初望雨，插植苦不前。植之未成苗，飞蝗忽至焉。

趯趯蝝既出，忧心殆已煎。八月霖雨作，沟渠成巨川。

车辙兼晨夜，伊谁敢息肩。所冀雨灭蝗，庶几小有年。

重经水旱后，残喘或得延。岂知祸尤笃，降此虫万千。

集根苗遂槁，集干穗失鲜。初犹十二三，渐乃靡一全。

弥望皆朽折，西陌接东阡。苍天诚何意，斯民日颠连。

仁爱宁异古，必也民多衍。我友其敬矣，三腹有蝗篇。

《昆虫与植病》1933 年第 1 卷第 15 期

鸟啄蝗歌

（清）胡汝源　1672 年作

康熙十一年夏，吴中大旱，飞蝗蔽天，竹粟殆尽，蝗亦有为鸦鹊所食者，余家庭中椿树有鸟巢，朝暮飞鸣，甚可憎恶，斯独喜其捕蝗，中有一无尾者，攫啄尤多，胡溯翁喜而作歌：

昔人曾称鸦种麦，今日喜见鸦捕蝗。

吴民征输困来久，况复连遭水旱殃。

苗未插莳田未垦，催科已比五分粮。

仰屋踌躇莫措手，忽间蝗来西北方。

老人昔年被灾沴，谈虎色变如虎伤。

无稼可食且集树，绳绳振振滋骇惶。

园竹岸芦到即馨，黄衣三使征梦祥。

浙中消殚赖刺史，吾苏漫漫无短长。

乌鸟哑哑高下翔，奋速攫啄如鹰扬。

承蜩之捷犹掇尔，就中尤羡秃尾狼。

群乌相将饱枵腹，吴民或得瘳饥肠。

台上快睹等捷凯，摆草露布为张皇。

白公大嘴可勿诮，竟当进号乌凤凰。

瞻乌爰止在邻屋，爰之却弹将弓藏。

清褚人获《坚瓠集》甲集卷二，康熙二十九年

祭蜡逐蝗文

（清）俞廷瑞　1672 年作

俞廷瑞，浙江奉化人，知赣榆县，康熙十一年，飞蝗
入境，廷瑞为文祭于蜡以逐之，蝗竟去。

粤稽灾祲，何国蔑有，唯我榆邑，岁雁其咎，

旱涝频仍，饥馑相狃，民不聊生，羊羵星篅，

今兹蝗孽，何堪更受，厥类孔炽，蔽天积薮，

鼓翅振翼，喽啮喉喁，连根及穗，总欲充口，

如汤沃雪，如扫运帚，呜呼我民，终岁南亩，

租税以出，妇子用保，家少宿藏，技无他巧，

蝗食斯苗，死惟生守，呜呼帝载，秉慈职爱，

岂无神司，捍御以赖，享祀未湮，春秋报赛，

胡神不佑，肆蝗加害，瑞奉朝命，来莅兹土，

治愧中牟，飞蝗余侮，惟爰民心，神其听睹，

与食余苗，宁食余腑，余惟一身，民亿万数，

虔率士民，仰吁鉴俯，况瑞与神，均为民父，

父母之谊，惟恃惟怙，民罹斯患，谁任其辜，

曰洁牲拴，曰陈篚簋，来格匪遥，拯此疾苦，

俾大有年，为民笃祜，瑞与明神，帝庶无怒。

嘉庆《增修赣榆县志》卷四《艺文》

除 蝗 谣

（清）韩献 1672年作

康熙十一年春，蝗蝻遍生，蔓延数百里，安徽抚院靳军檄至神所，三日蝗尽灭，真心即神策也。

天地日诞化，湖海自安流，仰惟圣人德，后乐每先忧。

农夫前致词，家园海上游，壬子昨岁旱，惔虐涝平畴。

悲声托苌楚，禽缘怨霜秋，蝗至辄遗育，伏患曷能瘳。

春晖群蛰起，新羽狎来牟，六月七月中，争飞拥道周。

谁易言生杀，燋扑重愁尤，聊贺不入境，邻服抑何仇。

至诚赖高位，深抱野人愁，便通十二政，迅檄神之幽。

莫怪语愤厉，哀深众有求，彼苍适仁爱，螟类顷毕收。

好风惠时雨，禾黍遍油油，颖栗巳凤负，饘粥幸盈篝。

望外驰嘉祐，荒圻恤老优，用一缓其二，廉法式无尤。

令严讫狐鼠，酒贱获歌讴，方原鸡犬靖，履候信悠悠。

同治《六安州志》卷五十二《诗》

田 家 行

（清）汪琬 1675年作

前年雨霖忧漂没，屋塌篱倾贫到菅。

去年遍地飞螽螽，了却官租猷糠粃。

恰喜今年菜麦新，绝无疫疠与灾迍。

田家方酿鸡啄社，又报前村虎咥人。

《钝翁类稿》卷十一，康熙十四年

谕 蝗

（清）吴震方 1679年作

物性害于人，厥汇亦颇殊。巨细虽不同，避之则无虞。

尔蝗乃何来，群飞蔽天衢。忽然落田野，千顷如剥肤。

北尽掠南亩，西馨延东区。哀哀有寡妇，抱子哭路隅。

或云汝之来，非由汝之辜。人孽酿乖尤，因此行天诛。

仰亦长民者，抚字无良图。遂谓天不仁，皇天宁可诬。

嗟汝类实繁，一身百其孳。春温蛰虫出，万亿生蠕蠕。

传闻一尺雪，一丈埋黄垆。去冬腊雪盛，高将齐城郭。

尔子重泉间，孚育何须臾。吾欲张置罗，尽掩可令无。

敢告贤守令，亟捕休缓迂。

　　诗后载预灭蝗种法曰：蝻子生低湿水草芦荡中，若冬雪春雨沾足，则不生。冬少寒雪，春雨衍期，最易生发。其生发时，聚在一片，初时细如蚊蚋，滚聚成团，色皆纯黑，不数日成形，左右跳动，是时，宜急捕。须于坚芜湿土或芦苇中，逐细寻觅。如见蚊蚋黑团及跳动之虫，急就其处掘成长沟，用响竹扫帚之类敲扑震惊，逐入沟中，加土筑埋，用火烧灭，为力甚易。此虫自生发之日至十八日生翅，又十八日成蝗，倘不蚤除，羽翼长成，数亩之蝻，散为一县之蝗，一顷之蝻，散为一郡之蝗，为害不小。故捕蝗不如捕蝻之力省功倍也。

清张应昌《清诗铎》，中华书局1960年版

庚申六月初七日见飞蝗志叹二首

（清）曹溶　1680年作

其　　一

年年旱魃①行时令，千里枯苗怨两师。

其意物生还有种，翻然暑到即相随。

烧田烈火埋深坎，击鼓灵风拜野祠。

《捕蝗法》：掘地成坎，夜置火坎中，蝗争

飞入，俟满而掩之。又民家祀神以祈免。

黔首②召灾须自解，殷忧不必庙堂知。

其　　二

薨薨那复避涂泥，炎候新开接翅齐。

何事闵凶移浙右，竟闻趫捷渡淮西。

吏参文武形模异相传蝗为贪吏所化，黄者文吏墨者武吏，

食判沟塍咫尺迷蝗所集处苗顷刻尽，邻田或不食类于有神。

安得迅风驱入海，秋田多遂隐人栖。

《静惕堂诗集》卷三十七，雍正三年

---

①　旱魃：古代神话中的旱神。《诗经·大雅·云汉》："旱魃为虐，如惔如焚。"

②　黔首：古代以民为黔首。

蝗 赋

（清）唐梦赉 1686 年作

康熙二十五年五月，有蝗蔽天而东过余村，不留，即有留者亦不为灾。盖数十年不见此物，然今岁蝗灾数十里狼藉，田禾最甚，感而赋之。

爰有羽虫，厥名曰蝗，鱼子所化，百谷之殃，产于旱区，来自水乡，羽熠耀如，鼠妇臂橐。驼如蛣螂，是物关乎天运，出则兆乎国荒。当其泽中，蠕蠕草际，洋洋初缘，卉以缀叶，渐被岭而越岗，乍蝀蜳而不止，俄蹲杳以成行，譬郭索之入稻宛，蟋蟀之在床，所过兮，紫陌野烧，延而勾萌短，所驻兮，黑壤霪潦去而淤涨黄，于是田夫号召，田妇抢攘，掘坑叠堑，划井分疆，羌合围而掩杀，倏振羽而飞扬，而其掩映万村，横亘百市，遮朝阳而晦光，带寒星而鹊起，雷殷殷而云奔，鼓阗阗而阵死，或轩鬋而竟去，或回翔而顿止，交股扬眉，磨牙切齿，纷乘匹兮徐行间，箕踞兮，遗子迎旭抖擞，贯甲自喜，衔枚无声，赤地千里，此唐宗所以吞噬于郊原，而姚相所以遣十道之使也。尔乃仓卒毁裳，急遽扬旌，丁男长号，父老哀鸣，俨戈铤而御盗，奚征遣而备兵，恣饕餮之一饱，尔不稼而不耕，群倾囊而长，系廿褫翅而就烹，谓蜡索之，有知胡弛禁而纵横怅，秃鹙之不至，迎猫虎以无成，嗟，投海之何？期待繁霜之自经，拟青词以诉帝，愿化异而息生，词曰：上帝好慈，化育无穷，雀化蛤蚌，蠃化螟蛉，枯骨为磷，腐草为萤，何造物之不仁，偏亭毒于斯虫，而胡不化为蜘蛛织网，晴空幻为蝲蝗，吸露深丛。蘦蘦兮，蝴蝶入梦，巍巍兮，蝼蚁崇封，拂水兮，蜻蜓排衙兮，山蜂即然，而雪深千尺灭之无踪，抑或者，割据万峰之中，流泉潨潨，芳草茸茸，各安尔宇聊亦足，以自供胡取乎，子孙之绳绳薨薨，有似乎军府闲圹之旅，不事屯聚而日费租庸也耶。

乾隆《淄川县志》卷七《艺文》

用丘学山韵二首

（清）法若真 1691 年作

一

不能一瞬是耄年，又笑石颠笑画颠。

限酒聊从孙子后，怀人半在汉唐前。

出门啼哭催科帖，危坐呻吟老药仙。

好属蝗螟姑去去，吾家只剩此山田。

二

一片蝗飞断黑尘，犹怜七十九年身。

全忙种豆无多事，且救奇荒有几人。

燕子经春皆失侣，稻孙着雨半重新。

惊闻圣主忧龙腹，同喜生当尧舜民。

《黄山诗留》卷十三，康熙三十八年版

捕蝗（一）

（清）周正　1691 年作

三年两年旱，使我常恻恻。苗枯心如焚，还忧在螟螣。物生各有子，物理固难测。

水侵化为鱼，水涸蝗为贼。康熙三十年，夏月茂黍稷。我行课农桑，田畴增气色。

俯视忽如蚁，睇久生惶惑。兹非蝮蜪子，蠕蠕未生翼。胡为出我郊，欲害我稼穑。

累累数十叠，行行如不及。但闻唼喋声，所过无留植。仰面呼鹜鸟，蔽空千万亿。

飞来尽啄之，庶快我胸臆。蝗害亦时有，休哉境不入。悠悠彼苍天，自是吏溺职。

孰头黑身赤，孰头赤身黑。下隰及高原，谁复能辨识。吁天不我听，入地讵可得。

独有古捕法，能救当前急。捕得但来献，捐粟赏格立。斗粟易斗蝗，庶几捕之力。

清张应昌《清诗铎》，中华书局 1960 年版

捕 蝗 诗

（清）任昌期　1691 年作

鄘邑[①]荒旱苦连年，鄘邑疮痍岂得痊。

全岁无麦望有秋，倏忽遍地生蝗蟓。

三春雨滴贵如金，六月将尽始作霖。

植禾播种已愆期，晚苗炽茂恃于今。

黍稷芃芃栖陇亩，方幸无饥活八口。

谁料天心不可知，顿令五谷成乌有。

共说生来无此变，疾首攒岑泪盈面。

---

① 鄘邑：古国名，在今河南新乡西北。

下隰高原尽咀嚼，东阡北陌仍留恋。

太行南麓连营起，势同流水谁能止。

明知分数命安排，宁辞纵捕为民累。

纵捕劳民遍四野，民少螽多何益者。

违令曾经用孟青，挑沟掘堑徒苟且。

况不崇朝螽变蝗，遮天蔽日叫呼忙。

赤壤干顿顷刻间，毒肠不饱空彷徨。

蝗螽之害不可云，此事朝廷那得闻。

绘图赖有贤明宰，为民请命如救焚。

从来有人此有土，无人安得田有主。

即令且莫虑征输，将恐逃亡费招抚。

乾隆《新乡县志》卷二十八《祥异》

种 豆 行

（清）法若真　1693 年作

癸酉之五月，霾雨塞山城，历朔以继诲，阴阴不肯晴。

负豆冒雨下，乐乐放牛声，忽闻蝗蝻起，蠢蠢春草平。

羽山[①]之水北，万亩烈纵横，祈勿遽高飞，豆芽尚未生。

州县有积粟，蓄畜有菁精，天下望圣恩，不敢劳公卿。

《黄山诗留》卷十五，康熙三十八年版

捕 蝗 四 章

（清）法若真　1694 年作

率彼农夫，候疆侯以，剔其揖揖，遗尔簠簋。

率彼农夫，不我屑以，瘗其蛰蛰，以蓄糠秕。

率彼农夫，驰驱维以，远其薨薨，饥馑视死。

率彼农夫，孰匪我以，辑其绳绳，春日举趾。

《黄山诗留》卷十五，康熙三十八年版

---

① 羽山：山名，在今山东郯城县西北。

剚 蝗 子

（清）刘青藜　1706 年作

蝗虫一产九十九，穴深三寸形如白。

上有白虫当其口，十八日出子随后。

老蝗来，谷苗秃。老蝗去，蕃尔族。

剚盈斛，聊作粥。尔食谷，我食肉。

清张应昌《清诗铎》，中华书局 1960 年版

署中春雪和韵

（清）李呈祥　1718 年作

近接春云别殿高，风吹瑞雪供仙曹。

轻沾苑柳疑成雨，密洒墀松顿起涛。

鹤语共传何日事，羊裘独钓此人豪。

遗蝗但使消能尽，四海欢声入彩毫。

《东村集》，康熙五十八年刻本

驱 蝗 词

（清）顾文渊　康熙年间作

山田早稻忧残薯，蝗飞阵阵来何许。

丛祠老巫欺里氓，佯以坏佼身伛偻。

曰此虫神能主，舆神弭灾非漫举。

东塍西垄请遍巡，急整旗伞动箫鼓。

神之灵，威且武，献纸钱，

陈酒脯，老巫歌，小巫舞。

岂知赛罢神进祠，蔽天蝗又如风雨。

里氓望稻空顿足，烂醉老巫无一语。

清张应昌《清诗铎》，中华书局 1960 年版

驱蝗（一）

（清）张世绶　康熙年间作

云汉歌成剧可哀，更闻蟊贼遍邻灾。

两河物力年来尽，不信苍苍意未回。

妖难胜德非徒语，敢与氤氲争此民。

自昔捕蝗真汉吏，至今碑口尚津津。

嘉庆《洧川县志》卷七《艺文志》

虹县飞蝗谣二首

（清）曹溶　康熙年间作

其　一

文吏黄，武吏黑。化为蝗，生羽翼。昔堂堂，今污泽。

宁可飞来食人食，慎勿鞭挞良民成盗贼。

其　二

种豆豆无叶，种麦麦为薪，莫忧一家饿，且须急官银。

今朝府帖下，捕蝗追四邻，长跪止里胥，降蝗天有神。

不见当年蝗大起，伐鼓牵牲祝蝗死，明年旱地蝗生子。

《静惕堂诗集》卷一，雍正三年

蝗自灭行

（清）张锡爵　雍正年间作

二宪入境目击，谕以扑捕为急，余率隶氓遍历四乡，五鼓乘露翅未起捕捉，计升给钱，匝月而蝗净。未几，蝻子复生，复同心协捕，周流无间，扑灭如法。数年来，兹岁称大有焉。

夏月亢旱民心忙，属吏四出纷捕蝗。

诏书恻怛迈前古，甘雨既雨凉风凉。

吏归复命中丞喜，抱草蝗虫今自死。

惟德召和民所荷，晓拜封章报天子。

清张应昌《清诗铎》，中华书局1960年版

驱蝗（二）

（清）杨琯　1738年作

岁在戊午七月秋，宁隆邑中蝗满畴。

捕之不胜几束手，蔽野顷刻残来牟。

上官驰檄急如火，下令未雨须绸缪。

县中老翁心战栗，壮夫郁郁眉锁愁。

上下促迫心事恶，此事毕竟谁能筹。

清张应昌《清诗铎》，中华书局1960年版

捕蝻行

（清）何登栋　1741年作

去年豫省水突至，五十州县无干地。

今年蝻子何处无，眼看顷刻披软翅。

农家二麦布黄云，终日捕蝻随官吏。

跳脱群游不畏人，扑急且作飞飞势。

千夫百夫等围场，炎蒸饥渴忘疲瘁。

南北东西尽儿孙，欲穷尔类诚非易。

我闻在昔良吏多，蝗不入境虎渡河。

民国《淮阳县志》卷十九《诗》

纪蝗行

（清）郭起元　1744年作

乾隆九年夏六月，有蝗自昭阳湖经山阳而来，遮蔽天日。适讷公同督湖水族散鱼子，孳化为羽虫。

产自昭阳湖，群飞蔽高空。

尘合淮楚乡，飚转钟离封。

使星乘传来，谕令扼其锋。

叫呼千夫力，丁壮及儿童。

日久不遑息，晨光气冥濛。

及此翅尚濡，翦扑露草丛。

升斗积丘山，秉畀炎火功。

作劳予所谙，奚分吏与农。

如何蟓子生，蠕动亩南东。

去恶务净尽，捐糜复相从。

剥复转瞬间，黍苗已芃芃。

报赛操豚蹄，蜡腊庆年丰。

跻堂一樽酒，快浇垒块胸。

清张应昌《清诗铎》，中华书局 1960 年版

蝗不入境

（清）宋之范　1744 年作

自古祝有年，愿言去蟊贼。

以社复以方，保护兹稼穑。

浩浩惟昊天，运行固不忒。

丰凶洵有由，感召非无术。

甲子仲夏后，良苗方郁勃。

飞蝗自北来，蔽天天几黑。

妇子陇上嗟，辍耕长太息。

俄而远飏去，如鹰得饱食。

自是我稼同，转移在晷刻。

兰地迩中牟，前后似合辙。

始信循良传，古今殊可及。

试质昔姚崇，省却捕获力。

寄言贻后人，虎渡非卓绝。

乾隆《兰阳县续志》卷八《艺文志》

驱蝗（三）

（清）颜光敏　1753 年作

乾隆十七八两年，直隶大蝗，严旨督捕。
覆淮州县以米易蝗，作正报销，蝗积如山，禾
无大损，附记于此。

夏蝗乘南风，蚕食逼邻邑。

百里互传警，崇朝遍原隰。

侧听风涛涌，丰凶变呼吸。

比屋争喧阗，妇子列伍什。

攘袂或暂休，断穗纷争拾。

浃旬逢旱干，子孙复蛰蛰。

田祖空有神，忍见荐瘥泣。

清张应昌《清诗铎》，中华书局 1960 年版

赞温县捍御宫诗三首

其　一

（清）王其华　1758 年作

堤护殿宫柳护墙，超然附郭锁池隍。

屏开北拱千层翠，带绕南迁九曲黄。

壁画留余邀塔影，市烟斜到接炉香。

神居圣地能贻福，水旱无忧岁不蝗。

其　二

（清）黄玉斗　1758 年作

不使虎沙压邑东，人争报赛筑新宫。

千寻浪息三门静，六谷岁登八蜡通。

龙阁春深衔远翠，鸥堤霞抹锁长虹。

幸逢瑞雪销蝗患，福满温泉捍御功。

其　三

（清）吴焕　1758 年作

苏封何处最称雄，捍御翻新竖邑东。

殿宇辉煌填地缺，楼台巍耸插天空。

山浮翠绿横栏外，波涌浊黄映牖中。

巨浪蝗虫从此息，千秋报赛仰神功。

乾隆《温县志》卷八《祠祀》

驱蝗行（一）

（清）钱维乔　1762 年作

我来驱车过下邳，群蝗遍地走且飞。借问道边叟，此有长吏不？何不扑杀之？令其跳跃患不休。叟向前致辞：

此物不足怒，官府遣吏来，吏复责我捕，驱蝗蝗未尽，乃更添众蠹。

君不见城壕边，水干鹅鸭飞在田，鸭能搜蝗啄蝗子，鸭肥可食相公喜。

清张应昌《清诗铎》，中华书局 1960 年版

村社蜡祭行

（清）顾之麟　1762 年作

古者蜡祭数有八，其间最重唯昆虫。

近时蝗蝻数为害，群飞所至田禾空。

一岁之储供一饱，纵有人力难相攻。

捕蝗使者作声势，曰捕不力褫尔躬。

捕得升斗易金谷，文诰四出招愚蒙。

长官拮据已不恤，毋或被议投樊笼。

唯我栾邑有天幸，祈雨斯雨风斯风。

螟螣不作村舍静，麦禾大有书年丰。

吾民皆曰神明力，敢受其赐忘其功。

刲羊酾酒答神贶，土鼓争击声逢逢。

祭法那识伊耆氏，挥剑但说将军雄。

田鼠田豸不恒有，迎猫迎虎徒匆匆。

惟愿蝗孽不遗种，叩头土木轮丹衷。

古人之蜡在腊月，仲秋举事理则同。

眼看万宝如吾手，可息老物图其终。

更与吾民正齿位，长幼观礼来黉宫。

人心中亦有蟊贼，毋使滋长为内讧。

百日之勤一日泽，弛而不张神所恫。

能以人事召和气，庶几八蜡年年通。

乾隆《正定府志》卷四十九《诗》

捕蝗（二）

（清）夏晓春　1765 年作

零露何瀼瀼，催我披衣起。

晨光方熹微，望见蠢蠢子。

翅粘飞不得，襁褓徒尔尔。

万夫力捕劳，坐收自逸耳。

渠魁一歼绝，尸积京观似。

岂不惜彼命，人命重于彼。

合轻全其重，厥焚有明旨。

光绪《滋阳县志》卷十二《艺文》

捕蝗十一章（章四句）

（清）夏晓春　1765年作

维闰五月，飞飞者蝗，蝗既靖止，厥子以房蝻子散入泥中瓣瓣似蜂房。

雨注成渊，蝻子如故，彼方渡厥黄，而况此洼路相传蝻子能作球渡黄河。

痛彼孳息，始出如蚁，食我苗叶，口利于锯。

食我苗叶，穗则未伤，召彼农夫，往逐于场。

农夫日前，厥阵以圆，农夫众作，履声橐橐东人捕蝻皆以鞋底为之。

何以承之，惟女与妇，何以用厥长，惟箕与帚

时围内老少六七十人，余传谕庄上各妇女执箕帚从事，伊等皆大欢喜。

沟深三尺，厥宽尺余，沟中有阱，驱而纳诸。

厥行逆止，童子冲之，厥行顺止，农夫轰之。

言出于沟，惟席斯蔽，言入子沟，惟土斯盖。

沟以内绳绳兮，沟以外登登兮。

继自今无复有兮，屡丰年酌大斗兮。

按：前云捕蝗是露捕法，此云捕蝻是沟捕法，皆要术也，留心民事者不可不知。

光绪《滋阳县志》卷十二《艺文》

捕蝗行[①]（一）

（清）裘曰修　1770年作

捕蝗先须捕蝻子，出土成团黑于蚁。

清晨露下尤分明，蠕蠕欲动从兹起。

稍至跳踊名搭鞍，散走十步五步间。

是当下风掘长堑，势同却月微弯环。

广场四面人夫集，三面驱之勿太急。

渐行渐进分数层，呼声殷地围方密。

须臾尽逼入堑中，实之以土加杵舂。

还防健者或逸出，外围巡徼烦儿童。

---

① 乾隆三十五年闰五月，裘曰修奉旨赴蓟州、宝坻一带捕蝗，因捕蝗不力被免职。这首诗为裘在此期间所作。本书只摘录了该诗的前半部分。

大抵捕蝗应及早，奋飞之后难施巧。

飞蛾赴焰蠢蠢同，未著惟余火攻好。

清张应昌《清诗铎》，中华书局 1960 年版

陈洪书诗

（清）陈洪书　1770 年作

从来灾重是蝗蝻，与与黍稷尽空场。

是皆有神以宰之，庙貌允宜祀我王。

望邑土祠有其二，南关之外北龙堂。

屡祷屡应命如响，神风迅扫飞且僵。

何时丹膴斯神宇，妥我神兮寸心将。

愿得岁岁蝗蝻灭，岁岁官民祝瓣香。

民国《望都县志》卷三《坛庙》

飞 蝗 叹

（清）方其敬　1786 年作

后人不识飞蝗苦，听我且作飞蝗歌。

乾隆五十一年间，传闻飞蝗此地过。

迄今已近五十载，更觉飞蝗胜于他。

远如黄沙蔽天日，近如黑云笼山坡。

低如柳絮因风起，高如天花降曼陀。

缓如游蜂翔空际，急如骤雨翻江河。

声如雷霆轰隐隐，又如铁马鸣金戈。

有时依坡或赴涧，宛如红焰扑飞蛾。

有时打帽还觞目，宛如织女投奔梭。

集地寸草无留遗，集树垂条折枝柯。

四望无际天地暗，仰天长吁空挥呵。

今年四五六月旱，早禾全无皆晚禾。

晚禾脆嫩蝗喜食，十无一二存根窠。

农夫悲泣无术救，日持长竿夜鸣锣。

喧声四起如追寇，惊动提督军门罗。

军门爱民如赤子，募人捕捉莫蹉跎。

或持锹锄或耡板，或盛竹篓或肩驮。

以钱买蝗民获利，争趋如市肩相摩。

虽云军门捕捉勤，禾稼损伤已无多。

贫民衣食且难给，富民何计免催科。

我闻马棱守广汉，飞蝗尽投海中波。

又闻三异中牟宰，虫不犯境无偏颇。

古昔太平无事时，五谷丰登时调和。

民生其间皆畅遂，灾害不作无札瘥。

天灾流行亦代有，未必皆由政贪苛。

头黑头赤都不辨，武吏儒吏奈若何。

谁欤为我吞以祝，吁嗟人生遭坎坷。

同治《谷城县志》卷八《诗》

高阳捕蝗曲

（清）梁道奂　乾隆年间作

鸣锣轿马纷成行，高阳县令出捕蝗。

传令村中起夫役，地保乡约走且僵。

有夫出夫无夫钱，一夫百钱例有常。

父老闻声竟来迓，大呼爷爷跪路旁。

愿求爷爷别地捕，蝻蝗不到我村庄。

黑鞭前导叱之起，恣意蹂躏足踏将。

愈捕愈有有且多，群蝗之势何猖狂。

官去蝗死十二三，周视田稼成空场。

小民吞声不敢言，归敛夫价缴公堂。

十日五日钱已齐，文书捏报上官忙。

宰猪杀羊谢蝗神，酿费演戏乐洋洋。

呜呼，蝗神蝗神如有灵，

胡为享县令之牲醴而不食县令之肺肠。

清张应昌《清诗铎》，中华书局 1960 年版

捕 蝗 谣

（清）何纶锦　乾隆年间作

介虫败谷世有之，防之不早捕已迟。

但见群飞蔽空下，安识萌蘖由地滋。

诜诜育子动盈百，跳跃经旬传双翼。

秉畀炎火古有经，始不扑除继无及。

东村西舍奔走忙，喧传县吏来捕蝗。

杀鸡置酒款县吏，醉饱之后行披猖。

驱民入野供役使，踏遍田头及田尾。

蝗孽未除十二三，蝗食余禾尽践死。

蝗惊起向他处飞，县吏怒逐如合围。

田中父老眼流血，敬告县吏牵吏衣。

天灾未可人力胜，愿勿捕蝗听民命。

县吏怒詈竖目嗔，何物敢违县官令。

父老殷勤重致词，为君酿钱作酒资。

家科户敛入囊橐，按籍征收无一遗。

县吏笑入城中去，父老回首捕蝗处。

仰天太息不忍归，又见飞蝗下如雨。

清张应昌《清诗铎》，中华书局 1960 年版

捕蝗行（二）

（清）赵万里　乾隆年间作

捕蝻不早捕蝗难，民捕不了官捕攒。

大吏驱蝗如驱盗，小民吁天胜吁官。

初时见蝻便疾捉，齐坎田塍曳长索。

风驰云卷纳深沟，水渍土埋大箅扑。

遗孽讵知羽翼成，漫天蔽日声轰轰。

忽然压陇赤一片，村村骇逐喧金钲。

几家顿足哭无稻，几家天幸尚完好。

叩祈田祖速有灵，蔓延明日官知道。

清张应昌《清诗铎》，中华书局 1960 年版

赴廉颇庙捕蝗蝻志其事

（清）杜甲　乾隆年间作

廉颇庙外惊飞蝗，初闻破晓催行装。

捕蝗之法利用猛，急则易了禾不伤。

乾隆《河间府新志》卷二十《艺文》

悯 旱

（清）陆元鋐　1812年作

恒阳尸五月，犹放十分晴。从树作秋色，惊沙如雨声。

斋心祷繁露，流涕问苍生。去岁况无雪，蝗蝻恐复萌。

《续修四库全书》第1475册《青芙蓉阁诗抄》卷二

人 面 蝗

（清）郭仪霄　1819年作

江西夏秋水旱，蝗蝻蔽野，头如人面，怆然而作。

人面蝗过江，灾遍江西荒。

江西频年苦水旱，今年水旱复蝗患。

蝗初过江人不识，弥天际野堆几尺。

官欲捕蝗蝗入地，子又生子蝗转炽。

嗟尔蝗兮何不仁，人面蝗心贼我民。

驱蝗之神亦不神，我民瘏苦惟空囷。

草根食尽食人肉有小孩走入乱蝗中，为蝗吭毙，

农夫田妇对蝗哭。对蝗哭，声惨哀。

呜呼，人心不蝗蝗不来，蝗今人面伤我怀。

清张应昌《清诗铎》，中华书局1960年版

黄 钺 诗

（清）黄钺　1824年作

灵璧县蝗在马山湖，县令觅鸭四千只唼食尽焉。

唼唼复唼唼，湖堧四千鸭，四千鸭何来，县君雇以充舆台。

马山湖中有蝻子，朝生暮生生不已，半生湖田半泥滓。

捉亦不能为之驻，捕亦不能为之弭，县君惟曰鸭可使。

唼唼复唼唼，湖堧净如洗，我愿宥此鸭，勿令供刀几。

纵之江湖中，俾食天下之蝻子，有猫有虎胡愧彼。

青蛙来声何喧野，鸟集骛若烟。

凤颖之间蝗出土，五日不灭生翅股。

蛙咯咯鸟喈喈，吞之啄之一朝夕。

微神之力胡及焉，将军主之寂无言。

将军寂无言，中丞祷孔虔。

惟神能弭患，惟神赐丰年，微神之力胡及焉。

中丞上其事，天子颜有喜，濡染大笔榜其宇。

自今已始岁其有，君不见虫鸟效灵有如此。

道光《怀宁县志》卷十一《祠祭》

伏卵出蚕第十五[①]

（清）刘祖宪 1827 年作

生生不已理无穷，无限生机在个中。

一母孳生百廿子，天虫到底胜螽斯。

天虫，蚕为天虫；螽斯，螽一夜生九十九子。

道光《安平县志》卷十一《诗》

殴蚱蜢殴蜂第三十

（清）刘祖宪 1827 年作

才看飞鸟下平林，蚱蜢狂蜂复浪寻。

一缕一丝皆命脉，那堪螽贼屡来侵。

道光《安平县志》卷十一《诗》

栾城官舍纪事之一

（清）桂超万 1833 年作

白日天无光，南风吹飞蝗。率众摇旌旗，驱之回风翔。

翔者间遗坠，俄顷青畴黄。火攻不能尽，网密不能张。

巧女从天来，啄肤刳其肠。敢云德政孚，仁慈酬上苍。

去秋飞蝗过境，有坠南宫安乐两村者，正扑捕间，

有黑虫似飞蚂蚁而大食蝗殆尽，乡人名为巧女。

冬雪幸盈尺，余孽冻且僵。只恐人蝗多，蛊毒尤难防。

清张应昌《清诗铎》，中华书局 1960 年版

---

① 贵州安平县知事刘祖宪于道光七年作种橡、育蚕、煮丝、织茧诗凡四十一首，本书选录其中二首。

捕 蝗 谣

（清）关嵩祺　1843年作

炎威焦灼亢不已，河流涨落江潮起。

鱼虾遗种烂沙泥，蒸湿虫生有至理。

长夏隐隐郁晴雷，天久不雨蝗为灾。

秋田稼熟如云拥，常恐剥蚀荡成灰。

官家迭次下符牒，里长敦促吏胥虐。

高者囊括低埋坑，如火燎原难扑灭。

我闻唐宗昔吞蝗，蝗不为灾民无殃。

方今仁圣正御宇，驱遣妖孽转祯祥。

又闻使君行德政，飞蝗自此不入境。

愿得官守尽贤明，何用捕获著为令。

转眼秋风快扫除，遗蝗入地千尺余。

明岁春雨及时足，纵有蝻子化为鱼。

同治《六安州志》卷五十二《诗》

飞 蝗 来

（清）高清典　道光年间作

连年饥馑甚矣，而更继以飞蝗，民生之困以至于此，奈岁何奈，若何亦付之，无可奈何而已矣。

无数飞蝗蔽天来，黑云片片狂风催。

不知此孽起何处，但闻东北千里多为灾。

昨渡泸沱水，今过凤凰山，

迅速浑如万弩发，霎时布满城池间。

鹿城南北多田禾，飞蝗更比田禾多。

万顷黄云未期获，倏如风卷归岩阿。

蝗兮尔食我心，勿食我谷，穗穗皆我心头肉。

蝗兮尔食我肉，勿食我黍，黄童白叟泣贫窭。

尘沙打面不能扑，疾飞乱下如风雨。

小者逞蚕食，大者肆鲸吞，一经过处荡然无存。

蝗兮蝗兮饱我粮，尔既饱兮尔可远去于他方。

蝗身已肥蝗欲去，悲哉更生蝝孽重为殃。

飞蝗之灾已为极，所生况复多于蝗。

吁嗟乎，今夏况无麦，今秋复无禾。

无麦无禾祭岁何？吁嗟民兮奈若何。

光绪《获鹿县志》卷五《事纪》

搜　　蝗

（清）徐宗干　道光年间作

田祖年年肃报祈，无禾尚望麦苗肥。

水田洼处搜鱼卵，莫使春深得翅飞。

道光《武城县志续编》卷十四《艺文》

驱蝗行（二）

（清）阎其相　1835 年作

道光十五年，长沙飞蝗蔽天，晚稻无获。

阎其相苦旱行，又驱蝗行。

于乎老农一何愚，喧呼蝗来徒欷歔。

有言捕杀辄曰毋，谁与啖蝗疾病俱。

埋蝗者谴定何如，无已裂布裹为旗。

叹声鼓声走随之，可怜小儿齐拍手。

拍手仰呼呼声嘶，竟日都无啖饭时。

蝗飞公然如风呼，东田才驱西田趋。

啖禾窸窣割不如，况驱入园园无蔬。

老农仰天仍长吁，呜呼，安得疾风。

一夜吹之去，我民实愚天何恕。

光绪《湖南通志》卷二百四十四《祥异》

蝗不食禾谣　呈徐稚兰太守

（清）陶誉相　1836 年作

蝗之神，人不敢侮。蝗之食，人不敢阻。

奇哉道光丙申秋，蝗不食禾，滁州真乐土。一解。

滁州雨旸岁时和，今年黄稻如云多。忽有飞蝗，自西北来过，天遮日月，在地盖山河。官曰奈何，民曰奈何。二解。

官曰奈何，率属奔波。南山拟纵火，北山欲张罗。

出俸钱以收买，祷神祇于乡傩。灭此朝食而毋伤我民禾。三解。

民曰奈何，满箪满车。劳我使君，捕此么么。

自朝至暮，行百里以抚摩，饥不遑食泥满靴。四解。

官尽心，民尽力，仁者之疆，禾不敢食。过山则停，遇冈斯集，

绕却田塍抱榛棘。君不见昨日尺深今日无，东飞入海苍波黑。五解。

公曰嘻，吾民淳良天佑之。民曰嘻，吾官清廉天佑之。

是乃至圣在位，大贤为治。一人有庆，万姓恬熙。

蝗不曰蝗，而乃盛世之螽斯。六解。

清张应昌《清诗铎》，中华书局 1960 年版

食　　新

（清）黄钺　1837 年作

去岁月既望，今兹月下弦。食新迟十日，刈熟又经年。

未必家能饭，应怜哭少烟。力耕老无用，空自说归田。

遗蝗飞满天，秧稻日以长。官民苦无术，神乃发奇想。

大作公超市，驱入豫且网。渔人惊得鱼，举之一抚掌。

须臾飞变潜，揖揖生日广。我欲劝巢人，报施不可爽。

前生彼不残，后化我当养。朵颐姑徐徐，斯理神所奖。

有自巢来者言，六月上旬天大雾，渔人打鱼网重，自以为得大鱼，举之乃蝗也，始知大雾时（蝗）悉投入湖中，自是遂绝，而鱼虾不可胜食。

《壹斋集》卷三十八，黄山书社 1999 年版

驱蝗行（三）

（清）梁德玑　1853 年作

驱蝗驱蝗复驱蝗，蝗虫食禾还食秧。

大者为蝗小为蝱，飞飞飞满村田庄。

村南连延及村北，漫天蔽日成云黑。

须臾低下集平畴，恣肆啮噬惨同贼。

君不见迩来盗贼如蚁蜂，盗贼所至居人空。

飞蝗比贼凶更速，顷刻百亩田化为乱飞蓬。

噫于戏，尔蝗何为不食山中草，转向田间伤禾稻。

田间老幼纷驰逐，壮者鸣锣少持竹。

多人驱处蝗易飞，一人驱处蝗仍伏。

西邻嫠妇泣田禾，上田驱起下田多。

汗流声哑绷儿走，儿饥啼哺可奈何。

君不见春前杲杲逮夏前，水车翻水下平田。

入夏始雨幸及秀，生憎螟蟊又相缠。

余茎方愁不能实，那堪灾褫重一一。

耕田本为衣食谋，凶年衣食从何出。

况复县官租税催，输租称贷尤可哀。

农家谋生之苦也，若此嗟尔飞蝗胡。

为乎来哉噫于戏，我闻妖虫有鬼所主司。

造化剥极无能为，廿年于此凡两见。

争与虎狼食民饥，我愿虎狼归服毕。

妖清孽灭书云物，飞蝗飞入瘴海中。

重见乾隆郅治日，丰年五谷乐槽生。

舟车万国无碍行，无碍行颂太平。

民国《贵县志》卷十八《杂记》

捕 蝗 谣

（清）魏谦升　咸丰年间作

为摄安徽怀宁县事杨君晓春作。

一冬无雪夏无雨，蝗孽萌生遍江浒。

濒江三面磨上洲名洲，葭苇弥望鱼虾稠。

鱼虾遗子发生易，飞蝗蔽天还扑地。

有民父母关西杨，往来驰逐为捕蝗。

自云捕蝗守土职，不德所致敢不力。

昼不张盖烈日焦，夜则露坐看焚烧。

为民请命仰天哭，食苗何如食吾肉。

忧劳成疾当弥留，喃喃絮问蝗尽不。

一朝骑箕向天诉，风马云车自来去。

大府飞章达九重，以风有位真靖共。

煌煌恤典死勤事，若杨侯者庶无愧。

清张应昌《清诗铎》，中华书局 1960 年版

旱蝗叹

（清）高蓉境　1856 年作

咸丰初六载，兵荒兼岁荒，四方多争战，吾乡苦飞蝗。

去年黄河徙，入海由北方，洪泽复告竭，罾社成陂塘。

下游本泽国，四野红尘扬，深荡悉见底，走马下昭阳。

炎炎火伞酷，不雨风且狂，天干地复漏，禾稼如枯杨。

农夫急索命，运河决堤防，有司故禁止，冈救生民创。

难当众志奋，法令空张皇，少得涓滴润，水车昼夜忙。

低田视我稼，半青杂半黄，且盼豆苗长，冀登半面场。

岂料孽虫至，青天黑网张，食豆连其叶，食稻及草穰。

所过地皆赤，甚于贼匪猖，农家齐顿足，惊呼裂中肠。

哭声上云汉，涕泪转他乡，他乡兵未弭，饿死无人望。

死者命如狗，生者心如狼，官长得钱好，富绅谋窖藏。

缚羊已就宰，牧羊犹首昂，尔辈莫狡狯，凉薄岂寿康。

贫者无粒食，富者难举筯，悖入必悖出，兔死狐亦亡。

官贪致灾患，俗薄长祸殃，风恶蛊益壮，作孽匪彼苍。

人心不自悔，蝻生尤炽昌，谁实挽风化，一祓诸不祥。

民国《三续高邮州志》卷七《艺文·诗》

刘猛将军驱蝗记

（清）顾彦　1857 年作

邑有刘猛将军庙，相传能除蝗患。

去岁秋深，蝗飞陇上。天地弥漫，四郊无旷。雨泽愆期，本忧旱亢。

继以践踩，禾苗尽丧。君也愀然，谓须备防。掘子除根，后方无恙。

劝告城乡，遍粘亭障。声与泪俱，情词晓畅。备有成规，劳心采访。

寒夜一灯，检求贵当。掩卷唏嘘，民依恻怆。今睹此容，图书扪挡。

思宪之焦，形于颜状。爰告画师，临摹依样。悬挂田间，为刘猛将。

清顾彦《治蝗全法》卷首《斋记》，咸丰七年

395

感　时

（清）李承桂　1872 年作

从来可怕是兵灾，水火相连更足哀。

扑地灾威方灭去，漫天巨浪又冲来。

延城舍宇如齑粉，附寨骷髅作死灰。

还有飞蝗伤禾稼，何时能复颂康哉。

民国《重修正阳县志》卷八《艺文·诗》

蝗　灾　行

（清）高望曾　同治初作

春前但得连番雪，遗蝗入地已千尺。

去冬不雪蝗孳生，经春蠕动灾遂成。

蝗飞蔽天日，衔尾群相接，

千头万头如雨集，鸣钲击炮众争逐。

东村散去西村伏，村人控官万声哭。

官符捕蝗下村落，捕蝗之人胜蝗毒。

蝗食民田民无谷，官食民膏民日瘯。

清张应昌《清诗铎》，中华书局 1960 年版

丙　子　蝗

（清）刘俊德　1877 年作

丙子蝗，丁丑旱，处处阡陌净如浣，

蛟龙睡熟天公醉，千里赭野俱不管。

秋来无物可登场，田父陌头空断肠。

北抵幽燕，西雍凉陕，虢兖豫，俱堪伤。

旱与蝗，苦无策，秋无禾，夏无麦。

民国《淮阳县志》卷十九《诗》

天　无　雨

（清）刘俊德　1877 年作

天无雨，井无泉，长河细流剩涓涓，

飞蝗成阵飞蔽天，频年不雨禾不生。

到处无覆草青青，尔蝗枉自飞千里，无草无禾蝗亦死。

大吏闻蝗死，莞尔笑口开，是岁有蝗不为灾。

民国《淮阳县志》卷十九《诗》

虎 患 息

（清）付维枟　清末作

前此春旱土出蝻，入夏生羽成飞蝗。

竟有细蜂来蔽野，群飞啮蝗蝗尽僵。

清张应昌《清诗铎》，中华书局 1960 年版

鸭 捕 蝗

（清）陈梓　清末作

三月，上元县沿江产蝗，或献策，募捕坊鸭百千，食之殆尽，鸭亦死，作《鸭捕蝗》。

江头产蝗地无缝，老农披蓑惊晓梦。

谋夫孔多策谁贡，鸭来鸭来百千哄。

五日腹半果，十日蝗尽唼，鸭肥田亦肥，捕蝗此良法。

绿头能言笑而谑，周公制礼礼不周，迎虎迎猫不迎鸭。

清张应昌《清诗铎》，中华书局 1983 年版

捕 蝗 诗

魏万祺　1915 年作

灾异从来说旱蝗，不明物理咎天殃。

但能化雨随车澍，便觉仁风似箑扬。

薙草除根垂远虑，徙薪救火贵先防。

笑他迷信纷纷辈，祭蜡空劳祈祷忙。

王亿年《捕蝗纪略》，1915 年

心酸的蝗虫经

鉴清　1933 年辑

河南新乡不雨，蝗灾奇重。人民无知，敲钟念蝗虫经，

397

经的内容一言一语令人卒读，兹录之一二，以作当局及治
蝗工作者警醒。

> 蝗虫爷爷行行好，莫把谷子都吃了。
>
> 众生苦了大半年，衣未暖身食未饱。
>
> 光头赤足背太阳，汗下如珠爷应晓。
>
> 青黄不接禾尽伤，大秋无收如何好。
>
> 蝗虫爷爷行行好，莫把谷子都吃了！
>
> 蝗虫爷爷行行善，莫把庄稼太看贱。
>
> 爷爷飞天降地时，应把众生辛苦念。
>
> 家家饿肚太难当，尚有差官无情面。
>
> 杂税苛捐滚滚转，土豪劣绅脚上镣。
>
> 蝗虫爷爷行行善，莫把庄稼太看贱！

《昆虫与植病》，1933年第1卷第30－35期

蝗虫谚语五例

> 春天辰巳雨，蝗虫食禾稼。

《授时通考》卷三《天时·春》引《师旷占》

> （正月）有电，人殃。霞气，主虫蝗。

《授时通考》卷三《天时·春》引《便民书》

> 有谷无谷，且看四月十六。
>
> 立一丈竿量月影，月当中时影……四尺，蝗。

《授时通考》卷四《天时·夏》引《群芳谱》

> 六月雷不鸣，蝗虫生。

《授时通考》卷四《天时·夏》引《四时占候》

> 一月见三白[①]，田翁笑吓吓，又主杀蝗虫子。

《农政全书》卷十一《农事》

蝗虫和中央军

河南民谣

> 小蝗虫，颜色黄，它飞到哪里，百姓就遭殃，
>
> 滩柴熟草都啃光，庄稼禾苗白白长。

---

① 腊月内下三次雪，谓之三白。

中央军，身色黄，他住到哪里，百姓更遭殃，

衣服食物他都要，庄稼上场一扫光，

无理发动打内战，谁都含恨痛心肠。

同胞们，请想想，蝗虫和中央军，哪能分出两个样！

华中文协大众文艺委员会编《大众文库·文艺类·民谣集》，中华新华书店 1946 年版

三、蝗虫传说故事

根据文献记载和民间传说，现整理、收录蝗虫传说故事 103 例如下。

1. 神龟与蝗虫

南朝宋元王二年（前 530 年），江使神龟使于河，至于泉阳，渔者豫且举网得而囚之。夜半，龟来见梦于宋元王曰："我为江使于河，而幕网当吾路。泉阳豫且得我，我不能去。身在患中，莫可告语。王有德义，故来告诉。"元王醒来，立即召博士卫平问之何物。卫平仰天视月光，观星斗，计算天象，对元王说："其名为龟。王急使人问而求之。"王曰："善。"于是派使者赶到泉阳，问泉阳令曰："豫且得龟，见梦于王，王故使我求之。"泉阳令查阅了册簿后，说豫且在江的上游。乃与使者又疾驰至豫且处，问曰："今昔汝渔何得？"豫且曰："夜半时举网得龟。"使者曰："今龟安在？"豫且曰："在笼中。"使者曰："王知子得龟，故使我求之。"豫且曰："诺"。乃系龟出于笼，献与使者。使者载龟刚出泉阳门，就雷雨并起。神龟见到元王后，"延颈而前，三步而止，缩颈而却，复其故处"。元王见状很奇怪，就问卫平是怎么回事，卫平对曰："延颈而前，以当谢也，缩颈而却，欲亟去也。"元王说：神龟想回去要尽快办，还得搞个隆重的欢送仪式，勿令失期。卫平曰："龟者是天下之宝也，先得此龟者为天子，且十言十当，十战十胜。"又曰："王能宝之，诸侯尽服。王勿遣也，以安社稷。"元王曰："神龟以我为贤，故来告诉寡人被困的事，不遣，则贪其力，下为不仁，上为无德，寡人不忍。"卫平曰："不然。"又曰："今龟周流天下，还复其所，上至苍天，下薄泥涂。还遍九州，未尝愧辱，无所稽留。今至泉阳，渔者辱而囚之。王虽遣之，江河必怒，务求报仇。"到那时，"淫雨不霁，水不可治。若为枯旱，风而扬埃，蝗虫暴生"，百姓就没好日子过了。又曰："王行仁义，其罚必来。王勿遣也。"最后，卫平还用神龟是大宝，专为圣人用，今王有德，当用此宝等等的理由，说服元王留下了神龟。于是元王择日而谢，再拜而受，并将神龟制成了镇国之宝。从此，宋国有了卫平辅佐和神龟之力，打了很多胜仗而强盛起来。孔子听说此事后说："神龟

知吉凶，而骨直空枯。"这个故事，也将蝗虫的"蝗"字在民间出现的时间，确定在了春秋时期。

（据《史记·龟策列传》卷六十八整理）

2. 孔子论蝗灾

鲁哀公十二年（前483年）冬十二月（相当于夏历十月），鲁国大蝗。冬季里发生蝗灾，这在鲁国是从来没有过的事情，有些人就说："这是天灾，是来惩罚鲁国的，说不定还会有更大的灾祸。"一时间，闹得人心惶惶，世道混乱。鲁哀公没有办法，整天愁眉不展。于是便去请教孔子，问冬季里发生蝗灾，是不是上天要惩罚鲁国。孔子听了以后，笑着说："丘闻之，每年十月暖气西沉，天气将变寒，万物蛰毕，而今年暖气尚在，天气温和，蝗虫活跃，当为九月，并非天气反常，乃司历有过。"于是哀公命司历官重新计算司历，果然发现这一年为闰九月，九月里发生蝗灾不足为奇，并非是上天要惩罚鲁国。消息传出，人心渐渐稳定了下来，人民无不敬仰和赞美孔子的才华。

（据曹尧德等《孔子传》整理，花山文艺出版社1997年版）

3. 孔子师徒与"三季人"

台湾学者曾仕强在中央电视台"百家讲坛"上讲授《易经的奥秘》时，讲了一个"三季人"的故事。一天，孔子的一个学生在门外扫地，来了一个客人问他："你是谁？"这个学生很自豪地说："我是孔老先生的弟子！"客人说："太好了，我能不能请教你一个问题？"学生高兴地说："可以。"客人说："一年有几个季节？"学生心想，这还用问吗，就说："春、夏、秋、冬四季。"客人说："不对，一年只有春、夏、秋三季。""不对，四季！""三季！"两人争执不下，就决定打赌，谁输了，就向对方磕三个头。就在这时，孔子从屋里走了出来，学生就向孔子问道："老师，一年有几季？"孔子看了一下客人，就说："三季。"这时，那个学生吓蒙了，又不敢反问孔子，客人忙向学生说："磕头，磕头！"这个学生只好向客人磕了三个头。客人走后，这个学生忙问孔子："老师，一年明明有四季，您为什么说有三季？"孔子说："你没见那个人全身是绿色的吗？他只是只蝗虫，蝗虫春天生出来，秋天就死了，从没见过冬天，你讲三季，他就会满意，你讲四季，他听不懂，就会从早到晚与你争论不休，你吃点亏，磕了三个头，无所谓。"曾教授讲完这个故事后说：以后再碰到这种不讲道理的人，只要想到这个"三季人"的故事，也就不会往心里头去了，这样，也就不会生气了。

（据《沧州广播电视报》2001年第30期整理）

4. 齐将与魏相说蝗

匡章，战国时齐将，齐威王（前356—前320年）时期，曾率军击退秦国的进攻。惠施（前370—前310年），又称惠子，宋国人，战国时哲学家，曾任魏相。前334年，在惠施随同魏惠王到今山东滕州朝见齐威王时，齐将匡章对惠施说："蝗螟，农夫得而杀之，奚故？为其害稼也。"又曰："今公行，多者数百乘，步者数百人；少者数十乘，步者数十人。此无耕而食者，其害稼亦甚矣。"魏惠王解释说：惠子易衣变冠、乘舆而走，为的是与他仲父身份相适应。惠施言其志曰："'今之城者，或者操大筑乎城上，或负畚而赴乎城下，或操表掇以善睎望。若施者，其操表掇者也。使工女化而为丝，不能治丝；使大匠化而为木，不能治木；使圣人化而为农夫，不能治农夫。施而治农夫者也'。公何事比施于螣螟乎？"匡章与惠施的对话，都说到了蝗虫，但匡章说的是蝗螟，而惠施说的是螣螟，说法虽有不同，只不过是地方方言不同罢了。东汉高诱在对蝗螟作注时曰："蝗，螽也，食心曰螟，食叶曰螣，今兖州谓蝗为螣。"

（据《吕氏春秋·不屈》整理）

5. 蝗灾鬻爵

褚人获在"事物纪元"中记载，"鬻爵"之事始于汉文帝，受晁错言，令人入粟卖官，为汉武帝、灵帝之事，殊不知秦始皇时，飞蝗蔽天，下诏百姓，纳粟千石，可拜爵一级，盖在汉文帝之前，此是"鬻爵"之始也。

（据清褚人获《坚瓠集》余集卷四整理）

6. 千里马与战祸蝗患传

张骞出使西域，加强中原与西域少数民族的联系，进一步发展了汉朝与中亚各地人民的关系，在历史上留下辉煌的一页。但另外引发的一场汉朝与大宛国连续几年的征战却鲜为人知。大宛国盛产名马，曰千里马，踏石有迹，一日千里，多汗血，又曰汗血马，言其天马也。汉武帝酷爱名马，始听张骞汇报后就想得到此马。于是，在西汉元封六年（前105年）派使者去大宛国出千金购买千里马。宛王也喜爱名马，认为汉朝离大宛国绝远，大兵不能至，不肯给，使者出妄言辱宛王，宛王怒杀使者，并夺取其财物。汉武帝宝马未得，使者却被杀，一怒之下于太初元年（前104年），派遣贰师将军李广利率大军伐宛，连续数年征战，死十余万人，终于杀死了宛王，夺取了千里马。对于这次战争，《汉书·武帝纪》记曰，"秋八月，遣贰师将军李广利发天下谪民西征大宛，蝗从东方飞至敦煌。"《汉书·五行志》记曰："夏蝗从东方飞至敦煌，贰师将军征大宛，天下奉其役连年。"均将蝗灾发生的原因，归结为汉朝与大宛国的征战。

（据《汉书·大宛列传》整理）

7. 严延年太守蝗祸传

河南太守严延年为人阴险毒辣，独断专行，处理犯人时当死者可能被无罪释放，当生者可能以莫须有的罪行杀掉。属下猜不透他的心思，每天都战战兢兢，不敢冒犯他。每年冬月，严延年审理犯人时都是血流数里，河南人称他为屠伯。汉宣帝神爵四年（前58年），河南界中大蝗，严延年派府丞义去视察蝗虫，义回来后，延年问他：蝗虫是不是凤凰的食物？义平时很惧怕延年的为人，不知怎样回答。本来延年与义曾在一起当过丞相史，延年对义还很亲厚，这次又送给他丰厚的奖品。延年越是奖励，义越害怕，于是义给自己算卦，但却得到一个死卦，整天闷闷不乐。后来就到长安，上书延年罪名十条，奏毕即饮药自杀，以表明自己对朝廷的忠贞。御史丞到河南调查，查获严延年大量罪证，十一月，严延年被判处了死刑。

（据《资治通鉴·汉纪》整理）

8. 卓茂以贤治蝗传

卓茂，字子康，河南南阳人，西汉元帝时学习于长安，习《诗经》《礼记》及《历算》，性情宽厚仁爱，待人友好互助，很注意团结，后考试入官，迁任河南密县县令。卓茂在任期间，忠心耿耿，任劳任怨，视人如子，举善而教，几年以后，密县秩序井然，道不拾遗，百姓安居乐业，卓茂广受人们尊敬。平帝时某一年，天下大蝗，河南20余县皆受蝗害，而独不入密县界。人们都认为，卓茂贤明至诚，蝗虫不入其县。此事惊动了郡太守，派督邮下乡调查此事，督邮回来汇报后，太守还是不信，乃亲自出行视察，才信以为真，报至朝廷。卓茂被迁任为京都丞，临行时，密县老少皆涕泣随送。光武初即位，即访寻卓茂，下诏封卓茂为褒德侯，食邑二千户。东汉建武四年（28年），卓茂去世，密县为此还建立了卓茂庙。延熹八年（165年）夏四月，桓帝下诏郡国拆除滥设祠庙时，还特意保留了密县卓茂庙，闹蝗灾时则祭祀于卓茂庙，以祈蝗不入界。昔卓茂善政，蝗虫不入其境的故事，也因此被长期保留了下来。东汉王充《论衡》在谈到卓茂为密县令，盖以贤明至诚，蝗不入其县时说：世传卓茂"盖以贤明至诚，灾虫不入其县也。此又虚也"。认为："贤明至诚之化，通于同类，能相知心，然后慕服。蝗虫，闽虻之类也，何知何见，而能知卓公之化？使贤者处深野之中，闽虻能不入其舍乎？闽虻不能避贤者之舍，蝗虫何能不入卓公之县？"又说："夫寒温，亦灾变也，使一郡皆寒，贤者长一县，一县之界能独温乎？夫寒温不能避贤者之县，蝗虫何能不入卓公之界？夫如是，蝗虫适不入界，卓公贤名偶称世"。是偶然也。

（据《后汉书·卓茂传》整理）

9. 邓绥皇太后四诏治蝗

东汉邓绥皇太后六岁能读《史书》，十二岁修妇业，通《诗经》《论语》，被称为才女。东汉永元七年（95年），邓绥被选入宫，由于有才华，身体修长，姿颜姝丽，第二年即被封为贵人，成为和帝刘肇的新宠。不久，邓绥就以"女诫标兵"的姿态，扳倒了阴皇后，于永元十四年（102 年）立为皇后，元兴元年（105 年），和帝驾崩，邓绥升为皇太后，即自称为朕，开始了垂帘听政的强权统治。先指定刚百日的刘隆为皇帝，八个月后刘隆死亡，又立 13 岁的刘祜为新皇帝。邓绥掌权后，河南也进入了飞蝗盛发期，永初三年（109 年），鲁山、宝丰蝗灾。永初四年夏四月，洛阳等六州蝗，淮阳、沈丘、新蔡蝗灾。永初五年，河南等九州蝗，诏曰：灾异蜂起，寇贼纵横，夷狄猾夏，戎事不息，百姓匮乏，疲于征发。重以蝗虫滋生，害及成麦，秋稼方收，甚可悼也。公、卿、大夫将何以匡救？其令三公、特进、侯、中二千石、二千石、郡守、诸侯相，举贤良方正、有道术、达于政化、能直言极谏之士各一人，及至孝与众卓异者，并遣诣公车，朕将亲览焉。这是邓绥皇太后颁布的第一道有关救治蝗灾的法令。永初六年三月，去年蝗处复蝗子生，河南等四十八大蝗。永初七年八月，蝗虫飞过洛阳，诏："郡国被蝗伤稼十五以上，勿收今年田租；不满者，以实除之。"这是邓绥皇太后颁布的第二道有关救治蝗灾的法令。元初元年（114 年）夏四月，京师洛阳及郡国五旱蝗。诏三公、特进、列侯、中二千石、二千石、郡守举敦厚质直者各一人。这是邓绥皇太后颁布的第三道有关救治蝗灾的法令。元初二年五月，河南及郡国十九蝗。诏曰："朝廷不明，庶事失中，灾异不息，忧心悼惧。被蝗以来，七年于兹，而州郡隐匿，裁言顷亩。今群飞蔽天，为害广远，所言所见，宁相副邪？三司之职，内外是监，既不奏闻，又无举正。天灾至重，欺罔罪大。今方盛夏，且复假贷，以观厥后。其务消救灾眚，安辑黎元。"这是邓绥皇太后颁布的第四道有关救治蝗灾的法令。连续七年的蝗灾，邓绥发出四道救治蝗灾的法令，这在中国历史上也是实为罕见的。

（据《后汉书·孝安纪》整理）

10. 司部驱蝗

东汉时，司隶校尉部所在地洛阳发生了严重蝗灾，司部长官召集洛阳等三府的官员发动群众驱赶蝗虫，司空属员梁福劝之曰："普天之下，全是皇帝的土地，你不想办法组织群众去消灭蝗虫，把蝗虫驱赶到哪里去呢？"

（据《东观汉记》整理）

11. 百虫将军碑

洛水东过偃师县南，山际有九山庙，庙前有碑云：九山显灵府君者，太华之元子，阳九列名，号曰九山府君也。又有《百虫将军显灵碑》，碑云：将军姓伊，讳益，字隤敳，帝高阳之第二子伯益者也。西晋元康五年（295 年）七月七日，顺人吴义等建立堂庙。永平元年（291 年）二月二十日，刻石立颂，赞示后贤。以上均与纪念治

403

蝗人物有关。

（据北魏郦道元《水经注》卷十五《水》）

12. 因蝗丢官

后赵建武四年（338 年）五月，冀州八郡大蝗，后赵司隶校尉部司隶向赵王石虎献媚说："都是各地方官员没有把蝗虫治下去，请治他们的罪。"赵王说："蝗灾这么大，是我失政所致，不应把责任推给下面，他们的罪是很小的。你作为司隶官，在发生蝗灾时没有向我提出治理意见，辅佐朕时没有尽职尽责，现在又要治下面地方官员的罪，陷害无辜，以推卸自己的责任，现在就黜掉你的官位，废同庶民。"中国第一个因蝗灾问题被撤职的官员就这样产生了。

（据《资治通鉴·晋纪》整理）

13. 蚱蜢托梦

晋孝武帝时，徐邈任中书侍郎。有一天在官府值班时，左右人觉得徐邈独在帐内与人说话，有一门生偷偷观看，但什么也没看到。天微明时，门生打开窗户，却看见一物从屏风内飞出，直入前屋铁锅里，视之，也没什么东西，只见在锅内菖蒲根下有一只大青蚱蜢。门生虽然怀疑这是鬼怪一类的东西，可自己从来也没有听说过，于是，便撕去了蚱蜢的两翅，把蚱蜢又放回锅内。是夜，蚱蜢托梦给徐邈云："吾为你一门生所困，来往道路已绝，虽相距很近，但远如隔山河。"邈得梦后，甚觉凄惨。门生虽然知道徐邈凄惨的原因，但还是问他为何凄惨。徐邈开始还有点疑虑，后来不好意思地说："我刚来此省时，见到一位青衣女子在我前面走，头上有两个发结，姿色甚美，我试着挑逗于她，她便随我回来了，我们之间十分相爱，但我不知她是从什么地方来的。"还把梦里的情况说了一遍。门生知道了这些情况后，就不再追杀那只蚱蜢了。

（据《太平广记·昆虫一》整理）

14. 齐王因蝗发怒

南朝陈武帝永定元年（557 年）秋七月，河南、河北大蝗。齐王问魏郡丞崔叔瓒致灾的原因，崔叔瓒曰："五行志中说土功不对则蝗虫为灾，如今你外筑长城，内修三台，大兴土木，所以发生了蝗灾。"齐王听了大怒，命令左右殴打他，揪住他的头发，用粪便泼他，拉住他的双脚，把他拖出了宫外。

（据《资治通鉴·陈纪》整理）

15. 唐太宗吞蝗避灾

唐贞观二年（628 年），陕西大旱蝗。唐太宗在玄武门以北的禁苑内见到不少蝗虫，捉到几只，说："民以谷为命，而你们却吃百姓的庄稼，如百姓有过错，全在我一个人，我宁愿叫你们咬我的心，也不愿叫你们伤害庄稼。"说完，就要吞食蝗虫。

左右见状急忙劝阻说："皇上，千万不要吃，吃了要生病的。"唐太宗说："朕为百姓而受过，还怕什么病呢？"于是，就把蝗虫吞食了下去。这一年各地虽然发生了蝗虫，但都没有形成灾害。后来，白居易以此写捕蝗诗曰："贞观之初道欲昌，文皇仰天吞一蝗。一人有庆兆民赖，是岁虽蝗不为灾。"

（据《资治通鉴·唐纪》整理）

16. 唐宰相姚崇治蝗

姚崇，字元之，河南陕县人，任唐朝的宰相，是中国历史上用唯物主义观点说服皇帝及众大臣治蝗，并极力推广埋瘗法捕蝗的人，是古代治蝗卓有成效的重要人物之一。唐开元四年（716年）五月，山东蝗虫大起，民祭且拜，坐视食苗不敢捕。姚崇看在眼里，急在心里，立即向皇帝奏请捕蝗，建议推广埋瘗法，曰："《毛诗》云：'秉彼蟊贼，以付炎火。'又汉光武诏曰：'勉顺时政，劝督农桑，去彼螟螣，以及蟊贼。'此并除蝗之义也。虫既解畏人，易为驱逐。又苗稼皆有地主，救护，必不辞劳。夜中设火，火边掘坑，且焚且瘗，除之可尽。自古有讨除不得者，只是人不用命，但使齐心戮力，必是可除。"埋瘗捕蝗得到皇帝同意后，乃出御史为捕蝗使，分道杀蝗。汴州刺史倪若水拒御史，奏曰："蝗是天灾，自宜修德。刘聪时除既不得，为害更深。"宰相姚崇牒之曰："刘聪伪主，德不胜妖；今日圣朝，妖不胜德。古之良守，蝗虫避境，若其修德可免，彼岂无德致然！今坐看食苗，何忍不救，因以饥馑，将何自安？幸勿迟回，自招悔吝。"倪若水被驳得哑口无言，又害怕担当无德致蝗的责任，于是积极推行埋瘗捕蝗法，获蝗一十四万石，投之汴河，流者不可胜数，蝗灾被成功除治。当时，朝廷还是一片喧议，皆认为"杀虫太多，有伤和气"。皇帝复以问崇，姚崇对曰："庸儒执文，不识通变。凡事有违经而合道者，亦有反道而适权者。昔魏时山东有蝗伤稼，缘小忍不除，致使苗稼总尽，人至相食；后秦时有蝗，禾稼及草木俱尽，牛马至相啖毛。今山东蝗虫所在流满，仍极繁息，实所稀闻。河北、河南，无多贮积，倘不收获，岂免流离，事系安危，不可胶柱。且讨蝗纵不能尽，也不能养以为患。此次蝗灾若除治不下，臣在身官爵，并请削除。"皇帝同意了姚崇继续捕蝗的请求。但黄门监卢怀慎仍谓姚崇曰："蝗是天灾，岂可以人力制？"姚崇曰："楚王吞蛭，厥疾用瘳；叔敖杀蛇，其福乃降。赵宣至贤也，恨用其犬；孔丘将圣也，不爱其羊。皆志在安人，思不失礼。今蝗虫极盛，驱除可得，若其纵食，所在皆空。山东百姓，岂拟饿杀！此事崇已面经奏定讫，请公勿复为言。若救人杀虫，因缘致祸，崇请独受，与你无关。"怀慎竟不敢逆姚崇之意，蝗虫因此亦渐止息。

（据《旧唐书·姚崇传》整理）

17. 柳宗元话说祭祀

唐贞元末年，柳宗元在长安任监察御史时主管祭祀工作。一次，在举行祭祀典礼之前，他召集一些官员讨论祭祀问题，柳宗元说："古时候皇帝于岁末集合百官在南郊祭典百神，作为对神的报答。在祭祀之前都要问清户部，哪些地方有旱灾，哪些地方有水灾，哪些地方有蝗灾，哪些地方有瘟疫。然后，取消这些地方神的牌位，不再祭祀他们。"柳宗元沉思了一会儿又说："我学过《礼记》，看来没有受灾害的地方神才能享受祭祀的说法已有很长时间了。"接着叹口气说："神长什么样子，我从来也没见过，祭祀给神的东西，神吃了没有，也不得而知，祭祀真是荒诞模糊的事。古代君主设祭祀，肯定有意图，并不是为了神，而是警诫人。对那些荒诞模糊、看不见摸不到的神都可以贬斥，何况我们这些有容貌、能说能动的人了，祭祀是为了警诫人，用意是很大的。"有人问："您这么说，旱灾、水灾、蝗灾、瘟疫，圣上不去惩罚官吏，而是惩罚神，目的在于教育人，有何根据？"柳宗元回答说："旱灾、水灾、蝗灾、瘟疫，并不是人所能搞成的，所以要惩罚神。但官吏中有的凶狠残暴，有的昏庸糊涂，有的贪得无厌，有的懒惰无能，这些又不是神的作为，所以要警诫这些人。如果不明白祭祀神是为了警诫人的道理，我认为是违背了圣上的本意。"有人又说："古书上记载，周成王误听流言怀疑周公，周公避居东部，天刮大风，成王悔悟，出郊祭天，天立即反风下雨，刮倒的庄稼也直立起来了，并获得了丰收。东汉宋均任九江太守，整治吏治，中元元年（56 年），山阳、楚、沛多蝗，蝗虫飞到九江界就散去了，独不入九江界。刘昆在弘农任太守，当政三年清正廉洁，虎带子渡河而逃，这些不也是人所造成的吗？"柳宗元说："有些事是偶然碰上罢了，也有的事是人们编造出来的。十年九涝，八年七旱，这样的地方官是什么样的官呢？因此应惩罚这样的官。只要人们明白，祭祀的目的是为了教育人，即使取消祭祀也是可以的，否则，祭祀失去教育人的目的，其后果则太可悲了。"

（据《柳宗元诗文选注》整理）

18. 唐文宗诏令赈救蝗灾

唐开成二年（837 年）夏五月，蝗伤稼。开成三年春正月，唐文宗诏曰：朕恭临大宝兢兢业业十有三年，何尝不惠下以爱人克己，以利物外。去秋旱蝗所及稼穑卒痒，哀此烝人，惧罹艰食，是用顺时，布令助煦育之。其淄青、兖海、郓、曹、濮去秋蝗虫害物偏甚，去年上供钱及斛斗并宜放免，今年夏税上供钱及斛斗亦宜全放，仍以当处常平义仓斛斗速加赈救。遭蝗虫处，刺史委中书门下精加察访，如有烦苛暴虐，贪浊懦弱者，即须与替闭，籴禁钱为时之蠹方将革弊。

（据光绪《益都县图志》整理）

19. 董昌祠蝗祸

董昌，杭州临安人。早先为治还算廉平，人民生活平安。自从升任陇西郡王后，就托神弄鬼的诡诈起来。他立了一个生祠，用香木作了本人的身躯，用金玉和绸缎作了肺腑，冕面而坐，妻妾侍候两旁，吹鼓手在前面吹鼓，卫兵列队护卫门前。整天杀牲宰畜、烧纸焚香，称自己是神仙。属州、县的官员及百姓，上供送礼的接连不断，人民叫苦不迭。一天，闹起了蝗灾，蝗集在董昌祠旁，上官叫他治理，他说"我是神仙，不会成灾的"，任蝗灾泛滥，吃尽了庄稼。有人言："董昌祠，这不就是供一木偶吗?!"董昌听到后大怒，立刻派人将这人捉了起来，被肢解在董昌祠前。

（据《新唐书·董昌传》整理）

20. 蝗化蜻蜓传说

唐天祐末年（907年），蝗虫出生在地穴中。蝗虫长成以后，就会立即咬住它们自己的足翅从洞里钻出来。皇帝对蝗虫说："我犯了什么罪，你们要吃我的庄稼苗？"于是，蝗虫都变成了蜻蜓，洛阳一带的蝗虫也都变成了蜻蜓。

（据《太平广记·昆虫七》整理）

21. 杨凝式以蝗赋诗迎郡守

杨凝式，华阴人。晋天福初，改太子宾客。后汉乾祐中，历少傅、少师。凝式长于歌诗，据《别传》云：凝式诗多杂以诙谐。张从恩尹洛，凝式自汴还，时飞蝗蔽日，偶与之俱，凝式先以诗寄曰："押引蝗虫到洛京，合消郡守远相迎。"通过声势浩大蝗灾态势，比喻对张郡守的浓厚相迎。

（据《旧五代史·杨凝式传》整理）

22. 猪蝗互食

蝗虫所以为灾，是因为蝗虫是由不祥之气产生出来的，并有腥臭气味，于是也有人说蝗虫是鱼子变成的。蝗虫每代可产卵三四次，每次产卵百余粒。自卵至长翅飞翔，需一个月。《诗经》称蝗虫为螽斯，并称螽斯子孙众多，在长翅之前跳跃而行，其名为蝻。后晋天福末年，天下大蝗，连年不断，蝗虫行则盖地，飞则蔽天，庄稼草木，赤地无遗。其蝻最为严重时，蝗群无数，以至浮河越岭，渡池逾堑，如履平地。井溷填满，入人家舍，不能制御。穿窗入户，腥秽床帐，啮损书衣，积日连宵，百姓不胜其苦。山东郓城县有一农家，养猪十余头，那一年正在山坡下的一个水池边放养，正值蝗蝻到来，群猪跃而吞食之，不一会儿就都吃饱了，也不能动弹了，其蝗蝻反而又嗤嗤地吃起群猪来，蝗蝻堆积如山，群猪不能抵御，皆被蝗蝻咬死。到了癸卯年（943年），那些蝗虫却都抱着草木干死了，这就是上天惩罚蝗虫啊。

（据《太平广记·昆虫七》整理）

23. 许敬将军话说蝗虫化蝶

后汉乾祐二年（949年），将军许敬奉命到东洲（今江苏武进东南）视察夏苗生长的情形，不久上言："在野外的山坡上，有十余里的地方生活着很多蝗蝻，刚想去打捕，那些蝗虫却都化成了白蛱蝶飞走了。"其实是蝗虫羽化为成虫迁飞到其他地方了。

（据《太平广记·昆虫七》整理）

24. 米元章县令诗解驱蝗纠纷

米元章在河南任雍丘县令时，境内大蝗。其邻县尤甚，后仍滋蔓，以为蝗虫是雍丘县驱赶过来的，于是，移文书到雍丘县米元章处，使其停止向邻县驱赶蝗虫。米元章见文书后哈哈大笑，提笔在纸尾写了一首诗回答曰："蝗虫原是飞空物，天遣来为百姓灾，本县若能驱得去，贵司还请打回来"。传者绝倒。

（据清褚人获《坚瓠集》卷三整理）

25. 真宗皇帝赵恒撤膳下诏治蝗

宋大中祥符九年（1016年），宋朝发生了极其严重的特大蝗灾。六月，京畿、京东、京西、河北路蝗蝻继生，弥覆郊野，食民田殆尽，入公私庐舍；七月，飞蝗过京师，群飞翳空，延至江淮南，趋河东，及霜寒始毙，开封府祥符县蝗附草死者数里；八月，磁、华、瀛、博等州蝗，不为灾；九月，青州飞蝗赴海死，积海岸百余里。仅从以上的记载中，就可以看出这一年发生的蝗灾是多么的严重。蝗灾，惊动了宋朝的真宗皇帝赵恒。一日，真宗正在偏殿中吃晚饭，左右声言飞蝗来了，真宗便走到窗前打开窗户仰视，则见蝗群连云翳日，不见其际。真宗默然，坐立不安，乃命撤膳。立时下诏警诫郡县，督诸路捕蝗，蝗伤民田十之一二者，可酌情蠲免田租；诏民间有出私廪赈贫乏者，有达3 000~8 000石的，可授助教、文学、上佐等官职；诏京城禁乐一月；祠部员外郎吕夷简还呈请皇帝责躬修政，恭顺天意。

（据《续资治通鉴·宋纪》整理）

26. 王旦反对百官贺

宋大中祥符九年（1016年）秋七月，河南省大蝗，飞蝗还飞过了京师开封。宋真宗赵恒命令昭庆宫、开宝寺、灵感塔等焚香祈祷，并在京城宫内禁音乐5天。一天，真宗拿着几只死蝗虫对大臣们说："朕派人到野外去调查，说蝗虫都死了。"第二天，执政官也拿着几只死蝗向真宗献媚说："蝗虫确实都死了，是不是率百官庆贺庆贺。"宰相王旦反对说："蝗虫是一种灾害，蝗虫死了，侥幸也，何必庆贺。"制止住了。不久，各地皆报奏飞蝗蔽天，又有不少蝗虫坠落宫殿。真宗对王旦说："现在蝗虫这么多，如果真的率百官贺，岂不被天下人耻笑。"于是，真宗下诏，令所在官司到蝗区调查，督民扑捕，蝗伤民田十之一二者，可酌情免租税。

（据《续资治通鉴·宋纪》整理）

27. 因蝗得福

宋真宗时，孙冲徙知襄州。有一年，京西蝗，真宗乃遣中使督捕安抚。中使至襄，恼怒孙冲没有出城迎接，就向真宗奏报：蝗灾唯襄州为甚，但州内每日置酒，不体察民意。真宗大怒，令将孙冲置狱。这时孙冲得到属县丰收的喜报，急谏向真宗报告实情。真宗了解了实情后醒悟过来，命将使者答之，并将孙冲由侍御史提升为京西转运使。

（据《宋史·孙冲传》整理）

28. 范讽种豆控蝗

范讽在淄州任通判时，掌管救灾工作。宋真宗乾兴元年（1022年）淄州大蝗，因为蝗害的原因，各地什么庄稼都无法种植。老百姓认为只有大豆，蝗虫不喜欢吃，可以种植，但又忧虑没有大豆种子无法办。范讽知道后，即到邹平县试点，要求邹平县令把官府粮仓的豆种贷给人民。邹平县令害怕大豆也被蝗虫吃了，最后连豆种也收不上来，因此极力反对，不愿意贷。范讽说："有什么责任我承担，与你无关。"于是邹平县向老百姓放贷豆种三万斛，农民普遍种上了大豆。是秋，邹平有蝗无灾，大豆又获得了丰收，农民还提前还清了官府的豆种。

（据《续资治通鉴·宋纪》整理）

29. 刘漫塘祠

刘宰，即诗家所称漫塘先生。《金坛县志》载：宋嘉定二年（1209年），邑旱，飞蝗蔽天而下。时太常丞刘宰居家草书一函，命其仆至城北钟秀桥去见两位黄衣客。仆至桥，果见衣黄者，即跪进之。黄衣客启书阅之，竟对仆曰：我借路不借粮也。黄衣客走后，蝗果不为灾。自后有蝗，必向漫塘祠祀之。

（据《古今图书集成·禽虫典》第一百七十六卷整理）

30. 魏公捕蝗

宋嘉祐年间，畿邑多蝗，朝廷决定派遣官员分行督捕蝗虫。有一从下面回来的朝士到韩魏相府说：县虽有蝗，但全不食稼。魏公觉得这一朝士说话有佞，就说："难道按你的说法就不用督捕了，你知道蝗虫有没有留下遗种？来年会不会再发生？"朝士回答不出，于是惭愧而退。

（据《文渊阁四库全书》第1037册《珍席放谈》整理）

31. 边珣砍草治蝗

宋熙宁五年（1072年），江苏昆山滨海一带发生蝗虫，上级命令平江军节度推官边珣督捕。但滨海一带各种芦类植物非常多，蝗虫集聚其下，群众没有除掉蝗虫的办法。边珣就令群众将大量芦苇连根砍下，撒于地面，蝗虫爬到芦草上，人们见到了蝗虫，然后就将其全部消灭了。诸郡都认为这个办法很好，都向他们学习。

（据乾隆《昆山新阳合志》整理）

32. 王安石的蝗虫情节

王安石，北宋政治家，初任浙江鄞县县令时，就曾借米给农民，试图减轻农民受高利贷的剥削，后被任命为宰相，世称荆公。

王安石积极推行青苗、免役、水利建设等新法，以期减轻农民负担、抑制官僚地主阶级的特权，因此受到了地主阶级的极力反对。熙宁七年（1074年），王安石在与保守派作了激烈斗争后，被罢相辞官，退居江宁（今江苏南京）。是年，江东大蝗，一些保守派则攻击王安石说："青苗免役两妨农，天下嗷嗷怨相公，惟有蝗虫感恩德，又随车骑过江东。"还叫一无名氏写在了赏心亭上，王安石看了十分生气，命左右寻找写诗人，竟莫能得。

（据《古今图书集成·庶征典·蝗灾部纪事》整理）

33. 赵抃招商救灾

宋熙宁十年（1077年），两浙大蝗，宋神宗急敕各州县扑捕蝗虫。由于蝗虫把庄稼都吃光了，粮价猛涨，穷苦百姓没钱买粮，就以蝗虫为食，后来蝗虫也吃没了，还饿死了很多人。诸州县为了控制粮价，出台了很多措施，严格禁止粮商随便上涨粮价。此时，赵抃在越州（今浙江绍兴）为官，他不像其他州县那样禁止粮商涨价，反而在通往越州的各个路口张贴告示，允许粮商在越州任意增长米价，不受限制。外地的粮商知道后，纷纷聚集到越州卖粮，卖粮的人多了，米价不但没涨，反而更低了，越州没有一个人因蝗灾而饿死。

（据《续资治通鉴·宋纪》整理）

34. 向经租田赈饥民

宋熙宁年间，向经任河阳知县，有一年遇到严重干旱和蝗灾，老百姓没有吃的闹饥荒。向经向上级禀报求援，但上级也没有更多的支持，于是他就将皇帝赏赐给自己的圭田租出去以赈饥民。之后，富人们都积极仿效向经捐献粟米，当地百姓都没有饿死全活了下来。

（据清董煟《救荒活民书》整理）

35. 姚岳献蝗报功贬官

南宋孝宗时，姚岳任淮南转运判官。乾道元年（1165年）六月，有飞蝗自淮北飞渡淮南，由于气候原因，蝗虫皆抱草木僵死。姚岳为了表示自己有功劳，利用蝗虫自然死亡的现象，尽阿谀奉承之能事，急忙向孝宗报告说"淮南的蝗虫都死了"，并把死蝗进献了上去，要求把死蝗放入史馆内收藏起来。孝宗说："姚岳以死蝗请功，还想把死蝗收入史馆，给姚岳降一官职，并放逐到边远地方去，使那些善于献媚的人得到警诫。"就这样，姚岳不但没有得到功劳，反而受到了处分。

（据《续资治通鉴·宋纪》整理）

36. 啄蝗水鸟被封护国大将军

宋绍兴二十六年（1156年），淮宋之地将秋收粟，稼如云。而蝗虫大起，翔飞刺天，所遇田亩一扫而尽。未几，有水鸟名曰鹜，形如野鹜，而高且大，广胺长喙，可贮数斗物，千百为群，更相呼应，共啄蝗盈，其喙不食而吐之，既吐复啄，连城数十邑皆若是。才旬日，蝗无孑遗，岁以大熟。徐、泗上其事于金庭，下制封鹜为护国大将军。

（据南宋洪迈《夷坚志》整理）

37. 蝗神惩恶报善

淳熙七年、八年（1180—1181年），平江连年大旱。常熟县虞山北葛市村有位姓过的农夫，种田六十亩，岁常丰熟。过某觊例免秋赋，亦伪以旱伤闻官，果得免输，自以得计。淳熙九年夏，飞蝗骤至，首集过田，禾稼皆尽，而邻比接壤之田蝗过不食。又有二农家不得其姓，畎亩东西相接，东家淳朴守份，西则狡狯暴狠，淳朴之家常苦之。是年蝗至，尽集西家之田，而不入东界。西农怪之，夜以布囊贮蝗，移至东田。有报东家，农弗之较，但祝云："果有神明，蝗当自去。"第二天，蝗复飞集西家，东田无伤。

（据《文渊阁四库全书》第1047册《睽车志》整理）

38. 朱熹收买蝗虫

朱熹，字元晦，江西婺源人，南宋教育家，曾任秘阁修撰等职。宋淳熙五年（1178年），除知南康军，兴利除害，讲求荒政。会浙东大饥，朱熹改任浙东常平茶盐公事，驻绍兴。时，绍兴府会稽县旱蝗相仍，朱熹一面拨款出榜晓谕，预先支付赏钱，一面命县官亲往地头，召集人们捕蝗，收蝗焚埋，每得大者一斗给钱一百文，小者每升给钱五百文，并差茶盐司干办前去监视督责。至正月十三日，共计收到大蝗虫一石五斗三升六合，小蝗虫二十五石九斗三升九合，全部埋瘗。随后，朱熹上书《发蝗虫赴尚书省状》曰："本司近访，闻得绍兴府累有飞蝗入境，即于正月初五日差人前去探问，据兵士孙胜报：'今到会稽县白塔寺相对东山下，有蝗虫数多，收拾得大者一篮，小者一袋，其地头村人皆称蝗虫过夜食稻。'熹即前去看视，一面监督官吏打扑埋瘗，寻别具奏闻。"并取大、小两色蝗虫，用袋盛贮，随状寄尚书省乞奏。孝宗见后，御笔回奏状曰："知绍兴府界蝗颇为灾，朕心忧惧，今不欲专遣使人降香二合付卿等，宜即虔洁，分诣祈祷。又闻蝗之小者滋育甚多，可更支赏召人收捕，务速殄灭，毋使遗种，以为异日之害。"从此以后，人们对朱熹收购蝗虫分大小给价的办法，给予很高的评价，并在民间流传了下来。清陈芳生在《捕蝗考》中写道：朱子绍兴捕蝗，募民得大者一斗给钱一百文，小者每升给钱五百文。陆曾禹《捕蝗必览》认为：朱熹捕蝗，募民得蝗之大者一斗给钱一百文，得蝗之小者每升给钱五百文。蝗蝻有大小之分，贤者别之最清，盖害人之物，除之宜早，不可令其长大而肆毒也，故捕蝗者，不可惜费。得蝗之小者宁多给之，而勿吝费也。盖小时一升，大则岂止数石，文公给钱，大小迥异，不可为捕蝗之良法也。

（据《古今图书集成·庶征典·蝗灾部艺文》整理）

39. 农夫和蝗爷爷话说人蝗之害

宋开禧三年（1207 年），慈溪大蝗，飞则蔽天，日集地厚四五寸，禾稼一空，继食草木亦尽，至冬犹未衰，邑令遣人捕之，且焚且瘗，经春乃灭。孙因乃书《蝗蝻辞》曰：十月，孙因行至野中，见有伐鼓举烽者，觉得这是在追捕盗匪，于是赶紧打马向前，想问问是怎么回事。等走近田间一看，尽是一些老农，手中拿一物，甚是怪异，嘴锋而坚硬，眼黑而愤怒，振其股，掀其髯，两翅飞舞，便问：这是什么东西？老农答曰：你知道今年秋天所发生的飞蝗之状吗，那是它的子孙，这是它们的祖父也，官命我等捕之。又问曰：蝗为何负于官，而令你们捕之？老农仰天长叹泣而答曰：蝗害吾稻黍也，王法所不恕，起初，我们以蝗为吉祥物，烧香叩头请它来，谁知蝗来了以后，吃尽我们的庄稼，而后才知道蝗来了会成灾，初以为祥，后以为殃，是吾小民无知若此也。观此蝗之貌，吾忽想起儿时老师教我们的一本编书，其略曰某食苗心者，某食苗节者，某食苗根、苗叶者；又曰，吏侵牟生蟊，乞贷生螣，冥冥犯法生螟，贼虐无辜生蜮，其形形色色，吾从小到老就不认识它是什么形色，今虽认识了，反不愿谶之。老农问曰：能捕尽否？吾答曰：不能，但能告诉你一个去除的办法。答曰：幸甚，但吾可能不会明白。吾又曰：金石无情，可动以诚，蝗虫无耳，但它能够听到，蝗能为害，亦能听吾诚言也。于是，置前责问蝗曰：天与人，惟天惠民，必不使汝为吾民病，苟官吏召汝，与民何辜，汝食稼，如食民之天也，如食民天以充其体肤，天将诛之矣，令速去，不要久居。顷之，蝗有翘首扬目，趯趯而股鸣者，细听之，似乎在说：今为害者，岂止我蝗乎，牟人之利，以厌己之欲者，非蝗为之也；食人之食，而误人之国者，非蝗为之也；利口而邦，复磨牙而民之毒者，非蝗为之也。故，穷奇饕餮，虞之蝗也；夷羿豷浞，夏之蝗也；受臣亿万，商之蝗也；蹶楀家伯仲允聚子，周之蝗也；齐豹庶其牟夷黑肱，春秋之蝗也；仪衍申韩杨墨烈惠，战国之蝗也。鞅睢斯高翦邯翳欣，蝗于秦者也；酷吏游侠外戚佞宦，蝗于汉者也，大者如是，小者不可算。自汉以下，蝗日益盛，民日益病，蝗日益硕，民日益脊，虽唐之贞观、开元间号多乐岁，而我蝗犹未息也。呜呼！我蝗为害 3 000 余年矣，反反复复，去之又生，你能有什么办法。有良吏特书之，而最终还是归罪于人类，按常规，人类外托公计，而内为己盈，此者非蝗所为；柜金囊帛，峙如山岳，一宴千金，咀嚼已竭，不稼不穑，取禾三百，此者非蝗所为；及冗兵之蝗、夷鬼之蝗，百户不能养一赃吏，童仆亦能倚仗势势豪夺人肉，此皆人之形，蝗之腹也，其为民害，章章如是。就是丰年，也有数十百万这样的蝗虫吃人骨髓，况蝗害稼，还有时间限制，而害民者却是无期，蝗虫如遇中牟鲁恭这样的官，则不入其境，天子斋戒至诚，蝗虽为动物无知，也会远迁去矣，蝗族虽退去，但人民终未能宴安，蝗族也未能殄灭也，如此，天下哪会有真正的丰年。此述其语，使观望者读之，有所警诫焉。

（据光绪《慈溪县志》整理）

40. 徐侨邋遢谏言感动皇帝

宋端平初，理宗召见众大臣时，见徐侨衣物不整，蓬头垢面，敞胸露背，十分生气，便问道："卿可谓清贫？"徐侨对曰："臣不贫，陛下乃贫。"理宗曰："朕为何贫？"徐侨曰："陛下国土未建，疆域减少，将帅非才，今蝗旱相继发生，国库空虚，国家无有贮存，百姓生活困苦，却还要征繁杂的捐税，军队士兵本来就很艰苦，还要受长官的剥削，群臣孤立，国势危机，陛下没有看到这一点。所以说臣不贫，陛下乃贫。"理宗听后很受感动，不高兴的面容立即改变了过来，赏给徐侨金帛甚多。徐侨坚决不要。

（据《宋史·徐侨传》整理）

41. 蝗虫咬人

据《癸辛杂识》载：南宋嘉熙二年（1238 年）七月，武城县蝗自北来，蔽天映日。有一个叫崔四的人，到田间劳动正赶上蝗虫降落，崔四在蝗群中奔跑，不小心跌倒了，大量蝗虫将崔四盖了起来。其子到处寻找，后来在蝗堆中找到了他，见其父为蝗群所埋，须发皆被蝗啮尽，衣服被蝗虫咬得像筛网一样，急忙拨开蝗虫，将其父救了回来，过了很长时间，其父才苏醒过来。

（据《古今图书集成·庶征典·蝗灾部纪事》整理）

42. 宋理宗封神治蝗

据《怡庵杂录》载：宋景定四年（1263 年）三月八日理宗敕曰：国以民为本，民实比于干城；民以食为天，食尤重于金玉。是以后稷教之稼穑，周人画之井田，民命之所由生也。自我皇祖神宗列圣相承，迨兹奕叶，朕嗣鸿基，夙夜惕若。迩年以来，飞蝗犯禁，渐食嘉禾，宵旰怀忧，无以为也，黎元恣怨，未如之何，民不能祛，吏不能捕，赖尔神力，扫荡无余，上感其恩，下怀其惠，尔故提举江州太平兴国宫淮南江东浙西制置使刘锜，今特敕封为扬威侯天曹猛将之神，尔其甸抚庶血食一方，故敕。

（据《续修四库全书》第 1260 册《坚瓠集》整理）

43. 飞蝗坠湖化鱼虾

据《墨客挥犀》卷五载：蝗一生九十九子，皆联缀而下，入地常深寸许，至春暖始生，初出如蚕，五日而能跃，十日而能飞，喜旱而畏雪，雪多则入地愈深不复能出。蝗为人掩捕，飞起蔽天或坠陂湖间，多化为鱼虾。有渔人于湖侧置网，蝗坠压网至没，渔人辄有喜色，明日举网，得虾数斗。

（据宋彭乘《墨客挥犀》卷五整理）

44. 如皋县令钱穆甫巧答郡将捕蝗檄文

钱穆甫在任江苏如皋县令时，有一年发生了严重蝗灾。郡将询问各县蝗情，只有泰兴县令说："我们县境内没有蝗虫。"不久，泰兴县境内蝗虫大为蔓延，郡将质问他为什么有这么多蝗虫？泰兴令回答不出就说："我们县本来没有蝗虫，这些蝗虫是从如皋县飞过来的。"于是，郡将至如皋县，责令县令钱穆甫严加捕蝗，不许把蝗虫赶到邻县去。钱穆甫收到这份檄文后，便在文书后面批了一段话说："蝗虫本是天灾，即非县令不才，既自敝邑飞去，却请贵县押来。"没几天，这份文书传到郡城，看到的人无不捧腹大笑。

（据宋叶梦得《避暑录话》卷下整理）

45. 战死士兵冤魂变蝗

蝗才飞下即交合，数日产子如麦门冬之状，日以长大，又数日，其中出如黑蚁者八十一枚，即钻入地中。《诗经》注谓"螽斯一产八十一子"者，即蝗之类也，其子入地至来年秀穗时乃出，旋生翅羽。若腊雪凝冻，则入地愈深或不能出，俗传雪深一尺则蝗入地一丈。东坡雪诗云：遗蝗入地应千尺是也。蝗灾每见于大兵之后，或言乃战死之士冤魂所化，虽未必然，但余尝在湖北见捕蝗者虽群呼聚喊，蝗不为动，至鸣击金鼓，则耸然而听，若成行列则谓为杀伤，沴气之所化，理或然也。

（据宋罗大经《鹤林玉露》卷三整理）

46. 双流知县程堂吞蝗免灾

宋代，程堂知双流县，在任时听断明敏公正，县无留狱。有蝗食苗，堂曰：吏奉天子命以养民，虫当食吏五脏，勿食民苗。乃引泉吞蝗，蝗遂逾境，禾苗免灾。

（据嘉庆《双流县志》卷三《政绩》整理）

47. 王磐捕蝗

王磐，字文炳，河北永年人，元初任真定宣慰使。元至元八年（1271 年），真定蝗大起，朝廷派遣使者到真定府督捕蝗虫。在讨论捕蝗时，真定府只能起夫役四万人，使者以为四万人不足，欲下令叫邻县派夫役来协助捕蝗。王磐说："四万人够多的了，何须麻烦邻县。"使者听了很生气，就责令王磐三日内必须把蝗虫消灭掉。王磐不以为然，亲自率领役夫走田间，想方设法捕除，三日内，全部消灭了蝗虫。使者看后非常惊奇，以为王磐是神人。不久，王磐调入翰林院为学士，年至九十二岁卒。

（据《元史·王磐传》整理）

48. 曲阜捕蝗奖罚分明

元代元贞二年（1296年）夏六月，曲阜县大蝗，居民积极捕蝗，但在捕蝗中出现了行贿受贿现象。为治理这种歪风，县令立法颁发了"官吏受贿格"，令中指出，官吏受贿治罪，除达到枉法数量治罪，达不到枉法数量的，二十两以下与受一分者同罪。秋七月，又颁发了"捕蝗资赏格"，对积极捕蝗的人给予奖赏，极大鼓舞了人民捕蝗的积极性。

（据乾隆《曲阜县志》整理）

49. 元成宗祭祀引鸟灭蝗

元成宗时，蝗虫食苗稼，惟扬州等处为甚，成宗往祭之。忽有鹜鸟群至，蝗在地者啄之，飞者以翼格杀之，蝗虫尽灭。

（据明彭大翼《山堂肆考》卷二百二十六整理）

50. 皇太子奖励王知县祈祷飞鸟灭蝗

明永乐十七年（1419年）浚县蝗，知县王士廉率僚属及耆民祷于本县八蜡庙，上祝文曰："于惟尊神，实司岁功，驱蟊敛螣，五谷乃丰，兹当岁禴，虔其牺牲，神其保佐，惠此生灵。尚飨。"又曰："此灾为吾失政所致，蝗食百姓禾苗，吾深感自责。"过三日，忽有鸟数千万只飞来食蝗殆尽。皇太子闻之，大加褒奖了王士廉，侍臣们曰："此为王士廉诚意所致，人们只要有了诚意，何求不得，此事可入国史。"

（据嘉庆《浚县志》卷十九《循政》整理）

51. 罗柔投诗请蠲

明嘉靖二年（1523年），天下大灾，三年春无雨，江浙蝗虫尤甚，但未有蠲租之诏。罗柔投诗于大司徒孙交曰："春雪消时木尚枯，一诗持赠大司徒。汉文皇帝龙飞日，不遇灾荒也赐租。"

（据清褚人获《坚瓠集·十集》卷一整理）

52. 蝗食禾尽人食蓬

明嘉靖八年（1529年）七月，陕西佥事齐之鸾下乡检查工作，当行至潼关，见蝗食禾穗殆尽，晚禾无遗，流民载道。偶见居民刘获，便喜而问曰：收之何物？答曰：蓬也，有绵刺二种，种子可以为面，饥民靠此而活者已五年矣。金事齐见有面食者，就上前取而啖之，真是螫口涩腹、呕逆移日，非常难吃，可见民间是多么的困苦。于是，便将蓬子亲封题识，稽首斋献，乞求皇上颁示臣工，使群臣知之民瘼。

（据雍正《陕西通志·祥异》整理）

53. 饶阳县令杨公以粟换蝗

明嘉靖十五年（1536年），杨公任饶阳县令。嘉靖二十七年秋，饶邑大蝗，食成禾立尽，饶邑故编有群长诸费制，诸社长按田而赋，按丁而役，按赋役而籍，按籍而征。杨公谕民捕蝗，发仓粟易之，所发粟六百石，省常费凡数百缗，蝗遂灭，不为灾。

（据万历《饶阳县志》卷三《文纪》整理）

54. 翟耀施粥救灾民

翟耀，山东商河举人，明万历二十五年（1597年）始任饶阳知县。万历二十七年春夏间大旱，六月末，淫雨浃旬，河水交溢，禾稼尽没，间有高阜处复生螟螣，荐食无遗，至秋，民之枵腹者达半，未几，老弱嗷嗷辗转流移。翟耀初发社仓米，继发预备仓，又移临清、德州二郡调菽粟四千一百石，择乡城宽敞处遍设粥厂，动员富室捐奉粜粟，车输马运，络绎不绝，自冬迄春，民赖以存。翟耀喜曰：邑民有济矣！不料，万历二十八年秋，复旱蝗，岁比不登。万历二十九年春，待食者达三千余人，又设厂煮粥两月。四月，贫丁应赈者达几万人，又请发临清、天津粟数千石，虑不足以赈，则躬劝富室并率先捐奉，或菽或粟每半月唱名给散。至七月，输赈数次，所费数千石，全活数万人。后幸时雨频降，收成有望，士夫耆老归功于翟耀，翟耀曰否，乃为之记。歌曰：岁属大饥，百姓流离，复罹天灾，意无孑遗，转否为泰，伊谁是赖。归诸昊天，曰非有年，归诸厚地，曰多遗利，归诸有司，有司曰勿欺是在。

（据乾隆《饶阳县志》卷下《文纪》整理）

55. 刘懋捕蝗

明万历四十三、四十四年（1615—1616年），陕西两河地区飞蝗蔽天，省遣使令各地以粟易蝗。时任宁羌邑邑令刘懋依然回拒曰："谷有尽，蝗无尽，以粟易蝗可重困吾民也，捕之而已。"于是组织民众灭蝗，经全力捕治，蝗虫消灭，是年有蝗不为灾。

（据《古今图书集成·庶征典·蝗灾部纪事》整理）

56. 御史捕蝗赈荒

明万历四十四年（1616年），山东省大蝗，御史过庭训以山东赈荒使身份赴山东救灾，见捕蝗男妇，皆饥饿之人，认为如人们一面捕蝗，一面归家吃饭，未免耽误时间，遂向市上买现成面做成饼子，担至有蝗去处，不论远近大小男妇，但能捉得蝗虫与蝗子一升者，可换面饼 30 个。这样，捕蝗的人不但能捕蝗，而且解决了吃饭问题。又查得长清县崮山两厂，有领粮饥民 1 020 名可乘机拨用，即发布告示：自去年十一月，朝廷就养尔等饥民，使尔等免于逃亡饥死，现在当知报效国家，今蝗虫生发，尔等正是报效之日。自今以后，凡能将近地蝗虫或蝗子，捕得半升者，可给米面一升，为五日之粮，如不捕蝗虫，不许准给米面。这样，不仅解决了捕蝗人夫不足问题，还解决了捕蝗人夫的吃饭问题。有后人评论曰：崮山饥民，令必有蝗始给粟，老弱残疾，艰于行动，力不能捕蝗者，不尽饿死于此告示乎。凡欲行捕蝗之法，不外严责有司，厚给捕者而已，但二者相因为用，缺一不可。要知捕蝗易粟，官亦易于励众，众亦乐于从官。故天子不可惜费，近臣不可蒙蔽，君臣一体，朝野同心，再法十宜而力行之，何患乎蝗之不除而蝻之不灭哉？

（据清陈芳生《捕蝗考》整理）

57. 捐粮捕蝗入学

明万历四十五年（1617 年），大旱，山东飞蝗蔽天，赈荒使过庭训奏请皇帝批准，为筹集捕蝗用粮，以缴纳一定数量的粮食可入学，时谓之粟生，又以捕得一定数量的蝗虫交学校，亦许入校学习，时谓之蝗生。时，广饶、垦利、潍坊、青州、寿光、昌乐、临朐、昌邑等县，均规定缴纳的蝗虫数量为 300 石，可见当时蝗灾发生的程度是多么严重。

（据清陈芳生《捕蝗考》整理）

58. 农夫失信祈祷惹蝗害

明万历四十四年（1616 年），丹阳有蝗从西北来，蔽天翳日，民争杀羊豕祷神。有蒲大王者，尤号灵异，凡祈祷之家，止啮竹树、茭芦，不及五谷。有朱姓者，牲醴悉具，见蝗已过，遂将牲醴收起，须臾，蝗复返回，大集朱田，凡七亩田顷刻尽啮而去，邻苗却不损一棵。相传有怪书投其神曰"借道不借粮"，亦可异也。

（据清褚人获《坚瓠集》余集卷一整理）

59. 文学家郎瑛说蝗

郎瑛，字仁宝，浙江仁和人，明代文学家。郎瑛是古代反对"蝗虫为鱼子之变"学说的第一人，撰《七修类稿》曰：《尔雅》以为蝗虫有四种，而我所见只有灰、黄二色，大概苗之心叶根节尽食之，或者说四种蝗虫只有此二色？不可知也。蝗才飞即交，数日产子如麦门冬。后数日，其中出如黑蚁子八十一枚，《诗经》注："螽斯一产八十一子"是也。其子入土，来年禾秀时乃出，旋生翅羽，遇腊雪大，则入地至深，苏东坡诗云："遗蝗入地应千尺"是也。其飞止跳跃，所向群往，无一反逆者，渡水则后翅衔前翅，由然若绳索之状。一县之地，或食其半或食一角，有相邻而不食者，有逾山渡河以食者，殆若真有神役也。《传》以谓战死之士冤魂所化，理或然也。《淮南子》又谓鱼子之变，非也，盖此物畏水，而旱则生，所以雪大深入于地，浙江亦尝有蝗飞来，亦尝下子，明年绝不生者，江南水田也，岂有鱼子畏水者哉。

（据明郎瑛《七修类稿》卷四整理）

60. 柳秀才托梦县令除蝗灾

明朝某一年，山东青州、兖州发生了蝗灾，逐渐向沂州聚集迁飞，沂州县令对此非常忧愁。一天夜里，他在梦中见一位秀才来拜访，此人头戴高帽，身穿绿袍，长得十分帅气英俊，自称有防御蝗灾的办法。县令问他有什么办法，秀才说："明天在西南大道上有一位骑大肚子母驴的妇人，乃是蝗神，你向她哀求，即可免除蝗灾。"县令醒了以后，觉得很奇怪，但还是置办了酒席，到县城西南大道上等候蝗神。县令等了很长时间，果见有一妇人梳着高发髻，披着褐肩帔，独骑一大肚子老驴缓缓向北走来。县令急忙点香捧酒，迎拜在道左，妇人到后，县令拉住老驴不叫妇人走，妇人问："大人有什么事？"县令苦苦哀求说："我们这么一个小小的县，可怜可怜我们免去蝗灾吧。"妇人说："都是那可恨的柳秀才多嘴，泄露了我的机密，叫他去承受吧。"并答应不损害这里的庄稼，于是喝完三杯酒，眨眼就不见了。后来，大批蝗虫飞来，都不往庄稼地里落，全集中在柳树上，把柳叶全吃光了，这时人们才知道柳秀才就是柳神。也有人说，这是因为县令为民忧虑，感动了蝗神才免除了这场蝗灾的。

（据清蒲松龄《聊斋志异·柳秀才》整理）

61. 蝗灾与"菜人"

明崇祯末年，河南、山东大旱蝗，颗粒无收，人们把树皮草根都吃光了，就以人为食，官吏不能禁止。妇女、儿童被反捆着双臂在市场上出卖，称为"菜人"，屠者买去就像宰猪杀羊一样杀着吃。河北献县景城村西有位姓周的人在山东东昌做生意，回来时在一家酒店吃饭，店主说："肉没了，请稍等。"一会儿，见他拽着二位女子到厨房大声说："客人等得太久了，先取下一只胳臂来。"周某人急忙阻止，但只听一长声呼喊，其中一女子的右臂已被生砍了下来，痛得她在地上直打滚。另一女子吓得战战兢兢，面无人色，见周某人进来，二女子一齐向他哀求，一个求他速死，一个求他救命。周某人毫不犹豫地用钱把她俩买了下来，其中一女子已无救，急用刀刺其心脏使其速死，另一人则带回了家中。周某人没有儿子，便娶她为妾，竟生了个儿子，这小男孩右臂上有一红圈自腋下绕到肩膀后面，长得非常像酒店里那位砍断胳臂的女子，只传了三代就绝后了。大家都说周某人命里本该无子，此三代乃是他做了善事的报应。

（据清纪昀《阅微草堂笔记·菜人》整理）

62. 官员波唐不打蝗虫受罚三十年

据《画墁录》载：波唐善词曲，始为楚州职官。知州胡楷差其打蝗虫，唐方年少，负气不去打蝗虫，其后作蝗虫三叠，且曰："不是我这下辈无理，都缘是我自家遭逢。"胡楷大怒，科其带禁军随行，坐赃三十年，直至熙宁魏公劄子特旨改官，波唐才被辟充大名府签判。

（据《古今图书集成·庶征典·蝗灾部汇考》整理）

63. 捕蝗与八蜡庙祈祷

清康熙元年（1662年）春夏之交，东台蝗蝻大作，洊食草木，民皆震恐。分司丁世隆急下捕蝗之令，分道趋事扑捕，负担而来者，量其蝗蝻多少给米酬济，蝗虽日滋，而捕蝗者日众，焚之瘗之，蝗势大减。在一些耳目不通、消息不灵的地方，蝗蝻蔓延，种类孳萌，与民争食。《诗经》云：靡神不举，靡爱斯牲，盖言祷也，非神谁能控制？于是率父老民众诣八蜡庙祈祷，吁神保佑，斥彼蝗蝶，幸不为灾。后将八蜡庙修葺一新。

（据嘉庆《东台县志》卷十三《祠祀》整理）

64. 堂邑县令张茂节捕蝗粪田

山东堂邑县县令张茂节《重修八蜡庙记略》曰：康熙六年（1667年）六月，蝗飞蔽天，遗蝻复生，邑人大惧，茂节祷于八蜡庙，并设法捕之，颁布限悬赏格，得干蝗一千二百五十四石，贮于仓中，来春发民粪田，蝗虫遂绝，岁时有秋，因此札记。

（据乾隆《东昌府志》卷十二整理）

65. 东明知县杨日升治蝗

清康熙十一年（1672年）夏，东明飞蝗蔽日，知县杨日升斋沐醮祷于城隍庙，蝗不停落，稍停蝗即远去，菽麦无害。秋初，晚禾茂盛，蝗蝻大量复生，丛跃一二尺许。知县杨日升下令有能扑打五斗者，给谷奖赏，多者倍之，并率县丞汪源、典史吴人杰等亲往灾区督扑蝗蝻，百姓争先掘沟驱纳，昼夜无间。不数日，蝗蝻扑尽无遗。是年，书大有。

（据《东明县志·自然灾害》整理）

66. 神葛公驱蝗

据《镇江府志》载：清康熙十一年（1672年），有神降于溧阳民家曰："吾金坛葛子坚也，今年旱蝗为虐，皇帝命我驱之，我能使蝗不犯禾稼，一茎不伤。"民且信且疑，而蝗大至，弥漫林莽，民始大惧，裂楮大书曰驱蝗葛公之神，民争出鸡酒祀之，蝗乃飞去。葛名维屏，以顺治壬辰进士，为兰阳令，康熙五年秋，闱为受卷官，爱惜诸生试卷，不惜轻贴，为监临所诟署，愤恨自尽死，其驱蝗事，丹阳有记。

（据清褚人获《坚瓠集》秘集卷二整理）

67. 驱蝗天使金姑娘娘

清康熙四十二年（1703 年）夏，吴中乏雨，有人自江北来，传说有一妇乘柴船，行数里即欲去，自云："我非人，乃驱蝗使者，即俗所称金姑娘娘。今年江南该有蝗灾，上天不忍小民乏食，命吾渡江收取麻雀等鸟，以驱蝻蝗。你们可传谕乡农，凡有蝗来，称我名即可驱除。"倏忽不见了。后来常州一带果有蝗从北来，乡农书金姑娘娘位号，揭竿祭赛，蝗即去。后闻别人言，崇祯十三、十四年间，向有金姑娘娘纸马，近六十年来不见刷印，至今岁复兴，大获其利。子家庭中，秋间果无鸟雀，至冬日才见鸟集。

（据清褚人获《坚瓠集》余集卷四整理）

68. 密云知县薛天祷蝗死

薛天培，云南建水人，康熙五十四年进士，康熙五十七年授密云知县。雍正元年（1723 年）夏秋间，怀柔县蝗蝻生遍野，往来捕治，势益张，乃祷于八蜡庙，逾夕，密云、怀柔两邑蝗蝻抱禾尽死，传为异事。

（据民国《密云县志》卷六《政略》整理）

69. 蝗神刘猛将军

李维钧《将军庙碑记》曰：庚子（康熙五十九年）仲春，虔请刘猛将军降灵自序："吾乃元时吴川人，吾父为顺帝时名将，曾镇西江，威名赫赫，声播遐迩。惟以忠君爱民念念不忘国事，家庭训迪吾辈，亦止以孝弟忠信为本，吾谨遵父命，亦日以济困扶危居心行事，一切交靠莫不遵训。吾后授指挥之职，亦临江右，又值江淮崔苻之盗蜂起，人受涂炭，令吾督兵剿除，我时年方二十，偶而为帅，惟恐不能称职有负国恩，又贻父母之忧，孰知天命有在，经由淮上群盗闻信体解，返舟凯还。江淮之路，田野荒芜，因停舟采访舆情黎民疾苦之状，皆云盗掠之后，又值蝗孽为秧，禾苗憔悴，民不聊生。吾其时闻之，愀然坐于舟中计无所施，欲奏议发仓，非职守当为，而目击惨伤无以拯救，适遇飞蝗漫野，视其众曰：吾与汝等逐之何如，众皆踊跃欢然相随吾，即率众奋力前进，蝗亦为之遁迹，然而民食终缺，困不能扶，灾不能救，乌在其为民上耶，因情急乃自沉于河，后为有司闻于朝，遂授猛将军之职，荷上天眷念愚诚，列入神位。前曾因畿北飞蝗蔽野，李公诚祷，故吾于冥冥之中聊为感格，而公遂感吾灵异而建立此庙，虽与吴越不同普遍，而畿辅地方吾之享祀已历十有余年矣，其大略如此，若问他年之事，吾岂可逆潮而定乎。"将军自序如此，己亥年（康熙五十八年）沧州、静海、青县等处飞蝗蔽天，力无所施，予是时为守道，默以三事祷于将军，一求东飞于海，二求日飞夜宿为吾所缚，三求蝗自灭，蝗果十三日不去，夜擒七千三百口袋，余皆挂死高粱稻秆之间，不伤田间一物，自是蝗不为害，七年于兹矣。甲辰（雍正二年）春，予以事闻于上，遂命江南、山东、河南、陕西、山西各建庙，以表将军之灵，并于畅春苑择地建庙，将军之神力赖圣主之褒敕，而直行于西北，永绝蝗蝻之祸，数千里亿兆无不蒙庥，其功不亦伟欤！将军讳承忠，将军父讳甲。

（据乾隆《广平府志》卷八《坛祠》整理）

70. 飞鸟食蝗传说

康熙末年，浙江文学家冯景做客山阳，偶遇飞蝗蔽天，时有鸟数千，争掠之下，使蝗止于荒山草地，鸟啄蝗碎其首，糜其躯，至夕才返回栖息地。又闻邳、徐之地也有蝗起，群鸟食之，遂不成灾。冯景叹曰："美哉鸟，尔其有悲天悯人之心，而为民父母者乃扬扬乎？"南朝梁萧脩为梁州刺史，秋遇蝗，功曹史琅琊王廉劝脩捕之，脩曰："此由刺史无德所致，捕之何益？"言毕，忽有飞鸟千群蔽日而至，食蝗遂尽。又元泰定四年（1327年）五月，河南路洛阳县有蝗五亩，群鸟食之，既数日，蝗再集，又食之，则鸟食蝗所从来也。今又观《元史》，大德三年（1299年）淮安属县蝗，有鹙食之。顺帝至元三年（1337年），武陟县禾将熟，有蝗自东来，县尹张宽仰天祝曰："宁杀县尹，毋伤百姓。"俄有鱼鹰群飞啄食之，乃知飞鸟皆能食蝗，又不独鸟然也。

（据柯愈春《中国古代短篇小说集》整理）

71. 任县县令王勋火烧飞蝗

王勋，字竹坡，山西新正人。康熙三十五年乡试，登贤书，雍正元年任河北任县县令。雍正二年（1724年）独创火攻飞蝗法。是年六月初，王勋扑打蝗虫至牛星寨，牛星寨与巨鹿县接壤，距任县骆庄约四十余里。越五六日，骆庄人役飞报云："蚂蚱皆飞入大陆泽芦苇荡中去了。"王勋听后，夜不能眠，冥思苦想除治办法，至夜间十时，忽然说："有办法了。"于是急传来役，持牌赶回骆庄，叫庄户人连夜各备麦秸、干草，到大陆泽沿边听用。清晨鸡才鸣止，王勋就带领家丁、快手飞骑赶到骆庄。这时太阳已经升起，果见有大量秸草屯叠于大陆泽沿岸。就急命夫役向芦苇荡硬地可行走人处，将麦秸、干草散布开，每两三步一摞。泊水深处，荻芦茂密，可望而不可即，就在临岸不远处，遥投树枝树叶；亦有驾小舟布置干草者，而舟不多。布置好后，恰系东南风徐徐刮起，此时乘晓露未落，飞蝗翅翎沾滞，不能骤然远飞，于是顺风纵火，烈火焰焰迅速腾起，直至芦荻丛断处乃熄。可谓青青嫩绿，也架不住烈火燃烧。至下午，除水面不能查看，在苇荻参差不齐地硬处，蝗虫铺叠，皆焦头烂额而毙。不亦快哉！

（据清王勋《扑蝻历效》整理）

72. 黄冈四建蝗神刘猛将军庙

湖北黄冈的蝗神庙在团风镇，祭祀蝗神刘猛将军，旧庙在治西北五十里鸵鹕洲。清雍正八年（1730 年），其境地有蝗，扑灭之，因以建庙致祭，后因洲坍，乾隆十四年（1749 年）知县邵丰侯移建今址团风镇，咸丰三年（1853 年）又毁，光绪六年（1880 年）团风镇镇民又重建，移在清淮门内，匾额曰刘猛将军。

（据民国《湖北通志》卷二十九《建置·坛庙》整理）

73. 桃源知县眭文焕求神灭蝗

眭文焕，字朴斋，湖南零陵人，清雍正八年任桃源县县令。桃源县地薄民贫，经常有蝗灾发生。雍正十年（1732 年）夏，桃源西乡柴林湖、毛家集等处四五十里蝗蝻遍野，厚数寸。知县眭文焕单骑往视，召集耆老商议，实无捕蝗办法，心中如焚，徘徊不能回。官民惶恐，于是日宿于三官庙，文焕虔诚祷于神像前为民请命。次日视蝗，见蝗皆抱草木僵死。

（据民国《泗阳县志》卷二十二《名宦》整理）

74. 济阳县令李秘园捕蝗赏罚有方

清雍正十二年（1734 年），河北河间、天津属县蝗虫大发生。六月初一、二日，飞至山东乐陵，初五、六日，飞至商河。时李秘园任山东济阳县令，得到这个消息后，急忙赶到济阳与商河交界的地方检查，调恭、和、温、柔四里治蝗民夫 800 人登记造册，由典史率领防备蝗虫。并由班役、家人等 20 余口在境内设置治蝗指挥部，大量书写宣传告示，教民捕蝗办法。告示说："如有飞蝗入境，指挥部以传炮为号，各地甲长鸣锣，齐集民夫到指挥部报到。每里设大旗一面、锣一面，每甲设小旗一面。乡约持大旗，地方持锣，甲长持小旗。各甲的民夫随小旗，小旗随大旗，大旗随锣。东庄人齐立东面，西庄人齐立西面，各听传锣，锣响一声民夫走一步，民夫按锣声徐徐前行，低头捕蝗，但不可蹚坏庄稼。东边人直捕至西面尽头再转而东，西边人直捕至东面再转而西，如此回转捕蝗，勤有赏，惰有罚。每天东方微亮时发头炮，乡地传锣，催民夫尽起早饭，黎明时发二炮，乡地甲长带领民夫齐集有蝗处所。早晨蝗沾露水不飞，如法捕至大饭时蝗飞难捕，民夫散歇；中午蝗交尾不飞，再捕之，至下午未时蝗飞再歇；日暮蝗虫聚集民夫又捕，天黑散回。一日只有此三时可捕蝗虫，民夫亦有歇息时间，每天听号复然，各地遵约而行。"六月十一日下午，飞马报称，飞蝗已由北入境，自和里至温里长约四里、宽四里余，李秘园急具文书通报邻县，邻县星夜奔驰六十里，赶到指挥部查询，此时已捕除蝗虫过半。黎明时李秘园亲自督捕，是日，蝗虫尽灭，遂犒赏民夫，据实申报。后探实北地仍有飞蝗，李秘园乃留境内提防。十五日，飞蝗又自北而来，从和里连温、柔二里，计六里长、四里宽，铺天盖地，比以前更多。李秘园一面通报邻县，一面派人往北再探，随即亲往有蝗处发炮鸣锣传集原民夫，并传附近的谷、生、土三里乡地甲长带领民夫400人协助捕蝗，至十六日晚，尽行将蝗虫消灭，禾苗无害。据探马报告，北部飞蝗已尽，李秘园即大加褒奖乡里民夫，每人赏钱百文，随点名随给。乡里民夫欢呼而散。第二天郡守程公到此视察，见禾苗无损大为惊奇，询问原因，李秘园据实以报，郡守赞叹不已。

（据清顾彦《治蝗全法·治蝗实绩》整理）

75. 项樟组织濉溪、灵璧两县联合捕蝗

乾隆十八年（1753年）春，项樟奉命守凤阳府。夏四月，旱蝗，灵璧杨疃、韦疃两湖尤甚，湖久涸，蝗虫延蔓数十里，几无隙地。是时，州县严旨捕蝗，灵璧邑令贡君急集2 000人捕之，仍如杯水车薪。项樟以宿州蝗盛至灵璧督捕蝗虫，贡令曰："此蝗有不可灭之势，不兴大众，此蝗将不可灭，亦罪之；兴大众，此蝗亦不可灭，也亦罪之，与其劳民而不免于罪，不如先以罪辞官，而民可得免于劳苦。"项樟谓曰："不然也，你即以罪去，接替你的人将不捕蝗乎？民之劳仍旧尤甚，且时间愈久，而蝗愈多，人民愈劳苦。"于是，贡令不再辞官，具以状闻，大中丞张公上奏其事，率监司钱公等驻杨疃。项樟五月二十日开始办夫役、器具、米蔬供应等事宜，命令划地分厂，调度员弁，察勤惰，明赏罚。项樟既受任，夙夜奔驰，鼓舞群力，时濉溪、灵璧两县之民以捕蝗争界而发生冲突，项樟亲自率巡检疾驰至孟山，解其纠纷，令两县协力合捕。初，项樟以捕蝗公费不敷，官民俱病，大府请增，集募乡夫6 000人，飞调牧令等30员，寿春左营游击亦率所部弁兵协力督捕，雇夫收买据实报销，众皆踊跃，蝗势方盛，扑捕收买日以千斛，焚瘗遍野，炎风烈日，毒秽熏蒸，人口不能堪。数日，蝗势见衰，再鼓众力，锐于始作，间有活者，乘胜追之。六月初六日，蝗卒以灭，大中丞罢役，蝗不为灾。古语云：人定胜天，今竭万夫之力，又动以大府之诚，固化险为夷，而贡令亦得免于其罪也。

（据民国《灵璧志略》卷四《灾异》整理）

76. 温县县令王其华捍御宫避灾

温县捍御宫兴建于清乾隆二十三年（1758年），由温县县令王其华动员富绅捐资在城东南建立。王其华，福建惠安人，进士，乾隆十八年任温县县令。乾隆二十三年，王其华为民御灾而建捍御宫。捍御宫一宫多用，有大门三间，戏楼三间，钟鼓楼二间，两厢厢房三十间，后阁三间，后阁两旁殿各三间，另有僧房、寮厨十一间；中间建有通济王、襄济王二大王殿三间，在二大王殿后面建立龙王阁，在龙王阁左侧建有刘将军祠，右侧建有八蜡祠。每岁在此祭祀刘将军、八蜡、龙王神。王其华作《捍

御宫碑文》曰："八蜡神以祈年顺成，刘将军以驱除蝗蝻，龙王阁为祈雨而设。数年来，温四境不告水旱，不闻螟螣，八蜡、刘将军神默佑也。"

（据乾隆《温县志》卷八《祠祀》整理）

77. 三宝率官兵民夫联合捕蝗

《三宝捕蝗节略》言：乾隆四十一年（1776 年）七月，三宝以勘海宁老盐仓塘工至仁和四堡，见有虫孽跳跃，询问土人都不知晓。三宝令人捕取虫孽与北方蝗蝻无异，因以告知蝻虫虽旱地所生，长翅即能飞赴水田，亟令搜捕。顷刻积数十斤，告司道及杭府州县，并令亲勘。而仁和沿海新刈草，沙地遍处皆蝗，三宝告以捕蝗不力，定例甚严，捕蝗之法宜于五更露水未干，蝗虫垂翅不飞，易于扑捕，即于七月初九日五更率标兵役夫扑捕，并教以刨沟捕捉之法，捐给饮食。司道府县亦多集民夫 3 000余人，令文武官员分行搜捕，并令居民能捕蝗者，积筐篮满布袋，按斤以给钱，每日获七八千斤至万余斤，将军亦率驻防官兵协同搜捕，至十三日而蝗尽灭。钱塘沿江亦如法扑捕，禾稼无伤损。

（据光绪《杭州府志》卷八十五《祥异》整理）

78. 睢宁知县陈朝汲亲民捕蝗

乾隆五十七年（1792 年）五月，睢宁知县陈朝汲偕幕中诸友闲坐，忽见飞蝗接翅，势极吓人。于是即时出署，传跟役四五从骑，二次巡查村庄，亲自监督农佃预开深沟，以备扑蝗。是年，幸不为灾，粮菽无损。董其事，陈朝汲抗灾御患，保赤心诚，疾痛切身，每至村庄，深知饮食住宿之害将甚于蝗，就毫不累民，办事亲临勿他代。

（据光绪《睢宁县志稿》卷六《坛庙》整理）

79. 风吹蝗无

嘉庆四年（1799 年）夏，河北青县蝗蝻初生遍野。忽一夕大风起自西北，次日，蝗蝻皆不见，不知所以然，田禾无伤。

（据民国《青县志》卷十三《祥异》整理）

80. 道光帝答谢蝗神派蛙鸟食蝗

道光四年（1824 年）夏，凤阳蝗。庐凤道戴聪、凤阳府程怀璟督州县捕除蝗虫殆尽，不久复起，闰七月巡抚陶澍偕诸公虔祷于省城刘猛将军庙。这时宿州蝗虫最甚，知州苏元璐集民夫往捕，但见青蛙无数食蝗且尽，又有鸟雀数万名曰练朋鹬在怀远西界食蝗，均一日而尽，即得道府报告，以其事据实上告皇上。道光帝圣心欢感，御书"神参秉畀"四大字，命陶澍恭制匾额悬之刘猛将军神庙，以答神贶。

（据光绪《重修安徽通志》卷五十四整理）

81. 乐平县蝗虫渡江遭民捕

江西西部向少有蝗患，乐平县境绝未见之。清道光十五年（1835年）七月，忽有蝗自楚北渡江而来，声如潮涌，所至食禾苗、菜蔬、竹木叶殆尽，饱则飞扬他去，蔓延各乡。居民仿照捕蝗法，举旗帜、敲钲鼓，用长竿喧呼驱逐，不使蝗虫停留，有坠落者，则掘深堑、渍盐水瘗之，童孺亦争拾煮食，或送官秤收而领赏钱，蝗亦渐息。

（据同治《乐平县志》卷十《祥异》整理）

82. 万年县令张宗裕捐资捕蝗

清道光十五年（1835年），江西省大旱蝗，省饬地方官率夫役扑捕。万年县地处山陂僻处，乡民向来不知飞蝗是何种形态，捕蝗不积极。闰六月，蝗虫飞集，署县率民夫扑捕，而蝗自邻境飞来者日多，县令张宗裕除亲率乡民分捕，又设局捐廉收买飞蝗。张宗裕在职三年，已捐资捕蝗而囊罄如洗，且杯水车薪，不济于事，于是张宗裕奔走奉劝邑人量力捐资，得钱数百千缗。万年设局收买蝗虫，每斗给制钱一百，乡民争捕者众，禾稼不致损伤，贫民赖以糊口。张宗裕说：如果不是邑人的慷慨解囊，非能襄成其事，邑人的善行善举实可纪也。于是在县志中记下了这段故事。

（据同治《万年县志》卷十《艺文》整理）

83. 上思县捕蝗大战

清咸丰五年（1855年）八月，上思县蝗虫大发，飞遮半边天日为之暗，后遗卵于土中，又生蝗崽其名曰蝻，蝗蝻仅能跳跃不可翼飞，日久严重为害田禾。于是县署研究捕治方法，乃于田间多挖土灶，架以大锅，煮水至沸，两面用席遮围，驱而逐之，使蝗蝻尽跳入锅水而死，锅满即予捞出，卒至蝗蝻堆积如山，蝗乃绝。

（据民国《上思县志》卷五《禨祥》整理）

84. 德平县令何元熙祷蝗神

清咸丰六年（1856年）六月，东省旱，七月，飞蝗起沂、曹，蔓延至济南各州县邑，在济南之北飞蝗入境十七夜，纵横往来无数也。民甚恐，德平县令何元熙朝夕祷于刘猛将军庙，至二十七日飞蝗乃散去，禾稼无有损伤。民大喜，都以为是何元熙诚祷而获得了神佑。

（据光绪《德平县志》卷十二《艺文》整理）

85. 祁阳县"周蝗爷"

清咸丰七年（1857年）秋，飞蝗入祁阳县境，铺天盖地，食竹木叶及草殆尽。翌年春，蝗蝻生，祁阳官府募民扑捕，并设局收买，费谷粟无数。时，大营市有周某人扑捕蝗蝻最多，向官府提出不要谷粟，而求赏冠戴，官给之，遂经常顶靴于市，众人称周某人为蝗爷。

（据民国《祁阳县志》卷二《事略志》整理）

86. 长沙县令颜培熹立法捕神虫

颜培熹，广东连州人。清咸丰七年委署湖南长沙县令。咸丰八年（1858年）春，长沙蝗蝻大发生，各地报有蝗者十之四五，尤以清泰、淳化两地蝗蝻弥漫山谷。颜培熹力主扑捕蝗虫，捐资设局收买，准备打一场灭蝗战争。但有人说：蝗是神虫，不宜扑杀，恐伤和气。建议颜培熹在县城修庙祈祷，躬亲修省。颜培熹就是不信邪，说：祭祷乃妇人之见，实是蛊惑人心，坚决禁止之。于是，颜培熹颁布捕蝗成法在各地执行。成法指出：飞蝗遗子多在浅草或无草之地，春夏之交生之；蝗初生如蚁，蠕动不能跃，常潜伏于草丛中，七八日大如豆，跃可达尺余，喜聚不喜散，趁此时扑除最好，若扑除太早则不能尽除；扑蝗器具以竹枝去叶，作成竹扫帚；扑除方法为，在平地有蝗蝻处，用布围其三面，虚其一面，其前挖沟宽三四尺，深一二尺，其中放草束一把，其三面赶蝗入沟，待蝗近沟，则用竹扫帚将蝗扫入，即将草束点火烧之，如蝗生于歪斜不平之地，用布制成罾装，从上而下罾之，使蝗入罾，付之一炬。月余，各地皆言蝗已净绝。然颜培熹恐有漏网之蝗，乃募有捕蝗送局者，厚给其资。竟至以钱十文易蝗一头而不可得。是秋，大熟。

（据同治《长沙县志》卷三十三《祥异》整理）

87. 善化捕蝗大战

清咸丰七年（1857年）九月，善化飞蝗蔽天，时禾稻登场，幸不为害，蝗食尖叶，不食圆叶，棕竹过处几尽。当地人用爆竹、金锣加以长竿系红布捕喊，使不落地，亦可稍使远飏，夜间则于屯聚之处堆烧柴草，蝗扑火焚翅则坠。唯群聚处必有遗种，邑令李逢春奉抚宪严饬督捕，并设局倡捐收买蝻子。遗种处必有小孔，依孔掘取，遗卵长寸余，岁终收取不下千余石。咸丰八年春，蝻孽复生，出土一二日蠕动如蚁，六七日即能跳跃，邑令奉饬两次往乡督同绅耆趁其初出设法赶扑，法以竹枝去叶成帚或以篾片扎皮掌多人排立前扑，蝗喜向南走，每天上午多用鱼罾布障围住，各人持稻草围烧，总须因地制宜，相势捕取，是年全县收买之蝻不下千余石。古法以辰时则露翅飞迟，午刻则相交伏地，夜深则燃薪使捕，此外，虔祷于刘猛将军庙以禳之，亦田祖有神之祝也，后用白布裁小旗尺许插田中，虫即灭。

（据光绪《善化县志》卷三十四《丛谈》整理）

88. 枣强知县方宗诚捕蝗

枣强知县方宗诚作捕蝗记曰：民间多以为八蜡，俗呼蝗虫为神虫，每遇蝗灾，农民便焚纸钱求蝗神保佑，蝗落田间，只会用竹竿驱逐，希望蝗虫飞走，不敢伤害蝗虫，如果有人扑打蝗虫，还会有人去制止斥责，于是蝗虫会越来越多，蝗再生子，次年蝗灾更加严重。知县方宗诚为转变农民的认识，不断地对农民进行思想教育。同治十二年（1873 年）夏，深州蝗生，飞蝗飞落枣强，八月，枣强蝗蝻大作。方宗诚急忙赶到蝗虫现场，组织民众持扫帚、制捆搭拍子、找木板等捕蝗工具扑捕蝗蝻，有扑打或捉拿到蝗蝻的，则收买之，蝗一袋钱一千，蝗一斗钱二百。又通知有些地位的人转告全县人民，蝗非神虫，是祸害人民的，不得到八蜡庙祭祀蝗虫，刘猛将军是捕蝗之神，祭祀刘猛将军是为了捕除蝗虫。于是又组织农民掘挖蝗沟，驱蝗入沟，掩埋筑实，于是将蝗虫全部消灭了。是年，虽蝗，然有秋。

（据同治《枣强县志补正》卷四整理）

89. 六合县军民捕蝗

清光绪三年（1877 年）夏，江苏六合县大蝗，飞蔽天日。县令令民捕蝗，每石给钱数百文，时驻江浦吴统领亦派兵分布在江浦、六合境内协助捕蝗，军民团结捕蝗，蝗始毙。

（据民国《六合县续志稿》卷十八整理）

90. 烈风骤雨消蝗灾

清光绪三年（1877 年）夏，干旱，兴化海水倒灌，飞蝗为灾。两江总督沈葆桢上奏：五月十五日之前亢旱，飞蝗日炽。迨十七日至二十二日连得时雨，其间稍一晴霁，飞蝗即结阵四起，声如风潮。直至二十三日，忽然烈风骤雨通宵达旦，此后蝗始见稀。据盐城县禀报，沿海一带潮退后浮积蝗虫有二三尺之厚。

（据民国《续修兴化县志》卷一《祥异》整理）

91. 重修八蜡庙与刘猛将军庙

崇祯年间江苏赣榆县在城南建蜡神庙，又称八蜡庙，嘉庆年间重修，改塑刘猛将军神像，所以又称刘猛将军庙，光绪七年废。光绪十二年（1886 年），邑人于翼华重修八蜡庙时作记曰：邑有八蜡，为民祈报，后改祀刘猛将军，光绪七年废。八年四月，东北滨海蝗蝻萌生，积厚寸许，小者如蝇，大如蚱蜢，侯长白公隐忧之，督民扑捕，父老子弟云集响应，持械台击不舍昼夜，侯益具饙饩以饷饥者，民于是不懈益奋数日，而蝻毙过半焉。复祷于神，忽来海鸟千百成群，啄蝗食之，有黑虫状如牵牛，噬其遗类，由是田不为灾。民咸颂侯之德，而侯则曰，是神之力也，乃蠲重建殿宇。

（据光绪《赣榆县志》卷三整理）

92. 螽斯寓意多子多福

《诗经·周南·螽斯》曰："螽斯羽，诜诜兮，宜尔子孙，振振兮。螽斯羽，薨薨兮，宜尔子孙，绳绳兮。螽斯羽，揖揖兮，宜尔子孙，蛰蛰兮。"这是产生于前 541

年以前、陕西东部至河南一带民间的诗歌，诗歌不但描述了飞蝗群飞时发出"薨薨"的声音，也表达了蝗虫群集在一起时成群结队、数量众多的生物学特性。诗歌以蝗虫子孙众多的习性，祝福自己的民族或部落也像蝗虫那样多子多孙、繁盛强大。《楚辞》言："以兮为终，老子文亦多然，母也。"东汉初期，《永平旧典》就有"宜修德省刑，以广《螽斯》之祚"的记载。顺帝时，大将军商之女少善女工，通《史书》，永建三年（128 年），时年十三就被选入宫，封为贵人，常特引御。一次商女从容对帝曰："夫阳以博施为德，阴以不专为义，螽斯则百，福之所由兴也。"首次将《诗经·周南·螽斯》的"宜尔子孙"概括为"螽斯则百"。延熹九年（166 年），荀爽拜郎中，对策陈便宜曰："礼者，兴福祥之本，止祸乱之源"，并提出了"通怨旷，和阴阳""配阳施，祈螽斯"的意见。至晋朝时还建立了螽斯则百堂，祈螽斯之风由此而兴。太元十三年（388 年）时，发生了轰动全国的螽斯则百堂灾。中宫所歌还把"螽斯弘慈惠"，放到了"遗荣参日月，百世仰余晖"的地位。宋朱熹注：螽斯，蝗属，一生九十九子。明崇祯九年（1636 年），太监刘若愚在其编述的《明宫史》中有这样一段记载："祖宗为圣子神孙，长育深宫，阿保为侣，或不知生育继嗣为重，而专宠一人，未能溥贯鱼之泽，是以养猫、养鸽，复以螽斯、千婴、百代名其门者，无非欲借此感触生机，广胤嗣耳。"明代建立的螽斯门，在皇宫内毓德宫西二长街南端，北端则是百子门，宫内兴建螽斯门和百子门，其意则是皇帝为了让其子孙见景生情，多子多孙，而使皇族广嗣，更加繁盛。所以自古以来，人们就把螽斯与多子多福、子孙兴旺的生育观紧密联系在一起。

（据孟昭连《中国虫文化》，天津人民出版社 2004 年版整理）

93. 名医与"螽斯丸"

万全（1488—1578），字密斋，明代名医。在其所著《万氏家传广嗣纪要》中，有一种治疗不孕症的药方，名叫"螽斯丸"，其药方的构成成分有：当归、牛膝、川断、巴戟肉、肉苁蓉、姜汁炒杜仲、酒蒸菟丝、枸杞子、山萸肉、芡实、柏子仁、山药各六钱；熟地黄十二钱；益智仁、破故纸（黑芝麻油炒）、五味子各三钱。研为细末，炼蜜为丸，如梧桐子大，每服 50 丸，空腹食前酒送下，可补肾益气，固精填精，用于阳痿不起，其精易泄者。其药中成分并无螽斯，而名"螽斯丸"，当然也是借助《诗经·周南·螽斯》的寓意，以及古代人们对螽斯生育崇拜观的影响而已。

（据孟昭连《中国虫文化》，天津人民出版社 2004 年版整理）

94. 慈禧太后话说螽斯门

明代的北京，螽斯门和百子门都在西二长街上，南北相对，一直到清代仍然沿袭旧名。有一本书里写道：光绪帝的夫妻生活不太和谐，慈禧太后颇表关心，有一天她故意问光绪："由养心殿过来，经过螽斯门吗？"光绪帝答曰："是想抄近道来，确实经过了螽斯门。"皇太后又进一步问道:"知道螽斯门的来历吗?"于是,就开始讲起来:"我也是听先皇帝(指咸丰帝)讲的,是他告诉我这个螽斯门的典故。"据太后说,螽斯门这个名字是明朝皇宫门的旧名,满族入主紫禁城后,更改宫内殿名时,螽斯门是其中被保留下来的殿门名之一。清朝统治者认为,留着这个殿门名字,是为图个吉利,意味着子孙后代繁盛。最后皇太后谆谆教导光绪帝说:"先皇帝还念过两句诗,其中有什么宜尔子孙,说雄的人蚱蜢名螽斯,一振动翅膀鸣叫起来,雌蚱蜢都来了,每个雌蚱蜢都给它生下九十九个孩子,多么兴旺啊!先皇帝盼望我们家族兴旺。"据说光绪帝和瑾妃的居室中还有翠玉雕成的白菜蝈蝈,上面还有"螽斯羽诜诜兮,宜尔子孙振振兮"的诗句,其用意与慈禧苦口婆心的劝说都是一样的。

(据孟昭连《中国虫文化》,天津人民出版社 2004 年版整理)

95. 作家与卫兵话说叶达人化蝗

1915 年 7 月,英国作家柏尔在西藏春碑谷①看见蝗蝻成群,空中日日还见蝗虫飞过。他的卫兵勒卜恰(Lepcha,年约 45 岁),对柏尔说:"大约在清光绪五年左右(1879 年),锡金有蝗虫至,损害一大部分之玉蜀黍、禾苗与玛尔哇(Mar-wa,西藏的一种黍),光绪十六年左右,蝗虫又复经过此地,时玛尔哇适将成熟,竟为所害。高地玉蜀黍尚未成熟,亦受损失。此等蝗蝻,向北飞去,最后坠死于山峡上。最后来者,死于乔岗(Gyau-gang)与喀木巴庄(Kam-pa Dzong)间之西布(Si-po)峡上,积尸成堆。"又说:"蝗虫相传为叶达人所化,叶达人居于六界之中的最下层,即佛经所说饿鬼道,除地狱,此界最为卑下。叶达人身体魁梧,惟口、喉狭小,每次只能吞咽一小块食物,因此经常感到饥渴烦躁,时不可待。此辈生前,皆因贪财贪食、为富不仁,孽报既满,则转生人世为蝗虫。因而蝗蝻食欲从未有满足者,是谓前生作孽,后世罚当其罪矣。"

(据〔英〕柏尔《西藏志》整理)

96. 元氏县众怒推倒蝗神像

1915 年秋,元氏县蝗蝻大发生,田野谷叶俱被食。当蝗蝻初发生时,人民视蝗虫为神虫,群向八蜡庙祷祝,祈求蝗神保佑,但事后没有效果,庄稼仍被食毁,愤怒者有将蝗神庙神像推倒者。后奉命掘壕坑之,人民踊跃驱杀,田禾才赖以微收。

(据民国《元氏县志》篇十五《故事·灾祥》整理)

97. 蝗虫挡火车与官府征捐税

1927 年夏,山东郯城县飞蝗蔽日,蝗虫食尽田禾而后南下,陇海铁路上蝗虫

---

① 春碑谷:藏语音译,即春丕谷,在今西藏亚东县。

厚达三尺，迫使火车停开。是年，因蝗灾而庄稼歉收，民疾苦。但县知事陈长举却并不关心人民的疾苦，全身心放在筹集捐税上，召集全县士绅成立了流通券发行董事会，由马头镇孙寿椿任董事长，全县44个保的保长任董事，发行面额为1 000文和2 000文的"流通券"。为筹集发行基金，县政府财粮局又成立了"亩捐处"，向全县农民每亩田地征收亩捐1吊钱，共征集基金折合大洋1.1万元。商民纳税、交捐时，也可以"流通券"代之，县政府还下令，全县各商号及乡民均不得拒收"流通券"。

（据《郯城县志·自然灾害》整理）

98. 蜂蝇捕蝗胜县府

1928年秋，大名县飞蝗食麦苗，到处产卵，秋麦不敢补种。1929年春旱，三月中旬始得雨，十数日春苗长发整齐，农民欢喜。然这时蝗蝻也四面出土，县城西及西北一带最为严重，蝗蝻蠕动如蚁，寸地积蝗有数百，蝗蝻所过春苗一空，遇麦则缘茎啮其麦穗，庄稼受损很大。县府提议捕蝗，并以赈灾粮作为捕蝗奖励，捕一升蝻奖一升粮，颇有功效，然赈灾粮有限，最终未能捕灭蝗虫，正着急时，忽有大量细腰蜂、大麻蝇出现，啮蝗蝗死或遗蛆于蝗腹中，蝗灾乃消。

（据民国《大名县志》卷二十六《祥异》整理）

99. 蝗虫咬人与"蚂蚱剩"

1943年夏，黄骅县发生了严重的蝗灾。蝗虫吃光了庄稼和芦苇，又像洪水一样涌进村庄，连窗户纸、房檐草都吃光了。据说，当年黄骅县北周青庄有一徐氏人家，白天大人出去捕蝗，把一个不满周岁的婴儿放了家里，回来时，老远就听见孩子哭叫，走近一看，屋里屋外全是蝗虫，孩子脸上、身上都爬满了，徐氏急忙抱起孩子往外走，只见孩子的脸和耳朵被蝗虫咬破了，鲜血直流，真是死里逃生。孩子长大后，大家都管他叫"蚂蚱剩"，意思说他是蚂蚱吃剩下的孩子。后人形容这次蝗灾说："蚂蚱发生连四邻，飞在空中似海云。落地吃光青稞物，啃平房檐咬活人。"

（据《黄骅县志·自然灾害》整理）

100. 蝗虫与伪军"胡掠队"

太平庄隶属林县四区，村南有个大山。1944年5月上旬，蝗卵孵化出土变成了小蝗蝻，多的地方滚成蛋，路上行走时乱碰腿，群众把这些蝗虫叫成"第二胡掠队"。胡掠队，是老百姓对过去抢掠过太平庄的伪军的称谓，现在用在蝗虫身上了。5月10日，林县打蝗大队领导看了地形，决定第二天布置罗圈阵等进行清剿。第二天早晨，太阳还没有出来，3 000多人组成的打蝗大队就下手了，这时蝗虫还在乱石缝里藏着，不能赶到一块集中消灭，于是大家就掀石头抓起来，抓时老乡们还嚷着"胡掠队出来吧"，"这些家伙比胡掠队还厉害！"人们愤恨蝗虫，就跟愤恨胡掠队一样，抓时人们一个比一个积极。在朱翟村有 3 个老乡，一个人张着口袋，一个人拼命地掀石头，另一个人拼命地抓，只吃顿饭功夫，就抓了 13.5 千克。太阳出来后，蝗蝻乱蹦乱跳，满山遍野，一堆一堆的，接着摆开了罗圈阵。罗圈阵就是人挨人地把蝗虫整个包围起来，形成一个大圈，然后在大圈内再套许多小圈，实行"分区清剿"的战术，圈内运用机动兵力捕打，四周向中间压缩，压到相当程度，举行火攻。大的围攻形成后，从山上向下压缩，随走随打，山下摆好各种阵势：第一道是火阵，长 40 丈、宽 5 尺，火攻时集中兵力从山上往下压，一压蝗虫就滚成蛋，这时就用火烧。第二道是布单阵，把无数布单连接起来，排成城墙形状，使蝗虫无法脱逃。第三道又是火阵，也是长 40 丈、宽 5 尺，在火阵之外，又挖了 4 条大埋葬沟，每条沟 27 丈长，共长 108 丈，各宽 2 尺，沟边又有人包围着，蝗虫一上岸就打，沟里有许多小孩，在蝗虫身上来回蹦跳。剿蝗战斗结束后，捕捉蝗虫 4.2 万多千克，四道埋葬沟里踏死的蝗蝻有 7 寸厚，烧死的蝗虫一堆一堆的。

（据《打蝗斗争》整理）

101. 蝗飞太行山

很久以来，在太行山脚下就有蝗虫不吃山西的说法。但 1944 年 8 月，大批蝗虫却飞过了太行山去了山西。8 月 31 日，蝗虫首先从邢台县一座大山上起飞，早晨太阳刚出来，山上还笼罩着一层云雾，蝗虫起飞后，蝗虫多的地方阳光都透不过来，天地为之色暗，蝗群从头上飞过时，许多村庄的百姓都惊叫起来。蝗虫飞过一阵，落到邢台与山西交界的夫子岭山脚下，草地、树枝都落满了，看上去就像一座座蝗山。人们都说山谷很冷，蝗虫飞不过去，但没过很长时间，蝗虫又起飞了，山谷里的冷风把蝗虫一次次地吹了下来，不久蝗虫冒着冷风又飞了上去，这样翻了几次，蝗虫终于冲过了山顶，飞到了山西省左权县与和顺县的地界上。

（据《打蝗斗争》整理）

102. 打蝗女英雄郭凡子

1944 年，太行区广泛流传着打蝗女英雄郭凡子的故事。郭凡子是磁武南贾壁村人，1944 年在太行区打蝗斗争中，主动响应政府号召刨挖蝗卵，她说："不挖蝗卵蛋，就不能吃白面。"把她领导的互助组妇女全发动起来，刨挖蝗卵 50 斤。蝗蝻孵化后，又和男人一样去扑打蝗蝻，还和男人竞赛，经常打在男人前头，得到政府奖银100 元。蝗虫多了，她又组织起 33 人参加的妇女治蝗中队，在参加齐惠、大峰岭、张二庄等地的灭蝗斗争中，打得又快又干净，没毁一株麦子。打蝗中，她一面指挥一面打蝗，嗓子哑了，还累病了，仍坚持打蝗不下火线，被评上了太行区头等治蝗英雄。

（据《打蝗斗争》整理）

103. 作家莫言话说人蝗大战

当代著名文学家莫言在长篇小说《红蝗》(《收获》1987年第3期)中描述了一段人类大战蝗虫的故事,讲述了在胶东大地高密发生的两次震天动地、触目惊心的大蝗灾。五十年前(1935年)那场大蝗灾,高密东北乡人在四老爷的带领下耗巨资建蝗庙拜蝗神,举行祭蝗大典,把丑陋肥大的蝗虫置于高堂庙宇之上,孤立无助的人们对它顶礼膜拜,人虫位置颠倒,用这种愚昧无知的方法驱赶泛滥成灾的蝗虫,但那生命力与繁殖力旺盛的蝗虫仍汹涌澎湃、连绵不断。蝗虫所到之处,只留下一片空荡大地和遍地蝗虫屎,什么都吃光了,啃绝了。于是乡人们又在九老爷的带领下毁蝗庙驱蝗神,用尽所有办法杀灭蝗虫,并请来了另一尊神,传说专司为民驱蝗之职的刘将军(刘猛将军蝗神),但蝗虫仍灭而不绝。五十年后的大蝗灾,人们在新中国解放军、科学家的帮助下终于战胜了蝗虫。《红蝗》既写五十年前(1935年)和五十年后两次蝗虫灾害,又写了生活于两个时代之中的两组人物。即前者的四老爷、四老妈、九老爷、九老妈等,后者的"我"、遛鸟老人、教授和姑娘、蝗虫考察队青年女专家等。小说采取交叉渗透的叙述法,体现厚重的历史感和时代感。在描写五十年后的那次大蝗灾时写到,在灭蝗中调动了部队,还用飞机喷撒灭蝗农药,并完全战胜了蝗虫。但莫言用蝗虫考察队青年女专家驴唇不对马嘴地回答:"可怜大地鱼虾尽,惟有孤独刘将军。"对这种大量使用农药杀虫方式可能带来环境负面影响提出质疑。《红蝗》以五十年前后两次大蝗灾为背景,描画了世间奇异景象的同时,展示了人性的复杂情形和人类最真实最原始本能,从五十年前乡村生活的愚昧野蛮到五十年后"现代文明"的不足。《红蝗》结尾总结:经年干旱之后,往往产生蝗灾。蝗灾每每伴随兵乱,兵乱、蝗灾导致饥馑,饥馑伴随瘟疫,饥馑和瘟疫使人残酷无情,人吃人,人即非人,人非人,社会也就是非人的社会,人吃人,社会也就是吃人的社会。

《红蝗》摘录

四老爷指挥泥塑匠人修蝗神

我终于知道了遛画眉老头儿是我的故乡人,老头儿说那场大蝗灾后遍地无绿,人吃人尸,他流浪进城,再也没回去……五十年啦,从没回去过,家里人都死光了,我流浪出来时十五岁,恍恍惚惚地记着村里有两座庙,村东一座八蜡庙,村西一座刘猛将军庙。

五十年前,九老爷三十六岁,九老爷的哥哥四老爷四十岁。四老爷是个中医,现在九十岁还活得很旺相。他是村里亲眼看过蝗虫出土的唯一的人。四老爷是拉屎时发现蝗虫出土的。五十年前村里人把发生的蝗虫叫蚂蚱，四老爷说是神虫，他说做了一个梦，如果不修蝗神庙，蝗虫司令会率领着他的亿万万兵丁，把高密东北乡啃得草芽不剩……于是大家推举四老爷做主，按人头，一个人头一块大洋，凑钱修庙……

两个泥塑匠人正在给蝗虫神涂抹颜色，也许匠人们是出于美学上的考虑，这只蝗虫与猖獗在田野里的蝗虫形状相似，但色彩不同。在蝗虫塑像前的一块木板上，躺着几十只蝗虫的尸体，它们的同伴们正在高密东北乡的田地里、荒草甸子里、沼泽里啃着一切能啃的东西，它们却断头、破腹、缺腿，被肢解在木板上。

老匠人用一支小毛笔点着颜色画着蝗虫的眼睛。四老爷走到木板前，犹豫了一下，伸手去拔那根生锈的铁针，针从木板上拔出，蚂蚱却依然贯在针上。这是一只半大的蚂蚱，约有两厘米长。现在田野里有一万公斤这样的蚂蚱，它们通体红褐色，头颅庞大，腹部细小，显示出分秒必长的惊人潜力。它们的脖子后边背着两片厚墩墩的肉质小翅，像日本女人背上的褴褛。

泥壁匠人把蝗虫之王的塑像画完了。包工头戳了一下发愣的四老爷。四老爷如梦初醒，听到包工头阴阳怪气的说话声："族长，您看看，像不像那么个东西？"泥塑匠人退到一边，大蝗虫光彩夺目。四老爷几乎想跪下去为这个神虫领袖磕头。这只蝗虫长一百七十厘米（身材修长），高四十厘米，伏在青砖砌成的神座上，果然是威武雄壮，栩栩如生，好像随时都会飞身一跃冲破庙盖飞向万里晴空。塑造蝗神的两位艺术家并没有完全忠实于生活，在蝗神的着色上，他们特别突出了绿色，而正在田野里的作乱的蝗虫都是暗红色的，四老爷想到他梦中那个能够变化人形的蝗虫老祖也是暗红色而不是绿色。

"颜色不对！"四老爷说。包工头看着两个匠人。老匠人说："这是个蚂蚱王，不是个小蝗虫。譬如说皇帝穿黄袍，文武群臣就不能穿黄袍，小蝗虫是暗红色，蝗虫王也着暗红色怎么区别高低贵贱，"四老爷想想，觉得老匠人说得极有道理，于是不再计较色彩问题，而是转着圈欣赏蝗神的堂堂仪表。

蝗神的触须像两根雉尾，飞扬在蝗头上方，触须涂成乳白色，尖梢涂成火红色。四老爷特别欣赏它那两条粗壮有力的后腿，像尖锐的山峰一样竖着，像胳膊那么粗，像紫茄子的颜色那么深重，腿上的两排硬刺像狗牙那么大、像雪花那么白。蝗王的两扇外翅像两片铡刀，内翅无法表现。

五十年前蝗虫迁移与九老爷灭蝗

据说，五十年前，高密县东北乡闹过一场大蝗灾，连树皮都被蝗虫啃光了，蝗灾过后，饥民争吃死尸……

我仔细地观察着蝗虫们，见它们互相搂抱着，数不清的触须在抖动，数不清的肚子在抖动，数不清的腿在抖动，数不清的蝗嘴里吐着翠绿的唾沫，濡染着数不清的蝗虫肢体，数不清的蝗虫肢体摩擦着，发出数不清的窸窸窣窣的淫荡的声响，数不清的蝗虫嘴里发出咒语般的神秘鸣叫，数不清的淫荡声响与数不清的神秘鸣叫混合成一股嘈杂不安的、令人头晕眼花浑身发痒的巨大声响，好像狂风掠过地面，灾难突然降临，地球反向运转。几百年后，这世界将是蝗虫的世界。人不如蝗虫。我眼巴巴地看着蝗虫带着毁灭一切的力量滚滚上堤，阳光照在蝗虫的巨龙上，强烈的阳光单单照耀着亿万蝗虫团结一致形成的巨龙，放射奇光异彩的是蝗虫的紧密团体，远处的田野近处的河水都黯然失彩。闪闪发光的蝗虫躯壳犹如巨龙的鳞片，嚓啦啦地响，钻心挠肺地痒，白色的神经上迅跑着电一般的恐怖，迸射着幽蓝的火花。"赶快逃命！"我喊叫一声。毛驴紧随着我的喊叫噪叫一声。九老爷去拉四老妈，四老妈脸上却绽开了温馨的笑容。四老妈挥了挥手，蝗虫的巨龙倾斜着滚上堤，我奇异地发现，我们竟然处在两条蝗虫巨龙的空隙处，简直是上帝的旨意，是魔鬼的安排。四老妈果然具有了超人的力量，我怀疑她跟八蜡庙里那匹成精的老蝗有了暧昧关系。

蝗虫的龙在河堤上停了停，好像整顿队形，龙体收缩了些、紧凑了些，然后，就像巨大的圆木，轰隆隆响着，滚进了河水之中。数百条蝗虫的龙同时滚下河，水花飞溅，河面上远远近近都喧闹着水面被砸破的声响。我们惊惊地看着这世所罕见的情景，时当一九三五年古历五月十五，没遭蝗灾的地区，成熟的麦田里追逐着一层层轻柔的麦浪……

蝗虫的长龙滚下河后，我的脑子里突然跳出了一个简洁的短语：蝗虫自杀！我一直认为，自杀是人类独特的本领，只有在这一点上，人才显得比昆虫高明，这是人类的骄傲赖以建立的重要基础。蝗虫要自杀！这基础顷刻瓦解，蝗虫们不是自杀而是要过河！人可以继续骄傲。蝗虫的长龙在河水中急遽翻滚着，龙身被水流冲得倾斜了那就倾斜着翻滚，水花细小而繁茂，幽蓝的河千疮百孔，残缺不全，满河五彩虹光，一片欢腾。

我们看到蝗的龙靠近对岸，又缓慢地向堤上滚动，蝗虫身上沾着河水使蝗的龙更像镀了一层银。它们停在河堤顶上，好像在喘息。这时，河对岸的村庄里传来了人的惊呼，好像接了信号似的，几百条蝗的龙迅速膨胀，突然炸开，蝗虫的大军势不可挡地扑向河堤，北边也许是青翠金黄的大地。

蝗虫迁移到河北，八蜡庙前残存的香烟味道尚未消散，一团团乌云便从海上升起，漂游到食草家族的上空。

三天后，蝗虫就从河北飞来了。飞蝗袭来后，把他亲哥打翻在地的九老爷自然就成了食草家族的领袖。他彻底否定了四老爷对蝗虫的"绥靖"政策，领导族人，集资修筑刘将军庙，动员群众灭蝗，推行了神、人配合的强硬政策。那群蝗虫迁移到河北，与其说是受了族人的感动，毋宁说它们吃光了河南的植物无奈转移到河北就食；或者，它们预感到大冰雹即将降临，寒冷将袭击大地。迁移到河北，一是就食，二是避难，三是顺便卖个人情。飞蝗袭来那天，太阳昏暗，无名白色大鸟数十只从沼泽地里起飞，在村庄上空盘旋，齐声鸣出五十响凄惨声音，便逍遥东南飞去。

九老爷腰挂手枪，左手持马鞭，右手牵马缰，横穿着草地，踢踢踏踏回村庄。偶尔抬眼，看到西北天边缓慢飘来一团暗红色的云。走到村头时，他感觉到一阵心烦意乱，再抬头，看到那团红云已飘到头上的天空，同时他的耳朵听到了那团红云里发出的嚓啦嚓啦的巨响。红云在村子上空盘旋一阵，起起伏伏地朝村外草地上降落，九老爷扔掉马缰飞跑过去。红云里万头攒动，闪烁着数不清的雪亮白斑。嚓啦声震耳欲聋。九老爷咬牙切齿地迸出两个字：蝗虫！

正午时分，一群群蝗虫飞来，宛若一团团毛茸茸的厚云。在村庄周围的上空蝗虫汇集成大群，天空昏黄，太阳隐没，唰啦唰啦的巨响是蝗虫摩擦翅膀发出的，听到这响声看到这景象的动物们个个心惊胆战。九老爷是惹祸的老祖宗，他对着天空连连射击，每颗子弹都击落数十只蝗虫。

蝗虫一群群俯冲下来，落地之后，大地一片暗红，绿色消灭殆尽。在河北的土地上生长出羽翼的蝗虫比跳蝻凶恶百倍，它们牙齿坚硬锋利，它们腿脚矫健有力，它们柔弱的肢体上生出了坚硬销甲，它们疯狂地啮咬着，迅速消灭着食草家族领土上的所有植物的茎叶。

村人们在九老爷的指导下，用各种手段惊吓蝗虫，保卫村子里的新绿。他们敲打着铜盆瓦片，嘴里发着壮威的呐喊；他们晃动着绑扎着破铜烂铁的高竿，本意是惊吓蝗虫，实际上却像高举着欢迎蝗虫的仪仗。

天过早地黑了，蝗虫的云源源不断地飘来。偶尔有一道血红的阳光从厚重的蝗云里射下来，照在筋疲力尽、嗓音嘶哑的人身上。人脸青黄，相顾惨淡。就连那血红的光柱里，也有繁星般的蝗虫在煜煜闪烁。入夜，田野里滚动着节奏分明的嚓嚓巨响，好像有百万大军在训练步伐。人们都躲在屋子里，忧心忡忡地坐着，听着田野里的巨响，也听着冰雹般的蝗虫敲打屋脊的声响。村庄里的树枝巴格巴格地断裂着，那是被蝗虫压断的。

第二天，村里村外覆盖着厚厚的红褐色，片绿不存，蝗虫充斥天地，成了万物的主宰。胆大的九老爷骑上窜稀的瘦马，到街上巡视，飞蝗像弹雨般抽打着人和马，使他和它睁不开眼睛张不开嘴巴。瘦马肥大的破蹄子喀唧喀唧地踩死蝗虫，马后留下清晰的马蹄印。巡视毕，一只庞大的飞蝗落到九老爷的耳朵上，咬得他耳轮发痒。九老爷感到蝗虫并不可怕，村人们被再次动员起来。他们操着铁锹、扫帚、棍棒、铲、拍、扫、擂；他们愈打愈上瘾，在杀戮中感到愉悦，死伤的蝗虫积在街道，深可盈尺，蝗虫的汁液腥气扑鼻，激起无数人神经质的呕吐。

五十年前，村人们把剿灭飞蝗的战场从村里扩展到村外，那时候沟渠比现在要深陡得多，人们把死蝗虫活蝗虫一股脑儿向沟渠里推着赶着，蝗虫填平了沟渠，人们踏着蝗虫冲向沟外的田野。打死一只又一只，打死一批又一批，蝗虫们前仆后继，此伏彼起，其实也无穷无尽。人们的脸上身上沾着蝗虫的血和蝗虫的尸体碎片，沉重地倒在蝗虫们的尸体上，他们面上的天空，依然旋转着凝重的蝗云。

第三天，九老爷在街上点起一把大火，烟柱冲天，与蝗虫相接；火光熊熊，蝗虫们纷纷坠落。村人们已不须动员，他们抱来一切可以燃烧的东西，增大着火势，半条街都烧红了，蝗虫的尸体燃烧着，蹿起刺目的油烟，散着扎鼻的腥香。蝗虫富有油质，极易燃烧，所以大火经久不灭。

傍晚时，有人在田野里点燃了一把更大的烈火，把天空映照得像一块抖动的破红布。食草家族的老老小小站在村头上。严肃地注视着时而暗红时而白炽的火光，那种遗传下来的对火的恐怖中止了他们对蝗虫的屠杀。清扫蝗虫尸体的工作与修筑刘将军庙的工作同时进行。

五十年后的祈祷与科学治蝗

高密东北乡发生蝗灾！本刊通讯员邹一鸣报道：久旱无雨的高密县东北乡蝗虫泛滥，据大概估计，每平方米约有虫 150～200 只。笔者亲眼所见，像蚂蚁般大小的蝗虫在野草和庄稼上蠕蠕爬动，颜色土黄。有经验的老人说，这是红蝗幼蝻，生长极快，四十天后，就能飞行，到时这天盖地，为祸就不仅仅是高密东北乡了……

不知不觉地过去了一小时，我和九老妈站在已经布满了暗红色蝗虫的街道上，似乎说过好多话，又好像什么话也没说。我恍惚记得，九老妈断言，最贪婪的鸡也是难以保持持续三天对蝗虫的兴趣的，是的，事实胜于雄辩：追逐在疲倦的桑树下的公鸡们对母鸡的兴趣远远超过对蝗虫的兴趣，而母鸡们对灰土中谷秕子的兴趣也远远胜过对蝗虫的兴趣。几百只被撑得飞不动了的麻雀在浮土里扑棱着灰翅膀，猫把麻雀咬死，舔舔舌头就走了。蝗虫们烦躁不安或是精神亢奋地腾跳在街道上又厚又灼热的浮土里，不肯半刻消停，好像浮土烫着他们的脚爪与肚腹。街上也如子弹飞迸，浮土噗噗作响，桑树上、墙壁上都有暗红色的蝗虫在蠢蠢蠕动，所有的鸡都不吃蝗虫，任凭着蝗虫们在他们身前身后身上身下爬行跳动。

五十年过去了，街道还是那条街道，只不过走得更高了些，人基本上还是那些人，只不过更老了些，曾经落遍蝗虫的街道上如今又落遍蝗虫，那时鸡们还是吃过蝗虫的，九老妈说那时鸡跟随着人一起疯吃了三天蝗虫，吃伤了胃口，中了蝗毒，所有的鸡都腹泻不止，屁股下的羽毛上沾着污秽腥臭的暗红色粪便，蹒跚在蝗虫堆里它们一个个步履艰难，扎煞着凌乱的羽毛，像刚刚遭了流氓的强奸，伴随着腹泻它们还呕吐恶心。五十年前所有的鸡都中了蝗毒，跌撞在村里的家院、胡同和街道上，像一台醉酒的京剧演员。人越变越精明，鸡也越变越精明了；今天的街道宛若往昔，可是鸡们、人们对蝗虫抱一种疏远冷淡的态度了。

九爷周身放着绿光，挥舞着手臂，走进了那群灭蝗救灾的解放军里去。解放军都是年轻小伙子，生龙活虎，龙腾虎跃，追赶得蝗虫乱蹦乱跳。灭蝗救灾成了保卫着我们庄稼地的子弟兵们的盛大狂欢节，他们奔跑在草地上像一群调皮的猴子。九老爷的怪叫声传来了，记录他叫出来的词语毫无意义，因为，在这颗地球上，能够听懂九老爷的随机即兴语言的只有那只猫头鹰了。有十几个解放军战士把九老爷包围起来了，九老妈似乎有点怕。九老妈，休要怕，你放宽心，军队和老百姓本是一家人，他们是观赏九老爷笼中的宝鸟呢。

后来，农业科学院蝗虫研究所那群研究人员从红色沼泽旁边的白色帐篷里钻出来，踢踢踏踏地向草地走来——草地上的草已经成了光秆儿，蝗虫们开始迁移了。如今，只有红褐色的蝗虫覆盖着黑色的土地了。蝗虫研究人员们当初洁白的衣衫远远望着已是脏污不堪，呈现着与蝗虫十分接近的颜色，蝗虫伏在他们身上，已经十分安全。名存实亡的草地上尘烟冲起，那是被解放军战士们踢踏起来的，他们脚踩着蝗虫，身碰着蝗虫，挥动木棍，总能在蝗虫飞溅的空间里打出一道道弧形的缝隙。蝗虫研究人员肩扛着摄影机，拍摄着解放军与蝗虫战斗的情景，而那些蝗虫们，正像决堤的洪水一样，朝着村庄涌来了。

蝗虫们疯狂叫嚣着，奋勇腾跳着，像一片硕大无比的、贴地滑行的暗红色云团，迅速地撤离草地，在离地三尺的低空中，回响着繁杂纷乱的响声，这景象已令我瞠目结舌，九老妈却用曾经沧海的沧桑目光鞭挞着我兔子般的胆怯和麻雀般的狭小胸怀。这才有几只蝗虫？九老妈在无言中向我传递着信息：五十年前那场蝗灾，才算得上真正的蝗灾！

五十年前，也是在蝗虫吃光庄稼和青草的时候，九老爷随着毛驴，毛驴驮着四老妈，在这条街上行走。村东头，祭蝗的典礼正在隆重进行……

为躲开蝗虫潮水的浪头，九老妈把我拖到村东头，颓弃的八蜡庙前，跪着一个人，从他那一头白莽莽的刺猬般坚硬的乱毛上，我认出了他是四老爷。九老妈与我一起走到庙前，站在四老爷背后；低头时我看到四老爷鼻尖上放射出一束坚硬笔直的光芒，蛮不讲理地射进八蜡庙里。沿着四老爷鼻尖上的强劲光芒，我看到了八蜡庙里的正神已经残缺不全，好像在烈火中烧熟的蚂蚱，触须、翅膀、腿脚全失去，只剩下一条乌黑的肚子。四老爷礼拜着的就是这样一根蝗神的泥塑肚腹。西边，迁徙的跳蝗群已经涌进村庄，桑下之鸡与墙外之驴都惊悸不安。解放军战士和蝗虫研究人员追着蝗群涌进村庄，干燥的西南风里漂漾着被打死踩死的蝗虫肚腹里发出的潮湿的腥气。

九老妈说四老祖宗，起来吧，蝗虫进村啦！四老爷跪着不动，我和九老妈架住他两只胳膊，试图把他拉起来。四老爷鼻尖上的灵光消逝，他一回头，看到了我的脸，顿时口歪眼斜，一声哭叫从他细长的脖颈里涌上来，冲开了他闭锁的喉头和紫色的失去弹性的肥唇："杂种……魔鬼……精灵……"

我立刻清楚四老爷犯了什么病。他跪在以蜡庙前并非跪拜蝗虫，他也许是在忏悔自己的罪过吧。"四老爷，起来吧，回家去，蝗虫进村啦。"

跳蝻遮遍街道，好像不是蝗虫在动而是街道在扭动。解放军追剿蝗虫在街道上横冲直闯，蝗虫研究人员抢拍着跳蝻迁徙的奇异景观，他们惊诧地呼叫着，我为他们的浅薄感到遗憾，五十年前那场蝗灾才算得上是蝗灾呢！人种退化，蝗种也退化……

蝗虫们涌进村来，参加村民们为它们举行的盛典，白色的阳光照耀着蝗虫的皮肤，泛起短促浑浊的橙色光芒，街上晃动着无数的触须，敬蝗的人们不敢轻举妄动，惟恐伤害了那些爬在他们身上、脸上的皮肤娇嫩的神圣家族的成员。九老爷随着毛驴，走到八蜡庙前，祭蝗的人群跪断了街道，毛驴停步，站在祭坛一侧，用它的眼睛看着眼前的情景。

几百个人跪着，光头上流汗，脖子上流汗，蝗虫们伏在人们的头颈上吮吸汗水，难以忍受的瘙痒从每一个人的脊梁沟里升起，但没人敢动一下。面对着这等庄严神圣的仪式，我充分体验到烊的难挨，如果恨透了一个人，把一亿只蝗虫驱赶到他家去是上乘的报仇方式。蝗虫脚上强有力的吸盘像贪婪的嘴巴吻着我的皮肤，蝗虫的肚子像一根根金条在你的脸上滚动。我和你，我们站在祭蝗的典礼外，参观着人类史上一幕难忘的喜剧，我清楚地嗅到了从你的腋窝里散出的熟羊皮的味道。你是我邀请来参观这场典礼的，五十年前的事情再次显现是多么样的不容易，这机会才是真正的弥足珍贵，你不珍惜这机会反而和一头蚂蚱调起情来了，我对你感到极度的绝望。先生！你睁开眼睛看一眼吧，在你的身前，我的九老爷烦躁不安地挪动着他的大脚，把一堆又一堆的蝗虫踩得稀巴烂，你对蝗虫有着难以割舍的亲情，我知道你表面上无动于衷，心里却非常难过。可是，我们不是反复吟诵过：要扫除一切害人虫，全无敌吗？我多次强调过，所有的爱都是极有限度的，爱情脆弱得像一张薄纸，对人的爱尚且如此，何况对蝗虫的爱！你顺着我的手指往前看吧，在吹鼓手的鼓吹声中，四老爷持爵过头，让一杯酒对着浩浩荡荡的天空，吹鼓手的乐器上，吹鼓手皮球般膨胀的腮帮子上，都挂满了蝗虫。

四老爷把酒奠在地上，抬手一巴掌——完全是下意识——把一只用肚子撩拨着他的嘴唇的蝗虫打破了，蝗虫的绿血涂在他的绿唇上，使他的嘴唇绿上加绿。祭蝗大典继续进行，四老爷面前的香案上香烟缭绕，燃烧后的黄表纸变成了一片片黑蝶般的纸灰索落落滚动，请你注意，庙里，通过洞开的庙门，我们看到两根一把粗细的红色羊油大蜡烛照亮了幽暗的庙堂，蝗神在烛光下活灵活现，栩栩如生，仿佛连那两根雉尾般高扬的触须都在轻轻抖动。四老爷敬酒完毕，双手捧着一束翠绿的青草，带着满脸的虔诚和挤鼻弄眼（被蝗虫折磨的）走进庙堂，把那束青草敬到蝗神嘴巴前。蝗神爹翅支腿，翻动唇边柔软的胡须，龇出巨大的青牙，像骡马一样咔嚓咔嚓地吃着青草。

四老爷献草完毕，走出庙门，面向跪地的群众，宣读着请乡里有名的庠生撰写的《祭八蜡文》，文曰：

维中华民国二十四年六月十五日，高密东北乡食茅家族族长率人跪拜

八蜡神，毕恭毕敬，泣血为文：白马之阳，墨水之阴，系食茅家族世代聚

居之地；敬天敬地，畏鬼畏神，乃食茅家族始终信守之训。吾等食草之人，粗肠砺胃，穷肝贱肺，心如粪土，命比纸薄，不敢以万物灵长自居，甘愿与草木虫鱼为伍。吾族与八蜡神族五十年前邂逅相遇，曾备黄米千升，为汝打尖填腹，拳拳之心，皇天可鉴。五十载后又重逢，纷纷吃我田中谷，族人心里苦。大旱三年，稼禾半枯，族人食草啃土已濒绝境。幸有蝗神托梦，修建庙宇，建立神主，四时祭祀，香烟不绝。今庙宇修毕，神位已立，献上青草一束，村醪三盏，大戏三台，祈求八蜡神率众迁移，河北沃野千里，草木丰茂，咬之不尽，啃之不竭，况河北刁民泼妇，民心愚顽，理应吃尽啃绝，以示神威。蝗神有知，听我之诉，呜呼呜呼，泣血涟如，贡献青草，伏惟尚飨。

追捕蝗虫的解放军已经吹号收兵，蝗虫研究所的男女学者们也回到帐篷附近去埋锅造饭，街上的蝗虫足有半尺厚，所有的物件都失去了本色变成了暗红色，所有的物件都在蠢动，四老爷身上爬满蝗虫，像一个生满芽苗的大玉米，只有他的眼睛还从蝗虫的缝隙里闪烁出寒冷的光芒。

今非昔比，政府派来了蝗虫考查队，解放军参加了灭蝗救灾，明天上午，十架飞机还要盘旋在低空，喷洒毒杀蝗虫的农药！刘将军庙前冷落，金盔破碎，金鞭断缺。女学者知识渊博，滑稽幽默，她说"你们村的抗蝗斗争简直就是抗日战争的缩影，可怜！"我惊愕地问："谁可怜？"她驴唇不对马嘴地回答："可怜大地鱼虾尽，惟有孤独刘将军！"

第四十一天的早晨，又是太阳刚刚出山的时候，十架双翼青色农业飞机飞临高密东北乡食草家族领地上空。飞机擦着树梢飞过村庄，在红色沼泽上盘旋。飞机的尾巴突然开屏，乳白色的烟雾团团簇簇降落。飞机隆隆地响着，转来又转去，玻璃后出现一张张女人的脸，她们一丝不笑，专注地操作着。西风轻轻吹，药粉随风飘。我们吸进药粉，闻到了灭蝗药粉苦涩的味道。蝗虫们一股股纠缠着在地上打滚。它们刚长出小翅，尚无飞翔能力。蝗虫们也失去了它们祖先们预感灾难的能力，躲得过冰雹躲不过农药。

（摘录自莫言《红蝗》，民族出版社 2004 年版。原文作者附注：文中所写的"高密东北乡"并非地理学意义上的高密东北乡；文中的叙事主人公"我"并不是作者莫言）

四、主要治蝗人物

1. 卓茂

卓茂（? —28），字子康，南阳人，汉元帝时学习于长安，习《诗》《礼》和《历算》。后迁密令，劳心谆谆，视人如子，举善而教，口无恶言，手下人对他忠心耿耿，数年以后，密县秩序井然，路不拾遗，形成了良好风气。公元 2 年，天下大蝗，河南二十余县皆被其灾，独不入密县界，督邮向太守汇报后，太守不相信，亲自到密县调查后才服。后，卓茂升迁京都丞，在离开密县时，密县老幼哭送。光武初，敕封卓茂为太傅，封褒德侯，食邑二千户。卓茂是中国古代最早主张治蝗的县令。东汉建武四年（28 年），卓茂去世，密县建立了卓茂庙以示纪念，当有蝗虫灾害时，则祭祀于卓茂庙，以祈蝗不入界。延熹八年（165 年）四月，桓帝下诏清理拆除滥设的祠庙时，还特别批准保留了密县的卓茂庙。

2. 王充

王充（27—97），字仲任，会稽上虞（今浙江上虞）人。具有朴素的辩证唯物主义思想，是我国东汉时期的哲学家，自幼好学，为人清正，用三十年的时间写成《论衡》一书。书中总结了汉代很多自然科学成就，用唯物主义观点批评了当时十分盛行的"天命论""神权论"等唯心主义观点，如《春秋》所载鲁宣公十五年（前 594 年）"秋螽，冬蝝生，饥"，对这次蝗灾，有些人认为是由于鲁国改革征税制度造成的，即履亩而税的结果，王充不同意这种说法，认为：建武三十一年（55 年），蝗起太山郡，西南过陈留、河南，遂入夷狄，所集乡县以千百数，当时乡县之吏未皆履亩，蝗食谷草，连日老极，或飞徙去，或止枯死，如把蝗灾看成履亩而蝗，当时乡县之吏未必皆伏罪也。王充认为蝗虫生有日，死有期，蝗虫之变化与温湿有关系，不能归罪于部吏履亩税。在《论衡》中，王充还用不多的语言记述了蝗虫从太山郡起飞后的迁飞方向、迁飞距离和为害范围。又如南阳卓公为缑氏令，世间称其贤明至诚，蝗不入其界。王充在书中认为贤人也是人，贤人到深野去，蚊子也咬他，蚊子既然不避贤人，蝗虫和蚊子一样都是害虫，为什么不入卓界！蝗虫的发生与温湿有关系，蝗虫不入卓界，是因气候条件不适宜才没入其界，世人认为卓公贤明而能却蝗是没有根据的。在除治蝗虫方面，王充还最早提出了"吏率部民堑道作坎，榜驱内于堑坎，杷蝗积聚以千斛数，正攻蝗之身，蝗犹不止"的挖沟掩埋蝗虫的治蝗方法。王充对蝗灾的朴素唯物主义思想认识，对促进后人的唯心治蝗论向唯物治蝗论转变发挥了重要作用。

3. 刘兰

刘兰，前秦苻坚散骑常侍，骑从，苻坚外出时常随从于后，是苻坚的亲信。东晋太元七年（382年），幽州大蝗，广袤千里，刘兰作为苻坚的特使，持节到幽州捕蝗，发青、冀、幽、并百姓除治，经一秋冬未能扑灭，劳民伤财，犯了失职罪。对这样一个权大势重的特使，有关部门不但不偏私袒护，还上书皇帝，请求给刘兰治罪。但苻坚说："蝗灾自天，非人力可除，是朕之过，兰何罪之有。"刘兰没有治住蝗灾的罪过也就免了。

4. 姚崇

姚崇（649—721），字符之，本名元崇，陕州人，曾任唐朝的夏官侍郎、春官尚书、紫微令、中书令、宰相等职，是中国古代最早主张并推动采取治蝗措施的宰相级高官。唐开元三年（715年）六月，山东大蝗，紫微令姚崇差御史下诸道，采用驱赶、扑打、焚烧、挖沟土埋等多种办法消灭了蝗虫，是岁田收有获，人不甚饥。开元四年（716年），山东、河南、河北蝗大起，山东百姓皆烧香礼拜，眼看食苗，手不敢捕，河南、河北的蝗虫所经之处，苗稼皆尽。面对如此严重的蝗灾，姚崇仍主张采用驱、扑、焚、瘗的办法进行除治，认为只要上下齐心协力，必能治住蝗虫，即使有除治不尽的地方，也比养患成灾为强。但不少人认为："蝗是天灾，岂可制以人力"，"杀虫太多，有伤和气"；"自宜修德，不能除治"。是除治还是不除治，在当时，两种思潮的斗争十分激烈。最后，姚崇用很多历史故事讲明了治蝗的意义，并用官爵向皇帝担保，"治不下去，并请削除"。这样，姚崇的治蝗主张才得到了皇帝的支持。在姚崇的领导下，派御史为捕蝗使分道杀蝗，全国捕蝗900万石，蝗虫因此亦渐止息。在当时的封建社会里，姚崇的这种治蝗精神是非常可贵的，被称誉为治蝗功臣。

5. 梁肃

梁肃，字孟容，河北奉圣州（今涿鹿县）人，宋绍兴九年（1139年）中进士，历任望都县令、大名府少尹，绍兴三十二年调任大兴府少尹，官正五品。大定三年（1163年）大兴蝗，梁肃没有按期完成朝廷交给的捕蝗任务，以"捕蝗不如期罪"被贬川州（今辽宁朝阳）任刺史，削官一级。梁肃自任望都县令后，一直在河北任职20余年，忠心耿耿，只因一次治蝗不如期就受到了降职、降级、被贬到边远川州任职的严厉处分，可见当时金朝治蝗法令是多么的严格。

6. 董煟

董煟，字季兴，江西鄱阳人，宋绍熙五年（1194年）进士，曾任瑞安县地方官。所著《救荒活民书》广传于世，多次被各朝颁发州县应用，书中对蝗灾等自然灾害有较深入研究。《四库全书提要》称赞此书："宋之政令，史有失载，而此书有矣。"又说："宋代名臣救荒善政，亦多堪与本传相参证，犹古书中之有裨实用者也。"中国最早的治蝗法令熙宁诏和淳熙敕以及中国最早的治蝗手册《捕蝗法》都是靠此书保存下来的，对历朝历代制定蝗灾控制措施都具有重要的参考价值。

7. 徐光启

徐光启（1562—1633），字子先，号玄扈，上海人，是我国明代杰出的农业科学家、政治家，先后任翰林院内书房教习、翰林院纂修、河南道监察御史、礼部尚书、宰相等职。

徐光启的科学成就很多，平生最热心于农业和水利的研究，一生写下大量关于农业方面的著作，其中代表作是《农政全书》，全书共 60 卷，50 余万字。《农政全书》基本囊括了中国古代汉族农业生产和人民生活的各个方面，而其中又贯穿着一个基本思想，即治国治民的农政思想。

《除蝗疏》在《农政全书》中占有重要的地位，在《除蝗疏》中，徐光启对从春秋至元代历史记载的 111 次蝗灾发生时间进行了认真的统计分析，指出了蝗灾的严重性："凶饥之因有三：曰水、曰旱、曰蝗。地有高卑，雨泽有偏被；水旱为灾，尚多幸免之处，惟旱极而蝗，数千里间，草木皆尽，或牛马毛、幡帜皆尽，其害尤惨过于水旱也"，得出了蝗灾发生"最盛于夏秋之间，与百谷长养成熟之时正相值，故为害最广"的结论。又通过对元代百年之间蝗灾发生地点的分析，得出："幽涿以南，长淮以北，青兖以西，梁宋以东，都郡之地，湖巢广衍，旱溢无常，谓之涸泽，蝗则生之"的结论，首次划出了中国宜蝗区范围，并创造性地提出了"涸泽者，蝗之原本也，欲除蝗，图之此其地矣"改造蝗区的根本治蝗意见。同时还通过对老农的访问和自己对蝗虫习性的观察，提出了很多正确有效的治蝗办法，有些办法则一直应用到 20 世纪 50 年代初期，如挖掘蝗卵法、收买蝗虫法、开沟埋蝗法等。徐光启对蝗灾的重要性定位及其对蝗虫生物学、生态学的新认识和防治新思想，为后人深入开展蝗灾的研究与治理奠定了坚实基础。

8. 陈芳生

陈芳生，字漱六，江苏仁和人，曾编著《捕蝗考》，并于康熙二十三年（1684年）收入《先忧集》中。《捕蝗考》为我国现存最早的一部治蝗专业书，曾被广泛传播，多次出版，被收录于《四库全书》。《捕蝗考》分"备蝗事宜十条"和"前代捕蝗法"两部分。内容多摘录宋董煟和明徐光启二人的资料，新内容不多，但在当时却是很有实用价值的。

9. 裘曰修

裘曰修，字叔度，江西新建人，1739 年进士，1755 年授吏部侍郎，1769 年任刑部尚书。时江南、山东蝗，敕命裘曰修捕治，1770 年，畿南蝗，复命裘曰修捕治，裘曰修行至武清县时怕吃苦，而不愿亲自去蝗虫发生地勘查，只派顺天府尹去蝗虫起飞处看看了事。这种只听汇报、不亲临蝗虫现场察看灾情的工作作风，引起了乾隆帝的不满，以其不能严饬所属官员实力搜捕之罪，给裘曰修就地降职、免于调京的处分。同时受到处分的还有顺天府尹窦光鼐、武清知县甄克允、东安知县郭麟绂。是年，裘曰修作《捕蝗行》诗一首，记述了这次蝗灾的发生情况及人民捕治情况，该诗被收入清张应昌编写的《清诗铎》中。

10. 盛百二

盛百二，字秦川，号柚堂，浙江秀水人，清乾隆二十一年（1756 年）举人，乾隆三十一年曾任观城知县，乾隆三十三年任淄川知县。盛百二为人宽厚，学古有识，盖以文学为政事，曾任洙源、任城、般阳书院院长。撰有《济宁直隶州志》《柚堂笔谈》《观录》等书。盛百二为刘猛将军庙考的第一人，在研究刘猛将军庙上颇有贡献，在其《观录》中指出刘猛将军庙的来源有二，一为《饶阳县志》载之元代刘承忠，一为《怡庵杂录》载之宋代刘锜。民国版《辞源》刘猛将军名下的解释与之相同，并沿用至今。

11. 陈僅

陈僅，字余山，浙江宁波鄞州区人，清嘉庆十八年（1813 年）举人，道光十五年（1835 年）任陕西紫阳县知县，道光十九年调安康。陈僅编著《捕蝗汇编》一书，由"捕蝗八论""捕蝗十宜""捕蝗十法""史事四证和成法四证"四卷组成。全书以总结前人辑录为主，夹杂评论，1836 年前后写成，有 1845 年四明继雅堂重刻本。该书被收入《清史稿·艺文志》。

12. 钱炘和

钱炘和，字方伯，滇南人士，曾任川省备员，清道光二十八年（1848 年）调京畿，守津九年，咸丰六年（1856 年）任直隶布政使。是年七月，飞蝗从西南来，钱炘和查旧存捕蝗要说二十则、图说十二幅，语简意明，遂定名《捕蝗图说一卷要说一卷》付刻刊行，令民仿照扑捕蝗虫。该书图文并茂，简明易懂，很容易被人们接受。咸丰七年陕西布政使司司徒照定名为《捕蝗要诀》再版，此后，《捕蝗要诀》就成为钱炘和编印书的正式书名了。现存有咸丰七年陕西本、同治十一年江宁本、民国四年河北任县本。

13. 顾彦

顾彦，字士美，江苏无锡人。清咸丰六年（1856 年）无锡蝗，顾彦编辑《简明捕蝗法》印发给农民。咸丰七年，顾彦将《简明捕蝗法》改名为《士民治蝗法》，同时扩大编写计划，增加了官司治蝗法及前人成说、救济荒歉等内容，共四卷，定名为《治蝗全法》刊印发行。《治蝗全法》总结了简便易行的士民治蝗法33条，又根据官方告示总结了官司治蝗法24条，同时收录很多前人名论、治蝗实绩、捕蝗律令、捕蝗诗记、蝗蝻字考等文献，内容很广泛，是清代最完整、篇幅最长的治蝗资料书。

14. 李炜

李炜，字惺甫。清咸丰七年（1857年）在陕西长安任知县时，忽有飞蝗自豫晋经潼华飞入长安，李炜率群众捕蝗不遗余力，不但深入田间向群众讲解蝗灾利害，还亲自向农民教授捕蝗方法，把自己写成的《治飞蝗捷法》和《搜挖蝗子章程》发给群众参考，群众很受感动。由于蝗虫太多，未能治绝，1858年又写成《除蝻八要》，与前两篇定名为《捕除蝗蝻要法三种》，由西安知府沈寿嵩付刻刊行，并写了序，序言对李炜的治蝗精神给予了很高评价。现存有1862年、1877年刻本。

15. 陈崇砥

陈崇砥（？—1875），字亦香，又字绎萱，福建侯官县人，清道光二十六年（1846年）举人。咸丰四年（1854年）四月大挑署固安知县，咸丰十年调任献县知县，同治三年（1864年）升任保定府同知，同治八年任大名府知府，同治十年任顺德府知府，同治十一年复任保定府同知，同治十二年调任河间府知府，自咸丰四年至光绪元年（1875年）去世止，陈崇砥在河北做官二十余年。陈崇砥在河北任职期间，深入基层，体察民意，疏浚河道，兴修水利，尤其重视蝗虫的防治。下车伊始，陈崇砥即以"为此地良民戴笠披蓑""饮冰茹蘖要作好儿郎"的标准要求自己。是年，固安大蝗，陈崇砥亲率丁役扑捕，民幸不为灾；咸丰九年，为固安县重修了《固安县志》；在任大名府知府后，常修试院以庇荫多士，被后人称颂。同治十二年（1873年），陈崇砥调任河间知府，于同治十三年在莲池书局刊印《治蝗书》一卷，书中有治蝗论三篇、治蝗说十篇、捕蝗图十帧。《治蝗书》根据蝗虫的发生规律提出了很多的治蝗策略，尤其"蝗为旱虫，故飞蝗之患多在旱年，殊不知其萌蘖则多由于水，水继以旱，其患成矣"，指明了水、旱、蝗灾之间的关系，与我们常说的"先涝后旱，蚂蚱连片"是一个道理；治蝗说十篇提出了蝗虫不同时期采用的不同治蝗方法，尤其用"毒水"治蝗卵办法，可称为中国治蝗史上用药剂治蝗的新尝试；图十帧为治蝗示意图。《治蝗书》采用图文并茂的方式一版再版，至今仍具有很高的参考价值。

16. 邹树文

邹树文（1884—1980），字应宪，江苏苏州。中国近代昆虫学的奠基人与开拓者之一。邹树文于1907年毕业于京师大学堂师范馆；1908—1912年先后在美国康奈尔大学和伊利诺伊大学学习研究昆虫学，获农学学士学位、科学硕士学位；1913 年在美国芝加哥大学研究院从事研究工作。1915 年回国后，历任南京金陵大学教授、北京农业专门学校教授兼农场主任（场长）；1922 年任东南大学农科教授兼江苏省昆虫局技师，后代理该局局长；1928 年转任浙江省昆虫局局长。1932—1942 年被聘为中央大学农学院院长；此后，曾任国民政府教育部农业教育委员会常务委员、农林部专门委员、西北农学院院长等职。新中国成立以后，邹树文曾任中山陵园管理委员会委员、江苏省文史研究馆馆员、中国农业遗产研究室顾问等职。晚年，邹树文从事祖国农业遗产的研究工作，曾校勘徐光启《农政全书》，撰写农史论文多篇。1981 年，科学出版社出版其遗著《中国昆虫学史》，书中详细介绍了明清时期的蝗灾及捕蝗措施。

17. 张巨伯

张巨伯（1892—1951），广东鹤山人，1916 年毕业于美国俄亥俄州立大学农学院，1917 年获硕士学位，1928 年任江苏省昆虫局局长、主任技师，是我国最早的农业昆虫学教授之一。在任江苏省昆虫局局长期间，他将蝗虫防治与研究列入昆虫局的重要工作，成立了中国最早的治蝗研究所，培养了很多治蝗专家。出版了《捕蝗浅说》《秋蝗防治法》《蝗虫问题》《江宁县适用之捕蝗法》《田间最适用之捕蝗法》等治蝗书籍，发表了《民国二十二年我国之蝗患》等多篇论文。

18. 张景欧

张景欧（1897—1952），江苏金坛人，1922 年获美国加利福尼亚州立大学昆虫学硕士，回国后曾任江苏省昆虫局技师、技术课课长、主任技师等职。1923 年发表了论文《蝗患》，首次公布中国的蝗虫种类名录 80 余种，首次将中国飞蝗定名为赤足飞蝗和隆背飞蝗两种，并提出了改造蝗区的根本治蝗计划。1924 年出版了《中国蝗虫志》一书，1925 年与尤其伟合写了长篇论著《飞蝗之研究》。

19. 邹钟琳

邹钟琳（1897—1983），江苏无锡人，1920 年毕业于南京高等师范学校，1931 年获美国明尼苏达大学昆虫学硕士学位，1932—1945 年任江苏省昆虫局技术部主任，曾发表《江苏省蝗类志略》《中国飞蝗之分布与气候地理之关系及其发生地之环境》《中国迁移蝗之变型现象及其在国内之分布区域》等多篇论文。

20. 杨惟义

杨惟义（1897—1972），江西上饶人，1925 年毕业于东南大学农学院，曾任江苏省昆虫局技师、江苏第三治蝗所主任等职。1928 年在发表的《江苏省昆虫局海州第三捕蝗分所治蝗报告》一文中，首次提出"用锄在有蝗虫活动之处掘寻十余片，计算出每平方米内的蝗卵平均数，以此推算出该地将来蝗蝻的发生情况，预定将来的治蝗措施"的侦查蝗虫方法，为现在的蝗虫预测预报工作打下了良好的基础。之后，又发表了《海州的灭蝗运动》《世界蝗患近况及对于我国治蝗之管见》等论文。1955年被选为中国科学院生物学地学学部委员。

21. 吴福桢

吴福桢（1898—1996），字雨公，江苏武进人，1921年毕业于东南大学病虫害系，1926年获美国伊利诺伊大学硕士学位，是中国昆虫学和中国植物保护学的早期学科奠基人之一。1928年任江苏省昆虫局主任技师，主抓治蝗工作。同年组织昆虫局技术人员及东南大学、金陵大学农科学生100多人赴苏北蝗区发动群众灭蝗，取得了很大成绩。1932年中央农业实验所成立，吴福桢任病虫害系主任。1933年春，吴福桢组织中国第一次全国蝗患调查，并亲赴微山湖产蝗基地考察第一手资料。1934—1946年，多次进行全国蝗患调查，并根据调查情况，发表了5篇《全国蝗患调查报告》及多篇论文。1947年委派邱式邦等人至皖北进行药剂治蝗试验，证实了六六六粉可作为治蝗的特效农药。新中国成立以后，吴福桢积极投入治蝗研究工作，1951年开始研制六六六粉，为扑灭我国九省市重大蝗灾及以后控制蝗害奠定了物质基础。同年，根据自己多年的治蝗经验，并参阅大量文献，出版了《中国的飞蝗》一书。1978年参加了全国科学大会，获得"科学技术工作重大贡献者"表彰，并被选为第五届全国政协委员。

22. 尤其伟

尤其伟（1899—1968），江苏南通人，农业昆虫学家，是我国昆虫学奠基人之一。1920年考入南京高等师范专修科（1922年改为东南大学），1925年毕业于东南大学病虫害系。先后任东南大学助教、江苏省昆虫局技术员及技师（兼任）、中央大学讲师、江西省昆虫局技师、广东中山大学农学院副教授、江苏南通学院教授等。1922—1928年曾从事飞蝗的调查研究并参与苏北地区治蝗指导工作，1925年在《江苏省昆虫局研究报告》第1号发表《飞蝗之研究》、1926在《南京农学杂志》发表《飞蝗》等论文，成为我国近代蝗虫研究的重要文献。1952—1968年，尤其伟任华南热带林业科学研究所（华南热带作物科学研究院前身）第四室主任、研究员（1958年兼任华南热带作物学院教授），在棉花害虫、热带作物害虫等研究方面作出了许多开创性工作，编著的《虫学大纲》是我国第一部较系统的昆虫学理论专著。

23. 陈家祥

陈家祥（1899—1983），浙江奉化人，1925年毕业于东南大学农学系，1928年任江苏省昆虫局蝗虫股技师，兼任蝗虫研究所主任一职，与尤其伟一起专司蝗虫研究之责，成为我国对蝗虫开展研究工作的创始人之一。先后发表《中国蝗虫初步调查报告》《蝗虫预防及驱除法》《飞蝗生活史及防治法》《中国历代蝗患之记载》等多篇论文，尤其 1935 年发表的《中国历代蝗患之记载》一直被使用至今。新中国成立后曾任农业部治蝗处副处长。

24. 杨显东

杨显东（1902—1998），湖北沔阳人，1927 年毕业于金陵大学农科，1937 年获美国康奈尔大学博士学位。曾任农业部副部长、中国科协副主席、全国政协农业组副组长、中国农学会会长、北京农学院名誉教授等职。杨显东于 1949 年被中央任命为农业部副部长后，主抓棉花生产和植物保护等工作，其中防治蝗虫是新中国成立初期的突出任务之一。1951 年春，皖北、苏北、山东、河南、湖北、河北、平原、山西、新疆等省份发生了严重蝗灾，农业部派出以杨显东带队的工作团，会同苏联治蝗专家卢森科，中国治蝗专家陈家祥、刘崇乐、曹骥等人赶赴灾区指挥灭蝗。6 月，成功使用飞机喷撒六六六粉，消灭了发生在河北黄骅、皖北泗洪两地的严重蝗灾，成为新中国治蝗史上的伟大创举。7 月，代表中央人民政府，通过中央人民广播电台向全世界宣告："新中国开始用飞机来消灭蝗虫。"杨显东十分重视治蝗工作，一直分管该项工作到 60 年代初期，其间多次出席全国治蝗工作会议并讲话，安排部署蝗虫防治工作，为新中国成立初期的治蝗体系建设和组织全国蝗灾防治起到了重要领导作用。

25. 马俊超

马俊超（1910—1992），上海浦东人，1932 年考入浙江省治虫人员养成所，从事蝗虫防治工作，1933 年任浙江省昆虫局技术员。1933 年发表长篇论文《世界飞蝗之分布及其防治法》，将中国飞蝗定名为东半球蝗，同时介绍了世界上的很多治蝗方法，包括农业防治法、机械防治法、药剂防治法、人工防治法及自然天敌防治等。1936 年尤瓦洛夫将中国飞蝗正式定名为 *Locusta migratoria manilensis*（Meyen），马俊超最早将其译为汉名，称之为亚东飞蝗。是年，发表《江苏省清代旱蝗关系之推论》一文。1946 年以后，先后在台湾农业试验所昆虫分类研究室、基隆商品检验分局、台湾东海大学等单位工作。

26. 郭尔溥

郭尔溥（1910—1990），河南新郑人，1942 年河南大学毕业后，主要从事农业技术推广工作，河北省植物保护研究所研究员、治蝗专家。1949 年，郭尔溥奉周恩来总理之命，到农业部病虫害防治局主管防蝗工作，曾任农业部病虫害防治局治蝗处副处长。1952 年任农业部徐州治蝗工作组核心组负责人，先后发表《蝗虫发生规律及防治方法》《飞机治蝗效力显著提高》《提高警惕加强内涝蝗区的治蝗工作》《关于抽条普查、等距取样查蝻方法试验》等多篇论文，编写治蝗讲义 10 余万字，在飞机治蝗、侦查蝗情、糠麸毒饵治蝗等方面取得了显著成绩。1978 年"改治并举，根除蝗害"综合技术获河北省政府成果奖、全国科学大会重大奖。

27. 邱式邦

邱式邦（1911—2010），浙江吴兴人，1935 年毕业于上海沪江大学生物系，在中央农业实验所病虫害防治系任技士，直至 1945 年一直从事松毛虫的防治与研究工作。全国抗日战争胜利后又接受了蝗虫防治的研究工作。1948 年在滁县首创六六六粉农药治蝗并获得成功，毒饵治蝗法也有了新的进展，是年考取了英国剑桥大学研究生，专攻蝗虫生理。1951 年夏，出色完成了毕业论文，在得知新中国使用飞机治蝗的消息后，10 月，毅然回到了祖国，在华北农业科学研究所从事蝗虫防治技术的研究工作。1952 年，邱式邦任农业部天津治蝗工作组组长，先后在河北安次、山东沾化蹲点，试验推广毒饵治蝗、调查蝗虫种类，并提出了查卵、查蝻、查成虫的"三查"侦查蝗虫办法，多次建议各级政府尽快建立健全蝗情测报网，并在准确喷洒农药和毒饵、将蝗虫消灭在幼蝻阶段等方面发表大量文章，为新中国成立初期有效控制蝗灾发挥了很大作用。1954 年获农业部颁发"爱国丰收奖"，1957 年出版《飞蝗及其预测预报》一书，为农业部颁发飞蝗的预测预报试行办法作出了极大贡献。1978 年获全国科学大会"先进个人"，1979 年获"全国劳动模范"称号。邱式邦还任中国农业科学院生物防治研究室主任、研究员，第三届全国人大代表，1981 年当选中国科学院生物学学部委员（中国科学院院士）。

28. 马世骏

马世骏（1915—1991），山东兖州人，1937 年毕业于北平大学农学院生物系，1948 年赴美国犹他州立大学攻读昆虫生态学，1951 年获哲学博士学位，同年秋回国研究蝗虫，主攻东亚飞蝗治理的理论。1952 年任农业部徐州治蝗工作组核心组负责人。1965 年编著《中国东亚飞蝗蝗区的研究》一书，1982 年获国家科学技术委员会颁发的国家自然科学二等奖。1954—1965 年，深入蝗区开展调查研究，先后发表《我国大害虫飞蝗》《根除飞蝗灾害》《蝗虫的研究与防治》《东亚飞蝗在中国的发生动态》《中国东亚飞蝗生态学研究》《飞蝗的侦查与计算方法》《东亚飞蝗中长期数量预测的研究》《根除蝗灾的阶段性》《东亚飞蝗蝗区的结构与转化》《东亚飞蝗发生地的形成与改造》等十多篇论文。曾任中国科学院动物研究所研究员、副所长、学位委员会主任、中国生态学会理事长、中国科学院学部委员、生物学部副主任等职，是中国著名的生态、生物学家。

29. 曹骥

曹骥（1916—2001），北京人，1939 年毕业于清华大学生物系，1949 年获美国明尼苏达大学哲学博士学位，是年 12 月回国，先后在华北农业科学研究所、中国农业科学院植保所从事昆虫学研究工作，任中国农业科学院研究员、河南省治蝗委员会总督导等。1951 年 6 月，中央人民政府决定使用飞机灭蝗，曹骥随同农业部杨显东副部长、李世俊司长及苏联农业专家等参加了飞机灭蝗的试验研究工作，为新中国第一次使用飞机灭蝗并获得成功作出了贡献。1950—1952 年，先后发表了《历代有关蝗灾记载之分析》《六六六对于飞蝗蛹期的熏蒸作用》《有关治蝗的几个技术问题》《津海运河卫河三区蝗虫发生地调查概况》《参加飞机治蝗的体验》《从今年飞蝗发生情形讨论今后应采取的防治途径》《参加沛县毒饵治蝗简记》等多篇论文。1991 年当选世界生产力科学院院士。

30. 李光博

李光博（1922—1996），天津武清人，1947 年毕业于北平大学农学院昆虫学系，曾任中央农业实验所技佐，1957 年转中国农业科学院植保所，先后任病虫测报研究室副主任、迁飞虫害研究室主任、研究员等职。1988 年被选为第七届全国政协委员，1990 年获"全国劳动模范"称号。1995 年当选中国工程院院士。李光博自 1948 年起协助邱式邦从事六六六粉剂治蝗的研究工作，新中国成立后，又与邱式邦共同研究蝗虫预测预报技术，1957 年共同出版了《飞蝗及其预测预报》一书，先后发表了《静海县蝗虫发生调查及毒饵防治示范报告》《毒饵治蝗的研讨》《有关毒饵施用技术上的两个问题》《怎样认识飞蝗和它的龄期》《几种主要蝗虫的识别》等多篇论文。1973 年，在参加河北省秋蝗查残会议时，对河北省提出的"依靠群众，勤俭治蝗，改治并举，根除蝗害"的治蝗方针给予了高度肯定，12 月在农林部召开的全国治蝗工作座谈会上，经李光博的提议，这一方针于 1974 年被农林部采用并向全国推广，成为全国统一使用的治蝗方针。

31. 王炳章

王炳章（1923—1987），北京人，1949 年毕业于北京大学农学院农艺系，1954 年调任农业部植保局分管旱粮病虫害防治工作，主抓蝗虫防治，曾任农业部全国植物保护总站副局级高级农艺师。王炳章在三十多年治蝗工作中，多次深入蝗区一线调查研究和指导防治，对蝗情侦查、毒饵治蝗、飞机治蝗等技术的改进和提高取得显著成效。还和各省治蝗人员协作研究，提出了"狠治夏蝗，抑制秋蝗，彻底扫残，全面监视"的治蝗策略；参与了"依靠群众，勤俭治蝗，改治并举，根除蝗害"治蝗方针的制定。多次主持召开全国治蝗工作会议，编写治蝗会议纪要和农业部治蝗文件，撰写了《防治飞蝗，改治并举》《植保工作大事记》等，对推进新中国蝗灾的有效控制发挥了重要作用。

32. 陈永林

陈永林（1928—），研究员，北京人。1950年毕业于中法大学理学院生物系，先后在中国科学院昆虫研究所、动物研究所昆虫生态学研究室从事蝗虫学和生态学研究，在蝗虫分类学、生态学和综合治理等方面作出了重要贡献。主编及合编《中国飞蝗生态学》《中国东亚飞蝗蝗区的研究》《中国主要害虫综合防治》《新疆的蝗虫及其防治》等，发表了《洪泽湖蝗区东亚飞蝗发生动态》《我国是怎样控制蝗害的》《亚非地区蝗虫发生动态分析》《新疆维吾尔自治区的蝗虫研究》《新疆蝗虫地理研究》《飞蝗的新亚种——西藏飞蝗》等论文。先后获得全国科学大会重大科技成果奖、国家自然科学二等奖、中国科学院自然科学一等奖等。

33. 张长荣

张长荣（1931—），河北沧州人，1951年毕业于河北省保定高级农业学校，先后在河北省蝗虫防治总站、河北省植保处、河北省植保总站主抓蝗虫防治工作，曾任省综合防治站站长、省防治科科长等职。总结出了"巧打初生，猛攻主力，彻底扫残"的治蝗经验；推广了糠麸毒饵、机群灭蝗、地面机械化等治蝗技术；提出了"依靠群众，勤俭治蝗，改治并举，根除蝗害"的治蝗方针，并被农业部确定为全国的治蝗方针应用至今；编写了《河北省历代蝗灾及防治》资料长编；主编出版《河北的蝗虫》一书。取得省、厅级科研成果奖各一项。1990年被农业部评为全国治蝗先进工作者。

（当代还有许多蝗虫研究科学家和治蝗工作者，如印象初、郭郛、康乐、王润黎、范福来等，因篇幅有限，在本书中不一一列举。）

第六章
古代治蝗书籍史料荟萃

我国蝗灾发生的历史已长达 3 000 年之久，但对蝗虫发生防治进行较为系统的观察研究只有近 1 000 年的历史。历朝历代仁人志士对蝗灾的发生规律及其防治措施进行了不懈的考证、观察与研究，编著了宝贵的书籍史料。如南宋时期董煟的《救荒活民书》、明代徐光启的《农政全书》、清代顾彦的《治蝗全法》、陈崇砥的《治蝗书》和民国时期张景欧的《蝗患》《飞蝗之研究》等，都具有重要的参考价值。为便于后人阅读了解，本书对重要治蝗史料作了梳理摘编。

一、《救荒活民书》

（宋）董煟撰

商务印书馆1936年版

注：王云五主编《丛书集成初编》收录有宋董煟撰写的《救荒活民书（附拾遗）》三卷。现将其中两卷有关蝗虫防治内容的资料摘录如下。

《救荒活民书》三卷，宋董煟撰。煟字季兴，鄱阳人，绍熙四年进士，尝知瑞安县。是书前有自序，谓上卷考古以证今；中卷条陈救荒之策；下卷备述本朝名臣贤士之所议论施行，可为法戒者。书中所叙，如以常平为始自隋，义仓为始自唐太宗，皆不能远考本原，然其载常平粟米之数，固隋书所未及志也。其宋代蠲免侵恤之典，载在《宋史》纪志及《文献通考》《续通鉴长编》者，此撮其大要，不过得十之二三，而当时利弊，言之颇悉，实足补宋志之阙，劝分亦宋之政令，史所失载，而此书有焉，他若减租贷种，淳熙恤灾令格，皆可为史氏拾遗，而宋代名臣救荒善政，亦多堪

452

与本传相参证，犹古书中之有裨实用者也。

（一）《救荒活民书》卷二

救荒之法不一，而大致有五，常平以赈粜；义仓以赈济；不足，则劝分于有力之家；又遏籴有禁；抑价有禁。能行五者，则亦庶乎其可矣。至于检旱也、减租也、贷种也、遣使也、弛禁也、鬻爵也、度僧也、优农也、治盗也、捕蝗也、和籴也、存恤流民、劝种二麦、通融有无、借贷内库之类，又在随宜而施行焉。　　　　25

捕　　蝗

熠曰：昔唐太宗吞蝗，姚崇捕蝗，或者讥其以人胜天。臣曰不然，天灾非一，有可以用力者。有不可以用力者。凡水与霜，非人力所为，姑得任之；至于旱伤，则有车戽之利；蝗蝻，则有捕瘗之法。凡可以用力者，岂可坐视而不救耶？为守宰者，当激劝斯民，使自为方略以御之可也。吴遵路知蝗不食豆苗，且虑其遗种为患，故广收豌豆，教民种食。非惟蝗虫不食，次年三四月间，民大获其利。古人处事，其周悉如此。臣谨按：熙宁八年八月诏，有蝗蝻处，委县令佐躬亲打扑。如地里广阔，分差通判、职官、监司提举。仍募人得蝻五升或蝗一斗，给细色谷一斗；蝗种一升，给粗色谷二升；给价钱者，作中等实直。仍委官烧瘗，监司差官员覆按以闻。即因穿掘打扑损苗种者，除其税，仍计价。官给地主钱，数毋过一顷。则本朝之法，尤为详悉。　　　　39

淳　熙　令

虫蝗水旱，州申监司，各具司行次第以闻，如本州隐蔽，或所申不尽不实，监司体访闻奏。　　　　47

（二）《救荒活民书》卷三

吴遵路赈济

民既俵米，即令采薪刍，出官钱收买，却于常平仓市米物，归赡老稚，凡买柴二十二万石，比至严冬雨雪，市无束薪，即以原价化鬻，官不伤财，民再获利。又以飞蝗遗种，劝种豌豆，民卒免艰食之患，其说已见捕蝗门。　　　　51

谢绛论救蝗

窃见比日蝗虫亘野，坌入郭郭，而使者数出府县，监捕驱逐，蹂践田舍，民不聊生。谨按：春秋书螽，为哀公赋敛之虐，又汉儒推蝗为兵象，臣愿令公卿以下，举州府守臣，而使自辟属县令长，务求方略，不限资格，然后宽以约束，许便宜从事。期年条上理状，参考不诬，奏之朝廷，旌赏录用，以示激劝。　　　　55

（三）《救荒活民书》拾遗

梁末，侯景作乱，江南连年旱蝗，江、扬尤甚，百姓流亡，相与入山谷江湖，采草根、木叶、菱芡而食之，所在皆尽，死者蔽野，富室无食，皆乌面鹄形，衣罗绮怀金玉，俯伏床帷，待命听终，千里绝烟，人迹罕见，白骨聚如丘山。

煟曰：梁末旱蝗，梁之君臣昏庸，不知布德施惠，百姓转死乎沟壑，甚至衣罗锦怀金玉以待尽，悲夫。

81

除蝗条令　淳熙敕

诸虫蝗初生，若飞落，地主、邻人隐蔽不言，耆保不即时申举扑除者，各杖一百，许人告报。当职官承报不受理，及受理而不即亲临扑除，或扑除未尽而妄申尽净者，各加二等。

诸官私荒田（牧地同）经飞蝗住落处，令佐应差募人取掘虫子，而取不尽，因致次年生发者，杖一百。

诸蝗虫生发飞落及遗子而扑掘不尽，致再生长者，地主、耆保各杖一百。

诸给散捕取虫蝗谷而减克者，论如吏人乡书手揽纳税受乞财物法。

诸系公人因扑掘虫蝗，乞取人户财物者，论如重禄公人因职受乞法。

诸令佐遇有虫蝗生发，虽已差出而不离本界者，若缘虫蝗论罪，并依在任法。

煟窃谓本朝捕蝗之法甚严，然蝗虫初生，最易捕打，往往村落之民，惑于祭拜，不敢打捕，以故遗患未已，是未知姚崇、倪若水、卢怀慎之辩论也。臣今录于后，或遇蝗蝻生发去处，宜急刊此作手榜散示，烦士夫父老转相告谕，亦开晓愚俗之一端也。开元四年，山东大蝗，民祭拜，坐视食苗不敢捕，宰相姚崇奏云：秉彼蟊贼，付畀炎火，此古除蝗义也。乃出御史为捕蝗使，分道杀蝗（使）。汴州刺史倪若水上言，除天灾者当以德，刘聪除蝗不克而害愈甚。崇移书诮之曰：聪伪王，德不胜妖，今妖不胜德，古者良守，蝗避其境，今坐视食苗，因以无年，刺史其谓何。若水惧，乃纵捕，得蝗十四万石，时议者喧哗。帝疑，复问崇，曰：庸儒泥文不知变，且讨蝗纵不能尽，不愈于养以遗患乎。帝然之。卢怀慎曰：凡天灾安可以人力制也，且杀虫多，必戾和气。崇曰：昔楚王吞蛭而厥疾瘳，叔敖断蛇而福乃降，今蝗幸可驱，若纵之，谷且尽，杀虫救人，祸归于崇，不以诿公也，蝗害遂息。

84-85

捕蝗法

蝗在麦苗禾稼、深草中者。每日侵晨，尽聚草梢食露，体重不能飞跃。宜用箪箕、栲栳之类，左右抄掠，倾入布袋，或蒸焙，或浇以沸汤，或掘坑焚火，倾入其中。若只瘗埋，隔宿多能穴地而出，不可不知。

蝗最难死。初生如蚁之时，用竹作搭，非惟击之不尽，且易损坏。莫若只用旧皮鞋底，或草鞋、旧鞋之类，蹲地捆搭，应手而毙，且狭小不损伤苗稼。一张牛皮，或裁数十枚，散与甲头，复收之。北人闻亦用此法。

蝗有在光地者。宜掘坑于前，长阔为佳，两旁用板及门扇接连八字铺摆。却集众用木板发喊，赶逐入坑。又于对坑用扫帚十数把，俟有跳跃向上者复扫下，覆以干草，发火焚之。然其卜终是不死，须以土压之，过一宿乃可（ 法，先燃火于坑，然后赶入）。

捕蝗不必差官下乡。非惟文具，且一行人从，未免蚕食里正，其里正又只取之民户。未见除蝗之利，百姓先被捕蝗之扰，不可不戒。

附郭乡村，即印《捕蝗法》，作手榜告示：每米一升，换蝗一斗。不问妇人、小儿，携到即时交与。如此，则回环数十里内者可尽矣。

五家为甲。姑且警众，使知不可不捕。其要法只在不惜常平、义仓钱米，博换蝗虫。虽不驱之使捕，而四远自临凑矣。然须于稽考钱米必支，倘或减克邀勒，则捕者沮矣。国家贮积，本为斯民。今蝗害稼，民有饿殍之忧，譬之赈济，因以捕蝗，岂不胜于化为埃尘，耗于鼠雀乎？

烧蝗法。掘一坑，深阔约五尺，长倍之，下用干柴茅草发火正炎，将袋中蝗虫倾下坑中。一经火气，无能跳跃，此《诗》所谓"秉畀炎火"是也。古人亦知瘗埋可复出，故以火治之。事不师古，鲜克有济，诚哉是言！ 85-86

仪凤间，王方翼为肃州刺史，蝗独不至方翼境，而临封民或馁死者。 90

二、《农政全书》

（明）徐光启著
中华书局 1956 年版

注：徐光启（1562—1633），字子先，明代杰出科学家，曾任礼部尚书兼东阁大学士、内阁次辅等职，《明史》有传。主要著作《农政全书》在去世后于崇祯十二年（1639 年）由门人陈子龙等修订刊行。该书中有关蝗虫发生规律及除治蝗虫方法等记载，至今仍有很高的参考价值。

（一）历史治蝗经验总结

《吕览》曰：得时之麻，必芒以长，疏节而色阳，小本而茎坚，厚枲以均，后熟多荣，日夜分复生，如此者不蝗。

卷一·农本：11

注：《吕览》，即《吕氏春秋》，战国秦相吕不韦集门客共同编写。得时，时令适时意。麻，麻类总称，古泛指大麻。陈奇猷《吕氏春秋校释》以为，"麻，当亦是穈"，"即稷。"《辞海》释："穈子，黍的一个变种，秆上有毛，穗密聚，子实不黏。"穈为禾本科植物，是蝗虫喜食作物之一，与后面所记"不蝗"有出入，此文之麻，应当解释为大麻。必芒以长，大麻茎秆细长的意思。色阳，茎秆洁白、光亮之意。小本而茎坚，小意为细，茎秆细长，但很坚实。厚枲以均，枲，即麻，麻用作纤维，指纤维厚而均匀。荣，花意。日夜分，即秋分，意阴历八月之时。复，夏纬瑛《吕氏春秋上农等四篇校释》认为，当是荸同音之误，荸，麻之子意。不蝗，蝗虫不食大麻意。

五贼，食禾之虫也……朝露渑日，濛雨日中，点缀叶间，单则化气，合则化形，遂生螣。……五贼不去，则嘉禾不兴。　　　　　　　　　　卷二·农本：40

注：石声汉《农政全书校注》释，五贼，指螟、螣、蟊、贼等五种害虫，螟，食禾心之虫；螣，食禾叶之虫；蟊，食禾根之虫；贼，食禾节的害虫；另外还有一种食禾穗害虫。渑，湿润。濛，濛雨，细雨。螣，古指蝗虫。现代科学研究表明，高湿环境不利于蝗蝻发育，因此上述情况有两种解释：一种是指春夏季降雨有利于蝗虫吸水发育和孵化出土；另一解释可能是古时人们对螟、蝗、黏虫等虫害往往不分，此处所载"遂生螣"，很可能不是蝗虫，而可能是黏虫。

《农桑辑要》曰：《氾胜之书》曰：取马骨锉一石，以水三石煮之，三沸。漉去滓，以汁渍附子五枚（玄扈先生曰：如此，农家宜种附子，今成都彰明县民间多种之，不营他业也）。三四日去附子，以汁和蚕矢、羊矢各等分，挠令洞洞如稠粥。先种二十日时，以溲种如麦饭状，当天旱燥时，溲之立干，薄布数挠令干，明日复溲，天阴雨则勿溲，六七溲而止。辄曝谨藏，勿令复湿，至可种时，以余汁溲而种之，则禾稼不蝗虫。　　　　　　　　　　　　　　卷六·农事：117-118

注：《农桑辑要》，元司农司编，农书类。《氾胜之书》，西汉氾胜之撰。氾胜之，成帝时任议郎，曾在陕西关中平原提倡种麦，原书不存，参见贾思勰《齐民要术》。锉，碎块。渍，浸泡。附子，毛茛科植物乌头的侧根，有剧毒。彰明，今四川江油彰明镇。矢，粪便。挠，搅和。先种，种植之前。溲种，淘种，种子用水浸泡。辄曝，即时晾晒。不蝗虫，蝗虫不为害意。

《月令》曰：孟夏……行春令，则蝗虫为灾。　　　　　卷十·农事：179

注：《月令》，亦称《礼记·月令》。孟夏，夏季第一个月，即阴历四月。行春令，气候像春天一样温和。

《月令》曰：仲冬……行春令，则蝗虫为败。　　　　　卷十·农事：190

注：仲冬，冬季第二个月，即阴历十一月。蝗虫为败，败，歉年、凶年。周尧《中国昆虫学史》注释为蝗虫会成灾。

十二月，谚云："一月见三白，田翁笑吓吓。"又主杀蝗虫子。

卷十一·农事：202

注：一月，一个月。见三白，一个月内见三次雪。吓，叹词。雪杀蝗子之说，最早见于宋苏东坡诗《雪后北台书壁二首》："冻合玉楼寒起栗，光摇银海眩生花。遗蝗入地应千尺，宿麦连云有几家。"自此有大雪杀蝗子之说。蝗子，指蝗卵。

北方地经霜雪，不甚惧旱，惟水潦之是惧。十岁之间，旱者什一二，而潦恒至六七也（旱非不惧，其所伤不如潦多耳。旱而蝗，大可惧也，而蝗又生于潦也）。

卷十二·水利：222

注：潦同涝。水潦，淹庄稼而灾。十岁，十年。恒，长久意。

《备荒论》曰：蝗之所至，凡草木叶无有遗者，独不食芋、桑与水中菱、芡，宜广种之。

卷二十七·树艺：534

注：《备荒论》，见王祯《农书·备荒论》。王祯，元代农学家，字伯善，山东东平人，曾任安徽旌德县县尹，任上，经常教导农民耕作种植。著有《农书》，并于皇庆二年（1313年）付印。芋，芋头，球茎供食用。桑，乔木，叶可饲蚕，果可食用。菱，菱科，一年生水生植物，果实俗称菱角。芡，多年生水生植物，亦称"鸡头"，种子可食用或入药。

甘薯（即俗名红山药也），（玄扈先生）又曰："计惟剪藤种薯，易生而多收。至于蝗蝻为害，草木无遗，种种灾伤，此为最酷。乃其来如风雨，食尽即去，惟有薯根在地，荐食不及，纵令茎叶皆尽，尚能发生，不妨收入。若蝗信到时，能多并人力，益发土遍壅其根节枝干，蝗去之后，滋生更易，是虫蝗亦不能为害矣。故农人之家不可一岁不种，此实杂植中第一品，亦救荒第一义也。"

卷二十七·树艺：540－544

注：玄扈，原指一种与农业有关的候鸟，古时亦将主管农业的官员称之为九扈，徐光启自己号称玄扈先生，意在对农业的热爱与重视。剪藤，将薯蔓剪成段栽种。最酷，得意，不受伤害。不及，不到。纵令，纵使、假如意。尚能发生，还能生长。蝗信，蝗虫消息。壅，在根部培土。义，利也。

俞汝为论捕蝗曰：昔唐太宗吞蝗，姚崇捕蝗，或者讥其以人胜天。予窃以为不然，夫天灾非一，有可以用力者，有不可以用力者。凡水与霜，非人力所能为，姑得任之。至于旱伤，则有车戽之利。蝗蝻，则有捕瘗之法。凡可以用力者，岂可坐事而不救耶？为守宰者当激劝斯民，使自为方略以御之可也。吴遵路知蝗不食豆苗，且虑其遗种为患，故广收豌豆，教民种植。非惟蝗虫不食，次年三四月间，民大获其利。古人处事，其周悉如此。夫宋朝捕蝗之法甚严，然蝗虫初生，最易捕打，往往村落之民，惑于祭拜，不敢打扑，以故遗患，未知姚崇、倪若水、卢怀慎之辩论也。

卷四十三·荒政：881 - 882

　　注：俞汝为，明代人，著有《荒政要览》一书。唐太宗吞蝗，始见于《旧唐书·五行志》，记载了唐太宗不顾侍臣劝谏而吞食蝗虫的故事。姚崇捕蝗，对于开元四年（716 年）山东、河北、河南发生的大蝗灾，姚崇积极主张除治，针对姚崇积极捕蝗的做法，汴州刺史倪若水、黄门监卢怀慎等提出反对意见，认为，蝗是天灾，岂可以人力制，双方辩论很激烈（见《旧唐书·姚崇传》）。予窃，指俞汝为自己。用力者，指通过努力可以战胜灾害的人。能为，能做到。姑，姑且，暂且意。车戽，车，水车；戽，戽斗，一种提水工具。捕瘗，捕蝗而埋瘗的治蝗方法。守宰，当地官员。方略，治蝗方法、战略意。吴遵路，宋仁宗时人，字安道，曾任工部郎中、淮南转运副使、陕西都转运使、龙图阁大学士等职，见《宋史·循吏·吴遵路传》。

宋淳熙敕："诸虫蝗初生，若飞落，地主、邻人隐蔽不言，耆保不即时申举扑除者，各杖一百。许人告报当职官，承报不受理，及受理而不即亲临扑除，或扑除未尽，而妄申尽净者，各加二等。诸官司荒田牧地同，经飞蝗住落处，令佐应差募人，取掘虫子，而取不尽，因致次年生发者，杖一百。诸蝗虫生发飞落，及遗子而扑掘不尽，致再生发者，地主、耆保各杖一百。"

"又因穿掘打扑损苗种者，除其税，仍计价，官给地主钱，数毋过一顷。"（玄扈先生曰："见北人云，蝗子初生地，土脉坟起，趁此扑除，极易为力。"）

卷四十三·荒政：898

　　注：宋淳熙敕，是宋朝于淳熙九年（1182 年）颁发的治蝗法规，共六条，最早见于宋董煟撰《救荒活民书·拾遗·除蝗条令》项下，徐光启此处所载淳熙敕，只摘录了其中前三条。后面所记"又因穿掘打扑损苗种者，除其税，仍计价，官给地主钱，数毋过一顷"，出自宋熙宁八年（1075 年）的熙宁诏，两者相差百余年。

（二）《除蝗疏》

玄扈先生《除蝗疏》曰：国家不务畜积，不备凶饥，人事之失也。凶饥之因有三：曰水，曰旱，曰蝗。地有高卑，雨泽有偏被，水旱为灾，尚多幸免之处，惟旱极而蝗，数千里间草木皆尽，或牛马毛、幡帜皆尽，其害尤惨过于水旱也。虽然，水旱二灾，有重有轻，欲求恒稔，虽唐尧之世，犹不可得，此殆由天之所设。惟蝗不然。先事修备，既事修救。人力苟尽，固可殄灭之无遗育。此其与水旱异者也。虽然，水而得一丘一垤，旱而得一井一池，即单寒孤子，聊足自救。惟蝗又不然，必借国家之功令，必须百郡邑之协心，必赖千万人之同力，　身　家，无戮力自免之理。此又与水旱异者也。总而论之，蝗灾甚重，而除之则易。必合众力共除之，然后易。此其大指矣。谨条例如左：

1. 蝗灾之时。谨案，春秋至于胜国，其蝗灾书月者一百一十有一，书二月者二，书三月者三，书四月者十九，书五月者二十，书六月者三十一，书七月者二十，书八月者十二，书九月者一，书十二月者三。是最盛于夏秋之间，与百谷长养成熟之时正相值也，故为害最广。小民遇此，乏绝最甚。若二三月蝗者，按《宋史》言：二月，开封府等百三十州，蝗蝻复生，多去岁蛰者。《汉书》安帝永和四年、五年，比岁书夏蝗，而六年三月，书去岁蝗处复蝗，子生，曰蝗蝻。蝗子则是去岁之种，蝗非蛰蝗也。闻之老农言，蝗初生如粟米，数日旋大如蝇，能跳跃群行，是名为蝻。又数日即群飞，是名为蝗。所止之处，喙不停啮，故《易林》名为饥虫也。又数日孕子于地矣，地下之子，十八日复为蝻，蝻复为蝗，如是传生，害之所以广也。秋月下子者，则依附草木，栖然枯朽，非能蛰藏过冬也。然秋月下子者，十有八九，而灾于冬春者，百止一二。则三冬之候，雨雪所摧，陨灭者多矣。其自四月以后而书灾者，皆本岁之初蝗，非遗种也。故详其所自生，与其所自灭，可得殄绝之法矣。

2. 蝗生之地。谨按，蝗之所生，必于大泽之涯。然而洞庭、彭蠡，具区之旁，终古无蝗也。必也骤盈骤涸之处，如幽涿以南，长淮以北，青兖以西，梁宋以东，都（诸）郡之地，湖濼广衍，旱溢无常，谓之涸泽，蝗则生之。历稽前代，及耳目所睹记，大都若此。若他方被灾，皆所延及与其传生者耳。略摭往牍，如《元史》百年之间，所载灾伤路郡州县几及四百。而西至秦晋，称平阳、解州、华州各二，称陇、陕、河中，称绛、耀、同、陕、凤翔、岐山、武功、灵宝者各一。大江以南，称江、浙、龙兴、南康、镇江、丹徒各一。合之二十有二。于四百为二十之一耳。自万历三十三年北上，至天启元年南还，七年之间，见蝗灾者六，而莫盛于丁巳。是秋奉使夏州，则关、陕、邠、岐之间，遍地皆蝗。而土人云百年来所无也。江南人不识蝗为何物，而是年亦南至常州，有司士民尽力扑灭乃尽。故涸泽者，蝗之原本也。欲除蝗，图之此其地矣。

3. 蝗生之缘，必于大泽之旁者。职所见万历庚戌，滕、邹之间，皆言起于昭阳、吕孟湖。任丘之人，言蝗起于赵堡口，或言来从苇地。苇之所生，亦水涯也，则蝗为水种无足疑矣。或言是鱼子所化，而职独断以为虾子，何也？凡倮虫、介虫与羽虫，则能相变，如螟蛉为果蠃，蛣蜣为蝉，水蛆为蚊是也。若鳞虫能变为异类，未之闻矣，此一证也。《尔雅翼》言，虾善游而好跃，蝻亦善跃，此二证也。物虽相变，大都蜕壳即成，故多相肖，若蝗之形酷类虾，其首其身其纹脉肉味，其子之形味，无非虾者，此三证也。又蚕变为蛾，蛾之子复为蚕，《太平御览》言，丰年则蝗变为虾，知虾之亦变为蝗也，此四证也。虾有诸种，白色而壳柔者，散子于夏初，赤色而壳坚者，散子于夏末，故蝗蝻之生，亦早晚不一也。江以南多大水而无蝗，盖湖濼积潴，水草生之。南方水草，农家多取以壅田，就不其然，而湖水常盈，草恒在水，虾子附之，则复为虾而已。北方之湖，盈则四溢，草随水上，迨其既涸，草留涯际，虾子附于草间，既不得水，春夏郁蒸，乘湿热之气变为蝗蝻，其势然也。故知蝗生于虾，虾子之为蝗，则因于水草之积也。

　　4. 考昔人治蝗之法，载籍所记颇多。其最著者，则唐之姚崇；最严者，则宋之淳熙敕也。《崇传》曰：开元三（四）年，山东大蝗，民祭且拜，坐视食苗，不敢捕。崇奏：《诗》云"秉彼蟊贼，付畀炎火"，汉光武诏曰"勉顺时政，劝督农桑，去彼螟蜮，以及蟊贼"，此除蝗证也。且蝗畏人，易驱，又田皆有主，使自救其地，必不惮勤。请夜设火坎其旁，且焚且瘗，乃可尽。古有讨除不胜者，特人不用命耳。乃出御史为捕蝗使，分道杀蝗。汴州刺史倪若水上言："除天灾者当以德。昔刘聪除蝗不克，而害愈甚。"拒御史不应命。崇移书谓之曰："聪伪主，德不胜妖，今妖不胜德。古者良守，蝗避其境。谓修德可免，彼将无德致然乎？今坐视食苗，忍而不救，因以无年，刺史其谓何？"若水惧，乃纵捕得蝗十四万石。时议者喧哗，帝疑，复以问崇。对曰："庸儒泥文，不知变，事固有违经而合道，反道而适权者。昔魏世山东蝗，小忍不除，至人相食。后秦有蝗，草木皆尽，牛马至相啖毛。今飞蝗所在充满，加复蕃息。且河南、河北，家无宿藏，一不获则流离，安危系之。且讨蝗纵不能尽，不愈于养以遗患乎？"帝然之。黄门监卢怀慎曰："凡天灾，安可以人力制也？且杀蝗多，必戾和气，愿公思之。"崇曰："昔楚王吞蛭而厥疾瘳，叔敖断蛇福乃降，今蝗幸可驱，若纵之，谷且尽，如百姓何？杀虫救人，祸归于崇，不以累公也。"蝗害讫息。宋淳熙敕：诸虫蝗初生，若飞落，地主邻人隐蔽不言，耆保不即时申举扑除者，各杖一百。许人告报，当职官承报不受理，不即亲临扑除，或扑除未尽而妄申尽净者，各加二等。诸官司荒田牧地，经飞蝗住落处，令佐应差募人，取掘虫子，而取不尽，因致次年生发者，杖一百。诸蝗虫生发飞落，及遗子而扑除不尽，致再生发者，地主耆保各杖一百。又因穿掘打扑损苗种者，除其税，仍计价，官给地主钱数，毋过一顷。此外复有二法：一曰以粟易蝗。晋天福七年，命百姓捕蝗一斗，以粟一斗偿之，此类是也。一曰食蝗。唐贞元元年，夏蝗，民蒸蝗曝扬，去翅足而食之。臣谨按蝗虫之灾，不捕不止。倪若水、卢怀慎之说谬也。不忍于蝗，而忍于民之饥而死乎？为民御灾捍患，正应经义，亦何违经反道之有？修德修刑，理无相左。夷狄盗贼，比于蝗灾，总为民害，宁云修德可弭，一切攘却捕治之法，废而不为也。淳熙之敕，初生飞落，咸应申报，扑除取掘，悉有条章，今之官民所未闻见。似应依仿中严，定为公罪，著之絮令也。食蝗之事，载籍所书，不过二三。唐太宗吞蝗，以为代民受患，传述千古矣。乃今东省畿南，用为常食，登之盘飧。臣常治田天津，适遇此灾，田间小民，不论蝗、蝻，悉将煮食。城市之内，用相馈遗。亦有熟而干之，鬻于市者，数文钱可易一斗。啖食之余，家户困积，以为冬储，质味与干虾无异，其朝晡不充，恒食此者，亦至今无恙也。而同时所见山、陕之民，犹惑于祭拜，以伤触为戒。谓为可食，即复骇然。盖妄信流传，谓戾气所化，是以疑神疑鬼，甘受戕害。东省畿南，既明知虾子一物，在水为虾，在陆为蝗，即终岁食蝗，与食虾无异，不复疑虑矣。

5. 今拟先事消弭之法。臣窃谓既知蝗生之缘，即当于原本处计划。宜令山东、河南、南北直隶有司衙门，凡地方有湖荡甸洼积水之处，遇霜降水落之后，即亲临勘视。本年潦水所至，到今水涯，有水草存积，即多集夫众，侵水芟刈，敛置高处，风戾日曝，待其干燥，以供薪燎。如不堪用，就地焚烧，务求净尽。此须抚按道府，实心主持，令州县官各各同心协力，方为有益。若一方怠事，就此生发，蔓及他方矣。姚崇所谓"讨除不尽者，人不用命"，此之谓也。若春夏之月，居民于湖甸中，捕得子虾一石，减蝗百石，干虾一石，减蝗千石。但令民通知此理，当自为之，不烦告戒矣。

6. 水草既去，虾子附草者，可无生发矣。若虾子在地，明年春夏，得水土之气，未免复生，则须临时捕治。其法有三：其一，臣见傍湖官民言，蝗初生时，最易扑治。宿昔变异，便成蝻子，散漫跳跃，势不可遏矣。法当令居民里老，时加察视，但见土脉坟起，即便报官，集众扑灭。此时措手，力省功倍。其二，已成蝻子，跳跃行动，便须开沟捕打。其法视蝻将到处，预掘长沟，深广各二尺。沟中相去丈许，即作一坑，以便埋掩。多集人众，不论老弱，悉要趋赴沿沟摆列。或持帚，或持扑打器具，或持锹锸。每五十人用一人鸣锣，其后蝻闻金声，努力跳跃，或作或止，渐令近沟。临沟即大击不止。蝻虫惊入沟中，势如注水，众各致力，扫者自扫，扑者自扑，埋者自埋，至沟坑俱满而止。前村如此，后村复然。一邑如此，他邑复然，当净尽矣。若蝻如豆大，尚未可食。长寸以上，即燕齐之民，畚盛囊括，负戴而归，烹煮曝干，以供食也。其三，振羽能飞，飞即蔽天，又能渡水。扑治不及，则视其落处，纠集人众，各用绳兜兜取，布囊盛贮，官司以粟易之。大都粟一石，易蝗一石，杀而埋之。然论粟易，则有一说。先儒有言，救荒莫要乎近其人。假令乡民去邑，数十里负蝗易粟，一往一返，即二日矣。臣所见蝗盛时，幕天匝地，一落田间，广数里，厚数尺，行二三日乃尽。此时蝗极易得，官粟有几，乃令人往返道路乎！若以金钱近其人而易之，随收随给，即以数文钱易蝗一石，民犹劝为之矣。或言差官下乡，一行人从，未免蚕食里正民户，不可不戒。臣以为不然也，此时为民除患，肤发可捐，更率人蚕食，尚可谓官乎？佐贰为此，正官安在？正官为此，院道安在？不于此辈创一警百，而惩噎废食，亦复何官不可废，何事不可已耶！且一郡一邑，岂乏义士，若绅若弁、青衿义民，择其善者，无不可使。亦且有自愿捐资者，何必官也，其给粟则以得蝗之难易为差，无须预定矣。

7. 后事剪除之法，则淳熙令之取掘虫子是也。《元史·食货志》亦云："每年十月，令州县正官一员，巡视境内，有虫蝗遗子之地，多方设法除之。"臣按蝗虫下子，必择坚垆黑土高亢之处，用尾栽入土中，下子深不及一寸，仍留孔窍。且同生而群飞群食，其下子必同时同地，势如蜂窠，易寻觅也。一蝗所下十余，形如豆粒，中止白汁，渐次充实，因而分颗，一粒中即有细子百余。或云一生九十九子。不然也，夏月之子易成，八日内遇雨则烂坏，否则至十八日生蝻矣。冬月之子难成，至春而后生蝻。故遇腊雪春雨，则烂坏不成。亦非能入地千尺也。此种传生，一石可至千石。故冬月掘除，尤为急务，且农力方闲，可以从容搜索。官司即以数石粟易一石子，犹不足惜。第得子有难易，受粟宜有等差，且念其冲冒严寒，尤应厚给，使民乐趋其事可矣。臣按已上诸事，皆须集合众力。无论一身一家，一邑一郡，不能独成其功，即百举一隳，犹足偾事。唐开元四年夏五月，敕委使者，详察州县勤惰者，各以名闻。由是连岁蝗灾，不至大饥，盖以此也。臣故谓主持在各抚按，勤事在各郡邑，尽力在各郡邑之民。所惜者北土闲旷之地，土广人稀，每遇灾时，蝗阵如云，荒田如海。集合佃众，犹如晨星，毕力讨除，百不及一，徒有伤心惨目而已。昔年蝗至常州，数日而尽，虽缘官勤，亦因民众。以此思之，乃愈见均民之不可已也。

8. 备蝗杂法有五。

(1) 王祯《农书》言：蝗不食芋桑与水中菱芡，或言不食绿豆、豌豆、豇豆、大麻、苘麻、芝麻、薯蓣，凡此诸种，农家宜兼种以备不虞。

(2) 飞蝗见树木成行，多翔而不下，见旌旗森列，亦翔而不下。农家多用长竿，挂衣裙之红白色，光彩映日者，群逐之，亦不下也。又畏金声炮声，闻之远举。总不如用鸟铳入铁砂或稻米，击其前行。前行惊奋，后者随之去矣。

(3) 除蝗方：用秆草灰、石灰灰，等分为细末，筛罗禾谷之上，蝗即不食。

(4)《傅子》曰：陆田命悬于天。人力虽修，苟水旱不时，一年之功弃矣。水田之制由人力，人力苟修，则地利可尽也，且虫灾之害，又少于陆，水田既熟，其利兼倍，与陆田不侔矣。

(5)元仁宗皇庆二年，复申秋耕之令。盖秋耕之利，掩阳气于地中，蝗螟遗种，翻覆坏尽。次年所种，必盛于常禾也。

卷四十四·荒政：916－925

注，《除蝗疏》，是徐光启崇祯三年（1630年）上《钦奉明旨条画屯盐疏》的一部分，即《屯盐疏·除蝗第三》，凡九条。徐光启通过历史记载、访问及亲自观察，在实践中总结出很多对蝗虫的发生规律、生物学特性及防治方法等方面的正确认识，提出不少前人所未达到的见解，其技术进步性至清代都未能突破，至今仍有很高的参考价值，见邹树文《中国昆虫学史》。畜积，畜通蓄，积储之意。稔，丰收意。唐尧，传说中氏族部落领袖，史称唐尧，曾设官掌管时令，制定历法，死后由舜继位。苟尽，假如尽使全力。大指，指日可待，大有希望。胜国，明朝说胜国，是指元朝而言。《易林》，西汉焦赣撰，占验吉凶的书，《易林四》曰："蝗吃我稻，驱不可去，实穗无有，但见空虆。"《易林五》又曰："蝗螟为贼，伤我稼穑，愁饥于年，农夫鲜食。"鲜，少也，故称蝗虫为"饥虫"。枵然枯朽，枵，空树根，此意为草木枯萎。三冬之候，即孟冬、仲冬、季冬三冬。故详其所自生，与其所自灭，可得殄绝之法矣，徐光启通过自己的观察访问，掌握了蝗虫的发生规律，了解到越冬蝗卵成灾于冬春，四月以后成灾者，则是当年蝗卵所为，并得出了只有掌握蝗虫自生自灭的规律，才能得到更有效除治方法的正确结论。洞庭，今湖南省洞庭湖。彭蠡，今江西北部鄱阳湖的古称。具区，太湖的古称，今江苏太湖。幽涿，古幽州，在今北京西南，涿，今河北涿州。长淮以北，指长江、淮河以北。青兖，青，今山东青州，兖，今山东兖州。梁宋，梁，古州名，在今陕西汉中东。宋，古州名，在今河南商丘南。胡溇，石声汉《农政全书校注》释："胡溇"，胡应为湖。溇系安徽巢湖专名，这里借作浅水巨型湖泊的通用名。历稽前代，历史记载意。耳目所睹记，访问用耳听，观察用目睹之意。摭，摘取。牍，文牍，古代写字的木片，这里指古代书籍意。秦、晋，指陕西、山西二省。平阳，今山西临汾。解州，今山西运城西南解州镇。华州，今陕西华县。陇，今陕西陇县。陕，今河南陕县。河中，在今山西永济西蒲州镇。绛，今山西新绛。耀，今陕西铜川市耀州区。同，今陕西大荔。凤翔，今陕西凤翔。岐山，今陕西岐山。武功，今陕西武功。灵宝，今河南灵宝。江、浙，辖境相当今浙江、福建二省及江西、江苏、安徽长江以南部分地区。龙兴，今江西南昌。南康，今江西星子。镇江，今江苏镇江。丁巳，指明万历四十五年（1617年）。夏州，治所在今陕西靖边北。关，今陕西潼关。邠，邠州，今陕西彬县。常州，今江苏常州。蝗生之缘，据邹树文《中国昆虫学史》解释，缘，原作处，后改作缘。庚戌，明万历三十八年。姚崇，见《新唐书·姚崇传》。庸儒泥文，庸儒，没有作为的书生；泥文，拘泥，固执而不知变通的人。絜令，共同遵守的规矩，执而行之。东省，山东省。畿南，今北京以南。盘飧，熟食，晚餐。馈遗，馈赠。朝晡不充，从早到晚精神不振的人，这里指缺乏食物的人。山陕之民，山西、陕西之民。南北直隶，即南直隶（今江苏南京）和北直隶（今北京市）。子虾，干虾，邹树文《中国昆虫学史》引《屯盐疏》为子蝗、干蝗。土脉坟起，原意为水边高低不平的土地，这里用以形容蝗蝻在地面聚集成一堆一堆的。锹锸，铁锹，用来掘土的工具。百举，郑玄曰：各有所司则百事举，举，举办。隳，毁坏意。偾事，败事，失败意。石灰灰，石声汉《农政全书校注》曰：原疏作石炭灰，石炭，泛指煤炭，但石炭不能杀虫，石灰可以杀虫，今从《农政全书》。苟，假如。复申秋耕之令，元朝农业政令，见《元史·食货志》。佐贰，官职名，明清时期知州、知县的辅佐官，其品级略低于正官。

三、《救荒策会》

（明）陈龙正辑

崇祯十五年（1642年）刻本

注：陈龙正撰《救荒策会》卷四有《捕蝗》一部分内容，包括八条前人总结的捕蝗要点和七条他本人总结的捕蝗、辟蝗方法。2010年天津古籍出版社出版、李文海等主编《中国荒政书集成》第1册中也收录了上述《捕蝗》内容。

（一）前人捕蝗要点八条

1. 天灾非一，有可以用力者，有不可以用力者。凡水与霜，非人力所能为；至于旱伤，则有车戽之利；蝗蝻，则有捕瘗之法。岂可坐视而不救耶？为守宰者，当激劝斯民，使自为方略以御之。吴遵路知蝗不食豆苗，且虑其遗种为患，广收豌豆，教民种植。次年三四月，民大获其利。

2. 蝗虫初生，最易捕打。往往村落之民惑于祭拜，不敢打扑，以故遗患不已，是未知姚崇、倪若水、卢怀慎之辩论也。开元四年，山东大蝗，民祭拜，坐视食苗不敢捕。宰相姚崇奏，出御史为捕蝗使，分道杀蝗。汴州刺史倪若水言："除天灾，当以德。"崇移书诮之，若水惧，乃纵捕，得蝗十四万石。时议者喧哗，帝疑复问，崇曰："讨蝗纵不能尽，不愈于养以遗患乎？"帝然之。卢怀慎曰："凡天灾，安可以人力制也？且杀虫多，必戾和气。"崇曰："昔楚王吞蛭而疾瘳，叔敖断蛇而福降。今蝗幸可驱，若纵之，谷且尽。杀虫救人，祸归于崇，不以诿公也。"蝗害遂息。

3. 捕蝗不可差官下乡。一行人从，蚕食里正，其里正又只取之民户，未见捕蝗之利，先被捕蝗之扰。

4. 印捕蝗法，作手榜告示，其要只在不惜常平、义仓钱米。每米一升，换蝗一斗。不问妇人、小儿，携到即时交支。虽不驱之使捕，而四远自辐辏，回环数十里内可尽矣。倘或减克邀勒，则捕者沮矣。国家贮积，本为斯民。今蝗害稼，民有饿殍之忧，譬之赈济，因以博蝗，岂不两得？

5. 蝗最难死。初生如蚁之时，用竹作搭，非惟击之不杀，且易损坏。只合用旧皮鞋底或草鞋、旧鞋之类，蹲地掴搭，应手而毙，且狭小，不伤损苗种。一张牛皮，可裁数十枚，散与甲头，复收之。虏中闻亦用此法。

6. 蝗在麦田禾稼、深草中者，每日侵晨，尽聚草梢食露，体重不能飞跃。宜用筲箕、栲栳之类，左右抄掠，倾入布袋，或蒸或焙，或浇以沸汤，或掘坑焚火，倾入其中。若只瘗埋，隔宿多能穴地而出。

7. 蝗有在光地者，宜掘坑于前，长阔为佳，两旁用板及门扇，接连八字铺摆，却集众用木板发喊，赶逐入坑。又于对坑用扫帚十数把，俟有跳跃而上者，复扫之。覆以干草，发火焚之。然其下终是不死，须以土压之，过一宿方可。

8. 烧蝗法。掘一坑，深阔约五尺，长倍之。下用干柴茅草，发火正炎，将袋中蝗虫倾入坑中。一经火气，无能跳跃。此《诗》所谓"秉畀炎火"也。古人亦知瘗埋可复出，故以火治之。

（二）捕蝗、辟蝗七法

陈龙正在其《捕蝗》一部分内容中总结了 7 条有关捕蝗和辟蝗的方法：

论曰：蝗可和野菜煮食，见于范仲淹疏。又曝干食之，与虾米相类，久食亦不发疾。此饥民佐食救死之一物也。尽力捕之，既除害，又佐食，何惮而不为？然西北人肯食之，东南人往往不肯食，亦以水区被蝗时少，不习见闻故耳。崇祯辛巳（1641年），嘉湖皆旱蝗，乡民畜鸭者，放之田间，见其抢蝗而食，因捕蝗饲之，其鸭极易肥大。又山中人畜猪，不能买食。试以蝗饲之，其猪初重二十斤，旬日间肥茁至五十余斤，尤为古今未经见之事。可知世间物性，宜于鸟兽食者，人食之未必宜；若人可食者，鸟兽无反不可食之理。人食蝗既无恙，其足供猪鸭无怪也。推之恐不但猪鸭，因事奇而理可验，又便于贫人之仅给糟糠，而不能以其余给鸟兽者。假如坐视猪鸭之饿死，田野有蝗可捕，何不力捕以饲其笼阱中物耶？特表而出之。又吾邑嘉善有明农之家，试得捕蝗并辟蝗数法，皆易行而已验者，并著于后。

1. 蝗初生极细，聚集苗上。用竹竿振动苗叶，即落水中，随用竹器盛之。两人每一朝可得斗许，用力省而扑灭多。

2. 蝗见火光所在，即来群集。法于岸边掘一土坑，藏火其中。至晚，蝗集坑旁，晨露未干，不能飞动。掩而纳之坑中，可得数石。

3. 凡田近水荡者，水中将竹木搭架，悬灯于上，使火光上下相映。蝗见火光，坠水即死。

4. 每田一亩，用菜油四两和水内，将柴帚拖油水，于苗田内勒过一次，蝗即死。以无骨虫怕油也。

5. 每稻秆灰一石，用细石灰一二斗拌匀，乘风飏苗头上，蝗即不敢食，兼可助苗肥壅。

6. 新苗方短时，田中养苗水深二三寸者，蝗即不下，因泥没水底，无著足处也。此见人功之勤，能辟物害。宜及时尽力车水，常使苗得养而蝗不集。

7. 蝗性无所不食，惟不食蚕豆，即吴遵路所谓豌豆也。又不食芋，不食水中菱芡。除多种豆外，其菱、芋二物，亦应广布，稍济艰食。

四、《捕蝗考》

（清）陈芳生撰

台湾商务印书馆　1983年版

　　注：由陈芳生撰写的《捕蝗考》，最早收录于清康熙二十三年（1684年）出版的《先忧集》中，是我国最早的一部捕蝗专业书籍。后又收录在《钦定四库全书》中。这次收集的《捕蝗考》，原载于台北商务印书馆1983年出版的《文渊阁四库全书》第663册。

（一）《捕蝗考》提要

臣等谨案：《捕蝗考》一卷，国朝陈芳生撰。芳生，字漱六，仁和人。螽蝝之害，春秋屡见于策书。《诗·大田篇》："去其螟螣，及其蟊贼，无害我田稚。田祖有神，秉畀炎火。"毛郑之说，以炎火为盛阳，谓田祖不受此害，持之付与炎火，使自销亡，并非实火。是汉时尚未详除蝗之制也。至唐姚崇作相，遣使捕蝗，引《诗》此语以为证，《朱子本义》亦从其说，于是捕蝗之法，始稍稍见于纪述。芳生此书，取史册所载事迹、议论汇为一编，首备蝗事宜十条，次前代捕蝗法，而明末徐光启奏疏最为详核，则全录其文，附以陈龙正语及芳生自识二条。大旨在先事则预为消弭，临时则竭力剪除，而责成于地方有司之实心经理。条分缕晰，颇为详备。虽卷帙寥寥，然颇有裨于实用也。

乾隆四十六年十月恭校。总纂官纪昀、陆锡熊、孙士毅，总校官陆费墀

（二）备蝗事宜

1. 王祯《农书》言：蝗不食芋、桑与水中菱、芡，或言不食绿豆、豌豆、豇豆、大麻、苘麻、芝麻、薯蓣。吴遵路知蝗不食豆苗，且虑其遗种为患，广收豌豆，教民种植。次年三四月，民大获其利。

2. 飞蝗见树木成行或旌旗森列，每翔而不下。农家多用长竿，挂红白衣裙群逐之，亦不下也。又畏金声炮声，闻之远举。鸟铳入铁砂或稻米，击其前行，前行惊奋，后者随之去矣。

3. 用秆草灰、石灰等分细末，筛罗禾稻之上，蝗即不食。

4. 蝗最难死。初生如蚁之时，用竹作搭，非惟击之不死，且易损坏。宜用旧皮鞋底，或草鞋、旧鞋之类，蹲地掴搭，应手而毙，且狭小不伤损苗种。一张牛皮，可裁数十枚，散与甲头，复收之。

5. 蝗在麦田禾稼、深草中者。每日侵晨，尽聚草梢食露，体重不能飞跃。宜用筲箕、栲栳之属，左右抄掠，倾入布袋，蒸焙泡煮随便，或掘坑焚火，倾入其中。若只瘗埋，隔宿多能穴地而出。

6. 蝗有在光地者。宜掘坑于前，长阔为佳，两旁用板及门扇接连八字摆列，集众发喊，推门捍逐入坑。又于对坑用扫帚十数把，见其跳跃而上者，尽行扫入，覆以干草，发火焚之。然其下终是不死，须以土压之，过宿方死。

7. 烧蝗法。掘一坑，深广约五尺，长倍之，下用干茅草，发火正炎，将袋中蝗倾入坑中。一经火气，无能跳跃。《诗》云"秉畀炎火"是也。

8. 捕蝗不可差官下乡。一行人从，蚕食里正，里正又只取之民户，未见捕蝗之利，先被捕蝗之扰。谢绛论救蝗曰：窃见比日蝗虫亘野，坌入郛郭，而使者数出，府县监捕驱逐，蹂践田舍，民不聊生。谨按：《春秋》书"螽"，为哀公赋敛之虐，又汉儒推蝗为兵象。臣愿令公卿以下举州府守臣，而使自辟属县令长，务求方略，不限资格，然后宽以约束，许便宜从事，期年条上理状，参考不诬，奏之朝廷旌赏录用，以示激劝。

9. 附郭乡村，即印刷《捕蝗法》，作手榜告示。每米一升，换蝗一斗，不问妇人、小儿携到，即时交支。如此，则回环数十里内者可尽。

10. 严督保甲，使知不可不捕。然其要法只在不惜常平、义仓谷米，博换蝗虫。虽不驱之使捕，而四远自辐辏矣。倘或克减邀勒，则捕者气阻。

（三）前代捕蝗法

宋熙宁八年，诏有蝗蝻处，委县令佐躬亲打扑。如地里广阔，分差通判、职官、监司提举。仍募人，得蝻五升或蝗一斗，给细谷一斗；蝗种一升，给粗谷二升；给价钱者，作中等实直。仍委官烧瘗，监司差官覆按以闻。朱子绍兴捕蝗募民，得大者一斗给钱一百文，小者每升给钱五百文。

元仁宗皇庆二年，复申秋耕之令。盖秋耕之利，掩阳气于地中，蝗蝻遗种，翻覆坏尽。次年所种，必盛于常禾。

明永乐元年，令吏部行文各处有司，春初差人巡视境内，遇有蝗虫初生，设法捕扑，务要尽绝。如或坐视，致令滋漫为患者，罪之。若布、按二司官不行严督所属巡视打捕者，亦罪之。每年九月行文，至十月再令兵部行文军卫，永为定例。宣德九年，差给事中、御史、锦衣卫官往山东、河南捕蝗。万历四十四年，御史过庭训《山东赈饥疏》：捕蝗男妇，皆饥饿之人。如一面捕蝗，一面归家吃饭，未免稽迟时候。遂向市上买现成面做饼子，担在有蝗去处，不论远近大小男妇，但能捉得蝗虫与蝗子一升者，换饼三十个。又查得崮山邻近两厂，领粮饥民一千二十名，可乘机拨用，即传告示云：朝廷自去年十一月养尔等饥民，使免于逃死，当知效报。今蝗虫生发，正尔等报效之日也。自今以后能将近地蝗虫或蝗子，捕得半升者，才给米面一升，为五日之粮。如无，不许准给。

崇祯时，徐光启《除蝗疏》：国家不务畜积，不备凶饥，人事之失也。凶饥之因有三：曰水，曰旱，曰蝗。地有高卑，雨泽有偏被，水旱为灾，尚多幸免之处。惟旱极而蝗，数千里间草木皆尽，或牛马幡帜皆尽，其害尤惨，过于水旱者也。虽然水旱二灾，有重有轻，欲求恒稔，虽唐尧之世，犹不可得，此殆由天之所设。惟蝗不然。先事修备，既事修救。人力苟尽，固可殄灭之无遗育。此其与水旱异者也。虽然，水而得一丘一垤，旱而得一井一池，即单寒孤子，聊足自救。惟蝗又不然，必借国家之功令，必须群邑之协心，必赖千万人之同力，一身一家，无戮力自免之理。此又与水旱异者也。总而论之，蝗灾甚重，除之则易。必合众力共除之，然后易，此其大指矣。谨条例如左：

1. 蝗灾之时。谨案，春秋至于胜国，其间蝗灾书月者一百一十有一，书二月者二，书三月者三，书四月者十九，书五月者二十，书六月者三十一，书七月者二十，书八月者十二，书九月者一，书十二月者三。是最盛于夏秋之间，与百谷长养成熟之时正相值也，故为害最广。小民遇此，乏绝最甚。若二三月蝗者，按《宋史》言：二月，开封府等百三十州县蝗蝻复生，多去岁蛰者。《汉书》安帝永和四年、五年，比岁书夏蝗，而六年三月，书去岁蝗处复蝗，子生，曰蝗蝻。蝗子则是去岁之种蝗，非蛰蝗也。闻之老农言，蝗初生如粟米，数日旋大如蝇，能跳跃群行，是名为蝻。又数日即群飞，是名为蝗。所止之处，喙不停啮，故《易林》名为饥虫也。又数日，孕子于地矣，地下之子，十八日复为蝻，蝻复为蝗，如是传生，害之所以广也。秋月下子者，则依附草木，枵然枯朽，非能蛰藏过冬也。然秋月下子者，十有八九，而灾于冬春者，百止一二。则三冬之候，雨雪所摧，陨灭者多矣。其自四月以后而书灾者，皆本岁之初蝗，非遗种也。故详其所自生，与其所自灭，可得殄绝之法矣。

2. 蝗生之地。谨按，蝗之所生，必于大泽之涯。然而洞庭、彭蠡，具区之旁，终古无蝗也。必也骤盈骤涸之处，如幽涿以南，长淮以北，青兖以西，梁宋以东诸郡之地，湖漅广衍，旱溢无常，谓之涸泽，蝗则生之。历稽前代及耳目所睹记，大都若此。若他方被灾，皆有（所）延及与其传生者耳。略摭往牒，如《元史》百年之间，所载灾伤路郡州县几及四百。而西至秦晋，称平阳、解州、华州各二，称陇、陕、河中，称绛、耀、同、陕、凤翔、岐山、武功、灵宝者各一。大江以南，称江、浙、龙兴、南康、镇江、丹徒各一。合之二十有二。于四百为二十之一耳。自万历三十三年北上，至天启元年南还，七年之间，见蝗灾者六，而莫盛于丁巳。是秋奉使夏州，则关、陕、邠、岐之间，遍地皆蝗。而土人云百年来所无也。江南人不识蝗为何物，而是年亦南至常州，有司士民尽力扑灭乃尽。故涸泽者，蝗之本原也。欲除蝗，图之此其地矣。

3. 蝗生之缘，必于大泽之旁者。职所见万历庚戌，滕、邹之间，皆言起于昭阳、吕孟湖。任丘之人，言蝗起于赵堡口，或言来从苇地。苇之所生，亦水涯也，则蝗为水种无足疑矣。或言是鱼子所化，而职独断以为虾子，何也？凡倮虫、介虫与羽虫，则能相变，如螟蛉为蜾蠃，蛣蜣为蝉，水蛆为蚊是也。若鳞虫能变为异类，未之见矣，此一证也。《尔雅翼》言，虾善游而好跃，蝻亦善跃，此二证也。物虽相变，大都蜕壳即成，故多相肖，若蝗之形酷类虾，其身其首其纹脉肉味，其子之形味，无非虾者，此三证也。又蚕变为蛾，蛾之子复为蚕，《太平御览》言，丰年蝗变为虾，知虾之亦变为蝗也，此四证也。虾有诸种，白色而壳柔者，散子于夏初，赤色而壳坚者，散子于夏末，故蝗蝻之生，亦早晚不一也，江以南多大水而无蝗，盖湖巢积潴，水草生之。南方水草农家多取以壅田，就不其然，而湖水常盈，草恒在水，虾子附之，则复为虾而已。北方之湖，盈则四溢，草随水上，迨其既涸，草留涯际，虾子附于草间，既不得水，春夏郁蒸，乘湿热之气变为蝗蝻，其势然也。故知蝗生于虾，虾子之为蝗，则因于水草之积也。

4. 考昔人治蝗之法，载籍所记颇多。其最著者，则唐之姚崇；最严者，则宋之淳熙敕也。《崇传》曰：开元四年，山东大蝗，民祭且拜，坐视食苗，不敢捕。崇奏：《诗》云"秉彼蟊贼，付畀炎火"，汉光武诏曰"勉顺时政，劝督农桑，去彼螟蜮，以及蟊贼"，此除蝗诏也。蝗畏人易驱，又田皆有主，使自救其地，必不惮勤。请夜设火坎其旁，且焚且瘗，乃可尽。古有讨除不胜者，特人不用命耳。乃出御史为捕蝗使，分道杀蝗。汴州刺史倪若水上言："除天灾者当以德，昔刘聪除蝗不克，而害愈甚。"拒御史不应命。崇移书谓之曰："聪伪主，德不胜妖，今妖不胜德。古者良守，蝗避其境。谓修德可免，彼将无德致然乎？今坐视食苗，忍而不救，因以无年，刺史其谓德何？"若水惧，乃纵捕得蝗十四万石。时议者喧哗，帝疑，复以问崇。对曰："庸儒泥文，不知变，事固有违经而合道，反道而适权者。昔魏世山东蝗，小忍不除，至人相食。后秦有蝗，草木皆尽，牛马至相啖毛。今飞蝗所在充满，加复蕃息。且河南、河北家无宿藏，一不获则流离，安危系之。且讨蝗纵不能尽，不愈于养以遗患乎？"帝然之。黄门监卢怀慎曰："凡天灾，安可以人力制也？且杀蝗多，必戾和气，愿公思之。"崇曰："昔楚王吞蛭而疾瘳，叔敖断蛇而福降，今蝗幸可驱，若纵之，谷且尽，如百姓何？杀虫救人，祸归于崇，不以累公也。"蝗害讫息。宋淳熙敕：诸蝗虫初生，若飞落，地主邻人隐蔽不言，耆保不即时申举扑除者，各杖一百。许人告报，当职官承报不受理，及受理而不即亲临扑除，或扑除未尽而妄申尽净者，各加二等。诸官司荒田牧地，经飞蝗住落处，令佐应差募人，取掘虫子，而取不尽，因致次年生发者，杖一百。诸蝗虫生发飞落，及遗子而扑掘不尽，致再生发者，地主耆保各杖一百。诸给散捕取虫蝗谷而减克者，论如吏人乡书手揽纳税受乞财物法。诸系工人因扑掘虫蝗乞取人户财物者，论如重禄工人因职受乞法。诸令佐遇有虫蝗生发，虽已差出而不离本界者，若缘虫蝗论罪，并在任法。又诏：因穿掘打扑损苗种者，除其税，仍计价，官给地主钱数，毋过一顷。此外复有二法：一曰以粟易蝗。晋天福七年，命百姓捕蝗一斗，以粟一斗偿之，此类是也。一曰食蝗。唐贞元元年夏蝗，民蒸蝗曝干，飏去翅足而食之。臣谨按：蝗虫之灾，不捕不止。倪若水、卢怀慎之说谬也。不忍于蝗，而忍于民之饥而死乎？为民御灾捍患，正应经义，亦何违经反道之有？修德修刑，理无相左。敌国盗贼，比于蝗灾，总为民害，宁云修德可弭，一切攘却捕治之法，废而不为也。淳熙之敕，初生飞落，咸应申报，扑除取掘，悉有条章，今之官民所未闻见。似应依仿申严，定为功罪，著之甲令也。食蝗之事，载籍所书，不过二三。唐太宗吞蝗，以为代民受患，传述千古矣。乃今东省畿南，用为常食，登之盘飧。臣尝治田天津，适遇此灾，田间小民，不论蝗、蝻，悉将烹食。城市之内，用相馈遗。亦有熟而干之，鬻于市者，则数文钱可易一斗。啖食之余，家户困积，以为冬储，质味与干虾无异，其朝晡不充，恒食此者，亦至今无恙也。而同时所见山、陕之民，犹惑于祭拜，以伤触为戒。谓为可食，即复骇然，盖妄信流传，谓戾气所化，是以疑神疑鬼，甘受戕害。东省畿南，既明知虾子一物，在水为虾，在陆为蝗，即终岁食蝗，与食虾无异，不复疑虑矣。

5. 今拟先事消弭之法。臣窃谓既知蝗生之缘，即当于原本处计划。令山东、河南、南北直隶有司衙门，凡地方有湖荡甸洼积水之处，遇霜降水落之后，即亲临勘视。本年潦水所至，到今水涯有水草存积，即多集夫众，侵水芟刈，敛置高处，风戾日曝，待其干燥，以供薪燎。如不堪用，就地焚烧，务求净尽。此须抚按道府实心主持，令州县官各各同心协力，方为有益。若一方怠事，就此生发，蔓及他方矣。姚崇所谓"讨除不尽者，人不用命"，此之谓也。若春夏之月，居民于波湖中捕得子虾一石，减蝗百石，干虾一石，减蝗千石。但令民通知此理，当自为之，不烦告戒矣。

6. 水草既去，虾子之附草者可无生发矣。若虾子在地，明年春夏，得水土之气，未免复生，则须临时捕治。其法有三：其一，臣见湖旁居民言，蝗初生时，最易扑治。宿昔变异，便成蝻子，散漫跳跃，势不可遏矣。法当令居民里老，时加察视，但见土脉坟起，即便报官集众扑灭。此时措手，力省功倍。其二，已成蝻子，跳跃行动，便须开沟打捕。其法视蝻将到处，预掘长沟，深广各二尺。沟中相去丈许，即作一坑，以便埋掩。多集人众，不论老弱，悉要趋赴沿沟摆列。或持帚，或持扑打器具，或持锹锸。每五十人，用一人鸣锣其后，蝻闻金声，努力跳跃，或作或止，渐令近沟。临沟即大击不止。蝻惊入沟中，势如注水，众各致力，扫者自扫，扑者自扑，埋者自埋，至沟坑俱满而止。前村如此，后村复然。一邑如此，他邑复然，当净尽矣。若蝗如豆大，尚未可食。长寸以上，即燕齐之民，畚盛囊括，负戴而归，烹煮曝干，以供食也。其三，振羽能飞，飞即蔽天，又能渡水。扑治不及，则视其落处，纠集人众，各用绳兜兜取，布囊盛贮，官司以粟易之。大都粟一石，易蝗一石，杀而埋之。然论粟易，则有一说。先儒有言，救荒莫要乎近其人。假令乡民去邑数十里负蝗易米，一往一返，即二日矣。臣所见蝗盛时，幕天匝地，一落田间，广数里，厚数尺，行二三日乃尽。此时蝗极易得，官粟有几，乃令人往返道路乎！若以金钱近其人而易之，随收随给，即以数文钱易蝗一石，民犹劝为之矣。或言差官下乡，一行人从，未免蚕食里正民户，不可不戒。臣以为不然也，此时为民除患，肤发可捐，更率人蚕食，尚可谓官乎？佐贰为此，正官安在？正官为此，院道安在？不于此辈创一警百，而惩噎废食，亦复何官不可废，何事不可已耶！且一郡一邑岂乏义士，若绅若弁、青衿义民，择其善者，无不可使。亦且有自愿捐资者，何必官也，其给粟则以得蝗之难易为差，无须预定矣。

7. 事后剪除之法，则淳熙令之取掘虫子是也。《元史·食货志》亦云："每年十月，令州县正官一员，巡视境内，有虫蝗遗子之地，多方设法除之。"臣按蝗虫遗子，必择坚垆黑土高亢之处，用尾栽入土中下子，深不及一寸，仍留孔窍。且同生而群飞群食，其下子必同时同地，势如蜂窠，易寻觅也。一蝗所下十余，形如豆粒，中止白汁，渐次充实，因而分颗，一粒中即有细子百余。或云一生九十九子，不然也。夏月之子易成，八日内遇雨则烂坏，否则至十八日生蝗矣。冬月之子难成，至春而后生蝻。故遇腊雪春雨，则烂坏不成。亦非能入地千尺也。此种传生，一石可至千石。故冬月掘除，尤为急务，且农力方闲，可以从容搜索。官司即以数石粟易一石子，犹不足惜。第得子有难易，受粟宜有等差，且念其冲冒严寒，尤应厚给，使民乐趋其事可矣。臣按以上诸事，皆须集合众力。无论一身一家，一邑一郡，不能独成其功，即百举一隳，犹足偾事。唐开元四年夏五月，敕委使者详察州县勤惰者，各以名闻。由是连岁蝗灾，不至大饥，盖以此也。臣故谓主持在各抚按，勤事在各郡邑，尽力在各郡邑之民。所惜者北土闲旷之地，土旷人稀，每遇灾时，蝗阵如云，荒田如海。集合佃众，犹如晨星，毕力讨除，百不及一，徒有伤心惨目而已。昔年蝗至常州，数日而尽，虽缘官勤，亦因民众。以此思之，乃愈见均民之不可已也。

陈龙正曰：蝗可和野菜煮食，见于范仲淹疏。又曝干可代虾米，尽力捕之，既除害又佐食，何惮不为？然西北人肯食，东南人不肯食，亦以水区被蝗时少，不习见闻故耳。崇祯辛巳，嘉湖旱蝗，乡民捕蝗饲鸭，鸭极易肥大。又山中人畜猪，不能买食，试以蝗饲之，其猪初重二十斤，旬日肥大至五十余斤。可见世间物性，宜于鸟兽食者，人食之未必宜，若人可食者，鸟兽无反不可食之理。蝗可供猪鸭，无怪也。推之恐不止此，特表而出之。

陈芳生曰：蝗未作，修德以弭之；蝗既作，必捕杀以珍之。虽为事不同，而道则无二。疽已发于背而进以调元气之说，曰吾何事乎刀针！吾知元气未及调，而毒已内攻心肺死矣。倪若水、卢怀慎所见，殆调元气于疽发之际者与！大约鄙劣惰懦之夫，视生民之死生、国家之存亡都无与于己，而唯恐我之稍拂乎鬼则祸将立至。使朝廷下一令曰：蝗初作，守令捕不尽致为民害，夺其职，没入其家以备赈。则畏祸之念更切于谄鬼，而蝗可立尽。淳熙之敕似犹未严也，盖天下之祸易于漫衍者必于初发治之，则为力易而所害不大，而鄙夫非祸将切身，必不肯竭力以从事，故愚谓捕蝗之令，必严其法以督之，盖亦一家哭不如一路哭之意。且古良吏蝗每不入其境，今有事于捕，已可愧矣，捕之而复不力，则良心已无，虽严罚岂为过耶？

五、《捕蝗集要》

（清）俞森著

注：《捕蝗集要》为俞森康熙二十九年（1690年）所辑《荒政丛书》的附录。前十条全抄陈芳生《捕蝗考》中的"备蝗事宜"，后四条则为删节《捕蝗考》"前代捕蝗法"而成，是一部宣传当时治蝗要点的小册子。本文选自李文海等主编《中国荒政书集成》第2册，天津古籍出版社2010年版。

前十条同《捕蝗考》中的备蝗事宜部分，从略。

……

11. 元仁宗皇庆二年，复申秋耕之令。盖秋耕之利，掩阳气于地中，蝗蝻遗种，翻覆坏尽。次年所种，必盛于常禾。

12. 蝗灾之时，最盛于夏秋之时，与百谷长养成熟之时正相值也，故为害最广。小民遇此，乏绝最甚。若二三月蝗者，是去岁之种蝗，非蛰蝗也。闻之老农言：蝗初生如粟米，数日旋大如蝇，能跳跃群行，是名为蝻。又数日即群飞，是名为蝗。所止之处，喙不停啮，又数日孕子于地矣。地下之子，十八日复为蝻，蝻复为蝗，如是传生，害之所以广也。秋月下子者，则依附草木，枵然枯朽，非能蛰藏过冬也。然秋月下子者，十有八九，而灾于冬春者百止一二，则三冬之候，雨雪所摧，陨灭者多矣。其自四月以后而为灾者，皆本岁之初蝗，非遗种也。故详其所自生与其所自灭，可得殄绝之法矣。

13. 蝗有蒸变而生者，有延及而生者，故蝗生之地，必于大泽之涯。然洞庭、彭蠡，具区之旁，终古无蝗也。必也骤盈骤涸之处，如幽涿以南、长淮以北、青兖以西、梁宋以东诸郡之地，湖濑广衍，旱溢无常，谓之涸泽，蝗则生之。故徐光启以为虾子。江以南多大水而无蝗，盖湖沼积潴，水草生之。南方水草，农家多取以壅田。就不其然，而湖水常盈，草恒在水，虾子附之，则复为虾而已。北方之湖，盈则四溢，草随水上，迨其既涸，草留涯际，虾子附于草间，既不得水，春夏郁蒸湿热之气，变为蝗蝻，其势然也。故知蝗生于虾，虾子之为蝗，则因于水草之积也。故宜令：凡地方有湖荡淀洼积水之处，遇霜降水落之后，即亲临勘视。本年潦水所至，到今水涯有水草存积，即多集夫众侵水芟刈，敛置高处，风庋日曝，待其干燥，以供薪燎。如不堪用，就地焚烧，务求净尽。春夏之月，居民于湖淀中捕得子虾一石，减蝗百石，干虾一石，减蝗千石。但令民通知此理，当自为之，不烦告戒矣。光启又言：见傍湖居民言，蝗初生时最易扑治。宿夕变异，便成蝻子，散漫跳跃，势不可遏。治之者，宜于每年十月，州县官巡视境内有虫蝗遗子之地，多方设法除之。盖蝗虫遗子，必择坚垎黑土高亢之处，用尾栽入土中下子，深不及一寸，仍留孔窍。且同生而群飞群食，其下子必同时同地，势如蜂窠，易寻觅也。一蝗所下十余，形如豆粒，中止白汁，渐次充实，因而分颗，一粒中即有细子百余。或云一生九十九子，不然也。夏月之子易成，八日内遇雨则烂坏，否则至十八日生蝻矣。冬月之子难成，至春而后生蝻。故遇腊雪春雨，则烂坏不成，亦非能入地千尺也。此种传生，一石可至千石。故冬月掘除，尤为急务。且农力方闲，可以从容搜索。官司即以数石粟易一石子，犹不足惜。第得子有难易，受粟宜有等差，且念其冲冒严寒，尤应厚给，使民乐趋其事可矣。

14. 捕蝗宜重其事，严其法。昔宋淳熙敕：诸虫蝗初生，若飞落，地主、邻人隐蔽不言，耆保不即时申举扑除者，各杖一百；许人告报，当职官承报不受理，及受理而不即亲临扑除，或扑除未尽而妄申尽净者，各加二等；诸官司荒田坟地，经飞蝗住落处，令佐应差募人取掘虫子，而取不尽因致次年生发者，杖一百；诸蝗生发飞落，及遗子而扑除不尽致再生发者，地主、耆保各杖一百；诸给散捕取虫蝗谷而减克者，论如吏人乡书手揽纳税受乞财物法；诸系工人因扑掘虫蝗乞取人户财物者，论如重禄工人因职受乞法；诸令佐遇有虫蝗生发，虽已差出而不离本界者，若缘虫蝗论罪，并在任法。又诏：因穿掘打扑损苗种者，除其税，仍计价，官给地主钱数，毋过一顷。此外复有二法：一曰以粟易蝗。晋天福七年，命百姓捕蝻一斗，以粟一斗偿之。此类是也。一曰食蝗。唐贞元元年夏蝗，民蒸蝗曝干，飏去翅足而食之。如此则蝗遗种，不致发生；即发生，或延及，亦不患蔓衍矣。

六、《扑蝻历效》

（清）王勋撰

清雍正十年（1732 年）刻本

注：王勋，字竹坡，雍正元年任河北任县县令。书中十六则，是记载王勋在任县当知县时于雍正元年、二年连续两年扑灭飞蝗及蝗蝻事，也是王勋

领导捕蝗的经验总结。其第九则火攻飞蝗，第十二则睦邻团结治蝗、彼此发愤的态度是值得称道的。本文选自李文海等《中国荒政书集成》第3册，天津古籍出版社2010年版。

（一）《扑蝻历效》叙

《春秋》书"螽"，《尔雅》称食禾心为"螟"，谓其冥冥难去也。而聚飞掠食，蝗害尤烈。唐太宗吞蝗轶事，传为美谈。我皇上御极以来，荣云生，甘露降，瑞征史不绝书，蜢蚱妖虫应绝迹盛世，而管见所得，虽曾历验，则拟为百年备而不用之法，无碍矣。癸卯岁作任邑令，即《禹贡》恒卫，既从大陆农作地，为沣洺等九河下流，沤茹蒸腾，螣蠓易生。七月履境，八月有飞蝗遮拥从东北至，扑灭半月净。二年惊蛰次日，粮房掾自书，如有蝻子生发，速行呈报，告条百余纸送票。余为骇惊，叱问是物岂寻常所有，何得妄出乃尔耶？掾曰是自来规矩，遂判司放行，年置闰前。四月十六日，俄即有娘娘庙地方走报曰蝻生，星发飞骑，验即去岁扑飞蝗处。方以为遗种卵生，无何而杜科路庄、北张、牛星寨陆续飞报，零星处未易复生，余张皇夫役五鼓出漏下，旋有一日遍四境，时连陇畔盘旋，每日有约二三百里不一。时厅宪黄公颇为叹赏。诸处呿童呼蚂蚱厂，则其为土著习见无疑。由上忆之，自首夏徂早秋凡四阅月，而蝻始净。是年幸得有秋，远近异焉！复与旅途辟见，出所见一作，竟是柏梁体长篇《捕蝻行》，其制不知出何人手，今并不能复忆其词数段落。大约称余世系，则约太原槐荫；谓余缪列科名，则约攫虎拏龙；谓余乘马，则曰顾盼矍铄；谓余扑蝻，则曰迅速如神，奇兵突出。余愧不能当也。僭拟有骤来纠者，酌报防奸恤灾，均役成围，移阵出改，闻报称买，复报待委，渥濑睦邻，□伪如左。①

雍正壬子新正三晋丙子 荐前苑乡 王勋竹坡 偶识于上如居

（二）捕蝻凡例

凡十六则。初生为蝻，高飞为蝗。

1. 蝗从邻境飞来，急向附近村落鸣锣纠众，无暇细点夫役，止令其各备扑打器具。其具有四：曰棘针条，曰钉柄靴底，曰竹笆，曰口袋。棘条惟生于敝乡山西孟、寿等邑土坚高凸处者，最是利害，惹衣伤手，令人望而生畏。一切虫飞，偶着即为齑粉。奈平芜下湿地不恒见，无已则用榆柳等条，要一枝数岐，太干则脆，太新则无

---

① 注：癸卯，原文为癸酉，王勋于雍正元年得作任县令，雍正元年为癸卯年，今改。大陆，指大陆泽，湿地大洼名，在今河北任县、巨鹿、隆尧三县交界处。沣洺，沣，河名，在今河北隆尧县东；洺，河名，在今河北威县西。漏下，古代计时器，又称漏刻。

力。用钢针十数横贯中间，针不宜过长，长则恐挂蝗其上，不便再扑。落地时若不即毙，用靴底拍打（底有木柄。惯生蝗处，人都知备），用笆勾在一堆（笆头不得太宽，恐于陇间有碍），急装入袋内，着一人监口，防其复苏窜出。初来时，用火炮惊驱亦好。但此不足为恃，惊之彼界，安知不复翻来此疆耶？至详报从某处来，最宜斟酌。犹忆己丑六月，在舌耕官署偶见邸报某州某邑争闹状，虽循良素著，两败俱伤，可不慎与！

2. 本地蝻子初生，须看其多寡。大约五日内扑灭不尽，即宜禀报（先禀后报，祈郡宪定夺）。

3. 初生时（较蚕苗加大，一月间乃能搭鞍，两月内乃能飞腾。偶于陇间得一卵，其色黄，可六七分长。破壳数，果是九十九粒。播弄间，即破绷跳去。诗人以此类比子孙众多，奇甚），犹得从容布置，细点夫役。遇老病妇稚，即行宽免。

4. 拨夫时，竟有不肖衙官房吏串通本村头目敛钱免夫者，令人发指，宜预早出牌严查。

5. 成围火速查夫，总不用唱名。只要靴底现成（蝻不能遽起，故条笆等不随），站西过东，历落可数矣。

6. 村落有大小，则人夫有多少，有一村可分为两围三围者，有合两三小村方可成一围者，上围三百，中下递减一百。缝白布方旗，挂轻妙高竿，上下用铁库裹尖（以便插地）。如村大人多，则书自某村边、头自某人起、至某人止为一队，共夫若干。余仿此。村小人少，则书某村夫若干名、某村夫若干名合为一队。官骑马令快役抱旗紧随，房吏掌旗簿，遍看亩间，拣其极稠较大处，将某旗插向中央。看其亩陇广狭，酌用围之上中下。中央凿一二深穴，待蝻跳入坑灭，绕远围蝻三匝。蝻从第一匝窜出，第二匝打，从二匝窜出，第三匝打。已打成一围，则另换一副旗，书某村。副旗用土黄红杂色，将原旗拔去，再寻稠处插起。本队打毕本围，各认本旗围打，则免混乱无纪耽延之失矣。

7. 一切按甲力役，于绅士应有酌减。惟浚河塞口及扑蝻不得滥免，以犯公论，而诸绅士亦群乐令家仆佃户从事。若真实寒士，又当别论矣。曾记骆庄厂中，有生十数戴暵笠至，词色不愉，云某地方催来。余曰：本令原无著生员扑蝻之谕。诸生既惠然肯来，请看遍地妖虫，渐渐长成羽翼，为祸不小。儿辈偕众扑打者两月，鼻喷鲜红，谁其悯之？本令既作扑蝻大帅，该生独不可助力一臂，为行间偏将邪？试看陇头有卖凉粉者、高粱饼者，现今载有制钱，可按庚癸放饷。诸生带笑助理竟日，次日重来。

8. 刲羊豕作文禳祭，非迂也。韩文公祭鳄鱼可验。余刲豕禳祭者四，诸生皆穿公服读祝云。

9. 火攻，创获也。六月初扑打至牛星寨，与巨鹿接壤，距骆庄约四十余里。越五六日薄暮，骆庄厂人役飞报云：蚂蚱皆飞入泊里芦苇中去矣（泊即大陆泽）。余闻之不能就寝，夜坐苦思，至漏下十刻时，曰：得之矣。急传来役持牌星回骆庄，着有耕种家连夜各备麦秸、干草，到泊岸沿边听用。鸡才鸣止，领家丁一、快手一飞骑回骆庄。时海日闪闪欲动，果见秸草屯叠沿岸。急命向苇低地硬可蹑处，将秸草布散，间两步一掇。泊水深处，虽获芦蔚起，可望不可即，止就临岸不远间，遥投枝杪叶际；亦有驾小舟布置者，而舟不能多得。恰系泊东南畔岸，东南风飕飗徐动，乘晓露未落，翅翎沾滞，不能骤飞，顺风纵火，烈焰迅腾，直至获丛断处乃熄。不谓菁青嫩绿淳泓淼间，燎火易易乃尔。武侯谓利于水者必不利于火，今知生于水者翻易引以火。日晡余，除水面焰收杳杳不能侦觇外，苇获参差地硬处，妖虫铺叠，皆焦头烂额而毙。不亦快哉！

10. 中报虽蝻将净而不敢报云已净，只曰日夜扑灭，尚有零星，然不足为患矣。

11. 称买，无可奈何中激出也。六月行尽，娘娘庙、北张、骆庄、牛星寨皆渐扑灭无遗，而间有长成羽翼者，不知何以会暗通风信，尽联翼飞集于大陆泽东之东盟台。地方报到，纵辔驰至。其地潴污热湿，稻粱苣糜塍堰与获芦蒯麻错综参伍。余停鞭偃仰，盱睬既不能侣，地势平衍，蝻不能飞之，可以三匹绕打，复不能如泊岸之无它瞻顾，可纯用火攻。先将去岁扑灭飞蝗器具发出式样，嗣将城关权秤多借赍来，逐处挑长渠牌示，云：每老官版钱六文，称买蝗虫一斤。一时成丁趋事外，儿童辈罗蜻蜓、捉蝴蝶，原是他们得意事，况又有钱，皆踊跃争先。顷刻间便是十数口袋倾坑深渠，旬日余用制钱百十余贯。一日，两三儿童告余曰：如今一个蚂蚱也没有了。余笑曰：没有了时才敢罢。

12. 初起事时，早查邻近州邑有无蝻生。如有时，即便移关商确如何扑打之处。若待邻封失误扑灭，移灾本境，不言则恐无辜受累，详报则重伤同气，尚宜彼此发愤。

13. 各宪委文武员协打，原因事关重大，不能坐听尔，其实竟不能得力。宜于厂之附近立随便公馆，供饮馔，备荛刍，理应尔尔。当日唯沙河千户、内邱营把皆姓张氏，颇示关切。千户，字遇留，关中人也。余于丁艰旋里后，曾寄一绝云：捕蝻协力忆同仇，绝有沙河千户侯。再想将军何姓氏，汉家帷幄借前筹。

14. 大水沮洳边生蝻，较难措手。任邑未曾闻之，他处以理摹拟，应是久旱水缩，鱼虾子所变，其卵生中之化生与？既一望污漫，难乘橇从事，计惟于泽畔边，照濑之长短，挑成长沟，着役监守。待其强解跳跃时，既不肯投之深潭，势必跳之高岸，跳入渠内，则扑灭易于反掌矣。

15. 覆报乃可曰：蝻尽净矣（蝻尽处，麦豆一空。节尚早，续种谷黍；节迟，种荞，荞含月精结实，六十日还仓）。

16. 厂之左右，定有一二颇有力量仗义之家，更有闲亭别墅，不惟肯邀本官歇息，而并慨然替官款、待宪委无德色。事竣后，拟给匾表之，而竟未得确当匾者，靠实则著相，浑写则泛常，不得已而在署中备杯酒称善。

　　王竹坡曰：余生平坎壈特甚。丙子叨列贤书，迟之又久，于雍正元年乃筮得巨鹿郡之任县令。元年扑蝗查水，二年扑蝻，四阅时月。三年前旱后水，报荒请赈，九月内报完，代赔前任空五千有奇。十一月丁艰去任。后蹉跎更出，寻常万万。辛亥秋冬之交，游大名郡，旋任。士民闻风遮道，攀邀入境，城乡扶老携幼，来看旧官，歌泣不一。然则种种苦恼，亦竟何负于鄙人哉！漫识。

七、《捕蝗必览》

（清）陆曾禹撰

注：此书收录于鄂尔泰总阅《钦定康济录》附录三，乾隆五年（1740年）刊。本文选自李文海等《中国荒政书集成》第3册，天津古籍出版社2010年版。

捕蝗总论：《小雅·大田》之诗曰："去其螟螣，及其蟊贼，无害我田稚。田祖有神，秉畀炎火。"其后，姚崇遣使捕蝗，即引此诗为证。然其说未详，而其法亦未大备。世云：蝗有蒸变而成者，有延及而生者。不知延及而生，实始于蒸变而成。若致力水涯，不容蒸变，祸端绝矣。既成之后，非多人不能扑灭。古人言：法在不惜常平、义仓米粟，博换蝗蝻，虽不驱之使捕，而四远自辐辏矣。尚克减迟滞，则捕者气沮。诚哉是言也！故将蝗之始末盛衰，条分于后。盖知之详，则治之切，以助为政者之万一耳。

（一）蝗之所自起

蝗之起，必先见于大泽之涯及骤盈骤涸之处。崇祯时，徐光启疏：以蝗为虾子所变而成，确不可易。在水常盈之处，则仍又为虾。惟有水之际，倏而大涸，草留涯际，虾子附之。既不得水，春夏郁蒸，乘湿热之气，变而为蝻，其理必然。故涸泽有蝗，苇地有蝗，无容疑也。

任昉《述异记》云：江中鱼化为蝗，而食五谷。《太平御览》云：丰年蝗变为虾。此一证也。《尔雅翼》言：虾善游而好跃，蝻亦好跃。此又一证也。有一僧云：蝗有二须，虾化者须在目上，蝗子入土孳生者，须在目下，以此可别。

（二）蝗之所由生

蝗既成矣，则生其子，必择坚垎黑土高亢之处，用尾栽入土中。其子深不及寸，仍留孔窍，势如蜂窝。一蝗所下十余，形如豆粒，中止白汁，渐次充实，因而分颗，一粒中即有细子百余。盖蝻之生也，群飞群食。其子之下也，必同时同地，故形若蜂房，易寻觅也。

老农云：蝻之初生如米粟，不数日而大如蝇，能跳跃群行，是名为蝻。又数日群飞而起，是名为蝗。所止之处，喙不停啮，故《易林》名为饥虫。又数日而孕子于地，地下之子，十八日复为蝻，蝻复为蝗，循环相生，害之所以广也。

（三）蝗之所最盛

蝗之所最盛而昌炽之时，莫过于夏秋之间。其时百谷正将成熟，农家辛苦拮据，百费而至此，适与相当，不足以供一啖之需，是可恨也。

按春秋至于胜国，其蝗灾书月者，一百一十有一。内书二月者二，书三月者三，书四月者十九，书五月者二十，书六月者三十一，书七月者二十，书八月者十二，书九月者一，书十二月者三。以此观之，其盛衰亦有时也。

（四）蝗之所不食

蝗所不食者，豌豆、绿豆、豇豆、大麻、苘麻、芝麻、薯蓣及芋、桑。水中菱、茨，蝗亦不食。若将秆草灰、石灰二者等分为细末，或洒或筛于禾稻之上，蝗则不食。

有王祯《农书》及吴遵路诸事可考。植之，不但不为其所食，而且可大获其利。

（五）蝗之所自避

良守之所在，蝗必避其境而不入。故有救民之责者，果能以生民为己任，省刑罚，薄税敛，直冤枉，急赈济，洗心涤虑，虽或有蝗，亦将归于乌有而不为害矣。

如卓茂、宋均、鲁恭诸君子，载在前集，皆斑斑可考也。

（六）蝗之所宜祷

蝗有祷之而不伤禾稼者，祷之未始不可，如祷而无益，徒事祭拜，坐视其食苗，其祷也，不亦大可冷齿耶？

万历四十四年六月，丹阳有蝗从西北来，蔽天翳日，民争刲羊豕祷于神。有蒲大王者，尤号灵异。凡祷之家，只啮竹树荄芦，不及五谷。有一朱姓者，牲醴悉具。见蝗已过，遂止而不祷。须臾蝗复回，集于朱田，凡七亩，尽啮而去，邻苗不损一颗，其事亦可异也。至于开元四年，山东大蝗，祭拜之，而坐视其食苗，此一祷也，不可谓愚之至哉。

（七）蝗之所畏惧

飞蝗见树木成行，或旌旗森列，每翔而不下。农家若多用长竿，挂红白衣裙，群然而逐，亦不下也。又畏金声炮声，闻之远举。鸟铳入铁砂或稻米，击其前行。前行惊奋，后者随之而去矣。

凡蝗所住之处，片草不存，一落田间，顷刻千亩皆尽。故欲逐之，非此数法不可。以类而推，爆竹流星，皆其所惧，红绿纸旗，亦可用也。

（八）蝗之所可用

蝗若去其翅足，曝干，味同虾米，且可久贮而不坏。以之食畜，可获重利。

明陈龙正曰：蝗可和野菜煮食，见于范仲淹疏中。崇祯辛巳年嘉湖旱蝗，乡民捕蝗饲鸭，鸭最易大而且肥。又山中人养猪，无钱买食，捕蝗以饲之。其猪初重止二十斤，旬日之间，肥而且大，即重五十余斤。始知蝗可供猪鸭。此亦世间之物性，有宜于此者矣。又有云：蝗性热，积久而后用更佳。

（九）蝗之所由除

蝗在麦田禾稼、深草之中者。每日清晨，尽聚草梢食露，体重不能飞跃。宜用笤箕、栲栳之类，左右抄掠，倾入布囊，或蒸或煮，或捣或焙，或掘坑焚火，倾入其中。若只掩埋，隔宿多能穴地而出。

蝗在平地上者。宜掘坑于前，长阔为佳，两旁用板或门扇等类，接连八字摆列。

集众发喊，手执木板，驱而逐之，入于坑内。又于对坑用扫帚十数把，见其跳跃往上者，尽行扫入，覆以干草，发火烧之。然其下终是不死，须以土压之，过一宿乃可。一法先燃火于坑内，然后驱而入之。《诗》云"去其螟螣，及其蟊贼，毋害我田稚。田祖有神，秉畀炎火"，此即是也。

蝗若在飞腾之际。蔽天翳日，又能渡水，扑治不及。当候其所落之处，纠集人众，各用绳兜兜取，盛于布袋之内，而后致之死。

此上三种之蝗，见其既死，仍集前次用力之人，异向官司，或钱或米，易而均分。否则有产者或肯出力，无产者谁肯殷勤？古人立法之妙，亦尝见之于累朝矣。列之于后。

（十）蝗之所可灭

有灭于未萌之前者。督抚官宜令有司，查地方有湖荡水涯及乍盈乍涸之处，水草积于其中者，即集多人，给其工食，侵水芟刈，敛置高处，待其干燥，以作柴薪。如不可用，就地烧之。

有灭于将萌之际者。凡蝗遗子在地，有司当令居民里老，时加寻视。但见土脉坟起，即便去除，不可稍迟时刻，将子到官，易粟听赏。

有灭于初生如蚁之时者。用竹作搭，非惟击之不死，且易损坏。宜用旧皮鞋底，或草鞋、旧鞋之类，蹲地掴搭，应手而毙，且狭小不伤损苗种。一张牛皮，可裁数十枚，散与甲头，复可收之。闻外国亦用此法。

有灭于成形之后者。既名为蝻，须开沟打捕，掘一长沟，沟之深广各二尺。沟中相去丈许，即作一坑，以便埋掩。多集人众，不论老幼沿沟摆列，或持扫帚，或持打扑器具，或持铁锸。每五十人用一人鸣锣，蝻闻金声，则必跳跃，渐逐近沟，锣则大击不止。蝻惊入沟中，势如注水。众各用力，扫者自扫，扑者自扑，埋者自埋，至沟坑俱满而止。一村如此，村村若此，一邑如是，邑邑皆然，何患蝻之不尽灭也？

谨案，四法果能行之，于未成、将成、已成之后，丑类自灭，何至蝗阵如云，荒田如海？但穷民非食不生，苟不厚给，活其身家，谁肯多人合力，不尽灭之而不已哉？虽然，给之厚矣，有司若不亲加料理，乌知弗为吏胥之所侵食也。故扑除之法有二：一在责重有司，一在厚给众力。敢录前人之善政，以为后世之芳规，视之者，幸无忽焉。

责重有司之例

唐开元四年夏五月，敕委使者详察州县勤惰者，各以名闻。

谨案，有此明诏，有司尚敢因循而不捕乎。故连岁蝗灾，而不至大饥者，罚在有司故也。

宋淳熙敕：诸蝗初生若飞落，地主、邻人隐蔽不言，耆保不即时申举扑除者，各杖一百，许人告报；当职官承报不受理，及受理而不亲临扑除，或扑除未尽，而妄申尽净者，各加二等。

谨案，此敕初责地主、邻人，未尝不是末重当职官员，尤为敦本之论。得捕蝗之要法，所欠者，耆保诸人，告而能捕者，绝无赏给，尚无以为鼓舞之道耳。

明永乐九年，令吏部行文各处有司，春初差人巡视境内，遇有蝗虫初生，设法捕扑，务要尽绝。如或坐视，致令滋漫为患者，罪之。若布、按二司不行严督所属巡视打捕者，亦罪之。每年九月行文至十月，再令兵部行文军卫，永为定例。

谨案，此则专罪有司之不力，而又委其任于布、按。噫！法至是而无以加矣。昔徐光启疏中有云：主持在各抚按，勤事在各郡邑，尽力在各小民，美哉数语也。又陈氏有云：捕蝗之令，当严责其有司。盖亦一家哭何如一路哭之意。古之良吏，蝗不入境。有事于捕，已可愧矣，捕复不力，虽严罚岂为过耶？斯言诚可采也。

厚给捕蝗之例

晋天福七年，飞蝗为灾。诏有蝗处不论军民人等，捕蝗一斗者，即以粟一斗易之。有司官员，捕蝗使者，不得少有捐滞。

谨案，捕蝗一斗，得粟一斗，非捕蝗而捕粟矣。小民何乐而不为？有司若果奉行，蝗必尽捕而无疑矣。

宋熙宁八年八月，诏有蝗蝻处，委县令佐躬亲打扑。如地方广阔，分差通判职官、监司提举，分任其事。仍募人，得蝻五升或蝗一斗，给细色谷一斗；蝗种一升，给粗色谷二升。给银钱者，以中等值与之。仍委官烧瘗，监司差官覆按。倘有穿掘打扑损伤苗种者，除其税，仍计价，官给地主钱数。

谨案，此诏给谷，既云详尽，而又偿及地主所损之苗，不但免税，而且偿其价数。噫！捕蝗而至此诏，可云无间然矣。

绍兴间，朱熹捕蝗，募民得蝗之大者，一斗给钱一百文；得蝗之小者，每升给钱五百文。

谨案，蝗蝻有大小之分，贤者别之最清。盖害人之物，除之宜早，不可令其长大而肆毒也。故捕蝗者，不可惜费。得蝗之小者，宁多给之，而勿吝也。盖小时一升，大则岂止数石？文公给钱，大小迥异，不可为捕蝗之良法欤？

明万历四十四年，御史过庭训《山东赈饥疏》内有云：捕蝗男妇，皆饥饿之人，如一面捕蝗，一面归家吃饭，未免稽迟时候。遂向市上买面做饼，挑于有蝗去处，不论远近大小男女，但能捉得蝗虫与蝗子一升者，换饼三十个。又查得嵩山邻近两厂，领粮饥民一千零二十名，令其报效朝廷。今后将彼地蝗虫或蝗子，捕半升者，方给米面一升，以为五日之粮。如无，不准给与。

> 谨案，过御史何见之不广，而责效甚速也？尹铎之保障晋阳，冯欢之焚券薛地，何尝责其必报，然亦未尝不报也。今过御史命人担饼易蝗，亦云小惠，且嵩山饥民，升数之粟，必令有蝗而始给彼，老弱残疾，艰于行动，力不能捕蝗者，不尽死于此疏耶？

凡欲行捕蝗之法，可见不外严责有司，厚给捕者而已，但二者相因为用，缺一不可。要知捕蝗易粟，官亦易于励众，众亦乐于从官，若使不准开销，于何取给，不亦仍成画饼耶？故天子不可惜费，近臣不可蒙蔽，君臣一体，朝野同心，再法十宜而力行之，何患乎蝗之不除，而蝻之不灭哉。

一宜委官分任。责虽在于有司，倘地方广大，不能遍阅，应委佐贰、学职等员，资其路费，分其地段，注明底册，每年于十月内，令彼多率民夫，给以工食，芟除水草，于骤盈骤涸之处及遗子地方，搜锄务尽。称职者申请擢用，遗恶者记过待罚。

二宜无使隐匿。向系无蝗之地，今忽有之，地主、邻人果即申报，除易米之外，再赏三日之粮。如敢隐匿不言，被人首告，首人赏十日之粮，隐匿地主各与杖警。即差初委官员，速往搜除，无使蔓延获罪。

三宜多写告示，张挂四境。不论男妇小儿，捕蝗一斗者，以米一斗易之。得蝻五升者，遗子二升者，皆以米三斗易之，盖蝻与遗子小而少故也。如蝗来既多，量之不暇遍，秤称三十斤作一石，亦古之制也，日可称千余斤矣。惟蝻与子，不可一例同称，当以文公朱夫子之法为法也。

四宜广置器具。蝗之所畏服者，火炮、彩旗、金锣及扫帚、栲栳、筲箕之类。乡人一时不能备办，有司当为广置，给与各厂社长，分发多人，令其领用，事毕归缴，庶不徒手彷徨。此即工欲善其事，必先利其器之意也。

五宜三里一厂，为易蝗之所。令忠厚温饱社长、社副司之，执笔者一人，协力者三人，共襄其事。出入有簿，三日一报，以凭稽察。敢有冒破，从重处分。使捕蝗易米者，无远涉之苦，无久待之嗟，无挤踏之患。

六宜厚给工食。凡社长、社副、执笔等人，有弊者既当重罚，无弊者岂可不赏？或给冠带，或送门匾，或免徭役，随其所欲而与之。其任事之时，社长、社副、执笔者共三人，每日各给五升；斛手二人，协力者一人，每日共给一斗。分其高下，而令人乐趋。

七宜急偿损坏。因捕蝗蝻损坏人家禾稼，田地既无所收，当照亩数，除其税粮，还其工本，俱依成熟所收之数而偿之。先偿其七，余三分，看四边田邻所收而加足，勿令久于怨望。

八宜净米大钱。凡换蝗蝻，不得插和粃谷糠秕。如或给银，照米价分发，不许低昂。如若散钱，亦若银例，不许加入低薄小钱。巡视官应不时访察，以辨公私。

九宜稽察用人。社长、社副等有弊无弊，诚伪何如，用钟御史拾遗法以知之。公平者立赏，侵欺者立罚，周流环视，同于粥厂。其弊自除。

十宜立参不职。躬亲民牧，纵虫杀人，倪若水见诮于当时，卢怀慎遗讥于后世。飞蝗尚不能为之灭，饥贼奚能使之除？司道不揭，督抚安存？甚矣！有司之不可怠于从事也。

> 谨案，蝗之为害，甚于水旱，民之不能去尽者，以无良法故也。今以十所阐发蝗之生灭，以十宜细说蝗之可除，曷勿事之？且古之圣王，川泽有禁，山野有官，既不滥杀，岂肯纵恶？此即驱虎豹蛇龙之意也。

宋王荆公罢相，镇金陵。是秋，江左大蝗。有无名子题诗赏心亭曰：青苗免疫两妨农，天下嗷嗷怨相公，惟有蝗虫感盛德，又随钧斾过江东。荆公一日饯客，至亭上，览之不悦，命左右物色之，竟莫能得。

> 谨案，古云："瑞不虚呈，必应圣哲，妖不自作，必候昏淫。"荆公恃才妄作，天怒人怨，乖戾之气，随之而行，势所必有。不思扑灭蝗蝻，反欲捕捉诗人，即或得之，亦不过江左之诗人，而能捕天下后世之诗人哉？识见不达，新法可知，怨者多矣。

钱穆甫为如皋令，会岁旱，蝗大起，而泰兴令独绐郡将云：县界无蝗。已而蝗亦大起，郡将诘之，令辞穷，乃言：县本无蝗，盖自如皋飞来。仍檄如皋，请严捕蝗，无使侵邻境。穆甫得檄，书其纸尾，报之曰：蝗虫本是天灾，实非县令不才；既是敝邑飞去，却请贵县押来。未几，传至郡下，无不绝倒。

> 谨案，二令皆可罢也。当此飞蝗食稼，困害良民之际，不思自罪，敬警格天。一欲委罪于人，一以批辞为戏，则其平日之政，必不善矣，可受百里生民之寄乎？

贺德邵，号戎奄，湖广荆门人。为诸生时，徒步入城，路过麻城，拾遗金二百两。留三日，待其人来，举而还之。后宰临邑，遇荒旱，设法赈济，全活数万人。邻境之蝗蝻云涌，而临邑独无。人皆异之，至今从祀不绝。

> 谨案，仰不愧于天，俯不怍于人，始可为政。贺君昼返遗金，岂来暮

夜？此蝗蝻之所以不入其境也。如以有为无除之不急，其为害也，不特伤稼，且将食人，宁独蔽天而已哉？

明顾仲礼，保定人。幼孤，事母至孝。遇岁凶，负母就养他郡，七年始归。时蝗虫遍野，食其田苗，仲礼泣曰：吾将何以为养母之资乎？言未已，狂风大起，蝗虫尽被吹散，苗得不伤。

谨案，人知官清，则蝗不入其境。不知人孝，则风亦能吹之而散。所以忠孝感神，捷如桴鼓。怨天尤人者，徒自增其罪戾耳。

八、《蝗蝻说》等六种

（清）吴元炜撰

注：《蝗蝻说》等六种原载吴元炜乾隆三十一年（1766年）撰写的《赈略》卷下中，集中梳理了清乾隆年间治蝗的主要措施，其中设立护田夫专巡蝗蝻一节非常详尽。本资料选自李文海等《中国荒政书集成》第4册，天津古籍出版社2010年版。

蝗 蝻 说

蝗蝻，即《诗经》所云"螽斯"之族类是也。有本孽虫下子生者，亦有鱼虾生子之处，水涸逢夏，湿热熏蒸，化而为蝻者。初出为蝻，长大有翅能飞，即为蝗虫。虽属天灾，亦可胜以人力而捕除之。故捕蝗不力，有革职拿问之条。盖恐有司懈忽从事，滋长蔓延，贻害民田耳。蝻孽下子，专于坚硬地内，栽尾入土下之，松地则否。其子初凝如白汁，渐干则粒分，形同细米。虫若筒裹如蜂窝，一筒常数十子。将出则色紫，及既出土，色又纯黑，如蚁如蝇，日长夜大。越数日如深墨色，有花斑。再越一二日，背长鞍桥，即翅也，色渐淡变，而为黄色。头有王字，翅亦长足能飞。每年夏初四月，正蝻孽萌生之候。计出土十八日成蝗，又下子矣。夏时生者，秋后成蝻。秋后生者，来岁夏热出土。捕除之法不一。凡土埴草满之地，孽虫生子之区，若能春耕翻犁，虫子泄气则不生。寻不周密，既经出土，将能跳跃，尚未散漫者，逐块用席囤罩住，泼以滚水，再行踹烧垦埋入土。如已跳跃，须掘壕赶入烧埋，均可殄灭。至于飞蝗，捕较难于蝻孽，应于五鼓露湿、午时交对之际扑捕，或夜燃火以聚扑之。或出钱收买，俾村众妇稚老弱争先自捕易钱，较拨夫扑捕，事半而功倍矣。收买之蝗，须下锅煮熟（锅设厂前）堆弃，以杜窃取重卖之弊。其余杂色蚂蚱，固非蝗蝻可比，亦应扑捕无遗。至捕蝗所用钱文，虽例许报销，然用多则经费有限，断难全销，徒滋驳饬，临时酌办可耳。规条列后备考。（一有蝗蝻，宜禀不宜详。禀须平淡，只要认真扑捕将尽，即报扑灭。切勿虚张声势具报，致委员接踵，上司亲来，惊慌无措。慎之）。

查收蝻子法

直隶总督官保部堂方，为严饬查捕蝗蝻遗子以杜后患事。照得本年入夏以来，直隶各属报生蝗蝻、蚂蚱之处，约有七十余州县。虽青灰色草土蚂蚱居多，而其中亦有褐色如蝗者。且当日午两两交对，即灰青蚂蚱亦皆交对。其下子之候，初凝白汁，渐干则分，形如细米。虫将出土则变紫，既出土则纯黑。其子有筒裹之，形如蜂房，一筒常数十子。俱于坚硬地面，栽尾入土下之，地面孔穴，相次可寻，松土则否。夏时生者，秋后成蝻。秋后生者，来年夏热成蝻，若不早予刨除，转瞬复为患害。此时一夫去之则有余，将来千夫扑之而不足，计其功效，何止倍蓰。合亟饬遵。为此牌，仰该厅官吏照牌事理。文到，立即转饬所属，于今夏生发蝗蝻、蚂蚱地面，并一切荒地古冢不毛之区，先为请求寻觅之法。或者派役四出搜刨，优其赏格；或教令乡民，俾其习知搜觅，易以钱米，务从优厚。使非有十倍百倍之利，孰肯冒署雨，辍农作，零星掇拾，积少成多，且远赴城邑交官乎？该州县慎毋吝惜小费，致悔后时，自贻伊戚也。再，凡蝗蝻遗子之地，一经翻犁，即可埋压。本部院此次巡查所及，见民间留麦之地，土埴草满，即于此等地内查出新生之蝻甚多。该地方官并应责成乡保，劝谕地主，速为翻犁，既倍地力，兼弭灾患。此于地主并无所累，既有留麦地之家，必非乏牛力之户。各州县务遵照，实心实力，不辞劳瘁，立法妥办。一面将办理缘由禀复，仍将买获蝻子若干，随时禀报查核。昨据大名县刘署令呈验所包蝻子一函，可知为查办有据之事，未可率以地方并无蝻子等语，希图搪塞。将来如有虫孽生发，则此日奉行不力之咎，捏饰显然，尚能为该州县宽乎？凛之慎之。

收捕蝗蝻法

直隶总督官保部堂方为通饬遵照事。照得各属详报，有杂色蚂蚱生发，多寡不等，现在扑捕等情。查能飞之虫孽，与蝻子不同，夫役围捕，飞漏必多，且恐践踏田禾未便，惟有用钱收买之法，行之最为简便得力。先视虫孽所到之处，周围将村庄踏勘。如村稀人少又远，立即于扑蝗处所，按地面宽窄，分建席厂，多出告条示知，每打蚂蚱一升，给大制钱十文，令就近赴厂交收。并发兵役人等，于各村庄传宣号召，则各村男妇老幼，皆以得蚂蚱即可得钱，无不争先恐后，较之官派门夫，何止又多数倍。且人人求多得蚂蚱，即可多卖钱文，不待官为催督，较之雇夫所得，更不止数十倍矣，司厂者给钱，必皆足数。先从妇女幼孩，以次量收，勿占村民便宜。如虫孽渐稀，而殄除务尽。每夫一日所得无多，即须按升加给钱文，以示鼓舞。或十枚或八枚，给钱一文，临时酌量办理。总期村民踊跃从事，不可稍存吝惜之意，致有稽误。

所用钱文，准于事竣之日，据实报销。至于一日之中扑打时候，并须讲求，可收事半功倍之益。一在五鼓带露飞不能高之时，一在午间交对不能飞起之时。于此致力，所获倍多，而又不劳。再，夜间布列墙箔，燃举灯光以招之，扑打焚埋较易，亦属一法。合行饬遵。

设立护田夫专巡蝗蝻

直隶司道奉督牌行各府议设护田夫，会转各条开后：

1. 据称护田夫合三家出一名，如一村之中居民百户，则应出夫三十名。而各户人丁多寡不一，除贸易外出、家无壮丁者不议外，应先尽户内有男丁三名以上者，抽选一人，充当其役。倘不足数，再于两丁户内抽选。其村户不及百家及过百家者，总核三家一夫之数为率。谕令该乡保查照门牌户口，秉公选举，开写姓名年岁清单。该州县再与存署门牌底册细加核对，使无偏累情弊。及核对符合，即分别四乡，挨顺村庄，编造花名册籍，钤盖印信，存于署中。一面制造长条木牌及烙印腰牌，均照册开写某村护田夫姓名字样，分给各乡保，将木牌钉记该夫门首，腰牌令其收存，俟调用之时，悬挂身旁，俾均有稽考等语。查村庄居民，有贫富之不齐；烟户壮丁，又有多寡之各异。若非预定章程，令乡保秉公选举，官为酌定注册，制给木牌、腰牌，责成不专，难收实效。今议公平，易于集事，洵属妥协，自应照议办理。

2. 据称十夫立一夫头，百夫立一牌头，使各相统率。其夫头、牌头，责令乡保于众夫之中，择其略有知识能事者，开报充膺。至一村之内，人夫虽不满百，亦设一牌头。倘村户繁多，出夫至一百五十名以上者，设牌头二名，均分管领。本村生发蝗蝻，即率夫齐集扑除。及他处调拨，著落该牌头号召前往。倘人夫中有托故不行及逃匿情弊，许其指名报官拿究。若循情隐讳，查出缺少，惟该牌头是问。至平时人夫中有事故外出者，该牌头随时另行报充，换给木牌腰牌。移居别村者，即添入该村门夫之内，以杜诡避等语。查村落人夫，多寡不一，如不设立夫头、牌头，则无督率之人，势必多有逃匿规避，于事难以取效，应请照议妥办。

3. 据称护田夫因供捕蝗之役，平日既免其门差，而用日又给以夫价，殊为体恤。然亦须量加区别。若本村生有蝗蝻，分所应捕，况近在咫尺，仍可家食，自毋庸给与夫价。至外调之夫，平时已免门差，偶尔调拨，所给夫价，亦不必过优。每夫日给粟米一仓升，或折大钱十五文，使不致枵腹从事。但该州县务须按名逐日散给，不得有名无实。并严察书役人等扣克侵食，俾均沾实惠等语。查蝗蝻生发，村民分应扑除；即偶尔外调趋事，平时已免门差，按日给价之处，自应量为区别，应如所议。

4. 据称乡村辽阔，虫孽盛多，本村人夫不敷应用，该州县须按册查其毗连村庄，均匀调拨。倘一二日不能除灭，则更调别村轮替扑捕，总不出义仓图一区之外。远近相顾，而劳逸适均等语。查乡村辽阔，虫孽繁多，本村之夫不敷应用，自应调拨轮替，协力扑捕，以均劳逸。

5. 据称调拨别村夫役，恐因非本村之事，视同秦越，不肯出力相助，致蝗蝻渐长，贻害无穷。应每夫百名，该州县选差强干妥役一二名，协同所管牌头督押扑捕，务使竭尽其一日之力。该州县计其一日之内扑除多寡，将该役牌头量加赏罚，以示劝惩而收实用等语。查蝗蝻生长，自应迅速扑除，刻不容缓。倘无知乡愚，因非本村之事，视同秦越，渐致蔓延，应如所议，差役协督，仍约束衙役借端扰累滋事。

6. 据称集夫在既生之后，巡查在未生之先。每年以二月为始，七月为止，应令护田夫各巡本村地界。每一村庄，官给巡田签四枝，以东西南北为别，每村每日用护田夫四名，一日一轮，周而复始。值日之夫，每日暮各以巡签递交而下，仍以本日巡查有无，告之牌头。如有不周，则此日甲所隐匿，次日乙必举报，牌头即可分别禀究。而除所值之日，仍可各务己业，更于防范为周，民情为便等语。查护田夫原为巡查蝗蝻而设，自应时加巡查，一遇萌动，立即扑灭，庶几不致滋蔓为患。今所议亦属详慎之意，但势有难行，且每方仅用夫一名，亦恐难以周到。应请饬令各州县每年以二月为始，至七月底为止，令各村护田夫各自按日轮替，加意巡查，勿致懈怠疏忽，以期蝻孽永除，农功无患，庶为妥协。

7. 据称牌头为各夫之总，于门差之外，应并免各项大差，以示优异，使得尽心稽察。如遇本村生发，牌头能率夫即时扑灭者，量加奖赏；倘有扶同隐匿诸弊，牌头加倍治罪。如护田夫匿报者，夫头举首，则赏夫头，责护田夫。夫头匿报者，牌头举首，则赏牌头，责夫头。又或此村牌头匿报，彼村牌头举首者，则赏彼村牌头，责此村牌头。而乡保为一村头役，不得因有护田夫之设，即谓不干己事，仍责其一体经理，赏罚与牌头同。如此互相觉察，庶于防范更为周密等语。查赏罚规条，原为惩劝而设，牌头为众夫之长，亦应量示优异，应如所议。

8. 据称近京五百里之内，概多旗庄，向来拨夫，旗庄多不肯应，地方官以非所统，恐致滋事，亦多听之。查捕蝗查蝻，为农田除害，旗庄既不一例查捕，则旗地生发，民夫无由而知。即民地有蝗，而夫不足用，滋蔓之后，亦将延及旗地。是两有未便也。应请以后查捕蝗蝻，无论正身户下及皇庄人等，凡在屯居住者，照民人之例，一体设立护田夫，查则轮查，拨亦均拨，庶旗民一体，似于各自为救之义更协。惟是旗人因不统于地方官，拨夫不应，习以为固然，一旦添立规条，诚恐呼应不灵，究属无益，可否仰垦奏明等语。查护田夫原为地方杜患而设，自应无分旗民，一律拨派，庶力役齐而防范密。应如所议，恳请于奏事之便，附折奏明。

乾隆二十五年十一月十八日蒙督部院批：仰即照议，通饬各属一体实力奉行。仍饬将各夫按村造具花名清册，呈送该管之府州厅存查，直隶州造送该管道存查。该管之道府州厅，限于二月内将所属送到清册缘由，申报本部院查核勿违。缴。

捕蝗规条（山东司道会议）

1. 搜查初生蝻子。查蝻子初生，多在立夏前后。初出之时，仅如蝼蚁，每于清晨天气微寒之时，多系盈千累百，结聚一块，或大如盆口，或大如桌面。此时歼灭最易。地方官应遍行出示晓谕乡民，无论田主佃户，于每日黎明，各于田禾陇内，遍加搜查。遇有蝻子蚂蚱生发，如可独立扑灭者，立即扑灭。如力不能灭，迅速报官。其进城报官之人，准赏给盘费钱文，俾无偏苦。毋得任听无知愚民，以蝗虫不食本地田禾，蚂蚱口里有余粮之邪说，玩视贻误。其各乡村原设有保长者，所管一保之内，地方本不辽阔，巡查甚易。只以一保公事，皆责此一人办理，其间查催应答，城乡往来，势不能专任搜查，故事误得以推诿。今应于每保另设副保长一人，令其专司巡查蝗蝻之事。再于四乡，每乡添设总保一人。副保则专查一保，总保则督查一乡，地方官则周查各乡。处处巡察，层层责成，庶无隐匿遗漏之误。如地主明知隐匿，副保长及总保怠玩不报，分别责惩，仍将副保长用轻枷枷号示众，使其仍可行走，催集民夫，俟扑净之日，方准释放。得钱不报者，从重治罪，与钱者一并究处。至于蝻子虽已报官，或路途穷远，或报者同时竟有数处，印捕各官不敷分督，委员猝莫能至，先派衙役催捕，多属虚应故事，及官员查到，已蔓延不可收拾，纵置之法，于是无济。应令该村庄地保民人，一面报官，一面即多集人夫，立即扑打，以期早灭，毋得等候官到始办。如有因扑捕损伤田禾，照例给还籽本。并请嗣后除地方官将生发扑灭各情形仍照旧通报外，其该管知府，将所属某处某日生有蝻子蚂蚱，汇开一册，或当时已经扑净，或尚未扑灭缘由，逐处注明，每逢半月，通报查核，使该州县将境内蝻子蚂蚱全行扑灭之日，由知府详司转请销案。

2. 扑捕跳跃蝻子。查蝻生三五日即能跳跃，应视生蝻地亩之长广，相度地势，督率民夫，挑挖长壕或圆壕，宽深俱约二三尺。壕既挑成，若信手驱逐，蝻即散漫旁逸，数亩之蝻，散而为数十亩矣。地方官须预备布幛，带至生蝻处所，先插木棍，两旁用幛围定，民夫手持扫帚柳条等物，徐徐驱蝻入壕。先于壕底铺杂草二寸许，蝻被驱入壕内，必钻进草中。人夫各执草把，爨火燃着，一齐投入，壕底之草并着焚烧，蝻可尽灭。其布幛用白布一百八十丈，分为两幅，每幅横长九十丈。作一大幅布，宽一尺三寸，两幅合为一幅，计高二尺六寸。相距五尺上下，钉布带各一条，俱拴系木棍之上。如蝻地过宽，则先围一处，再围一处，或多备布幛，更为有益。置布幛所费无多，应于公费内备办，不得派累里民。照此办理，一夫可抵三夫之用，一日可兼数日之功矣。

3. 早晚捕蝻之候。查蝻子无论大小，至日将落时，及黎明之际，俱上禾苗之巅，浮于叶上，似属饮露，又如蚕眠。此时地上绝无蝻子，应仿捞鱼兜之式，用柳木条火烤捏成二尺长围，缝粗麻布作兜，绑于长四尺竹木杆上，向禾苗叶上左右掣捕。仍备大口袋二三十条，兜满即倾入口袋，所获必多。此每日黎明及日夕时捕法，日出即醒觉跳散，仍用挑壕驱捕。

4. 人夫分层之法。查围扑捕蝻，人夫比肩而立，徐徐扫赶，仍有漏捕之处。莫如前掘大壕，用夫数层，横列于后，每层左右相距五尺，各执长帚，两边驱赶。如第一层渗漏，有第二层接扫；第二层添漏，有第三层接扫。层层接续向前，直至壕口。第一层转回作末层，第二层至壕转回，亦作末层，如此循环卷扫，则十层者只须三遍，抵过三十遍，五层者抵过十五遍。蝻虽至密，亦无处藏匿。本年捕蝻，曾用此法，颇有成效。

5. 捕初变飞蝗。查蝻子初变飞蝗，羽翼尚属软弱，仍与蝻子成群结队，若不自知其能飞，而与蝻子夹杂爬走。若用扑打，必致四散飞扬。须用鱼缯三四面，每缯两旁用竹竿撑持，下面缯与竿齐，上面余缯二尺，不可绑于竿上。择两人精力相等者，各一手持竿着地，一手扯上余缯，向前往有蝗处飞跑。至蝗尽处所，将缯一合，所获飞蝗，倒入布袋，张缯再跑直捕。因蝗性好逆，缯向前行，蝗必回头投入缯内。如无鱼缯，即用布五、六幅，缝一布单，以代鱼缯。

6. 扑捕已成飞蝗。查捕蝗与捕蝻不同，人夫须四散拿捕，不宜挨排围扑。转致赶惊群起。须于清晨两翅沾露，午、未二时雌雄交对不能飞扬之时，及时上紧捕治。至黑夜则宜多执灯火，飞蝗见火，则扑如飞蛾，然其人须距灯稍远，寂静以待之。仍用前柳条圈麻布兜捕法，亦可获十之三四。至于早夜及寅午二时之外，听其屯聚，必损田禾。此非多用人夫，四路捉捕，不能为功。如应用五百名者，再加至一倍、二倍，总以人多早竣为主。倘一日之后，迟至数日，数日之役，迟至数旬，皆由地广夫稀，晏集早散，印官漫不经心，委员通同懈玩，以致小民日受辛苦，迄无成功。而跳跃飞蝗，虫势弥广，民无息肩之时，稼受残伤之害，是皆夫役稀少之故也。拨夫既多，再照用米易换之例，将扑获蝗虫，用钱收买，民人不督自勤。其收买钱数，应临时酌定。蝗多则减，蝗少则增，总不宜过多，每斤给制钱五文，预示晓谕。更察散钱之人，勿使侵渔滋弊。

7. 就近拨夫以均劳逸。查扑捕蝗蝻，不能不多用民夫，而拨夫之法，按田不如按户。盖以田连阡陌之家，其佃户原系附近村民，倘为田主充当夫役，则本户名下，既无其人，其牵制正属相等。且按田拨夫，更恐滋科敛卖放之弊。嗣后蝻生蝗发报官，即带烟户册，星将附近村庄壮丁核算约有若干，如尚不敷用，再拨数里之外人民。除老幼废疾孤寡外，余俱令应役，限时齐集，不得虚出点头差票，向窎远村庄调夫，致启胥役刁难需索之弊。至田多富户，既经按户出夫，而众人为其除患保稼，富户竟不顾问，亦非情理。应令量捐米面，置备水饭干饼等物，以济夫役之饥渴。计每米一石，可供三百人之食，所费无多。且夫役回家就食，势必散逸稽延。应将附近各庄点出田多富户几人，令其各出米粮，于捕蝗厂所，分东、西、南、北四厂，煮备粥饭凉水以供。贫者出力，富者捐粮，使夫役无饥饿之苦，而捕蝗无作辍之虞矣。

8. 焚烧草秽以除遗种。查湖泊水洼苇草丛生之地，最易生蝻。以湖滨水浅之处，鱼虾遗卵，既能化生，而飞蝗所生之子，遇水土相接，湿热熏蒸，更能速化。应于冬春民力闲暇之时，各令刈割丛草，翻掘地土，堆积焚烧以除之。

9. 劝耕地亩当均牛力。查种麦之地，今秋已经翻耕。惟草洼碱场，民人耕犁之所不到，有司惟知奉行故事，随口吩咐，或泛行出票查催，徒滋胥役借端需索。应请通饬，除种麦地已经翻耕及留秋地亩，俱劝本户各于今冬自行翻耕外，其无主之碱场草洼，约地若干，用牛几只，几日可以耕完，附近村庄几处，应用某某人等牛只，令地保秉公报明，官为出示劝民，通力合作，限日完竣。如有玩不翻耕，责处地保，并禁扰累。

10. 收虫孽以示劝勉。查飞蝗停落处所，必有遗子，应劝民于冬月翻耕泄气，不能复生。其沟塍地角，高岸荒堆，难施耕犁之处，非挖掘不能为力。应出示遍行晓谕，凡有挖得蝻子一升者，准照以米易换之例，给大钱十文。令其缴官收买，庶使乡民踊跃搜挖。

查蝗蝻之子，非蝗虫大而且多可比。若挖子一升，送缴到城，仅给大钱十文，不敷其食，孰肯为他人出力耶？此收子之法，应遵直隶牌行办理。谨识。

预防蝗患禀（直隶易州黄）

敬禀者：蝗蝻为患，下关民食，上勤宸衷。直属去年雨水过多，鱼子变为蝗蝻，长大复下蝻子，扑打难净，长翅即为飞蝗。仰荷宪台忧勤，心力交瘁，督率州县，上紧扑捕。兹各处扑打净尽，遗孽不致远蔓，禾稼不至大伤。皇仁宪德，所全甚大。然卑职在直近二十年，蝗蝻之灾，时常有之。而东南郡县旱湿之乡患此尤多，亦多有自东省飞来者。卑职在大城任内，岁有此物，随有随扑，惟有掘坑迫除之一法耳。夫雨旱愆期，岁所时有，而蝗蝻变生，难以预定，惟先事绸缪，有备则无患，害生则易除。卑职缘大城经历已久，而望都、安肃蒙委协捕，实见防备杜绝之法，有切实宜行者，敬为宪台陈之。

1. 农民宜各按地界，开挖小沟，家自为防，家自为捕之，可永远无患也。卑职在定兴姚村协捕，见有曾泣于田，问之，云：稼为蝗啮。诘以邻地何完好，则曰：不见彼皆开沟乎！问伊何以不开？诉曰：农民能任锄，率其家人妇女，挑挖一日沟成。曾不惯动手，是以邻挖二尺五寸，而伊只挖五寸，掌已刨肿，故受累耳。卑职往来定兴、安肃，督率夫役，于蚂蚱丛生之地，凡有自开沟者，均不受伤。此众所共见，非卑职一人之臆说也。去年蒙宪行开沟叠道之法，现在除蝗，全赖乎此，否则益费力，以捕蝗从未有不开沟者。然以数百名之夫，捕一区之蝗，沟未成则众夫袖手不敢动，旷时已可惜。官为之捕，何如民自为捕之为有益也。患已成而始捕，何如患未成而即防之之为有益也。请除郡县附山气冷素无蝗患者无庸筹及外，其余有患蝗地方，禀请宪行，定为农民有田一顷上下，四面各自挖小沟。其余地亩少者，即附于地亩多者均匀并挖。总不得过三顷之数，益多即笼统，易于推诿观望。且追蝗下沟，地广则远而费力，反有损伤禾稼之处。不如地少易防，亦易除也。自己地内查察，未有不小心者。一有萌动，则合一家男妇，悉力以捕，终朝可尽，内出者跳沟歼之。自己出力，一夫可当百夫之用，不禀官，不差扰，而事毕矣。沟总以宽二尺五寸为度，开后每岁春融，出其沟淤，以铁锨拍光之而已。护田长乡甲日督率之，官为察视，法在必行。目下薪经刨芟，其机可乘，行之亦易为力，此一劳永逸之计也。至于疏泄水潦，由小沟引之于大沟，其力又有不可胜言者。而说者或有以开沟有占地亩，夫二三顷之地，只占二尺余之沟，宁有几何？且沟挖两界，合为二尺五寸，分开仅一尺二寸五分，所挖之地益无。两界合挖，人力更易。南省田畴，有旷二三尺而始培一畦者，根苗为地方所滋，旷于彼即注于此，此物理也。且沟虽小，时雨可暂蓄，两边地上润而培发，足以相补，似不可以小而失大也。

2. 地土宜于秋末翻耕，以绝遗种之患也。查蝗蝻打未尽绝，至于长翅能飞，则随处停落，配对下子，至明年发生，为害最深而最广。是不独有蝻之处可虑，即无蝗之处亦可虑也。现在入土尚浅，幸迩来秋雨普遍，若于秋收后，宪行地方官严加劝谕，令各乡甲屯同督率民，一切田地悉行耕犁，遗子即败。俗云雪深一尺，蝗入地一尺，即未得尺，而数寸亦所必有。耕开则雪泽更入而益深，蝗自不能萌动。若至明岁开耕，倘得雨稍迟，及至四、五月地热而此物出矣。种入已深，即耕亦不能破其亡也。况秋后耕地，为利甚大，并不止为蝗计者。耕开之土，日晒风疏，雪沾露滋，土热而沃。明春一得小雨，耙平即可布种。土膏细润，发荣自易。若今秋不耕，至明岁则久而益坚。开冻后必得透雨，方可耕种。硬块未化，所种多不发旺。或雨未深透，虽耕仍当候雨以种，视秋耕之田，相去万万也。卑职历任秋后冬前，总使境内无不耕之土，今于易州亦然。此亦易于查察，若田不耕，一望立见。不妨杖一儆百，毋使小民因循。官督率之初年犹勉强，次年则不费力，是亦习而不怨之道也。

九、《筹济编》

（清）杨景仁 编

注：清杨景仁道光六年（1826 年）编成的《筹济编》，是一部清代重要的荒政书籍。其中记载了嘉庆七年（1802 年）修纂的《户部则例》及乾隆十八年（1753 年）《大清条例》等治蝗法令法规和《除蝗》的论著，对清代的治蝗工作起到了非常重要的作用。本资料选自李文海等主编《中国荒政书集成》第 5 册，天津古籍出版社 2010 年版。

（一）卷首《蠲恤　功令》

谨按：善言古者必有验于今，知古而不知今，虽有施济之心、淹通之识，而见之行事，往往扞格难通，则以未能究心当代之章程，兼总条贯以臻于尽善也。我朝陈纪立纲，重熙累洽，显谟承烈，覆育万方。皇上寅绍丕基，勤求民隐，办理灾赈，渥泽罨敷，虽临几自有化裁，要不外监于成宪，通其变而使民宜之也。夫荒政关系民生，而令典布在方策，规画极纤悉，运量遍寰区，该五三六经载籍之传，揭数千百年恤灾之道，有伦有要，郁郁乎焕哉！蠲恤一门，详见《大清会典》，若网在纲，轻重同得。《户部则例》具列济荒之政，《大清律例》有"检踏灾伤钱粮条"，著在户律，系以条例。观其会通，较若画一。大指政在养民，去一分弊，斯受一分惠，杜渐防微，法至严而意至美也。学古入官，议事以制，所赖典常作之师焉。敬汇录之，为蠲恤功令，冠于卷首。

督捕蝗蝻

直省滨临湖河低洼之处，须防蝻子化生。该督抚严饬所属，每年于二三月早为防范，实力搜查，一有蝻种萌动，即多拨兵役人夫及时扑捕。或掘地取种，或于水涸草枯之际，纵火焚烧。各该州县据实禀报，该督抚具奏。倘有心讳饰，不早扑除，以致长翅飞腾者，一经发觉，重治其罪。（嘉庆七年修纂）

邻封协捕

地方遇有蝗蝻，一面通报各上司，一面径移邻封州县星驰协捕。其通报文内，即将有蝗乡村邻近某州县，业经移交协捕之处，逐一声明。仍将邻封官到境日期，续报上司查核。若邻封官推诿迁延，严参议处。

捕蝗公费

换易收买蝗蝻及捕蝗兵役人夫酌给饭食，俱准动支公项。令同城教职、佐杂等官，会同地方官给发，开报该管上司核实报销。其有所费无多，地方官自行给办，实能去害利稼者，该督抚据实奏请议叙。其已动公项，仍致滋害伤稼者，奏请着赔。（直隶省捕蝗人夫，分别大口每名给钱十文，米一升。小口每名给钱五文，米五合。每钱一千，每米一石，俱作银一两。长芦所属盐场地方，雇夫扑捕，壮丁日给米一升，幼丁日给米五合。又老幼男妇自行捕蝻一斗，给米五升。江苏省捕蝗雇募人夫，每名日给仓米一升，每处每日所集人夫，不得过五百名。收买蝗蝻，每斗给钱二十文。挖掘蝻种，每升给钱一十文。安徽省捕蝗雇募人夫，每夫一名日给米一升，每处每日最多者不过五百名。挖掘未出土蝻子，每斗给银五钱；已出土跳跃成形者，每升给钱二十文；长翅飞腾者，每斗给钱四十文。每草一束，价银五厘。每柴一束，价银一分。每日每处柴不得过一百束，草不得过二百束。）

捕蝗禁令

地方遇有蝗蝻，州县官轻骑减从，督率佐杂等官，处处亲到，偕民扑捕，随地住宿寺庙，不得派民供应。州县报有蝗蝻，该上司躬亲督捕，夫马不得派自民间。如违例滋扰，跟役需索，借端科派者，该管督抚严查，从重治罪。

地方官扑捕蝗蝻，需用民夫，不得委之胥役地保科派扰累。倘农民畏向他处扑捕，有妨农务，勾通地甲胥役，嘱托买放，及贫民希图捕蝗得价，私匿蝻种，听其滋生延害者，均按律严参治罪。

捕蝗损禾给价

地方督捕蝗蝻，凡人夫聚集处所，践伤田禾，该地方官查明所损确数，核给价值，据实报销。

检踏灾伤田粮

凡部内有水旱霜雹及蝗蝻为害，一应灾伤（应减免之）田粮，有司官吏应准告，而不即受理，申报（上司亲行）检踏，及本管上司不与委官复踏者，各杖八十。若初复检踏（有司丞委）官更不行亲诣田所，及虽诣田所，不为用心从实检踏，只凭里长甲首朦胧供报，中间以熟作荒，以荒作熟，增减分数，通同作弊，瞒官害民者，各杖一百，罢职役不叙。若致枉有所征免（有灾伤当免而征曰枉征，无灾伤当征而免曰枉免）粮数，计赃重者坐赃论（枉有所征免粮数，自准后发觉谓之赃，罪重于杖一百，故并坐赃论），里长、甲首各与同罪。受财（官吏、里甲受财检踏，开报不实，以致枉有征免）者，并计赃以枉法从重论。其检踏官更及里长、甲首（原未受财，止）失于关防，致（使荒熟分数）有不实者，计（不实之）田十亩以下免罪，十亩以上至二十亩，答二十，每二十亩加一等，罪止杖八十（官更系公罪，俱留职役）。若人户将成熟田地移丘换段，冒告灾伤者（计所冒之田），一亩至五亩答四十，每五亩加一等，罪止杖一百。(其冒免之田)合纳税粮，依额数追征入官。

条　例

凡有蝗蝻之处，文武大小官员率领多人，公同及时捕捉，务期全净。其雇募人夫，每名计日酌给银数分，以为饭食之资，许其报明督抚据实销算。果能立时扑灭，督抚具题，照例议叙。如延蔓为害，必根究蝗蝻起于何地及所到之处，该管地方官玩忽从事者，交部照例治罪，并将该督抚一并议处。

(二) 卷二十二《除蝗（与祷神条参看）》

蝗与旱相因，而灾或甚于旱。考蝗之名，始见于《月令》。孟夏行春令则蝗虫为灾，仲冬行春令则蝗虫为败。然《大田》诗云：去其螟螣，及其蟊贼。已先此矣！兖州谓蝗为螣，说者以螟螣等为害苗之虫，而所食有心叶根节之异，大抵皆蝗类也。又蝗子为螽为蝝，《春秋》屡书之以记灾。后汉《五行志》谓蝗虫贪苛之所致。是以长民者能爱民，蝗或不来，或散去，或自死，或为鸟食，平日心清而政仁有以格之耳。即不幸遇是灾，亟修政以感天心，而勤扑捕以除之，庶几无害我田稚也！为除蝗条第二十有一。

汉平帝元始二年，郡国大旱蝗，遣使者捕蝗。民捕蝗，诣吏以石斗受钱（量蝗多少而给钱）。(《汉书》)

平帝时，卓茂迁密令。时天下大蝗，河南二十余县皆被其灾，独不入密县界。督邮言之太守，不信，自出按行，见乃服焉。(《后汉书》)

光武时，宋均迁九江太守，郡多虎暴。均到，虎相与渡江。中元元年，山阳楚沛多蝗，其飞至九江界者，辄东南散去。赞曰：宋均达政，禽虫畏德。(《后汉书》)

马援为武陵太守，郡连有蝗，谷贵。援奏罢盐官，赈贫羸，薄赋税。蝗飞入海，化为鱼虾。(《东观汉记》)

戴封迁西华令，时汝颍有蝗灾，独不入西华界。督邮行县，蝗忽大至；督邮其日即去，蝗亦顿除。一境奇之。其年大旱，封祷请无获，乃积薪坐其上以自焚。火起而大雨暴至，远近叹服。(《后汉书》)

赵熹迁平原太守，举义行，除奸恶。后青州大蝗，侵入平原界，辄死。岁屡有年，百姓歌之。(《后汉书》)

和帝永元七年，京师蝗。诏曰：蝗虫之异，殆不虚生，万方有罪，在予一人。而言事者专咎自下，非助我者也！百僚师尹，勉修厥职，刺史二千石详刑辟，理冤虐，恤鳏寡、矜孤弱，思惟致灾兴蝗之咎。(《后汉书》)

鲁恭为中牟令。建初七年，郡国螟伤稼，犬牙缘界，不入中牟。(《后汉书》)

谢夷吾令寿张。永平十五年，蝗发太山，荐食五谷。过寿张界，飞逝不集。（谢承《后汉书》）

景仁按：德化所感，理有不爽。唐高宗仪凤年间，王方翼刺肃州，河西蝗，独不至方翼境。后晋天福时，赵贶令寿张，飞蝗避境。余见史传者甚多，皆足媲美前贤。今只载汉代循吏数事以见其概。

唐太宗贞观二年，畿内有蝗。上入苑中，掇数枚祝之曰：民以谷为命，而汝食之，宁食吾之肺肠。举手欲吞之，左右谏曰：恶物恐成疾。上曰：朕为民受灾，何疾之避？遂吞之。是岁，蝗不为灾。（《通鉴》）

玄宗开元四年，山东大蝗。民祭且拜，坐视食苗不敢捕。姚崇奏云：秉彼蟊贼，付畀炎火。汉武帝诏曰：去彼螟螣，以及蟊贼。此除蝗谊也。且蝗畏人，易驱。又田皆有主，使自救其地，必不惮勤。请夜设火坎，其计且焚且瘗，乃可尽。古有讨除不胜者，乃人不用命耳。乃出御史为捕蝗使，分道杀蝗。汴州刺史倪若水上言：昔刘聪除蝗不克而害愈甚。拒不应命。崇移书曰：聪德不胜妖，今妖不胜德。古者良守，蝗避其境。谓修德可免，彼将无德致然乎？今忍而不救，因以无年，刺史其谓何？若水惧，乃纵捕，得蝗十四万石。时帝疑，复以问崇。对曰：庸儒泥文不知变。昔魏山东蝗，小忍不除，至人相食，草木皆尽，牛马至相啖毛。今飞蝗所在，充满河南、河北，家无宿藏，一不获则流离，安危系之。且讨蝗纵不能尽，不愈于养以遗患乎？黄门监卢怀慎曰：凡天灾安可以人力制也！且杀虫多，必戾和气。崇曰：昔楚王吞蛭而疾瘳，叔敖断蛇福乃降。今蝗幸可驱，若纵之，谷且尽。杀虫救人，祸归于崇，不以诿公也！蝗害讫息。（《唐书》）

景仁按：《南史》：萧脩徙梁秦二州刺史，遇蝗，躬至田所，深自咎责。功曹史王廉劝捕之，脩曰：此由刺史无德所致，捕之何补？忽有飞鸟蔽日而至，瞬息间食虫遂尽。萧脩人号慈父，良由惠政素孚，是以罪己而蝗为鸟食。然捕之何补之言，不可以训。姚相正论，深切事情。卢公伴食中书，所见迂谬，近于妇人之仁，虽清慎有余，未知救灾之要略也！

李绅为汴州节度使。蝗虫入界，不食田苗。文宗赐诏书褒之。（《册府元龟》）

赵莹为晋昌军节度使。天下大蝗，境内捕蝗者，获蝗一斗，给粟一斗，使饥者获济。（《册府元龟》）

宋太宗淳化二年，春正月不雨，蝗。三月乃雨。时连岁旱蝗，是年尤甚。帝手诏宰相曰：朕将自焚，以答天谴。翌日大雨，蝗尽死。（《宋史》）

李迪为翰林学士。时频岁旱蝗，真宗召迪问何以济。迪请发内藏库以佐国用，则赋敛宽。又言陛下土木之役，过往时几百倍。蝗旱之灾，殆天意所以警陛下也。帝深

然之。(《宋史》)

畿内蝗，帝遣人出郊，得死蝗以献。明日，执政袖死蝗进曰：蝗尽矣，请率百官贺。王旦曰：蝗出为灾，弭灾幸也，又何贺？固称不可。后数日，二府方奏事，飞蝗忽蔽天。帝顾旦曰：使百官方贺，而蝗如此，岂不为天下笑耶？(《通鉴纲目》)

仁宗、英宗时，蝗为灾，募民捕，以钱若粟易之。蝗子一升，至易菽粟三升或五升。(《文献通考》)

熙宁八年八月，诏有蝗蝻处，委县令佐躬亲打扑。如地方广阔，分差通判、职官、监司提举，分任其事。仍募人，得蝻五升，或蝗一斗，给细色谷一斗；蝗种一升，给粗色谷二升，给银钱者，以中等值与之。仍委官烧瘗，监司差官覆按。倘有穿掘打扑损伤苗种者，除其税，仍计价，官给地主钱数。(《康济录》)

赵抃知青州，时京东旱蝗，青独多麦。蝗来及境，遇风退飞，尽坠水死。(《宋史》)

司马旦为郑县主簿，吏捕蝗，因缘扰民。旦言：蝗，民之仇，宜听民自捕，输之官。后著为令。(《宋史》)

孙觉调合肥主簿，岁旱，州课民捕蝗。觉言：民方艰食，难督以威，若以米易之，必尽，是为除害而享利也。守悦，推其说下之他县。(《宋史》)

淳熙敕：诸蝗初生，若飞落，地主、邻人隐蔽不言，耆保不即时申举扑除者，各杖一百，许人告报。当职官承报不受理，及受理而不亲临扑除，或扑除未尽而妄申尽净者，各加二等。(《康济录》)

绍兴间，朱子捕蝗，募民得蝗之大者，一斗给钱一百文，得蝗之小者，每升给钱五百文。(害人之物，除之宜早，不可令其长大而肆毒也。捕蝗之小者多给之而勿吝，盖小时一升，大则岂止数石欤？)(《康济录》)

元至元二年，陈祐改南京路治中。适东方大蝗，徐邳尤甚，责捕至急。祐部民丁数万人至其地，谓左右曰：捕蝗虑其伤稼也，今蝗虽盛而谷以熟，不如令早刈之，庶力省而有得。或以事涉专擅，不可。祐曰：救民获罪，亦所甘心。即谕之使散去，两州之民皆赖焉。(《元史》)

顺帝时，秋七月，河南武陟县禾将熟，有蝗自东来。县尹张宽仰天祝曰：宁杀县尹，毋伤百姓。俄而黑鹰飞啄食之。(《康济录》)

观音奴知归德府，廉明刚断。亳州有蝗食民禾，观音奴以事至，立取蝗向天祝之，以水研碎而饮。是岁，蝗不为灾。(《元史》)

明永乐九年，令吏部行文各处有司，春初差人巡视境内，遇有蝗虫初生，设法捕扑，务要尽绝。如或坐视，致令滋漫为患者，罪之。若布、按二司不行严督所属，巡视打捕者，亦罪之。(《康济录》)

宣德五年，遣使捕畿内蝗。谕户部曰：往年捕蝗之使，害民不减于蝗，宜知此弊。因作《捕蝗诗》示之。(《通鉴纲目三编》)

弘治六年，命两畿捕蝗，民捕蝗一斗，给粟倍之。(《通鉴纲目三编》)

朱熊《救荒补遗》有云：天灾不一，有可以用力者，有不可以用力者。凡水与霜，非人力所能为；至于旱伤，则有车戽之利；蝗蝻，则有捕瘗之法。苟可以用力者，岂得坐视而不救哉？为守宰者，当速为方略以御之。(《康济录》)

景仁按：此书增减董煟之所辑，正统间刻，名曰《救荒活民补遗》，万历间复刊以行世。

陈龙正曰：蝗可和野菜煮食，见于范仲淹疏中。崇祯辛巳，嘉湖旱蝗，乡民捕蝗饲鸭，鸭易大且肥。又山中人捕蝗饲猪，旬日间重五十余斤。始知蝗可供猪鸭，物性有宜于此者矣。(《康济录》)

景仁按：《玉堂闲话》：晋天福末，天下大蝗，一农家豢豕十余头，蝻大至，豕跃而啖食之，斯须不能运动。蝻唼啮群豕，豕困顿，若为蝻所杀。或言蝗蝻为战死之士冤魂所化，石晋时死于战者甚众，宜蝗灾连年不解，安能尽以饲豕耶？

国朝李郎中钟份曰：雍正十二年夏，余任山东济阳令，闻直隶河间、天津属蝗蝻生发。六月初一二间飞至乐陵，初五六飞至商河。乐、商二邑羽檄关会。余飞诣济、商交界境上，调吾邑恭、和、温、柔四里乡地，预造民夫册得八百名，委典史防守；班役家人二十余人，在境设厂守候。大书条约告示，宣谕曰：倘有飞蝗入境，厂中传炮为号，各乡地甲长鸣锣，齐集民夫到厂。每里设大旗一枝，锣一面，每甲设小旗一枝。乡约执大旗，地方执锣，甲长执小旗，各甲民夫随小旗，小旗随大旗，大旗随锣。东庄人齐立东边，西庄人齐立西边，各听传锣一声，走一步，民夫按步徐行，低头捕扑，不可踹坏禾苗。东边人直捕至西尽处，再转而东，西边人直捕至东尽处，再转而西。如此回转扑灭，勤有赏，惰有罚。再，每日东方微亮时发头炮，乡地传锣，催民夫尽起早饭；黎明发二炮，乡地甲长领民夫齐集被蝗处所。早晨，蝗沾露不飞，如法捕扑。至大饭时飞蝗难捕，民夫散歇。日午，蝗交不飞，再捕。未时后蝗飞复歇，日暮蝗聚，又捕，夜昏散回。一日止有此三时可捕飞蝗，民夫亦得休息之候。明日听号复然，各宜遵约而行。谕毕，余暂回看守城池仓库。至十一日申刻，飞马报称，本日飞蝗由北入境，自和里抵温里，约长四里，宽四里。余即饬吏具文通报关会邻封，星驰六十里，二更到厂查问，据禀如法施行，已除过半。黎明，亲督捕扑，是日尽灭。遂犒赏民夫，据实申报。飞探北地飞蝗未尽，余即在境提防。至十五日巳刻，飞蝗又自北而来，从和里连温柔两里，计长六里、宽四里，蔽天沿地，比前倍盛。余一面通报关会，一面著往北再探。速即亲到被蝗处所，发炮鸣锣，传集原夫，再传附近之谷生土三里乡地甲长，带民夫四百名，共民夫千二百名，劝励协力大捕。自十五至十六晚，尽行扑灭无余，禾苗无损。探马亦飞报北面飞蝗已尽，又复报明各宪。余大加褒奖，乡地民夫每名捐赏百文，逐名唱给；册外尚有余夫数十名，亦一体发赏。乡地里民欢呼而散。次早，郡守程公亦至彼查看，问被蝗何处，民指其所，守见禾苗如常，丝毫无损，大讶问故。余具以告，守亦赞异焉。（《切问斋义钞》）

陆桴亭载仪曰：今之欲除蝗害者，凡官民士大夫，皆当斋祓洗心，各于其所应祷之神洁粢盛，丰牢醴，精虔告祝，务期改过迁善，以实心实意祈神佑。而仿古捕蝗之法，于各乡有蝗处所，祀神于坛，坛旁设坎，坎设燎火，火不厌盛，坎不厌多，令老壮妇孺操响器、扬旗幡、噪呼驱扑。蝗有赴火及聚坎旁者，是神灵之所拘也，所谓田祖有神，秉畀炎火者也，则卷扫而瘗埋之。处处如此，即不能尽除，亦可渐灭。苟或不然，束手坐待，姑望其转而之他，是谓不仁；畏蝗如虎，不敢驱扑，是谓无勇；日生月息，不惟养祸于目前，而且遗祸于来岁，是谓不智。当此三空四尽之时，蓄积毫无，税粮不免，吾不知其何底止也！蝗秋冬遗种于地，不值雪则明年复生，是年冬大雪深尺，次年蝗复生。盖岩石之下，有覆藏而雪所不及者，不能杀也。四月中，淫雨浃旬，蝗遂烂尽。以此知久雨亦能杀蝗。蝗所过处，悉生小蝗。《春秋》所谓螽也。禾稻经其喙啮，秀出者亦坏。然尚未解飞，鸭能食之。鸭群数百入稻畦中，螽顷刻尽。亦捕螽一法。（《切问斋文钞》）

陆氏曾禹曰：蝗蝻之生，人知之乎？刻剥小民，不为顾恤，地方官吏侵渔百姓之见端耳。在上者以爱民为心，灾之散也，捷若桴鼓，一在修德格天，一在捕瘗除患也。蝗有蒸变而成者，有延及而生者，不知延及而生，实始于蒸变而成。若致力水涯，不容蒸变，祸端绝矣。既成之后，非多人不能扑灭。古人言：法在不惜常平、义仓米粟，博换蝗蝻，虽不驱之使捕，而四远自辐辏矣。倘克减迟滞，则捕者气沮。诚哉是言也！故将蝗之始末盛衰，条分于后，以十所阐发蝗之生灭，以十宜细说蝗之可除。知之详则治之切耳！

蝗之十所

1. 蝗之所自起，必先见于大泽之涯及骤盈骤涸之处。崇祯时，徐光启疏以蝗为虾子所变而成，确不可易。在水常盈之处，则仍又为虾。惟有水之际，倏而大涸，草留涯际，虾子附之，既不得水，春夏郁蒸，乘湿热之气，变而为蝻。故涸泽有蝗，苇地有蝗也。

2. 蝗之所由生。蝗既成矣，则生其子，必择坚垎黑土高亢之处，用尾栽入土中，其子深不及寸，仍留孔窍，势如蜂窝。一蝗所下十余，形如豆粒，中止白汁，渐次充实，因而分颗，一粒中即有细子百余。盖螟之生也，群飞群食，其子之下也必同时同地，故形若蜂房，易寻觅也。

3. 蝗之所最盛而昌炽之时，莫过于夏秋之间。其时百谷正将成熟，农家辛苦拮据，百费而至此，适与相当，不足以供一啖之需，是可恨也。（按：蝗性向阳，辰东午南暮西。宜顺螟性，按向逐之，否则多费人力，剿除无序，必致蔓延。）

4. 蝗之所不食。蝗所不食者，豌豆、绿豆、豇豆、大麻、苘麻、芝麻、薯蓣及芋、桑，水中菱、芡。若将秆草灰、石灰二者等分为细末，或洒或筛于禾稻之上，蝗则不食。

5. 蝗之所自避。良守之所在，蝗必避其境而不入。牧民者果能以生民为己任，省刑罚，薄税敛，直冤枉，急赈济，洗心涤虑，虽或有蝗，亦将归于乌有而不为害矣！

6. 蝗之所宜祷。蝗有祷之而不伤禾稼者，祷之未始不可。如祷而无益，徒事祭拜，坐视其食苗，不亦可冷齿耶！

7. 蝗之所畏惧。飞蝗见树木成行，或旌旗森列，每翔而不下。农家若多用长竿挂红白衣裙，群然而逐，亦不下也。又畏金声炮声，闻之远举。鸟铳入铁砂或稻米，击其前行。前行惊奋，后者随之而去矣（以类而推，爆竹、流星、红绿纸旗皆可用）。

8. 蝗之所可用。蝗若去其翅足曝干，味同虾米，且可久贮而不坏。以之食畜，可获重利（蝗性热，积久而后用）。

9. 蝗之所由除。蝗在麦田禾稼深草之中者，每日清晨尽聚草梢，食露体重，不能飞跃。宜用箬箕、栲栳之类，左右抄掠，倾入布囊，或蒸或煮，或捣或焙，或掘坑焚火倾入其中。若只掩埋，隔宿多能穴地而出。蝗在平地上者。宜掘坑于前，长阔为佳，两旁用板或门扇等类，接连八字摆列。集众发喊，手执木板，驱而逐之，入于坑内。又于对坑用扫帚十数把，见其跳跃往上者，尽行扫入，覆以干草，发火烧之。然其下终是不死，须以土压之，过一宿乃可。一法先燃火于坑内，然后驱而入之。《诗》云："秉畀炎火"是也。蝗若在飞腾之际。蔽天翳日，又能渡水，扑治不及。当候其所落之处，纠集人众，各用绳兜兜取，盛于布袋之内，而后致之死（以上三种之蝗既死，仍集前次用力之人，异向官司，或钱或米，易而均分）。

10. 蝗之所可灭。有灭于未萌之前者。督抚官宜令有司查地方有湖荡水涯及乍盈乍涸之处，水草积于其中者，即集多人，给其工食，侵水芟刈，敛置高处，待其干燥以作柴薪。如不可用，就地烧之。有灭于将萌之际者。凡蝗遗子在地，有司当令居民里老时加寻视。但见土脉坟起，即便去除，不可稍迟时刻，将子到官易粟听赏。有灭于初生如蚁之时者。用竹作搭，非惟击之不死，且易损坏。宜用旧皮鞋底，或草鞋旧鞋之类，蹲地捆搭，应手而毙，且狭小不伤损苗种。一张牛皮可裁数十枚，散于甲头，复可收之。闻外国亦用此法。有灭于成形之后者。既名为蝻，须开沟打捕，掘一长沟，沟之深广各二尺。沟中相去丈许，即作一坑，以便埋掩。多集人众，不论老幼，沿沟摆列，或持扫帚，或持打扑器具，或持铁锸，每五十人用一人鸣锣，蝻闻金声，则必跳跃。渐逐近沟，锣则大击不止，蝻惊入沟中，势如注水，众各用力，扫者自扫，扑者自扑，埋者自埋，至沟坑俱满而止。一村如此，村村若此，一邑如是，邑邑皆然，何患蝻之不尽灭也？

捕蝗十宜

1. 宜委官分任。责虽在于有司，倘地方广大，不能遍阅，应委佐贰、学职等员，资其路费，分其地段，注明底册，每年于十月内令彼多率民夫，给以工食，芟除水草于骤盈骤涸之处及遗子地方，搜锄务尽。称职者申请擢用，遗恶者记过待罚。

2. 宜无使隐匿。向系无蝗之地，今忽有之，地主、邻人果即申报，除易米之外，再赏三日之粮。如敢隐匿不言，被人首告，首人赏十日之粮，隐匿地主，各与杖警。即差初委官员速往搜除，无使蔓延获罪。

3. 宜多写告示，张挂四境。不论男妇小儿，捕蝗一斗者，以米一斗易之。得蝻五升者，遗子二升者，皆以米三斗易之，盖蝻与遗子小而少故也。如蝗来既多，量之不暇遍，秤称三十斤作一石，亦古之制也，日可称千余斤矣。惟蝻与子不可一例同称，当以朱文公之法为法。

4. 宜广置器具。蝗之所畏服者，火炮、彩旗、金锣及扫帚、栲栳、筲箕之类。乡人一时不能备办，有司当为广置，给与各厂社长，分发多人，令其领用，事毕归缴，庶不徒手彷徨。此即工欲善其事，必先利其器之意也！

5. 宜三里一厂，为易蝗之所。令忠厚温饱社长、社副司之，执笔者一人，协力者三人，共襄其事。出入有簿，三日一报，以凭稽察。敢有冒破，从重处分。使捕蝗易米者，无远涉之苦，无久待之嗟，无挤踏之患。

6. 宜厚给工食。凡社长、社副、执笔等人，有弊者既当重罚，无弊者岂可不赏？或给冠带，或送门匾，或免徭役，随其所欲而与之。其任事之时，社长、社副、执笔者共三人，每日各给五升；斛手二人，协力者一人，每日共给一斗。分其高下，而令人乐趋。

7. 宜急偿损坏。因捕蝗蝻，损坏人家禾稼，田地既无所收，当照亩数除其税粮，还其工本，俱依成熟所收之数而偿之。先偿其七，余三分，看四边田邻所收而加足，勿令久于怨望。

> 景仁按：踹损田禾，给价若干。为期尚早，可种晚禾，每亩给银若干；补种不及，每亩给米若干，给发不可迟吝。乾隆十六年奉有谕旨。

8. 宜净米大钱。凡换蝗蝻，不得掺和秕谷糠秕。如或给银，照米价分发，不许低昂。如若散钱，亦若银例，不许加入低薄小钱。巡视官应不时访察，以辨公私。

9. 宜稽察用人。社长、社副等有弊无弊，诚伪何如，用钟御史拾遗法以知之。公平者立赏，侵欺者立罚。周流环视，同于粥厂，其弊自除。

10. 宜立参不职。躬亲民牧，纵虫杀人，倪若水见诮于当时，卢怀慎贻讥于后世。飞蝗尚不能为之灭，饥贼奚能使之除？司道不揭，督抚安存？甚矣！有司之不可怠于从事也。凡欲行捕蝗之法，不外严责有司，厚给捕者而已。官易于励民，民亦乐于从官。（《康济录》）

　　景仁谨按：陆佃云：蝗首腹背皆有王字。蔡邕曰：蝗，螣也。鱼子在水中化为之。《述异记》云：江中鱼化为蝗而食五谷。《太平御览》云：丰年蝗变为虾。或云蝗有二须，虾化者，须在目上，蝗子入土孳生者，须在目下，可以此辨之。其初生如米粟，不数日大如蝇，能跳跃群行，是名蝻。又数日群飞而起，是名蝗。又数日孕子于地，子十八日复为蝻，蝻复为蝗。且蝗生即交，交即复生，循环相生而不穷。所止之处，喙不停啮，片草不存。一落田间，顷刻千亩皆尽。故《易林》名为饥虫，《虫志》谓之天虫，徽州俗呼横虫。历观春秋至胜国，蝗灾书月者，一百一十有一，书四月者十九，书五月者二十，书六月者三十一，书七月者二十，书八月者十二。大抵盛于夏秋之交，余月或一或二或三而已。其种类多，其滋息广，为害最烈。非殄灭之无遗育，则蝗食禾而民无食矣。然蝗之为虫，蠢也而甚灵。其飞也，有至有不至。即所至之处，有食有不食，虽田畴在一处，划然有此疆彼界之分，是必有神主之矣。《京房易传》云：蔽恶生孽，虫食心，德无常，兹谓烦。虫食叶，臣安禄，兹谓贪。厥灾虫食根，与东作争，兹谓不时。虫食节，古来循良如卓、宋诸君子，蝗不入境。固见爱民之官，诚心能格异类，即义士孝子，亦往往保佑而谨避之。如宋贺德邵拾遗金二百两，留三日，还其人。后宰临邑，遇旱赈济，活数万人。邻境蝗蝻云涌，临邑独无。《陈留耆旧传》曰：高式至孝，尽力供养。永初中，螟蝗为灾，独不食式麦。明顾仲礼事母至孝，岁凶，负母就养他郡，七年始归。时蝗遍野，食其田苗。仲礼泣曰：吾将何以为养母之资乎？言未已，狂风大起，蝗尽吹散。其保全孝义如此。万历四十四年六月，丹阳有蝗从西北来，民争刲羊豕祷于神。有蒲大王者尤灵异，凡祷之家，只啮竹树荻芦，不及五谷。有朱姓牲醴悉具，见蝗已过，遂止而不祷。须臾蝗复集朱田，凡七亩尽啮而去，邻苗不损一颗。其事亦甚可异。王安石罢相镇金陵，飞蝗自北而南，往江东诸郡。刘贡父书一绝以寄云：青苗免役两妨农，天下嗷嗷怨相公。惟有蝗虫偏感德，又随台斾过江东。新法纷扰，小民怨咨，荆公身之所莅，蝗辄相随，戾气所感也。然则蝗之至与不至，食与不食，若或潜驱默率以彰旌别淑慝之权，气数也，而有义理宰乎其中焉。顾天心仁爱，出灾害以警惧之，未尝不许其悔过自新。则遇蝗而官修厥政，民省厥躬，然后祷于本境山川城隍里社历坛与夫田祖之神，以祈保佑而速殄除，宜也。神有恫于民而民不知，则傅翼于物以示谴责，神降灾于物而民知悔，则假手于民以妙驱除，无非仁爱斯民之心已矣！古来有长吏虔祷而蝗即他徙，或得大雨蝗尽死，或鸟数万食蝗殆尽者，若可不扑自灭，而或德化未能如彼之醇，恐感应亦未必如斯之捷。此扑捕之法不可不讲也！捕之之法，或持扫帚，或持铁锸，揭旗鸣锣，噪呼驱逐，或设燎火，开沟掘坑，埽而纳之，尽杀乃止。观欧阳文忠《答朱寀捕蝗诗》有云：既多而捕诚未易，其失安在常由迟。可不遏之早而歼之尽乎？夫捕蝗之事，力出于民，而责成在官。宋钱穆甫令如皋，米元章令雍邱，因临县牒请，批词游戏，博取笑乐，诿之于天。骋才而罔知警惕，不足道也。前代捕蝗不力，处分綦重，功令尤属森严。查康熙四十八年覆准：州县卫所官员，遇蝗蝻生发，不亲身力行扑捕，借口邻境飞来，希图卸罪者，革职拿问。该管道府布政司使督抚不行察访严饬催捕者，分别降级留任。协捕官不实力协捕，以致养成羽翼，为害禾稼者，革职。州县地方遇有蝗蝻生发，不申报上司者，革职。道府、布政使不详报上司，分别降级调用。督抚不行题参，降一级留任。乾隆十六年覆准：凡有蝗蝻地方，文武员弁合力搜捕，应时扑灭者，应行文该督察明具题，准其纪录一次。十八年谕：嗣后州县官遇有蝗蝻，不早扑除，以致长翅飞腾贻害田稼者，均革职拿问。著为令。其有所费无多，自行捐办，而实能去害利稼者，该督抚据实奏请议叙。其已动公项，而仍滋害伤稼者，奏请著赔等因。钦此。又谕：向来督抚往往以该道府前经节次督催见在揭报情由，于本内声叙，遂得邀免处分，以致道府玩视民瘼，并不留心督察。嗣后州县捕蝗不力，将道府一并题参交部议处。该督抚等不得有心姑息，于本内滥为声叙，以为宽贷之地等因。钦此。三十五年谕：嗣后捕蝗不力地方官，并就现有飞蝗之处，予以处分，毋庸查究来踪，致生推诿。著为令等因。钦此。仰见宸衷轸念虫灾，惟恐有司惰于搜捕，是以赏罚分明，兼责成监司方面大员实力督催，并绝其互相推诿之弊。凡膺司牧，恪凛官箴，仰体仁主爱民之至意，勤求前贤救患之良谟，庶群生咸臻康阜矣！

十、《捕蝗汇编》

（清）陈僅编述

道光二十五年（1845年）重刻本

注：陈僅，字余山，浙江鄞县人，官至陕西宁陕厅同知。撰此书时，为陕西紫阳县知县。本文选自李文海等主编《中国荒政书集成》第5册，天津古籍出版社2010年版。

（一）恭录圣祖仁皇帝御制捕蝗说

尝读《诗》至《大田之什》，曰："去其螟螣，及其蟊贼，无害我田稚。田祖有神，秉畀炎火"，则知古人之恶害苗也，甚矣。注曰："食心者螟，食叶者螣，食根者蟊，食节者贼。"昔人又云："此四虫皆蝗也，而实不同，故分别释之。"且蝗之种类最易繁衍，故其为灾在旬日之间。夫水旱固所以害稼，或遇其年，禾稼被陇，可冀有秋。乃蝗且出而为灾，飞则蔽天，散则遍野。所至食禾黍苗尽复移，茕茕小民，何以堪此？古人欲弭其灾，爰有捕蝗之法。朕轸念民食，宵旰不忘。每于岁冬即布令民间，令于陇亩之际，先掘蝗种。盖是物也，除之于遗种之时，则易除之；于生息之后，则难除之。于跳跃之时，则易除之；于飞扬之后，则难除之。于稚弱之时，则易除之；于长壮之后则难。当冬而预掘蝗种，所谓去恶务绝其本也。至不能尽除而出土，其初未能远飞，厥名曰蝻。是当掘坑举火，以聚而驱之，歼之。昔姚崇遣使捕蝗，以诗人"秉畀炎火"之说为证，夜中设火，火边掘坑，且焚且瘞。盖祖诗人遗意也。又晨兴日未出时，露气沾濡，翅湿而不能飞，掘坑以驱之尤易为力。汉平帝时，诏捕蝗者诣吏，以斗石受钱。朕区画于衷，务弭其害。每岁命地方官吏督率农夫，于冬则掘蝗蝻之种，毋俾遗育于土中。或时而为灾，则参用古法，多方以扑灭之计。其所捕多寡，给钱以示劝赏。古人有言曰："螟蝗，农夫得而杀之，为其害稼也。"以是观之，捕蝗之事，由来旧矣。但自古有治人，无治法，惟视力行何如耳。苟奉行不力，虽小灾亦大为民患，朕故详指其义，为说以示之。

（二）捕蝗八论

1. 论化生之始

一系鱼虾遗子所化。凡水涯泽畔，骤盈骤涸之处，鱼虾遗卵，留集草丛湿土，黄色者系鱼子，青色者系虾子。次年春，水涨及其处，则为鱼为虾，洳泳而去。若水漫不及，湿热郁蒸，即变为蝻子。越十数日，生翅而成蝗矣。大约在立夏一个月前后方生，不可失时。

任昉《述异记》云：江中鱼化为蝗，而食五谷。段成式《酉阳杂俎》云：蝗虫首有王字，不可晓。或言鱼子变，近之。陆佃《埤雅》云：蝗，鱼卵所化。《列子》鱼卵之为虫是也。《太平御览》云：丰年蝗变为虾。罗愿《尔雅翼》言：虾好跃，蝻亦好跃。一僧云：蝗有二须。虾化者，须在目上。蝗子入土孳生者，须在目下。以此可别。谨案：鱼卵最为难化，虽烹熟食之随粪而出，终不腐烂。惟经火不能复生耳。古产鱼之邑，宜示民，食鱼者必并卵食之，不可弃之于地。

一为飞蝗遗孳所滋。蝗至生翅能飞，腹中子已盈满，不得不下。其性喜燥，恶湿，下子多在山脚土冈坚硌黑土高亢之地。以尾锥入，深不及寸。一生九十九子。盖蝗性群飞群食，其生子亦同时同地。固地上必有数孔，窍如蜂房，易寻觅也。

一说蝗至无高阜处，间于低洼湖滩之干实土中生子。次年遇春水，亦变为鱼虾，此亦不可不知。至如《酉阳杂俎》所言，蝗虫腹下有梵字，或自忉利天梵天来者。西域僧验其字，作木天坛法禳之。此特神其说，不足信也。

2. 论孳生之形（附占验）

蝻子初生，大如米豆，中止白汁，贯串如球。一交春令，浸次充实，因而分粒。一粒中即有细子百余。十八日出土，其形如蚁，尚粘连成片。不三日即大如蝇，能跳跃群行，是名为蝻。又七日，大如蟋蟀。又七日，即长鞍起翅，成蝗而飞。数日后复孕子于地。十八日复为蝻，复为蝗，循环相生，支蔓不绝。种子在夏，则本年复生，在秋则患延来岁。每年自四月至八月，能生发数次。性又最巧，能结聚成团，滚渡江河。其伤百谷，必于其要害之处。此害之所以大也。

陈芳生曰：夏月之子易成，八日内遇雨则烂坏。否则至十八日生蝗矣。冬月之子难成，至春而后生蝻。故遇腊雪春雨则烂坏不成。亦非能入地千尺也。

一说蝻子初生入土，先后各有一蛆，一引一推，使之深入。春气发动，则转头向土。先后二蛆，仍一引一推。拥至出土，二蛆皆毙。谨案：蝗之孳生虽众，然其始生出土，必十余日始能高飞。苟竭力豫捕，不难尽歼。故蝗自外来，猝不及防，且有寡不敌众之势。而自本境内生者，尚易于为力。若夫天心仁爱，又常先几垂象，俾下民防患于未萌。试占诸五行，博采诸本处更事老农之口语，十已可预得其五六。是视在上者虚心实政为何如耳。

附占验诸法。《吕氏春秋》仲春行夏令，则虫螟为害。又孟夏行春令，则蝗虫为灾。又仲夏行春令，则百螣时起。又仲冬行春令，则蝗虫为败。

《田家杂占》：自正月至五月朔皆有大雨，主人饥，蝗起。师旷占：春辰巳日雨，蝗虫食禾稼。杨泉《物理论》：正月朔旦有青气杂黄，有螟虫。赤气，大旱。黑气，大水。《便民书》：正月元日有霞气，主虫蝗，蚕少，妇人灾，果蔬盛。《陶朱公书》：二月朔日值惊蛰，主蝗虫。又惊蛰前后有雷，谓之发蛰。雷从巽方来，主蝗虫。又三月朔日风雨，主人灾，百虫生。有雷，主五谷熟。《群芳谱》：四月十六日立一大竿，量月影。月当中时，影长五尺，主夏旱；四尺，蝗；三尺，饥。《田家五行占》：六月内有西南风，主生虫，损稻（《陶朱公书》同）。《四时占候》：六月雷不鸣，蝗虫生。

3. 论潜匿之地

芦洲苇荡，洼下沮洳，上年积水之区。高坚黑土中，忽有浮泥松土坟起。地觉微潮，中有小孔如蜂房，如线香洞。丛草荒坡停耕之地。崖旁石底，不见天日之处。湖滩中高实之地。蝗性畏雨，如遇骤雨，必潜避于草根石罅。此时急宜冒雨捕捉，不可妄希天幸。一俟晴霁，即飞扬矣。

谨案：道光十六年湖北蝗患。传闻亦由水边岩石罅中潜伏之蝗而起。江行之人，多见者。又是年汉阴厅蝻孽，皆孳于路畔种落花生浮沙地内。至次年，居民掘挖花生得之。报官力捕，遗孽顿尽。始知蝻孽无地不可潜藏。查十六年十月间案奉陕西藩宪牛札，据商州禀称，所捕蝻子，不惟松浮熟地比比皆有，而沙滩河坝，遗种尤多。要在随处搜寻，不必拘执等因。可见古人所论，亦但举一隅，切勿借口成言，转为所误。

又案：蝗虫遗子，一交寒露，百虫咸伏，其子在土，但能直下，不能旁行。一日三寸，三日九寸。入土尺余，伏而不动。必至次年惊蛰，始能举发。其性畏雪，有雪深一尺，蝗入一丈之语。若其地频为雪压，蝻子入土深厚，交春求出不能，即毙于穴内。至石穴崖厂，雪所不到之处，终不能杀。陆桴亭《除蝗记》后语可证。所当告戒小民，不可泄视。

再案：贾思勰《齐民要术》云：冬雨雪止，辄以蔺之。掩地雪勿使从风飞去。后雪复蔺之，则立春保泽，冻虫死。来年宜稼。田虽薄恶，收可亩十石。此法最妙。如冬雪不厚，更当依用，不容忽也。

4. 论最盛之时

蝗虫最盛，莫过于夏秋之间。地脉松湿，天气炎蒸。入土蝻子，旬日便能生发，较春时更速。当是时，农夫之血汗已竭，一过而靡有子遗；芒种之节候已逾，百谷则莫能栽补。况蝗之为害，常与旱并。小民各保己田，谁肯借力？骄阳长日，更易乏疲。自非晓以利害，鼓以重赏，躬亲督率，欲除患于已成，难矣。

谨案：蝗灾尤畏秋后。《田家五行占》云：六月内有西南风，主生虫损稻。秋前损根，可再抽苗。秋后损者，不复生矣。谚云：秋前生虫，损一茎，发一茎。秋后生虫，损了一茎，无了一茎。其害盖弥迟大也。陈芳生曰：案春秋至于胜国，蝗灾书月者一百一十有一。内书二月者二，书三月者三，书四月者十九，书五月者二十，书六月者三十一，书七月者二十，书八月者十二，书九月者一，书十二月者三。是最盛于夏秋之间，与百谷长养成熟之时正相值，故为害最广。

又案：隔岁复发之蝗，实有蛰蝗、种蝗之异。观湖北蝗患，可知惟蛰蝗之发最早（《宋史》纪于二月），种蝗稍迟（《汉书》纪于三月），本年之初蝗尤迟，则多在四月以后耳。

5. 论不食之物

王祯《农书》曰：蝗不食芋、桑，与水中菱、芡。或言不食绿豆、豌豆、大麻、苘麻、芝麻、薯蓣。吴遵路（宋人，明道末知通州），知蝗不食豆苗，且虑其遗种为患，广收豌豆，教民种植。次年三月、四月，民大获其利。

谨案：蝗不食蚕豆，亦见《农政全书》。陆曾禹又加以豇豆，当补入。

考《吕氏春秋》云：得时之麻，必芒以长，疏节而色阳，小本而茎坚，厚枲以均，后熟多荣，日夜分复生，如此者不蝗。得时之菽长而短足，其美二七以为族，多枝数节，竞叶蕃食。大菽则圆，小菽则抟，以芳称之。重食之息以香，如此者不虫。是蝗螟诸虫之不食麻豆，自古有征矣。

又案：《群芳谱》云：蝗蝻为害，草木荡尽，惟番薯根在地，荐食不及。纵使茎叶皆尽，尚能发生。若蝗信到时，急发土遍壅，蝗去之后，滋生更易，水旱不伤。是天灾物害皆不能为之损。人家凡有隙地，但只数尺，仰天见日，便可种，得石许。此救荒第一义也。盖番薯与芋子、薯蓣，同埋土中，故蝗皆不食，其理甚明。而农书及历来蝗灾条议皆未之及。因谨录俟采（僅任紫阳，劝民种番薯，著有《艺稰集证》一书，俟续刊）。

《农政全书》曰：用秆草灰、石灰等分为细末，或洒或筛于禾稻之上，蝗即不食。史侍御茂条议曰：每用水一桶，入芝麻油五六两（无芝麻油，他油亦可），帚洒禾巅，蝗亦不食。又一法，于上风处所烧石灰，使烟气被于禾稻之上，蝗即不食。烟气既高，蝗自远避。

谨案：三法园蔬亦可用。此法由来已久。案《周礼·秋官》翦氏掌除蠹物，以莽草熏之。注：莽草杀虫者，以熏之即死。赤犮氏掌除墙屋，以蜃灰攻之，以灰洒毒之。注：蜃，大蛤也。捣其灰以坋之，则走。淳之以洒之，则死。蝈氏掌去蛙黾，焚牡鞠，以灰洒之，则死。以其烟被之，则凡水虫无声。《周官》无除蝗之政，而于此三职引其端。圣人百物而为之备，孰谓有遗政哉？又案：《氾胜之书》曰：牵马令就谷堆食数口，以马践过为种，无蚼蛾等虫也。此法甚奇，附志于此。

6. 论所畏之器

飞蝗见树木成行，或旌旗森列，每翔而不下。农家若多用长竿，挂红白衣裙，群然而逐，亦不下也。又畏金声、炮声，闻之远举。鸟铳入铁砂或稻米，击其前行。前行惊奋，后行随之而去矣。又飞蝗过多，扑捕不及，应于田间牵一长绳，上系铜铃，一人挽绳摇动声响，可驱之使去。如未落地，则鸣锣放枪，群驱之，自不复为灾（此一条见王凤生《永城捕蝗事宜》）。

陆曾禹曰：欲逐飞蝗，非此数法不可。以类而推，爆竹、流星，皆其所惧。红绿纸旗，亦可用也。谨案：世间动物，虽至神灵，必有所嗜欲与所畏忌。此天地所予人以制物之柄也。如蛟龙畏铁而忌虎，故沉铁以驱龙。铸铁作牛，可以捍水。而扰龙之法，用长绳缒虎骨于龙潭，则澍雨立沛（事亦见东坡诗中）。此条合上"蝗所不食之物"条。观之古圣人所以类万物之情，通神明之德，不外是矣。

7. 论应祷之神

捍御蝗螟，原有专司之神。刘猛将军专事捍蝗，血食已久。各地方素有忠正卫民捍灾之神，又俱例有专祭。平日务敬谨祭祀，以邀格飨。临时更宜祈祷，以冀默助（见《安徽捕蝗章程》）。

谨案：捕蝗有政，如专恃神助，岂非大愚？然伊祈大蜡，飨及昆虫。《尔雅·大田》神称田祖。《周礼·族师》：春秋祭酺。注：酺为人物灾害之神。翦氏掌除蠹物，以攻禜攻之。注：攻禜，祈名。自汉魏以下，有百虫将军柏翳之祀。宋人立蚼蛾庙。胜国以来，祀刘猛将军。今载在《祀典》，不可废也。至本邑社稷、山川、城隍、八蜡等神（乾隆十八年，曹侍御秀先有请捕蝗先行蜡祭疏），皆所祈飨。里社土神，则百姓祈之。闻他省有祷文昌、泰山者，各著灵应。《常州府志》载驱蝗使者金姑娘娘事。陆曾禹亦记丹阳祀蒲大王事未宜，竟付诸茫渺矣。

又案：《大清一统志》云：刘猛将军，名承忠，广东吴川人。元末官指挥有功，适江淮飞蝗千里，挥剑逐之，蝗尽死。后殉节投河，民祀之（案：《坚瓠集》引《怡庵录》所载宋景定敕，以为宋江淮制置使刘锜。《苏州府志》谓是锜弟锐。又一说以为宋刘宰，字平国，金坛人。皆杜撰，不足据）。《畿辅

《通志》云：本朝雍正二年，总督李维钧以神灵迹显著，奏请所在官司以仲春、仲秋戊日祭之。道光十六年正月邸抄，广西省蝗蝻发生，抚宪惠率各官诣刘猛将军庙撰文祈祷。当起西北大风，飞蝗抱竹衔草，自行僵毙。随通饬建庙，并专折奏请钦颁匾额，以答灵贶。是年，陕西省南山各属蝗生，奉藩宪牛札饬设位祷祈，亦有飞鸟啄食、抱草自僵之异。嗣奉通饬建庙，春秋祭告等因在案。

8. 论捕获之利

多捕蝗虫，去其翅足，或用水撩，或用甑煮，焙晒极干，和野菜煮食，味如虾米。惟性近热，贮久后用更佳。以养猪，易肥且大。呈之于官，并获重赏。

陈龙正曰：蝗可和野菜煮食，见于范仲淹疏中（案：是庞籍疏中语）。崇祯辛巳年，嘉湖旱蝗。乡民捕蝗饲鸭，鸭最易大而且肥（案：亦可饲鸡）。又山中人养猪，无钱买食，捕蝗以饲之。其猪初重止二十斤，旬日之间至五十余斤。始知蝗可供猪鸭。此亦世间之物，性有宜于此者矣。

陈芳生曰：唐贞观二年夏，蝗。民蒸蝗，曝干，扬去翅足而食之。食蝗之事，载籍所书不过二三。乃今东省畿南，用为常食，登之盘餐。臣常治田天津，适遇此灾。田间小民不论蝗蝻，悉将煮食。城市之内，用相馈遗。亦有熟而干之鬻于市者，数文钱可易一斗。啖食之余，囤积以为冬储，质味与干虾无异。食此者至今无恙。既明知虾子一物，在水为虾，在陆为蝗，则终岁食蝗，与食虾无异，不必疑虑矣。

（三）捕蝗十宜

1. 宜广张告示

(1) 定蝗价。不论男妇小儿，捕蝗一斗者，以米一升易之。捕能跳跃蝻子一升者，以米二升易之。方出土成形，未能跳跃者，一升易米三升。如挖得土内未成形蝻子一升者，破格易米一斗。零星呈易，准此发价，毋得揢勒稽延。如蝗来过多，不能遍量，秤三十斤作一石。蝻与子不可一例同秤，当以朱子之法为法。

陈芳生曰：给粟以得蝗之难易为差，无须预定。王凤生曰：蝗捕将竣，则捕蝗者愈难。欲净尽根株，自当酌增买价。第须查验本地各处蝗蝻实系稀少，卖者已属无多，方可加价。否恐网取邻蝗赚卖，将不胜其应矣。

(2) 合人力。小民私情不一，蝻孽既萌，颛愚罔知利害，有恐捕蝗践踏田禾，匿不报官者；有妄冀蝗害不及，不肯出力者；有己田虽有蝻孽，目前为害甚微，望其生翅远飞，贻害他方，以免己累者；有己田微有伤损，或田业不多，遂生怄忌心，但护己田，不肯合助者。必明白晓谕，并申明损禾给价之例，俾知合力同心，踊跃从事。

（3）专责成。往年江南《安徽捕蝗事宜》有设立农长以专责成之法。他省未设农长，自应专责乡约、保长、牌甲等人。必明立章程，示以赏罚，其有隐匿不报，迁延不捕者，罪在必惩。咸使周知，以便使之速派人夫，齐集捕捉。

（4）戒畏葸。蝗虫之来，愚民呼为神虫，但事祈祷，不敢捕扑，以为扑则益多，且有后祸。不知秉畀炎火，圣人岂有欺人之语？驱蝗有神，若人能助神以驱之，神正有借于人力，何至降祸？告示中务须剀切晓解，使知捕蝗之利、不捕之害。其有怯葸不悟者，当谕以福归吾民，祸归邑宰，矢天日以信之。亦因愚而导之一法也。

2. 宜分派委员

（1）委官员。除飞报邻封协捕外，州邑地方广大，一身不能遍及，应委佐杂、学职、营弁，资其路费，分其地段，注明底册，每年冬春两次，轮委搜查。如猝报蝗起，印官赴捕，或蝗非一处，即相机分委，察其勤惰，分别据实申请上宪，记功记过。

（2）委乡保、农长。未起则饬令分段搜挖，将起则饬令编齐人夫，整备器具，以俟有警，一呼而集。一铺不足，则委附近乡保、农长，四面齐赴，协力围剿。所谓捕蝗如捕盗，当不分畛域，灭此朝食也。

> 谨案：乡地集夫，最多弊窦。乾隆十七年周侍御焘疏云：有业之民，或本村无蝗，往别村扑捕，惟惧抛荒农务，往往嘱托乡地，勾通衙役，用钱买放免，一二人为卖夫，一村为卖庄，乡地衙役饱食肥囊。再往别村，仍复如故。若无业奸民，则又以官差捕蝗，得口食工价为己利，每于山坡僻处，私将蝻种藏匿，听其滋生，延衍流毒。待应差拨捕之时，蹂躏田畴，抢食禾穗，害更甚于蝗蝻云云。此等情弊，不可不预为禁防。

（3）委绅士。派夫督捕乡保之事，要其中良莠不齐，须择贤绅士为乡里尊信者数人，或各处代官晓谕，或察捕务之勤惰，或司厂局之出入，假以事权，待以优礼，俾乡保胥役知所畏惮，不敢欺匿。

（4）委至亲子侄。告谕虚文，不如恭亲率作。小民畏祸不前，惟亲率子侄辈至蝗蝻处所，首先捕扑为倡，则愚民自不令而从。惟不可使盗弄威福耳。

3. 宜多设厂局

（1）于有蝗各乡适中之地，择附近寺庙公所，设厂数处，为易蝗之所。以多为妙，就近收买，使人易于为力。令忠厚温饱绅士社正副等，或亲信、家属、宾友司之。各带斗一个、升子一个、秤一杆，执笔者一人（醇谨书吏），协力者三人，共襄其事。即于该厂就近处所住宿，以免往返迟误。出入有簿，三日一报，以凭查验。使捕蝗易米者，无远涉之苦，无久待之嗟，无挤踏之患。司厂者不得擅作威福，不得冒破钱粮，不得勒索指延，不得萎靡怠惰。印官每日周流往来各厂，以稽察之。切勿怯暑深居，一切委诸他人，致成虚应。

陈芳生曰：先儒有言，救荒莫要乎近其人。假令乡民去邑数十里，负蝗
易米，一往一返，即二日矣。蝗盛时幕天匝地，一落田间，广数里，厚数
尺，行二三日乃尽。此时蝗极易得，官粟有几，乃令人往返道路乎？若以金
钱近其人而易之，随收随给，即以数文钱易蝗一石，民犹劝为之矣。

（2）挖捕在冬春之交，捕蝗多在夏令，人夫日夜不得休息，又当严寒酷热之时，
纵得钱米，亦难谋食。宜于附近厂内，代为煮粥，或备馒首面馍等食。更于所雇夫
内，量点数名运送姜汤、凉水，以济其饥渴。（此条见《安徽捕蝗章程》。盖仿过御史
之法而去其弊者。）

4. 宜厚给工食

（1）厂中人役任事之时，司厂及执笔者，每日各给官斗米五升。斛手二人，协力
一人，每日共给一斗。分其高下，令人乐趋。

（2）查安徽捕挖蝗蝻章程，每夫一名日给官斗米一升，挖掘未出土之蝻子，照向
例酌减，每斗给钱二钱。已出土跳跃成形及长翅飞腾者，每斗给钱二十文。他省亦大
略仿此，或增或照，相时酌定。

谨案：此系指官中雇夫捕蝗，既日发口食，故蝗价酌减，与乡保民人自
捕呈易者不同。

（3）乡保农长，有拨夫督捕之责。虽系在公，未便令枵腹从事。应自扑捕之日
起，至扑尽日止，每日优给夫价二名，以资口食。

（4）委员夫役饭食，印官照赈荒例发给。至印官下乡住宿食用，一切官自备办。
夫役官给口食，不许胥吏、乡保科派累民，违者究惩。

谨案：乡民缴蝗例价片刻不发，即浸至离心。书役办事口食一日不敷，
即有所借口。故虽两袖清风，必当多方措置，免致临时周章，枉招物议。如
邑中义士有自愿捐资者，听之。但不可借端苛派耳。

又案：地方官捕蝗，随从人多。凡差役、轿夫，应各制牛皮巴掌，或旧
鞋底一方，给与随带。谕令见即扑打，以钱收买。既增人力，而于口食帮贴
不无小补（此条参用王凤生《永城捕蝗事宜》）。

5. 宜明定赏罚

（1）各处乡保、农长等，遇有蝻孽萌动，随时报官，捕除净尽，春夏不致长发
者，地方官给与花红、酒醴，以酬其劳。如实系持身廉洁，一无滋扰，办事明敏，勤
劳懋著者，给匾示奖。捕扑外来飞蝗出力者，事定后亦酌量给奖。如怠玩不行巡查挖
捕，或恐派夫扑打及官役下乡受累，隐匿不报，以致生蝗为患，一经发觉，除重惩

外，先用小枷押赴有蝗处所带枷罚捕，事定后分别治罪，捕蝗不力者同。

（2）向系无蝗之处，今忽有之，乡保、地主、邻人即时迅速呈报者，除易米外，另给赏钱。隐匿不报，首告者赏。乡保、地主等各予杖警。隔境乡保首先查出申报者，查实重赏。

（3）拨夫捕蝗，事定后一体给赏。有勤奋出众者，随时记名，额外加犒。如有应募受值，但虚应故事，日领钱文，因以为利，即时重惩，并注册著落该乡保追还原给工钱。

（4）愚民如恃有拨夫扑打，见蝻不肯自捕，甚者故意隐匿，待至长大捕买，多得钱文，且有等奸民，将厂内已收之蝗偷去复卖，或将树叶土泥掺杂袋内，希图加重者，此等奸弊，最为可恶，地方官随时查察，加重惩治，毋得姑息。

6. 宜预颁图法

蝗灾岁不常有，捕法民不习知。本地孳生，尚可早为预备。若外来飞蝗，猝不及防，调集民人，以乌合之众，手忙脚乱，或东打西窜，或逆施紊序，非惟无益，而且滋害。必须先将扑捕方法广为晓谕，勿用文言奥语，且绘成捕蝗图样多张，于各厂分挂，使乡愚易晓，庶人人成竹在胸，得收指麾之效。

7. 宜齐备器具

挖蝻捕蝗诸器具，如铁锹、铁锄、扫帚、粪箕、土箕、簸箕、筲箕、栲栳、口袋（每名夫备两三个）、板片、门扇、耞板、响竹、竹搭、竹竿、木棍、簐席、柳枝（多备）、干草（多备）、草束（多备）、石灰、秆草灰、麻油、荆条（多备）、红白衣裙（各编本户号头）、鱼网、长绳索（多备）、草鞋、牛皮（裁鞋底式）、旧鞋底（此三物坚钉木棍上，多备为妙。未钉者，亦宜备用）、流星（多备）、火炮（多备）、红绿纸张（多备）、大小号旗（乡保、牌甲等所执）、瓦瓮、大瓦盆、布墙、布篷、缀布长竿、铁锅、水桶（水贮满）、炉灶、石臼、木杵（廒中用）、火具、鸟枪、铜锣（寺院中铙钹铃铎等皆可借用）等物，或民间所自有，或可借用，或先期制买，或该地殷实绅粮好义捐置，总须照件预备，足用为度。其官中营中所有临期发交。以上诸器具，乡保、农长平日前按户催备齐全诸物，各编本户名号，造册送官。于春间查掘蝻子之时，顺便点验，务在坚固合式。除红白衣裙外，诸物如有公所收贮更妙，至期乡保相事照册取给听用。

谨案：搜捕蝗蝻，各有宜用之器。当甫经出土，如蝇如蚁，结连成片，用竹搭、耞板击之，非惟不死，且易损坏。必用皮鞋底，或草鞋、旧鞋之类，蹲地捆搭，应手而毙，且狭小不伤损苗种。一张牛皮，可裁数十枚，散用复收。闻国外亦有此法（以上陆曾禹说）。如已跳跃成形，聚者用鱼网罩定掴之，散者用布墙、布篷兜逐入沟可也。《安徽捕蝗事宜》云：捕蝗之法，历有成条。锅煮火焚，可施于少，而不能施于多。柳条扫帚，可施于蠕动之时，而不能施于跳跃之后。布墙、网络，可施于偏隅，而不能施于大块。惟散履钉于木棍之上，应手而击，最见功效。观此语可以类推。

窦光鼐疏曰：捕蝗器具，莫善于条拍，其制以皮编直条为之，或以麻绳代皮亦可。东省人谓之挂扫于。宜预制于平日，以便应用。其次则旧鞋底。宜预行通饬，若仍有以木棍、小枝等物塞责者，即将乡地牌甲一并究处。

8. 宜急偿损坏

捕蝗损坏人家禾稼，田地既无所收，当照亩分晰践损分数，官为给还工本，俱依成熟所收之数而偿之。先给五分，余看四边田邻所收而加足焉。预为示知，使之无所顾忌。速为给价，勿令久于怨望。况损禾给价例准开销，地方官切勿惜此小费。

谨案：宋淳熙诏：因穿掘打扑虫蝗损苗种者，除其税，仍计价，官给地主钱数，毋过一顷。可见古人成法已然。

9. 宜足发买价

凡换蝗蝻，不得掺和粃谷、糠秕，及克减勺抄。如或给银，足平足色，照米价分发，不许低昂。若散钱亦同银例，不许掺杂小钱，克扣底串，不许勒取纸笔、平斛等费，不许稽延一时半刻。至有等无业穷民，能自在荒原、僻径、水滏、山陬挖蝻捕蝗，到厂呈缴者，即照例给易米钱，勿计多寡。巡视官应不时访察有弊无弊，用钟御史拾遗法以知之。公平者立赏，侵欺者立罚，则其弊自除。

案：拾遗法，预令饥民进见时，人具一纸，勿书姓名，开所当兴当革及官吏豪猾有无侵刻横行，散布于地，即与兴革处分。然必择其佥同者而后察之也。

窦光鼐疏曰：收买飞蝗之法，向例皆用之。其实掇拾、收贮、给价、往返、掩埋，皆费工夫。故用夫多而收效较迟，惟施之老幼妇女及搜捕零星之时则善矣。若本村近邻，力能护田，以精壮之人，持应手之器，当蝗势厚集，直前追捕，较之收买，一人可当数人之用，故用夫少而成功多，且蝗烂地面，长发苗麦，甚于粪壤也。

10. 宜不分畛域

(1) 邻境生蝗，如与本界相离不远，务亲往查勘，于交界处所，挑筑宽沟防备。并雇集人夫，于沟外代为扑打，即远去数里，亦勿存畛域之见。但使不犯本境，则用力少而成功多。即邻封亦知感德，自问无蝗不入境之善政。正不宜妄存希冀也。

(2) 飞蝗落地，尚有地界。若蝻子萌生，藏匿地中，既在交界处所，岂能自保必无。惟须亲诣该地，两邑面议会捕章程，各设厂夫，尽力扑挖。蝻子则分捕，飞蝗则须合捕、兜捕，以免推诿而贻后患。如我处捕挖净尽，而彼境一味玩延，方可禀明本府，移请邻府会勘，亦不必通禀，以揭其短。

> 王凤生曰：捕蝗之法，固以收买为最善。倘两邑俱有蝗蝻，邻封并不收买，难免乡民混以邻蝗，赚卖钱文。虽畛域原无可分，而舍己芸人，究应先其急者。故设厂须各就有蝗之地，就近查察方周。

（四）捕蝗十法

1. 编册齐夫法

捕蝗须用民夫，若无约束，便难齐心。计每铺乡约所管地方，大小不一，或分作二三处、四五处，每处或用牌甲各长或绅粮为首。乡约预于蝗虫未到之先，著令各甲长、牌头沿户派夫，视其种地广狭，酌量出夫多少，造一册簿，交存各首人处。俟蝗发时，无论在何户地中，本户飞报牌甲及掌册首人，即传炮为号，各牌甲速传齐册内人夫，赶蝗发处，首人照册点名。有推诿不到者，于名下书不到二字。俟事毕，乡约禀官究惩，以肃人心。仍一面飞报邻接各铺，预集人夫，三面协力兜截，不使四窜（老幼妇女愿协捕者，听编作余夫，一切照例）。

2. 临阵捕扑法

点名毕后，即开阵捕扑。然苟无纪律，非惟打蝗不净，且至横损禾稼。定法乡约首人执大旗一竿（旗上写某地乡约某人名，夫若干名），锣一面，在阵前督率。牌头、甲长执小旗一竿（旗上写牌甲长某人，民夫若干名。如系差役，亦写姓名），带领本牌民夫，分列两边布阵捕打，不许乱打乱走，以锣声为进止。小旗带领民夫，徐行徐进，东边人直捕至西尽处，西边人直捕至东尽处，回环交扑。又未净者，次日黎明再扑。务仿李明府之法行之。如此搜打，在蝗既无漏网之幸，而苗亦无蹂踏之忧。

> 谨案：蝗蝻不可不捕，然不度地势，不明先后，不分多寡，不审时刻，不知方向，则杂乱无序，转致蔓延，岂徒无功，而且有害。故又逐条分列于后，俾临期择用焉。

3. 平地捕蝗法

蝗在平地，先须掘陡沟、深坑于前，长数丈，深广各三四尺。掘起之土，堆沟对面，为外御沟，底遍铺柴草，两旁用布墙、布篷，或用木板片、门扇，或用芦席、鱼网，沿沟排墙沟外，人夫各持捕扑器具一字摆定。众夫尾蝗后呐喊鸣金，持械围扑赶打，逼至沟边，锣钹轰击不止，蝗蝻惊跳，众人趁势用力扫入沟内，急覆柴草，烈火焚烧。如恐坑底蝗多不即死，或先于沟内燃火，始行驱入。对沟人夫，遇蝗跳跃过沟，尽行扫纳焚烧，勿使逃窜。若有旁逸于谷麦地内者，须顺谷麦之畛，俯身就地，随捆随逐，赶入沟内。焚过之后，将坑沟填土筑实，插标为记。隔一二日再行复看。其零星错落，不成片段，即随地掘坑，驱而纳之，亦属省便。切忌但用土筑掩活埋。隔宿气苏，穴地而出，仍然为害。凡捕蝗人夫，勿令拥挤，须间二尺或三尺站立一名，则踞地宽而收效广，既易于衣力，亦不致虚糜人工。

4. 山地捕蝗法

凡捕山地蝗虫，先宜相度地势。其宽衍者，宜四面围打。狭长者，宜上下对打。横阔者，宜左右对打。若在斜坡之地，宜于下坡掘坎置火，由上驱下。倘蝗行不顺，随宜酌定。如在深谷回坡、草多地少之区，则四面围烧，一炬可尽，不必惜偿价小费也。

5. 水田捕蝗法

蝗落稻田，倘遇不便捕打之时，惟鸣金放炮，多执布缀长竿，呐喊绕逐。如集于稻穗禾巅，须俯身循畛，或用柳枝、苕帚扫之，或用旧鞋底捆之，呼噪逐扑，蝗必惊飞，即如法兜赶，使至旱地停落，乃可合力捕打。如正当三时不飞之际，即用筲箕、栲栳之类，左右抄掠，倾入布囊，或蒸或煮，或捣或焙，或石灰腌贮，或掘坑焚烧。其有跳落水畛者，仍用木棍钉鞋底，逐步捆杀，为力较易。大抵水田难于麦地，捕蝗难于除蝻，秆灰、石灰、麻油筛洒之法，必不可少。先使其不伤禾苗，然后可相机捕打。苟非豫事谋求，临期必致贻误。

6. 相时捕蝗法

（1）捕蝗每日惟有三时。五更至黎明，蝗聚禾梢，露浸翅重，不能飞起，此时扑捕为上策。又午间交对不飞，日落时蝗聚不飞，捕之皆不可失时，否则无功。

（2）蝗初生翅，尚软弱，不能奋飞。即翅硬之蝗，遇太阳高，亦多潜伏草根，此时正须急捕。一说蝗蝻夜间身翅沾露，必于卯、辰二时群出大路或地头，向太阳晒翅。此时捕捉亦较易。

（3）蝗蝻之性，最喜向阳。辰东、午南、暮西，按向逐去，各顺其性，方易有功。否则乱行，多费人力，剿除无序，反致蔓延。

（4）蝗性见火即扑，应于陇首隙地多掘深壕，三更后壕内积薪举火，蝗俱扑入，趁势扫捕，可以尽歼。虽日间捕扑已净之地，恐有零星散匿，难于搜寻，夜间再用此法，始可净绝根株。

（5）蝗性立秋前，行向西南。立秋后，行向东北。捕捉、挖沟、围墙，相时顺势，各有所宜。

（6）蝗从远处飞来，其力已衰。乘其初落，蜂聚未散，不能遽飞，或用栲栳、筲箕摝取，或急用鱼网罩定，速行合扑，较平时散开方打者，事半功倍。

王凤生曰：捕初生之蝻，必须聚众围打，驱逐沟内烧毁。及其生翅能飞，则以围打之夫画段，饬令散捕。若捕剩无多，零星四散，即责成各地户自行扑捉。三者勿紊次序，亦无难于净尽也。

7. 拦剿飞蝗法

外来飞蝗在空中高低不等，人力难施。惟有多带捕蝗器具，一面枪炮齐发，长竿缀缝布幅或红绿纸等向空摇动，尾其后路，声金呐喊追逐，仍左右夹护，禁其旁飞，急分拨人夫，或知会前铺，择地势稍旷可以施力之处，迎头拦截飞蝗去路，亦用枪炮、锣钹，摇旗呼噪，四面合截。前队惊落，则群蝗随之俱下，即照前法扑打扫焚。即仓猝不及掘沟，但督率人夫或合扑或散扑，看其所向何方，挨步前进，沿路搜寻，不准间断一处。切勿纵令远去，自谓得计，以致滋毒。

其与邻境交界之处，彼处有蝗，每易窜入本境。须于交界有蝗处所，一律开挖深沟，设立窝堡，拨夫守望。堡外插旗，写堵捕窜蝗字样。如有蝗过界，一面随时堵捕，一面飞报厂员，率夫迎剿。

8. 搜捕遗蝗法

蝗蝻萌动，先后不一。时一州一邑之内，或有数处，难保处处扑净。今日捕完，亦难保明后日不再续生。即果一孽不留，此心亦未敢遽放。况夫役等积十日半月之劳，率多倦怠，兼之厂员勤惰不齐，农长乡保人夫奸良不等，地方官督察偶疏，易堕捏报奸术。故凡境内遇有蝗蝻，不待挖捕时应上紧赶办，即扑尽之后，仍须委员督率乡保人等，不时巡逻，查看有一二遗孽，即行斩绝，不可大意。印官仍当逐处亲探，万勿以公事已竣，遽亏此一篑之功也。

9. 除蝻断种法

（1）每年十月农隙，谕各乡保查地方有湖荡水涯、沮洳卑湿、曾经受水之处，水草积于其中者。据实造册报官，集人夫，给工食，悉行挖刈。其丛草晒干作薪。如不可用，就地连根翻掘，纵火焚烧。使草根遗子，悉成灰烬，永绝萌芽，非特得水草炊爨之利已也。

谨案：水鸡，一名田鸡，亦名吠蛤，即青蛙也。此物善食蝗蝻，故又名护谷虫。古人禁民食水鸡，亦以其有功于农事也。附记俟采。

（2）飞蝗下子之地，形既高亢，土复垆黑，又有孔窍可寻。宜于冬令未经雨雪之时，饬乡保、地主、居民细行寻挖。入土尺余，挖得形如累黍，贯串成球，中有白汁者便是。将其挪破，或呈官领赏。于挖尽处仍用干草将地土焚烧，插标立记。交春后，该乡保率地主居民再加细看，见有松浮土堆，找寻小穴，立复刨挖，勿留遗孽。

春间看过无子，初夏再看，以防续生。

（3）本年有蝗处所，责令地主、佃户于锄地耘草之便，时加寻觅。见有蝻孔，即便挖净，不可稍迟；将子到官，易粟听赏。如玩不搜挖，次年一经出土，究明起于何处，将佃户枷责，地主罚出夫捕灭，如违并责（此陈文恭公宏谋遗法，最为便民）。

（4）曾经飞蝗停集之地，无论荒熟，本人地土，责成本人搜查。无人管业者，责成连界业佃。河堤、湖滩，责成乡保及附近用水地主。人迹罕到之区及官地，责成乡保。官地有租户者，责成租户。各自周流搜挖。倘敢玩视，交春一经出土，查明责惩，并罚搜捕。

（5）北地农夫，于近山滨水土田瘠薄之区，每种二三年即停犁一年，以畜地脉。其停犁之岁，葑草丛生，不异野坡，每易生蝻。应于二三月，土膏既动，农务未忙，责成地主将该土一律犁转，则蝻子自可消灭。至飞蝗遗子在田内者，亦复不少。宜饬各业佃加工翻犁，深耕倍耨，务令孽种深埋，出土较难，既培地利，并弭灾患，切勿大意贻误。

> 谨案：《齐民要求》掩地雪之法最易灭蝻，可以仿行。语见第一卷第三条下。宋陈旉《农书》：将欲播种，撒石灰渥洒泥中，以去虫螟之害。黄河润《耕锄谕》曰：谷既收之后，地未冻之先，即将地犁耕，以受雪泽。明岁无虫患。潘曾沂《丰豫庄课农区种法》云：三伏天，太阳通热，田水朝踏夜干。若下半日踏水，先要放些进来，收了田里的热气，连忙放去。再踏新水进来，养在田里。这法则最好，不生虫病。

（6）飞蝗停落处所，乡保逐一标记，并先将村庄保长、业佃姓氏，造册报官，遇便下乡，按册查验。有无虫孔，曾否搜挖，分别赏罚，以示劝惩。

（7）收买蝗蝻，民瘼攸关。地方官不可自分畛域，以误人自误。如有邻县接壤居住人民挖出蝻蘖，就近来县呈缴者，亦一体给价买收。切勿吝费推诿。道光十六年春间，湖北兴国州蒋牧收买江西瑞昌县民人蝗种，可以为法。

（8）买蝻自应设厂以便民。或值闲暇之时，厂局停闭，人役散归。小民有挖得蝻子，赴衙门呈缴者，照例速行给价，把门人役如有拦阻需索情事，枷责革役。仍须问明来历，从何处挖得，共有多少，有无余蘖。——查明后，或立饬该地乡保查明，或亲带本人驰赴该处亲查，庶免乡保蒙蔽，而奸民亦不敢以邻境之蝗及预藏宿蝻，欺赚买价矣。

> 史侍御茂《捕蝗事宜疏》曰：捕蝗不如捕蝻，捕蝻不如灭种。捕蝗、捕蝻，非草率而为也。未发塞其源，既萌绝其类，方炽杀其势。生长必有其地，蠕动必有其时，驱除必有其器，经画必有其法。故必于闲暇无事之时，为未雨绸缪之计。谨案：此数语捕蝗之法已备，故附录之。

10. 正本清源法

（1）省愆过。孔颖达《诗经正义》以蟓蟅蟊贼皆长吏贪残所致。王充《论衡》云：虫食谷者，部吏所致也。食则侵渔，加罚于虫所象类之吏，则虫灭息矣。今境内生蝗，上宪不加参劾，许以扑捕赎罪，已属幸免。若不洗心涤虑，速改前衍，有觍面目，诚死不足惜矣。

（2）急祷祈。祷祈未效不可怠，既效不可矜，不效不可慍。西山先生之言，所当铭诸座右。素衣蔬食，其文也。殚力竭心，其实也。为民请命，何敢不诚？省己悔罪，何敢不惧？尽捕扑之职，将以体神之意，宣神之威，天工人代，此类是也。

（3）理冤枉。邹阳下狱，六月飞霜。孝妇沉冤，三年不雨。怨气结而灾眚见，感召之理，有必然者。故欲化沴为祥，此为首务。

（4）宽羁禁。一户株连，六亲废业。一夫缧绁，八口号呼。况被证尚容保候，余人何事留羁？押系之苦，有甚于囹圄者矣。布德行仁，所当加意。

（5）省刑罚。农忙停讼，盛暑减刑，所以重民事，顺天时也。况飞蝗在野，宜何如感召天和！呼謇盈庭，忍人耳乎？故盗贼为害者惩治之，捕扑不力者责罚之。其余一切争讼，到案速为讯结。苟有可矜，必加曲宥。万不得已，亦从末灭。

（6）缓追呼。捕逐飞蝗，不容稍缓，时刻兼之。先时防范，后时搜遗，黎民救死不遑，乡保奔走靡宁。此时催科传唤，一切暂停，俾得专心捕事。

（7）缉盗贼。捕蝗之时，倾家俱出，扰攘之际，宵小难防。地方官于蝗发之候，先出示申禁，实力严拿，届期于捕蝗村庄处所，多派干役，昼夜巡守查缉，有犯必从重惩治。

（8）任贤能。今之州县佐贰无几，小邑惟一教官、一典史。汛弁之在城与否，尚不可知。除典史居守外，教官又多昏耄，不足委任，势不能不求诸地方贤绅士。然必平时有知人之明，礼士之恩，服民之政，乃能出心力以相报。否则各有身家，恐呼之未必应也。

（9）广视听。平日勤恤民隐，虚心下访，绅士进见，随时讲求。乡保农长业佃到案，公事毕后，即历历查询，密行札记，不厌再三。小民日怵听闻，自不敢怠忽从事。即邻境人来，亦必从容咨探，得以先事堵防。官以民为心，民自以官之心为心。若高居默坐，徒恃文告，寄耳目于委员，未为良法也。

（10）勤艺植。愚民之情，燃眉则急，痛定则忘。惟在为上者，申惕其害，顺导其利，使知所以各谋其身家。凡多蝗之区，未来之先，宜广种何物以避害，既尽之后，宜补植何物以救饥，相其土宜，时其节令，择王祯《农书》之说，仿程珦、吴遵路之法（宋程珦知徐州，久雨。珦谓：待晴，种时已过。募富家，得豆数千石，贷民布之水中。水未尽涸，而豆甲已露，遂不艰食。吴遵路，事见卷一），谆谆劝课，任劳任怨。迨大利既兴，偏灾不害，而后仁人君子之心始无憾也已。

　　谨案：后汉《桓帝纪》：诏司隶校尉、部刺史曰：蝗虫为害，水变仍至，五谷不登，人无宿储。其令所傍郡国种芜菁以助人食。《宋史·查道传》：知虢州，蝗灾。道知民困极，急取州麦四千斛贷民为种。民困由此而苏，得尽力耕耘之事。又《荒政辑要》载，国朝乾隆八年，高文定公斌疏奏：直隶各属旱灾，乘雨补种蔓菁、蔬菜，借以疗饥。且久旱得雨，八九月正值普种秋麦之时。民间多种一亩，来春获一亩之益，尤为补救要务。并饬地方官亲诣四乡，劝谕雨后广为布种，资以牛力。秋麦春麦，接种无误，则来春生计有资，民气可复。以上三条，与程、吴二公种豆之法，皆前事可师者，类附记之，以俟临民者采择。

（五）史事四证

1. 蝗避善政

汉卓茂为密令，视民如子，教化大行天下。大蝗，河南二十余县皆被其灾，独不入密县界。督邮言之，太守不信。自出案行，见乃服焉。

光武时，宋均为九江太守，虎皆渡江而去。中元元年，山阳、楚、沛多蝗，其飞至九江界者，辄东西散去，由是名称远近。

戴封，字平仲。对策第一。擢拜议郎，迁西华令。时汝、颍有蝗灾，独不入西华界。督邮行县，蝗忽大至。督邮其日即去，蝗亦顷除，一境奇之。

马棱为广陵太守，治化大行。蝗虫皆入江海，化为鱼虾。

鲁恭拜中牟令，郡国螟伤稼，犬牙缘界，不入中牟。河南尹袁安闻之，疑其不实，使仁恕掾肥亲往廉之。恭随行阡陌，俱坐桑下。有雉过，止其傍。傍有童儿，亲曰儿：何不捕之？儿言雉方将雏。亲瞿然而起，曰：所以来者，欲察君之政迹耳。今虫不犯境，一异也。化及鸟兽，二异也。竖子有仁心，三异也。久留徒扰贤者耳。

赵熹为平原太守，青州大蝗，侵入平原界辄死。岁屡有年，百姓歌之。

宋贺德邵，号戎庵，湖广荆门人。宰临邑，遇荒旱，设法赈济，全活数万人。邻境之蝗螨云涌，而临邑独无，人皆异之。至今崇祀不绝。

2. 修德化灾

唐太宗时，畿内有蝗。上入苑中，掇数枚，祝之曰：民以谷为命而汝食之，宁食吾之肺肠？举手欲食之。左右谏曰：恶物恐成疾。上曰：朕为民受灾，何疾之避？遂吞之，是岁蝗不为灾。

宋太宗淳化二年春正月，不雨，蝗。三月乃雨，时连岁旱蝗，是年尤甚。帝手诏宰相曰：朕将自焚，以答天谴。翌日大雨，蝗尽死。

真宗咸平八年秋九月，时连岁旱蝗。帝问学士李迪曰：旱蝗荐臻，将何以济？迪言：陛下土木之役过甚，蝗旱之灾殆天以警陛下也。帝然之。遂罢诸营造，禁献瑞物。未几得雨，青州飞蝗赴海死，积海岸数百里。

梁萧修，徙梁秦二州刺史，人号慈父。将秋遇蝗，修躬至田所，深自咎责。功曹史王廉劝捕之。修曰：此由刺史无德所致，捕之何补？言卒，忽有飞鸟千群，蔽日而至，瞬息之间，飞蝗遂尽而去。莫知何鸟。州人表请立碑颂德。

元顺帝时，秋七月，河南武陟县禾将熟，有蝗自东来。县尹张宽仰天祝曰：宁杀县尹，毋伤百姓。俄而鱼鹰群飞，啄食之。

明永乐二十二年五月，浚县蝗蝻生。知县王士廉以失政自责斋戒，率僚属、耆民祷于八蜡祠。越三日，有鸟数万，食蝗殆尽。皇太子闻而嘉之。顾侍臣曰：此实诚意所格耳！

> 附录：明顾仲礼，保定人。幼孤，事母至孝。遇岁凶，负母就养他乡。七年始归。时蝗虫遍野，食其田苗。仲礼泣曰：吾将何以为养母之资乎？言未已，狂风大起，蝗虫尽被吹散，苗得不伤。谨案：此亦陆曾禹所记。观此事，知非独长吏当修德化灾，即民人受害者，亦当改过迁善，以挽回气数。陆氏所云，忠孝感神，捷如桴鼓，怨天尤人者徒自增其罪戾。诚非虚语也。

3. 责重有司

唐玄宗开元四年，山东大蝗，民祭拜，坐视食苗不敢捕。宰相姚崇奏曰：秉彼蟊贼，付畀炎火。此古除蝗诗也。古人行之于前，陛下用之于后。古人行之所以安农，陛下用之所以除害。卢怀慎曰：凡天灾，安可以人力制？且杀虫过多，必戾和气。崇曰：昔楚王吞蛭而厥疾瘳，叔敖断蛇而神乃降。今蝗幸可驱。若纵之，谷且尽。杀虫活人，祸归于崇，不以诿公也。乃出台臣为捕蝗使，分道杀虫。敕委使者详察州县勤惰者，各以名闻。蝗害遂息。

宋谢绛论救蝗有云：窃见比日蝗虫亘野，坌集入邻郭。而使者数出府县，监捕驱逐，蹂践田舍，民不聊生。

> 谨案：《春秋》书蝗，为哀公赋敛之虐。又汉儒推蝗为兵象。臣愿令公卿以下，举州府守臣而使自辟属县令长，务求方略，不限资格，然后宽以约束，许便宜从事。期年条上理状参考不诬，奏之朝廷，旌赏录用，以示激劝。

宋淳熙敕：螽蝗初生若飞落，地主邻人隐蔽不言，耆保不即时申举扑除者，各杖一百。许人告报，当职官承报不受理，及受理而不亲临扑除，或扑除未尽而妄申净尽者，各加二等。诸官司荒田牧地经飞蝗住落处，令佐应差募人取掘虫子，取不尽因致次年生发者，杖一百。诸蝗虫生发飞落及遗子而扑掘不尽，致再生发者，地主、耆保各杖一百。诸给散扑取虫蝗谷而减克者，论如吏人、乡书手揽纳税受乞财物法。诸系工人因扑掘虫蝗乞取人户财物者，论如重禄工人因职受乞法。诸令佐遇有虫蝗生发，虽已差出而不离本界者，若缘虫蝗论罪，并在任法。

《元史·食货志》：每年十月令州县正官一员巡视境内。有虫蝗遗子之地，多方设法除之。

明永乐九年，令吏部行文各处有司，春初差人巡视境内，遇有蝗虫初生，设法捕扑，务要尽绝。如或坐视，致令滋蔓为患者，罪之。若布、按二司不行严督所属巡视打捕者，亦罪之。每年九月行文，至十月再令兵部行文军卫。永为定例。

4. 厚给众力

汉平帝时，诏民人捕蝗者，诣吏以斗石受钱。

晋天福七年，飞蝗为灾。诏有蝗处不论军民人等，捕蝗一斗者即以粟一斗易之。有司官员、捕蝗使者不得少有捐滞。

宋熙宁八年八月，诏有蝗螽处，委县令佐躬亲打扑。如地方广阔，分差通判、职官、监司、提举分任其事。仍募人，得螽五升或蝗一斗，给细色谷一斗，蝗种一升，给粗色谷二斗。给银钱者，作中等值与之。仍委官烧瘗，监司差官覆按。倘有穿掘打扑损伤苗种者，除其税，仍计价官给地主钱数。

> 陆曾禹曰：此诏给谷既云详尽，而又偿及地主所损之苗。不但免税，而且偿其价数，捕蝗而至此诏，可云无间然矣。

宋绍兴间，朱子捕蝗，募民得蝗之大者，一斗给钱一百文。得蝗之小者，每升给钱五百文。

> 陆曾禹曰：蝗螽害人之物，除之宜早，不可令其长大而肆毒也。故捕蝗者，不可惜费。得蝗之小者，宁多给之而勿吝也。盖小时一升，大则岂止数石。文公给钱，大小迥异，不可为捕蝗之良法欤！

（六）成法四证

1. 马源《捕蝗记》

康熙五十四年乙未，桐大饥。邑侯祖公秉珪设赈，至春末，饥者皆有起色矣。而邑东南滨江之地接踵以蝗告，缘去岁蝗所过，遗种土中。及四月中旬，螽生遍野，厚尺。居民顾麦禾在田，相望骇愕，至号泣。疾赴诉于公。公星驰莅其境剿捕。身自著草笠芒鞋，衣便衣，行沮洳中。杖其不力者，而捐谷以酬效力者。量所扑蝗子，以斗如其数尽易之，日百十石。蝻之生者日滋，于是问计于县佐李君。李君前佐蒲台捕蝗有成绩，遂以其法出散于民，循而用之。甫廿余日而蝗灭。滨江之民庆更生，通邑皆啧啧叹异。予闻叩其法，李君曰：蝻所生大约在芦渚麦畦间，扑之先渚而后畦。俟割麦毕未晚，毋为先蹂躏已成之麦。在芦渚者，植木为栅，四周之薙其芦，以绠盖更番击之可尽。然此为蝻生旬日内者言耳。既逾旬，便能跃尺许外。法当分地为队，队役夫五十人，环渚斩芦为一巷，三面以夫守。前掘沟长率三四丈，上阔尺七寸，下二尺五寸，深一尺，两面修，令平沟底。距三尺余，掘一坎，然后伐其芦。自后达之沟边，乃呼三面守者合驱之，鸣金以趋之，蝻跃至沟而坠，厚以土掩之。其芦渚之深广者，距沟远，难尽驱之入，掘两沟则费工。法于中间所掘沟，为二面壕。先驱其一面尽，续从对面驱之，毕入沟而后瘗。其驱之也宜徐，急则旁入。沟所勿容人立，见人则奔回。蝻出十六七日，生半翅，其行如水之流，将食田禾矣。如前以竹栅堵两旁，于中埋苏缸，伺其来之路。蝻行自入于缸中，可以布袋收之。分队之法，每队夫五十，领以亭长。乡三老、吏卒等四五人探芦中有蝻处，立长竿布旗以表之。为一围，次第施治。日限其捕十围，虽不能殄绝，余十之一二，定不能便盛。如捕之散去，至夜定还聚一所。次日又扑之，即绝矣。又曰：蝻子之行也，恒东向；其壮而飞也，能浮水面，渡河渠。其首尾各有一蛆，生十八日而飞。又十八日而遗子九十有九蛆，旋食之而死。蝻之生在白露前者，不久即毙，无遗患。过白露而遗子，则来春始生。土人宜各志其处，思所以预防之。至翅成而飞，则无扑灭之法。惟听农夫之驱逐，自守其疆，则不免以邻为壑耳。予闻之而慨然也。《春秋》于宣公十五年书曰：冬蝝生。《传》曰：幸之也。注谓：蝝冬生而不成螽，不为物害。故喜而书。愚谓此圣人谨小慎微之旨，虽不成灾，而犹书示警，非以为幸也。假令生当耕耘之日，不知其忧悚当何如？或以其微小而忽之，毫末不折，将寻斧柯，纵以唐宗之吞食，姚相之诏捕，而南亩之罹其害者已多矣。余故感吾邑令佐两公勤民之厚意，又喜其立法详而欲垂于后世也。是以记。

2. 陆桴亭世仪《除蝗记》

蝗之为灾，其害甚大。然所至之处，有食有不食，虽田在一处，而截然若有界限。是盖有神焉主之，非漫然而为灾也。然所为神者，非蝗之自为神也，又非有神焉为蝗之长而率之来，率之往，或食或不食也。蝗之为物，虫焉耳。其种类多，其滋生速，其所过赤地而无余，则其为气盛，而其关系民生之利害也深，地方之灾祥也大。是故所至之处，必有神焉主之。是神也，非外来之神，即本处之山川、城隍、里社、历坛之鬼神也。神奉上帝之命，以守此土，则一方之吉凶、丰歉，神必主之。故夫蝗之去，蝗之来，蝗之食与不食，神皆有责焉。此方之民，而为孝弟慈良，敦朴节俭，不应受气数之厄，则神必佑之，而蝗不为灾。此方之民，而为不孝不弟，不慈不良，不敦朴节俭，应受气数之厄，则神必不佑，则蝗以肆害。抑或风俗有不齐，善恶有不类，气数有不一，则神必分别而劝惩之，而蝗于是有或至或不至，或食或不食之分。是盖冥冥之中，皆有一前定之理焉，不可以苟免也。虽然人之于人，尚许其改过而白新，乃天之于人，其仁爱何如者，宁视其灾害戕食而不许其改过自新乎？故世俗遇蝗，而为祈禳拜祷，陈牲牢，设酒醴，此亦改过自新之一道也。顾改过自新之道，有实有文，而又有曲体鬼神之情，殄灭祛除之法。何为实？反身修德，迁善改过是也。何谓文？陈牲牢，设酒醴是也。何谓曲体鬼神之情，殄灭祛除之法？盖鬼神之于民，其爱护之意虽深且切，乃鬼神不能自为祛除殄灭，必假手于人焉。所谓天视自我民视，天听自我民听也。故古之捕蝗，有呼噪、鸣金鼓、揭竿为旗以驱逐之者；有设坑、焚火，卷扫、瘞埋以殄除之者，皆所谓曲体鬼神之情也。今人之于蝗，俱畏惧束手，设祭演剧，而不知反身修德，祛除殄灭之道，是谓得其一而未得其二。故愚以为今之欲除蝗害者，凡官民士大夫，皆当斋祓洗心，各于其所应祷之神，洁粢盛，丰牢醴，精虔告祝，务期改过迁善，以实心实意祈神佑。而仿古捕蝗之法，于各乡有蝗处所，祀神于坛，坛旁设坎，坎设燎火，火不厌盛，坎不厌多，令老壮妇孺操响器、扬旗幡、噪呼驱扑。蝗有赴火及聚坑旁者，是神之灵之所拘也。所谓"田祖有神，秉畀炎火"者也，则卷扫而瘞埋之。处处如此，即不能尽除，亦可渐灭。苟或不然，束手坐待，姑望其转而之他，是谓不仁；畏蝗如虎，不敢驱扑，是谓无勇；日生月息，不惟养祸于目前，而且遗祸于来岁，是谓不智。当此三空四尽之时，蓄积毫无，税粮不免，吾不知其何底止也。

蝗最易滋息。二十日即生，生即交，交即复生。秋冬遗种于地，不值雪则明年复起，故为害最烈。小民无知，惊为神鬼，不敢扑灭，故即以神道晓之。虽曰权道，实至理也。镇江一郡，凡蝗所过处，悉生小蝗。即《春秋》所谓螽也。凡禾稻经其螽啮，虽秀出者亦坏。然尚未解飞，鸭能食之。鸭群数百，入稻畦中，螽顷刻尽。亦江南捕螽一法也。是年冬，大雪深尺，民间皆举手相庆。至次年，蝗复生，盖岩石之下，有覆藏而雪所不及者，不能杀也。四月中，淫雨浃旬，蝗遂烂尽。以此知久雨亦能杀蝗也。

3. 李令钟份《捕蝗法》

雍正十二年夏，余任山东济阳令，闻直隶河间、天津属蝗蝻生发。六月初一二间，飞至乐陵，初五六飞至商河。乐、商二邑，羽檄关会。余飞诣济、商交界境上，调吾邑恭、和、温、柔四里乡地，预造民夫册，得八百名，委典史防守。班役、家人二十余人，在境设厂守候。大书条约告示，宣谕曰：倘有飞蝗入境，厂中传炮为号，各乡地甲长鸣锣，齐集民夫到厂。每里设大旗一枝，锣一面。每甲设小旗一枝。乡约执大旗，地方执锣，甲长执小旗。各甲民夫随小旗，小旗随大旗，大旗随锣。东庄人齐立东边，西庄人齐立西边，各听传锣一声走一步，民夫按步徐行，低头捕扑，不可踹坏禾苗。东边人直捕至西尽处，再转而东。西边人直捕至东尽处，再转而西。如此回转扑灭。勤有赏，惰有罚。再，每日东方微亮时发头炮，乡地传锣，催民夫尽起早饭。黎明发二炮，乡地甲长带领民夫齐集被蝗处所。早晨蝗沾露不飞，如法捕扑。至大饭时，飞蝗难捕，民夫散歇。日午蝗交不飞，再捕。未时后蝗飞复歇，日暮蝗聚又捕，夜昏散回。一日止有此三时可捕飞蝗，民夫亦得休息之候。明日听号复然。各宜遵约而行。谕毕，余暂回看守城池、仓库。至十一日申刻，飞马报称，本日飞蝗由北入境，自和里抵温里，约长四里，宽四里。余即饬吏具文通报，关会邻封，星驰六十里，二更到厂查问。据禀如法施行，已除过半。黎明亲督捕扑，是日尽灭，遂犒赏民夫，据实申报。飞探北地飞蝗未尽，余即在境提防。至十五日巳刻，飞蝗又自北而来，从和里连温、柔两里，计长六里、宽四里。蔽天沿地，比前倍盛。余一面通报关会，一面著往北再探。速即亲到被蝗处所，发炮鸣锣，传集原夫，再传附近之谷、生、土三里乡地甲长，带民夫四百名，共民夫千二百名，劝励协力大捕。自十五至十六晚，尽行扑灭无余，禾苗无损。探马亦飞报北面飞蝗已尽，又复报明各宪。余大加褒奖乡地民夫，每名捐赏百文，逐名唱给。册外尚有余夫数十名，亦一体发赏。乡地里民欢呼而散。次早，郡守程公亦至彼查看，问被蝗何处，民指其所，守见禾苗如常，丝毫无损，大讶问故。余具以告，守亦赞异焉。

4. 任丘令任宏业《布墙捕蝻法》

裁白布二段，宽二尺二三寸，长一丈一尺，联为一幅，横披作墙。又于墙根添布半幅备用。两头各缝一木杆，中间分置三杆，相去二尺五寸零。一墙共有五杆，竿头加以铁尖，用时扎地作眼，然后以木杆插入，稳立不动。其墙根下幅之布，软铺在地，随取土石压住，不使有缝。盖因蝗子体小，乘隙即逃，全赖半幅软布围障固密，始得便于捕捉。此墙排立，可方可圆，大小随施，长短任意。每两头相接之处，用夫拖住，免致欹斜。凡蝻子初发，状若蚂蚁，如盖簟地而不大。只须用布墙数幅，就地围作一城，遣三四小童进内，各持箕帚扫入簸箕，尽数取出，为功甚速。如蝻子初长，状如苍蝇，行走成片，就于地头先掘一壕，以布墙围壕作城，三面缘障，独留一面。用夫各执小柳条顺势驱蝻，奔投壕内，随即捕收装入布袋，以完为度。如蝻子已长生鞍，跳跃蔓延，宽长不及掘壕，速取布墙，左右分夫排立地头，两墙夹合，互叠七八尺，中留夹道，道口埋瓦瓮，或大瓦盆。用夫驱蝻，逼入夹道。蝻子争跳欲出，堆高尺许。墙外预备人夫，手垂墙内，拦住蝻子，捧取入袋。有逸出者，随在瓮盆，用夫探捉，纳入袋中。尚有跳出瓮盆之外者，预遣数童排立，手指括拾，见即扑杀。虽长行数里，只要多置布墙，逐段分捕，无不净尽。此项布墙，地方官须多置数十幅，以应急需。若村镇中有巨商富户，情愿捐置数幅，左近地亩，遇有蝻子萌动，使种地之人借此布墙，立即围捕，以之除害保禾，且省官役滋扰，于农事大有裨益。

十一、《河南永城县捕蝗事宜》

王凤生撰

注：《河南永城县捕蝗事宜》，原载徐栋道光二十八年（1848 年）所撰《牧令书》卷二十二中，为王凤生在永城县做知县时领导捕蝗的实践经验。对于组织民众、收买蝗蝻、掘沟围打、针对蝗蝻成长的阶段采取不同的捕除方法等，均反映了当时行之有效的方法。本文选自《续修四库全书·牧令书辑要卷十事汇》，上海古籍出版社 2002 年版。

《河南永城县捕蝗事宜》捕蝗措施内容有以下 30 条：

1. 设厂十处，每厂人夫，或二百余名，或三百余名不等，每名每日夫工大口二十文，小口十六文，又府捐赏钱每名十文，每厂派一委员监督。此捕初生之蝻则然，迨生翅为蝗，围捕无益，各厂之夫，仍如前数不给夫工饬令自捕，按斤给钱二十文收买，其钱较夫价虽多，而能收实效，因时制宜，总以勿惜费，勿虚糜，为第一要著。

2. 委员派定何处，须于该厂就近处所住宿，以便齐集人夫，早作晚散，免致往返耽延。

3. 早晨人夫未到之先，委员即督率地保，看定蝗蝻聚集处所，插立红旗、竹竿为记，并每厂专派人夫四名，即于标记之下风处所，用铁锹、木锹挖掘深沟如月牙式，其沟须宽长而深为要。

4. 人夫齐集，饬令一字长排，站立沟之上风，对面约距里许，鸣锣为号，闻声即一齐动手，平处用巴掌扑打，凸凹处及草深地，用柴帚驱逐，迨渐扑渐近，再围成大圈，群驱而纳诸沟内，先将沟底略铺草秸，俟蝗蝻跳入沟中复加草纵火烧之，烧毕填土，夯筑使坚，又令人夫站立此沟之外，另掘一沟，如前法办理，自有蝻之地起，至无蝻之地止，勿使稍有遗漏。打完后恐未净尽，再如前法折回复打，如先由西至东者，后则由东至西，经两次搜捕，便可无留余孽。其巴掌、柴帚，须饬地保预先谕知人夫各自携带，并每厂每日买草秸二三担备用。

5. 厂地。每人夫五十名，派一差役执旗管辖，如该厂人夫二百名，即派差役四名，执旗四面，由此类加，勿使散乱无纪。旗上写差役花名，领夫若干，俾易稽查，并每厂派一家丁总理，以资督率。

6. 每厂各备宽长苇席一张，两旁以竹竿系之，钉立沟外遮护，再用黄旗四面，派四人分执，站立席旁，不时挥拂，仍借备渔网三张，蔽于下风处所，勿令蝗蝻飞窜。

7. 收买蝗蝻。每斤若干钱，于何处秤收，须于各厂公寓门首，并各村镇集市，用小告示遍贴晓谕。各委员仍带秤一杆赴厂，随时随地收买，勿令等候。现今永邑十厂，两旬之间，除集夫扑陨焚埋外，共收买蝗蝻二万一千余斤。

8. 捕蝗人夫勿令拥聚一处，须间三尺站立一名，则踞地宽而收效广，不致虚糜人工，遇有未割麦地及秋稼滋生处所，只令用扫帚驱逐，使前纳诸沟内，不可用巴掌扑打，致伤庄稼。

9. 各庄有蝗地面过广，四散零星，骤难净尽，应于设厂雇夫扑打之外，并出示晓谕村庄，饬令各地户自将该地内所生蝗蝻，乘黎明带露蝗翅难飞时，无论男女老幼同出捕获。并挖掘蝻子，就近赴厂收买，每斤给钱二十文，该地户等既保庄稼，又得钱文，何乐不为。众擎易举，自可捕无遗类，仍将告示缘由摘叙粘贴于高脚木牌之上，饬各地保肩牌挨庄晓谕，限以日期搜捕净尽。如逾限临验何地有蝗，即提该地户及地保责处，并令地甲等一面将所管各地分析查明，何地系何户所种，计若干亩，写于木签内，就地钉立，以凭识认稽查。第蝻已成蝗，方可以此法搜之，若初生如蝇，遍野跳跃，仍须集众围捕，又非搜捉所能为力也。

10. 蝗已生翅，若以前法筑沟围捕，率多飞逸，又须变法捕拿。应令委员督令差保，先勘明该厂有蝗之地共有若干亩，自某处起，至某处止，通盘画计，分作若干段，每段作为一起，其四面宽长，牵绳为记，令各厂人夫散于该地，挨步前进，沿路搜寻，见即扑捉，各携一袋，收储在内，俟袋内储满，即赴就近厂所，按斤给价收买。其甫经扑殒者，亦一体收之，再令前往复捕。尽一日之长，获多者钱多，获少者钱少，定可励勤惰而收实效，毋庸另给夫工，惟所向何方，必须按段循序扑捕，不准间断一处，免致有丢东遗西，并蝗蝻蔓延四散之患。

11. 永邑地亩与安徽宿州境内犬牙相错，彼处蝗蝻未灭，一遇顺风即逐队窜入本境，畛域难分，现于交界有蝗处所，一律开挖宽沟，设立窝堡，每堡派夫役五名住宿，给以灯锣，随时堵捕，堡外插立黄旗，旗写堵捕窜蝗字样。

12. 飞蝗经过，最易生子，无论土地坚松，皆能深入。惟所生处必有小圆洞，如芦秆大，即于其下深掘之必得蝻子。至次年立夏后十八日，蝗蝻便欲萌生，州县应先期晓谕各乡留心查看，慎之于始。上年积淹之区，鱼虾产子，次年涸成陆地，若无冬雪，亦能化为蝗蝻。黄色者系鱼子，青色者系虾子，须立夏一个月后方生，非比蝻子可以寻踪挖掘，惟责成地保随时禀报。

13. 鸭子蛤蟆能食蝻子，须劝该农民多蓄凫鸭，勿捕虾蟆，亦消弭蝗蝻之一法。至凫鸦最能食蝗，势难招之使至也。

14. 世知蝗神惟奉刘猛将军。考之《常州郡志》，载康熙癸未年间，《吴中传》有妇女趁柴船，行数里欲去，自云：我乃驱蝗使者，即俗所称金姑娘娘。今年江南该有蝗灾，上天不忍小民乏食，命吾渡江取鸟雀以驱蝗蝻，可遍谕乡农，凡有蝗来，称吾名号，即可驱除。倏忽不见。继而常州一带果有蝗从北来，乡农书金姑娘娘位号供奉祭赛，蝗即驱除。有蝗处所，当奉行以祈禳之。

15. 蝗蝻初生原易扑灭。无如地保恐令派夫扑打及官役下乡受累，率多匿报，即农民等或因春花未割，或因秋稼在地，一经集夫围捕，必遭损伤。而初生之蝻甚小，所食庄稼无多，得雨仍可长发，延至蝻已生翅，即可高举远飏，害在他方，与本境转无大碍，故亦隐忍不言。惟在州县严饬地保实力稽查，如有前项等弊，立即重惩。

16. 地方报有蝻生，州县务即亲往周遭踏勘，有蝻之地共若干亩，速于无蝻之处，四面挑筑宽沟为界，勿使蔓延，一面集夫悉于沟内扑捕，自易竣事。

17. 飞蝗过境落于地内，须集多夫散打，不必围扑致令飞逸，或用网张更易就获。总以就地多设厂所收买，使人自为力，各有所图，自必踊跃从事。

18. 飞蝗过多，扑捕不及，应于田间牵一长绳，上系铜铃，一人挽绳动摇，声响可驱之使去。如过境而未落地，则群起鸣锣、放枪及放爆竹驱之，庶不致为灾。

19. 飞蝗最忌油食，应饬各乡农以水和油遍洒禾稼之上，可保无虞。

20. 地方官捕蝗随从人多，凡差役、轿夫，应各制巴掌一根，给予随带，谕令见即扑打，以钱收买，亦不无小补。

21. 捕初生之蝻，必须集众围打，驱逐沟内烧毁；及其生翅能飞，则以围打之夫，划段饬令散捕；若捕剩无多，零星四散，即责成各地户自行捕捉。三者勿紊次序，亦无难于净尽也。

22. 飞蝗落地处所，可于日间挖一圆大深坑，内储麦秸柴草，昏夜举火烧之，俾飞蝗见光自行扑于火内，较省人力。

23. 捕蝗之法。固以收买为最善，然本境与邻封俱有蝗蝻，若邻封并不收买，难免乡民混以邻蝗赚卖钱文，虽畛域原无可分，而舍己耘人，究应先其急者，故设厂须各就有蝗之地，查察方周。且有等奸民，将厂内已扑损之蝗，及树叶土泥掺杂袋内，希图加重者，秤收时不可不验，有则惩之。其收买之蝗，汇集一处，即就地筑一深坑，烧毁填埋，以免淆混。

24. 蝗捕将竣，则捕者愈难，然必净尽根株，使无遗孽，其时收买之价或须酌量加增，俾乡民得以奋往捕获等。须查验本境各地蝗蝻实系稀少，卖者已渐无多，方可加价，否则恐网取邻蝗赚卖，将不胜其应矣。

25. 捕蝗之日多系炎暑之时，各厂委员固须不惮风日宣劳，认真监督，府县为一方之主，呼应较灵，尤宜日逐躬亲巡查，于夫役人等，随事随时，予以恩威并济，令出惟行。切勿怯暑深居，一切诿诸丁役，虽有前法，恐亦属具文矣。

26. 本境与隔省邻境毗连地亩俱有蝗蝻，办理最为掣肘。如彼境本系急公协力会捕，自无难于扑灭，倘其意在惜费，观望延挨，一俟长翼飞腾，便可报称净尽，此念一萌，势必频催罔应。其蝗蝻代为收买，尚属一视同仁，而滋蔓侵寻，窃恐本境转难拖累。州县设遇其时，务须禀明本府，移请邻府定期亲临会勘，订立章程，各设厂夫划界分段扑捕，以免推诿而贻后患。

27. 邻境生蝗，探与本境边界相离不远，务速往查，豫于交界处所，挑筑宽沟防备，并催集人夫于沟外代为扑打，即远出三五里许，亦勿存畛域之见，盖须费无多，而能使蝗蝻不犯本境，为人即以自为也。

28. 飞蝗落地或在彼而不在此，疆界了然。若蝻子萌生在于两县边界，往往互相推诿，谓为滋蔓，殊不知蝻子初生，仅堪跳跃，岂能远越，其为两地均产无疑，惟须亲诣该地，邀同面议会捕章程，各无歧视。如我处捕实净尽，而彼处一任玩延，方可禀明本府移请邻府会勘，亦不必通禀以揭其短，俾全邻谊。若本境并未捕净，己欲捏饰而思诿过于人，终必水落石出，两无益也。

29. 敢买蝗蝻使人自为功，最易奏效，此项原例准开销，惟一经造报辗转驳查，每致有名无实，故州县多不愿请领。然设遇境内生蝗之地过广，收买之费不支，州县捐办，力有不逮，势不能不观望延宕，待其生翅远飏，再报净尽，此飞蝗之所由来也。地方大吏应察生蝻较多之州县，如果该员认真扑捕净尽，捐买蝗价甚巨，查无虚捏，量予调剂一次；倘敢观望，一任飞扬报称净尽者，立即撤参，则惩劝明而人心思奋矣。

30. 捕蝗必得多委佐杂能耐劳苦之员分厂督率，并由县选派勤能之家丁、差役多人随往。第其时每系盛暑，赤日奔驰，从事不易，该委员果能实心办理，应由府禀请记功奖励，至家丁、差役，该县亦宜优给饭食，分别勤惰，随时犒赏，方可收指臂之益。

十二、《捕蝗除种告谕》

（清）张煦校刊

巡抚部院咸丰六年（1856年）版

巡抚部院土[①]谕：照得。害稼莫甚于蝗，治蝗莫急丁捕。《诗》曰"去其螟螣，及其蟊贼，无害我田稚，田祖有神，秉畀炎火"，此除蝗之成法也。汉光武下捕蝗之诏，唐姚崇设捕蝗使，分道杀蝗，皆督之于官。本年秋，直隶、河南一带多被蝗灾，晋省接畛燕、豫沿边地界，间有停落，时当秋收之后，幸不成灾。惟蝗之种类，至易滋息，停落之地，即有遗子，二十日即生，生即交，交即复生。秋冬遗子于地，苟非冬雪盈尺，则春融启蛰之后，滋生更繁，故冬月掘除最为急务，且农力方闲，可以从容搜索。除出示遍行晓谕外，为此告谕各牧令，当农隙悠闲之时，求未雨绸缪之计，速即传集所属乡地人等，详细询问某乡某村有无飞蝗停落，凡有三五零星飞集之处，即须悉力搜除，毋留余孽，贻悔噬脐。兹辑事宜八条，先省躬，次除种，又次扑捕，而终以严考成各牧令职司，养民当思弭患惧灾，敬听毋忽。

1. 各牧令宜反躬自省也。灾祥之机，感召甚速，《大田》诗疏云："灾由政起，吏犯法则生螟，假贷无厌则生螣，残食贪很故曰贼，税取民间财货故云蟊，皆政贪所致"，因以为名也。史称宋均为九江守，蝗辄东西散去，鲁恭、卓茂为令，蝗不入境，地方官当此，惟有洗心斋祓，默念狱囚有无冤滥，词讼有无积压，赋役有无浮苛，胥吏有无玩法，事事亟思补救。须知，古之良吏，飞蝗不入，有事于捕治，已可愧矣。若搜除不力，此心何以自安耶？

2. 除种之时不可失也。《元史·食货志》：每年十月，令州县巡视境内，有虫蝗遗子之地，多方设法除之。盖蝗之为害成于春夏，而种始秋冬。种生自白露前者，值雪不复出，过白露而遗子，延及次年春夏，热气炎蒸，阴从阳化，萌孽复滋，长翅飞腾，转徙无定，遮天盈地，人力难施。曷若乘其甫经遗种，及时掘灭，力省功倍。方今初冬，水涸草枯之际，纵火焚烧，至易为力。其前度飞集之地，乘此土脉尚未冻结，搜掘草根投诸灰烬，盖除种惟冬月较易，亦非冬月不能也。

3. 遗种之地不可不详辨也。蝗为虾子，水涸蒸变而成，《太平御览》言"丰年则蝗变为虾"，故其飞停多在水草茂密之地。及其下子，必择坚黑高亢之地，以尾深插入土，下子约及一寸，仍留孔窍，形如小囊，内包九十九子，外面土松泥浮，隐然坟

---

① 此指山西巡抚王庆云。

起，形如蜂窝，可以辨认。今岁蝗停之所，即来岁蝗生之地，农民日行原野，必能默识。但是，曾经蝗落之地，即于此处烧掘，未有不翦灭净尽者。其未耕未种之地，以及岩石覆藏，雪不能到者，乡保邀集村民周流巡察，一律辨认搜挖，付之烈火，则遗种于地者，可无虑其蔓延矣。

4. 捕蝗之法不可不亟求也。境内遗种及时搜治，或自邻境飞集，或已出土为蝻，则须用前人焚瘗之法。唐姚崇分道杀蝗，于原野飞集之处夜中设火，火边设坑，蝗见火光飞集争投，且焚且瘗，掩灭甚速。其在芦渚水草之地，则开沟打捕，视蝻将到处，预掘长沟深广各二尺，沟中相去尺许即作一坑，以便埋瘗。多集人众，沿沟摆列，或持帚或摇旗，或锹镢诸器，每五十人用二人鸣锣击鼓，其后蝻畏响声努力跳跃，或作或止渐令近沟，复大击不止，蝻惊入沟中，势如注水，众各致力，扫者自扫，扑者自扑，埋者自埋，至沟坑俱满而止。但沟中须预设燃火烧毙始瘗，免复出土。其长大高飞之蝗，蔽天翳日扑治难及，当俟其落处集众捕除。

5. 捕蝗之人宜专责成也。田皆有主，自救其地谁复惮劳，每日捕蝗即用村中附近之人，本村绅耆督同乡地牌头劝率各田户自行巡查，一见有蝗，即率本村居人齐集扑捕，自本村及毗连村庄，在五里以内者，由公正绅耆计每户人口多寡，酌议出夫。于每日黎明时齐集，以炮为号，乡地执旗，民夫发锣，传呼鼓噪，直赴被蝗处所。早晨蝗沾露不飞，如法扑治，巳午蝗飞难捕，令夫暂歇，待下午蝗交不飞再捕，照此协力扑捕，不过旬日可期净尽。

6. 蝗为天灾，勤搜捕以尽人力，尤宜申祈祷以迓神庥也。蜡祭之典，七曰昆虫，注谓螟蝗之属。地方官竭诚斋祓举行蜡典，并致告境内山川城隍、里社厉坛，其民间则各祭于社庙，并祀刘猛将军神牌，绅耆朝夕率民致祭，虔申祈请，然后前往捕治。洁诚呼吁，神明攸鉴至乡野，愚民往往有称蝗为神虫不可捕治者，此等惑众妄言，断不可听。

7. 优给价值收买蝗蝻，以奖民劳也。以粟易蝗，古之良法，绍兴间朱子募民得蝗之大者一斗给钱一百文，得蝻之小者给钱五百文，可见灭种亟于捕蝗。应多出告示，令民挖取送官，优给价值，随收随给，不准吏胥经手克扣，致捕者沮气，务宜认真收买，以期实效。

8. 核定功过以严考成也。查例载：文武员弁搜捕蝗蝻，应时扑灭不害禾稼者，查实具题，准其加一级。又例载：地方遇有蝗蝻，州县有心讳饰不报，及申报而不及早扑除，以致长翅飞腾，贻害田稼者，均革职拿问。民瘼所系，功罪判然，现在掘除蝻种为第一要务。前据凤台、黎城、潞城、绛县各属，均禀报有飞蝗停落，旋即扑捕殆尽，或云净尽者恐难尽信，且他处恐亦不免，各牧令务再亲历确查，亟加搜治。如任听书差蒙蔽，遗种在地未能挖掘净尽，以致来岁生蝻，照相验不实例参处，倘经蝻孽萌生，复不及早捕除，以至成蝗残食田禾，无论成灾与否，均照例严参。各牧令为民司牧，自应悉心体察防患未然，责有攸归，毋谓言之不预也，凛慎勿忽。

十三、《捕蝗要诀》

（清）钱炘和辑

咸丰六年（1856 年）刻本

注：清咸丰六年七月，钱炘和查旧存捕蝗要说二十则、图说十二幅，定名《捕蝗图说一卷　要说一卷》，爰付剞劂，各牧令仿照扑捕蝗虫。咸丰七年，陕西布政使司司徒照，再版《捕蝗图说一卷　要说一卷》，并改名为《捕蝗要诀》，此后，《捕蝗要诀》成为钱炘和捕蝗书的正式书名。现存《捕蝗要诀》，有咸丰七年陕西本、同治十一年江宁本和民国四年河北任县本 3 种。本文选自《四库未收书辑刊》10 辑 4 册，四库未收书辑刊编纂委员会编，北京出版社 2000 年版。国家图书馆存书。

窃（炘和）滇南下士，通籍后，分发川省，备员十稔，调任畿疆守津九载，深悉民风。本年春蒙恩超擢，旬宣兢业，自持未尝稍懈惟是，直隶虽素淳厚，近因水旱频仍，兵差络绎，户鲜盖藏，民多菜色，亟求图治之方，庶几，俱臻丰稔。乃入春后，雨泽频沾，来牟有庆。六月，即患雨多，交秋又复燠旱，永定决口，黄水横流，患旱患虫不一而足。正深焦灼，忽于七月二十六日申酉之间，又有飞蝗自西南而来，飞过经时停落何方，未据州县具报，已分委确查。但民瘼攸关，颇深忧惧。兹查有旧存捕蝗要说二十则，图说十二幅，语简意赅，实捕蝗之要诀。爰付剞劂，通行查办，俾各牧令有所依据，仿照扑捕，或亦消患未萌转歉为丰之一助云尔。

咸丰六年七月杪、直隶布政使司钱炘和并识

（一）捕蝗图说

《捕蝗图说》共有十二幅捕蝗（图 6-1 至图 6-12）。

1. 布围式

布围一扇，用粗布两幅，缝成一幅长一丈、宽二尺四五寸。不可太长，以过长则软，且不便捷也。每幅两头包裹木竿一根，围圆三寸许，长三尺许。木竿下包尖铁镢一个，以便插入土内。如蝗势宽广，则用两三扇接用。

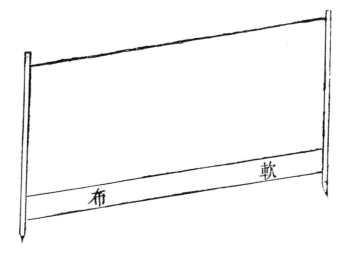

图6-1 布围式

下用软布半幅，用土压住，不至蝻孽脱漏。

2. 鱼箔式

鱼箔一扇，约长八九尺不等，高三尺有余，用芦苇结成。近水村庄，家家皆有。如蝻子长大，布围不及，用鱼箔更为便捷。

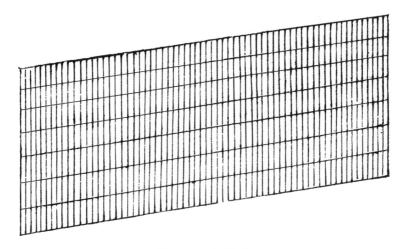

图6-2 鱼箔式

用铁锹掘深五寸，看蝗蝻来路，迎面下箔，与布围无异。

3. 合网式

蝗长翅尚嫩，不能高飞，但能飞至数步者，则用缯网罾之。两人对面执网奔扑，则俱入网内。

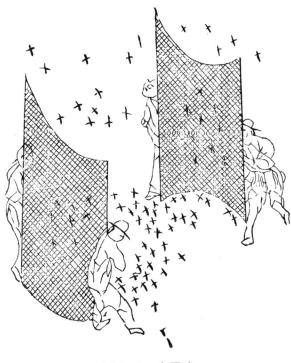

图6-3 合网式

4. 抄袋式

有翅之蝗，露尚未干，虽不能飞，捉则纵去者，用小鱼斗及菱角小口袋抄之。

图6-4 抄袋式

5. 人穿式

蝗性迎人。用幼童在围中迎面奔走，则蝗扑人跳跃。如此数次，则悉入坑内。

图6-5 人穿式

6. 坑埋式

蝻子捕入口袋，则掘大坑埋之。倾入一袋蝻子，则以水拌石灰洒入一层，永不复出。或用大锅，就地作灶煮之。

图6-6 坑埋式

7. 扫蝻子初生式

图6-7　扫蝻子初生式

　　蝻子初生，不能飞走。只须用人执笤帚扫入壕内。每一壕约计宽一尺，长或数丈不等。两边用铁锨铲光，上窄下宽。

　　此系子壕，在大壕之中，每个相隔数步。内或再埋坛瓮之类，则滑溜不能跳出。

8. 扑半大蝻子布围式

　　此用布围与箔同，蝻子来路已净，则空面亦合围扑之。

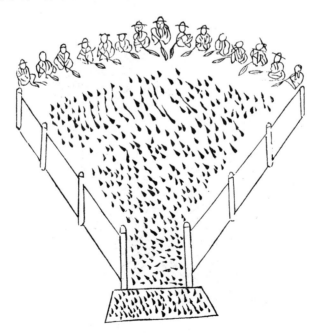

图6-8　扑半大蝻子布围式

9. 扑半大蝻子箔围式

两面围箔，后掘大坑，中用子壕，前用夫围打。空一面，迎风以待其来，则蝗皆入围。

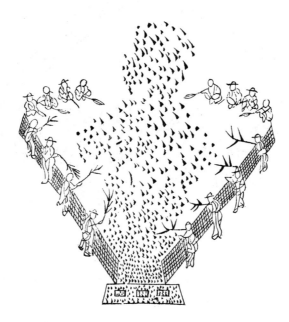

图 6-9 扑半大蝻子箔围式

10. 捕捉飞蝗式

蝗沾露未飞，多集黍稷之顶。用人背口袋捕捉，百不失一。

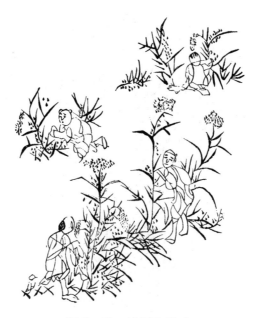

图 6-10 捕捉飞蝗式

11. 围扑飞蝗式

日出则蝗易飞，四面轻轻围扑，以渐收拢多趟，中央将次合拢，则齐声用力。即有飞去，亦可得半。至飞蝗在天，恐其停落，则施放火枪及鸣锣赶逐，则不复落。

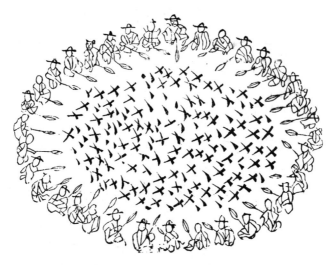

图 6-11　围扑飞蝗式

12. 扑打庄稼地内蝗蝻式

蝗蝻在庄稼地内，则用夫曲身持刮搭，在根下赶扑，顺陇而行，逼赴壕内或赶出空地，再行扑打，庶不损伤禾稼。

图 6-12　扑打庄稼地内蝗蝻式

（二）《捕蝗要说》二十则

1. 辨蝗之种

蝗蝻之种有二。其一，则上年有蝗，遗生孽种，次年一交夏令，即出土滋生。其一，则低洼之地，鱼虾所生之子，日蒸风烈，变而为蝗。大抵沮洳卑湿之区，最易产此。唯当先事预防，庶免滋蔓贻害。

2. 别蝗之候

飞蝗一生九十九子。先后二蛆，一蛆在下，一蛆在上，引之入土。及其出也，一蛆在上，一蛆在下，推之出土。出土已毕，则二蛆皆毙。大抵四月即患萌动，十八日而能飞。交白露，西北风起，则抱草而死。其五六月间出者，生子入土，又十八日即出土；亦有不待十八日而即出土者。如久旱竟至三次。第三次飞蝗生子入土，则须待明岁五六月方出。

3. 识蝗之性

蝗性顺风。西北风起，则行向东南；东南风起，则行向西北。亦间有逆风行者，大约顺风时多。每行必有头，有最大色黄者领之始行。扑捕者刨坑下箔，去头须远。若惊其头，则四散难治矣。蝗性喜迎人，人往东行，则蝗趋西去；人往北去，则蝗向南来。欲使入坑，则以人穿之。喜食高粱、谷、稗之类。黑豆、芝麻等物，或叶味苦涩，或甲厚有毛，皆不能食。

4. 分蝗之形

蝗初出土，色黑如烟，如蚊如蝻，渐而如蚁如蝇，两三日渐大。日行数里至十余里不等，并能结球度水。数日后，倒挂草根，褪去黑皮，则变而为红赤色。又十余日，再倒挂草根，褪去红皮，则变而为淡黄色，即生两翅。初时，两翅软薄，跳而不飞。迨上草地晾翅，见日则硬。再经雨后，溽热薰蒸，则飞飏四散矣。至间有青色、灰色，其形如蝗者，此名土蚂蚱，又谓之跳八尺，不伤禾稼，宜辨之。又蝗蝻正盛时，忽有红黑色小虫来往阡陌，飞游甚速，见蝗则啮，啮则立毙。土人相庆，呼为"气不愤"。不数日内，则蝗皆绝迹矣。

5. 买未出蝻子

蝗虫下子，多在高埂坚硬之处，以尾插入土中，次年出土。虽不能必其下于何处，然亦可略约得之。每年严饬护田夫刨挖，大抵有名无实。惟有收买之法，每蝻子一升，给米一斗，庶田夫可以出力。

6. 捕初生蝻子

蝻子初生，形如蚊蚁，总因惰农不治，以致滋蔓难图。应乘其初出时，用笤帚急扫，以口袋装之。如多，则急刨沟入之，无不扑灭净尽。

7. 捕半大蝗蝻

蝻子渐大，必须扑捕。雇夫既齐，五鼓时鸣金集众，每十人以一役领之，鱼贯而行。至厂，于蝗集甚厚处所，或百人一围，或数百人一围，视蝗之宽广以为准。每人将手中所持扑击之物，彼此相持，接连不断，布而成围，则人夫均匀，不至疏密不齐。既齐之后，席地而坐，举手扑打，由远而近，由缓而急。此处既净，再往彼处。一处毕事，稍休息以养民力，自可奋勇趋事。

8. 捕长翅飞蝗

蝗至成翅能飞，则尤为难治。惟入夜则露水沾濡，不能奋飞。宜漏夜黎明，率众捕捉。及天明日出，则露干翅硬，见人则起。宜看其停落宽厚处所，用夫四面圈围扑击。此起彼落，此重彼轻，不可太骤，不可太响，则彼向中跳跃，渐次收拢逼紧。一人喝声，则万夫齐力，乘其未起，奋勇扑之，则十可歼八。否则惊飞群起，百不得一矣。交午则雌雄相配，尽上大道，此时亦易扑打，宜散夫寻扑，不必用围。

9. 布围之法

蝗蝻来时，骤如风雨，必须迎风先下布围。如无布围，则取鱼苇箔代之。但苇箔稍疏，间有乘隙而过者，宜用人立于箔后，手执柳枝，视蝗集箔上，即随手扫之。围圈既立，网开一面，以迎蝻子来路。如在正北下围，则东西面用人围之。正南则空之以待其来。来则顺风趋箔，尽入沟坑之中。

10. 人穿之法

围箔立后，争趋箔中，但其行或速或缓，亦有于围中滚结成团，不复飞跳者。则宜用人夫由北飞奔往南，彼见人则直趋往北。人夫至南，则沿箔绕至北面，再由北飞奔往南。如此十数次，或数十次，则咸入瓮中矣。

11. 刨坑之法

蝻子色变黄赤时，跳跃甚速，宜多挖壕坑。先察看蝻子头向何处，即于何处挖壕。但不可太近，以近则易惊蝻子之头，彼即改道而去。且恐壕未成而蝻子已来，则将过壕而逸也。其壕约以一尺宽为率，长则数丈不等，两旁宜用铁锹铲光，上窄而下宽，则入壕者不能复出。壕深以三尺为率，一壕之中再挖子壕，或三四个、四五个不等。其形长方，较大壕再深尺余，或于子壕中埋一瓦瓮。凡入壕蝻子，皆趋子壕，滚结成球，即不收捉，亦不能出。

12. 火攻之法

飞蝗见火，则争趋投扑，往往落地后，见月色则飞起空中。须迎面刨坑，堆积芦苇，举火其中。彼见火则投，多有就灭者。然无月时，则投扑方多。

13. 分别人夫

人夫有老幼之殊、强弱之别、灵蠢之分，万不能尽使精壮丁夫前来应命。必须亲为检择，驱使得宜。如刨坑挖壕，则须强壮，彼此轮流用力。衰老者则使之执持柳枝，看守布箔，勿使蝻子偷漏。幼小者令入围穿跑，使蝻子迎人入瓮。手眼灵敏者，使之守瓮，满则装载入袋。如此区分。则各得其用矣。

14. 齐集器具

器具不全，则事倍而功半。刨坑下箔，需用铁锨、木掀、铁锄、铁镐。围打蝻子，则需用布帐、苇箔及水缸、瓦瓮。扑打则需用鞋底、刮搭、竹笤帚、杨柳枝。网取飞蝗，则需用大鱼网、小鱼罾及菱角抄袋、粗布口袋。每人须令携带干粮并带水稍。每百人派二人汲水供饮，不致临时病渴。

15. 论斤赏钱

重赏之下，必有勇夫。每日所雇之夫，给与钱文。如大片蝗蝻已净，其零星散漫不能布围者，即酌量蝗势多寡，限定斤数，此一日或扑或捕，至晚总须交完几斤，方足定数。此数之外，再多一斤，给钱或十文、五文；再多二斤，给钱或十文、二十文。如此，则扑捕倍切勤奋矣。

16. 设厂收买

设厂择附近适中之地，最宜庙宇。有蝗处少，则立一厂；有蝗处多，则立数厂。或同城教佐，或亲信戚友，搭盖席棚，明张告示。不拘男妇大小人等，于雇夫之外，捕得活者，或五文一斤，或十文一斤，或二三十文一斤。蝗多则钱可少，蝗少则价宜多。男妇人等闻重价收买，则漏夜下田，争趋捕捉，较之扑打，其功十倍。一面收买，一面设立大锅，将买下之蝗随手煮之，永无后患。亦可刨坑掩埋，但恐生死各半，仍可出土，不如锅煮为妙。但须随时稽察，恐捕得隔邻之蝗，争来易米，则邻邑转安坐不办，将买之不胜其买矣。

17. 查厂必亲

行军之法，躬先矢石，则将士用命。捕蝗亦然。每日必须亲身赴厂，骑马周历，跟随一二仆从，毋得坐轿，携带多人，虚应故事。到厂后，既设立围场，即宜身入围中。见有扑打不用力、搜捕不如法及器具不利、疏密不匀者，随时指示，明白告戒。怠惰者惩戒之；勤奋者奖赏之。饮食坐立，均宜在厂。如此，则夫役见本官如此勤劳，自然出力。若委之吏役家丁，彼既不认真办理，亦必不得法，终属无益。

18. 祈祷必诚

乡民谓蝗为神虫，言其来去无定，且此疆彼界，或食或不食，如有神然。有蝗之始，宜虔诚致祭于八蜡神前，默为祷祝，令民共见共闻。如不出境，则集夫搜捕，务使净绝根株，亦以尽守土之职耳。

19. 勿派乡夫

乡村愚民，既有私心，又多懒惰。捕蝗本非所乐，若再出票差，经乡保派拨，势必需索使费，派报不公。且穷苦黎民，亦难枵腹从事。宜捐廉办理，人给大制钱四十文或五十文，俾有两餐之资，则自乐于从事矣。

20. 勿伤禾稼

农民最畏捕蝗，首在伤损禾稼。宜晓示明白，如有践踏田禾者，立即惩治。先从高粱、藤、稷丛中，开出空闲处所，然后扑击。如一望茂密，别无隙地，则用鞋底刮搭（用旧鞋底，前后夹以竹片，以绳缚之，扑击最为得力，乡民谓曰刮搭），从高粱根下扑之，勿致有损。庶百姓退无后言。

十四、《治蝗全法》

（清）顾彦辑

注：顾彦，字士美，江苏无锡人，咸丰六年（1856 年）无锡一带蝗灾，顾彦编辑了《简明捕蝗法》发给农民捕蝗，第二年，改题为《士民治蝗法》，同时加入《官司治蝗法》以及前人成说和救荒诸事共四卷，定名为《治蝗全法》刊行。光绪十四年（1888 年），其孙顾森书又在安徽重刻，并附有伍辅祥《奏陈治蝗诸法疏》等，本书即选用此光绪刻本。

序

咸丰六年丙辰八月，锡金已二百一十六年无蝗（自康熙十一年壬子有蝗，不为灾，至斯也。邑志可考）。而猝从江北麋至，民皆以为神，相戒勿犯，惟祭且拜，以致田稚受害。心窃伤之。时即欲刊成法，布告乡里，使民捕治，顾仓猝不及集事。至十月，知地下遗有虫子，非腊雪盈尺冻之使僵，或乡人竭力掘除，则次年蝗又为害。乃急率同长子济辑除根、掘子、去蝻、捕蝗诸法之简便易行者三十三条，汇为一编，名曰《简明捕蝗法》，呼将得资五十二缗，刊印发送四千五百八十七本，《掘子法》《子必掘说》等八千一百七纸，以期除恶务尽。第所辑之法，皆就民说，而于官司治蝗之法咸未之及。民之父母，岂无爱民如子，诚欲访求良法，去害利稼，以裕岁漕而阜民食者。爰于今春，伸纸捉笔，终日撰劝买子、买蝻、塔布、收纱、借种诸启之余，复率同长子济辑官捕之法，得二十四条，别为一卷，名曰《官司治蝗法》附于民捕之后。又更易前《简明捕蝗法》曰《士民治蝗法》，列为第一卷，以见治蝗乃士民之本分。若官司之治蝗，则自圣天子以至良有司，皆莫不恫瘝在抱，轸恤民依，是以治之惟恐不及，而国家之立法，亦甚严且密耳。岂民不应治而但当责之官长哉？余第四卷，类及救荒、恤疫、伐蛟、祈祷，乃与治蝗相辅而行者也。至第三卷所载，则多前人成说耳，有可补一、二两卷所未备者。

咸丰七年五月五日，梁溪顾彦自识并书于犹白雪斋

犹白雪斋记

考邑志，锡金自崇祯丁丑、戊寅、己卯、庚辰、辛巳五年连蝗，后至咸丰丙辰，中距二百二十一年始复有蝗。从江北猝至，食禾稼，且生子于地。按陈芳生《捕蝗法》暨陆桴亭《除蝗记》皆言，需腊雪深尺冻之使僵，始来岁无患。而去冬三月，直无点雪，古梁鸿溪悄悄子乃募资刊发《治蝗掘子法》《子必掘说》《劝买子启》《劝买蝻启》以除之，而蝗以减。则其所刊犹雪也，因以犹白雪名其斋，而并自记之如此，时岁在疆圉。大荒落皋月五日。

去岁秋深，蝗飞陇上。天地弥漫，四郊无旷。雨泽愆期，本忧旱亢。

继以践踏，禾苗尽丧。君也愀然，谓须备防。掘子除根，后方无恙。

劝告城乡，遍粘亭障。声与泪俱，情词晓畅。备有成规，劳心采访。

寒夜一灯，检求贵当。掩卷唏嘘，民依恻怆。今睹此容，图书摒挡。

思虑之焦，形于颜状。盍告画师，临摹依样。悬挂田间，为刘猛将。

（邑有刘猛将军庙，相传能除蝗患）

咸丰丁巳首夏

《治蝗全法》目次

卷二 官司治蝗法

绝除蝗根法

掘除蝗种法 掘买蝗种

扑买步蝻法

扑买飞蝗法

卷三

蝗种必须掘除说	前贤名论	治蝗实绩
《奉劝收买蝗种启》	绝除根种	捕蝗律令
《奉劝接收买蝻启》	买易蝻蝗	捕蝗人夫
《劝速治蝻启》	蝗断可捕	蝗以蜡祛
《劝速莳秧启》	蝗断可食	蝗由政召
《劝速捕子启》	蝗可饲畜	历代蝗时
蝗由人事说	蝗可粪田	锡邑蝗灾
呈请《拿禁佛头阻扰治蝗禀》	蝗宜预备	蝻、蝗字考
呈请《示谕掘子禀》	捕宜体恤	捕蝗诗记（从略）
	治蝗剔弊	

卷四 救济荒歉（从略）

附录 吏科给事中伍给谏辅祥奏陈《治蝗诸法》疏

江苏抚台赵大中丞通饬各属《捕蝻檄》

（一）士民治蝗全法

须识字知文义人，与农民讲说明晓。

1. 消除蝗根法

虾鱼生子水边及水中草上，如水常大，浸草于水中，则虾仍为虾，鱼仍为鱼；若水不大，及虽大而忽大忽小，及虽有水而极浅，不能常浸草于水中，则草上之虾、鱼子，日晒熏蒸，渐变为蝻。（蝗初生无翅为蝻，蝻渐大有翅为蝗。蝗不外化生、卵生两端，此即所谓化生者。字典无蝻字。蝻乃俗字也。蝗亦后世之称。若《春秋》则曰螽、曰蝝、曰蟓而已。）（原书眉注：蝝，音沿。《春秋》：螽、蝝、蟓，即蝗。见沈受宏《捕蝗说》。又陆桴亭《除蝗记》曰：蝻于《春秋》为蝝。）不数日生翅即为蝗。是以大河、大湖、大荡、水边有草处，如水不常大盈满，则生蝻；小河、小港、沟槽、浜底有草处，水不常满，忽大忽小，忽有忽无，则生蝻；芦稞滩荡，及一切低潮有草处，水虽常有，浅而不深，日晒易暖，则生蝻。（此等情形，皆指江南水乡而言。若北方陆地，则其河渠盈则四溢，草随水上。及其既涸，则草留涯际。虾鱼子之附于草者，既不得水，又得日晒熏蒸，皆变为蝻矣。）故欲治蝗于无蝗之先者，必须于此等生蝻处所，将草尽行劖去，则蝗根既可消除，而将草携回，更可作垤田烧火之用。农人何乐而不为耶？（原书眉注：看消除蝗根法，亦预防蝗患法。）如不将草垤田烧火，则必曝干纵火烧之，方绝蝗患，否则犹恐生蝻。切记！切记！（此除蝗根法。北方恒蝗之地，宜以此法劝谕乡民，令恒去草。若江南则蝗不恒有，民又自能取草壅田饲鱼，可无需劝谕。）

蝗由虾鱼子化生者，须在目上；由蝗卵入土孳生者，须在目下，可以识别。（此见陆曾禹《治蝗八所》。以上皆说蝗根。）

2. 掘除蝗种法

蝗由虾鱼子化生，及母蝗下子入土卵生者，初皆名蝻，小如蚁，又如蚕，色微黄。数日即大如蝇，色黑，群行能跳。又数日即有翅能飞，色黄，是名为蝗。（原书眉注：蝻色黑，蝗色黄，蝗性热好淫。）性热好淫，能飞即每午辄媾，媾即生子。夏月气热，十八日或二十日，即又成蝻。蝻又成蝗，循环不穷，故蝗多而害大。其生子也，必择坚硬黑土、地方高燥之处，（原书眉注：坚硬高燥，前人书皆作坚垎高亢，恐民不解，故易之。垎，音劾。）以尾锥入土中，深八九分，生子十余，（皆联缀而下，如一串牟尼珠，有线穿之。色白、微黄，如松子仁，初较芝麻加小，渐大如豆，又如小囊。中初止白汁，后渐凝结，遂分为细子百余。及至将出，外苞形如蚕，长寸余；中子形如大麦，色皆黄；出即为蝻百余，不止九十有九。前人皆云蝗一生九十九子者，袭先儒注疏语耳。）即将尾抽出。外仍留洞，形如蜂巢，或土微高起，（原书眉注：洞，前人书本作孔。土微高起，前人书本作土脉坟起。蝗性好群。）盖因蝗性好群，群飞群食，亦群生子，故其生子之地，形如蜂窠。如遇物塞其洞，或人踏平其洞，则洞中之子有生气上升，故其土微高起。是以蝗如生子之处，人皆易于寻觅。凡欲掘除蝗种者，（原书眉注：看《掘除蝗种法》。蝗子二字，古人文案章奏，皆不避忌，今人则悉改为蝗种。从之。）法须齐集多人，分定地段，携带锄钯，四出巡视。凡见地上有无数小洞，形如蜂窠，及土微高起处、上年蝗集处，其土中皆有蝗种。（或深寸许，或深三四寸，五六寸不等，其土皆暖，炙手可热。）立即掘出，以火烧之，或以水煮之，使不成蝻，为功最大。[此掘蝗种法。自古治蝗多法。莫不以掘子为第一要法。盖余法皆难，而掘子则易也。切不可不掘，以贻后患。观彦《蝗种必须掘除说》及前贤掘除蝗种诸论，则自明矣。（原书眉注：《种必掘说》，除根种论，俱见三卷。）咸丰六年冬，彦欲人掘遗子，曾以此法另刊一纸，从广发送。后有蝗种在地，亦宜仿照行之。又民多顽愚，不肯掘子，必须以钱收买，方乐从事。倘官绅殷富俱不收买，必须有一人撰文力劝，刊印广发，始不至始终不买。咸丰六年冬，民不肯掘，亦无人买。七年立春日，家仪卿盐举，助资刻劝《收买子启》五千纸，满邑贴送，（原书眉注：《劝买子启》，又见三卷。）捐赈总局始每升钱三十，收买六百余石，北七房华氏等处，亦买百余石，蝗患遂减。后如有子，亦宜仿行，民始踊跃肯掘。]

蝗夏月生之子易成，十八日或二十日即出。然如八日内遇雨则烂（喜干恶湿也）。冬月生之子难成（畏冷也），须来春始出。（原书眉注：蝗、蝻、了二者俱喜干畏湿，喜热畏冷，喜日畏雪。）然如遇腊雪或春雨则烂不成，非能入地千尺也（此见陈芳生《捕蝗法》）。（原书眉注：遗蝗入地应千尺，苏东坡咏雪句。）惟腊雪即深尺，而石下岩底雪所不到之处，蝗种仍生。犹须以人力掘除，补天功之所不足，（原书眉注：自古天灾皆可人救，自古天功亦必借人力也。）方免蝗患。（此见陆桴亭《除蝗记》。）又咸丰七年丁巳，锡金之蝻，于四月初旬将立夏始出，多在山麓。盖因田间之子，民已掘尽，而山间则未也。又蝗种生于夏者，本年即出；生于秋者，患延来岁。苟非腊雪盈尺，则惊蛰后滋生必繁，为害必大。（此见周焘《除蝻灭种疏》。）又蝻生在白露前者，不久即毙，无遗患；若过白露不死而生子者，则其子须来春始生。土人宜各志其处，思所以预防之。如至生翅而飞，则扑灭难矣。（此见马源《捕蝗记》。以上皆说蝗种。）

蝗白露后生子于地，至来春惊蛰后即出为蝻，凡麦经其缘（音言）啮即坏（此见陆桴亭《除蝗记》），故蝻不可不捕。又惊蛰后地气和暖，蝗种在地，初出为蝻，形如蝼蚁，止能行动，尚不能跳，所生地面不过如席片之大。此时扑捕，犹易灭绝。至能跳跃，蔓延宽广，则难灭矣。（此见陈文恭《除蝻檄》。）（原书眉注：康熙五十四年乙未，安徽桐城之蝻，四月中旬始生遍野，厚尺余，以上年之子未掘故也。见马源《捕蝗记》。咸丰七年丁巳，锡金之蝻，亦四月初始生。）

3. 捕芦中蝻法

蝻初生，大约在芦稞荡及麦田之间。在芦稞荡者，法应植竹为栅，四面围之，砍去其芦，以连枷更番击之，可以即尽（原书眉注：看捕芦中蝻法）。然此但指小蝻尚未能跳者言也。若既稍大能跳，则应分地为队，队用少壮五十人，分布在芦稞荡之三面守之。后于前一面掘一沟，长三四丈，上阔一尺七寸，下阔二尺五寸，深一尺，沟底每距三尺余掘一坎。然后砍去其芦，自后达至沟。乃呼三面守者，合力驱之，并鸣锣以惊之。蝻跃至沟即坠，俟全坠，即以土掩之，蝻即尽矣。然此但指芦稞荡之小者言也，若宽大，则应于芦稞荡之适中，掘一长大之沟为濠，（沟大而有水为濠。蝻见水，久则烂。）先从濠之左一面或右一面驱尽，然后再驱一面，以土掩之。（凡芦塘之宽大者，如掘一沟，则去远；掘两沟，则工费。故于塘之中间掘一沟为濠，最妙。）

545

其驱之也，宜徐，不可急，急则旁出；沟所不可立人，立人则蝻见惊避。（原书眉批：驱蝻宜徐，开沟坑蝻，沟所不容立人。）又蝻出十六七日生半翅时，其行如水之流，将食稻麦矣。（原书眉批：蝻生半翅，始食稻麦。）法应以竹为栅，堵其两旁，而于两旁之中，埋一大缸，向其来路。蝻行自入缸中，不能复出，可即以大袋收之，曝干作虾米食。（蝻可食。）或和菜煮食。或饲猪鸭，俱易肥壮。至于分队之法，（原书眉注：看分队法）每队少壮五十人，领以老成能事者四五人，先探明芦中何处有蝻，立一长竿布旗以表之，谓之一围。他处亦然。次第表毕，即令五十人如上法驱捕。一日令其捕十围，纵不能尽，所余亦不过十之一二，即为害亦不大矣。又日间扑之，如或散去，至夜仍聚一处（蝻性好群也）。次日再扑之，即尽矣。（此捕芦中蝻法。见马源《捕蝗记》。）

4. 捕田中蝻法

蝻初生如蚁，在稻田、麦田中者，俱应用旧鞋底皮或用新旧牛皮切作鞋底，钉于木棍之上，蹲地打之，可以应手而毙，且狭小不伤稻麦。若用他物，则击蝻不毙，且易坏，并伤稻麦。故外国亦用此法。（此治田中蝻于如蚁时之法，见陆曾禹《治蝗八所》及乾隆二十四年《户部条例》。）（原书眉注：此所云乾隆二十四年《户部条例》，即后三卷所载御史茂奏《治蝗法六条》。）又蝻未能飞时，鸭能食之，如置鸭数百于田中，顷刻可尽，亦江南捕蝻之一法也。（此亦治田中蝻法，见陆桴亭《除蝗记》后自记语中。咸丰七年四月，无锡军嶂山山上之蝻，亦以鸭七八百捕，顷刻即尽。）

5. 捕空地上蝻法

蝻既稍大如蝇，群行能跳，在空地上者，则应于可开沟处，先开一丈许长沟，深四五尺，阔三四尺。其开出之土，即堆于对面沟边，以为后来填压之用。次集多人，无论老幼，皆手执扫帚，或竹枝、柳枝，三面围喊。又每五十人或三十人，鸣一锣，蝻闻人声、金声，必即惊跃欲遁，人即乘势将蝻驱至沟边，执帚者扫，执枝者扑，执锣者将锣大击不止，蝻必全入沟中，形如注水。应即用干柴燃火，投入沟中烧之。下恐尚有活者，须再以前开出之土，填入压之，过一宿方妥。（此治空地上蝻于如蝇时之法，见乾隆二十四年《户部条例》及陈芳生《捕蝗法》、陆曾禹《捕蝗八所》。）

6. 捕田旁陇畔蝻法

若在田横陇畔不能开掘长沟之处，则应每田一区，先用数人将蝻驱至空阔无稻麦处，后用多人四面逐之，令其攒聚一处，以长栈条圈之，再以土壅栈条外脚，使无罅漏，可以钻出。只留一极狭小门，可以出入一人。即于此小门口，斜埋一大缸于地中。其向栈条门口处之缸沿，须与地适平。然后使人入栈条内，驱蝻入缸。顷刻可满，不能复出，装入车袋，以水煮之。（此治田中蝻于如蝇时之法，见道光元年顺天府尹申镜淳《捕蝗章程》。)

蝻性向阳，晨东、午南、暮西。凡开沟捕蝻及田中捕蝻者，俱须按时刻，顺蝻所向驱之，方易为力。否则不顺，必至旁出，蔓延他所。是以法宜用旗三五面，（原书眉注：蝻性向阳。旗应用五色，看蝻何处多，则树赤者；何处少，则树白者。次青、次黄、次黑，以别缓急。以次捕治，则旷野中一目了然，审向端而成功易矣！此见后三卷御史史戊奏《治蝗法六条》中。）令人执立蝻所向之方，大家将蝻俱赶向有旗一方去，庶不至错乱而成功易。（此言捕蝻者皆须顺蝻所向逐之，见乾隆二十四年《户部条例》。若马源《捕蝗记》则云：蝻之行也，恒东向。）（原书眉注：蝻行恒东向。）

7. 以火诱蝻法

蝻性又向火（蝗性亦然）。凡开沟捕蝻者，最宜夜间用柴烧火沟边。蝻见火光，必俱来赴，人即从后逐入沟内，以火焚之，最易为力。田中捕蝻者，亦宜夜间用柴烧火田畔，俟蝻来赴，从后逐之，亦易为力。切勿因日间辛苦，夜间要睡，懒而不为；亦勿因购买柴草须费钱文，吝而不为，致贻后悔。（此言凡捕蝻者，须投蝻所好，夜间以火诱之。见道光元年顺天府尹申镜淳《捕蝗章程》）。

以上六条，皆捕蝻法。较之掘子，已为费事；而较之捕蝗，尤为省事。是以治蝗之法有四，一曰除根，二曰掘子，三曰捕蝻，四曰捕蝗。而捕蝗不如捕蝻，捕蝻不如掘子，掘子不如除根。虽有圣人复起不易吾言矣！又蝻非重价收买，则民有捕有不捕，蝻必不尽。又子在地下难见，不能尽；蝻在地上易见，可以尽。是以捕者，必思所以尽之，方免蝗患，而其法莫妙于重价收买。

8. 治田中蝗法

蝻苟捕除不速，或不尽，则生翅成蝗，相率群飞，蔽天翳日。所集之地，寸草不留；一至田中，稻麦立尽（故《易林》谓之饥虫），为害最大，而扑灭最难矣。（故必于未成蝗之先，早捕为妙。）然不过难焉已耳，非不可灭也。（前蝗至常州，数日即捕尽。见陈芳生《捕蝗法》。）法宜看蝗在何地，应以何法治之。假如蝗在稻田或麦田中，则每日五更必聚稻麦梢上，露侵体重，不能飞跳。此时捕之，最易为力。宜即以手掳之，或用筲箕绰之，装入车袋，以水煮之蒸之。或开地坑，以火烧之。（此治田中蝗法，见乾隆二十四年《户部条例》及陆曾禹《捕蝗八所》。即《小雅·大田》之篇所谓"秉畀炎火"之法，即千古治蝗之良法也。）

9. 治地上蝗法

在空地上，则须于可开坑处，先开一极深且长且阔之坑，次用板门、板枨、板壁、春凳之类，接联如八字摆列坑之两旁，再用干柴置火坑内。后用多人，手执木板，高声呐喊，驱蝗入坑。坑已有火，则翅被火烧，不能飞出。然犹有能跳出者，则用扫帚数十把扫入之，再用柴薪盖而烧之。下恐尚有活者，须再用土埋压一夜方妥。切忌但用土埋，不以火烧，明日蝗能穴地而出。（此治地上蝗法，见陆曾禹《捕蝗八所》及乾隆二十四年《户部条例》。）

10. 治空中蝗法

在空中飞腾，则应用绰鱼之海兜，或缝布圈竹，做成海兜，装一长柄，从空中兜之，装入车袋，煮之烧之。（此治空中蝗法，见陆曾禹《捕蝗八所》及陈芳生《捕蝗法》。）（原书眉注：看空中治蝗法。咸丰七年四月，锡金地上之蝻亦以布作兜兜取，顷刻而满。）

11. 以火烧蝗法

惟开坑烧蝗及埋蝗者（此即承上第一二两节开坑烧蝗埋蝗言），将蝗纳入坑后，须再以火烧之乃死。（原书眉注：看以火烧蝗法。盖坑蝗，必须再用火烧也。）若但以土埋而不用火烧，则明日必能穴地而出。（蝗能穴地，又能渡水。此言坑蝗，必须以火烧之。）又坑中必先以柴置火，然后入蝗，蝗始不能飞出。（此言坑蝗必先置火坑内。）又烧之后，下必尚有活者，须再以土埋压一宿，方尽死。不然，则下之活者，仍能穴地出也。（此言蝗烧之后，必须再用土埋。此三说俱见陆曾禹《捕蝗八所》及乾隆二十四年《户部条例》。）

12. 以土埋蝗法

略（原书眉注：看以土埋蝗法，盖既烧后必再土埋也）。

13. 治蝗总法　以火诱蝗法

蝗性向火，与蝻性同。凡田中有蝗者，宜置柴十余堆于田边空处；地上有蝗者，宜置柴十余堆于所开坑处。俱俟太阳落山，天色暗透后，以火烧柴，蝗即俱来扑火，翅被火烧，不能飞起，顷刻可捉无数。切勿因日间辛苦，夜间要睡，懒而不为；购买柴草，须费钱文，吝而不为，以致后悔。（此言蝗宜于夜间捉。见道光元年顺天府尹申镜淳《捕蝗章程》。）

14. 捕蝗之时

蝗早晨沾露不飞（五更尤甚），日午交媾不飞，日暮群聚不飞。每日此三时，最可捕蝗。人当于此三时竭力捕之。若辰巳时、未申时，皆是蝗飞难捕之时，人可于此数时休息养力。（此见李秘园《捕蝗记》及载乾隆二十四年《户部条例》。）入夜，则以柴纵火，诱而捕之。（此已见上条。此言蝗宜早晨、日午、日暮、夜间，再加以五更，共五时捕。蝗之难捕，以其飞也，故必于其沾露、交媾、群聚不能飞之时捕之，则唾手可得，易于为力矣。）又天气下雨，蝗翅潮湿，不能高飞。此时捕之，亦易为力。断宜冒雨争先力捉，不得畏湿衣服，避匿因循，致失机会。（此言蝗宜于雨中捕，见道光元年顺天府尹申镜淳《捕蝗章程》。以上皆言捕蝗之时。）又蝗喜干畏湿，喜日畏雨。如有蝗时能淫雨连旬，则蝗必烂尽（原书眉注：久雨烂蝗），盖雨能杀蝗也。（此言雨能杀蝗，见陆桴亭《除蝗记》后自记中。）

15. 蝗断可捕

蝗虽天灾，断可人捕。不必惊以为神，不敢扑灭，惟以祷祀求之，以致田禾伤损，衣食俱无。观后三卷沈受宏《捕蝗说》、陆桴亭《除蝗记》，则明矣。（此言蝗决可捕。）

16. 蝗捕可尽

又蝗有讨除不尽者，特人不用命耳。二语见唐相《姚崇传》。人能用命，则蝗无矣，岂不能尽者耶！（此言蝗捕可尽。唐相姚崇，乃千古治蝗之最力者。若千古治蝗之最严者，则宋之《淳熙敕》也。此等语皆见陈芳生《捕蝗法》，《淳熙敕》载三卷。）

17. 蝗蝻之神

蝗即有神，亦不外本处山川、城隍、里社、邑厉之鬼神，非蝗别有神，并非蝗即神也。详三卷陆桴亭《除蝗记》。不必视蝗如神，而相戒勿犯也。（此亦言蝗可捕。以上五条，皆言捕蝗。）

18. 驱蝗禁蝗　以衣物驱蝗法

蝗见树木成林，或旌旗森列，则每翔而不集。故农家或用红白衣裙、门帘、包袱、被单、褥单、遮阳天幔之类，结于长竿，聚集多人，成群结队，执而驱之，蝗亦不下。（如有神庙旗伞、龙船旌帜，用之更妙。此以衣物驱蝗法，见陆曾禹《捕蝗八所》。）又蝗畏人易驱，见唐《姚崇传》。（原书眉注：蝗畏人，易驱。）

19. 以铜器火器驱蝗法

蝗畏金声，亦畏炮声。农人如能用鸟枪、铁铳，装入火药，加以铁砂或稻谷米麦之类，击其前行，则随后者亦畏而他去矣。（推而广之，铜盆、铜脚炉盖，亦可敲击，多即声大。此以铜器、火器驱蝗法。见陆曾禹《治蝗八所》。以上两条，皆驱蝗法。）

20. 禁止蝗食稻麦法

每水一桶，入麻油五六两，用竹线帚洒于稻麦梢上，蝗即不食。（此见乾隆二十四年《户部条例》。）又稻草灰及石灰（原书眉批：看禁蝗食稻麦法。稻草灰，原书作秆草灰，秆及稻茎也。）等分为细末，或洒或筛于稻麦梢上，蝗亦不食。（此禁蝗食稻麦法，见陆曾禹《捕蝗八所》。）

21. 种蝗不食之物法

绿豆、豇豆、豌豆、芝麻、大麻、苘麻、（原书眉注：看种蝗不食之物法。古云蝗不食三麻三豆，即此是也。）薯蓣、芋头、桑树及水中菱、芡，蝗皆不食，种之且可获利。(此种蝗不食之物法，见王桢《农书》及吴遵路事。)

22. 治蝗杂法　蝗断可食

蝗可和菜煮食(见范仲淹疏)，可曝干作干虾食，味同虾米(虾鱼子变故也)，久储不坏。(蝗性热，久更佳。以上见陆曾禹《捕蝗八所》。)陈芳生《捕蝗法》曰：燕齐之民，用为常食，登之盘飧，且以馈遗。并鬻于市，数文钱可得一斗。更有囷积以为冬储，恒食以充朝餔者。盖因其地恒蝗，其民既知虾子一物，在水为虾，在陆为蝗，则食蝗与食虾无异，故不复疑。(原书眉注：虾鱼子在水为虾鱼，在陆为蝗蝻。食蝗与食虾无异。)若东南水区，则被蝗时少，民不习见，故有疑鬼疑神，侧闻食蝗而骇然者。岂知西北之人，皆云蝗如豆大者，尚不可食；如长寸以上，则莫不畚盛囊括，负载而归，咸以供食。(原书眉注：蝗寸以上方可食。)蝗何不可食之有哉!(此言蝗定可食。)

23. 蝗可饲畜

蝗断可饲鸭，又可饲猪。崇祯十四年辛巳，浙江嘉湖旱蝗，乡人捕以饲鸭，极易肥大，又山中有人畜猪，无赀买食，试以蝗饲之。其猪初重二十斤，食蝗旬日，顿长至五十余斤。可见世间物性，畜可食者，人未必可食；若人可食者，禽兽无不可食。蝗可饲猪、鸭理也，推之，当不止此!(此言蝗可饲畜，见陈芳生《捕蝗法》。)

24. 蝗宜四时防备

蝗四时皆有，不独夏秋有之。考史，自春秋以至前明可见。(史书某月者几，另有历代蝗时，见后三卷。)惟夏秋则恒极盛耳。是以春冬亦宜防范。(此言蝗宜四时防备，见陈芳生《捕蝗法》。)

25. 蝗宜祷捕并行

遇蝗祷神，只应祷本处之山川、城隍、里社、邑厉(此见陆桴亭《除蝗记》。)以及关圣帝君(以其护国也)、火神(以秉畀炎火，乃千古治蝗良法也)、刘猛将军(以其治蝗也，此见道光五年顺天府尹朱为弼《捕蝗事宜》)而已。其余淫祀，无庸多及。且须一面祷，即一面捕，切勿以为祷必有灵，可不驱捉。盖设无灵，则悔无及矣!(咸丰六年，锡金之民即以此误，可以为鉴。此言遇蝗宜祷捕并行，不可祷而不捕，且究重捕不重祷也。又蝗有祷而不食禾稼者，亦有祷而仍食禾稼者，如明万历四年六月，丹阳飞蝗入境，民祷于神，蝗只食竹木芦苇，而不及五谷。有一朱姓，牲醴已具，见蝗已过，止不复祷。须臾蝗回，啮尽其禾，而邻田一颖不损。此祷而不食禾稼者也。唐开元四年，山东大蝗，民祷而无应。今咸丰六年，无锡飞蝗，民亦祷而无应。是祷而仍食禾稼者也。岂祷即可保无虞哉!惟平日时时战兢惕厉，悔过迁善，惟恐得罪于鬼神，则鬼神或者佑之耳。)(原书眉注：祷神有灵有不灵。)

26. 官捕不如民捕之善

地方官府，固有应捕子、捕蝻、捕蝗之例，然官雇夫捕，田非所有，不知爱惜，往往有踏伤禾稼之病。不如农民自捕，自然谨慎小心，可无虑此。（此言官捕不如民捕之善。）

27. 捕得蝗蝻子不必官赏官买

百姓捕得子、蝻、蝗，固有可送官请赏之例，官亦有应设局收买之例。然如点金乏术，则难无米为炊。多寡有无，只可任从其便，不可胶柱鼓瑟，滋生事端。须知自除己害，乃属分所当为，苟能田物无伤，则所获亦已多矣，又何必因而渔利耶！（此言捕得蝗蝻及子，不必定要官赏官买。）

28. 欲除蝗蝻子皆须收买

无知小民，非收买必不肯捕蝗蝻子，非重价收买，犹不肯捕蝗蝻子。官如无钱收买，则地方义士应出力为之。（此言蝗蝻子，如官无钱买，则其责在绅富。倘绅富亦坐视，则地方何赖有此绅富哉？）惟义士即重价收买，而无知之民，必尚有怠缓不悦从者。此则宜告知官长，立提重处，惩一儆百。又赖租顽佃，亦有利有蝗蝻，借可吞租者，察实亦宜送究。（原书眉批：欲除蝗蝻子，必须以价收买。）

在乡义士，即使竭力收买，亦只能去一方之害，而不能遍及阖邑。惟在城之绅富，能亦设局力买，则阖邑之害皆能全尽。（原书眉批：蝗蝻子须乡城皆买。）

29. 捕除蝗蝻子须借官力

士民力买，亦必告知官长，出示出票，责成地保，令其按田派夫力除，出具限状，准于何日净尽，并令出具除尽切结，呈案备查。庶几可以全净。（原书眉批：欲尽蝗蝻子，必须借官力）。（以上三条，言蝗蝻子须以价收买，又须借官力。）

30. 捕除蝗蝻赏罚宜明

绅富地保人等，如有真能出力除尽蝗蝻，不至伤稼者，应请官赏给冠带，或给门匾，或免徭役，以示奖励。人始踊跃从事。不力而贻误，则惩罚之。人始不敢怠玩。（此言赏罚当明。）

31. 蝗蝻子皆须力除

陆桴亭《除蝗记》曰：见蝗不捕，待其之他，是谓不仁（有法不说同）；畏蝗如虎，不敢驱扑，是谓无勇。是教人捕蝗也。不早求治，养患目前，贻祸来岁，是谓不智。是教人掘子也。（原书眉注：蝗蝻子皆必除。）陈芳生陈《捕蝗之法》曰：前村如此，后村复然，一邑如此，他邑复然，则净尽矣。又曰：臣案以上诸事，皆须集合众力。无论一身一家，一邑一郡，不能独成其功。即百举一坠，犹足偾事，是教人人皆捕蝗也，人顾可以不治蝗哉！（原书眉批：蝗须人人皆治。）

32. 蝗蝻皆可尽之物

小民无知，往往以蝗蝻为不可尽。有志治蝗者，切勿误听其言而不力治。千古治蝗之力者，固惟唐姚崇一人，然人皆当勉效姚崇，勿如倪若水、卢怀慎，徒为崇之罪人也！（以上三条皆言人当治蝗，《唐书·姚崇传》见三卷。）

33. 修德禳蝗（仍须以力治）

蝗皆因人心奸险，伤人害人，甚于蝗虫，是以天降此灾。如人苟能洗心涤虑，迁善改过，则蝗亦必不为害。如《陈留耆旧传》曰："高式至孝，永初中螟蝗为灾，独不食式麦"是也。虽不能人人皆善，而一人善即可保一家，数家善即可保一村，天理如是，不必以余言为迂腐也。（此消患于无形之法。）同一乡里，而蝗有至有不至，同一禾稼，而蝗有食有不食，即以人之善不善分也。（此见陆桴亭《除蝗记》。）又灾固可以德禳，灾仍须以力制。（原书眉注：蝗仍须以力治。）如谓修德即不必用力而灾自消，非也！惟德修则力必有用耳。（此言以德禳蝗，犹须以力治蝗。）

右士民治蝗法三十三条，皆简便易行，古人最善之法。使人人皆能实心实力，按照此法，以除根、掘子、捕蝻、捕蝗，则天下何至有蝗哉！即有蝗，亦何至为害哉！

（二）官司治蝗全法

1. 绝除蝗根法

治蝗不外除根、掘子、去蝻、捕蝗四法，而捕蝗不如去蝻，去蝻不如掘子，（二句见周焘《除蝻灭种疏》及史茂《捕蝗事宜疏》。）掘子不如除根。是以北方有司，每年于冬令水涸草枯、农力闲暇之时，宜多出告示，谕令乡民，将遍地干草尽行纵火烧去，使草上之虾鱼子都成灰烬，以绝蝗根。（此见周焘《除蝻灭种疏》。）若南方有司，则宜于春间多出告示，谕令乡民，将水边水中之草全行芟柞，载归可以壅田，曝干更可作柴，否则必就地曝干烧之，以防草上之虾鱼子仍变为蝻。最为紧要。（此见陆曾禹《捕蝗八所》。）此消除蝗根法，即预防蝗患法。欲除蝗害者，宜于此加意焉。（此说除根。）

2. 掘除蝗种法　掘买蝗种

上年秋间，如或有蝗生子于地，则北方有司宜于春深风暖、土脉松脆之时，多出告示，并亲身督率农民，齐集多人，携带锄钯，四出巡视。凡见地上有无数小孔，形如蜂窠，及土微高起处，并上年蝗集之所，其土中皆有遗子，应即掘出，以水煮之，或以火烧之。（此见周焘《除蝻灭种疏》。）南方有司，则于深冬岁晚农闲之时，应即多出告示，谕令农民，即皆从容搜索。（此见陈芳生《捕蝗法》。）不可观望，延至来春。盖因北方地寒，冬月土冻，坚硬难掘，是以宜春。南方则冬不甚寒，地不甚冻，较之北方，大相悬殊，是以冬间即可搜掘。且冬间之子，至大不过如芝麻，春深之子，则以长大如大麦，量之数多四五十倍，是以欲省买子之费者，大江以南，必须冬买为妙，可以费少而功多。然民多愚顽，非以钱米易买，必不肯掘；非以多钱多米易买犹不肯掘。为民父母者，宜以一石粟易一石子。如民犹不从，应再增益。

国家例价不敷（户部定价见后三卷《捕蝗律令》），即应捐廉，及捐殷富，凑足买易。如殷富不能捐，则捐田。每亩若干，以作买费。昔窦东皋《捕蝗酌归简易疏》曰：蝗子一升，给米三升，则搜刨自力。陈芳生《捕蝗法》曰：官司即以数石粟易一石子，犹不足惜。又曰：得子有难易，则授粟宜有等差。惟总应厚给，以使民乐趋其事。诚哉是言！为民父母者，切勿吝惜，以贻民害。

买子则必设局，设局则必用人。陆曾禹《捕蝗十宜》曰：局应二里一所，以使民易于往来，无远涉之苦，无久候之嗟，无挤踏之患。人应不用在官之人，但令地方保甲里耆公举，而又慎选其身家温饱、老成谨饬、结实可靠者一二人，以总司其事；二三人以勷理其事；一人执笔，以登记账目。出入立簿，随时记明，三日一结，以便稽察。如有虚冒作弊，不实出力者，立即从重处分；实在出力者，旌以帛与额，或给冠带。每人每日，皆应给予薪水，以资食用。又应厚给，以资赡足。此皆《捕蝗十宜》说也。彦谓乡间二里一局，果能远近相联，自能收买无遗。如乡间不能遍设，必城中设一总局，以统率四乡，则其价又须较乡稍昂也。

用人之有弊无弊，以及或贤或否，一人俱难周知。应用明钟御史化成《拾遗法》，不论何人，皆许各具一纸，不书姓名，上写孰贤孰否、何利何弊，散布于地，拾而观之，取其佥同者察之，信则立予处分。而且周流环视，时加巡察。如此，则不贤者亦不得不勉为贤矣。（此见《捕蝗十宜》。明御史钟化成救荒，谕所属曰：司厂，不可用在官人，应令地方保甲里耆公举富而好礼者，州县以宾礼往请，破格优礼，谕以实心任事，厂内利弊，陈请即行。能使一厂饥民得所，月给官俸，旌以彩币匾额；倍之者，给以冠带。或为骨肉赎罪，任其所欲。富室捐赈，视其多寡。与司厂者同一赏格。既谕之后，又巡历各方，用拾遗之法，稽察得实心在事、多方全活灾民者，即刻破格荐扬；贪暴纵恣，以致饿殍枕藉者，立时驰参。以故群吏称职，饥民多活。）

以米易子，则应用净米，不得插和粃谷糠秕。以钱买子，则应用大钱，不得插和低薄细小。又应随时访察经手，不许折扣，不许迟滞。（此见《捕蝗十宜》。）

北方无业奸民，多以官雇扑捕蝻蝗，得工价为己利，往往于山坡僻静处所藏匿蝗种，使其滋生，延衍流毒。（此见周焘《除蝻灭种疏》。）此等极恶大憝，民父母断应严拿重惩。

蝗种及蝻不早扑除，以致长翅飞腾者，州县俱革职拿问，交部治罪。府州不行查报者，革职；司道督抚不行查参者，降三级调用；不速催捕者，道府降三级留任，布政司降二级留任，督抚降一级留任；协捕委员，不实力协捕贻患者，革职。此是现行《户部定例》。官员即不爱民，岂可不畏处分？切勿如周焘《除蝻灭种疏》所云：上虽悬为令甲，下但应以空文也。（以上七条论掘子。）

3. 扑买步蝻法

子在地下，难见，乃掘除难尽之物，虽竭力搜索，而有遗漏不尽，则蝻萌生矣。蝻既萌生，则民父母应将治蝻诸法（俱详载一卷，务详细观之，切勿错误）多写告示，或刊刻板片，刷印广发，使民咸知治法。一面即置备条拍（制法详下）及鞋底皮（制法详下）、五色布旗、栲栳、筲箕、扫帚、柴草及一切捕蝻、烧蝻器物，散给百姓，令其按法搜捕。民多愚顽，非以重价多粟易买，民或不肯力捕。此则应遵例支动公项，公项不敷，应再捐绅富，或责成图董、地保，按田分派，以作捕费。其有田无力出钱者，可即令其出力搜捕，以作捐款。如果真能实心实力为民除害，民亦一定乐从。惟前人绪论，皆云蝻数日即生翅成蝗，则捕蝻尤宜速于掘子也。

国家定例，必须守令亲身督捕。设不亲捕，而但委佐贰贻误者，州县应即革职，留于本处，扑捕净尽，再行开复；府州不行查报者，革职，司道督抚不行查参者，降三级调用，处分极严。然州县只有一身，岂能一时即遍及四境？是宜檄委佐贰、学职，资其路费，派定地段，分任其事，出力称职者，申请擢用；不力贻误者，记过候罚。次即二里设一公局，城中设一总局，慎选贤能，使司其事；厚给薪水，以赡其身；稽其出入，以杜侵蚀；察其贤否，以明赏罚。一一如前易买遗子之法。（此条语多见《捕蝗十宜》。）

工欲善事，必先利器。凡捕蝻之器，皆莫妙于条拍。其制以皮编直条为之，如无皮则以麻绳代。山东人谓之挂打子。以之击蝻，应手可毙。若用木棍、竹枝等物，则不特击蝻不毙，而且易坏，而且损伤稻麦。是以官司捕蝻，如有敢以木棍、竹枝等物随便塞责者，立将其人并地保一同笞责。然民间多无此物，则应民父母发样，并给价值，使皮匠或绳铺照制，散与民人应用。俟蝻尽后收回，藏诸公所，以备下次捕蝻之用。凡当有蝻之处，尤宜预制备用，以免临时周张。（此见窦东皋《捕蝗酌归简易疏》及陆曾禹《捕蝗八所》。）

捕蝻利器，除编皮直条，或编麻绳为条拍外，则惟旧鞋底皮，或旧鞋、草鞋为最善。然旧鞋底皮，民间恐不能多，则应给价购买牛皮，裁碎如鞋底样（一牛之皮，可裁数十枚），钉于木棍之上，蹲地打之，亦应手可毙，且狭小不伤田中禾稼。事毕亦可收回，以备后用。（此见《捕蝗八所》。）

蝻之萌生，大率在芦渚、麦畦之间。捕之，应先渚而后畦。俟麦熟刈毕，再行捕畦。不可先蹂躏已成之麦也。（此见马源《捕蝗记》。）然捕渚，应薙芦开沟或开壕。（法见上一卷。）设渚主有爱惜其芦而不愿薙者，则照捕蝗踏伤田禾给还价值例给还价值。如捕畦而有伤麦者，亦给价。

捕蝻而欲不伤田麦，捕蝗而欲不伤田禾，法在约束人夫，俱按步徐行，不许参差紊乱。以李郎中钟份在山东济阳令任《捕蝗法》（详三卷）及申京兆镜淳《捕蝗章程》第一条为法。（道光元年，顺天府尹申镜淳奏《捕蝗章程》第一条曰：驱蝻之人，如系该处村民，自能爱惜田禾，不肯蹂躏。若官雇人夫，则有随意践踏者。宜先度生蝻处所地段大小、应用夫若干，每名使驱一陇，每十名督以一役。而官亲视之，使皆执扫帚或竹枝，挨陇排齐，并肩而立，不许参差，斯蝻无遗漏之区，不许紊乱，斯苗无践踏之患。如有违者，立即惩处。）

捕蝻捕蝗之夫，宜先用本处村民。必本处村民数不敷用，然后再用他处人夫。以本处村民，则事关自己，扑捕必力，爱惜田禾，踏伤必少也。

周焘《除蝻灭种疏》言：北方有业村民，有本处无蝗，拨往他处捕蝗。惟恐抛荒农务，因而嘱托乡地，勾通衙役，用钱买放。免一二人为卖夫，免一村为卖庄。乡地衙役，饱橐肥囊，再往别村，仍复如故。此种恶习，例本应治。（例载三卷《捕蝗律令》门。）彦谓役夫派诸本处，应敷差遣，如有不敷，雇诸他处，亦应量给工食。

庶民多愚，官役多玩，是以捕蝻、捕蝗，必须官府亲身下乡督率。然官府亲身下乡，须轻骑减从，一切费用皆自备办，不可取诸民间。随从书役、家丁、轿伞等夫，俱不许需索分文。如敢阴违，立即斥革，枷杖示众。上司以及上司委员下县监督州县，亦应如此。盖地有蝻蝗，则民已扰，不得因利民而转以病民。仕值蝻蝗，则官已累，不得因率官而转以腴官也。设有蚕食，立即参革。陈芳生《捕蝗法》曰：佐贰为此，正官安在？正官为此，院道安在？及陆曾禹《捕蝗十宜》所谓"立参不职者"，皆为此等言之也。

捕蝻、捕蝗，除正印、佐贰、学职及上司委员分头下乡督率外，应责成图董、地保具限几日捕尽，不可不尽，不可旷日持久。净尽之后，并令董、保出具委已捕除净尽并无蝻蝗切结存案。如有不尽，立提地保枷杖示众，图董从重示罚。果能捕尽无遗患者，图董给予匾额，地保赏给银牌。

治蝗之功，莫大于掘子。而所以成掘子之功者，惟在除蝻至尽。设不尽，则买子之费，不啻付之逝水，蝗仍不能无也。然无知小民，往往以蝻多为不能尽，而司捕蝗之事者，亦往往误信其言，而不思所以尽之，则蝻必不尽矣。是以为民父母者，宜多出告示，或刊发条议，以使民皆明此理，庶可以克期除尽。设州县之意，亦与小民同一见解，则众民一年生计，国家巨万条漕，皆必无著。误国殃民，莫大于是！州县岂能避其咎哉！即使咎可巧避，而平旦中夜，其何以自问哉！（以上十条论捕蝻。）

4. 扑买飞蝗法

捕蝗应用筲箕（早晨禾梢绰蝗）、海兜（绰空中蝗）驱蝗。应用五色旌旗、长竹、铜锣、火炮、鸟枪、铁铳、火药、铅弹、砂子、烧蝗应用柴草等物，民间所有不能敷用，为民父母者，宜出价广为置备，付民应用。事毕可以收缴者，全数收缴，藏备后用。至于开坑之锄头、铁钯，拦蝗之板门、板柣、板壁、春凳，驱蝗之五色衣裙、门帘、包袱、被单、褥单、遮阳天幔，装蝗之车袋，扫蝗之扫帚，民皆多有，可以借用，用后随时给还。禁止蝗食禾稼之麻油、水桶、线帚、绷筛、石灰、稻草灰，民能自买，毋需官办。

捕蝗踏伤禾稼，应即照例给还价值（例载三卷《捕蝗律令》门），除其税粮（见《捕蝗十宜》），切勿吝惜，使民怨望。（此亦见《捕蝗十宜》。）余已详捕蝻法者，不赘。

蝗虽极多，似不能尽，其实能力捕之，断无不尽。凡捕蝻捕蝗有不尽者，皆人不用命（此是姚崇语。见《姚崇传》。）及平时漫不经心。一旦猝遇，胸无成见，事无头绪，（此是御史史茂《捕蝗事宜疏》语，见后三卷《蝗宜预备》中。）但知叩祷神明，虚应故事耳。（此见周焘《除蝻灭种疏》。）岂知平时虽漫不经心，临事岂不可即讲究？载籍具在，为民父母者，何不姑置他事，加意于此，何必有心不用，徒受处分，为误国殃民之蠹耶！即使处分可避，而中夜扪心，岂能无愧悔耶？

遇蝗祷神，只应祷本处山川、城隍、邑厉以及关帝、火神、刘猛将军，不必他及淫祀。且须一面祷，即一面捕，不可稍缓。

士民治蝗，一切不能不借重官力。如有所请，而非轶于理法之外者，应即允准施行，不宜执拗，尤不宜迟缓。

买子、买蝻、买蝗之费，以及捕子、捕蝻、捕蝗之兵役、人夫、工食等项银米，户部定例，原准支动公项，据实报销。而地方官往往仍以无费为辞，而不敢动公者，只以例有已动项而仍滋害伤稼者，则奏请着赔一语，遂致不肯动公。殊不知蝗是可尽之物，苟能实心实力认真扑捕收买，断断不再滋害伤稼，而致着赔，何必但恐赔累而忍纵蝗杀民耶？且部例着赔，原是要州县认真除蝗，勿但糜费公项之意，而州县因例有此语，转不动公。呜呼！此岂例之本意哉！

自古官贤则蝗不入其境，不肖则蝗紧随其旌。观后三卷，赵抃、马援诸贤，以及王莽等奸，遗事可见。地方有蝗，官已可愧，况又不实力督捕乎！宜即省身修德，少用刑罚，暂缓追呼，申雪冤枉，抚恤罪因，掩埋暴露，施济贫乏，庶几可挽天灾，而息天怒，则捕之亦易有效耳。

右官司治蝗法二十四条，大抵不外多出告示，刊发诸法，筹划经费，广置器具，迅速扑捕，设局收买，慎选司事，厚给薪水，严密查察，毋许隐匿，毋许怠缓，毋许粉饰，毋许侵蚀。而又亲身督率，委员辅助，诸从节省，唯恐扰累，立参丛脞，必奖贤能，给赏损坏，务求净尽，是其要略也。

（三）《治蝗全法》卷三

1. 蝗种必须掘除说

咸丰六年十二月朔，因民皆不掘子作。

凡蝗生子于地，惟在其未出之时，掘除去之，则为力易而为功大。何也？地下之子乃蠢然之物，既不能飞，又不能跳，且不能动，任凭人掘之除之，不同能跳之蝻、能飞之蝗难于捉获，故为力易也。一蝗所生，大率九十九子，（原书眉注：蝗一生九十九子，古语皆然，其实百余，不止九十九也。）交春萌生，即是九十九蝻，数日长大即是九十九蝗。人家如能掘去一蝗所生之子，即是掘去九十九蝻、九十九蝗，不同捕得一蝻只是一蝻，捕得一蝗只是一蝗，故为功大也。若不早掘，及至来春惊蛰后，出而为蝻，则不但捕之不如掘子之易，而且田中之麦经其螽（原书眉注：《春秋》宣公十五年冬，螽生。螽音言，即今之蝻。周正建子，《春秋》所谓冬，乃今八九十三月。）啮，一定即坏。（此见陆道威《除蝗记》。）至于数日成蝗，不易扑灭，更不待言矣。余等恐大家不掘，又恐大家不知掘法，故于前月，即急集资，刊发掘子法单及治蝗法书，以期大家掘子。是皆思患预防，除恶务本之一片婆心也！乃闻大家有云蝗子极多，如何掘得尽者；又有云大家弄饭吃要紧，如何有工夫掘蝗种者。呜呼，余等正因蝗种多，故要大家掘也。余等要大家掘子，正为大家吃饭计也！大家如能听余等之言，都即掘子，则何患其多，何患其不能尽！即不尽，亦胜于竟不掘。大家如不听余等之言，都不掘蝗种，则养痈成患，来年一定再荒。吾恐有工夫，亦无处弄饭吃矣！快速醒悟，及早掘除，毋仍执迷，自贻伊戚。

此事最好乡中有一仁义勇敢之士，首先倡率，设立一局，收买蝗种。价即不多，民必乐于从事。一鄙即兴，其余各鄙皆不能不仿行矣！但见义即须勇为，不必与人商酌，商酌即多阻扰疑虑，不能成矣。我锡金两邑之大，岂竟无此一士？余等皆拭目俟之！

2. 《奉劝收买蝗种启》

咸丰七年正月初十立春日，因民既不掘子，天又一冬无雪作。子非收买，民奉必掘，后有欲民掘子者，必先劝人买子。

　　凡蝗白露后生子于地，必须冬间腊雪深尺，冻之使僵，或乡人于岁晚务闲之时，出力掘除，使无遗类，然后可以无害。否则来年交惊蛰后，即渐生出，其为蝻必繁，数日即成蝗，其为害必大。此见乾隆十七年周焘《除蝻灭种疏》及康熙五十四年马源《捕蝗记》，并非余等臆说，诸公不可不相信也。今一冬既毫无点雪，而乡人又不肯掘除，则惊蛰后之必出为蝻，为蝻后之必先伤麦（麦经蝻啮即坏，见陆桴亭《除蝗记》。），已大概可知。而数日生翅成蝗后，其为害益大，扑灭益难，更不待言矣。（蝻生翅成蝗，即能交而生子，十八日即又成蝻，数日即又成蝗，循环不穷，故害益大。能飞则不易捉捕，故扑灭益难。）然现距惊蛰尚有二十余日之多，使居乡之民，苟能皆依掘除蝗种法，齐集多人，分定地段，携带锄钯，四出巡视，凡见地上有无数小洞，形如蜂窠处，及土微高起处，并上年蝗集处，其土中皆有蝗种，深寸许，或二三寸、五六寸不等（其土温炙手可热），立即掘出，以水煮之，或以火烧之，尚可以除大害。（原书眉注：自古天灾有三，曰水、曰旱、曰蝗，水旱皆无种，不至贻祸来岁。若蝗则今年种子，来年复蝗，可以延三五载不止，是以治蝗多法，以掘种为第一要法。）惟民愚不知利害，且当田内大荒之后，方皆致力工作，谋得升合，救死不暇。而欲辍其求食之力，以为此思患预防，除恶务本之举，则事虽至要至急，而无如饥来驱人，只可别图，不能枵腹从事。其孰能因后患之大，而即舍性命以为之。虽曰麦必被伤，亦只得由他烧眉毛，且顾眼下，至麦伤再说。是亦穷民万不得已之苦情也。余等日夜再三思维，惟有苦劝有田有力，又仁且义之君子，各量己力，捐集资费，于数鄙或一鄙中，各设一局，立定章程，凡有掘得蝗种一升送局者，即给以钱若干，或粥若干，或米若干，或豆麦饼饵等可食之物若干，使民掘子即可得食，则民必乐于挖掘，如此则既可除害，又可救饥，更可种德，一举而三善具焉，诸公何乐而不为耶！设使吝惜，置若罔闻，则去冬之租，已概无收，（是皆蝗之害也，设使去岁但旱无蝗，犹不至此）；今夏之麦，又难有望。非特有田者难，无田而贸易者，亦未必易。（如自去秋年荒以来，生意好否？）且去冬米已奇荒，而今年麦又或歉，则两邑饥民益加困苦，不但种田乏本，且恐穷极滋事，难免盗窃，凡欲保守自己田产者，不可不于此时先事预防也。（原书眉注：凡时当荒乱，皆仁者可以种德之机会。况兵革、旱蝗、天灾重迭，非种德，其何以保身家、消祸患耶。）至于官府，原有应设局收买之例，然自军兴四五年来，府库已虚，钱粮又少，兵饷尚且不足，赈济尚且无帑，如何有钱收买蝗种？且即有钱收买，亦必假手吏胥。假手吏胥，即难必有实际。从来官买，皆不如民买之为善也。然即民买，亦必经理得人，始能实有裨益。倘但迫于不得已，而应酬世故，聊草塞责，则买犹不买也。呜呼！人存政举，天下事莫不需人，且须人人要好，始能成一好事。倘惟一人有心，而余人皆不在意，则此一人亦竟成无用之物。犹之余等哓哓苦劝，诸公如能俯从所请，认真收买，则蝗种竟掘矣！蝗种亦竟无矣！不然，则余等一二人、三五人之劝，不徒然费唇舌、费笔墨哉！（原书眉注：余等皆有心无力，诸公勿有力无心。有力无力，有心无心，皇天皆能鉴诸。）

此启幸赖家仪卿盐举鸿达出赀，始得刊印五千纸，发两邑四百一十六鄙，粘贴观看。否则书囊悭啬，尚未必即付剞劂也。

又幸赖赈局董事诸君子集赀，于正月廿六始，以每升钱三十收买，民即踊跃掘除。至三月初十止，共收买至六百余石之多，投之太湖，蝗患以减。此诚莫大功德也。然如去冬即买，至多不过一百余石，即每升百文，亦千缗已足。费可较省。何也？春买之子，已大如大麦（细长如大麦，形色皆绝似。外有苞如蚕，长寸余，中包如大麦者百余。）；冬间之子，只小如芝麻也。后有买者，断宜以早为贵！

3.《奉劝接收买蝻启》

　　咸丰七年花朝日，因掘未尽之子，将出为蝻刊发，遗子无论多少，掘除
皆未必能尽，必须继以买蝻，蝗患始可灭绝。

蝗虫遗子，蒙乡城好义诸君子各出钱米，设局收买，民遂力掘。现在各乡俱已掘去大半，只余十之二三，大患稍除，颂声载道，何善如之！顾此尚未掘去之二三，日来闻已将出，以理而论，乡人自即应各自扑灭，以保田麦，以免成蝗。岂知此等小民，竟是罔知利害，抑且冥顽不灵，依然袖手旁观，莫肯挺身先出。则此步蝻（但能行而未能飞者，名步蝻），数日便生翅成蝗，成蝗即交而生子。春夏生之子，十八日或二十日，即又成蝻，蝻又成蝗，循环不穷，则将来之蝗，依旧蔽天翳日，莫可如何矣！为今之计，第一要乡居之富家大户，为一方之望者，先谆谆晓谕众民，以蝻必捕除之故，次即于收买蝗种之后，接续买蝻，庶几民肯捉捕，而蝗患可绝。收买蝗种之功，亦以成。不然，则收买蝗种之资，亦徒费也！现诸君子已为山九仞矣，岂忍功亏一篑乎！蝻亦勿定要活者，以图省费。至捕蝻法，已载去冬所发治蝗书内，检查可悉，不赘。

此启亦仪卿出资刊发，四月初旬蝻生，仪卿又出资印发，并遍贴街衢。

注：花朝日，旧俗以为阴历二月十五日为百花生日。为山九仞，功亏一篑之意。

4.《劝速治蝻启》

　　丁巳四月望日，因蝻已生，而人不收买作。

蝗虫已出，赶紧扑捕，认真收买，尚可灭绝。自古天灾，皆可人救也，如或坐视，不肯上紧，但惜财力，甘弃稻麦；又或虚应故事，有名无实，则此步蝻（蝻初生，但能跳而不能飞者，名步蝻），数日便生翅能飞，而扑灭益难矣。且能飞便能交

而生子，夏生之子，十八日或二十日即又成蝻，蝻又成蝗，循环不穷，害不可胜言也！大家岂不知之耶！

5.《劝速莳秧启》

丁巳四月，因蝻未捕尽，愚民胆怯，欲不莳秧作。

蝗蝻皆捕除可尽之物，只需大家能齐心竭力扑捕，则毋论我锡金之蝻，不足为虑，即使他处之蝻生翅飞来，亦可扑灭，不足为虑也。大家不必胆小先不莳秧，以自误自事。此在有识者皆谆谆告诫，而无知者皆唯唯听从。是所至要。

6.《劝速捕子启》

丁巳闰五月，因蝻已生翅能飞作。

蝻之大者，现已生翅，相率群飞矣。此物能飞，即能交而生子。夏生之子，十八日或二十日即出为蝻，蝻又成蝗，蝗又生子，循环不穷，滋害最大。现虽农务惚忙，不可不拨冗及早留心，寻觅掘毁，以防一化为百，滋生无数。

7. 蝗由人事说

咸丰丁巳三月刊发。

考邑志，锡金自崇祯十年丁丑至十四年辛巳，曾五年连被蝗灾。去岁咸丰六年丙辰，相距二百二十一年，始复有蝗，从江北猝至。（康熙十一年锡金亦有蝗，因邑志云不为灾，故不计。）是以人于治蝗之法，茫然无知，彦读明史官陈明卿仁锡《潜确类书》云：蝗起于贪，乃戾气所生。不独能害田稚，而且兆主兵火，皆历历有征。则蝗之为害，虽曰天灾，其实莫非人事也。且长毛贼匪现在江镇，业已五年，离锡金界只百五十里。《潜确类书》曰"蝗兆兵火"，其说非尽无稽。然而自古天灾皆可人救，并非天欲灾人，人即不能回天也！为今之计，大家俱须快自修省，如有恶处，快自改之，如无恶处，快自加勉，而且兢兢业业，朝乾夕惕，无时不在恐惧之中，庶几可以召天和、息天怒耳！

8. 呈请《拿禁佛头阻扰捕蝻禀》

丁巳五月二十六日投。

为请饬拿禁以除蝻孽事。窃小民无知，方以蝗蝻为神，而不敢捕。乃乡下有等匪僻佛头，更从中煽惑，言人罪孽深重，是以致有蝗灾，倘再捉捕，则罪孽更重云云。以致民多束手。虽其意不过欲人念佛，希图糊口，而于"治蝗"两字，实误事不小。为此禀乞老父台大人出示严禁，并饬差查拿，照妖言惑众例，惩办一二，则其余自戢。而蝻亦可捕尽矣。

锡邑尊吴批：候饬地保随时禁逐，一面出示谕禁，如违提究。

金邑尊姚批：蝻孽萌生，各乡雇夫扑捕。方虑经费无出，岂容佛头从中煽惑，敛钱入己？候即出示严禁，并饬差查拿可也。

9. 呈请《示谕掘子禀》

丁巳闰五月初七日投。

为请出示晓谕以除蝗患事。窃乡愚冥顽，捕蝻不尽，昨日闰五月初六傍晚，城中百姓，已众目共见蝗虫数百，每二三十为一群，在天飞翔，自西而东。此物能飞，即能交而生子，夏生之子，十八日或二十日即出，不可不及早掘除，以防生生无数。锡金不恒有蝗，民间未必皆晓。为此禀乞老父台大人迅即多出告示，晓谕董保、农佃，务即上紧寻觅掘毁，以除大害，以裕国赋，以厚民生。

10. 前贤名论

彦辑官民治蝗法两卷，说皆本诸前贤，然仅采择其法，未能备述其全，犹有爱之不忍释者，兹皆录于左，以备观览。

绝除根种

乾隆十七年，御史周焘上《除蝻灭种疏》曰：蝗始化生，继则卵生。化生者，低洼之地，夏秋雨水停积，鱼虾卵育。及水涸落，虾鱼子之在于草间者，沾惹泥涂，不能随流偕去。延及次年春夏，生机未绝，热气熏蒸，阴从阳化。鳞潜遂变为羽翔，而蝻萌生矣。（此言隔年虾鱼子化为蝻。若陈芳生《捕蝗法》，则言当年之鱼虾子化蝻，并言南北蝗多少之异。曰：江以南多大水，故无蝗。盖湖滦积潴，水草生之，农家取以壅田。即不然，亦水常盈，草恒在水，草上虾子惟复为虾而已。北方之湖，盈则四溢，草随水上；及水既涸，草留涯际，虾子之附于草者，既不得水，又受春夏湿热之气，日渐郁蒸，遂变为蝻。理势然也。）其初小如蚁，渐如蝇，色黑（原书眉注：蝻色黑），数日大如蟋蟀，尚无翼，土人名步蝻。（以其止能行未能飞也。）此时扑捕，犹易为力，若再数日，则长翅飞腾，随风飘飏，转徙无定。所集之处，禾黍顿成赤地。且其甚则蔽天翳日，盈地数尺，壅埋房屋，远望如山。此时扑捕，人力难施，而其为害亦不可胜言矣。迨至蝗老身重，不能飞翔，则又群集生子。以尾深插坚土，遗子地中，形如小囊，内包九十九子，色如松子仁，较芝麻加小。夏生之子，本年成蝻；秋生之子，贻祸来岁。苟非冬雪盈尺，冻之使僵，则次年惊蛰之后，滋生更繁，为害更大。为拔本塞源之计，宜将化生者，于水涸草枯之时，纵火烧草，使虾鱼子之在草者都成灰烬，以绝孽芽；卵生者，于春深风暖土脉松脆之时，令民于前岁蝗集之处，掘地取子。（原书眉注：此言掘子于春，与下言掘子于冬者异。）遵照上年（乾隆十六年也）闰五月以米易蝗之例，送官给米，准于公项开销。如此则小民既可除害，又可糊口，自必踊跃从事。而且以米易种，较之以米易蝗，尤为费省而功多。倘能行之有效，亦勤民重谷之一事也。

乾隆二十四年，江南、山东蝗，京畿道御史史茂上《捕蝗事宜疏》曰：捕蝗不如捕蝻，捕蝻不如灭种，乃人多狃于目前而忽于远虑。凡当冬春无事之时，有一二老成人言及蝗宜早备，未有不以为迂且缓者。而不知平时漫不经心，及一旦蝗蝻猝发，则胸无成见，事无头绪，茫然不知所措，徒然东奔西走，竭蹶迁延，以致飞蝗四布，莫可挽回。是以蝗虽不常有，而不可不时存一有蝗之虞。皆先于闲暇无事之时，作未雨绸缪之计。

陈芳生《捕蝗记》曰：蝗种传生，一石可至千石，是以冬月掘除最为急务。且当农力方闲，正可从容搜索。官司即以数石粟易一石子，亦不足惜。而况不需数石乎！惟掘子有难易，则授粟宜有等差，且应厚给，使民乐趋其事。

陆曾禹《捕蝗八所》，首有总论一则，言：世云蝗有薰变而成者，有延及而生者，不知延及而生，实始于薰变而成。官民苟能致力水涯，不容薰变，则祸端绝矣。

买易蝻蝗

捕除蝗孽，保卫田禾，原农民分内事也。顾此等下愚，竟不能以理喻，圣人所谓可使由、不可使知是也！而又难以扑责，曰明刑弼教，则惟有以厚给钱米诱掖之，而男妇老幼始皆竭力捕治。是以嘉庆十一年丙寅，皖江汪稼门督部志伊任苏抚纂《荒政辑要》载《捕蝗法》，首即云厚给捕蝗，曰：晋天福七年，飞蝗为灾，诏有蝗处，不论军民人等，捕蝗一斗者，即以粟一斗易之。有司官员、捕蝗使者，不得少有掯滞。（原书眉注：蝗一斗，粟一斗，未免太多，然当民束手坐视，亦只得如此，鼓舞而振起之。）

宋熙宁八年八月，诏有蝻蝗处，委县令佐，躬亲打扑。如地方广阔，分差通判、职官、监司、提举，分任其事。仍募人，得蝻五升或蝗一斗，给细色谷一斗；蝗种一升，给粗色谷二升。给银钱者，以中等值与之。仍委官烧瘞，监司差官覆按。倘有穿掘打扑损伤苗种者，除其税，仍计价，官给地主钱数。

此诏给谷，而又偿及地主所损之苗，不但免税，而且偿其价数，仁厚之至矣。

宋绍兴间，朱子捕蝗，募民得蝗之大者，一斗给钱一百文；小者，每升给钱五百文。

蝗蝻害人，除之宜早，不可令其长大而肆毒也。故捕蝻、捕蝗者，不可惜费。得蝗之小者，宜多给之，而勿吝也。盖小时一升，大则岂止数石。文公给钱，大小迥异，捕蝗之良法也。

明崇祯十二年春，无锡蝻生遍地。巡抚张国维令民捕交粮长，给以粟。见《锡金识小录》。

乾隆二十四年己卯，京畿道御史史茂奏《治蝗法》八条，首条即曰：乡民扑捕蝗蝻，交官一斗，即应给米若干。

陆曾禹《捕蝗八所》总论，首言掘子去草，次即言法在不惜常平等仓米粟换易，则虽不驱民使捕，而四远自辐凑矣。惟患克减迟滞，则捕者气阻。

乾隆三十五年庚寅，副都御史窦东皋光鼐《捕蝗酌归简易疏》曰：蝗子一升给米三升，则搜刨自力。

乾隆十七年壬申，监察御史周焘《除蝻灭种疏》曰：掘地取种，送官给价，应仿遵上年以米易蝗之令，动用米谷，准于公项开销。

乾隆二十五年庚辰，陈文恭宏谋在苏抚任，饬《除蝻檄》曰：挖有土中蝻子，交地方官照例给价收买。

陈芳生《捕蝗法》曰：救荒要近人情。假使乡民去城数十里，负蝗来易米，一往一返，即二日矣。臣见蝗盛之时，幕天匝地，一落田间，便广数里，厚数尺，行二三日乃尽。此时蝗极易得，官粟有几，且令人往返道路。不如以钱近其人而易之，随收随给，即以数文钱易一石，亦劝矣！

乾隆十八年七月十九日奉上谕：州县捕蝗不力，既有革职拿问之定例，又有不申报上司者革职之例，一事而多设科条，适可滋弊。即堂司官或知奉法，而吏胥之称引条例，上下其手，或重或轻，纷滋讹议。年来直隶查参捕蝗不力之案，办理多未画一，即其证也。至州县捕蝗需用兵役、民夫并换易收买蝻子自有费用，其勤民急公者，或不劳而事已济，而锱铢是较玩视民瘼者，多往往借口无力捐办。现在各省寻常事件尚得动公办理，以此要务，何以转不动支公项？朕谓捕蝗不力，必应遵照皇考世宗宪皇帝谕旨，重治其罪，不可姑息，而费用则应准其动公。嗣后州县官遇有蝗蝻不早扑除，以致长翅飞腾，贻害田稼者，均革职拿问，著为令。其有所费无多，自行捐办，而实能去害利稼者，该督抚据实奏闻议叙。其已动公项而仍滋害伤稼者，奏请着赔。又今岁江南各属蝻孽萌生，虽经该督抚具奏，乃从未将地方官据实题参，岂非庇下而欺远著，督抚明白回奏，钦此。

我国家圣谕如此，而地方官有不买者，此等圣谕，彼实未尝寓目，即有寓目者，亦恐无用而着赔。岂知苟能实心实力，重价收买，断无不尽，而致着赔者。何为牧令者，但爱财物，不爱子民也！

蝗断可捕

凡民遇蝗，往往以为有神主之，而不敢捕，观此可破其愚。

康熙十一年壬子，江南大蝗，七月入苏州，民以为神而不敢捕。沈受宏闻之，作《捕蝗记》曰：甚矣其惑也！夫蝗，天之所以灾民也，天虽灾，即不使民之救灾乎！

天生之，民杀之，所以救灾也。《诗》曰：去其螟螣，及其蟊贼，无害我田稚，田祖有神，秉畀炎火。此杀蝗之义也。《春秋》曰螟、曰螽、曰蝝，皆是物也，《春秋》纪灾而不纪治，故不言捕。《周礼·司寇》刑官之职，庶氏掌除毒蛊，翦氏掌除蠹物，蝈氏掌除蛙黾，壶涿氏掌去水虫。凡为除之法皆具毒蛊、蠹物、蛙黾、水虫，皆可除而去，蝗独不可去乎？为害小而去，为害大而不去，周公不尔也。唐开元四年，山东大蝗，民不敢杀，拜祭之。姚崇遣御史督州县捕蝗，时有议者曰：蝗多除不尽。崇曰：除之不尽，胜于养以成灾。黄门监卢怀慎曰：凡天灾，安可以人力制？且杀蝗多，恐伤和气。崇曰：奈何不忍于蝗，而忍民之饥饿以死？杀蝗有祸，崇请当之。其后复大蝗，崇又命捕之。汴州刺史倪若水上言：禳灾当以德，昔刘聪尝捕蝗，而害益甚。崇移书诮之曰：聪伪主，德不胜妖，我圣朝，妖不胜德。并敕捕蝗使察捕蝗勤惰以闻。若水惧，纵捕得蝗十四万石，蝗遂讫息，不至大饥。自古捕蝗之力，未有如崇者也，然不闻有祸，卒亦不至大饥。考之史书，蝗灾者，草木为之消融，人民为之亡窜，为害曷可胜道，然皆不闻其捕蝗。不捕，故其害至于此也，则坐视其害而不捕，毋宁捕之而害至乎？夫天之生蝗，犹天之生盗贼也，盗贼之患，王者必执法尽诛之，而顾怯于捕蝗乎！且水旱蝗皆天灾也，蝗不敢捕，将遇水亦不敢泄乎！旱亦不敢灌乎！人有奇疾，不药将杀其身，或告之曰，子之疾天也，药之恐有天殃，则遂信其言乎！甚矣人之惑也！考之于经，证之于史，察之于理，宜捕乎？不宜捕乎？明天子、贤宰相皆捕蝗以除害，而不以为法，乃怵惕于愚迂不足听信之言，多见其不知理也。作《捕蝗说》以喻之。又陆桴亭世仪《除蝗记》曰：蝗之为灾，其害甚大。然所至之处，有食有不食，虽田在一处，而截然若有界限。是盖有神焉主之，非漫然而为灾也。然所谓神者，非蝗之自为神，又非有神焉为蝗之长而率之来，率之往，或食或不食也。蝗之为物，虫焉耳。其种类多，其滋生速，其所过赤地而无余，则其为气盛，而其关系民生之利害也深，地方之灾祥也大。是故所至之处，必有神焉主之，是神也，非外来之神，即本处山川、城隍、里社、厉坛之鬼神也。神奉上帝之命，以守此土，则一方之吉凶、丰歉，神必主之。故夫蝗之去，蝗之来，蝗之食与不食，神皆有责焉。此方之民，而为孝弟慈良，敦朴节俭，不应受气数之厄，则神必佑之，而蝗不为灾。此方之民，而为不孝不弟，不慈不良，不敦朴节俭，应受气数之厄，则神必不佑，则蝗以肆害。抑或风俗有不齐，善恶有不类，气数有不一，则神必分别而劝惩之，而蝗于是有或至或不至，或食或不食之分。是盖冥冥之中，皆有一前定之理焉，不可以苟免也。虽然，人之于人，尚许其改过而自新，乃天之于人，其仁爱何如者，岂视其灾害，而不许其改过自新乎？顾改过自新之道，有实有文，而又有曲体鬼神之情，殄灭祛除之法。何谓实？反身修德，迁善改过是也。何谓文？陈牲牢，设酒醴是也。何谓曲体鬼神之情，殄灭祛除之法？盖鬼神之于民，其爱护之意，虽深且切，乃鬼神不能自为祛除殄灭，必假手于人焉。所谓天视自我民视，天听自我民听也。故古之捕蝗，有呼噪、鸣金鼓、揭竿为旗，以驱逐之者；有设坑焚火，卷扫瘞埋以殄除之者，皆所谓曲体鬼神之情也。今人之于蝗，俱畏惧束手，设祭演剧，而不知反身修德，祛除殄灭之道，是谓得其一而未得其二。故愚以为今之欲除蝗害者，凡官民士大夫，皆当斋祓洗心，各丁其所应祷之神，洁粢盛，丰牢醴，精虔告祝，务期改过迁善，以实心实意祈神佑。而仿古捕蝗之法，于各乡有蝗处所，祀神于坛，坛旁设坎，坎设燎火，火不厌盛，坎不厌多，令老壮妇孺操响器、扬旗幡、噪呼驱扑。蝗有赴火及聚坎旁者，是神之灵之所拘也。所谓"田祖有神，秉畀炎火"是也，则卷扫而瘞埋之。处处如此，即不能尽除，亦可渐灭。苟或不然，束手坐待，姑望其转而之他，是谓不仁；畏蝗如虎，不敢驱扑，是谓无勇；日生月息，不惟养祸于目前，而且遗祸于来岁，是谓不智。当此三空四尽之时，蓄积毫无，税粮不免，吾不知其何所底止也。（此记后，桴亭又自记曰：蝗最易滋息，二十日即生，生即交，交即复生。秋冬遗种于地，不值雪，则次年复起，故为害最烈。小民无知，往往惊为神鬼不敢扑灭，故即以神道晓之，虽曰权道，亦至理也。）

《唐书·姚崇传》曰：开元四年，山东大蝗，民祭且拜，坐视食苗不敢捕。崇奏：《诗》云"秉畀蟊贼，付畀炎火"，汉光武诏曰"勉顺时政，劝督农桑，去彼螟蜮，以及蟊贼"，此除蝗诏也。且蝗畏人易驱，又田皆有主，使自救其地，必不惮勤。请夜设火坑其旁，且焚且瘞，蝗乃可尽。古有讨除不胜者，特人不用命耳。乃出御史为捕蝗使，分道杀蝗。汴州刺史倪若水上言："除天灾者当以德，昔刘聪除蝗不克，而害愈甚。"拒御史不应命。崇移书诮之曰："聪伪主，德不胜妖；今妖不胜德。古者良守，蝗避其境。谓修德可免，彼将无德致然乎，今坐视食苗忍而不救，因以无年，刺史其谓何？"若水惧，乃纵捕得蝗十四万石。时议者喧哗，帝疑，复以问崇。对曰："庸儒泥文，不知变事，固有违经而合道，反道而适权者。昔魏世山东蝗，小忍不除，至人相食。后秦有蝗，草木皆尽，牛马至相啖毛。今飞蝗所在充满，加复蕃息，且河南、河北家无宿藏，一不获则流离，安危系之。且讨蝗纵不能尽，不愈于养以遗患乎！"帝然之。黄门监卢怀慎曰："凡天灾，安可以人力制也，且杀虫多，必戾和气，愿公思之。"崇曰："昔楚王吞蛭而厥疾瘳，叔敖断蛇而福乃降，今蝗幸可驱，若纵之，谷且尽，如百姓何？杀虫救人，祸归于崇，不以诿公也。"蝗害讫息。

　　崇居相位，刻意治蝗，分也，不得谓之盛事。然身居人上，漠视民瘼者多矣，崇能图治，不得不谓之盛事。而倪若水、卢怀慎辈，顾如是之阻扰之，何智愚贤不肖之不相及，至于斯也，自古君子之所为，固非众人所能识哉。然幸崇之位高，崇之识明，崇之力定，天子之任之也，亦专是以卒能除大害，成大功，垂大名。（自古治蝗之力者，以崇为最。）不然，几何不为群小人所败也。呜呼，人生世上，富贵功名，岂得已哉！读书明理，在下获上，岂不要哉！

蝗断可食

民知蝗断可捕，又知蝗断可食，则当无不捕者矣。

唐贞观二年六月，京畿旱蝗，太宗在苑中掇蝗，祝之曰：人以谷为命，百姓有过，在予一人，汝但食我，无害百姓。将食之，侍臣惧帝致疾，力谏。太宗曰：朕愿移灾朕躬，何疾之避。卒吞之。后无恙，是年蝗亦不为灾，见《集异志》。

陈芳生《捕蝗法》曰：唐贞元元年，夏蝗，民蒸熟曝干，扬去翅足而食之。又曰：今东省畿南，用为常食，登之盘飧。臣尝治田天津，适遇此灾，田间小民，不论蝗蝻，悉将烹食。城市之内，用相馈遗。亦有熟而干之，鬻于市者，则数文钱可易一斗。啖食之余，家户困积，以为冬储，质味与干虾无异，其朝餔不充，即以此为恒食者，亦至今无恙也。而同时山陕之民，则犹惑于祭拜，以伤触为戒。谓为可食，无不骇然。是盖妄信流传，谓蝗为戾气所化，而不知实乃虾子所化，是以疑鬼疑神，甘受戕害。东省畿南，则知虾子一物，在水为虾，在陆为蝗，食蝗无异食虾，是以无疑虑也。又曰：蝗如豆大，尚未可食，若长寸以上，则燕齐之民，皆畚盛囊括，负载而归，烹煮曝干以供食矣。（原书眉注：蝗须长寸以上方可食。）又曰：陈龙正言，蝗可和野菜煮食，见范仲淹疏。又曝干可代虾米，苟力捕蝗，则既可除害，又可佐食，何惮不为？然西北人肯食，东南人不肯食者，则以东南水区被蝗时少，人皆不习见闻故耳，岂蝗不可食哉？

任昉《述异记》曰：旱年鱼化为蝗。《太平御览》曰：丰年蝗变为虾。看似怪异，而实无怪也。盖虾鱼子在水涯，旱年水少则为蝗，丰年水满则为虾，非鱼能化蝗，蝗能为虾也。

又，丰年虾鱼子仍为虾鱼，而不为蝗，故《小雅·无羊》之诗曰：众维鱼矣，实为丰年。凡水足宜稻丰熟之年，虾鱼必多也。

蝗可饲畜

陈芳生《捕蝗法》曰：明崇祯十四年辛巳，浙江嘉湖旱蝗，是年锡金亦蝗。乡民捕以饲鸭，极易肥大。又山中有人畜猪，无资买食，试以蝗饲之。猪初重二十斤，食蝗旬日，遽重五十余斤。可见世间物性，畜可食者，人食之未必皆宜，若人可食者，则禽兽无反不可食之理。蝗可饲猪鸭，无怪也。推之，恐犹不止此，故特表而出之。

（陆曾禹《捕蝗八所》，亦载此事，不及此详尽，舍彼录此。）

蝗可粪田

民知蝗可食，又知蝗可饲畜、蝗可粪田，则当有以捕蝗为利者矣。

乾隆三十五年庚寅，副都御史窦东皋光鼐上《捕蝗酌归简易疏》曰：蝗烂地面，长发苗麦，甚于粪壤。

蝗宜预备

乾隆二十四年己卯，江南、山东蝗灾，京畿道御史史茂上《捕蝗事宜疏》曰：窃惟事必豫而后能有功，物必备而后可无患，今岁江南、山东等省飞蝗偶发，上厪宸衷，钦命大臣星驰督视，并查明飞蝗初起之地，严参重究。（乾隆三十五年以前，地方如有蝗灾，必须根究蝗蝻起处，予以极重处分。是时邻近州县，必互相推诿，希图卸责。见乾隆十七年监察御史周焘《除蝻灭种疏》。我高宗纯皇帝知其然，于乾隆三十五年庚寅六月，降谕旨：嗣后捕蝗不力地方官，并就现有飞蝗之处，予以处分，毋庸查究来踪，致生推诿，著为令。并将此通谕各督抚知之，钦此。而飞蝗初起之地，不必再查矣，此尚是乾隆二十四年疏，故云查初起之地。）仰见我皇上整饬吏治，恫瘝民瘼之至意。伏思蝗孽飞扬，为害最烈，追捕不力，处分最严。捕蝗不如捕蝻，捕蝻不如灭种，凡属地方官，无不周知，而往往官罹严谴，民受虫灾，贻祸于邻封而莫救，追悔于事后而无及者，其故何也？盖捕蝗蝻，非鲁莽草率而为者也，未发塞其源，既萌绝其类，方炽杀其势。是故生长必有其地，蠕动必有其时，驱除必有其人，扑灭必有其器，经画必有其法，乃人多狃于目前而忽于远虑。当冬春无事，有一二老成历练之人，言及蝗蝻为害，宜早为筹办，未有不以为迂缓者。平日漫不经心，而一旦闻有蝗蝻，则茫然不知所措，意无成见，事无头绪，东奔西驰，竭蹶迟延，以致飞蝗四布，莫可挽回。夫蝗不常有，而地方官不可不时存一有蝗之虞，故必于闲暇无事之时，为未雨绸缪之计。臣伏查搜捕蝗蝻款目，备载群书，采辑八条。（乾隆二十四年户部议准，奉旨通行京畿道御史史茂条奏捕蝗法六条，想即此八条中之六条。余尚有二条，无从查录。）敬缮清单，仰请敕下直隶、江南等省督抚，各就本地情形，详悉妥议，转发各州县饬令于闲暇无事之时，将地之宜勘，时之宜审，人之宜备，器之宜裕，法之宜修者，一一预为筹划，则先时而整顿妥协，自当几而办理裕如，又何至飞蝗为灾，有害田畴！臣所谓豫则有功，而备则无患者此也。仰臣更有请者，定例州县报有蝗蝻，该管上司即躬亲督捕，法至善也。惟是地有蝗蝻则民忧，官际此时则官累，该上司宜加意防维，曲为体恤。一切供迎，不可责备，跟役减少，无令夫马借备民间，家人、衙役、厨轿等夫，实心严查，勿许暗中勒索，则官民得专心扑捕，不致旁念纷杂矣。

附录　捕蝗法六条

上一二两卷中，所云乾隆二十四年户部条例者，即此六条是也。

第一条　乡民自行扑捕蝗蝻交官，应即立定章程。每交蝻一斗即给米若干，蝗则减半。（倘有克勒，则前功尽弃，事必阻矣。）踹损田禾，则给价若干；如为期尚早，可种晚禾，则每亩给银若干；补种不及者，每亩给米若干。俱应立时给发，不可迟咨。

第二条　生蝻之处，如近田亩，则应度地挑浚长濠，宽三四尺，深四五尺，长倍之。掘出之土，堆置对面濠口，宜陡不宜平。濠之三面，密布人夫，各执响竹、柳枝进步喊逐，将蝻赶至濠口，竭力合围，用扫帚数十，尽行扫入，覆以干草发火焚之。其下尚有未死，须再用土填压，越宿乃可。（或先置火坑内，然后扫入。）

第三条　蝻性向阳，辰东、午南、暮西。凡驱蝻者须按时按向逐之方顺，否则乱行，必致蔓延他所，而且多费人力。又蝻生发，如在前后左右不相连接之处，则应多制五色旗帜，树于有蝻之处，其最多者树赤，稍少者树黑或树白不拘，以分别缓急，依次扑治。每一处净，则去一处之旗，如是则旷野之中，一目了然，审向可端，成功可速。

第四条　蝻初生如蚁，最宜用牛皮截作鞋底式（皮一张可作数十）。钉于木棍之上，蹲地捆搭（音国答，击打也），可以应手而毙，且狭小不伤禾稼。

第五条　蝗在稻麦田中者，每日五更，必尽聚稻麦梢上，露浸体重，不能飞跃，可以手摝（音六，捞捞也）之，或用箐箕拷之，倾入大袋，置之死地。又午间蝗交不飞，此时捕之，亦事半功倍。又每水一桶，入麻油五六两，帚洒禾颠，蝗即不食。

第六条　烧蝗须掘一坑，深宽约五尺，长倍之。先入干燥柴草发火极炎，然后将蝗倾入，一见火气便不能飞跃。古人知但土埋仍能穴土而出，故以火治之。

捕宜体恤

魏文毅公裔介（字石生，号贞庵。柏乡人。顺治丙戌进士，官至大学士，谥文毅。）《踏勘蝗荒议》曰：海内生灵，当兵荒蹂躏之后，（兵荒蹂躏，是指明末言。）骨立而存，实万死之余，幸出水火，登衽席，不意蝗灾流行，秦晋燕赵，剥食甚惨。百姓迎蝗阵而跪祷，大声悲号，三春劳苦，尽成枯干，惨苦之状，不忍见闻。虽抚按大略奏报，例应该部差官踏勘灾伤，（从前如此，今日不然矣。）方定蠲免分数。但所在被灾，沿数千里，非如涝旱，单在一方，一踏便明。况各处被灾必不能齐，道里辽远，部臣差官猝难遍及，小民田间狼藉，有梗无穗之余，收之无实，弃之可惜。若勉力收之，恐踏勘徒存空地，蹈冒报伤灾之罪。若概不收拾，转眼孟冬，寒气凛冽，并麦地不及耕种，则来岁之生意尽矣。愚以为不若责成抚按转行道府，委廉干官员，分投逐段查明确报，既查之后，即大张告示，令百姓收拾残禾，及时种麦，不至坐待查勘，抛废农业。然后差官所到，采访报部，分别蠲免，果有虚冒，罪坐所司。如此则事约易举，千里之间，往返不过半月耳。虽无望于西成，尚有冀于来岁也，不然，蝗食已苦，残禾在地，部查未到，坐失农时，茕茕小民，是再伤也。

陈芳生《捕蝗法》曰：或言差官下乡，一行人从，未免蚕食里民，不可不戒。臣以为不然，盖为民除患，发肤叮捐，而更率人蚕食，尚可谓官乎？佐贰为此，正官安在？正官为此，院道安在？不于此辈惩一儆百，而因噎废食，亦复何官不可废，何事不可已耶！

道光五年乙酉，顺天府尹朱为弼奏准《捕蝗事宜六条》曰：道光五年三月，为弼任顺天府尹时，是年正月，蝻子已出，经前任府尹申镜淳大京兆，责令各州县论斤收买解府。三月接印，复奉谕加紧搜捕。此时春令亢旱，至四月始得雨。五月多雨，蝗蝻愈搜愈多，乃设大镬于大堂，煮而埋之。未几，长翅飞腾，始惟东路有之，继而四路皆有，延及大宛。为弼奏出城亲捕，蒙面谕：约束跟役、书吏，此等人骚扰地方甚于蝗虫。并谕十日可以捕尽。为弼即至宛平卢沟桥一带村庄，设立三厂，蔡令为章主之，重价论斤收买，以镬煮之。大兴黄村，来育、礼贤等处，亦各设厂，霍令登龙主之。又委丞倅、千把、外委，任奔走之役，严檄四路州县，克期捕尽，否则，府尹将亲来。十日而两邑及四路之蝗，皆一时净尽，即回复命，所有捕蝗事宜开列于后：

（1）本府尹单骑就道。所有书吏、跟役人等，自给饭食大钱二百文；其番役有马者，每匹给草料钱二百文。

（2）设厂在相近地方之庙宇。先出示谕明每斤价若干，须活者始给价，随时下锅捞出再煮，已煮毙者埋之。（此条必要活者始买，大约因蝗多易得故也，若蝗少不易得，民方不肯捕，而必要活者，将阻民气。）

（3）各州县均自行捐资购买，不准摊派地保里正。

（4）各州县亲自督率一主厂，其附近各厂委县丞、千把、外委分查。

（5）日祷：关圣帝君、火神、刘猛将军庙。

（6）各官弁日给，俱应自备，即有上司稽察，亦不准馈送食物。

治蝗剔弊

周焘《除蝻灭种疏》曰：定例蝗蝻生发，责令有司扑捕，有不实力从事者，处分甚严。（革职、拿问，交部治罪是也。）然上悬为令甲，而下应以空文，甚或甘受处分，毫无补救。又有司纵不爱民，不能不畏处分，畏处分，即不得不张皇扑捕，于是差徭役、纠保甲、据堡户，设厂收买，似亦尽心竭力，不敢漠视矣。然有业之民，或本村无蝗，而拨往别处扑捕，因惧抛荒农务，则往往嘱托乡地，勾通徭役，用钱买放。免一二人为卖夫，免一村为卖庄。乡地衙役，饱食肥囊，再往别村，亦复如故。若无业之奸民，则以官雇捕蝗，得日食工价为己利，每于山坡僻处，私匿蝻种，使其滋生，延衍流毒，以待应雇扑捕，则又蹂躏田畴，抢食禾稼，害更甚于蝗蝻。

治蝗实绩

安溪李秘园郎中钟份，自著《捕蝗记》曰：雍正十二年夏，余任山东济阳令，闻直隶河间、天津属蝗蝻生发。六月初一二间飞至乐陵，初五六飞至商河。乐、商二邑羽檄关会。余飞诣济、商交界境上，调吾邑恭、和、温、柔四里乡地，预造民夫册，得八百名，委典史防守；班役、家人二十余人，在境设厂守候。大书条约告示，宣谕曰：倘有飞蝗入境，厂中传炮为号，各乡地甲长鸣锣，齐集民夫到厂。每里设大旗一枝，锣一面，每甲设小旗一枝。乡约执大旗，地方执锣，甲长执小旗，各甲民夫随小旗，小旗随大旗，大旗随锣。东庄人齐立东边，西庄人齐立西边，各听传锣一声，走一步，民夫按步徐行，低头扑捕，不可踹坏田禾。东边人直扑至西尽处，再转而东；西边人直捕至东尽处，再转而西，如此回转扑灭，勤有赏，惰有罚。再每日东方微亮时，发头炮，乡地传锣，催民夫尽起早饭；黎明发二炮，乡地甲长带领民夫，齐集被蝗处所，早晨，蝗沾露不飞，如法捕扑，至大饭时蝗飞难捕，民夫散歇。日午蝗交不飞，再捕。未时后蝗飞，复歇。日暮蝗聚，又捕，夜昏散回。一日止有此三时可捕飞蝗，民夫亦得休息之候。明日听号复然，各宜遵约而行。谕毕，余暂回看守城池仓库。至十一日申刻，飞马报称，本日飞蝗由北入境，自和里抵温里，约长四里，宽四里。余即饬吏具文通报关会邻封，星驰六十里，二更到厂查问，据禀如法施行，已除过半（此是前先书条约告示，并宣谕之力）。黎明，亲督捕扑，是日尽灭。遂犒赏民夫，据实申报。飞探北地飞蝗未尽，余即在境提防。至十五日巳刻，飞蝗又自北而来，从和里连温、柔两里，计长六里、宽四里，蔽天沿地，比前倍盛。余一面通报关会，一面着往北再探。速即亲到被蝗处所，发炮鸣锣，传集原夫，再传附近之谷、生、土三里乡地甲长，带民夫四百名，共民夫千二百名，劝励（奸非劝励不可。）协力大捕。自十五至十六晚，尽行扑灭无余，禾苗无损。探马亦飞报北面飞蝗已尽，又复报明各宪。余大加褒奖乡地民夫，每名捐赏百文，逐名唱给；册外尚有余夫数十名，亦一体发赏。乡地里民欢呼而散。次早，郡守程公亦至彼查看，问被蝗何处，民指其所，守见禾苗如常，丝毫无损，大讶问故，余具以告，守亦赞异焉。

捕蝗律令

宋淳熙敕曰：诸蝗虫初生，若飞落，地主邻人隐蔽不言，耆保不即时申举扑除者，各杖一百。许人告报，当职官承报不受理，及受理而不即亲临扑除，未尽而妄申尽净者，各加二等。诸官司荒田牧地，经飞蝗住落处，令佐应差募人取掘虫子。取不尽，因致次年生发者，杖一百。诸蝗虫生发飞落，及遗子而扑掘不尽，致再生长者，地主耆保各杖一百。诸给散捕取虫蝗谷，而减克者，论如吏人乡书手揽纳税受乞财物法。诸系公人因扑掘虫蝗，乞取人户财物者，论如重禄公人因职受乞法。诸令佐遇有虫蝗生发，虽已差出，而不离本界者，若缘虫蝗论罪，并依在任法。又诏：因穿掘打扑，损苗种者，除其税，仍计价，官给地主钱，数毋过一顷。

《大清律例》及《户部则例》曰：

(1) 凡有蝗蝻之处，文武大小官员率领多人（少则无用），公同及时（迟则费力，而且成患）捕捉，务期全净（不净则犹不捕）。其雇募人夫，每名计日酌给银数分（有例见后），以为饭食之资。许其报明督抚，据实销算（夫价例准开销）。果能立时扑灭，督抚具题，照例议叙（纪录一次）。如蔓延为害，必根究蝗蝻起于何地，及所到之处，该管地方官玩忽从事者，交部照例治罪（革职、拿问，交部治罪）并将该督抚一并议处。（此见《大清律例》。）（原书眉注：皖江汪稼门督部志伊，前于嘉庆十一年在苏抚任中纂刻《荒政辑要》十卷，内第四卷全载《户部荒政则例》，言：例皆因时因地以制其宜，而其酌定之数，则各省有同有不同。盖灾出非常，稍迟焉，难免玩视民瘼之咎；官非素练，稍错焉，辄有误违定例之虞。故将《则例》备载此卷，以便查照办理。印委各官，果能于第三卷内得前事之师，则胸中已有定见。而于此卷，能再加意讲求，务合成例，庶得心应手，以广皇仁而救灾黎，则造福匪浅矣。彦今辑《治蝗全法》而仅录治蝗定例于此，亦此意也。）

(2) 直省滨临湖河低洼之处，向有蝗蝻之害者，责成地方官督率乡民，随时体察，早为防范。一有蝻种萌动，即多拨兵役人夫，及时扑捕。或掘地取种，或于水涸草枯之时，纵火焚烧（此即绝除根种法，是治蝗第一要法），设法消灭。如州县官不早扑除，以致长翅飞腾者，均革职拿问。（此见《户部则例》。）

(3) 地方遇有蝗蝻，一面通报各上司，一面径移邻封州县，星驰协捕。其通报文内，即将有蝗乡村、邻近某州县、业经移文协捕之处，逐一声明。仍将邻封官到境日期，续报上司查核。若邻封官推诿迁延，严参议处。（亦见《户部则例》。）

(4) 地方遇有蝗蝻，不早扑除，以致长翅飞腾，贻害苗稼者，该州县革职拿问，交部治罪。府州不行查报，革职；司道督抚不行查参，降三级调用；若不速催扑捕，道府降三级，布政司降二级，督抚降一级，并留任。所委协捕邻员，不实力协捕贻患者，革职。至州县捕蝗需用兵役民夫，并易换收买蝻子费用，准其动公。若所费无多，自行捐办。其已动公项，而仍致滋害伤稼者，奏请着赔。（此见《大清律例》。）

(5) 换易收买蝗蝻，及捕蝗兵役人夫，酌给饭食，俱准动支公项。令同城教职佐杂等官，会同地方官给发开报，该管上司核实报销。其有所费无多，地方官自行给办，实能去害利稼者，该督抚据实奏请议叙。其已动公项，仍致滋害伤稼者，奏请着赔。（直隶省捕蝗人夫，分别大口每名给钱十文，米一升；小口每名给钱五文，米五合。每钱一千，每米一石，俱作银一两。长芦所属盐场地方，雇夫扑捕，壮丁日给米一升，幼丁日给米五合。又老幼男妇自行捕蝻一斗，给米五升。江苏省捕蝗雇募人夫，每名日给仓米一升，每处每日所集人夫，不得过五百名。收买蝗蝻，每斗给钱二十文；挖掘蝻种，每升给钱一十文。安徽省捕蝗雇募人夫，每夫一名日给米一升，每处每日最多者，不过五百名。挖掘未出土蝻子，每斗给银五钱；已出土跳跃成形者，每斗给钱二十文；长翅飞腾者，每斗给钱四十文。每草一束，价银五厘，每柴一束，价银一分，每日每处，柴不过一百束，草不过二百束。此见《户部则例》。）

（6）凡有蝗蝻地方，文武员弁，有能合力搜捕，应时扑灭者，该督抚确查具题，准其纪录一次。（见《处分则例》。）

（7）嗣后捕蝗不力之地方官，并就现在飞蝗之处，予以处分，毋庸查究来踪，致生推诿。（此乾隆三十五年五月上谕，亦见律例。）

（8）地方遇有蝗蝻，州县官轻骑减从，督率佐杂等官，处处亲到，偕民扑捕，随地住宿寺庙，不得派民供应。州县报有蝗蝻，该上司躬亲督捕，夫马不得派自民间。如违例滋扰，跟役需索，借端科派者，该管督抚严查，从重治罪。（此见《户部则例》。）

（9）地方官扑捕蝗蝻，需用民夫，不得委之胥役地保，科派扰累。倘农民畏向他处扑捕，有妨农务，勾通地甲胥役，嘱托卖放，及贫民希图捕蝗得价，私匿蝻种，听其滋生延害者，均按律严参治罪。（此亦见《户部则例》。）

又，州县不亲身力捕，而委佐杂贻误者，革职。留于该处捕除净尽，再行开复。前东平州办理有案。（此亦见律例。）

（10）地方督捕蝗蝻，凡人夫聚集处所，践伤田禾，该地方官查明所损确数，核给价值，据实报销。（此见《户部则例》。）

捕蝗人夫

昔乾隆二十五年，直督方恪敏观承，因通州等处捕蝗之失，饬司道议设护田之夫。意欲官民两便，旗民一体。而窦东皋光鼐，谓其立法有断不可行者四，可行而未能行者一。乃于乾隆三十五年，为副督御史上《捕蝗酌归简易疏》曰：其议三家出夫一名，十名设一夫头，百夫立一牌头，每年二月为始，七月底止，令各村按日轮流巡查。臣谨按册计之，大兴、宛平二县，共应出夫七千五六百名，此数千人者，果尽力巡查，且历半年之久，势将荒废本业，不知衣食于何取给。今各州县捕蝗，约用人夫二三千不等，少者五六日，多者十余日，酌给钱米，民人犹以为艰苦，如每县之中令数千人枵腹原野，积以半岁，臣知其必不能矣。且田各有主，耕作之余，查察自便。舍种植之户，而责之他人，劳且无益。若海滨河淀阔远之区，而与寻常村庄类设，又恐推诿误事，此其不可一也。又其议曰：护田夫免其门差，牌头并免大差。臣窃考之，旗庄本无地方杂差可免，民人又不能尽免，册造护田此夫也，论派杂差亦此夫也，免差既属空言，巡查岂有实力，而簿书查造，胥吏或因缘为利，此其不可二也。且其议三家出夫一名，计百户之村，出夫三十名，五十户之村，出夫十余名。以之巡查，则病其多；以之扑捕，又病其少。若拨一千名，必合数十村，远者不能即至，而本村近处，反有余人，例派不及。臣每遇飞蝗停落，目击心怵，谕令就近加拨，夫始渐集。若依三家为例，则可捕之时，人夫无几，比数十里裹粮而至，而蝗之远飏已过半矣，此其不可三也。且其议曰民劳病远拨也。又曰官费，虑贵雇也，其名曰护田，欲不伤田禾也，今依其例出夫，则近村之夫，只有此数，近者不足用，必济之以远，而民之劳如故，远者不及待，必出于贵雇，而官之费依然，且远来当差，人常不肯尽力，而为远地代捕，又不甚惜田禾，极力饬禁，时犹不免。是以旗民均以为病，不愿捕蝗，此其不可四也。至其议曰，旗民一体设立护田夫，查则轮查，拨则轮拨，诚有合同井守望之义矣。但其法既不可行，而所谓护田夫者，空名而已。平日既不能轮查，临时又安能均拨，且司道原议曰，旗人不统于地方官，恐呼应不灵，奏明通行，庶知凛遵。是旗庄之难齐，前司道早议及之矣。而前督臣未经具奏者，不能自信故也，姑允众请，尝试之云耳。既而知其果不可行，而犹以其名而存之者，以护田之说，临时便于派拨也。顾飞蝗停落之时，愚民无识，率以喊逐为易，扑捕为难，亦不独旗佃为然。而民人可以法绳，旗佃难于强使，况旗庄主人未尝与知其议，既无由申明约束，而地方官向庄头取夫，每称借用，出不出皆可自由，其不画一无怪也。此臣所谓可行而未能行者也。臣以捕蝗察知利病，窃以为去其法之烦扰，而独取旗民一体捕蝗一节，并申明就近村庄多集人夫著为功令，则有护田之利，而无其害，此臣前奏本意也。业蒙圣旨俞允，则其未能行者，今已行矣，而督臣乃举二十五年之议，以为定例，则臣所谓四不可行者，诚恐嗣后复举以为例，而奉行转滋贻误，臣不揣冒昧，谨就二十五年原议，酌归简易，并将查捕所见情形，酌为捕蝗宜事数条，附列于后：

（1）捕蝗人夫不必预设名数，致滋烦扰。但查清保甲册造，村庄户口，临时酌拨应用。旗庄则理事同知查造清册，交州县存查。

（2）捕蝗必用本村近地之人，方得实用，嗣后凡本村及毗连村庄，在五里以内者，比户出夫计口多寡，不拘名数，止酌留守望馈饷之人而已；五里之外，每户酌出

573

夫一名；十里之外，两户酌出夫一名；十五里之外，仍照旧例三户出夫一名。均调轮替，如村庄稠密之地，则五里以外，皆可少拨；如村庄稀少，则二十里内外，亦可多用。若城市闲人，无户名可稽者，地方官临时酌雇添用。

（3）牌头每县不过数十名，因而增之。大村酌设二三四名不等，中村酌设一名，小村则二三村酌设一名，免其杂差，俾领率查捕人夫。

（4）各村田野，令乡地牌头劝率各田户自行巡查，若海滨河淀阔远之地，则令各州县自行酌设护田夫数名，专司巡查。向来有以米易蝗子之例，若蝗子一升，给米三升，则搜刨自力。

（5）凡蝗蝻生发，乡地一面报官，牌头即率本村居人，齐集扑捕。如本村人不敷用，即纠集附近毗连村庄居人协捕。如能即时扑灭，地方官验明，酌加赏赉，如扶同隐匿，一经查出，即将田户与牌头乡地一并治罪。如近村人夫仍不敷用，地方官酌拨渐远村庄轮替协捕。如虫孽散布，连延数村，则各村之人，在本村扑捕，各于附近村庄拨夫协济，以次及远。仍照例会同营汛兵丁，督以委员干役，则扑灭迅速，而田禾亦不致损伤。

（6）外村调拨之夫，仍照旧例，每名日给米一仓升，或大钱十五文，其奋勇出力者，酌加优赏。如阔远之地，须调拨远夫者，加给米钱一倍。

（7）捕蝗器具，莫善于条拍。其制以皮编直条为之，或以麻绳代皮亦可。东省人谓之挂打子，最为应手。顺天各属向无此物，宜饬发式样，使预制于平日，以便应用。其次，则旧鞋底各属多用之，然常不齐全，宜预行通饬。若仍有以木棍、小枝等物塞责者，即将乡地牌头一并究处。

（8）蝻子利用开沟围逼，加土掩埋。蝗翅初出，未能飞，亦可围捕。至长成之后，则宜横排人夫，尾随追捕。若乘黎明露濡，歼除尤易。若在禾稼之地，则宜随陇赶捕，不得合围喊逼，致令惊起，且易损田禾。

（9）收买飞蝗之法，向例皆用之。总缘乌合之众，非得钱不肯出力耳。其实，拾掇、收贮、给价、往返、掩埋，皆费工夫，故用夫多而收效较迟。为施之老幼妇女，及搜捕零星之时则善矣。若本村近邻，力能护田。以精壮之人，持应手之器，当蝗势厚集，直前追捕，较之收买，一人可以当数人之用。故用夫少而成功多，且蝗烂地面长发苗麦，甚于粪壤也。

蝗以蜡祛

蜡，音乍，年终祭名。《礼·郊特牲》曰：蜡也者，索也。岁十二月，合聚万物而索飨之也。或从示，作禣，非。

乾隆十八年癸酉，监察御史曹地山秀先请《捕蝗先行蜡祭疏》曰：臣窃观迩来近畿郡县蝗灾间发，仰蒙我皇上特遣大臣侍卫，勤督地方有司实力扑捕。天语悚切，惩赏攸昭，勿令滋生，贻害田稼。似此视民如伤，诚求保赤之心，固上天所垂鉴，下民所共感者。臣尝读《小雅·大田》之诗曰："去其名螣，及其蟊贼，无害我田稚，田祖有神，秉畀炎火。"盖言致祷于神，默除害也。唐臣姚崇遣使捕蝗，引以为证，夜中设火，火边掘坑，且焚且瘗。宋臣朱熹，亦以为古之遗法如此。他若史书所云蝗不入境，又或一夕飞沉东海，未必概属附会。而《礼》言蜡祭，七曰昆虫，宋儒陈澔注为螟蝗之属。又知螟蝗有灵，亦得与于祭也。盖从来物类虽微，各受一命；物性虽蠢，咸格于诚。信及豚鱼，幽明合契，驱虎祭鳄，著有明征。今蝗蝻蚂蚱，杂然并生，蜎蜎蠕蠕，不可胜计，要亦各分造物之微命。虑其害我田稼，苦我百姓，势不得不遵古法，竭力扑捕。然食苗死，不食苗亦死，此则情法俱穷之时也。臣谛思螟蝗得与于祭之义，虽当蜡索，曷若及时，前者夏间少雨，官司祷求，不闻征应。迨我皇上虔祈，甘霖立沛，德且足以格天，诚自可以动物。敢恳皇上万几之暇，御制祭文一道，颁发郡县，遇有蝗蝻之地，即行敬谨誊黄，虔具酒楮，张幕焚香，告祭于神。俾蠢兹蝗蝻，限以一日二日，遁迹于荒旷之野，宿莽之圩，各逃生命。逾期不用命，官吏乡保多倍人数，竭力扑灭。既以广圣人好生之德，自当切为民请命之诚。臣料田祖有神，阴相除殄，必不复留遗育，以滋扰于青畴绿野中也。可否仍于冬令，考稽故典，举行蜡祭，以合《礼经》之义。恭候皇上钦定。抑臣更有请者，旧时州县捕蝗，多系捐办，今奉恩旨，许令动公，该州县更不得借口无力。但一法立，即一弊生，州县官意必报多，上司欲其报少，驳诘往返，愈繁案牍。请嗣后捕蝗时，雇募夫役，用支钱粮，须令同城教职佐杂，一面会同给发，一面即签书名押，开报上司查核。至奏销时，准为定据，并严饬不得假手家人书吏，致滋冒混。以往年恩赐绢米煮赈等件，尚有冒销，其弊不可不预防也。

蝗由政召

明史官陈明卿《潜确类书》曰：赵抃守青州，山东旱蝗，自青齐及境，遇风退飞，坠水而死。（见《名臣言行录》。）马援为武陵太守，郡连有蝗，援振贫薄赋，蝗飞入海，化为鱼虾。（见《东观汉记》。）鲁恭为中牟令，蝗不入境。宋均为九江守，山阳、楚沛多蝗，至九江，辄四散。（俱见《合璧》。）徐栩为小黄令，时陈留蝗，过小黄逝不集。刺史行部，责栩不治，栩弃官，蝗即至。刺史谢罪，令还寺舍，蝗即皆去。（见谢承《后汉书》。）黄豪为外黄令，邻县皆蝗，独外黄无有。谢夷吾为寿张令，蝗过寿张界不集。许季长为湖令，蝗过县不入。（皆见《广州先贤传》。）郑宏为邹令，蝗过不集。（见《会稽典录》。）杨琳为茂陵令，比县连蝗，独曲折不入茂陵。（见《益部耆旧传》。）公沙穆为鲁相，有蝗，穆露坐界上，蝗集疆畔，不为害。（见《先贤行状》。）魏连为昌邑令，大蝗连熟。（见师觉授《孝子传》。）又曰：王荆公罢相，出镇金陵，时飞蝗自北而南。江东诸郡百官，饯荆公于城外。刘贡父后至，追之不及，见榻上有一书屏，遂书一绝以寄，曰："青苗助役两妨农，天下嗷嗷怨相公，惟有蝗虫偏感德，又随台旌过江东。"（见《合璧》。）后汉戴封为西华令，蝗不入其界，惟督邮至，则蝗至，督邮去，则蝗去。（亦见《合璧》。）

11. 历代蝗时

陈芳生、陆曾禹俱云：自春秋至胜国（前明也），蝗灾书月者，一百十一。书二月者二，三月者三，四月者十九，五月者二十，六月者三十一，七月者二十，八月者十二，九月者一，十二月者三。则盛衰亦有时也。

12. 锡邑蝗灾

考邑志，锡金自前明崇祯丁丑、戊寅、己卯、庚辰、辛巳五年连蝗后，至我朝康熙十一年壬子，相距三十年始有蝗，而邑志云：不为灾。则自崇祯十四年辛巳至咸丰六年丙辰，中距二百二十一年，蝗始为灾也。至连蝗五年，想其时必捕治无人之故。

13. 蝻、蝗字考

蝻于《春秋》及《尔雅》，曰蝝、曰蝮、曰蝤，皆蝗未有翅之称也。"蝻"乃"蝤"字之误，盖因篆体匋字与南相似，故误作蝻。是以字典止有蝤字而无蝻字也。蝗于《诗》及《春秋》、《尔雅》，俱但曰螟、曰螣、曰蟊、曰贼、曰蟘，而不曰蝗。其曰蝗者，皆秦汉以后之称。

14. 捕蝗诗记

宋欧阳文忠公修答朱寀《捕蝗诗》、明宣宗《捕蝗》示尚书郭敦诗、郭敦《飞蝗诗》（从略）。

（四）《治蝗全法》附录

1. 吏科给事中伍给谏辅祥奏陈《治蝗诸法》疏

奏为敬陈《治蝗诸法》，恭请钦定颁行直隶、山东、河南被蝗各省，俱尽人事，以弭天灾，仰祈圣鉴事。

窃本年飞蝗为灾，圣心焦劳，畴咨周至。迭奉上谕饬令确查，妥为抚恤。仰见我皇上痌瘝民瘼之至意。臣窃以为灾异者，天补救者人，本年飞蝗所过之处，遗种必多，种遗在秋，来年必出，使非事后剪除，早为筹划，则明年又复飞蝗四布，贻害非轻。谨辑前人成法撮其大要，并参以时势，胪列数条，以备皇上采择施行。

（1）捕蝗不如除蝻，除蝻不如灭种也。蝗所自起，不外化生、卵生两端。化生者，每在大泽之旁、芦苇之间，泽水涸时，虾鱼子之附于草者，不能得水，而得夏秋郁热之气，遂变为蝗蝻。此宜于水涸草枯之时，纵火烧草，使虾鱼子之在草者，尽成灰烬，以绝萌芽。其卵生者，每在黑土高亢及蝗集处尾入土中，生下种子，深不及寸，外仍留孔，形如蜂窠。冬农岁晚务闲，正可从容搜索。允宜募民掘取遗种，送官给米。每种一升，给以白米一升。一升之种，出为蝗蝻不止十倍，最为费少而功多。且彼小民既可除害，又可糊口，谁不踊跃乐从。

（2）蝻初生尚不跳跃时，其在芦渚间者，法宜植竹为栅四周之，薙其芦，以连枷更番击之可尽。至能跳跃时，则当分地为队，队用夫五十人，在芦渚旁之三面以夫守之。而于前掘一沟，长三四丈，上阔一尺七寸，下阔二尺五寸，深一尺，沟底每距三尺余，即掘一坎。然后伐其芦，自后直至沟边，于是呼三面守者，合力皆驱之，并鸣金以惊之，蝻跃至沟即坠，即以土掩之。其芦渚之宽广者，法应于中间掘一沟为濠，先驱一面尽，而后再驱一面，皆逼入沟而瘗之。其驱也宜徐，若急则旁出，沟所勿容立人，立人则蝻见奔回。至蝻出十六、七日，生半翅时，则其行如流水，法应以竹栅堵两旁，而于中埋缸向其来路，蝻行自入缸中，以袋收之，曝干可代虾米，或和菜煮食，或以饲鸭、饲豕，皆易肥壮。

（3）蝻翅成而飞，扑灭难乎为力矣。然每日皆有三时可以捕捉。黎明蝗沾露不能飞，日午蝗交不能飞，日暮蝗聚不能飞，此三时皆可齐集村夫由东而西或由西而东回环扑捕，缓步徐行，既可逐细捉除，亦可不至踏伤禾稼。

（4）定例州县报有蝗蝻，则该管上司即亲赴督捕，法本至善，第恐供应夫马，一切皆取诸民，则民困于蝗，又困于官，利民而转以病民矣。应请饬下该省督抚严谕该管上司并州县，下乡督捕均须轻骑减从，自备夫马，毋许书吏需索。并刊刻治蝗成法，晓谕村民，使之按法扑灭。如能有认真督捕蝗不为灾者，准其保奏；若有奉行故事，督捕不力者，立予参劾。如此则赏罚明而事有实际。

（5）行蜡祭之礼，以祈田祖也。《诗》曰："去其螟螣，及其蟊贼，无害我田稚，田祖有神，秉畀炎火。"盖言致祷于神，以除蝗害也。应请饬下该管官于冬令举行蜡祭，虔诚致祷，以祈神佑。

（6）行瘗骨祭厉之举，以安冤魂也。《礼》曰：大兵之后，必有凶年。旱蝗诸灾，未必不由兵气所积。军兴以来，兵民死者不下亿万，即如直隶、山东、山西、河南四省，虽逆氛尽净，而当日贼所经过地方，白骨蔽陇，赤血膏原，撤兵之后，居民近水者扫掷洪流，或弃诸荒墟，鸦啄犬衔，天阴鬼哭，行路酸心。未闻有收而瘗之者，其中就戮鲸鲵固无足惜。若被戕之兵勇，遭难之士女，则任其残骨暴露，而莫与收埋，能不上干天地之和，而召乖戾之气？应请饬下该管督抚严饬有司亲往检勘，概行收瘥，表以大冢，举行祭厉之礼，以平厉气。又都中菜市口素为刑人之地，自前岁以来，枭示奸细以及诸凶首级，不下百余，该处地狭人稠，悬首累累，腥秽塞路，沴气所积亦易酿为旱疫诸灾。应请饬下刑部，凡枭示首级，在半月或十日后，俱饬地面官于郊外掘坑掩埋，俾小民得远恶厉而迓祥和。

（7）整饬吏治，以禳天灾也。昔汉臣宋均为九江太守，山阳、楚沛多蝗，至九江界辄东西散去。马棱为广陵太守，蝗入江海化为鱼虾。赵熹为平原太守，青州大蝗，至平原界辄死。鲁恭为中牟令，飞蝗避境。卓茂为密令，蝗独不入其境。皆善政所致也。夫举措公平者，督抚之责；勤恤民隐者，道府州县之责。今当此民力艰难之际，总应以加意抚绥为第一要义。应请饬下该督抚秉公举劾，破除情面，庶吏治能蒸蒸日上，即足以禳天灾而召天和。

以上七条，臣为蝗灾补救起见，是否有当，伏乞皇上圣鉴。谨奏。

咸丰六年八月二十九日，奉上谕：前因直隶各州县飞蝗为灾，并河南、山东各省次第奏报，迭次谕令该府尹、督抚严饬各属，认真扑捕，刨挖遗孽，以除民害。并查明成灾轻重，核办蠲缓、抚恤事宜。兹据给事中伍辅祥条奏《治蝗诸法》，先时搜掘蝻子或临时给价收买，该管上司亲往督捕，务须轻骑减从，不得因查灾转致扰民。所奏不为无见，著各直省大吏饬令被蝗州县实力奉行。其请行祭蜡之礼，以销蝗害，亦属古制，并着地方官劝率乡民于岁暮举行。至被兵处所骸骨暴露，厉气所感，亦足以致灾祲，着地方官随时收瘗。所有京师枭示凶犯首级，历时较久者，即着步军统领五城御史饬坊掩埋，以消沴戾而迓祥和。钦此。

2. 江苏抚台赵大中丞通饬各属《捕蝻檄》

咸丰七年四月廿二日，自常州府城行台发，廿三日到无锡、金匮。

为专札通饬事。照得苏、松等属，上年秋间，飞蝗过境停落，虽据随时扑灭，深虑遗留蝗子，春融变化，为麦禾之害。经本部院迭饬各属会督绅董，谕令农佃实力搜挖，官为收买焚毁，以期根株净绝，不啻三令五申。本月初间，本部院移节常郡，沿路采访，始知蝗留萌蘖，并未搜净，已有逐渐长成蠕动山阿田埂者。可见各属之设局收买刊刻条议，尽系虚应故事，掩人耳目，言及念及此，实堪发指。现交初夏，二麦将次登场，即须播种秋禾，小民一年生计，国家巨万条漕，咸出于斯。若不亟早扑灭尽净，其害伊于胡底。合再特札饬遵。札到该县，立即遵照，遴委干员，会督地保农佃，按亩按区逐细搜觅，悉行捕毁，务须一律净尽，俾夏麦、秋禾均可无虞。如敢再事玩延，将来致有虫伤禾麦者，一经访闻，立即照例严参，决不宽贷。仍先将遵办缘由具覆，毋稍讳饰。

十五、《除蝗备考》

（清）袁青绶撰

咸丰七年（1857 年）刻本

谨按：乾隆二十四年御史史茂上言：蝗孽飞扬，为害最烈。追捕不力，处分最严，凡属地方官无不周知，而往往官罹严谴，民困重灾，贻祸于邻封而莫救，追悔于事后而无及者，其故何也？盖捕蝗非可鲁莽仓卒从事者也。未发塞其源，既萌绝其类，方炽杀其势，是故生长必有其地，蠕动必有其时，驱除必有其人，扑灭必有其器，经画必有其方。乃人多狃于目前而忽于远虑，平日漫不经心，一闻蝗发，则茫然不知所措，竭蹶迟回，中无成见，以致飞蝗四布，莫可挽回。又言：蝗不常有，而地方官不可不时存有蝗之虑。旨哉言乎。况值邻境蝗发之时，附近蝗过之后，当更不致有目为过虑而薄为迂论者矣。

咸丰丁巳夏，不佞奉职浏阳，承先年豫东皖吴各省旱蝗之后，颇闻楚北郡县间有萌生，窃叹治蝗之法，宁备而不用，不可用而无备也。时团防未撤，邑人士昕夕共事，爰采摭旧闻，并参以生平所经历，汇成一帙。质之大雅，庶几广为传播，共知有备无患，不佞亦借以匡其所不逮焉。

知浏阳县事兴化袁青绶谨识

（一）蝗患情形

《春秋》书螽书蝝；《说文》螽，蝗也；《公羊传》蝝即螽也，始生曰蝝（俗作蝻），大曰螽（集韵同螽）；董仲舒说蝝，蝗子也；《戴记》蝗虫为灾。此经籍言蝗之始。他如《毛诗》所称螽斯、斯螽、阜螽，《尔雅》所释蟿螽、土螽，皆注蝗属，盖螽之类而实非螽也。《大雅》螟、螣、蟊、贼，犍为文学曰：四种皆蝗也；《陆玑疏》螣，蝗也；《说文》螣作蟘，陆佃《埤雅》蟘即蝗也。皆未深考。以上言蝗之名目、种类。谨按：害稼之虫不独蝗，惟蝗生最蕃，其数不可以恒河沙计，故为害最重，治之不可不亟。

蝗子入地，夏秋之交，十数日即生，在秋后者，来岁春夏乃生。《春秋》宣公十五年，冬，蝝生。《左氏》及《公羊传》皆以为幸之，言冬生不能长成，不为害也。凡蝗生必于大旱之年。《埤雅》言：蝗，鱼卵所生。春，鱼遗子如粟，埋于泥中，遇旱，水缩不及岸，则其子久阁，为日所曝，乃生飞蝗；程大昌《演繁露》江南无蝗，其有之皆是北地飞来；陈芳生《捕蝗考》自言所见，万历庚申滕、邹之间皆言蝗起昭阳湖，任丘之人言蝗起赵北口，或言来从苇地，亦水涯也。且言以物理推之，当为虾子所化。以上言蝗之发生变化。谨按：蝗子发生，有端倪可求，若鱼虾子所化，则远迩广狭，莫可测其涯涘。且鱼虾子至于化蝗，则旱暵之象，不可向迩。草谷被蝗啮者，得雨仍可复生，烈日暴蒸，焦枯火灼，旱与蝗相助为虐，其施治有难易之分，惟人事则不可不尽耳。

蝗形如蚱蜢而稍大，郎瑛《七修类稿》言：所见惟灰色、黄色二种。按蝗之黄者亦甚少，惟灰色与酱色者为多，间有绿者。蝗子始生如蚁黑色，聚处不散，或惊散之，旋复聚；七日后跳跃散漫，沿缘草际；又七日逐队行如流水蜂拥，自北而南，遇草木禾稼，且食且行，短翼渐生，俗称马甲；又七日翼成学飞，且飞且行；又七日飞渐高；又七日而交；又七日钻地遗卵；又七日乃死。凡蝗自初生，以至能跃能飞，其行必南向，若有行列，无旁出逆走者。蝗子入土，连颗如麦门冬而差小，七日后籽粒乃分，每颗各成百子。或言化蝗者九十九，其一化为蛆，或言八十一子。《埤雅》《七修类稿》所载不同，或多寡本未必划一也。蝗子入土，数日之内，值甚雨则涨坏，经冬大雪，则僵不复出。旧说入地千尺，虽传会之词，非无因也。惟立春后地阳渐升，寒冱之气不能深入，雪或无益耳。蝗性不畏风雨，然甚雨连阴，亦多浸损。初生七日内，竟有遭雨殄灭者。又芒种节有雨，蝗食之脑烂，遇西风则口僵，连遇西风则抱草木死。蝗行不畏水，成团结队，乱流而渡，虽江河不避，其漂没者固亦多矣。蝗行遇雨则止，雨霁复行。晨露未晞，飞跃则停，日午或停或交，向晚亦停，或有乘月而飞者。蝗飞日一二十里，或二三十里不等，行则日数里而已。蝗畏金鼓声，枪爆声，见旗帜飘扬辄回旋避之。以上言蝗之形状及生长始末、性情畏恶，大都得之目击观验与耕氓野老之证合，其无征不信，仅佐谈资者，不敢征引。盖于此考得其实，则所以治之之方，思过半矣。

蝗本水族所化，故除蝗者必推极食蝗之法。《唐书》贞元元年夏蝗，民蒸蝗暴干飏去翅足食之。《宋史·范仲淹疏》亦言可和野菜煮食。陈芳生《捕蝗考》言：东省畿南，用为常食，登之盘飧。且言，臣尝治田天津，适遇此灾，田间小民不论蝗蝻悉将烹食，城市之内，用相饷遗，亦有熟而干之鬻于市者，家户囤积，以为冬储，质味与干虾无异，其朝餔不充，恒食此者，亦至今无恙也。而同时所见山陕之民，犹惑于祭拜，以触伤为戒，谓为可食，即复骇然，盖妄信流传，谓戾气所化，是以疑鬼疑神，甘受戕害。谨按：食蝗之风，南方颇少，惟饲鸭则鸭肥，饲豕则豕壮，用粪田禾丰茂异常。以上言蝗之取资，非徒化无用为有用，且足资捕蝗之助。

（二）捕治事宜

1. 捕初生之蝗

蝗子初生，微细如蚁，色黑，蠕动，依草根团聚成片，大如掌或如扇，鱼虾化者亦然。三数日内，跃不甚远，以足蹴之则惊散，旋复聚，再蹴之，无嘘类矣。捕之之法，编竹枝为巨帚，随在扑之。用力少而得效多。夜以草薪燃火置其旁，皆相逐投入，无得免者。又蝗子初生，驱群鸭赴之，顷刻食尽。

2. 捕渐长之蝗

蝗生逾七日，逐队求食，自北趋南，且食且行。捕之之法，相其地势，与蝗至多寡之势，或挖沟围之，或接挖长沟堵之。沟宽尺许，深二尺许，沟形陡峻光滑，无令跌入者得缘而上。沟间逾丈挖一深坑，稍远再挖巨坑，皆以人守之。蝗之稍缓，则于沟之北以巨帚驱之。蝗大至如潮湧，顷刻沟坑皆满，逾沟如履平地矣。急驱入坑，覆以土，更挖大小坑以待。夜置火沟坑中，亦能引蝗投入。

3. 捕能飞之蝗

蝗生逾二十一日，翼成能飞，其来蔽天，视禾稼或刍薪丰茂处，相随栖止。逾时复飞，亦自北而南。蝗巨且众，或被食尽，或被啮损，其害尤烈。捕之之法，伺晨露未干，及日午或停或交，并向晚停飞之时，旋驱旋起，飞不能远，则就而扑之。夜列炬陇旁，伺其投入，就而扑之。又蝗性畏金鼓，畏枪爆，待其将至而发，则惧不敢下。陇头多植旗帜，或以纸为之，亦畏不敢下。又蝗性畏油，入口即死，小户田禾无多，取油和水洒禾叶上，蝗遇之则飞去。

4. 捕未生之蝗

蝗遗子入土必于土质坚实之处，群飞群止，以尾钻入，初如蜂窝，久之形迹渐泯。故飞蝗经过之后，急宜查挖。子初遗如麦门冬而小，相连数粒，久之，每粒各成百子。《埤雅》言九十九子，《七修类稿》言八十一子，或多或寡，传闻异辞也。捕之之法，挖而露之，扑而碎之，其势甚便。夏秋子入地，十数日而生，秋冬之交，至次年春夏乃生，冬大雪则冻坏不复能化。子初入土，遇大雨亦能涨损。此皆言蝗遗子也。若鱼虾子化者，亦有冬春水涸湖滩草根，预为焚毁之法，虽不能偏，亦未必无补也。

（三）除蝗要义

1. 修省之义

戴记《月令》：孟夏行春令，则蝗虫为灾。刘向《洪范五行传》曰：言之不从，是谓不艾，厥咎僭，厥罚恒阳，厥极忧，时则有介虫之孽。又言：介虫孽者，谓小虫有介，飞扬之类，阳气所生也，于《春秋》为螽，今谓之蝗。段成式《酉阳杂俎》旧言：虫食谷者，部吏所致，侵渔百姓，则虫食谷。虫身黑头赤，武官也；头黑身赤，儒吏也。又新旧《唐书》并载：唐太宗吞蝗，是岁，蝗不为灾。《后汉书·循吏传》

卓茂令密、鲁恭令中牟、宋均守九江，皆称蝗不入境，马援守武陵，蝗化为虾。《南史·萧修传》亦载异雀食蝗事。此言蝗患之起灭，由人为之感召，自有位以逮齐民，皆常遇灾而惧，思所以为弭患之本，而非谓除蝗可废捕治也。水旱疾病皆称天灾，水不能废堤防，旱不能废荫注，疾病不能废医药，而谓蝗独可废捕治乎？《大雅》言"去其螟螣，及其蟊贼"，《周礼》庶氏掌除毒蛊，翦氏掌除蠹物，蝈氏掌除蛙黾，壶涿氏掌去水虫，岂得以《春秋》纪灾不纪治，谓古无捕蝗之法也？《酉阳杂俎》言：荆州有帛师，号法通，本安西人，谓蝗腹下有梵字，或自天下来者，及切利天梵天来，西域验其字，作木，天坛法禳之。此释氏之说，难与深论。

2. 禳祈之义

《诗》言：秉畀炎火。先之以田祖有神，盖谓合神人之力，共事驱除也。《礼》言：大蜡八。郑氏谓昆虫之神，与居一焉。《七修类稿》言：一县之地，或食其半，或食一角，有相邻而不食者，有逾山渡河以食者，殆若真有神役。陆桴亭先生言：蝗之为物，虫焉耳，所过之处，关系民生之利害也深，地方之灾祥也大，故必有神焉主之。是神也，非外来之神，即本处之山川、城隍、里社、历坛之鬼神也。神奉上帝之命，以守此土，则一方之吉凶、丰歉，神必主之。故夫蝗之去，蝗之来，蝗之食与不食，神皆有责焉。风俗有不齐，善恶有不类，气数有不一，则神必分别而劝惩之。而蝗于是有或至或不至，或食或不食之分，是冥冥之中，皆有一前定之理焉，不可以苟免也。虽然天之于人，如何仁爱，宁视其灾害戕食，而不许其改过自新乎？顾改过自新之道，有实有文，而又有曲体鬼神之情，殄灭祛除之法。何谓实，反身修德，改过迁善是也；何谓文，陈牲牢，设酒礼是也；何谓曲体鬼神之情，殄灭祛除之法。盖鬼神之于民，爱护虽切，不能自为祛除殄灭，必假手于人焉，所谓天视自我民视，天听自我民听也。故古之捕蝗，有呼噪、鸣金鼓、揭竿为旗以驱逐之者，有设坑焚火、卷扫瘗埋以殄除之者，皆所谓曲体鬼神之情也。今人之于蝗，但畏惧束手，设醮演剧，而不知反身修德，殄灭祛除之道，是谓得其一而遗其二。呜呼，天道远，人道迩，祭禳之事，从古圣贤不废，或专事此而不求尽其人事，则亦鬼神之所弃而已。

3. 除治之义

唐臣姚崇言：就使捕之不尽，犹胜养以贻患。此言出而古今治蝗之说乃定。然当其时，东郡之民，既惟知祭拜，坐视食苗不敢捕，倪若水、卢怀慎皆一代名臣，倪以刘聪埋蝗为害滋甚为言，卢以杀蝗太多必戾和气为言，盖捍大患排众议，若是之难也。魏世山东蝗，小忍不除至人相食；晋天福中，天下大蝗，连岁不解，行则蔽地，起则蔽天，禾稼草木赤地无遗。其蝻之盛也，流行无数，甚至浮河越岭，逾池渡堑如履平地，入人家舍，莫能制御，穿户入牖，井溷填咽，腥秽床帐，损啮书衣，积日连宵，不胜其苦。郓城县有农家豢养豕十余头，驱放陂泽，值蝻大至，竟啖食之，斯须腹饫，不能运动。其蝻又饥，喽啮群豕，有若堆积，豕困顿不能御之，皆为所杀。《玉堂闲话》所述若此，又称癸卯年皆抱草木而枯死，所谓天生杀也。夫以蝗而听天之生杀，其惮言捕治，可知蝗患之烈，有由来矣。

4. 宜随时随地施治

治能飞之蝗，不如治之于未飞，治已生之蝗，不如治之于未生。蝗未生而掘而扑之，无驱逐之劳，无蔓延之害，故功效易见，惟惧寻求不能遍及耳。既生而沟以围之，沟以堵之，人力所至，计日亦可立尽。一至能飞，则捕之不易捕，扑之不易扑，古今尽心治蝗者，惟治飞蝗无善策，故治蝗必宜早。又蝗自未生至初生，自未飞至能飞，逐日行动。此境所生，将飞已至彼境矣，飞数日又逾彼境矣，虽竭力捕治，尚未必一无侵轶。若逡巡观望，听其移害，毋论盈科渐进，害先及己而后及人，即此就患不速之心，业已难辞重谴。是以功令严，于蝗所自出之处，为有蝗不捕者言之也。蝗虽出于邻境，而一至我境，即我境之蝗，犹蝗虽起于邻田，而一至我田，即我田之蝗，我不自除其田之蝗，至于灾害及身，尚借口于孽之非由自作，又何益乎！是以功令尤严，于蝗至为害之处，未尝因发生他境，容其推诿也。

5. 宜预备戒

蝗患不常有，地方官不可不时存有蝗之虑，此在邻近有蝗之时尤为切要。邻近闻有蝗生，则宜择老农之勤慎有识者，令其哨探，视蝗之起讫，与其所趋向，（蝗性南趋，而或有所避就，则稍偏而东或稍偏而西亦所时有。）派人夫，备器具，预以待之，宁备而不用可也。（按村按亩派出人夫，宜多派而少用之，恣其休息，广其协助，蝗至之处与所停之处，分班以俟，并力以赴，另刻简明条约，传示共晓，除蝗器具，惟竿帚锄锹最宜多备，所费无几，亦宜于多备。）蝗至捕治，哨探仍不可废，盖待蝗如待敌也。

6. 宜防扰累

除蝗以祛民害，办理一或不善，则除害之害，有时等于蝗害，或转加甚焉。蝗之所及，勘查督捕，印官责无可辞矣。至于分投办理，则同城文武、绅士、保甲，皆与有事事，吏役人夫之骚扰，稍知自爱者，宜不难自为觉察。至于派拨人夫，催督课程，惟期于事有济，不嫌操切相绳，盖待蝗如待敌，救蝗如救火，事机一失，莫可挽回，小民虽愚，亦必能共谅也。乾隆二十四年，御史史茂所奏八条，有收买之法；有沟埋之法；有驱捕、扑捕之法；有伺其停飞兜捕、搂捕之法；有油洒禾叶之法；有火引扑埋之法，大要谓先事而整顿妥协，自当几而办理裕如。乾隆三十五年副宪窦光鼐所奏：言额设民夫，及夫头、牌头之非，言远村近村各限地界，及漫无区别之非，言民病远拨官虑贵雇之非，大要期于可行而又能行，盖法立则弊随，法严则弊愈滋，讵独捕蝗为然，要未可因噎而废食也。

不佞生长江淮海滨，而处苇滩、茅碛涨涸无时，蝗患或数年一发，或十数年一发，要其为患之轻重，恒视捕治之当否。犹忆道光十七年（丁酉年），家居值蝗生之岁，邻境有置不问者，有设坛墠、张灯彩、焚椒檀，优剧巫讴，男女膜拜，杂沓求免者。咸以捕驱为讳，虑干神怒，则害且滋甚。先兄星阁明经独毅然以扑灭为事，以唐贤姚崇所言，就使除之不尽，犹胜养以贻患二语为韪。不佞暨诸同人，咸锐身趋事，遂闻于所司择公所祀刘猛将军，设局其中，厉人夫，饬器具。时值蝗子萌生之初，随在搜扑。境以内有主之地，责之地主，而邻右助之，无主之地，责之里甲，而募雇夫役从之，不数日，竟一律净尽。其境以外者，则于境之北界，通挖长沟，连村接堡，勿使间断，凡百有余里，绵互相属，各沟其地，各守其沟。蝗未至，量设侦探，以休人力；蝗将至，则人各排列，或执竿帚，或执锄锹，虽妇孺亦可从事。随至随驱，随扑随埋。其沟或不具及不如式者，所司究之；沟疏于守，蝗到不知，蝗过不阻者，所司究之；若蝗来涌盛，而附近业佃人等，闻报不即协助者，所司究之。驱埋偶轶，逾沟阑入，听贫民搜捕，赴厂给价收买（初生如蚁，每斤十文；至半寸以上，每斤三文二文；逾寸及能飞者，每斤一文；蛹子每升百文二百文）。去界稍远之处，各视地势，择要而更为之沟，驱埋如前（凡公挖之沟，驱埋之蝗，不得影射赴厂售卖）。每村每里，择其明白晓事者数人，俾司巡查，各分段落，各任责成。局绅数人，轮日总巡而定其殿最，夫马饭食，由局捐备，不累民间一钱。保甲差役，亦各给饭食，俾司奔走而不假以事权。令下数日，民欢趋无或后者。于是不佞所处，境以南蝗至甚稀，境以北来源颇旺，皆及沟而止。渐至翼成能飞，过沟埋之处，辄回翔斜趋东南迤逦入海，乘潮上下，死蝗沿滩拥积如山。是岁，蝗不为灾。收买之蝗，别挖巨坑数十，每坑埋死蝗百十石，或二三百石。时方溽暑，秽气熏蒸，拥工之徒，虑或中恶致疾，浮言且起。于是倍增其拥值，日具火酒卵蒜为犒，人益踊跃，卒事无染患者。坑埋之蝗，乡农售取粪禾，禾益畅茂，并污汁争取之，售值数十千，为厂中善后之用。备识之为恐得罪于蝗者解其惑。

不佞所处兼隶盐厂，而统辖于泰州运判。次年春，运判朱君沆，讲求预搜蝻孽之法。属吏某请于蝗所经过之处，趱造田册，按田一亩，征蝗子一升，缴不如额者有罚。于是里魁俌蠹因缘为奸，殷懦之家，争出资买脱，所在汹汹。一日朱公从小奚步二十里自近境至，吾兄家塾询事可否，兄具以所闻对，朱愕然曰：吾过矣。顾事已垂成奈何，兄从容言曰：公欲除民害而为此，复虑扰民而已之，无所为非，若以成命为不可反，无论非盛德事，即累害未知所致也。朱揖而前曰：谨受教。亟命所在收回前示，仍听各处设厂收买。是岁，蝗孽不复作，又是岁贵筑。

周君际华令兴化，周历县境，躬亲扑捕，募民畜鸭者给以资，有蝗之处恣其所之，甚著成效。皆于治蝗之道，实事求是者也。青绥再识。

十六、《捕除蝗蝻要法三种》

（清）李炜撰

咸丰八年（1858年）刻本

注：《捕除蝗蝻要法三种》，作者李炜，字悑甫，清咸丰八年编印，时任陕西长安令。该书由《治飞蝗捷法》《搜挖蝗子章程》《除蝻八要》和《劝民立捕蝗社文》四部分组成。其中《治飞蝗捷法》，最先于咸丰七年十一月，由山西藩署刊发外，《除蝻八要》于同治八年，又被楚北崇文书局收在《捕蝗要诀除蝻八要》中。《捕除蝗蝻要法三种》一书，收藏于中国科学院图书馆。

序

尝闻事必豫而后能有功，法必备而后可除患。蝗蝻伤损禾稼，为害最烈。盖其发生皆在夏秋间，正值百谷长养成熟之时，小民终岁勤劳，举室事畜所资，一旦遇此，俄顷间，顿有饥馑之患。考之载籍所记，灾沴由来，悉缘政失其平所致。凡有父母斯民之责者，宜如何其恐惧修省耶？故前人，往往以引过祈禳为挽救之术。愚窃谓忏悔固在吾一心，捍御则必筹善计，自唐姚崇公详陈经义，力主捕除之说，虽代有其患，要不过一隅偏歉，终未至如秦汉两晋六朝以前，动辄赤地千里，草木皆尽。此螟螣滋生，舍捕蝗除蝻灭种，别无弭患良法也。关中频年岁收中稔，丁巳秋，忽有豫、晋飞蝗入境，由潼、华延及西南地面宽广附近，省城之咸、长一带，势颇滋蔓。赖各宪刊发章程，严督丞倅、牧令、绅董人等设法扑击，悬赏放价收买，维时值大秋，刈获过半，间被残蚀茎叶，无损收成，旋亦捕除净尽。迨重阳后，自冬及春，屡饬搜挖遗子，于年终循例结报外，责成乡农履亩巡查，期于无留余孽。第其间平阳处所，有业主佃种者，利害切肤，其防范，固不至疏虞。他如南山冈岭、沟涧以及沼河荒滩峻坂，非特人迹罕到，亦且人力难施，加以去冬未沾大雪，迨本年甫交夏令，同、商、兴安各府州县，均有蝻子萌生。继而咸宁、长安、蓝田、鄠县所辖山坡阳面渐次蠢动。迤西各营觢牧之马厂内，水草丛中，亦皆生发。形如蚊蝇，就地跳跃，犹幸初生，尚未着翅，易于扑击。兼之二麦大都收割，所可虑者，夏秋来日方长，粟黍、粳稻、包谷稚苗嫩叶，奚堪恣其毒喙？则目前之扑挖查办，尤急于上秋之捕除也。长安令李惺甫明府，经济宏深，视治民事，直如治家事。于上年秋冬，扑蝗掘子不遗余力，躬历田间，与父母乡愚口讲指画，晓以利害，考其勤惰，手胼足胝，决不言苦。绅耆有劝其节劳者，则答曰：吾司民牧乏才德，不能如古良吏使蝗不入境，致吾民罹此灾害，方愧尸素，尚可不竭其心力为汝等倡哉！于是，男妇有闻其言而泪下者，有获缴蝗蝻数斗至数石而不领值者。是时，长安境内停落飞蝗最多，藏事最速，并无一村一堡成灾者。明府取古人成法，就其躬行收效处，或作或述，著《治飞蝗捷法》《搜挖蝻子章程》若干，则今又因境内有新生蝻子，深自引咎谓过，在秋冬未能净绝根株，致贻民患。于是捐俸集支，筹挑壕塞毁之策，复作《除蝻八要》，皆简便易行。且稽之成书，但统云蝗蝻，今明府则辨明，着翅飞扬者为蝗，遗种地下者为子，迨春夏萌生出土，其形如蚁如蝇者为蝻，各就其势以捕治之。此仿行古法，而实有补于古法之未备。伏思明府以一邑一隅，偶有虫孽而引为己愆，予则负表率一郡之责，属邑报蝗者几及其半，伊谁之咎耶？只以首郡簿书繁冗弗克，如明府下躬率士民逐处经理，因将其所议章程付之剞劂，汇刊成帙，题曰《现行捕除蝗蝻要法》，分致寅好，仿而行之，俾歼此蟊贼，粒我蒸民。然治法端在治人，有实心斯有实效。至于斟酌损益，又在贤有司，因其时与因其地而变通之也。是为序。

咸丰八年岁次戊午孟夏，知西安府事归安沈寿嵩并书

（一）治飞蝗捷法

邑境患蝗，皆自外飞来，飘忽无定。余周巡阡陌廿余日，参考成法，与乡绅野老亲试之。窃谓古人治蝗，无过驱、捕二者，其中头绪繁多，采择匪易，因就确切能治飞蝗行之有效者，摘叙数条，俾农民可以急速遵行。其他皆治蝻法，不具载。

1. 前队驱法

蝗自远处飞来，宜用鸟枪装铁砂子或绿豆、稻米，击其前队，群蝗自退。

　　凡蝗群飞，必有老虫最大色黄者领之，是为前队。若前队已过，不可从中横击，恐惊落四散，贻患更广。

2. 群飞驱法

群蝗高飞，宜率众齐至陇首，施放铳爆，敲击响器，摇挥旗帜，并同声呼喊，以仰驱之。蝗不敢下。

　　乡间三眼铳及大小纸爆，均可施放，鸟枪亦不轻入砂子等物。蝗无来势，不必扰之也。五色裙衫，各样布幅，均可系长竿以代旗，红绿纸旗亦可用。以多为贵，以排列成行，循畛奔呼为妙。

3. 随风驱法

蝗性顺风，必前后村彼此关会，随风驱向一面。若彼向前驱，此向后驱，则蝗散落，彼此受害。

> 邻邑毗连地面亦如此。

4. 向阳驱法

蝗性向阳，辰东、午南、暮西，按向逐去，方易为功。此无风时则然，大要只看蝗飞向何方，即向何方驱之。故驱蝗先贵审势。

> 或曰，如此驱逐，应听其落于何处。余曰：落于空地则不驱，落于夜间
> 则不驱。总之，白日不使停落食禾，至晚便设法捕之。

5. 护禾驱法

蝗飞禾地，必合四面地邻，依法喊逐。仍令地户自行持竿入地，轻轻挥动，不致惊使乱飞，尤能爱惜禾苗。幼孩亦可用。

> 此法宜以众人分为两班，一班驱之前行，一班防其回绕。直待驱至空
> 地，攒聚一处，众人始皆驻足，响声齐息。仍在旁伺其动静，飞则再驱，不
> 飞则待捕。

6. 合围驱法

蝗向前飞，宜用枪爆旗帜，尾其后路，并左右夹护，禁其旁飞。（即持鸟枪以觑之。）一面飞告前途，择地势稍旷、可以施力之处，迎头拦截，四面合围，使其前队惊落，群蝗随之俱下，即可依法扑灭。

> 此法宜于日落时行之。如因众人合捕，致损一人禾稼，即由官酌量偿给
> 钱文。

以上皆就未落之蝗言，故用驱之之法。

> 查驱逐飞蝗，迹近以邻为壑，非善法也。但一经停落，则禾稼顿空，农
> 民相率而驱，势难禁止，不若先授以方，免其仓皇踩杂，且可以驱为捕。

7. 相时捕法

捕蝗每日惟有三时。五更至黎明，蝗聚禾梢，露浸翅重，不能飞起，此时扑捕为上策；又午间交对不飞；日落时，蝗聚不飞。捕之皆不可失时，否则无功。又蝗于卯、辰二时，群向太阳晒翅，此时捉亦较易。

> 二条宜互看，五更至黎明，蝗附禾上，以手攫取，百不失一；日出晒
> 翅，多在禾颠及地头大路，或空地内，亦有交者，触之即飞；午间群交，触
> 之且相负而飞；日落时蝗乍停息，翅未沾露，触之亦仍飞，三者均不过十获
> 二三。故捕于夜者易，捕于昼者难。

8. 爇火捕法

蝗性见火即扑。应于陇首隙地，多掘深壕，每夜于壕内积薪举火。蝗俱扑入，趁势扫捕，可以尽歼。一说不必挑壕，即用柴分十余堆，于田畔爇作烈焰，蝗即扑火而来，翅被焚烧，须臾可得数十斤。

　　此法只宜于晴天黑夜，若雨后露沾蝗翅，便不飞扑；有月则火光不显；又宜用柴薪，燃烧时久，热气熏蒸，蝗始知觉。或使人于停落处，以竹竿驱之，即不扑火，亦必聚集火旁，易于捕捉。其捉获火旁之蝗，与已烧之蝗，均许送局照数给价，柴薪仍由官捐。若燃草秆焰多，蝗见即避。

　　又夜间捕捉不尽，日间仍用护禾驱法。

9. 执灯捕法

蝗零星散落，则不能以一火招集，宜用执灯合捕之法。以五人为一班，一人持灯笼，一人携口袋，三人随灯捕捉，灯光所照，四面蝗集，分段兜捕，事半功倍。

　　古法由五更捉至黎明，此法可由二更捉至黎明。其灯烛均由官捐，蝗仍照数价买。

10. 趁雨捕法

天雨之际，蝗翅淋湿，捕之甚易为力。

11. 因风捕法

蝗每遇大风，则紧粘禾上，随之摇曳，一捉便得。遇西北风起，则畏寒而僵，往往结球滚地，落土堆中；又或群避深坑及高坎下。捕之与雨天同功。

　　或云，蝗翅经雨则烂。又云，白露后西北风起，抱草而死。此次飞蝗，起于白露之后，风雨迭遭，高骞如故。古说固不可泥也。

12. 向月捕法

蝗见月光，则多飞。若在雨后露重及秋分后，露气沾濡之时，即可乘月而捕。

　　夜捕时，对月则见，背月则不见，犹有遗蝗也。其法宜分两起：一起在前，向月捕之；一起在后，执灯捕之。乃搜捕加一倍也。

以上皆就已落之蝗言，故用捕之之法。

　　捕，擒捉也，并无扑打一解。飞蝗善动，只能捉，不能打。治蝗者宜知之。此外挖子除蝻，各有章程，均宜及时照办。

13. 附录

《农政全书》曰：用秆草灰、石灰等分为细末，或洒或筛于禾稻之上，蝗即不食。又史侍御条议云：每水一桶，入麻油五六两搅匀，帚洒禾颠，蝗亦不食。（此二条，可为有蝗地面救急之用。）

（二）搜挖蝗子章程

1. 飞蝗多已孕子，故停落即生。其生子必以尾插入土中，深约寸许，上留孔窍，形类蜂窝，较蚁洞略小。凡蝗落之处，陇首地畔，及左右空地俱有，最易寻觅。（古说必系高亢垆黑之地，亦不尽然。）

2. 蝗子孔窍，挖下寸许，或数寸，皆有小窠，与土蜂泥窝相似。取出去泥，复有红白膜裹之，长约寸许，是为蝗卵。膜内如蛆如粳米者，少或五六十颗，多或百余颗，斜排向下。每颗约长二分许，破之，皆黄汁，即蝗子也。（一生九十九子之说，亦举大数而言。）如寻获孔窍，必由旁边挖入，方可取其全窠。（只以小刀挑取，极为简便。）

3. 蝗畏风雨。如遇骤雨疾风，必潜避于草根石罅、树兜土坑。故挖取蝗子，不可一处疏漏。其禾地甫经收割，即须拔草搜寻，见有虫孔，速行刨取。

4. 蝗子孔窍，或为浮土掩盖，或因捕蝗踏烂。其子在下，盘旋蠢动，久之必有松土坟起，如虫篆然，可以寻挖。即翻犁播种后，亦必时常审视。

5. 蝗子在地，初只寸许，渐至入地数寸。此次犁地，必较长年深至数寸，始能绝其根株。

6. 农田每种二三年，即停犁一年，以蓄地力。其停犁之岁，置同野块，难免蝗孽滋生。此次有蝗附近地亩，无论是否再种，均着依法搜挖后，再行加工翻犁。（苜蓿地，亦必搜挖。）

7. 时交寒露，百虫咸伏，蝗子在地，但能直下，不能旁行，入地尺余，则伏而不动。如刨挖尚浅，不得以未见蝗子，混行搪塞。（现在寒露以前，入土不过寸许。）

8. 蝗自四月至八月能生发数次，现查有蝗落不及十日之处，挖获连窠蝗子，渐次成形，动若曲蟺。取向太阳，晒之少顷，便露小爪，可见蝗十八日即生之说，信而有征。不得以飞蝗已过，秋禾已收，便生怠玩。（上年直隶、河南麦苗初生，即被蝗食。）

9. 挖蝗子本应责成地主佃户，保护己田，但恐力难遍及，反致迟缓蔓生。现议由官重价买收，应令不分地界，仍听绅约督办。

10. 蝗首皆有二须，由鱼虾子化生者，须在目上，由蝗子孳生者，须在目下。现查捕获之蝗，须在目下者十有八九，其为孳生不可数计。倘此次刨挖未净，转盼又将生蝻，乡保及地主、佃户，何能当此重咎！应令冬春之交，各将地亩，深锄一二次，以期永杜蝻患。

11. 蝗性畏雪，雪深一尺，则蝗入土一丈。嗣后有蝗处所，冬春遇雪，即速拥入地内，以土掩之，勿使从风吹去，不惟除蝻，兼可培益麦根。

12. 蝗子遗于地畔土坎者多，刨挖所不能周，亦翻犁所不能及。应令地主佃户，各将见有虫孔之土，概行挖去数寸，连草根禾兜，拥堆烧过，捶成细土，再行撒入地内。蝻害既去，地亦加肥。

（三）除蝻八要

蝗初生曰蝻。《尔雅》注：蠈、蝝、蝅，皆蝗；未生翅者，即蝻也。《宋史》始有蝻字。

客秋陕境患蝗，皆自豫、晋飞来，予曾作《治飞蝗捷法》。迨捕蝗将终，遗子在地，予又作《搜挖蝗子章程》。兹值夏初，邑境复报蝻生，予自咎前次搜挖未净，即驰赴有蝻处，与诸农民力遏之，作《除蝻八要》。

1. 挖荒地

上年搜挖蝗子，凡经蝗落地段，均已寻觅虫孔，刨取殆尽。迨种麦时，又各加工翻犁，宜其无复遗孽。然其中有搜挖不到者，如山地之有荒坡，原地之有陡坎，滩地之有马厂，坟地之有陵墓、义园、宦冢、祖茔，皆为蝻子渊薮，是宜多派民夫，同各地主、坟主复寻虫孔，及虫子蠕动处，一律刨挖，约连草根去浮土三寸许，添以柴薪草秆，磊堆焚烧。

夏初，土内尚有未出蝗子。其已出者，初生如蛆，稍长如蚁、如蝇，非细加审视，不能辨认。即盖以浮土，终亦必出，故以连土烧过为妙。

2. 开壕沟

蝻未生翅，只能跳跃，高约四五寸，远约七八寸。若就地挖沟，长与地齐，深二尺，面宽一尺，底宽一尺五寸，两边俱用铁锨铲光，蝻至沟边，必自落下，不得复出。是宜相定地势，山地则就下坡为沟；平地则先审蝻所向处为沟；蝻势散乱，则沿地畔为四面沟；又或地长，则开三四横沟；地阔则更可作十字沟、井字沟。蝻性好跃，每于巳、午、未三时，用长竹竿插入麦丛，左右摇动，其驱而纳之者必多。如其在地不跳，亦有沟以限之，可以设法捕除，且免贻害邻地。

予在马厂治蝻，开挖长壕二百余道，复于壕内多挖圆洞，蝻自投入。凡挖沟所起之土，宜置地角上，不得堆塞沟边。如蝻已落沟，即用草秆焚烧，覆以原土。

3. 偿麦收

上年陕省西南各州县，蝗落三次，其第三次正值种麦之时，故有遗子在地，挖除未尽，以致蝻孽萌生。现查如有蝻多之处，实系蝻从地出，必得拔去禾稼，方能净绝根株。惟捕蝗损伤禾稼，例应照亩分析践损分数，官为给还工本，俱依成熟所收之数而偿之。先给五分，余看四边田邻所收，再行加足。今欲办理迅速，兼恤农民，宜责成绅保确查何处蝻多，划清段落，应去禾稼若干，约议收成分数，官为赔偿麦价，即时照数实发，以慰民志。

蝗生子多聚一处，故蝻在禾梢，或成大片，其下必有遗子，就此拔禾除之，并非满地全拔。蝻性一触便劲，拔禾时，必将四畔先挖壕沟，以免跳越。

4. 置抄袋

麦地之蝻，早晚多抱麦穗，零星散布，亦有停聚一处者。惜麦则留蝻，扑蝻则伤麦，一时实难下手，因仿《捕蝗要诀》所载抄袋一法，试之颇觉有效。其法：以白布缝成尖底口袋，谓之菱角袋。上用篾圈为口，围圆二尺一寸，长一尺二寸，袋口系以竹竿，约长八尺为柄，与捞鱼虫之袋相似。捕蝻者，持竿向陇，分畛潜行，不必入地，只相定有蝻处，左右抄掠，蝻自装入袋内。其惊落地面者，待其复起抄之。先取密处，后向稀处，不过早晚抄掠三四次，可期地无遗蝻，亦不损麦。

如在二麦扬花时，此法便不可用，然终不能惜麦留蝻也。蝻质轻弱，日晒则伏，必于早晨、下午始赴禾梢吸露，此时捕取较易。

徐芝圃司马令民于蝻附麦穗时，各持竹笼潜行入地，手揽麦穗，向笼边一击，蝻皆坠入，诚捷法也，于蝻多处尤宜。

5. 勤脚踏

治蝻成法，如用布墙插地以拦之，皮掌系杆以捆之。又或圈以苇箔，罩以网罾，扫以柳枝扫帚，此皆可施于空地，而不可施于禾田，可施于孳生遍野之时，而不可施于散漫零星之际。陆曾禹《论捕蝗》：有用皮鞋底及旧鞋、草鞋，蹲地扑打一节，其法最为简便。但以手持鞋底，击诸松浮土上，及禾兜草根，均不得力，且蹲地扑打，运动亦必不灵。不若即令民夫，均穿布底鞋，勤用脚踏，一踏未毕，则必再踏，随蝻所至，捷于影响，故可更留磨擦，亦可四面合围。

此在禾稼地内，可以循畛用脚踏去，若在空旷处所，用合围法，仍须挑沟。

此杨周臣大令所议，便捷莫过于是。其言曰：踏时要眼力、脚力俱到，最为得窍。

6. 恤夫役

官局收买小蝻，较买蝗价至十数倍，本可鼓舞群情，但蝻质最轻，难有成数，甫经出土，又非遍地皆有。往往寻捕终朝，所获不及一二两，若仅照数给价，必致人人解体。现在按十家牌法，派拨民夫，地少则派本村之牌甲。地多则及邻村之牌甲。宜先照名数，日给口粮（每名每日给钱三四十文不等），牌甲长随时督率，复从优赏。早晚则令依法捕取，日中则令相地刨挖。所获蝻子，另行送局照数领价，庶小民乐于趋公，而勤惰亦有区别。

> 昔朱子捕蝗，募民得蝗之大者，一斗给钱一百文，得蝗之小者，每升给钱五百文。陆氏曰：小者一升，大者岂止数石，故捕蝻尤不可吝费也。

7. 责长侦

查捕蝗事宜，有设立农长以专责成之法。现在捕挖蝗蝻，均由乡约督办，应即以乡约为农长，饬将有蝻地亩，坐落界畔，及地主佃户姓名，造具清册，送呈过朱，仍交该乡约检存。所有地段，均责成乡约早晚分头查看，倘经此次挖捕之后，再有蝻孽蠢动，无论在禾在地，即令种地之人，自行迅速捕除，不得任其生翅远飞。转瞬麦田收割，亦难保无续出之蝻，四散跳越，务令将麦秆留长二三寸，周围添草引烧。该乡约一面督众扑打，所获之蝻送局收买。其地段均令刻期翻犁，由乡约报官查验，倘有违误，即将该乡约及地主佃户，分别枷示罚捕。

> 夏初，蝗子在地，不日即出，故以汲汲翻犁为要。所起土块，必须捶破，仔细寻视，拾获蝻子，仍准送局领价。

8. 加修省

乡民称蝗为神虫，不敢捕，谬矣！甚或有不肖乡保借端敛钱，设坛念经，集社演剧，男妇杂沓，膜拜田间，尤属不成事体。国朝崇祀刘猛将军，上年复加徽号，欲使天下臣民，悚然知有驱蝗正神，平时敬谨供奉，临事虔诚祷禳，良以御灾捍患之中，仍寓福善祸淫之道。有司为民请命，必先反躬责己。值此蝻孽甫生，正可于踏勘所至，召集父老子弟，开导儆惕，使之生其改过迁善之念。果能遇灾而惧，官民一心，所以感格神明，消除戾气者，孰逾于是？此除蝻中正本清源之意也。

> 郡邑皆有八蜡祠，其八日昆虫，世俗所谓虫王指此。不得称刘猛将军庙为虫王庙也。

附载秋禾诸种

黄豆、绿豆、黑豆、豇豆、芝麻、大麻、苘麻（即苎麻之属）、棉花、荞麦、苦荞、芋头（即白芋）、洋芋、红薯（俗名红苕，即薯蓣也，六、七月皆可种）。

以上皆蝗蝻不食之物，见《吕氏春秋》《群芳谱》《农政全书》及各捕蝗事宜。至用秆灰、石灰、麻油筛洒之法，已附《治飞蝗捷法》之末，不复载。

（四）劝民立捕蝗社文

尝闻有备方能无患，成群可以立社。邑境蝻孽萌生，业经本县亲履田间，由各绅保派拨民夫，挑壕驱捕，且焚且瘗，刻期蒇事。盖得力于十家牌法者居多。第思十家牌法，不专为捕蝗而设，故联村合捕，按牌起夫，其编排虽由平日，而驱遣究在临时，势非官为督率不可。今本县欲令民间互相接应，即就各廒分向有保障中各立一捕蝗社，社民见蝗即捕，不必等候官到。缘飞蝗为患甚烈，与蟓孽迥不相侔。蟓子初生，滋长跳跃，旬日半月，尚不至伤害禾苗，原可报官，听候徐徐搜捕，期于净绝。若飞蝗倏去倏来，飞停尤定，但经窜至，落于禾稼地内，啄不停啮，片刻工夫，即将茎叶残蚀。吾民无限劳费，瞬息顿罹灾变，兴言及此，何可不及早绸缪！因思地方编立保甲，原出古人乡田同井、守望相助之意。如吾长安县属，旧分十八廒，每廒又分八保障、十保障不等，村庄可以相联，情意可以相浃，遇有地方公事，踊跃争趋，急缓可以相救。本县两年来，督捕蝗蟓，业于绅董约练之尤为出力者，随时酌送花红匾额及对联、折扇等件，少酬劳勩。兹复禀明大府，赐语褒嘉，凡以鼓舞众志，风示后来也。尔百姓既知吉凶同患，其再由各廒约，邀集各保障总约，并请保甲中绅董，公议立捕蝗社。或以一保障为一社，或合数保障为一社，而皆统于本廒为一总社。其法只就保甲规模，另立名色，便可令人耳目一新，精神重振。绅董即社长也，廒约即社总也，保障总约，即社正也，村约即社副也。每社各制大旗一面，将社内村庄名目、牌甲若干写注旗上，并照依社内烟户册，预先酌定少壮丁男，造具花名底簿，归社总人等收掌。本县曾刊有《治飞蝗捷法》，久蒙各宪刊发饬遵，兹再刷印多本，以备散布。该设总等尤须先向各牌民反复开导，使知飞蝗为祸，过于盗贼水火，肌肤切近，急等燃眉。譬若身遭水火盗贼，有不先求挽救捍御，而必待官来，然后用力者乎？无是理也。尔百姓果晓然于民之事，在民为之，官治民事，仍不能不用民力，设遇蝗来顷刻，即当互相趱催，不待官为逼促。其要尤在平时，联络远近各社，约定或鸣锣或放炮为号，一见有蝗飞窜，无论在于何人地面，该社正副等，一面报官，一面鸣锣响炮。本社丁男闻号，分携金鼓旗帜，及竹竿柳条等件，齐集陇头。社正执持大旗前导，社众排列成行，察看苗头何向，照依捷法所载，审势顺风诸条驱之，他社亦各照办。倘已经停落，画则于黎明、晌午、日落时，相机扑打，夜则燃火提灯，携带口袋搜捉。所得蝗只，均随时随地由官厚价收买。如此办理，驱蝗既群知所趋，无复以邻为壑之忌；捕蝗则通力合作，可免顾此失彼之虞。本县再四筹思，立社捕蝗，万万不可稍缓。尔百姓能谅本县为民弭患苦心。奉谕后，限十日内，将每廒若干社，每社若干村庄、若干丁男、社长、社总、社正副某某姓名，责成旧立总保，开具清摺，赍县备查。并即着总保为社首，专司禀报之事。本县以此勤民瘼而恤民隐，何便如之？抑本县有与尔百姓约者。伏思一官忝称父母，则民事何异家事。倘嗣后有飞蝗窜落，在距城三十里以内，官闻报在午刻以前，本日不到，即罚官加倍出给民夫口食，加倍给予买蝗钱文。其或官以驰到，而社民观望迟疑，尚未如法驱捕，定必照例将该社首枷号，社总人等酌量分别示罚，此官民交儆之道也。若幸而民气和谐，灾祲潜消，本县与尔百姓当共庆如天之福。尔百姓其听余言。

跋

　　蝗之名，始见于《月令》。去蝗之术，则《大田》之诗已先之矣。顾其术略，又似归美田祖，遂为倪若水、卢怀慎辈借口。夫去蝗，为其害田稚也，而捕蝗之吏害民，或不减于蝗，岂非为守宰者不求方略之弊哉？历观前后《汉书》《东观汉记》《唐书》《宋史》《元史》及《通鉴纲目》《册府元龟》《文献通考》《切问斋文钞》《康济录》所载，惟陆曾禹十所十宜，于蝗蝻之事，知之详而治之切。乃其谓蝗之生子，必择坚垎黑土高亢之处，殊不尽然。又飞蝗之来，以铳击其前行，后者自退，而未指从中横击惊落四散之害。清晨蝗在禾麦之梢，饮露体重不能飞跃，而不知午间蝗交、日落蝗聚皆不飞，卯、辰二时向阳晒翅，亦易捉也。掘坑焚火，倾入其中，或驱而入之，而不知田畔堆柴爇作烈焰，亦可致蝗。且用火止宜于晴天黑夜。至于未萌将萌、初生成形诸治法，如或审视未细，辨认不真，鲁莽以从，亦终有名而无实。若长安《现行捕除蝗蝻要法》则不然，其书治飞蝗十二则、搜挖蝻子十二则、除蝻八则，而终之以《劝立捕蝗社文》，盖长安宰李君周巡阡陌，参考古法，与乡绅野老一一试之，或作或述，确切有效。太守沈君嘉其能补古法所未备，汇刊成帙，以贻同志者。予维贼为蝗属，除蝗不异办贼，何也？束手坐待，姑望转而之他，是不仁也；畏蝗如虎，莫之敢撄，是不勇也；日生月息，非徒纵寇而又遗殃，是不知也。仁者有勇，知者利仁，然后能办贼。能办贼，然后能去蝗。三复此书，如护禾、合围、执灯、因风、向月、拥雪、烧土、置抄袋、勤脚踏、责常侦，皆兵法也。皆非纸上空谈，而古法所未有也。果能推此行之，何忧乎螟螣？何畏乎蟊贼？又何贼之不可平耶？然而李君曰：吾以实事求是，身亲见之者，著之于言耳。沈君亦曰：吾以其先行后言，明效大验，望人人课诸其事耳。然而贤守宰相与有成，即此一端，不可见其尽心民事乎？抑吾闻李君每至有蝗地方，取蝗之大者嚼咽数只，祝曰：愿殃我身，毋殃我民。又在神禾原为文告蝗，次日原下蝗僵者数亩。先是原北土坑蝗聚数石，乡人以为神虫不敢近，至是亦不知所之。二事举国传之，比于唐宗之吞蝗、韩公之驱鳄，而书不及此。惟兢兢于为民请命，反躬责己，以视矜神异、贪天功者何如？吾故并书于其后。

咸丰八年八月二十八日，大兴李嘉端跋于关中讲舍

第七章
近代治蝗书籍史料集要

近代治蝗书籍史料比古代明显增多，有的文献资料已很难找到，为便于治蝗工作者、科教人员更好了解和继承历史治蝗文化，本章汇集了较为重要的 12 种史料，介绍如下。

一、《治蝗书》

（清）陈崇砥撰

注：《治蝗书》，清河间知府陈崇砥撰。陈崇砥（1818—1875 年），字亦香，又字绎萱，福建侯官人，平生事迹载《清史稿·循吏传》。作者有二十多年在直隶省各地做官，因地方上的蝗灾极大，所以著成此书。书中陈说的治蝗方法详细，并附有十幅治蝗图，于同治十三年由保定莲池书局刻行。本书采用光绪六年滂喜斋刻本。国家图书馆藏书。

序

予读绎萱太守所为《治蝗书》，采古今人成说，证以历官所亲见之端，力行之政。凡蝗之卵生、化生，未出、始出，至于能飞、骤聚，莫不穷其形状，而治蝗之人与器与所以用之之法，亦莫不备焉。又虑民之囿于俗说，而为之破其惑，又虑官之玩其事而为之反复其议论，比之赤子襁褓遍虮虱，啼号痛痒，而莫为之扪捉。斯真为民父母之言！予不禁废书而叹曰：人之与天，相为感召，故古善为政者，蝗不入境。政之不善而蝗生焉，况又漠然置之乎。夫仁人心也，古之称仁政者，无他，推此心加诸民而已。民父母我，而我不能视如赤子，诚求所以保之，是无仁心。然有是心而不能备其法，则亦不以为政也。乃为之叙。促太守刻之，以广其传。

同治十有三年正月元日，黄彭年书

（一）治蝗论一

蝗为旱虫，故飞蝗之患多在旱年，殊不知其萌孽则多由于水，水继以旱，其患成矣。考之《埤雅》，蝗即鱼卵所化，春鱼遗子如粟，埋于泥中，明年水及岸，则皆化为鱼。如遇旱，水缩不及故岸，则其子久搁为日所暴，乃生飞蝗。蔡伯喈亦云：蝗，螣也，当为灾则生。故水处泽中数百或数十里一朝蔽野，而食禾粟，苗尽复移，虽自有种，其为灾，云是鱼子化为之。此化生之蝻孽也。然其初生甚小，每当春末夏初，潜伏沮洳之地，人迹罕到，最易滋长。十有八日便长翅能飞，飞而配合遗子，十有八日便已萌动为螽。《尔雅》螽，蝝、蝻。郭璞注：蝗子未有翅者。郎瑛《七修类稿》，所谓蝗才飞即交，数日产子如麦门冬，后数日，中出如黑蚁子，即所谓螽也。又云：旋生翅羽，其飞止跳跃，所向群往，无一反逆者。《玉堂闲话》曰：蝗之为孽，沴气所生，其卵盈百，自卵及翼，凡一月而飞。羽翼未成，跳跃而行，谓之蝻。此卵生之蝻孽也。惟《七修类稿》云：子出之后即钻入地中，来年禾秀时乃出。此说近误。春秋宣十五年，螽生。杜预谓：螽子以冬而生，遇寒而死。未云复钻地中。罗大经《鹤林玉露》曰：蝗产子入地，腊雪凝冻，入地愈深或不能出。其非出后复钻入地。可知大约鱼子所化，多在春夏，倘扑捕不力，致成飞蝗，势必生生不已。若在夏末秋初随生随出，比及秋杪地气渐寒则生而不出，必待春暖方能萌动。冬得大雪，则地凝冽，其子当因冻而坏，故不复出。凡治之之法，须分三等，未出为子，即出为蝻，长翅为蝗。治蝗不如治蝻之易，治蝻不如治子之易。然治之于旱象已成之后，又不如治之于水潦方退之时，亦清夫其源耳。故曰：蝗蝻之患，始于水，而成于旱，留心民隐者辨之，宜早辨也。

（二）治蝗论二

吾人服官，亦惟是怀官方、顾考成而已，抑亦有一片慈祥恺悌之怀，动于中所不能已乎！夫水旱之灾，天降之地成之，诚无可如何矣。而循良之吏，犹且百计图维，竭尽心力，往往有至诚感动，卒以消弭于无形者，况蝗蝻昆虫也？岂人力真不足御乎，特恐有其法，而无其心耳！查例载：凡有蝗蝻之处，文武大小官员率领多人，公同及时捕捉，务期全净。又云：直省滨临湖河低洼之处，须防蝻子化生，每年于二三月早为防范，实力搜查。一有蝻种萌动，即多拨兵役人夫及时扑捕，或掘地取种，或于水涸草枯之时纵火焚烧。又云：地方遇有蝗蝻，州县官轻骑减从，督率佐杂等官，处处亲到，偕民扑捕，随地住宿寺庙，不得派民供应。又云：地方官扑捕蝗蝻需用民夫，不得委之胥役、地保科派扰累。又注云：直隶省老幼男妇自行捕蝻一斗给米五升。其立法可谓备矣，然或行之不力，而转以累民。盖飞蝗遗子多在坚硬之地，挖掘为难，一斗遗种，几费人工。往返换米，又耽时日。倘再留难挑剔，而交者更观望不前。至扑捕蝗蝻，莫不急于求多，若令其送验给赏，势必压前待后，及至捆载送官，半多臭腐，发乡掩埋，又费人力，此办理所以不善也。故必官亲赴乡，随时随地督率查验，则无此病。然或以事属繁重，虽轻骑减从，而分路弹压督催，不能不多拨兵役，按例发给工食。乃或稍失觉察，则此辈之叫嚣坠突有甚于蝗，亦不可不防其弊。然则何为而可？曰官亲赴乡随处设厂，广延绅衿耆老，分司其事；联络主伯亚旅，同任其劳；指陈利害，明定赏罚。不必多派兵役，而民自力，不必琐屑查验，而民不欺，则事成而弊绝矣。噫，蝗蝻之食民食，犹之虮虱之嗜人血，譬如吾有赤子，襁褓遍虮虱，啼号呵痒，莫自为计，吾能不为之扪捉殆尽而后已乎？抑何不视百姓如吾赤子而为之怦怦心动耶？

（三）治蝗论三

愚哉，民之惑鬼神也；伤哉，民之畏官吏也；拙哉，民之惜小利而终酿大害也。盖蝻之初生，乡人皆呼为神虫，恐干神怒，咸相戒不敢扑打，渐至滋蔓难图，为害实甚。遂欲扑之，其可尽乎？独不思能除虫者谓之神。其神也，而纵虫为害耶！纵虫为害，岂犹得称为神耶？八蜡神也，《礼》之祝蜡曰：昆虫毋作。此祈神，以制昆虫之不作也。田祖，神也，《诗》曰：以迓田祖。又曰：田祖有神，秉畀炎火。言田祖能去螟螣蟊贼，方为有神也。今谓虫为神，何愚之甚乎！故必安设驱蝗捍灾神位，以祛其惑，亦神道设教之说也。夫蝻孽萌动之初，本易扑除，第无人督率，不免存此疆彼界之见，未肯齐力，致贻后患。倘及早报官亲往督捕，势必及早扑灭。无如蚩蚩者氓，既畏官长之供应，复畏吏胥之绎骚，匿不肯报。甚至官已闻知，传保甲查问，犹复妄具业已净尽甘结，希图了事。及至养痈成患，又复纷纷报灾，转指为他处飞来，不已晚乎？惟地方官素有恩义加民，先事出示恺恻晓谕，开之以诚，孚之以信，行之以廉，民又何靳而不报哉！且治蝗必广开壕沟，壕成必聚众驱扑，时值青苗遍野，每惜数陇之地，不肯弃而开壕。又惜方长之苗，恐遭众人践踏，因循玩愒，望其自徙。不知此物当佩鞍之后，如二三眠之蚕，其食最馋。东亩食尽，荐食西畴，终朝之间，如风卷叶，乃悔向所惜，而不毁之于人者，今则悉毁于蝻，而祸犹未已也。欲破其成见者，当于设厂之初，明定乡约，按照贫富，酌剂盈虚。富户之地被践，自可毋须调剂，官量为给奖，以示优异。贫民之地被践，则约其所损之数，官为酌给价值，以示体恤，则小民自无所惜矣。然使父母斯民者，皆能随时随处念切民依，斯事无不举，政无不行矣。治蝗其小焉者已。

（四）治蝗出示设厂说

每岁二月，按例先出告示于河岸及被水之区，饬民间搜寻蝻种，翦除芜秽。若年内有飞蝗停落，冬腊少雪，并令于旱地坚硬处所一并搜寻。如法制治，报官查验，当堂给赏。如有蝻孽蠕动，责成保甲速报，立给重赏，违者责惩。一面轻骑减从，驰赴蝻生之处，度地设厂，订立章程。厂所离蝻所不可过远，多则分厂，净则撤厂。每厂延致公正绅耆二三人，总司其事。大约每地五亩出夫一人，每十人中择一人为夫长，每百人择一人为百夫长，一人为副百长。一切应用器具，如口袋、锹、锄、锅灶及柴薪之类，均由司事者筹借齐整。将百夫长、副百长、夫长及各民夫花名编成一册，某人借出某物若干，即于本人名下注明。绅衿之家许其雇人及子弟替代，务须一律遵办。如有阻扰及推诿不到者，轻则议罚，重则详革究治。厂中用黄纸大书驱蝗捍灾之神位，粘于壁间，安设香案，官为拈香一次，各绅董每日拈香一次，早晚鸣锣集众点齐赴地扑灭后，即备办供品合乡拈香，将黄纸焚化。官长随时稽查，勤者事后颁给花红匾额，惰者立时责惩枷示。若遇飞蝗停落，事出仓猝，一面急速鸣锣，按地出夫，如法赶捕，一面飞速报官。切勿互相观望，任其蚕食，亦勿但事驱逐，贻害他人。果能同心齐力，御蝗蝻如御寇盗，又何患不就扑灭哉。

（五）治化生蝻子说

图 7-1　治化生蝻子图第一

水潦之后，鱼虾遗子多依草附木，每在洼下芜秽之区，春末夏初遇旱则发。宜先时于水退处所，刈草删木，取为薪蒸。必芟柞净尽，再用竹耙细细梳剔一遍，使瓦砾沙石悉行翻动。即用火焚烧草根，若边旁有水，并将瓦砾等物弃之于水，则子无所附，自然渐灭矣（图 7-1、图 7-2）。

图 7-2　治化生蝻子图第二

（六）治卵生蝻子说

凡飞蝗遗子，必高埂坚硬之地，深约及尺，有筒裹之如麦门冬。虽有孔可寻，而刨挖甚属费手，不如浇之以毒水，封之以灰水，则数小儿之力便可制其死命。其法：用百部草煎成浓汁，加极浓碱水、极酸陈醋，如无好醋，则用盐卤匀贮壶内。用壮丁二三人，携带童子数人，挈壶提铁丝赴蝗子处所，指点子孔，命童子先用铁丝如火箸大，长尺有五寸，磨成锋芒，务要尖利，按孔重戳数下，验明锋尖有湿，则子筒戳破矣。随用壶内之药浇入，以满为度，随戳随浇，必遍而后已，毋令遗漏。次日再用石灰调水按孔重戳重浇一遍，则遗种自烂，永不复出矣。如遇雨后，其孔为泥水封满，亦可令童辈详验痕迹，如法照办（图 7-3）。

（七）捕蝻孽说一

化生蝻孽，出有先后，故大小不一。卵生蝻孽，初生如蝇，各堆孔口又如蚁封，出则迸出。捕之之法，均以开壕为先。其初生三五日内，不能为害，不可视为易除，遽行扑打，盖一扑即散，藏于草根、土隙不可收拾矣。惟趁此时速行开壕围之，壕成则此物亦渐长，行必结队所向群往，便易驱捕。凡开壕不可迫近蝻孽，若相连太近，壕未成，蝻已他徙矣。故必视蝻孽处所，就其所向，相离数十步开之，视蝻孽之多寡定壕之长短，大约左右前面均相离数十步，后面不开亦可。壕宽四尺，深三尺，壕底每间三尺开一子坑，方约尺余，深一尺。壕之两旁宜直竖，不宜斜坡，用细土磨撒，使跃入不能复出。所开之土悉堆外向，内向宜平，便顺势跃入，无所阻挡矣（图7-4）。

图7-3 治卵生蝻子图

图7-4 捕蝻孽图第一

（八）捕蝻孽说二

壕成之后合力驱除，视蝻孽之多寡，定人数之多寡，大约两陇用一人，一字排列，前后分为两队，一人在旁鸣锣。第一队由后面离蝻孽数步排齐，其宽阔须过于蝻，以便两旁包抄。每人携木棍二根，长约三尺，下系敝屣各一，弯身徐步驱逐。每锣鸣一声，齐举一步，务要整齐，切勿疾行，切勿扑打。盖疾行必迈越而过，遗漏者多；扑打则惊跃乱奔，分头四散。离壕愈近，则所积愈厚，锣更缓鸣，行亦加缓，两旁之人渐渐包抄，可以尽驱入壕。间有未尽，二队继之。第二队离前队约十余步，排列一如前队，惟所执各用柳枝，背负空口袋，随扑随逐。既至壕边，顺用柳枝扫入壕内。壕外不可立人，盖此物最黠，一见有人，便相率回头，不肯入壕。前队及壕，先行潜伏壕外，俟后队到齐，一半跃入壕内，装入口袋，一半守壕不使复出，前队分布壕外，往来搬运口袋。如地内尚未净尽，多则绕至后面如法再逐，少则略歇半日，待其复聚再如前法治之（图 7 - 5）。

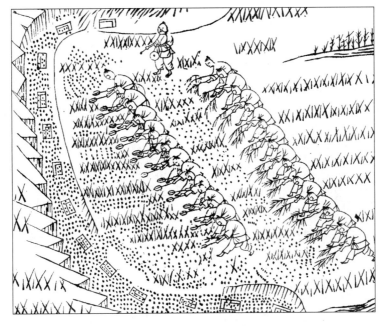

图 7 - 5　捕蝻孽图第二

（九）捕蝻孽说三

驱捕蝻孽，须先备大锅数口，于壕外掘灶安置，一面驱捕，一面烧沸汤以待。既经捕获，用口袋倒入锅内，死即漉出，随倒随漉。净尽之后，即用筐挑入壕内，用原土填埋。壕既填平，复免臭秽，且可粪田，亦一举两得之一法也（图 7 - 6、图 7 - 7）。

图7-6　捕蝻孽图第三

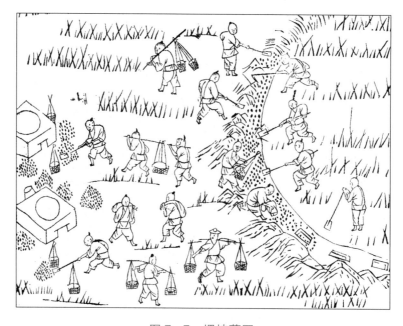

图7-7　埋蝻孽图

（十）治骤来蝻孽说

如蝻孽骤来，势如风雨，则如钱香士方伯所辑《捕蝗要诀》内载用苇箔法：当蝻骤来时，迎风先插鱼苇箔，或用布围，或用门板，分布两面，以迎蝻子来路。并于前面赶掘短壕，以阻其去路。如在正北来，则东西面用人守布箔围之，正南开短壕以待其来，则顺风趋箔尽入壕中。如有乘隙而过，则箔后之人视蝻集箔上，用柳枝扫之。然此系骤来急治之法，少则可用，若不能净，及遍地而来，仍以赶开长壕为得法（图7-8）。

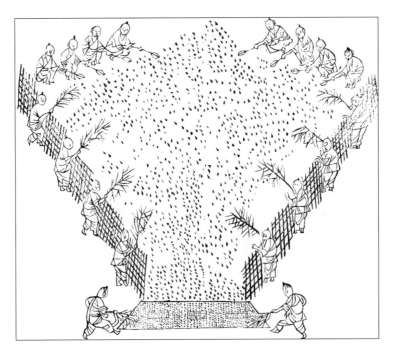

图7-8　治骤来蝻孽图

（十一）捕飞蝗说

飞蝗之害较蝻孽为烈，捕捉之法亦较蝻孽为难。且突如其来，为时则又甚仓猝。尝见飞蝗停落之处，多有掀土驱逐，究之所飞不远，害不终除，且细土撒入苗心，亦恐受伤。按《尔雅翼》载：农家下种，以原蚕矢杂禾种之，或煮马骨和蚕矢溲之，可以避蝗。又任纯如观察《捕蝗撮要》云：用秆草灰、石灰等分为末，洒于禾稻之上，蝗亦不食。以上诸法或有不便，则惟有率众捕为得计。捕之法，或早间趁其露翅未干，或午时乘其配合成对。究不如先将桐油煎成粘胶，各用笊篱或栲栳、簸箩等类将油匀铺里面，系以长柄，多割谷莠、柳枝相随，或就地上，或就穗上，取势一罩，则两翅粘连，其中即随手拔出。串入谷莠，随串随罩，比之早午两时空手捉捕，所获不啻倍蓰。若停落高粱之上，即将笊篱斜缚竿上，亦可照用，仍须烧锅煮之。若蝻长翅尚嫩，但能飞至数步，如《捕蝗要诀》内载：用两人各执缯网，对面奔扑法亦可。然仍须涂以桐油方能粘翅（图7-9）。

图 7-9　捕飞蝗图

（十二）焚飞蝗说

飞蝗食禾，顷刻之间已尽数亩，夜间尤甚，必须夜以继日极力捕除，令其速灭。然白昼月夜尚可捕捉，若遇黑夜，则惟火攻一法。其法，于飞蝗所向之地，如自东飞

图 7-10　焚飞蝗图

来，则所向在西，自北飞来，则所向在南，大抵西南向为多，间亦有自东北至者。相隔百余步，视蝗多寡刨数大坑，每坑约相隔二十余步，围圆六七丈，周围深五六尺，中间宽一二丈，深三四尺。用极干柴草堆积中间一齐点烧明亮，随集数十百人，多带响器、鞭炮，潜至蝗停后面，一时齐响，驱令前飞。一见飞飏，众响俱寂，惟用柳条拂扫禾间，令其尽起。此物飞起，见火即投，火烈烧翅，便坠坑内。坑旁用人执柳条扑打，不令跃出，聚而歼旃不难矣！惟响声不宜太过，几不可近坑，恐其闻声不敢扑火，复延害他处也（图7-10）。

二、《捕蝗意见书》

王仁术稿

注：《捕蝗意见书》，1914年王仁术撰，此书存于中国科学院动物研究所图书馆。该书内容几乎全部抄自清咸丰七年（1857年）顾彦撰《治蝗全法》，毫无新意。但附录中的直隶博野县知事朱珩撰《捕蝗示谕》，却有很大的参考价值。

（一）捕蝗意见

迭阅报章，知豫北、豫东一带，如修武、沁阳、西华、鄢城等县，蝗蝻为灾，随处发现。仁术于己酉岁（1909年），在江苏桃源县因捕蝗收效著有微劳，兹将亲身所经历者说明于下：

蝗分两种。由虾鱼子化生者，须在目上；由蝗卵入土孳生者，须在目下，均可识别。

虾鱼生子水边及水中草上，如水常大，浸草于水中，则虾仍为虾，鱼仍为鱼。若水不大，或虽大，而忽大忽小，及虽有水而极浅，不能常浸草于水中，则草上之虾鱼子日晒熏蒸，渐变为蝻。不数日，生翅即蝗。是以大河、大湖、大荡水边有草处，如水不常大盈满，则生蝻；小河、小港、沟槽、浜底有草处，水不常满，忽大忽小，忽有忽无，则生蝻；芦稞滩荡，及一切底潮有草处，水虽常有，浅而不深，日晒易暖，则生蝻。故欲治蝗于无蝗之先者，必须于此等生蝻处所，将草尽行铲去，则蝗根即可消除。而将草携回，更可作堙田烧火之用，农人于此最宜留意。

蝗之初生曰蝻，小如蚁，又如蚕，色微黄。数日即大如蝇，色黑，群行能跳。又数日，即有翅能飞，色黄，是名为蝗。性热好淫，每午辄媾，媾即生子。夏月气热，十八日或二十日即成蝻，蝻又成蝗，循环不穷，故蝗多而害大。其生子也，必择坚硬黑土地方高燥之处，以尾锥入土中，深八九分，生子十余，即将尾抽出，外留洞，形如蜂窝，或土微高起。盖因蝗性好群，群飞群食，亦群生子，故其生子之地，形如蜂窝。如遇物塞其洞，或人踏平其洞，中之子有生气上升，故其土微高起。是以蝗如生子之处，人皆易于寻觅。

掘蝗种法。须齐集多人，分定地段，携带锄钯，四出巡视。凡见地上有无数小洞，形如蜂窝，及土微高起处，上年蝗集处，其土中皆有蝗种。立即掘出，以火烧之，或以水煮之，使不成蝻，以免贻患。

蝗夏月生之子易成，十八日或二十日即出，然如八日内遇雨则烂。冬月生之子难成，须来春始出，然如遇腊雪或春雨则烂，非能入地千尺也。惟腊雪即深尺，而石下岩底雪所不到之处，蝗种仍生，犹须以人力掘除，补天功之所不足，方免蝗患。又蝗种生于秋者，患延来岁，苟非腊雪盈尺，则惊蛰后滋生必繁，为害必大。土人宜各志其处，思所以预防之。

惊蛰后地气和暖，蝗种在地初出为蝻，凡麦经其喙啮即坏，故蝻不可不捕。蝻之初生，只能行动，尚不能跳，所生地面，亦不甚大，其搜捕也甚易，至生翅而飞，则扑灭难矣。

蝻在芦稞荡者，法应植竹为栅，四面围之，砍去其芦，以梿枷更番击之，可以即尽。然此，但指小蝻尚未能跳者言也；若既稍大能跳，则应分地为队。每队用少壮五十人，分布在芦稞荡之三面，于前面掘一沟，沟底每距二三尺掘一坑，然后砍去其芦，命三面守者合力驱之。其驱之也，宜徐不宜急，急则旁出，沟所不可立人，立人则蝻见惊退。俟三面全驱至沟，将蝻盛入袋中，用铁器捣毙，以土掩之，蝻即尽矣。然此但指芦稞荡地面之小者言也。若地面宽大，则应于适中之处，掘一长大之沟为濠，先从濠之左一面或右一面驱尽，然后再驱一面，如上法以土掩之。

又蝻生半翅时，其行如水之流，将食稻麦矣。法应以竹为栅，堵其两旁，中埋一大缸，乘其蝻行来路，自入缸中，不能复出，可即以大袋收之，曝干作虾米食，或和菜煮食，或饲猪鸭，俱易肥壮。至于分队之法，每队少壮五十人，领以老成能事者四五人，先探明芦中何处有蝻，立一长竿布旗以表之，谓之一围，他处亦然。次第表毕，即令五十人如法驱捕，一日令其捕十围，一次不尽，再捕一次，即无遗类矣。

蝻在稻田、麦田中者，俱应用旧鞋底皮或用新旧牛皮切作鞋底，钉于木棍之上，蹲地打之，可以应手而毙。且狭小不伤稻麦，若用他物，则击蝻不毙，又恐伤稻麦，故外国亦用此法。

蝻未飞时，鸭能食之，如置鸭数百于田中可以食尽，江南捕蝻常用此法。

蝻性见火即趋，晚间宜架茅柴于蝻生处所，燃火烧之。其已生翅者，飞翼被烧，落火即死；其未生翅者，趋至火处，可以如法捕尽。

农民迷信，常以蝗为天降，不敢侵犯，或念经，或演戏，名为恭送，无异使其蔓延，宜从严出示禁止。

本年八月十五日奉将军衔督理河南军务、河南巡按使田批：据呈并意见书均悉，所请捕蝗办法不为无见，仰候采择施行。

本年十二月五日奉兼代开封道道尹财政厅厅长顾批：据详并捕蝗意见书均悉，仰候饬属查照此批意见书。

（二）直隶博野县知事朱君珩之《捕蝗示谕》

蝗之为害。北省多蝗，官民多汲汲捕蝗，卒之，处处捕蝗而蝗如故，年年捕蝗而蝗如故，则未知捕蝗之法也。本知事莅博数月，时亦督率捕蝗，与吾父老子弟晋接谈论，深知吾民捕蝗之法，如柴帚、把掌、柳条、布袋、旱沟等，拙而害稼，劳而鲜功。今虽蝗患已去，而蝗之卵种未去也，明年蝗卵孵化，又将奈何？度亦不过循行故事，富者出财，贫者出力，召集一班流氓、乞丐、童男、卯女，日喧努于陇亩之间，希冀蝗翅长成，高举远引，移害他村而已。即间有认真捕蝗者，亦不过捕其七八而止。本知事以为如此捕蝗，但补救于事后，未能消弭于事前也。夫待其成蝗而始捕之，捕愈急，飞愈速，害愈广，且有因此酿成斗讼者，反不如勿捕之为愈焉。是故？捕蝗不如捕蝻，捕蝻不如捕卵，捕蝻则不能成蝗，捕卵则永不生蝗。虽然捕蝻之法吾民尚知其一二也，若夫捕卵之法，则吾民尝瞠目相视，几疑本知事以大言相诳也，今为吾民正告之。

考之蝗蝻，有种类焉，有形状焉，有性情焉，有变化时期焉，其卵亦然。知其种类、形状、性情及变化时期，则一切捕治之法，本知事但举一隅言之，吾父老子弟，必能引而伸之，触类而长之，择其善者而从之，因地因时而施之，无烦本知事谆谆告语焉。

蝗之形状。蝗为阜螽属之一种，其翅长大，其体短少，而头部及肩部不锐突，后脚稍细，体强壮而活泼，群飞群集，其异于阜螽者以此，此蝗之形状也。

蝗之性情。蝗性畏水、畏油、畏金声、畏石灰、畏胆矾、畏鸡鹜、乌鸦、蛤蟆，好近火光，好群飞群集，其飞翔有一定之方向，恒好顺风而去，此蝗之性情也。

蝗之变化。蝗卵之孵化也，谓之蝻子，初为淡灰色，渐变暗色，次变灰黑色，体长二分余，举动活泼，一跃寸余，已能扳草食叶。七日至十日后，仍在原地蠕动，不敢远行。又六七日，全身益带暗色，潜身草际，且不欲食，是将脱皮时矣。其脱皮时也，以后脚倒悬草叶，约数十分钟时，头、背上部破裂，皮即脱焉，历十数小时而脱毕。其体长四分许，颈项作淡黄色、褐色，背两侧成黑色，翅壮益猖獗，食尽青草即群迁，向一定方位而迁。又七八日，再脱皮如前，其色愈浓，其体长八分。又七八日，三脱皮如前，体长一寸三分余，其色同前，此时食量最强，逐青而行，所过日为之蔽，土为之赤。又七八日，四脱皮如前，上翅下翅皆全其上，翅狭长面有灰色斑纹，下翅甚广而透明，能飞翔至十数里，惟日正午时即不甚飞云。又七日至十日即交合，其交合也，雄驾雌背，以尾相接，恒至半日或一日始罢，此时更无食欲。又三四日，雌蝗以尾端穿地寸许，而产黄色卵于其中，并渗白色黏液围卵，其液变为褐色成海绵质壳焉。卵形圆而壳形则长圆，一壳之卵恒为八十一颗，或云自七十颗至百颗。一雌所产恒有二壳，卵性畏寒，壳破则死，壳在则严寒酷暑而亦生。其孵化，因气候寒暖为早迟，恒在阴历春分后华氏寒暑表七十度以上时节，此由卵化蝻、变蝗、产卵之形状、性情及其变化时期也。

蝗之种类。蝗之种类亦有不由蝗卵孵化者。上年积淹之处，鱼虾遗卵入土，若无冬雪，亦能成蝻。鱼子化者色较黄，虾子化者色较红，须立夏后一月方生，凡近水低地生蝗者，必为此种。又有名为胎生蝗者，春时由卵孵化及其长大不交而胎生多子，胎生子长大又不交而胎生多子，至秋则雌虫生翅始与雄交，产卵于草木枝茎，至春复孵化焉，凡地一岁数见蝗蝻者，必为此种。此外，又有与蝗相类者，则阜螽是也，在草上者曰草螽，在土中者曰土螽，似草螽而略大者曰螽斯，似螽斯而细长者曰蟿螽，数种皆类蝗而大小不一。长角修股善跳有青黑斑数色，亦能害稼，五月动股作声，至冬入土穴中，夷人食之，此又似蝗非蝗而为患稍逊者。北省处处患蝗，年年患蝗，其实蝗不常见，见则成灾，凡勘不成灾者，皆阜螽也，此又其种类之亟应辨别者也。

蝗之功用。蝗之功用一可以制肥料，二可以供饲料，三可以作食料。制肥料、供饲料之理，吾民多能信之，佐食料之说，吾民必未之知也。天下无无用之物，蝗能损稼，善用之，则反能益稼；蝗之损稼能害人，善用之，则反能利人。人谓蝗有毒，而李时珍《本草纲目》小注，有北人炒食之说，查南人多嗜禾虫、龙虱，远近争购，价亦不廉，叶水田者不惟未蒙其害，反得其利。龙虱即水蛭之类，禾虫即蝗螽之类，配置得法，未闻有食之中毒者。今将所捕蝗螽加以洗涤，择其上者为食料，次者为饲料，残破秽污者为肥料，如是则惟恨蝗少，其患蝗多，此又其功用之未可忽略者也。

捕之方法。夫使吾民知其功用，则人人视蝗为利薮而争捕之；知其种类、形状、处所，则人人能搜索之；知其性情，则人人能投其所好，因其所畏可即以水、火油、灰、胆矾等物制之；知其发生之时期与变化之次数，则可先事从容布置以除之；知其飞翔之方向，则可以喷筒、大网阻其去路，而自鸣金、呐喊以捕之。其遗卵搜捕未尽者，在枝茎则烧杀之，在土中则用冬耕旧法，浅耙而深犁之，深犁则土厚雪渗而卵死，浅耙则壳破寒侵而卵亦死。大抵捕卵宜在立冬以后，春分以前；捕蝗蝻宜在雨中、夜中或朝露未晞时。盖露浸翅则惮于远飞，夜黑则籲灯陇亩畔，而无翅者自至炽火池中，而有翅者争投也。其捕法则用乌鸦、蛤蟆，不如用鸡鹜，用鸡鹜不如用柴帚、把掌、柳条，用柴帚、把掌、柳条，不如用火、用水、用油、用灰、用矾、用网。一言以蔽之曰，捕死蝗不如捕生蝗，生者完全洁净可入食品，死蝗残破，仅能饲畜，若残破而又秽污，则只可制为肥料。此则利益之厚薄，又视捕获之情形为等差，不可不加之意者也。以上诸法何等简易，何等闲暇，何等便宜行之，三年博邑蝗患可望永绝。较之从前旧法，孰优孰劣，孰劳孰逸，孰省孰费，吾民必有能明辨而笃行之者。虽然一家行之而他家不行，无效也，一村行之而他村不行，仍寡效也。为一劳永逸计，则莫如各村立一绝蝗会，使会董及会员之勤能解事者任督率，搜捕购收持久，息争之事乃能日起而有功。本知事现正草订会章，将发各村研究遵办，或一村合为一会，或数村合为一会，均限阴历十月成立，禀案实行，以期蝗患永绝。先此谕仰该村董等，速将以上事理传知地户一体研究，预备遵行，特谕。

三、《捕蝗纪略》

（民国）王亿年著

民国四年（1915年）版

县长王公捕蝗日记序

尝考诸载籍，记蝗灾者以汉代为最详，而能代灾为祥者亦以汉代为最多。如马棱守广陵而飞蝗入江，赵熹守平原而飞蝗尽死，鲁公之令中牟、谢夷吾之令寿张，皆有蝗不入境之称。后之论者，每高言德化驰于感格，空渺之谈转令人无从取法。窃以为在古必有捕逐驱除之方，以防患而远害，循良之劳心民事不过如是，而附会者必欲神奇其说，谬矣！亦犹夫述，皇古郅治之隆者辄曰夜不闭户，路不拾遗。初若过化存神，非后人所能希及，殊不知守望友助、弭奸崇德与今之地方行政无异，不过实事求是，不至动生流弊已耳。呜呼！为政者，苟能本实心以行实政，古今人何尝不相及哉。

吾邑侯王公曼卿下车之始，凡接见绅耆，即殷殷以民瘼为询，识者早知其非风尘吏。不期年，而政简刑清，颂声载途，虽古之循良无以远过。今年夏，邑之东南鄙遍生蝗蝻，公闻之，急率同绅警前往督捕，其困难情形犹不仅若日记所述者，卒能歼除孽虫，消无形之隐害，亦足见其爱民之一斑矣。余因事谒公，见案头有捕蝗日记，属稿方就，捧读之余，弥深感戴，知异日载笔者流为民国循吏之传者。必位置我公于其间也。余不揣谫陋，赘墨幅末，非敢望附骥尾，聊以借志鸿泥耳。并僭和捕蝗诗一律，谨步原韵用当题辞。

灾异从来说旱蝗，不明物理咎天殃，
但能化雨随车澍，便觉仁风似箑扬。
薙草除根垂远虑，徙薪救火贵先防，
笑他迷信纷纷辈，祭蜡空劳祈祷忙。

民国四年七月治晚魏万祺沐手拜序

自叙

水旱虫灾为害稼穑，天心仁爱，当不如是。以余所见，半由人谋不臧有以致之，谓非牧民者之责欤？任受澧河之患，历有年所，余亟思补救，一载以来，系诸梦寐，卒以牵制多端，未遑举也。而连年水后，鱼虾遗子，酿变为蝗，蝗复孳种，芃芃禾黍不没于水，则罄于蝗，于是任之民苦矣。今年六月，蝗孽仍见，幸捕除及早，秋禾得以无恙，余不敢自以为功，辄次序经历所得，都为五卷，置之案头以备省览。友人见者或讥余为沾沾自喜，虽然，余曷辞焉！诚以任境他年无蝗患则已，脱有蝗患，官斯土者知民情之趋向，防患未然，俾民之愚者迷信渐除，一遇发生迅即扑灭。苍苍者轸念群黎，复不忍以洪水相加，使胼胝之流藉获升斗，以仰事俯畜，瞻其室家，勉为良善，则斯篇之存又似不可少云。

乙卯六月新城王亿年曼卿甫识于直隶任县官廨

（一）卷一日记

乙卯六月一日

自邢穆寨查勘澧河归，由环水村步行溯河，身以至于台南村，见殷陈沟两岸产生蛹子，大才如豆，蠕蠕草际殆遍。去岁邑境飞蝗为灾，不加捕治，贻留种子，加以鱼虾产卵，春日苦无雨泽，致有此害。此地属台南、骆庄两村，当督村正副集众捕扑，并函约骆庄人现充商会会长冯晨钟云亭，归家督同催办，以期得力。分饬警队亟赴各村查勘，有无蛹孽发生，据实报告。旋查悉，南留寨、路村、孙、单、陈之杜科及南和境岗上村均有发见者，立派法警持手谕诰诫乡民，从速捕治，余心如膺重疾矣。

六　　日

同陈绅一心苾臣率警赴陈、单两村，督乡民捕蛹，并授以掘壕围捕方法。人民甚形踊跃，此地即三岔河，东接殷陈沟，与郭村连场。余步行查勘，归城已二鼓，函告南和县知事王君仲书承洛，速谕岗上等村协捕。是夕适奉巡按使朱通电查问各县有无蝗蝻，据实上闻。我巡按使起家州县，关心民瘼，良深钦感。

七　　日

黎明同陈绅步行至南留寨时正麦忙，无处觅舆夫，马又劣不堪骑，心急如焚。途遇大风北来，欲雨，至学堂小憩。昨派捕蝻委员王桂宾率警亦在，晤其绅民，俱云乡民因割麦正忙，欲缓一二日再捕，且述及迷信者多。去岁飞蝗蔽天，官不责捕，民不敢捕，城乡求神演剧者纷如也，鼓钟未绝，香烟犹袅，而阖境秋苗已供大嚼。言之，殊增浩叹！今幸民智渐开，乃狃于因循积习不肯立捕，何异养痈遗患。余为剀切开导，颇能感动，聚议次日着手。旋同至距村五六里，地名牛心者查看，蝻且遍地，较前日台南所见已大一倍。此地滨小河南岸，为路村、辛益村接壤，蝻亦蔓延。余亲至两村集众催办，即留王桂宾率警驻此数村督捕，有阻扰者立拘治之。傍晚回署，王仲书已来，言自岗上、杜科查看情形，与余商办，因留宿焉。

八　　日

偕王仲书往督捕蝻，单、陈两村人夫颇多，即在殷陈沟底挑壕，亦称得法，余以钱三串犒之。迤南即孙杜科，与岗上毗连境，蝻皆在麦地内，非亲入不能见。居民讳言，恐伤其麦也，麦且夕且登场，受虫患者在秋禾，而该处秋禾固无多也，意主缓捕。即见蝻翼渐张，少迟必为巨患，因严饬即日搜捕，并留警队督催。二鼓回署，尚接仲书途次，函言催岗上各村集夫也。梦寐之中，如见蝗蝻飞舞甚矣，精神所注，深印脑海矣。

十　　日

派张崇甫维墉往南留寨一带，陈荩臣往杜科一带，催督捕蝻。

十　一　日

孙杜科村以强令捕蝗，有该村民杜小保者多言，致因食物不备，众人散走，借题停捕，并告杜小保阻扰。余洞悉其奸，严加申斥，牌示自往扑捕。该村正等惧，而且惭恳劝学所长魏文甫华堂来求，愿具限三日捕除净尽，因姑许之。

十　二　日

黎明，同陈绅赴孙杜科督令捕蝗，至则仍无一人，三日之限直具文耳？余乃亲至麦地内，督率带去舆夫、警队人等，自行围捕。该村愧悔，人夫始稍稍集。即日捕杀甚多。南和亦派警带白佛村民二十余名来，余犒以馒首、饮料。其地适当泊底，一望无际，并小树亦无一株，天气酷热，惟借看麦小棚休息，苦不可言。余因督挑长壕，至初更始归该村学堂住宿，沿途有喊冤者两案并为讯结。日间坐棚内草中，感成一律，借卖饼人笔书于所携竹扇上，亦一时纪念也。

十 三 日

早起即赴野外督捕，乃居民乘夜割麦，蝗又东北窜，于是追踪搜扑，范围更广。调来教练、警生二十余人协助，每日馒首百余斤，皆余捐办，村民亦来集不少。王仲书来会，遇雨避棚中，幸旋霁，仍不得进行也。夕再宿学堂。

十 四 日

天阴，午后小雨，陈荩臣饮冷水腹泻，余亦自觉辛苦，因调警佐赵维邦赞亭往代督催。夕余归署，奉巡按使发下《赵县捕蝗成法》分布各村，并函致冯绅速回。骆庄派人堵截，因连日目睹蝻皆有窜往该境之势也。

十 五 日

休息，并料理解款事，又与各委员暨王仲书函札往来，商办一切料量食物、接济役夫、调遣换班，以均劳逸。

十 六 日

将近日捕蝻情形，会同王仲书据实详报。

十 七 日

阴，旧历端午，闻骆庄人民捕蝗最力，犒以豚肉五十斤，茶叶一瓶。又以角黍分犒捕蝗各警队。

十 八 日

亲至台南、郭村、骆庄查视，蝻皆窜入骆庄隅地，有扁豆、高粱，颇不易捕。幸冯绅督众约五百人，皆有队伍旗帜，举动整齐，扑捕认真，良为欣慰。

十 九 日

大风，早至孙杜科，见遗蝻无几，爰属赵维邦回城休息，留徐巡官同春督同肃清。时陈、单两杜科及翟胡庄人民尚有百余人逐段搜捕也。旋至骆庄查看，蝻尚不少，因劝冯绅谕民户将豆收割，速开长壕，一鼓歼灭。

二十一日

陈绅自骆庄回言，蝻已垂尽之。杜科及台南、郭村亦来报肃清。闻北留寨又有发生者，连夜派徐同春往查办。次日接该区区官魏锦堂宗韩米详言，蝻已捕尽，并呈飞蝗半布袋，皆用资收买者也。冯绅亦来函言，该村蝻已十毙其九，余心颇慰。阖境农民亦喜动颜色，先是有讥余斯举恐践损麦禾者，至是亦转而誉余矣。

二十六日

冯绅来言，蝻实净尽，派人赴各村密查，报亦相同。王仲书来函，知南和境内亦肃清，遂联衔详报竣事是役也。陈绅首来告知余，始赴乡查看。谕下之日，惟南留寨耿绅及陈、单两杜科人民皆能认真办理，尤以冯绅调遣有方，不辞劳瘁为最。遍地蝻子蔓延，七八村兼旬之间得以扫除净尽，保全秋禾毫无伤损，皆诸绅民之力，余与二三委员暨警队兵士人等，有捍灾御患之责，保卫吾民是其职分，何敢侈言勤苦。虽各村集夫日食不免，稍有糜费，然较之设醮演剧，迷信妖孽，妄掷资财，求福得祸，孰得孰失，孰是孰非，必有能辩之者。他日贤有司为民图始利弊所在，不可不以毅力行之也。

（二）卷二详文

详文　六月五日详

试署任县知事，详为报明县属蝻孽发生设法扑捕情形事。窃维蝻孽萌生为害最烈，任县去秋雨水过多，近河积涝之区鱼虾遗子在所不免，一经湿热熏蒸化蝻为患。知事先事预防历经，晓谕各村正副地方及民警人等一律随时留意。兹知事因公赴乡并巡视各村庄，见县属澧河一带台南、骆庄、郭村、南留寨、路村等处，又殷陈沟附近单杜科、孙杜科及南和属境岗上等村发生蝻孽，当即函致南和县王知事协同搜捕，一面由知事亲率民警竭力扑除。并遵照巡按使前次通饬成法，度地掘沟，挖窟扫捣。各乡民利害攸关，不辞劳瘁，踊跃将事歼除殆尽。幸萌生伊始翅翼未张，搜捕尚易为力，且麦禾多已收获，尚无损害。除仍由知事按日履勘各乡、督饬扑捕以期净尽另文详报外，所有蝻孽发生扑捕情形，理合详报巡按使、道尹查核，谨详巡按使朱、大名道尹何。

南和县详文　六月十九日详

详为县属发生蝗蝻设法扑捕情形事。窃知事上次晋津叩谒钧座谨聆训示，以蝗蝻为害最烈，谕令随时预防，并面授搜捕方法。知事回署后，当经邀集各村正副地方剀切晓谕，并将帅意传达邻近各县知事一体加意防范。知事境内凡上年被水各村庄尤为切实注意，日前闻东北乡毗近任县之岗上、杜科等村有发生蝻孽情事，知事闻信立时带警亲诣查勘，途次又接任县王知事函告前由，随即驰赴该处，督饬民警按法挖掘壕沟，协同竭力扫扑。蝻子萌生未久，形尚纤小，歼除尚易为力。除仍由知事督饬赶紧搜捕尽净另文详报外，有所发生蝗蝻处所及扑捕情形，理合具文详报巡按使查核。再知事由乡回署接读歌日，钧电遵当不分畛域，认真协捕，断不敢稍耽安逸，致酿蝗灾。合并陈明，谨详将军衔督理直隶军务巡按使朱。

会详文　六月十六日详

会详为续报捕除蝻孽情形事。窃任县属境澧河殷陈沟一带，及任南两县交界之南和县属杜科、岗上等村前因发生蝻孽，经知事等查悉后，立即带警亲往督率民夫协力扑捕。业将一切情形各自具文详报在案，一面拟就会衔告示抄录，奉发《捕蝻办法》油印多张，遍贴晓谕，并饬各区官将辖境有无蝗蝻，督饬民警加意搜捕，具报弗任。稍有萌生，复经知事亿年前往单杜科、陈杜科、孙杜科及郭村等处，亲督人民会集扑除，颇为踊跃。惟孙杜科因刘麦农忙未遑兼顾，当由知事亿年晓以捕灭蝻子系为保护田禾起见，趁此初生之时，歼除较易为力，稍缓须臾长翅飞腾，不可收拾。即严饬勒限三日捕尽，不得延缓。旋至南留寨、路村、辛益村亲督各乡农民挖窟、掘沟，如法围捕。乡农感激，奋发办理，不遗余力。现已扑捕殆尽。嗣因要公回署，复派警佐赵维邦、区官王桂宾、管狱员张维墉、宣讲员陈一心分赴生蝻各村，督同扑灭。次日，知事亿年又率警队教练生数十人复至单杜科、陈杜科一带。知事承洛带同警佐叶仲浦，巡官刘燕昌、王修德、刘英涵，稽查杨汝明等率巡警、民夫数百人亦在杜科、岗上等村驻宿三日，会同督修协力兜捕，弗使稍留余孽。此次发生蝻孽，自经知事等觉察以来，寝馈不遑，但使虫害早除，不敢稍辞劳瘁，间有因公回署，亦必委员督催刻虽，未绝根株，已歼十之八九。除仍由知事等随时督捕，以期一律肃清另文详报外，所有续往各村督捕蝻孽情形，理合具文详报巡按使、道尹查核。除径详巡按使外，谨详直隶巡按使朱、大名道尹何。详为续报捕除蝻孽情形由。

会详文　六月二十五日详

详为县属蝻孽一律肃清并无伤害秋禾情形事。窃南和县暨任县境内前因发生蝻孽，即经知事等会督巡警、农民前往，协力扑灭，并将督捕情形先后两次详报在案，旋经知事等将所属各村之蝻四面兜捕，尽力扑打，余蝻一律逐入骆庄一隅。当经知事亿年于本月二十日驰赴该村，督率农民挑成长壕，两面合捕，一鼓歼灭。知事承洛亦率警督同岗上、杜科等村人民逐段搜捕，分头堵截，数日之间，扑除尽净。知事等亲历各村逐细查勘，均已一律肃清，秋禾并无伤害。惟此次发生蝻子适值天气炎热，孳长较易，稍留余孽，蔓延甚虞，幸各乡民踊跃从事，得以早除虫害，保全民食。尤以骆庄民人现充商会会长冯晨钟办理最为得力，洵属奋勉可嘉。除仍由知事等随时查察，不使再有萌生外，理合将县境蝻孽一律肃清，并无伤害秋苗情形，具文详报巡按使、道尹查核。除详巡按使外，谨详直隶巡按使朱、大名道尹何。

（三）卷三批饬

批饬　巡按使朱六月十四日奉

详悉该县蝻孽初萌，歼除尚易，仰速督饬各村正副农民等，赶紧扑灭净尽，毋留遗孽。本公署现已择《扑捕蝻蝗成法》试有明效者，油印发县，仰即查照施行，并将扑捕现状随时具报。切切此批。

批饬　大名道尹何六月十四日奉

据详已悉查，蝻孽发生为害最巨，该知事于县属台南等村及南和属境岗上等村发见后，即一面函致南和县协同搜捕，一面亲率民警竭力扑除，所办甚是。仰速亲督民警分赴各乡赶紧依法歼除净尽，不得稍留余孽，致滋蔓延，并录批飞咨南和县一体遵照搜捕净尽，务绝根株。仍将督捕完竣情形通报查核。切切此批。

直隶巡按使朱饬第四千一百八十二号　六月十四日奉

为饬行事。据天津县禀称，五月六号据县属大寺村、王家庄、石家庄、小王庄、贾家庄、李富德庄、大任庄、周家庄、倪黄庄、门道口、张道口、大芦北口、南八里口、北八里口等十四村禀报，蝻孽出现细如蝇子，恳请查勘。知事即卷查前蒙大帅通饬有赵县发明捕蝻二种办法，刷印多张于昨日七号前往大寺村等处亲自查勘。近村麦穗丰茂，秋粮亦均播种，惟大寺村西南、大芦北口迤西、迤南，石家庄、李富德庄迤南，约距村四五里外洼内草地与静海县交界之处，均有蝗蝻，细如春蝇，生育甚繁，才跳跃。此时迅即捕扑，尚易灭除。即以刷印捕蝻二种办法谕饬各村正副从速办理。

大寺村设有巡警南局第二分署，知事复谆嘱分署副官李国瑜，督催各村正副协同村民尽力扑灭，勿任蔓延。昨晚回署后，知事恐各村正副不甚上紧，今日又派许知事家修前往第二分署协同副官督饬各村克期扑灭，必使靡有遗种而后已。惟据各村村正副面禀，静海与天津毗连边界，如清凝侯、龚家堡、小孙庄、吴家堡、大泊村、小泊村、大侯庄、胡连庄、年家庄、常流庄、小孔庄、王文庄、团泊、小金庄等处均有蝗蝻。若静海延不扑灭，势必越境蔓延，知事亦以专函告知静海矣。倘得大帅再行饬知，则静海当益紧办。昨日又据东乡贯儿庄禀报，忽生蝻孽蠕蠕群起。该村离宁河不远，闻宁河界内亦有蝗蝻发现，知事今日拟即前往该村查勘，并督饬村正副从速扑灭。所有办理大概情形理合禀报查核等情，据此查蝻孽滋生，极为民害。前已电饬各县预为防范，迅速搜除，并将各县境内有无蝗蝻发生现状，具报查考在案。兹据前情，天津、静海既有蝻孽，其他各属难保不同时发生。前据赵县详送《搜捕蝗蝻办法》，简便易行，现经刷印颁发二十份，该县奉到之后，迅即转发各村，一面出示晓谕，令各村民依法搜捕。值此蝻孽初萌，翅翼未张捕除尚易，该县务即亲诣境内，认真查勘，督饬扑灭，毋稍疏懈，致干重咎。切切此饬。

计发《捕蝗蝻办法》二十份

巡按使电 六月五日奉

任县知事览。据安国县详称，该县戌山等村蝻孽初生，批饬安平、深泽全县会同协捕等情。查蝻孽最为民害，遇有发生之处，亟应认真协捕，以保民食。仰安平、深泽暨各县知事，预为防范，迅速搜除。如有稍分畛域致酿蝗灾者，查出定予严处。仍将各该县境内有无蝻孽发生查明，具报巡按使歌印。

南和县详发生蝻虫督夫扑捕情形由 巡按使朱批

详悉，仰即查照所发《捕蝗办法》，督饬民警切实扑灭净尽，毋留根株。仍将扑捕情形随时报查。切切此批。

饬各区巡警文 任县

为饬知事。照得蝻孽萌生，为害最烈。任邑去秋雨水过多，低洼积涝之区，鱼虾遗子，在所不免，一经湿热熏蒸，化蝻为患。日前本知事因公赴乡，并巡视各村庄。见县属澧河一带及殷陈沟附近各村庄发生蝻孽，当经本知事督率民警竭力扑捕，并分别详报，出示在案。除仍由本知事按日赴乡分投履勘外，合亟饬知饬到该员，立即前赴所辖各村庄，其已经发生蝻孽者，务即督催民警加意搜捕，其未经发生蝻孽者，亦即查明有无蝻子，克日飞报以凭核办，一面责成各村正副地方随时具报。事关虫灾，万勿稍涉敷衍，致干未便。切切此饬。

巡按使批　任县、南和续报捕除蝻孽情形由　六月二十六日奉

据详，办理情形尚属不辞劳瘁，惟蝻孽未净，恐仍滋蔓。仰即会同督饬搜捕，务使不留余孽为要。此批。

直隶大名道尹批饬任县、南和县　六月二十五日奉

据详，已悉查。蝻孽发生，为害最烈，须臾延缓，必致蔓延。孙杜科村民竟因刈麦未遑兼顾，实属不知缓急。且自发生，叶已多日，犹未捕除净尽，则该县等办理未能迅速，尤为焦灼。仰速会督民警人等不分昼夜合力上紧，扑捕务期克日一律歼除，毋得稍留余孽，致遗巨患。并将督捕完竣情形通报查核，仍俟奉到巡按使批示，录送备案。切切此批。

直隶巡按使朱批　七月五日奉

据详，境内蝻孽发生，叶经督饬，协捕净尽，甚慰。仰仍随时防范搜查，毋任再萌，是为至要。此批。

直隶大名道尹何批　七月五日到

据详，已悉该两县境内发生蝻孽，既经该知事等协力督捕净尽，一律肃清，秋禾并无伤害。不惟该两县不分畛域，办理迅速，藉免蔓延，即各乡民亦能踊跃从事，齐力兜捕，俾得立予扑灭，均属深明厉害，奋勉可嘉。所有尤为出力。骆庄人现充商会会长冯晨钟应即传谕嘉奖，以示鼓励。惟现在天气熏蒸，孳生最易，稍留余孽仍至蔓延，仰该两县仍督民警周历巡查，认真搜捕，务尽根株，切勿再任滋生为患，是为切要。并俟奉到巡按使批示录报查核。切切此批。

曼卿县长阁下：

伟鉴敬启，者前奉颁发捕蝗告示恭读之余，仰见我县长勤政爱民，防患未然之意。幸敝处一带未见萌动，尚甚告慰锦念耳。近闻又亲督警士连日下乡捕扑，益见先劳无倦之盛，泽及吾任。惟辰碌碌庸才，未能常供驱策，抱歉殊深，兹于故书篋中检得《捕蝗要说》一册。断简残编，虽非完善之本，绘图立说，堪作仿照之资，谨将原本呈上，以备采择或饬书择要抄录多份颁布各村庄，借广流传。庶为恩惠普及之一道

也。肃此谨呈，敬颂公安。

　　附呈《捕蝗要说》一册

治晚檀遇辰鞠躬　六月二十一日

县尊大人惠鉴

　　敬禀者以民村所生蝻孽，前以连次捕除净尽，及他村蝻子窜入民村地界，民奉谕回家连日捕打。复蒙我县尊惠赐猪肉五十斤，茶叶一箱，受赐之下，殊深惶感，即将赐肉分配各牌牌长，均分编给，使捕蝻子诸乡民均食尊惠，以示鼓励。乡民感激，捕打之力较前倍奋。不料蝻子自外界窜入，愈打愈多，民等在地终日惶恐，几乎束手无策。幸蒙我县尊不辞劳苦，亲临督捕，派委催办，并谕以挑壕捕蝻办法，民即督催乡众遵谕照办。无论老幼，村内不留一夫，并将村人分成三班，一班挑壕，两班捕打，村人异常踊跃，约三四点钟即将东西长壕挑成，深二尺，宽三尺。一班自壕南而北，一班自壕北而南，南北并打齐捕，均以蝻子入壕为止，终日之间地内蝻子减去十之六七。次日，使村人休息，即催村中地户速将扁豆拔去，复集村人捕打地内蝻子，仅留十分之一。若邻村蝻子不再窜入，本界所留无多，断难为害。是皆我县尊亲身督催，恩德浃洽之所致也。夫蝻不为灾，何异蝗不入境，从此破除迷信，感捕蝻之效力，可永久无虑虫灾，不惟民村感恩，邻村亦俱蒙麻所谓大德格天，岂虚誉哉。肃此禀复并颂升安。

治晚冯晨钟等谨呈　六月二十三日

（四）卷四示谕

示谕　任县

　　为出示晓谕事。照得蝗虫这样东西，很是厉害，你们想都是知道的，本知事也不细说了。日前，本知事有公事下乡，看见田间出了蝗虫，本知事就督同乡民巡警，竭力的扑捕，现在也就渐渐稀少了。但是听说去年夏天，任县也出过蝗虫，一般无知乡民，迷信的很，说蝗虫是神虫，也有许愿的，也有唱戏的，耽搁了几天，没去打那蝗虫，那蝗虫就越长越大，变成了飞蝗，后来被害的村庄，着实不少，这是你们知道的了。不过迷信的人，说是神虫的一层，本知事倒要讲给你们听听。蝗虫是鱼虾的遗子，到了天热的时候，湿热熏蒸，就变成了蝗虫，有甚么神虫不神虫的话？蝗虫初生的时候，扑打还容易，如果等到长出翅翼来，就到处的飞，那时要打他，也就很为难了，所以本知事出这告示，劝谕你们，你们务各赶紧提起精神，协同巡警竭力的去打。总要打得个干净，才能够免受它的害呢。你们倘若是心中迷信，或者是躲懒不去，或者是蝗虫在别人地里，自己不去帮打，等到变成飞蝗，将你们庄稼吃了，还不是害着自己吗！那时后悔也就来不及了，你们倒仔细想想看，现在本知事已经下了公事，叫警区的人督同你们搜打，本知事还天天下乡，时时察看呢，你们乡民人等，其各一体遵照毋违，切切特示。

任县、南和县会衔告示

蝗蝻伤食麦苗，祸患最为剧烈。且其蔓延甚速，尤须及早剿灭。近奉大帅通电，搜捕不分畛域。杜科岗上等村，适在两县交界。我等不惮烦劳，迭次亲诣督饬。尔等利害切己，更当尽心竭力。限令三日以内，协同扫扑尽绝。倘敢故违抗延，定即传案严责。

本县王谕

各村庄知悉。上年蝗蝻为灾，遗留种子多在河岸、沟边，今春雨泽稀少，近来以在殷陈沟两岸发现，行将蔓延。本知事查悉，亲到各村面谕各村正副，速集村民尽力捕打，务期立净根株，勿使滋蔓。诚恐乡愚之见，苟安旦夕，须知一旦普及，害我禾苗，举家事畜何所仰赖？事宜大众一心灭此朝食，方免后患，岂可因循自误耶？除派该队兵法警等督率即日搜捕，务使净尽外，倘有违抗之人，即拘案惩办。尔等善自为谋，勿贻噬脐，是为至要。此谕。　六月一日

特　谕

查明三杜科村均有蝗蝻，居民意在割麦后捕打，诚恐羽翼长成为害不浅，不可因小失大，速即召集村人即日捕灭，用挑壕法围打，不致多伤麦苗，切勿因循自误，致干未便。特谕。　六月六日

知事王谕

顷据驻孙杜科捕蝗委员及孙单两杜科村正副地方等禀报，近日蝻子被该村捕打，纷纷逐窜，大有奔入郭村、翟家庄、胡家庄地场情形，倘任蔓延，必为民害。仰该三村村正副地方迅集民夫迎头堵截，挑深壕于接连地内，令蝻子不能越过为度。再照公布法打死或烧死，要多派人夫，以期净尽。本知事为民苦心当所共悉，其各凛遵即日办理，如敢违延，定干严究。切切。　六月十六日

知事王谕

顷闻北留寨又有蝻孽发生，特派徐巡官同春前往查看，并持谕，晓谕该村正副局董地方人等，迅即集众挖沟捕灭，务令勿留根株致害田禾，如敢敷衍塞责，贻误地方定惟该村正副等是问。并会同警区派警督催，仍将办理情形随时据实报告。勿违。特谕。　六月二十二日

知事王谕

派王桂宾带同游缉队刘尔补、法警谢德奎即赴南留寨、郭村一带，传集各村正副晓谕，居民迅即捕打蝗蝻，不准偷惰，务期净尽，不致蔓延为害。如敢不遵，拘案究办。该员等即督同打完回报，发给川资二串，公回报销，不得骚扰乡村，致干究查。切切此批。　六月二十五日

（五）卷五捕蝗办法

1. 《捕蝗图说要说》

（从略，详见本书第六章钱炘和《捕蝗要诀》）

2. 《赵县捕蝗办法》　于振宗纂　光绪二十八年

（1）捕蝻子法。先于地之四面或两端，开挖深二尺宽二尺之沟（沟之深阔以蝻子不能跳过越出为度），邀合村人击掌大呼，驱蝻入沟。沟内另挖有深坑，俟驱入之蝻子跃满深坑时，洒以煤油少许，纵火焚烧。上层之蝻子既死，下层之蝻子见熟用土掩之。数日发酵，取出既为极好肥料。且烧蝻子以夜间为宜，因蝻子见火光则群集，省人驱逐之力也。

（2）捕飞蝗法。蝗羽长成飞翔极速，捕打甚难，只好于早晨翅露未干时协力掩捕，或于夜间燃火悬灯召集群蝗聚而歼之，或用煤油掺入麻油、松香、胆矾水、石灰水等（即包儿涂剂），用喷雾器从上风喷之（药水随风飘扬则蝗不及防），蝗身沾染微点数刻便死。若恐夜间蝗集田间咬伤禾稼，亦可用煤油或石灰水与胆矾水喷在禾苗之上，未来之蝗闻味即避，已集之蝗振翅飞去矣。

3. 害虫利用法

（1）食蝗法。凡能飞之蝗，其肉已肥，其子已成，将捕获之蝗用铁锅炉干，渍以盐或糖，可以用代食品而味且极美。若能捕得多数，炉熟晒干贮存囤内，虽值饥馑，可免饿殍矣。秋冬之交，运销京津，定获厚利，因京津一带无不嗜食此物也。

（2）蝗虫造粪法。将打死之蝗摊置场中，晒一二日使干，然后堆积一处，洒以清

水或粪水，上盖柴草一层，约三四寸许，不使透风。过五六日后，即酸成极好肥料。若遇天阴难晒，必发恶臭，可用大锅烧水滚沸，将蝗倾入置锅内，俟水沸腾捞出再晒，则干燥较易。或烧熟锅将蝗炙干亦可。然无论用何法使干，必须掺水发酵方能成粪。

（3）蝗虫饲猪法。猪豚最喜食蝗，将所捕之蝗倾入猪圈中，生者可充饲猪之粮，死者为猪践踏即成好粪。且食蝗之猪粪较食糖菜之猪粪，力量较大数倍，故有蝗之村即无须挑菜饲猪，其干透之蝗，不令发酵，贮存闲房或囤内，每日将蝗若干掺入槽糠等物饲之，每日每猪约二三斤，一月后猪即肥大，且省粮食。考崇祯辛巳旱蝗，嘉湖人以蝗饲猪，其猪初重二十斤，旬日肥大至五十余斤，此法实信而有证也。

（4）蝗虫养鸡法（喂鸭同）。鸡之产卵，多在春秋之际，然无虫类为之食，则鸡多羸弱，产卵不丰。若贮存干蝗，俟秋末春初虫类较少时，每日各饲以干蝗十余枚，则鸡必肥壮产卵且多。

4. 捕治飞蝗简易办法

蝻之生翼者曰蝗，振羽能飞腾翔无定，捕治实非易事，是必俟甚滋时方能着手捕打，试将每日捕蝗时间列举于下。

（1）早晨蝗翼沾露不能飞，各村村正副保地应于东方未白时，齐集人夫约五十人，以排持用旧鞋底所作打蝗器往田中捕打。禾苗盛处，则每人各占一陇，顺陇而行，至田之尽头，仍将人夫排齐折回捕打，则禾苗不致受伤，而蝗亦无处奔避。至早饭时蝗飞难捕，人夫散归歇工。

（2）日午蝗交不飞，仍照前法集夫再捕。未时蝗飞，人夫复歇。

（3）日暮蝗聚，仍可往捕，至夜间燃灯炽火，使蝗见火群集，且焚且扑，可以聚歼。

（4）或另用稀疏之布缝成网兜，用柳杆作柄，视飞蝗落处，持网兜捕，则蝗亦易捉。

5. 除灭蝗子法

凡见蝗虫飞集不食禾稼，即系将遗卵子之征。其下子之时，每择高阜坚土或湿润软土之处用尾插入土中，遗其卵胞深不及一寸，地面仍留孔窍，形似蜂窠，易寻觅也。至夏秋之交，半月后即孵化为蝻，满地跳跃，捕捉甚难，故昔人谓捕蝗不如除蝻，除蝻不如灭种，谓此也。试将除灭蝗子办法开列于下。

（1）在地旁备水数筒，洒入石灰少许，以水色淡白为度。另备水壶数个，满贮筒内之水，携往寻觅，凡见地内小孔，即以水灌之，则蝗子立即烂死。

（2）或多备木杆物柄，使多人执往田内寻觅，遇有小孔，即用力戳之，则蝗子即可捣毁不能再生。

（3）或另派多人分往田内巡视，如见蝗子小孔，即用铁锹起土寸余，纳入簸箕内倾之地旁，另洒煤油少许纵火焚烧。此法虽用力较多，而蝗种亦可歼灭。

壬寅（指光绪二十八年）六月，蝗集赵野，爰集幕友，昕夕研究，或斟酌群言办法，务求适用或参用旧法，手续务求简单。每得一法，即出示推行，行之辄效，现闻各处蝻孽四布，后患方长，仅纂集腾印，以供参考，且就正焉。

于振宗　识于直隶赵县官廨

6.《候补知事陈斐然条陈弭救蝗灾》（录直隶公报）

（1）柴灰护苗法

法以草木禾秆等灰撒扑于苗上，蝗自不食。查灰质无养料，即可避蝗，又可粪田，且家家灶下皆有，最易举办。斐然前充山西夏县农务会长，曾经试验，颇效。此外如木鳖护苗法，芦荟、莞花、毒虫法，红砒去虫法，皆需费过多，又甚危险，未便。采用即柴灰法，仅能避蝗不能杀蝗，当与捕蝗兼施乃能有济。

（2）灯火引捕法

法于田间掘坑，深四五尺，口如之，以杆杠置坑口，夜间悬灯坑内，人各持竿在于四围逐之。蝗夜见灯火必趋扑，急以箅覆坑口，用火焚之，其羽立焦。再如前法逐之焚之，坑满，舟车载覆于河，或以大火焚之成灰，俾绝其种。若听其死于田间，则母蝗孕子极多，一遇阴雨，湿热郁蒸，蝗子复生，不可不慎。《诗》咏螽斯子孙众多，即此物也。斐然生长田间，尝有下湿田，一区植豆斑蝥食叶殆尽，用前法捕之乃已。

7.《直隶保定道尹许出示布告捕蝻法》（录直隶公报）

蝻有化生卵生二种。化生者先见于大泽之涯及骤盈骤涸之区，鱼虾散子草间，在水常盈之处则仍化为鱼虾，惟向来有水之际，倏而大涸，春夏风日熏蒸，乘湿热之气变而为蝻，长而为蝗，故涸泽有蝗，苇洲亦有蝗。

卵生者即上年蝗之遗种。蝗性喜燥恶湿，必择坚硬黑土高亢之处，用尾锥入土中，深不及寸，仍留孔窍。其内有子，形如豆粒，中心白汁，渐次充实，因而分颗。一粒中有细子百余，年来滋生不已，为害甚巨，故捕蝗不如捕蝻，捕蝻不如灭种。

飞蝗一生九十九子。先后二蛆，一蛆在下，一蛆在上，引之入土。春气发动则转头向上，先后二蛆，一引一推，拥之使出，迨经出土，二蛆皆毙。蝗性最畏雪，交冬得雪一寸，蝻子即除一尺，积雪盈尺，则不萌生。若是年冬无大雪，则明年复起，故为害最烈。

蝻子初生大如米豆，不日即大如蝇，七日大如蟋蟀，又七日即长鞍起翅成蝗能飞。飞即交，交即孕子于地，十八日复为蝻，蝻复为蝗，循环相生。每年四月至八月能发生数次，故必预为挖掘，不使少留遗种。

蝗性群飞群食。下子必同时同地，形如蜂窝或如线香洞，惟冬晴地隙未经雨雪之时，虫孔易寻。务须实力搜挖，挖得形如累黍贯串成珠者便是，并于挖尽处仍逐一标记，以便交春寻看。春间看过无子，初夏仍当再看一次，以防遗漏。

飞蝗停落处所交春坚实，地内见有松上浮泥堆起，内有小穴者，即属遗孽，亟宜挖尽。

草泽芦苇，须尽行砍除，以作柴薪，如草不可用，则纵火焚之，务使鱼虾遗子尽消，以除蝻孽。

未长鞍翅者为之蝻。蝻性最喜群集，如遇发现类皆成片，少者，协力扑打尚易为功；多者，必于附近发见蝻子处所即掘壕沟，深约二尺，宽约尺半，尽将蝻子驱入沟内，洒以煤油，纵火焚烧，毋须尽数烧毙，用土掩埋，方免后患。

从前有用煤油与石灰水泼入禾苗内，以免飞蝗停食者，近来又有一种石炭酸，气味最为恶劣，如果泼入禾苗，免蝗停食之，功实比煤油与石灰水效力更大。然非省会及通商码头，石炭酸无从购买，不如仍用煤油与石灰水泼发较为省事耳。

四、《治蝗》

付焕光撰
《农学》1923 年第 1 卷第 1 期

蝗虫之蠹国殃民，数千年于兹矣。自唐以前，古之经国者，惟知修德祛灾，而不言救治。《诗》云"去其螟螣，及其蟊贼"，亦未详驱除方法。及唐开元四年，山东大蝗，姚崇独排众议，首倡捕蝗，出御史为捕蝗使，分道捕蝗，患遂讫息。后晋天福之季，天下大蝗，连岁不解，乃有以粟易蝗之法，民遂鼓舞。宋淳熙中，有捕蝗敕令之颁布，凡见蝗不报、掘子不尽受杖责之条例。降及元世，捕蝗之术益进，令有司巡视境内，殄绝蝗子。明徐光启邃于农学，于蝗之发生时期及地点，颇有研究，虽未必尽当，要见蝗虫之为害，乃吾国历史上一大问题也。

昆虫之为害农田，不胜枚举，然未有如蝗虫之显著者。蝗虫口齿锐厉，食量洪大，又好群飞丛集，其翔也蔽天翳日，其止也千里为赤。苏子瞻上韩丞相书云：自入境见以蒿蔓裹蝗虫而瘗之道左，累累相望者，二百余里，捕杀之数，闻于官者几三万斛。又言：近在钱塘，见飞蝗自西北来，声乱浙江之涛。蝗虫为害若此类或甚于此者，几无岁无之，其田禾之伤害，人民之疲毙，诚不减于水旱饥馑。幸有贤有司注意捕蝗，则民用少舒，否则被灾之区，田庐为墟矣。

驱除蝗虫，首在察勘其发生地点，研究其生活历史，求得一适当时期，用最经济之方法，策群力以扑灭之。兹篇拟首述蝗虫之发源及其习性，以证明古人意见之谬误，次论古今治蝗方法之异同得失，而推论及治蝗之方针计划，与世之留心农田虫害者研究焉。

（一）蝗虫之产地

蝗虫之种类甚多，其在一地者，恒为特别之一种，如美国落矶山之蝗虫，与中国山东之蝗虫往往不同也。世界产蝗之地，为亚洲之东南部及南洋群岛，延及澳洲北部、非洲之中南部。在欧洲则沿地中海一带南欧各国，北美则沿落矶山及密西西比河数省，而尤甚于南美洲之中南部。蝗患诚不独中国有，世界人类几莫不被其毒。然今日世界各国虽不免有蝗虫之发生，而并不为祸者，因各国均有专司机关及驱除方法也。蝗虫之种类虽多，分布之范围虽广，然皆发源于荒山及未耕之地，古人以为蝗子产生于沿泽水涯间，恐未必确也。

（二）蝗虫之习性

中国在长江、黄河流域之蝗虫，大多每年产生一次，约于每岁夏秋之间产卵，明年早春孵化。每蝗泻子数十或百余，多在砂质高山或荒地、坟墓之上，遗卵于荒山上者，尤为危险，因地面广而防范难周也。蝗子孵化后，如微小之蚱蜢，惟无翅翼。及受日光之作用，体皮渐为黑褐而蝉蜕，于是跳跃啮物，日渐长大，再蝉蜕四次而为成虫。苟其产生之地食料充足，则纵横跳跃，啮食其附近植物，并不麇集飞扬。及食料渐少，则群趋于草木茂盛之区，一若有所暗示者。但麇集已多，食料不足以供给，于是开始结队飞扬，到处觅食。此即蝗虫为祸之起点也。其麇集之习性，在山谷也，由上而下，遇大风也，则逆风而行，对烈日则畏而避之。其栖止之地，凡草木植物无所不食，食尽则群向他处飞去，俟产卵而毙。古人以蝗性向火，堆柴以焚之，又见遇障碍物，每翔而不集，乃遮幔以御之，然非治本之策也。

（三）古说之谬误

古人见蝗之孵化蝉蜕，以蝗为虾鱼之子所产生，其实蝗为蝗卵所生，并无他种动物可能变化。譬如，鸡之鸡卵仍孵为鸡，不得为鸽为鹅；一如鱼虾之子，仍为鱼虾，不得为蝗蝻及他种昆虫也。又以为蝗蝻产于芦稞滩荡及低洼水草处。按卑湿之地，蝗不产卵，即或产生，亦不发育。或见蚱蜢之类，生于草泽之间，遂以为蝗。今年南通发生蝗虫,其实亦蚱蜢之类也。又见蝗虫之行踪,来去倏忽,惊以为神,畏惧束手,不敢捕杀,甚或设祭演剧,丰牢虔祷,其愚可悯。即蝗患之后,政府派员履勘,蠲赋赈济,未始不可稍苏民困,然不若防患于先之为愈也。

(四)古法治蝗

古之治蝗者,以为捕蝗不如捕蝻,捕蝻不如火种,其说亦有可采者。大致蝗蝻尚未孵化,则掘取蝗子;蝻已发生,从事扑灭;飞蝗成群,乃用捕缉、驱逐、焚烧等法。古法于蝗虫产卵之地,迹其孔穴,收掘蝗子,其法甚善,惟终多疏漏。如遗卵之面积广大,用费颇巨,扑灭幼蝗或开壕驱癀,或用器压死,或设局收买,凡此种种,恐不适用于大规模之捕蝗。至若蝗已飞扬觅食,扑灭之法,有用栲栳、簸箩之属,在晨午蝗虫倦飞时,乘势罩捕者;有特设幕帷障碍于空际,使蝗不能下飞者;有掘设陷坑,黑夜火诱以焚杀之者。其设计不可为不周,用力不可为不勤,而成效鲜少者。何也?捕蝗之器具及方法未尽善也。

(五)新法除蝗

方今各国发明捕蝗之法甚多,其最适用于中国者,约有三种,请分述之。

(1)捕蝗器。蝗蝻当未集队飞扬之先,仅跳跃于荒野间,吾人利用其跳跃之性,制造一种捕蝗器以捕之。捕蝗器之制法,美国多以纵横数尺之长方形木盆,盛以柏油或火油,或和以水,盆之背置一倾斜之板,使成箕形,其盆辅以小轮,此器拖行时,蝗受惊纷扰,跃入盆内,遂入油中而死。或复由盆中跃出者,已为油封闭其气门,不久亦窒息而死。在中国或参酌地方情形,用长方口之大布袋,二人用绳曳之以行,袋口因风张开,蝗即跳入,归入尖形之袋底。底开一圆孔,系一空布袋于其上,及袋满,再易他袋,复曳之而行亦可。

(2)毒剂。蝗虫之聚集,因缺少食料,于是利用其饥渴之性,制一种食饵,以诱杀之。饵之制法,最普通而最有效验者,莫如用麸皮 100 斤,和砒霜约半斤,加糖渣少许,搅和之,散播于蝗蝻屯集之区,诱其食而毙之。

(3)火攻。蝗性畏寒向火,寒夜必群集于草丛中,先加以火油,然后焚之,或于日间乘其麇集之势,驱围而火之,则蝗蝻无噍类矣。

以上三法,简而易行,用者因地而择取焉。惟何时着手捕蝗,颇有研究之价值。盖少数蝗蝻跳跃于丛草间,不能为害;有时蝗蝻在荒野之间四散觅食,不易着手捕灭;若麇集已多,食料不足,且晚间即有举队远飞觅食之势,当此之时,不速设法扑灭,即不可收拾。故扑灭蝗群之惟一时期,在蝗蝻集队之时、飞扬之前,时期甚短,机会不可失，捕蝗者，不可不注意也。

（六）实行治蝗之方针及计划

古法治蝗，其器具之精良，毒剂之猛烈，预防之周密，或不如新法。古人对于蝗虫之生活习性及其产生地点，知之或不如今人之确切，惟数千年来，捕蝗一事，为名宦贤吏所注意，一遇蝗蝻，即羽檄交驰，督率民夫，驱除扑灭，夜以继日，成绩亦颇有可观者。其缺乏昆虫专门学识技能，不预防于平素，徒补救于祸后，故吾言治蝗宜以新法改良古法也。兹将治蝗事宜应注意者条举如下：

（1）蝗虫产生于山野荒区，非人民所能预防，政府当负完全扑灭之责。各省应设专司，或托其他农事机关主持，如江苏由昆虫局办理，最为妥善。

（2）凡荒山上蝗虫时常发现之地，应有捕蝗机关之分设或代办。

（3）扑灭蝗虫，当弭患于无形，不俟其飞扬觅食，然后捕捉。

（4）治蝗当由专门人才掌理，时常往来荒山野地巡勘，见蝗虫较多之区，即须设法预防。

（5）对于蝗虫种类、生活史、习性及其治防方法，当时常研究，精益求精。

（6）用各种宣传方法，使地方人民，咸知蝗虫之驱除方法。

（7）地方上应有一种组织，一见蝗虫发生，立即报告主管机关。

（8）治蝗一事，应筹备充分款项，存储待用。

此不过举其大要，至详细计划，宜视地方情形，妥为订立，仰又有进者。

蝗虫发生与荒山、荒地及坟墓之间，待其发生而驱除，无论方法若何简便，驱除如何有效，亦不过一时救济之策。至于永远根本铲除之计，则莫如使荒山荒地及坟墓间不生蝗虫。凡山有林木，墓有荫树，及荒地之经垦植者，蝗虫不能滋生。故根本治蝗之法有三，曰改良坟墓之制；曰推广造林；曰垦植荒地。

今夫良田千顷，弥漫平原，而累累坟墓，棋布星罗，已减少田中产额，复不便耕种，以致蝗虫繁殖，伤害农事，计至拙也。欲去此种弊病，首在采用公墓或家族宗墓之制，公墓之制，仿西法可也，家族宗墓，仿曲阜孔氏、颜氏族姓之丛葬可也。墓上树以名木，添风景而生财利，何乐而不为乎？

推广造林，不外天然造林与人工造林二种，以个人经验所得，天然造林，尤为切要。方今荒山满目，而公私匮乏，无力造林，然如金陵道属诸山，林木摧残之历史未远，凡野树由萌蘖或飞子发生着，劝人民保护，不稍残伐，则不数年，遍山均新林矣。野树较少之处，由政府发给苗木，指导造林，逐年推广，不久而野无旷土，材木不可胜用，而蝗害亦可免矣。

中国荒地，无省无之，以农商部历年统计比较，荒地约占全国面积 3% 以上。江苏号称农业发达之邦，据第 6 次农商统计，共有荒地 233.1591 万亩。此数万不可靠，吾人知句容一县，遍地荒芜，其荒地至少在 20 万亩以上，而该统计仅列官有荒田 76 亩，不知何所根据。即以苏省荒田为 200 余万亩，则此大块土地，已不生产，又资蝗虫产卵繁殖，政府宜颁布法令，使农民领垦，弗为一二强豪所占据。或裁减军队，发给荒田并农具、种子等，俾自食其力，诚一举而数得也。

五、《蝗患》

张景欧撰
《科学》1923 年第 8 卷第 8-9 期

（一）中国捕蝗之记载

中国古籍，所载治蝗事，至夥且杂。《春秋》以螽（蝗之总称）为谷灾，蝝（蝗子之未生翅者）复应时而生，是蝗害之见于经传者始此。汉武以还，连年征伐无宁晷，民多弃农入伍，自夏徂秋，蝗必遍天下。降及唐、宋，蝗害虽代有，而治之之术，终未详及。惟开元四年（716 年），山东大蝗，姚崇请分遣使捕蝗埋之，一时法大行，是岁所司结奏，捕蝗凡百余万石，为数滋可骇，而当时厉行之力，概可想见。此外，兴元元年（784 年）、贞元元年（785 年）、长庆三年（823 年）、太和元年（827 年）、《文宗本纪》开成元年（836 年）、《懿宗本纪》咸通十年（869 年）、《僖宗本纪》乾符二年（875 年）、《五行志》光启二年（886 年）、《五代史·梁本纪》太宗开平元年（907 年）、《和州志》宋天禧元年（1017 年）及《高邮州志》宋宁宗庆元二年（1196 年）等，均有一部分旱蝗之可考。至于私家纪述，不胜枚举。惜皆迹近稗官，适足令人疑信参半，例如《莘县志》嘉靖元年（1522 年）夏五月，蝗蝻自兖郡来，比至莘县，邑人相率祷于八蜡神而灭迹；《城武县志》明万历四十五年（1617 年）大旱，蝗蔽天；《定兴县志》崇祯十一年（1638 年）东省及河南等处多大蝗。其他传注，尤多怪诞之辞。考清代康熙十一年壬子（1672 年），有蝗不为灾；咸丰六年（1856 年）后二十余年各处水灾有之，然即间旱亦无蝗，忽于某年五月八日，桐城诸境飞蝗遍野，民皆以为神，相戒勿犯，惟事祈祷，时本任巡检尹高仪目触其情，心窃伤之，乃出《捕蝗要法》一书，为之讲说。此外又有人另有《治蝗全书》等作，法多囿于局部，虽行之弗克尽合实用，然亦不无小补，固亦未可遽尔厚非也。近岁以来，人民程度日高，国际情形日异，致使科学界之思想，又不得不为之日新。从实业行政方面言，则农林机关，星罗棋布，抵抗外界为害物之研究，亦日出而不穷。蝗虫固农作物之大敌也，害之剧者，大地禾苗不难立尽。移时视之，惟黄沙一片，病蝗三五而已。其来也不知何时，其去也不知何往。农民无知，本无庸讳，于是负治民之责者，不能不历言其治之之法矣。

考昔之治蝗术，虽不乏专书，但空谈居多，然间亦有足称者。爰摘要略记于后，聊备参考，并借为下文辨正其背谬之根据焉。

1. 关于昔日士民驱除法。昔人谓：水边鱼虾子，日晒薰蒸，渐变为蝻，不数日生翅为蝗，故欲治蝗于无虾之先者，必须于此等生蝻处，将草剧去。至于芦中捕蝻、田中地上捕蝻，均有一定成法。凡蝗在稻田或麦田中，则每日五更必聚稻麦梢上，露浸体上，不能飞跳，以手掳之，或筲箕绰之；蝗在空地上，乃于可开坑处，先开一极深且长且阔之坑，继用木板、春凳之属，联成八字形，摆列坑之两旁，坑内多置干草，最后用多人手执响器，高声呐喊，驱蝗入坑而烧杀之；蝗在空中飞腾，则应用绰鱼之海兜，或缝布圈竹，从空中兜杀之；蝗性向火，亦有知以火杀草，而烧杀之者；至于祈神代灭，又为最昔奉为金科玉律之方法也。

2. 关于昔日士民预防法。昔人防蝗之发生，每以除草为要务，虽鱼虾变生之惑，一时未能尽解，要终不失为有益之举。"遗蝗入地应千尺"，苏子瞻吟雪句也，惟腊雪即深尺，而石缝岩底，雪所不到之处，蝗种仍生，故昔人仍相戒以人力掘除，以防滋蔓。农作物中除稻麦外，绿豆、豇豆、豌豆、芝麻、大麻、薯蓣、芋芳、桑种及菱芡等，王祯《农书》谓系蝗不食之物，农家可以种之，以防蝗害。在当时姑认其说为是，然而稻麦为粮食之大宗，事实上又究难实行。考史自春秋以至前清，谓蝗四时皆有，不仅夏秋有之，是以春冬更应防范，惟夏秋恒盛耳。

3. 关于昔日官司驱除法。昔日官司有应捕子、捕蝻、捕蝗之例，上自政府，下至地方，驱除之力，概可想见。至于出示劝民，设局收买，苟能力防弊窦，未始非利国福民之举。此外举行蜡祭，以冀除蝗，则涉于迷信，亦当时奉行故事之一也。

4. 关于昔日官司预防法。未雨不彻土，临渴而掘井，此中国昔日百司之恒性也。一旦祸害当头，遑遽无措，甚且责躬大赦，祈神为力，既无舍末求本之策，徒贻焚衣灭虮之讥。是无怪群孽滋扰年年，小民徒呼负负矣！考官费收买蝗子，古籍虽亦载及，但多属昔日贤有司一时之策划，漠视民生者，是否如法以行，行之是否不遗余力，在在均有莫大之疑问，至于变更种植诸法，更囿于局部矣。

中国治蝗之大略情形，已如上述。至诸籍载一家一地之驱蝗妙法，更属管窥蠡测，不胜枚举。抑不能已于言者，俗谓"蝗有神也"。胜国以前，人民心理，至腐且旧，尚无足怪。时至今日，民智虽稍开通，而此种成见，犹惜有未能尽袪者。以至灾患一生，根本上之了解已误，虽有良法，动辄难行，强能行矣，又少实效。推原祸始，果谁之咎？并强定蝗乃鱼虾子所产生，即今日之自号稍有学问者，一知半解，亦恬然不疑，争出斯说而故炫其识广闻多。设有诘之者，则曰古籍彰彰可考也；芦稷、滩荡、低洼水草等处，明见其麇集飞显，自行变化也；即烹而食之，其味与血虾相若也。穿凿附会，一何可据！按生理学之界限，至为严明，科学思想稍高深者，类能言之，古籍未可尽信者正多。况其种类至繁，分布至广，荒山及未耕之地，尤数见不鲜。果如前说，则芦稷、滩荡、低洼水草等处，何虫不有？使鱼虾子皆能化生，而鸡子、鸭卵布满环球，何物不变？何变不奇？海洋之大，较沼泽不知几千万倍；水产之多，较鱼虾何异恒河沙数；大气变化，瞬息无常，使皆能破其生理定例，则茫茫大陆，不有走鹰，必有飞虎，害物不足奇异，噬人更属荒谬矣！总之，世无笨伯，日待涸渠，目不转睛，以观其变。徒以背谬之学说，妨碍他人之进行，斯良法所以不行，行之所以少效之一大原因也。若谓味与鱼虾相似，更属常事。不观鳜鱼与螃蟹乎，其味之佳，正属相类，况螃蟹亦常出没于芦荡之间，果亦能为大害，而非人佐食之佳品，吾恐含沙射影，又有继其说者矣。又考私家传记，蝗不仅因地变化、因神产出，且能因人而来，复能因人而去。因误传误，或非无因。盖古之为民牧者，愈贤良则劳民劝课，灾患愈不多见；愈贪黩，则闾阎疾苦，田亩荒芜，灾患愈益发生。蝗虫果能因人而定其或来或往，是古今善者知勉，患者知惧，吾不遑为之敌，抑将为之敬，而称之为大益虫也！盖凡一事之进行，必先将种种障碍，屏绝尽净，理由果合焉。虽辟除古哲之成说，亦不为过。否则，存之徒乱人意，实际无稍补救，岂不慎乎？

（二）蝗虫之分布

蝗虫常生于荒山丛草间，既经开拓之地，则鲜有发生者。以吾中国论，广东、福建、浙江诸省，人烟稠密，荒地甚少，故蝗患不多觏，而在山东与苏省毗连之境，荒山、芦苇触目皆是，是以蝗之发生，无岁无之。至其分布之种类，就世界全局观之，皆各不相同，其为害最烈者，如赤足飞蝗（*Pachytylus danica* Linn.）布满东半球，自太平洋以至中国，均有其存在；隆背蝗（*Pachytylus migratoroides* R. & F.）中国、日本、均有之；轮蝗（*Gastrimargus transverus* Thunp.），则散布于西半球；又有一种印度蝗（*Schistocerca peregrina* Oliv.）分布殊广，为西印度、埃及及印度西北部最多之种；北美蝗（*Caloptenus spretus* Thomas）系北美洲为害最烈之种。兹将世界蝗虫分布状况，重列一简表于后。

洲别	国名或省名	备考
亚洲	中国、印度西部、菲律宾首利亚、日本北海道	中国台湾甘蔗业甚形发达，隆背蝗极喜食之
非洲	埃及及南非洲等处	地多荒芜，蝗患特甚
北美洲	哥罗拿独 Colorado、利白来斯加 Nebraska、开山斯 Kansas、加拿福利亚 California、华阳明 Wyoming 等省	美国洛矶山（即洛山矶）为著名蝗虫产地
南美洲	白来寿国 Brazil（即巴西）、阿琴丁国 Argentine（即阿根廷）	历年蝗患损失甚巨
澳洲	北部	荒地产蝗甚多
欧洲	各部甚少	欧洲各部人烟稠密，荒山荒地不易多觏，故蝗虫比较上为最少

上表乃世界各部蝗虫分布之大略状况，至其产卵之洞，随处皆有。据美国《地理》杂志报告，谓桥屯流域，为世界最低洼之地，在地中海海平线 1 300 英尺以下，曾发现一种卵袋。里海沿岸多盐性土，亦有之。此外如柴耳查（Zelzah）之橄榄园、禾苗绿涨、春翻四境之塔耳（Tyre）、西屯（Sidon）、阿斯格隆（Askalo）及盖查（Goza）诸名域，爪法（Jaffa）之橘园及密葛玛斯（Mikhamas）之山谷间，皆蒙此虫之枉顾。总之，世界上有名之区，无论其为高山、为平原，莫不有其巢穴。初为害于嫩苗、青果，迨其已尽，则粗根枯叶亦任意狂啮。苟亦无之，而围垣之栅、体育场之支柱，著者曾亲见其尝试若自得焉。

（三）蝗虫发育状况

昔人误会蝗之发育，谓由虾鱼子化生者，须（即触角）在目上，由蝗卵入土孳生者，须在目下。殊不知蝗虫种类綦繁，不特触角之部位难以一致，即形状、色泽亦各不相同，推而至于口、目、足、翼等莫不皆然，前章已解释甚详，似无容再喋喋矣。

按雌蝗怀卵于身，达其一定时期，乃用两对尾器，四翼平展，凿地造成一种卵袋，遂产卵矣。卵之表面，含有胶质，经空气之作用，即凝成长筒形之坚块，俟满储后，上部复用胶质封固，如丝瓜形，长约 1 寸。就中卵数，因蝗虫种类而有差别，大抵至少有 12 枚，最多且达 150 枚者。若值夏秋之交，恒产卵于地之表面约 1 寸左右，故农民平素勤于耕耨，不时翻转土块，则自无繁殖之患矣。

幼虫孵化时期，因外界气候而异，普通在三四月之交，并非同时孵化者。倘遇疾风暴雨，则死伤必不可胜计。其初出时呈暗灰色，旋因空气作用，渐变为淡黄色，长约"1/16 至 1/8"英寸。在此时期，虫体绝软，虽有温暖之日光，干燥之气候，顾仍在原产地左近，并不能飞跳远离。计须蜕皮 5 次，在其预备蜕皮时，必废止食欲，蜷息于草茎上，头低垂，胸次膨胀，因肌肉运动，背部渐渐分裂，移时即完全脱离。初次蜕化之时期甚短，蜕化后 1～2 小时，食欲便陡然增大，从此生长力绝速，体积亦日大一日。至第 3 次蜕皮时，仅有小翅一对。至第 5 次蜕皮，双眼即首先呈露，首、翼及六足等，亦徐徐出显，自此可谓完全长成（普通在 6 月中旬间，亦有在 6 月初旬者），形态上亦无甚大变化矣。综计幼虫至成虫日数，约 70 天或 90 天；交尾期自 7 月上旬至秋末乃止；产卵期自 7 月下旬至初冬告终。产卵地点，大概在未经垦殖之地、大道之旁及牧场附近，此外砂土与甚坚实地方，亦可以产卵。查雌蝗一只，每年至少产卵块两个，普通一年一代，中国蝗虫每年亦有二代者。其发育上最要之条件，为下列之四项：

1. 天气燥热。

2. 食料充足。

3. 环境适宜。

4. 寄生虫、菌类及天然界仇敌甚鲜。

（四）蝗虫之特征及普通习性

蝗虫属直翅目（Orthoptera）蝗虫科（Aerididae），种类甚多。普通而言，大抵后肢膨大，适于跳跃，触角恒较本身为短，跗节 3 段。其特征及普通习性，苟能辨察详明，则于防治方面，必易得手。昔人谓其性热好淫（言其繁殖甚盛），干燥畏湿，故开壕纵火，均按时顺向而行，此犹就其一般而论。总之，蝗有幼虫（俗曰蝻）与成虫之别，幼虫无翅，恰似微小之蚱蜢，世人最易误认。全体呈灰白色，长达 1/3 英寸，用足迁徙，初不能远行。稍长即于日出时，天气和暖，结队成阵或散布，从其一定方向疾走。所过之境，啮食靡遗，且食且进。若风雨骤至，天忽阴霾，则匿诸草丛、瓦砾间，或其他相当物体下，日没傍晚亦然。其进行之方向及速率，恒以日光气候及地之形势而异。设气候清和，地势平坦，间有数种类，见日升于东，则向东行，日沉于西，则向西行，故一日之间，往来征逐，或仅在此数十丈范围之内。又其每分钟进行速率，恒以蝗蜕皮次数之多寡为定，如遇惊吓，则爬行绝速，两后腿长而有力，纵身一跃，约 1 英尺云。

成虫类分雌雄两种，大小随种类而异。雌者情较雄者为大，四翅系半透明体，含脉络甚多，强韧宽大，适于飞翔。色泽红白不一，间有棕色斑点，雄者或鲜黄或殷红，雌者全体呈棕黑及其他色彩，均因种类而各有不同。当其有翅初飞时，离地不过数尺，继则渐及树梢，48 小时以后，便能纵翼横空，直至三五百丈之高，随风之方向而进行。在风力强烈时，每日能飞五六百里之遥。普通所习见者，仅四五十里而已，并不以微风嫩寒，而稍杀狂肆。

蝗虫人多知其有转移及聚集性，其实亦未必尽然者，不过无转移及聚集性者，为害较轻，吾人不甚注意耳。但中国一般人心目中所谓之蝗虫，大都具有转移及聚集性，当其合群飞行时，宛如黑云之蔽日。西历 1889 年，有 2000 方里之蝗虫，飞渡红海，其重量在 40 万吨以上，可谓绝奇少有矣。又据美国加州大学昆虫专家文德博士 (Dr. Edwin C. Van Dyke) 所述，蝗虫飞行方向恒有一定，兹将各国不同之点表示于次：

国别	蝗虫飞行方向	国别	蝗虫飞行方向
中国	西南或西北或西	印度	南或东南
美国加州	高原至平地	阿琴丁及白来寿耳	南或北
南非洲	东或东南	美国洛矶山	东或东北
埃及	北或东北		

综观上表，可知蝗虫常向土地肥沃或食料丰富之区域进行，而荒山瘠土，徒为其发源之地，并不淹留也。

（五）中国蝗虫之种类

蝗虫一物，中国自古不辨其种类，春秋时仅析其字义曰螽、曰蝝、曰蟓，后之人误考《埤雅》，识蝗系鱼子所化，始则认其无翅者为蝝，蝝大生翅乃为蝗。并妄以化生、卵生两端，聊为种类不同之根源，对于外部形态、习性等种种特征，则始终未有系统之研究。斯无怪数千稔来，为害各异，持议不一，而徒使后人疑窦百出矣。著者曩在美国，尝从彼邦昆虫专家游，借知若辈对于吾国蝗虫之种类，已调查有 80 余种之多[①]，当时惊叹之余，曾一一志诸私笈，返国后略加编定，刊举于后，以备考镜。

---

① 按照当时的分类和命名，张景欧在《蝗患》中列出了中国的蝗虫有 *Acanthalobus bispinosus* Dalm.（土蝗）、*Acrida turrita* Linn.（螯螽）、*Aeolopus tamulus* Fabr.（姬蝗）、*Atractomorpha bedeli* Bol.（负子蝗）、*Cyrtacanthacris succincta* Linn.（土阜螽）、*Gastrimargus transverus* Thunb.（轮蝗）、*Oedaleus infernalis* Sauss.（拟轮蝗）、*Oxya velox* Fabr.（稻阜螽）、*Pachytylus danicus* Linn.（赤足飞蝗）、*Pachytylus migratoroides* R. & F.（隆背蝗）、*Stauroderus bicolor* Charp.（雏蝗）、*Trilophidia annulata* Thunb（双瘤蝗）等种类。张景欧对以上所举蝗虫种类，依拉丁字母为编次之先后，并于每种学名下附以参考书籍，就中若赤足飞蝗、隆背蝗等，在中国各境，为害甚烈，其他盛产于东西各国者，概从略。

（六）被害植物

《易林》识蝗为饥虫，以其布满郊原，深没马蹄，喙不停啮，虽绿野不难化为赤地也。吴遵路谓蝗不食豆苗，且虑其遗种，故广收豌豆，教民种植，非为蝗所食，次年三四月间，民大获利。王祯《农书》及陆曾禹《捕蝗八所》，咸言蝗不食绿豆、豌豆、大麻、茼麻、芝麻、蓣薯、芋与水中菱、芡等，农家宜兼种，以备不虞。在当时或因情形不同，致亦有幸免其害者，惟考蝗之飞投觅食，初无一定限制，不独因植物种类不同，其被害乃有轻重。即同一植物，而因蝗虫生长时期不同，其为害情形，亦各有差异。就普通而论，大抵蝗之来也，必择草木丛茂之处而从，否则去而之他；为其害也，必尽青嫩可口之物先罄，继则求其次。据著者见闻所得，及各捕蝗专家之确实报告，凡下列各种植物，蝗虫所经，胥无幸免焉。

1. 普通作物类。稻、大豆、豌豆、玉蜀黍、马铃薯、粟、稷、燕麦、荞麦、大小麦等，在中国最易遭害。

2. 特用作物类。棉、烟草、甘蔗、亚麻、蛇麻、甜菜等。例如台湾大蝗，甚喜甘蔗，其他各作物之叶，皆易罹害。

3. 蔬菜类。山芋、番茄、南瓜、西瓜、莴苣、萝卜、芥菜、香瓜、胡瓜、葱及苗床中之幼苗，凡与都会较远之菜园，最易为蝗聚扰。

4. 果树类。梅、杏、苹果、桃、李、橘、梨、葡萄、无花果、橄榄、石榴、榅桲等。美国尝因蝗害，致市上忽无鲜果出售，就中无花果及葡萄之叶，尤为蝗虫所喜食。惟爪法之橘，适有海风，虫不能至，再加以人工之防御，乃独能幸免。

5. 花卉类。杨柳、玫瑰、蜀葵等，皆喜食嫩叶。

6. 牧草类。芦苇、苜蓿、紫云英等，此种牧草，随地皆有，不论成虫或幼虫，皆借以栖息，并任意大嚼。

以上各种植物，皆易罹蝗害，若各处有不尽然者，是必因气候之关系，或蝗卵尚未孵化其地。不独对于植物如是，且食蝼蚁，或占蜂巢以食蜜及蜜蜂，最奇者亦常自相残食，大抵数大蝗分餐一小蝗，或一大蝗据一小蝗而狂嚼，弱肉强食，抑天演公理使然欤。

（七）蝗虫之用途

尘与芥，人之所弃也，而农民得之，可以壅田；糟与粕，制造家残余之废物也，而畜产家得之，可以为饲料；蚕与蟹，始则以为有害桑叶、稻穗也，既而又知其可以佐食、可以治丝。蠢蠢之蝗，古今中外，固无不认为人类之敌也，而善于利用者，得之壅田，良于尘芥，为饲不让糟粕，佐食则较螃蟹风味别有，以一物而兼数用，是其为害纵剧，吾人尽可心神镇定，表示其欢迎之。忱思所以款留之、利用之，按天演公例，举凡需用愈殷者，其可供给之物，必愈居奇。试思年复一年，治蝗之术，精益求精，施术之人，所在皆有，又焉知所欲取以壅田、为饲、佐食者，反有不可骤得之一日乎？爰合古今利用法数种，分别说明于后：

1. 关于佐食之用途。农作物之重要者，莫稻麦若，方其在田亩时，风吹成浪，青葱可爱，以为占收有日矣。不意转瞬间，悉充蝗腹。夫以人类为赖以生之品，兹又间接从而并食之，宜其质味可口，而无纤毫损虑也。古之人谓蝗如豆大，尚未可食，若长寸以上，则燕齐之民，皆畚盛囊括，负戴而归，烹煮曝干，以供食矣。范仲淹疏：蝗可和野菜食，又曝干可代虾米。赵县知事某谓：能飞之蝗，其肉已厚，其子已成，捕获之，用铁锅焙干，渍以盐或糖，味颇美，可代食品。若得捕获多数，蒸熟晒干，储封器内，虽值饥馑，可免饿殍。至秋冬之交，运销京津，定获厚利。按天津一带，以此为营业者，实繁有徒。又以雌蝗破腹，烹其卵块供食，味更美，价亦较普通为贵。在欧洲各境，未经蝗患者，土人亦不知其可食，然在菲律宾等处，已为世上珍品矣。兹将路魄（J. H. Roop）博士分析新鲜蝗虫之结果，示列如下。

组成分	百分数（%）
水分	68.4
脂肪	1.94
蛋白质	25.07
纤维	3.41
灰分	1.24

按上表可知，捕缉蝗虫，既能除害，复能佐食，已为古今中外所共认。著者去秋调查蝗虫分布状况时，谓苏民述其可代食品，间有闻而骇笑者，盖半惑于神祸，半由于不甚见。若在西北各省，则以去翅用油炸熟，调酱、醋、葱蒜等供食，为常事矣。或以为东南水区见蝗时少，鱼虾等可食品又易得，故不甚重视，此说似亦近是。唯仍赖多方宣传，借引赴一般人之嗜好，根本解决。固宁冀其无蝗，不幸有之，而食之者众，其捕捉之力，亦必迥异寻常也。

2. 关于饲料之用途。强吞弱肉，世之公理。猫喜食鼠，鸡鸭尝逐曲蟮、蚱蜢、蜈蚣等充饥为快，此固人所习见也。蝗之活者，大有鲜鱼风味，人且能食之，果间以之为家畜饲料，定有裨益。陈芳生《捕蝗考》曰：崇祯辛巳年，嘉湖旱蝗，乡人捕以饲鸭，极易肥大；又山中有人畜猪，无资买食，试以蝗饲之，猪初重20斤，旬日遽重50斤，效力之大，或不过谬。又据赵县某知事治蝗法谓：干透之蝗不令发酵，每日掺入糟糠、野菜等物以饲猪，既易肥大又省粮食。又鸡之产卵，多在春秋之际，然无虫类为饲料，鸡多羸弱，产卵不丰，若贮存干蝗，俟秋末春初虫类最少时，每日各饲干蝗十余枚，则鸡必肥壮，产卵亦多。著者以其与农家副业颇多研究之点，故特为之重行叙及，而此风在北部诸省，已恒见不鲜，他方之受蝗祸者，正可仿行。况世间物性，畜可食者，人食之未必皆宜，若人可食者，畜类无不可食之理。是恐于鸡、鸭、豕等家畜之外，犹有别种家畜赖以滋生，苟经后之关心斯业者试验之，吾知其结果必有可取也。

3. 关于肥料之用途。肥料为农作物之命脉，而动物质之肥料，尤肥料中之佳品。蝗虫食且无碍，则其培养植物之力，必不让人肥及豆麻诸饼。据美国哈培（D. N. Harper）博士分析之结果，则益信矣。氮素：10.71%；磷酸溶解者：1.52%；磷酸未溶解者：0.24%。

上从学理上知，蝗实有效肥料之一，而考清窦光鼐上《捕蝗疏》：蝗烂地面，长发苗麦，甚于粪壤。陈崇砥《治蝗书》谓：埋蝗壕内，既可免臭，复可粪田。可见前人关心废蝗之利用，亦有足取者。又某知事治蝗书，对于蝗肥制成法，尚属详细。法将谋毙之蝗，摊置场中，晒干后堆积一处，洒以清水或粪水，上盖柴草一层，厚约三四寸，不使透风，越五六日发酵，即成极好之肥料。若因天阴难晒，可用火锅煮水，将蝗倾入锅内，俟水沸腾，捞出再晒，则干燥较易，或烧热锅，将蝗炙干亦可。无论用何法使干，均须掺水发酵方可施用。

（八）蝗虫驱除方法

蝗虫驱除方法，可分为自然、农业、人工三种，兹分述之如下。

（甲）自然驱除

1. 气候。蝗虫受气候之影响最多，其中又以潮湿为最有关系。当其遗卵在地时，若地气卑湿，则日后难以孵化，纵孵化亦不易发育。又冬季苟有适当之雨雪，或天气酷寒，则无形之中，必损害蝗卵无数。若幼虫初孵化后，虽不在卑湿之地，而遇有极大之风雨，或天气乍寒，或极为炎热，则亦难久存。至于成虫时因暴风而毙，骤雨而溺者，尤不可以升斗计量。此系就蝗害已经发现，倏又因气候关系，以致自然消灭者而言。若冥冥之中，各地因气候之自然裁制，而蝗虫绝对不发育者，前数章已分言之，是不可不感天工之巧，而叹人力有时实有所不及。世有因一己之憎恶，反以风霜雨雪之频作为不惬意者，抑何不思之甚耶？

2. 霉菌。霉菌灭蝗，不但可信，而效力之宏大，在驱除方法中，足可忝居首位。欧美各国，今且认为极有价值之问题，研究蕃殖，不遗余力。我国对于科学之研究，骎骎乎正在立追时代，而此项问题终嫌幼稚，尚无直接操纵利用之能力。徒知蝗虫实有时因传染病而死亡过半，究竟其主要原因及人力有无协助之必要，不可不表而出之，借为异日实行驱除之考镜。盖凡一切虫类，皆易感霉菌作用而毙，试言害及五谷之蝗（Chinch bug），昔有人利用人工病菌培养法，将病菌散入于此虫为害区内，其结果在气候适宜时，则发育极速，颇获奇效。蝗虫之主要病菌，大抵属于昆虫寄生菌科（*Entomoph thoraceae*），此类病菌，业经美国哈佛大学谢格斯脱（Dr. Shaxter）博士详加研究。据云，杀蝇菌属（*Empusa*）之病菌，效验极大，不独可以杀蝗，且能驱除蚊蝇。其能杀蝗者，尤以杀蝇菌（*Empusa grilli*）一种，分布为最广。蝗罹此病时，身体、行动均不活泼，常爬于植物顶端，用前四足紧抱不放，直至垂毙时方松[①]。蝗之尸体膨胀而软，越时又渐次僵硬，各节亦陆续断裂。在此时期，乃有一种棕色孢子顺风吹起，以至健全之蝗，不幸而食及附有孢子之植物，加之气候适当，于是递次传染，遂亦患同种之病而死[②]。又查 1899 年，白路罗（Prof Bruner）教授由阿琴丁政府聘为捕蝗专员，曾发现一种病菌，名格罗秘亚（*Sporotrichum globii liferum*），杀蝗之效力亦甚宏大，蝗染此病者，常在阴暗及卑湿之所，如草根丛叶等处，身之内外满藏孢子，传染极易。又据赫氏（D. Herrene）报告，阿琴丁国尝有一种杀蝗菌（*Coccobacillus acridiorum* D. H.）亦著奇效，嗣经菲律宾及南非洲试用，则转无甚结果云。

美国农部在 1901 年以格罗白菌及白霉菌（*Mucor ramosus*）两种，分给利白来斯加（Nebraska）等洲之农民，以冀灭蝗。继得各方报告如下：

未报告者	169 处
报告未见成效者	36 处
见成效者	16 处
共计	221 处

综观结果，似知病菌亦有未能尽恃人工繁殖而灭蝗者，是或因气候关系，致人力不能预为支配。总之天然界中实含霉菌甚多，足为蝗虫永世之敌，可无疑也。

3. 寄生虫。大多数昆虫，殆皆有一种或数十种之寄生虫，因其形小体微，至不易为普通农民所察觉。然马尾蜂、姬蜂等，人多知其能致飞蛾、螟蛉于死命也，其能食蝗者，首推麻蝇（*Sarcophaga kellyi* Ald）。此虫属胎生，6 月间往往有之，6 月下旬，蝗之被寄生而死者极夥。天气晴暖时，飞动殊活泼，若值缠绵之阴雨，则发育上顿受损害。每虫可产蝇蛆 1～16 个，普通仅 3～6 个而已。大抵在寄主第一对脚基节

---

① 著者按：据《物异考》载，宋哲宗元符元年八月高邮军言飞蝗花草僵死，或亦霉菌侵害所致。

② 在 1896 年，非洲加波氏（A. Cooper）曾用人工培养此种病菌撒布于蝗害区域内，蝗因此毙者无算。

(anteroid coxa) 之前产出，有时由腹部环节或尾部爬出，爬出后即直接入土中，亦有行数尺而后再入土者。夏季蛹化，不过入土 1～2 寸，春秋二季入土则较深，每年二代或三代。蝗经此虫寄生后，遂被供为唯一之营养料，不久即毙，最后仅剩一躯壳矣。隶于同一属者，有 3 种污蝇，(1) *Sarcophaga cimbicis* Sawn.；(2) *Sarcophaga hunter* Hough；(3) *Sarcophaga geargina* Wied。此外，如黄蜂 (*Priononyx atrata*)，能害幼蝗，性甚勤，天气晴朗时，尝终朝觅刺幼蝗，蝗被刺后，遂失知觉，经蜂迁诸巢内，产一卵于蝗体上。初幼蝗被刺时，一对前足竖起，作 U 字形，盖预备与蜂抵抗也。又有一种食虫虻 (*Promachus vertebrates.*)，利用长喙，专吸收幼蝗体内含有物。他若野蜂 (Polistis variatus) 及细腰蜂 (*Sachytes rufofosciatacr*) 俱能杀蝗。至于普通习见之地胆 (*Epicanta puncticollea*)，亦喜食蝗卵，但对于马铃薯及豆类植物甚有损害，故农民亦苦之。

4. 鸟兽类。家禽能以蝗虫饲喂，前篇已历言之，故园圃中有蝗虫经过时，鸡、鹅、鸭等 (江苏徐属曾用鸭捕蝗，收效甚巨) 辄追逐不放。较小之幼蝗，雏鸡及火鸡尤嗜食之，而当其飞翔空际时，复有百余种飞禽，足可为其天然之敌。其最确而易见者，如下列之十数种：

鹳　鸥　鸦　鹊　杜鹃　鹧鸪　麻雀　鹪鹩　百灵　山鸟
松鸡　驹马　怪鸥鹊　猫头鹰　必胜鸟　沙漠鸟

其他动物，如牛、马、羊、豕、猿猴、田鼠、松鼠、臭兽 (俗名黄鼠狼) 及蜥蜴、蟾蜍等，皆能食蝗。故在畜牧业发达之区，蝗虽为害甚剧，亦可利用马、牛、羊等之践踏，不仅可以破坏卵块，且能将表土踏实，使卵虽经孵化，而幼虫在土中甚难爬出，于是窒息而死。

查鸟兽类为自然界中杀灭蝗虫之利器，欧美各国辄多方设法利用之，农家获益颇大。应请当局通令各属值春夏二季，除采集少量标本以供教育需用外，所有人民，不得滥行网猎。并知照各国领事，举凡外人之郊外射猎以为游戏者，应一律禁止，以重国权。即秋冬之季，实际上果有难于办到之苦衷，不妨加以限制，每人每日所猎不得过多，想亦关心民生者所许焉。

(乙) 农业驱除

1. 犁入。秋冬两季翻转土壤，能毁蝗卵无数，诚防治蝗害之永久良法。耕起之土，深不过 6 寸，便能将蝗卵粉碎，或经严寒而曝毙。且蝗卵而在土中者，将来纵能孵化，亦难爬出土面。苟于春季，俟蝗卵将孵化时，举行深耕一次，则奏效尤大。

2. 耙入。此法与前法收同一之效果，即于秋后至翌春 3 月 1 日以前，当蝗卵未孵化时，将土耙起，深约 2 寸，使卵块暴露土面，受气候之侵凌，与夫鸟兽之喙食。

凡豕之放诸野者，亦喜用鼻掀土，往来觅食，耗力无多，而可减少蝗害约8/10云。

3. 灌溉。在易于灌溉区域，春秋两季，可灌水于产蝗地面，以促进细菌之繁殖，使蝗卵尚未孵化，即腐败而死。而孵化未久者，亦可应用此法，令其气孔噤闭窒息而亡。

（丙）药剂驱除

1. 毒剂。蝗虫喜食甜物，其多数聚集时，亦因缺乏食料使然，于是利用其饥渴之性，制成一种食饵，如鸡卵形，匀置于蝗虫屯集之区，或迎蝗虫飞向放置，若在果园中，可直接置于树之四周，诱其来食而毙之。此项毒剂之制法不一，其最普通而最效验者，莫如用麸皮与水混合，外加砒霜、糖饴搅和而成。查欧美各国所制者，其配合量各有不同，兹列表举示如下。

国别	麸量	砒量	柠檬或橙配合量	糖汁	清水
美国加州	50 磅	2.5 磅	柠檬汁 0.5 磅	18 升	5 加仑
美国牛州	20 磅	1 磅	橙子 3 枚	0.5 加仑	5.5 加仑
英洲	25 磅	1 磅	橙子 6 枚	0.5 加仑	1~2 加仑
开洲	50 磅	3 磅	橙子 10 枚	1 加仑	5 加仑
新墨西哥	20 磅	1 磅	橙子 8~10 枚	6 升	3.5 加仑
加拿大	20 磅	1 磅	橙子 3 枚	4 升	3.5 加仑

此外又有利用马粪制成毒剂者，法将巴黎绿、盐、马粪三者，与水充分搅和，使成浆状，其配合量如下：

巴黎绿 1 磅；盐 2 磅；马粪 50 磅；水至湿润为度。

上举药剂廉而质毒，不过于家畜稍有危险耳。

2. 喷射。配合一种毒液，用喷雾器喷射植物，但仅能施用于蝗虫幼小时代，且使用时家畜须暂避 10 天，其药名及用量如下所示：

（1）砒酸亚铅 3 磅，水 50 加仑；

（2）巴黎绿 1.5 磅，水 50 加仑；

（3）亚砒酸钠 1 磅，水 60 加仑，糖水 0.5 加仑。

上列毒液，宜于傍晚或清晨时喷射于被害植物上。若第 1 次喷射，可毒杀蝗虫 50%～75%，第 2 次喷射，可毒杀蝗虫 80%～90%。蝗虫服毒后，当时并无若何表示，迨至 36～48 小时，即呈一种不安状态，3 日以后，蝗之完全死亡者极夥。惟此法阴雨时忌行。

（丁）人工驱除

1. 掘沟。蝗虫初发生时，善于跳跃，而行动又活泼，即须开沟捕杀。法于蝗群之下风,相距一二丈处,开一长方形之壕沟,长短视蝗虫之多寡而定,大致长约 6 尺,深 4 尺,宽 3 尺,再于沟底掘 3 子沟,深可 8 寸,使蝗坠入易,而越出难。然后召集多人,排成圆形,手持扫帚或竹梢等物,徐步驱逐,俾蝗不得不向壕沟方面进行,务期悉坠沟中,不能自拔。后加煤油,投火焚之。如尚有未毙者,即将沟边掘起之土仍旧填入,则蝗终不免窒息而死。

2. 网捉。蝗虫在夜间,尝聚集于草梢之上,行动甚不活泼。吾人可利用此习性,于上午草露未干以前,用捕蝗网收罗之,极为便利。不过此种方法,仅能用于草之低者,苟芦草稍高而茎强硬者,则不甚适用。

3. 掘卵。此法在中国昔时,尝由有司强制执行,若美国因工价过昂,得失每不相偿,实则掘卵亦治蝗根本要图之一。吾国人工低廉,在产蝗区域,不妨利用冬季农闲之时,地方官及董保等,督同乡民提锄荷铲,分段巡视,凡表土纵起而有无数小洞者,其中必有蝗卵,应即掘起烧灭之。

4. 熏烟。用熏烟法以驱除被害地之蝗虫,或以防御蝗虫之侵入为目的。若采用药剂,恐被害区域过大,于经济上又不甚合算,惟燃烧木材、蒿秆、尘芥及牛马粪等,使发挥一种恶气,则蝗必灭迹。若外加硫磺、烟草、除虫菊等助其燃烧,则效力更大。甚有嗅之而死者,惟须按当日之风向及蝗虫之飞向规定焦点,斟酌施用。

5. 电杀。其法虽佳而费资甚巨,若于科学发达及蝗害极盛地方,不妨采用之。法从蝗虫飞来方向,开明沟一条,以挖出土堆积沟边,成一矮堤,置阴阳二电导线,俾通电流,蝗经此电时,必落沟而死。但土堤上必置以标识物,以免人畜踏受危险。

6. 发响。蝗虫具有一种特别听觉,故中国古代遇有蝗虫过境,常鸣锣呐喊,使自惊避,但甲地行其法,颇不利于乙地,是非四境通力合作,别谋根本铲除之法不为功。如螟虫之诱蛾灯然,甲地设灯诱杀螟蛾,乙、丙等地之一切慕光性之害虫,将群向甲地飞集,是其一面虽诱杀甚多,而一面能飞之害虫并未尝稍减,斯亦中国习惯使然。著者前曾一再声明,治蝗方法在中国尚有许多窒碍难行者,此其明证之一也。美国落矶山当蝗虫最盛时,居民相率发炮震吓,则收效又甚大云。

7. 烧杀。就中国目前之情势而论,此法尚称适用,缘中国荒地芜草到处皆有,蝗惟畏寒向火,寒夜必群集草丛中,可先加以火油,然后烧杀之。或日间乘其麇集之势,以火围攻之,则著收亦大,中国捕蝗旧法亦曾注意及此。其法于飞蝗所向之地,相隔百余步,视蝗之多寡,掘数大坑,每坑约相隔廿余步,围圆六七丈,坑之中央较四周较凸起,以极干柴草堆积其上,一齐点烧明亮。随集数十百人,多带响器鞭炮,潜至蝗之停歇后,一时齐响,驱令前飞。一见飞扬,众响又俱寂然,惟用柳枝拂扫,令其受惊尽起。蝗一飞起,见火便投,火烈烧翅,乃坠坑中。此法虽尚佳良,但极费人工，宜改将产蝗之地，分为若干区，每区域内四周杂草，刈除净尽，尽留中央一部分，以作蝗虫聚集之所，然后铺干草其上，加火油烧之。

8. 诱杀。设干草数行于田之下风，上浇糖水少许，蝗虫触甜味便来隐匿，然后纵火烧之，亦一便利方法也。

9. 捕捉。蝗于黎明时，必群附于被害植物之茎上，露侵体重，遽难飞跃，此时以手捕捉，纳于箕箩内，甚为简便。若嫌其手足无多，可用桐油煎成粘胶，敷于笓箕、匾箩等物内，系以长柄，就蝗虫所在处，取势一罩，则蝗翅粘附，并随手投入布袋中。按此法中国古时尝采用之。

10. 捕蝗器。当蝗结队飞行之先，仅跳跃于荒野间，吾人可利用其跳跃之性，制成一种器具，以捕杀之。该器之制法甚简，即用纵横数尺之长盆，盛以煤油，并加水数倍，盆之背竖一长方洋铁皮或帆布，盆之四角转以小轮，用时以人或畜曳之疾驰，蝗虫受惊，纷纷跃入盆内，坠入油中而毙。其由盆中跃出者，为油封闭其气门，不久亦窒息而死。此器仅于短草平坦之地用之。

11. 围打法。蝗虫在幼稚时代，不能远跳，常聚集于一处，故利用此种习性，率领乡民排成圆圈，每人持竹扫帚一把，长约 3 尺，于是并肩下蹬，同时足踏手打，向内围攻，不转瞬间，即能扑灭尽净。

（九）根本治蝗计划

蝗虫之孽，夫人而知之矣，其孽若作，是非有以治之不可。治之之法，随在而异，要其恨莫能立时祛除之心理则一也。不意狡黠之蝗，虽然缉捕有其人，扑灭有其器，而一处方免，一处又兴，今岁不为灾，明岁或迟数岁复为灾，一若有其自由权者，果何故哉？曰：此无他，是殆因勉能治其标，而未能实行治其根本耳。爰就管见所及，并参以吾国目下之情形，胪列办法数条于后。一得之愚，愿邦人君子之关心蝗害者，有以垂教焉。

1. 开拓荒地。蝗虫多发生于荒地，前已详言之矣。美国落矶山，初甚荒芜，蝗虫几无岁无之，自经垦殖之后，乃不为患。而中国荒地，各省俱有，综观农商部历年统计，约占全国面积 3%，合世界全局比较之，当加入一等。深愿政府于增税重兵之暇，稍一顾及此种实利政策，将全国荒地，作一通盘之筹划，拟一具体之体法，亟颁布领地规程，使数十万无所事事之庸兵，即行承垦，将来得以自食其力，决不致乐于为非。至若人烟稀少，而实际上所不能承领之粗放荒地，则应由政府广培苗木，实行造林。一年不克就绪，逐年或能推广，务使一国之中无荒土，四境之内无游民，利既不轻弃于遍野，蝗亦可消灭于无形矣。

2. 颁布害蝗法规。害虫之根本防除，由政府担负全责，在诸先进国，本属常事，但着手之初，最不可忽略者，即害虫法规。此种法规，一经明定后，应使各地方官厅、各农业机关及各农民，皆充分了解，使一旦关于害虫之事项发生，上下咸可按律进行，既无隔阂之弊，自收指臂之功。况蝗虫为害最烈，每至牵动大局，尤非根据上项规程，不足以谋肃清。著者今夏在洪泽湖边（泗阳）捕蝗，见有多数跳蝻，由泗邑侵入苏境，而安徽方面听其自然，并不设法防治，以致泗阳蝗虫延长一星期之久，方能扑灭尽净，此皆无害虫法规之弊也。

3. 添设昆虫局。回忆前数年，国内患蝗处，无特设机关为之枢纽，仅由官厅派员履勘，蠲赋赈济，虽稍苏民困，究有损国课。所谓头疼医头，脚疼医脚，毫无补于实际。查昆虫局之事业，至为繁赜，而唯一之责任，终不外解决虫害问题。蝗虫乃虫害中酿灾绝巨者，螟、蚜等犹其次焉，故自古迄今，官司视之极重，徒以无根本殄灭方法，致国与民两受其害。窃以为各省应量岁入之盈绌，各设昆虫分局一所，一方面负研究之职务，一方面负扑灭之责任。并特设国立昆虫局为之中心，统辖各省分局，策励进行。庶于蝗害之种种问题，不难迎刃而解，其裨益于国计民生，其浅鲜哉。

4. 指示捕蝗方法。国立最高级农业机关，亦迭有各种捕蝗办法，惜不能直接使被害农民透切觉悟，徒以例行公事，苟且敷衍粉饰于一时，对于真切痛痒之点，仍不免茫然靴外。虽然，果赖何术而疗之乎？日端恃有指导之一法耳。但指导之法，非空言所能取信者。首贵有政府所派之专员，与农民昕夕周旋[①]。除关于农作上诸般事宜，一一为之改良指导外，若遇水旱畜疫、菌害，及虫害中最主要之蝗发现时，则指导员得利用其刺激性，而谆谆授以补救之方。如此而谓农民无所警觉，灾害仍易频见者，无是理也。

5. 昆虫局应与农业机关通力合作。昆虫局之重要，在稍具科学知识者，类能言之，其主要目的，原在防除虫害。顾一事之进行，有未能尽恃乎药品器械者，是以上望政府之提倡，下欲人民之觉悟，俾其应尽之责任，无疑难窒碍之发生。查国内各农业机关，亦有一部分昆虫事业附带其中，而关心蝗害者，尤不乏人，不仅各应互相沟通，协力进行，且须与昆虫局步步遥应，无稍离异。盖成绩虽得自研究，而研究尤非群力不为功，况根本治蝗策，胥又知其非独力所能奏效者？

6. 解除农民迷信。蝗虫见于数千年以前，故昔人描写蝗虫之书，汗牛充栋，神祸之词，亦众口同音，相沿至今。人民以为古籍彰彰可考，有司尚祈祷不遑，嗟吾小

---

① 此项指导专员，在美法诸国，无不按区指派，政府视之綦重。目前苏省教师联合会中，亦拟实行此种政策，将来成绩，定有迥乎曩昔者。

民，宁不知敬？以致坐误时机，观望不前者，比比皆是。如此而冀蝗不尽情狂肆，讵可得乎？是以欲其根本铲除，必先自解除迷信始。解除人民之迷信，迨亦不难，是端恃今后与人民最称接近之各种农业机关，开会展览、实地讲演，并示以普通之学理，使各知所以改良之原因，以期灼然无惑，释然无疑。若其机关犹虑有断续，则又当组织一种特别团体与人携手联络，时作切实之研究。如掘卵等事尤为治蝗之根本要策，至此项团体之组织法，仍应有与人民较为接近之农业机关，各就其风土人情相机而行。昆虫局责有专在，无不辅以良法，使之智识日以进，灾患日以少，推而至于别种农务，亦必日以兴也。

以上荦荦数端，盖尝验之欧西农业社会，参以吾国目前农业情形，而私议以为于根本治蝗问题行之必有效者。此外国家治安，亦与蝗虫发生有密切之关系。概观吾国之农民，胼手胝足，岁无宁晷，一生所谋，仅免冻馁，而其所贡献于国人者，又有增无减。讵意国人复不稍谅，比十年来，相争相夺，相搏相噬，递为强弱，递为起灭，于是大兵惊扰于前，盗匪乘隙于后，或甚流离失所，老弱转乎沟壑，其固有之田屋，且将不保，又何遑空谈冬耕掘卵诸务哉？此非吾理想上之言，盖征之事实，固如是也。

（十）江苏昆虫局治蝗办法

昆虫事业，创诸晚近，初就中国情势而论，觉其甚为新颖。其实，进化机能，无形激动，现已如盘马弯弓，无可或忍之势。矧江苏农田历蒙虫害损失，为数滋巨，当局为专责治理计，乃有江苏昆虫局之创立。着手之初，经营至不易易，蝗害问题，观感尤所不能安，于是祛繁文取实际。在外，则首重调查，俾知其分布状况及风土人情，将来可顺其习惯，以冀各法之普及；在内，则首重研究，药品、器械，罔不潜心自制，以期合于实用。唯兹事体重大，有亟待商榷者数事，良不能便已于言。当局亦曰：若可，请尝试之。是则本局责任上之治蝗方略，将不难借以迎刃而解矣。

1. 除蝗方法。现在欧美各国，除天然扑灭外，则有 10 余种之人工扑灭。因政府既能以全力提倡，人民亦多知所警觉，故各方法，皆可因地制宜，随机应用。而言吾国则反是，上下膜隔正多，农民智识又什九闭塞，交通不便，尤感困难。就目前地方情形习惯而论，则宜先采用下列 3 种捕蝗法为主，而以其他捕蝗法为辅。

（1）掘沟法。

（2）围打法。

（3）捕蝗器，此法只能用于浅草平原之地。

按，其他捕蝗方法，虽亦有效，惜未达其适用时期，如掘卵法，固甚重要，但无一具体规划，则遇较大之蝗害区域，其防范必难周至。

2. 本局曾派技师，在江北一带调查蝗虫分布状况。据称苏、鲁交界地方，蝗虫最易发生，特于今春在徐州、海州、清江各设一捕蝗分所，俾得就近研究其经过、习性，遇有跳蝻发生，由各该分所技术员督同乡民极力捕灭。

3. 呈请省长通令各县知事，并转令各该管农业机关暨各市董村长等一体知悉。本局为灭除蝗虫之总机关，各县如有蝗虫发生，迅即报告，以便驰往驱除。所用夫役，应由各该县知事乡董等襄同雇用，又对于捕蝗方法有所疑问时，亦可来函迳询本局。

4. 苏省邻境有荒山之处，足滋蝗虫繁殖者，亦必注意预防。应请省长咨请山东、安徽等省当道，转令各属知事，若遇有蝗虫发现时，应立即电告本局，派员会剿。

5. 从前凡经蝗虫发生区域，应责成该处知事，将发生年月及为害状况、地点等，详报本局，借资考镜。

6. 除灭蝗虫，往往需多数人民之协助。本局一方面自应用种种宣传方法，务期人民完全警觉，但各机关或私人报告蝗害时，宜将发生日期、地点及为害轻重等，迅速详细报告，标本亦须同时寄局研究。

7. 本局春秋两季，拟派专员赴江苏各属循环视察，并在本省各县荒山分段查勘，俾可先事预防。

8. 本局应发行《治蝗浅说》，将各种简单防除方法刊入其中，以广流传。

9. 从前官厅所派之捕蝗委员，往往在乡间任意需索，以致蝗害实现时，农民每不敢呈报。应请省长通饬各县知事，严加取缔，以儆官邪。

附 蝗虫调查表

省　　　县　　　乡　　　村集

民国　　年　　月　　日　　　　　　调查者

1. 地方形势。

2. 荒山、湖沼芦苇多否。

3. 每年温、湿度分布状况如何。

4. 风雪多否。

5. 常有旱潦为灾否。

6. 每年雨量之分布状况如何。

7. 主要作物。

8. 冬季整地方法如何。

9. 蝗之俗名。

10. 从前蝗虫发生之年月及地方。

11. 农民防治蝗虫之土法。

12. 蝗虫发生时，官厅与农民是否通力合作。

13. 迷信。

14. 索县志或其他关于虫害出版品 1 份。

15. 利用蝗虫作饲料、肥料或人类之食品否。

16. 何种植物被害最烈。

17. 蝗虫普通习性。

(1) 蛹第一次脱皮后之行动及其食欲如何。

(2) 蛹第二次脱皮后之行动及其食欲如何。

(3) 蛹第三次脱皮后之行动及其食欲如何。

(4) 蛹第四次脱皮后之行动及其食欲如何。

(5) 蝗（第五次脱皮后谓之成虫）之飞行距离及其食欲如何。

(6) 蝗有好群性否。

(7) 蝗之产卵方法及其深度如何。

(8) 何种土质最适于产卵。

(9) 蝗虫何时交尾。

(10) 蝗虫行动与气候之关系。

(11) 蝗虫于每日间何时最活泼。

(12) 蝗于夜间及阴雨时栖息何处。

18. 蝗虫生活史。

(1) 何时产卵。

(2) 卵与卵袋之大小及其色泽如何（绘图）。

(3) 蛹之脱皮方法。

(4) 蛹第一次脱皮后之形状及其翅之大小如何（绘图）。

(5) 蛹第二次脱皮后之形状及其翅之大小如何（绘图）。

(6) 蛹第三次脱皮后之形状及其翅之大小如何（绘图）。

(7) 蛹第四次脱皮后之形状及其翅之大小如何（绘图）。

19. 普通人民之知识及其特性如何（绘图）。

20. 其余主要害虫之名称及其为害状况。

21. 采集蝗虫等标本。

22. 备考。

六、《飞蝗之研究》

张景欧教授鉴定　尤其伟述

注：江苏省昆虫局研究报告第一期，江苏省昆虫局印行，1925年。该研究报告除缘起和导言外，正文分六章叙述。第一章是总论，分三节，分别概述了飞蝗在昆虫界之地位与其相类似种之区别、飞蝗之分布、飞蝗之食料。第二章为飞蝗形态之略述，分四节，分别论述飞蝗的头部、胸部、腹部形态和内部解剖，在内部解剖部分大略介绍了飞蝗的呼吸、消化、生殖、神经、骨骼系统。第三章为飞蝗之发育及习性，第四章为飞蝗之防治，第五章为飞蝗之用途，第六章为结论。

（一）缘起与导言

缘　起

吾苏昆虫局之设立，于中国实为首创。其事业初以研究防除蝗虫、棉虫、蚊蝇及稻作害虫为主，嗣以常年经费，唯苏省国家内务项下捕蝗经费3万元是赖，故对于苏省蝗虫问题，视为尤重。民国十二年春，徐州、清江、东海等处捕蝗分所相继成立，每所均有专管技术员主其事，而景欧往来其间，一身数役，恒视蝗虫轻重，以定留之久暂。现徐属各县，经两年之经营措置，蝗卵渐鲜，灾亦轻微。淮海各属幅员辽阔，近岁则非以全力贯注，不克稍奏厥功。去秋鼙鼓声中，正本局研究蝗虫生活史有得之时，盖以频年同人于野路江村、酷暑烈日之中，实地搜寻无远弗届，虽昼则挥汗成雨，夜则露宿风餐，而调查兴致转益增豪，结果乃成为丛书一种，命之曰《飞蝗之研究》。呜呼，治蝗所以卫民，要政也，奔告又曷敢固辞！惟大江以北遍地萑苻，同人分段奔驰，其间濒危而几为肉票者屡，是欲去蝗以利民。不得不仰求今之拥有重兵者，先去匪以利同人，况近年兵祸更有甚于匪与蝗祸者，既欲以望我国人，因书其缘起如此。　　　　　　　中华民国十四年五月朔日，金坛张景欧志

导　言

蝗之为害久矣，书螽、书蜚、书蝝，屡见于《春秋》经中。螽者，蝗虫之总称；蜚者，其别名也；蝝，则蝗之未生翅者，俗所谓蝻子是也。蝗之见于载籍者，当以此为最古。秦汉以还，兵革不息，民无宁日事耕稼，虽有蝗害，无暇顾焉，朝廷更淡然

视之矣，是以史未及书。比及唐宋，知其为祸之烈也，设计扑灭者，固不乏人，而溺于鬼神之说，亦往往而有。于是有相戒勿犯，从事祷告者。迄清咸同之世，此种迷信，未尝懈也。即本局至各乡防治蝗虫，农民犹时相语曰：此天降之灾，刘猛将军实主宰之[1]。不特诵之于口，亦且设主祀之，悠谬之见，何其甚哉！夫既受惑于神鬼，自无扑灭成绩之可言，而一、二主张捕治者，其法又多粗疏简陋，无精意之推传，甚或作鱼虾子变化之谬说，以铲除河滨水草，为唯一之预防法[2]，疏矣！即或不然，徒手捕捉，无相当机械也；金钱收买[3]，无罄除计划也。虽极一时之精力，为之补救，定科罚[4]、设专官[5]，策群力以殄灭兹蟊贼，而于其发生习性种种科学上之研究，一未之及，不知利用天时与其良好之外敌以制之。耗金钱、费时日，必不能免，此亦时代与环境有以致之。本局承乏斯役，欲极力研究，以救从前之缺点，是以有蝗虫股之设立，实地研考，于兹两载，稍稍具成绩矣。因就已经试验之事项，著为斯篇，聊以备当世之采择。或曰蝗类多矣，为害者不少，何独先于飞蝗？曰：苏省蝗患，惟飞蝗为最烈。分布既广，生殖尤浩，翱翔空中，飞行逾数百里不息，大群蔽天，日为之暗，一旦下落，千里为墟。昔人谓苛政猛于虎，吾谓蝗更猛于苛政矣。已事可鉴，曷敢忽诸。

（二）总论

1. 飞蝗在昆虫界之地位与其相类似种之区别

蝗虫之种类甚多，据调查之结果，我国有蝗虫 80 余种[6]，飞蝗乃其为害最烈者，有 2 种焉。其一曰赤足飞蝗，学名为 *Pachytylus danica* Linn.，其一曰隆背飞蝗，学名为 *Pachytylus migratoroides* R. & F.，皆为祸之蝗也。但江苏所产，则为后之一种，称曰隆背飞蝗者，本篇则简称曰飞蝗。案飞蝗乃直翅目 Orthoptera 蝗虫科 Aerididae 昆虫也，始定名者为楼克 Reiche、费尔梅 Fairmaire 两氏，1847 年事也[7]。殆后 1912 年及 1914 年，章氏祖纯亦尝言及之[8]。最近 1920 年，罗加 Lucas 氏亦道及之[9]。

---

① 刘猛将军，相传为蜀汉后主子，国亡身死，为蜡八神，司天下百虫之灾，故世有八蜡庙祀之。

② 陈芳生《捕蝗考》：水草既去，虾子之附草者可无生发矣，若虾子在地，明年春夏，得水土之气，未免复生。

③ 金钱收买，历代皆然，一若视为唯一之方法者，或收买卵子，或收买成虫，复有用粟易蝗虫者，如天福七年，命百姓捕蝻一斗，以粟一斗偿之。

④ 历代言治蝗者，皆定为法律，其最严者，莫如宋淳熙敕。

⑤ 唐《姚崇传》有出御史为捕蝗使，分道杀蝗等语。

⑥ 我国已发现之 80 余种之蝗虫，名称见张景欧氏《蝗患》，（《科学》第 8 卷第 8 - 9 期，第 871 - 887 页）。

⑦ 见 Reiche & Fairmaire：- *Ferret & Galinier*，Voy. Abyss.，Vol. Ⅲ，p. 229.

⑧ 见章祖纯氏《中国治蝗辑要》（*Locust Control in China*）第 14 页（1912 年），及章氏《北京蝗虫索引》（*Index Insectum Pekinensis*）第 64 页，（1914 年）。

⑨ 见 Lucas - British Orthoptera，p. 255.

兹将其与赤足飞蝗不同之处表列于下：

飞蝗与赤足飞蝗之比较

比较要项	赤足飞蝗	隆背飞蝗（飞蝗）
体色	体色略有变异，自黄褐而绿	黄褐色
头部	头较前胸为小，一部包入于前胸内	头较前胸为大，故使前胸呈缩入之状如颈
前胸	前胸中央隆起，两侧虽有黑纹条，而不中断，长不及前胸之后缘	前胸细而有缋入之状，中央不甚隆起，两侧各有一黑斑，自前缘直达后缘
大腮	初生时为蓝色	终身不变其蓝色
足	后腿节之内侧，有黑绿色之大纹，胫节生时赤色	腿、胫两节皆黄褐色
后翅	半透明，近翅底 1/3 处，呈黄绿色	半透明，翅色黄褐
体长	约 1.7 寸	1.6～2.2 寸

2. 飞蝗之分布

蝗虫科昆虫，普通概生于荒山杂草间，既经开拓之地，则鲜有发生者，故飞蝗之分布，除我国广东、福建、浙江人烟稠密、荒地稀少之省外，如江苏之北部与山东毗连之地，产生不少。论其在世界之分布，则唯在中国、日本等处，西半球未及焉。其在我江苏省者，为害甚烈，损失颇不赀云。其分布概在江北徐海道及淮扬道之一部，北自赣榆沿东海、灌云，下至阜宁、盐城沿海一带，芦滩上皆产之。产地最著者，如东海之黑风口、新浦港嘴、杨圩、沈圩等，灌云之十队、九队、八道沟等，阜宁之八滩等是也。其他如赣榆之欢墩埠，东海之七里桥、驼峰镇，沭阳之青伊湖、硕顶湖，皆去海已远。而产于荒地者，洪泽湖之北岸、泗阳县辖地、宿迁之落马湖、沛县之微山湖、邳县之西溜湖、赵村湖及自砀县境而东至宿迁境之淤黄河，皆徐海道西部产蝗最盛之处，而生活于芦草及杂草间者也。故其生育地除山地、平原外，湖泽之滨、海水之畔、无淡地盐地之分，咸产之，年年发生，不过数有多少之别耳。是以有时为灾，有时则否，斯为永久生育地。有时其生育过繁，食不充足，往往他徙为害，偶遇适宜之天气，忽而繁殖多数，为田稼害。有时以天然之限制，或发见而数不多，永不能成灾。但年年如是，是为暂时生育地。我江北除徐海道及淮扬道之东部外，余皆其暂时生育地也。有时以永久生育地，产生蝗虫过多而他徙，常至数百里之外以取食者，或产子于野，但终不能孳生，此区域谓临时生育地，吾江苏江南各地皆是也。民国四年，南京大蝗，非南京本地所产生，而自安徽徙来者，然斯地亦见其卵，是乃临时生育者也。

3. 飞蝗之食料

飞蝗之为害，我国自古以来，即知其食禾稼，不仅及叶与穗，且及其根也。昔明宣宗《捕蝗》示尚书郭敦诗有"方秋禾黍成，芃芃各生遂。所忻岁将登，淹忽蝗已至。害苗及根节，而况叶与穗"等句，是亦可证蝗固不择何部而食，害亦大矣。但实地观察，蝗最初固不取食于禾稼也，盖其生育地，多为荒地及芦滩，取食即为杂草与芦柴，杂草中以结缕草及白茅为最多。但一经此等杂料已食尽时，则迁徙他处，凡所经各地，有草木丛茂之处，无不栖止而取食焉，固无必择禾稼也。昔人谓不食豆苗①，不食绿豆、豌豆、大麻、苘麻、蓣、薯芋及水中菱、芡等②，其实不尽然也，乃以一时幸免于害耳。尝以多种食料同时饲之，初皆择禾本科植物之嫩者食之，继乃及其老熟者，而未及豆叶也。但禾本科食既尽，不复择矣，即豆科植物亦取食矣，由此足证蝗虫一出，农家种植将全倾尽。兹将普通取食之植物，并其取食之部分，列表于下：

蝗虫取食之植物

被害植物	取食部分	嗜好之程度	被害植物	取食部分	嗜好之程度
稻	叶，谷粒	上	烟草	叶	中
高粱	叶	上	甘蔗	叶	上
玉蜀黍	叶，茎	上	萝卜	叶	下
麦类	粒（因蝗能飞时小麦叶已老）	中	瓜类	叶	中
燕麦（野生）	叶	上	莴苣	叶	中
马铃薯	叶	中	杨柳	叶	中
粟	叶	上	芦草	叶	上
豌豆	叶	下	牧草	叶	上

注：用上、中、下三等表示其爱好，最爱者为上，次之中，再次为下。

以上各植物皆经试验而得者，其有各处不尽然者，是必因气候之关系，或蝗子未产生其地，或蝗过其境而未下落，或以爱食之物多，足供其生活而未他及，是当有别。不可因其未食，而遽谓其不食此植物也。

蝗虫有时因食料缺乏，常互相侵残，著者尝见。初次脱皮之蛹而形体较小者，

---

① 吴遵路谓：蝗不食豆苗，且虑其遗种，故广收豌豆教民种植，非为蝗所食，次年三四月间，民大获利。

② 《王祯农书》及陆曾禹《治蝗八所》咸言：蝗不食绿豆、豌豆、大麻、苘麻、蓣、薯芋与水中菱、芡等，农家宜兼种，以备不虞。

或翅有残缺者，多被同类啮死而食之也。在幼虫初自卵出时，尤为残酷，尝行试验焉。先出者多占优胜，常取食其后出者，而初自卵出之幼虫，似无力以阻之，而毫不与敌，任其啖己也。普通先食其头部，渐及其胸腹，普通多遗其六足不食云。

（三）飞蝗形态之略述

蝗体外被坚质之皮，乃由一种化学物质名盾质 Chitin 者而成。此种坚硬之盾质，仅节肢动物中之外皮有之。按此种硬质之皮，与脊椎动物内部之骨骼相当，故学者分动物之骨骼为两种，曰内部骨骼 Endoskeleton；曰外部骨骼 Exoskeleton。昆虫之骨骼，即属外部骨骼也，各种肌肉即附其上。凡昆虫具盾质之外皮者，其坚硬之度各不相同，但皆非相连而不分节也，故全体由若干环状之节而成，每环之间各以膜连络之，每环有时复分小片，吾人可于蝗虫之腹部见之。蝗虫体长，而两侧微扁，与他昆虫同。体亦分为三大区，曰头部 Head、曰胸部 Thorax、曰腹部 Abdomen。头前后扁而上下延长也，眼、触角、口器在焉，以一短颈而接胸部，能运动自由。胸部与头共占体长之半，三对足附其两侧面，而位于下部，前足最短小，后足最长大。其四翅则附于胸部之背面，腹部甚长，有甚多之节，其末端雌雄生殖器附生焉，兹细言之于下。

（头部、胸部、腹部、解剖学研究概从略）

（四）飞蝗之发育及习性

昔人误会蝗之发育，乃由虾鱼子化生者，复又言，蝗飞入海为鱼虾[1]，似此蝗虫与鱼虾一而二、二而一，能互相变化矣。殊不知鱼，脊椎动物也，虾虽与蝗虫同属节肢动物门，而纲则蝗属昆虫类，虾属甲壳类，两者相去远甚，焉有互相变化之理？此实由观察不明所致。而后人爱承旧说，不复加察，因而流传至今，不亦可怪也耶。夫蝗虫固自卵而幼虫而成虫也，昔《玉堂闲话》有云："蝗之为孽也，盖沴气所生，每生其卵盈百，自卵及翼，凡一月而飞，翼未成跳跃而行，谓之蝻"。所述虽略，但可示其生育概况矣。今将研究所得，述其发育及习性。

案飞蝗属不完全变态昆虫，即自卵而幼虫，凡脱皮 5 次而成蝗，其历时之多寡，一依温度与湿度，及其各个体之性质，与食物之充足与否而定。普通在适宜情形之下，家内豢养与室外饲养，历时无大差异，而其平均约共有 27 日。

幼虫脱皮凡 5 次，是年龄愈高，其历时愈长，岂天固延长其时间，而供其充分生

---

[1] 《东观汉记》：马援为武陵太守，蝗飞入海，化为鱼虾。此蝗化鱼虾说所宗也，至虾鱼化蝗，见于古籍尤多，最近清代陈芳生《捕蝗考》即言之。

长乎? 雌雄幼虫时之经过时间, 亦微有不同, 雌虫则较雄为短少。蝗虫之雌者成熟较雄者早 2 日, 盖雌虫第 5 次脱皮后 (即成熟期), 不能立即交配, 至少须隔 1 日, 此经著者观察者也 (将于后节言之)。则据此试验, 而雌虫成熟较早, 或与雌虫以充分之时间, 以发达其卵子乎?

按研究之结果, 在我江苏省, 飞蝗仅有二个世代, 第一世代, 约自 4 月下旬至 6 月下旬; 第二世代, 则自 7 月下旬至 8 月下旬。第一世代以温度之较低, 发育迟缓, 后者以温度之较高, 而生长较速, 故第一世代历时较长。但第一世代与第二世代其中相互错综, 第一世代之成虫, 随时产卵, 至其所产之卵孵化后, 直至幼虫脱皮第三次, 犹有小部分之成虫未死也。尝于南京研究时, 为 7 月 4 日, 成虫初始产卵; 至 7 月 29 日, 蝗卵已孵化, 成虫犹交配产卵也; 至 8 月 15 日, 幼虫已脱皮第三次, 犹有 5 雄蝗与 2 雌蝗在也 (此试验器放在操场旁, 内有蝗虫 70~80 头, 皆自海州携回, 其内雌者约 50 余头, 雄者仅 30 头)。第二世代之成虫产卵后, 至 10 月初, 即渐渐死亡矣, 揆其时日, 与第一代之成虫享年亦相同也。成虫产卵多于地下行之, 第一代产卵后, 约三四周, 卵即孵化, 惟第二代产卵后, 卵即在土下越冬, 至翌年四五月间而孵化。

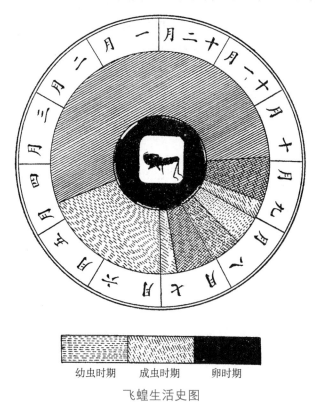

幼虫时期　成虫时期　卵时期

飞蝗生活史图

1. 成虫

飞蝗类分雌雄两种, 其体雌虫较雄虫为大, 雌虫体长约 2 英寸, 雄长约 1.5 英寸。脱皮不久其体色褐，但后历一二周，则色作黄褐，有时变黄色，而微带绿。善飞翔，普通在芦柴内，食料充足时，永不远飞，亦不他徙，故虽惊动之，飞至多不过十余丈，高亦不过一二丈，数分钟即下落。唯至食缺时，则皆群飞他徙，此时能飞至数十丈高，而盘旋空际。有时借风力而他徙，但其能维持若干时之久方下落，则又以天气而左右之。遇暴雨则忽落，遇大风则随风去，颇不易确定其时间。至1日内，能飞行若十里，有风与否，固不相等，即同一情形下，亦非实地所易观测者。据《蝗忠》所言：知当其有翅初飞时，离地不过数尺，继则渐及树梢，48小时以后，便能纵翼横空，至三五百丈之高，随风之方向而进行。在风力强烈时，每日能飞五六十里之遥。普通所习见者，仅四五十里而已，并不以微风嫩寒而稍杀狂肆。果尔，则飞蝗飞翔力之强，可与雁燕比，则有过之无不及也。

《易林》识蝗为饥虫，诚以其食欲强盛，喙不停啮，虽绿野千里，顷刻可变赤地也。试取一成虫而观之，其大腮甚形发达，有甚强健之肌肉附着其基部，故终日啮嚼不息，无倦意也。其中空，则切力大，虽食坚物时，不难断之。上复有小齿，两大腮相并，小齿适相吻合，故食物能碎而易消化，腹易饥而贪食无厌矣。苟在适宜之情境，终日不复停其咀嚼，夜间尤甚。但遇湿度过大时，则终日不动亦不食，如睡眠然。夏季日中温度过高，则匿草际有阴处，亦不取食。脱皮后约须历2小时，始行取食，此其特别情形也。其取食之法，颇为灵巧，一若天之特赋与者然。尝饲以狗尾草，则蝗先择叶之嫩者食之，次及其老者，然后乃食其细茎。其食草时，先以六足握草叶之边上，而以叶缘夹入其二大腮间切之，同时以其上唇下缘中央处之一凹陷而抵叶缘，使其适在大腮之间，随切随即向下移动，同时复以大腮交互搓磨使切之，叶片在大腮小齿上变为碎块，以舌之动而送入咽中，此其食叶片时之情形也。其食草之细茎时，则与取叶时之手续，略有不同。即切茎一小段后，须放大腮之中间，而左右振动之，待碎茎后，送入咽后方，始再行第二次之切茎作用。非如食叶时，切、碎二动作同时举行，此实由其质之老嫩不同耳。当深夜无声，万籁俱寂，群蝗取食，唧唧有声，不绝于耳。初听者，固不以为蝗虫所为也。有以食缺而互相残杀，普通则雌蝗多受害云。尝见雄虫于交配时，把雌体而啮食其翅焉，又有时而自取其翅以食，惟饥也则然。

飞蝗之活泼力，全依温度与湿度而定，当天气干燥而暖，天无片云之时，其活泼力最大。但过于燥热，蝗虫则亦藏草际阴处，一若纳凉者然，但骚动之，固亦不复畏热，而乱飞矣。空中湿度过大，蝗虫骤然变其习性，终日持握草上不动，亦不取食，但骚动之犹能飞，顾不能维持多时。如在雨后，则其握持于草上者，虽驱之，似懒于动者，如急逼而动之，方跳跃以避之，但绝不能飞翔。其跳跃亦不能维持时间过久。

故当天雨之时，蝗常匿于叶背，使雨不能侵入其身，如在此情形中，蝗虫不过不甚活泼，而飞犹能为也。以上所述，乃关于日间之情形也，如在夜间，虽明月皎洁，蝗虫终夜静持叶上，而不能动，如在无露之夜，而受惊时，亦能飞跃，与日间同。然以夜间多较日间为凉，故其活泼力终不若日间也。蝗甚畏暴风，常匿草际或可遮蔽之地以避之，在此时内，故甚不活泼也。

昔人谓蝗虫有慕光性，常用灯光以诱杀之。然以研究之结果，知其对于光非绝对的爱慕。尝于夜间以灯近饲养笼旁，见其四散，复近于笼之一边，蝗始渐渐相火而徐移来，复用火而移他方，亦经多时，方再徐徐而近之。且所用之火，普通之煤油灯，似觉嫌其不明，但用电灯后，其来趋于光者较为速，而历时亦较少。有一次开笼饲食时，逃去3个，后于夜间电灯火下皆捕得之。虽不敢决其为逃逸之个体，然南京向无此种蝗虫，斯时所捕得3个，至少总有一二个确自笼中逃逸者。由此观之，飞蝗之爱慕光线，须有一定之界限，普通之灯火不能诱之，非用电灯光不可，是当有别。海属土人，谓夜间蝗飞翔空际时，见火则慕而逐之，然其在休憩或进食时，则无论火光如何强烈，则永不来也。信然。

蝗虫最后之脱皮，雄雌各异其时。设雌虫与雄虫同时孵化，雌虫往往较雄虫成熟早二三日。即雌虫脱皮后，逾二三日雄虫方始脱皮，雌虫得于此二三日间，充分发达其卵子，以易于受精。雄虫经最后之脱皮，须越一日方始交配。有时雄雌孵化之时期不同，而雄较雌先数日成熟，虽雄虫之交配欲望，不择雌虫之成熟与否，而强行交配，但其生殖器终不能接入，非待雌虫成熟充分，不容雄虫之交配焉。又雌虫已受精，而他雄蝗又来强行交配，则雄虫交配器亦终不能纳入，与其未成熟时同一情形。非至成熟之卵已排出体外，不许第二雄虫之交配焉。

（1）至雄雌交配之历时。据观察之结果，颇不易确定，而与交配次数之多寡有密切之关系。凡交配次数过多之雄虫，其历时必少，反之，未曾交配之雄虫，其时必长。尝计之，自20～45分钟之间云，至雄交配器已出，而雄虫犹紧抱雌虫体上，但上所计之时间，专指雌雄合体之历时。当其正交配时，而忽又来一雄虫，则交配之雄虫，以后足在其翅上括括作声，他之雄虫自他去不来。

（2）雌雄交配最强之时与交配之次数。关于此项问题，最不易推测，盖雄虫无时间之限制，一次交配后，逾数分钟又行交配，故终日不见有单独之蝗虫。但从多数雌雄杂居之地，而计其交配之次数，颇不易确定。今年夏，尝以一雌一雄，盛于一器中，待其交配完竣后，取出其雄，而另放入未交配之他一雌虫器中，则雄蝗不多时又与此雌虫交配。如是行之，一日内一雄能御13雌虫。同法以他一雄蝗与另数雌蝗交配，一日内凡10次，又一雄蝗仅能交配5次，又一组为7次。总上以观，此虽有差异，然以一世言，则雄蝗交配至少有百数十次之多，古人谓蝗好淫，良有以也。

同法以一雌蝗而与一雄蝗放置一处，一日仅见其交配两次，第二日未见交配，第三日亦然，当时不知何故。后于第三日之下午，察其器内一卵块遗于芦叶与茎间，是日下午即见其再交配。由此观之，雌之交配，当以产卵次数为定，在未产卵前，其交配有 2～3 次者，但停止交配后，非卵产出后，不再交配，即雄虫强行交配，雄器终不能纳人。但一雌虫能产卵若干次，作者术尝观察，不敢臆断。然以每蝗腹内有卵约自 200 余粒至 400 粒左右，而每一卵块所有不过 60 余粒至百粒，以此计之，雌蝗一生，当产卵 4～5 次，即其交配至少亦有 4～5 次也。

飞蝗之雌虫既已受精，则行产卵。其产卵之地，多在荒地平原上，或湖泽无水之边，土多为砂质而杂黏土者，普通则其质多甚坚硬也。在海州，第一世代与第二世代产卵之地，微有不同。第一世代多发生于芦滩、草滩及灶田等处，第二世代则无定所，通常多发生于平坦近农田、道路之田埂及荒滩等之坚质土壤中，至芦滩、灶田则反少发生。此盖以第一世代之成虫，求食于四方，随食而产之卵也。

蝗虫产卵多行于土中，但有一次观察雌蝗交配次数时，于其箱中见有芦柴茎与叶之间，有一卵块，已于前节言之矣。考此卵块，外有泡沫物，而呈不规则之圆三角锥形，此不知因何而产生于芦柴上，其以急于产卵，而未及钻地所致乎？抑以土过坚硬不易钻入所致乎？此卵块从未孵化。

飞蝗之寿命（指成虫而言），普通约历 1 月余，已于前言之矣，但此固不敢断为定论也。因天气对于寿命有莫大之关系，在适宜之境，自当享寿较长，反是当夭折。又因雌雄之有别，故其寿命亦有殊。矧其孵化时，又不能一齐乎，上所述之 1 月余，实其平均数耳。尝行试验焉，足以证明交配与寿命之关系。观察其结果，雌雄之寿命虽参差不齐，然此二性相较，雌性之寿命固不受交配之支配，但雄性不交配，则死亡甚速。是蝗虫交配，实所以延长其生命者，其好淫实不得已也。

2. 卵

当幼虫第三次脱皮，其卵巢已渐发达，至成熟时，其卵巢已有卵，而尚未发达，约 2 日，卵渐发育，于是交配。交配时，其雄精皆储于储精器内，至卵充分成熟，于是排卵于体外。当其卵出产卵管时，雄精即出而与卵配合，然后由阴道而出导卵器，复以产卵器持放适宜之位置。卵在土中，实隔有泡沫状物保护之，此质能流通空气，而不能透水，故虽土大湿，而不能侵入，天气寒凉，以在土中常能保持温度，故卵在土内无丝毫之危险。

卵块内有横四列、每列以 17～18 粒计之，则每卵块有 120～130 粒，但此中固有甚大之差异。其第一次所产之卵块，往往为数较多，其末一次所产自较少。吾尝取卵块四，而一一数之，其最多者 141 粒，其最少者为 78 粒。此最少之卵块，虽不敢臆断其为最后一次产生者，但其上有卵柄，并非产卵未终了之象。故卵块中所有之卵，大有差别，不能一概论也。

卵之孵化，普通在泥中行之，其各种现象，吾人不易观察，但自土中取出而观察，虽有一小部以空气干燥失水而死，但大多数固孵化无碍。作者曾行一度之观察，故其胚胎在卵中之状况，及孵化之方法，与每卵块所有卵之孵化率，并孵出幼虫雄雌之比例，皆得甚圆满之结果。

（本节还论述胚胎在卵中的状态。从略。）

3. 幼虫

蝗虫之幼虫，依学名须称曰若虫 Nymph，以别完全变态 Homometabola 之幼虫 Larvae，与半形变态 Hemipnetabola 之稚虫 Naiad，惟习惯上已称幼虫，故从之。蝗之幼虫凡脱皮 5 次，时约 27 日，但此时间尝受环境之支配，其各时期之习性微有不同。

（本节还分别介绍了蝗虫幼虫体色之变迁、各时期体长之增加、脱皮之方法、翅之发达，各期之跳跃、聚集性、慕光性和食欲等习性。从略。）

（五）飞蝗之防治

飞蝗为害既如上述，大有所谓飞蝗一生，赤地千里之概，是以无古今、无中外，咸兢兢克克，谋所以防治之。兹章所述，即本斯义，乃参考古今中外各法，经本局试验有成效者录之。概分之，曰自然驱除：气候、霉菌及其外敌属之；曰农业驱除：犁、耙、灌溉、轮栽属之；曰药剂驱除：毒饵、毒液属之；曰人工驱除：掘沟、袋集、熏烟等属之。分述于下。

1. 自然驱除

乃利用天然物平衡之理，由人工利用之、发达之、培养之，而杀害虫之谓也。其项可分气候、寄生物与外敌，兹将蝗虫之自然驱除，分别言之如下。

（1）气候。凡百昆虫，无不受天气之裁制，蝗虫亦然。但天然中最为蝗虫害者，首在湿度。凡其孵化脱皮，苟遇甚大之湿度，则相继死亡。而卵未孵化前，土壤潮湿，则孵化率必锐减，能孵化者直小数耳。且天气潮湿，能使蝗停止食欲，运动迟钝，如连续数日，未有不丧其生命者也，已于前略言之矣。此湿度极大时而左右蝗虫之生命也，如湿度甚小，对于卵未孵化之前，其杀蝗卵无数。今年徐属蝗虫甚少，正以此冬春两季天气太干所致。美国明里苏达大学，曾以蝗卵放花盆中，而各具深浅，其一组使其干燥，他一组则时时加水，使盆中常维持其湿度，则湿度大较旱尤易杀之，故能维持土壤湿润，实无形之优良防治法也。推源其故，不外土壤有水分，能使土壤渐次压紧，使幼虫虽孵化，而不能取道外出。或以水分过多，其卵不能呼吸而窒死，或幼虫孵化以水蔽，窒息其呼吸而亡。

又冬季多雨雪，而继之以大寒，则无形之中，必损失蝗卵无数。当春季和暖之时，卵将孵化，而天乍寒，则杀幼蝗亦无数。又当脱皮时，天乍寒，则皮不脱而亡，其未脱皮者，亦十足而迟其脱皮期。至成虫时代，如遇暴风急雨，亦能杀之，其数且不可计也。此系就蝗害已经发现，倏又因气候关系以致死亡者，至冥冥之中，因气候之关系，而限制其生育过紧者，比比而然。令人不得不感天工之巧，而觉人事有时而穷，是不得不谢天公之作美也。

（2）蝗虫之寄生物与其外敌。蝗虫有甚多之寄生的外敌，当其盛时，其外敌亦从而繁盛，一若互相竞争，乃天然平衡最大之原因也，吾人赖此而减少蝗祸不少。其寄生最著成效者，可分植物与动物，前者菌类为最多，后者则节肢动物为最多。至取其体为食者，多属较高等之动物，如蛙、鸟等是也。分述于下：

①菌类。菌类之杀蝗虫，有令人思想不及者，其效力之宏大，在自然驱除法中，可居第一位。欧美各国，今且认为极有价值之问题，研究繁殖，以资防除虫害。据研究之结果，能杀蝗虫之细菌大多属于昆虫寄生菌科 *Entomoph thoraceae*。此类病菌，业经美国哈佛大学谢克脱（Shaxter）之研究，谓杀蝇菌属 *Empusa* 之病菌，效验最大，不仅能杀蝗，且能灭除蚊蝇也。其能杀蝗者，为杀蝇菌 *Empusa grilli* Fres.，分布最广，故效亦最大。蝗遭其寄生，则身体行动均不活泼，常爬于植物顶端，用前四足紧抱不放，直至垂毙时方松[①]。蝗之尸体膨胀而软，越时又渐次僵硬，各节亦陆续断裂。在此时期，乃由一种棕色孢子顺风吹起以至于蝗之食物上，苟健全之蝗不幸而食此被染之食物，亦遂染此病而死。尝考杀蝗菌之发达与否，与寄主及天气极有关系者也。

一曰湿度。湿度甚大，常能供菌类之发生，故细雨连绵，能杀多数蝗虫也。（按天雨时，蝗常深藏草际，而不取食，故久雨则将绝其食而饥死，不仅细菌之作用也）。

二曰寄主之聚集性。凡细菌之得以繁殖，必借多数事项，而其中最要者，厥惟寄主之有聚集性。因此种蝗虫，常聚集于一处，传递之机会甚多，则繁殖易，故其杀蝗力甚强，实其聚集性，有以造成之。

蝗虫第一代发生之时，正黄梅时节，常于此时有甚久之雨，故颇利菌类之孳生也，此其可利用菌杀者一也；蝗常聚集于一处，正可供菌类之传递，此其可利用菌杀

---

① 《物异考》：宋哲宗元符元年八月，高邮军言飞蝗花草僵死，或亦为细菌侵害所致欤。

者二也。故深愿将来能得最良之方法，以保存此种菌类，用人工散布之，使天然驱除蝗患。

②蝗恙虫 *Trombidium locustarum* Ril.。属节肢动物，蜘蛛纲，壁虱类，恙虫科 Trombidiidae。以其幼时色作红或赤，称曰红蜘蛛。当早春之时，或地面甚干燥，而天气和暖之季，此种成长之恙虫，奔走于田畦中、花圃内。而蝗虫数多时，尤饶其足迹，色作鲜明之腥红，而有特异色彩之丝。当春季雌虫产300～400粒之卵，卵甚小，而形圆，作橙橘色，常深藏于土面下一二英寸之地。不久即孵化为橘色，而具六足之小蜘蛛，颇行活泼，四出觅寄主，而营其生活。当其一得蝗虫，则紧附其翅底，如为幼蜱，则附其翅片之底，其地位永不变更。此时即以口器吸收其体液，且永不停止。故不久，其体即充实蝗虫之血，于是其昔之长足，渐渐缩短，不久其形几不能见。至此时其体不复动移，其附着于寄主体上，宛似一滴之血或如一卵，常为人所误认者。尝观蝗自受其寄生后，则蝗活泼力顿减，而体大弱矣，常为他蝗所摈绝，不然即与他受害之蝗为伍。当其寄生于蝗体而充分成熟矣，乃离其寄主而入土中，隐而不食者约数周，然后成蛹，不久成恙虫，破蛹壳出，此时方为8足之恙虫也。于是在土中以备越冬，此恙虫颇为活泼，直至温度达零度下，方始停止其活泼力，其取食多为柔软之有机物体，而酷爱蝗卵，故地下之蝗卵，常有甚多之恙虫在焉，有时食尽，而四穿土孔，以寻蝗卵。或曰，耙耕时足以杀无数之蝗卵，禁止幼虫之孵化，但同时亦将害及于此类恙虫矣。曰：其实有不尽然者，因此种恙虫，虽为土所压，然其具有特殊方法以出土壤，固不致丧其命也。

③麻蝇 *Sarcophaga kellyi* Ald.。此乃蝇类之一种，而属麻蝇科 Sarcophagidae，色灰，形颇似家蝇而较大，灭蝗之健将也。6月间，产生最多，每每于飞蝗之第二世代，产其卵于蝗翅上，孵化而钻入其体中，故蝗因此虫之寄生而死者极多。天气晴和时，飞行活泼，若值缠绵之阴雨，则发育上顿受侵害。每虫可产蛆1～16个，普通仅3～6个云。其出蝗体也，多在蝗虫第一对脚基节之前，或由腹部环节，甚至由其尾部爬出。爬出后，即直接入土中，亦有行数尺而后再入土者，于是化蛹焉。其于夏季蛹化者，入土不过一二寸，春秋行蛹化者，入土则较深，每年凡二个世代或三代。蝗当受此虫寄生后，遂成此虫唯一之营养料，故蝗虫不久即死，最后则仅余一空体躯而已。

④蝗螈（略）。

⑤长吻虻 *Bombyliid flies*。在蝗卵产生最多之地，常能得甚多长吻虻之幼虫，其成虫常发现于7月中旬，见其在菊科植物花上取蜜以度日，至8月初，此虫特多。而飞翔空中，常维持多时于一点，忽而以极速之飞翔，瞬时而达于他点，使人不易窥其

真形。其体形、体色，依种类而不同。*Systoechus oreas* 一种，体黑灰色，而密被灰黄色之毛，故体之黑灰色完全不见，其毛甚长，使此虫不辨其真形，而有类于胡蜂。其幼虫常发见于蝗之卵块中，其形曲，头钝而尾尖，体呈透明之白色，而附透明淡黄之斑纹。头小而扁，作暗褐色，其大颚甚阔，形似三角。其幼虫常于 8～9 月间见之，其体大小虽不同，而其形态则无大差异，大多数不能运动。此虫变态完全，但吾人从未发见其卵及蛹。

⑥芫菁 *Blister beetle*。吾人在产蝗区域内，同时能发现甚多种类之芫菁，有金绿色者、有红头者，惟其学名尚未得知，其已知者，有华地胆 *Epicanta chinensis* Mots、葛上亭长 *E. cinerea* Forst. 二种。前者色黑，而前胸作朱褐色，长约 6/8 英寸；后者鞘翅上各有二灰色之条，长与前种相埒，而微较狭。都为害豆科作物及牧草之属豆科者，即俗所误以为斑蝥者是也。虽然，其幼虫固以蝗虫之卵为食，乃最有效力之天然驱除也。

⑦黄蜂 *Priononyx atrata*。能害幼蝗，性勤，当天气晴朗时，尝终日觅刺幼蝗，凡幼蝗被其刺后，遂失知觉，一若麻醉者然，于是蜂取其回，置诸巢内，产一卵于其体上，蜂幼虫孵化后，即取其体为食。当幼蝗被刺时，常见其前足竖起作"U"字形，盖预备与蜂抵抗也。

⑧蝗卵蜂 *Scelio luggeri* Ril.。此种蜂能杀无数之蝗卵，常至一卵块中之卵全被其食尽，至最后则每一蝗卵皆出一小蜂。此种小蜂，颇不易察见，盖因体色深黑，足蜜黄色，有与所处之境相混也，不善飞，常爬行于土上，如受惊则跳跃如蚤。

以上所述之寄生动物，仅限于效力最大、而易察见者，至其腹内亦往往有一种线虫之寄生，常于内部解剖时见之，旋曲于体腔中，其学名不详，或为 *Gordius* 之一种，俟后再研究。

⑨蝗之肉食性外敌 *Predaceous enemies*。飞蝗有甚多之肉食性的外敌，足以助人灭甚多之蝗虫也。其类或取食其卵，或径食其幼虫及成虫。大别之，为 6 类：曰昆虫类，曰蜘蛛类，曰两栖类，曰爬虫类，曰鸟类，曰兽类。

1）昆虫类。昆虫之取食于蝗虫者，有蝇类之盗蝇乃用其长足而捕幼蝗，插其喙于蝗体中，而吸其体液。甲虫之步行虫专食蝗卵，常于蝗第二代之卵块中发见其幼虫，有时在卵块上或相近之地。至斑蝥科中亦有数种亦取食于蝗虫者也。

膜翅目中有野蜂、细腰蜂俱能杀蝗，而土蜂常用刺刺蝗体而麻醉之，携之入其土穴中，于是产其卵于蝗体上，卵孵化后，幼虫即取食焉。直翅目中亦有名地蛗蟖者，亦取蝗卵以为食。又此目之螳螂亦取食焉。

2）爬虫类两栖类及蜘蛛。据学者之研究，爬虫类动物，以蝗虫为食者，有蛇、蜥蜴等，至两栖类之蟾蜍，与小形之蜘蛛，能食蝗虫，皆经作者所观察者也。尝于豢养飞蝗时，每见蝗虫日少，奇甚，俟观之，乃于夜间窥一蟾蜍自箱角小孔入，大肆啖嚼，一顷刻间三四成蝗虫皆入其腹中，旋即腹膨然起，不复动矣。后于天明时，再事观察，则蟾蜍不复知所在矣，至是日夜，蟾蜍又复出，从小孔入，如是者再。后以所豢养之蝗，恐为其食尽，于是实其孔，蟾蜍虽不得入，而犹时来以窥之，似若觅一隙而盗入者。至于小蜘蛛，仅于第一、二期之幼虫箱中见之，亦夜出以捕蝗，至日间则隐藏箱角间。尝于夜间见其腹胀大可异，至翌日晨计之幼虫，则少10余头矣，后亦捕之出。

3）鸟类与兽类。有甚多之鸟类与兽类，如有机会而得蝗虫者，无不爱食之，家畜尤贪食之，但蝗虫过多，则必生厌而不食，是其缺点也。鸟类之最有效率者，当首推鸦 *Gorvus corone* L. 及鹊 *Pica pica sericea* Gauld magpie Elster. 等，为我国最普通之种，常于产蝗区盛见之。家畜中如鸡、鸭等，徐属且用以捕蝗，收效甚大云。其他能捕蝗之兽类，据学者之研究，谓当蝗飞翔空际时，复有百余种飞禽，足为天然之敌，其最确而易见者，如下列之十数种[①]：

鹳　鸥　鸦　鹊　杜鹃　鹕鸪　麻雀　鹡鸰　百灵　山鸟

松鸡　驹马　怪鸥鹊　猫头鹰　必胜鸟　沙漠鸟

兽类之能食蝗虫，如牛、马、羊、豕、猿猴、田鼠、松鼠、黄鼠狼等。其在畜牧业发达之区，蝗虽为害甚烈，亦可利用马、牛、羊等之践踏，不仅可使土变紧，蝗幼虫不能孵化而出，同时亦可踏破卵块，收效甚大。

综上所述，蝗虫受天然之裁制，固足不能为害，然而理想与事实不同，常见蝗患者，抑又何也？此实受天气之惠赐，或以湿温相宜，或以其敌之未生，遂特然而起，为强烈之祸患，然则蝗虫与天然关系，不亦大哉？

2. 农业驱除

农业上有种种方法，直接与禾稼有关，而间接能杀除害虫者，其用于除蝗者，则又犁、耙、灌溉等，法简而易行，工省而效大，较之其他，实有超过之概，分述于下。

（1）犁。我国素重秋耕法，即于秋冬两季用犁翻转土壤，此时如土中有虫，能以此而出土，受风雪之侵蚀，杀死无数也。当犁时以机触之，亦可死之，故当有蝗卵之地而行此法，奏效颇大。行此法耕起6英寸，则能将蝗卵粉碎，或翻出土外，而受风雪之摧残，其在土中者，以犁之重压，纵能孵化，亦易爬出土面。苟于春季蝗卵将孵

----

① 见《蝗患》第943页。

化时，再行一次深耕，奏效尤大。

(2) 耙。此法原理与前同，收效亦然。法于秋后至翌年春季 3 月 1 日以前，当蝗卵未孵化以前，将土耙起深约 2 寸，使卵块暴露土面，受气候之侵凌，与夫鸟兽之喙食，足以减少无数之蝗虫也。

(3) 灌溉。在易于灌溉区域，春秋两季可灌水于产蝗地面，以促进细菌之繁殖，使蝗卵尚未孵化即腐败而死。其孵化未久者，亦可应用此法，令其气孔噤闭窒息而亡。

3. 药剂驱除

蝗虫之驱除用药剂者颇少，但有时四散芦中，不时灭捕，亦往往用药毒杀之者，然所费巨，不合经济也。爰将所常用者，分列于下。

(1) 毒饵。蝗性爱食甜物，当其缺食时，尤爱食之，于是利用其饥渴之性，制成一种毒饵，则以甜物与毒物为基，而杂他物作成小饼，放于产蝗区中，则蝗来食而中毒，不久即死。最普通而最有效者，莫如麦麸与水混合，而加糖饴与砒霜以成者，但其配合量有数种，表列于下。

毒饵之配合

国别	麸量	砒量	柠檬或橙配合量	糖汁	清水
美国加州	50 磅	2.5 磅	柠檬汁 0.5 磅	18 升	5 加仑
美国牛州	20 磅	1 磅	橙子 3 枚	0.5 加仑	5.5 加仑
英洲	25 磅	1 磅	橙子 6 枚	0.5 加仑	1~2 加仑
开州	50 磅	3 磅	橙子 10 枚	1 加仑	5 加仑
新墨西哥	20 磅	1 磅	橙子 8~10 枚	6 升	3.5 加仑
加拿大	20 磅	1 磅	橙子 3 枚	4 升	3.5 加仑

此外尚有用马粪制成毒剂者，法将巴黎绿、盐、马粪三者与水充分搅和，使成浆状，其配合量如下。

巴黎绿 1 磅，盐 2 磅，马粪 50 磅，水至润湿为度。

(2) 毒液。砒酸亚铅 3 磅，水 50 加仑。巴黎绿 1.5 磅，水 50 加仑。亚砒酸钠 1磅，水 60 加仑，糖水 0.5 加仑。以上毒液，宜于傍晚或清晨时喷射于被害植物上。蝗服毒后，一时并无何种现象，迨至 36~48 小时，即呈一种不安状态，3 日以后，即多死亡矣。惟此法阴雨时不能行之。又上之毒物质施用时，当注意于家畜之误食，故在施行之蝗区中，务必隔绝家畜之往来，不然，将有危险发生焉。

4. 人工驱除

在我国古代治蝗之法多属之，当兹我国人工廉贱之时，此种人工驱除，较药品驱除，固甚经济，爰择其确堪实行者，述之于下。

（1）掘沟法。当蝗之幼稚善于跳跃，而性爱聚合之时，用此法扑灭之，颇奏成效。法于蝗群之下风，相距1~2丈处，开一长方形之壕沟，长短视蝗虫之多寡而定，宽狭则依幼蝗所在之何期而异。普通则长约6尺，深4尺，宽3尺（虽幼虫在第5期，亦不能跳出）。复于沟底掘3子沟，深可8寸，使蝗坠入易，而越出难。然后召集多人，排成圆形，手持扫帚或竹梢等，徐步驱逐，使蝗皆向壕沟方向进行，务期皆坠入沟中，蝗既入沟中，则用油蘸火焚之，或用挖出之土埋之。

（2）袋集法。此法为本局所发明，乃利用蝗虫在夜间常聚集于草梢上，行动甚不活泼之性，于上午朝露未干以前，用捕蝗袋收罗之，极为便利。但此法仅能适用于草上之低柔者，苟芦草稍高，而茎强硬者，则不甚适用。兹将捕蝗袋之制法与用法略述于下。

①捕蝗袋之制法[①]：

1）铁丝环。用5号之白铅丝，长4.6英尺，弯成1英尺对径之环，其接合处，以细铁丝缠缚之，约长寸许，再以锡焊之，使其坚固。铅丝两端弯成正角，与环成平面形，然后选一竹竿，长约5尺，其端顶之大小，以能纳于铅丝两端之间为度。乃将白铁环绕此竹端而成筒形，复将铅丝两端焊于筒之外面，据两端寸许，钻一小孔，穿竹而过，然后以细铁丝纳入此孔中，缠绕数次而紧结之。铁丝周围，亦以锡焊之。

2）布袋。用普通布（以粗牢为佳）1码，以一角为中心，然后用1.6英尺之半径画一大圈，复由此中心点再画13寸直径之小圈，由此小圈之中心，画一45度之斜线，直达大圈，将此斜线及大小圈线剪下，则呈扇形布一方，用以作大袋。倘布之阔亦为1码，则可制大袋两枚，又在未用过之布上，剪出9寸长、7寸阔之长方布一块，用作小袋。先于扁形布之上缘与下缘，缝一狭边，再以斜边与边缘密缝，则成一圆锥形之袋，袋之上下口均开，乃翻转再缝，则其剪缝处隐藏不露。再将长方之布，作成一长小袋，其缝法一如大袋。大小袋既依此缝妥后，则以小袋缝于大袋之小口上。

次取粗棉线一根，长约7.6英尺，缝于捕蝗袋之大口。其缝处之距离约1英寸，以线围袋一周，则所用者不及全线之半，其余之线则用以联络布袋于环上。

次制4英寸阔、5英寸长之纸袋若干，在捕蝗之前，置其一于下垂之下袋中，及蝗虫收集后，即将纸袋取出。用纸袋之目的，在免聚集取出费时之劳，如不用之亦可。

----

① 节录江苏省昆虫局《虫害报告》第1卷第4期第88-89页。

②捕蝗袋之使用法：右手持竿之后端 3/4 处，左手则持其后端，人跨草上，右手送竿向左，使袋在芦草上扫过，旋收向右，则袋以空气阻力，袋口自向右，再扫过芦草上，随扫随前，直至产蝗区之他端，再回转而另易他行。依法行之，苟草依行割过，则使用尤便，不致有不周到之虞。当一往一来于草际中，蝗皆入袋内，迨小袋蝗满，则取之出，而置他大袋中①。

（3）掘卵法。此法在找国古时，尝由有司强制执行，小一有效驱除法也。近美国且于其盛蝗时多主用之，奈其国人工昂贵，未能实行。至乎我国，人工低廉，此法固甚可用也，盖此亦治蝗根本要图之一，可于冬季闲间之时，地方有司与董保等，督率人民提锄荷铲，分段巡视。凡表土纵起而有无数小洞者，其中必有蝗卵，应即掘起而毁之。

（4）围打法。蝗虫在幼稚时代，不能远跳，常聚集于一处，故利用此种习性，率领乡民排成圆圈，每人持竹扫帚一把，长约 3 尺左右，于是并肩下蹲，同时足踏手打，向内围攻，不转瞬间，即能扑灭尽净。

（5）捕蝗器。捕蝗器乃美国用以捕蝗之器具，仅能用于荒野之平地上。当幼虫跳跃于地上时，用此器具捕之，甚奏效力。该器之制法，颇为简单，即用纵横数尺之长盆，盛以煤油，并加水数倍，盆之背竖一长方洋铁皮或帆布，盆之四角附以小轮，能旋转。用时以人或畜曳之疾驰，蝗虫受惊，纷纷跃入盆内，坠入油中而毙，其由盆中跃出者，为油封闭其气门，不久亦窒息而亡。

以上各法，皆确属可用者，其用熏烟以止其下落，发响以驱出境等法，皆利于一地，而害终不能免于他地者也。火烧法费金钱，以手捕捉费人工，而皆收效微小者也，兹不欲详述之。

（六）飞蝗之用途

尘与芥人所弃也，而农民得之，可以壅田；糟与粕，造酿家之废物也，而畜牧家得之，可以为饲料；蚕与蟹，始则以为有害于桑叶与稻穗也，既而又知其可以佐食，可以治丝。蠠蠠之蝗，古今中外，固无不认为人类之大敌，而善于利用者，得之壅田，良于尘芥，佐食不亚于蟹，为饲则较糟粕为尤佳，以一物而兼数用，为害纵剧，吾人能逗留之、利用之，则所得必能偿其所失。复按之天演公理，凡需用愈殷者，其可供给之物，必愈居为奇货。苟年复一年，治蝗之术，精益求精，施术之人，所在皆有，又安知所欲取以壅田、为饲、佐餐者，反有不可骤得之一日乎？爰合古今利用之

---

① 此节录尤其伟氏《南京治蝗之经过》（登江苏省昆虫局《中国虫害报告》第 1 卷第 10 期第 178－200 页）。

法数种，分述说明于后：

1. 关于佐食之用途。农作物之重要者，惟稻、惟麦、惟高粱，而蝗则取为食，是其体之组成，固无不可食矣。古之人谓蝗如豆大尚未可食，若长寸以上，则燕齐之民，皆畚盛囊括，负戴而归，烹煮曝干，以供食也[①]。陈龙正曰："蝗可和野菜煮食，又曝干可以代虾米。"赵县某知事谓："能飞之蝗，其肉已厚，其子已成，捕获之，用铁锅焙干，渍以盐或糖，味颇美，可代食品。若得捕获多数，蒸熟晒干，储封器内，虽值饥馑，可免饿莩。至秋冬之交，运销京津，定获厚利。"按：天津人向来嗜食蝗虫，呼为旱虾，而以此为营业者，实繁有徒。又以雌蝗破腹，烹其卵块供食，味更美，价亦较高。在欧洲各境，未经蝗患者，土人亦不知其可食，然在菲律宾等处，已为世上珍品矣。兹将路魄（J. H. Roop）博士分析新鲜蝗虫之结果如下[②]：

新鲜蝗虫之组成

组成分	百分数（%）
水分	68.40
脂肪	1.94
蛋白质	25.07
纤维	3.41
灰分	1.24

由此观之，可知蝗虫之成分，固与寻常食物无异，取而为食宜也。更可知捕缉蝗虫，既能除害，复能佐食，已为古今中外所共认。或有闻蝗可以佐食而惊异者，此盖半惑于神祸，半由于少所见闻，至乎西北诸省得之，如南人之食虾蟹，视为珍品矣。故当极力宣传，以引起一般人之嗜好，根本解决。固宁冀其无蝗，不幸有之，而以食之者众，其捕捉之力，亦必迥异，未始非一助也。

2. 关于饲料之用途。蝗之新鲜者人且取为食，以之饲家畜，定获裨益。清陈芳生《捕蝗考》有云："崇祯辛巳年，嘉湖旱蝗，乡人捕以饲鸭，极易肥大；又山中有人畜猪，无资买食，试以蝗饲之，猪初重二十斤，旬日遽重五十斤。"效力之大，或不过谬。又据赵县某知事治蝗法谓："干透之蝗，不令发酵，每日掺入糟粕野菜等物，以饲猪，既易肥大，又省粮食，法良得也。"又"鸡之产卵，多在春秋之际，然无虫

---

①　全段文字见陈芳生《捕蝗考》。

②　见 Davis，J J，1919. *Grasshopper Control in Indiana Purdue Univ* ［J］. Agr. Exp. Stat. Circular（88）：6.

类为饲料，鸡多羸弱，产卵不丰，若贮存干蝗，俟秋末春初虫类绝少时，每日各饲干蝗十余枚，则鸡必肥壮，产卵亦多"。著者以其与农家副业颇多研究之点，故特为之重行叙及，而此风在北部诸省，已恒见不鲜，他方之受蝗祸者，正在仿行。况世间物性，畜可食者，人食之未必皆宜，若人可食者，畜类无不可食之之理，是恐于鸡鸭豕等家畜之外，犹有别种家畜可赖以滋生，是在关心斯业者。

3. 关于肥料之用途。肥料为农家之命脉，而动物质之肥料，尤肥料中之佳品也。蝗虫供食且无碍，则其培养植物之力，必不让人肥与油粕也。根据原理上研究，固确证蝗虫实有效肥料之一。考之我国古籍，言蝗之可肥田者，亦复不少。清窦光鼐上《捕蝗疏》有谓"蝗烂地面，长发苗麦，甚于粪壤"之句；陈崇砥《治蝗书》谓"埋蝗壕内，既可免臭，复可粪田"。可见前人关心废蝗之利用，亦有足取者。又据某知事治蝗书对于蝗肥制成法，尚属可用。法以将毙之蝗，摊置场中，晒干后，堆积一处，洒以清水或粪水，盖柴草一层，厚约三四寸，不使透风，越五六日发酵，即成极好之肥料。若因天阴难干，可用火锅煮水，将蝗倾入锅内，俟水沸腾捞出再晒，则干燥较易。或烧热锅，将蝗灸干亦可。无论用何法使干，均须搅水发酵，方可施用。

（七）结论

蝗虫之祸，夫人而知之矣，其祸若作，是非有以治之不可。治之之法，随所在而不同，但其望立时止祸之心理则一也。不意狡黠之蝗，虽缉捕之有人，扑灭之有法，而一处方免，一处又兴，今岁不为害，明岁复为灾，一若其有自由权者，果何故欤？曰：此无他，乃因勉能治其标，而未能实行治其根本耳。爰就管见所及，复依我国现在情形，拟其根本办法数条于后，幸国人之关心蝗祸者，有以教之。

其一，须开拓荒地童山，以杜绝蝗虫之发源地也。统观古今中外，蝗虫最初概发生于荒地童山，前章亦言之详矣，故开拓荒山，屯垦荒地，实为唯一之灭蝗方法。昔美国落矶山初甚荒芜，蝗虫几无岁无之，自经开垦后，不复为患，其前例也。至乎我国荒地，各省都有，据农商部历年统计，全国荒地占全国面积30%，合全世界全局比较之，当加入一等。深愿我国当局，稍一顾及此种实利政策，将全国荒地作一通盘之筹划，拟一具体之办法，亟颁布领地规程，使数十万之军队，即行承垦，将来得以自食其力，决不致乐于为非。至若人烟稀少，而实际上所不能承领之粗放荒地，则应由政府广培苗木，实行造林，一年不克就绪，逐年或能推广。务使全国之中无荒土，不仅能使蝗消灭于无形，且可从此而辟一大利源，一举两得，何乐不为？

其二，须颁布害蝗法规，谋合力扑灭也。害虫之根本防除，由政府担任全责，在诸先进国，本属常事，但着手之初，最不可忽者，即害虫法规。此种法规一经明定后，应使各地方官厅、各农业机关及各农民，皆充分了解，但一旦关于害虫之事项发生，上下咸可按律进行，既无隔阂之弊，自收指臂之功。况蝗虫为害最烈，每至牵动大局，尤非根据上项规程，不足以谋肃清。尝于去岁夏，在洪泽湖边（泗阳辖境）捕蝗，见有多数跳蝻，由皖侵入苏境，而安徽方面，听其自然，并不设法防治，以致泗阳蝗虫延一周之久方能扑灭尽净，此皆无害虫法规之弊也。

其三，添设昆虫局，以研究与防治蝗虫也。回忆前数年，国内患蝗处，无特设机关为之枢纽，仅由官厅派员履勘，蠲赋赈济，虽稍苏民困，究有损国课，所谓头疼医头，脚疼医脚，毫无补于实际。查昆虫局之事业，至为繁赜，而唯一之责任，终不外解决虫害问题。蝗虫乃虫害中酿灾绝巨者，螟及棉虫犹其次焉，故自古迄今，官司视之极重，徒以无根本殄灭方法，致国与民两受其害。窃以为各省应量岁入之盈绌，各设昆虫分局一所，使其一方负责研究，一方负责防治，并由中央政府设立国立昆虫局为之中心，统辖各省分局，策励进行，庶于蝗害之种种问题，不难临及而解，其裨益于国计民生，岂浅鲜哉！又所设昆虫分局，应与农业机关通力合作。何也？昆虫局之主要目的，原在防除害虫，顾一事之进行，有未能尽恃药品器械也。是以上望政府之提倡，下欲人民之觉悟，俾其应尽之责任，无疑难窒碍之发生，且虽有成效之研究，非群力施行不为功。查农业机关与农民最为接近，与其通力合作，必能进行无碍，而收圆满之效果也。

其四，须设法解除农民迷信也。蝗虫见于数千年以前，故昔人描写蝗虫之书，为数甚多，神祸之说，亦众口一词，相沿至今，人民以为古籍彰彰可考，有司尚祈祷不遑，嗟吾小民，宁不知敬？以致坐误时机，观望不前者，比比皆是，如此而冀蝗不尽情狂肆，讵可得乎？是以欲其根本铲除，必先自解除迷信始。解除人民之迷信，迨亦不难，是端恃今后与人民最称接近之各种农业机关，开会展览、实地演讲，并示以普通之学理，使明其生理，不复再以鱼虾化蝗神虫等说所蛊惑，更于此时示以防治方法，使知各种根本要策，庶之其知识可以日益进达，蝗虫永不发生之一日也。

以上四端，皆揆我国目前情形而立论。私心认为，治蝗根本问题也，惟睹现状，农民饱受兵匪之惊扰，不能安居乐业，甚或流离失所，老弱转乎沟壑，其固有之田屋，且将不保，又何暇谈蝗哉？故第一步深望当局者，有以弭兵灾，而农民之安居乐业，然后可以谈治蝗，否则其言治蝗，直空谈耳。

关于飞蝗研究之中西参考书籍

飞蝗为东方之种类，我国最富产之，故关于记载及研究此等飞蝗形态、习性及生活之书籍，尚不多觏，惟其述一般蝗虫之防治方法，能应用于飞蝗者，实繁有徒。兹择其与飞蝗有切近之用，而较有价值者，录之于后，以供参考。

中文之部：

陈崇砥　治蝗书

王祯　农书

陈芳生　捕蝗考

章祖纯　中国治蝗辑要

章祖纯、徐钟藩　蝗蝻防治法（中央农事试验场《劝农浅说》第 54 期，1921年版）

张景欧　蝗患（载《科学》第 8 卷第 8－9 期，1923 年版）

尤其伟　南京治蝗之经过（载《江苏省昆虫局中国虫害报告》第 1 卷第 10 期第 178－200 页，1923 年版）

西文之部（略）

七、《江苏省昆虫局十七、十八年年刊》

江苏省昆虫局年刊　1930 年 6 月出版

注：《江苏省昆虫局十七、十八年年刊》详细记述了民国时期昆虫学研究，特别是蝗虫防治的组织机构、人员安排、资金使用、规章制度和捕蝗实施等情况。

弁　言

虫患，不足治也。患无治法，患有法而不用。虫自虫，法自法，为患无已，几何而不致尽夺民食也？闻治虫家言曰：吾尝遍视田畴，察其疾苦，告于农众曰：治蝗不难，飞翔成群可以网捕、可以火诱，其未孵化掘而杀之，毁燔水淹，而螽贼绝迹矣。闻者唯唯，逾日视之，飞翔蔽天，问何不治？曰治之无效也。曰究治与否？嗫嚅而答曰否，恐无效也，琐繁甚也。吾于此知虫患之所以不绝也，民蔽于习，顽梗不化，晓以利害，勉其必行，诚重要矣。江苏省昆虫局汇集二年来工作，刊布于世，而于蝗患由来、治蝗方法载之弥详，所愿有心之士，互为传说，瓜棚、豆架，耳濡心领，庶几法无害浸，虫患有灭绝之日乎！

张乃燕

（一）本局史略

民国八年、九年，浦东南汇、奉贤、川沙等县，农田叠遭棉花造桥虫害，损失甚巨。是年，沪绅穆抒斋，从国立东南大学农科主任邹君秉文之请，捐洋 1 000 元，为农科研究防治棉虫之用。邹君乃创设棉虫研究所于南汇老港镇，委托农科昆虫学教授张君巨伯主持其事，助教吴福桢君协助之。同年张公权君因发行通泰各盐垦公司债票事，函约邹君秉文同赴各公司视察，邹君乃偕农科教授过探先、原颂周两君同往。是年，各公司棉花受金钢钻虫害之损失至 200 万元，同时大江南北虫害为灾之巨，且千百倍于是，邹君乃建议于张君公权及当时之江苏省长王瑚，由江苏省政府与发行通泰各盐垦公司债卷之银团，及国立东南大学农科合作，聘请世界著名昆虫专家，设立江苏昆虫局，主持研究防治江苏害虫事宜。邹君往返磋商，阅四个月之长时间，且经张君公权之始终热诚赞助，其议始定。即昆虫局所需常年经费 3 万元及必需开办费，统由银团协助。至是局之筹备及成立一切事宜，概由东南大学农科负责办理，是局亦即附设于农科。惟聘请国外技师，则以江苏省长名义行之。议即定，邹君乃于是年之八月持江苏省长王瑚聘函，亲赴国外物色专才。先赴日本，有所考察。比抵日，乃风闻银团债票未能照原额发行，昆虫局经费，亦有根本动摇之说，邹君乃将聘请专家事，转托在美留学之叶元鼎及冯锐两君办理。本人则遄返上海，补救经费事。计奔走于南通、上海、南京等处者，先后十数次，始将经费事谋得一临时办法。即将昆虫局经费，自民国十一年一月起，改为 2 万元，江苏省政府于捕蝗经费项下，拨洋 1 万元补助之，余 1 万元则由银团及通泰盐垦公司分任。至人选方面，则决定聘任美国加州农科大学昆虫系主任教授吴伟士（C. W. Woodworth）为局长兼总技师，月薪美金 330 元，合同教授期限两年半。吴博士即于民国十年十二月下旬抵沪，于是江苏省昆虫局，遂得于民国十一年一月一日在南京中正街侯府，举行正式成立典礼。此为江苏省昆虫局之创始，亦即中国昆虫事业之萌芽也。局址照原议附设于国立东南大学农科。技师主任人员除吴博士外，先后聘胡经甫博士、邹树文硕士、张巨伯硕士、张海珊硕士为技师，以上 4 位，同时兼任东大农科教授。此是局成立后之组织大概情形也。民国十二年，省长韩公紫石莅任，对于局中事业，尤多赞助。乃将苏省国家费项下捕蝗经费 3 万元，全数拨归本局。所有实业界之补助，自十二年一月始，亦不复继续。而是局遂为完全省立机关矣。齐卢之战，省库空虚，每年经费由 3 万元减为 2.4 万元。十三年秋，吴伟士回国，是局由东大农科病虫害系主任谢家声君主持。十四年秋，邹树文君继任局长。十六年春，国民革命军莅宁，昆虫局暂时停顿。是年夏，建设厅委张巨伯为改组主任，并通过组织条例（条例见规程）及预算案，定每年经常费为 3.588 万元。十七年一月二十日，由苏省委张巨伯为局长，改由建设厅与第四中山大学合办，局址仍设于大学内。同年 5 月，因省政府改组，及大学更名，乃改由江苏省政府与中央大学合办，每月实支经费 0.2 万元，由财政厅直接拨给。迨十七年八月起，方照十六年之预算数按月给领 0.299 万元。是年夏，全境蝗虫猖獗，先后任用捕蝗员 50 余人，分赴各县指导扑灭，经于五月间，呈由省政府议决拨发捕蝗特别费 1.6 万元。十八年夏，本省亢旱甚久，蝗害益烈，复经省府议决拨款 2.1 万元，由本局派治蝗员分头除治，旋以人数多，薪旅费用均巨，乃于八月间，续呈准拨给第二批捕蝗特别费 0.9 万元。局中为防患未然计，于秋蝗结束后，派遣委员从事掘卵工作，现正在进行中。经常费自十八年十月起，亦以增加 0.1 万元，共为 0.399 万元矣。此后当尽同人等能力所及，冀多歼除一份虫害，即所以为民众减却一份痛苦，亦即为社会增加一份生产耳。

（二）组织

1. 十七年（1928 年）

本局自十七年一月正式改组成立后，设置总务、技术二课。总务课分文书、会计、庶务、图书四股；技术课分蝗虫、稻虫、标本 3 股。蝗虫股分设研究、推广两部：关于研究者，设治蝗研究所于灌云；关于推广者，分设治蝗所于清江浦、徐州、灌云、阜宁各县，治蝗工作，即归 4 分所承本局命令办理。稻虫股在无锡周泾巷设立治螟研究所。标本股除采集、整理、保管标本外，兼管药品、器械存置、支配事宜。兹将本局该部组织系统，本年职员及捕蝗员姓名、各所地址、各所管辖区域等列表如下。

（1）十七年本局组织系统表

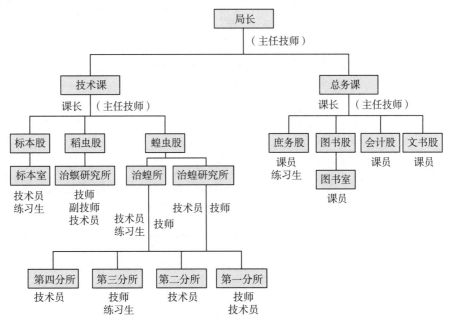

（2）十七年本局职员一览表

姓名	籍贯	职务	履历	到差日期
张巨伯	广东鹤山	局长兼主任技师	美国河海阿州立大学农学士昆虫学硕士，历任南京高师、东南大学病虫害系主任兼昆虫学教授，本局技师，第一中山大学及金陵大学昆虫学教授，现兼中央大学昆虫学教授	1922 年
吴福桢	武进	总务课课长兼主任技师	美国伊利诺大学昆虫学硕士，国立昆虫局技术员，康南耳大学研究员，广东中山大学、金陵大学昆虫学教授，现兼中央大学昆虫学教授	1922 年
张景欧	金坛	技术课课长兼主任技师	美国加州大学昆虫学硕士，历任东南大学昆虫学教授，现兼中央大学教授	
邹钟琳	无锡	稻虫股技师	东南大学农学士，历任本局技术员，现任美国米倪苏太大学研究员	1922 年
吴宏吉	镇江	蝗虫股技师	东南大学农学士，历任本局技术员，中央大学助教	1924 年
陈家祥	浙江奉化	蝗虫股技师	东南大学农学士，历任本局技术员，中央大学助教	1925 年 3 月
杨惟义	江西	技师	东南大学农学士，历任本局技术员	1922 年
尤其伟	南通	技师	东南大学农学士，历任本局技术员	1924 年
柳支英	吴县	标本室副技师	金陵大学肄业	
朱善庆	崇明	技术员	江苏第一农校高中毕业	1926 年 3 月
江企凡	江宁	书记	浙江甲种农校毕业	
尤其倜	南通	书记	江苏第七中学毕业	1926 年 3 月
张而耕	江宁	书记	省立第二农校毕业	1924 年
包墨菜	镇江	文牍	历任前两江优级师范数学教授，省立第五师范、第一中学数学教员，私立正谊中学教务主任	1928 年 3 月 1 日
张兰	浙江吴兴	会计	中央大学教育系肄业	1928 年 3 月 9 日
宋祖芳	浙江义乌	标本股技术员兼庶务	历任本局标本采集专员，江苏省农民协会筹备会宣传员	1928 年 3 月
张奇参	浙江吴兴	练习生	南浔区立第一完小毕业	1928 年 8 月

（续）

姓名	籍贯	职务	履历	到差日期
张宗葆	嵊县	练习生	嵊县县立中学	
李育纲	安徽当涂	练习生	当涂县立第一高小毕业	1928年8月

（3）十七年捕蝗专员及治螟专员一览表

①捕蝗专员

姓名	籍贯	履历	通讯处（从略）
李凤荪	湖南	金陵大学肄业	
张正伍	沛县	省立第二农校毕业	
赖鸿轩	铜山		
杨学端	东海		
陈鸿祥	泗阳	江苏省立淮阴农校毕业	
张义荣	广东鹤山	金陵大学作物育种系肄业	
李国桢	陕西渭南	中央大学农学院肄业	
刘钦晏		金陵大学肄业	
周述才	河南郑县	金陵大学肄业	
王有琪	六合	中央大学生物系肄业	
周敬天	山东安丘	金陵大学肄业	
袁吉	浙江杭州	中央大学生物系肄业	
程淦藩	宜兴	金陵大学肄业	
谢翔云	武进	江苏第一农业学校及东南大学植棉科毕业	
孙崇信		金陵大学农艺系肄业	
沈学年	浙江余姚	金陵大学肄业	
张家蔚	安徽桐城	金陵大学农科肄业	
刘国士	河南新郑	金陵大学肄业	
陈吉居	浙江湖州		
朱振华	江苏太仓		
余桂甫	湖南岳州	金陵大学农科作物育种系肄业	
汤湘雨	湖南益阳	金陵大学农科经济系肄业	
王一蛟	河南开封	金陵大学农科经济系肄业	
杨思泮	崇明	省立第一农校毕业	
张汝俭	江宁	金陵大学农科作物育种系肄业	

（续）

姓名	籍贯	履历	通讯处（从略）
黄浚生	淮阴	中央大学农学院肄业	
徐少杰		金陵大学肄业	
吕竹深	湖南临湘	金陵大学农业经济系	
张炘廉		金陵大学肄业	
袁善征	南通	中央大学生物系肄业	
吉卓民	盐城	江苏省立第一农校毕业	
高璞	安徽贵池	金陵大学作物育种系肄业	
赵永恩	安徽全椒	金陵大学肄业	
方伯谦	安徽桐城	金陵大学农艺作物育种系肄业	
李振纲	直隶冀县	金陵大学肄业	
祝汝佐	江苏靖江	东南大学农学士，中央大学助教	
陈联衡	江苏江宁	省立第四师范农村分校毕业	
邹武	无锡	东大附中毕业	
莫甘霖	广西	金陵大学农科肄业	
刘宣		金陵大学农科肄业	
马保之	广西桂林	金陵大学农科肄业	
吴济民	江苏宜兴	东南大学农学士，上海劳动大学教员	
赵光燮		金陵大学肄业	
陈公望		金陵大学农科肄业	
江绍荣	镇江	省立第一农校毕业	
丁雨亭	江苏泰兴	省立第一农校毕业	
梁毓万	广东广州	金陵大学肄业	
贡邦静	武进	苏州农校毕业	
奚顺占	四川	金陵大学农艺系肄业	
成震	海州	江苏省立第一农校毕业	
楚国香	江苏淮安	江苏省立第一农校毕业	
吕治		上海复旦大学毕业	
柳支英	江苏吴县	金陵大学毕业	
周明牂	泰州	金陵大学毕业	
郑同善	江苏武进	国立北京农业专门学校毕业	
金乾	武进	江苏第一农业学校	

（续）

姓名	籍贯	履历	通讯处（从略）
熊襄龙	广西柳州	金陵大学肄业	
徐　治	江苏宜兴	金陵大学肄业	
戴景宽	武进	金陵大学农专毕业	
张振芳	涟水	省立第三农业学校毕业	

②治螟专员（略）

③临时书记员

姓名	籍贯	履历	通讯处（从略）
曹钟芬	四川江津	中央大学教育学院肄业	
吴长春	山东惠民	中央大学生物系肄业	

（4）本局蝗虫、稻虫分所一览表

名称	经管县份	主任	协助人员	所址
第一治蝗所	铜山、砀山、宿迁、萧县、邳县、丰县、沛县、睢宁	吴宏吉	倪向圃	徐州北关外麦作试验场
第二治蝗所	淮阴、淮安、泗阳、宝应、高邮、涟水	张而耕		清江浦淮阴农校
第三治蝗所	东海、灌云、赣榆、沭阳	杨惟义	张宗葆	灌云电报局隔壁
第四治蝗所	阜宁、盐城、东台	戈恩溥		阜宁县政府
治蝗研究所		陈家祥	尤其倜	灌云电报局隔壁
治螟研究所	江南各县	邹钟琳	朱善庆、邹武、郑同善、程涤藩	无锡周泾巷

2. 十八年（1929 年）

本年内本局仍设总务、技术二课，总务课分四股，技术课则除原有之三股外，又增设桑虫股，设桑虫研究所于无锡。蝗虫股管辖之治蝗分所改为八区，即徐州、灌云、阜宁、清江、苏州、南通、江阴、首都等区，又改设蝗虫研究所于太平门外，治螟研究所于昆山夏嘉桥。十一月间，总务、技术二课，为培养技术上助理人才起见，特招练习生设立训练班，授以昆虫学应需常识，功课由总务、技术二课担任。兹将本年组织系统、本年职员暨治蝗员姓名及各分所一览，列表如下：

（1）十八年本局组织系统表

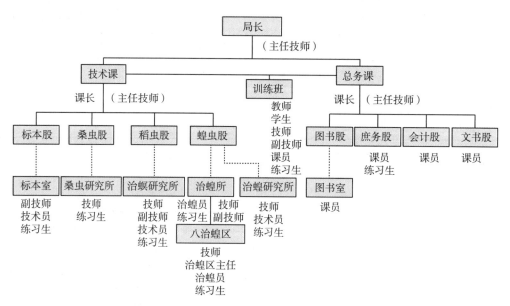

（2）十八年本局职员一览表

姓名	籍贯	职务	履历	到局日期
张巨伯	广东鹤山	局长兼主任技师	美国河海阿州立大学农学士昆虫学硕士，历任南京高师、东南大学病虫害系主任兼昆虫学教授，本局技师，第一中山大学及金陵大学昆虫学教授，现兼中央大学昆虫学教授	1922 年
吴福桢	武进	总务课课长兼主任技师	美国伊利诺大学昆虫学硕士，国立昆虫局技术员，康南耳大学研究员，广东中山大学、金陵大学昆虫学教授，现兼中央大学昆虫学教授	1922 年
张景欧	金坛	技术课课长兼主任技师	美国加州大学昆虫学硕士，历任东南大学昆虫学教授，现兼中央大学教授	1922 年
邹钟琳	无锡	稻虫股技师	东南大学农学士，历任本局技术员，现任美国米倪苏太大学研究员	1922 年
陈家祥	浙江奉化	蝗虫股技师	东南大学农学士，历任本局技术员，中央大学助教	1925 年 3 月
吴宏吉	镇江	蝗虫股技师	东南大学农学士，历任本局技术员，中央大学助教	1924 年
祝汝佐	靖江	桑蚕股技师	东南大学农学士，历任本局技术员，中央大学助教	1926 年

（续）

姓名	籍贯	职务	履历	到局日期
王櫑升	南通	稻虫股技师	东南大学农学士	1929 年 2 月
郑同善	武进	副技师	国立北京农业专门学校毕业	1928 年
江志道	四川丰都	副技师	中央大学生物系毕业	1929 年 2 月
柳支英	吴县	副技师	金陵大学农学士	1929 年 9 月 1 日
王杰	四川江北	副技师	南通农科大学毕业	1929 年 11 月
朱善庆	崇明	技术员	江苏第一农校高中毕业	1926 年 3 月
尤其倜	南通	技术员	江苏第七中学毕业	1926 年 3 月
包墨荼	镇江	文牍	历任前两江优级师范数学教授，省立第五师范、第一中学数学教员，私立正谊中学教务主任	1928 年 3 月 1 日
张兰	浙江吴兴	会计	中央大学教育系毕业	1928 年 3 月 9 日
宋祖芳	浙江义乌	标本股技术员兼庶务	历任本局标本采集专员，江苏省农民协会筹备会宣传员	1928 年 3 月
王勉成	浙江义乌	文书	浙江省立第七中学毕业，历任义乌县立小学教员，县立中校文牍	1929 年 5 月 24 日
胡铣长	广东鹤山	事务员	历任上海鸿昌商号会计，新商号司理	1929 年 2 月
邹源琳	无锡	图书管理	东南大学附中高中毕业	1928 年
徐金阯	南通	练习生	南通县立第四高校毕业前曾在本局服务 4 年	1929 年 1 月 24 日
陆丕承	崇明	练习生	国立劳动大学肄业	1929 年 4 月 15 日
眭千里	武进	练习生	武进第九高小毕业	1929 年 4 月 3 日
李育纲	安徽当涂	练习生	当涂县立第一高小毕业	1928 年 8 月
吴凤苞	崇明	练习生	崇明县立第一高中肄业	1929 年
胡永锡	浙江义乌	练习生	兰溪县立初中毕业	1929 年 4 月 29 日
马同伦	河南新郑	练习生	开封济汴中学师范肄业	1929 年 6 月 20 日
黄中强	河南新郑	练习生	新郑县立乙种蚕桑肄业	1929 年 6 月 20 日
郭尔溥	河南新郑	练习生	新郑县立师范肄业	1929 年 7 月 20 日
范秉法	河南新郑	练习生	开封济汴中学师范肄业	1929 年 6 月 12 日
张奇参	浙江吴兴	练习生	南浔区立第一完全小学毕业	1928 年 8 月

（3）十八年治蝗员治螟员及桑虫研究所人员姓名

姓名	籍贯	履历	通讯处（从略）
杨思泮	崇明	省立第一农校毕业	
张正伍	沛县	省立第二农校毕业	
吴长春	山东惠民	国立中央大学生物系毕业	
张振芳	涟水	省立第三农业学校毕业	
楚国香	淮安	江苏省立第一农校农科毕业	
陆积梅	宜兴	江苏省立第一农校农科毕业	
李凤荪	湖南	金陵大学肄业	
戴景宽	武进	金陵大学农专毕业	
贡邦静	武进	苏州农校毕业	
孙德渊	阜宁	江苏省立第一农校毕业	
张绍贤	泗阳	泗阳县立甲师毕业	
张鹏远	江苏镇江	江苏省立第三农校本科毕业	
华继书	宝应	江苏省立第一农校毕业	
沈淦	吴县	湖南明德中学毕业	
姚澄	阜宁	江苏省立第一农业学校本科毕业	
姚澍	江苏南通	南通代用师范毕业，国立中央大学农学院昆虫专修班肄业	
张进修	上海	国立中央大学农学院昆虫专修班肄业	
魏崇庆	兴化	国立中央大学农学院昆虫专修班肄业	
缪瑞莲	江阴	国立中央大学农学院昆虫专修班肄业	
谢钦洪	浙江奉化		
朱久望	浙江余姚	国立中央大学农学院昆虫专修班肄业	
桂永香	泰兴	国立中央大学农学院昆虫专修班肄业	
沈学年	浙江余姚	金陵大学农科肄业	
彭鹏	盐城	国立中央大学农学院昆虫专修班肄业	
张大荣	灌云	江苏省立第一农校棉科毕业	
赵世申	江浦	江苏省立第一农校毕业	
汤心彝	武进	江苏省立第一农业学校毕业	
王开源	江都	江苏省立蚕桑模范场传习所肄业	
张振	武进	武进县立师范毕业	
荆云耕	丹阳	皇塘中学毕业	
朱振华	江苏太仓	高小毕业	

（续）

姓名	籍贯	履历	通讯处（从略）
顾焕章	江浦	江苏省立第一农业学校毕业	
刘公是	武进	武进师范毕业	
吕金峃	盐城	江苏省立第一农业学校高级棉科毕业	
吕竹深	湖南临湘	金陵大学农业经济系	
高槃	武进	省立第一农业学校毕业	
汤湘雨	湖南益阳	金陵大学农科经济系	
咸洛	兴化	国立中央大学农学院昆虫专修班肄业	
徐福田	山东临清	北京通县潞河中学毕业	
杨焕春	武进	前高师附中农科毕业	
杨丙炎	安徽六合	安徽法政讲习所毕业	
王有琪	六合	中央大学生物系肄业	
唐秉玄	盐城	国立中央大学农学院昆虫专修班肄业	
王仲愚	砀山	江苏省立第一农校高中毕业	
潘鸿声	常熟	金陵大学肄业	
周松林	吴县	金陵大学肄业	
孙振翱	山东齐河	金陵大学肄业，山东齐鲁大学本科肄业	
严家显	吴县	金陵大学肄业	
李国桢	陕西渭南	中央大学农学院肄业	
钱健生	浙江安吉	前江苏省立第一师范农村师范科毕业	
顾升达	武进	无锡第三师范毕业	
顾佑生	武进	上海华英中学校	
黄质文	宜兴	省立第二农业学校毕业	
孙景漪	盐城	中央大学农学院昆虫专修班肄业	
潘伯络	浙江安吉	浙江省立第三中学师范部旧制本科毕业	
沈允谔	浙江绍兴	浙江省立第五中学毕业	

治螟员姓名（略）

桑虫研究所人员姓名（略）

（4）十八年本局蝗虫分所一览表

名称	经管县份	主任	协助人员	所址
徐州区治蝗所	铜山、萧县、宿迁、睢宁、砀山、丰县、邳县、沛县	张正伍		徐州北关外麦作试验场

（续）

名称	经管县份	主任	协助人员	所址
灌云区治蝗所	灌云、东海、赣榆、沭阳	吴长春	孙德渊、张绍贤	灌云德明巷
阜宁区治蝗所	阜宁、盐城、兴化	张振方	张鹏远	阜宁县立农场
清江区治蝗所	淮阴、淮安、涟水、泗阳、宝应、高邮、江都	楚国香	华继书、沈塗	淮阴北关外农校
苏州区治蝗所	吴县、常熟、昆山、松江、宝山、太仓、吴江、青浦、上海、崇明、南汇、奉贤、金山、川沙、嘉定	陆积梅	姚澍	吴县留园马路农校第二院
南通区治蝗所	南通、东台、如皋、泰县、海门、启东	李凤荪	张进修、魏崇庆	南通县政府
江阴区治蝗所	江阴、无锡、靖江、武进、宜兴、泰兴	贡邦静	缪瑞莲、谢钦洪、朱久望、桂永香	江阴南街5号
首都区治蝗所	江宁、江浦、六合、仪征、镇江、句容、丹阳、扬中、金坛、溧阳、溧水、高淳	杨思泮	姚澄、彭鹏、张大荣、赵世申、汤心彝等16人	本局
蝗虫研究所		陈家祥	尤其侗、谢先达	江宁太平门外金陵大学农场
昆山区治螟所	昆山、金山、吴江、松江、常熟、太仓	王橺升	郑同善、朱善庆、杨焕春、柳支英、程淦藩、马同伦、范秉法	昆山夏嘉桥行政局
无锡桑虫研究所	江苏产桑各区	祝汝佐	徐金庀、胡永锡	无锡通惠路社桥劳农学院

（三）规程

1. 江苏省昆虫局组织条例（1927年夏省政府通过）

第一条 本局为第四中山大学与江苏省政府建设厅合办之机关，专事研究全省农作物之害虫防除方法，及施兼从事纯粹昆虫学之研究。

第二条 本局设立昆虫事业委员会，名额7人，江苏省政府建设厅代表1人、江苏第四中山大学农学院院长、昆虫局局长为当然委员；余由第四中山大学校长及江苏省政府建设厅厅长，就生物学专家或大学教授中聘任4人组织之，委员会办事规程另订之。

第三条　昆虫事业委员会之职权如下：

1）指导昆虫学研究事业；

2）计划全省虫害事宜；

3）审查昆虫局预算、决算；

4）审查职员资格。

第四条　本局设局长1人：总理局务，由第四中山大学与江苏省政府建设厅会同荐请，江苏省政府委任，关于一切设施及研究事务，分受第四中山大学及建设厅之指挥监督。

本局设总务课及技术课课长各1人，由局长提出于昆虫事业委员会，通过后，呈请双方会委课员若干人，股主任及股员若干人，由局长遴选相当人员充任，分别备案。

第五条　总务课设课长1人，课员若干人，承局长或课长之命，办理局中一切文书、会计、庶务事宜，并于课内分设：

1）编辑股；

2）宣传股。

第六条　技术课设课长1人，课员若干人，承局长或课长之命，管理药品、器械及标本制造事务等，并于课内分设：

1）普通作物害虫股；

2）特用作物害虫股；

3）园艺害虫股；

4）纯正昆虫研究股；

5）益虫研究股。

第七条　本局经常费由江苏省政府财政厅按照预算按月直接拨发。

第八条　本局得于适宜地点，设立研究所，于扼要地点设置捕蝗分所、除螟事务所等，并于通商口岸设立农产品及种子苗木检查所等，由江苏省政府建设厅于地方建设费中酌量补助，其办法另订之。

第九条　本局各股主任除支书、会计事务股员外，均有技师充任或兼任之，股员以技佐或练习生充之；本局全体技术人员均负编辑、宣传之责。

第十条　本局技术课，技术专管人员得担任第四中山大学一部分教务，并供给昆虫教材。

第十一条　本局各课办事细则另订之。

第十二条　本条例由第四中山大学与江苏省政府建设厅核准，公布实施，并分呈大学院暨江苏省政府备案。

2. 本局职员暂时服务规程（1927 年冬订）

第一条　本局职员之职务，由局长派定之，各职员对于所派定之职务，须负完全责任，对于服务规程，均须遵照办理。

第二条　职员办公时间（除聘约上有特别规定者外），每日上午八时至十二时，下午一时半至五时半，星期六下午一时半至三时，星期日及例假停止办公；惟在外工作人员，工作时间难于规定，常须星夜工作，且无星期及例假，上列办公时间得酌量变通。

第三条　职员勤惰，除由局长、课长随时考查外，特立考勤簿，以备查考。

第四条　各职员到局及离局时，均须于考勤簿据实填写，考勤簿存于各办公室一定处所，每天于上午九时、下午二时，由工役收呈局长或课长查阅，迟到或早退者，应至局长或课长处补填。

第五条　凡职员因故请假，须先将经办事件，委托同事一人代理，再亲自填写请假书，经主管人呈请局长批准后，方得离职，否则以旷职论。但遇急病，或其他要事，不能自行填写时，得由他人代行之。

第六条　凡职员因公外出者，须在总务课所备之职员公出簿上书明一切，俾众周知，以便查考。

第七条　凡在外工作人员请假时，应先得主管人员之许可。如假期逾 3 日者，先由主管人员酌给，并应即行呈报局长。如主管人员须请假时，应径向局长呈请，其假期逾一星期者，应请人代理。

第八条　本局职员请假分下列三种：

普通事假。普通事假，每年以四星期为限，惟每年自 3 月至 11 月为工作紧张时期，凡在此时期内请假，每次不得过 3 日，而总数不得超过事假期限（四星期）1/3（9 天），如有因事回局里路途遥远者，则除 2/3 之事假期外（即 19 日）者，得酌给路假期若干日。

病假。病假每年以二星期为准备日期，若罹重病，经医生证明时，得酌量延长之。

特别假。凡因婚丧事项而请假者，为特别假，特别假至多以二星期为限。

第九条　凡每年请假总数不出 5 日（每日以 7 小时半计算，或合计不出 43 小时半），且确能勤劳任事者，由局酌予奖励之。

第十条　凡每年事假超过规定时间（即四星期外）二星期者，本局当科以相当惩戒。

第十一条　本局有培养专门人才之责任，本局课长及技师负有教课与助理教务之责任，但教课时间及学程，须先经局长同意。

第十二条　本局在外工作职员，如有发生不法行为者，主管人员宜负相当之责任。

第十三条　本局职员公出旅费，悉照职员公出服务条例办理。

第十四条　凡职员在外工作，至少 10 日将工作状况报告局长一次。

第十五条　凡在外职员工作完毕时，须先行呈报，得局长许可后，方得回局，否则以擅离职守论。

第十六条　本局各职员之职务，遇必要时，得由局长酌量更调。

第十七条　本规程如有未尽事宜，及须修改处，得临时修正，由局长公布之。

第十八条　本规程自公布之日起实行。

3. 本局公出服务条例（1926 年 3 月订）

（1）各地治虫职员，须受局长及主管人员之指挥。

（2）局员出外工作时，须实地视察，及指导农民防治害虫方法。

（3）局员出外工作时，所有因公用费，概归本局支付，不得受当地供给。

（4）各员对于所规定区域内，应负全责，并须与本局邻区职员，互相协助。若遇必要时，得由局长与主管人员临时调动。

（5）各分所或研究所中伙食，完全自理，出外办公时，由局核给每日平均以大洋 7 角为标准。

（6）局员因公外出时，舟车费由局支给，但以火车乘三等，轮船住房舱为原则。其他旅费（如民船、黄包车、手车、驴车、牲口等费），视路之远近据实开支。

（7）局员公出时，所应用之灯油、茶水、邮电（关于公件者）、文具等费，概由本局核给。

（8）本细则如有未尽善之处，由局长修正施行。

附注　凡私人所用之费，如洗澡、洗衣、剪发、普通嗜好及酬应等费，概归个人自理。

4. 本局练习生服务暂行简章（1927 年冬订）

（1）资格：高初中毕业，或具同等程度者。

（2）年龄：15 岁以上，24 岁以下。

（3）录用：①介绍或定期招考，但入局前，应请切实保证人保证，不得中途自退。②练习生到局之最初三星期，为试用时期，其合格者，得录用为练习生，不合格者，由本局辞退之，但本局得酌给川费。

（4）工作：①练习关于昆虫研究事项。②随同本局职员实施防治虫害，及其他技术工作。③在本局指导之下，驻局或出外服务。④对于各项工作及研究心得，应作定期或临时报告，或由本局主管人命题考试之。

（5）程度：练习生应注重研究推广及学业，以期得有详尽之治虫经验，及其他昆虫学技术专长，借增技术上助理人才。

（6）期限：练习时期以 3 年为限，期满经审查合格者，由本局给予证明书。

（7）待遇：入局时酌给津贴，期满后得由本局按其成绩，酌量任用为技术助理等职，或由本局介绍他处服务。在练习期内，有成绩特优者，得由本局随时增加津贴，或提高职位。其有不能遵守本局一切规程，及学无长进，难期造就者，得由本局随时辞退之。

（8）附则：本简章如有未尽事宜，得临时呈准修正之。

5. 江苏省农矿厅附属各机关会计通则（略）

6. 本局出外人员会计须知（略）

7. 局购置普通物品简则（略）

（四）报告（蝗虫股）

1. 十七年治蝗经过情形（吴福桢　包墨菜）

（1）捕蝗人员之训练

本局派赴各县之捕蝗员，均于出发时前，授以知识上及技术上之训练，历举治蝗种种简要之法，设为问答，当面讨论，俾其毫无疑义，便于实行。所讨论之问题如下：

①普通事项

县图之研究；新闻稿之编述（用本局名义，径寄新、申两报馆）；联合当地长官及党部共同进行；组织县捕蝗会；县长勤惰之注意；本处如无蝗或甚少，即帮助邻县；学校员生之协助；勤于工作报告；宜觅公共机关为宿所，但伙食自备；卫生（备头疼药金鸡纳霜、痧药、泻药等）；商各县翻印《本局浅说》，以广流传。

②技术事项

到县先知照做捕蝗网 200 个；调查飞蝗到处，特别注意其有无产卵；发现飞蝗，则于清晨及午后三时以网捕之；发现蝗卵，如在黄豆田、玉蜀黍田及桑地可用中耕，在荒地则用犁耕；发现跳蝻，则用掘沟、围打、网捕各法；芦苇（调查、掘沟、火焚）；临时研究试验新法，并详细记载。

③工作报告

其表式如下：

日期。县名。地名。报告人姓名。

捕蝗报告内容（面正）：蝗数多寡。虫龄。打死斤数。余蝗成数（％）。受害作物。受害程度（亩数）。捕蝗组织。当地长官态度。捕打方法。预防方法。其他方法。又何处来。往何处去。曾否产卵。卵产何所。卵穴疏密。天敌及用途。困难情形。

交通方法及蝗害区域略图（面反）。

（2）地点之支配

至其地点之支配最初之计划，分全省为 6 区，即旧徐、海、淮、扬各为 1 区，江南分为 2 区。嗣因蝗虫蔓延甚广，最后计划，即以县为单位，以每县派出 1 人为原则，如下表：

捕蝗员地点支配表（1928 年 8 月）

县名	捕蝗员	主任	县名	捕蝗员	主任
江北			阜宁	张炘廉	张而耕
砀山	倪问圃、吴宏吉、李凤苏	吴宏吉	东台	袁善征	
萧县	倪问圃、吴宏吉、李凤苏	吴宏吉	盐城	吉卓民	
铜山	倪问圃、吴宏吉、李凤苏	吴宏吉	兴化	高璞	
丰县	倪问圃、吴宏吉、李凤苏	吴宏吉	泰县	高璞	
邳县	倪问圃、吴宏吉、李凤苏	吴宏吉	扬中	赵永恩	
沛县	倪问圃、吴宏吉、李凤苏	吴宏吉	江都	赵永恩	
睢宁	张正伍	吴宏吉	仪征	方伯谦	
宿迁	张正伍	吴宏吉	泰兴	李振纲	尤其伟
沭阳	杨惟义、杨学端	杨惟义	如皋	李振纲	尤其伟
赣榆	杨惟义、杨学端	杨惟义	南通	尤其伟、冯泽芳	尤其伟
东海	杨惟义、杨学端	杨惟义	崇明	陈联衡	尤其伟
灌云	杨惟义、杨学端	杨惟义	海门	陈联衡	尤其伟
泗阳	陈鸿祥	张而耕	启东	陈联衡	尤其伟
淮阴	张而耕	张而耕	靖江	邹武	
涟水	张振方	张而耕	六合	莫甘霖	
淮安	黄浚生	张而耕	江浦	张汝俭、贡邦静、戴景宽、奚顺占	
宝应	徐少杰	张而耕	江南		
高邮	吕竹深	张而耕	武进	刘宣	吴宏吉

（续）

县名	捕蝗员	主任	县名	捕蝗员	主任
无锡	马保之	吴宏吉	南汇	程淦藩	
宜兴	吴济民	吴宏吉	奉贤	程淦藩	
溧阳	赵光燮	吴宏吉	松江	程淦藩	
常熟	陈公望、张义荣	吴宏吉	金山	程淦藩	
吴县	陈公望、张义荣	吴宏吉	青浦	程淦藩	
吴江	陈公望、张义荣	吴宏吉	宝山	谢翔云	
句容	李国桢	吴宏吉	嘉定	谢翔云	
溧水	刘钦晏	杨惟义	太仓	孙崇信	
高淳	刘钦晏	杨惟义	昆山	孙崇信	
镇江	周述才	杨惟义	江阴	沈学年	
丹阳	王有琪	杨惟义	江宁	张家蔚、刘国士、陈吉居、朱振华、余桂甫、汤湘雨、王一蛟、杨思泮、楚国香、成震	
金坛	周敬天	张而耕			
上海	袁吉	张而耕			
川沙	程淦藩				

注：另设蝗虫研究所于灌云，主任人员陈家祥。

（3）临时捕蝗员暂行条例

第一条　捕蝗员由本局委任后，呈请江苏省政府农矿厅加委。

第二条　捕蝗员受本局之指挥，赴本省各县办理捕蝗事宜，并得随时更调。若蝗患稍松，亦应出外调查，不得欠留一处。

第三条　捕蝗员须遵守本局一切规定章程。

第四条　捕蝗员于到差之日起薪，其止薪日期，如在每月10日前停止工作者，该月支原薪1/3，在每月20日前停止工作者，该月支原薪2/3，在每月20日后停止工作者，该月支全薪。但若自行辞退者，则停止工作者之日，即为停薪之日。

第五条　每一星期至少须报告工作状况一次。

第六条　捕蝗员旅费实支实销，火车以三等，轮船以房舱位率。停留之处，最好宿于公共机关，旅中饭食亦以节俭为原则。

第七条　捕蝗员中途如发生疾病，得请假就医，其医药费由本局斟酌情形量予津贴。

第八条　如工作不努力者，本局得随时撤换之，并呈报农矿厅备案。

第九条　捕蝗员工作时期无定，其停止日期，由本局事前通知。

第十条　本条例自公布之日起施行。

（4）捕蝗特别费之预算

款项	数目（元）	备注
捕蝗特别费	16 025	
药品	2 880	
青化钠 1 000 磅	1 600	
铅砒 1 000 磅	500	
白砒 1 000 磅	150	
巴黎绿 600 磅	300	
青化钙 1 000 磅	300	
硫磺 300 磅	30	
器械	1 095	
捕蝗辘 6 架	240	
捕蝗袋 60 个	60	
喷雾器 50 架	550	
大号喷雾器 2 架	30	
小号喷雾器 10 架	15	
喷射龙头 50 个	100	
器械修理费	100	
薪工	3 720	
临时技术员	3 360	添聘 14 人，每人月薪 60 元，4 个月
临时事务员	120	1 人，月薪 30 元，4 个月
临时雇工	240	月添 120 工，每工 0.5 元，4 个月
旅费	7 480	
技术员	6 480	18 人，每人每天 3 元，4 个月
川资	1 000	自南京出发赴各县往来川资
宣传	850	
印刷	400	
图画	200	
表格	50	
照像	120	
治蝗宣传标本	80	

（5）省政府特定县长治蝗考成章程

第一条　江苏省县长治蝗考成，适用本章程之规定。

第二条 凡县长办理治蝗，有下列情事之一者惩戒之。

1) 发现蝻子、跳蝻，延不设法搜挖、捕打，以致飞蝗成灾者。

2) 飞蝗入境，延不设法扑灭，以致成灾者。

3) 办理不力，虚糜公款，仍至成灾者。

4) 经邻县请求，不予协助，或协助不力者。

5) 匿灾不报，或以重报轻，希图却责者。

第三条 前条之应予惩戒者，依下列规定分别惩戒之。

1) 犯第一、第二两款者之一者，免职。

2) 犯第三款者，酌量案情分别免职或记过外，并责令赔补治蝗用费。

3) 犯第四款者，分别记过或罚俸。

4) 犯第五款者，酌量案情分别免职、记过、罚俸。

5) 同时犯二款以上者，得并科之。

第四条 凡县长办理治蝗有下列情事之一者奖励之。

1) 发现蝻子、跳蝻，即能搜挖、捕打净绝者。

2) 飞蝗入境，即能扑灭无遗者。

3) 协助邻境，异常出力者。

第五条 前条之应予奖励者，依下列规定酌量奖励之。

1) 记功。

2) 奖状。

第六条 本章程规定之惩奖，由民政、财政、农矿三厅会同执行，并呈报省政府备案。

第七条 本章程自公布之日实行。

(6) 江苏省各县治蝗人员奖惩规则（略，见本书第四章：历代治蝗政令法规）

(7) 工作困难之情形

①邻省飞蝗入境。此次本省蝗患，多由于邻省飞蝗之蔓延，例如徐、海等处，在3月间设立捕蝗所之后，早已搜捕殆尽，至6月间，飞蝗入境，遂成燎原之势。甲地甫平，乙处又起，方幸肃清，又告紧急，源源而来，防不胜防。其为患之地方，如下表。

来源地名	为患地名	来源地名	为患地名
河南开封	铜山	山东鱼台	铜山、沛县、丰县
河南永城	砀山	山东郯城	东海、赣榆

（续）

来源地名	为患地名	来源地名	为患地名
安徽南宿州	萧县	安徽滁县	江浦、江宁
安徽盱眙、泗县	淮阴、淮安	安徽泗县	泗阳
安徽天长、来安	宝应、江浦、六合	安徽宣城	高淳

②愚民迷信。乡愚对于捕蝗，率多迷信，种种荒谬举动，往往影响工作，多所阻扰。兹略举数例，以见一斑。

捕蝗员沈学年，在江阴丁挑沙乡视察。该乡第九村，有观音堂一所，中有女巫，借此妖言惑众。谓蝗由天管，人不可犯，高竖红旗，上书敬求蝗军勿害禾苗，嘱人以铜元6枚来前，观音可保无害。乡愚信者十之八九。沈君因饬拘询问，该巫非但不认，并满口阿弥陀佛，并装死假托神灵附身。鞭之不理，以火恐吓之始起，观音如堵。沈君因对众宣讲蝗害及不可迷信受骗之理由，众始稍悟。沈君在武进捕蝗时，其定东乡、升西乡农民，亦大率焚香跪拜，以事祈祷。其他处类此者，亦甚多。

捕蝗员李振纲在如皋治蝗，地方信巫甚深，乡愚对于治蝗，多所阻扰。即各机关，亦谓此系素来积俗，一时难以打破，工作进行，非常困难。

捕蝗员陈家祥在常熟捕蝗，地方农民，迷信甚深，多筑临时蝗神庙，从事焚香礼拜。陈君为破除迷信，将所见之蝗神庙内纸马锞锭之类摄影后，尽行毁之。庙中并有红炮3个，乃燃放之，居民群来观看，乘机向其演说。亦有首肯者，而固执者实多，并谓委员福大，是以神不敢抗云。陈君又在嘉定见乡民持黄纸小旗，上书大悲观世音菩萨。陈君当将小旗夺下，晓以利害。其旗有插田中者，亦辄拔去，并将售此小旗之和尚2人，送警拘押，游行街市，以资警戒。

捕蝗员李振纲在如皋捕蝗，地方迷信，以巫人为最，设坛禳解，妖言惑众。往往对农民竭力演讲，以冀破除，然舌敝唇焦，不敌彼巫台上锣鼓一响也。嗣与县府极力交涉，从事取缔，始稍敛迹。

③土匪为患。捕蝗员在各县捕蝗，往往因有匪患，多所阻扰，不能便利工作，实感困难，兹略举一二言之：

捕蝗员吴宏吉，尝由砀山赴沛县治蝗，县长派保安队16名卫之。行至丰、砀交界，遇匪包围，枪弹真向该员等轰击，狂奔十余里，始得脱险。

捕蝗员杨惟义，赴乡工作时，因匪患遇险，幸皆避免。

沭阳县四家荡地方蝗生，其时适土匪猖獗，杨君欲前往除治，屡行屡阻，竟不能达到目的，诚憾事也。

捕蝗员陈家祥等，在江浦治蝗，该地刀匪红旗会，异常猖獗，县政府不敢过问，工作困难已极。

他如淮阴、六合、溧阳、江阴、阜宁等县，土匪亦极为患，工作者时有戒心，几于防不胜防，书不胜书矣。

（8）各县办理捕蝗工作之勤惰及被惩奖情形

各县长之办事认真者固多，因循敷衍者亦不少，其勤其惰，关系捕蝗工作甚重，兹记其最著之情形如下。

①被惩者

阜宁县冯县长，于第四捕蝗所戈恩溥之请求，概置不理。自 3 月至 6 月数月之久，仅得书面答复一次，致该县酿成不可收拾之蝗灾。不得已，据情呈报农矿厅，奉令予以记过处分。

铜山县刘县长，于第一捕蝗所吴宏吉之请饬各乡按户缴斤之办法，延不实行。吴宏吉以事机急迫，若不果行，必将不可收拾，因将实情报告本局。不得已，据吴君之报告，呈由农矿厅予以该县以严重之申斥。

无锡县秦县长，于捕蝗员陈吉居在工作时，种种因循延宕，以致不能进行。不得已，呈由农、民两厅派员前往而饬，监督工作。

②被奖者

睢宁县长姚尔觉、句容县长杜沄、扬中县长郭泌，均重视蝗政，办理甚力。其尤为努力者，宝山县长金度章，并率属躬亲捕蝗，均已转请呈农矿厅及中央大学，已由大学传令嘉奖。

（9）各县之捕蝗组织

捕蝗员在各县工作时，类与地方协商，组织机关，以收群策群力之效。兹略举数县之组织情形，以见一斑。

奉贤县临时捕蝗会简章

第一条　本会由县政府建设局、教育局、公安局及其他县属机关组成之。

第二条　本会组织巡查队，派定专员若干人，分赴各市乡促组捕虫队及各分队，暨宣传蝗虫捕除方法。

第三条　各市乡不论有无蝗害，至少应组织一队，每图至少应组织一分队，每分队人数不得少于 30 人，归各该市乡行政局统辖之。各图地保扶助之，其办事用费每斤 30 文，由各市乡行政局作正开支。其所用捕虫器具，个人不能行制者，由行政局发给，用后仍须归还。所捕之蝗虫须经县政府建设局查验后方得销毁，否则作虚报论。

第四条　凡办理捕蝗，成绩卓著者，由县政府会同建设局呈省请奖。各队热心捕蝗者，由各行政局长、公安支局长或委员等，申请县政府会同建设局，直接奖励。

第五条　犯下列事之一者，应严加惩处。

1）行政局长、公安支局长，及地保等，办理捕蝗不力者；

2）农民狃于迷信，不肯捕捉者；

3）队员故意躲懒，或不听指挥，或有轨外行动者。

吴江县除虫委员会组织大纲

第一条　本会定名为吴江县除虫委员会。

第二条　本会以防除蝗虫、螟虫及其他稻田害虫为宗旨。

第三条　本会由下列各机关推派代表1人组织之。

省昆虫局、财政厅、县政府、县指委会、建设局、县农民协会、县公安局、县款产管理处、乡村师范。

第四条　本会分下列三股：

1）总务股。处理文书、会计及其他不属于下两股之事项。

2）指挥督促股。指挥各区实施防除虫害事宜。

3）宣传股。宣传关于防除虫害事宜。

第五条　总务股设股员3人；指挥督促股设股员6人；宣传股设股员4人。

第六条　总务股由县政府、财政管理处、建设局各派1人组织之；指挥督促股由乡村师范派2人、公安局派1人、昆虫局派1人、建设局派2人组织之；宣传股由县指委会派1人、乡村师范派2人、农民协会派1人组织之。

第七条　各股设主任1人，由各股员自行推举之。

第八条　本会一切事务由建设局主持之。

第九条　本会开会无定期，于必要时由建设局召集之。

第十条　本局经费由县地方费项下支拨，暂定办公费500元，临时费于开会时临时议定，至除螟经费由各市乡担任之。除蝗经费除收买蝗蝻之用费由省支给外，余由各市乡担任之。

第十一条　本会办公地点设在农民协会。

第十二条　本会各股办事细则另订之。

吴江各市乡除虫团组织大纲

第一条　各市乡均应组织除虫团，设团长团副各1人，由各该市乡行政局推举之。

第二条　各圩均应组织除虫队，队长由圩甲担任之，督率队员，切实捕蝗。

第三条　各圩农民每户至少出 1 人为基本队员，遇必要时，队长得各户添派，至其自愿额外加入者听。

第四条　各市乡除虫事务由团长主持之，于必要时召集地方各机关开会共商进行。

第五条　团长当秉承除虫委员会之意旨，督率队长，切实防除虫患。

第六条　队员所捕蝗蝻及蝻卵，得向该市乡除虫团计数领价。

第七条　各除虫队队员，应受该队长之指挥，各队长应受该市乡团长之指挥，如有除虫不力者，得由团长交当地公安局惩戒之。

第八条　各市乡除虫经费，除收买蝗虫费用，得于呈验后由省费支给外，余均由各市乡分别担任之。

宜兴县捕蝗办事处简则

第一条　本处组织巡查队，派定专员督率队士若干人，分赴各市乡促组分队，监察工作。

第二条　各市乡不论有无蝗害，至少应组织一分队，由各图派出 5～10 人，归各该市乡行政局统辖之，各图董扶助之。工资照每斤 30 文，由本处拨给，伙食费由各该地按田亩摊派。每队至少 50 人，所用器具由本处发给，用后仍须归还，所捕蝗虫，须请本处会同财厅委员查验后方得销毁，否则作虚报论。

第三条　各市乡公安分局长，应会同各该地行政局长负责，协办该地捕蝗事宜。

第四条　各该市乡局长，须将每日捕蝗工作情形报告办事处。

第五条　凡办理捕蝗，尽职卓著劳绩者，由本处会同县长呈省请奖。农民队员等热心捕蝗者，由行政局长、公安局长或委员等，申请本处会同县政府直接奖励之。

第六条　犯下列事情之一者，应严加惩处。

1）行政局长、公安分局长及图董等办理捕蝗不力者。

2）农民狃于迷信不肯捕捉者。

3）队员故意躲懒，或不听指挥，或有轨外行动者。

盐城县各市捕蝗简章

第一条　本简章遵奉省政府暨民政、财政、农矿三厅训令，及建设局局长、昆虫局委员、地方各法团会议办法，参酌现时必要情形，订为单行办法，于捕蝗最短期间适用之。

第二条　关于捕蝗方法，应遵照省颁昆虫局临时浅说、签注安徽治蝗成法、捕蝗计划书及治蝗成法等件（早经印刷分发），参照盐邑党务指导委员会之指导，建设局及县立农事试验场之捕蝗简法，简易法各印刷品暨本政府迭次训令，各就地方适宜情形采用相当方法，就近布告施行，不拘一格，不尚空谈，总以扑捕肃清灭绝根株为主。

第三条　从前多则减报，规避考成，少则加报，希图领费。概应痛除积习，有则报有，无则报无，以捕扑之勤惰迟速定考成，绝不以现时蝗蝻之多寡为比例。惟此次捕灭不净，随后发生遗孽，除前功尽弃外，仍加重惩戒之。

第四条　此次最短期间，捕蝗不可偏重收买，致滋流弊。签注安徽治蝗成法末条言之綦详，本政府第 990 号训令及 7 月元电并抄发签注，饬属遵照在案，应按现时必要情形实行收捕，兼施之计划，分别详列于下：

1）捕灭。凡属有主田地，无论私人产业，或财团法人，所有权自耕者，责成田主，佃种责成田佃（并责付田佃通知业主），公司类皆雇耕，责成负责经理者，齐集力田之壮幼男女人等，尽全家之人力，扑灭其地面发生之蝗蝻。此为分内，应捕之义务，不准要挟收买，违者强制执行之。

前项强制执行，除老弱守户外，余须到田捕蝗，违者责成乡约劝导使唤，再违则报候提究，但先以本户田内捕净为限。至确已捕净后，再令其各出三分之二之人力，不分畛域，协捕邻田，或邻区、邻县之蝗蝻。

前项协捕，如系异常出力，或实系贫苦，得由该管行政局长，按户酌量津贴，以资鼓励。其不给贴着，汇案呈请核奖，但不遵协捕者，仍照前强制执行之。

2）收买。凡属无主之湖荡、草滩、荒塚各地面，及大宗遗孽势已长成，或人烟稀少之处，必须分段捕灭，经昆虫局委员认为必要，或报明有案者，适用之。

前项收买价值，参酌地方情形核实从减，以免款难为继，酌中定价，蝻子每斤100 文，跳蝻每斤 20 文，飞蝗每斤 10 文，由该管行政局择地设局，先行布告周知，仍驰报县政府核办。

前项收买地点，应划段为之，一段之中不得异致，以度蒙混取巧之弊。

第五条　前条所列订各项，另须表式，逐日填报。至第 1 项，应另簿登记其勤惰。第 2 项，簿式应须照规定方式，由得价售蝻者签字，事竣送候转呈，并须于日夕收秤停买时，由局长或往督捕之负责人员会同捕蝗委员验明，署名签字或盖章于簿，次日继续照办。

前项署名签字，如委员适往他段督捕，则以保卫团团总暂代之。

第六条　各市乡行政局，除建设股应负专责外，其他各员，凡服公务者，均应承该管行政局长之指挥，办理督捕事宜。余如各保卫团团总以讫团丁，暨约保人等，毋需另加委状，切应一体负责，并按临时需要情形，暂设捕蝗董事，以期接近民众，易于收效。

前项董事，由本政府预发编号委任状，由该管行政局长便宜行事，按名填给，仍负责连署名盖章，并呈报备案。

第七条　农民有轻信谣言，惑于邪说，焚香祈祷，或不肯自捕，或不准往捕，应由督捕人员先行劝导，不服则呈请提究，但不得擅施逮捕。惟遇有赛会、演戏等事，得会商所在地公安分局实行禁止，以免借蝗扰乱，别生事端。

第八条　各市乡行政局长，以及负责人员，暨第六条委任之临时捕蝗董事，以及团总、乡约人等，于最短期间办理捕蝗，应分别奖惩之。

1）奖励。各局长及所属各员，督捕勤奋，用费节减，报告详速，提前肃清蝗蝻者，视察其逐日报告之成绩，随时记功，事竣功过相抵。记有大功3次者，专案呈请省厅核奖，并由本政府注册，须给奖章、奖状，以志优异；不及3次者，酌给奖章，以资佩带（奖章分金质、银质两种）；各保卫团团总以下，暨乡约人等，经行政局长报明得力，由本政府分别等差颁给奖章，以资佩带（奖章分金质、银质、铜质三种）；其业主或农佃，确有劳绩者亦同，如有异常得力，并得体察情形，专案呈报省厅，传谕嘉奖，仍由本政府注册录用，但以协助勤能，从未领价收酬者为限。

2）惩戒。各局长及所属指定负责各员，督捕懈玩，用费不节，报告迟误，延不肃清报结者，视察每日报告之成绩，随时记过，事竣功过相抵。记有大过3次者，专案呈明省厅撤任；其未至3次大过者，分别罚薪、减薪（其罚、减之薪资，拨充地方公用）；如有操切压迫，以及营私虚报等弊，除审查外，并经民众告发，一经审查得实，功不抵过，立时撤惩之；各保卫团团总以下暨乡约人等，经行政局长报明懈误者，由本政府分别撤换、提究处罚；如有舞弊索扰情事，并许民众检举，以凭查明惩戒；其业主或农佃确有抗违者，分别提究罚办，以示惩儆。

前两项每日报告，以本政府复查无异者为限。但关于第2项，民众告发事件，实究虚望，其所控情节较重，按照刑律科以应得之罪，诬告者亦同。

第九条　本政府派出捕蝗人员，对于各行政局长负有协同考查之责，但不得越权干涉，其旅费由本政府核实支给，不得索取民间分文。及承受各该局接待，所有奖惩方法，皆照第八条1）、2）两项办理，其经人民告发，实究虚坐者亦同。

第十条　本简章自奉到日实行，并由本政府呈报省厅备案。

某市乡行政局收买蝗蝻登记簿

日期	地点	种类	斤数	给价目	买者姓名	卖者签字
某月某日	某庄地面	跳蝻或飞蝗、蝻子				

本日合计跳蝻、飞蝗、蝻子各若干，共钱若干文，连前共计支钱若干文。承买员、委员署名盖章

注：报告或登记事竣汇报，以凭转呈，其字体不以楷书为限，但不可过于草率。每日将本日合计连同共计两数目开单呈核，毋庸备文。

>>> 第七章
近代治蝗书籍史料集要

（10）宣传印刷品一览表

江宁县适用之捕蝗法（临时浅说第一号）。蝗虫一般驱除方法（临时浅说第二号）。札（临时浅说第三号）。捕蝗浅说（临时浅说第四号）。田间最适用之捕蝗法（临时浅说第五号）。秋蝗防治法（临时浅说第七号）。蝗虫问题。

（11）治蝗行政系统表

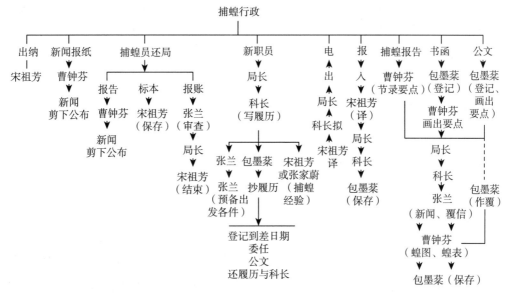

（12）各县捕蝗数量表

县名	1928 年	1929 年	县名	1928 年	1929 年	县名	1928 年	1929 年
东台	20 000	2 909.21	宿迁	1 315.1	1 574	丰县	60	0
沛县	4 650	90	睢宁	1 081.6	390	南汇	1.5	180
如皋	2 723.54	1 353.03	太仓	603.8	0	淮安	8 600	915.3
邳县	1 376.8	371.59	泰县	150	4 824.78	东海	3 760	73
南通	1 200	3 500	上海	70	0	阜宁	1 806	11 474
常熟	609	13.32	吴江	5.34	0	镇江	1 242.62	11 275
泰兴	183	0	淮阴	9 760	778	萧县	800	0
崇明	77.6	89	涟水	3 890	230	江浦	310	5 340.7
松江	13.76	0	嘉定	2 516.19	20	宝山	90.36	0
启东	0	243	靖江	1 300	0	扬中	40	140
铜山	15 361	0.08	江阴	916.5	13	盐城	0	10 070.7
六合	4 500	1 354.31	无锡	491.6	0	句容	6 266	7 428.09
兴化	2 600	223	江都	123.5	220	泗阳	3 660	30

（续）

县名	1928 年	1929 年	县名	1928 年	1929 年	县名	1928 年	1929 年
高淳	1 753	514.8	仪征	0	4 900	高邮	626	1 079
灌云	1 235	195.6	江宁	5 121.25	17 183.4	武进	226.14	40
宝应	637	17 355.5	金坛	3 628.47	2 483.42	溧阳	80	3 421.22
宜兴	290	613.7	青浦	1 470	0	丹阳	20	280
吴县	86.8	150	赣榆	1 204	0	海门	0	2 306.76
溧水	32	217						

注：表中以石为单位，1928 年捕蝗共计 117 114 石；1929 年捕蝗共计 115 827 石 50 斤。

2. 十八年治蝗经过情形

1928 年，蝗患蔓延大江南北，遗卵遍地。本局为求应付便利起见，分全省为八大治蝗区，每区各设治蝗所 1 所，设主任 1 人，以管辖区内治蝗事宜，各区由技师吴宏吉总管之，其分配，见 1929 年概况。

（1）区治蝗会议

本局每岁在各县治蝗，咸以县府人员对于治蝗之常识，甚属有限，谈话及工作时，隔阂甚多，易于引起误会。且地方上无治蝗固定团体，一有蝗虫发生，捕蝗人员俱属临时召集，组织毫无，指导不易，于工作上殊有妨碍。本局为解决上述困难起见，特于蝗虫未发生之前，派员分赴各区，召集各县府代表组织治蝗会议，讲述蝗虫生活史及防治方法，并印发各种治蝗标语浅说，以便利各代表回本县宣传，并一致议决各县于最短期间内成立治蝗会。兹将开会地点、集会县份及演讲人员、开会时期等，列表如下：

开会县份	集会县份	开会时期	治蝗会所	演讲人员
镇江	镇江、江宁、江浦、六合、仪征、丹阳、扬中、金坛、溧阳、溧水、句容、高淳	4 月 19—20 日	镇江县政府	吴福桢 陈家祥 吴宏吉
无锡	无锡、江阴、靖江、武进、宜兴、泰兴	4 月 22—23 日	无锡县政府	吴福桢
上海	吴县、常熟、嘉定、昆山、松江、宝山、太仓、吴江、青浦、上海、崇明、启东、奉贤、南汇、金山、川沙	4 月 25—26 日	上海县政府	吴福桢
南通	南通、如皋、东台、泰县、海门	4 月 29—30 日	南通县政府	吴福桢
宝应	淮阴、淮安、涟水、泗阳、宝应、高邮、江都	4 月 24—25 日	宝应县政府	吴宏吉

（续）

开会县份	集会县份	开会时期	治蝗会所	演讲人员
盐城	盐城、阜宁、兴化	4 月 29—30 日	盐城县政府	吴宏吉
铜山	铜山、萧县、沛县、邳县、丰县、砀山、宿迁、睢宁	4 月 25—26 日	铜山县政府	陈家祥
东海	东海、灌云、赣榆、沭阳	5 月 1—2 日	东海县政府	陈家祥

（2）颁给奖章

本局历年在江北各县治蝗，对于出力工作人员，仅有言语之奖励，而无实质之奖品，对于治蝗不力之人员，则有罚蝗、罚工或送县府羁押之办法。有罚无奖，殊不足以昭激励。本年特制银、铜两种奖章，并拟定给奖办法，送呈农矿厅核夺，经农矿厅修改转呈省政府核准施行。其办法如下：

第一条　本局为实地激励人民捕蝗，便利工作起见，特订定奖励人民捕蝗办法。

第二条　凡人民捕蝗有下列情事之一者，得奖励之。

1）在期限内，每日缴斤，均能超过定额 5 倍以上者；

2）集夫 30 人以上，并能迅速扑灭 50 亩以上地内蝗蝻者；

3）随同指导，热心宣传，能唤起民众自动捕蝗，著有成绩者。

第三条　凡应予奖励者，得酌给下列奖章。

1）银质奖章；2）铜质奖章。

第四条　前项奖章由本局随时查核奖给，并汇报农矿厅备案。

第五条　本办法呈由农矿厅转呈省政府核准后施行。

附：本局给与各县治蝗人员奖章一览表

银质奖章（27 人）：朱精一（溧阳）、刘香午（江浦）、李瑞亭（江宁）、吴邦杰、朱保熙（昆山）、郑桧年（阜宁）、朱传明、宗泰、薛春洲、祁东源（宝应）、金耕渔、朱炳仔（东台）、王汉臣、徐泽（泰县）、钱柏龄、刘度、张森福、崔广富（镇江）、潘行素、陈公寅（金坛）、韩自明、王树声（句容）、罗九成、欧阳书、徐厚之、罗新甫、罗庚生（江宁）。

办理成绩介绍：宝应薛春洲雇鸭万余只啄食蝗蝻，成绩斐然；泰县徐泽自购鸭8 000 头，啄食蝗蝻，成绩昭著；余从略。

铜质奖章（13 人）：陈永锡、宋明扬（句容）、王元松（溧水）、臧浩如、杨观光、王炜基（宿迁）、陈绍英（高淳）、马绍周、潘静安、沈玉珊、徐冠群（如皋）、江恒鑫（灌云）、范兆庭（泰县）。办理成绩从略。

（3）十八年夏秋蝗之分布

往岁大部秋蝗飞至江南产卵，故今年发生之夏蝻，江南多于江北。尤以长江沿岸之江宁、镇江、句容、金坛、溧阳等县为最多；宜兴、丹阳、南汇、吴县、常熟等县次之；江北黄海沿岸之灌云、东海、阜宁、盐城、东台、如皋、南通、海门，运河沿岸之宝应、淮阴、淮安、泰县，及长江沿岸之江浦、六合、仪征等县亦不少。统计全省发生夏蝻之处，凡36县。而微山湖边之沛、丰、铜、邳各县，向为苏省蝗虫著名之原产地，今年反无夏蝻发生，是以今年治蝗工作江南尤为吃紧。殆入秋以来，山东、河南、安徽3省有大批飞蝗入境，遗卵于江北运河沿岸及滨海各县，尤以宝应、阜宁、淮阴等县为最多。7月间秋蝻势极猖獗，于是治蝗工作江北又复较江南为吃紧。统计江北发生秋蝻之处凡23县，江南凡5县，夏秋蝗合计共43县，受害区383区，以防治迅速，损失尚不过大。兹将治蝗经过情形、捕蝗员姓名及捕蝗成绩列一简表于下。

县名	捕蝗人员	办理经过	农作损害重轻
宝应	华继书、李凤荪、楚国香、吕金峪、咸洛、朱澍声	蝗多，扑灭尚快，地方掘沟120余里，保全东岸农田500余方里	轻
江宁	张巨伯、吴福桢、吴宏吉、陈家祥、尤其侗、赵世申、姚澄、华继书、汤心彝、彭鹏、李凤荪、王有琪、沈允谔、张振、王开源、眭千里、沈淦、谢钦洪、胡永锡、姚澍、李育纲、唐秉玄、王仲愚、杨丙炎、朱久望、徐福田、刘公是、黄质文、顾佑生、吕金峪、陈梦士、桂永香、杨焕春、周松林、钱健生、潘鸿声、马同伦、黄中强、潘伯络	发生蝗虫地点极多，关于县者扑灭快，关于市者较慢，工作中最著成效者为缴斤法，县府办理亦力	轻
阜宁	张振方、高槩	蝗伙扑灭不快，境多匪，工作困难	重
镇江	张巨伯、吴宏吉、杨思泮、姚澄、沈淦、彭鹏、刘公是、黄质文、马同伦、荆云耕、王有琪、胡永锡	蝗多扑灭尚快，工作中以缴斤及掘沟成效最著，县府办理亦力	轻
盐城	张鹏远、张振方、孙景漪、姚澄、高槩、唐秉玄	蝗多，夏蝗扑灭尚快，秋蝗则慢，境内多匪，施行工作极不易	重

（续）

县名	捕蝗人员	办理经过	农作损害重轻
句容	朱振华、王开源、杨思泮、姚澄、彭鹏、黄中强、马同伦、徐福田、胡永锡	蝗多，扑灭尚快，县府办理亦力	轻
江浦	高檠、顾升达、顾佑生、顾焕章、吕竹深、王开源、范秉法	蝗多，扑灭尚快，县府办理亦力	轻
仪征	张振	蝗多，扑灭尚快，掘沟鸭啄诸工作，均甚著成效，县府办理亦力	轻
泰县	魏崇庆、戴景宽	蝗多，扑灭尚快，县府及地方均能自动进行	轻
南通	李国桢、戴景宽、李凤苏	蝗多，扑灭尚快，工作尚便利	轻
溧阳	张大荣	蝗多，扑灭尚快，与县府接洽进行尚顺利	轻
东台	赵世申、魏崇庆、戴景宽	蝗多，扑灭较慢，境多匪，工作困难	重
金坛	孙景漪、唐秉玄、高檠	蝗多，扑灭尚快，地方亦甚努力	轻
海门	沈淦、李凤苏、张进修	蝗多，扑灭尚快，工作尚无困难	轻
宿迁	张正伍、王仲愚、黄中强	蝗多，面积约 1 467 顷，扑灭尚快，地方办理亦力	轻
六合	陈家祥、周松林、严家显、潘鸿声、杨丙炎、王有琪、桂永香、谢先达、陈梦士、顾升达、顾佑生、孙振翱	蝗多，扑灭尚快，县府办理亦力，惟有少数地方因匪不便工作	轻
如皋	赵世申、汤心彝、戴景宽、张进修	蝗多，扑灭尚快，缴斤法最著成效	轻
高邮	吕金岵、楚国香	蝗多，扑灭较慢	重
淮安	楚国香、杨丙炎	蝗多，扑灭尚快，县府办理亦力	轻
淮阴	楚国香、彭鹏	蝗多，扑灭较慢，境多匪，工作困难	轻
宜兴	谢钦洪、王有琪、沈学年	蝗不甚多，扑灭尚快，县府办理亦力	轻
高淳	赵世申	蝗不甚多，扑灭快，工作进行尚便，县府办理亦力	轻

（续）

县名	捕蝗人员	办理经过	农作损害重轻
睢宁	张正伍、孙振翱	蝗不多，约占面积 2 190 亩，扑灭尚快，利用缴斤法	轻
邳县	张正伍、黄中强	蝗不多，面积约占 900 余亩，扑灭尚快	轻
丹阳	缪瑞莲	蝗不多，扑灭尚快	轻
启东	汤心彝、李凤荪、张进修	蝗不多，扑灭尚快，惟有少数地点因匪不能工作	轻
涟水	楚国香、杨丙炎	蝗不甚多，扑灭尚快	轻
兴化	张振方、咸洛、缪瑞莲	蝗不甚多，扑灭较慢	较重
江都	沈淦、咸洛、吕金岵、张振	蝗不多，扑灭尚快	轻
溧水	赵世申	蝗不多，扑灭快，县府办理亦力	轻
灌云	吴长春、张绍贤、孙德渊、郭尔溥	蝗不多，扑灭较慢	轻
南汇	陆积梅、姚澍、杨思泮	蝗不多，扑灭尚快	轻
吴县	陆积梅、沈学年	蝗不多，扑灭尚快	轻
扬中	李国桢、李育纲	蝗不多，扑灭尚快	轻
沛县	张正伍、孙振翱	蝗少，扑灭快	轻
崇明	陆积梅、张振、姚澍	蝗少，扑灭尚快	轻
东海	吴长春、孙德渊、赵世申、姚澄	蝗多，扑灭慢，境内多匪，县府乏财力，政令不行，工作难施，此本年治蝗第一困难之处也	较重
泗阳	楚国香、彭鹏	蝗不多，扑灭尚快	轻
嘉定	陆积梅、姚澍、沈学年	蝗少，扑灭尚快	轻
常熟	陆积梅、姚澍、沈学年	蝗少，扑灭尚快	轻
江阴	贡邦静、缪瑞莲、朱久望	蝗少，扑灭尚慢	轻
武进	汤湘雨	蝗少，扑灭尚快	无
铜山	张正伍	蝗甚少，扑灭甚快	无

注：1. 表中共 43 县，此外尚有昆山、太仓、沭阳、靖江 4 县蝗患尚轻，未计扑灭之数，总共 47 县。

2. 本年治蝗实行参加工作者共 71 人，均见表中，其中有 1 人分见数县，系因时有先后，非始终在 1 个县也。

3. 表中捕蝗数量从略。

4. 各县县长多有办理甚力者。如江宁县长王垚、江浦县长熊渠、南汇县长罗谷苏、泰县县长王景涛、仪征县长田斌、高淳县长陈保群、六合县长刘修月、溧水县长周敦礼、如皋县长文钦明等共 11 人，以及各县出力人员，皆详述劳绩呈请农矿厅分别奖励。

5. 捕蝗特别费共领两期，第一期 2.1 万元；第二期 0.9 万元，总共 3 万元。

6. 各县区实地工作人员，卓有成绩者不乏其人，经严密审查，遵照厅令批准给奖。

（4）十八年冬季查掘蝗卵概况

本年趁冬季农暇之时，为谋预防蝗患之计，先行开会讨论掘卵事宜，嗣即遴派人员，分头工作，预定 3 个月为期，于 11 月 15 日一体出发，经查掘之县份如下表。

地点	人员	地点	人员	地点	人员
启东、海门	沈淦	如皋、江宁、东台	赵世申	盐城、阜宁	姚澄
东海、六合、仪征	孙德渊	兴化、句容	王开源	宝应、淮安、江浦	杨丙炎
淮阴、泗阳	王仲愚	沭阳、涟水	高樂	宿迁、睢宁、江都	张正伍
邳县、沛县、镇江	孙振翔				

注：此次工作，各县多数未查见蝗卵，且因特别情形，困难实多。严寒风雪，长期不止，天时之不便也；道途冰冻，交通阻塞，地利之不得也；饥馑之余，人民迁散，盗匪充斥，并陷盐城，人事又极其艰难也。故查有蝗卵之地，非即能工作之地，查有蝗卵之时，非即能工作之时，虽经勉力奋斗，成绩终远逊所期，计掘卵数量仅盐城 40 余石，宝应 7 石 11 斤，东台 7 石 42 斤，海门 1 石 23 斤，阜宁 21 斤，总计共 56 石 67 斤。

3. 十九年治蝗计划

根据十八年（1929 年）冬季蝗卵之调查，其最多之处，当以黄海沿岸之阜宁、盐城、东台等县，及长江两岸之江宁、江浦、六合、仪征、镇江、句容等县为最多。惟去冬严寒风雪长期不止，今春又淫雨兼旬，晴日甚少，此皆大不利于蝗卵之发育，死亡率必大，故预料本年蝗蝻之发生，当不若客岁之盛也。去岁治蝗，本分全省为八大治蝗区，每区各设主任 1 人，当蝗蝻盛发时，人不敷用，陆续添聘治蝗员至 64 名之多。所有指挥调遣及往来文书，尽集中于本局，本局固不胜其繁，而各区主任则等于虚设。故本岁拟变更计划，将区数减少，而将主任之职权加重。凡其区内所辖各县一切治蝗事宜，悉归其支配，本局不加干涉，仅训练新进之治蝗员，以供各区之调用，并派员赴各区视察而已。兹将本岁分区办法，就原有人员，暂时支配如下，一俟 1929 年度治蝗特别费有着落后，仍须添聘专员若干人。

（1）分区

1）徐海区：主任李国桢，设治蝗所于灌云。

治蝗员张正伍，管理铜山、萧山、宿迁、睢宁、砀山、沛县、邳县、丰县等 8 县治蝗事宜。

治蝗员孙德渊，管理灌云、东海、赣榆、沭阳等 4 县治蝗事宜。

2）淮扬区：主任李凤逊，设治蝗所于宝应。

治蝗员王仲愚，管理淮阴、淮安、涟水、泗阳等县治蝗事宜。

治蝗员王开源，管理兴化、高邮、江都、泰县等县治蝗事宜。

治蝗员杨思泮，管理南通、如皋、海门、启东、崇明、靖江、泰兴等县治蝗事宜。

治蝗员李育纲，管理宝应县治蝗事宜。

3）江南区：主任吴宏吉，设治蝗所址于本局。

治蝗员赵世申、治蝗员杨丙炎，管理江南各县及江北之江浦、六合之治蝗事宜。

4）盐阜区：主任姚澄，设治蝗所于盐城。

治蝗员孙振翱，管理东台、盐城、阜宁3县治蝗事宜。

各区主任分往所属各县指导进行，并择定蝗患最剧之处参加工作，其职责如下：

调用人员；调查蝗害；研究蝗虫迁徙之方向；调查蝗虫之分布；每逾10日，将经过情形呈报本局一次；计划治蝗；视察工作；采集经济昆虫及其他昆虫标本。

（2）经费

本岁蝗蝻之发生，既预料较去岁为少，则治蝗特别费之请求，亦当较去岁为少，故本岁之治蝗特别费，预算为15 536元，亦呈请农矿厅提出省政府会议通过，其支配表如下。

科目	1929年度核定数	1930年预算数	比较数	备考
捕蝗特别费	30 000元	15 536元	减14 464元	
薪工	11 250元	5 790元	减5 460元	
薪水	10 800元	5 340元	减5 460元	
技术员薪水	10 200元	4 800元	减5 400元	捕蝗技术员16人，月各支50元，6个月；宣传编辑1人，月支60元，庶务、书记、绘图员各1人，月各支40元，各3个月
临时事务员薪水	600元	540元	减60元	
工食	450元	450元		
事业费	18 750元	9 746元	减9 004元	
旅费	15 400元	6 330元	减9 070元	每人每月60元，16人6个月共支5 760元，办公费等570元
购置	800元	800元		

（续）

科目	1929 年度核定数	1930 年预算数	比较数	备考
喷雾器	500 元	500 元		
捕蝗袋	250 元	250 元		
杂品	50 元	50 元		
宣传费	650 元	650 元		
旬刊	180 元	180 元		
浅说	200 元	200 元		
图书标本	150 元	150 元		
表格	30 元	30 元		
照相	90 元	90 元		
杂费	1 900 元	1 966 元	增 66 元	
药饵	1 500 元	1 500 元		
医药	400 元	286 元	减 114 元	
房租		180 元	增 180 元	捕蝗职员回京住宿

注：薪工＝薪水＋工食；事业费＝旅费＋购置＋宣传费＋杂费。

4. 1928 年蝗虫研究所工作报告（陈家祥）

（1）蝗虫研究所之缘起

本局自 1923 年成立以来，在江北徐、海、淮、扬各区，设立捕蝗分所，从事防治蝗蝻，并附带研究蝗虫之生活习性等，以为防治方法之张本。自 1928 年改组以后，因感蝗虫为害之烈，现有防治方法未能尽善，生活习性等等，亦未能尽知，觉有加重研究工作之必要，乃决计添置蝗虫研究所，就蝗虫生产地，专门研究蝗虫各种应有之知识与方法，期增加治蝗之功效，委祥与尤其偶君专司研究之责。

（2）择定所址于板浦

本所之责任与目的，既为研究蝗虫，自应在蝗虫生产地寻觅所址。无如遍觅全省各地蝗虫生产之处，即为土匪出没之处，居民稀少，难以居住。为谋研究人员比较的安全起见，又为研究工作比较的便利起见，乃于 4 月初，在板浦借民房为所址。盖板浦为灌云县治所在，泥城外虽常有枪声，而泥城内则有军警保护，毫无危险，且相距十余里之草庙及青墩庙两处，均经查有蝗卵，研究观察，尚不甚难。为后因灌云无秋蝗，除留尤君在所内饲养蝗虫外，祥则至江南各县考察试验，有时并奉命兼管一部分之治蝗工作。

（3）研究蝗虫生活史

蝗虫为不完全变态中渐进变态之昆虫，有卵、幼虫、成虫三时期，幼虫即跳蝻，成虫即飞蝗也。中国普通所称之蝗虫，系指远迁飞蝗（*Locusta migratoria* L.）而言，每年发生两代，以卵过冬，至四五月间，孵化而为幼虫，五六月间，羽化而为成虫，至 8 月间，逐渐死亡，因其生长之时间为夏季，故称夏蝗。夏蝗羽化后，约经 20 日左右，即能开始产卵，因是时气候温暖。夏蝗之卵，约经二星期左右，即能孵化而为幼虫，又经 20 日左右，即能长成而为飞蝗，此第二代蝗虫之生长时间，多在秋季，故称秋蝗。蝗虫之寿命颇长，产卵不止一次，故在同一地方，夏蝗之生长情形，虽大致相同，而秋蝗则相差甚远。往往有夏蝗初产之卵，已为秋蝗之成虫，而夏蝗仍未完全死亡，在同一地方，同时有夏蝗与秋蝗之成虫，常人每难辨识何者为夏蝗？何者为秋蝗？而稍有经验者，则一望即知。盖羽化未久之蝗虫，体色较浅，且雌雄同色；而较老之蝗虫，则体色较深，且当生殖能力发达以后，雄虫全体呈鲜黄色，而雌虫则为暗紫色。秋蝗羽化后，约经 20 日左右，又能开始产卵，秋蝗之卵，普通须至翌年四五月间方得孵化，然在苏省境内，遇晚秋气候温暖时，秋蝗早产之卵，亦有能孵化而为第三代跳蝻者。如江浦县之小店镇及教育公有林等处，于是年 11 月间，即有第三代跳蝻发生是也；惟因气候过冷，终不能长成，至第二龄时，即完全夭死。故为吾人除害计，宁愿秋蝗之卵，完全孵化，使第三代跳蝻完全冻死，则次年不致再有蝗虫。且蝗虫即将由此绝种。然蝗虫似若自知，非在卵期不能度过严寒之冬季，故常保留其秋蝗之卵，直至次年初夏，方行化孵。

（4）研究蝗虫之习性

1）食性。蝗虫之取食，不限于一种植物，成虫与幼虫食性相同。其嗜食者为芦苇、玉蜀黍、粟、稷、稻、麦等禾本科植物之叶、嫩茎、嫩穗等。非禾本科之植物，则饥饿时始稍稍食之。蝗虫幼时，食量不大，其后身体渐大，食量亦渐增加，综计全生，以第五龄幼虫期内，及自羽化后开始取食，至开始产卵以前，为取食最甚时期。迨卵巢内之卵发育以后，取食即少，往往有飞至一处，暂时落下，并不取食即又他去者。蝗虫取食，每日以清晨为最甚，傍晚时次之，在晴天、白昼取食者甚少。普通每日取食二次，当气候较寒之时，多在上午 9 时以前、下午 4 时以后取食，当盛暑时，日间停食之时间更久。然此仅就大体言之，若当饥饿时，虽在盛暑之日中，亦有取食者。蝗虫除食植物而外，又好食动物质之食料，大路上被人畜踏死之蝻，常有数个活蝻争食之；芦滩内正当脱皮之蝻，因不能逃避，亦有被他蝻食去者。据 5 月 24 日在灌云县东磊庄附近之观察，及大笼内所饲养之情形，足证蝗蝻之自相残食，并非为饥饿所迫也。

2）迁移性及合群性。蝗虫性好迁移，自幼即然，其原因并非如常人所谓之食料缺乏所致，乃由温度之高下以左右之。盖蝗虫每遇摄氏 13 度以上，30 度以下之温度则动，过此或不及则止。其迁移之方向，至无一定，大抵以向东南者为多，或系日光在东南方之时为多之故欤？然亦有在同一时间，同一地方，而二群蝗虫迁移之方向，适相反者，究系何故，则无从解释。以意度之，恐系合群性有以致之。盖每群蝗虫进行之方向，初时原无一定，不过乱跳或乱飞而已，迨大多数之蝗虫向某方进行，其余亦随之而进行，及此方向既以造成，虽有山川阻隔，亦不易改变，故海水中常有许多蝗虫自然投入而死。此事在海州一带之沿海土人常见之，即人工所掘之沟，虽无人驱逐，而自然跳入之蝻，亦常甚多，皆其证也。蝗虫之合群性，至为显著，毋须详述。

（5）试验防治方法

1）毒饵。育虫笼内之试验：5 月中旬，以巴黎绿 1 份，麦麸 20 份，加红糖少许，分置甲乙二育虫笼内，并各置蝗蝻 100 个。甲笼内每日饲芦叶二次，乙笼内则仅有毒饵，结果甲笼内始终仅见 2 个蝗蝻取食毒饵，而乙笼内初时虽不取食，1 日后因饥饿乃渐取食，然甚勉强，至 3 日后死去 42 个，其后毒饵已全干燥，蝗虫已不取食，不再继续试验。同时另以白砒代替巴黎绿为毒饵而试验之，结果且比巴黎绿稍逊。

野外试验：根据上述育虫笼内之试验，知在食料丰足之处，毒饵杀蝗，已无希望，又知巴黎绿所制之毒饵，稍胜于白砒。乃于 5 月下旬以巴黎绿所制毒饵，撒于海州之凤凰山上及其附近野草缺乏之处，2 日后前往观察，见有少数死蝻，惟不易计算其百分数耳。8 月下旬，在南京城内金川门太平桥一带及浦口车站旁之马路上，试验白砒制之毒饵，白砒浓度自 1/10、1/15 至 1/30 不等，又用橘橙、香蕉等水果及各种果子露作引诱物，均无相当效果，惟以用 1/30 之浓度者，成绩似稍佳。

2）石油乳剂。8 月中旬，以肥皂 6 两，水 6 斤 4 两，煤油 12.5 斤，制成之石油乳剂，在南京萨家湾附近之菜园内试验。加水 2 倍者，杀二三龄之跳蝻有效；加水 3 倍者，亦颇有效，然已不能全死；以之杀四五龄之跳蝻，更不易死。且加水 2～3 倍之石油乳剂，因太浓厚，不易用喷雾器喷射，且不经济，故不合实用。

3）青化钠。青化钠溶液可杀蝗蝻，乃 1926 年杨惟义君在海州治蝗时所发明者。1928 年 5 月在徐州南关外之石狗湖继续试验，以青化钠 1 丸配水 3 斤，喷射 2～3 龄之跳蝻，亦有效，惟较大之蝻，经此溶液喷射后，虽暂时亦可倒卧，不久仍能复活，故须加重药量。然此药价值昂贵，不合经济。

4）捕蝗辘。捕蝗辘亦杨惟义君所创造，用 8 根圆直之硬木，直径约 3 寸左右，并装于铁轮上，每木棍之距离仅有 1 分，前面以人力或畜力拖之，则捕蝗辘向前进行，地上之跳蝻受惊，跳于木棍上，辘之一端又装齿轮，使捕蝗辘前进时，每二根木棍相向转动，则跳上之蝻，因二棍之相向转动，被转至二棍中间之空缝，因此空缝宽仅 1 分，跳蝻不能漏下，即被挤死。此法在平地上颇可应用，惟木棍须硬而直，经久不弯不裂，一有裂缝或弯曲，拖行即有阻碍，且有空缝太大，能使跳蝻漏至地上，不受挤死之弊耳。1928 年 9 月，在浦口车站旁之马路上，用此试验，即有此弊。此种弊端虽不难改正，惟因捕蝗辘制造不易，搬运亦难，且可以应用之处又甚少，故以不用为妥。

5）水沟中投生石灰。8 月 7 日，在浦口九伏洲之水深 5～6 寸之沟中，有跳蝻甚多，乃投生石灰于水中，冀其分化后，水之温度增高，或可杀跳蝻。然据试验结果，虽可以达杀死跳蝻之目的，而甚不经济，盖在一极小之沟内，须投多量生石灰，水温方可增至摄氏 50 度，蝻方能死，且此 50 度之水温，又不能持久，故此法不适于用。

6）水面喷浇煤油。投生石灰于水中，既不适用，乃浇煤油少许于此小沟另一段之水面，使水面盖有一薄层之煤油，未几，沟中之跳蝻全死，其效实足惊人，且又甚为经济。适于是日下午，见老圩（亦在九伏洲）外之芦洲中有多量跳蝻，密不见地，纷纷渡河而上圩堤，圩堤内即系正当抽穗之水稻，已有少数跳蝻入稻田中为害，其余继续拥来。此时，圩堤上有捕蝗民夫百余人，各持扫帚或柳枝束竭力扑打，彼辈因欲保护水稻，非常努力，非迫于功令敷衍从事者可此，无如跳蝻之来势太猛，无论如何扑打，不能阻止。余乃乘此机会，命小舟至河中，以浇水壶二把，浇煤油于水面，凡入河之蝻尽死，渡河之势，未几即止；复将已过河而未入圩内之蝻，驱回河中或扑死之，亦非难事；最后复令大部分之民夫渡河至芦洲上，列队驱逐洲上所留之蝻至河中，约于一小时内，在宽 3 丈余、长 10 余丈（指跳蝻过河之处）之河面，满浮红色之死蝻，见者无不大快。是役，计共用煤油 5 箱，估计杀死之跳蝻，约有 20 担，已为历来治蝗方法中之收效最速，且最经济者。然此河水深且宽，河水流动，难以阻止，且在匆促中不及阻止，所浇之煤油，大部分随水流去，失其效用，在水面浇煤油之方法中，则为最不经济者。次日，在圩之另一段跳蝻多之处，挖一长约半里，深、宽各 3 尺之沟，自长江车水入内，用 28 人在半日内竣工，仅浇煤油半箱，至下午 5 时，自然跳入沟内而死之蝻，约有 50 担之多，其功效诚可惊人。若有现成之沟渠可用，则可省去开沟之人工，用此方法，当更经济矣。按喷浇煤油于水面以杀孑子，甚为普通，而以之治蝗，则未之前闻，故余以为此法乃余首先发明者。不意同月 15 日，余因被派至龙潭宜昌洲一带，设法解决治蝗困难事，即见有在水面浇煤油者，按此时离余试验之时不过 8 日，在京捕蝗员，虽已目击此法，而在外者尚未有所闻，余所著之《秋蝗防治法》虽已付印，而尚未竣工，故见此情形，甚为奇异。据调查所得，谓系一农民首先试用，以防止跳蝻之过河，以救护其水稻，其余农民，见其有效，亦即仿行，惟距水稻较远之处，则虽跳蝻甚多，亦不用此法。余既抵彼，见沟渠甚多，大可利用，乃广用此法，计在宜昌洲，每日用煤油 10 箱，可杀跳蝻约千担。至《秋蝗防治法》印就寄出以后，应用此法者更多矣。

（6）研究天然害敌

蝗虫之天然害敌，种类颇多，如鸭与蛙，均好食跳蝻，助吾人灭除害虫，厥功甚伟，人多知之，故遇水边发生跳蝻时，多放鸭啄食之。据试验所得，鸭之大者，每头能日食 2 斤，小者亦食四五两；蛙之食量，虽不能若是之大，然据观察所得，其助吾除害之功效，亦殊可惊人，故官厅常三令五申而保护之。寄生蝇之幼虫，寄生于蝗虫体内，亦足以致蝗虫之死命。然据是年 6 月中旬数日内在灌云考查所得，被寄生之数极微，12 446 个飞蝗，被寄生者仅有 8 个。黑胡蜂以刺刺五龄跳蝻，使不能逃逸，乃拖入于土穴中，产卵一粒于被刺之蝻上，再以土封穴而去，其幼虫孵出后，即以其母所预贮之蝻为食。此种情形，于 5—6 月在灌云县曾见到数个，掘土觅之，又得被刺之蝻 10 余个。8 月间，在浦口宜昌洲及萨家湾等处，所见甚多，惟当时因忙于治蝗工作，无暇研究，为可惜耳。莘县（在山东）志载："嘉靖九年（1530 年）夏五月，蝗蝻自兖群来，群队如云，所过无遗稼，比至莘，知县陈栋斋沐，率邑人祷于八蜡神，倏黑蜂满野，啮蝗尽死。"此记载虽有黑蜂杀蝗为邑宰祈祷所致之迷信，而黑蜂杀蝗，则事实也。寄生菌杀蝗之效力甚大，1926 年夏，海州扑蝗，因此而死者十之七八。本年设所址于灌云，即有注意研究寄生菌之意，惟因天气过旱，菌类难以发生，未曾觅得。又有 3 种螽斯（纺织娘）曾经饲养多时，惟生活史尚未完全，且食蝗之量亦不大。燕雀鸦鹊等常见之鸟，亦能啄食蝗蝻，海边更有数种海鸟，有助于吾人杀蝗之功亦颇不小，古书所载关于鸟食蝗蝻之事亦颇多，且多有大效。又有一种大蟋蟀，能食蝗卵，仅于 9 月下旬在太平门外金大农场一见之。

（7）查考中国蝗虫之分布

中国蝗虫之种类，为赤足飞蝗、远迁飞蝗及隆背飞蝗 3 种（惟《科学》杂志第八第九两期张景欧氏《蝗患》所载，中国蝗虫有 80 余种之多，乃指全国蝗科之昆虫而言，非仅指为害甚大之飞蝗也）。其生产地大半在于江湖之滨、海岸附近，及其他低洼之荒地中，故中国人之脑中，常有鱼虾之子可变蝗虫，蝗虫之子可变鱼虾之观念。盖湖泽之滨，水年被淹，而旱年则高出水面，同一地方，水年则有鱼虾，而无蝗虫，旱年则有蝗虫而无鱼虾故也。明徐光启《除蝗疏》有云："蝗之所生，必于大泽之涯。……骤盈骤涸之处，如幽涿以南，长淮以北，青兖以西，梁宋以东诸郡，湖漅广衍，旱溢无常，谓之涸泽，蝗则生之。历稽前代及耳目所睹记，大都若此。若他方被灾，皆所延及与其传生者耳。"考古幽涿，皆今河北省地；长淮，指长江与淮河而言；青兖，皆在山东，兼有辽宁及河北一部分之地；梁为陕西旧汉中道及四川省地；宋为河南商丘县附近之地。据此以观，则河北、河南、山东、山西、江苏、安徽、陕西、湖北、四川及辽宁之一部分，为中国蝗虫之原产地，惟辽宁、四川二省，后来未闻有蝗害之消息，则此二省，似非蝗虫原产地也。据1927年豫陕甘灾情周报所载，豫省各县，蝗灾甚烈，而陕省则仅蒲城县有"旱虫交加，禾苗摧残净尽，民食无着"数语，其所谓虫，究系何虫，并未指明，即系蝗虫，亦仅一县，且是否当地原产，抑自他处迁来，亦不可知，则陕西恐亦非原产地也。徐氏又云："略掇往牒，如《元史》百年之间所载灾伤，路郡州县几及四百。而西望秦晋，称平阳、解州、华州各二，称陇西、河中，称绛、耀、同、陕、凤翔、岐山、武功、灵宝者各一。大江以南称江浙、龙兴、南康、镇江、丹徒各一，合之二十有二，于四百为二十之一耳。……今年关、陕、邠、岐之间，遍地皆蝗，而土人云，百年来所无也。"考平阳，在今陕西岐山县西南；解州，今山西解县；华州，今陕西华县；陇西，今甘肃陇西县一带；河中，今山西永济县一带；地当汶河、黄河之中；绛州，今山西新绛县；耀，今陕西耀县；同州，今陕西大荔县；凤翔、岐山、武功，皆今陕西之县；灵宝县在河南；龙兴路，今江西南昌一带地；南康路，明时为江西南康府，今星子县其旧治也；关、陕、邠、岐，亦今河南、陕西一带之地。由是可知，河南、山西两省，亦非全省皆系原产地，亦有自他处传生或延及者，如江苏之徐、海、淮一带为原产地，江宁、江浦、六合、句容、镇江、江都、扬中等处为传生地，而苏、沪一带为延及地，若浙江与江西二省，则完全为延及地，且因距离原产地较远，飞至之机会亦极少，故往往数十年内不易一见也。陕西虽非原产地，而距原产地甚近，传生与延及之机会均甚多也。新疆西北境，离巴尔喀什湖仅数百里，据俄国昆虫家之著述，巴尔喀什湖之周围，亦为蝗虫原产地，则新疆虽非原产地，似应有所延及，惟未有闻见，不敢断言。据尤凡罗夫氏所说，俄国蝗虫，大抵向西北迁移，有时有远迁至芬兰与英国者，而中国蝗虫，则以向东南迁移者为多。同种蝗虫，因发生之国境不同，而迁移之方向适相反，原因何在，尚不得而知之，岂划新疆、甘肃（查 1927 年豫、陕、甘灾情周报，甘省并无蝗灾）二省，为两国蝗虫之缓冲地域？中国蝗虫原产地，全在江湖滨海地旷人稀、芦苇丛生之地，如黄河故道，现黄河下游，淮河两岸之地，与自河北至江苏间之沿海一带，及江苏、山东间之微山湖、昭阳湖、独山湖，江苏、安徽间之洪泽湖，及河北之七里海、三角淀、白洋淀、宁晋泊、大陆泽，山东之百脉湖、清水泊、麻大泊、蜀山湖、雷夏泽，江苏之青伊湖、硕项湖、人纵湖、宝应湖、骆马湖、石狗湖及安徽之陵子湖、紫芦湖、蔡湖、聂家湖、白塔湖、马冈湖、花园湖等等周围，及其附近荒地，皆蝗虫原产地，每年皆有发生。不过多雨之年，产蝗地多被水淹，发生甚少，且多夭死，不至迁移为害，不为人所注意耳。雨量稀少之年，蝗即大盛，为害亦烈，且迁移至邻近荒地产卵（熟地内亦偶有之），在此邻近之荒地内，能继续生存与繁殖 2～3 年，然后来因环境不适之故，逐渐死亡，即蝗虫之传生地，如长江下游之两岸，庐州及其他距原产地不甚远之相当地点是也。至距原产地较远，而荒地又甚少之处，虽偶有飞蝗飞到，因居民众多，易于扑灭；即偶有遗卵，亦因地多耕种，不能孵化；即偶有孵化，亦易被人工或气候所消灭，如江苏之旧沪海道[①]及浙江、江西、辽宁等处是也。1922 年 8 月，南通四乡，曾以产蝗闻；1923 年 5 月，南京通济门外观音庵、汉西门外、上新河、北固乡等处，又闻有蝗虫，其实皆非蝗虫，乃蚱蜢之误；1925 年夏，杭州附近，亦以产蝗闻，虽未见其标本，以意度之，恐亦系蚱蜢而非蝗虫也。因蚱蜢与蝗虫甚相似，且亦生长荒地中，为数众多时，亦足以稍害芦叶，偶或食及附近农作物，惟其为数决不能如蝗虫之多，生产地之芦叶，足供其食，不能迁移，更不能远迁而为大害也。

（8）查考苏省蝗虫原产地

苏省蝗虫原产地，限于江北，江以南则未之有也。论苏省害虫者，辄曰："江南之螟，江北之蝗"。其实江北未始无螟，而江南则除自他处飞来或暂时生产者外，绝无真正之蝗虫。1923 年，南京附近，曾以产蝗闻，而实系蚱蜢，已如前述，盖地势然也。江北各地，以邻近于山东、河南、安徽三省之边境，及自赣榆之柘汪（与山东交界处）以南，至淤黄河口以北之沿海一段，为产蝗最盛之区。如与山东交界之洪泽湖、与河南交界之淤黄河；赣榆之柘汪、中冈站、兴庄镇、欢墩埠、龙王庙、赣榆市、七里桥、驼峰镇；东海之临洪河、大浦、头道沟、二道沟以至六道沟、新浦、新坝、石湫镇、滥泥洪镇、湖东口镇；灌云之云台山麓、东陬山、西陬山、苍梧乡、苍梧北乡、西临乡、中正乡、河西庄、苇荡营、五洋湖、双港、汤集及太平运盐河沿

---

① 沪海道：旧道名，治所在今上海市。

岸；沭阳东北乡之四家荡、硕项湖、青伊湖等之周围；阜宁北东南三方，均产蝗虫，如条黄、东坎、八滩、开明、海东、两河、沟墩各区是也；盐城之东北部，如草鄽、新兴场、北洋、南洋、划船港、正便乡及其他大部分串场河以东之地；余如淮阴与淮安之西南部，泗阳之南部及西部，铜山之北部柳泉市及南关外之石狗湖，萧县之孤山湖，邳县之赵村湖，睢宁之王集湖，宿迁之骆马湖、官湖等附近，亦苏省蝗虫之原产地也。

(9) 调查本年苏省蝗虫之分布

苏省 1928 年度蝗虫分布地点，大致与原产地相同。盖自 1927 年秋季，以至 1928 年夏季，雨量稀少，凡 1927 年有秋蝗遗卵之处，1928 年悉能孵化，寄生虫与其他天然害敌又极少，病菌且绝未发现，故除人工灭除而外，自然夭死者极少。幸 1927 年度苏省境内蝗虫未盛发，遗卵不多，故在蝗虫原产地内，尚非到处皆有。计是年夏蝻产生之处，为微山湖边之沛县、铜山、丰县三县；东海县之石湫镇、新坝、新浦、大浦、南城、青墩庙、临洪河、湖东口镇、滥泥洪镇等处；灌云之草庙、东磊、五洋湖、中正乡、西临乡、河西庄、苇荡营等处；赣榆之赣榆市；阜宁、盐城之近海各区，及洪泽湖边之泗阳、淮阴、淮安与铜山南关外之石狗湖等处。尤以沛县、铜山两县所生最多，东海、灌云次之，泗阳、淮阴、淮安、阜宁、盐城等县又次之。微山湖中数百里内，尽系蝗蝻，最多处相垒至寸余之厚，计当地农民缴至本局第三捕蝗所及就近之市乡行政局或保卫团掩埋，有数可计者 7 000 余担，其余为鸭所食、为毒药所杀，及打死于地面者不计焉。东海、灌云两县，被毒死、打死及驱入沟中掩埋之蝗虫，大约有 6 000 担，陷死于河海污泥中者不计焉。泗阳、淮阴、淮安等县所杀死之蝗虫，且近万担。及至长成能飞以后，苏省境内所留之蝗虫，约尚有 1/10，不及捕打，飞向东南，有死于海中者，有飞至长江两岸各县为害者。同时北邻之山东、西北邻之河南、西邻之安徽，又有多量飞蝗，飞入苏省境内，全省 61 县，几全有飞蝗之踪迹，不过多寡不同而已，尤以长江两岸为最多，微山湖、洪泽湖旁及淤黄河附近次。凡飞蝗停落之处，无论地之高低荒熟，自山坡以至水边，除有水之处以外，大抵遗有卵块，故当 7—8 月，棉花地、高粱地、黄豆地及玉蜀黍等旱作地内，均有跳蝻甚多。此乃秋蝻发生之特别情形，因夏蝗所产之卵，旬日左右即能孵化，在此短时间内，种植农作物之地上，并不耕耙，即有中耕，亦因锄之入土太浅，不足以伤害蝗卵，故秋蝗得以在熟地内安然孵化，至若秋蝗所产之卵，在熟地内孵化之机会则极少。至各秋蝻之多寡，当以东台、句容、江宁、江浦、六合、镇江、仪征、铜山等县最多，萧、沛、泗阳、宿迁、阜宁、南通、江阴、淮阴、淮安、赣榆等县次之，而东海、灌云等处，则反无秋蝻发生云。

5. 十八年蝗虫研究所工作报告（陈家祥）

（1）觅定所址于南京太平门外金陵大学农场之草屋内

十七年，秋蝗遗卵于江南者，反较江北为多，尤以南京镇江一带为最多。按江南发生蝗虫，为偶然之事，在十年或数十年内仅能一遇，故在江南研究蝗虫之机会，实为难得。太平门外虽非蝗卵最多之处，金大农场内之蝗卵，又因冬耕后不能孵化，然以之作研究材料，则仍甚充足，适金大新购之旧农家草屋3间，尚空而未用，蒙该校概允借作所址，遂决定焉。

（2）继续研究生活史

1）考查过冬蝗卵死亡率。去冬大雪经旬，最厚之处，积厚盈尺，常人均以为过冬蝗卵，死者必甚多，虽不能完全冻死，当可死其大半。孰知，据2月初太平门外实地考查之结果，死者仅约10%，后于3月初在高资车站附近考查所得，死者且仅2%，总计前后各处考查之结果，则为5%。

2）胚胎中之观察。过冬蝗卵，至3、4月之交，胚胎始渐发达，惟此时剖视，尚难具体辨识。约距孵化前旬日剖视之，形态已大体完备，体淡黄色，中段之色稍深，背有半透明线二条，呼吸时乍宽乍狭，体节已明显，且有赤色之复眼，剖出后经3～4分钟乃死。俟其充分长成时，即不去卵壳，在钝端亦有二个蓝色小点可见，左右各一，盖复眼也。以刀轻去其头部前之卵壳，自后轻轻一挤，胚胎立出，可见其屈于腹面之六足及紧贴于背面之触角。此时卵内之营养物，已尽用去，仅余一卵壳包容之。此种胚胎，1～2日后即可孵化矣。胚胎发育之迟速，与气候冷暖，甚有关系，故孵化早迟，亦因时因地而大有差异也。

3）孵化时之观察。蝗卵内之胚胎成熟以后，即可孵化。夏蝻孵化，大抵在春夏之交、温暖之日行之，鲜有在寒冷之日行之者，而1日之中，则又皆在日中行之，大抵以上午10时至下午2时间孵化者为最多。上午10时以前，下午2时以后，孵化者已不多，而夜间则绝未见有孵化者。当孵化之前，先裂其卵壳，卵壳破裂之处，多在头胸二部之交。卵壳既裂，即稍曲其身体，将头部向后缩，旋即伸出壳外，全体之渐渐脱出，颇不费力。此时尚有胎衣包裹，虽有六足，不能运用，故其破壳及出壳也，全恃身体之伸缩运动。有时因用力过猛，头胸间之卵壳裂开后，更沿后裂至腹部，则腹部先出壳外，四周空虚，无可着力，头部之壳，不能脱去，即因此而死。5月3日，见自浦镇寄来蝗卵中，有一卵于下午49分开裂，至54分时完全脱出壳外，侧卧其体而休息，计自卵壳开裂至完全孵出之时间为5分钟。本年最早孵化者，为4月17日，地点在高资，至5月中旬，始完全孵化。

4）脱胎衣时之观察。幼虫初孵化后，虽已脱出卵壳，而尚有一白色半透明极薄之胎衣包裹之，触角与足均紧贴体上，一若卵壳内之胚胎，惟稍舒展耳。不能爬行，更不能跳跃，仅转动或伸缩其躯体为惟一之运动方法，渐渐升至地面，稍行休息，乃开始其脱衣之工作。脱胎衣时之情形，于 5 月 11 日在太平门外见之最详，是日上午 8 时 46 分，见一初孵化之幼蝻，升至土面，侧卧 2 分钟后，前胸之胎衣，即渐裂开，竭力运动其筋肉，头部先行伸出，继以胸部及六足，最后乃脱腹部。当头胸部伸出时，胎衣即渐渐向后摺缩，六足脱出后，幼蝻即能起立爬动，并能挤其胎衣，是时胎衣已缩成一团，挤于腹部末端，离胎衣开始破裂时仅 3 分钟。再经 2 分钟，腹端之胎衣亦已脱下，即能爬行跳跃矣。初孵化之幼蝻，有胎衣包裹全体，运动极不方便，何以不在地中先将其胎衣脱去，而后再行出土？或因其柔嫩之皮肤，恐与土块磨擦而致损伤欤？幸蝗卵入土不深，仅恃伸缩运动，亦不难升至土面，然亦有升至中途，未达土面，即行脱去其胎衣者。

5）脱皮时之观察。蝻当脱皮前一日，即停止取食，将脱皮时，爬至植物茎上或叶上，或其他可以支持其身体之物上，尤以植物茎上者为多，叶背上次之。至植物之种类，就观察所得，以芦苇为最常见，蒿与艾次之，麦茎上及已刈割之麦类遗茎上亦常见之。养于育虫笼及灯罩内者，则在所饲之草茎或笼顶、笼壁与灯罩上端封口之纸上行之。地位既以择定，乃移转其身体，头向下面，腹端向上，并稍屈其体，使胸背隆起，触角下垂，附于面上。继之腹部胀动，内部筋肉极力伸缩，旋前胸中线之后端先裂开，渐向前裂至头顶乃止。是时筋肉伸缩益力，促其头部前冲，于是头顶之裂痕，向前下方延伸而至复眼，头乃首先脱出，胸部、腹部及六足，亦渐渐随之而出。蝻自孵化以后，以至长成，计脱皮 5 次，每次脱皮之方法相同，仅时间稍有短长，幼者短而大者长。又有因气候不适，阻其发育，致有脱皮 6 次者。初脱皮后，身体柔软，口器不能咀嚼，须经 1 日或数小时后方能取食，温度高则身体易于干硬，取食即早，反之则迟。第 5 次脱皮后即为飞蝗，故末次脱皮，特称之曰羽化，羽化时之情形，较为复杂，容于另节述之，兹将各次脱皮及脱卵壳（孵化）与脱胎衣所需之时间，就观察所得，表录如下。

蝗虫脱皮所需时间表

脱皮	脱卵壳	脱胎衣	一次脱皮	二次脱皮	三次脱皮	四次脱皮	羽化	
							脱出	展翅
时间	5 分钟	5 分钟	10 分钟	11 分钟	8 分钟	12 分钟	24 分钟	17 分钟

　　注：此表仅根据今年夏蝗室内饲养之情形，秋蝗生长较速，脱皮所需之时间，亦可稍短，惟因材料缺乏，未得机会，野外之自然情形，迄未观察完全，故未列入。

6）羽化时之观察。蝗虫羽化时之观察，野外及研究室内所见皆多。5 龄蝻之翅片渐见肥厚，即可断定其 3～4 日后，必将羽化，盖其翅片内渐成成虫之大翅也。（4 龄蝻将脱皮时，翅片亦渐见肥厚），若捕翅片甚厚之 5 龄蝻，轻轻扯其翅片之壳，即可脱落，丝毫无损于其翅与身体，且此肥厚之小翅，即渐渐展开，状如成虫之翅者。此等 5 龄蝻数小时内即可孵化矣。6 月 2 日所见情形，最为完备，述之如下：是日下午 2 时 15 分，蝻至芦茎上，倒悬其体，前中足向前紧抱芦茎，后足向后相并抓低芦茎，继之腹部颤动，胸部膨胀。至 3 时 19 分，前胸背片之中线裂开；至 22 分，中后胸四翅片间之皮亦裂开；至 24 分，前胸之裂缝与中后胸之裂缝相连接，是时头部极力向后弯，全体筋肉之伸缩运动，亦极猛烈，故头顶之中线亦即裂开至复眼乃止。一面与前胸之裂缝相接，头部乃渐伸至壳外，依次而胸部、而六足以及腹部，一面以其筋肉伸缩之力，一面则有地心吸力助之，以伸出壳外（自第 1 龄至第 4 龄脱皮时亦如此），蝗虫脱皮所以向下倒悬者，即此理也。脱皮至腹部末端时，似觉疲倦，乃倒悬不动，而稍事休息。是时前四足虚悬不着力，仅后二足握住芦茎不放，旋转身向上，踞于遗壳之上，而腹端亦因之脱出矣。时为 3 时 43 分，计自胸部裂缩起，至全体脱出止，经时 24 分钟。此时四处仍折皱未展，呈未脱出之原状，仅稍舒松耳。此后惟一工作，即在整翅，法亦伸缩其筋肉，压迫血液于翅脉内，使其渐渐展开，竖立于体上，与体轴几成直角，其后继续伸展，经 17 分钟后，始完全展开。再稍休息，静待其新翅稍干，乃沿其翅脉，先折后翅于腹上，然后再其前翅覆于后翅之上。然此时折叠甚松，不能紧贴于体上，乃以二后足自上向下徐抚之，翅乃平贴于两侧。初出之翅，柔软湿润，而不甚光润，翅脉不显，更无斑纹，经 5～6 分钟后，方干燥而具光泽，色亦加深，翅脉及黑斑亦甚明显，与寻常能用以飞翔之蝗翅无异矣。

（3）继续试验防治方法

1）毒饵。毒饵试验，虽屡遭失败，而仍不肯灰心。8 月上中旬在六合县之竹镇王营、陈家庄一带试验，就便指导治蝗工作。日中无暇，只得于傍晚时行之，不意即因此而得良果。8 月 9 日傍晚，在陈家庄以白砒 1 杯，麦麸 20 杯，糖 1 杯（加水量未计算）之毒饵，撒于短草堤上，见当晚及次晨，均有就食者，惟数不多，次晨有已死者，有将死者，下午死者已颇多，而未死者仍甚多。11 日在王营以巴黎绿 1 杯，米糠 20 杯及 25 杯，及糖 1 杯之两种新毒饵，撒于干稻田内及堤埂上，结果与前相似。12 日在王营西北约 3 里处之旱作地中试验，分为 3 种：麦麸 25 杯，巴黎绿 1 杯，红糖 2 杯；麦麸 25 杯，白砒 1 杯，红糖 2 杯；米糠 25 杯，巴黎绿 1 杯，红糖 2 杯，橘精三分之一小瓶。至次晨死者皆甚多，尤以路旁堤埂下为独多，盖蝻食毒饵后，欲爬至路上不得，而坠下死者，最多处一方尺内有百余个，他处则较少，少者 3～4 个，多者亦不过 10 余个，平均约计 10 个；有死蝻处地面长 300 尺，宽约 60 尺，计面积为 1.8 万方尺，故死蝻约 18 万个。以后又续有死者，惟死蝻有被蚁及其他动物食去，不易计算耳。此次 3 种试验，以第 2 种成绩最佳，施放后半小时内，即有一蝻因取食过多而死，第 3 种最劣，因此可见米糠不及麦麸，巴黎绿不及白砒也。虽因广野之中，跳蝻迁移靡定，不能计算其毒死之百分数，而毒饵杀蝗为有效，则可无疑矣。试验之地方，有大豆地，有芝麻地，有高粱地，又有稻田、大豆与芝麻地内，皆间植玉蜀黍。高粱与稻，皆蝗虫嗜食之物，虽有芝麻与大豆，虽非蝗虫所嗜食，而间种之玉蜀黍，则蝗所最嗜食者，此等蝗虫嗜食之农作物，一部分已被食害，而仍有大部分安然无恙。故在此种情形之下，蝗虫之取食毒饵，并非迫于缺乏相当植物所致也。

　　毒饵杀蝗，既以证明有效，在广野中若不设法限止其迁移，又无法可以计算毒死之百分数，于是购白铁 2 张，复沿纵长对截为二，共得 4 片，每 2 片在地合围一圈，将跳蝻围入圈内，圈之下端，稍稍插入土中，复加土扶植之，使不易被风吹倒，并阻止跳蝻之出入。于两片白铁相接之处，亦以土封塞其裂缝，不使跳蝻有出入之机会；围圈之高，足以阻其跳越；白铁两面光滑，蝻又无法可以爬上，如此布置，即可将围圈内外之交通完全隔绝。惟被围之蝻，数不甚多，乃以捕虫网自外以捕捉增加之。布置既毕，乃将毒饵撒入，以观其毒死之百分数。毒饵分 2 种，分别撒于甲、乙两个围圈内，甲圈内之毒饵，为白砒 1 两，红糖 1 两，水 24 两，麦麸 30 两所配成；乙圈内之毒饵，则以同量之米糠代麦麸，其余材料，概与用于甲圈内者相同，盖此次试验之主要目的，虽为观察毒死之百分数，而同时亦作浓度试验及麦麸与糖之比较试验也。此试验之日期为 8 月 15 日下午 6 时，地点为竹镇西约 3 里之虾子岗，各圈均有禾本科野草数种，虽非蝗虫嗜食之物，然亦可以取食。被围之蝻，大部分为 4 龄，2～3 龄及 5 龄者亦有之。试验结果：16 日上午 12 时检查，甲圈内已死者 480 个，乙圈内仅死 93 个。下午 6 时，甲圈内又死 60 个，未死者仅余 15 个，计被围之蝻共 555 个，自撒毒饵后一日夜，已死去 540 个，共毒死百分率，已达 97% 强；同时在乙圈内又死去 151 个，计被围之蝻共 411 个，已死去 244 个，共毒死百分率，亦达 59% 强。至 17 日上午 10 时，甲圈内又死 5 个，乙圈又死 101 个，下午 6 时，甲圈又死 2 个，乙圈内又死 45 个；计自放毒饵二日夜，甲圈内毒死之百分数已为 99% 弱，乙圈内亦达 95% 弱。18 日上午 10 时，甲圈内又死 5 个，乙圈内又死 12 个；下午 6 时，甲圈又死 3 个，乙圈又死 9 个；计自施放后三日夜，甲乙两圈内之蝻，均已尽死，共毒死百分数，均为 100%。由此试验，可得二种结论：(1) 三十分之一之毒饵，最为有效，能于 3 日内完全毒死，2 日内亦可毒死 95% 以上。(2) 用麦麸配制之毒饵，优于米糠所配制者，因前者收效较速，即可证明其蝗虫嗜食之程度较高也，而后者亦有相当效果，且米糠之价廉于麦麸（按当时在竹镇购买之价，麦麸每斗 3 角 3 分，米糠每斗 2 角 3 分），故在产麦区域治蝗，宜用麦麸，而在产稻区域治蝗，则以用米糠为廉也。根据此次试验成功之结果，即可以推知以前试验所以失败之原因，即配合之浓度及施放之时间是也。毒饵之浓度愈大，毒力愈强，无如不合蝗之胃口，故虽富有毒死蝗虫之力，而蝗虫之被毒死者反甚少；反之毒饵之浓度愈小，毒力愈弱，而蝗虫多喜食之，故成绩佳，然以能毒死为限，较二十分之一更小之浓度成绩如何，尚未试验，不得而知。然据尤凡罗夫之试验，则以三十分之一为最有效。以前所用之毒饵，浓度皆在十分之一与二十分之一间，故蝗虫不喜取食，死者不多，此失败之原因一也。施放之时间，以傍晚时最适宜，早晨次之，盖蝗虫取食，大抵在傍晚及清晨二次为最多（见本报告第三章），故在傍晚时施放，至少可得蝗虫二次取食之机会，即当日傍晚及次日清晨是也；若在日中施放，取食者必甚有限，经猛烈之日光，不久即可晒干，晒干后蝗虫即不喜取食，故被毒者甚少，若在早晨施放，取食之机会即仅一次（指大多数之取食时间而言）。以前试验毒饵大抵在日中行之，故无相当成绩，此失败之原因二也。

此次试验，结果虽佳，惟在小围圈内试验，究嫌有所强迫，且圈内植物食料，又不能尽如蝗虫之愿，故所得结果，在自然情形之下，能否如此？不敢确定。在自然情形之下，死者虽亦甚多，惟因迁移无定，不能计算其毒死之百分数，故本所尚不敢以此试验，即行贸然推广。但施用此法，已有相当成绩，则可断言，故拟于明年划一蝗蝻不易迁移之独立区域，不用其他方法治蝗，而专用毒饵，作大规模之试验，果能成功，则当开中国治蝗史之大革命矣。

2）硫酸烟精。据试验结果，用硫酸烟精 1 份、水 30 份（以容量计），可于 50 分钟杀死跳蝻，惟死者不多，再稀则效力更不显。硫酸烟精价值太贵，用此浓度以杀蝗蝻，即能完全有效，亦不经济，故未继续试验。

3）轧草机。据试验结果，在平地短草上及大路上，稍有效果，惟漏出者仍甚多。费一日时间，轧死之蝻有限，且机身易于损坏，修理费事，在高低不平及深草之地，又无所施技，故不能应用。

4）辊轴。历年在产蝗区域中，见蝻群在大路上，每有少数可为人畜践死及车轮碾死，故常思用辊轴辊杀之。惟农家用以落稻麦粒之石磙，非常笨重，不易搬运，乃命铜匠以厚白铁制一辊轴，直径 1 尺，空其中，施用时装入泥土，以增重量。全轴共有 5 节，中节长 2 尺，余各 1 尺，以粗铁条贯其中，此铁条之两端，可以套入木柄之两铁臂，以螺旋旋紧之，又用较细之铁条 2 根，贯通全轴而扣紧两端，不使各节离开，轴之一端开一孔，以便装入泥土，孔口装有螺旋之盖，以免泥土散出，用时推动木柄，即可前行。此轴在大路上用之，必可有效，若在较狭之路上，则可将两端试筒，卸去 2 节或 4 节，另有较短之铁条以连贯之，木柄及两铁臂，亦同时改用较短者。惟本年在大路上未有机会试验，在极平之短草地上试之，则鲜有效果，盖蝻被辊压时，有软草为垫，难以伤害其生命也。

(4) 继续研究天然害敌

对于螽斯，续有观察，虽飞蝗与跳蝻，皆有为其捕食者，然其食量反不若去年所观察者之大。今年五六月间，于夜间又发现一种步行虫捕食蝗蝻，捕而饲之，在 9 日内仅食去 5 龄蝻 3 头，虽在野外食量必可较大，然其减少蝗蝻之力必甚有限也。寄生蝇仅在六合采得数个，虽闻在阜宁发生甚多，而未暇前往采集。寄生菌今年颇多，最初于 5 月下旬在南京玄武湖边发现之，6 月中又见飞蝗 10 余个亦被寄生而死，6 月 10 日，因得治蝗专员沈淦之报告，谓镇江御隆乡之蝻，被寄生而死者甚多，经余亲至该乡三江口观察，最多处抱草而死者约居 10%，其所抱之植物种类甚多，如芦苇、艾、竹、野蔷薇、木槿等之茎叶上均有。其所抱而死之地位，大抵在三四尺之内，然亦有在七八尺以上之竹叶上者，当时该处之蝻，最普通者为 5 龄，3～4 龄蝻与飞蝗，亦均有抱草而死者。所死之蝗蝻，头皆向上，四足向前，后二足向后，紧抱不放，死后犹然，故海州土人有"抱草瘟"或"上吊"之名称。被寄生后初发现之征象，为身体软柔，好向上爬，而爬行则甚不活泼，此等蝗蝻，数小时后即可致命，当其将死时，好向其同类之尸体上或其附近栖息，故其尸体常有若干个结成一团者。据余在该处所见，最多者一团有 7 个，以 3～4 个者为最普通，故常有在一株小植物上有死尸 10 余个之多者。初死之蝗蝻，身体柔软，如未死状，不久即变硬，最后腹节间之体皮破裂，有死褐色之粉状物堆积其上，使各节模糊不可辨认者，即寄生菌之孢子也。6 月 30 日在镇江宝盖山上及其附近，见有被寄生而死之飞蝗甚多，闻此飞蝗，并非当地产生，乃于 6 月 26 日自西南方飞来者，经农矿厅全体职员及公役等，打死一部分，未死之蝗，闻大部分向北飞，迨余等抵镇江时，所留未死之蝗，已寥寥无几矣。所见之死蝗，除在各种植物之茎叶上者外，在电杆上、电线上、坟墓前之石碑上、坟顶上及草地上均有之，有高在 2 丈以上者，在某电杆上竟有百余个之多，在一桑枝上，亦有多至 10 余个者。此群飞蝗，死者居全群中百分之几，则因未曾观见全群总数，无从推定。《左传》："文公三年（前 624 年）秋，雨螽于宋，坠而死焉。"按螽不能远飞，亦无如雨之多，此所谓螽，系蝗无疑，然初时见此记载时，未能解释其原因，至今思之，谅系蝗虫被菌寄生后，病尚未发，仍能飞行，中途病发，不能再飞，乃纷纷坠地，有如下雨之故欤？寄生菌之杀蝗力既甚大，本所尝思设法利用之，然因人才与设备不足，虽曾试验人工繁殖，未能成功，乃将所有材料，送请金陵大学植物病理学教授戴芳澜先生研究，亦尚未有相当成绩。寄生菌之生长繁殖最需潮湿，实验室中之湿度，虽可设法增高，而大气中之湿度则无法以左右之，虽人工培养可以成功，而应用则有待于机会，故此事大非容易，希高明之士，有以赐教并共同研究之。

(5) 调查本年苏省蝗虫之分布

1928 年秋蝗所遗之卵，江南多于江北，故本年发生之夏蝻，亦以江南为多，尤以长江沿岸之镇江、句容、金坛等处为最多；宜兴、溧阳、嘉定、太仓、丹阳等处次之；江北黄海沿岸之灌云、东海、阜宁、盐城、东台、如皋及洪泽湖东边之淮阴、淮安，长江沿岸之江浦、六合、仪征、泰兴等县亦不少。计全省发生夏蝻之处，凡 36 县，而微山湖边丰、沛、铜、邳各县著名之苏省蝗虫原产地，本年反无夏蝻发生。是以本年治蝗工作，江南尤为吃紧，幸防治得宜，未成大害。继以镇江、南京、江都一带发生病菌，又杀死遗留蝗虫中之二三，其未死者，大抵飞向江北，继续繁殖。是以江南仅南汇、嘉定、宜兴、溧阳、金坛等 5 县稍有秋蝻，而江北秋蝻则复大盛，益以鲁、皖、豫 3 省边境之蝗蝻继续迁入，故东海、灌云、涟水、阜宁、盐城、东台、如皋、南通、海门、启东及微山湖西之沛县、宿迁之骆马湖、洪泽湖边之泗阳、淮阴、淮安、宝应、高邮，沿江之六合、江浦、仪征、江都、邳县、睢宁、兴化等县，皆次第发生秋蝻，而宝应、阜宁、六合、江浦等县尤形猖獗。计江北有秋蝻之处，凡 24 县，江南仅有 5 县，全省有秋蝻者共 29 县，总计全省夏、秋二次有蝗之处为 47 县，发生之地点，共有 383 处之多云。

(6) 调查全国蝗虫之分布及为害情形

蝗虫飞翔力强，性好迁移，自原产地迁至数千里外，并非难事，是以治蝗工作，须合数省或全国之力共同进行，方易奏效。尤凡罗夫氏且主张联合世界产蝗各国而共同研究与防治之，否则此剿彼窜，遗患无穷！如近年苏省蝗虫，叶将肃清，而忽自山东、河南、安徽等省迁移而来，随处为害，并遗卵地下，继续为患；浙江向无蝗虫，而去、今两年亦有蝗虫，则自江苏、安徽二省所飞去者。他省蝗虫，本局虽无力过问，然亦愿为贡献防治方法，将来或有相当负责机关，或成立昆虫局与本局联合造行，以收互助之效，利人兼以利己。况本所责在研究，凡关于蝗虫方面之事项，均应竭力探讨，此调查全国蝗虫之举所由来也。全国蝗虫之分布，古籍所载，以明徐光启之《除蝗疏》中所述为最详，然古今地名，屡有更改，考据或有未周之处，且彼所述仅及大要，未及其详，故吾人虽可借此略知大概，而不能确定之处，仍属不少，详细调查，实为必要。乃于工作稍闲之际，制成中国蝗虫调查表，分寄国内产蝗及不能确定其无蝗之各县省，请其按实填覆，表之正面为调查事项，反面为填表解释，其式如下：

中国蝗虫调查　　　　　　　　　　民国　　年

1. 地点　　　省　　　　县　　　　　乡或区
2. 蝗虫为害地之面积
3. 被害植物之种类及被害百分数：小麦　　％，大麦　　％，燕麦　　％，高粱　　％，玉蜀黍　　％，粟　　％，稻　　％，芦柴　　％，稷　　％，其他
4. 本地原产，抑自何处飞来
5. 产蝗地之情形：(1) 土质　　　　(2) 地势　　　(3) 植物
6. 蝗虫生长时期：(1) 夏蝗自　　　月　　旬孵化，至　　月　　旬变飞蝗 　　　　　　　　　(2) 秋蝗自　　　月　　旬孵化，至　　月　　旬变飞蝗
7. 防治方法
8. 防治团体与机关之组织
9. 天然害敌
10. 其他关于蝗虫事项

填表解释：

1. 本表以县为单位，然生蝗之处往往不仅一乡一区，请胪举之。

2. 蝗虫为害面积或以亩计或以顷计或以方里计，均无不可。

3. 请将被蝗害之植物分别填入，例如玉蜀黍55％、小麦30％等。

4. 如系原产，则将抑自何处飞来6字划去，如系自他处来，则请注明，而将本地原产4字划去，若皆有之，则并书之。

5. (1) 或坚或松，能分别沙土、黏土、壤土者尤佳；

　　(2) 或高或低，及近山、近河、沿湖、沿海、平原等；

　　(3) 野生及种植均填入，野草不知其名者缺之，惟蝗所嗜食请填本地俗名。

6. 若非本地生者可勿填。

7. 填本地实行之方法。

8. 如由县府及各乡行政局公安局等负责或另有治蝗会等组织，并述组织大略。

9. 天然害敌如寄生蛆、黑胡蜂、病菌、蛙、蟾蜍等，若未知则勿填。

此表自1929年10月向各省、县寄发，每县一张，计河北、山东、河南、安徽、山西、陕西、辽宁、吉林、湖北、四川等10省之全省，及浙江省之西北部各县，先后发出940余张，江苏各县，因本局知之颇详，无待另行调查，故未寄此表。自11月初旬起，即有陆续填就寄回，截至1930年2月底止，共收到125张，又有129县，因未有蝗虫，无从填表，亦有公函答复，尚有690余县未有答复，兹就所有材料先行统计，以后续有寄来，当再为补充之，录中国蝗虫统计表如下：

中国蝗虫统计表（1）

省名	受害县数	受害面积（万亩）	被害植物种类百分数	本省产抑自何处飞来	蝗虫生长时期
江苏省	43县	70.19	小麦15%，大麦11%，稻4%，玉蜀黍22%，粟14%，高粱20%，芦35%	本省产，有自山东河南安徽飞来者	夏蝗自4月中旬孵化至6月上旬变成虫，秋蝗自7月上旬孵化至8月上旬变成虫
河北省	48县	941.62	小麦30%，大麦15%，高粱27.7%，玉蜀黍24.2%，粟39.3%，稷29.5%	本省产	颇难统计，暂不填入
山东省	29县	74.57	小麦28%，大麦30%，玉蜀黍22.4%，粟38.4%，稷31.3%，芦25%，高粱21.2%	本省产	
河南省	14县	34.98	小麦20%，高粱34%，大麦10%，稻20%，谷39%，粟37%，玉蜀黍50%	本省产	
浙江省	8县	34.69	小麦10%，稻41%，大麦10%，玉蜀黍5%，稷5%，粟5%，芦5%	本省产	
四川省	8县	6.07	小麦4%，大麦5%，稻15%，玉蜀黍2%	本省产	
安徽省	7县	251.78	小麦13%，大麦1%，玉蜀黍47%，高粱46%，稻29%，芦44.24%	本省产	
山西省	4县	0.72	小麦13%，大麦1%，粟10%，稷1%，稻60%，玉蜀黍10%，高粱10%	本省产	
湖北省	3县	21.60	高粱40%，粟43%，棉30%，芦50%	本省产	
陕西省	2县	21.44	小麦20%，大麦10%，粟60%，稷20%	本省产	
辽宁省	2县	0.22	高粱17%，玉蜀黍30%	由海面飞来	
合计	168县	1 457.88	难以统计，暂缺	本地产及他处飞来为害	

中国蝗虫统计表 (2)

| 产蝗地之情形 | | | 防治方法 | 防治团体 | 天然敌害 |
土质	地势	植物			
砂土、壤土	平坦	农作物、芦柴	耕锄、灌水、掘卵、放鸭、围打、晚捕捉、浇洋油、用布袋或网捕捉、挖沟驱人、旱	昆虫局、治蝗所、除蝗会	蝇、蜂、菌、蛙、鸭、鸡、雀、鸦、蟾蜍
砂土、壤土、黏土、碱土	平坦、高地、低地	农作物、芦草	捕打、掘沟、掩埋、火烧、灯诱、收买、掘卵、深耕、放鸭	县政府、建设局、公安局	蟾蜍、黑蜂、蛙、鹊、病菌、寄生蝇
砂土、黏土、壤土	平地、河池边、近山地	农作物、野草	捕打、掘沟、掩埋、火烧、灯诱、收买、掘卵、深耕、放鸭	县政府、建设局、公安局	蟾蜍、黑蜂、蛙、鹊、病菌、寄生蝇
砂土、壤土、黏土	平原、近坟地、高地	农作物、野草	捕打、网捕、围打、火攻、冬耕、收买	县政府、建设局、公安局	寄生蝇、蛙、鸦鸟、蜂
砂土	荒地、近湖江滨地	农作物、野草	捕打、驱入滴洋油秧田内淹死、收买、网捕、掘沟、鸭食	治蝗委员会	寄生蝇、燕、蜂、螳螂
沙土、黏土、壤土	山地居多	农作物、野草	火攻、网捕、药毒、冬耕		蜂
沙土、黏土、壤土	平原、低地	农作物、芦草	捕打、掘沟、掩埋、火烧、灯诱、收买、掘卵、深耕、放鸭	县政府、建设局、治蝗会、捕蝗所	鸭、雨
壤土	平原、高地	农作物、野草	掘沟、掘土、土埋、捕杀	县政府公布治蝗方法农民依法施行	
松土	低地沿湖	农作物	掘土掩埋、围打、网捕	县政府、公安局	
黏土、碱土、壤土	平原	农作物	掘沟、掘卵、扑杀、土掩		
碱土、壤土	平原	农作物	扑杀、土掩	县政府、公安局	
各种土壤均有	高地平原湖边均有	多种植物	以掘沟、捕打、火烧、收买为最多	以县政府、公安局、建设局等共同负责	

备考：此表自 1929 年 10 月向各省县征集，至 1930 年 2 月底止收到者，先行统计，尚有未寄来者待齐集后补充之。

就上表以观，中国产蝗之处，共有河北、江苏、山东、河南、浙江、四川、安徽、山西、湖北、陕西等 10 省，皆在全国之中东部，辽宁省中亦有 2 县，被外来飞蝗所延害，则本年度中国有蝗之地，合之为 11 省矣。各省之中，受害面积以河北为最大，计受害之县 48 县，面积 940 余万亩；安徽次之，受害之县虽仅有 7 县，而面积则有 250 余万亩；山东 29 县，面积 70 余万亩；江苏 43 县，面积 70.1 余万亩；以山西、辽宁 2 省为最少。然此表所载，仅以各县寄来之调查表为根据，未有回复之县居大多数，故实未能准确，据吾人历年见闻所及，山东产蝗地决不止 29 县，河南更不止 14 县，安徽亦不止 7 县也。本所以后，仍拟继续调查，每年一次，希各省县赐与协助，切实填复，则所得结果，庶可准确。又此次调查表内，虽有受害面积、所被害植物之种类与百分数，而未说明某种植物，受害几亩，难以推算某种植物受害之数量，且各地土壤肥瘠不同，生产亦异，更因商业上之各种关系，市价亦难一律，是以以后调查表内拟添"全县损失约数"一项，请各县就当地实在情形推算而后填入之，则所得结果，当更有价值矣。

6. 十九年蝗虫研究所计划（陈家祥）

（1）暂设蝗虫研究所于八卦洲

1930 年，本所拟以继续试验毒饵为最重要之工作，根据 1929 年之试验结果，觉毒饵治蝗，甚有希望，故决于 1930 年作大规模之试验。试验区域，本拟划崇明全县，因崇明在长江之口中，与陆地隔离，跳蝻迁移较难，试验之结果如何，易于观察也。继因崇明面积太大，且又与启东毗连，所需毒饵太多，离局又远，乃改以八卦洲为试验区，因八卦洲亦在江中，面积较小，离局又近，且洲上大部分为芦滩，居民稀少，为治蝗工作最感困难之处，若毒饵试验有效，以后治蝗，即无人工不足之困难矣。且洲上牲畜甚少，施用毒饵危险亦少，据 1929 年冬调查所得，该洲蝗卵又甚多，故为试验毒饵最适宜之区域。

（2）继续研究生活史及习性

蝗虫之生活史与习性，虽已研究二年，大体业已明了，而未知之处尚多，故拟继续研究，冀有新发现或改正以前之错误。

（3）继续试验防治方法

现有治蝗方法未能尽善，须依据其生活史及习性继续试验，冀有更有效、更经济且易于实行之方法发现，或将以前所用之法有所改正，以增功效。毒饵治蝗，为世界各产蝗区最适用之方法，而 1928 年本所在灌云、东海及南京试验，均无良果；1929 年在六合试验，方有相当成绩，惟尚不敢推广，而信为确有希望，故拟作大规模之试验，以八卦洲全洲为试验区，不用其他方法，则结果良否，易于确定。果能成功，则以后中国治蝗亦将以此法为主，故本所同仁，拟以大部分之时间与精神注意此种试验。

（4）继续研究天然害敌

以前研究蝗虫天然害敌，未有相当成绩，自宜继续研究，冀发见极有效力之天然害敌，加以保护而繁殖之，以人类杀灭蝗蝻。1930年之工作，拟注重寄生蝇之采集与养育。

（5）继续调查全国蝗虫之分布及为害情形

1929年冬，寄出《中国蝗虫调查表》于全国有蝗各省县，或未能确知无蝗之省县，调查全国蝗虫之分布及为害情形，蒙各县热心赞助、详细填复，借此可以略知大概。1930年蝗虫之分布与为害情形，未必与1929年尽同，故拟于秋季继续寄发此种调查表，将来当可较今年所得者更为详尽。本所又拟派人亲往安徽、山东、河南、河北等重要产蝗各区，了解蝗虫生产及为害等各种情形，以求确知。

八、《灭蝗手册》

中国华洋义赈救灾总会丛刊　1930年9月刊行

（一）灭蝗与合作（章元善）

这一期《合作讯》篇幅特别加大，内容十之八九是讲灭蝗。《合作讯》不讲合作，而讲灭蝗，好像有点喧宾夺主，其实不然。

合作的灵魂是互助，灭蝗运动最易表现互助的功效。合作是拿我的力量来谋团体的福利，从团体的福利中，来享我的幸福，所以我们拿灭蝗来练习合作——我来替别人做事，别人替我来做事。说来似乎多事，各人管各人的事就罢了，何必多此一举呢？须知，在一个有组织的社会之中，公共的事业，非经一番通盘筹划，分配合适，是不易为力的。

我们讲灭蝗，就拿蝗虫来说，蝗虫的生活，是有组织的，它有合群性，团体的行动是一致的。诸位细想，它们拿有组织的手段，来毁坏我们的庄稼，我们人类倒反不用有组织的手段来应付它，谁胜谁败，还用说吗？难道人的智慧，人的合群性，人的合作性，倒反不如蝗虫吗？

灭蝗的紧要，不用说也是大家知道的。须知，蝗虫夺了人类的食物，就是抢夺人类的生命，蝗虫活了，人就死了。蝗虫知道谋生，难道人的图存天性，还不如蝗虫吗？

上月下旬，我们向各社发去一封信，里边专讲灭蝗运动，你们大概已经看见了。说不定这一期《合作讯》送到的时候，你们的灭蝗运动，早已组织就绪了。如果尚未组织，千万别再耽误罢！人是有组织的动物，亦是富有图存性的动物——人是万物之灵，我是决不会错的，决不会坐等蝗虫来征服我们的。

吾们常说"自助互助"这一句"口头禅"，因为缺少实践的机会，差不多是空空洞洞、意义含混的。现在这灭蝗运动，可说是机会到了。"自助互助"的精神，于此就可实现。合作的意义，因为得到这次实践的经验之故，亦可使得吾们有亲切的认识了。

原载 1930 年 5 月《合作讯》第 58 期。

（二）给各合作社的一封信

合作社诸君公鉴：现在天气温和了，青苗出来了，这时候谁不希望庄稼长得好，麦秋收十二成呢？但是除非吾们预防蝗灾，恐怕是凶多吉少呢！

所以吾们想同各地的农人们，办一个大规模、有组织的灭蝗运动，希望你们全体加入。

吾们给你们寄去说明书 20 张，一张留在贵村（请即贴在墙上，以免遗失），其余的请你们散给邻近没有合作社的各村。

看明说明书之后，请你们照着那上头说的方法，商同村长佐，赶快组织。

此外，还要请你们派得力热心的人，上邻村去，拜访他们的首事人等，劝他们照办。必要时，尽力帮助他们，合作社的社员，尤其应尽这一份义务。

须知，灭蝗一事，除非大家一起拿出全副精神来，群策群力的干，是不会有功效的，请你们千万别自误误人。

关于灭蝗的方法等等，有农矿部及中国科学社的二篇文字，印在 5 月份《合作讯》中，还是请你们多多留意，认字的人还要费心讲给不认字的村人们听。

至于贵村及邻村的灭蝗运动怎样举行的，成绩若何，请你们来信报告。（信寄北平菜厂胡同华洋义赈会），如有照片图画，亦请寄来。希望你们灭蝗成功，五谷丰登。

农利股启　民国十九年四月十五日

（三）灭蝗宣传

蝗虫就要来了！

农人们赶快加入灭蝗运动罢！

蝗灾的可怕，以及灭蝗的要紧，人人都知道的，但是灭蝗这事，必要农民们一齐动手，普遍的举行，才能济事。如果各人自扫门前雪，那是不行的，所以现在要讲"灭蝗运动"。

1. 蝗虫的变化

蝗虫喜欢在荒地里下卵，这是农民们应该特别注意的。不要以为吾的田地，年年耕种，不见蝗卵，就以为没有蝗虫。等到庄稼出穗或者快熟的时候，蝗虫忽然成群结队的飞来，以为有神仙驱使他们，这实在是笑话。蝗比人还机灵，它把卵下在荒地里，使人找不着。坟地、河边、堤旁、山坡等处，灭蝗时期内，最应当注意，不可忽略。

据昆虫家说：蝗虫的卵，十几年后才能孵化，所以别以为上一年没有蝗虫，本年就不致成蝗灾，因为本年的蝗虫，是十几年前蝗卵所孵化的。可是亦有人说，蝗卵当年就可孵化，因为蝗虫的种类很多，它的卵子孵化的期间，亦是不同，然而我们可以断定，蝗卵不一定是当年孵化的，否则每年必闹蝗灾，没有间断了。

阳历四五月间，小满前后，就是蝗卵孵化时期。才出土的时候，比苍蝇还小，过几天脱皮一次，等到脱过 5 次皮，才成飞蝗。算计起来，自孵化到变成飞蝗，须经一个月的工夫。这一时期出的蝗虫，叫作夏蝗。夏蝗长成后，过 20 多天，便要下卵，亦有在六七月间才孵化的，长成便是秋蝗。秋蝗亦须脱皮 5 次，但因天热，孵化后只要 20 天，就能长成。

2. 灭蝗的方法

灭蝗可分三个时期：

第一，铲除蝗卵。使它不能孵化，那是根本办法。可在深秋初冬和初春的时候，用犁深耕至 5～6 寸，把土翻起来，蝗卵便被连带的弄死了。再加上风霜的摧残和鸟雀的啄食，也就消灭无余。这种工作，不但可以利用农暇，并可得深耕易耨的利益，固然很好。但是，因为蝗卵藏的地方不易找着，而且大都在荒地里，所以不容易见大效的。

第二，捕杀蝗蝻。蝗卵变成蝗蝻之后，蝻虫就出土到地面上来。那时它的牙小力弱，不能吃庄稼，并且翅膀很小，不能高飞，所以灭蝗运动，在这时举行，最易见效。办的时候，要拿出全副精神来，一步不可放松。(注意荒地)。

灭蝻的方法，在有青苗的地上，可以挖一小沟，深 3 尺至 4 尺，沟底宽 4 尺，上口宽 3.5 尺。挖成之后，把蝻虫赶到沟里去，再把它们打死，别让逃出沟外。

在荒地上就不用挖沟了，可用东西在地上把它们打死。蝗虫怕大的声音，先派好人在有蝗蝻地的外围，同时用锣或其他物品发出大的声音，它们听了，就向前逃走，围困的人亦跟着渐渐前进，外围慢慢收小。照此办法，等到聚成一堆的时候，齐力再打。用这两个法子，可消灭蝗蝻一大部分，消灭不尽的，可令鸡鸭等家禽，放在田地里（别忘荒地），让它们去啄食。

第三，捕拿飞蝗。飞蝗在清晨，因翅膀被露水粘着，或在深夜天气寒冷的时候，都不能任意飞腾。用拍子来打它，或用手捕捉都可。此外，如配合毒药水，装在喷雾器里边，向蝗虫所在地喷洒，效力更大。但这种方法，我们乡间不易办到。且恐家畜误食毒物，现时暂且不给农人们介绍。

打死蝗蝻之后不必清除，死的蝻虫仍可留在田里，让它自己腐烂，变成肥料。天津迤南各县的人，并且知道吃蚂蚱，油炸或盐水炒都可，据说是很肥美的。

3. 灭蝗的组织

吾国农间，遇到蝗蝻或飞蝗发见的时候，普通是由村长佐集合全村住户，各家各出人若干，合力工作。这种办法甚好，吾们灭蝗运动，亦打算这么办。但是，临渴掘井，不如未雨绸缪，所以，我们要早早预备一下。

在蝗蝻尚未发见的时候，把全村的荒地，尤其是大家不注意的荒山、坟墓等处调查清楚，各家应出的人数，亦计算明白，再由村长佐或专门设立的灭蝗会分配人位，譬如，张三率领 30 人（不论长幼男女），专管河西，村北李家坟南，王家村东的一带。经此派定之后，张三同他队内的人，就得像军人防守阵地似的，轮流巡逻。看见多数蝻虫出来的时候，就召集全队的人来同蝗虫宣战，有如军人遇见敌人似的，大家向前扑杀。

总之，各人要知道做什么事，认识自己的地段，应用什么东西。到那打蝗的时候，就不致临时张慌，束手无策了。所以事先的预备，同临时的尽职，是一样的要紧。

自己本村的事组织好了，村长佐或其他领袖人等，就应该天天出外视察勉励，再分头向邻村去宣传，帮他们组织。

灭蝗运动的时期，各地天气不同，不能一概而论。黄河以北各省，可以小满之日起，一个月为期，入秋之后，亦得防范。各村农人，可以自己决定，相机行事。

中国华洋义赈救灾总会农利股编印

民国十九年四月十五日

（四）蝗祸与除蝗运动（徐宝彝原稿）

转录十九年七月九日《大公报》。

蝗蝻之有害于农产物，是大家知道的，蝗祸之可怕不逊地震、火山、飓风、干旱与其他天灾，这也是大家知道的。不过地震、火山是人力不能阻免的，至于蝗祸，则只要大伙齐心尽力，虽不能完全除根，至少能减少无数的损失。现在我国北方各省蝗蝻猖獗，连年饥馑，农民叫苦不绝，究其原因，不外农民不知合力，大众不关心，当局的人只图"多一事不如少一事"。

蝗虫不但中国有，五洲都有一部分有它们的踪迹，难道欧美也有蝗虫吗？有的，不过政府和民众对蝗虫大宣战，他们用了几千几万人，极重要的物件和数十万元的大款子去杀除蝗虫！他们这种精神，真是可钦佩，而我们应当模仿的。1920 年在罗马他们并且开了一个"万国除蝗运动组织大会"，专门研究各种免蝗患的办法，可见外国人之注意这个问题了。法国在北非洲各属地（尤其是在阿吉利 Algérie）的除蝗运动最伟大、最激烈，用平民和军人达 6.4 万人之谱，用款超过 20 万元，因此而损失减去多少。

有的地方蝗虫之多，使闻者惊讶，有时全村房屋、水管、井泉都充满了飞蝗，当时的不方便还不管他，最可怕的就是日后蝗虫的死尸腐烂，微生物繁殖其中，各种流行症——例如鼠疫，亦因此而生，公共卫生受多少的影响！社会上影响更不用提了，遭蝗祸的地方，那年就没有收成，当然那年的农产物也因此涨价，这是很简单的定律。

那么蝗虫既然有这样大的害处，难道欧西没有科学家去研究？有的，不过一直到现在，关于这类的书籍，只载些没有系统的观察，最近俄国专家余法罗夫 Uvarov 研究的结果，得到佛尔 J. C. Faure 与非南代 Feruauder 的实证，比较最有科学价值。从前蝗虫分了许多种类，现在大家才知道一种蝗虫，先后在两个时期中有两种形态，一个就是"定居时期"（Phase Sédentaire），一个就是"移居时期"（Phase migratrice）。在定居期的蝗虫，常常是单独的，不像移居时期之成群，所以要想完全剿除，这是绝对办不到的事，因为捕杀无数分散的蝗虫是实际上不可能的。

虽然有这样的难题，现在各国有许多方法可以减少蝗虫所造的损失，现在且把这各种方法按类的说说：

1. 自然的方法

对于蝗虫的敌人方面，现在生物学家还缺少研究，如蝗虫的寄生双翼虫等，将来或者有相当的发明；至于人造的蝗虫流疫和菌病呢，都不合实用，比较有真实结果的方法是：

2. 机械的方法

有二：一则在蝗蝻未孵化之前，用犁耙、铲子和种种工具去把蝗虫的卵壳掘出（按：每卵壳含卵 25～30 枚）。二则在蝗虫孵化后，成群移动的时候，用许多垂直而光滑的阻碍物（如铁板），拦阻蝗虫的进行，一面再把它们引到土坑中，然后用火烧死（按：前几年阿根廷国会向美国购买 1 200 万元的钢板，这种钢板连接起来长达 3 万里之谱）。此外，捕蝗的器具尚多，例如：意国吕纳多尼氏捕蝗器，阿国的 Caracana，非洲的 Nelhafas，匈牙利的刷子，美国的 Hopper-Dozer 等等。

3. 火灭法

用火烧杀蝗虫，实在是最旧而最妙的方法，不过从前是点着的火堆、木柴和麦梗去围杀害虫，现在外国用极完美的"喷火器"——最好的是法国陆军之 P 号喷火器——结果实在惊人，500 平方米大的田地上，几秒钟之内，可烧死几百万只蝗虫，用一架喷火器，12 升的煤油，就能杀死这么多的虫子，其效果可谓巨大矣！（再者，蝗虫尸体散在田地上，全身的有机物可充极美的肥料）。堂堂中国，何时才知道用这种文明的灭蝗方法。

4. 化学方法

许多化学品已经试验过，而最好的还是一种毒气名 Chloro-picrine，但现在还缺乏利用此药之器具，至于杀虫药，则最好是用砒霜的化合物，（亚砒酸和砒酸化钠），作成毒饵杀死害虫。最近有的国家用飞机分散药粉——砒酸化钙或"巴黎绿"（Vert de Paris）——这种飞机飞得很低，每次可播满宽 50 米之田地，这个方法从前已经用过，去除灭蚊虫。

总之，不管哪个方法都好，我国应当择用最简单、最经济、而效果最大的，肯到外国去购买器具，模仿欧西方法，每次蝗祸发生时，大家尽力扫除之。此外，应当设立许多除蝗的机关：中央的组织，省的组织，而最紧要的还是地方组织。有蝗虫的各地方，大家应当联合起来，一同去作除蝗运动，切不能抱"休管他人瓦上霜"的观念。因为，蝗虫是公祸共害，更不能像有些农人，蝗虫来到自己田里，用旗、用锣把它驱逐到别人田里就不管了，结果东飞西飞，虫亦不死，农家还是遭殃。不但每地方应有除蝗的事务所，并且在紧要地点应设立"地方守望所"，一见蝗蝻就应立刻报告，以备积极地灭除之，照这样做起来，我国蝗祸才有取消的希望。

注：此文系根据法国 *Je Sais Tout* 杂志 1930 年 4 月号 Paul Vaissieère 著 "*Lamobilisation générale contre la sauterelle*" 一文而作（1930 年 5 月 31 日写于里昂）。

（五）蝗虫浅说（季正原稿）

转录民国十八年六月农矿部出版《农民》第 9 号。

1. 蝗虫的害处

蝗虫身体虽小，但是数目很多，多的地方，遍地皆是，简直看不见地，而且有的地方，地上有几寸厚，尽是蝗虫，像今年江苏省镇江县的御隆乡，就是如此。在美国从前曾有铁路上的蝗虫很多，至于火车走不过去的情形。当他们飞在天空，遮天蔽日，究竟不知有多少数目，据一外国旅行家旅行日记中所载：当他经过印度的时候，看见天空有一大群飞蝗飞过，这群飞蝗，有120里路宽，看不见天日，整整飞了三天三夜，方才飞完。按蝗虫飞行的快慢，要看风的方向和大小而定，在风大的时候，蝗虫不会逆风而飞，风小的时候，蝗虫常喜欢逆风而飞。假设蝗虫飞行最慢的时候，每点钟能飞行12里，那末，三天三夜的时间，可以飞行864里，这样一大群蝗虫，到底有多少数目，实在无法可以计算了。蝗虫的数目，既这样多，蝗虫的食量，又是很大，一个蝗虫，从出世至死亡，差不多能吃去粮食3两，芦苇、高粱、稻麦之类，是蝗虫最好的粮食。

去年长江两岸、沿海一带和各湖边的芦叶，全被蝗虫吃完。常人心目中，以为蝗虫吃些芦叶，并没有多大关系，哪知芦叶被吃以后，芦柴不能充分长大，收成就因而减少。据业芦柴的人所说，向来每亩每年可收柴10担，去年平均每亩少收3担，每担价值平均以7角计算，每亩损失2元1角。单从江苏一省计算，长江之长约1 000里，两岸芦柴地面的宽，平均约10里，算面积就是1万方里，每方里合540亩，共有芦柴地540万亩，总计去年江苏境内长江两岸芦柴，因被蝗虫食害而损失的，约值1 134万元。沿海一带，和各湖边的芦柴地，比长江两岸的芦柴地，还要多几倍，损失的数目，自然也要多几倍。而且全中国的地方，不只江苏一省有蝗虫，河南、河北、山东、山西、安徽、湖北、陕西等省，也都有蝗虫为灾。去年蝗虫且飞到浙江，今年浙江的长兴一带，更自己发生蝗虫，在元朝的时候，蝗虫曾到过江西。尤以河南、山东、安徽、江苏、河北等省，是常生蝗虫的地方。有蝗虫的地方既这样大，单说芦柴一项，沿海一带，几千里长，几十里或几百里宽，一望无际的芦柴地，和许多几十里或几百里周围的湖边，都长着芦柴，每年受蝗虫的损失，至少当在1亿元以上。芦柴是最不值钱的东西，损失的数目，已经这样大，其余值钱的庄稼，如稻、麦、粟、稷、玉米、高粱之类，被蝗虫损害的数目，自然更大了。

虽然蝗虫原生在荒地内，以芦苇和其他野草为主要粮食，但是性喜迁移，不等芦叶吃完，就往往迁到庄稼地里。而且当夏蝗食量最大的时候，却巧是麦子将熟，稻、粟、稷、玉米、高粱等秧苗初出未久的时候，这时麦叶已老，蝗虫不喜欢吃，而专吃麦穗下面的嫩茎，嫩茎被吃，麦穗落地，即不易收获。稻、稷、玉米等极幼嫩的秧苗，蝗虫最喜欢吃，能把秧苗全株吃完，如江北所种的陆稻，有的地方被蝗虫食害，从地上看来，好像不曾种稻的样子；种玉米的地方，因初出的秧苗，被蝗虫吃完，往往改种绿豆，假使时间上来不及改种，就不得不荒废。当秋蝗食量最大的时候，却巧是稻、稷、玉米、高粱等将要成熟，以至麦苗初出的时候，这些将要成熟的稻、稷、玉米、高粱之类，往往也在穗下嫩茎处被蝗虫咬断，穗即落下，或嫩穗全被吃完，农民一季辛苦，将可到手之庄稼，不幸被蝗虫食害，将何以为生？初出的麦苗被害，有时也须改种蚕豆或豌豆之类，有时也须荒废，损失也是很大。

这种情况，在常生蝗虫的地方，非常普通，往往因此造成大灾荒。如年前山东大蝗，灾荒的地方广至 69 县，灾民有 700 余万之多。去年更厉害，人民都靠蝗虫做食料。河南、安徽两省，被害的地方，也很广大，被害的程度，也很厉害，所种的庄稼，大都被蝗虫吃去，有许多人家，连豆饼、麦麸都吃不到，不得不吃草根、树皮，饿死的饿死，逃荒的逃荒。有一次河南的灾民，向湖北逃荒，坐在火车的顶上，经过武胜关隧道，撞下跌死的很多，还有不愿饿死，又无力逃荒，而自己寻死的也有很多，卖儿女、卖田地，都没有人要，真是可怜极了。今年河北省大名一带，已有好几县地方，所种的庄稼，全被蝗虫吃完，将来更不得了。粮食问题不能解决，人民不能生活，而且蝗虫食害庄稼，不分贫富，实在可怕！

2. 蝗虫的变化

有许多人说，蝗虫是虾子变的；也有许多人说，蝗虫是鱼子变的；也有说，遇旱年鱼虾之子，变做蝗虫；遇水年，蝗虫之子，变做鱼虾。他们所持的理由，因为看到许多湖边地方，遇水年，被水淹没，就有鱼有虾；遇旱年，高出水面，就有蝗虫。在同一地方，有水的时候有鱼虾，没有水的时候有蝗虫，所以就说鱼虾之子，可变蝗虫，蝗虫之子，也可以变鱼虾。明朝将末的时候，有一位徐光启先生，是一位极有声望而且极有学问的人，他对于蝗虫，也着实有些研究，他说鱼子不能变蝗虫，而单说是虾子所变，又说蝗子亦可以变虾，而且举出习性、形状、肉味及发生时期等几种证据。海州的农人，更有说草子、草鞋、牛粪等，都可以变蝗虫的。这些都是无稽之谈，全不可信，就是徐光启先生的几种证据，也是似是而非的证据，实际上并不能够证明，这是因为他老先生事情很忙，研究没有周到的缘故。要是真的像一般人所说，鱼虾之子，可变蝗虫，蝗虫之子，可变鱼虾，那末鸡蛋可以化鸭，鸭蛋可以化鸡，牛可以生马，马可以生牛，那有这样事情？其实蝗虫单是从蝗虫子孵化出来的，别的东西，决不能变蝗虫，蝗虫子也决不能变别的东西。但是照上面所说，在湖边上同一个地方，水年有鱼虾而无蝗虫，旱年有蝗虫而无鱼虾，究竟是什么缘故呢？这是因为旱年湖边上虽有蝗虫子，但是一遇水年，湖边被水淹没，蝗虫子就不能孵化，不会再有蝗虫，而既有了水以后，湖中原有的鱼虾，自然会游过来，这些鱼虾，并不是蝗虫子变的。原来有水的地方，自有鱼虾的子，一遇旱年，高出水面，鱼虾之子不能孵化，自然不会有鱼虾。而在邻近较高的地方，虽在水年，也高出水面之上，原有蝗虫子，孵化以后，不久就会迁移过去，这些蝗虫，也是由蝗虫子孵化出来的，并不是鱼虾之子所变的。

蝗虫子的样子，和麦粒差不多，不过稍微长些，小些，大约有 2 分长，半分粗，长圆而稍湾，颜色也和麦粒相像，每斤有 8 万个，由几十个至百多个聚在一块，叫作卵块。卵块的外面，还有一种像胶质的东西，颜色也同麦粒相像，是专门为保护用的。卵块的长度，普通不到 1 寸，入地之深，大约在几分到 2 寸之间，在多草的地方，也有生在草下地上的，像高资①附近的草地里，就有这种情形。蝗虫子在地下过冬，虽有大雪，不易冻死。去冬南京附近，大雪 10 天，地上积到 6～7 寸厚，普通人都面有喜色地说，蝗虫子一定可以冻死，明年不会再有蝗虫了，但是今年春天实地考察的结果，死的很少。常人以为下雪的时候，蝗虫子能入地很深，大概多说，下雪 1 寸，蝗子入地 1 尺。宋朝文学大家苏东坡先生，当下大雪的时候，一时高兴，饮酒作诗，说那时蝗子应可入地千尺，后来读诗的人，不加考察，也照他说法，就是上他的当。

蝗子在地下过冬以后，到了阳历四五月间，天气和暖，就能孵化，变为褐色小虫，比苍蝇还小，叫作跳蝻，爬至土面，不久变为灰色，一二日后，变为黑色，初孵化的跳蝻，叫作第 1 龄蝻；经过五六天，脱皮 1 次，身体稍稍长大，头的下面稍现红色，叫第 2 龄蝻；再过四五天，再脱皮 1 次，身体又稍长大，红色的部分亦较大，叫第 3 龄蝻；如此继续脱皮，至第 5 龄，除翅片及眼为黑色以外，其余各部，全为红色，身体比初孵化时大几十倍。第 5 次脱皮以后，叫作飞蝗，身体和翅膀，都完全长成，自初孵化至变成飞蝗，大约须经一个月时间。大约每年阳历五六月之间，即有飞蝗出现，此次飞蝗叫作夏蝗，跳蝻叫作夏蝻，因为它们生长时期，多在夏天的缘故。夏蝗长成以后，大约再过 20 天，方能开始生子，因此时天气很热，蝗子经两星期左右，就能孵化变为跳蝻，此次跳蝻，叫作秋蝻。秋蝻亦须脱皮 5 次，方得长成，变为秋蝗，因此时天气极热，秋蝻经 20 天左右，就能长成，秋蝗长成以后，经 20 天左右，又能开始生子。在中国境内，蝗虫每年只生两代，就是夏蝗和秋蝗，秋蝗所生的子，普通要到第二年四五月间方得孵化。但是有的地方，秋蝗所生的子，在晚秋亦能孵化，不过因为天气太冷，终必不能长成而夭死，像去年江苏省江浦县的小店镇和教育公有林等处，就有第 3 代跳蝻发生，长至第 2 龄时，即因寒冷而完全死亡。

---

① 高资：乡镇名，在今江苏镇江丹徒区西北。

一个蝗虫，生子不止一次，据江苏省昆虫局研究所试验的结果，最多能生四次，每次1块，最迟生的子和最早生的子，时间上要差两个月左右，迟生的迟孵化，早生的早孵化，所以在同一时间，常可以见到大小不同的蝗虫。若就全国而论，南北天气冷暖相差很多，蝗虫生长的迟早快慢，也不一样，上面所说的发生时期，是举江苏境内最早发生的例子。

照上面所说，蝗虫的变化，是由蝗虫子孵化为跳蝻，长成以后，变为飞蝗，飞蝗生子，子再孵化为跳蝻，如此循环不绝。好像人家所养的蚕，由蚕子孵化为蚕，蚕长大以后，吐丝作茧，在茧里化蛹，过了几天，破茧而出的就是蛾子，蛾子再生蚕子，也是同样道理。不过蚕与蛾的样子，完全不同，跳蝻与飞蝗的样子，相差无几，蚕与蛾的中间，有蛹的时期，跳蝻与飞蝗的中间，没有蛹的时期罢了。

2. 蝗虫与土蝗、蚱蜢、蚂蚱等的区别

田野间的土蝗、蚱蜢与蚂蚱一类东西，和蝗虫的样子相像，到处皆有，它们也是吃植物的嫩叶，不过数目不多，决不至有大害，所以并不要紧。但是一般人往往把它们误认为蝗虫，也是手忙脚乱的去捕打它们，实在可以不必。所以我把蝗虫和它们区别的地方，写在后面，告诉大家知道。

(1) 蝗虫无论在跳蝻时期，无论在飞蝗时期，总是合成大队，多的地方，看不见地，甚至地上堆积有好几寸厚，吃东西非常厉害，没有的地方，连一个也看不到。土蝗、蚱蜢和蚂蚱等没有合群性，都是各个散处的，决不会像蝗虫这样多，吃东西也决不会像蝗虫这样厉害。

(2) 蝗虫的翅膀很长，盖过腹部末端，大的还有半寸左右。土蝗、蚱蜢与蚂蚱等的翅膀，都是很短，有的不能完全盖没腹部，有的和腹部相齐，最长的不过盖过腹部末端二三分，决没有像蝗虫这样长的。

(3) 蝗虫无论大小，都喜欢迁移，飞蝗的时候，能飞得很高很远，甚至能飞到几千里以外。土蝗、蚱蜢、蚂蚱等，没有迁移性，虽在有翅膀的时候，也不能高飞远翔。

(4) 蝗虫的颜色，初孵化的时候是灰色，过了一二天变黑色，以后渐加红色，四五龄的时候，大部分是红色；初变成的飞蝗灰褐色，到生殖能力成熟以后，雄的变为鲜黄色；雌的变为暗紫色。土蝗、蚱蜢和蚂蚱的颜色，或是土色，或是绿色，或是灰黄色，或是枯黄色，无论大的时候，或是小的时候，大概和所在地方的颜色差不多。

(5) 蝗虫完全以子过冬，决没有以跳蝻或飞蝗过冬的。土蝗、蚱蜢、蚂蚱等，因种类的不同，或是以子过冬，或是以别的时期过冬，所以在冬季或早春的时候，就可以看到它们的成虫。

3. 蝗虫的食性

蝗虫能吃多种植物，大概禾本科植物，如稻、麦一类的东西，它都能吃，它所最喜欢的，尤其是苇、玉米、麦、稻、粟、稷等植物的嫩叶、嫩茎与嫩穗，也是它们适宜的食料。绿豆、黄豆、蚕豆、豌豆、芝麻、芋、花生等，蝗虫不喜欢吃，所以在蝗虫厉害的地方，有人主张多种这一类的庄稼，可以免去蝗虫的灾害，也有原种玉米或高粱等地方，因为被蝗虫吃完玉米或高粱，而改种绿豆或芝麻的。现在把蝗虫所吃的各种植物，作成一表，排在后面。表中被害程度项下有上字的，是蝗虫喜欢吃的东西，有中字的，是蝗虫不喜欢吃的东西，有下字的，是蝗虫在不得已时，偶尔吃的东西。

蝗虫食料表

植物名称	被害部位	被害程度	植物名称	被害部位	被害程度
芦荻	叶、嫩茎	上	杨柳	叶	下
各种麦类	叶、嫩茎、麦粒	上	豌豆	叶	下
陆稻、水稻	叶、嫩茎、谷粒	上	白菜	叶	中
玉蜀黍	叶、嫩茎、嫩穗	上	萝卜	叶	下
粟	叶、嫩茎、嫩穗	上	马铃薯	叶	中
稷	叶、嫩茎、嫩穗	上	莴苣	叶	下
高粱	叶、嫩茎、嫩穗	上	蒲草	叶、嫩茎、穗	中
甘蔗	叶、嫩茎	上	烟草	叶	中
牧技草	叶	上	落花生	叶、花	下
茅	叶	中	荸荠	叶	上
狗尾草	叶、嫩茎、穗	上	荽儿菜	叶	上
竹	叶	中	生姜	叶	下
其他禾本科植物	叶	上或中	洋槐	叶	下
棉	叶、嫩茎、嫩果	下	榆	叶	下
大豆	叶	中	瓜类	叶、果	中

蝗虫除吃植物以外，还能吃动物。常看见蝗虫的人，一定可以看到路上有两三个或四五个跳蝻，共吃或争吃一个被人踏死，或车轮压死的跳蝻。蝗虫当脱皮的时候，不能行动，常有被别的蝗虫做食料的危险。常人都以为蝗虫自相残食，是因为食料缺乏的缘故，其实在食料充足的芦荡内，也常有自相残食的情形可以看到。在江苏省昆虫局研究所育虫笼里所养的蝗虫，食料非常充足，但是也常有自相残食的情形，照这

样看来，蝗虫自相残食是一种本性，并不是食料缺乏的缘故。蝗虫除自相残食以外，还能吃一种身体很大的懒蝗，当懒蝗把腹部插入土中生子的时候，一个跳蝻就爬在它的背上吃它，这是在江苏灌云县所看到的情形。照这样看来，蝗虫能吃动物质食料，已经非常显明，其余或者还有别的动物被吃，也未可知，不过我们没有看见过，是不能乱说的。

蝗虫一生，目孵化到死亡，差不多叮吃 3 两芦叶。在 3 龄以下的时候，食量不大，以后身体大些，食量也跟着大些，要算第 5 龄的时候，和自变飞蝗后开始取食，至生殖能力成熟以后，为取食最厉害的时期。等到生殖能力成熟以后，它们唯一的任务，雌的只是生子，雄的只是和雌的交配，把精液送到雌的身体里去，使他们所生的子，都能够受精，将来都能够孵化。所以在阳历 7 月的时候，从别处飞来的飞蝗，只看见它们交配和生子，吃东西并不厉害，而且有绝对不吃东西的，这也是它们的本性，在那时没有吃东西必要的缘故。

4. 蝗虫的迁移性

蝗虫性喜迁移，在跳蝻的时候，靠爬或跳迁移，一天只能迁移五六里。飞蝗的时候，就能高飞远翔，遇到顺风，一点钟可以飞到 80 里，遇到逆风，也能飞到 10 余里。蝗虫自原生的地方，飞到几百里以外，是很容易的事情，就是飞到几千里以外，也不很难。所以山东、河南的蝗虫，可以飞到江苏、浙江，俄国南部的蝗虫，可以飞到英国、芬兰。常人多以为蝗虫迁移的原因，是因为食料缺乏的缘故。其实蝗虫原生地芦荡，有一望无际、非常丰富的芦叶，是它们最好的食料，但是蝗虫并不等芦叶吃完，就向外面迁移。当他们迁移的时候，有时经过食料丰富的地方，它们并不取食，也不停留，却到没有食料的地方去停留。有时飞蝗从别处来，停落在一处种庄稼的地上，并不食害庄稼，即又飞往别处去。若是此地的地方官，就以为是他的德政感应的缘故，种庄稼的人，也以为是他们做人做得很好，蝗虫是有灵性的，所以不吃他们的庄稼。其实蝗虫决没有这样聪明，能辨别人的善恶，能辨别这是谁的庄稼，能辨别谁在此地做官。它们停落的地方，是否食害庄稼，全依它们是否需食而定，这也是蝗虫迁移，并非因为食料缺乏的缘故，蝗虫迁移的目的，并非求食的证据。那末蝗虫迁移，究竟是什么缘故呢？关于此事，曾经有一位俄国的蝗虫专家精密研究过，说蝗虫迁移是一种本性，每日温度到了摄氏温度表 13～15℃ 间的时候，蝗虫就要爬，要跳，要飞，温度再高些，就要向他处迁移，好像不迁移有不舒服的样子；等到后来太阳下去，温度再降到 13～15℃ 的时候，蝗虫就要停止。在俄国天气冷些，在夜间蝗虫迁移的情形少，就在白天，一遇有云遮住太阳，使地上温度减低到 13～15℃ 的时候，原来迁移的蝗虫，也要停止。遇这样情形，在中国不易看到，但是在天热的时候，蝗虫活泼些，天凉的时候，蝗虫不活泼些，这是随处可以看到的。

蝗虫迁移的方向，并不一定。大概中国的蝗虫，是向东南迁移的居多，俄国的蝗虫，是向西北迁移的居多。所以山东、河南的蝗虫，常常飞到江苏，有时还飞到浙江，俄国的蝗虫，常常飞到英国、芬兰。同是一种蝗虫，而迁移的方向正好相反，这到底是什么缘故？现在还没有人研究出来。还有，去年在浦口到浦镇间的马路上，看见有一队蝗虫向浦口方面迁移，一队蝗虫向浦镇方面迁移。在同一地方，同一时间，当风的方向、太阳的方向、和其他一切环境都是相同，而两队蝗虫迁移的方向，却正好相反，这究竟是什么缘故？简直无法可以解释。有人说："蝗虫有向光性，所以上午向东，下午向西。"有人说"父南子北"，意思就是夏蝗向南迁移，秋蝗向北迁移的话。但是，从浦口至浦镇间马路上两队蝗虫，在同一时间，而迁移的方向适相反对的事情看来，上午向东下午向西的话，就不对了。去年夏间，从江北飞到江南，而秋蝗却没有从江南飞到江北去，所以今年江南的夏间，比江北还多，就这样看来，父南子北的话也不对了。所以蝗虫迁移的方向，非常难说，只能说是随大多数的趋向而定，大多数蝗虫向南迁移，其余的蝗虫，也跟着向南迁移，大多数蝗虫向北迁移，其余的蝗虫也跟着向北迁移。一队蝗虫，大概只有一个方向，方向既定以后，虽然前面有阻碍的东西，也不更改，譬如，前面是山，就爬上山去，前面是河，就跳下河里，小河里它们能游泳而过，毫不困难，就是宽至十数里、水面上有波浪的长江，渡过虽甚困难，但是也能结成大团，浮游而过。听说去年在江苏江宁县便民乡的地方，有许多秋蝻，是从对江仪征县地方，结成大团游过来的，顶大的蝻团，直径在1丈以上，在底下的跳蝻，因为被长时间的浸没，已经溺死，但是在上面的，全是活的。去年秋季，在江浦县九伏洲治蝗，以人工挖成一条长约半里，宽与深各3尺的沟，从长江车水进去，水面上再喷些煤油，在半天里面，并不经人赶逐，自然跳入沟里，被煤油杀死的跳蝻，有50担之多，这些都是迁移的方向既定以后，前面虽有阻碍的东西，也不更改的证据。但是，环境也可以影响迁移的方向，譬如，有大风的时候，蝗虫就不能逆风而行，只有些微风的时候，蝗虫却欢喜逆风而行；本来向南迁移的跳蝻，看见当头有人过来，它们就会折而向北，但是追赶得太厉害，他们就要乱跳，不照一定方向进行。所以赶跳蝻的时候，不能赶得太快，只要把它们进行的方向造成以后，就可以不必再赶了。

5. 蝗虫的合群性

蝗虫无论在大的时候，或在小的时候，都欢喜合群，多的地方，看不见地，甚至堆积到好几寸厚。飞在天空，可以遮天蔽日。在印度的地方，曾有120里路宽，八九百里路长的一大队飞蝗。跳蝻过长江的时候，能结成1丈多直径的大团。但是没有地方，连一个都找不到，这些情形，前面已经说过，都是有合群性的表示。蝗虫的卵从几十个至 100 个，合成一卵块，在卵块多的地方，一方尺里面有好几十块，各卵块中间的距离很小，而且有许多是密接在一起的，从这样一处地方孵化出来的跳蝻，就是一群。在蝗虫卵块少的地方，卵块与卵块间的距离很大，初孵化出来的跳蝻，只是从一个卵块孵化出来的为一群，以后一群一群的小跳蝻，跳来跳去，爬来爬去，同别群的小跳蝻遇到，就合在一起，这样一天一天的由小群合成大群，等到我们眼睛看到的时候，已经是计算不出数目的大群了。以后蝗虫逐渐长大，群体亦逐渐增大，所以几方里一大群或几十方里一大群的蝗虫，是常可以看到的，甚至于像前面所说的印度飞蝗，成了几万方里的大群，真是可怕极了。蝗虫为害很大，足以造成人类社会极大恐慌，一方面固然因为数目很多，一方面也是因为有合群性的缘故。

6. 蝗虫不是神虫，是可以人力除灭的

普通人多说蝗虫是神虫，蝗虫的多少，蝗虫的生死，都有天神主持，就是蝗虫为害与否，也有天神主持，所以蝗虫为害的时候，一定是天降其灾，不是人力可以挽回的。蝗虫不吃人田里的庄稼，被蝗虫所吃的庄稼，是应该被吃的，甚至说有好人做官的地方，蝗虫也不会去，就是去了，也只是过路，不会食害庄稼。所以当有蝗虫的时候，不应该捕打，只应该求恳蝗虫不吃庄稼，求恳天神保佑，使蝗虫不吃庄稼。求恳的方法很多，有的地方有蝗神庙，有的地方有蚂蚱庙，有的地方有八蜡庙，有的地方有刘猛大将军庙，普通都以为这些神道，是专门主持蝗虫的，当蝗虫多的时候，这些庙里，一定香火兴隆。在没有这些庙的地方，当有蝗虫的时候，也临时搭起香坛，供着许多神位，烧香叩头，焚化纸锭，甚至于打醮做戏，抬着菩萨出会，各种花样，玩得很多。甚至于有些和尚、道士趁此机会，造出种种谣言，想出种种诡计来弄钱，如卖符、卖纸旗之类，乡人因为出钱不多，大概愿意去买，就是没钱烧香、买符的人，也跪着向蝗神叩头哀求。假使照这样做法，确实能使蝗虫死亡，或是不害庄稼，那么，我们为人民谋幸福的人，也一定拼命提倡，切实奉行。但是，事实并不如此，恭恭敬敬地向蝗神跪着叩头哀求的人，蝗虫却依旧吃他们的庄稼；买和尚、道士的符或纸旗，挂在田上的人，蝗虫也依旧吃他们的庄稼；求菩萨或天神保佑的人，蝗虫也依旧吃他们的庄稼。这些求恳天神、求恳蝗神的事情，既然毫无效果，我们不得不求自己，来切实防治蝗虫。古人说得好"求人不如求己"，何况去求纸做的神位，泥塑木雕的神像，无知无觉的蝗虫呢？而且只要我们大家切实去治，蝗虫虽多，没有不能除灭的道理。即使不能完全除灭，也一定所留无几，决不至于再为灾害，这是的确很有把握的话，决不来骗人的。请看去年山东、河南、安徽、江苏 4 省，都有蝗虫很多，江苏省的政府和人民，都肯拼命防治蝗虫，又有昆虫局专门做治蝗的工作。听说去年

他们捕杀的蝗虫，有数目可以计算的，共有 11 万担，其余被毒药毒死，被煤油杀死，被赶入海边、河边、污泥中陷死，与就地打死的，更不计其数，所以他们的庄稼，没有什么大损害。但是山东、河南、安徽 3 省，没有昆虫局专做治蝗的工作，他们政府和人民，打蝗虫没有像江苏这样拼命，他们所用的方法，又没有像江苏这样好，所以他们损失的很大。再看今年报上所载，河北省大名一带，已经有好几县地方，所种的庄稼，全被蝗虫吃完。江苏今年蝗虫虽然也是很多，有没有这里庄稼被蝗虫吃完的地方？再看唐太宗的时候，蝗虫生得很多，发生的地面也很大，已经有一部分庄稼被蝗虫吃掉，看看非常危险。幸亏当时一位宰相，叫姚崇，竭力奏请捕蝗，唐太宗准其所奏，就分派御史大臣做捕蝗使，叫各地百姓拼命捕杀蝗虫，共有一百万担，那年蝗虫虽多，因为捕杀厉害，就没什么灾害。这些都是蝗虫可以人力除灭的证据！现在我们治蝗虫的方法，比唐朝时候更好，除灭蝗虫，也一定比唐朝时候更更容易！只要大家切切实实去下功夫，无论蝗虫怎样多，我们都不怕，总可以把它们除完，至少总可以不成灾害。

治蝗既是大家的事情，政府和人民，应该共同负责。就政府方面说，在蝗虫没有发生的时候，应当多派农业指导员和有知识的人，到各乡去演讲，并令各乡村小学校，时时地宣传，使大家彻底明了，不再迷信，能够自动地去扑灭。同时组织县治蝗会，县长做会长，各机关做会员，遇到发生蝗蝻的时候，由县长派到各乡去指导和监督大家工作；各乡组织乡治蝗会，以行政局长做会长，乡治蝗会以下，组织捕蝗队，以一村为单位，由村长做队长，各户民众做队员，假若一村发生蝗虫，乡治蝗会长，可调邻近各治蝗队会同扑灭；一乡发生蝗虫，县治蝗会长可调附近各乡治蝗会，前往治除；两县交界处发生蝗蝻，可由一县治蝗会，通知邻县有关系的乡治蝗会，共同扑灭；两省交界处发生蝗蝻，可由一省的县治蝗会，通知邻省有关系的县治蝗会，共同防治。像这样组织，很有系统，一遇蝗蝻发生，马上就可以工作，不会耽误时间，手忙脚乱，这是地方政府应负的责任。再就人民方面讲，谁家田里发生蝗蝻，就应该立刻报告队长和乡治蝗会，再由乡治蝗会报告县治蝗会，同时集合本队的队员前往治除。不可隐匿不报，不可借口农忙不到，大家都要认为替自己做事，不是替官厅做事，同心协力，努力治除，再有昆虫局人员指导好的方法，那么，虽是满地的蝗虫，不要几天，就可以扑灭干净了。

7. 治蝗的方法

蝗虫不是什么神秘的东西，大家都已明白了。它既然要吃我们辛苦所种出来的粮食，那就是我们的公敌，大家应该同心合力去剿灭它。剿灭的方法，非常之多，且把曾经试验而最有效力的写在下面：

（1）垦荒。虫害讲到治除，已经不是顶好的办法，最好能够叫它不生，那才是根本的办法。因为一种虫害发生，无论防治如何迅速，时间上和经济上总受了不少的损失。譬如，我们对于身体，应当随时注重卫生，不使生病，等到有病以后，无论所请的医生如何高明，所吃的药，如何灵验，精神和物质上必受多少损失。治病治虫，都是一样的道理。所以我们要治蝗，最好的方法，就是叫地上不生蝗虫。有什么方法可以叫地上不生蝗虫呢？就是垦荒！因为荒地土很坚实，没有耕耙的工作，蝗虫的子生在里面，最为安全，所以年年都能孵化出来；垦成熟地以后，必定有耕、耙、锄种种的工作，就是有蝗虫生子在土内，也被破坏，或翻到地面，被太阳晒死，或被雪雨风霜冻死，或被鸟雀或别的动物吃去，第二年决不会孵化出来的。并且垦荒垦熟了以后，可以种粮食，出息总比荒地里长的柴草大些，一举而有二利，大家又何乐而不为呢？

（2）耕锄。蝗虫生子在地下，不过一二寸深，我们看见有蝗虫生子的地方，可以用犁把地耕起来，就不致再生蝗虫；不能用犁的地方，如河岸、堤埂和路旁等处，可以用锄锄土，深约三四寸，将土翻起，也不会再生蝗虫。因为蝗子一经耕锄以后，或被破坏，或被翻出土面被太阳晒死，或被冰霜冻死，或被鸟雀和别的动物吃去，就不会再孵化了。熟地里虽不生夏蝗，有时也能生秋蝗，因为夏蝗生子的时候，田里种的粮食，快要成熟，无须要犁锄等工作，所以夏蝗生的子，不久就孵化成秋蝻。但是秋蝗何尝不生子在熟地里，不过大家在种麦之前，总要把地耕起来，使蝗子受以上所说的危害，第二年就不会发生，这可证明耕锄工作，对于治蝗上是很有效果的。

（3）灌水。蝗虫生子，都喜欢在干燥的地方，因为潮湿的土内，容易叫蝗子霉烂。我们可以利用这种弱点，如在取水便利的地方，看见附近有蝗虫生子以后，就车水到地里，叫蝗子在未孵化之前，全行霉烂，那么第二年，就不会有蝗虫的灾害了。

（4）掘卵。蝗虫是有合群性的，所以生子时也不散漫，都是聚在一处。生子之后，地面上有许多小孔，非常容易认识，在它未孵化之前，我们可以做掘卵的工作。这种工作虽说是很费工，但是效果却很大，并且做起来不见得十分繁难。因为蝗虫子在地下，不过一二寸深，是不会活动的，总比治跳蝻来得容易。一块蝗子，平均有七八十粒，掘出一块子，就等于除去七八十个蝗蝻，所以效果很大。当夏蝗生子以后，我们要防止秋蝗的发生，可用锄锄土，将翻出来的卵块，随手击碎，或聚在一处，深埋在地下。秋蝗生的子，是预备过冬的，我们可以利用农闲的时候，去做掘卵的工作，不过我们需要在秋蝗生子以后，天未下雨之前，把有蝗子的地方，用竹签做个记号，否则，天下雨以后，生子时所留的小洞，被泥塗没，寻找起来便很费时候了。

（5）掘沟。蝗子孵化，变为小跳蝻。跳蝻大概是向顺风或向南方跳跃的，我们可以利用这种习性，在南方或是迎着风掘一条长沟，有时无须人去围赶，它自己会成群结队地跳到沟里去。沟要上狭下宽，上宽 3.5 尺，下宽 4 尺，深亦 4 尺，两边要光滑，使跳蝻不能越沟而过，跳下以后，不能够再爬上来。沟的底面每隔 5 尺，再掘子沟，成正方形，深 1.5 尺，宽和沟的深度相等，沟里的跳蝻，可用扫帚扫入子沟中，填土埋杀之。假使我们要逼跳蝻赶快的入沟，可于沟掘之后，打蝗虫的人排列成队，用竹帚或柳枝，慢慢地驱逐跳蝻入沟就是了。芦柴滩中生了蝗蝻，最不容易治除，因为芦柴生得很密，下面又有高的荒草，人不容易走得进去，幸喜跳蝻有向光的习性，我们就可以利用来治除它。先选定方向，将芦柴割去一长条，宽 5～6 尺，然后再掘如上述之沟，蝗蝻在黑暗的草丛内，看见了光亮，就群往光明之路走去，不知不觉坠落沟里，所以掘沟是除芦滩内蝗蝻唯一的法子。

（6）在水面上喷浇洋油。洋油就是点灯的煤油，质料很轻，能漂浮在水面上。如果生蝗虫的地方附近有池塘、水沟和小河等，可用喷雾器或喷水壶浇洋油于水面上，再把蝗蝻赶入水中，就可以全数杀死。即使有爬到岸上的，因为有洋油阻塞它的呼吸，终久还是要死。蝗蝻常有因别有原因，自己涉水过河的，可利用这个机会，喷洋油在水面上，把它们杀死。不过流动的河面，喷浇洋油，容易流去，不很合算，除非在非常危险的时候，才可以一用。去年江苏省昆虫局在九伏洲治芦柴滩里的蝗蝻时，因为滩里上水，蝗蝻无处存身，都过河向圩堤内迁移，堤内就是稻田，处境很是危险，只好喷洋油在水面上来阻止它进行，经过两点钟，共用洋油 5 桶，杀死跳蝻有 50 多担，堤内种的稻才能够保存。还有在流动的河面上，把两头塞起来，再喷浇洋油，也很合算。

（7）放鸭。鸭吃跳蝻很厉害，一只大鸭，一天能吃 2 斤，小的也要吃五六两，发生跳蝻不多的地方，只要鸭群一过，就可以吃得干干净净。长江两岸河塘很多，养鸭子的不在少数，很可以利用它除治跳蝻。并且鸭子吃跳蝻以后，肥大很快，既可省食，又能除害，这是最合算的事。不过鸭子吃饱跳蝻以后，需要喝水，否则就要涨死，放鸭子的人应当注意。去年浦口九伏洲的新圩发生跳蝻，面积有 7 000 多亩，放入鸭子 3 000 只，一个礼拜，就把它吃完，这可以证明鸭子除跳蝻的能力很伟大。芦柴洲里生的跳蝻，也可放入鸭子去吃，不过柴长得很密时，鸭子不容易进去，并且放鸭子的人也不容易管理，最好每隔两丈，把柴割去一条，宽 3～4 尺，叫鸭子进出都很便利，这也是治柴洲里跳蝻的一个法子。

（8）围打。在土面坚硬不容易挖沟的地方，或是小片芦柴滩里发生蝗蝻时，可选择跳蝻最稠密处，围绕成一圆圈，各人拿着 3～4 尺长的竹帚，一面静坐在路旁，或是草少的地方，其余围绕的人用帚拨草，慢慢向前走，同时大声噪逐，或敲锣惊之，跳蝻听见声音，自然向没有声音处躲避，坐在路上的人，等它走近，再用帚击杀，等到跳蝻完全赶出草外，多余的人可蹲在前排后面，用力扑打，就可以完全杀死。假使没有光净的地方，可先围绕跳蝻稠密处，不准他逃走，再把中央的草割去一大片，再用前法向中央围赶，也是一样。不过这个法子，需要大家同心合力去做，才有效验。假若你认真去做，他不认真去做，跳蝻就要逃走，那真是劳而无功了。

(9) 网捕。蝗蝻在早晨和晚间，都爬在草梢上取食，可以用布做网来捕捉它。网的做法，先用宽 1 寸、厚 1 分的竹片作圈口，以火熏之，弯成长方形，长 2 尺，宽 1.6 尺，连接的地方用铁丝扎紧，再用长 6 尺对径 1 寸的小竹竿做柄，绑在圈口上下两边的中央，然后再用粗布作网，深约 3 尺余，网口的前边，最好用铁皮包裹，因为常常和芦柴、蒿草磨擦，很容易破坏的缘故。用网捉跳蝻的时间，要在清早露水未干之前，或太阳落山之后，跳蝻都爬在草梢上取食时，可以用此网在草梢上向前推行，飞蝗或跳蝻就完全坠落在网内，同时将网抖动，就不会逃出。等网里蝗蝻很多，可以取出放在口袋里，带回去喂鸡鸭，或是埋在地下，过两个月取出肥田。这个法子，江苏省昆虫局屡次试验，功效很大。不过这种网子，花费略多，不是个人可以办的。最简便的，是买面粉口袋，用竹片做圈口，两端多余的竹片做柄，效率虽然比前种小些，但是不用花费多钱，就可备办一个，大家可以普遍的使用了。

在水多的地方，捕鱼的人很多，我们可以利用渔网，来捕捉飞蝗。江苏省昆虫局也曾试验数次，确定很有效果，张网时须在暖热的黑夜，一边紧靠地面，一边的两角，各绑扎在两根长竹上，迎风张开，网的后面，点几盏洋灯，飞蝗看见灯光顺风飞来，触网坠地，这样越集越多，等到极多的时候，把网放下，可捕得 100 多斤。不过这个法子，如行在寒冷的夜间，一点效用也没有，因为寒夜露水很多，飞蝗的翅膀潮湿，不很活泼，虽看见灯光，也不能再飞翔了。

(10) 手捕。防治蝗虫，要在跳蝻的时代，等到变成飞蝗，就很不容易扑灭，因为蝗虫的翅膀，飞行力量很大，眼光看得很远，人还没有走到它的面前，它已经飞去了。话虽如此讲，不过万一跳蝻已经变成飞蝗，或是飞蝗从别处飞来，应当怎样防治呢？只有用手捕的方法！手捕的方法，虽然是很笨，不过大家果能同心合力去做，也未尝没有效果，用手捉飞蝗，只有两个时期，一在清早露水未干的时候，它们都爬在草梢上取食，翅膀被露水粘着，不能够飞翔；一在晚间，天气寒冷飞蝗爬在草上，不很活泼，用手捕捉，并不艰难。除这两个时期之外，还有飞蝗在交配的时期，雌雄紧合一处，不能飞行，可以用竹帚击杀，其余就没机会再给我们捕捉了。

(11) 毒液。用毒药杀虫，在外国本是很平常的，不过在中国用的很少，因为外国的人工很贵，雇一个人至少要几块钱一天，所以用毒药治虫，比较合算。中国的人工很便宜，药品价钱比较的贵，用起来反不合算。杀蝗虫的毒药，最有效验的叫作青化钠，出产在美国，白的颜色，做成鸡蛋的形状，价钱很贵，一磅（12两）要卖八角，除非在十分紧急的时候，不宜多用。这种毒药非常厉害，用时要十分谨慎，假使手上有伤口，切不可接触。施用时，先将药放在喷雾器内，或是喷水壶内，灌进清水，大约每一颗药可以化水3斤，喷雾器可盛20斤水，放7颗药就很足够。等完全融化以后，选蝗蝻最稠密的地方喷射，凡是被洒中的，不过两分钟，就完全死亡。但是要注意的，粮食田里要是有了蝗蝻，切不可喷射这种药水，否则田禾也要被杀死了。

（12）毒饵。蝗蝻很喜欢吃甜的食物，在草少的地方，食料不充足时，可用毒饵撒在地面，来除治它。毒饵配合的方法，用白砒霜1份，麦麸20份，加和糖水，至不干不湿，手捻成团为止，另外再加少许的橘子汁或醋，增加香味。搅拌均匀之后，一缀缀地撒在生蝗蝻的地里，蝗蝻正在饥饿的时候，闻见又甜又香的食料，一定成群来吃，经过若干时间，毒性发作，就全数死亡。撒布毒饵的时间，以清早或晚间最好，白天和下雨时，则不能用。因为白天太阳很厉害，容易把毒饵晒干，蝗蝻就不来取食，下雨时，则易把毒饵冲散，徒劳无益。

这个法子，用在北方是很有效果的，用在南方，则没有多大的成绩，因为北方的天气干燥，草不很多，南方天气潮湿，杂草很多，蝗蝻没有缺乏食料的恐慌，毒饵虽然撒在地上，也不来吃。还有一件应当要注意的，就是撒毒饵在生蝗蝻的地方以后，要通告附近各村庄的人家，不要在那儿放牲口，不然，就要发生很大的危险。

上面所讲的治蝗方法，是最有效的，不过我们应用这些方法，要看生蝗虫的地方的形势怎样，气候怎样，选择最合宜的应用才行。不是个个法子，在一块地方都可以应用的，希望大家要随时变通，不要固执才好。

8. 蝗虫的用处

世间上的东西，没有用处的很少，蝗虫虽然是我们的大敌，治除它是应当的。不过既然捉来，随便弃去，不想法子利用它，是很觉可惜的。我现在把蝗虫的用处，写几条在下面，望大家试试看，究竟怎样？

（1）蝗虫是可以吃的。蝗虫所吃的东西，是柴草和我们种的粮食，同别的家畜家禽一样，家畜家禽既然可以吃，那么蝗虫当然也可以吃。我国拿蝗虫做食料的，只有北方人有这种习惯，南方人吃得很少，当以为它是毒虫，不敢去吃，其实滋味很好，我曾经亲自尝过，和虾的味道差不多，比吃蚕蛹还要强多啦！不仅无毒，并且对于身体上，很有利益的，诸位如果不相信，请大家尝尝，就知道我的话不错了。

北方人吃蝗虫，是很普通的，他们叫作旱虾。穷苦的人常把蝗虫捉来，到街上去卖，要卖三四百文一斤，价钱虽然很贵，但是销场很好。买来以后，和水放在煮锅里滚死，先剪去脚和翅膀，再把肚子尖儿剪去，后再把头摘下，肚肠子就跟着出来，再用清水洗干净，用油炒脆，加五香佐料烹炸，滋味很香，为下酒的美肴。蝗虫很多，一时吃不完时，就煮熟晒干，用如虾米，可以和蔬菜煮食。吃蝗虫最出名地方，要算天津，家家菜馆子都有得卖，尤其是母蝗虫体内的子，滋味最好，价钱最贵。假使蝗虫是有毒的，北方的官厅，就应该出示禁止，不准头卖了。

（2）蝗虫可以喂牲口和鸡、鸭。蝗虫可以做人的食料，上面已经讲过了，不过人既可以吃，拿来喂牲口和鸡、鸭，当然也很相宜。蝗虫在跳蝻时代，筋肉还不发达，人吃得很少，我们可以把它煮熟，和别的东西混在一处，拿去喂猪。猪吃了以后，肥大得很快，比单喂别的食料好得多，其余喂鸡，喂鸭，也可以得到一样的结果。又如鸡、鸭生蛋多的时候，大都在春夏两季，假使没有虫类做它们的食料，鸡、鸭生蛋就不多，我们可以把跳蝻做成虫干，等虫少的时候，拿出来喂鸡、鸭，一定可以生很多的蛋。

（3）蝗蝻可以肥田。动物质的肥料，本来是肥料中顶好的，用它来肥田，粮食一定长得很好。以前有一个很有经验的老农告诉我，蝗虫肥田的力量，比一般肥料都要好，就是豆饼也不及它。他曾经试验过，结果所收的粮食，比用别的肥料，要多收几斗，这便是一个证据。不过，有一件事要注意的，就是用蝗虫做肥料的时候，要先把蝗蝻埋在地下，等它发过酵腐熟了，方才可以放在田里。因为它发酵的时候，要放出很大的热，假使不等它腐烂以后，就来肥田，所种的庄稼，常常要被烧死。并且用的时候，分量不可太多，要和别的东西混在一起用才好，假使用得太多，种的庄稼，反生长得不好。就因为太浓厚的缘故，植物反不能够吸收，不然就是枝叶长得太多，收成反变少，成熟的时期也太迟了。

（六）海州的灭蝗运动

摘录民国十七年三月《科学》第13卷第3期杨惟义原著《江苏昆虫局海州第三捕蝗分所治蝗报告》。

一般人民，皆信蝗为天虫，其生其灭，系诸天意，人固无如之何者，此种迷信不除，对于治蝗，颇有阻碍。是以义（著者的名字，下同）于调查时，即便召乡人演讲，舌敝唇焦，细为解释，使信蝗为可除，愿为吾助，借收群策群力之效，而又教之以方法，给之以浅说，使知捕蝗虫之法。又于（十六年）5月18日，在海州南门外白虎山下，公开演讲二日，听者共万余人，演讲时并携有各种捕蝗器械，陈列会场，任人观览。

1. 除蝗卵

义至各处调查时，见有蝗卵，即令乡人搜掘之，而乡人亦尚乐于从事，因掘蝗卵时，并可掘得草根以作燃料也。如西宁乡之圩堤上，及石㳖镇、南城等处，掘去蝗卵不少，但无统计，不知其量。义又在石㳖镇近水之地，有蝗卵之处，灌水淹之，使之霉败，免其发育，但因海属干燥，不易得水，此法遂难推广。

2. 除治夏蝗

此次东海、灌云两县，发生蝗蝻之地，皆在云台山四周及朐山东南。此等地域，在逊清康熙以前，皆为茫茫大海，嗣后海水东迁，沧海变为荒地。其中有垦为良田，种植稻麦者固为不少，然大部分，皆蓁茫荒芜，芦草万顷，蝗蝻遂得繁衍育卵于兹，连年不绝，为农民害。

3. 治蝗之经过

（1）石㳖镇。今年此间天气干燥，蝗蝻发生甚早，在 5 月 7 日，义至石㳖镇即见有蝗发生，惟发生尚少，且幼小不易捕。延至 5 月 16 日，蝗大如小蝇时，始着手捕治。召集夫役 30 余名，给以各种捕蝗器，在早晨朝露未干时，用铲蝗袋及撮箩以捕之，日间则用捕蝗帐推袋以捕之，每日最多捕得跳蝻 10 余石，少亦有 2～3 石。自后，每日捕得蝗蝻多则 30 余石，少亦有 4～5 石，因此镇蝗蝻孵化期不一律，随捕随生，所以捕至 6 月 26 日，始告肃清也，共计此镇所捕得之蝗，共为 100 余石。此镇产蝗荒地，共 30 余方里。

（2）大浦。于 5 月 22 日集夫役 20 余人，给以捕蝗帐及口袋，由李君住该处督率土人捕打。每日捕得蝗蝻 2～3 石，至 6 月 3 日即已捕清，共捕得蝗蝻 52 石，此时此地之产蝗面积，仅 16 方里也。其后于 6 月 5 日，五道沟一带之蝗南下，又至大浦，用碾蝗车碾之，又用白砒一份，麦麸 10 份，红糖 2 份，加水使润湿，撒于蝗群之前，蝗蝻争食，尽被毒死计其被毒杀之蝗，不下 300 余石。至 6 月 8 日，即告杀清，此时蝗群经过大浦之面积，约有 30 余方里也。

（3）新坝镇。5 月 23 日向东海县署，请派委李君同往新坝镇，率同乡董张允祚等，即日集夫 200 余名，共分为四大队，各队给以铲蝗袋、捕蝗帐、撮箩等器械，分区搜捕。每日所捕得之蝗，初多后少，先为 30 余石，其后每日仅捕得 1～2 石而已。至 6 月 10 日捕清，共捕得蝗蝻 74 石，此处产蝗荒地，约 24 方里。

（4）苍梧乡。5 月 27 日至灌云县，偕县委郝云君至南城，见该处蝗虫甚多，而该处柴地，人烟稀少，不易集夫。乃与当地团总杨乃昌君至各庄，集夫 30 余名，给以捕蝗帐、铲蝗袋等，由杨君督率捕打，其后有一部分蝗蝻由柴地逃至南城之凤凰山下，乃用青化钠毒液杀死之。至 6 月 15 日，始告肃清，共捕得蝗蝻 260 余石，此处产蝗荒地，约共 35 方里。

（5）西宁乡。于 5 月 28 日偕县委郝云君至西宁乡，邀集该乡乡董等，组织捕蝗队，从事捕打，乃往云台山四周治蝗。另有青墩庙南部、宁海、苏桥、新滩、第八庄等处，有蝗发生，待义将云台山四周之蝗蝻捕清后，回至该乡复视，则见蝗已生翅，堆积道旁，幸区域不大，易于捕治。乃于 6 月 15 日，再集捕蝗队，于早晨用器捕捉飞蝗，用青化钠液，喷于飞蝗体上而杀之。至 6 月 26 日捕清，共捕得蝗蝻 36 石，此处之产蝗地仅约 2 方里耳。

（6）新县。于 5 月 29 日至新县，邀集团总张望坚，及农会长张飞泉，于翌日起，集夫 50 余名，捕打新县荡地之蝗蝻，并用青化钠液，助其捕杀。每日捕得之蝗蝻 3～4 石，共捕得 30 余石，至 6 月 11 日捕清，此处产蝗荒地仅六七方里。

（7）五道沟等。于 5 月 30 日折回大村，见五道沟一带之蝗蝻，成阵而行，东向猴嘴大小村，南向大浦，跳跃进发。义即召集大村各乡乡董乡团等，集夫 200 名，迅即捕打，暂断其东徙之路，又虑苍梧北乡蝗源未清，乃星夜前往，组织捕蝗会。阅 3 日，回大村，见无一人捕蝗者，而蝗蝻之先锋队，将近人之麦田矣。再与地方乡董等商酌，集得夫役 600 名，以 300 人在大小村一带，分为三队捕打之，免蝗伤人稻麦，盖大小村一带，多稻麦也。以 100 余人在猴嘴，阻蝗蝻上云台山之路，因蝗蝻上山后，即难治也。又以 100 余人在谢圩等处捕打之，借阻蝗蝻东南窜之路，蝗之南至大浦者，则用白砒杀之。而又每日以 70 余人在五道沟一带之东，盐河之西，鸣钲喧天，驱蝗折向西行，西为黄海，海水甚咸，蝗蝻被逐入海者，尽被淹死；又有一部分蝗蝻，被逐入海滩，陷于海潮退后之污泥内，或被驱入当地之盐田内，死亡实属不少。又以洋油喷于四、五道沟之水中，蝗蝻过水，即被洋油杀死，至 6 月 8 日，各处即告肃清。大小村一带，捕得蝗蝻共 373 石；五道沟一带，驱入海中，被水淹死者，700余石。大小村一带之面积，共 40 方里；五道沟一带之面积，共 225 方里。

（8）苍梧北乡。5 月 31 日至苍梧北乡，与团总张致慎及农会刘介人等，即日集夫 200 余名，分捕五羊湖之黄九堰、云门寺及大岛山东北部，养牛滩、团圩、湖圩、象圩、万兴圩、小口、同盛圩、汪圩、灶地等处之蝗蝻。同捕 3 天，早用撮箩，日则围捕，至 6 月 13 日肃清，共捕得蝗蝻 450 余石。该乡产蝗面积，共约 330 余方里。

（9）墟沟乡。墟沟乡与苍梧北乡接近之处，如黄九堰之附近，及大板等处，亦有跳蝻发生，即于捕治苍梧北乡蝗蝻时，顺便派人治之。自 5 月 31 日起，至 6 月 13 日止，捕得蝗蝻 50 余石。其产蝗面积，共约 3 方里。

（10）圩团。

以上各处，均已布置就绪，且次地肃清，乃察看至石湫镇南部，与灌云板浦市交界处之圩团，蝗蝻甚多，且多生翅，群向石湫镇之柴地上迁徙。义乃急邀乡董等集夫50余名，给以铲蝗袋等，星夜速捕，自6月23日至26日，即告肃清。共捕得42石，此处产蝗面积约2方里。

4. 治蝗之效

就普通情形而论，小满前十日所发生之蝗，必害麦类，小满后十天所发生之蝗，则害禾黍，此海属人士所共知也。今年小满为阳历5月22日，而今年海属各地发现蝗蝻之期甚早。5月7日，义至石湫镇即见有小蝻发生，是其发生之期，在小满前半月也，然则今年海属之蝗，必害麦也无疑矣。幸而从早捕治，5月16日即着手捕治，海属各地大小麦类，全未受伤，甚为丰收，收量且比去年多2～3倍，（去年海属麦类收成不佳），而稻、粟、玉蜀黍之苗，亦均未受其害。脱非积极除治，则海属稻麦先受其灾，而飞蝗四布，殃及邻封，为患诚可惧也。试思此次所捕杀之蝗，共为2 500余石，设每石蝗蝻，日食稻麦之苗仅以一亩计，则每日当害稻麦2 500亩，十日当害稻麦2.5万亩，一月之中，当害稻麦7.5万亩。每亩稻麦收获之价值，以10元计，共总损失当在70万～80万元也，由此观之，其效盖可知矣。

5. 蝗卵

蝗卵多产在高燥坚硬之荒地中，若曾受水久淹之地，客岁虽有蝗虫产卵于其中，亦罕见孵化，云台山上及各熟田中，俱未见有蝗卵之发现。当植树节前后，将地中之蝗卵掘出，置诸日光下曝之，数小时或1～2日后，即能提早孵化。

6. 跳蝻

夏蝻之发生期，不能一律，其参差之时间，多至20余日。大约高燥草短之地，蝻必先出，低洼草高之地，蝻则晚出。义见有许多跳蝻，已生翅基，尚有少数蝗卵方孵化者，普通夏蝻之发生期间，多在小满前后。然闻在天气晴暖之年，则发生较早，寒湿之年，则发生较迟，如今年海属天气干燥，蝗蝻在5月7日即见发生，6月4日即见有蝗生翅是也。当小蝻初孵时，其色白，渐次变黑，跳跃距离仅1～2寸，渐长大，渐能跳远，日间太阳热烈时，则藏匿于草丛下，日暮则爬升草端，抱草叶而食之，食欲甚大，凡有蝗蝻之地，草叶必被食尽，仅留草茎而已，无草或至自相残食。晚间及朝晨，皆上升叶端，天阴而无风雨之时亦然，红日上升，则下至草丛内藏身。性喜合群，常集合成队，其队之大如在大村有12～13里之长，1～2里之广，阴雨时尤喜相聚，阴雨过久，则蝻多受菌病而死。死时其尸多悬诸叶端，死尸紧抱草叶，历久不坠，海属农人谓之蝗蝻上吊，莫明其故，其实系受菌病而死也。凡雨水多日，蝻死必多。蝻渐大则渐善跳，至将长成时，每日能跳行4～5里，天气燥热时，蝻尤善跳，下雨时，则伏而不动，雨止续跳。前途如无阻碍，则有进无退，其行程大都向东南，如遇沟渠小河，则泳游而过。蝻喜食单子叶植物，如大小麦、黄粟、玉蜀黍、稻苗、芦草等，为其最好之食物；双子叶植物，则罕见其嚼食者，其食大小麦也，最为可恨，仅将每株之麦穗嚼断而已，又不完全食尽之即至他株，又嚼断其穗，如是往来咀嚼，麦穗尽坠于地，远望田中尽属麦秆而已。每日一蝻，能害麦类数百株，大地粪麦，若遇蝗群走至，则至数时食尽，农人胼手胝足，辛辛勤勤种出之麦，借以生活者，至是尽果蝗蝻之腹矣。跳蝻生翅甚时，面部呈黄色，海属农人谓之红脸，跳蝻长至红脸，则距生翅高飞时不远矣。

7. 飞蝗

夏蝻自卵中孵出后，须经月余，变为飞蝗，将变为飞蝗时，须有微雨，方易脱皮。飞蝗初由壳中脱出时，其色白，游走缓慢，历半日则变黑，跳跃亦渐灵敏，再经三四日，翅渐坚硬，则起而飞翔无定向，又再阅一二日后，则飞迁他乡。大都向东南飞，向西飞者有之，向北飞者则甚少。若于明月皓洁之夜，蝗多向月东飞，误投入海。

8. 查蝗方法

欲预知某地将来是否能发生蝗虫，则不可不先事调查。调查方法，亦尚易行，设在植树节以前，周行乡间，察看有无荒地，如无荒地，可勿注意。若有之，则须察看该荒地客岁是否曾被水淹，若被久淹之地，可勿注意。凡地面龟裂而起土片，且其地草上有土屑现白灰色者，可决知其去岁定被水淹，如其未也，则须多询当地乡人，该地客岁曾否发生跳蝻，或见有蝗过境，如俱未有，自可勿虑。若诚有之，则须用锄在该地之高处，掘寻十余片，察其有蝗卵否，若俱无蝗卵，则少虑之。若有，则须计其每方尺中，蝗卵之平均数若干，此即将来发生蝗蝻多少之标准，借可预定吾人治蝗注意力之分量者也。雌蝗产卵，以腹插地，钻之成穴。产后数周，如无大雨，则其小穴满露地面，犹可见之。是以察其小穴之有无，即可定将来蝗蝻之有无也，然产卵之后，时间过久，则小穴不易见，而难适用此法，以调查之矣。

跳蝻食草，所过无遗，惟留茎梗。此种食余之茎梗，较普通草叶稍变白，是以欲于一大片芦草中，而调查其何处有跳蝻潜伏，可登高四望，见有草色变白者，即可决其处，必潜有跳蝻。

跳蝻体色幼黑，渐长渐变灰黑，当其群集叶端时，一片黑色，与草色颇易区别，是以于朝夕之际，在荒地高处，纵目四望，见草端发黑色者，即知其为蝗蝻也。

9. 药械试验

（1）白砒。用白砒一份，麦麸 10 份，红糖 2 份，加水拌之使润，用作毒饵，撒于蝗多而无草之处，则蝗蝻竞食中毒而毙。若蝗少草茂之处，用之鲜效，盖蝗蝻有草可食，不必食毒饵也。然遇草高蝗多之处，亦可利用砒毒杀之，其用法系用白砒半斤、红糖 1 斤、加水 15 斤，调之成液，置于喷雾器内，而喷于草叶之上，蝗蝻食草中毒而死，不论草长草短之地，及蝗蝻之大小，皆可适用此法以治蝗，若在无草之地，则用此法无效。近人之屋旁，及牧场上，切勿使用之，盖恐毒毙牲畜也。

（2）青化钠（今氯化钠）。用青化钠 3 两，兑水 15 斤，溶成药液，置于喷雾器中，用时须将喷雾器中之气压加足，则药液如雾喷出，不论有草无草，草长草短之地，及跳蝻或飞蝗沾药立死。早晨及下雨之时，蝗蝻尽在叶稍，抱叶不动，喷此药杀之最易。跳蝻幼小之时，聚集一处，喷此药尤为见效。

（3）煤油。跳蝻善游泳，能过水，凡遇窄沟水面不广之处，即可喷煤油于水面。跳蝻过水，被洋油浸塞其气孔，即闷窒而死。

（4）捕蝗帐。在草短或无草之地，蝗蝻仅片段有之，而非普遍皆产，面积过于广大者，用此帐捕之，最为便利。且当跳蝻及飞蝗集于叶端时，用 2 人持此帐，向草地拖盖而过，则蝗蝻可落于帐中而捕集之。制法用绿布（用绿布者，使蝗虫误认为草色，入帐而不疑也，用白布亦可），制成长方袋，阔 1 丈，高 3 尺，深 2.5 尺，其安置地上，张口而捕，跳蝻时之状，用时即将此袋口张开，横列此帐于地面之上，使人围驱蝗蝻入袋，集而杀之。用此法可免掘沟之烦，且省时间。

（5）铲蝗袋。此袋在早晨或傍晚，蝗蝻集于叶稍时用之，以捕跳蝻最有效，但不能用之以捕飞蝗。制法：取 1 寸阔之竹片，长 7 尺，置火中熨之，使成三角形，三角形之每边阔为 2 尺，其后有二柄，长为 5 寸，乃用布制一袋，缝于其上即成。使用时，人以手握袋后之两柄，平持之，向前铲去，蝗蝻即坠入袋内，乃收集而杀之。

（6）推袋。此袋用于草极短或无草之地，以捕跳蝻，若在芦草高茂或地域不平之区，则鲜效。制法：用一方铁圈，阔 2 尺，高 1 尺，底下附设二小木轮，以便推行，上端附一木柄，以便握持，铁圈之周围，装置一布袋，袋深 2 尺，用时人握木柄，向前推行，则小蝻受惊而跳，入布袋中，俟袋中盛满，即可取出杀之。此器之大小，可随意造之，大者可用于扩大之平地，小者可用于行间沟旁。

（7）刷蝗车。此为一种扫刷跳蝻之器，用于无草及短草之地，而跳蝻堆积之处，尚可适用，若莽莽荒芜之地，不论蝻之多少，俱不适用也。制法：用一木板，长 5 尺，阔 1 尺，下面嵌插竹条数百枝排列甚密，竹条每枝长 1.4 尺至 1.8 尺不等，木板之上，载以石块，重压竹条，使之严刷地面，不用时则石可去。木板两端，有木轮，轮之直径为 1 尺，以便推行，木板后方有一长木柄，以便握手。用时，人握木柄，向前推之速行，掠地面而过，蝗虫即可被竹条刷死，竹条有弹性，即蝗虫藏于土窟中者，竹条亦可伸张而刷死之。

（8）小号碾蝗车。此车在平地及草短之地，用以碾杀跳蝻为最合宜，若在草高及不平之地，则此车亦不合用。制法：用一木板长 2.5 尺，阔 1 尺，板之两端附置木轮，用以推行，板之上面，有一木轴，其直径为 5 寸，坚木为之，长与板等，板之后端，置以障板，以阻蝗蝻飞逸，障板之后有木柄，借以握手，板之上，有自动之布，蝗蝻跳集布上，布即转动，送诸木轴下而碾毙之。用时，人持木柄，向前急推进行，则轮转布动，木轴亦移旋不已，蝗蝻即可被此车碾毙。

（9）大号碾蝗车。此器适用于在草叶稍高之地，于早晨时，以碾跳蝻，平地及无草之地，蝻稍大者，亦可用之。此车之制法：其原理与小号碾蝗车同，特其形较大耳，又其后无柄，而车侧系绳两条，借以拖拉，此车行走也。用时，以二人在车之两旁，用绳曳拉之，急速前行，则蝗蝻被惊，跳入车内之自动布上，布即转送蝗蝻至木轴下，而碾毙之，其尸即坠地下。

（10）刮蝗袋。此袋用于草高之处为宜，若在无草或草短之地，则不合用。制法：用铁条做成长方形之架，长 3 尺，阔 1.3 尺，将此铁架嵌于一木柄上，又以一长方口尖底之布袋，装于铁架上即成。用时，人持袋柄，向有蝗蝻之处，左右摇动而刮之，则跳蝻或飞蝗，俱落于袋中矣。

（11）其他器具。其他锄、锹、扫帚，亦可用作捕蝗器，此等器具，农人皆有，不须特制。锄、锹系用以掘沟，扫帚系用以围扫蝗蝻，使之跳入沟内，而埋之者。此法在蝗多之地，亦颇可用，系由唐代姚崇所发明，现农人多沿用之。海属农人，又以藁席制成撮箩用以捕蝗，亦尚称便。海州之新坝镇农人，以其所用之割麦器，名"剡子"者，用以捕蝗，亦颇可用。即普通之捕虫网，亦可用以捕蝗也。

10. 蝗体可利用

义查海属一带，有以飞蝗之体，煮供食用者，又见有捕捉小蝻，以喂猪者，鸡、鸭、狗、猫，亦俱嗜之，且禽畜食蝗，肥大甚速。惜乎海属农人，尚不知用以肥田。每致捕得多量蝗蝻，弃之不用，考蝗体多含氮磷，用以肥田最为有效，宿迁农人，颇喜用之，而海州农人，则谓蝗体性热，用以肥田能将作物烧死，是以宁弃而不用也。噫，是不知其用法，或用之过多，或未腐熟，而遽用耳。因用之过多或未腐熟，则蝗体发酵，致将植物之根烧霉也，若每亩田仅用腐熟蝗体百余斤，磨碎和草木灰二三百斤，撒于作物之行株间，可保其利多而无害也，海属农民，曷试用之。

11. 农人之迷信

义查海属各处农人多谓蝗乃天虫，不能以人力除治，凡草种、鱼子、虾卵，皆可变为蝗蝻，且有自无而生者，蝗虽亦能产卵，但其卵能入地数丈，或深至千尺，掘之不易，能历数年或数十年，再出地面，变为蝗蝻，而为农害云云。种种迷信，荒谬绝伦，诚为可笑。然因其有此种迷信，故对于蝗蝻之发生，惟有坐听天命，不讲防治，或奔走号呼，蹙首无策，或祷天求佛，乞神救助，是以海属各处多有蚂蚱庙（即蝗神庙）之设。一般农民，于蝗蝻发生之时，即至庙中，叩头如捣蒜，烧香似焚薪，以求神之眷佑，然亦未见其有效者。蚂蚱庙中所祀之神为唐太宗，盖因唐太宗曾有吞蝗之故事也，而他方有以刘猛将军为蝗神者。总之，此种迷信，深入人之脑海，吾虽舌敝唇焦，为之解释，终难家悉户晓。所望海属人士，同起辟迷，使一般农民，皆知此非天虫，人力可除，群策群力而共治之，是亦海属人民之福也。

（下略）

（七）蝗（尤其伟原稿）

转录民国十七年七月江苏省昆虫局出版《通俗浅说》第三号。

蝗虫之为害，自古已然，夫人而知之，言蝗之书，不下数十种，历代政府，于其为患之时，特设专官定科罚，策群力以治之，诚重要视之矣。惟民间往往惑于鬼神，谬论横生，间或反对捕杀，主其事者又多墨守成法，终至扑灭无效，酿为巨灾，良可惜矣。本局承乏斯役，于兹五年，研究渐臻完备，防治已得其法。用将蝗虫种种问题，详述之以告当世，庶几推行民生主义之一助也。

1. 飞蝗与非飞蝗之区别

蝗虫之种类甚多，据调查结果，我国有 80 余种。江苏省产生最普通者有二属，一曰土蝗属（*Melanoplus*）；一曰飞蝗属（*Locusta*）。前者因生产不繁，无飞翔力，缺迁徙之性，故为害不大，且限于地域，从无成灾之事；后者则不然，生殖既繁食性亦大，复有迁徙之性，故其为害甚巨。两者相较，前者如为数不多之时，固无扑灭之必要，但后者数虽少，除治则不可稍缓。故必先从事分别，始可权其轻重，定扑灭之先后，表列于下：

比较事项	飞蝗	土蝗
头部	有一黄条纹自复眼之前端，穿过复眼至前胸，在幼虫时代尤为显著，头部较大	复眼与前胸中间无黄条纹，头部较小
大颚	黑蓝色	黑色
翅	甚长，过其体端 1/3，前翅有黑点，后翅阔大，善飞	翅长不及其腹端，即长亦不过与腹端等，而无过其端者，前翅无黑点，后翅较狭小，善跳而不善飞
习性	有合群性，常千万成群聚集于一处	无合群性，四散于各处
迁徙性	有迁徙性	无迁徙性

（续）

比较事项	飞蝗	土蝗
体长	较土蝗为大	较飞蝗为小
体色	第一期为黑色或黑灰色，第二期则渐褐，至成虫则土黄色，而老熟变绿褐色，翅亦同色	幼虫以至成虫，概色黄而微绿，翅亦同色

2. 飞蝗之二种

我苏省所产飞蝗属之昆虫，仅有二种，一曰远迁飞蝗（*Locusta migratoria* L.），一曰赤足飞蝗（*L. danica* L.）。多数学者均如此主张，惟少数学者则认为赤足飞蝗为远迁飞蝗之变种，而为二种不同之形式（forms）。前者之主张，则以二种外部形态区别显然，固似两种；但后者之主张，则谓其不同之点颇不固定，往往两种可以互相交配，益足证其同种，于是认为此种差异之点，为偶然发生之变化。然孰是孰非，未敢决定，只得服从大多数之主张，远迁飞蝗与赤足飞蝗为两种，其区别表列于下：

比较事项	远迁飞蝗	赤足飞蝗
头部	头顶（Vertex）凸起，中有纵走龙骨，额部为一角状横行之龙骨所阻，自额脊处分开	头顶平，中无纵行龙骨，额部无横行角状之龙骨，故不由额脊处分开
前胸	前胸较短，后部背面较阔，其中部前面有一显明之收缩，前缘圆，后角圆，中部龙骨低，侧面外形直或凹入	前胸较长，两侧紧压，中部之前面不收缩，或稍收缩，前缘锐凸，后角尖，中部龙骨高，呈屋顶状，侧面外形凸出
翅	前翅较长	前翅较短
足	后足股节较短，胫节呈黄褐色	后足股节较长，胫节生时赤色
体色	初孵化时为灰黑色，第2龄时渐转红褐色，龄期愈大，色泽愈深，及变成虫，则转为灰褐色	略有变异，初为黄色，而渐绿色，至成虫则碧绿色，惟其翅色则为灰褐色
习性	合群性甚强	合群性弱，而微具四散性

上表虽如此比较，但同一种也，亦微有差异，此不过举其大体而言，普通因两者皆混于一处，且赤足飞蝗为数较少，故本篇所述种种，皆偏于远迁飞蝗，有时则统二者混言之。

3. 飞蝗之分布

蝗科昆虫，普通概生于荒山杂草间，既经开拓之地，则鲜有发生者。江苏省江北与山东毗连之地，产生不少，故其分布概在徐海[①]一带，北自赣榆沿东海、灌云，下至阜宁、盐城一带芦滩上，皆产之。产地最著者，如东海之黑风口、新浦岗嘴、杨圩、沈圩等，灌云之十队、九队、八道沟，阜宁之八滩等是也。其他如赣榆之欢墩埠，东海之七里桥、驼峰镇，沭阳之青伊湖、硕顶湖，皆去海已远，而产于荒地者。洪泽湖之北岸泗阳县辖境，宿迁之落马湖，沛县之微山湖，邳县之西溜湖、赵村湖，及自砀山县境而东至宿迁之淤黄河，亦皆为产蝗最多之地，常生活于芦草及杂草间者也。故其生育地，除山地平原外，湖泽之滨，海水之畔，无淡水咸水之分，咸产之，年年发生，不过数有多少之别耳。是以有时为灾，有时则否，斯为永久生育地。有时其生育过繁，食不充足，往往他徙为害。偶遇适宜之天气，忽而繁殖，多数为田稼之害，是为暂时生育地，如今年南京、句容、溧水、溧阳、高淳、六合、江浦、丹阳、金坛等县所产，皆其暂时生育地。或于数年前由他处飞来，遇今年之亢旱天气，遂发生大批飞蝗者也。

4. 飞蝗之一生

飞蝗属不完全变态昆虫，即自卵而幼虫，凡蜕皮 5 次而成飞蝗，其历时之多寡，一依温度与湿度及各个体之性质、与食料之充足与否而定，平均共 27～28 日（第一期经过 5 日，第二期经过 4 日，第三期经过 5.5 日，第四期经过 5 日，第五期经过 7 日）。又据观察之结果，雌蝗成熟较雄者早 2 日，此雌雄成熟期之不同处也。

江苏省飞蝗共有二个世代，第一世代约自 4 月下旬至 6 月下旬，是为夏蝗；第二世代则自 7 月下旬至 8 月下旬，是为秋蝗。第一世代以温度较低，生育迟缓，第二世代以温度较高，而生育较速。故第一世代历时较长，但第一世代与第二世代其中相互错综，第一世代之成虫随时产卵，至其所产之卵孵化后，直至幼虫脱皮第三次，犹有小部分之成虫未死也。

成虫羽化后，4～7 日即交配产卵，其产卵多行于地下。第一世代产卵后，3～4 周即孵化，惟第二世代产卵后，即在土下越冬，至翌年 4－5 月间而孵化。

5. 跳蝻之习性

飞蝗之习性，幼小时与长大时各不相同，分述如下：

（1）幼虫之习性。初孵化之幼虫，成群聚集一处，每一小群即自一卵块孵化而出者，此种小蝻开始行动，往来无规则，设两小群相遇，即相合而成一较大之群，是故蝻群常达数十百方里之面积者，即由此法而集成者也。此时之行动，渐趋一致，或谓

---

①　徐海：旧道名，治所今江苏徐州，辖境有今江苏丰县、徐州、睢宁、宿迁、沭阳、响水、灌南及安徽萧县、砀山等地，1927 年废。

此种蝗蝻之迁徙，乃为求食而然，其实不尽然。因有食物丰富之区，或密生其所爱食之植物，蝻子迁徙时，经过其地，并不停止，不过其速度较缺乏植物之处为略缓耳。且当其迁徙绝对不取食，皆历日观察之结果也。（间亦有例外，如经过不毛之地过多，久不取食矣，而中途忽遇谷田或植物丰富之地，亦稍停止而取食）。观乎此，则求食之言，断不可信。但其为何而如此也？则温度之关系也，观下例从可知矣。蝻群在夜间完全静止，爬于植物上，呈半眠状态，此因气温低降故也。及晨曦渐出，日光普照，幼虫亦见活泼，开始取食。迨温度愈高愈性活动，不久便自食物上跳落地面，继续运动，忽爬忽跳，如在麦田内，则于此时爬上秆之上部近穗处，而啮断之，即毕复下，易他秆。一若感受不快者然，经如此之扰动后，即开始进行，其初全无规则，不久受互遇之影响，遂作同一方向之进行，于是蝻之迁徙，从此开始矣。如昼间天气寒冷，蝻群则终日不动，恣意取食。若白昼炎热时，温度骤然下降，蝻群迁徙亦骤然停止。又如在日光中迁徙，忽遇飞云蔽日，温度下降，则蝻群即立时停止进行，或缓其速度，迨云开日出，复如前进行，虽极小之云，而能经数分钟之久者，亦有同一之现象。温度不足，蝻群固不迁徙，然温度过高，行动亦复停止，当正午之时，蝗蝻皆休息于草丛阴处而不行动。

其迁徙之方向，以日光为断。如日出于东，则蝻群东迁，日没于西，蝻复向西迁徙，故其迁终不出一定之范围，故为害常于一地域。而挖沟驱打，亦当按其性而行之，凡日在东方，沟宜开掘于东方，蝗蝻迁徙而来，或驱逐而来，易陷入也；如日至西方，即当掘沟于西方，庶可收效。

蝗蝻迁徙之路程，据薛都氏（Sydow）之研究，谓其最速者能于 4 小时内，行 1 德里，即合 4 英里或 12 中里。一日行路之远，足惊人矣。

蝗蝻之取食植物乃择其幼嫩者，稍老之部则不食，普通则多啮食嫩叶。其食量依时期而不同，每脱皮一次，增加一次。当在脱皮前约 1 小时，其食欲颇大，一似甚饥者然，但将脱皮则不食。脱皮后约历 2 小时方取食，亦非常猛烈。幼虫有时缺食，亦似无大关系，常能维持 3～4 日之久而不饥死，惟过长时期，则必互相残杀，或向他方取食，如再不得食则死。其食欲常受湿度之支配，往往以湿度骤大，幼虫之食欲即锐然减少，假使高湿度维持 5 天之久，则幼虫且饥而死矣。不然，必为他种菌类所寄生，亦复丧其生命，但天气较冷，不能禁其不食，不过其食量减少耳。

蝗蝻之跳跃，颇不易测，一依所在地而定，如附着在弹性之物上而行跳跃，其距离必较远，反是在滑面上而行跳跃，其距离必较近。且依时期而别，第一期跳跃距离甚小，渐长而渐大。与天气亦有关系，天晴而暖，跳必远；天阴而凉，跳必近。其初脱皮后与将脱皮前，各期之跳跃乃循序渐增。据研究之结果，第一期平均数为 0.9

尺，第二期为 1.4 尺，第三期为 2.2 尺，第四期为 2.6 尺，第五期为 3.9 尺，其最远者莫过第五期，故开沟之法，其沟能宽 4 尺，则无论何时代之幼虫，皆不能跳过矣。

（2）飞蝗之习性。当幼虫末次脱皮后（第 5 次脱皮，即变成虫），步行停止，开始飞翔。惟大多数之跳蝻群中，若仅有数个已羽化生长翅者，则此种有翅个体，仍随大群步行，或爬或跳，形状一如跳蝻。幼虫羽化后即为成虫，但其翅尚未坚硬，不能作长距离之飞行，其食欲极旺，故可于此时利用药剂喷撒以杀之。

当蝗虫之翅，适遇飞行时，各个体作短距离飞翔，常盘旋于静止大群之上。初飞起时，最邻近之蝗为其所扰，亦起而作同一方向之飞行。故飞行之数愈多，随后接踵飞行者亦愈众，不久，全群便尽起而飞翔。又因互相追逐其附近同伴之故，初则无一定方向，遇其他一群则合而为一，如是逐渐增加，而蝗群亦日渐增大。待其聚集愈大，则其飞行愈有秩序，而飞翔之时间亦愈久，于是离其发育地，而向同一方向飞去矣。

飞蝗之迁徙。多数学者多认为食料缺乏之故，一如跳蝻。但否认此说者亦甚多，因飞蝗常屏弃食料丰富之区，而飞迁至不毛之地，其目的非为求食也明矣。

就飞蝗在迁徙时代生理上所受之变化观之，亦可攻破因缺食而迁徙之学说。试捕捉迁徙之飞蝗解剖之，即可见其体腔之大部完全为气囊所占，据此种气囊，为暂时之器官，于迁徙时代发达尤甚，及生殖器官发育时，即起而代之，气囊遂行消灭。当迁徙时气囊极为膨大，内部诸器官为其紧压，往往至不能恣意取食，于是身体不快，遂致飞翔。有时以天气之急变，中途下落，并不取食，迨不适之境遇消灭，即复飞去，虽间有取食，而为数不多，其为害之甚者，则有时因身体之不快，咬断作物之干而已。彼乡愚见蝗下落，或为灾或不为灾，遂以为皆天意，殊不知蝗之不食，自有其理由，岂真有所谓神者在耶？

此种迁徙时不大取食，究何理乎？吾于解剖时得之，盖飞蝗迁徙之前或开始迁徙之时，脂肪体特别发达，及迁徙之末期，脂肪体乃不见。由此可证飞蝗在迁徙时期中，有赖于脂肪体中所储藏之养料以维持其生活，盖因迁徙时难于多食或无食可取也。

飞蝗之直飞，似无目的。虽能飞至极处，为意料所不及，惟历时过久，其有秩序之飞翔，渐次紊乱，蝗群便盘旋而下落。因此时气囊渐小，脂肪告尽，食欲变大，有不得不下落之势，当其下落，固来取食，同时则交配产卵。雌虫在土面上，经数次洞穴土壤，以试其硬度，如觉其过于坚硬，虽未休息，亦复再行飞起，盘旋数次，然后下落而试产卵。此种求地产卵之性，盖其本能也。

飞蝗飞迁之方向，至不一定。据徐州第一捕蝗所技师吴宏吉之报告，谓徐州飞蝗飞徙之方向，为东南、为西南、为正南。但海州第三捕蝗所技师杨惟义之报告，则该地之蝗，向西南及正南飞徙。惟近有人自海州乘陇海车西行至徐州者，则见蝗自东而西飞，远达徐境。徐州、海州相距不遥，而飞蝗飞向如此变化无定，令人索解不得！总之蝗群开始飞行向何方向，必仍继续不变，则无论何地皆有同一现象也。当飞行时有小风，则顺风而行，如风较大则反风而行，如遇暴风则急下落，此实地观察之结果也。

《易林》识蝗为饥虫，诚以其食欲强盛，顷刻之间可使绿野变为赤地。其所以能如此者，以其有相当器具以助成之。其大颚颇为发达，有强健之筋肉附着于其基部，虽终日啮嚼不息，无倦意也。其中空，其切力大，虽食坚物时，不难断之。上复有小齿，两大腮相并，小齿适相吻合，故左右相动，食物易沙碎，亦易消化，于是腹易饥而贪食无厌矣。苟在适当之境，食物终日不停，夜间尤甚。但湿度过大时，则终日不动亦不食，如睡眠然。夏季日中温度过高，则匿草际有阴处，亦不取食。脱皮后约历2小时始行取食，此其特别情形也。其取食之时，先以六足握叶之边上，而以叶缘夹入其二大颚间切之，同时其上唇下缘中央处之一凹陷，而抵叶缘，使其适在大颚之间，随切随向下移动，同时复以大颚交互搓磨，使切下之叶片在大颚小齿上，变为碎块，以舌之动转而咽之，此食叶之情形也。其取细茎为食时，则情形微有不同，即切茎一小段后，须放大颚中间，而左右振动之，待碎茎后，送入咽之后方，始再行第二次之切茎作用。非如食叶时之二种动作同时举行，此实由其质之老嫩不同耳。当深夜时，万籁俱寂，群蝗取食，唧唧有声，不绝于耳，一似蚕之食桑。然有时缺食而互相残杀，普通雌虫多受害云。尝见雄虫于交配时，爬雌体而啮食其翅焉，又有时而自取翅以食，惟饥甚则然。

飞蝗之活泼力，全依温度与湿度而定。当天气干燥而暖且无片云时，其活泼力最大，但过于燥热，蝗虫则藏草际，一若纳凉者然。然骚动之，固不复畏热而乱飞矣。空中湿度过大，则蝗骤然变其习性，终日栖于草上不动、亦不食，惟骚扰之，犹能飞，但为时甚早。若在雨后，则虽驱之亦懒于行动，必俟急逼之，始跳跃以避，但统不飞翔，其跳跃时间亦不久。故当天雨之时，蝗常匿于叶背，使雨不能侵入其身，如此情形中，蝗虫不过不甚活泼，而飞犹能也。其在夜间，蝗虫终夜静持叶上而不动，夜间如无露，受惊时亦能飞翔，与日间同，然以夜间多较日间为凉，故其活泼力不若日间也。蝗甚畏暴风，当匿草际或有遮蔽之地以避之，在此情境下，固甚不活泼也。如夜间温度甚高，飞蝗亦有飞徙者，尝闻徐州第一捕蝗所技师吴宏吉云然。

昔人谓蝗虫有慕光性，常用灯火以诱杀之，是诚有之，惟蝗对光非绝对的爱慕，必有极强之光，始能诱来。于飞蝗过境时，火光尚可诱之，若在凉夜，蝗栖草中，则虽有火，不能诱也。

当飞蝗一度飞迁后，下落即行交配，约自羽化后 4～7 日内行之。其交配无时间之限制，雄虫一次交配后，逾数分钟又行交配，故在交配期中，终日不见有单独者也。雌虫既已受精，约 4 日则行产卵，其产卵之地，多在荒地平原上，或湖泽无水之边行之。其产卵之地，多为砂质而杂黏土者，取其质坚硬也。在海州，第一世代与第二世代产卵之地，微有不同，第一世代多发生于芦滩、草滩及灶田等处，第二世代则无定所，通常多发生于近农田道路之田埂，及荒滩等之坚质土壤中，至芦滩、灶田，反少发生。此则以第一世代之成虫求食他方或飞徙他方，随食而产其卵也。

其产卵全凭其两产卵器之开闭作用，而钻入土中。初闭其上下两产卵器，成一锥形而插入土中，以其筋肉之紧张，使两产卵器继续从速开闭，因而渐动而渐深，则数分钟及于腹腰，其时间之多寡，一依土质而不同，坚硬者则费时较长，松软者则费时较少，而成一微曲之洞，于是高举其后足，从事生产焉。当其下钻也，其体排出一种泡沫状而呈液体之物质，充满于洞底。此种液体物质，乃其体内一种腺体所分泌，继乃挤其卵自导卵管出，由导卵器而至两片产卵器之间，复由此两片而持放于液体中适宜之地位，再极力排泡沫物而另放一卵于其中，如是行之，至满其洞而止，于是各卵相连为快，而四面包入泡沫物质中。及产卵完毕，雌虫复以泡沫物质实其上空隙处，此物质能流通空气而有不透水之性，故为极好之保护物，当此液初出时乃软而润湿，不久即坚固，故往往产卵后其土面加高，正以此物之故也。当其产卵而忽受惊时，则后足踏地，极力抽出其腹而逸去，故掘卵时，如遇有洞或高起处，即卵所在之征也。

卵之排列，颇形整齐，骈列为四行，每行 15～20 粒。卵之个体，则皆微斜。第二排之四卵，乃各以半长依次嵌于第一排四卵间而微上之，第三排之四卵又以其半长嵌于第二排间，使适合无间隙，同法每行互替排列，以达洞端。又因洞为圆柱形，故每较上三排，其两侧卵皆弯曲，使与中央两行卵相密切而吻合也。此种卵能呈较弯曲之状，全仗其卵初产时体略软而微有可塑之性也。卵块所以如此排列者，不仅可以节省地位而无害于卵之原形，并可使幼虫孵化后容易出土也。否则，上部之卵不能孵化时，而下部之卵孵化后必致不出而亡。或上部之卵较下部之卵孵化为迟，则下部必待上部之幼虫出，然后可以出土，但其中无储藏之粮食，不能久活，即不致全饥死，受害亦不少矣。卵块之中央，并有一不规则之通道，直至卵块之顶，其中则充满泡沫状物，盖将来幼虫外出之道也。

依上述卵块内有横四列，每列以 17～18 粒计之，则每卵块有 120～130 粒，但此中固有甚大之差异，其第一次所产之卵块，往往为数较多，其末次所产则较少。尝以四卵块计之，最多者为 141 粒，最少者为 78 粒。

又一雌虫究能产卵若干，此事颇不易观察，不敢臆断，但从解剖蝗腹时，知其卵巢内有卵200～400粒，每卵块有卵100粒左右，以此计之，则每雌蝗一生，所产卵块当在4次左右矣。

6. 飞蝗之食料

飞蝗之为害，我国自古以来即知其食禾稼，不仅及叶与穗，且及其根也。昔明宣宗《捕蝗示尚书郭敦诗》有"方秋禾黍成，芃芃各生遂。所忻岁将登，淹忽蝗已至。害苗及根节，而况叶与穗"等句。是亦可证蝗固不择何部而食，害亦大矣。但实地观察，蝗最初固不取食于禾稼也，盖其生育地多为荒地及芦滩，取食即为杂草与芦柴，杂草中以结缕草（*Zoysia pungens*，Wild）及白茅（*Imperata arundinacea*，Cya. Var. Kaenigii Hack）为最多，但一经此等杂科已食尽时，则迁徙他处。凡所经各地，有草木丛茂之处，无不栖止而取食焉，固无必择禾稼也。昔人谓不食豆苗，不食绿豆、豌豆、大麻、苘麻、蕷薯、芋及水中菱芡等，其实不尽然也，乃以一时幸免于害耳。尝以多种食料同时饲之，初皆择禾本科植物之嫩者食之，继乃及其老熟者，而未及豆叶也。但禾本科食既尽，不复择矣，即豆科植物亦取食矣。由此足证蝗虫一出，农家种植将全倾尽。兹将普通取食之植物，并其取食之部分，分列表于下：

蝗虫取食之植物

被害植物	取食部分	嗜好之程度	被害植物	取食部分	嗜好之程度
稻	叶、谷粒	上	烟草	叶	中
高粱	叶	上	甘蔗	叶	上
玉蜀黍	叶、茎	上	萝卜	叶	下
麦类	粒（因蝗能飞时，小麦叶已老）	中	瓜类	叶	中
燕麦（野生）	叶	上	莴苣	叶	中
马铃薯	叶	中	杨柳	叶	中
粟	叶	上	芦草	叶	上
豌豆	叶	下	牧草	叶	上

注：嗜好之程度，用上中下三等表示，其爱好最爱者为上，次之中，再次为下。

以上各植物皆经试验而得者，其有各处不尽然者，是必因气候之关系，或蝗子未产生其地，或蝗过其境而未下落，或以爱食之物多，足供其生活而未他及，是当有别，不可因其未食，而遽谓其不食此植物也。

蝗虫有时因食料缺乏，常互相侵残，著者尝见。初次脱皮之蛹而形体较小者，或翅有残缺者，多被同类啮死而食之也，在幼虫初自卵出时，尤为残酷，尝行试验焉。先出者多占优胜，常取食其后出者，而初自卵出之幼虫，似无力以阻之，而毫不与敌，任其啖已也。普通先食其头部，渐及其胸腹，普通多遗其六足不食云。

7. 蝗虫化生之谬误

蝗虫为鱼虾子化生之说，众口一辞，彼乡人无识固不足怪，而彼有知识之乡董、行政局长，有时亦以此说询问。近来中央通信社稿第 314 号（1928 年 7 月 2 日）内有《鲁南蝗患与时疫并起》一则，中有"蝗虫发生地点在苏鲁间之微山湖，湖面约百数十里，现因湖水干涸，湖中鱼卵经日光之孵化，悉变为蝗虫（北方俗名干虾）。目下蝗虫已下第二期种子，防御之急，刻不容缓"。又新闻报（1928 年 6 月 12 日）有《皖北蝗蝻已现》一则，中有"水塘沟渠草边，鱼虾之子一律变成蝗蝻，汽车司机人常见亳州、涡阳、蒙城各处田间蝗蝻长数十里，最多处 2～3 寸深"等语，是至今日人犹谓鱼虾可以化蝗，不可笑乎？但其说亦有由，盖古书言此者甚多，如《埤雅》有云："蝗即鱼卵所化，春鱼遗子如粟，埋于泥中，明年水及故岸，则皆化为鱼；如遇干旱，水缩不及故岸，则子久阁为日所曝，乃生飞蝗。"清陈芳生《捕蝗考》云："水草既去，虾子之附草者可无生发矣。若虾子在地，明年春夏，得水土之气，未免复生蝗虫。"陈崇砥《治蝗书》，复分蝗为化生与卵生两种（伟案：其书所云"鱼子化为之，此化生之蝻孽也"；"十八日便生翅"，"蝗才飞即交，数日产子，如麦门冬，数日中出如黑蚁"，"一月而飞"，"此卵生之蝻孽也"。所云化生之蝻，概指第一世代蝗，因未见产卵，而忽出跳蝻，因指化生。殆其后见其产卵而出蝻，遂谓卵生）。如此类言论甚多，而我国人向爱承旧说，不重自己观察，以为先贤所言，宁有欺人之谈？于是相传至今，是实治蝗之一障碍，有辨别之必要。盖不同之生物，产卵于同一地域内，常事也。甲不现而现乙，或乙不现而甲现，不能以此而谓为化生，皆观察不精所致也。蝗之产卵多行于湖沿之侧泥中，其产卵时，水固不及岸也。迨水大，鱼卵自然生鱼，因水大而淹及蝗卵，卵以水浸，自不能孵化，惟水小时，鱼子在泥，以日曝而干，便不生鱼，但蝗可出，是鱼见则无蝗，蝗见则无鱼，故前所谓鱼虾子化蝗，事实所无，理所不容有也。前数年在江浦治蝗，某乡董问余曰："蝗产水侧信然，水大而淹其卵，则卵以水浸，是必杀死之，何以翌年天干旱而蝗又出也？"曰："水淹蝗卵，卵以水浸太重，复以热度足，自不能孵化；为蝗卵一下数十或百余成块，外有泡沫状物包蔽之，此种泡沫状物遇空气坚固，水不能浸入，前已言之矣。故卵块虽在水中，卵子不受水浸，一仍其休眠状态，常能历 2～3 年而不泯其生机，迨水退，以日光之暴晒，水湿渐去，温度加高，于是蝗卵复出为蝻。此所以蝗卵虽浸于水中，历数年而仍可生蝗也，岂鱼虾所能化耶？"当在乡治蝗时，甚有谓治蝗亦可变更鱼虾，其说则自《东观汉记》来，盖其中有云："马援为武陵太守，郡连岁有蝗虫，谷价贵，援奏罢盐官，赈贫羸，薄赋税，蝗虫飞入海，化为鱼虾。"夫海之中，自有鱼虾，蝗入海中，事诚有之，盖蝗善飞而力强，惟其过海以力不足，或为暴风雨所击，而没海中，不得以其入海，即化为鱼虾也。此实为鱼虾子化蝗之说所羁，以为鱼虾子既可为蝗，蝗自亦可化鱼，不悟蝗入海可死，而以化鱼、化虾之说以释之，不亦谬乎？

8. 飞蝗之神话

乡人谓蝗有神，当其发生之时，多设位以祷之，谓可免其灾。其所谓蝗神者，有以关灵帝君当之，谓其护国也；有以火神当之，盖古以火攻蝗，祷火神以为叩去之，然皆与蝗无关，不知所据。但大多则谓蝗神为刘猛将军，有特设庙以祀之者（如江宁县宝门外，梅冈有刘猛将军庙，前清雍正间建）。不独今日为然，古亦定为专典以祭之，其目的乃纪念其功，而奖励人以治蝗也，并非谓求神而不治蝗也，盖周礼族师祭酺之造典也。而今人不察原意，唯事祈祷，而不言除治，此误之甚者也。夫刘猛将军，究为何人，不得不考之史书。谨案：刘猛将军之称，其说不一。《后汉书·桓彬传》"曹节婿冯方，言彬等为酒党争，下尚书令刘猛，猛善彬，不举正其事，节怒劾猛下狱"，是汉时有一刘猛也；《雾海随笔》谓"《北史》载：铁弗刘武，北部帅刘猛之从子"，是晋世又有一刘猛也。然皆无将军之称，亦不闻其有驱蝗事。《漫塘文集》刘通判行述云："公讳极，知乐平县时，有蝗自西北来，所至害稼，过县不下，人以为德政所致"，端平中敕命"敕朝奉郎宝谟阁主管建昌军"，遂讹为将军。然飞蝗过境而不下，谓德政所致，不独刘极一人，如卓茂、宋均之事，大概相同。世胡不祀他人，而独祀一刘乎？且刘极也，非刘猛也。迁就言之，非杜十姨、伍髭须之类哉？又《灾异录》以为："宋绍兴进士，金坛人刘宰，字平国，为浙江东仓司干官，告归，隐居30年，族谥文清，以正直为神，能驱蝗保稼，俗称将军者误。"是说也，较刘猛之说为近，然亦事偶相合者，以刘宰当刘猛，究为疑团。《畿辅通志》称："神名承忠，吴川人，元未授指挥，适江淮飞蝗千里，挥剑逐之，蝗尽死。后以王事，自沈于河，土人祠之，有猛将军之号。"夫谓刘为姓，谓猛非名，其说最是。世之祀神也，大抵敬礼之，崇奉之，而直道其讳有时理乎？第猛将之号，出自土人之口。阅数百世垂之祀典而沿不替其称，拟又未确，惟《云泉笔记》云："宋景定四年（1263年），封刘锜为扬威侯天曹猛将。"又有敕书云："飞蝗入境，渐食嘉禾，赖尔神灵，剪灭无余。"是刘猛将军者，锜所受封之爵也，后世从之，以为将军之号，不诚然乎？至若《汪沆识小录》以为："神固锜之弟名锐。"然《宋史·刘锜传》无弟锐之名，亦不见所本，盖似依托刘锜之事而推衍之者，固未可遽信也。此刘猛将军之考证也。但据海州第三捕蝗所技师杨惟义云：海州城南附郭有庙曰蚂蚱庙，或曰蝗神庙，其神像身衣黄袍，头戴王冕，面白皙而长须，仪容雍和。神位之上颜曰"昆虫永息"四字，其旁有联曰"诚若保之求，请命祈年，当时兆庶蒙庥，久垂贞观于史册""切如伤之视，弭灾消患，此日威灵有赫，载赓田祖于诗篇"。细按语意，的是唐太宗云云。愚复考古籍《五行志》，有云：贞观二年六月，京畿旱蝗。太宗在苑中掇蝗，祝之曰："人以谷为命，百姓有过，在余一人，但当蚀我，无害百姓。"将吞之，侍臣惧帝致疾，遽以为谏，帝曰："所兼移灾朕躬，何疾之避？"遂吞之。是岁，蝗不为灾。由此观之，土人之纪念太宗，理所当然。是则神有二，一为刘猛将军，一为唐太宗。存之以求证考古家。

9. 飞蝗之防治

飞蝗为害，既如上述，大有所谓飞蝗一生，赤地千里之概，是以无古今，无中外，咸战战兢兢，谋无以防治之。兹为便于检查计，特将治蝗各法，表列于下，以供采用。

名称	驱除方法	适用时期	适用地方	备考
犁耕法	在有蝗卵之地域内，用犁耕土，约深五六寸，将土翻起	在秋冬两季行之最为普通，如遇春季蝗卵尚未孵化时，亦可行用此法	荒地平坦而多蝗卵者，应用此法	行此法可将蝗卵粉碎，或翻出土外，而受风霜之摧残，及鸟兽之喙食，足以杀死无数之蝗虫
灌溉法	将水灌注于产蝗地面上	春秋两季可以行之	在易于灌溉之所及圩田内，发生蝗卵或跳蝻时，可用此法	其目的在使产蝗之地多水分，可促细菌之繁殖，使蝗卵尚未孵化，即遭腐败而失孵化能力，其孵化未久者亦可应用此法，令其气孔闭窒而死
饵毒法	用麦麸 240 两，白砒 12 两，橙子 3 枚，糖汁 50 两，清水 155 两为标准，使各物混合后，作成小饼，散置发生蝗虫地域内	在蝗蝻缺食时用之	发生蝗虫之地，而少杂草或禾稼时用之	此法乃利用蝗虫饥馑及爱食甜物之性，其配合各物之数量，乃标准量，如地甚大，须多量时，可依前列比例增加，阴雨时不能用，施用时，严禁家畜入内放牧，免生危险
液毒法	其配合方法共有数种，分列于下：1. 铅砒 36 两，水 500 两；2. 巴黎绿 18 两，水 500 两；3. 青化钠 12 两，水 500 两。即将定量毒药溶于所有水内，喷洒蝗虫所取之植物上	在跳蝻 1～3 龄时，犹聚集一处时用之，施行宜于清晨或傍晚	在产蝗区域内，食料丰富时用之	蝗虫初食毒药时无若何表现，但过数小时便呈不安之象，一日而死，此法阴雨时不能用，施行时当禁家畜入内放牧，免生危险

（续）

名称	驱除方法	适用时期	适用地方	备考
掘沟法	在跳蝻之下风相距1～2丈处，开一长方形之壕沟，长短视跳蝻之多少及其在何年龄而定，普通长约6尺，深4尺，宽4尺即可，复于沟中再掘一子沟，深可8寸，或在沟底掘挖较宽、使沟口小而底大，蝻可入而不可跳出，即召集之民夫排成圆形，将蝗包入，民夫手各持一扫帚，徐步驱逐，使蝻皆向壕沟方面进行，务期皆坠入沟内，然后以土埋之，或以火烧之	当跳蝻善于跳跃而聚合时用此法，最有效果	发生地以平坦而土质较松者行之，麦田内之蝗蝻在麦收割后，亦可应用此法	此法乃利用跳蝻在3龄以前，具有聚集之性，复以其跳跃距离各时期不同，但最远亦不过4尺，故沟定宽4尺，即基此理
袋集法	袋为布制，下附一小袋，大小袋相交处有一颈，虫可入而不能复出，本局有样可仿作，详细制法另有报告兹不赘述。其使用方法，可以右手握袋柄之后端约3/4处，左手则持其后端，人跨草上，右手送柄向左，使袋在杂草上扫过，旋收向右，则袋以空气阻力，袋口自然向右，既再扫过草上，随扫随前，直至产蝗区之他端，再回转而另易他行，依法行之，苟草依行割过尤便施行，不然有不周到之虞，当一往一来于草际，蝗虫皆入袋内，迨小袋蝗满，则取出而置他器，以盛之埋之为肥料，干而饲家畜	此法专为捕捉飞蝗而用，宜行于早晨露水未干之时，因翅被水粘固，不能飞翔也	在发生区域内，草不甚高时，或秧田内发生跳蝻或飞蝗时用之	此法乃利用蝗虫在夜间，常爬于草梢，行动不甚活泼，至朝露未干以前，其性不改也，故宜于早晨行之，如在夜间施行，收效尤大

（续）

名称	驱除方法	适用时期	适用地方	备考
掘卵法	在发生蝗虫区域内，巡视表土凸起，或有小洞之处，用掘卵器或锄或铲掘起卵块而碎之	在夏蝗能飞后，或冬季农闲时行之	在荒地上或田埂、河边等处觅之	此为除蝗根本办法，急宜举行
围打法	先调查发生蝗虫之区，其最多而皆聚在一处，则于此处插一红旗以标明之，于是将所集民夫远距红旗而围绕之，民夫各持一扫帚，并肩下蹲，用扫帚击打，同时向中徐进，随打随前，使蝻皆向中央聚集，至中央处则群击死之	在跳蝻时期用之，行于早晨尤好	荒地上或麦田内发生蝗蝻时，适用此法	如麦未割，急宜收割，乃可施行，其目的乃利用跳蝻时期，有群集之性，故施行此法，颇奏成效也
辘杀法	此法须用本局特制之捕蝗辘（其构造另详），用二马拖之，或用二民夫挽之，则蝻以扰而乱跳，相入器内，复以器内一木棍之相对旋转，于是群蝻皆被辘死	在跳蝻时用之	发生蝗蝻之地而平坦者，应用此法至有效果	此法乃利用跳蝻受扰，常相反对方向跳跃，故不费劳力，而蝻能自跃入器中
鸭喙法	在发生蝗蝻区域内，放群鸭入内，而喙食之	跳蝻在 3 龄以前，适用此法	在田圃内或小面积之蝗区，行用此法最为有效	此法须在生蝗地域内或附近处，而具有水源者，方可施用，因鸭食蝗后得有相当饮料，否则鸭食蝗蝻过多，而无水混合，恐有涨死之虞
火攻法	法将芦草等四周割去 2 丈左右，以免蝗蝻外跃，然后就被害区域中，不计纵横，每留 2 尺处，必割成一条 4 尺阔交通路，将割起之草平铺地面，俟暴露稍干，即用喷雾器略撒以洋油，旋以四周举火，渐及于中央	无论飞蝗与跳蝻皆可用之，因用其受扰于火热，而乱飞乱跳，得机烧死也，日间行之最好，惟飞蝗时期，割草宜行于夜间，因其受扰后仅飞于小距离内	蝗生芦柴内或较高之草丛内，不便用器时，用此法甚好	当火起时，其在已割之行内，蝗蝻触火即死，其藏于未割之草行内者，亦以两侧火起，畏热乱跳，触火即死，夜间不能用此法（如无露水时此法可用），因露水甚重，洋油不多，火不易燃，如多用洋油，则于经济不合

以上方法，乃就大体而言，其用全在施行者之见势改变，依理推敲，不必拘泥于此法之不可改变也。

10. 飞蝗之用途

尘与芥，人所弃也，而农民得之可以壅田；糟与粕，造酿家之废物也，而畜牧家得之可以为饲料；蚕与蟹，始则有害于桑叶与稻穗也，既而又知其可以治丝，可以佐餐；薨薨之蝗，固无不认为人类之大敌，而善丁利用者，得之壅田良于尘芥，佐餐不亚于蟹，为饲料则较糟粕为尤佳，以一物而兼数用，为害纵烈，吾人能逗留之，利用之，则所得必能偿其所失。天演公理，凡需用愈殷者，其可供给之物，必愈居奇。苟年复一年，治蝗之术，精益求精，施术之人，所在皆有，又安知欲求以壅田、以佐餐者，反有不可骤得之一日乎？爰集古今利用之法，分述于下：

（1）关于佐餐之用途。农作物之重要者，惟稻、惟麦、惟高粱，而蝗则取为食，是其体之组成固无不可食矣。陈芳生《捕蝗考》云："蝗如豆大，尚未可食，若长寸以上，则燕齐之民，皆畚盛囊括，负戴而归，烹煮曝干，以供食也。"陈龙正曰："蝗可和野菜食，又曝干可以代虾米。"赵县某知事谓："能飞之蝗，其肉已厚，其子已成，捕获之，用锅焙之，渍以盐或糖，味颇美，可代食品。若得捕获多数，蒸熟晒干，储封器内，虽值饥馑，可免饿殍。至秋冬之交，运销京津，定获厚利。"按：天津人向来嗜食蝗虫，呼为旱虾，而以此为营业者，实繁有徒。又以雌蝗破腹，烹其卵块供食，味更美。近来徐州第一捕蝗所吴宏吉报告，在徐曾食蝗虫，乃以飞蝗之雌者，去其头及消化器，洗清，用油灸之，加五味烹之，味极美，远甚虾也。复按近来化学家分析新鲜之蝗虫，其成分如下：

组成分	百分数（%）
水分	68.40
脂肪	1.94
蛋白质	25.07
纤维	3.41
灰分	1.24

观上表，可知蝗虫之成分，固与寻常食物无异，取而食之无害也。食之既可除害，兼能养身，法至善良，其不敢食者，皆少见多怪之故，若有人提倡之，使嗜其味，恐禁止其食，而不可矣。

（2）关于饲料之用途。蝗虫人且可食，以之饲家畜，定获裨益。陈芳生《捕蝗考》有云："崇祯辛巳年（1641 年），嘉湖旱蝗，乡人捕以饲鸭，极易肥大。又山中有人畜猪，无资买食，试以蝗饲之，猪初重二十斤，旬日遽重五十斤。"效力之大，或不过谬。又按，赵县某知事治蝗法谓："干透之蝗，不令发酵，每日掺入糟粕野菜等物，以饲猪，既易肥大，又省粮食，法良得也。"又"鸡之产卵，多在春秋之际，然无虫类饲料，鸡多羸弱，产卵不丰。若贮存蝗，俟秋末春初虫类绝少时，每日各饲干蝗十余枚，鸡必肥壮，产卵亦多"。著者以其与农副业颇多研究之点，故特及之。况世间物性，畜可食者，人食之未必皆宜，若人可食者，畜类无不可食之理，是恐于鸡鸭豕等家畜之外，犹有他种家畜可赖以滋生，是在关心斯业者之研究矣。

（3）关于肥料之用途。肥料为农家之命脉，而动物质之肥料，尤肥料中佳品也。蝗虫供食且无碍，则其培养植物之力，不必让人肥与油粕也。兹据最近学者分析腐败蝗虫，其有效成分如下：

窒素：10.71%；磷酸之溶解者：1.52%；磷酸之不溶解者：0.24%

根据原理上研究，确能证蝗虫实为有效肥料之一。考之我国古籍，言蝗之可肥田者，亦复不少。清窦光鼐上《捕蝗虫疏》有谓"蝗烂地面，长发苗麦，甚于粪壤"之句；陈崇砥《治蝗书》有谓"埋蝗壕内，既可免臭，复可粪田"。可见前人关心废蝗之利用，亦有足取者。又据某知事治蝗书对于蝗肥制成法，亦属可用。法以将毙之蝗，摊置场中，晒干后，堆积一处，洒以清水或粪水，盖柴草一层，厚约三四寸，不使透风，越五六日发酵，即成极好之肥料。若因天雨难干，可用火锅贮而炙之，然后再洒水，使发酵焉。

余竟斯篇，不能已于言者，即在治蝗人员，当勉力从公，奋勇扑灭，弭蝗灾而保农事，庶几民生可裕，国计可增也。仅节录明宣宗捕蝗诗以劝之，诗曰："蝗螽虽微物，为患良不细。其生实繁滋，殄灭端匪易。方秋禾黍成，芃芃各生遂。所忻岁将登，奄忽蝗已至。害苗及根节，而况叶与穗。伤哉陇亩植，民命之所系。一旦尽于斯，何以卒年岁？去螟古有诗，捕蝗亦有使。除患与养患，昔人论以备。拯民于水火，勖哉勿玩愒。"

（八）秋蝗防治法

转录民国十八年七月江苏省昆虫局出版《通俗浅说》第 7 号。

什么叫作秋蝗？在江苏的气候之下，蝗虫一年可以发生两代，第一代蝗虫在（阳历）四五月间，孵化变跳蝻，到五六月间长成变飞蝗，再过两三星期，开始生卵子，至七八月间逐渐死亡，因为它们的生存时间都在夏天，所以叫作夏蝗。夏蝗所生的卵子，经过 10 天左右，就能孵化，变成跳蝻，再经 20 天左右，长成变飞蝗，因为它们的生存时间是在秋天，所以叫作秋蝗，换一句话说，就是第二代蝗虫是了。

秋蝗的害处：蝗虫成群结队，食害庄稼非常厉害，农友们都是知道的。不过夏蝗完全生在荒地与芦地内，让它们吃些芦柴与野草，对于农友们没有多大的损害。等到它们长大以后，虽要迁移，那时麦子已经成熟，赶紧收割，也没有什么大损害，被害的不过一部分嫩的玉蜀黍、高粱、旱稻等罢了。夏蝗的生殖能力充分发达以后，就是正当生卵的时候，就要飞到别处去，大概以向东南方飞的居多。所以江苏北部的飞蝗和安徽、河南、山东各省的飞蝗，多飞到长江两岸，它们辛辛苦苦的不远数千里而来，目的并不在乎求食，而在交配与生卵，好像有钱的人们，新婚以后的蜜月旅行，好像地小人多的国家里的人民，向外方寻觅殖民地一样。在这个时期，飞蝗所到之处，被吃的东西，并不很多，而且有的地方，简直不吃东西，所以许多人有"蝗虫开口"与"蝗虫不开口"的说法。还有些脑筋不清楚的人们，惑于迷信的人们，以为假使地方上农友们都是很好的，不当受罚的，蝗虫就不开口，不伤害他们的庄稼；假使有不正当的，应当受罚的，蝗虫就要在此处开口，食害庄稼。这种说法是完全不对的，因为蝗虫不过是一种下等动物，决不能有这样聪明，决不会替天行道的，它们所以在有的地方开口，有的地方不开口，不过是肚子饿不饿、想吃不想吃罢了。

夏蝗的害处虽不很大，可是它们的后代——秋蝗，食害庄稼就非常厉害，因为秋蝗大部分生在熟地里，一经孵化出来，就吃庄稼，玉蜀黍、高粱、粟、稷等，先当它们的点心，不久迁到稻上，把农友们辛辛苦苦所种的主要粮食，吃得干干净净，一点不剩，我们将来拿什么东西来吃呢？这可恶的秋蝗，可恨的秋蝗，可怕的秋蝗，现在各处已经很多，而且还有一部分未死的夏蝗，尚在继续生卵，将来孵化以后，秋蝗一定很多。农友们辛辛苦苦种的庄稼，是为自己要吃而种的，决不是为蝗虫而种的，现在蝗虫既来抢吃我们的庄稼，是我们最大的害敌。我们为保护自己的粮食，为维持自己的生活，不得不竭力捕打蝗虫，扑灭蝗虫。农友们赶快起来，凡是要吃饭的人们，赶快大家起来，向蝗群进攻！

防除秋蝗的方法：

1. 捕杀夏天的飞蝗

秋蝗是夏蝗生的，一个夏蝗，至少可以生几十个秋蝗，多的要生几百个，此时的夏蝗，吃东西虽不厉害，但它们是大祸的根源，不得不设法捕杀。徒然烧香、做戏、出会、求菩萨保佑，是绝对没有用的。大家应该在早晨露水未干以前，或晚上有露水以后，用捕蝗网或赤手捕捉，捕得的蝗虫，当时用手捻死，或者装入鱼篓或布袋里，用热水烫死，或用脚踏死。这种死蝗虫，可以喂鸭、喂鸡、喂猪、喂猫、喂狗，或者挖地坑埋在坑里，过了几个月以后，用来肥田，对于庄稼也很有益处的。

还有在白天里（约12时至15时），大多数飞蝗交配的时候，不大会飞，我们可以趁此机会，聚集民夫，分作两队，前队用扫帚或打蝗帚等打扰蝗虫，使它们乱跳，后队用捕蝗袋，赶紧左右摇捕。在飞蝗很多的地方，此法也很相宜。或直接用竹帚打死亦可。

不但夏天的飞蝗，可以用此方法捕杀，就是将来秋蝗起翅以后，也可用此方法。

2. 杀灭夏蝗的卵子

蝗虫的卵子，都生在高燥坚硬的泥土里面，大概有 1 寸多深，如山上、荒地上、路旁、河岸、堤埂上、芦柴地、园地、豆地、棉花地等没有水的土里，都能生卵子。凡是这等地方，曾有飞蝗落下过的，都有蝗卵生存在泥土里面，农友们应该赶紧用锄锄土 2 寸深，锄起来的土块，顺便把它敲碎，那末泥土里的蝗卵，都可以翻起来。有被锄锄破、敲破而死的，有被日光晒死的，有被鸟和田鸡等吃去的，有因泥土松了以后，空气容易流通而干死的。平时农友们本有锄土除草的工作，不过平时锄土，深不到 1 寸，为蝗卵而锄土，要深至 2 寸，方能将蝗卵完全翻起。

有人说："在熟地内锄土到 2 寸深，所种的庄稼，未免受伤，恐怕不能实行。"这话也有一部分理由，不过在庄稼稀的地方，决不至于受伤，在种得太密的地方，庄稼稍有受伤，是不要紧的。因为庄稼种得太密，一定生长不旺盛，稀的地方，生长一定旺盛，所以工作精细的农友们，往往要将太密的庄稼，删去一部分，使遗留庄稼，长得格外好些。所以这种锄土工作，一面可以防止秋蝗发生，一面还可以使庄稼生长得格外好些，这是顶好的方法。即使因特别情形，确有一部分庄稼要受伤，但是为避免蝗祸起见，也只得忍痛锄土，因为蝗虫不除去，无论别种工作做得如何周到，庄稼长得如何旺盛，将来全被蝗虫吃完，岂非全功尽弃？这点应该看得清楚些。在救火的时候，为防止火的蔓延，往往将靠近已经有火的房屋拆倒，所以防治蝗虫的事情，不能因为稍有损害，就不肯做，况且这种锄土工作，实际上只是有利而没有弊的。假使在荒地上可以利用牛力，用犁耕土，然后再用耙把土块耙碎，也有同样的效果。

假使在种庄稼的地里，锄土工作确有困难的时候，也不妨采用掘卵的方法。用 1 尺长，1 寸穿心粗的竹竿，将下面 2 寸长的部分，用刀斜削，削成像刀的样子，用的时候，把这竹竿的尖端，插入卵孔的旁边，再把竹竿一转，向上一挑，卵块便可挑出来了，或用铁制掘卵锹也方便。卵孔的认识，并不很难，凡是有飞蝗落下的地方，土面上有豌豆大小的圆孔，周围的土面稍稍高起的，或是有些土屑的便是了。

3. 治跳蝻

治跳蝻的方法很多，各种方法，各有好处，应该看当地的情形，酌量采用。

（1）挖沟灌水浇油。跳蝻大的时候，常因吃的东西不够，或者被人惊动，或因别种原因，成群结队地向别的地方迁移。它们迁移的方向，或向下风，或向食料充足的地方，或向阳光充足的地方，或向远于人声的地方，不问因何种原因迁移，在短的时间内，总有一定的方向。我们可以利用这种习性，在跳蝻先锋队的前面，相隔几十丈的地方，挖一条宽 2～3 尺、深 3 尺的沟，阻止它们的去路，于是这些迁移的跳蝻，都跳到沟里去，即跳下沟，就不能跳上来。在近水的地方，沟内预先灌入 4～5 寸深得水，上面用喷雾器或浇水壶喷浇些洋油（就是煤油，有的地方叫作火油），使水面盖着一层极薄极薄的洋油，跳蝻碰到洋油，就不能逃生。没有水的地方，沟里再挖子沟，每隔 5～6 尺挖一个，沟里的跳蝻，可以把它赶入沟内杀死。沟的长短，要看跳蝻横队的大小而定。跳蝻在沟中死了很多，以后就可用篮或细网捞起来，掘坑掩埋，免得腐臭。过了几个月以后挖出来肥田，是极好的肥料。这是杀跳蝻最好的方法。最近在浦口九伏洲用此方法，仅用 28 个人工，挖沟和车水工作都在内，浇半箱洋油，在半日的时间内，死了 5 000 担跳蝻。大家看这方法功效大不大，经济不经济。

在跳蝻不迁移的时候，应该在跳蝻发生地的一面，挖沟灌水浇油，再集民夫几十名，排列成队，各拿扫帚赶扫，慢慢向前进行，并且口里发喊，或在后面敲锣，使跳蝻跳得格外快些。将跳蝻赶到沟里去，自然可以完全杀死，若一次没有赶完，可以照前法再赶一次，这样虽不能全数赶完，一定所留无几了。

在低的地方挖沟以后，往往沟中自然有水，那就不必另外灌水，更为省事。

（2）放鸭子。鸭子吃跳蝻很厉害，一只大的鸭子，1 天能吃 2 斤，小的也能吃几两。在近水的地方有跳蝻，可将鸭子放到里面，在跳蝻不很多的地方，一经大队鸭子走过，就可以吃得干干净净，就是跳蝻很多的地方，只要鸭子多，也可以不成问题。在浦口九伏洲的新圩，有十余方里的面积，跳蝻着实不少，仅用 3 000 鸭子，3 天内差不多已经吃去一半，大概在一星期内总可肃清。不过在没有水的地方，鸭子因吃跳蝻太多，不容易消化，有涨死的危险。在芦柴深而且密的地方，鸭子难得进去，应该每隔两丈，将芦柴割去 4 尺宽的路，鸭子进出既容易，管理又很便当。鸭子吃跳蝻，既可除去大害，又可节省饲料，公私都有好处。若当地没有鸭子，可到附近的地方应请，有蝗虫的地方，应该给鸭子与养鸭者屯住的地方，经过的关卡，不得故意留难。

（3）网捕法。假使跳蝻在短而且软的草上，就可用有长柄的布袋，用力向有跳蝻的草上左右摇捕。摇捕的时候，软草倒下去，跳蝻就落入袋中，然后用脚踏杀，倒在地上就是了。或用草上捕蝗网在软草之上向前推进，收效亦大。凡低芦苇及软之草上或稻田有蝗，均可用此法。

（4）用铁纱网捞杀。在河水流动的河面上，有跳蝻过河时候，所浇的洋油，容易被水流去，洋油杀蝻的有效时间不长，不很经济。在这种情形之下，可以做铁纱网在水面上捞捕，先在河岸旁挖一坑，将捞得的跳蝻倒在坑中，同时又用数人拿竹竿，将水面上的跳蝻拨在一处，功效更大。又用数人拿扫帚在岸上阻止跳蝻上岸更好。

（5）驱入碱水中。跳蝻在淡水中不容易死，能够游泳渡河，就是几里宽的江面，也能结成大团，渡过彼岸，不过能够渡过的极少，大部分总要淹死的。在碱水中更容易淹死，有几十丈宽的碱水河，普通就不能渡过，我们看见有这样碱水河的附近发生跳蝻，就可以把跳蝻赶到河里去，不要用别的方法了。在河边有淤泥的地方，跳蝻下去以后，容易陷下去，也就不能逃生。若海边有跳蝻，把它们一直赶下海去，更可以一网打尽。

（6）在不流动水面上浇洋油。水面上有了洋油以后，无论多少跳蝻，一下水就死。若在跳蝻所在的附近，有现成不流通的水，如小池塘、灌水沟等，就可以将洋油浇在水面上，然后把跳蝻赶到水里，也是一种经济的办法。在流通的河水上喷浇洋油，也可以杀死跳蝻，但是洋油易被流去，效力不能持久，不很经济，除非在非常紧急，没有别的适当方法可用的时候，用这个方法救急是可以的。在九伏洲的老圩，芦柴内的跳蝻，因有了水躲不住了，争先恐后的渡河，向圩堤里迁移，无法阻止，圩堤里面就是稻田，关系非常重大。在那时候，不得不多用洋油，暂时阻止。一面又将芦柴内的跳蝻赶到河里去，在两点钟内，用 5 箱洋油，杀跳蝻 20 担，浮满河面，就是用这个救急的方法。假使流动的水，能够把两头堵起来，使水不能流动，以后再浇洋油，那就也很经济了。在流动的河面，可用木棍、竹竿或芦柴等将两头拦阻，以后再浇洋油，暂时也不致被水流去，此法在浦镇试验，亦有效力。

（7）挖沟围打。在没有水的地方，沟内不易灌水，应该在沟底另挖长宽深各 1 尺的小坑，把跳蝻赶到沟里以后，再赶到小坑里。在跳蝻不多的地方，就可以把它们埋在小坑里或沟里，在跳蝻多的地方，可以把小坑里的跳蝻，用手捧出，装提袋内，拿去喂鸭、喂鸡，或者埋在土里，将来取出肥田。

（8）用青化钠溶液喷射。用青化钠一颗（重 7.5 钱），和水 3 斤，放在有力的喷雾器内，溶化以后，向跳蝻喷射，马上就可杀死。但是跳蝻大了以后，青化钠溶液应该格外浓些，飞蝗在不飞的时候，一被喷倒，也可杀死。不过青化钠是很毒的东西，要用惯的人方可以用。

（9）用毒饵诱杀。在跳蝻食料很少的地方，可以用这方法，棉花地、豆地里的蝗蝻，用这种方法顶适宜。毒饵种类很多，现在只把白砒毒饵的方法，告知大家：用白砒 1 份，麦麸 20 份，再和糖水（用最便宜的糖），湿至用手捻之可以结团起来为止，能加些橘汁或橙汁更好，搅拌均匀以后，一撮一撮地撒在有跳蝻的地方，向撒布种子一样。跳蝻不得食料的时候，看见这样又甜又香的毒饵，自然大吃起来，一两天后，就可以毒发而死。

以上各种方法，都是切于实用的，不过有的方法，不能到处应用，有的适于甲地，而不适于乙地，有的适于乙地，而不适于甲地，这是要各地酌量地方情形自己选择的，各地或有特别情形，有特别便利的方法可以合用，而本编没有说到的，亦不妨自己变通应用，总要把蝗蝻赶快杀完，这是我们共同的目的！

治蝗器械药品表

(1) 器械

名称	用途	出产处	价值	备考
喷雾器	喷射毒液	Bean Spray Pump Co. San Jose，Cai. U. S. A.	30 元	江苏省昆虫局代制价较廉
唧筒	同上	Bean Spray Pump Co. San Jose，Cai. U. S. A.	15 元	同上
掘卵锹	掘卵	可在铁店仿制	5 角	各地可仿制
空中捕蝗袋	空中捕捉蝗虫	南京江苏省昆虫局	5 角	各地可仿制
水中捕蝻网	水上捕捞跳蝻	南京江苏省昆虫局	5 角	各地可仿制
打蝗帚	拍打蝗蝻	南京江苏省昆虫局	2 角 2 分	各地可仿制
草上捕蝗网	堆积跳蝻	南京江苏省昆虫局	5 角	各地可仿制

(2) 药品

中国名称	外国名称	用途	出产处	每磅价值
青化钠	Sodium cyanide	溶化后喷杀蝗蝻	Rraun Knecht Heimann Co. San Francisco C. A. L.，U. S. A.	1 元
铅砒	Lead arsenate	制毒饵	Rraun Knecht Heimann Co. San Francisco C. A. L.，U. S. A.	6 角 5 分
白砒	White arsenate	制毒饵	Rraun Knecht Heimann Co. San Francisco C. A. L.，U. S. A.	3 角 5 分
巴黎绿	Paris green	制毒饵	Rraun Knecht Heimann Co. San Francisco C. A. L.，U. S. A.	1 元 2 角

九、《飞蝗专号》

注：《飞蝗专号》，原载在浙江省昆虫局 1933 年 12 月 11 日出版的《昆虫与植病》第 1 卷第 30－35 期上，该编纂室启事言："飞蝗专号，原拟两期

合刊，兹以材料过多，且限于经济，乃改为六期合刊。"选录前第12篇文章如下。

（一）民国二十二年我国之蝗患（张巨伯、徐国栋）

我国本年飞蝗猖獗，关于此种记载，《昆虫与植病》极为珍视，乃集各报之蝗害记载而转录之。然甚为零碎，稽考不便，乃搜集杭州所存之长江流域以北各报纸之记载，辑成斯篇。但报纸种类无多（附后），必多挂漏，国人如将所知见告，毋任感祷！

本年发生飞蝗患者，计河北、江苏、河南、安徽、山东、浙江、湖南、辽宁等8省，以河北、江苏最烈，河南、安徽次之，湖南、辽宁为害仅一二县，浙江虽有发生，但不成灾。

本年8省发生飞蝗计120县，兹撮记如下：

河北省（39县）　玉田、丰润、香河、固安、永清、天津、徐水、静海、清苑（保定）、大城、任丘、高阳、曲阳、青县、定县、行唐、河间、蠡县、博野、沧县、献县、藁城、南皮、安平、赵县、深县、宁晋、柏乡、冀县、隆平、故城、邢台、南和、平乡、清河、鸡泽、永年、磁县、大名。

江苏省（33县）　赣榆、沛县、东海（海州）、灌云、铜山（徐州）、沭阳、宿迁、阜宁、涟水、泗阳、淮阴、淮安、盐城、宝应、兴化、东台、高邮、泰县、如皋、扬中、镇江、江浦、江宁、南通、丹阳、海门、江阴、武进（常州）、溧水、常熟、宜兴、上海、南汇。

河南省（19县）　安阳（彰德）、汤阴、辉县、汲县、新乡、沁阳、济源、武陟、原武、孟县、孟津、洛阳、嵩县、宝丰、叶县、郾城、西平、确山、罗山。

安徽省（17县）　泗县、盱眙、怀远、凤阳、天长、嘉山、定远、来安、滁县、全椒、合肥、和县、当涂、舒城、庐江、繁昌、怀宁。

山东省（5县）　荣成、青城、高苑、邱县、宁阳。

浙江省（9县）　富阳、萧山、杭县、海宁、绍兴、上虞、余姚、长兴、海盐。

湖南省（2县）　益阳、安化。

辽宁省（1县）　锦县。

吾国发生蝗虫之时期，吾人虽有相当之明了，兹就本年之资料列如下表，益证5—8月4个月为蝗患最重要时期，4月、9月两个月次之，3月、10月两个月更无问题矣。6月、7月之交，发生次数最多，因适为夏、秋蝗并见之期。

我国本年蝗虫之发生期及其次数

发生月份	河北	江苏	河南	安徽	浙江	山东	湖南	辽宁	次数总计
3 月							1		1
4 月		7					1		8
5 月	9	7	2	13					31
6 月	5	12	15	16					48
7 月	24	19	4	2		4			53
8 月	5	5		1	9	1		1	22
9 月		1			8				9
次数总计	43	51	21	32	17	5	2	1	172

作者本拟从记载中，推测各省蝗虫某代发生时期，然记载颇有欠确处，将来集数年之记载后，再加探求。惟就今年情形论之，以湖南最早，吾人对于实际情形，不甚明了，将信将疑；江苏次之，半在 4 月初旬，半在 5 月上旬，4 月中下旬即又成飞蝗者；河北普通最早为 5 月上旬。至本年 4—6 月，3 个月无蝗虫记载，而 7—8 月或 9 月有跳蝻发生者，或为由他处之夏蝗飞来产卵所孵化者，浙江省本年之蝗患或属之。

飞蝗之迁移多自南而北，或自东而西，但自南而北者，究属少数。

吾人详细考查本年飞蝗之分布，均为濒湖、临河、滨海之县，河北则为白河之支流、白洋淀、宁晋泊、大陆泽；江苏则为淤黄河、长江北岸、微山湖、洪泽湖、大纵湖、宝应湖及太湖；河南则为黄河；安徽则为淮河、洪泽湖、巢湖及其他近长江之小湖；浙江之钱塘江及太湖沿岸各县。

蝗虫问题，长江以北殊为严重，江南常被波及，或为夏蝗飞去产卵而发生秋蝗。易言之，江北诸省，多属永久发生地故耳。

兹将本年蝗患记载，依次列后：

河 北 省

1. 玉田：五区钱家沟镇附近各村洼地，7 月 16 日发现蝗蝻，居民急加扑灭，该区黄家铺、刘家桥一带蝗蝻即告绝迹。

2. 丰润：小集镇于 5 月 6 日掘获蝗卵 4 麻袋，重约数百斤。

3. 香河：5 月间发现蝗蝻。

4. 固安：三区朱铺头、高铺头、圈头营、李洪庄等村，去年遗卵甚多，5 月中旬孵化成蝻，千百成群。朱铺头一带玉蜀黍、谷苗被蚕食大半。民夫努力扑杀，旋以蝗卵陆续孵化，恐不易奏效，编扑蝗队，指定区段，负责肃清。

5. 永清：西南各乡于 5 月至 8 月间均有蝗蝻发现，各种田禾，多被食光。

6. 天津：东乡第一区何家庄西南荒草洼中，突于 6 月上旬发生幼蝻，面积约计 1 方里，该乡大毕庄亦发生蝗蝻，即行肃清。

7. 徐水：7 月中旬发生蝗蝻。

8. 静海：东南乡长琉庄、小丘庄一带，于 7 月 6 日午后由西北飞来大批蝗虫，各种春苗尽被啮毁。第三区高官屯、东钓台一带 7 月 12 日晨，自东北飞来大批飞蝗，午后 3 时许向西飞去，未成灾。城西乡大邀铺村一带，于 7 月 30 日晨由东北忽亦飞来大批蝗虫，田中谷豆，多被食害，乡民立即齐集 500 余人，同往捕杀，于 31 日午向西飞去。

9. 清苑（保定）：东南乡啦啦地、沈家坯、牛角等 10 余村于 6 月中旬发现蝗蝻，秋禾被啮，顷刻而尽。7 月 15 日该县飞蝗侵入蠡县，月之下旬，成虫减少，而幼蝻丛生，为害尤厉，第四、五、七区如樊庄、朱庄、东西石桥、阮庄、草桥、毕家庄、连庄等数 10 村，受灾最甚，各区长乡民从事掘沟以杀之。

10. 大城：自 7 月上旬起，即有大批飞蝗由该县飞至河间。

11. 任丘：7 月 1 日由北方飞来飞蝗，（后飞入河间），七区殷边、天宫、东大坞、守练、邢村、孙家坞一带及二区、五区境内为多。县府督率捕打，并行收买，每斤铜元 6 枚，共已收买约 5 000 斤。

12. 高阳：7 月上旬起，有大批蝗虫由河间飞向高阳一带。

13. 曲阳：该县曾发生大批蝗蝻，田禾发育殊多妨害。

14. 青县：7 月初旬发现大批飞蝗，禾苗受害后，又发生蝗蝻，县北中区乜马庄、张凌犊、老君庄、玉牌、邓庄一带，秋禾蚕食不堪。由县长召集大会，给金奖收，并用掘沟方法，中区各村所捕蝗蝻交县 30 余车，得奖金 200 元。其他各区，蝗祸尤巨，多捕杀后，就近自行掩埋。

15. 定县：南三区于 5 月上旬发现蝗蝻甚多，仅下叔村，捕得 18 麻袋。

16. 行唐：城北缶山附近八里庄、李家庄等村去秋蝗灾，遗卵于 5 月上旬化为蝗蝻，密如蚁群，农民惊不敢捕。

17. 河间：该县自 7 月上旬起，即有大批蝗虫由任丘、高阳、大城一带飞入县境，各处田禾被食成灾，且大多随地产卵。

18. 蠡县：北区大杨庄一带，7 月 15 日由清苑飞来飞蝗甚多，禾苗被害殆尽。

19. 博野：东南乡宋村、白特等 5 村，去年蝗虫遗卵，7 月上旬发生蝗蝻，从事捕除之民夫约 2 000 名。

20. 沧县：第四区豆店、姚官屯、马落坡、李寨等 10 余村，7 月上旬忽由东北方飞来大批飞蝗，落于田间，蚕食秋禾，一二日间，均被食尽。7月下旬雨量缺乏，蝗蝻遍于六区，最多者为第三区、第四区100余村，田禾均被食尽。

21. 献县：该县七、八两区南皇亲庄、窝北、大村、柳坑、陌南等20余村，于7月8日发现飞蝗。由北而南，各乡成立治蝗支会，组织捕蝗队，漏夜兜捕，不准驱逐，锄地者罚洋10元，持旗驱逐者罚洋5元，计收蝗1.5万余斤，其所遗蝗卵，8月初孵化，禾稼损失3%，不成灾。

22. 藁城：第四区所属梅花、木莲城、善宝庄、屯头、南尚庄、南高庄、赵金、崔家庄等10村，前以邻县飞蝗过境产卵，7月下旬均已孵化，遍布各地，田间农作物被损颇重。

23. 南皮：第一区于7月中旬发生蝗蝻，累累如蚁，乃系本处蝗卵所孵化。

24. 安平：蝗虫遗卵，5月中旬孵化为蝻，义门村、小油村、张毛营、刘兴庄、信家口、石家庄、张家宅等村，麦及秋苗被食殆尽。5月下旬由县府会同各机关责令民夫昼夜捕打。

25. 赵县：东区王家郭、杨家郭、许家郭、郑家郭、杨家庄、俞家岗、东纪豪、西纪豪、南日尚、安柏舍、南柏舍、高庄等10余村，7月上旬由西南飞来飞蝗，禾稼吃去大半，由村公所或私人备价收买，每斤大洋1角或5分不等，农民努力捕打，各村小学亦停课协助。7月中旬南区东西湘洋一带又有发现，但以办法不统一，难收实效，灾区日益扩大，由东区蜿蜒到北区、南区、中区，杨家郭12村蜿蜒到河西寨、停住头、姚家庄、赵村、南解家、北日尚等村。生有蝗蝻甚多，灾区蔓延几30余村，其中以杨家郭、王家郭、许家郭、郑家郭、安柏舍、南柏舍、东纪豪、西纪豪等村受害最大。县府会议规定，无幼蝻村庄，严加防范，已有幼蝻各村庄，勒令掘沟捕治，限期肃清。县府共出款千数百元，乡款尤多，共收买飞蝗5万斤上下。

26. 深县：7月上旬，各区发现飞蝗甚多，县府除努力饬民夫捕打外，并定价收买，飞蝗每斤6分，蝗卵每斤3.2元。

27. 宁晋：西区北渔村、中孟村，因去年遗卵甚多，5月初均已孵化，布满北孟二村西南部，面积约数方里。该村自7日起，每日派夫200名，持帚扫捕。11日张家庄、贾家庄亦发现跳蝻，西区区公所派员督捕。6月下旬，枣庄、米家庄等处发现飞蝗。

28. 柏乡：城东于8月上旬发生飞蝗，数十日内，蔓延至叩村、北张村、六里庄等10数村，五谷残余，县府令民联合捕杀。

29. 冀县：第六区黄村、羡家庄、零藏口、野庄头等村，于8月中旬发现蝗蝻，蚕食秋禾。

30. 隆平：第二区杜家庄一带，去年遭水淹没，2 月间积水干涸，5 月 10 日苗以 3 寸，村南发现蝻群，宽约 2 丈，蜿蜒 1 里余，所过之处，禾苗食尽。又苏村边，亦同时发现蝗蝻，广阔约 80 余亩，月之 25 日降小雨，地渐潮湿，经太阳暴晒，孵化殊伙，蔓延苏庄、猫儿寨、北家庄、狮子垯、唐家庄、梅庄等村，民众均积极捕打。7 月中旬连日大雨，杜家庄、猫儿寨、千户营、唐家庄、梅庄一带飞蝗大减。

31. 故城：堤口村一带于 7 月 12 日，发现大批飞蝗，已由县府督率民夫竭力扑打，并加收买，每斤价洋 5 分。

32. 邢台：该县今年发生蝗害，冀实业厅令饬该县努力剿捕，并训令农事试验场第六场长席炳文驰往该县督察捕治。

33. 南和：该县东南一带，30 余村去秋飞蝗为灾，遗卵 5 月中旬孵化为蝻，自郝桥、大台、阎里，以至郭平皆是，幸未成灾。但郝桥镇一带于 7 月上旬忽又发现大批飞蝗，共议每一壮丁，每日最低须捕飞蝗 1.5 斤，不及者罚馒头若干斤。二、四、五区，7 月中旬有蝗飞向西北，后发现其遗卵，8 月中旬孵化为蝻，遍地皆是。

34. 平乡：该县于 7 月中旬忽发生蝗蝻，田禾被食殆尽。

35. 清河：城南红河垛一带，7 月间发现大批蝗虫，数日内奖收蝗虫 1.5 万余斤，每斤铜元 15 枚。迨后李家庙一带，又复遍地蝗蝻。

36. 鸡泽：双塔、臻底、焦作等村，7 月中旬发现飞蝗，食禾甚烈。

37. 永年：该县北区朱家庄 7 月上旬发现蝗蝻，于该村附近之东年寨、尧子营、曲陌、正西、郑家湾、杨家湾等村，又于同月中旬发现飞蝗及蝗蝻，蔓延数十里。该县奖收飞蝗，每斤价 1 角，得 5 000 余斤。南区沙屯、南中堡一带亦于 7 月中旬发现飞蝗，而北区正西村一带，前被飞蝗盘踞，遗卵于 8 月上旬化蝻。

38. 磁县：西北怡立旷之南，8 月初发现飞蝗，并生蝗蝻，玉蜀黍、高粱多已枯毙。8 月中旬纸坊、西佐街、儿庄等村亦发现大批蝗蝻。

39. 大名：该县西南李辛庄、茜园村及城北岳庄各村，去年遗卵，5 月上旬孵化，受害者计第一区乔庄、曹庄、扈磨庄、冯磨庄、大宋庄、小宋庄、七里店、赵固、付家桥、刘军庄、升斗铺、小屯村；第四区付夹河、申桥、马河、马神庙、马村、茜园村、李家口、岗上、大王村、柳科村、双井集；第七区东南屯、蔡家庄、黄金堤、马时庄、张王胜、范王胜、郭王胜、黄炉村、西马头、儒家寨、里马庄；第八区翟龙化、沙岸村、史家村、曹龙化、迤庄、庞龙化、雪村、柴村、老蒋村等地。曾定价收买，每斤铜元 10 枚，后减为 5 枚。离县 20 里内之蝗蝻，6 月中旬起，已渐肃清。惟第三区张辉屯、第四区马河、第六区浅畦、第七区黄金堤等处治蝗蝻，6 月下旬生翅。7 月中旬第七区儒家寨、于家寨、元儿寨、小王庄等村，灾生跳蝻，面积长宽 15 里。

江 苏 省

1. 赣榆：5 月底发现蝗蝻，麦苗食尽，青草无留，当局曾设法扑打。第六区五里墅、兴庄、柴荡、安家庄一带 6 月间，亦发现大群跳蝻，县府捕打，因值农忙，未能尽数肃清，至 7 月初旬化为飞蝗，五里墅以北稻苗蚕食殆尽。7 月 8 日县府举行捕蝗会议，并电令各区成立分会。7 月中旬第二、第三两区，又发现蝗蝻，田禾被食甚多，沙河镇、青山镇、兴庄等处，同时发生飞蝗。

2. 沛县：一、二、五、六等区，7 月中旬飞蝗遍野，禾苗食尽，有飞向徐州势。

3. 东海：第一区石湫镇苇塘及南城旧涟河两岸，长约 40 里之苇田，于 5 月上旬均发现蝗蝻。6 月初旬第二区尹巷乡、老圩、王圩、新圩、毛家口、潘圩、甲圩等处，发现跳蝻，面积 200 余顷。小防乡东段亦发现大批蝗蝻，其余三、五、六、七各区亦有蝗灾。6 月下旬，飞蝗自东南来，秋禾受巨灾，农民捕打，向西北飞去。7 月 8 日县府召集捕蝗运动宣传委员会，17、18 两日在城内，19、20 两日在新浦，21、22 两日在大浦，分别举行宣传运动。8 月 30 日有飞蝗由北而南，多落临洪滩一带，秋禾被食殆尽。9 月又有飞蝗，受患亦剧。

4. 灌云：大伊、山东乡、曹庄、杜顺、兴庄一带，7 月 5 日有飞蝗落境，田中高积尺许，春禾顷刻食尽。后自七里、桃树前进河西，山前山后亦有发现。县府于 14 日举行捕蝗运动宣传周，分 5 队出发。

5. 铜山（徐州）：7 月上旬蝗虫蜂起，禾苗受灾。

6. 沭阳：4 月间大批飞蝗飞落，致二麦收成折歉。6 月 18 日，复来大批飞蝗，啮食高粱根茎及豆苗，农民仍焚香祝拜。县府派员禁止，县农会及灌、涟 2 县农会，联电省府请派员指导。7 月 7 日雷雨霁后，忽见飞蝗满天，自南往北，有 2～3 小时之久，系淮安、宝应一带飞来。县府即召集捕蝗委员会分区宣传。

7. 宿迁：第五区 7 月 10 日晚，有蝗自南飞来，落埠子集、妇仁集等处，食禾苗，民曾设法捕除。

8. 阜宁：5 月中旬一、三、六、九、十三等区，遍地发现跳蝻，经县府严令极力捕灭。6 月底，东北乡一带，蝗蝻满布，禾苗被害甚重。

9. 涟水：4 月中旬发现飞蝗，啮食正在发芽之麦苗，虽经县府督促扑除，未见大效。6 月 18 日复飞至大批蝗虫，啮食豆苗、高粱根茎，经县府禁止焚香祝拜，并指导扑灭。7 月中旬，淮安蝗虫复侵入颜家河、厉家渡、小宋集等处。

10. 泗阳：4 月有大批飞蝗落境，二麦稍受损失。6 月 18 日，复飞来大群，害豆苗及高粱根茎，农民惟焚香祝拜，不事扑灭。县府派员禁止并指导，规定捕蝗 10 斤，给铜元1 000文。6月初旬至7月上旬无雨，故与皖北毗连之新集、金销镇各处，亦受邻县之波及。7月14日晨，洪泽湖滨之飞蝗，由南北飞，同时徐州、海州飞蝗由西北而东南，致秋禾大受损失，尤以东南乡受害最重。

11. 淮阴：4月中旬发现大群飞蝗，麦苗食尽，经县府督促扑除，未见大效。6月中旬，与二、六两区毗连之淮安县境，发生蝗蝻，经两县协力扑除。6月18日复飞来大批飞蝗，啮食豆苗及高粱根茎。7月9日，淮安飞蝗侵入南门城外王家庄，第二区亦波及。高粱、玉蜀黍几片叶无存。14日县府特召集捕蝗大会，作运动1星期。14日晨洪泽湖蝗虫，由南北飞，同时徐州、海州飞蝗由西北而东南，秋禾大受损失，尤以西南乡为最。第一区之南乡小河乡、武家墩、福田庵、校汤一带，飞蝗密集，禾苗损失十之六七，县府派员督同各乡镇农民加紧捕捉，有饬公安局长督率长警出发剿捕。7月中旬洪泽湖大堤以西新涧滩，广袤百余里遍生蝗蝻，柴草几被食尽，县府通饬掘沟扑灭，19日县长出巡蝗区，并验收福田乡所捕蝗虫22包，其他小墩、小河各乡亦有呈缴。

12. 淮安：4月中旬发现大批飞蝗，将发芽之麦苗食尽，受灾甚重，虽经县府扑除，然5月间，又发生蝗蝻。6月中旬，九十堡乡、钱胡乡一带发现蝻迹，该处与淮阴二、六两区毗连，曾请淮阴县协力扑灭。6月18日忽飞至大批，农民焚香祝拜，县府派员禁止并加指导。7月4日该县运河至宝应界首百余里内，亦有大批飞蝗。9日东乡运河一带所发生之蝗虫，飞入涟水、淮阴境内。10日县府派治蝗专员指导，并组织治蝗运动委员会，预算捕蝗费1 000元，从事工作。14日晨洪泽湖滨之蝗，由南北飞，同时徐州、海州之蝗，由西北而东南，秋禾受损。

13. 盐城：第十区与阜宁毗连，芦荡甚多，7月发现跳蝻，经县长及区长指示农民围剿。

14. 宝应：4月中旬，发现飞蝗啮食麦苗嫩芽，经县府捕除，然无大效。7月初旬，自界首至淮安运河百余里内，飞蝗蔽天，秋禾大损。第四区忽有大群飞蝗，自东北及西北来，似从盐城、淮安窜入，经官厅饬人民围打。

15. 兴化：春后雨少，7月荒田野岸，遍生蝗蝻，经县府督促扑捕，农民亦驱鸭啄食，但扑灭者仅十之一二。

16. 东台：五月间发生蝗蝻甚多，6月中旬第五区之朱马、虬湖等乡，发现蝗蝻，经乡民合力扑灭。7月初连日大雨，蝻子多被淹毙，惟溱潼区属各乡镇，以疏于防治，致羽化飞起，啮食禾苗甚广。

17. 高邮：4月中旬县属各区，普遍发生蝗蝻，尤以四、五两区为剧，以匪势甚炽，农民未能积极扑灭。5月间又生大批蝗蝻，7月初旬禾苗尽被咬食，惧又遭蝗灾，农民不敢插新秧。

18. 泰县：姜堰区属时堡垛、栋树垛，坂堄区属宁果乡，6 月初旬先后发现蝗蝻，县府组织灭蝗队，督乡民扑灭。

19. 如皋：掘港区内，6 月中旬发现跳蝻，以芦荡河滩为多，经农民扑灭，毗连之南通境内亦协助工作。

20. 扬中：7 月初发现蝗虫，经县府出价收买。

21. 镇江：第一区于 7 月 9 日有少数飞蝗入境，11 日傍晚有大群过境，自西北向东南，约过 1 小时之久。

22. 江浦：第四区大塘乡蒋口等处、第五区司河乡、凤凰乡、第三区洪茅洲、学地洲 5 月中旬发现蝗蝻，由县政府饬各区公所督率农民扑灭。6 月 14 日夜，西区石桥镇王村庙一带，突发现飞蝗，铺张数十里。21 日夜 10 时许，县城有大批飞蝗过境，未落，直向西南飞去。红土山一带亦有跳蝻，因山势峻拔，扑灭不易。6 月底，各乡又有蝗蝻发生，惟为数不多，受害尚轻。

23. 江宁：6 月上旬发现大批蝗蝻，县府拟定办法，6 月 14 日派员劝民防治。

24. 南通：7 月下旬大批飞蝗过境，连续数日，白蒲、三余等处均有降落，地方组织扑灭。

25. 海门：情形与南通同。

26. 丹阳：今秋亢旱不雨，曾经飞蝗停落之处，遗卵于 8 月下旬化蝻，第九区蔓延达 24~25 个乡，曾由实验农教馆与区公所人员分区督率扑灭。

27. 江阴：7 月下旬，东外、三官、九保、界定、南山之麓，久旱后，发生蝗蝻，乡民不知捕灭。

28. 武进（常州）：第十一、十二、十三区南堰等，沿滆湖各地，今夏亢旱，8 月上旬发生大批飞蝗，县府曾致函中央农事试验所请示办法，至 8 月中旬尚未全数扑灭，同时并发现跳蝻，除蔓延至武宜交界边境外，更蔓延之复溪、厚余等处。

29. 溧水：乡区于 5 月底发生少数蝗蝻，7 月中旬，未见蔓延。

30. 常熟：第四区沙洲市天气亢旱，7 月发现蝗虫，似系由江北蔓延所及，曾由县府布告妥为防治。

31. 宜兴：第五区定跨乡一带，地濒太湖，6 日底发生飞蝗，经县府转饬所属扑灭，8 月 10 日，行政督察专员公署派员察勘。9 月初旬，四、五两区飞到蝗虫，连续数日，食禾 3 000 余亩。9 日又侵入七区，蚕食秀苗，该县 9 月蝗蝻分布情形，约如下：三区沿湖从沙塘港至师渎十三四里，芦塘内均有；五区从双桥至薰塘 20 余里，芦中山中亦有；十三区方面，前有多数蝗蝻，旋经扑灭，梅家渎一带，亦发现少数；

十四区自西锄、西施以至归美等处亦有，经即捕灭，惟因用鸭捕食，略损田禾。9月21日，城中忽有飞蝗，自东飞而西去，其后又飞入浙江长兴县境。

32. 上海：今夏亢旱，8月上旬浦东各区农田，间有跳蝻发现，7日市农会通令注意防范。

33. 南汇：第一区黄滩、义泓、朱南等乡，7月下旬忽发现蝗虫。26日下午县长率乡长赴乡督促捕捉，获5麻袋，沿途散发蝗虫防除简法。8月初旬第一区老港、路东、一新、义东、王滩、朱南等乡及第四区一海乡、三灶镇等处发现飞蝗，系北方飞来，当时有沿李公塘南飞之势。行政督察专员即饬属扑灭，并电与该县毗连之上海三林与陈行两区民众严防。该邑一、四、五等区除督促乡民外，并出资收买。8月中旬各区复发现跳蝻，蔓延甚广，大损禾棉。

河 南 省

1. 安阳（彰德）：5月下旬，第十一区谷家嘴、赵家窑、东西五龙沟、张湖顶、申家洞、杨家洞、李家坡、东灰营、北头村、营房村、林县庄等数十村，均发现蝗蝻甚多，禾苗多被食害。6月下旬，城西第一区四府、坟村附近各村，发现蝗虫，苗谷受损。

2. 汤阴：6月下旬，发现蝗蝻为害甚烈。

3. 辉县：南乡藕花、民有、民享、南云等处，于6月上旬发生蝗蝻，各种田禾，均被咬食。

4. 汲县：7月中旬，城东各村庄，忽发现蝗蝻甚多，禾稻吃食殆尽。

5. 新乡：5月初，发生蝗蝻。

6. 沁阳：三、四、五、六等区，于6月中下旬发生蝗蝻，秋禾被食殆尽。7月中旬，经民众努力捕杀大半。

7. 济源：6月上旬，蝗蝻遍地，禾苗被害无遗，沿河一带发生尤甚，经县府督饬防治并加赈济，以救灾黎。6月下旬，又有蝗蝻发生。

8. 武陟：5月初，发生蝗蝻。

9. 原武：6月中旬，第三区沿黄河北岸一带发生蝗蝻，继则蔓延第一、第二、第四各区，被害之处秋禾殆尽，仅遗瓜地未蚀，幸速加扑杀，未成巨灾。7月中旬，又发生大批蝗蝻，一、二两区尤多。当由县长督饬民众分段捕打，发生蝗虫之地，按户抽丁随从捕蝗，违者罚洋1元，县民师秉衡捐钱8 000文，作奖收蝗虫之用。而第一、第四两区，与武陟、阳武、中牟等县接界，亦有发生，省府令协捕扑灭。

10. 孟县：南部上下60里许，黄河沿岸田亩，于去秋为河水淹没，时经数月，今春复成沙滩，5月中旬忽生蝗蝻，初无甚害，至6月初旬，二麦将熟时羽化，结队向北迁行。南北10余里，东西数十里，所经之地，二麦麦穗尽被咬断，早稻亦被伤害无余，蒙灾者凡57村。

11. 孟津：6月下旬，蝗蝻为灾，秋麦均被啮毁。

12. 洛阳：6月中旬，南乡第七区，东起李家屯，西至黄龙庙迤西一带，长约50里左右，遍地发生蝗虫，为害甚烈，所有稻苗及晚麦穗均被食净尽，断穗满地，农民不敢播种晚稻。

13. 嵩县：7月上旬第一区桥北、吴村等处发生蝗蝻，蔓延于第二、三、七等区，麦穗秋稻被食殆尽。该县县长拟发捕蝗浅说及办法，亲自督察，责令区、保、甲长转饬农民，努力扑灭，并限每日每户捕缴蝗蝻5斤，5日之内，集蝗6 000余斤，其击毙掩埋者尤多。迄至下旬除二、三两区尚余少数外，其他各地，渐告消灭。

14. 宝丰：6月下旬，发生蝗虫极多，秋禾食尽。

15. 叶县：6月曾发生蝗灾颇重。

16. 郾城：6月下旬蝗蝻为灾，秋麦被食殆尽。

17. 西平：6月下旬，第一、二、五各区发现蝗蝻甚多，秋禾尽被食伤。

18. 确山：6月曾发生蝗灾颇重。

19. 罗山：6月曾发生蝗灾颇重。

安 徽 省

1. 泗县：春夏之间，曾发现蝗蝻。

2. 盱眙：春夏之间，曾发现蝗蝻，6月中旬城东迄至马坝集止，约60余里；城西至河稍桥集止，约45里，发生蝗蝻。乡民曾努力捕杀，旋因农忙，工作稍懈，致蔓延甚广。该县又以多山而近洪泽湖，6月下旬为飞蝗所扰，秧豆被害最重。

3. 怀远：春夏之间，曾发现蝗蝻。

4. 凤阳：春夏之间，曾发现蝗蝻，6月27日夜飞蝗过蚌埠，高粱新秧多被啮食；7月上旬飞蝗又过蚌埠，约3小时之久。

5. 天长：春夏之间，曾发现蝗蝻。

6. 嘉山：6月下旬，明光北乡10余里许之洪庙堡发生跳蝻，经区公所招雇民夫扑灭。该县又以处洪泽湖滨而多山，6月下旬飞蝗侵及，秧豆受害甚重。7月19日明光东北20里之戴家巷附近村庄，忽到大批飞蝗，高粱稻苗均被啮食，黄昏后始向焦城湖一带飞去。8月初旬，第二区飞到大批飞蝗，禾苗被食殆尽。东乡斗拱山庄、南乡马厂，上下赵庄；西乡山高、韩家湾等庄以及红庙草滩；北乡杏家埠、西永、兴爱堂等堡，蔓延数十里，占地6 000余亩，均遭蝗灾，损失农产物数千石。

区公所曾收买飞蝗，每斤给铜元 1 枚。8 月下旬，第一区管店镇附近蝗蝻发生甚多，经该地军民联合捕杀，工作不力者，罚金示惩，并按户抽丁。捕器为缚鞋底之竹棍。

7. 定远：春夏之间，曾发现蝗蝻。东乡一带，6 月下旬飞蝗盘旋，降落城厢附郭 10 余里田间，幸未久即向西北飞去，仅食尽早秧 3 亩，高粱 1 块。

8. 来安：二、五两区曾有去年蝗虫之遗卵甚多，虽经隆冬大雪，而东西思港、唐家圩、坟杨山集、王家巷、高林营一带，纵横数十里。本年 4 月中旬乡民掘药，发现蝗卵将孵化，经用"锹锲掘杀""犁锄杀虫""灌水杀卵"等法驱除。购籼稻 600 石收买蝗卵，每稻 2 升易蝗卵 1 升，但掘除未尽，春夏之间又发现蝗蝻。

9. 滁县：5 月下旬气候渐暖，去秋飞蝗遗卵相继孵化，分布于四区黄家河、东岳庙；五区鸦窝集、郭家坡、清水坝、昌家湾、常山岭；六区双头马、大姜、牛头山、杨家洼；七区宝塔山、黄山等处。经长官督率民夫起火焚烧，组织治蝗委员会，布告凡捕蝗蝻 5 斤者，准易面粉 1 斤。6 月中旬，发现飞蝗，秧豆到处受灾。

10. 全椒：去岁飞蝗遗卵，本年 5 月下旬相继化蝻。二、三、五区如武家岗、复兴集、同家岗、枣岭集、大墅街等处，5 月 29 日起，均有发现。县长以春荒时期起夫不易，组织治蝗委员会，筹款奖收，每斤蝗蝻给钱 30 文，此外限定每户每日至少须缴蝗蝻 5 斤。

11. 合肥：春夏之间，曾发现蝗蝻。

12. 和县：春夏之间，曾发现蝗蝻。

13. 当涂：春夏之间，曾发现蝗蝻。

14. 舒城：春夏之间，曾发现蝗蝻。

15. 庐江：春夏之间，曾发现蝗蝻。

16. 繁昌：春夏之间，曾发现蝗蝻。

17. 怀宁：春夏之间，曾发现蝗蝻。

山 东 省

1. 荣成：城东寨子东地方，7 月中旬曾有蝗蝻发现，经县府督同民众围扑。

2. 青城：第一区东北乡李家庄一带，于 7 月 8 日突有蝗虫飞来，次早，向西北方飞去，田禾无恙。

3. 高苑：7 月上旬，第四区塘家坊一带发现飞蝗，从东北飞来，宽六七里，田禾被食。

4. 邱县：7 月中旬，陈村等庄忽发生蝗蝻，经民众捕净。

5. 宁阳：南乡马家村一带，8 月 4 日早由南飞来大批飞蝗，下午结队北飞，历 1

小时始尽。第四区磁头、老王庄一带，于飞蝗过去后，发生大批蝗蝻，经各村农民合力扑打。

浙 江 省

1. 长兴：8月20日第三区香山乡、斯圻村、东太湖沿岸200余亩之稻田内，发现蝗蝻，已将2龄，为害水稻。长兴县府即派治虫人员会同区乡镇长，督率农民防治。浙江省昆虫局8月28日派指导员张正伍前往指导，协助工作。一面调查，一面召集生蝗蝻之斯圻村六闾闾长会议，规定每闾每日出工10名掘沟。当工作时，任意参加之童工、妇女又数十人，乃与各农友分成数组掘沟，并用注油赶杀法，甫及两日，毙蝗蝻十之七八。然因蝗蝻尚幼，跳徙力量薄弱，围赶稍速，仍多遗漏，不能全数入沟，工作殊感困难。23日放鸭千余头啄食，于是此遗留少数之蝗蝻，亦几灭迹。

2. 海盐：海盐于8月8日下午2时，天气大热，似大雨将降，是时竹家乡、凤在乡等处忽有飞蝗，千百成群，自北而来，不多时即向南飞去。

3. 海宁：8月下旬，与杭县交界之翁家埠附近发生蝗蝻，面积合杭县共约4方里，滨近江边。县府即派员会同杭县合组治蝗事务所，由2县县长轮流督促农民掘沟及围打，每日工作者达600人，掘沟长数里。并县农民于每日清晨三四时即须工作，3日内共捕获蝗虫2 000余斤，蝗势大减。至9月7日，即全告肃清。

4. 杭县及杭州市：杭县及杭市本年发生之蝗虫情形及防治经过分述于次：

（1）翁家埠沿塘一带之飞蝗。杭县第四区翁家埠一带，与海宁交界，沿塘以外，全为沙地，沿塘以内，多为桑地及园圃，8月27日该地发现蝗虫，面积合海宁共约4方里，惟大部分尚为4～5龄之跳蝻。杭县、海宁二县府即联合于该地组织治蝗事务所（组织另详），督促各乡镇长领导农民，于28日起掘沟防治，每日工作者300～400人，统由杭、海两县治虫人员指挥。至8月30日，因发现一部已成飞蝗，于是一面捕打，一面仍继续掘沟工作。且自8月31日起，规定每日每户农家缴净蝗1斤，从事掘沟工作者，免其缴蝗量；并派员分赴各地调查蝗虫趋势，查知大部分向西北迁移；近海塘处多为跳蝻，塘外多为成虫，依其情形而更变防治工作。该地自8月28日起，至9月7日止，除沟坑及打死者不计外，共获净蝗2 700余斤，所有蝗虫经此连日捕打，大部已经歼除。

（2）周家浦沿塘一带之飞蝗。杭县第六区周家浦沿塘堤以外东关沙一带，9月初有蝗虫由萧山飞来，蔓延沙上，为数极少。惟江中与萧山交界之长沙、短沙、盘头沙、泥鳅沙、付学沙、基潮沙、元宝沙、自由沙、吉祥沙等地，及与富阳交界之笠帽沙、浮沙、紫光沙、新沙、东周乡等地较多，平均每方丈有蝗虫1个，且全为飞蝗，侵蚀稻叶及穗。杭县县府于9月5日联合萧山、富阳在周家浦开会，杭县即组织治蝗事务所，督促农民捕捉。惟该地因稻高 2～3 尺，且均以孕穗，工作较感困难，农民多不肯用力。幸蝗极稀少，未数日即肃清，损失甚微。

（3）乔司附近及塘外沙地之飞蝗。乔司附近于 9 月 9 日由西南飞来大批飞蝗，停落沿汽车路两旁桑地园圃中。农民恐其，乃敲锣击鼓以驱之。杭县县府于第四区组织治蝗事务所，督促农民捕捉，并派基干队及警察 10 余名协助工作及调查蝗害情形，于 12 日上午 4 时许召集农民 1 400 余人捕捉。因蝗虫多停落在桑树上，动之则飞，工作殊为困难，后于 14 日尽行飞去。

（4）乔司与钱塘江间之飞蝗。杭县乔司与钱塘江间，乃海滩沙地，新垦及未垦之中合兴公司、后合兴公司、元盛公司等地，面积约 3 万余亩，其中二分之一已耕种植棉，其余仍为荒地，芦草丛生，且人烟稀少，甚适蝗虫之繁殖。9 月中旬发现蝗虫，后杭县县府即督促农民 1 000 余人，于 9 月 14 日晨 3 时许前赴捕捉，获蝗 500 余斤。16 日复召集农民 300 余人，复往捕灭。惟因地广力薄，且全属飞蝗，功效甚小，以其迁徙性强，飞去者亦多。

（5）杭市七堡塘外之飞蝗。杭州市区七堡塘外之美利公司、农林公司、前合兴公司、开元公司、和丰公司、鸿运公司、五丰镇等地，亦属沙地，面积约 4 万余亩。其中五分之三已犁植棉豆，其余仍为荒地，飞蝗发生甚多。不意于 10 月 1 日竟由七堡塘外飞经江干向西南而去，一部分折回，又经西湖向东北回转，蔓延于清泰门外打靶场、甘王庙、天王庙、观音堂、打通桥等地之竹林园圃中。杭市府鉴此可危之势，乃于 10 月 3 日派员会同当地区长，实行收买。本局则派推广部全体职员及治虫人员养成所全体学生，前往协助工作。至 11 日止，杭市共收买蝗虫 8 857.12 斤，本局协捕 499 斤，该地蝗虫，叶告肃清。兹将杭市政府每日收买蝗虫数量及支付奖金数目，列表以备查考。

第九区捕蝗收买总计表

日期	收买蝗数（斤）	实付银数（元）	杭市工队捕蝗数（斤）	本局协助捕蝗数（斤）
10 月 3 日	15.5	0.913		
10 月 4 日	11.6	0.683		
10 月 5 日	1 260.6	65.46		
10 月 6 日	2 085.0	104.25		
10 月 7 日	1 926.8	96.325		219
10 月 8 日	1 362.8	63.125	119	197
10 月 9 日	895.8	44.775	61	83

（续）

日期	收买蝗数（斤）	实付银数（元）	杭市工队捕蝗数（斤）	本局协助捕蝗数（斤）
10 月 10 日	849.8	42.475		
10 月 11 日	451.0	22.6		
总计	8 858	445.611	180	499

备考：5 日上午以上，每日收价以每斤大洋 6 分计算；5 日下午以后，收价以每斤大洋 5 分计算；市府工队及昆虫局协助捕获者，均不给费。

5. 萧山：本年发生之蝗虫，分布于第一区井盛乡，面积 2 000 余亩；第五区盈盛乡、盈泉乡、建设乡、江滨乡、龛西乡等塘外沙地，面积 2 万余亩；第二区石门乡、砾山乡、蛟山乡面积 1 万余亩，均于 8 月 4 日发现蝗虫，每方丈约平均有蝗二三个，皆为幼蝻，且大部分布于荒地上啮食芦草，未损农作物。该县府即派全体治虫人员，会同各该管区乡镇长，每日督率农民二三百人，掘沟防治。自井盛乡之尝围九甲起，盈下围（徐家庙）掘成第一道沟，直抵江滨乡，长八九里；自长山头至盈泉乡涵洞掘成第二道沟，长 20 余里，自小湾头至冲断桥掘成第三道沟，长五六里；因蝗蝻大部分向南移动，多陷死于沟中，惟盈盛乡、井盛乡之间有 2 里许之一段，掘沟未及，一部分蝗蝻亦逾此，越茬山而入建设乡之稻田。该乡稻禾亦稍受损害，浙江省昆虫局于 12 日派员携药剂数种前往指导协助。该县将蝗沟掘成后，因农民生计困窘，工作不易，又于 8 月 24 日起，利用奖收法，每斤给铜元 6 枚，利诱农民，如期肃清。至 9 月 12 日，该县蝗患亦全为歼灭。总查此次蝗患之损失，在茬山塘外一带，因系沙地，多种棉豆等作物，蝗不食，毫无损失，且该县能及时防治，此次蝗势虽严重，未酿成灾。惟建设乡因乡长不力，农民不能合作，稍受侵害而已。石门乡之损失，计元宝沙村、张吉案、农商公社、盘头沙案、孔继兆案、孔继松案、郑川案、倪裕案等处，其约面积 4 380 亩，损失 10%～19%；付雅沙、孔祥书案、通南案、俞德显案、养老堂田等处，共约面积 3 350 亩，损失 20%～29%；石门村面积约 200 亩，损失 30%～45%。

6. 富阳：第二区驯安乡、陆家村、谢家溪等地沿钱塘江一带，稻田及玉蜀黍田内，于 8 月上旬发生蝗蝻，面积约 300 余亩。当发生时，农民匿而不报，因是蝗势日烈。至 8 月 26 日，该县府闻讯，始派员前往督率农民于早晨以捕捉法，日中则以围打法扑除，并一面再行奖收。惟其时多数已成为飞蝗，工作较为困难，幸人多事稀，至 9 月 3 日亦完全肃清。计共收到蝗蝻约 2 200 余斤。

7. 余姚：第三区与上虞交界之牟山湖，今秋湖水干涸，湖滩完全暴露，亦于 8 月中旬发现三四龄之跳蝻，面积约 200 余亩。县府得报后，即派员会同区长督率各乡农民，迅速扑灭。且拟定"扑灭牟山湖蝗虫临时办法"7条，通告各乡，共事扑灭，并规定每日每户缴蝗1斤，定8月25日至27日为扑灭期。当时工作者，每日平均约达3 000余人，各持竹帚于早晨分段围打，仅2日，得蝗200篓。

8. 绍兴

（1）分布地点。第九区马鞍乡，由丁家堰起，经姚家埠、童家塔而止于西塘下之天缘桥，东西长约8里，由童家塔至海沙滩上，南北宽约4里，约计32方里；第三区道墟乡由念思贡起，经沥泗而止于下杨家塘，东西长约4里；由下杨家塘至曹娥江滨，南北宽约2里，约计8方里，亦均有蝗蝻发生。第十区沥海乡，初本无蝗蝻发生，旋因受上虞沥海镇之波及，故亦有少数飞蝗到达其地。

（2）发生时期。第九区马鞍乡于本年8月14日发见蝗蝻，第三区道墟乡于本年8月16日发见蝗蝻。经县府设法防治，均于是月底扑灭。第十区沥海乡于本年8月27日发见飞蝗，旋即飞去。

（3）为害情形。第九区马鞍乡蝗蝻发生于海滩上，芦草稍受侵食，稻田受害者四五亩，但为害尚轻。第三区道墟乡，蝗蝻食去玉蜀黍约10余亩。第十区沥海乡早稻均已收获，其余一部分尽系棉田，故虽有飞蝗发见，尚未受其害。

（4）防治经过。

①治蝗人员：县长汤日新、建设科长朱懋祺均亲自下乡视察，并派员遄赴各区，驻守防治。8月14日派员赴马鞍乡、8月16日派员赴道墟乡，又派治虫专员吴启契巡回各处，筹画治蝗方法，并于8月19日加派建设科职员，浙江省昆虫局亦派员指导，并派浙江省治虫人员养成所学生3人帮同工作。其余地方人士，热心协助者亦不在少数。

②治蝗方法

掘沟：马鞍乡由丁家堰至童家塔，沿官塘一带掘沟长约6里，道墟乡下杨家塘掘沟长约3里，沥海乡严家埠头掘沟长约1里，共计掘沟长10余里。此外所掘散沟，约计百数十处。

筑坝灌水：马鞍姚家埠沿官塘一带，因河道已干，蝗蝻有越河害稻之趋势，乃鸠工筑坝灌水以阻之。

放鸭捕食：马鞍童家塔沿官塘一带河道，曾召集各处鸭群约计5 000余只，放诸河中，捕食渡河蝗蝻。

喷浇火油：马鞍官塘之外，沿堤均有河沟，喷浇火油，赶入蝗蝻杀之。

用网兜捕：马鞍乡曾组织7村联合捕蝗队，参加之儿童有百余人。

竹梢扑打：马鞍、道墟各处，均组织儿童队，每人发给竹梢1束，令其包围蝗蝻扑打，或将蝗蝻赶入沟中。

奖收：马鞍、道墟各处，均经奖收，蝗蝻每送 1 斤，给铜元 10 枚，共得 4 000 余斤。

（5）治蝗成绩。绍邑马鞍、道墟 2 处治蝗成绩，除将蝗蝻埋灭沟中不计外，马鞍乡计奖收蝗蝻 3 693 斤，道墟乡计捕获蝗蝻 1 890 斤，共计收到蝗蝻 5 583 斤。据检查结果，每斤有蝗蝻 1 264 个，合计扑灭蝗蝻 705.691 2 万个。所有蝗蝻除解送 29 袋干燥蝗蝻，计重 2 976 斤赴省昆虫局参加第 2 次焚毁典礼外，余均运送县政府焚毁。此次治蝗之最大成效，是在各处蝗蝻经扑灭后，即不蔓延，实不幸中之大幸也。

9. 上虞：第五区嵩厦沿塘西华、章家、南汇、后村等村及沥海镇、七社、谢家塘一带，于 8 月中旬发现蝗蝻，面积五六方里，平均每方尺内分布蝗虫二三个，均已达四五龄，啮食玉蜀黍及杂草等物，其势甚凶，电请浙江省昆虫局指导。17 日，本局派员会同县府及该管区长，督率农民捕捉，至 8 月下旬，飞去一部分。

湖 南 省

1. 益阳：鲊埠镇、桃江镇、大桥镇地邻安化，产竹，同治间曾患蝗，后未绝迹。今年又有发生，为害甚烈，竹叶无遗，害一次者，尚可再生叶，若再度侵蚀，则枯死无救，作器则易脆，充燃料则不易燃，洵为巨害。

2. 安化：第二区于 3 月下旬发现飞蝗甚多，山中所种花竹叶等物，全被食尽。食尽此山，又窜他山。

辽 宁 省

1. 锦县：该县农产，毁于蝗虫，经牛庄红十字会赈济。

参考之报纸

《昆虫与植病》，天津《大公报》，北平《晨报》，河南《国民日报》，上海《时事新报》，上海《新闻报》，上海《申报》，南京《中央日报》，《武汉日报》，《长沙日报》，杭州各报。

（二）飞蝗生活史及防治法（陈家祥）

民国二十二年十月四日在浙江省政府广播无线电台演讲。

今年各处蝗虫大发，关心民瘼的人，总可以在报上，时常看到各处蝗灾和防治消息。天津的《大公报》记载更多，就中要算河北、河南、山东、江苏、安徽等省发生最多。本省发生的时候很少，向不成为问题。而今年发生有蝗虫的地方，竟有杭县、海宁、富阳、长兴、绍兴、萧山、余姚、上虞等 8 县和杭州市，最近且有不少的飞蝗，飞到热闹的地方：如 9 月 30 日，有大批飞蝗，飞到城站附近；10 月 1 日，有大批飞到江干，有少数飞到孤山附近。政府和人民，都非常注意，现在将本省各地蝗虫发生及防治情形，和蝗虫的生活史、习性、防治方法，向大家作简单的报告。

1. 今年本省发生蝗虫情形和防治方法

（见张巨伯局长及徐国栋先生合作之《民国二十二年我国之蝗患》，故略。）

2. 蝗虫生活史

蝗虫的变态，是不完全的。换句话说，就是它的一生生活过程中，只有卵、幼虫和成虫三个时期，不像蚕儿般有蛹的时期。蝗虫的卵是赭色，和麦粒的形状差不多，不过稍微长些、小些、弯些，大约有二分长，半分粗，每斤约有 8 万个，有几十个或百余个聚在一块，叫作卵块；各粒的中间稍有胶状物粘着，卵块的外面，更有多量的胶状物，在它的四周，尤其在上下两头最多。蝗卵常生在土下 1～2 寸处，在土硬的地方，蝗卵入土较浅，土松的地方，入土较深。但是在过硬的土面，蝗虫无力钻洞，就不能产生卵子，在过松的土面，亦不喜欢产卵子，好像晓得松的土不能使它的卵子十分安全似的。遇到短草丛生，草根紧密的地方，因钻洞不易，也有将它的卵子一部生在土内，一部生在土上的。但是普通人多有以为蝗卵在土下很深的观念，有的说有几尺深，有的说有几丈深，甚至还有"下雪一寸，蝗卵入地一尺"的说法，这大概是误解苏东坡先生的诗句，"遗蝗入地应千尺"的意思。我们晓得蝗虫产生卵子于地下，是靠它的腹部末端的产卵管钻洞的，蝗虫的腹部不过 1 寸的长，虽然各节中间的柔软部分，产卵时可以稍稍伸长，就整个的腹部计算，大约可以伸长原长的 2/3，充分伸长，也不到 3 寸，它的卵子何以能产生到几尺深？我们还晓得蝗虫卵子是不会动的，何以能有"下雪一寸，入土一尺"的本领？

蝗虫自孵化起，要脱皮五次，方才长成。从孵化后到第一次脱皮前，叫做第 1 龄；第一次脱皮后到第二次脱皮前，叫第 2 龄；以下类推，第四次脱皮后，叫第 5 龄，第五次脱皮后，就是成虫。幼虫和成虫的样子差不多，不过大小不同，幼虫没有翅，而成虫有翅。各龄的颜色，逐渐不同，第 1 龄是全体灰黑色，第 2 龄头部渐现红色，第 3 龄头部红色部分较大，在江苏的北部，称作"小红头"。第 4 龄、第 5 龄，红色部分更大，前胸也有大部分现红色，腹部也有一部分红色，此时称作"大红头"。还有从第 3 龄起，背上必生小翅片，第 4、第 5 龄也慢慢加大，这就是成虫翅膀的雏形。

成虫因为能飞，所以叫作"飞蝗"。初长成的时候，是淡灰褐色，身体上有极短的细毛，老熟的飞蝗，身体上的细毛就看不见了，而且雄的变为鲜黄色，雌的变为栗褐色（暗紫色）。此时每 300 余只，就有 1 斤重。

蝗虫在中国境内，每年可发生两代。以卵过冬，到阳历 4—5 月，孵化为跳蝻。最早也有在 3 月中旬孵化的，平均约每隔 6 日脱皮一次，约经一个月脱皮五次，即成飞蝗。这是一年中的第一代飞蝗，叫作"夏蝗"，它的跳蝻叫作"夏蝻"。蝗虫的孵化及生长的快慢都不一律，第一代蝗虫的长成，先后相差大约有一个月左右。长成飞蝗后，须经 10 余天，性器官方才成熟，开始交尾，交尾后数天，雌蝗方开始产卵。此时因为天气很热，产卵后约经两星期，就能孵化，变为跳蝻，此次跳蝻，叫作"秋蝻"。顶早的，7 月上旬就有发生。秋蝻正当天气极热的时候，生长迅速，约经 20 天就能长成，变为飞蝗，此次飞蝗，叫做"秋蝗"。秋蝗长成以后，约再经 20 天，又能产生卵子，普通要到第二年孵化，但是，在温暖的地方，碰到晚秋温暖的时候，也有偶然能孵化的。1928 年 11 月初，在江苏的江浦县地方，就有第三代蝗虫孵化的事情发生，但是到 11 月底，就因寒冷而完全死亡。

飞蝗长成后，它的寿命，普通还有两个多月。雌蝗一生，生子不止一次，顶多要生 10 次以上，普通也有 4～5 次。每次所生的卵子，平均总有 70～80 个，一个雌蝗，一生可产子 300～400 个，所以蝗虫的繁殖，是很迅速的。

3. 蝗虫的习性

（1）食性。蝗虫最欢喜的食物是芦草，凡是有大批芦草的地方，就有发生蝗虫的可能性。所以中国境内自河北起，至江苏止的沿海一带，黄河、淤黄河、淮河等河流的两岸，微山湖、洪泽湖等湖泊的周围，是著名发生蝗虫的区域，长江及钱塘江下游的两岸，亦有发生的可能性，就是这个原因。蝗虫除嗜食芦苇之外，还有稻、麦、粟、稷、甘蔗、高粱、玉蜀黍、竹等禾本科作物和许多禾本科野生草，次之，为瓜类、烟草、马铃薯等，棉花、豆类等非不得已时，不愿取食。所以今年萧山、杭县、海宁、绍兴等县沿江一带，发生蝗虫很多，并无大害，一方面固然是防治得法，一方面却是沿江各处，除生长芦苇以外，所种的都是棉花的缘故。蝗虫除食植物质以外，还有食肉性，我们在芦滩中，观察蝗虫习性，常见到一个将死或已死的蝗虫，被好几个蝗虫争吃着，在极广大芦滩中，有此种情形发现，可见并不是食料缺乏的原因。当然在食料缺乏的时候，此种情形更多，当脱皮的时候，被同类捕食的危险性最大。外国书中且有蝗虫咬吃小孩儿的记载，不过这种情形，极少罢了。

（2）迁移性。蝗虫大概都发生于人迹不到的广大芦滩中，食料非常丰富，一望无际的芦叶，被它们吃完的机会极少。假使不是性好迁移，普通人就不易看到，更不致酿成大灾。但是大队蝗群，满山遍野，遮天蔽日，常能由甲县飞至乙县，或由甲省飞至乙省。一般人常以为蝗虫迁移的目的，在于求食。其实迁移的时候，原来发生的地方的食料并未吃完，蝗虫经过的地方，有时并不食害农作，照这样看来，蝗虫迁移的原因，并非求食，已很明白。蝗虫迁移，究竟是什么缘故？据最近全世界研究蝗虫中，最有名的俄国学者尤佛洛夫氏的学说是：蝗虫的行止，全是温度高低的关系。温度在 13℃ 以上，30℃ 以下的时候，蝗虫就因为生理上的关系，促其爬行或飞翔，不动便不舒服；当温度超过 30℃ 或不及 13℃ 时，便停止运动。在飞蝗时期，还有因为体躯内部气囊膨胀，压迫食道感到不舒服，也不想吃东西，自然促其飞翔。经过相当时间，气囊消缩之后，身体便觉舒服，食欲亦因此增进，方才再吃东西，这也完全是生理上的关系。一般人不晓得这种道理，便发生迷信观念，以为某人好，蝗虫不吃他的农作物，某人不好，蝗虫就吃他的农作物，因此称蝗虫为"神虫"。所以有很多地方，一见蝗虫，人民便烧香叩头，不肯设法防治了。至于蝗虫迁移的方向，大概以向东南的为多，这或是同日光有些关系，不过向西北迁移的也不少。而且同一时间，同一地方，两群蝗虫，它们所迁移的方向，却是相反，这就无法可以解释。据我们的意见，恐怕是合群性的关系，因为每群蝗虫进行的方向，最初原无一定，不过大家乱跳或乱飞罢了，等到有相当数量的蝗虫，往某方向进行，其余的就随之进行，这种进行的方向，既经造成以后，虽遇山川阻隔，亦不改变。所以海水中，常有许多蝗虫自然投入而死，这在海州的农人，常有见到的。还有人工所掘的沟，虽说没有人驱逐的时候，只要所掘的沟是横阻跳蝻进行的方向，跳蝻都能纷纷陷入沟中。

（3）合群性。蝗虫的合群性，非常显著，多的地方，看不见地面，甚至地上堆积到好几寸厚，飞起来遮天蔽日；没有的地方，一个也没有。当它们迁移的时候，不论大的、小的，都结队进行，虽经人畜扰乱，一时乱窜逃避，结果仍能联合进行，这种也是蝗虫的习性。

4. 防治方法

（1）同心协力。古人说得好："众擎易举"。无论什么事情，只要人多，又能同心合力去做，决没有做不来的。治蝗也是如此。有人说蝗虫太多，捕不完，打不完，还是不捕不打，听其自生自灭，这是偷懒的话，只要大家同心协力，就不会捕不完、打不完的，即使真的不能捕完打完，必定所留无几，决不致再为大害了。最怕的是你赶来，我赶去，"以邻为壑"，或是不肯合作，互相推诿，结果必至害人害己。

（2）开垦荒地。我们对于身体，应当注意卫生，不使生病，等到生病以后，无论请的医生如何高明，所吃的药如何灵验，快快治好，精神上、物质上必受多少损失。治病如此，治蝗也是如此。所以我们要治蝗虫，最好的方法，就是使地上不生蝗虫。有什么方法可以使地上不生蝗虫呢？就是垦荒！因为蝗虫生子地下，普遍在 1～2 寸以内，熟地里必有耕、耙、锄等各种翻土工作，能把蝗子弄死，或翻到土面，被鸟类或其他动物吃掉，或被太阳晒死，或被冰雪冻死，决不能孵化出蝗虫来的。在荒地里没有这些工作，蝗虫的卵子可以自然孵化，所以治蝗的根本方法，就是垦荒。而且荒地垦熟以后，可以种植东西，增加生产，这不是一举两得的事么？

（3）耕锄土壤。不能开垦的地方，看见蝗虫生子以后，就要用犁去耕，若在河岸、堤埂、路旁等不能犁耕的地方，可以用锄去掘，或直接将蝗子杀死，或翻至土面，经各种自然力量间接杀死，就不会再孵化了。熟地里虽不至发生夏蝗，但是也能发生秋蝗，因为夏蝗所生的子，两星期就能孵化，在这两星期内，不见得定有翻土的工作。但是看见蝗虫生子，就要去用锄翻土，蝗子就不至孵化，而且大多数作物，生长期中必须有中耕的工作，此时中耕，除原有的中耕利益外，还加上杀死蝗子的利益，也是一举两得的。

（4）灌水淹杀。蝗虫是怕潮湿的东西，旱年必多，水年必少，所以古书上常是旱蝗并纪的。没有科学常识的人，看到湖边低地，旱年有蝗虫，水年有鱼、有虾，就误以为"鱼虾之子，可变蝗虫；蝗虫之子，可变鱼虾"；也有以为"蝗虫怕梅雨，是梅雨有毒的缘故"；也有以为"只要落雨，蝗虫就能致死"，这些观念，都是错误的。但是，土中与空气中过于潮湿，对于蝗虫确有不利，土中能保持长时间的潮湿，能使蝗子腐烂，不至孵化；空气中有长时间的潮湿，能使蝗虫的寄生菌充分繁殖，以杀死蝗虫。所以在灌水方便的地方，看见蝗虫生子以后，就可把水灌进去，干了再灌，至检视蝗子腐烂后方止。

（5）挖掘卵子。蝗虫生子的地方，也可用锹或锄将蝗子掘起，带回家中当菜吃或喂鸡、喂鸭、喂猪，虽然是我国古时的重要防治法，可是费力多，而效果少。

（6）掘沟驱入。掘沟驱入，是我国治蝗顶通行的方法，在跳蝻的时候，用这方法，收效极大。据说是唐朝的宰相姚崇发明的。沟要阔 2.5～3 尺，深 2 尺，沟内每隔 1～2 丈，各掘方 2 尺、深 3 尺的子沟一个，沟的两壁要光滑，使跳蝻不能跳过，入沟以后，不能跳出，又不能爬出沟外。掘沟以后，打蝗虫的人，排列成队，用扫帚或树枝，慢慢驱逐跳蝻入沟，沟内的跳蝻，自然能慢慢落入子沟，子沟满了以后，用土埋葬，另掘子沟。在跳蝻极多的地方，沟和子沟须加深，在 4～5 龄的时候，沟须加阔、加深。浙江蝗虫不常发生，驱逐跳蝻的人，没有训练，驱逐不得法，不如任其自然跳入的好。沟须掘在跳蝻进行方向的前面，掘起的泥，不应该放在跳蝻来的路一边，应该放在去路的一边。

（7）水面喷射火油。这个方法是我自己于 1928 年 8 月 7 日在浦口发明的，现在应用的地方已经不少，是利用跳蝻盲目的迁移性，当经过小河或水沟时，在水面上喷射一层极薄的火油，就可把它们完全杀死，即使有爬到岸上的，也不能逃生。在流动的河或沟里，应设法暂时堵塞，或阻住水面上的油膜，不使流到没有跳蝻的地方，用油可以节省。用人工所掘的沟，如能灌水入内，上注火油，效果更大，用油亦极省。

（8）放鸭啄食。鸭吃跳蝻很厉害，据试验结果，一只大鸭，一天能吃跳蝻2斤。但是，没有水的地方，不能多吃。所以在近水的地方，用鸭最好，既可除害，又可节省饲料，鸭又易于肥大，生蛋也多。

（9）围打。坚硬的地方，不易掘沟，就可将跳蝻赶到空地上，团团围打。

（10）早晚捕捉。到了蝗虫能飞以后，以上各种方法，都不能用，只有趁早晚有露水的时候，或下雨以后，蝗翅潮湿，不能起飞，用手捕捉。这方法虽笨，但是在飞蝗多的地方，一人每早晚捉几十斤，并不困难。若蝗蝻静止在柔软的草梢上，用布袋或网捕捉，收效更大。

（11）撒放毒饵。毒饵是世界各国治蝗最通用的方法，无论跳蝻、飞蝗，都可毒死，不过所用的各种材料配合的分量，是各国不同的。据我在江苏试验的结果，使用白砒1份、红糖1份、麦麸30份、水25～30份（都以重量计算），所配合得顶好，白砒太多，蝗虫不欢喜吃，太少，蝗虫吃了不易毒死。上述砒、糖、麸三种称好以后，先拌匀，以后再加水拌匀，就可捻成小团撒放，水的多少，要看地上和空中的湿度而定，湿度大的用水少，湿度小的用水多。撒放毒饵的时间，以下午五六点钟顶好，因为蝗虫的食量，早晚两餐顶大，当日下午五六点钟撒放的毒饵，可供蝗虫当晚及次早两顿大吃，若在别的时间撒放，容易被太阳晒干，蝗虫就不欢喜吃了。这种方法，在萧山试验，也有相当的效果。不过，在目前中国的情形，白砒价格太贵，而且购买不易，用这方法，并不适宜。

（12）用青化钠溶液喷射。青化钠是白色的丸药，比砒霜还毒，每颗重7.5钱，溶于3斤水中，用喷雾器喷射小小的跳蝻，收效最速。用以喷杀大的跳蝻和飞蝗也有效，但须加浓。不过青化钠价钱更贵，购买更难，而且要伤害植物，亦不很适宜。

（三）世界飞蝗之分布及其防治法（马骏超）

　　注：据马骏超在其报告前言中介绍：直翅目之蝗虫科（*Acridiidae or Locustidae*），虽微具肉食性，但其主要食料，仍为植物枝叶，故均属害虫。农作物之适合其需要者，无不蒙其损失。棉作之尖头蚱蜢，稻作之稻蝗，犹仅为蝗虫科中之次要角色，而结队掠食，扫净田圃之飞蝗，则其最可惧者也。

　　蝗虫科之已有学名者，约逾2 000种，而具有群迁性者，仅数十种。此数十种飞蝗之分布，有仅限于一小区，有甚者遍及数十国。其为害情形，或已成过去，或尚继续存在，种种不一，而治蝗方法，亦良多。作者感于我国蝗患问题之严重，而国人对于飞蝗之世界分布情形及国外治蝗方法，尚乏较有系统之叙述，因特不辞谫陋，就本局图书室所有关于飞蝗之文献，掇成斯文，以为国内关心蝗患者之参考。

本文所述，只限于已知具有结队群迁特性之蝗虫，此外不具此特性之蝗虫科品种，均不在内。

1. 世界飞蝗之分布

飞蝗之分布，依天时、地势及其自身之发育状态而异，故决不能按国或按洲而叙述。……

蝗虫之群迁，一方面由于习性，一方面由于外界环境（如食料、风向、湿度、温度等），又一方面则为生理之刺激。同种蝗虫之群居个体及独居个体，形态上、习性上均有明显之分别点，因是往往误以同种分为二种或数种。近年来蝗虫科学名之经尤佛洛夫（Uvarov）、若罗脱夫基（Zolotarevsky）、泼拉脱金斯基（Predtechinskii）诸氏根据型象学说（Phase theory，见本刊第 1 卷第 4 期，陈方洁《蝗虫问题的新局面》）而加整理及改订者，虽已不少，但尚属疑问，有待于将来之订整者亦颇多。……

下记之各种飞蝗汉名，因国内尚未具备此项标准译名，不得已就拉丁文原义或其特征，私自拟定，其理由附述于文后，未妥之处，请读者指教！

（1）东半球蝗：*Locusta migratoria* L.（*Pachytylus cinerascens* F.；*Acrydium emigratrium* Latr.；*Locusta christii* Curt.；*L. erythrophalmus* Stoll.）。东半球蝗通称飞蝗（Migratory locust），又称亚洲蝗（Asiatic locust）。其独居型（Phase solitaria），即为 *L. migratoria* Phase *danica* L.，广布于东半球之南纬 60°及北纬 60°间，除热带之大森林及干燥之大沙漠外，无不有其踪迹。其群居型（Phase gregaria）共分 4 亚种（略）。

本种之分布，虽如上述，但其致害最重者，则仅马达加斯加、苏俄南部及菲律宾等数处而已。本种所最喜食者，为芦草、稷，玉蜀黍、高粱、稻、甘蔗、竹等次之，香蕉、落花生、大豆、可可树、波罗蜜、甘蓝、紫苜蓿等更次之。飞翔已久之群体，息下时，树叶、树茎以及各种植物之绿色部分，均为咬折或剥去，实仅榨取其水分，非完全吞下充饥也。

（2）沙漠蝗：*Schistocerca gregaria* Forsk.（*peregrina* Ol.；*tartarica* L.）。沙漠蝗之独居型，即 S. *flaviventris* Burm.，为东半球重要蝗虫之一。分布之广，仅次于东半球蝗。喜居于沙漠及半沙漠地带，非洲全部（除西非及中非之湿度较高、森林特多之处外）；亚洲之西奈（Sinai）、阿拉伯、巴勒士登、外约唐流域（Transjordon)、叙利亚、波斯、土耳其、伊拉克（Iraq）、阿富汗、俾路支、乌贝吉士丹（Uz-bekistan）、基辅（Khiva）、特克曼尼斯坦（Turkmienstan）、阿然而倍更（Azerbai-jan）、咸海四周、印度西北部，及欧洲伊伯利半岛（Iberian Pen）南部及西部、塞普勒斯岛（Cyprus）均有发生。受害较甚者为非洲西北部、非洲东部、阿拉伯、波斯、印度等数处。而孤悬大西洋中，离岸约 2 000 英里之阿索亚群岛（Azores Is.），有时亦有其群迁型之到临。其主要食料为禾谷、棉花、玉蜀黍、紫苜蓿、杏、柑橘、香蕉、蟋蟀草（*Eleusine*）、番瓜树（*Carica*）、合欢（*Albizzia*）、木麻黄（*Casuarina*）等；而小麦及阿拉伯树胶树（*Acacia Arabica*）、冈羊栖菜科（*Salsoloceae*）、蓖麻（*Ricinus*）、柽柳（*Tamarix*）等有特异气味或汁液者，均不受其害。

（3）摩洛哥蝗：*Dociostaurus maroccanus* Thunb.。摩洛哥蝗之独居型，即 *D. degenerates* Baranov.，分布于地中海附近及亚洲西南部之高燥地带。其永久孳殖地遍布于欧洲之葡萄牙、西班牙、哥塞加岛（Corsica）、撒丁岛（Sardinia）、西西利岛、意大利、匈牙利、希腊、塞普勒斯、罗马尼亚、保加利亚、克里米半岛（Crimea Pen.）；亚洲之土耳其、高加索、外高加索、波斯、伊拉克、阿富汗、土耳其斯坦（即中亚细亚）；非洲之摩洛哥、阿尔及利亚、突尼西亚、利比亚及大西洋中之恺拿莱群岛（Canary Is.）等处。而法国南部、南斯拉夫、叙利亚、巴勒士登及法属中非洲，亦时遭其害。受损最重者，当推西班牙、外高加索、匈牙利、土耳其斯坦。本种以禾本科为主要食料，其他一年生植物，几无有不能食者，灌木则不受害。被害作物中最重要者，即为草棉。

（4）意大利蝗：*Calliptamus italicus* L.。意大利蝗之学名界说，并未十分固定，因之其分布情形，未能确断，如恺拿莱群岛之火神蝗 *Calliptamus plebeius* Wlk.（*volcanius* Kr.），西班牙及葡萄牙之短翅长头蝗 *Calliptamus* sp.，土耳其斯坦、波斯及西比利亚一带之 *Calliptamus* sp.，或以为均属同种，或以为不止包括一种，诸说纷纷不一。大概言之，则意大利蝗之分布（实可称为 *Calliptamus* 之分布）与摩洛哥蝗者相仿，惟更为广泛。西达恺拿莱群岛及梅台拉群岛（Madiera Is.），东迄西比利亚、土耳其斯坦及喜马拉雅山南麓，北至苏俄中部、德国南部，南界埃及。分布虽如是之广，但并不时时结成大队为害。受害最重者为摩洛哥、阿尔及利亚、突尼西亚、利比亚及意大利，法国、匈牙利、苏俄南部及波斯次之。被害之重要作物为烟草、马铃薯、草棉、蔬菜、紫苜蓿等。据苏俄农部报告，作物之栽培良好，杂草清除者受害特重，此因意大利蝗较喜杂草故也。本种之中心发源地尚未发现，能生长繁殖于垦熟地带，故每集成小群而掠食。

（5）西比利亚蝗：*Gomphocerus*（*Aeropus*）*sibericus* L.。分布于西比利亚全部

（除极北区外）、苏俄（欧洲部分）东部及南部。此外，巴尔干半岛、高加索、阿尔卑斯山、亚平宁山（Apennine Mts.）、比里尼斯山（Pyrenees Mts.）及西班牙中部之山间亦时时发现。本种之习性，似较喜干燥而多森林之草原地带，专食禾本科植物，小麦、燕麦、大麦及牧草受害最重，裸麦仅偶被侵害，其他栽培物之被害，更属罕见。

（6）黑翅蝗：*Chorthippus scalaris* F. W.（*Stauroderus morio* F.）。西比利亚全部、苏俄之欧洲部分与南欧之山间及草原上均有之，为草原森林地带（Steppe-forest Zone）之主要害虫。其个数通常虽次于西比利亚蝗，但有时超过之，引起西比利亚及乌拉山两侧稻麦作之大损害。

（7）咸海蝗：*Dericorys albidula* Serv.。分布于土耳其斯坦之阿姆河（Amu-Darya）流域，于栽培植物，并无大害。

（8）爪哇蝗：*Valanga nigricornis* Burm.。分布于印度、马来半岛、东印度群岛、菲律宾、澳大利亚。包括若干亚种，最著者为 *V. n.* Subsp.、*melanocornis* Serv.，其分布仅限于爪哇，喜居于海拔 200～300 米之印度麻栗（*Tectona grandis*）林中。每隔长时期后，发生大猖獗一次，侵入垦熟地带，甚且达海拔 2 700 尺之山地。成虫羽化后，蜂集而在附近为害，迁移时之结队性，不如他种飞蝗之明显。

（9）孟买蝗：*Patanga*（*Cyrtacanthacris*）*succincta* L.。印度全部、锡兰以及马来半岛、苏门答腊、爪哇、菲律宾、中国、朝鲜及日本（本州、九州、四国）等处均有之。本种之跳蝻无群迁性，成虫则时或结队迁行，以栽培之高粱、粟类、芒果（*Mongo*）、柑橘、可可树、落花生、大豆、穄子等为食，草棉不受其害。

（10）棕蝗：*Locustana pardalina* Wlk.（*Pachytylus sulcicollies* St.；*P. capensis* Sauss.）。棕蝗之独居型，即为 *L. solitaria* Uv.，乃南非洲之主要飞蝗。发生于大卡罗（Great Karroo）以北之内地区域，群迁时则侵及奈脱尔（Natal）、罗提西亚、卑区安拿兰（Bechuanaland）、好望角省（Cape Province）、奥伦奇自由州（Orange Free State）、西南非洲及其附近，有时亦及于海岸地带。

（11）红蝗：*Nomadacris septemfasciata* Serv.（*Cyrtacanthris foscifera* Wlk.；*C. purpurifera* Wlk.；*C. subscllata* Wlk.；*Acridium sanctae-mariae* Fin.）。红蝗之独居型，即 *N.*（*acridium*）*Coangustata* Luc.。分布较棕蝗为广，北至刚果河流域、阿比西尼亚、尼格里亚及苏丹南部，其他如马达加斯加岛、喀睦乐群岛、罗尼盎群岛（Réunion Is.）、由刚达、罗提西亚、屈伦司梵尔（Transvaal）、葡属东非洲、安哥拉（Angola）、好望角省、奥伦奇自由州、奈脱尔等处无不有之。受害最烈者为尼格里亚、奈脱尔及葡属东非洲诸地。

(12) 树蝗：*Anacridium moestum* Serv.。树蝗喜居于高树或丛林中，故名。以阿拉伯树胶树（*Acacia*）、枣（*Zizyphus*）及其他果树之叶为食，草棉及柑橘等有时亦被其害。分布较红蝗更广，尼格里亚及由刚达以南之非洲全部均有之。而其亚种 *A. moestum subsp. melanorhodon* Wlk. 则分布于苏丹、阿比西尼亚、苏可屈拉岛（Sokotra）、阿拉伯及大西洋中之绿角群岛（Cape Verde Is.）。本种之群迁，多在夜间，且群体不众。

(13) 花角蝗：*Zonocerus elegans* Thng.。花角蝗之分布，虽遍于赤道非洲及非洲南部，但非洲南部发生较多，喜湿润之地，具草食性，主要食料为马利筋（*Ascle-pias*）、望江南（*Senecio*）等。大发生时各种栽培植物，如草棉、可可树、咖啡树、橡皮树、樟树，均受其害，惟不食牧草。平时居于矮小灌木上。其经济重要性，次于上述数种。

(14) 游牧蝗：*Chortoicetes terminifera* Wlk.。游牧蝗之跳蝻，颇不喜群迁，成虫之群迁，取程亦不甚远。分布于澳大利亚之西部澳洲、昆士兰（Queensland）、纽骚威尔士（New South Wales）、维多利亚等处。

(15) 花腿蝗：*Austroicetes tricolor* Sjöst。滋生于纽骚威尔士、西部澳洲。第一龄时无群性，长成后则结队迁移为害。

(16) 平原蝗：*Austroicetes pusilla* Wlk.。滋生于纽骚威尔士、西部澳洲。

(17) 小黄翅蝗：*Oedaleus australis* Sauss.。本种之分布情形，尚未十分明了，所已知者为澳大利亚昆士兰、纽骚威尔士，有时结队群迁。

(18) 落矶山蝗：*Melanoplus spretus* Uhler。落矶山蝗为北美洲最著名之飞蝗，1874—1876 年大猖獗，密士西比河以西之作物均遭其害，损失达 2 亿金元以上。自经莱娄（C. V. Riley）、潘卡特（A. S. Packard）诸氏之努力，近 60 年来已绝迹不见。其原有之永久孳殖地为落矶山脉（Rocky Mountains）与尼梵达山脉（Sierra Nevada）、恺自盖岔山脉（Cascade Mts.）间之高燥地带，不惯于低湿。

(19) 小落矶山蝗：*Melanoplus atlanis* Riley。体形较小于落矶山蝗，适应性特强，遍布于北美洲各地之小山、草原、牧场等处。跳蝻均为独居性，颇喜爬于植物上；成虫则有时具群迁性。近年来汉得逊（W. W. Henderson）、尤佛洛夫、若罗脱夫基诸氏咸以为本种即落矶山蝗之独居型，改本种之学名为 *Melanoplus mexicanus mexicanus* Sauss.，或 *M. m. atlanis* Riley；改落矶山蝗为 *M. m. spretus* Walsh。惟此说尚未得学术界之公认，且本种犹时有群迁之事实，故本文仍分作二种。

(20) 灾蝗：*Melanoplus devastator* Scudder。发生于北美洲西部尼梵达山脉、海滨山脉（Coast Range）一带山麓草原间，为加拿大及美国沿太平洋诸省之大害。

（21）双条蝗：*Melanoplus bivittatus* Say。分布于墨西哥，美国全部（除东南部外），加拿大美尼士巴（Manitoba）南部、萨士恺区旺（Saskatchewan）、阿尔伯泰（Alberta）、魁拔克（Quebec）、不列颠哥伦比亚诸省及纽芳兰。喜低湿之地、森林近旁及有荫之山麓，但亦能繁殖于垦熟地带。受害最重者为禾谷类，其他作物如紫苜蓿等次之。

（22）潘卡特蝗：*Melanoplus packardi* Scudd. 。分布于美国北部及加拿大南部诸省。

（23）透翅蝗：*Camnula pellucida* Scudd. 。分布于美国及加拿大，南达美国宾雪文尼亚州（Pennylvania）、印地安拿州（Indiana）及伊立诺州（Illinois），西迄奈勃拉司加州（Nebraska）、新墨西哥州及加利福尼亚州（California）。喜干燥、植物稀少之强碱性地带。成虫或一、二龄之跳蝻，如集成多数，即表现其群迁习性，惟成虫之群迁群，群时个数并不甚多，且不甚规则，飞程亦近。其主要食料为禾本科，故常引起禾谷及牧草之大损害，此外蔬菜亦甚喜食，惟不喜马铃薯、甜菜。

（24）游蝗：*Oedaleonotus enigma* Scudd. 。发生于美国太平洋沿岸高燥之草原内，群迁时仍以足步行，沿路逢植物即食，梨、杏等树皮亦受其害，草坪、田园尽为所毁。

（25）黑蝗：*Taeniopoda eques* Burmeister。以墨西哥北部及美国南部高山、沙漠及半沙漠地带为根据地。

（26）无翅蝗：*Dissosteira longipennis* Thomas。分布于美国恺撒司（Kansas）、克罗莱杜（Colorado）两州平原。成虫无翅，但往往结队群迁数英里，且跳且跃，沿途绿色植物，几无有不受害者。

（27）南美洲蝗：*Schistocerca paranensis* Burm. 。南美州蝗分布情形，迄今尚未十分明了，且有许多学者疑以为不止包含一种者，然以实际从事于其分类学、分布学、生态学者甚少，无整个有系统之记载，故仍未敢以为定论。概言之，则南及阿根廷，北迄西印度群岛及墨西哥，南北长达 4 000 余英里（尤佛洛夫及若罗脱夫基两氏颇疑分布于美国南部之 *S. americana* F. ，即为其独居型）。主要食料为禾本科植物，惟于高粱属（*Sorghum*）及其近缘作物则不甚喜好。亦食豆类，独葫芦科及大戟科植物则毫不受害（Bruner, 1898）。本种之群迁群，年有发生，有时竟达于美国南部边境。受害最甚者，为阿根廷，1922—1923 年大猖獗时，该国全面积之 48％均受其蹂躏，其他如巴西、乌拉圭（Uraguay）、委内瑞拉（Venezuela）、巴拉圭（Paraguay）、哥伦比亚、秘鲁、厄瓜多尔（Ecuador）、巴拿马、墨西哥、中亚美利加、西印度群岛诸地，亦时受其害。

上记 27 种飞蝗内，实际或不止此数，或竟不及此数。因目前各国蝗虫分类学家大多以为意大利蝗及南美洲蝗均各不只包含一种，而落矶山蝗及小落矶山蝗则为同种而异型也。

27 种中，最重要者，即为遍布东半球各处之东半球蝗，孳乳于欧亚非之洲之摩洛哥蝗及沙漠蝗，以及发生于西半球之南美洲蝗。

2. 世界飞蝗之防治法

害虫防治方法，可分农业防治、立法防治、机械防治、药剂防治、人工防治、自然防治等数种。本文为叙述便利起见，仅分蝗卵时期之处理法，蝗蝻及飞蝗时期之处理法两项。

（1）蝗卵时期之处理法

1）耕耘。耕耘之作用，乃在使蝗卵感受不良天气而不能孵化，或使其为天敌所食害。耕耘之先，宜先勘察飞蝗产卵之中心点，再行施行，耕耘之深度，仅 0.75 英尺可矣，而其次数则非 4 次不可，否则无效。美国、西班牙、巴勒士登（1930）等处用之。此法宜勘酌当地情形行之，如冬季耕耘本为农作所必要，则不妨提倡之，否则太不经济。耕后如能灌水，使蝗卵浮起，再涝集销毁，则效力较大（埃及，1929）。

2）淹水。蝗卵将孵化时，如连续淹水 24 小时，死亡率有时可达 100%。印度之联合省（United Province，1930）、苏俄之伏尔加河下游（1929）均曾用之。于灌溉方便之处可用之。淹水之作用，在增高产蝗地带之湿度，促菌类之发生，而孵化率由此而减低。

3）放牧。蝗卵所在，如为松软之泥土，则可驱使大批牛马、羊只奔驰践踏于其上，能使蝗卵受伤损挤而不能孵化，或虽孵化而不健全。此法必须由素有训练之牧群行之，其只数至少需在 500 头左右，南美阿根廷曾用之。又有放猪群使其觅取蝗卵而掘食者，阿根廷亦曾用之。

4）掘卵。搜掘蝗卵，至属不易，人工耗费极多，今惟西班牙用之。而南非洲之治树蝗，亦仅能掘卵（或在初孵化时设法驱杀之），否则孵化后上升树上，处理不易——是为特殊情形。

5）天敌。蝗卵天敌，种类甚多，寄生亦各有不同，兹分举其类别、学名及其已知之寄主（学名略）。

……蝗卵天敌颇多，而实际上可供人类治蝗上之利用者，为数甚少。其中最重要者，为芫青及花蜂二类，有时在某种环境下可达 95% 左右。但芫青之成虫为豆蔬之著名害虫，花蜂幼虫亦能为害作物根部，其他诸种天敌之发生，多受环境之支配至严，仅能在某一时期、在某一小范围内，造成相当之寄生率。是否值得重视，当待诸将来之探究耳。

蝗卵时期之治蝗方法，已尽于以上五端，此五端也者，或未合经济，或太近理想，或效率甚低，或难于施行。盖蝗卵保护綦密，水浸之不透，寒冻之不易死，且深埋土中，而与泥土同色，措施不易。将来较有希望者，惟在利用天敌，故本文特别注其参考材料之搜集。天敌之利用，苏俄之包特金斯基（Portchinsky）氏等曾作专门研究数次，结果均未能十分圆满，此乃技术上之欠缺所致，非法之不善也。目前治蝗，惟有自治蝻治飞蝗着手！

（2）跳蝻及飞蝗时期之处理法

跳蝻及飞蝗时期之处理，方法颇多，综合之可分物理及人工、农业、药剂与自然4项。兹分述如下：

①机械及人工防治法。

1）掘沟。掘沟方法，通行颇久，乃机械及人工防治法中之较有效力而合乎经济者，中国、印度、南美诸国，马达加斯加、保加利亚、罗马尼亚、龙纳山、利比亚、比属刚果等处，现均沿用之。

掘沟之所在，如植物生长过高，则不易驱蝻入沟；蝗沟与蝗蝻来向之间，不宜有车马进出甚忙之大路；沟之阔度及深度，随蝗蝻龄期及个数而定。据张景欧、尤其伟二氏（1925年）之试验，东半球蝗蝻第一龄之跳跃距离，平均9英寸；第二龄14.5英寸；第三龄22英寸；第四龄26英寸；第五龄29.5英寸。掘沟之阔度，可以之为根据；沟之深度，蝻数极多时，则掘至3尺左右，通常1～2尺可矣。沟之周沿，宜成直角，决不可作钝角，而设如土性坚实，则不妨掘成锐角，使沟口上狭下宽，则收效更大。沟之侧壁，务须平滑，除净草根；其在沙地之蝗沟，雨后每为雨水所冲刷，常致崩坏，不能平滑，故必须时加整理修缮。掘起之泥土，宜堆于蝗蝻去向之一侧，沟内不必安置任何引诱物或药剂，惟每隔1丈左右，宜掘一子沟，使蝗蝻入沟后，再陷子沟内，因彼此跳跃冲击或断食而死。蝗沟之本身，宜向蝗蝻群取包围式，如遇有蝻群之处，须在其迁徙方面掘支沟。为保护作物亦可掘沟防之。蝗沟之全部，以正对蝻阵进行方向者为重要，但于侧面亦宜预事掘沟围住，盖蝻阵之进行，难免受外界影响而转变方向或分歧四出也。蝗蝻之进行方向，对于阳光有相当趋向性，故晚间及下午所掘之蝗沟，如甚靠近蝗阵，则宜略向东偏或东南偏，反是，中午及上午所掘者，宜略偏向西方或西北方。驱蝻最适时间，为上午10时至下午5时，人数愈多愈妙，驱时众人排齐列阵，顺蝗蝻之去向，缓缓进行，用扫帚或鲜明旗帜等物向前扬动，如驱之过急，则蝗蝻惊慌集缩不动，或向后乱窜。驱时如有铁道、园圃等横过，可预置屏障护之。子沟内或蝗沟内死蝗积至相当数量后，宜即取出掩埋，或将旧子沟用土埋没，另掘新者。据阿尔及利亚之实验报告，死蝗埋下 3 个月后，其肥料效力胜于鸟粪或人造窒素肥料 2 倍，则掘沟而处理得法，尚可致利也。

掘沟之最大缺点，即为开掘及赶蝻之需要大批人工。尤佛洛夫氏（1928）谓：驱赶时，蝗蝻大多横走或躲于草石之下，驱后初视之，似已减少甚多，但不久即又集成队伍。实际上跳入沟内者，为数颇少，决不能将其全部歼灭，故土耳其、巴勒士登、土耳其斯坦等处，均以此法效力欠大而废弃云。

2）洋铁板。洋铁板即镀锌之薄铁片，亦名铅皮。用时先将洋铁板裁成高 12～14 英寸之狭长条，再用小木条（或竹片、树枝等亦可）钉于地上，使夹住不能动。洋铁板面与地面成直角，二洋铁板交接处，宜设法使其衔接密切，再在蝗蝻进行方向之内侧，每隔相当距离，掘一深 3～4 尺、长广 9 尺之陷阱，陷阱之上边能铺以洋铁板长条，并稍稍突起则更好。

大队蝗蝻迁行时，沿直线进行，其方向非万不得已，决不变更，逢高山则超越之，逢河流则泅渡之；然与垂直洋铁板相接触，虽其高度仅 1 尺左右，亦不能过（1900 年 Munro 氏谓：某种蝗蝻恃其吸盘状褥垫之发达，能登 20～30 尺之高墙云云），不得已乃沿洋铁板内侧，分向左右移动，结果均挤落于陷阱中而死。

洋铁板之安置地点，宜在蝻阵进向之正前，其与蝻阵间之距离愈近愈妙。设置之前，应测定其进行方向、进行速度，再揣度设置洋铁板所需之工程时间，乃决定其地点，而用短距离之洋铁板处理之。设置工程，宜在晚间进行，至晚亦须于次晨以前完竣。工程完后，绝不需驱赶工作，洋铁板及蝻群附近，宜禁绝人畜之闯入，使蝻阵不致以受惊而转移方向。陷阱之开掘，如一时不及赶了，可用预先办就之大洋铁桶（桶缘与桶底须成直角或锐角，桶缘须有 1 尺以上之高度），或附近村坊之大桶、大缸，紧靠于洋铁板旁，桶之外围以泥土壅之，与桶口相齐，而与附近地面成斜坡形；如用木桶，则桶口四周围之泥上，应铺洋铁板狭条，且略略突出桶内，以阻已投桶内之蝻重行爬出。

此法特别适宜于防治大片荒地之蝗蝻，如安置适当，能将整个蝻阵作彻底之解决。近年巴勒士登、干比亚（Gambia）特克曼尼斯坦、土耳其、塞普勒斯、埃及、突尼西亚、菲律宾等处，均已摒弃掘沟法而改用此法，结果无不满意。1930 年，塞普勒斯曾用此法杀灭蝗蝻 1 950 亿头，而全部费用，仅 12 511 金磅而已。

洋铁板之缺点，在乎搬运及安置技术上之困难；以经济及效能言之，则胜掘沟多矣。中国方面，因不能自制洋铁板，目前经济情形，尚不能骤加推广。

3）捕蝗器（Dozer）。捕蝗器之形式及作用、种类颇多，如美国之 Hopper dozer、南美之 Carcarana，其尤著者也。形式大多甚为简单，下部为一甚浅之长方盆，盆背竖一方形而微向下方内侧弯入之洋铁板或帆布之幕屏，盆后具一竹笼或铁丝笼（Hopper dozer 无笼而于盆内置煤油及水），笼之下侧前方开口，与幕屏下方之开口相应。幕屏下方之开口前面，（Hopper dozer 之幕屏无开口），置一低形舌状拦板，盆下有轮。用时以人力或畜力曳之，疾驰于蝗蝻所在荒野平地上，使蝗蝻受惊而跳入盆内，或遇煤油闭塞其气孔而死亡，或跳入触幕屏而坠于拦板内侧，再由开口向内钻入笼内而不得出。此外更有插钢刷于轮轴上，轴后置盛蝗袋，车轮向前滚转时，钢刷即在地上扫集蝗蝻而纳之于袋内，积满后，倾出再捕。

此器处理飞蝗之蝻阵时，以地上堆积蝗蝻过多，互相拥挤，受惊后，前后乱窜，跳入器内者，仅属少数，而所耗人工，颇为可观，且需特制之器具，故不合于大规模之施行；惟于防治无群迁性之跳蝻，则尚有相当价值。近年来各国用以治飞蝗之跳蝻者，据作者所知，仅非洲之利比亚、欧洲之匈牙利、北美之美国及南美之阿根廷耳。

4）纵火。蝗蝻或飞蝗，夜间多聚集而宿于草间，气温较低时尤甚。故蝗蝻所在之野草，如甚干燥，则不妨纵火杀之。又如野草青湿，而不易着火，则先割下晒干，堆作数小堆，再将蝗蝻驱至其附近，诱其于夜间集其上，最后纵火杀之，同时于四围附近用鞭、连枷等鞭挞自火中跳出之蝗螂。此法于寒冷之夜行之，尚有相当效力，印度及南非、南美曾试用之，现均已摒弃不用。

或谓蝗虫具有慕火性，故可举火诱之自投于火，实则蝗虫对于灯光、火焰之趋向性，均极不显著，故举火诱杀，难求实效。

最近盛行于埃及、印度、希腊、依士屈里亚（Istria）、土耳其斯坦、巴勒士登、伊拉克、叙利亚、利比亚、坦埂埃卡等处之喷火器（Fire thrower），其成效远胜于上述之纵火法。此项喷火器，创始于欧洲大战，所发火焰，长达 80 英尺左右，阔约 9 英尺，效力虽大，但耗油至多，构造复杂，使用者如无久长训练，往往因用之不慎而丧生。而巴勒士登治虫技师包德敬（G. E. Bodkin）氏所创用之喷火器，构造简单，火焰长 15 英尺，使用者甚为安全，用油较省，每 10 分钟，约费 1 先令（巴勒士登，1928）。该器之最重要部分，为金属管及石棉制膨大如喇叭之喷头。用时将喷头装于普通用之中形喷雾器，喷雾器内满盛煤油，并加气压，再略滴煤油于石棉上而燃以火，使喷头灼热而喷出火焰。此种方法，于夜间温度在华氏 65°F 以下时（其时蝗虫咸不食不动），对付聚集一处之飞蝗或蝗蝻，极有效力。据包氏之报告，62 亩面积内之或飞蝗或蝻，能于一夜中全部肃清。

此器之最大缺憾，即为用油之耗费，包氏虽谓杀一头将产卵之雌虫，胜于次年掘十数卵块或杀数百跳蝻，但其经济价值究竟如何，尚待探讨。

5）滚压。蝗蝻初孵化时，身体柔弱，且所居之面积甚小，处理较易，可于夜间、清晨或气温较低之昼间，用人力或畜力曳碌碡滚压之。此法对于平坦地区，由多数碌碡并排进行，颇有相当效力。南非、南美及印度均曾用之。惟以蝗蝻初期，多在野草密生、人迹不到之处，人畜难于入内。设所用碌碡，过于笨重，则不便运行，过轻则受灌木长草之阻拦，不能使其下之蝗蝻全数压死，故现今多已废止。

6）围打。围打之先，应勘定蝗蝻之集中点，次在该点设一标的，再由所集人夫由四围执连枷或扫帚等，并齐向前随行随打，使蝻皆集至中心而不能跳出圈外，结果全被打死。此法如于平坦之区行之于清晨，有相当效力。中国及阿根廷、南非洲前曾用之。惟不能解决整个蝻阵，人工太费，现多不用。

7）网捕。夜间、清晨、雨天或阴天，蝗蝻或飞蝗集于草上，行动不甚活泼，可用普通之捕虫网、扫网或夹层扫网扫捕。此法颇合于低平柔弱之草地，惟太费人工，且不适于灌木丛生或芦苇深密之处，行于希腊、巴勒士登及中国。本年萧山之飞蝗，乡人间有用捕鱼手网，对张而拦捕之者，每日两人能捕60～70斤。

8）手捕。跳蝻及飞蝗于气温降低时，集而爬于植物上，呈半眠状态，即或走近其身，或以手触之，亦不甚活动。又下雨或重露之后，蝗翅为雨水所沾，飞翔不便，故可于清晨雨后，赤手捕捉之。此法于人工低廉之处，在飞蝗降落而将产卵时，可酌量行之，否则不合经济。吾国治理生翅能飞之蝗虫，多用之。

9）包装。法将甚大之布帕或网，铺于地上，驱蝗蝻至其上，乃将其合拢包住，入热水中杀之。1930年，保加利亚曾一度用之，效果不甚圆满。

10）熏烟。飞翔中之蝗群，如遇烟雾，则不致下降为灾，惟究非根本之道。中国、恺崖等处偶或用之。熏烟燃料，可以牛马粪、青草、黑油、木屑等充之。

11）鸣锣。鸣锣、击鼓、扬旗，……亦能止蝗群之降落，惟对于业已降落之虫，则无效力。古昔用者颇多，现惟中国等处有之。以邻为壑，驱逐终非妥法。

②农业防治法。

12）放牧。雨后或气温较低时，可使善牧者驱大批牛马羊群往来奔走疾驰于跳蝻集合之处，亦能将蝻践死一部分。南美阿根廷因牧畜事业特别发达，征集牲畜颇易，曾试用之。

此外，又有驱放鹅、鸭等家禽入蝗蝻发生区域，使其啄食者，此则惟能对付小范围内3龄以内之蝗蝻。鹅、鸭吞食蝗后，宜给以水，否则易因过饱而涨死。美国方面，颇有主张放火鸡以食小落矶山蝗者。

13）割草。蝗蝻发生之区域，四围安设阻碍物或陷阱，再将其内之芦苇等植物割除移去，使蝗蝻乏食饿毙。此虽能将某范围内之蝗蝻全部解决，惟太耗人工（但如割下之芦苇等能利用之作造纸原料等，则不妨试行之）。印度西北诸省之产蝗区域曾于1930年用之。

③药剂防治法。

14）毒饵。毒饵之作用，即利用蝗虫对于某种食物之趋化性（Chemotropism），使其弃现成之作物，而食毒致死，故其所含三要素为毒物、诱引物（Attractant）及附毒体（Carrier）。

良好毒物，须具有杀虫有效、价钱低廉及适合蝗虫之嗜好（至少须不为蝗虫所厌弃）三条件。普通所用者为巴黎绿、伦敦紫、红砒、白砒、砒酸钙、氯化钠、亚砒酸钠（Arsenite of soda）、氟矽酸钠等。近年各处多主同时混用多种毒物，毒物之能溶于水者，易为附毒体所吸收，但施放后一经大雨，即归无效；不溶于水者，雨后仍有效，但不易为附毒体所吸收。毒物含量，过多则减少毒饵之引诱力，过少则减低毒力，两者均足以折损毒饵之效率。

诱引物之为物，一般均以为能增加毒饵效力，惟据施梵客（Swenk）、佛尔（Wehr）、摩列尔（Morill）等在西比利亚及美国之试验结果，以为并无必要，甚且有主张去之为善者。如用引诱物而果能增加毒饵之效率，则又宜考虑引诱物之价值及运输费是否能抵偿其功用。诱引物之性质，普通多用含甜味者，但美国盛行以柠檬、橘子汁或食盐替代之；南非洲则以新鲜蝗蝻，略加压碎而充之。此外，南非洲又发现芒果所含某种松油精（Terpinol），对于蝗虫具有特殊之吸引力；蝗虫需要水分甚多，故水亦可称为重要诱引物之一。

附毒体之要件，为能吸水分，能易于撒放，不成团块或细粉。古昔初行毒饵时，多以斩下切碎之绿色植物充之，效力虽佳，但以耗费人工过甚，不久即淘汰。现时通行之附毒体为牛马粪（马粪较好）、麸皮（小麦者最佳）、锯屑、棉籽粉、米糠等，及各地合用之产土。或单纯用，或混合用。

长大蝗蝻及成虫之分布面积广，食量亦大（飞蝗之食量，约有第一龄蝗蝻之百倍），较难处理，故施放毒饵，最宜于幼小之蝗蝻。对付蝗群，于夜间散布其四周，或于昼间集中一处而施放之。施放方法，或用手直接撒布，或用特制之撒饵器荷于人夫或牲畜肩上，或架于车上或飞机上撒布之。用时宜注意温度、湿气以及蝗虫之龄期，盖此三者，均与蝗虫行动、喜恶程度及食量多少有密切之关系。第一龄时，可用手直接乱撒之；第二、三龄时，可于蝗阵前15英尺，撒成一行；第四、五龄时，离蝗阵60～75英尺处撒成一行。撒后应禁绝牲畜、家禽走入，以免误食中毒。苏丹因运输不便，且土人不谙调制，因特将毒饵制成后晒干，分运各需用地点，再加水而撒放；贮藏三四月后，杀蝗效力仅略次于新鲜者，此法颇足仿效。如用飞机分撒，则每小时约能撒干毒饵 1 吨于 1.8 万亩面积内（湿润者亦可用于飞机撒布），撒时之飞机高度约为 180 英尺，撒下之毒饵列成之阔度，亦约为 180 英尺。

毒饵配合方式甚多，兹略举数种如下：

A. 美国北达柯达（North Dakota）1931 年式：麦麸 50 磅、糖蜜 1 加仑（美国制，下同）、水 8 加仑、氟矽酸钠 2.5 磅。

B. 美国米纳苏达（Minnesota）1931 年式：麦麸 100 磅、粗制砒石（Crude Arse-nate）5 磅、糖蜜 2 加仑、水 10 加仑。

C. 美国康纳的客脱（Connecticut）1930 年式：麦麸 25 磅、巴黎绿 1 磅、柠檬 6 只、糖蜜 1 加仑、水（加至湿润为度）。

D. 美国福禄利达（Florida）1926—1930 年式：巴黎绿 1 份、麦麸 25 份（均以重量计）。

E. 美国乌达（Utah）1931 年式：亚砒酸钠 4 磅（或巴黎绿 1 磅，或白砒 1 磅）、糖蜜半加仑、水 2～3 加仑、麦麸或苜蓿籽粉（Lucerne）25 磅、醋酸五炭烷基（Amyl acetate）0.75 英两（或柠檬 6 只，或橘子 6 只）。

F. 恺崖 1931 年 A 式（英国制）：咖啡果皮 400 磅、牛粪 100 磅、亚砒酸钠 22～25 磅、醋酸五炭烷基 7 英两、水 12～16 加仑。

G. 恺崖 1931 年 B 式（英国制）：咖啡果皮 100 磅、碎麦或玉蜀黍粉 20 磅、米糠 5 磅、亚砒酸钠 66 英两、水 8 加仑、糖蜜 2.5 派因脱（Pint）、醋酸五炭烷基 2 英两。

H. 摩洛哥 1927—1930 年式：亚砒酸钠 1.5～2 磅、麦麸 100 磅、糖蜜 8 磅。

I. 伊利屈利亚 1930 年式：亚砒酸钠 3 磅、麦麸或高粱糠 97 磅。

J. 阿尔及利亚 1930 年式：亚砒酸钠 4～5 磅、麦麸 100～120 磅、糖蜜 10 磅。

K. 法属苏丹 1932 年式：锯屑（或花生壳）50 磅、牛粪 50 磅、糖蜜 8 磅、亚砒酸钠 4 磅（或氟矽酸钠 2 磅）。

L. 英埃属苏丹 1930 年式：麦麸 110 磅、亚砒酸钠 2 磅、糖蜜 0.6 加仑。

M. 海门 1930 年式（陈家祥先生所制）：白砒 1 两、红糖 1 两、麦麸 30 两、水 25 两。

N. 特克曼尼斯坦 1930 年式：棉籽粉 10 磅、亚砒酸钠 4～7 英两。

O. 高加索 1930 年式：亚砒酸钠 2 磅、水 5 加仑、草或稻藁 50 磅。

P. 伊拉克 1927 年式：麦麸 15 份、亚砒酸钠 1 份、糖蜜 2 份。

毒饵之优点，为调制简、使用便、效率高，且能适合各种环境。蝗蝻或成虫，均甚合宜，故目下最为流行。亚洲之乌培吉士坦、特克曼尼斯坦、伊拉克、乔治亚、印度、巴勒士登；非洲之南非联邦、东非洲、恺崖、苏丹、突尼西亚、摩洛哥、利比亚、哥尔考施脱、士哥兰、龙纳山、埃及、阿尔及利亚、伊利屈利亚；欧洲之意大利、撒丁岛、高加索、苏俄、塞普勒斯、希腊；美洲之美国、加拿大等处，无不用之。吾国则以药剂价格较贵，虽曾试用数次，然未加推广。

15）喷射。喷射乃用药液直接喷于蝗虫身上，使接触毒物而死；或间接喷于作物，使蝗虫吞食中毒而死。前者即接触剂，后者即胃毒剂。

通常所用之接触剂为矿物油类、苛性曹达、氰化钠、氰化钾、石油乳剂、肥皂乳剂等，对付蝗蝻，效力比对付成虫大。胃毒剂则多以巴黎绿、亚砒酸钠及砒酸铅等。亚砒酸钠液如喷于蝗群或蝻阵前之草上，蝗虫经过而沾着后，亦能发生接触剂之作用。

喷射胃毒剂，实际上，仅或可于夜间或清晨以前，喷于蝗群或蝻阵之正前。或以为用机器喷射药液，可较合经济，实则机器之运用，必需甚多技术人员及修理场所，且治蝗大多在飞蝗或蝗蝻侵入熟地之后，如喷射胃毒剂，必须牺牲一部分良好作物。而喷射接触剂，则无合于经济之药物，故喷射药液以治蝗虫，不甚适宜。惟用此法者颇多，如印度、西班牙、葡萄牙、美国、利比亚、苏俄、南非洲、希腊、荷属东印度、菲律宾、意大利、撒丁岛等是。

又蝗蝻迁移时，若过河流、水沟，能涉水而过，设将煤油喷于水面，则蝗蝻虽仍能渡河登岸，但登岸后不久，即因煤油闭塞其气孔而死。此法为本局技师陈家祥先生所创（1928 年），成效颇著，1928 年浦口一带曾用此法杀蝗蝻 50 余担。今年萧山及绍兴治蝗，亦曾应用之，惟耗油颇多，较不经济耳。

16）撒粉。撒粉治蝗，往昔多不重视，近年来苏俄、美国、菲律宾等，广用飞机撒粉（印度等处犹用人工撒粉），以治飞蝗及跳蝻，据云结果颇为圆满。每 12 分钟，约能撒布 600 亩面积。所撒药物，大多为胃毒剂兼接触剂，最普通者为亚砒酸钠、亚砒酸钙、砒酸钠、巴黎绿等。跳蝻沾着此粉后 24 小时内死亡，而沾着其触角后，仅 4～5 小时即死。每亩约需粉末 0.43 磅。飞机撒粉，每亩约需费用 1.25 便士（美国埃渥华州 Iowa，1930 年）。

砒酸钠及巴黎绿二物，除有接触剂及胃毒剂之作用外，或谓尚有避蝗虫之作用，故如撒于植物上后，飞蝗或蝗蝻往往弃而不食云（按此说果确，则此二物不能作治蝗治蝻毒剂矣）。飞机撒粉时，可同时撒播生长速之林木种子，以减少蝗虫滋生面积。

至于飞机，目前仅可用于探察飞蝗发生地点，或面积广大，不易闯入，而附近有飞机升降场合之产蝗区域撒粉。其所需消耗，远过其他治蝗方法，将来或有推广之价值。

17）毒气。苏俄近用氯气杀蝗，但危险且消费甚大，不久即弃之。西班牙、阿根廷及摩洛哥曾用氰化钙粉（发生毒气）杀幼小之蝗蝻，效力虽大，但亦以危险及不经济而废止。此法仅可用于蝗群极盛而野草极密之场合。

④自然防治法。

18）利用寄生性天敌。飞蝗及蝗蝻之寄生性天敌，种类甚多，其已有正式记载者，为肉蝇、针蝇、花蝇、长吻蝇、眼蝇、驼蝇、青蝇、厚唇蝇、壁虱、雨虫、金线虫、簇虫、真菌及细菌，计14类130余种（学名略）。

寄生性天敌中，以肉蝇、壁虱、线虫及菌类最为重要，但足供目前利用者，尚乏其例。此中动物性寄生天敌之寄生率，至多亦不及30％，将来或能有人工繁殖天敌之新法，使维持自然平衡，而不致复有大猖獗之可能性。至于植物性寄生天敌，1911年，法国细菌学家赫莱尔氏（F. D. Herelle）在墨西哥余家墩（Yucatan）发现灭蝗细菌 *Coccobacillus acridiorum*，谓对于产卵期之飞蝗特别有效，且能由人工散布，如环境良好，8日内可将全群致死云云。一时全世界治虫人士莫不为之兴奋，而阿根廷政府且聘赫氏作大规模施行，结果赫氏虽自夸甚为满意，实则成绩甚劣，细菌治蝗之说，不久即归消沉。灭蝗真菌 *Empusa grylli* 虽有时繁殖颇多，但气候之限制至严，且无替代活蝗之培养物质，目前尚未能实用。

19）利用肉食性天敌。跳蝻及成虫之肉食性天敌，大别之为哺乳纲之臭鼬、松鼠、野猫、犰狳、负鼠、猢狲、狐狸、刺猬、猪、犬等；鸟纲之鹳、兀鹫、火鸡、鸦、鹊、鸡、鸭、鹅、鹪鹩、鹧鸪、鹰、鸥、沙雕、鸢、食蝗鸟、食蜂鸟、翠鸟、伯劳等；爬虫纲之守宫、避役等；两栖纲之蛙、蝾螈、蛤蟆等；昆虫纲之盗蝇、胡蜂、蚁、鳌甲蜂、螳螂、螽斯、步行虫、虎甲虫等；蜘蛛纲之蜘蛛等。种类虽多，实际上均不足以控制飞蝗之大猖獗，因飞蝗于某种环境下经相当时期后，能骤然增加，而其肉食性天敌则无此种特性，目前惟有衡天敌之整个经济价值（即其对于人生利害之较），择其有益者，而尽力保护之耳。

20）气候。飞蝗之大猖獗及发育情形，与气候之变化有极密切之关系。据尼格里亚之里安氏（O. B. Lean）之研究报告（1930年），该处蝗群，均栖于平均相关湿度40％～85％（每日上午9时）之地带，而湿度60％～80％之地带尤多；湿度变化时，蝗群亦随之而迁移。里安氏又谓：该地飞蝗之繁殖，必在平均湿度60％～80％之地带；干燥季如环境良好，则能生第三代飞蝗。蝗虫发育期中，如湿度过高，则孵化率减少，食欲停止，运动迟钝，或竟死亡。孵化或脱皮时如天气骤寒，亦易死亡。故由气候变化及某地某蝗生态学记录，可推知该地该蝗之发育情形，并可预知蝗群之暴发期及迁移方向。此外，又可根据当地研究结果，将气候特别适合飞蝗繁殖之地带，尽力改良其土地状况（如垦荒、耕土、灌水等），使飞蝗减少繁殖之机会。此种工作，非洲南部及亚洲西部等处已进行多年，已得有相当成绩，将来希望，正不可量。

综上 20 种方法，将来最有希望者为毒饵、天敌、气候及飞机四项。而按目前中国情形，治蝗之道，以效力言，以经济言，惟有掘沟治蝗蝻、捕打治飞蝗，其他方法仅可酌量采用。毒饵及洋铁板二法，使用得当，效力固大，惜均未能适合中国经济情形，尚不能加以推广。

附录一　本文参考书（略）

附录二　本文所用飞蝗汉名释略

东半球蝗：通称远迁飞蝗（Migratory locust）或亚洲蝗（Asiatic locust）。作者以"远迁"性之蝗虫，不只本种一种，且南美洲蝗有时亦称远迁飞蝗；而本种之分布，遍于东半球各地，不限于亚洲，其害最重之处，亦不限于亚洲，故私拟为东半球蝗。

沙漠蝗：分布于沙漠及半沙漠地带，此为尤佛洛夫氏（1928）所创"The Desert Locust"之汉译。

摩洛哥蝗：依英文俗名"The Moroccan Locust"及拉丁学名"*D. maroccanus*"原义而译。

意大利蝗：依英名及拉丁名原义而译。

西比利亚蝗：（依英名及拉丁名原义而译）。

黑翅蝗：依英名"The Dark-winged Locust"原义。

咸海蝗：分布于中央亚细亚咸海源流阿姆河流域，故拟此名。

爪哇蝗：依英名"The Javanese Locust"原义。

孟买蝗：依英名"The Bombay Locust"原义。

棕蝗：依英名"The Brown Locust"原义（指体色灰色，前翅上有棕色斑点而言）。

红蝗：依英名"The Red Locust"原义（指前翅及体之红棕色而言）。

树蝗：依英名"The Tree Locust"原义（指其特性——喜居树上而言）。

花角蝗：触角大部黑色，顶节以及其他另有数节为红桔色，故名。

游牧蝗：依英名"The Wandering Grasshopper"原义。

花胫蝗：后足胫节红色，但基部为白色，白色之后，又有一淡黑色环节，故名。拉丁名之"*Austroicetes tricolor*"，所谓三色（tri，三；color，色），亦即如此。

平原蝗：依英名"The Plain Grasshopper"原义。

小黄翅蝗：依英名"The Smaller Yellow-winged Grasshopper"原义。

落矶山蝗：依英名"The Rocky Mountain Locust"原义。

小落矶山蝗：与落矶山蝗血缘甚近而体形较小（且有以为同种者），故名。英名"The Lesser Migratory Locust"（意即"小型远迁飞蝗"）。

灾蝗：依英名"The Devastate Locust"及拉丁名"*M. devastator*"原义。

双条蝗：体深绿褐色或嫩绿色，无斑点，但头之两侧，自眼之后方，有一道明显之条纹，直达前翅外角，故名。英名之"The Two-striped Grasshopper"及拉丁名之"*M. bivittatus*"，（bi，二；vittatus，条纹），亦即指此。

潘卡特蝗：拉丁名"*M. packardi*"，即为纪念潘卡特（A. S. Packard）氏而立，汉译即依此。

透翅蝗：依据英名"The Clear-winged Grasshopper"及拉丁名"*C. pellucida*"（pellucid，透明）原义，所谓透明，指其后翅而言。

游蝗：此指其特征——跳跃迁移而言。

黑蝗：此指其身体漆黑有光而言。

无翅蝗：此指其成虫之缺翅而言。

南美洲蝗：依英名"The South American Locust"原义，拉丁名"*paranensis*"指产巴拉那河（Rio Parana）流域（包括南美洲阿根廷北部，巴西南部，巴拉圭全部及巴利维亚南部）而言，但考其分布，实遍于南美洲（除极南一部分）；且"巴拉那河"于国人较为生疏，特舍之而取英名原义为据。

（四）从县志得到浙省飞蝗之概念（徐国栋）

我国古时，"蝗"含义颇广，几为百虫之总称。易言之，凡害虫均称之曰蝗。所集县志中记载之蝗，属于直翅目蝗虫科之飞蝗，其学名为 *Locusta migratoria* L.

蝗虫在浙江逊于螟，而其记载数倍之，因螟食苗心，不易惹人注意，蝗虫则蔽天飞来，如疾风暴雨，人比螟虫为肺痨，蝗虫如虎烈拉，信不诬也，故治螟较治蝗难。自319年至1901年，全省之大发生，达十余次。由府县受蝗灾之次数，吾人可推论各地蝗灾之严重性。

就府而言：(1) 湖属 (2) 嘉属 (3) 杭属 (4) 绍属为最多；(5) 台属 (6) 严属 (7) 金属次之；(8) 宁属 (9) 衢属 (10) 处属又次之；以 (11) 温属为最少。然就吾人所知，宁属应列于次等。就县言之，除於潜（未查得县志）、安吉、象山、南田（未得古时县志）、宁海、永康、武义、浦江、汤溪、泰顺、玉环、松阳、遂昌、龙泉、庆元、云和无记载；其他各县记载之多寡，均有差等。以吴兴、杭县、长兴、余姚、嘉善为最多；海盐、崇德、诸暨、仙居、兰溪、富阳、桐乡、余杭、慈溪、上虞次之；平湖、德清、武康、孝丰、绍兴、萧山、桐庐、丽水又次之；其他更少。绍兴及萧山，以事实论之，应与吴兴、长兴并列。

吾人就以上之资料，笼统言之，浙江之蝗灾，浙西甚于浙东。进一步言之，可云浙江之蝗灾，以旧湖、嘉、杭、绍四属为烈；浙省愈南之县，蝗灾愈少。请申释之，旧杭、绍属诸县，均滨钱塘江，以钱塘江淤积、沙地甚多。因地既碱，又患潮汐，故不能耕种，任其生长杂草及芦苇，即浙江之所谓"沙田"。此种未垦之沙田，即适于飞蝗之繁生地。旧嘉、湖属与江苏接邻，而江苏北部，如东海、灌云、阜宁、赣榆，此外泗阳之洪泽湖、宿迁之落马湖、自砀山至宿迁之淤黄河，均产蝗最多之地，一旦发生，嘉、湖一带，容易波及；而长兴、吴兴位太湖之滨，湖滨淤地，芦苇、杂草丛生，极宜蝗之繁育，已为人所习知。由此可知浙江发生蝗虫之地，如滨钱江下游及沿太湖之数县。其他各县之蝗虫，多系邻县或邻省迁徙而来。故愈南之县，蝗灾记载愈少也。江苏江北沿海各县，为江苏发生蝗虫重要之区域，而浙江沿海岸各县之发生，极少记载。其原因，两地所处经纬不同，其气候亦异，且江苏江北沿海人烟稀少，故多荒芜之地，而芦苇、杂草丛生；浙江沿海各县，则反是。

浙江飞蝗为灾时期，为吾人所亟欲知，可从县志记载中求之。发生时期，夏季较秋季略多。夏季中以"六月"为最多，"夏"次之，"五月"又次之，"四月"最少；秋季中以"七月"最多，"秋"次之，"八月"又次之，"九月"最少。就上计之，浙江发生最多之时期为"六月"及"七月"，"五月"及"八月"次之。浙江蝗虫发生最早、最迟之时期如何？据县志记载，最早发生期为"二月"（即阳历3月）。据本局技师陈家祥先生云：江苏高资，三月即有孵化者，当不足怪。县志中最迟发生之记载为"十二月"，闻江苏江浦10月有第3代孵化者，但不久即死。又有因气候温和，而秋蝗得苟延生命至10月者，决不至12月尚有发生者。据原记载：万历四十四年十二月初七日，高阜山乡有螽（《湖州府志》）。此螽殆所指普通之蚱蜢欤？县志之较早于"十二月"者为"九月"，则不谬矣。

浙江发生蝗虫最多之时期，为六、七两月，故夏蝗、秋蝗均有之。夏蝗损稻于孕穗期前，秋蝗损稻于孕穗期，均属重要。以浙江情形观之，本地发生及邻省发生均有之。故本省治蝗问题，非局部所能解决，今后极盼有关之邻省，协力治之。

浙江蝗虫，据记载不成灾者，仅数次，其余均烈。据现代学术，谓迁徙之飞蝗，其体腔为气囊所占，内部诸器官被压迫，食欲不发达，或气候不适而下降（如温度甚高及大风等），故不食物，并非天意。蝗虫不喜食豆，而县志有"豆菽俱尽"之记载，可证明蝗无食料时，迫求其次。从县志记载，知竹亦为蝗之食料（蝗虫在湘害竹甚烈）。至抱竹而死，乃系被菌类寄生所致，有名之曰"吊死症"者。

据县志记载，蝗灾均发生于旱年，故旱年各县应注意蝗虫之发生。

附注：1. 纪时以阴历为准；

2. 本文为《浙江省县志害虫记载之整理与推论》概论中之一段，因本期刊行《飞蝗专号》，特提出在此发表。

3. 记载略从。

（五）民国二十年河北省之蝗患（李贯三）

编者检阅民国二十年推广部贴报本，得河北省蝗患记载颇多，觉弃之可惜，特请李贯三先生加以整理，因此复请推广部同仁赴图书馆查阅河北报纸，得资料不少，乃辑成斯篇。

河北省为我国蝗患最烈之地，损失甚巨，其被害面积几遍全省，较诸江苏、安徽、山东有过无不及者。近年该省蝗患，几无岁无之，惟轻重不同而已。兹将该省民国二十年之蝗虫分布及防治情形，综述于后：

1. 分布情形

河北于民国二十年患蝗之地，据该省报章记载统称 60 余县，但能有考据者达 44 县，兹胪列其分布情形：

（1）天津县。第一区贯儿庄（与宁河交界）、陈林庄、赵家庄、范家庄、孙家庄；第二区土迅、长苏；第四区前后麻疙瘩村、小孙庄、刘招庄、马招庄及淀北等 12 村；第六区白塘口等地。

（2）武清县。喜逢台、高庄等地，由天津飞入飞蝗。

（3）霸县。大保庄等 3 村，发生蝻及蝗。

（4）青县。吕家市东区兴济、大兴口、小牛庄、李云龙屯，及西区小四河、新集、半截河、蒿坡各村发生蝻蝗。

（5）沧县。高家庄等 126 村，及捷地等 57 村，两次发生蝻蝗。

（6）盐山县。第一区大赵庄、马村；第四区南赵毛陶；第五区草洼等地，发生蝻蝗，蔓延面积约 8 方里。

（7）庆云县。第二区安家务村附近，及严家务、苏张村 2 村发生蝻蝗，被害面积约 2 方里。

（8）南皮县。典庄等 19 村及朱八拨等 62 村发生飞蝗，被害面积约 7 方里。

（9）静海县。赵家、柳子等 4 村，及于家村、边家柳等 6 村发现蝗虫，大部分由天津飞入。

（10）河间县。吴庄头等 29 村发现蝻蝗，被害面积约 7 方里，惟其中有 16 村之蝗虫，由献县飞入。

（11）任丘县。东镇等 3 村发现飞蝗。

（12）故城县。柴庄等 4 村发现飞蝗。

（13）东光县。卢庄等 12 村发现蝻蝗，被害面积 10 方里又 3 顷余，其中有一部分由南皮飞入。

（14）滦县。柏各庄一带，发生跳蝻。

（15）临榆县。城东南一带，发生蝻蝗，被害面积长 50 余里，甚烈。

（16）丰润县。孙唐庄等 10 村，及无名泊等 14 村，相继发现蝻蝗，蔓延面积百余方丈。

（17）宁河县。二阁庄、赤城滩、小岭子、于家堡等 10 村发现跳蝻，被害面积 60 亩以上。

（18）满城县。上紫口等 4 村，发生蝗蝻。

（19）徐水县。大牟生等 9 村，发生跳蝻。

（20）束鹿县。通土营等 21 村，发生蝗蝻，蔓延面积达 50 顷 44 亩以上。

（21）高阳县。石氏庄等 20 村，发现蝻蝗。

（22）饶阳县。合方村等 4 村，发现蝻蝗，蔓延面积约 9 亩余。

（23）濮阳县。南提村发生跳蝻。

（24）尧山县。西良村发生跳蝻，蔓延面积约 3 里许。

（25）清河县。东潘家等 4 村发现蝻蝗，蔓延面积达 5 里许。

（26）冀县。八里庄等 20 村发现蝻蝗，蔓延面积达 259 800 亩，其中一部分自邻县飞入境者。

（27）新河县。辛庄等 35 村发现蝻蝗，蔓延面积达 16 740 亩，其中一部分由宁晋飞入者。

（28）枣强县。张单驼等 9 村发生蝻蝗，蔓延面积约 2 万亩以上。

（29）武邑县。蔡周村等 68 村，发生蝻蝗，被害面积约 10 万亩以上。

（30）隆平县。猫儿庄等 7 村，发现蝻蝗，蔓延面积约 1 方里及 17 顷以上。

（31）肃宁县。韩庄一带发生蝻蝗，蔓延面积约 1 里及 1 顷许。

（32）衡水县。韩家庄等 3 村，发生蝻蝗，惟其中有一部分自冀县飞入者。

（33）南宫县。庞庄等 3 村，由新河蔓延入高粱、玉蜀黍等地，面积 30 700 亩以上。

（34）宁晋县。邱头村等 20 村，发生蝻蝗。

（35）清苑县。黄坨村一带发生蝻蝗。

（36）武强县。簸箕厂一带发生跳蝻。

（37）深泽县。中央村等 10 村，发生幼蝻为害，面积达 10 万亩以上。

（38）大城县。窑子头等 8 村发生蝻蝗，其中一部分系文安飞入者。

（39）香河县。候黄、东仪等 6 村发生蝻蝗。

（40）景县。小仪庄等 3 村，发生幼蝻，蔓延面积达 3.5 万亩以上。

（41）巨鹿县。小寨村一带发生幼蝻，面积长 2 里许。

（42）宝坻县。发生幼蝻。

（43）文安县。苏桥附近发生蝗蝻。

（44）献县。臧家桥等 18 村，及商家林等 15 村发生蝻蝗，被害面积约达 20 方里，又数十亩以上。

综上以观，该省蝗虫之分布，几遍全省，而查其受害甚大，且面积最广者，如沧县、南皮、武邑、盐山、献县、新河、束鹿、天津等地。惟沿白洋淀、宁晋泊、大陆泽、七里海等湖沼之地，及运河、永定河、大清河、滹沱河、胡卢河等流域之两岸，分布更多，由此亦可证蝗虫发生之地，多在江滨、湖沼、荒地上也。

2. 发生时期之观察

河北省飞蝗分布情形，既如上述，而察其发生时期，则迟早不同：宁河，在 5 月下旬发生；天津、盐山、饶阳、新河 4 县，则在 6 月上旬；武清、青县、静海、东光、满城、尧山、枣强 7 县，则在 6 月中旬；霸县、临榆、徐水、束鹿、濮阳 5 县，则在 6 月下旬；庆云、任丘、故城、滦县、高阳、清河、冀县 7 县，则在 7 月上旬；武邑、隆平、衡水、大城 4 县，则在 7 月中旬；河间，则在 7 月下旬；肃宁、清苑、武强、巨鹿 4 县，则在 8 月上旬；景县、宁晋、南宫、香河、深泽 5 县，已迟至 8 月中下旬方发生。沧县于 5 月及 8 月两次发生；南皮、献县、丰润 3 县，亦于 6 月及 8 月时，两次发生。以此种情形而论，则该省蝗虫发生最早者在 5 月下旬，最迟者在 8 月下旬，再普通者为 7 月，且极北或极南之处发生较迟，而中部一带发生较早。（内数县不知发生期），惟不能定断如此，或为偶然一时之情形耳。

3. 省政府对于治蝗之督促

河北省各县，于民国二十年五月初起相继发生蝗虫后，该省政府即派员分赴各县，实地调查，督促各地该管长官，随时督率农民扑杀；责令各县，若于蝗虫发生后十日内不能肃清，或隐匿不报者，一经查明，立即将该县长撤任严惩。并于省府同年第 258 次会议通过《治蝗暂行简章》十三条公布之（略，详见治蝗法规）。

4. 各县治蝗概况

前述发生蝻蝗之各县，迭奉民、实两厅之督促，根据《治蝗暂行简章》，积极工作。如景县、天津县之组织治蝗会，或由建设局全体动员，督率捕蝗工作，县长及建设局长均亲自下乡督导。惟督促工作时：（1）因无警权，无督捕实力，农民易于松懒。（2）农民迷信太深，认蝗为神虫，坐视食苗，不敢捕缉。(3) 各乡村民，佃农占多数，遂成观望陋习。故工作觉为困难，天津县因此曾拟具治标治本办法两则，呈厅救济，并咨请公安局协助。于是该省治蝗工作多严格督率进行，或以政治力量督促农民扑捕，或以奖收办法，利诱农民工作。如霸县、静海、宁河、满城、濮阳、饶阳、尧山等县，于 6 月下旬即告肃清。较迟者如景县、南宫、肃宁、高阳等县，亦在 8 月下旬肃清其害。总之，该省本年发生蝗虫之县，具有查考者计达 44 县，能如期肃清者 29 县，未能完全肃清者 15 县。

本文参考资料：

（1）民国二十年天津《大公报》；

（2）民国二十年天津《庸报》；

（3）民国二十年天津《益世报》；

（4）民国二十年天津《民国日报》；

（5）《河北实业公报》第 5 期统计栏第 8～12 页。

（六）《捕蝗古法》（李凤荪）

匪祸兵燹，水旱蝗患，历代澒仍。故莫不以休养生息、敦俗劝农为要务；而于防除虫害，尤不敢忽诸。是以历代皆设有专官，以司除害。《周官》所纪：庶氏以除毒蛊，翦氏以除蠹物，蝈氏以除蛙黾，壶涿氏以除水虫狐蜮之属，赤友氏以除墙壁狸虫蠼之属。古人所用方法，多得诸于经验，虽间有不尽善之处，而能合于学理，见诸实用者，亦颇不少。后世农政废弛，虫学湮没，致有诿诸于天命。兹从古书中之有关于除蝗者，广为搜集，共得 10 余种，择其要者，逐条详述于后。

1. 蝻蝗字考

（1）蝻——蝗子未有翅者（实则具翅，但未充分发育，不能飞耳）。《外传》曰：虫舍蚔蝝。蝝一名蝮蝻，蝻乃蝤字之误，因篆体之蝤，与南相似。（见《尔雅·释虫》）。

（2）蝗——"去其螟螣，及其蟊贼，无害我田稚，田祖有神，秉畀炎火"。《传》云："食心曰螟，食叶曰螣，食根曰蟊，食节曰贼"，而不曰蝗。其曰蝗者，皆秦汉以后之称（见《诗经·小雅·大田》）。蟓即蝗也。宋魏之间谓之蟓，南楚之外谓之蟅蟒[①]，或谓之蟓，或谓之螣（见《方言·蝗杂释》）。

---

① 蟅蟒：蟒通"蜢"，即蚱蜢，土蝗之俗称，不属飞蝗。

2. 蝗虾化生说

蝗变鱼、鱼变蝗之说，盛传于世。所持理由，亦人人殊，莫衷一是。蝗化虾、虾化蝗之说，虽无前说传布之广，但首创此说者，以为有四种理由，足以解释之。如：(1) 凡倮虫与羽虫，则能互相变易。如水蛆之变为蚊，但鳞虫变为异类，则未见矣。(2) 蝻与虾均善跃。(3) 虾之形酷类蝗，其身其首，其纹脉，其肉味，及其子之形与味，无一不与虾约略相同。(4) 蚕变为蛾，蛾之子变为蚕，《太平御览》言："丰年蝗变为虾"，知虾之亦变为蝗也。(5) 虾有诸种，白色而壳软者，散子于夏初，赤色而壳坚者，散子于夏末，故蝗蝻之生亦早晚不一。按诸今之科学，上说之幼稚而荒谬，自不待言矣。

3. 历代蝗时

春秋至胜国（即明代），蝗灾书月者 110 次，以其有关捕蝗时令，姑列表如下。

月份	次数
二月	2
三月	3
四月	10
五月	20
六月	31
七月	20
八月	12
九月	1
十月	0
十一月	0
十二月	3

4. 前代捕蝗史

上古治蝗最力者，惟唐姚崇一人。后则以陈芳生、陆曾禹、沈受宏、陆桴亭等人（其法最良）。周焘、史茂、马源拟官司治蝗法。宋熙宁八年，诏有蝗蝻处，委县令佐，躬亲打扑。元仁宗皇庆二年后，申秋耕之令，盖秋耕之利，掩阳气于地中，蝗蝻遗种，翻覆殆尽。明永乐元年，令吏部行文各处有司，春初差人巡视境内。明崇祯时，徐光启上《除蝗疏》，并云捕得子虾一石，灭蝗百石，干虾一石，灭蝗千石。总观前史，我国蝗患，可谓无代无之。

5. 古法注重点

（1）蝗宜四时防备。

（2）祷捕并行——力捕之余，应祷本处之山川、城隍、邑厉以及关圣帝君（以其护国也）、火神（以秉畀炎火乃千古治蝗良法）、猛刘将军（以其治蝗也）。

（3）官捕不如民捕之善——官雇夫捕，田非所有，不知爱惜。

（4）不必卖买蝻蝗——囷点金乏术，自难无米为炊。不过如有真能出力捕蝗者，则请官给冠带、门匾，或免徭役，以示奖励，但赏罚宜明。

（5）蝗蝻及子皆须捕灭——陆桴亭《除蝗记》曰："见蝗不捕，待其之他，是谓不仁；畏蝗如虎，不敢驱捕，是谓无勇"，是教人捕蝗也。"不早求治，养患目前，贻祸来岁，是谓不智"，是教人掘子也。

（6）蝗须人人合作——不能独成其功，即百举一隳，犹足偾事。

（7）以德禳蝗——高式子孝，永初中蝝蝗为灾，犹不食式麦。马援为武陵太守，郡连年有蝗，援赈贫薄赋，蝗飞入海，化为鱼虾。

6. 古法根据之习性

（1）蝗性热而好淫。

（2）蝗性好群——群飞群食亦群生子。

（3）蝗性喜迎人——人往东行则蝗趋西去，人往北去则蝗向南来。

（4）蝗虫间有逆风飞者，大约顺风时多。

（5）蝗畏高物森列——每见树木成林或旌旗森列，则每翔而不集。

（6）蝗畏金声炮声——施放火枪击其前行，则随后者畏他去，敲以铜盆、炉盖等，亦可立奏奇效。

（7）蝗性向阳——晨东、午南、暮西。

（8）蝗性向火——每见火光，必趋来赴。

（9）蝻蝗求食习性——不吃三麻（芝麻、大麻、苘麻）、三豆（绿豆、豇豆、豌豆），或叶味苦或果厚有毛。

7. 治蝗法

（1）士民治蝗法

①除根——鱼子化生者须在目上，卵入土孳生者须在目下。据作者观察，触角在复眼之上，下唇须在目之下（在下之外边），古人将触角与下唇须混为一谈，触角比下唇须粗长显而易见，以是蝗为鱼子化生说起矣。而鱼生子水边及水中草上，河干湖涸，悉变为蝻，故湖江水边之草，应尽行刬去。古人之理虽不足信，而其收效速者，盖草既去，则表土下之子易受风雨雪之侵袭，而失其化育能力也。

②掘卵——蛹生在白露（即阴历八月六日）前者，必毙无遗患，若过白露不死而生子者，则其子来年春可生。掘卵须在坚硬高燥之黑土，上有无数小洞，形如蜂巢，土微高起者便是。

③捕蛹

1）捕芦中蛹法

a. 不能跳之蛹：植竹为栅，四面围之，砍去其芦，以连枷更悉击之，可以即尽。

b. 能跳之蛹：数十人分三面守之，前面掘沟（长30～40尺，上阔1.7尺，下阔2.5尺，深2尺），沟底每隔3尺掘一子沟，鸣锣三面，共向前沟逐之。驱蛹应按时按向，逐之方顺，且须树五色旗分别缓急。此外应注意下列三点：驱不可过急一也；沟不可立人二也；蛹全坠入掩之以土三也。

c. 半翅之蛹：其行如水之流，以竹为栅，堵其两旁，其中埋一大缸，两面逐入之。如未捕尽，且蛹皆散漫，以其好群，至夜仍聚一处，次日再捕之，即尽矣。

2）捕田中蛹法

a. 驱群鸭啄食之。

b. 用旧鞋底皮钉于木棍之上，蹲地打之，可以应手而毙，且狭小不及伤麦稻。

3）捕空地蛹法——开沟（长10尺，深4～5尺，阔3～4尺），土堆在沟之一边，以阻蛹之进行，鸣锣三面逐入之，先烧，后填土压之。

4）捕田间蛹法

a. 先追至空隙地方，埋一缸于地表面平，而后逐入之，装入车袋，以水煮死，用作肥料。

b. 因蛹性向阳，掘沟宜按时以定其方向（晨东、午南、暮西），但掘沟法最宜于夜间，着火于沟边，无月时则成效著，盖蛹自集中于火光也。

④治蝗——捕蝗之时宜早晨，以翅沾露，或在日午，以其交媾，或在日暮，以其群聚，雨天亦宜。辰巳未申皆是蝗飞行之时，难以捕捉。

1）积极方法

a. 治田中蝗法——侵晨以手捞之，或用笤箕绰之，倾入地坑，以土压之，或火烧死。

b. 治地上蝗法——开极深极长极阔之沟，次用板门接联如八字，排列于坑之两旁，置柴火于坑内烧之，继鸣锣驱蝗入坑，翅被火烧，盖之以土。驱时应注意，每行必有头，有最大黄色领使之而行，扑捕者，去头须远，若惊其头，则四散难治矣。

c. 治空中蝗法：

飞腾时，应用空中绰鱼之海兜，装一长柄，从空中兜之，倾入深坑，以火烧之，烧时宜先置火入坑，以免倾时飞出。

于太阳落山，天色暗后，以火烧柴于田边空地，飞蝗群趋火边（蝗性向火），则翅被火烧，顷刻可捉无数。

衣物驱蝗法——蝗见树木成林或旌旗森列，则每翔而不集，故农家用红白衣裙、门帘、包袱、被单或天幔之类，结于长竿，成群结队执而驱之，蝗亦不下，但以用神庙旗伞更妙。

蝗畏金声——农人可用枪装入火药、铁砂或米稻、谷米麦击之，可使之他去。或鸣锣驱之，亦奏奇效。

2）消极方法

a. 种植蝗不食之物法（见习性）。

b. 禁蝗食稻麦法——将下列混合物或洒或筛于稻麦梢上，蝗亦不食。

每水一桶，和以麻油五六两。

将稻草灰和以石灰等分为细末。

（2）官司治蝗法

1）设局——二里一所，以使民易于往来，无远涉之苦，无久候之嗟，无挤踏之患，如乡间能遍设，必城中设一总局，以统率四乡。

2）用人——慎选司事，厚给薪水，应不用在官之人，但令地方保甲、里耆公举，宜慎选身家温饱，老成谨饬。

3）督察——当局者办事，弊之有无，可应用明钟御史化成《拾遗法》（不论何人，皆许各具一纸，不书姓名，上写孰贤孰否，何利何弊，散布于地，拾而观之，取其佥同者察之，信即立予处分），而且周流环视，时加巡察。

4）收买事宜——以米易子，则应用净米，不得插和粟谷秕；以钱易子，则应用大钱，不得插和低薄细小；随时访察经手，不许折扣，不许迟滞。

5）官府需亲身督捕，但下乡宜轻骑减从，一切费用皆自备办，不许取诸民间，随从者亦不许勒索分文，如敢阴违，立即革职，枷杖示众。

6）治法——北方有司，于夏令割尽水边之草，干后烧之，以绝蝗根；南方有司，可于春令行之。至于掘子，北方有司于春深，南方则宜深冬，盖前者冬月地寒土冻，坚硬难掘，而后者冬不甚寒，掘之既易，且蝗子小，收买费亦轻。

8. 诱民捕蝗法

（1）食料

唐贞观二年六月，京畿旱蝗，太宗在苑掇蝗祝之曰："人以谷为命。百姓有过，在予一人，汝但食我，无害百姓！"将食之，臣力谏，卒吞之，后无恙。唐贞元元年夏蝗，民蒸熟晒干，扬去翅足而食之。东省畿南之民，登之盘飧，用相馈遗，及冬储常食之用。西北人肯食，而东南人不肯食者，因东南水区被蝗时少，人皆不习见闻耳。

（2）饲畜

明崇祯十四年（辛巳），浙江嘉湖农民育猪，以居山中无资买食，试育以蝗，初重 20 斤，越 10 日竟重 50 斤矣。饲鸭亦极肥大，若协力合作，则家畜利而蝗害亦除矣。

（3）肥料

乾隆三十五年（庚寅），副都御史窦东皋光鼐，上《捕蝗酌归简易疏》曰："蝗烂地面，长发苗麦，甚于粪壤。"

9. 古法批评

（1）不适用者

1）衣物——蝗蔽空中，摇衣呐喊，虽可令其勿落于一时，然致为害他地则一也。加以飞蝗过境，日必数起，耗日夜工作，而未能根本捕减一蝗，任其遗子遍地，充分繁殖，误己误人。其失策之甚，可谓极矣！

2）金声——围扑式，则利用金声，若拒飞蝗下落，则不可用矣。

3）药剂——用水、麻油等混合物洒于叶上，抵拒蝗食，奏效与否，尚未得知。不过抵拒法，用于害虫甚少之贵重作物，则奏效速而经济，至用于蔽天之蝗群，则未之闻矣。

4）祷神——蝗由神起，稍具常识者，莫不称为无稽之谈，然而历代帝王不察，每有蝗患，祷捕并行，以致分散捕蝗能力，年捕年有，其不失策于此者而何？

（2）应加改良

1）除根改作开垦——蝗鱼化生，既已推翻，则除草不能因风雨雪之侵蚀，而死所有蝗子（egg）者明矣，以是欲彻底除根，非开垦荒地以种作物，虫卵可借锄犁破碎，或使之露于土表，受雨雪侵袭，各省如是，蝗不绝迹者鲜矣。

2）依蝻龄而掘沟——古法掘沟，不论蝗之大小，其长阔深均趋一致，大小跳蝻固然可捕，但在一龄时亦用大沟，妄耗人工，殊属可惜，以是沟之大小，宜依蝻龄为正比例。

3）选用农学人才——具农学知识者，能体贴农艰，当可无扰民之虞。此等人才，可用作指导全县事宜、乡区捕蝗员，可由里耆保甲公举，以其身家温饱、老成谨饬者充之。

4）审慎轮种作物——兹将蝗虫喜吃各种作物之程度，列表于下，以供轮种之参考。

最爱者——稻、粟、燕麦、高粱、甘蔗、牧草、芦柴及玉蜀黍。

次之——麦类、瓜类、烟草、杨柳、莴苣、马铃薯。

再次之——豌豆、萝卜。

上列各种作物，在蝗虫原产地，顶好不种，可改种三麻、三豆（见习性）。

（3）适用者

古法捕蝗官司注重点，可作今日捕蝗员之模范数点，条述于下：

查察必亲，严防扰民，勿派乡夫，诱民捕蝗，协力防范。

方法能适用者，业已详述于上，兹举名于下：

围扑式、手捕式、坑埋式、抄袋式、火攻式、布围式或合网式。

10. 天然敌害

知其然而不知其所以然，吾国古学在在皆是也，以是误解丛兴，后学者莫衷一是，作者从科学方面逐条解释，是否有当，尚乞专家指教，则幸甚矣。

（1）芫青 *Epicauta vittata* 幼虫——《捕蝗要诀》："飞蝗一生九十九子，先后二蛆，一蛆在下，一蛆在上，引之入土，及其出也。一蛆在上，一蛆在下，出土已毕，则二蛆皆毙。"（其形其动，即食蝗卵之动作），适与 *Epicauta vittata* 之幼虫相似，见 Comstock：Introduction to Entomology P. 426。

（2）微菌——《捕蝗要诀》："交白露，西北风起，则抱草而死。"其死现象与菌类寄生者同（蝗遭寄生，行动迟滞，四足紧抱植物顶端而死。见《农学》昆虫专刊第2卷第6期第49页）。

（3）麻蝇——《古今图书集成·博物汇编·禽虫典》第176卷："《高邮州志》：每一蝗有一蛆食其脑。陈造呈郡守陈伯固诗曰：'使君手有垂云帚，虐魅妖螟扫不余，千顷飞蝗戴蛆死，已濡银笔为君书。'"六月间，麻蝇产卵于蝗翅，待其孵化为蛆，则寄生蝗虫体内，二者颇相近似，上之所谓蛆，或麻蝇科（*Sarcophagidae*）之幼虫也。

（4）蝗蝻正盛时，忽有红黑小虫，来往阡陌，飞游甚速，见蝗则啮，啮则立毙，土人相庆，呼为"气不愤"。不数日，则蝗虫绝迹矣。

参考书

《捕蝗考》，（清）陈芳生《借月山房汇钞》

《捕蝗章程》，（清）申镜淳　顾彦《治蝗全法》

《捕蝗集要》，（清）俞森　《荒政丛书·附录》卷下

《蝗部汇考》　《古今图书集成·禽虫典》第176卷

《捕蝗要诀》，（清）钱炘和

《除蝗备考》 袁青绶《农籍稽古》

（此文转载金陵大学农林学会《农林汇刊》1929年第2号——编者）

（七）《迷信蝗虫之破除》（吴宏吉）

转载江苏省昆虫局《治虫消息》第2期《杂俎》1929年7月20日出版。

蝗虫是蠢然不灵的东西，和苍蝇蚊子一样，毫无神奇可言。不过大家不晓得它的特性，看见它一举一动都是一律的，似乎冥冥中有神指挥，因而引起了大家的迷信的心理。其实说穿了，真是一钱不值，毫不值得大家的敬仰。我且把它种种的性格写在下面，让大家明白了，才晓得以前的迷信，是很可笑的事。

1. 蝗蝻有合群性

初生的蝗蝻和长翅膀的飞蝗，都有合群的性格。初从土里出来的跳蝻，都聚在一起，后来渐渐跳动，因而就近的跳蝻也聚在一起，所以跳蝻群一天天的大起来，常常散布数十里的面积，行动起来，好像潮水一般，这个不过是它们的合群性，也没有什么稀奇啊！

2. 蝗蝻不是一齐孵化的

飞蝗生子在地下，是一块块的，差不多有60～70粒，靠近土面的，可以得太阳的热气，所以孵化得早，在下面的得着太阳的热气很少，必须等上面孵化之后，方才能孵化出来，所以打死一批大的，又来了一批小的，就是这个原因。这又有什么神奇哩！

3. 蝗蝻是有搬移性的

跳蝻在天气热的时候，一天走到晚，毫不停歇，除非在正午极热的时候，方才停下来，躲在叶子的下面，又到了晚上凉的时候，才爬在田禾或芦苇的叶梢上取食。飞蝗也是这样，它肚里有许多的大气泡，身体很轻，所以飞得很远，晚上天冷，它才歇下来。热的夜里，它仍然飞行，绝不停息，这是它们的搬移性受着天气的驱使，而表现在外面，和我们人在热天走路，遇到阴凉的地方，停下来休息一样。这是神奇的事吗？

4. 蝗蝻是不怕水的

蝗蝻身体外面有皮，很是油滑，水不能透进，所以淹不死它。它是有合群性的，下水之后，大家依旧聚在一处，做成一个大球，漂浮在水面上，后脚一伸一缩，就能前进，所以能渡过很宽的河面，这是它们天生的本领，和鸭子游水一样。我们看见鸭子游水，是稀奇的事吗？

以上所说的，都是蝗蝻的性格，实在没有神奇的地方，不过大家起先不晓得它，因而少见多怪，现在等我来再把大家的心理上对于蝗虫所有的几个迷信问题，解释在下面。

1. 蝗虫越打越多的道理

大家都讲，蝗虫是越打越多，永久打不完的。这种说法，实在是大家没有去细细地研究过。蝗虫是不会变化的，哪有越打越多的道理呢？不过大家所以看多的缘故，约有三种理由。

（1）孵化不一律。上面讲过，蝗子发生是不一律的，所以大的打去以后，小的又生，这就是一个多的缘故。

（2）身体变大。初生的蝗蝻，1斤有8万多个，聚起来只有一小片，并且人很不注意它。等到大的时候，1斤只有700～800个，差不多要多出100多倍，虽说打死很多，也看不出来少些。身体变大，占据的面积也大，所以越打越多的说法，实在不是个数加多，乃是身体变大的缘故。

（3）合群性。上面说过，蝗蝻是有合群性的，打的时候，虽说死的很多，但是应用的方法不好，大部分都逃散了。晚上时候，它们又聚起来，所以第二天大家看见了，以为这个地方已经打过，今天又这样多，一定是变的，不晓得恰是因为它们有合群性的缘故。

这就是越打越多的道理，大家都明白了，不要再迷信了。听我们指挥，蝗蝻没有打不完的。

2. 蝗虫过江是受神暗中指挥的说法

上面讲过蝗蝻是有渡水的能力，它在搬移的时候，到了水边，它既然是不怕水的，当然跳到水中，成群的浮过对岸去。假若河面很阔，它们就聚集成球，漂浮在水面上，顺潮流浮到对岸。安徽泗县的蝗蝻，能结球渡过洪泽湖，到江苏的泗阳，那地方的人看惯了，也并不以为稀奇，洪泽湖有几十里宽，都可以渡过，何况是一条江一条小河呢。这是它的本能，那里是有神暗中来指挥它呢！

3. 蝗蝻吃田禾有的受害有的不受害的道理

这个道理，上面已经讲过，蝗虫在搬移的时候，是不大吃东西的，只有在晚上才大吃。所以在日里天气热的时候，它跑过田禾并不停留，忙忙地向前走去，等到晚上天气凉，它就不走，息下来吃田禾。这是它的习惯，受着天气的影响而生出来的结果。它自己并没有选择和自主的能力，飞蝗也是同一样的道理，何尝有神来指挥它呢？假若果有神的，去年江浦县一位老太婆，看见蝗虫跑到田里，吃她的田禾，她赶快烧香磕头，那是何等的恭敬，但是她的田禾，仍旧是被吃尽了，而打蝗虫人的田禾，恰没有被吃，可见得求它是没有效用的。

照这样看来，蝗虫是没有神的，酬神唱戏，于事实上，毫无效用。它这蠢东西，既然要吃我们辛苦种出来的庄稼，那就是我们的敌人，大家应当同心合力去打死它，不要偷懒，不要自私自利，听昆虫局的指挥，蝗虫是决没有打不完的。

（八）《治蝗名言录》（徐国栋）

蝗灾史不绝书，可知其严重，国人迷信素笃，敬蝗为神虫，而不敢治。蝗患既久，复关切民生，故先觉力辟其谬，防治得方，此古籍多治蝗之名言。兹读梁溪顾士美先生辑之《治蝗全法》，特择优录出，其意义非仅及于治蝗已也！至技术方面，本局蚊蝇研究室主任李凤荪先生曾作《捕蝗古法》，关于治蝗古法，所记甚详，故缺。

1. 不杀蝗等于殃民

《治蝗全法·蝗断可捕》篇云："唐开元四年，山东大蝗，民不敢杀，拜祭之。姚崇遣御史督州县捕蝗，时有议者曰：'蝗多除不尽。'崇曰：'除之不尽，胜于养以成灾。'黄门监卢怀慎曰：'凡天灾，安可以人力制？且杀蝗多，恐伤和气。'崇曰：'奈何不忍于蝗，而忍民之饥饿以死，杀蝗有祸，崇请当之！'其后复大蝗，崇又命捕之，汴州刺史倪若水上言：'禳灾当以德，昔刘聪尝捕蝗，而害益甚。'崇移书诮之曰：'聪伪主，德不胜妖，我圣朝，妖不胜德。'并敕捕蝗使察捕蝗勤惰以闻。若水惧，纵捕得蝗14万石，蝗遂讫息，不至大饥。"（卷三第17页）

《唐书·姚崇传》曰："若水惧，乃纵捕，得蝗十四万石。时议者喧哗，帝疑，复以问，崇对曰：'庸儒泥文，不知变事，固有违经而合道，反道而适权者。昔魏世山东蝗，小忍不除，至人相食。后秦有蝗，草木皆尽，牛马至相啖毛。今飞蝗所在充满，加复蕃息，且河南、河北家无宿藏，一不获则流离，安危系之。且讨蝗纵不能尽，不愈于养以遗患乎？'帝然之。黄门监卢怀慎曰：（与前同）。崇曰：'昔楚王吞蛭而厥疾瘳，叔敖断蛇而福乃降，今蝗幸可驱，若纵之，谷且尽，如百姓何？杀虫救人，祸归于崇，不以诿公也。'蝗害讫息。（卷三第20-21页）

2. 治蝗误于念佛

小民无知，方以蝗螨为神，而不敢捕，乃乡下有等匪痞佛头，更从中煽惑，言人罪孽深重，是以致有蝗灾，倘再捉捕，则罪孽更重云云。以致民多束手，虽其意不过欲人念佛，希图糊口，而于"治蝗"两字，实误事不小。（卷三第9页）

3. 治蝗等于诛盗治疾救水旱

《蝗断可捕》篇又云："考之史书，蝗灾者，草木为之消融，人民为之亡窜，为害曷可胜道，然皆不闻其捕蝗，不捕，故其害至于此也。则坐其害而不捕，毋宁捕之而害之乎？夫天之生蝗，犹天之生盗贼也，盗贼之患，王者必执法尽诛之，而顾情于捕蝗乎。且水、旱、蝗皆天灾也，蝗不敢捕，将遇水亦不敢泄乎？旱亦不敢灌乎？人有奇疾，不药将杀其身，或告之曰'子之疾，天也，药之恐有天殃'，则遂信其言乎？甚矣，人之惑也！"（卷三第 18 页）

4. 治蝗即智、仁、勇

陆桴亭《除蝗记》曰："束手坐待，姑望其转而之他，是谓不仁；畏蝗如虎，不敢驱扑，是谓无勇；日生月息，不惟养祸于目前，而且遗祸于来岁，是谓不智。"（卷三第 21 页）

5. 治蝗宜得人

《治蝗全法·奉劝收买蝗种启》云："即官府有钱收买，亦必假手吏胥，假手吏胥，即难必有实际，从来官买，皆不如民买之为善也。然即民买，亦必经理得人，始能实有裨益，倘但迫于不得已，而应酬世故，聊草塞责，则买犹不买也。呜呼！人存政举，天下事莫不需人，且须人人要好，始能成一好事，倘惟一人有心，而余人皆不经意，则此一人，亦竟成无用之物。"（卷三第 4 页）

6. 治蝗有预备断可尽

《治蝗全法·扑买飞蝗》篇云："蝗虽极多，似不能尽，其实能力捕之，断无不尽！凡捕蝻捕蝗有不尽者，皆人不用命（此是姚崇语，见《姚崇传》）。及平时漫不经心，一旦猝遇，胸无成见，事无头绪（此是御史史茂《捕蝗事宜疏》语，见后三卷《蝗宜预备》中）。但知叩祷神明，虚应故事耳（此见周焘《除蝻灭种疏》）。岂知平时虽漫不经心，临事岂不可即讲究，载籍具在，为民父母者，何不姑置他事，加意于此，何必有心不用，徒受处分，为祸国殃民之蠹耶？即使处分可避，而中夜扪心，岂能无愧耶？"（卷二第 9－10 页）

《治蝗全法·蝗宜预备》篇云："窃惟事必预，而后能有功，物必备，而后可无患……盖捕蝗蝻，非鲁莽草率而为者也。未发，塞其源；既萌，绝其类；方炽，杀其势，是故生长必有其地，蠕动必有其时，驱除必有其人，扑灭必有其器，经画必有其法，乃人多狃于目前，而忽于远虑。当冬春无事，有一二老成历练之人，言及蝗蝻为害，宜早为筹办，未有不以为迂缓者。平日漫不经心，而一旦闻有蝗蝻，则茫然不知所措，意无成见，事无头绪，东奔西驰，竭蹶迟延，以致飞蝗四布，莫可挽回。夫蝗不常有，而地方官不可不时存一有蝗之虞，故必于闲暇无事之时，为未雨绸缪之计。"（卷三第 24－25 页）

7. 治蝗要合作

《治蝗全法·治蝗杂法》云："陈芳生陈捕蝗之法曰：'前村如此，后村复然。一邑如此，他邑复然，则净尽矣'。又曰：'臣案以上诸事，皆须集合众力。无论一身一家、一邑一郡，不能独成其功，即百举一隳，犹足偾事'。是教人人皆捕蝗也，人顾可以不治蝗哉！"（卷一第14页）。

8. 治蝗宜用本地人

《治蝗全法·捕买步蝻（按，步蝻即跳蝻）》篇云："捕蝻捕蝗之夫，宜先用本处村民，必本处村民数不敷用，然后再用他处人夫。以本处村民，则事关自己，扑捕必力，爱惜田禾，踏伤必少也。"（卷二第7页）。

《捕蝗人夫》篇又云："捕蝗必用本村近地之人，方得实用，嗣后凡本村及毗连村庄在五里以内者，比户出夫计口多寡，不拘名数，止酌留守望馈饷之人而已；五里之外，每户酌出夫一名；十里之外，两户酌出夫一名；十五里之外，仍照旧例，三户出夫一名。均调轮替，如村庄稠密之地，则五里以外，皆可少拨；如村庄稀少，则二十里内外，亦可多用；若城市闲人，无户名可稽者，地方官临时酌雇添用。"（卷三第39页）

9. 治蝗须严赏罚

《治蝗全法·捕蝗律令》篇云："地方遇有蝗蝻，不早扑除，以致长翅飞腾，贻害苗稼者，该州县革职拿问，交部治罪。府州不行查报，革职；司道督抚不行查参，降三级调用；若不速催扑捕，道府降三级，布政司降二级，督抚降一级，并留任。所委协捕邻员，不实力协捕，贻患者革职。"（卷三第34页）

10. 附录二则

（1）蝻蝗字考。《治蝗全法·蝻蝗字考》篇云："蝗于《诗》及《春秋》《尔雅》，俱但曰螽、曰蝽、曰蟊、曰贼、曰蟓，而不曰蝗。其曰蝗者，皆秦汉以后之称。"

"蝻于《春秋》及《尔雅》，曰蝝、曰蝮、曰蜪，皆蝗未有翅之称也。蝻乃蜪字之误，盖因篆体匋字与南相似，故误作蝻，是以字典上有蜪字而无蝻字也。"（卷三第45页）

（2）蝗种之来由。"蝗子"二字，古人文案章奏，皆不避忌，今人则悉改为"蝗种"，从之。（卷一第2页）

（九）《我国飞蝗参考文献之一斑》（杨鉴青、李贯三）

汉光武诏民捕蝗（汉武帝）——《古今图书集成·历象汇编·庶征典》第182卷《蝗灾部汇考三》第10页。

姚崇传——《唐书》

谏捕蝗疏（唐韩思复）——《古今图书集成·历象汇编·庶征典》第182卷《蝗灾部艺文一》第1页。

淄青蝗旱赈恤（编制）——《古今图书集成·历象汇编·庶征典》第182卷《蝗灾部艺文一》第2页。

答朱宷捕蝗诗（宋欧阳修）——《古今图书集成·历象汇编·庶征典》第182卷《蝗灾部艺文二》第1页。

上韩丞相论灾伤手实书（宋苏轼）——《古今图书集成·历象汇编·庶征典》第182卷《蝗灾部艺文 》第4页。

发蝗虫赴尚书省状（宋朱熹）——《古今图书集成·历象汇编·庶征典》第182卷《蝗灾部艺文一》第5页。

御笔回奏状（宋朱熹）——《古今图书集成·历象汇编·庶征典》第182卷《蝗灾部艺文一》第5页。

捕蝗诗示尚书郭敦（明宣宗）——《古今图书集成·历象汇编·庶征典》第182卷《蝗灾部艺文二》第2页。

鸟蝗纪异（明梁云构）——《古今图书集成·历象汇编·庶征典》第182卷《蝗灾部艺文一》第9页。

祭飞蝗文（金元好问）——《古今图书集成·历象汇编·庶征典》第182卷《蝗灾部艺文一》第9页（赋迷信性）。

论蝗文（孙因）——《古今图书集成·历象汇编·庶征典》第182卷《蝗灾部艺文一》第10页（谬于蝗由政召，借题发挥）。

和悯蝗（并序）（陈涵辉）——《古今图书集成·历象汇编·庶征典》第182卷《蝗灾部艺文二》第2页。

丙子芒种谢麦禳蝗青词（真德秀）——《古今图书集成·历象汇编·庶征典》第182卷《蝗灾部艺文一》第8页（赋迷信性）。

诸庙禳蝗祝文（真德秀）——《古今图书集成·历象汇编·庶征典》第182卷《蝗灾部艺文一》第8页（赋迷信性）。

蝗灾部汇考——《古今图书集成·历象汇编·庶征典》第179－181卷。

捕蝗章程（清申镜淳）——顾彦《治蝗全法》。

蝗部汇考——《古今图书集成·禽虫典》第176卷。

捕蝗考（清陈芳生）——借月山房汇钞、四库全书史部政书类、艺海珠、长思书物藏书、昭代丛书、瓶华书屋所刊书、半亩园藏书、学海类编、艺圃搜奇。

捕蝗汇编（清陈僅）——皇朝续文考经籍考（一卷）。

捕蝗集要（清俞森）——《荒政丛书》附录下卷。

捕蝗要诀（清钱炘和）。

除蝗备考（袁青绶）——《农籍稽古》。

捕蝗箕篯法——述古堂藏书目（一卷）。

治蝗书（陈崇砥）——一卷。

治蝗全法（顾彦）——共四卷，皖城聚文堂刻，清咸丰丁巳。内容如次：

卷一 士民治蝗全法——顾彦《治蝗全法》。

1. 消除蝗根法——顾彦《治蝗全法》、陆曾禹《捕蝗八所》。

2. 掘除蝗种法——陈芳生《捕蝗考》、陆桴亭《除蝗记》、马援《捕蝗记》、周焘《除螟灭种疏》、史茂《捕蝗事宜疏》、陆曾禹《捕蝗八所》及《捕蝗十宜》。

3. 捕芦中蝻法——陆桴亭《除蝗记》、陈文恭《除螟檄》、马援《捕蝗记》。

4. 捕田中蝻法——陆曾禹《捕蝗八所》、陆桴亭《除蝗记·后自记》。

5. 捕空地上蝻法——清乾隆二十四年《户部条例》、陈芳生《捕蝗考》、陆曾禹《捕蝗八所》。

6. 捕田旁陇畔蝻法——清道光元年顺天府尹申镜淳《捕蝗章程》。

7. 以火诱蝻法——清乾隆二十四年《户部条例》、马援《捕蝗记》、道光元年顺天府尹申镜淳《捕蝗章程》。

8. 治田中蝗法——清乾隆二十四年《户部条例》、陆曾禹《捕蝗八所》。

9. 治地上蝗法——陆曾禹《治蝗八所》、清乾隆二十四年《户部条例》。

10. 治空中蝗法——陆曾禹《捕蝗八所》、陈芳生《捕蝗考》。

11. 以火烧蝗法——陆曾禹《捕蝗八所》、清乾隆二十四年《户部条例》。

12. 以土埋蝗法——陆曾禹《捕蝗八所》、清乾隆二十四年《户部条例》。

13. 以火诱蝗法——清道光元年顺天府尹申镜淳《捕蝗章程》。

14. 捕蝗之时——李秘园《捕蝗记》、清乾隆二十四年《户部条例》、道光元年顺天府尹申镜淳《捕蝗章程》。

15. 蝗断可捕——《唐书·姚崇传》、沈受宏《捕蝗说》、陆桴亭《除蝗记》。

16. 蝗断可尽——《唐书·姚崇传》、陈芳生《捕蝗考》、史茂《捕蝗事宜疏》、周焘《除螟灭种疏》。

17. 蝗蝻之神——陆桴亭《除蝗记》（赋迷信性）。

18. 以衣物驱蝗法——《唐书·姚崇传》、陆曾禹《捕蝗八所》。

19. 以响器火器驱蝗法——陆曾禹《捕蝗八所》。

20. 禁止蝗食稻麦法——清乾隆二十四年《户部条例》、陆曾禹《捕蝗八所》。

21. 种蝗不食之物法——元王祯《农书》、吴遵路事。

22. 蝗断可食——陈芳生《捕蝗考》、范仲淹疏、陆曾禹《捕蝗八所》（唐贞观二年六月，太宗在苑中吞蝗）。

23. 蝗可饲畜——陈芳生《捕蝗考》、陆曾禹《捕蝗八所》。

24. 蝗宜四时防备——陈芳生《捕蝗考》。

25. 蝗宜祷捕并行——陆桴亭《除蝗记》、清道光五年顺天府尹朱为弼《捕蝗事宜》。

26. 官捕不如民捕之善。

27. 捕得蝗蝻子不必官赏官买。

28. 欲除蝗蝻子皆须收买。

29. 捕除蝗蝻子须借官力。

30. 捕除蝗蝻赏罚宜明。

31. 蝗蝻子皆须力除——陆桴亭《除蝗记》、陈芳生《捕蝗考》。

32. 蝗蝻皆可尽之物——《唐书·姚崇传》（卷三）。

33. 修德禳蝗——陆桴亭《除蝗记》。

34. 德禳仍须力制。

卷二　官司治蝗法

1. 绝除蝗根法——周焘《除蝻灭种疏》、史茂《捕蝗事宜疏》、陆曾禹《捕蝗八所》。

2. 掘除蝗种法——周焘《除蝻灭种疏》、陈芳生《捕蝗考》、陆曾禹《捕蝗十宜》。

3. 扑买步蝻法——陆曾禹《捕蝗八所十宜》、窦东皋《捕蝗酌归简易疏》、马援《捕蝗记》、清道光元年顺天府尹申镜淳《捕蝗章程》。

4. 扑买飞蝗法——唐《姚崇传》、陆曾禹《捕蝗十宜》。史茂《捕蝗事宜疏》、周焘《除蝻灭种疏》。

卷三

1. 蝗种必须掘除说。

2. 奉劝收买蝗种启。

3. 奉劝接收买蝻启。

4. 劝速治蝻启。

5. 劝速莳秧启。

6. 劝速捕子启。

7. 蝗由人事说。

　　附　呈请拿禁佛头阻扰治蝗禀——《治蝗全法》第三卷；呈请示谕掘子禀——《治蝗全法》第三卷。

8. 前贤名论

（1）绝除根种。（2）买易蝻蝗。（3）蝗断可捕。（4）蝗断可食。

（5）蝗可饲畜。（6）蝗可粪田。（7）蝗宜预备。（8）蝗宜体恤。

（9）治蝗剔弊。（10）治蝗实绩。（11）捕蝗律令。（12）捕蝗人夫。

（13）蝗以蜡祛。（14）蝗由政召。

9. 历代蝗时

10. 锡邑蝗灾

11. 蝻蝗字考

12. 捕蝗诗记——宋欧阳文忠公修《捕蝗诗》；明宣宗《示尚书郭敦捕蝗诗》；郭敦《飞蝗诗》。

说蝗（戴芳澜）——中国科学社《科学》1916 年第 2 卷第 9 期第 1030 - 1042 页。

耶路撒冷蝗祸记（钱治澜择译）——中国科学社《科学》1916 年第 2 卷第 7 期第 782 - 790 页。

南京治蝗之经过（尤其伟）——前南京东南大学《农学》1923 年第 1 卷第 1 期。

蝗蝻预防及驱除法浅说——前农商部《商务公报》1920 年第 7 卷第 75 期第 21 - 23 页。

治蝗（付焕光）——前南京东南大学《农学》1923 年第 1 卷第 1 期。

蝗患（张景欧）——中国科学社《科学》1923 年第 8 卷第 8 - 9 期。

江苏省蝗虫分布图——江苏省昆虫局《科学》1923 年第 8 卷第 8 期（卷首插图）。

飞蝗之研究（张景欧、尤其伟）——前国立东南大学农科《农学杂志》1925 年第 2 卷第 6 期第 1 - 72 页。

蝗虫科中之水稻害虫（邹钟琳）——江苏二农《稻作害虫学》，1925 年。

螟蝗问题（费谷祥）——中华农学会《中华农学会报》1928 年 2 月第 60 期。

治蝗管见（胡觉根）——南京中央大学农学院《农学杂志》1928 年 3 月 15 日第 1 号。

蝗虫问题（吴福桢）——南京金陵大学《农林新报》1928 年第 142 - 143 期。

蝗虫问题（吴福桢）——中华农学会《中华农学会丛刊》1928 年第 64 - 65 期。

飞蝗迁移之新学说（吴宏吉译）——南京中央大学农学院《农学杂志》1928 年 12 月第 4 号。

飞蝗（尤其伟）——南京中央大学农学院《农学杂志》1928 年 7 月第 4 号。

江苏昆虫局海州第三捕蝗分所治蝗报告——中国科学社《科学》1928 年第 13 卷第 3 期第 420－444 页。

蝗虫之一般驱除法——江苏省昆虫局，1928 年。

捕蝗浅说——江苏省昆虫局，1928 年。

田间最适用之捕蝗法——江苏省昆虫局，1928 年。

秋蝗防治法——江苏省昆虫局，1928 年。

蝗——江苏省昆虫局，1928 年。

蝗（尤其伟）——上海商务印书馆《自然界》1929 年第 4 卷第 1－3 期。

蝗虫浅说（季正）——前农矿部《农民》1929 年 6 月第 9 号。

捕蝗古法（李凤荪）——《农林汇刊·过探先科长纪念号》1929 年（本刊转载）。

浙江最近之蝗患（赵才标）——浙江省建设厅《建设月刊》1929 年 8 月第 3 号。

华产蝗虫科三新之记载及其既知种类（蔡邦华）——中华农学会《中华农学会报》1929 年第 69 期第 21－23 页。

捕蝗袋与捕蝗辘（尤其伟）——上海商务印书馆《自然界》1929 年第 4 卷第 9 期第 853－858 页。

捕蝗后的一点经验（李国桢）——南京中央大学农学院《南京中央大学农学院旬刊》1929 年第 36－37 期。

飞蝗的解剖（忻介六）——上海商务印书馆《自然界》1929 年第 4 卷第 10 号第 959－974 页。

治蝗浅说增刊——江苏省昆虫局，1929 年。

治蝗专员须知——江苏省昆虫局，1929 年。

蝗虫预防及驱除法（陈家祥）——南京金陵大学《农林新报》1930 年第 201 号。

民国十七、十八年之江苏省治蝗工作（张巨伯）——中华农学会《中华农学会报》1930 年第 47 期。

治蝗浅说——江苏省昆虫局，1930 年 4 月。

治蝗须知——河北省实业厅，天津《大公报》1930 年 4 月。

江宁县各市乡适用之捕蝗法——江苏省昆虫局，1930 年。

江苏省昆虫局十八年治蝗概况（江苏省昆虫局）——南京中国农学社《农业周报》1930 年第 4 期。

江苏省昆虫局蝗虫股研究及工作报告——江苏省昆虫局《民国十七十八两年年刊》，1930 年 6 月。

灭蝗手册——中国华洋义赈会，1930 年 6 月。

实际治蝗简法（姚澄）——南京中国农学社《农业周报》1930 年第 42 号。

大气内温度的变迁对于飞蝗的成熟和健康的关系（邹琳）——上海商务印书馆《自然界》1930 年第 5 卷第 7 号第 621 - 631 页。

中国蝗虫初步调查报告（陈家祥）——江苏省昆虫局，1930 年 10 月。

治蝗要诀（冯翔凤）——河南大学《农业丛书》1930 年第 26 号。

蝗虫习性的观察（克士）——上海商务印书馆《自然界》1931 年第 6 卷第 5 期第 357 - 360 页。

蝗虫灾害谈（克士）——上海商务印书馆《自然界》1931 年第 6 卷第 6 期。

江苏省昆虫局为治蝗告农友书（江苏省昆虫局）——中国农学社《农业周报》1931 年第 1 卷第 21 期。

河北省民国二十年蝗虫统计表——河北省实业厅《河北实业公报》1931 年第 5 期。

本年江苏之蝗患（邹钟琳）——中华农学会《中华农学会报第十五届年会论文专号》1932 年第 105 - 106 期。

捕蝗——中国科学社《科学》第 1 卷第 8 期第 157 - 258 页。

蝗蝻防除法（章祖纯）——中央农业试验场《劝农浅说》1921 年第 54 期。

（十）《近年浙江蝗患记载拾零》（唐叔封）

浙江飞蝗非每年发生，故人少注意，并乏详尽之记载，推广部于本年 3 月，清理卷宗中之害虫记载，关于飞蝗者甚为零碎，特请唐先生整理之，以供来者之查考。

徐国栋附识

民国十六年（1927 年）

杭县：8 月 8 日，乔司西起九、十堡，东至海宁属十八堡，沿海 10 余里，飞蝗突至密集，田间禾苗、甘蔗等物，霎时食尽。农民佥谓系由江边飞来，县府曾派员视察，旋昆虫局派员前往扑灭。

海宁：为害情形，未详。

萧山：为害情形，未详。

民国十七年（1928 年）

杭县：上泗区田禾初受旱，继则蝗灾，再被狂风暴雨，以致秋收大歉。

富阳：高桥镇 7 月发现蝗虫，为数不多，不足为害。

嘉善：7 月被蝗害，县长请民、财两厅委员复勘，免误征务。

海盐：是年，夏蝗虫为灾，海邑尤甚，各区颗粒无收者，在在皆是。7 月 27 日午刻，有飞蝗蔽天，自北向南，沿海塘经过，适遇大风暴雨，大多飞入海中，间有少数遗落有海塘芦苇中，未伤禾稼。

桐乡：7 月 27、28 两日，有大批飞蝗过境。

德清：各地田禾几被蝗食尽。

民国十八年（1929 年）

杭县：7 月 26 日上午 10 时许，有大批飞蝗由东向西飞去，经半小时，始止乔司区。7 月下旬，有蝗虫发现。许村区翁家埠 8 月间亦稍发现，20 日忽由海面飞来大群，遮天蔽日，农民鸣锣驱逐，旋经出价收买，两日内收 3 200 余斤。小三围村东南角海边，8 月 16 日突有大批飞蝗停落，被害甚烈。

平湖：乍浦乍西村用围捕法收蝗蝻 3 213 斤，惟未全数肃清，致秋收歉折。

萧山：5 月间，北乡盛围河地一带，蝗虫蔓延至四、五甲，昆虫局派员前往防治。6 月间，北乡苌山镇发现蝗蝻甚形猖獗，当地农民颇恐慌，县府闻讯，飞电报告，由昆虫局派员前往雇工围打，捕杀不少，故田禾被害尚轻。

（十一）《治蝗诿过之幽默》（硕俊、听涛）

1.《桑榆漫志》：元章米公尹雍丘时，境内大蝗。其邻县尤甚，以为雍丘之蝗，被逐越界，集彼境内，移文米公，使止其打逐。米公大笑，题纸尾以答之曰："蝗虫本是飞空物，天遣来为百姓灾，本县若能驱得去，贵司还请打过来！"

2.《避署录话》：钱穆甫为如皋令，会岁旱蝗发，而泰兴令独给郡将云："县界无蝗，已而蝗大起"。郡将诘之，令辞穷，乃言："县本无蝗，盖自如皋飞来。"仍檄如皋，请严捕蝗，无使侵邻境。穆甫得檄，辄书其纸尾报之曰："蝗虫本是天灾，即非县令不才，既自敝邑飞去，却请贵县押来。"未几，传至郡下无不绝倒！（录自《古今图书集成·博物汇编·禽虫典》第 176 卷《蝗部纪事之十》）

3.《合璧》：王荆公罢相出镇金陵时，飞蝗自北而南。江东诸郡百官饯荆公于城外，刘贡父后至，追之不及，见榻上有一书屏，遂书一绝以寄曰："青苗助役两妨农，天下嗷嗷怨相公，惟有蝗虫偏感德，又随台旆过江东。"（《治蝗全法》卷三第 44 页）

（十二）《令人心酸之蝗虫经》（杨鉴清）

河南新乡，今岁数月不雨，又逢蝗灾奇重，官厅未加注意，人民无知，恐遭天谴，惟知击磬敲钟念蝗虫经，其愚可笑，其情可悯。经的内容，虽颇浅陋，然一字一泪，令人不能卒读，可知虫灾之不可轻视，民智之亟待开通。兹特录出，以作当局及吾人任治虫工作者之警醒！

　　蝗虫爷，行行好，莫把谷子都吃了。众生苦了大半年，衣未暖身食未饱。光头赤足背太阳，汗下如珠爷应晓。青黄不接禾尽伤，大秋无收如何好？

　　蝗虫爷，行行好，莫把谷子都吃了！

　　蝗虫爷，行行善，莫把庄稼太看贱。爷爷飞天降地时，应把众生辛苦念。家家饿肚太难当，尚有差官无情面，杂税苛捐滚滚转，土豪劣绅脚上镣。

　　蝗虫爷，行行善，莫把庄稼太看贱。（转载上海《新闻报》）

十、《中国蝗虫问题》

吴福桢撰

《农报》第2卷第13期　1935年出版

　　注：此为中央农业实验所植物病虫害系吴福桢教授1935年4月15日在南京中央广播无线电台上的演讲原稿。是年5月，中央农业实验所编印的《农报》第2卷第13期上予以刊登。

（一）可惊的蝗患

蝗虫是我国极大的害虫，我们试翻开历史一查，就可以晓得自汉初到明末，1 849年之间，大书特书蝗虫为灾的有381次。如果以数字来平均计算，则每5年就要大发生一次。以前历史上的事实，姑置不论，且讲最近几年的为害状况罢：民国十六年，山东大蝗，受灾的地方有69县，灾民达700余万；十七年，蝗虫继续大发生，江苏境内长江两岸的芦苇叶子，差不多全被吃尽，芦苇因此不能充分长大，据江苏省昆虫局的估计，这一年芦苇的损失，值银1 100万元，这还是仅就江苏一省的芦苇而论，别种作物和其他各省的损失，都未计入，如果一齐加入估计，损失的总数，更足惊人了！又据该局估计，民国十八年，全国蝗患损失，约值银1.1万元；再按中央农业实验所的蝗虫调查报告，民国二十二年全国发生蝗虫的区域，有1市9省265县，被害的作物面积，计6 863 033亩，损失银数计14 779 213元；去年的蝗虫，大家都以为发生很少，或可说是没有蝗患，但据中央农业实验所的调查报告，发生区域尚有

2 市 83 县，广布在苏、浙、皖、鲁、豫、冀 6 省境内，被害的作物面积计 845 647 亩，损失银数计 1 021 467 元。又湖南省安化一县，受竹蝗的损失，值银 17.04 万元，这种损失，诚足惊人！蝗虫不但为害作物，使我们的粮食发生问题，有时竟能阻塞交通，妨碍商业。如民国十八年下蜀地方，发生大群蝗蝻，从长江旁边，纷纷向内地迁移，京沪铁路的轨道，几乎都被淹没，火车开到下蜀站的时候，因轮轨被它们粘阻，无法进驶。经许多工人把轨道上的蝻群扑除以后，方得前进。因此火车就耽误了许多时间，不能准时到达各站。下蜀街上因为有几千万的蝻群乱跳乱爬，各处人家墙壁、屋顶都布满了跳蝻，所以日间各商店都不能正式开门，大家在门上开一个约有 1.2 尺长方大的窗洞，买卖东西，就在这洞口授受，交易完毕，便把洞口闭塞。蝗虫有这样的魔力，实在可惊！

（二）我国蝗虫的种类及其公布

我国各省所产的蝗虫，因为它善于飞迁，所以叫它飞蝗。它的学名是 *Locusta migratoria* （L.），它广布在江苏、安徽、山东、河南、河北等省境内，如扬子江下游、钱塘江黄河入海处、洪泽湖和微山湖的四周滩地，及江苏省北部各县的沿海滩地、河北省的碱地及低湿地，都是它们的原产地。湖南省的蝗虫亦很厉害，不过并非普通飞蝗，乃系另一种蝗虫，因为它们喜欢吃竹叶，所以我叫它竹蝗，它的学名是 *Ceracris kiangsu* Tsai，即中央农业实验所技正蔡邦华先生在江苏溧阳发见的新种，这种蝗虫分布于我国南部各省，江苏虽有，但并不为害。

（三）蝗虫的一生

蝗虫是一种渐进变态的昆虫，它的一生有卵、稚虫、成虫 3 个形态，稚虫即跳蝻，成虫即飞蝗。卵在土内过冬，普通自数十粒至 100 余粒，骈列成 1 个卵块，外面有一种胶质物作保护，到来年四五月间，天气和暖时，卵即孵化为蝻，爬出土面，食害各种植物。大约经 1 个多月，脱皮 5 次，即变为飞蝗，此时正当夏季六七月间，所以我们称它为夏蝗。夏蝗雌雄交尾后，即择地产卵，卵约经两星期左右，复孵化为蝻，到了八九月间，复变为飞蝗，此时适当秋季，所以我们称它为秋蝗。秋蝗所产的卵，即在土内过冬，年内不复孵化。惟有时晚秋天气和暖，间有一部分在当年也能孵化为蝻；不过，这次孵化出来的蝻，因天气渐冷，大都不及成长，而中途死亡。所以我国的飞蝗，在一年中间，普通发生两代，有时得因气候的关系，偶成为不完全的 3 代。

（四）蝗虫的特性

蝗虫有三种特性：一为迁移性。蝗虫自小到老，就喜欢迁移，在跳蝻时期，不断地跳跃迁移，到飞蝗时期，便高飞远翔起来。江苏江北的蝗虫，倏忽之间，就可飞到江南，跳蝻除跳跃以外，还能爬行、游泳、爬墙、升树，毫无困难，遇到大河当前，便能集结成球浮过河流，洪泽湖边，有时能够看到跳蝻过湖。二为合群性。蝗虫自小到老，都喜欢合群，一个小蝻群，遇到另一个小蝻群，就合成一个大蝻群，一个大蝻群，遇到另一个大蝻群，就合成一个更大的蝻群，这样不断地合并成群，覆盖地面，甚至堆积至数寸之厚。斯时如吾人涉足原野，一望尽是蝗蝻世界！至于飞蝗的成群结队，高飞远翔，可以遮天蔽日，远远望去，好像一大片乌云，有时还能听到它们翅膀飞动的声音，飒飒震耳。三为普食性。蝗虫能吃许多种植物，而尤以禾本科植物为最合它们的胃口。如稻、麦、玉米、高粱、芦苇、粟、稷、黍、甘蔗、竹等，它们都很喜欢吃，有时黄豆、棉花、芝麻等作物，也要被害。当它们漫山遍野、奋勇前进的时候，如果肚子饿了，则各种杂草当着就吃，榆树、柳树的叶子，有时也要尝尝，甚或还要强吞弱肉、以蝻吃蝻地自动残害，我们时常可以看到两三个蝻争吃一个蝻。蝗虫有时并非为饥饿而取食，它们为了口渴，要啮取植物中的水分，而取食的亦不少，所以我们时常可以看见，它们不断地乱咬植物的茎叶，却随咬随吐，并不吞入胃中。蝗虫所以能予人类以极大的威胁，引起社会的恐慌，这三种特性，实最有关系。

（五）蝗虫的变型

蝗虫因为环境的不同，它的形性可以因之改变，这种改变形性的现象，我们称之为"变型"。普通所看见的蝗虫成群而居，有迁移习性，即称为群居型，亦曰蝗虫型，它的体色大都是黄褐色。惟此项蝗虫，若因天气及其他关系，其集团的个体数目减少，东零西散，则失去其原来群居习性，且亦不会迁移，颜色以绿褐色为多，这种蝗虫，我们称之为散居型。因为这种习性，好像蚱蜢，故又称为蚱蜢型。我们如果把群居型的蝗虫，各个分散，不使密集群居，则群居型的蝗虫，就会渐渐变成散居型的蝗虫；反过来，如果把散居型的蝗虫，使其密集而居，则散居型的蝗虫，也会渐渐地变为群居型的蝗虫。我国蝗虫的发生，有时飞天蔽日，大兴猖獗，这就是群居型的蝗虫了。然如此情形一两年后，蝗虫忽然销声匿迹，好向无形消灭的样子，其实并非没有蝗虫，乃因群居型的蝗虫，数目大为减少，已变为散居型的蝗虫，不复成群迁移，所以我们不易看见了。

(六) 解决蝗虫问题的途径

解决蝗虫问题有两条途径：一条是治本的，一条是治标的。治本的为垦荒、疏河，以消灭蝗虫的原产地。我国主要的蝗虫原产地，就是洪泽湖、微山湖的四周，沿海及沿江的荒滩，和河北省的碱地及低湿地，所以我们应当赶速导淮、疏河、兴水利，以便把滩地及其他产蝗荒地完全垦熟，使蝗虫没有适当的繁育场所。那么全国的蝗患，自然就会渐渐地消灭了。治标的方法，须年年在蝗虫发生区域，用有效的方法，一致努力捕除，使密集成大群的蝗虫，打得如落花流水，使群居型的蝗虫渐渐变成散居型，使它们不致成灾。但是，前面我已讲过，蝗虫迁徙力很强，如果甲地努力捕除，而乙地不努力，那么甲地的治蝗工作，就要受乙地的影响，而功效不著。所以我们应当运用政治力量，来统制各地治蝗工作。如何可以统制治蝗呢？据我的意见，全国要设置三个治蝗专局，一个设在徐州，主持苏皖鲁三省的治蝗工作；一个设在大名，主持冀豫两省的治蝗工作；一个设在安化或益阳，主持湖南省的竹蝗防治工作。如果政府与人民能照这种办法治标治本，双管齐下地进行，那么我国的蝗虫问题，就不难逐渐解决了。

十一、《飞蝗概说》

关鹏万、柳原政之 编著

河北省公署建设厅　民国三十年版

注：关鹏万与柳原政之，均为抗日战争时期保定区劝农模范场工作人员。该资料比较详细地介绍了飞蝗及其亚种的生物学特性，介绍了中国诸多防治飞蝗的方法及国外治蝗先进经验。目前该资料已很少见到，现收录于此并作适当删减，供读者参考。《飞蝗概说》全书共分为十章，分别为绪言、名称、世界之飞蝗问题、东洋之飞蝗问题、中华民国之飞蝗问题、"台湾飞蝗"之性质、天敌及其利用、治蝗法、蝗虫之利用法和结论。

(一) 绪言

中国之飞蝗，称作"台湾飞蝗"。

于农作物及畜产（牧草）之关系上，飞蝗为世界的重要害虫之一。飞蝗之食物，除少数例外者，几多为禾本科植物，很少害及杂作者。大河川之三角洲、高原、草原或近沙漠等之荒地，均为飞蝗之恒久的繁殖地，而据有此等恒久繁殖地之国家，因人类之主要食物为禾谷类之关系，因之常不绝蝗害。

世界之著名飞蝗，有二十种内外。以此等恒久繁殖地为根据，屡屡远征各方，为害农作物。以苏联、阿非利加、波斯为中心地带，北美、南美，为世界之著名蝗害地区。东洋产"台湾飞蝗"一种，于菲律宾与中国为害最多。中国方面古来不以飞蝗为害虫，而以之为天灾。一度飞蝗经过之后，如何之良田，亦使之荡然全无收获，而引起饥馑之例甚多，汉人称之为"饥虫"，即足以表示被飞蝗压制之情形也。

台湾飞蝗虽为一种，然依环境之原因，表现生态的变异，其极端者为群栖型与独居型，此关系于实验方面亦已明显。群栖型为主要繁殖于恒久的繁殖地者，幼虫期成集团移动，成虫则作大群而飞行。独居型为在少数地点发生者，故无大害。处于两者之中间型者亦很多，日本及华南方面，几乎不曾发现群栖型。关于群栖型出现之原因，尚无定说，然最近发现食物说，闻于实验方面，如食半枯草则成群栖型。然于中国之场合，虽多符合之点，但尚多研究之余地。

华北1年反复2世代，5—7月与8—9月，为蝗害之时期。因此如粟、高粱、玉蜀黍之属，4—5月播种，8—9月收获之禾谷类，依场合亘受2次之被害。第1次被食尽，虽经再种，而于第2世代期之收获前，则又被食尽也。

未作恒久的繁殖地带之视察，故不能树立其应急之对策，然以为一时的繁殖地之农耕地蝗虫，则驱除比较容易。此即为依使用药剂，给现在村民所用之方法。

中国自1920年开始飞蝗之科学的研究，1935年顷，大概之研究已完成，然现地之治蝗法，则未稍留其反影。马加尔说："今日中国之农家，依然墨守二千年来以旧方法与旧农具而劳动之方法。"（西周时代，曾作高度之发达）。然旧习惯墨守之势力，于治蝗法上亦作表现，曾为未出清代咸丰《治蝗全法》地域一步之状态。华北方面，据已视察之二、三治蝗状况，非为治蝗而驱赶也。即仅由自己之区域内赶出或赶散，而蝗虫则入邻区，反得健全之蔓延。至少仅得追赶中，终了其产卵，成虫，至死，而为害终之过程。如果发生地立刻驱除净尽，则作物之被害，尚可有济，然只知追赶，则反增加10倍或10倍以上之为害也。华北农耕地带一时的发生地之治蝗状态，如果大体如下，则实无智极矣。

窃思此种公德方面无责任之治蝗，现今仍在施行，此为古来于被天惠与善政见弃之农民间，自然培养的恶癖之一。覃振于水灾委员会尝呐喊："水灾决非天灾，因治水不努力也。"暗中痛骂官吏之腐败。邓云特亦对原因于自然条件中之天灾，力说灾害之原因，与其置重点于自然的条件，不如置于社会的要素上。假使科学方面如充分设施，现今中国之天灾，当可大减时，则本国之旧弊与恶政，不胜遗憾，因此述以上之言语，以作革新之声。

孙文为教以中国害虫驱除必要之一人："国家要用专门家，对于那些害虫来详细研究，想方法来消灭，像美国现在把这种事当作是一个大问题，国家每年耗费许多金钱，来研究消除害虫的方法，美国农业的收入，每年才可以增加几万万元——我们要用国家的大力量，仿效美国的办法来消除害虫，然后全国农业的灾害，才可以减少，全国的生产，才可以增加。"（民生主义第三讲）。

南京政府亦于民国二十二年，认识从来治蝗之缺点：一是全国之治蝗，缺乏系统的组织；二是治蝗方法徒墨守旧习，且一部农民之迷信观念很深；三是治蝗之经费不确定；四是对蝗患无全国的调查统计。

曾召开 7 省会议，讨论中央及各省间能力之联合，治蝗组织之统一，治蝗技术之改良，经费调达及全国蝗害调查法等。自 1930 年以来之华中科学研究之趋势观之，此全国治蝗会议如继续存在，中国治蝗史上可辟一新纪元，但不幸而中途停止矣。

关于中国之飞蝗，有一根本问题，即为根绝恒久繁殖地，盖此系耕作地带之发生及飞来之根源也。因飞蝗有于人力不及地带大繁殖之性质，如开拓成为耕地，栽培作物，则恒久发生地之性质早以消失，只余一时的发生性质耳。因此飞蝗恒久发生地之水位不定，湖沼地之整理，治水事业，荒地之开拓等华北重要之建设事业，又自成为治蝗之重要政策也。

为供给养成飞蝗常识之资料，搜集迄今，已研究者，草成本文。

（二）蝗虫名称

在《农政全书》上，谓成虫曰蝗、幼虫曰蝻，现在中国仍以幼虫与成虫称之。

蝻：为幼虫而无翅者（实际有发育尚未完全之小形者）。

《外传》曰："虫舍蚳蝝，蝝一名蝮蜪，蜪乃蜪字之误，因篆体之蜪与南相似。"（见《尔雅·释虫》）

蝗：为成虫。"去其螟螣，及其蟊贼，无害我田稚，田祖有神，秉畀炎火"。《传》云："食心曰螟，食叶曰螣，食根曰蟊，食节曰贼"，而不曰蝗，其曰蝗者，皆秦汉以后之称（见《诗经·小雅·大田》）。蟓即蝗也。宋魏之间谓之蟓，南楚之外谓之蟅蟓，或谓之蟓，或谓之螣（见《方言·蝗杂释》）。

《史记》（西纪 103 年）上有"飞蝗"之名。鲁书（西纪 1670 年）谓："阜螽非每岁荒废一地，而时飞向遥远之地，故名曰：飞行阜螽，或旅行阜虫。"

此外黄蚂子、蟹虫、蚂蚱、蟏蚸等，亦指蝗虫而言也。现今中国用蝗、蝻字样之时较多，专门书上则用蝗虫或飞蝗字样。

日本普通称蝗（多用于大形者）。稻蝗（指小形食稻者）等，台湾称之为草耳、草虾。试列举二三外国名如次。

英名：Locust 及 Grasshopper 飞蝗 Migratory locust.

德名：Feldhenschrecken 飞蝗 Wanderheuschrecken.

法名：Criquet 或 Santerelle.

意名：Cavallethe，Grilli，Grillucci，Grillastri.

荷兰名：Treksprinkhanen.

西班牙名：Laugasta.

以"台湾飞蝗"之名，作为中国大发生之飞蝗学术名。中国虽有"飞蝗"之名，但此为群栖型蝗虫类之总称。吴巴洛夫 1936 年予以 *Oriental migratory* Locust."东洋飞蝗"之名，自分布区域观之，想为适当之名也。然尊重 1897 年松村博士所予"台湾飞蝗"之名（于东洋学术最久），本文即用此名。

（三）世界之飞蝗问题

1. 世界除东洋以外的蝗害史。

蝗害史表

年代	蝗害地名	蝗害状况
西纪	阿拉伯人之传说	神以造人类之余粕，造蝗，时夺人之食而杀人
	古代埃及人之神话	依犹太学者之判断，由其翅脉之模样，如记有"神罚"之文字，故视蝗害为神罚
	菲律宾人之神话	为神造者，神恶丰收时，则将飞蝗
591	意大利全土	人畜之死亡甚大
872	法兰西	飞来，饿死住民之三分之一
1271	意大利米兰	禾谷类全灭，大饥馑
1339	意大利伦巴德	谷类全灭
1411—1412	地中海塞浦洛斯岛	自阿非利加飞来，全土受大害，以至不见植物
1476	波兰	自南方飞来，人畜饿死
1478	意大利威尼斯	飞来，谷物大被害，饿死 1.3 万人
1631	法兰西	飞来，1.5 万法亩之麦田皆无收获，驱除 60 亿之卵块
1649	加拿列岛	自阿非利加飞来，植物全灭，兵士 0.78 万人驱除之
1650	俄国波兰	见到蝗虫尸体，地上堆积高至 4 尺
1743	澳洲	于纽印哥兰
1744—1748	全部欧洲	有史以来之飞蝗年，英国亦飞来

（续）

年代	蝗害地名	蝗害状况
1749	比萨拉比亚	当时瑞典之卡鲁 12 世帝远征，因飞蝗而终止进行
1754—1757	西班牙	自阿非利加飞来，植物濒于全灭
1756	澳洲	于纽印哥兰
1778—1780	摩洛哥	飞来，自撒哈拉沙漠至海岸，全土皆为蝗层所蔽
1780	萨毛拉达郎西里瓦尼亚	大群飞来，虽驱除亦无效
1781	匈牙利	飞来，作物被食尽
1783	萨毛拉	大发生，1 日平均 400 以上，虽已驱除，被害尚大
1797	南非洲	蝗虫发生区域 2 000 平方里，因大风而死，自海岸至海中 50 里尸体相联，作高 5 尺之浮洲，发恶臭
1798	澳洲	纽印哥兰第三次之大发生
1811	印度	自非洲大群飞来，横断印度西部上空三昼夜，马尔瓦地方之住民，虽向孟买地方逃走，然中途几乎死亡，巴洛达街附近，一日饿死 500 人左右，阿美达巴德 21 万中死亡 10 万人
1818—1819	北美米内苏他	大发生，地上堆积三四寸高
1824	澳洲	自南部向北部，食尽禾苗而进行，遂飞至新几内亚，其处之住民多数饿死
1825	基辅与敖得萨间	旅行家耶哥氏，因长幼 2 寸之蝗幼虫，以 2 尺之层，遮蔽 400 里间之土地，车马之进行为之终止，亚历山大俄帝以兵 3 万驱之
1853	阿根廷	达尔文旅行中，被蝗军来袭
1855—1857	北美米内苏他	如 1855 年，亘长 2 500 里、宽 1 200 里皆被害
1871	澳洲、印度、非洲	
1874—1876	北美	落矶山脉东部，食尽 1 亿元之谷草
1876	北美	得撒州火车运转中止 10 日，密西西比之沃野亦大发生，侵害 40 万平方里
1881	印度西部	幅宽 40 里，遮蔽天日，续飞三昼夜，其间未见日光
1888	阿尔日利亚全土	飞来，政府支出驱除费 25 万元
1889	红海上空	通过红海上空，遮蔽日光 2 000 平方里，近观时如降云片，远观之似黑云，降于地上达数寸至尺余，翌日亦仍向同方向飞行

（续）

年代	蝗害地名	蝗害状况
1891	北美	侵入哥罗拉多，7月初旬丹巴东方之铁路上，蝗群堆积，火车运转终止，北达哥他米内苏他等处，因前年秋季掘取卵块，致约多获 200 万元之小麦
1907	苏丹	
1913		自××岛向××大群飞行中，遇逆风，被海波吹寄海岸，作成千米间 1 米宽之蝗虫堤防
1916—1917	小亚细亚	
1919	北美	

2. 世界之蝗虫

自农作物及畜产（牧草）关系观之，蝗虫为世界的重要害虫之一。蝗虫类之食物，主要者本为禾本科植物及作物（除少数例外）。然大发生时，则杂及其他作物。蝗虫之发生地，虽已决定，然非每年大发生，乃为周期的消长，但一遇大发生，则其被害实大，荒废之状，极为凄酷。凡大发生时，其集团性极为显著，成虫后，成大群飞至远距离，因此虽非蝗虫繁殖地，而飞行圈内之土地，亦不可不注意也。

观世界之飞蝗发生地（繁殖地），为沙漠地带、高原或草原地带以及因河川而成之荒芜地带等，大都附带土地干燥之条件。现今世界第一之蝗虫国，为非洲与苏联近东西部亚细亚地区，北美、南美、澳洲、菲律宾、印度及中国等次之。

蝗虫被害统计，各国皆有报告，事属重大，试摘录载于 1936 年第四次国际治蝗会议所记录者及二三他方面者如次。

蝗虫被害额并驱除费表

国名	损害额（万磅）		驱除费（万磅）	不拂劳动者代价（万磅）	摘要
	农作物	畜产			
加拿大	700	17.4	35.3	53	1925—1934 年
北美合众国	5.0		91.6		1925—1934 年
莫三鼻给	1.6		1.3		1932—1934 年阿非利加飞蝗
莫三鼻给	35		2.6		1933—1934 年红色飞蝗
莫三鼻给	30		2.7		1935—1936 年红色飞蝗
南非联邦西南非洲	13.8				褐色飞蝗损害及驱除费

（续）

国名	损害额（万磅）		驱除费（万磅）	不拂劳动者代价（万磅）	摘要
	农作物	畜产			
南非联邦 西南非洲	6		88.4		1933—1934 年 1934—1935 年，红色飞蝗
澳洲			2		1925 1934 年
印度	67.5		20.8		1928—1929 年、1930—1931 年
葡领西非	20		6.1	（救助费）6	被害 1932—1933 年，驱除救助 1932—1935 年
菲律宾	150				1922 年，吕宋

凡患蝗各国，设置蝗局或蝗虫局，及其他名目之行政机关，又民间则组织治蝗委员会等。如南非之拿他尔，于 1895 年设置治蝗局，颁布治蝗规则；以英国及其属领为主体之国际治蝗会议，为现在最有力之国际的蝗虫研究机关。

蝗虫之防除法，由卵之掘取、幼虫成虫之捕获、沟渠法、障壁法等，进而使用喷火器、液体毒剂等，现今已达于粉剂毒饵之撒布，或用飞机撒布。然原始方法，或杂多之方法，今尚行于各地。有良指导者及努力于科学治蝗之国家，现今明了使用粉剂或毒饵，有节省劳力、节减经费、效果显著、容易操作等很多利点。故渐废旧法，而实施此等新法也。其间天敌之人工利用，虽曾甚加努力，然未成功。天敌之利用，自其他害虫之多数实例观之，想亦未必有望也。最近关于蝗虫繁殖地之生态研究很盛，欲破坏适于繁殖蝗虫之环境，而根绝其发生，即为永久的铲除蝗虫之方法也。前者之驱除法，可作为治蝗应急策，此则可用为永久之方策也。惟对于成虫大群飞来之为害，尚无完全对策，然发生地之蝗虫，以毒剂及其他方法能使之全灭，其主要在幼虫时代之驱除。例如垦荒之结果，使呈绿野，则蝗虫之发生著减，反之砍伐森林之结果，使呈草原，化为飞蝗之发生地等，其例甚多。由此以观，对治蝗永久策，不啻予以一暗示也。

3. 欧亚大陆之飞蝗

（1）旧世界飞蝗：*Locusta migratoria* Linne.

本种为分布于欧洲、亚细亚、澳洲及阿非利加，旧世界大陆全部之典型的飞蝗。近沙漠状态，大河之三角洲地带为其典型的繁殖地。被害植物，以芦、粟（以上为其最喜之食料）、玉蜀黍、高粱、黍、稻、甘蔗、竹、芭蕉及其他禾本科为主，且亦食落花生、大豆、菠萝、蜜甘、蓝、紫苜蓿等。

按地理的划分，有如次之数个亚种。

欧洲飞蝗：*Locusta migratoria migratoria* Linne.

于流入里海、咸海、黑海及巴勒喀什湖等诸河之三角洲地带、草原及湿原繁殖。

露西亚飞蝗：*Locusta migratoria rossica* Uvarov. et Zorot.

繁殖于中部露西亚草少之砂质地繁殖地点，散在于岛状地，飞至法国、波兰方面。

台湾飞蝗：*Locusta migratoria manilensis* Meyen.

繁殖于中国、菲律宾、波罗洲、马来、西里伯等处，向台湾飞行。

阿非利加飞蝗：*Locusta migratoria migratorioides* Reich. et Fairm.

分布于阿非利加全部（参照阿非利加之部）。

马达加斯加飞蝗：*Locusta migratoria capito* Sauss.

产于马达加斯加岛。

且此种称大名蝗 *Locusta migratoria danica* Linne. 北海道、日本全体、朝鲜、中国、印度支那、菲岛、澳洲、新西兰、印度、阿非利加及欧洲等均有记录，因认此为旧世界飞蝗之（独居型），故特由亚种中省略之。

（2）沙漠飞蝗：*Schistocerca gregaria* Forsk.

为施威于跨欧亚非三大陆之飞蝗，即分布于北非、中非、西非、南欧、塞浦洛斯岛、波斯、土耳斯坦及西部印度。北非为古来之大发生地，自此飞至远方各地，伤害作物。如大西洋上之孤岛、阿邹列斯群岛（离摩洛哥 2 000 里），屡屡被袭，如塞浦洛斯岛。因自北非及土耳其方面侵入之蝗群，在未成英领以前，皆为荒废之地，食害禾谷类，棉、紫苜蓿、杏、柑桔、芭蕉、合欢及木麻黄等，小麦、树胶、箆麻等，则不为所好，称独居型为 *Schistocerca flaviventris* Burm.

（3）摩洛哥飞蝗：*Dociostaurus maroccanus* Thunberg.

分布于自地中海两岸至黑海东部之地。即以葡萄牙、西班牙、科西嘉、西西里、意大利、匈牙利、希腊、罗马尼亚、塞浦洛斯、土耳其、高加索、波斯、伊拉克、阿富汗、土耳基斯坦、利比亚、阿尔日利亚、摩洛哥及加拿列等为主，予禾谷类大害，棉之被害亦甚重。独居型称为 *D. degeneratus* Baranov.

（4）意大利飞蝗：*Calliptamus italicus* Linne.

分布区域似前种而更广，即西方自马得拉群岛，东方达西伯利亚、土耳基斯坦及喜马拉雅南麓，北方自苏联中部、德国南部，南方至埃及。被害最甚之地为摩洛哥、阿尔日利亚、利比亚及意大利等，法兰西、匈牙利、苏联南部、波斯次之。食害烟草、马铃薯、棉、蔬菜及紫苜蓿等。本种与沙漠飞蝗同一处发生。

(5) 西伯利亚飞蝗：*Gomphocerus sibiricus* Linne.

太平洋岸至乌拉山脉，除去极北，全西伯利亚之草原地带，皆栖有之。且于欧俄巴尔干、高加索、阿尔卑斯、比利牛斯及西班牙之山地，亦屡屡发生。食物为玉蜀黍、小麦、燕麦、牧草等之禾本科，在西伯利亚之草原，予玉蜀黍以大害。

(6) 黑翅飞蝗：*Chorthippus scalaris* F. W. (*Stauroderus morio* F.)

分布于西伯利业全部，欧俄、南欧山间，丁乌拉山脉之两侧及西伯利亚，予玉蜀黍以大害者。

(7) 无翅蝗：*Podisma pedestris* Linne.

分布于西伯利亚及欧洲，禾谷类受大害，得兰斯巴伊加利亚地方被害最多。

(8) *Archyptera microptera* F. W. (*A. flavicosta* Fisch.)

分布于西班牙、意大利、南澳、巴尔干、匈牙利、南俄及西伯利亚。于欧俄西伯利亚，启尔场兹等之草原地带伤害作物。

(9) 加拉夫得夫基飞蝗：*Prumna primnoa* Fisch. V. Waldh.

于西伯利亚之乌斯里地方，伤害马铃薯、瓜、麦等。桦太虽亦有之，然尚不入于害虫之列。

阿非利加之飞蝗、澳洲之飞蝗、北美合众国及加拿大之飞蝗的发生概况介绍（略）。

（四）东洋之飞蝗问题

本章介绍沙漠在印度西部地带屡次大发生，食害农作物，为印度唯一之飞蝗。

1906 年以来，台湾飞蝗在马来半岛始见大发生。产卵或繁殖地为森林砍伐之迹，及草原烧毁地（烧毁草地，成数哩之裸出地，此为最适宜之地点），又为锡矿山自山坑掘出砂石之堆积地点也。1913—1914 年大发生，1930 年又大发生。食害稻、凤梨、甘蔗、橡皮、香水草、木麻黄及竹等。

1918 年，西北婆罗洲田巴斯克大发生台湾飞蝗，继续至 1920 年初期。繁殖地为自西海岸之苦答特，至撒拉瓦苦之间。1926 年 5 月繁殖，继续至 1927 年末。1927年、1930—1931 年、1933—1935 年，亦有局部之大发生，发生期为 2 月、5 月、7—8 月。

菲律宾为著名之台湾飞蝗发生地，被害作物以稻、甘蔗、粟、竹、椰子、及牧草为主。发生之飞蝗南飞至荷领东印度方面，北飞至台湾及冲绳方面，加以大害。迄今之显著发生记录，列举如次：

1569—1576 年巴内发生。

1597—1598 年安地保罗、桑旧安、地尔蒙提。

1604—1605 年菲律宾各岛。

1631 年桑密哥尔、加哥杨。

1634—1644 年民大诺。

1668 年拉古纳。

1717 年菲律宾全岛。

1736 年提尔那多岛。

1819 年大群飞来鲁总。

1854 年伊罗伊罗。

1879 年拉古纳。

1902 年菲律宾全岛。

1910—1913 年巴尔及其他。

1922—1923 年鲁总、民得罗、那古罗斯等。

日本明治十五年顷（1880—1881 年），北海道曾有"阜，螽"之大发生，其后则未见大发生。食尽所有之食物，内务省曾派员调查，种类不确实，然迄以大名蝗称之。

冲绳县下之北及南大东岛发生台湾飞蝗很多，恐为自菲律宾飞来而着落者。大正十年顷起，采伐全岛之树木，呈裸岛状态。旱魃连发时期，发生最多，闻成大群回旋岛内。现今完成防风林，全岛绿树成荫，飞蝗发生地点，遂仅限于岛之最外周，蒙潮害之丛生禾本科杂草之荒地而已，本岛又脊筋土稻蝗亦很多。被害作物为甘蔗及麦。

南洋罗他岛之甘蔗，蝗害亦多，彼处之制糖公司，曾自台湾输入鸟秋，其蝗虫想恐为本种。

大正十二年，冲绳县下宫古岛，大正三年，石垣岛有台湾飞蝗自菲律宾飞来，然未定着。

脊筋土稻飞蝗于冲绳县下之石垣岛、宫古岛、冲绳本岛及南、北大东岛发生甚多，对甘蔗加以大害。发生地点以路旁旷野之茅原为主，不属飞蝗。

（五）中国之飞蝗问题

1. 中国之灾害

谈中国古来之视蝗虫，以飞蝗作害虫，不如视作天灾，较为习惯，而成被飞蝗压制之形态。今也必须逆转此种形态而压制飞蝗，自飞蝗中取消天灾之名词。

（1）灾害之种类与其原因。水害、旱灾、雹害、霜害、风灾、虫害及疫病，为中国灾害之主要者。中国之灾害，其种类既多，次数亦多，且影响亦极大。例如因水灾而损失之耕地如下：

年次	耕地面积	荒地面积	年次	耕地面积	荒地面积
民国三年	100 万亩	100 万亩	民国七年	83 万亩	237 万亩
民国四年	91 万亩	113 万亩	民国十二年		250 万亩
民国五年	95 万亩	109 万亩	民国十七年	79 万亩	
民国六年	86 万亩	259 万亩	民国十九年		325 万亩

又因灾害而死亡之人数如下：

年次	死亡人数	年次	死亡人数	年次	死亡人数
民国九年	50 万人	民国十六年	4 万人	民国二十三年	4 万人
民国十一年	5 万人	民国十七—十九年	1 000 万人	民国二十四年	300 万人
民国十二年	10 万人	民国二十年	370 万人	民国二十五年	14 万人
民国十三年	10 万人	民国二十一年	8 万人		
民国十四年	58 万人	民国二十二年	3 万人		

将及大战争之战死者之数。自平帝即位时至光武帝中元二年之 50 年间，因旱灾及屡次之蝗灾，减少 5 959 万人，至 2 100 万人；清代自嘉庆十五年至光绪十四年之 78 年间，因灾害而丧失农人 6 200 万人；自民国九年至二十五年之 16 年间，同样因灾而死者 1 800 万人。

观以上灾害之种类，基于气象上之原因者占大部分，其非然者虽亦有之，然亦间接与气象条件有关系，颇为明显。地形方面，黄河、扬子江间之广泛农耕地带，皆极低下，此等河川之上流地带，或为沙漠，或近于沙漠，或为岩山，森林缺乏，上下流皆为降雨或流水之调节上均感极困难之状态；土壤多为砂深之冲积层，不但一年间大部分为干燥期，且灌溉设备亦不多见。盖中国之环境条件，皆为罹水旱灾者，水旱灾各与其自体或其他原因之灾害，皆有关联也。水害与旱灾发生之次数，两者各占五成，故即使治水工程完成，而怠于灌溉设备，或使雨降事之不成，则华北之灾害，亦不能完全灭除。设或全无水旱之灾，则其他数种灾害，皆与此关连而减少也。

关于降雨之事，首当考虑者即为森林。盖森林关系气象极大，在冬日之季节风，防风林地带之受风方面与反对方面，其温度之相差为 3℃以上，森林于气温之缓和效果极大；又甘蔗如伸长到不见地面之程度，则5～10毫米之雨，茎叶皆可接受，不使达于地面。森林不仅于地中予以保水力，自体又能吸收雨滴，或使蒸发，以调节洪水，而森林又能诱致降雨。例如北美为增产食粮，自1930年以后，盛行开垦而滥伐森林，结果使河川缺水而受数次大旱灾之袭击。又大东岛为建设新式制糖工场，因原料不足，为使全岛成为耕地而砍伐树木，成为裸岛，以后旱灾、暴风及虫害相继而起，成为危险状态。然自大正十年顷，计划防风林，至昭和五年顷，已收大效，渐次恢复成为绿岛，嗣后此等灾害，遂行激减，其他如斯种事例者尚多。

于中国地理之下，造林之结果，对降雨能招致影响与否，虽不能为明确之问题，然总之以此为最应尽力之事业也。"中国国内之森林绝灭，已达全世界无比伦之程度，……国内森林之绝灭，惹起气候之变动及降雨之不规则，同时一面招致经常的旱灾之促进，与洪水之泛滥。又因全国森林之绝灭，使土地之通气与洗涤加速，而多量降雨时容易发生水害。"（马吉亚尔氏）

中国森林自最古时代已绝灭。秦汉文化时代以后，亦屡屡滥伐，虽有森林官，然未留植树之实绩。周代以前灾害很少，蒙疆之沙漠地带亦有大树迹之存在，依此想象，往古森林亦多，而内陆亦必多雨，如在华北、蒙疆、热河之山地山麓，繁茂森林，增加平野之树木以诱雨，则可使河北平野雨量增加。据八田与一氏之想象，于鄂尔多斯一带作一大湖，依此予沙漠地带以降雨，使成绿野化，同时黄河水利可因之而减少，以调节下流渤海及黄河沿岸地带之洪水，且可缓和气温，减少旱灾，或能成此结果，亦未可知也。

上述虽属描写之幻想，然至少华北之灾害，只以目前事件之处理不能解决，而充分考虑之百年大计，为传至子孙继续之难事业。而欲使扬子江以北之农业宝库，成为安全地带，则国家不宜踌躇，必须着手者也。

（2）灾害之频度

中国之灾害，于地理的、季节的、普通的，发生之性质甚多。由历史观之，益近现代而益见增加，且一种灾害起后，而他种灾害相联并发之时很多（例如旱灾时有蝗灾，水灾时有疫病），因此灾害益见其频频增高也。

灾害史统计表（邓云特氏）

灾害		水害	旱害	蝗害	雹害	风害	疫病	地震	霜害	凶作	合计
前殷商	−18		7								7
	−17										
	−16	6									6

（续）

灾害		水害	旱害	蝗害	雹害	风害	疫病	地震	霜害	凶作	合计
前殷商	−15										
	−14	1									1
	−13										
	−12		1								1
	−11	1						2			3
	−10				1						1
	−9		9		1						10
两周	−8	2	1	3				2	4	1	13
	−7	8	6	4	1		1	1	1	4	26
	−6	4	14	3	2			3	1	3	30
	−5		1	2				1	1		5
	−4	1									1
秦汉	−3		1	1			1	1		5	9
	−2	13	16	12	7	6		7	3	6	70
秦汉	−1	12	15	2	3	4		9	2	5	52
	1	13	20	17	5	2	2	7	1	2	69
	2	37	27	21	17	17	7	44	1		171
晋魏隋	3	29	25	6	13	16	12	27	2	10	140
	4	26	39	9	15	27	8	32		5	161
	5	57	37	9	16	26	9	24	11	7	195
	6	34	50	11	9	16	7	22	9	5	163
唐五代	7	41	41	9	11	11	9	13	8	8	151
	8	39	41	9		26	4	18	4		150
	9	39	48	19	18	26	6	22	9	9	196
宋金	10	49	55	24	18	20	3	4	6	3	182
	11	67	54	25	18	26	6	31	5	31	263
	12	60	59	31	45	31	16	34	4	36	316
元	13	57	70	36	47	31	7	25	13	36	322
	14	73	54	38	67	37	19	56	25	42	391
明	15	71	51	25	12	21	15	40	5	32	272
	16	86	74	43	74	48	31	60	9	39	504

（续）

灾害		水害	旱害	蝗害	雹害	风害	疫病	地震	霜害	凶作	合计
清	17	66	86	50	60	61	31	73	31	39	507
	18	62	80	35	52	58	28	66	27	33	411
	19	73	73	28	43	30	32	68	18	42	407
民国	20	31	19	10	6	8	7	13	3	4	101
合计		1 058	1 074	482	550	518	261	705	203	407	5 258
		1 037	1 035	469	自汉朝立国（前 206 年）计算						5 150

以上如求 3 703 年之平均，水害占 3 年 5 个月 1 次；旱灾占 3 年 4 个月 1 次之成分。自汉朝立国（前 206 年）起算，则为 2 142 年间，如求其平均，则水害及旱灾各 2 年 1 次，蝗害为 4 年 7 个月 1 次（又据陈家祥氏 1936 年之调查，谓蝗害纪元 960 年以前者不可考，此 2 642 年间之发生数为 796 次。619 年，继续发生 1 年以上者，占 88%，平均隔 5.5 年之间发生 1 次）。依灾害之时期，发生频度为如下之状态：

月次	华北区							中国全部						
	水害	旱灾	蝗害	霜害	雹灾	风灾	合计	水害	旱灾	蝗害	霜害	雹灾	风灾	合计
1 月		3				1	4	1	7	1	1		2	12
2 月		4				1	5	1	8	1	1	1	2	14
3 月		3		1		1	5	1		1	2		2	13
4 月		25	7	6	3	4	45	2	35	9	7	6	7	66
5 月		30	8	6	5	4	53	3	43	11	7	8	6	78
6 月	1	29	10	6	10	4	60	11	49	18	7	11	7	103
7 月	15	31	22	2	20	6	96	58	84	56	2	25	15	240
8 月	24	33	33	4	15	10	119	70	81	70	4	19	24	168
9 月	15	21	26	4	9	10	85	55	71	57	5	12	24	224
10 月	8	10	18	5	6	5	52	28	22	37	6	6	20	119
11 月	7	10	17	5	5	4	48	24	21	35	7	5	18	110
12 月	7	10	17	5	5	4	48	24	21	35	6	5	18	109
合计	77	209	158	44	78	54	620	278	449	331	55	98	145	1 356

备考：华北区于普通所称华北 5 省外，更加河南、湖北及江苏与浙江之北半部地区，其他害虫亦混入于蝗虫内。

民国元年（1912 年）以后之著名蝗虫如次：

民国十四年：河北、广东、广西蝗，损害 13 万元。

民国十六年：山东旱蝗灾，罹灾者 900 万人。

民国十七年：浙江损害 1 亿元。

民国十八年：江苏、安徽、山东、江西、山西、湖北、河北蝗害。

民国十九年：蝗害 188 县，罹灾民 873 万人，死亡 2 万人，损失 1 亿 5 000 万元。

民国二十年：陕西、湖南、热河、河北蝗害。

民国十七、十八、十九年，继续旱灾，特别｜九年极为悲惨。

民国二十一年：山东、安徽、河南蝗害。

民国二十二年：河南、河北、安徽、浙江、湖南、陕西、山西、江苏、山东蝗害，被害 690 万亩，1 500 万元。

民国二十三年：各地蝗灾最甚。

民国二十四年：8 省 68 县蝗灾。

民国二十五年：河南省汲县蝗害，作物全灭（浙江省杭州稻作害虫被害 6 900 担，损失 76 000 元）。

民国二十六年：(四川之五分之四虫害，灾民 2 000 万人；浙江省作物之虫害损失 260 万石，783 万元）。民国二十五、二十六年之旱灾，各地皆甚大。

民国二十七年：河北省之蝗灾，极不少，发生县 5 县。

民国二十八年：河北省之蝗灾又稍多，24 县，特别以冀东为多。

台湾发生之台湾飞蝗[①]，以自菲律宾飞来者为起因，然必限于一年则灭绝，因之普通本种不常见。产卵及繁殖地，为杂草丛生之山腹或草原地、露出地肌之干燥地，尤其喜在洼地，或其他场所，如山腹之倾斜面粗生茅草各处露出地肌之干燥地，或倾斜面粗生茅草之干燥地。被害作物为稻、甘蔗、甘薯、落花生、林檎及禾本科杂草。列举从来之飞来记录如次：

1896 年　北东南部澎湖。

1900 年　澎湖。

1905 年　南部澎湖。

1914 年　南部东部。

1923 年　南部东部。

(3) 古来之救荒政策

中国古来之救荒政策，已有种种，今列举其大纲如次：

其一，巫术之救荒。

---

① 因 1895—1945 年台湾受日本殖民统治，关于台湾飞蝗在台湾的发生情况，原在"东洋之飞蝗问题"中介绍。

其二，消极的救荒政策。一是灾害之应急对策：1）灾民之救济。包括赈谷、赈银、工赈（土木工程）。2）米谷调节。包括移民就粟（给食）、移粟就民、平粜政策（发官米以调节市价）。3）灾民救恤。包括施粥、收容抚恤（救济院慈善团体）、买回小儿。4）实害之除去。二是灾后之补救政策：1）时态之安定。包括赋税免除、田地之支给、灾民之选还、积债之免除、逮捕之和缓。2）蠲绥。包括薄征、轻征、免租、停征、缓刑。3）贷出。包括粮食、农具、耕牛、种子、肥料。4）节约。包括食物之减少、酿造之禁止、费用之节约。

其三，积极的救荒政策。一是改良社会的条件之具体政策：1）重农政策。2）贮仓政策。包括常平仓、义仓、社仓、惠民仓、广惠仓、丰储仓平、粜仓。二是改良自然的条件之具体政策：1）水利政策。包括灌溉事业、治水工程。2）林垦政策。包括造林、荒地之开垦。

2. 中国三种蝗虫

台湾飞蝗 *Locusta migratoria manilensis* Meyen.。中国之台湾飞蝗，普通发生地为北自渤海（北纬 39 度）、南至杭州湾（北纬 30 度 30 分）间之地带，以河北、河南、山东、江苏、浙江、安徽、湖南 7 省为主，于此等地之繁殖者，远飞于江西、湖北、山西、陕西、热河及南满地方，予以惨害。恒久的繁殖地之大部分，为包括黄河之新旧河床地带之低洼砂质冲积地带，特别以渤海沿岸，自青岛南至江苏省沿岸地带，洪泽湖、微山湖等周围地带，为著名之发生地。

竹蝗 *Ceracris kiangsu* Tsai.。湖南省尝大发生，不属飞蝗，于竹、芦、稻及玉蜀黍等以大害。1935 年较其前年发生虽少，然湖南芦苇之损失，已为 25 万弗，每年发生一次。

台湾大青蝗 *Chondracris rosea* de. Geer.。分布于台湾、爪哇及中国，于浙江省予棉作以大害。每年发生一次，6 月初旬孵化，8 月成虫，次则产卵。

3. 中国之治蝗政策并治蝗法

中国自古对飞蝗，在政治方面即很注意，"元始二年（汉平帝）郡国大旱，生蝗，遣使者捕蝗，民捕蝗与吏，以石斗受钱"（《汉书·平帝纪》），已有奖励捕蝗之方法。入于唐代，"赵莹为晋昌军节度使，天下大蝗，境内捕蝗者，获蝗一斗，给粟一斗，饥者获济"（见《册府元龟》）。收买法为汉代所拟，后亦行之。普通皆依巫术或祈祷，然如唐之姚崇，极力排除迷信，倡导捕蝗。五代之晋朝时代，天福之末，全国连续大蝗害，殆已化为荒芜地，故对蝗一斗给米一斗，奖励捕蝗。及至宋代仁宗、英宗之时，亦收买蝗虫，奖励捕蝗。神宗之熙宁八年，下"除蝗诏"。孝宗之淳熙八年九月，定"诸州官捕蝗罪"。

入清代，治蝗方法大体完备，现今仍踏袭之，当时关于官衙之督促捕蝗虫法规，极为严峻，不努力者，予以严罚。"康熙四十八年，州县官员，遇蝗蝻之发生，不亲自力行扑捕，而以自邻境飞来为借口，企图脱罪者免职，传捕讯问；该管道府、布政使司、督抚，调查催促捕扑，或有不行严命者，皆降级留任；协捕官对协捕不尽力，以致养成羽翼，伤害农作物者免职；州县地方如遇蝗蝻之发生，而不申告上司者，即可免职"（《筹济篇》）。然此严罚主义之结果，并未获得充分之成绩，却因州县官之行捕蝗，而农民常蒙骚扰，或增加痛苦之事甚多。民国以来，治蝗法亦未见有新发展之阶段，亦未举有成绩，此因"地方实施当局，对此不负责任，且各省或县政府之官吏，更以奖励买蝗捕收，视作蓄积财产之方法，虚构报告，以肥私囊故也"（邓氏）。

民国二十三年蝗害最大，见到政府前次治蝗之缺点：一是全国治蝗缺系统的组织。二是治蝗方法，墨守旧习，且一部农民迷信观念过深。三是治蝗之经费未确定。四是无对蝗患之全国的调查统计。

因认有以上四项之缺点，故召集该年特别例年，蒙蝗患之江苏、安徽、山东、河北、河南、浙江7省之农政官厅，开7省治蝗会议，讨论关于中央与各省能力之联合、治蝗组织之统一、治蝗技术之改良、经费调整法及全国蝗害调查方法等。

中国古来之治蝗法，列举如下：

（1）士民治蝗法。一是除根；二是掘卵；三是捕蝻，包括捕芦苇中蝻法、捕田中蝻法、捕空地蝻法、捕圃场间蝻法［手捕、布围、网捞法、围扑（打）、群鸭啄食、开（掘）沟、坑埋、抄袋、火攻、赶至空隙捕蝻、滚压］；四是治蝗，积极的包括治田中蝗法、治地上蝗法、治空中蝗法（熏烟、鸣锣、击鼓、扬旗、纵火），消极的包括种蝗不食之物法、禁蝗食稻麦法（用药剂）。

（2）官厅治蝗法。一是设局；二是用人；三是督察；四是收买事宜；五是官府须亲身督捕（查察必亲，严防扰民，勿派乡夫，诱民捕蝗，协力防范）；六是治法。

（3）诱民捕蝗法。一是食料；二是饲畜。

（六）台湾飞蝗之性质

本章介绍了飞蝗的形态、生活史、季节的经过（发生期）、食性、繁殖地点、发生之周期性，以及飞蝗的集团（群栖）性、移动性、群飞性等内容（略）。

（七）蝗虫之天敌

本章简要介绍天敌之价值和不同时期蝗虫天敌种类（略）。

蝗虫之天敌（杀死蝗虫之生物），种类颇多，食卵者，寄生于卵，食幼虫、成虫者，寄生于幼虫、成虫。卵之寄生蜂、壁虱及寄菌，幼虫、成虫之寄生蝇、线虫寄生菌及细菌等，屡屡予蝗虫之繁殖以大打击。即自然状态有抑压蝗虫繁殖之场合，诚为有力，然所见以人工利用此等天敌多少之例，而未见有如吾人所预想之良果者。关于寄生菌及细菌之利用，南非、苏联、菲律宾、北美及南美等，已行无数之实验，于实验室内所获一般之成绩，虽属良好，然于野外则一次亦未见成功。观前此其他害虫天敌利用之成果，原住地性之天敌，缺乏人工利用之价值。自此点推测之，则对于人工利用蝗虫天敌之事，恐亦无大希望也。

（八）治蝗法

1. 现行治蝗法

治蝗法除用捕杀等原始的方法外，尚有其他各种多数之方法，然现今各国所普及者，为使用毒剂，尤其为毒饵之使用。此法既经济又省工，操作简便，为其特色。倘遇广漠地区，于人畜无危险之处，则使用飞机。

略述二三之现行治蝗状况，以资参，如次：

南、东及北阿非利亚，主要使用亚砒酸曹达之毒饵及撒布剂，亦有使用飞机之处。尚有依地方情况，作机械的驱除，或用喷火器。

南欧犹哥斯拉夫，使用毒饵与 Steel brush。

伊兰主要则用毒饵。

露西亚亦使用毒饵并粉剂，多用飞机撒布。且亦行卵之春期滞水驱除法、围绕法、烧却法等。

澳洲主要行毒饵与毒剂之撒布。

南、北美主要用毒饵，又行毒剂之撒布，或使用捕蝗器。

菲律宾现在多行毒饵与毒剂之撒布，长时期征 16～60 岁之男子，每周出动 2 日，组织征蝗军而努力治蝗。

台湾于 1923 年大发生之际，用①追落于沟；②追入敷草；③用幕引入沟内；④群集草原时点火；或⑤追入涯岸等法以烧杀之；⑥张幕追之，使入袋内而溃杀之。

1919 年，河北发生之际，所施行之驱除法，为①卵之掘取滞水；②毒剂之使用；③卵之收买；④犬之使用；⑤夜间以多人发高声追散之，等法。

依视察华二三治蝗状况言之，非为治蝗，而为追之，使其回旋也。即大都只知由自己之区域逐出或追散之，驱蝗入于邻区，反使其健全蔓延，倘于发生地立刻直接驱除尽净，则作物之被害，仅限于一隅，尚可有济，今乃不此之图。仅知追逐，使之回旋，则其被害当增加十倍或十倍以上，此所望于当局者，必须立刻注意之点也。华北治蝗现状，大体为如此之状态，诚非意料所及者，倘当局果能筹一指挥之法，即如用现在之征夫法（出役法），想亦能使作物之被害，止于十分之一以下也。

华北首要之事，第一，即为设立治蝗指挥机关，而为彻底之驱除，实为当务之急。第二，速急确立不须如现在之村民总出动，仅以一部分之出动，即可驱除之药剂的或机械的驱除法。第三，静心作白气象、地理或植物方面之基础的研究，使将来华北成为不适宜于飞蝗发生地之地带。

驱除飞蝗之重点及目标置于何处，此为必须考虑之事，即卵与幼虫或是成虫，当以何时驱除之也。然因飞蝗有下列之性质，故想无论机械的、药剂的、征夫驱除均可，但最好倾注全力于幼虫时代，容易驱除，以期达到根绝之方针。

（1）飞蝗之发生比较整聚。

（2）幼虫孵化后不久即团聚，或追逐使其结集亦可。

（3）无有如成虫迅速向远方移动之能力，盖因其向一定之方向，以缓慢之速度，且食且行，或跳跃而移动。

（4）因幼虫期有一个月以上，故其间有充分购求对策之余裕。

（5）第一次产卵为 7 月，第二次产卵为 9 月，如果产卵地点弄清，则次期驱除幼虫之重要，事前得以准备。

（6）三四龄以前之幼虫，其食害力未有如 5 龄或成虫之程度，故如在发生之初期驱除，则不至蒙受大害也。

2. 卵块之驱除

掘卵、耕锄、秋季火烧及买收等名目下，推行奖励卵块之驱除者。然除水源便利地带，用滞水法以外，皆极须劳力，且实行困难，或无效果，与其于卵时代驱除，宁可于翌年幼虫正孵化后驱除，比较乐观。

群栖型者，其产卵地点亦团集。卵块则在地下深 3～6 厘米（1～2 寸）之处，印度及露西亚之波尔加地方行灌溉法。又于孵化之当时，如行一昼夜之滞水，（水淹）则可全灭也。

3. 幼虫之机械的驱除

有袋集法、手捕法、网捞法、围打法、竹梢扑打法、用旧鞋底皮钉扑杀法、捕蝗器法、压杀法。

（1）捕蝗器或捕蝗机械使用。捕获法为原始的方法，然因幼虫为集团的，故依器具之种类，或人夫之数目，颇有获得效果之可能。中国有出役（征民夫）之习惯，故倘能研究有益之捕蝗器，则定能获得良果。

蝗虫于夜间、早晨、雨天或阴天时不活泼，故为捕杀之好时机也。但于芦苇等大型植物中，不易捕杀。本法无论何国，特别是文化低下之国皆实行之，然实际之效果则极少也。

北美合众国 Rocky Fard 之 P. K. Blinn 氏所研究之马挽用之 Hopper-dozer 最为优良，于农场、牧场或草原使用之，机械之后侧及侧部，以薄铁板或布作成，受皿之底，似注入约 2 寸深度之水（或石油重油）模样，大小不一，然以两头挽者为最良。本机于蝗虫发生初期，未出翅时温暖天气使用之。

（2）压杀（滚压）。幼虫孵化之当时，集团于牧场之草地等平坦地时，以畜力泄转碌碡压杀之，为南非、南美及印度等，原先所行之方法也。于夜间或昼间低温时，即蝗虫不活泼时行之。

4. 沟渠法（掘沟）

本法于幼虫集团移动之前方掘沟，使之陷入，烧杀或溃杀之，有保护其前方作物之性质，为有效方法之一也。

唐朝之姚崇氏为倡导本法之人，沟宽 2 尺 5 寸至 3 尺，深 2 尺，沟内每隔 1～2 丈掘 1 个 2 尺见方、深 3 尺之子沟，以之埋没蝗虫。据张及尤氏（1925 年）所云，幼虫之跳跃距离，1 龄为 9 寸；2 龄 14.5 寸；3 龄 22 寸；4 龄 26 寸；5 龄 25.5 寸。普通沟深 3 尺，幼虫多时，1～2 尺即可，作沟之形，壁面直、底阔，沟之方向，晚及午后偏东南，正午午前偏西或北西方面而掘之。午前 10 时起至午后 5 时为驱除之适当时期，人数愈多，效果愈大，作横队徐徐进行，摆动扫帚或鲜明旗帜，而赶逐之，如过急，则蝗虫停止进行或散逸。但因需要人多且横走之故，或剩余者甚多，因之土耳其斯坦及土耳其等，已渐次废止此法，而以毒剂代替之。

5. 障壁法

本法与沟渠法，持有同样之效用，且为代替之良法，中国方面系利用苇席而研究之也。

（1）张围幕以赶逐幼虫而捕杀之法。围幕以高 2 米、长 20 米之布两块，张成"く"字形，其屈折部为张开 2 米，装置幅 2 米、长 1 米之袋，更于后端装按宽长各 1 米之麻袋，此围幕张于幼虫群移动之前面而追逐溃杀之。台湾尝行本法，马来亦应用之。

（2）障壁法。障壁亦可视为沟渠之变形，系塞浦洛斯岛所发明，障壁之大小及形状，须适宜，幅面 33～45 厘米，长度适宜，用亚铅板制成。简单者，为以此障壁对幼虫群之进行成直角设置而保护作物也。印度、南美、马达加斯加、罗马尼亚、利比亚及菲律宾等，皆利用之。

以大面积驱除蝗虫为目的，利用本法之处亦不少，本法之成功与否，在于障壁之配置与蝗虫群动作关系调节良否也。阿拿德利亚之成功，其方法如次：

熟练者于实施前夜，调查幼虫群之移动（至夜移动尚不止时），必须看定其前方之长度及移动方向，确定方向与移动速度后，设置障壁。若入夜而群即停止，则设置障壁于群之较近处，如尚在继续移动时，则测其翌晚达到之地点而设置之。如于朝间移动开始以前，而障壁之设置尚未完毕时，则蝗群皆已散开矣。如设置终毕，人不可在于其处，障壁之基本，其设置宜作直线形，长度适当，可随作加减，对蝗群之移动方向设直角，障壁之两端向内方曲折，障壁之内侧，各处设宽3～4尺、长9尺之陷阱，使幼虫群达到障壁时，即落于其中。已落入者，用石油等烧杀之或溃杀之。

本法有材料运搬、装置技术上之困难，及价昂不经济等缺点，然其效果，则较沟渠法为优也。

6. 烧杀法

用欧洲大战时所创造之喷火器，烧杀密集之幼虫群，结果颇为良好。意大利、希腊、伊斯德里亚、土耳基斯坦、伊拉库、利比亚、西里亚、巴勒斯其那、坦葛尼喀、巴西等，皆使用之。火焰有达长80尺、宽9尺者，巴西之 G. E. Bodkin 氏式之喷火器，火焰15尺，安全性强，一次之使用时间为10分钟。

大体中形喷雾器大之器具，为背负式，发火装置与石油火炉之理相同，于石油容器（附加压装置），连接长金属管，其先端安一石棉制之喷火头，加压力石油滴于石棉上，罩一热，石油气化喷出，即成火焰，此焰喷向蝗群烧杀之。

于北美亦曾用之，一时又废止，最近再由 Vayssicre 氏推奖 Army flame‑throwers。焰之大度为长25米、宽3米，南法兰西亦曾得好成绩。

本法效果虽多，然有对人之危险，使用者需要培训，用油多价昂，约需毒剂之6倍以上等缺点。

使用时刻，以夜间或5～6℃以下之低温时，即蝗虫不活泼之际为适当，有一夜3～4町（日本面积计量单位）之效程。

7. 诱杀法（纵火）

蝗虫夜间休眠于草地上，如为草原亦有焚烧之方法，又有堆积干草等诱致后烧却之方法。印度、南非、南美等行之。中国则夜间燃烧高粱秆及其他，以此火光诱致飞蝗而烧杀之，然因有趋光性不显著之性质，故实效甚少也。

8. 追拂法

飞蝗来袭时以熏烟、鸣锣、击鼓、扬旗等，取追拂之方法。本法不过徒使被害增加而已，故应树立此种场合之对策，不为徒使地方人民骚扰与恐怖而终，而应以秩序断然使飞蝗于当场完全消灭也，期待当局者之应急的善为指导者也。

9. 接触剂及瓦斯剂之使用

药剂驱除，亦为幼虫时期之有效方法也。

药剂之种类。有接触剂、毒剂及毒瓦斯剂之三种形态。接触剂效力钝而价昂，毒瓦斯剂于中国人口如此稠密之地带，简直希望薄弱。

作接触剂曾试验矿物油类及其乳剂类，然现在几无使用之处也。中国中部之水田地带，将石油滴入沟中而追落之注油法，结果似颇良好（国民十七年于浦口陈家祥氏发现）。

毒瓦斯方面，盐毒瓦斯亦曾试用，然费用较高，于实施者亦有危险，成绩亦不确实。阿根廷之青化石灰（粉）之试验，约用 2 小时，即杀死幼虫群，收效颇宏，然费用较多，对成虫之毒杀力亦弱。且对于风之状态而言，特别于有风之日，效果更不确定也，但于蝗群密集及草高之地，效果最多。西班牙曾于植物很少之裸出地试验，其成绩不能确定。苏联亦曾行青酸化合物之试验，然因危险多而废止。

10. 毒剂之使用

毒剂以液态（撒布剂）、粉状（撒粉剂）、团子状（毒饵）而撒布之，此中不论何种，亦较其他方法价廉而效果多。

（1）撒布剂。苏联，南、东北阿非利加，南欧诸国，印度，澳洲，菲律宾，北美及南美等处皆使用之。毒剂之主要为亚砒酸曹达，以喷雾器撒布于被害植物上，然亦有使用飞机者。

（2）撒粉剂。北美久已施行，最初南阿非利加采用之（Mally，1923 年）。不仅作直接经口腔毒杀用，即不食附有毒药之植物而亦死，只须触角上撒粉，4～5 小时即死，北高加索使用飞机撒粉，盖现今使用飞机撒粉，已为通常之事矣，亦有用动力式之撒粉器者。

（3）飞机使用。飞机适于行大面积之驱除，然如不考虑场所与时间，则对人畜有危险，可说为适于人畜稀少之沙漠、草原，或近于此等之农耕地带使用之物也。

液剂、粉剂、毒团子，无论何种形态者，飞机皆可撒布之。

驱除害虫最初开始使用飞机者为北美，1921 年曾试验于驱除甘蔗之螟虫，其后于甘蔗上未曾发达，然棉作、烟草、果树及马铃薯等之害虫驱除而成功。为撒布粉剂，于机体装以特殊之 Hoppcrs 开其口而使粉下落也，植物之表面即不湿，粉剂亦能附着。

德国、苏联及其他欧洲方面诸国，主要于驱除森林害虫，使用飞机，撒布砒酸石灰之粉剂，见 1925—1934 年间之使用状况如次（略）。

毒饵亦能用飞机撒布之，飞翔一小时可撒布 1 吨之毒饵于 18 000 亩内，自 180 尺之高度，撒落至此地上，幅面广 180 尺。

（4）毒饵之使用。毒饵之使用，系利用蝗虫之积极的趋化性，盖因毒饵之诱致力，较普通食物为强，而开始利用之也。

毒饵具有凡为有用药剂所应具备之效力者，盖因其效能显著、价廉、易于调剂、作业及搬运容易等性质，幼虫、成虫皆可用之。现今蝗虫国方面，可云皆使用毒饵也。

毒饵以主剂（毒剂）、副剂（稀释物质）及诱引剂三主要物质所构成者。将此三者以某比例数而混合之，造成毒团子，而撒布于蝗虫发生地，使蝗虫之嗜食性，自作物转于毒饵。幼虫较成虫易被毒饵引诱，而成虫较幼虫易死。

11. 永久治蝗策

飞蝗已如第三章及第六章第五节所述，有于人手不及地带大繁殖之性质，如成为耕地后，则逐渐减少，盖其地带消失、恒久发生地之性质，仅能一时的发生耳。因此与飞蝗恒久发生地或根据地有大关系之水位不定湖沼之整理，治水事业，荒地之开拓等华北重要建设事业，又为治蝗之重要政策也。于是依上者之建设，不久之将来，每年对飞蝗之恐怖即可消失，多大之驱除费，可以不支出而即有成效也。

如华北，蝗虫本来之食物（即禾谷类）占有大部分地带，则发生于此种耕作地带者，或造成飞来根源恒久繁殖地之击灭，实为首先根本之问题也。

（九）蝗虫之利用法

天津附近，有采集蝗虫者，烹调之贩卖于街上（成虫），从来可供鸡鸭等之食料。茶淀之钟渊启名农场，收买附近发生者，用热水杀死而贮藏之，以供肥料。

南非试验之结果，1 吨蝗虫干燥后为 160～180 公斤，由此可制成 300 公斤之石硷。又闻由蝗虫中所采之油，作飞机之摩托油，最为优良云。

总之，蝗虫可利用于家畜、饲料、肥料、调味料、化妆品、制油、制丝等方面也。

（十）结论

蝗虫在中国称为"饥虫"，数千年来与农作物以大害，及至今日尚无治蝗之实绩，此皆由国家指挥之不得其宜，实为其主要之原因也。据视察蝗害现场言之，蝗虫发生或飞蝗飞来之际，农民虽协力担当治蝗，然均袭旧习惯为迷信的转赶，而不作敏速的驱除。倘如果能更改旧习，于最初发现蝗虫之地点，指导之使其完全驱除尽净，则华北农耕地带之蝗虫，当可显著减少也。

自华北之资材供给现状观之，数年间继续施行新治蝗法，则颇困难，因此除以使用多数人驱除蝗虫之沟渠法或障壁法作主要驱除法而实行外，别无他法，此方法如指导监督严厉则有效果，且亦不须特别之经费也。

如于新政治组织之下，确立治安，省内各处皆可监督，能充分监视飞蝗之动静，则可自河北省除飞蝗之大害也。飞蝗于病虫害中，属于容易驱除之部类，于现状之下，仅于小部分之模范地区可行治蝗工作。盖实际治蝗工作，不能达到发生之根据地带，故此治蝗，6—7月之顷亦难免飞蝗之为害，因之治蝗之完遂，尚须求之于将来也。

倘资材丰富，使用治蝗机或毒剂法而实施之，则治蝗当益趋简易化矣。

按以上之现状，对华北之飞蝗，虽有适宜之驱除方法，然实施则颇困难，因此暂时必须取实施于从来之治蝗法，多少加以改良之方法，以努力补其缺点之方针，解决华北之飞蝗问题，应自三方进行，即如下列三项是也。

1. 认明飞蝗之性质，考虑适切之驱除法而使其简易化。

2. 常监视飞蝗之发生，且设置指导督励驱除之行政机关。

3. 为期飞蝗永久发生地之根绝，对沿海地带、河川流域（或三角洲地带）、湖沼周缘地带等，容易形成荒地地带之开拓及治水事业之完成而促进之。

上者缺一而欲完成治蝗，颇属困难，如无适切、简单之驱除法，即无论如何运用治蝗机关，亦不能举现在以上之治蝗成绩。又如无治蝗行政机关，即发明如何优秀之驱除法，亦不能敏速治蝗，要知治蝗以敏速为本质。又如不根绝6—7月顷飞来飞蝗之根据地的恒久发生地带，则于农耕地带虽经驱除，但因每年飞蝗飞来产卵，亦不能免8—9月间之被害也。因此，于局部的治蝗即使成功，而表面治蝗之成绩毫无，且每年又须支出若干之驱除费也。

附　关于"台湾飞蝗"之文献

1. 古书

《古今图书集成·禽虫典》第176卷《蝗部汇考》，《历象汇编·庶征典》第182卷（项目多），同前第179～182卷《蝗灾部汇考》

金彦《治蝗全法》　（清）申镜淳《捕蝗章程》

《治蝗全法》　顾彦 共4卷

借月山房汇抄　（清）陈芳生《捕蝗考》

《四库全书史部·政书类·艺海珠尘》。（清）陈芳生（陈士其）《捕蝗考》。尚有陈芳生之《捕蝗考》昭代丛书，长思书屋藏书，瓶华书屋所刊书，半亩园藏书，学海类编，艺圃搜奇等所载者。

《皇朝续文献通考·经籍考》 　（1卷）（清）陈僅《捕蝗汇编》

《荒政丛书》附录下卷 　（清）俞森《捕蝗集要》

《捕蝗要诀》 　（清）钱炘和

《农籍稽古》 　袁青绶《除蝗备考》

述古堂藏书目 　（1卷）《捕蝗箕篦法》

《治蝗书》 　（1卷）陈崇砥

2. 现代物（略）

十二、《打蝗斗争》

东北书店 1947 年印行

注：《打蝗斗争》是 20 世纪 40 年代抗日战争时期，系统记载中国共产党在解放区开展灭蝗行动的一本小册子，包括小序、前言和正文三章，是新中国成立以前中国共产党在解放区领导组织开展的军民联合治蝗的真实感人写照，资料十分珍贵，值得读者全面了解。《打蝗斗争》未署名，但与袁毓明 1944 年写的长篇纪实作品《太行人民打蝗记》内容十分相似，前者应该为后者的翻印版。

小　序

打蝗斗争，在我们太行区人民，是一件大事。我们出版这本小册的目的，与其说在于为过去的奋斗史留影（当然，这也是需要的），不如说，在于提醒我们，时时刻刻不要忘记回顾过去的艰苦局面。我们全区人民是怎样从那种亘古未有的荒灾当中，由呻吟而挣扎，由挣扎而搏斗，终至组织成钢铁一样的剿蝗大军，形成普遍的群众运动。在运动过程中，我们不只战胜了饥饿与灾难，人民的觉悟程度是提高了，组织力加强了，英雄人物、群众领袖产生了。这运动，是党、政、军、民，不分男女老少、贫富阶层一齐参加的，因而，军民之间、政民之间的团结是空前的加强了，社会的团结也加强了。怎样从过去的奋斗当中，找出具体的经验教训，拿来运用到眼前的斗争里去，这便是我们出版这本小册子的主要宗旨。因为，打蝗斗争，在某些地区，已经提到议事日程上来；在某些地区，蝗灾可能再发生，甚至扩大、发展。在困难的面前，我们不是休息与麻痹，而是坚决地进攻，组织起来，消灭新的蝗灾！

最后声明一点，因为种种原因，这里所搜集到的材料，还很不完全，特别是关于剿蝗模范战斗、打蝗英雄以及敌占区蝗灾对我区危害情形等，材料都较少，以后希望得到大家的帮助，予以补充。

写在前面

1944 年，中国历史上出现了一件了不得的大事情，这就是太行区 25 万人民的打蝗战斗。这个战斗，从 2 月末开始，经过刨卵、打跳蝻、打飞蝗三个阶段，到 9 月初才最后消灭，共花了半年来的时间。战斗地区，南起黄河北岸的修武、沁博，北迄正太路南的赞皇、临城，东连平汉线磁武[①]、邢、沙，西达太行山巅的和顺、左权，共包括了 23 个县份。受灾村庄最多的县，以林北[②]、沙河的记录为最高，两县都有 187 村，武（安）北[③]是 80 村，左权县是 10 村，全区共达 879 村（八分区未计在内）。其间，飞蝗飞过了浊浪排空的黄河，飞过了敌人几百里长的层层封锁沟墙，也飞过了悬崖绝壁的太行山，但没有飞过太行区的人山人海！

中国历史上，人吃人的事很多，蝗虫吃人也不少（因为蝗灾而饿死了许多人），但几千年来由于封建统治的愚昧迷信，除了磕头烧香祈祷之外，丝毫没有别的办法。远的且不必说，30 年前太行区也曾遭过蝗灾，据亲身经过的老乡谈，那次蝗虫并不怎么多，约等于这次三分之一，可是因为没有打，为害的程度倒超过这次七八倍，造成了极其严重的灾荒。今年太行区的蝗虫是比那次多了两倍，可是蝗虫吃不开了，千百万人民倒吃了蝗虫，几千年来历史上所不能战胜的"天灾"——蝗灾，今天被战胜了。

蝗虫是科学药品捕杀的吗，是新式打蝗武器打死的吗？都不是。这里没有别的，就连配制涂毒法的一点黑白糖也很难买到，唯一的办法就是打。打的办法，有各种各样的战术，如罗圈阵、螺旋阵等。打的人，有边区政府的厅长、分区司令员、专员、县长，有正规军、游击队、独立营，有机关、学校、商店，有士绅、知识分子，有六七十岁的白发老人，有六七岁的儿童，也有敬神敬鬼的巫婆、道士。全区前后出动的人数，在 25 万以上，若以人力折工，则在 1 000 万个工。以 25 万人计算，每人平均打蝗就有 40 天，五分区每人平均打蝗 73 天，六分区每人平均打蝻 38 天。这个打，是千千万万群众的打，是不疲倦的打，蝗虫生一批打一批，来一批打一批，生得多打得多，飞到哪里打到哪里，一直到消灭得干干净净。

打了多少蝗虫呢？可惜没有全区的统计数字，不过就全区 10 个县所打的统计数字来看，也足够惊人了。

这个数字，就是：1 835 万多斤（其中除蝗卵 10 万多斤外，蝗蝻、飞蝗各占一

---

① 磁武：旧县名，1942 年由磁县和武南县合并而成，隶属太行区第五专员公署，1945 年抗日战争胜利后撤销。

② 林北：旧县名，1940 年成立，治所在今河南林州市北任村镇。

③ 武北：旧县名，即武安县，隶属晋冀鲁豫边区政府太行区，1945 年抗战胜利后撤销。

半）。假设不打，让他一个个都变成飞蝗，那么 1 斤蝗卵可孵 3.9 万多个飞蝗，1 斤蛹子可变 1.3 万个飞蝗，1 斤飞蝗 80 个，加起来就有 1 269 万万零 500 万。一天 2 个飞蝗吃一本谷，一亩地平均 1.3 万本，那么一天可吃 528.77 万亩。全太行区耕地才有 469.3 万多亩，还不够一天吃啦！

1269 万万零 500 万个飞蝗，如果一个衔住一个尾巴，18 个就有 1 公尺长，他可以绕地球一个圈零四分之一。如果一个个叠起米，80 个就有 1 公尺那么高，他比太行山高 7.93 万多倍。

但是，由于党、政、军、民的坚决捕打，麦子、秋庄稼被蝗虫吃坏的只有 22.24 万亩，其中被吃光的 17.54 万亩。但青苗被吃光后，各地大多数又补种起来，补种的又被蝗虫吃光，有的地方竟至补种两三次以上。8 月份以后不能补种谷子时，各地又补种菜蔬，口号是："不让一亩地空闲起来。"这种不屈不挠地与蝗虫作斗争，全区因蝗虫而减低收成不及 10%，保证了今年的丰收。在 1941 年、1942 年两年灾荒中，西线接济了东线，而今年的打蝗，东线又保护了西线。

至于打蝗的详细情形，那是一幅一幅极其生动而又千古未有的画面，这些画面连续相揭于后，请读者们看吧！

（一）挖掘蝗卵

1. 蝗虫何处来

站在太行山的边沿区的山顶上，极目东望，广漠的原野上，除去敌寇林立的碉堡，和向长城一样的封锁墙外，就是无边无缘的野草，或者是"赤地千里"。这是几年来日寇"治安强化"、建立"大东亚共荣圈"的结果。人民死的死了，逃的逃了，没死的在敌寇的压榨下呻吟着，而野草丛里，蝗虫连年来在毫无阻碍地繁殖着。去年平汉线两侧磁武到大名一带就被蝗虫吃光，大批地投下蝗卵。

再举目南望，更令人痛心！因为隔过黄浪滔滔的黄河，在去年就是国民党"政令"下的河南。而这里也是连年灾荒，老百姓在灾荒的漩涡里过着呻吟的生活。蝗灾发生了，而国民党的"党官"老爷们却不肯在吃喝玩乐之余去看看，一任蝗灾繁殖蔓延，不仅这样，却还不顾老百姓死活，一股脑儿地在剥削他们。国民党"常败将军"汤恩伯的杰作，不光使他统治下的河南人民遭受蝗灾，而且也殃及解放区。去秋谷子发黄的时候，大批飞蝗从河南飞来，飞到安阳等县，庄稼一块一块地吃坏，收成不及常年的三分之一。秋后，麦子下种，刚一出土，又被吃光，群众又下种，又被吃光，一连吃了三次。最后他又把蝗卵投在地垄里、石缝里，又埋下了今年的蝗灾。

2. 开始刨卵的时候

蝗卵密密地藏在地里，老百姓担心着，但他们怀着一颗侥幸的心，希望老天爷把它冻死。可是晋冀鲁豫边区政府已预料到了，在正月就颁布了刨卵的奖励办法。

安阳2月末开始挖卵了，县区干部们在群众中宣传着：刨一升卵，兑换一升米。又在冬学里去讲解动员，口号是："要吃麦子面，快刨蚂蚱蛋，想换尽量换，不换炒吃能顶饭。"

八区杨区长亲自到驻村冬学里去讲，可是这种刨蝗卵的办法，群众过去就根本没有听见过。等他走出冬学校，有的人背地里咕哝着："哪能刨出来呢？刨一升得10天，还不是说说算了，天这么冷，下了这大雪，人还冻得打战战，蝗虫蛋还冻不死？有那闲功夫，还出门去赶嘴哩！"有的老汉们扭过鼻子哼着说："那是神虫，越刨越多，一刨管刨个大乱子！"结果就是没有人动弹。

杨区长耐心研究出人们不去刨的原因：是怕白误了工夫，刨不出蝗卵，也换不到米。他找了一个老百姓，叫他试验试验，不管刨出刨不出，反正刨一天给他一升米的奖。结果，这个人一天就刨了一升卵，他马上兑给他一升米。

夜里，杨区长又拿着这件事去冬学里宣传，许多人看见黄黄的米，心都忽闪闪地动起来，第二天有10来个人去刨了。结果有刨一升的，有刨半升的。这正是灾荒时候，不论干啥生活，一天也赚不了一升米。于是许多人看着刨卵有利，第三天就有100多人参加了，一天比一天多了起来。到了第五天就刨了两驮子，用两头牲口往县上送，沿路村庄看见这么多的蝗卵，都惊奇起来，嚷着："哎呀，这么多蝗卵，再出来哪还有人的命？不兑米也得刨！"但除那个村外，其他的村仍然没有一个人下手。

县里看出来了，要群众动员起来，没有实际例子，光说空话是不顶事的。就是又叫机关干部亲自去刨，可是头一天，干部也摸不着刨卵的窍门，吃劲很大，但刨了一天空着手回来，第二天谁也不想去了。群众看到这样，暗地也纷纷讥笑起来："咱说这村没有蝗卵，他们还不信，你看干部们空手去空手回来了？"一天下午，李之乾县长又亲自去刨，直巴巴刨了一下午，他研究出一个规律：一要到去年蝗虫顶多的地方去找；二要到阳坡上；三要到死蝗虫和蝗粪顶多的地方。这里如果有麦秸粗的小孔，刨半寸或一寸深就可看见，不到十几分钟，他刨了2两多。

夜里，李县长又亲自到冬学去讲这个找的办法，第二天刨的人也多了起来。这个经验，在县里一传，各村才掀起了刨卵运动。到后来，五分区安阳、林北、磁武、涉县共挖出7.07万斤。同时，沙河、武（安）东等县政府工作人员，也以同样精神，耐心说服着群众。全区刨蝗卵运动，好像星星之火一样，逐渐燃烧开来。

3. 蝗蝻出来了

3月后，天气渐渐温暖起来，蝗卵变成蝗蝻，从土里爬出来。开头是在向阳的山坡上、堰根下、石缝里，后来背阴的地方也跟着出来了。

蝗蝻刚爬出来的时候，黑黑的，个儿像麦粒一般大，一颗麦粒不算大吧，可是"滴水积成沧海"，多了就怕人。你瞧，蝗蝻踽踽地向一块儿聚拢，好像真有什么"蝗虫司令"在着一样，一忽儿由一个聚成十个，一忽儿由十个聚成一千一万，一忽儿由一片聚成几亩大。绿油油的麦地，霎时间变成黑乎乎的一片，风一吹动，汹涌起伏，好像深黑色的海浪一样。密的地方，简直是一个挨着一个盖满地皮。有的在地上滚成馍馍大的团团，你翻上来，他翻下去，一股劲儿乱动；有的一串一串的围在麦秆上，把麦秆压得弯下去；厉害的地方，像磁武仅六、七两个区，蝗虫面积有 200 平方里，林北河顺集一个村，就有 20 平方里。

多么怕人啊！假若有几十亩麦苗，赶进去十几群大山羊，让它尽量吃，恐怕半天的时间也吃不光。可是密集的蝗蝻一爬进去，只要抽一袋烟的工夫，那十亩麦苗马上就会光秃秃的。一会儿这块地吃坏了，一会儿那块地吃光了，蝻群像秋天洪水一样，在一块一块吞没着庄稼，例如磁武、安阳、涉县、林北四个县，麦苗被吃光 1.46 万亩、吃毁 2.57 万亩。

（二）捕打蝗蝻

1. 踢开几种绊脚石

蝗蝻刚发现的时候，许多老百姓还不大在乎，说那么一点点长大就飞了。后来一天比一天多起来。蝗蝻不跟蝗卵一样，蝗卵死死地藏在土里，你挖也容易挖。可是蝗蝻呢，既会走，又会蹦，你想捕他，他就往前跑，而且那么多，老百姓着慌起来了。

安阳一个村的干部领导群众，组织请愿队到县政府请愿："蝻子是神虫，越打越多，叫俺老百姓唱戏吧，一唱戏，蝻子就逃走了！"有些老太婆白天捉回去，晚上偷偷放出来，还暗暗向蝗虫赔罪似地说："这不是俺要打，是人家叫俺打的！"

涉县七区妇女不敢打蝻子，齐排排地向蝻子跪着祷告，巫婆说："蚂蚱（蝗虫俗名）果然是神虫，烧上香还瞪着眼看哩！"有的群众在地里插小黄旗，说蝗虫怕这些。

"得罪了神虫了！"林县许多老百姓在后悔着，埋怨当初不该挖蝗虫蛋，那是蝗神的孩子，蝗神恼了，越打越多。

这是一个普遍的严重的情况，这时候各县就抓住具体实例，在群众中实行教育。

张二庄张连生不敢打，偷偷地烧香，他的 20 亩麦子一夜被吃得光光的。这时他后悔了，见人就这样说："烧香是扯淡，不如下地实际干，我吃了信神的亏，非打不行。"安阳有一个老汉，有 4 亩麦子，长得很好，不让别人给他打蝗，他说是命运："我没办什么亏心事，蚂蚱不会吃我的。"第二天，连叶带穗不见了，老汉气得在地里干脆放了牲口。

这是活生生的事实，群众亲眼看到的，干部就拿着这些到处宣传，迷信就渐渐被打破了。可是不几天，另一种毛病又发生了，就是各打各的，像沙一样团结不到一块。

磁县贾壁村一个老汉，有 2 亩麦子，蝻子快吃到他地里的时候，他还不让别人去打，他说："吃不了他的。"可是第二天完全被吃光了。磁县张二庄一个老太太，有 1 亩麦子，叫她和大家一块儿去打吧，她怎也不去，光她和她的孩子天天去打，打了 10 天，一颗麦子也没有留下。

一般村庄都是这样！蝗虫不到自己地里时，他以为不吃他的，既吃到了他地里，他以为打自己的总比给别人打强，但结果都吃了亏。当时各地就把一道打、个人打的好坏实际例子，向群众宣传解释，并提出口号："蚂蚱土里生，靠天一场空"；"蚂蚱会跳，哪里都到，各顾各打，大家糟糕"；"村分你我，地分你我，蝗虫不认识你我"。有许多干部更会巧妙宣传，林北有一个李天祥，他在焦家屯数千人的群众大会上，手里提着五大串蝗虫说："去年秋天一对，到今年 5 月就变成五千个了，如再不打，秋后就能变成两万五千个。"群众一听，说就是厉害，非打不行了。但是国民党特务分子乘机破坏，他们利用群众迷信落后心理，暗地制造谣言，散布失败情绪。群众打起蝗来了，他们说："不该打，越打越多！"群众把蝗虫打死了，他们说："蝗虫自己有医院，白天打死，黑夜就医好了！"有的（如邢台）特务造谣说："你说我是蝗虫，我吃你个光棍，你说我是个蝻子，我吃你个光杆子，你说我是个神虫，我给你们留几分年景。"又说什么"打蝗是三光政策"，他说打蝗中损坏了些庄稼，这是"庄稼光"；烧蝗虫用许多柴，这是"柴光"；打蝗中群众拿干粮多费些粮食，这是"粮光"。

这时候领导方面，一方面针对谣言予以揭破，一方面提出正确口号。同时，还要追究谣言的根源，发现张三造谣，就追问张三，张三说是李四，就再追李四，追寻根源后，就发动群众和他们斗争，这样又把谣言消灭下去。

2. 吃蝗虫

踢开各种绊脚石后，群众情绪逐渐提高起来。开始由一街一巷互助，慢慢发展到一村数村的联防，打破村界地界，哪里有蝗虫，哪里就有人在打。各县先后都按蝗虫发展划分为打蝗区，设立指挥部，按青年、儿童、妇女、老少分为大队、中队，一齐组织起来。打蝗运动一天比一天红火，各家各户都锁住门去打蝗，有的村中只留一个民兵看门，或一道街留一个人看门。路远的小脚妇女骑着驴子去，有的村庄妇女抱着鸡去吃；机关人员半天打蝗，半天工作。一般工作干部及负责同志都分到打蝗区没明没黑地领导群众，有的区长首先起来打钟，催人早起打蝗。子弟兵——八路军、朝鲜义勇军、各县独立营、区干队也在驻地参加。安阳都里小学教员每天带 60 多个小学生去打蝗，林县任村商店组织商人每天早晨打蝗，后来连看守所的"自新人"也参加了。

这时候部分地区（如涉县、林县）正是青黄不接时候，许多老百姓没有吃的了。在地里打蝗时，有的就昏倒地上，瞪着眼，饿得不会说话，有的饿得连山也上不去。

"蝗虫可以吃，养料很大！"农业家登出这样一个消息。但尽管这样说，群众不相信，说："蝗虫能吃，啥东西都能吃啦？"宁忍着饥饿也不吃。太行头等度荒英雄孟祥英，她相信政府的话，自己在村里首先吃起来，还给大家宣传。别人见他吃，也跟着吃起来了。于是蝗虫能吃的事情，渐渐传播开来。

蝗虫吃法很多，许多村把老弱残废的人组织起来，上山上拾已经烧死的蝗虫，回来磨成面，蒸成馒头，烙成饼，创造出各式各样的吃法。吃着很好吃，后来蝗虫变成了好东西。涉县孟会顺爹，饿得不能动弹了，后来吃蝗虫吃得渐渐胖起来；孟禄贵的爷爷饿得快死了，吃了几天蝗虫后也能担水了；孟胖子娘把蝗虫磨成面藏起来，准备以后度荒吃。

3. "用最大力量捕灭蝗虫"——党政军的打蝗号召

4 月至 5 月初，麦苗秀穗，早谷下种，这时蝗蝻长到 1 寸多长，蝗面大大扩大，即从五分区来说，全分区过半地区都遭受蝗虫的侵袭。磁武六区有 30 个村，除了南、北王庄两村外，其余都有蝗虫，面积共有 224 平方里。其中严重的村，如上寨村，蝗虫进到村里，进到炕上。全县一、六、七 3 个区，42 个村有蝗虫。林北县共有 7 个区，6 个区有蝗虫。安阳除一两个村外，村村都有，有的村庄一脚能踩住 40～50 个，严重的地方，围成馒头大的大蛋。磁武的蝗虫，到处碰腿碰脸，张二庄村一鞋底能打 70～80 个，上寨村一把能抓 25 个。蝗蝻还往人的裤裆里钻，房上院里都是乱爬。围在麦秆麦穗上，麦秆麦穗就看不见了，有的还把麦穗麦秆咬掉。

针对着这严重的灾情，党、政、军首脑机关，在 5 月 4 日发出两个紧急的打蝗号召，一个是"太行区党委、军区政治部关于扑灭蝗蝻的紧急号召"，一个是晋冀鲁豫戎副主席"用最大力量扑灭蝗虫"的文件。这两文献打下了全区打蝗的胜利基础。

现把两个文献原文写在下面。

太行区党委、军区政治部关于扑灭蝗蝻的紧急号召

最近安阳、磁武、沙河各地已发现大批蝗蝻，有的地方已吃掉麦苗数十

亩，甚至一次即吃掉百余亩，一个巴掌能打死百余个，这是多么骇人听闻的事啊！这还是蝗卵刚刚变成蝻的时候，如果不及早加以扑灭，并根绝蝗卵，则将来满天飞蝗，"一落一片光"的可怕现象，又必摆在我们面前了。那时，不仅我们绿青青的麦苗，吃到口的麦子将不可保，即全部春耕亦将成为徒劳，我们的大规模生产运动将受到致命威胁，空前的连续灾荒又重现在面前了。

各地共产党员们，军队的指战员同志们，人民大众的先进战士——劳动英雄们，有经验的父老兄弟们，模范工作者同志们！我们吁请你们，号召你们，立即动员广大群众，记取去年的惨痛教训，警惕继续灾荒。面向目前正在迅速变化着的这一生产危机，大家起来亲自动手，开展一个热烈的扑灭蝗蝻、肃清蝗卵的运动，进行以下工作：继续加紧掘挖蝗卵的工作，凡是去年曾经发现过蝗虫的地方，特别是曾经比较多或今年已经发现的地方，都应进行搜掘，将其全部掘尽。

1) 扩大打蝗运动。首先在所有麦地和接近麦田地带，要不分昼夜、不分地区，不管是你家我家、公地私地，一经发现蝗蝻，即须组织群众用烧、杀、打各种方法予以扑灭，以保护麦苗、保护春耕。

2) 预防蝗蝻向其他地区蔓延。根据群众经验，按照蝗蝻移动方向，预设杜绝防线，挖掘一道至几道沟壕，驱使蝗蝻跳入，集中力量扑灭。不论谁家的田地，只要有掘挖沟壕的必要时，就要召开有关方面和群众会议，说明道理，克服保守的等待心理，号召迅即动手，断然处理。

3) 不论打蝻挖卵，都要力求全部根绝，先从严重地区开始，反复搜灭。对于已掘已打过的地方，应当进行细密检查，防止有遗漏及复活的情形，遗祸将来。

4) 立即向发生蝗蝻与有被灾可能的敌占区和游击区介绍根据地扑灭蝗蝻的办法和经过，号召敌占区、游击区一切正义人士及爱国同胞进行防蝗工作。武工队、游击队及一切在敌占区活动之武装部队和工作人员，应协助该地群众进行防蝗灭蝻工作，并开展对敌斗争，反对敌人破坏。

同志们：这是一个群众的事业，又是一个为时迫切而且必须组织广大群众力量才能完成的紧急任务。各地党和军队必须迅速动员与组织群众，并分别轻重缓急，有重点、有步骤地进行这一工作。对于进行的最及时、最有效、最善于组织群众的领导者，应当予以奖励；对于掘卵子打蝻最多、办法最好、最能彻底扑灭蝗蝻者，除按照各地已行办法，可用蝗卵到合作社换米外，必须当作群众运动，当作该地春耕运动的紧要环节全力进行，并奖励灭蝗英雄。

反之对于那些不关心民瘼，不负责任，执行得不及时、不具体、不细密的官僚主义者，应当受到严厉的批评与责斥！

同志们！群众的英雄们！大家紧急动员起来！为扑灭蝗祸、保护军民生产与生活而奋斗吧！

用最大力量扑灭蝗虫——答复五、六两专署
戎伍胜

近日接到五、六两专署报告，磁县、武安、安阳、林县、沙河，又发现了大批蝗卵、蝗蝻、蝗虫，有些地方，几亩至几十亩麦子已被吃光了。这说明破除蝗害又已成为目前紧迫的事情了。这里摘出几段，提供各地参考，并把我们的答复写在后面。

五专署报告：

磁武自南涧城到老猫沟一带，有40多亩大的地方，都有了蝗蝻，仅南贾壁一村，打蝗的就有600人，其他各村群众都在集中力量打捉蝗蝻，或赶到沟里用火烧，这一办法收效很大。

有一块地，7亩麦苗已被吃光。在这块地里，蝗虫很奇怪，白天藏起，晚上出来，很不易找。

林北二区挖蝗工作很起劲，自4月6日到13日收到蝗卵41石，换去米3 670斤、豆子3 687斤（1升卵换1斤12两小米，或2斤豆子，1升卵有2斤重）。一个卵袋，装多的150个，少的60个，平均在100个左右。计算一下数目，相当惊人，如1两净卵，就有2 340个，1斗合75万个，1石合750万个，如1亩谷可长1.52万根，1根谷子，有2个蝗虫即能吃完，1亩谷有2.5万个蝗虫就可吃完，1石卵成了虫，一天就能吃300亩谷子，全二区刨卵以60石计，则全区所有地不够3天吃。一区也开始刨，估计蝗卵换米为数甚大，并且有的卵已变成幼虫，应当怎样换？

六专署报告：

武东[①]、沙河挖蝗子，各约7 000斤以上，但仍未能根绝，蝻虫成了，在边沿区村，麦苗将被吃光，灾民无力捕捉，已令各县组织捕蝗，并允继续以米换蝻子，可否？

---

① 武东：旧县名，1944年由武东办事处改称，隶属太行区六专署，1945年撤销，划归今河北武安县。

答复：

蝗卵、蝗蝻、蝗虫，这样的多，真是骇人！本月 21 日《新华日报》，登有凤洲同志一篇除治蝗蝻的办法，很可参考。现在我们不能使用很好的科学办法，根据去年及今春的经验，扑灭蝗虫的最好办法：一个是捕捉烧杀，一个是挖掘卵子幼虫。这要我们用最大力气，动员和组织广大群众，趁着蝗虫还没出生，没有长起翅的时候，开展一个大规模的、热烈的挖蝗、捕蝗运动，如果翅膀一长成，就更难收拾了。五、六两专区，平均每人不过二亩地，人多地少，容易实行这个运动，如能做好，一定能收得很大功效。至于挖捕蝗卵、蝗虫的换粮办法，我们的意见是：

1）挖掘蝗卵，根据今年边府命令或林北办法，继续兑换，换多少也不怕；但要派人检查，挖掘出的必须是真正的蝗卵。

2）卵变成幼虫。换米办法：要按照卵变成幼虫增大的体积倍数，按卵换粮办法稍提高一点折合来换。如一个幼虫有卵的 5 倍或 10 倍大，那末 4.5 升或 9 升就可换 1 斤 2 两小米，或 2 斤豆（其余以此类推）。

3）如果已经生出来，变成蝗虫，为害群众利益太大了，主要应组织群众自愿互助来扑灭。如是灾民，可由各专署依据捕捉蝗虫所费时间、劳力多少，按人酌情在贷借粮内贷给些粮食。如拿蝗虫换粮食，为了鼓励起见，五专署可拿出公粮 200 石（杂粮、小米、麦子均可），六专署以 100 石来换。地方粮有余者，也可拿出一部分来换，这是由县自行决定。

4）必须了解蝗害是每个群众生活利害所关的事，捕蝗须成为群众运动。依蝗害发展情形组织这个运动，着重在积极的捕灭。这样一个巨大而紧急的组织工作，必须有巨大的思想动员，表扬突出捕蝗英雄，不要做成简单的兑换工作。

4. 彭湃的打蝗潮

自从区党委、军区政治部、边区政府打蝗号召发出后，各地打蝗越发起劲了。五分区地委召集各县负责干部，开紧急会议，决定了四大措施：（1）检查总结前一时期的打蝗经验，确定今后长期打蝗观念，依靠群众，发扬群众积极性，传播打蝗捷报，地委发出慰问信，鼓励群众，提高信心。（2）专署各县颁布奖惩条例，赏罚严明，制奖状奖旗、发奖粮，选拔打蝗英雄、能手、模范家庭、模范队、模范干部、模范村。（3）分区成立剿蝗指挥部，统一指挥，掌握情况，打破县界区界，统一配合，统一调动力量。林县、安阳成立联合指挥部，分区负责干部分走各县指挥，并组织机关人员为突击队到林、涉、磁三县三角地带帮助打。（4）警戒敌占区蝗虫的侵入，集中力量消灭内地的蝗蝻，配合一部武装深入外线（敌占区、游击区）掩护群众打蝗。

这是一个重大措施。

各县回去后，又召开干部群众动员会，传达了地委慰问信，宣布了打蝗纪律，建立了赏罚制度，干部群众信心提高了。

林北赵家堰赵明珠见到慰问信上有他的名字，说他怎样好，他高兴得不得了，说："咱在下边打蝗辛苦，上级也知道咱。"

5月10日左右，林北焦家屯蝗蝻非常猖獗，五区全区群众1万人增援这村，天还不明，十几里外的村庄就赶来了，人民子弟兵、八路军一个营也参加了。天一明，850多亩的地面上，到处响起了打蝗声。休息时，军队、老百姓在一块，本地老百姓一担一担的米汤慰问，儿童团在人群里打着锣鼓，唱着打蝗歌，穿来穿去，大家一面喝米汤，一面听歌声。从天明到上午9时，严重地区的蝗虫都被大体上肃清了。

11号，接着又在林北四区太平庄南山上，创造了辉煌的战果。13个村调动了3 000多人，捕捉、火烧、土埋，一天活捉了8.4万余斤，打死1.2万余斤，创造了空前战绩。全县各机关祝捷，并致电慰问，从此打开了新的局面。每晚各县向分区指挥部汇报到深夜，大大小小的胜利战果、模范行动、出色英雄、最高纪录纷纷传来。林、安边结合部、磁武边沿区北羊城、涉县七区三县结合地带蝗虫严重，分区剿蝗指挥部发动大家增援堵击。5月18日，林、安5 000人联合大战于石岩沟，十几个大队分五路围剿，半天时间打了4条大沟，抢救16顷麦苗，同时磁武六区调动了3 000余人在上寨村展开大战。19号，林、安边组织清凉山1万人包围歼灭大战，一天时间打了7道岭8道沟，打死7万多斤，抢救2 600多亩麦田。涉县也划分了4个讨蝗区。20号，城关区组织2 800余人围歼龙岗山、虎头山战斗，鏖战9天，全部消灭，为该县剿蝗第一个伟大胜利，奖励模范干部、捕蝗英雄10余人，为加强今后并划分责任，分头戒备。21号，磁武2 000余人围歼大水头，分区突击队深入林、涉、安、磁结合地，带领导当地居民在极困难条件下（灾荒）组织联防，步步为营，稳扎稳打，突破最薄弱一角。经过以上大的战斗与无数小规模围歼，内地蝗蝻大致告一段落，几里长、几里宽、几道岭、几道沟的大片都打下了。

5. 两个战斗剪影

（1）太平庄

太平庄在林县四区，村南有个大山。5月上旬，蝗蝻已变成小飞蝗，多的团成蛋，路上走人时乱碰腿，群众把蝗虫叫成第二"胡掠队"。胡掠队就是过去抢掠过太平庄的伪军。10日，打蝗大队共同看了地形，决定第二天布置罗圈等阵清剿。第二天早晨，太阳还没有出来，3 000 多人就下手了，这时蝗虫都在乱石缝里藏着，不能赶到一块集中消灭，于是大家就掀石头抓起来，抓时老乡们还嚷着"胡掠队出来吧！""这家伙比胡掠队还厉害！"人们愤恨蝗虫跟愤恨胡掠队一样，抓时一个比一个积极。在朱翟村 3 个老乡，一个人张着口袋，一个人拼命地掀石头，另一个人拼命地抓，只吃顿饭功夫，就抓了 27 斤。

太阳出来后，蝗蝻乱蹦乱跳，满山遍野，一堆一堆的，于是活抓战结束，接着摆开罗圈阵。罗圈阵就是人挨人把蝗整个包围起来，形成一个大圈，然后在大圈内套许多小圈，实行"分区清剿"战法。圈内运用机动兵力捕捉与打死，四周向中间压缩，压到相当程度，举行火攻。其次，大的围攻形成后，从山上向下压缩，随走随打，山下摆好各种阵势：第一道是火阵，长 40 丈、宽 5 尺，火攻时兵力集中往下压，一压蝗虫就滚成蛋，这时就用火烧。第二道是布单阵，把无数布单接连起来，排成城墙形状，使蝗虫无法脱逃。第三道又是火阵，也是长 40 丈、宽 5 尺，在火阵之外，又挖了 4 条大葬埋沟，每条沟 27 丈长，共长 108 丈、宽 2 尺，沟边又有人包围着，蝗虫一上岸就打，沟里有许多小孩，在蝗虫身上来回蹼跳。大战结束，活捉蝗虫 8.4 万多斤，四道葬埋沟里踏死的蝗蝻有 7 寸厚，火阵里烧死的一大堆一大堆。

（2）清凉山

清凉山在林（县）、安（阳）边境上，5 月 19 日，鸡子刚叫过头一遍，安（阳）、林（县）联合剿蝗指挥部就吹起床号，当地群众也跟着打起床锣鼓。不大一会，人们都从各个角落走来，每个大队按照指挥部的意图，由侦查员带领着，一路从山脚到山腰，从山腰到山上，从山上到山下，一队接着一队，像链子一样从北向南、由西而东地迂回。另一路顺着小河床，沿着麦田，和山上的大队衔接起来。不到半小时，一万人的行列把清凉山北 7 条岭、8 道沟，纵横 12 方里紧密地包围起来。

战斗开始后，山上、山下、麦田、坡地，打蝗的鞋掌声响成一片。不大一会，一片打完了，队伍继续向前移动，包围圈逐渐缩小。山顶上的人也压缩到山腰，山腰坡地小堰很多，蝗虫就向那里仓皇逃退，企图隐藏起来。这时桑儿庄的卧单队，28 条卧单，两人一条，早已把每个堰遮蔽起来，工兵班在堰下也把防御的沟壕挖好，1 尺宽、1.5 尺深，下宽上窄，两边整整齐齐。大壕内一步远又套一个小坑，挖出来的土，堆在沟边，工兵排列一行把守着，专等蝗虫到来。在沟的两头，布单队又扯起布墙，造成捕蝗的天罗地网。

阵势摆好后，蝗虫按照人的意志前进，一堆上，一团上，从沟岸跳到岸下，从沟外跳进沟里。残留在卧单上的蝗虫，人们又配合着布单队，用树枝、小旗向下扫，这一来，每个 8 寸深的小坑，蝗虫跳得满满的。哨声一响，就开始掩埋，蝗虫还作绝望的挣扎，一锹土埋下去，一群蝗虫又从薄土里滚出来，刚出来又是一锹土，埋好土后，人们还不放心，蜂拥地跳到虚土上，吃力地踩一踩。

在战斗中间，出现了模范打蝗大队，一色是青壮年，一个个精神饱满，两面红旗在前面一指挥，队伍马上分成两路，都是用轻快的小跑步，从左右两面取半圆形包围形式，但在包围圈结合部地区，不是平列，而是前后参差着。动作开始后，右翼的队员半面向左，跟着队旗随打随移动，队旗依着左翼的右旁，向里旋转；左翼的队伍，恰和此相反，队旗依着右翼的后面旋转，边打边转，形成螺旋阵形，像白菜卷心似的，里一层外一层。队长扛着队旗，站在圈心，这个新的阵势、新的战术，使蝗虫无处可逃。队长一边引着旋转，一边还用力地喊着："不让逃脱一个敌人，要死的不要活的。"蝗虫在人丛里乱蹦，突击队来得更凶猛，打得地面上的死蝗足有寸把厚。死蝗在阳光下腐臭，恶气袭人，人们累得满头冒汗，浑身沾满泥土。

这一战斗任务刚一结束，侦查员又报告来了，说某某地方蝗虫很多，队长一听说，立刻精神抖擞，把哨一吹，引着大队，用跑步向侦查员所指的地方勇猛地跑去，霎时又把那股蝗虫密集包围起来。突击队反复围歼，一连围歼了十几处，大股蝗虫消灭后，大围击圈就向前压缩、清剿，最后又分成几处小包围圈，把残余肃清。

上午战斗结束了，指挥部宣布吃饭、休息。下午打蝗军向河床以北广大麦田里进攻。在一块七八亩大的麦地里展开激战，人们从地的两头顺着麦垄涌来，每人一大垄，儿童是冲锋队，隔两步远，妇女排成第二线，男人在最后，麦地左右两边，每隔一步就由一个人把守，监视蝗虫逃脱，工兵班在麦地中间，每个大垄里挖掘一行横列的小坑，尺半长，一尺深。动作的哨声一响，小巧机敏的儿童军沿着大垄冲打前去，也不损伤麦子。妇女和男人们，右手打着大垄，左手拿着树枝在小垄上赶，大队像波浪般地向前移动。大队过后，两旁的卫兵就收拢来，自动又组成第四线。这样一打过，蝗虫没有一个漏网的。

山上和麦地里的蝗虫都遭着歼灭的命运，蝗虫越稠密的地方，或者打到稠密的时候，人们的精神越兴奋，把疲累和饥饿却忘掉了。马家岩村一个老退伍军人赵洪胜说："我一看到蝗虫就好像看到仇人，劲头不知从那里来啦，这回来时，没啥吃，把我的4升谷种都带来吃了，打起来也不知道饿，也不知道渴了，越打越有劲！"紧张的一天，把5里高的清凉山，从山脚一步步打到山顶，一共消灭了7条岭、8道沟，打死7万斤蝗虫，救护了2 100亩麦田。

6. 一封慰问信——给在紧张捕蝗中的军民及工作人员们

一个多月来，你们大家男女老少一齐动手扑灭蝗蝻，不分白天黑夜不停歇地干，你们是很辛苦的，特向你们致慰问并致敬礼！

你们的捕蝗斗争，表现了很大积极性。林北在指导委员会领导下，按区分大队、村分中队，以壮年青年、妇女儿童设分队，把全县划分讨蝗区，每天出动 8 万人；定阳①动员了 1 万多人，磁武组织除蝗委员会，各村建立灭蝗指挥部，下有侦查队、打蝗队，在蝗灾地区组织了 2 万余人，全区已有 11 万余人卷入讨蝗浪潮。我们各部队、各机关、学校、商店都参加了这一运动，三十四团、各县独立营、区干队、机关工作同志也都参加了。定阳城里小学教员每天带 60 多个小学生参加灭蝗，任村商店斌记商店组织商人，每天早晨打蝗。许多村庄、许多机关商店，每天只留一人看门，连看守所的犯人也参加打蝗挖卵，北木井连全村的鸡都带到地里吃蝗虫。大家都说："人不吃蚂蚱，蚂蚱要吃人。"这是很明白地表现了你们对蝗灾有了深刻认识，在区党委、军区政治部、边区政府号召下，你们更加日夜不息地捕打。不分区界村界，蝗蝻从哪里发展，就在哪里消灭，出来一批，消灭一批，跑到一处，追到一处，为扑灭蝗蝻进行顽强斗争。

你们一个多月来的辛苦斗争，是获得了很大成绩的，林北刨了 2.5 万斤蝗卵，活捉打死蝗蝻 45 万斤；定阳刨了 2.8 万斤蝗卵，活捉打死蝗蝻 6 万斤；磁武六、七两区刨了蝗卵 2 294 斤，活捉打死蝗蝻 7 万斤。就是说，三县在一个多月内，共刨了蝗卵 8.53 万斤，活捉打死蝗蝻 58 万斤，给蝗蝻以重大杀伤。设想这些蝗蝻如不消灭，不仅会吃掉我们三县的全部麦子，蔓延起来，遗害是不堪设想的，这是你们伟大的功绩。现在林北焦家屯长 3 里、宽 1 里，二区北木井、芦家寨，三区河顺一带，已将蝗蝻全部歼灭，望你们再接再厉，努力求得全部消灭蝗蝻。

在扑灭蝗蝻的十余万群众运动中，出现了很多捕蝗英雄、捕蝗模范村、模范区、模范家庭、模范干部、模范妇女。林北五区 43 个村 1.9 万人到焦家屯帮助打；一区赵家曼妇救主席张明珠，每天半夜起来催人做饭，带领妇女走在男子们头前，到青沙帮助打，周围 20 里以内的山庄窝铺的人家，都来帮助打；三区河顺集把自己村的蝗蝻打完，组织 300 人到 20 里地的四区赵村一带帮助打；杨家庄小脚妇女夜里打蝗蝻，石头绊脚不好走，不能下地打的病人老头帮助修路。定阳公光村打完自己村，到别村打。磁武天井一带每天动员 300 人帮助贾壁打，白天动员 500 人，帮助张二庄打；陶泉一带群众割白草帮助灾区烧蝗蝻。这种根据地大团结互助的精神，是值得大大奖励表扬的。定阳石塘村长牛茂修，领导全村 130 人，一天打蝗 2 830 斤，全家三口一天打蝗 230 斤。磁武索井妇女史月清起五更打蝗，别人一天打一班，她自动打两班，休

---

① 定阳：有误，据《磁县志》《武安县志》《安阳县志》，应为今河南安阳。

息时，还要担粪上地；上寨村马继泉一天活捉蝗蝻 40 斤；林北付家沟民兵队长领导 12 个青年，夜里两点钟，打蝗 250 斤。劳动英雄常惠礼，自己一面打，一面劝导别人组织群众打，全村打完。定阳清池村牛双全夫妻两口，两天两晚打了 120 斤。他们的积极热心，出力气，起模范，应该大大奖励，号召大家都要向他们看齐，争取更多的英雄模范。定阳捕蝗能手岳拴林，创造用被单架棍子捕捉蝗蝻，两人一顿饭功夫，捉到蝗蝻 80 斤。石塘村 14 岁小英雄任合成，创造用洋铁簸箕，一早捉蝗蝻 6 斤。林北群众创造用棘条在山坡石头地打蝗蝻，效力大。由于他们创造了新办法，每天打蝗蝻超过别人几倍到几十倍，他们都是捕蝗运动的能手，有创造能力，想得到，做得快，做得多，做得好，应该大大地奖励他们的创造，号召大家学习他们的办法经验，发扬创造更多的好办法。

我们的县区负责同志、绝大多数的村干部、支部同志，都是关心群众，亲自动手带领群众。磁县江县长亲自到张二庄连打三天三夜；定阳李县长在泉门亲自下地找蝗卵，拿回冬学教育群众；林北王秘书、何高民同志细心筹划组织动员 8 万人打蝗，是亲自动手的模范。一般的区干部也都是非常努力，不怕困难，不怕疲劳，为扑灭蝗蝻战斗到底！10 余万人的捕蝗运动，显示了他们能懂得群众、组织群众，是应该表扬的。

目前各县蝗蝻为害正在严重，涉县城关一、四区已经发现，蝗灾威胁着我们的生命，应引起严重注意，如不能把蝗蝻扑灭下去，将会造成更大的灾荒。过去有些地区特务破坏打蝗，动摇群众信心，定阳西傍佐特务造谣说："蝗虫是神虫，越打越多。"林北一个村，特务分子到地里打蝗，故意借故打击村干部，破坏打蝗。有些群众落后迷信，磁武张二庄一个落后群众，偷偷到庙里烧香上供，不打蝗蝻，当天夜里他的 20 亩麦子被吃光，后来醒悟过来，自动向群众说他是"吃了迷信的亏，烧香上供不管用，非打不行"。也有些地区，干部对扑灭蝗蝻工作认识不够，不积极领导群众，以致个别的地区组织不好或下手迟，遭受损失。如林北吃了 42 顷麦地，磁武 15 顷，定阳 10 顷，涉县七区 3 顷，总共吃了 70 顷。这是多么大的损失！这说明，蝗灾多么严重！今后还要注意特务分子的破坏，要不断地揭发；对落后迷信，要从事实中不断教育群众，打破捕蝗运动中的障碍。

全区军民，应更紧张地动员起来，已发现蝗蝻地区，应发扬不疲倦、坚决顽强的斗争精神，再接再厉地扑灭蝗蝻。去年有过蝗虫，现在尚未发现的地区，应严密侦查，即刻下手刨卵，随时发觉，随时消灭，为保卫麦苗、保卫夏种，不松劲、不疲倦、不悲观，要坚持贯彻，一直到把蝗蝻消灭完。林、安许多区村在坚持一个月内全部消灭的经验，可以提高我们的信心。这是一个长期斗争，需要我们坚持不懈的干，蝗蝻是一定可以消灭的。

共产党漳北地委、五军分区政治部

1944 年 5 月 12 日

7. 一个打蝗模范村（介绍一个打蝗模范村——洪山）

洪山，是武（安）东接近敌占区一个较大的村庄，全村共有 100 多户人家。去年秋末时，他们就扑灭了很多飞蝗；今年 3 月初旬，全村一齐动员挖蝗卵，在 37 天当中，共挖了 2 100 多斤。

洪山的村民，刚放下挖卵的工作，接着就与小蝗蝻展开了斗争，因地内蝗卵过多，一开始就很严重。于是全村一齐紧急行动起来，投入打蝗的浪潮。打蝗的群众中有 70 多岁扶杖的老人，有右手抱娃、左手打蝗的小脚妇女。在打蝗最紧张的几天中，不分昼夜拼命干，大家曾忘记了吃饭，也忘记了睡觉，整个春耕过程当中，打蝗成了一等大事，从 4 月 13 日到 5 月 30 日，一连坚持了 47 天。妇女、儿童虽然手上都起了血泡，但他们始终没有表示泄气，更没有逃避。

洪山蝗蝻打到第八批，他们经常参加打蝗的人是 350 人，前后每人仅按 500 斤捕蝗计算，全村已超过 17.5 万多斤了。从打蝗的面积来说，也同样是值得惊人的。洪山蝗蝻的孵化，在高地的共有 7 座山，有 3 座是 3 里长、2 里宽，有 4 座是 1 里长、0.5 里宽。开始被干部发现后，满山像灰黑色的苍蝇一样，一层层、一堆堆，密集在山坡，经过全村几十次的扑打烧杀，一批批的小蝗蝻，都消灭干净了。他们在低处消灭的蝗蝻，共有 10 道沟，有 2 道大沟，一个 4 里长、一个 3 里长，宽都是 15 丈；有 8 道小沟，都是 1 里多长、0.5 里多宽。这些沟中的蝗蝻被他们烧过后，最多地方的死蝗体，不是 2 寸多厚，就是 1 寸多厚。还有，他们在平地消灭蝗蝻的情形，更表示了全村男女老幼的斗争性和顽强性。因蝗蝻大量地出现，他们在蝗蝻将要为害的麦地和秋地，继续挖起了 1 009 条消灭蝗蝻的"埋葬构"，小的有 2.3 丈长或 4 丈长，大的有 60 丈长或 9 丈多长。由于小跳蝻跳动力差，一群一群，都被埋葬在土沟中，埋进的蝗蝻，不是薄薄一层，而是 4 寸、5 寸、6 寸厚。洪山用了这种有效的办法，把几次蝗蝻的主力完全消灭了净尽。

洪山村有 3 道灭蝗的"封锁沟"，深 3.5 尺、宽 3 尺，长度不等，有 2 道是 1.5 里长，有 1 道是 0.5 里长。这是武东打蝗运动中最突出的防御工事。几次从敌占区袭进来的蝗蝻，每一次都是几里宽、几里长，结果都被他们用"封锁沟"堵击了。其中最紧张的一次，要算 5 月 27 号的一天，因蝗蝻来势很猛，他们一面派出 300 多个妇女、儿童到河沟截击，一面抽出 100 多个男子，在后面加紧挖沟封锁，从第一天早上到第二天晚上，打的打，烧的烧，一下子就消灭十分之七八；另一小股，因为还没顾到去消灭，蝗蝻又回头东去了。村中都这样说："这一次不是大家打得紧，不光是要吃坏洪山十几顷麦子，恐怕武北县的麦子也不保险！"

根据大家捕蝗的经验，干草和打蝗用具的源源供给，都是很重要的。洪山从打蝗一开始，就有计划准备干草烧蝗蝻，一面从别处搞，一面抽出 20 个人，经常到山上割草，每人一天 50 斤，一连割了 42 天。总共烧蝗蝻用了 5 万斤干草，洪山自己村就解决了 4 万余斤。因为天天要打蝗蝻，"赶蝗旗"就用了 600 多个，拍蝗的鞋底就用了 3 800 个，有打坏 3 个的，有打坏 4 个的，打蝗更积极的人，还有打坏 5 个的。按打蝗所用的鞋底数目来看，就可以揣测他们打蝗次数的多少和时间的长短了。

自己村里正闹着蝗虫，同时，又能积极帮助别村去打，在其他村或许就不容易办到。可是，在洪山一村，不但能够实现，而且还表现了高度的团结互助精神。先从人力支援上来说，他们前后共帮助上水头村打蝗 4 次，每次都在 250 个人以上；帮助寨坡村打蝗 2 次，每次约在 230 个人以上；帮助邻县沙河后井村打蝗 1 次，约在 170 个人以上。这种积极的模范行动，感动了邻近村庄的男女老幼。再从物质支援上来说，过去曾帮助上水头村干草 36 捆，临时割草帮助各村的数目也相当大，洪山帮助别村打蝗时，比任何一村都受到大家的欢迎，主要的原因是他们忠实积极，其次是技术熟练。5 月 26 日上午，在上水头帮助打蝗时，干部们不断催着："快打！快打！""快烧！快烧！"看起来，简直比水头本村的人打蝗还有劲。

由于洪山天天打蝗，所用的工数也比别村多。前一阶段挖蝗卵，共用了 1 300 个人工，打蝗蝻共用了 9 000 多个人工，总共用了 1.03 万个人工，若再加上零星的人工和帮助外村的，数目就更大了。

功劳不会白费，只要肯积极打蝗，就能保护庄稼。从洪山来说，比附近很多村庄麦地多，所遇到的蝗虫次数也多，面积也大。可是，有些村庄都吃光了，或吃了 1/2，或 1/3，惟有洪山 1 700 多亩麦地，仅被蝗蝻吃去麦叶的 350 亩，其中有 250 亩还能收籽粒。到现在为止，他们已经从蝗虫嘴边抢救出 1 350 亩完完整整的好麦子。

捕蝗的时间愈长，群众的创造性也愈大。在武东，很多捕蝗的新办法，多半是洪山村想出来的。他们在山上烧杀蝗虫为了节省"洋火"，曾在山上把干牛粪点着，随烧蝗蝻，随到牛粪上引火。这种办法，使附近村民都认为能够解决点火的困难。还有他们用布片或衣服驱逐蝗蝻时，大家经验出来，用黑色的好，白色的不顶用。

洪山的捕蝗工作，所以搞得这样好，除了其他原因以外，就是干部们能够卖力气。第一个领导全面掌握最紧的，就是武东财粮科长刘庚龙同志。在发现蝗虫一个多月以来，他始终和群众紧紧地团结在一起，及时地侦查蝗虫，及时地指导怎样挖沟、怎样烧打，有几次蝗蝻最严重时，他一面督促村干部紧急动员群众烧打，一面东奔西跑，忙于指挥，因此，全村都说："不是人家刘科长，蝗虫可吃得不像样了。"还有村长与农会主任，每次打蝗虫，天不明就打钟集合，抽空就到地侦查。民兵指导员，不但经常带民兵掩护群众打蝗，并且还领导妇女们打蝗虫。50多岁的妇救会主任，每天在村集合时，就站在平房上喊："妇女们走吧，打蝗虫快走吧！"据说，村边有她14亩麦子，被蝗虫吃坏12亩，但她捕蝗的热情比别人还要高。有一次，她自己害了病，别人劝她回家休息，结果，还要勉强支持去打，这种顽强的斗争精神，使一群捕蝗的妇女们，怎能不受感动？还有村中书记、小学教员，也是领导捕蝗最积极的干部。

8. 男女打蝗英雄

这是打蝗运动中千百个英雄中的两个。

先说一个男打蝗英雄。

林县朗垒村郭有斌，他是农会主席。4月18日，他去任村交纺的线，看到一区群众在刨蝗卵很热闹，他回想到他村去年秋天蝗虫很多，一定也有蝗卵。回家后，他就和农会副主席周世泰商量好，第二天一早，两人就到地里去试验，一早晨刨了14两，上午就拿着在村里宣传，发动群众去刨。最初群众不愿意，认为蝗虫是神虫；有的是因生活困难。他跟他们说："政府有法令，刨1斤蝗卵能换1斤米，现在饿着肚去刨，一刨就不是有了吃的吗？你不刨也是一样挨饿。"这一动员，40多个人参加刨卵了。但蝗卵刨了很多，政府的米没有发下来。他又向村长建议，先拿村社中的款垫出来，顶米600斤。刨蝗卵的能马上换到米，情绪更高了，下午就增加到100多人。

刨了几天后，区公所召集会议，正式布置刨卵工作，这时由政府直接换米，人更多起来。不久，蝗卵孵成小蝻，他号召和组织群众打，这时村中有人宣传："蝗虫是神虫，打也打不完，一唱戏就不见了。"一些老年人，就听信了这话，烧香磕头，情绪不像从前高了。他向群众宣传："打死是不会再活的，打一个总要少一个。"

打蝗时，他一面指挥，一面亲自去打。儿童们打得不起劲的时候，村里民兵吹胡瞪眼地吹他们："为啥不打！"但他却很温和地鼓励他们："打蝗是打白面呀，小孩们快打吧，救下麦子磨成面，烧成饼子，下地时给你们装在口袋里，饿了就吃，多好呀！"儿童们劲头更足了。在打蝗中，他村群众很积极，全村245人，每次参加195人，占全人口80%。所以能这样，是因他能给群众解决各种困难。郭满仓、郭福子等4户没吃的，在救济粮未发到之前，他先借给他们每户4斤米，这几户从前不参加打蝗，现在参加了。天气热了，病号很多，这时有的富有户把刨卵换的米，自动捐出来，他就提议把这些米熬成米汤，给打蝗的群众喝，病号减少了很多。因为打蝗太忙，有些户没时间去购粮，他就和村干部商谈好，由村中派一个人总的去买，节省了许多人力。村里人家太多，打蝗时每家留一个，就有许多人不能参加打蝗，他想出集体看门的办法，一街或几户留一个可靠的人看各家的门。夜里打蝗，这是一个顶艰苦的事情，可是他领导了一个组4个人，连续参加了4夜，用被单捕了270斤。捕的蝗虫，部分给贫困户吃了。在打蝗技术上，他和周世泰创造出能长期用的沟——在大沟中插花挖小沟，小沟蝗虫埋满后，再在大沟中的孔隙地方挖小沟，一个大沟能用好几次。节省了许多人力。用被单推的时候，蝗虫容易漏网，他想出办法，把被单上开一小孔，小孔下缝一口袋，推时蝗虫都跌到口袋里，一个也逃不脱。

自己村打蝗搞得好，还要积极帮助邻村，郭有斌就是这样的典型。他的邻村北陵阳，是个大村，能打蝗的有676人，但每天只有150多人参加，后来就干脆停顿下来，他看着这样下去不好，就去北陵阳说服村干部："你村不好好打，你村叫蝗虫吃光，慢慢挨饿是你们自己的。"同时，他还到他们地里去检查，谁不参加，就把他的名字记下，告给他村干部教育批评。在他积极帮助推动下，北陵阳的打蝗，每天有540人参加了。

再说一个女打蝗英雄。

磁武南贾壁女劳动英雄郭凡子，现在又是太行区的头等劳动英雄。在打蝗运动中，她领导了一个妇女中队，她村发现蝗卵后，她就提出："停止一切地里活去刨蝗虫蛋，不刨蝗卵蛋，就不能吃白面。"自己先把她领导的生产互助组里六七个妇女发动起来，刨出蝗卵50斤。

蝗卵变成蝻子，她们和男人一样去打，还和男人竞赛，而且经常打在男人前头，得政府奖洋100元。蝗虫多了，她又号召组织妇女队，提出"谁愿意来谁来"的口号，33个妇女参加了。当场向大家说："别看我们是妇女，我们还要打远的地方，打得净，不毁麦子，不留尾巴。"她们的话，一点也没有落空，真个是那样。她们参加齐惠、大峰岭大战时，打得又快又干净，没毁一颗麦子。大家送给他们"模范中队"的称号。张二庄大战五天，仍然是模范，队员康保荣、赵娥在休息时还给房东一个寡妇担水6担、担炭1担。打蝗战场上，她一面指挥、一面打，嗓子都喊哑了，后来又病了，但她仍然在坚持着。

9. 生动活泼的剿蝗捷报

打蝗运动中，《剿蝗捷报》好像雪片一样纷纷飞传在街头上、打蝗的人群里。报纸不光是集体的鼓励者与宣传者，而且是集体的组织者。春天，安阳、沙河、武安等发现蝗卵后，甚至二分之一的篇幅登载打蝗消息，指导着打蝗运动。此外还有七、八专署出的石印报《豫北日报》和《新生周报》，也出了很大的力量。但在这里，我不想多说这些，愿意把各县出的《剿蝗捷报》等说一说。

专门登载打蝗事情的油印东西足有 25 种之多，名称有《剿蝗捷报》《剿蝗急报》《捷报》《剿蝗专刊》《剿蝗通知》《剿蝗通报》等等。此外，其他一些工作通讯，这时也变成了"剿蝗专刊"。都是剿蝗指挥部或专区、县联合办公室出版。一个人往往是编辑，也是刻印员、发行员，报纸篇幅都没有多么大，差不多等于 16 开书 2 个页，有的 1 个页，还有的半个页。出版日期也不等，有的 3 天 1 期，有的 2 天，有的 1 天，有时候 1 天还出两次的。这些报，虽然篇幅很小，但它的战斗力很强，如果说《新华日报》是个大哥，那么他们都像一群小弟弟，哥哥领着头，一群天真活泼小弟弟就跟在后面为打蝗而服务。

春天刨蝗卵的时候，许多老百姓不想动弹，林北县小报上，就把政府奖励刨卵办法登出来，散到各村，许多人一看，交相传播起来："刨蝗虫蛋还换小米的呀，赶快去刨吧！"于是，刨蝗卵的人多起来。

打蝗运动展开了，有的人不积极，报纸就把好的和坏的对比起来。安阳《剿蝗专刊》13 期上，标着这样一个题目"吴金伟、吴东合两班坐飞机，牛全喜、卜年贵两人骑母猪"，下面叙述着两者的事实。报纸到达打蝗群众手里后，落后的人说："呀，牛全喜上了报了，他骑了母猪，吴金伟人家坐了飞机，一个哼哼哼，一个嗡嗡嗡。"

除了用消息进行表扬与批评外，有的小报上还有"短评""小评论"。但短评等却不是死沉沉板着面孔，而是用通俗的、幽默的口吻来说明是非。六专署《工作通讯》（第 9 期）有个小评论，批评两个领导方法的不同，前者注意打蝗，吸收别人经验；而后者则相反，标题非常吸引人："是聪明，还是糊涂？"人们一看，就把小字读到底。同一期上，号召着群众刨蝗卵，标题则像歌谣一样，念着很顺口："蝗死蝗卵在，来年还是害！"在飞蝗厉害的时候，各县还出"号外"或者小传单，用大字标题，非常吸引人，这些给群众带来了力量。他们喜欢听，更喜欢他们的名字"上上报"，一到打蝗休息的时候，他们就等着报来！

10. 读报

读报在打蝗当中很重要，尤其在疲倦的时候，把"剿蝗"报一读，就马上增加许多力量，群众极高兴"听听报"。因此，每逢报纸一来，就会在人群里激起一片响声："不要嚷了，报来了叫老张给咱念念，看看有咱的名儿没有！"报纸一拿到谁手里，谁就像一块磁铁，把群众吸引在自己周围。

林县某某村打蝗时，关于读报曾有一段描写：王之栋从剿蝗指挥部里好容易抢来了一张打蝗"捷报"，十几个人马上把他半圆形地围拢起来。老王念到一个青年张小保的名字时，许多人都跳起来。这时张小保正在跟前，别人拍着他的肩膀称赞着："哈哈，小保真是个好干家，上上报啦！"张小保禁不住地笑了。"我们好好打，明天叫人家出报的给咱们登一登!"大家也抱定了决心,别人还在休息,他们就竞赛起来。张小保变成大家的努力目标,他在前头打,别人紧跟在后面,张小保怕别人追上压倒自己的模范,打得越快,而后面的人为了争取模范"上上报",也追得快。

(三)捕打飞蝗

1. 敌占区飞蝗的侵入

5月中旬,根据地内的蝗蝻,基本上打下去了,但5月下旬,敌占区大批飞蝗,冲过敌人几道封锁墙,又向根据地蜂拥而来,此后差不多半月一次,一直延续到8月中旬。5月23日、24日,第一批飞蝗从安阳沟东过来时,共分3路,共有10里长、5里宽的面积。磁武分4路袭来,共有5里长、10里宽的面积,5寸厚。南起武陟大道,北至水(冶)、林(县)公路100多里之敌人封锁线突破了。第二批飞蝗,侵入是在5月末梢,南起安阳观台,北至磁县东王段长约60~70里、宽40里,形成南北一条长线,扇形而进。

飞蝗来时,是十分怕人的场面,飞时好像云彩一样,遮天蔽日,而且能够飞半天不落地。一落地就是几座山、几道沟,使人看不见地皮,严重的地方有一二尺厚,落在树上,能把树枝压弯,甚至于压折。一棵谷子上能落17~18个,有时候,本来一块谷子长得齐楚楚的,但飞蝗一落,全地谷子立刻都被压倒,变了模样,平漠漠的,好像暴风吹倒了的一样。苇子那么粗,那么密,但飞蝗一落,也照样被压倒,一棵苇子上能落80~90个。沙河孔庄几十个村,飞蝗冲进了村里,老百姓吃饭时,旁边要有一个人站岗赶飞蝗,否则即飞到锅里,有时从炕上向院里赶,从院里向街上赶。开头飞蝗警觉性不高的时候,一个人站在一个地方不动,两手在身上摸,摸了一把,马上又飞来一身,足足供给上两手一直摸。要是在蝗虫丛里踏一脚,鞋底上立即踏成蝗泥,走时还则则作声,好像在雨后的稀泥内踏过一样。

飞蝗一天比一天厉害,据说蝗虫不吃玉茭叶子,但到后来,玉茭叶也一样吃开了,黍子咬掉了码子,高粱吃掉了穗子,就是棉花桃也咬几口,为害非常大!

但飞蝗不和蝗蝻一样,越打越滑头了。它的行动很规律,说飞都飞,说落都落,忽来忽去,很难捉摸。有时人们在山坡上捕打,它们突然钻进石缝里,怎么也不出来了。但人们刚刚走后,它们又齐刷刷地出来了。有时白天不出来,晚饭以后至半夜才行动或者吃庄稼。有时候半夜隐藏起来,人到它们跟前也不动,如果白天午前打它,它给人们开玩笑似的,人们到这里,它们到那里,人们慢慢走,它们一边吮一边慢慢走,人们猛然一扑,它们就突然而飞了,使人干着急,却打不到它们的身上。一到午后便成群结队地飞在天空。

出没无常、聚散不定的飞蝗，人们在这时对它们很感辣手！

2. 三怕两不能（飞蝗特点的研究）

"众人是圣人"，"没有爬不过的山！"

"飞蝗正午不吃庄稼"，群众打蝗时首先发现这个特点，根据这，他们研究出来，飞蝗喜欢温暖，而怕冷怕热，因此在晌午的时候，都隐蔽在阴凉地方。夜间及早晨，气候又比较冷，又都趴在地堰根或草坡上不动，这是一怕。之后群众又用烟火作试验，烟火一烧起来时，飞蝗就迷失了方向，在烟圈里只能打旋转，冲不出去。即便冲出去，落在地上很久也不动弹，打也容易了，这又是一怕。第三是怕声响、怕黑色，飞蝗触觉、听觉很灵敏，一遇见强烈的声音（人喊声、锣鼓声），便马上飞走。遇见黑的颜色，也就躲避开，但却喜欢光亮和白色。

什么是两不能呢？

第一是草上不能飞。飞蝗起飞时，要用两腿向后蹬一下，但在乱草丛里，因草叶软，蹬不起来，所以不能飞。第二是远视平视。飞蝗的眼睛只能向上斜方看，而且看得很近，5尺以外的平行线就看不见。

由于发现了这些特点，便创造出许多战术和打法。

3. 各色各样的战术

在中国旧小说里，谈到两国打仗的时候，就有什么"八卦阵""龙门阵"等等出现。现在谈谈打蝗的阵势和战术，也许比那个还有意味，可是这种阵势和战术的发明和使用，不是什么神仙，而是平平常常的老百姓。

蝗虫经过三次变态，每次都有不同的特点，故打的办法，也跟着演进，跟我们打日本鬼子一样，他有"蚕食政策"，我们就有"敌进我退"；他有"治安强化运动"，我们就有"政治攻势"。开头是挖蝗卵，这倒没有什么，蝗卵完全是"挨打战术"，毫不抵抗，深深地藏在土里，大人小孩、男男女女，有的拿着镰刀，有的拿着铲子，有的拿着红缨枪，一齐挖掘。这时只有挖掘战术一种。

三四月间，天气温暖，蝗卵变成蝻子，能跳跃，开始吃麦苗，吃了嫩叶还吃麦穗，为害很大，这已不容易打了。

开头打的时候，一打一蹦，蝻子虽有死亡，但跑掉的太多了，我们失败了。尤其在麦秆上的蝗蝻，对它就有点无可如何，不打吧，它吃麦子，打吧，连麦子也打倒了，实在气人！方法终于想出来了，在麦地的战法有两个：第一就是挖沟聚歼，先挖一道大沟，沟里再挖小沟（沟的大小可按蝻的面积大小而定）。顺着麦垄，前后组织两个梯队，前者由妇女、儿童担任，后者由壮年、老人担任，前边拿着柏枝慢慢赶，后边拿着带柄的破鞋底慢慢打。赶到沟里用火烧死、埋死或用拍子打死，这个办法多用于白天。第二，清早和傍晚，蛹子爬在麦秆上，行动不便，就用"捕捉法"，两人撑起被单，被单中央挖一窟窿，下边缀一口袋，顺着麦垄向前猛推，蛹子猛然一闪就跌在被单上，又跌到口袋里。或者一个人，把被单一头绑在腰间，两手撑起另两角，骑着麦垄向前推。此外就是用簸箕骑着麦垄推，最好6个人一组，4个人推，2个人在地两头用口袋接。这个办法收效很大，而损坏麦子又很少。

山坡上的蛹子采用反复包围的办法，把它赶到一个集中的地点，用火烧死，或者被单先铺在地上，把蛹子赶上去活捉。

蛹子翅膀长大了，可以高飞天空，同时狡猾敏感，最难捕打，但它也没有逃出群众的手心，群众根据它的特点，逐渐创造出来许许多多的阵势和战术。现在将其中最出色的几种写在下边：

(1) 运动战和游击战的配合。这种战法，本来是我们目前打日寇的法宝，可是在打蝗上也很适用。县区剿蝗指挥部直接掌握几个主力剿蝗大队，集中力量突击消灭飞蝗主力，支援严重地区。村指挥部把留在村的群众组成剿蝗游击队，肃清残余，防御飞蝗侵入。

(2) 罗圈阵。在平地上把飞蝗密密包围起来，在包围圈当中放上麦秸堆，包围的人蹲下，慢慢向里压缩，随压随捉，随捉随拧掉头。打的当中，大多数蝗虫感到压力后，即钻进麦秸堆里，这时周围的人准备好武器，当中麦秸一引火，周围的人紧打，一鼓歼灭。后来有的包围两层三层，形成罗圈阵，大罗圈套着小罗圈，团团包围，使飞蝗很难漏网。没有麦秸时，压缩到一定程度，就突然齐打，在苗高了的地方，一直活捉到底。

(3) 火把战术。夜间飞蝗喜欢光亮，8个人一班，1个人点着火把，吸引飞蝗，1个人供给麦秸，6个人活捉拧头。有的在庄稼地里，挖上许多小洞，口小底大，好像葫芦形状，洞底上放上灯，飞蝗跳进去后，把它埋掉或扭死。

(4) 长蛇阵。蝗面过大的时候，人少不易包围，就组成"一"字形的长蛇阵，逐渐向前推进，在阵的对面烧上几堆浓的烟火，使烟尘冲天，截住飞蝗的去路，压到一堆时，最后实行歼灭。

(5) 乱星阵。飞蝗严重的时候，大都落在庄稼的叶上、秆上，既不能打，也不能烧，只好用手捉。黎明或午夜时，因为天冷一些，蝗虫不易飞走。打的人分成无数小组，每组3人，打一盏灯笼，拿一个口袋，在蝗区周围排好，组与组相隔远一点，插花逐渐前进，有深入的，有在后面捕漏的。这个阵势，如果远远望去，好像天上的星斗一样，灯光闪烁，煞是好看。

(6) 响铃战术。飞蝗怕声音，喜欢光亮，因此有的群众在夜间把蝗区周边扯起一条绳子，上边挂着响铃。中间烧起火光后，周围铃子一响，飞蝗惊惶失措，向火光处集中，一鼓消灭。

（7）簸箕阵。在梯形地带，把地三面包围，由下而上压缩，压缩到堰根后，用火烧死；在斜坡地带，包围时，上边也要人，下边向上捉，上边等着捉，因一般蝗虫是向上飞的。

（8）水战。在有河流的地方，趁蝗虫成群过河时，跳进水里用筛子去捞，清漳河两岸群众，即用此法，效力很大。后来，磁（县）、安（阳）、林（县）三县交界处，邢台等地老百姓，从河两旁故意把蝗虫赶进河里，用筛子捞出，活捉很多。

（9）涂毒法。根据武安、临城等地试验，都很有效，制法也很简便，用白糖 1 两、冷水 3 两之比例，溶于瓶中，盖好口，放在背阴潮湿地方，让它发酵（3 天后就能用，时间越长越好），把水涂在蝗虫腹部，再把它放入蝗虫多的地方，让它传染，据试验，12 个钟头以内，即可腐烂死去。

4. 层层叠叠的金字塔（打蝗的组织机构）

打蝗组织，一天天在演进着。到了打飞蝗时，这套组织机构，已经变成一个极其复杂而庞大的组织了。现把它画成一张表格，好像个层层叠叠的金字塔。

金字塔的尖顶，是分区打蝗总指挥部，它是直接领导打蝗工作的最高权力机关。由地委、分区司令部，专员公署及群众团体等机关负责同志组成，负责掌握与传达蝗情，交流打蝗经验，组织县与县的群众打蝗，互相支援。此外还可以调动基干兵团，组织机关人员，计划与指挥着全盘的打蝗工作。

分区打蝗总指挥部下面，直接领导着各县的打蝗指挥部，或县与县的联合打蝗指挥部（这往往是按蝗区设立，不分县界）。县的指挥部设正副指挥，由党政主要负责干部担任，掌握蝗情变化，指挥全县打蝗，总结打蝗经验，组织地方武装与机关人员，帮助群众打蝗，组织非蝗区群众支援蝗区，划分打蝗区域，还直接领导蝗灾严重地区的打蝗斗争。

群众本身的组织，在打蝗进程中碰了不少钉子。起初各村把群众男女老少编为大队、中队、分队，还有专门负责的侦察队，后来感到行动快慢极不一致，体力强弱也不一样，指挥很不方便。这时又根据群众要求，按照年龄、性别分为老年队、青年队、妇女队、儿童队，每队设正副队长，下分班、小组。在进行打蝗时，又根据蝗情，分为刨卵队、锹掘队、布袋队、割草队（烧蝗用）、烧杀队、突击队、夜战队、梯形队（儿童是第一排，妇女第二排，青壮年第三排）和有力的侦察队、警戒队（边沿地区，警戒敌人袭击扰乱，他们一面带着打敌人的武器，一面带着打蝗的武器）。此外在每次大规模的打蝗战斗中，还设有总务、医务、担架等组织。总务人员，照顾支援群众住房、喝水；如临时发生伤病时，医生马上调治；担架队负责抬伤病员，或者从后方往前方运输给养和打蝗工具。有的还有检查组，这由群众临时选出来的，他们一面打蝗，一面检查谁打得好坏，作最后评定，由大家批准，实行奖励批评。有的还有采访员，负责报道打蝗英雄、打蝗经验等。

和这些组织相辅而行的，还建立了许多制度：头一个要起居作息一致，夜里打头遍锣（或钟）起床做饭，二遍吃饭，三遍集合出发，太阳未山来就赶到地里。在机关部队住的村庄，群众听到部队机关做夜饭的风箱声，老太太便先起来催促全家的人去打蝗。此外还建立了点名请假制度，只要不害病，或没有太急需的事情，都要参加。对于特别落后滑头的人，在大家集合走了以后，民兵再检查一次，查出后，好好说服他。夜晚打蝗回来了，按分队、小组进行检讨，奖励好的，批评坏的，总结好的打蝗经验和办法，第二天集合时宣布。在山坡上或麦地里休息时，组织群众娱乐，这边唱歌，那边唱歌，鼓动群众的情绪。指挥的时候，跟指挥作战军队一样，有的用哨声、号声，有的用炮声，有的摇旗、放火，规定出一定的信号，前进、后退、分进、合击，一万人两万人的行动，都很有秩序。

5. 两头照顾（一面打蝗，一面生产）

麦收后，曾有一个非常混乱的时期，这是农民顶忙的时候，也是问题顶多的时候。"光给人家打蝗，自己地还红着地皮呢！"这是援助别人打蝗的反应。"我的谷子一尺高了，还没有锄一遍呢"，一个人反正长了两只手，顾了打蝗，顾不了生产；顾了生产，又顾不了打蝗。可是不打蝗，生产也保不住，光打蝗，生产不了，也吃不上。一个极端矛盾的事情摆在了面前。

"向群众学习，倾听群众呼声"，在没办法的时候，这就是个有办法的源泉。

这时各地群众反映，这个说他的几窝南瓜、豆角没种上，那个说帮助人家打蝗没有干粮带，光挨饿。干部听取群众意见，跟他们商量，提出新口号："巩固后方，一切为了前线。"以后动员群众援助远村打蝗时，就动员在家没打蝗的群众，一面抽几个人运输干粮，一面动员妇女、儿童栽南瓜、豆角，谁家的地没种上，组织男劳力给他种上。弁山村组织 4 个临时工作组，指挥全村男劳力、牲口，先给打蝗户种地，后给孤寡、抗属、贫户种地，全村白地 480 亩，不几天就种完了。这个一面打蝗、一面生产的办法，各地也都有创造。

武安柏林村在派遣"远征军"时，以生产互助组为单位，自动讨论，每组留一个对生产有计划、指导有方的人，领导该组家属（妇女、儿童）做急活（如锄苗、拔草等），谁去打蝗先给谁做活。邢台前水门村，这是全组织起来的村庄，他们也是以互助组为单位，自己决定，留在家里的人要照顾全村生产。记工办法，在外打一天蝗虫，算一天工，如果连夜打蝗的话，一天顶两个工。打完蝗虫之后，各组先在本组算算账，除互助顶工外，把外出打蝗长余的工，按全村应出的总工数，按人平均分开，长出工的领工钱或者还工，短出工的出工钱或出工。这样一来，他们不但没荒了地，而且还开了 45 亩生荒。

付令村，这是一个没有组织起来的落后村，他们一部分在前面打蝗，一部分人在后面生产。给谁锄地谁出工资，给自己锄地也出工资，算账时前后所有参加打蝗和锄地的人按工分钱。光棍汉没时间推碾子做干粮，有女人的户就代替他做，弄 6 斤粮食的干粮也顶半个工。有些村，为解决光棍汉的干粮问题，就叫他担任运输队，一面回来可弄自己的干粮，一面将别人的干粮带走，双方都方便。不过，这些方法，都是草创，等价交换上还有些不等价，一般地少的贫户人家吃亏，需要更好地研究改善。

6. 吃了再种上

5 月以后，飞蝗对于青苗的危害，完全采用了"闪电战术"，或者突然地袭击，因之许多水汪汪、齐楚楚的青苗，上午看见是这样，下午甚至霎时间就会被飞蝗一扫而光。但群众没有泄过气，蝗虫今天把庄稼吃光了，明天他们又种上。他们的口号是"不让土地空起来，和蝗虫斗争到底"。吃光了再种，种上了又被蝗虫吃光，有的地方竟达 3 次之多。

磁武飞蝗厉害的时候，政府群众团体工作人员，一方面领导群众打蝗，一方面和群众研究蝗虫不吃什么庄稼。涉县干部看到：8 月 22 日一批飞蝗，5 天当中，经过了24 个村庄，吃坏庄稼 1 000 多亩，但吃光的光是玉茭、谷子的地，而套垄种的庄稼损失较轻。所谓套垄种，就是一垄谷子，一垄豆子。后来就发动群众套垄种，多种叶上长毛毛的庄稼（如黄豆等）。内邱、临城等县，也发明了防蝗的办法，群众用麦秸灰撒到禾苗的叶上，或者在地里撒些谷草灰；也有群众用牛粪水洒在庄稼叶上，用这些办法来抵抗蝗虫的侵害。武（安）东，当飞蝗吃光谷苗时，政府号召人民都种"命根粮"，不几天，被蝗虫吃光了的红红的土地上又长起"喜喜欢欢"的青苗了。

8 月以后，有的地方的庄稼，仍被飞蝗吃光，但这时候，因为时间太迟，不能种谷子了，群众接受去年种秋菜经验，补种秋菜（蔓菁、菜根等），他们说："收了蔓菁、菜根也能顶事！"补种过程中，也曾有一些群众悲观失望，有的庄稼被蝗虫吃光后，大哭起来，尤其是他们补种后，又被蝗虫吃光了，这时，怒骂的也有，着急得乱蹦乱跳的也有。

但正如根据地群众口头所流传的一句话所说："根据地是一家人，有福同享，有祸同当！"的确，这时政府与群众、群众与群众，更显得亲切、友爱，像血和肉一样。没有种子的，马上给他调剂。磁武等县委托合作社负责，你要种荞麦，给你荞麦种子，你要种蔓菁，给你蔓菁种子，暂时没有钱买种子的，合作社就给你垫起来，有了再还。同样，群众与群众也互相调剂借贷种子，或者互助帮工。邢台曾有这样的故事，有一贫户，他的青苗被蝗虫吃光了，自己没有种子，也没有力量补种，愁得不吃饭，还想着寻死，别人知道后，悄悄地给他补种上，等他知道时，他的地里青苗又长出来了，他喜出望外地说："真是好世道！"

7. 八百甲长的防线

8 月间，飞蝗顶厉害，它有"航空陆战队"的本领，飞到这边吃几天，飞到那里吃几天，没有什么固定地方。如果碰见袭击，马上就腾空飞走，另找新的地方，不就在一个地方盘踞，随落随吃，随打随飞。同时，敌占区飞蝗，仍一批一批地飞来，各个角落都有受为害的可能。这时，各个打蝗指挥部，悉心研究对策，提出的战斗口号："飞蝗落到那里，把它消灭在那里！"于是各地千千万万的人民，建立起"防空阵地"，建立人民游击网。飞蝗飞在天空时，群众就摇旗、打鼓、敲锣、打铜盆、撞钟来惊扰，使它在空中飞旋，不敢落地，增加它的疲劳。山头上放着了望哨，分班轮流站岗、监视。并有土枪土炮，如果着地，即马上放炮放枪联络，附近各村听见枪炮声后，马上前往援助。有的村庄为了打蝗动作（如集合）迅速，青壮年、民兵都是集体睡觉，妇女、儿童分头在村外监视，吃饭时，轮流回去。放哨的人，有时间还集体割蒿、割草，准备飞蝗来时烧杀。在组织上，有响器队，由儿童负责打锣鼓，惊扰飞蝗；有烧杀队，由老年、妇女负责，夜间烧杀；有运输队，青壮年力气大，负责担柴担水、运输工具；有捕捉队，由青年民兵负责，在早晨趁飞蝗不能起飞时迅速扑捉。

这个防线建立得又长又宽，从南到北，约有 800～900 里长；从东到西，约有 100～200 里宽，但它是个活的防线，既可防御，又可进攻。飞蝗不来时，只有几个哨兵，但飞蝗一落地，军队就从四面八方蜂拥而来。飞蝗像日寇用的"突然袭击""偷袭"战术，我们就用"游击网""随来随打"的战术来对付。

这里再讲一讲"游击网"的厉害。

8 月 22 日，一大批飞蝗突然从磁武敌占区暴风雨般地飞来，经过武安磁山、八特，向岗西一带降落，一点多钟功夫，满山遍野落了很厚一层，多的地方，有一二尺厚；落在树上，竟将树枝压弯、压断，有 16 平方里的地面，变成了蝗虫世界。

蝗虫降落时，村里群众就像进入战争紧急情况一样，纷纷向外村送情报，半天内，附近 13 个村 5 000 多人，涌涌而来，当即展开大战。晚上又点着灯捉了一夜，捉了 5 200 多斤。23 日，飞蝗见势不妙，向西而飞，飞到周田庄、天壕一带。这里群众立刻沸腾起来，磁武县政府、独立营的全体指战员都参加了打蝗战斗，1.7 万多人，分散在 15 里长、3.5 里宽的蝗面上，有打的、有捉的、有涂毒的，群众个个劲头很大。有的一天只吃一顿饭，白天赶、黑夜捉，熬得眼睛都红了，有的三家只留一个人看门，其余的都去打蝗。正打之间，飞蝗突然又飞走了。25 日，又飞到涉县，蔓延在甘泉东西达城、大小峰一带，面积仍有 8 里宽、6 里长的样子。这一带 10 多个村庄的群众，马上前来捕打，消灭了一部分。26 日早晨，飞蝗又飞起来，盘旋空中。这时，各村群众，在村外咚咚当当地打起锣鼓，并在村的四周燃起大火，使飞蝗在空中半天多不敢下落。晚间落到西边及河口小坡上，当夜趁飞蝗疲惫，群众又展开了夜战，驻村各机关、部队、学校 300 多人也参加了。群众捉的不算，只机关人员就捉了 1 000 多斤。这批飞蝗在磁武、涉县随落随打，直巴巴闹了一星期，经过了 26 个村庄，最后才完全消灭。

8. 夜战（武安八里横、后头地打蝗记）

> 今天盼，明天盼，盼着秋天吃饱饭。
>
> 今年庄稼长得好，豆叶肥，碗口大，谷穗像个狗尾巴。
>
> 飞蝗连夜吃庄稼，我们连夜把它打……

这是保卫秋苗时的一个民谣，虽然只有简单的几行，也可说明当时群众打蝗的火热情绪。这时飞蝗最狡猾，白日不能打，于是各地和飞蝗都展开夜战，下边是武安八里横夜间打蝗的纪实。

八里横在武安南北阳邑村交界地带，8 月 31 日，一大批飞蝗落在这里，占了十几顷大的面积，稠密的地方看不见地皮，每个谷苗茎上爬得满满的，好像用线串起来，一串一串的。人们一打，哄然一齐飞起来，盘旋天空，好像白云盖日一样。白天打不住，夜间趁飞蝗疲累不能飞的时候，周围 1 000 多群众从四面八方涌来，和飞蝗搏战起来。当天夜里是阴天，漆黑，人们起得很早，半夜多即赶到八里横。

战斗开始了，这是一个"满天星战术"，指挥部拿着大红灯，群众三人或五人一组，每组拿着一个灯笼，用手捉。指挥部的红灯在山顶上，无数的灯光，散在山上山下，庄稼地里好像星光点点。有时山上的人们向飞蝗展开包围战，这时候，在山下远远看去，灯光一个个连起来，起初是个长蛇形，一会儿，灯光渐渐向里收缩，变成弓形，一会儿又变成"口"字，千山万烛，颇为壮观。如果在平地打，从山上往下看，灯光忽聚忽散，互相交错，好像流萤追逐，霎时间，灯光又变成螺旋形，又好像年关时群众耍的黄河灯。

9 月 1 号夜里，天忽然晴了，月亮挺明，捉蝗的人又增加了一倍，在月光下又展开激烈战斗。他们怕惊动飞蝗，谁也不说话，只听得衣服和庄稼的摩擦声。有时候，人们轻轻喊着"不要踏坏庄稼""捉干净些"！夜间，露水很大，每个人的鞋袜都涂了一层泥，衣服都湿透了，但他们的情绪像火一样，仍是一股劲儿打，几个人不大一会就捉一口袋。口袋满了之后，就送到堰头上，到了下午4点时，东西1里多长的堰头上，摆满了蝗虫布袋，一条挨着一条，好像在石堰上又增加了1尺多高的"蝗虫堰"。休息时候，人们都枕着蝗虫口袋睡觉，说："这比家里枕头还软呢！"

太阳出来时，这个地区的蝗虫基本上消灭了，群众一个个背着蝗虫口袋回去，这两夜打蝗的人，只睡了7点钟觉。

9. 敌占区是怎样打蝗的

太行区党委、军区政治部在扑蝗号召里强调提出来："要尽一切可能组织敌占区人民打蝗，并帮助他们。"

5月下半月起，蝗虫一批一批从敌占区飞来，敌占区成了蝗虫的"根据地"。这时解放区的群众、军队、工作人员，就冒着危险，向敌人心脏进军了。

在敌占区打蝗，是和根据地不一样的，那里敌寇碉堡林立，敌人又经常出动，老百姓也没有组织，所以到敌占区打蝗的时候，都得一面背着枪，一面拿着打蝗器具。或者军队、民兵在前面警戒敌人，群众在后面打蝗。有时候，军队把敌人炮楼围住，让周围的群众打蝗。

(1) 政府工作人员领导组织。接近敌占区的村子，如磁武涧南、城子，今年4月发现蝗蝻，开初老百姓不打，有的说人少打也不顶事。政府工作人员，化装深入敌后，苦口婆心地说服动员，群众才动起来。打蝗时候，因离敌炮楼很近，民兵带着全副武装，先到炮楼附近警戒起来，群众一队一队按着次序前进。走时还约定纪律：不许说话，跟军队行军一样，到蝗区悄悄包围扑打。

邢台敌占区，是敌寇的"模范县"，打蝗时候，敌寇经常出来骚扰，不让老百姓打蝗。敌后人民听说解放区打蝗有办法，悄悄派人来请政府下去领导，政府即秘密派人化装下去，跟群众生活在一起，领导打蝗。有一次，敌寇把他们都包围起来，说打蝗群众中有"老八"，群众说没有，是自己要打的，敌人不相信，一个一个看脸上的颜色，有的还摸着胸脯，看看心跳得厉害不？心跳得厉害就是"老八"，结果谁的心也是一样。由于积极领导扑打，10多个村庄的秋收在一半以上，而其他村都被吃得颗粒不见。

(2) 军队打掩护。6月3日，武安继城到万安，拉开了24里的打蝗战线，人民子弟兵刘团担任警戒。4日，玉泉岭敌人出来了，企图把老百姓包围，天不明即悄悄向里猛进，刘团发现后，从侧面把敌人打退，这样一连闹了3天。战士们白天打仗，黑夜警戒，全体指战员三天三夜都没有很好睡觉。武东打蝗时，干部李干同志，在离敌人不足5里的游击区，领导群众打蝗40天，在这40天当中，敌人千方百计地来破坏，如穿着便衣，手拿着打蝗拍子，化装成我们的游击队，包围打蝗群众，搜查干部。可是李干同志，始终坚持了那里的打蝗工作。他对付敌人的惟一法宝，就是和群众打成一片。有一次，敌人快走到他跟前时，被群众发觉了，但他不知道，仍低着头只顾打，群众看得发急了，便大声地喊"蚂蚱上山了!"（敌人来了的记号），敌人从东边搜，他即到西边去打，敌人从西边搜，他又跑到东边与群众一块打，敌人清查了半天，还是空手回去了。因他能领导群众打蝗，给群众除害，群众都称他为"八蜡神"（迷信传说，这神能收拾蝗虫）。同时，沙河边沿区，由于军民协同一致，积极捕打，有几次飞蝗从东向西飞来，都被打回去，伪军说："飞蝗没有带通行证，不能进解放区!"

安阳区干队民兵，在5月20日掩护1 600人打蝗时，跟敌人打了5个钟头。早饭后，水冶敌人出来扰乱，区干队民兵迎头打了他一顿，敌人正准备冲锋，他们一部分已经到敌人屁股后面，两面夹击起来，硬把敌人从一个南山赶到西岗（因南山后面就是打蝗群众）。不大一会，敌人200多援兵从东南分三路冲过，他们即马上撤到另一个山上；敌人又冲锋，他们又打回去，一直打了5个钟头，才把敌人打退，安全地保卫了打蝗群众。

10. 蝗虫飞越太行山的时候

很古的时候，太行山脚下就流传着一句民谚："蝗虫不吃山西。"但今年8月下旬，蝗虫飞过了千公尺高的太行山。

蝗虫首先一批是从邢台县一个大山上起飞的。早晨，太阳刚出来不大一会，山上还笼罩着一层一层的云雾，蝗虫起飞了，好像机群一样，翅膀映着阳光，明晃晃闪烁着无数无数的小星点，接连起来，结成许许多多的小片，又接连起来，好像一层玻璃纸盖在天空，多的地方，使阳光透射不过来，天地为之黑暗变色。蝗群从头上飞过时，许多村庄的老百姓都惊奇地喊着。蝗虫飞了一阵，飞到邢台与山西交界的夫子岭山脚，休息的时候，落在草秆上、树枝上，看去简直成了一座"蝗山"。

人们都高兴了，因为这山谷很冷，以为蝗虫一定要冻死，"怎么能飞过这么高的山呢"？但没有多大时间，蝗虫又飞起来了，山谷的冷风，呼呼地吹来，把蝗虫吹下去，但不久它们又冒着风翻上来，这时山腰还有云雾，蝗虫一直冲到山岭，落到山西左权、和东①的边界上。

11. 最后歼灭战（圪道战）

飞蝗侵入山西和东、左权后，这两县即掀起打蝗热潮，蝗虫没有厉害了多少时

---

①　和东：旧县名，隶属晋冀鲁豫边区政府太行区，治所在今山西和顺东南松烟镇。

间，就被群众最后消灭了。这个最后消灭的大战，就是左权县圪道大战。

圪道是左权县东边接近边境地区的一个村子，这带地方，山并不高，土丘起伏。8月31日，飞蝗主力飞到圪道。9月1日，又由武安窟窿山飞来一批，绿头、褐黄身子，两股汇合，圪道村四周都落满了，占了15方里的面积，于是县剿蝗指挥部调兵遣将，在这里展开大战。从8月31日夜起，到9月4日，连打了四五天，才最后消灭，参战人数5 500多人，现把这个人战详记在下边。

8月31日，飞蝗侵入圪道，群众在山头上放起烟火，把蝗虫重重封锁起来。当天蝗虫一群群飞起来，企图突围，群众更把火烧大，浓烟团团，蝗虫在空中飞来飞去，一天也没有冲出去。当天夜里9点，县指挥部带着2 500人大军赶到，与当地老百姓结合，共3 800人，当即展开夜摸大战。

月光明亮，摸蝗的人影，好像潮水一般在山上、山丘上闪动，有时聚拢在一起，有时分开，一把一把地打着蝗虫。后来，因为人多，震惊得厉害，蝗虫不容易摸住，马上又打起来。呼呼的打蝗声，响彻山谷，打来打去，突然感到地上蝗虫太稀少了，哪里去了呢？大家很为奇怪，后来往树上一瞧，有的树枝拖到地上，树都变了颜色，亮晶晶的，蝗虫都飞到树上了！

"怎么办呢？""要消灭树上的蝗虫！"这时，天已午夜，稍微寒冷，但人们的精神仍然十分旺盛，成千成百的人，一个心、一个声音，于是指挥部就选拔上树英雄。

上树英雄个个身体强健利索，分别爬上树去，不会上树的分成队，在树下挖土壕，壕外准备上火和打的家具。

大战开始，树下一堆一堆的火烧起来，树上的英雄吃力地摇晃，树声哗哗作响，蝗虫纷纷下落，好像密集的雨点。下边的人有打的、扫的、埋的、手抓的，这里喊着"快打快打"，那里喊着"不要让它跑一个"，喊声与打蝗声响成一片，不大一会，200多棵大树的蝗虫被消灭了。每个树下，死蝗有1尺厚，弄了50口袋。接着就打剩下的小树，太阳出山的时候，500棵树上的蝗虫都装进口袋里了。

9月1日，四面八方的大批援军，源源开来，一区400群众把自己区内蝗虫主力消灭后，从几十里外，星夜出发，夜里2点赶到；六区剿蝗军，一连打了好几天，也星夜赶到；二民校的学生军也来了，部队的生产队也来了；七区男女老乡，一夜走了四五十里，天明时也参加了战斗。小南庄剿蝗大队部没有调妇救会去，怕小脚妇女跑不动，可是年青的妇救秘书张林荷着了急，她问妇女们跑动跑不动，都说："我们也有腿，怎么跑不动，男人们去哪里，我们也到哪里，我们走得慢，可以先走，总要按时赶到地头。"林荷也说："捉一个少一个，我们去一趟，总能多消灭些。"于是，娘子军鼓起勇气，小脚的跟在大脚的后面，20多里远，也早早赶到。

夜里，又布置了新的作战计划，第一路以五区群众为主力，他们善于使用连架打（连架是一种打谷场的工具，打蝗也很得力），从王花背地方向前包围。第二路以一区群众为主力，他们善于用手挴，向松树节地方挺进。六区配合五区一部为第三路，在左翼南圪道侧击。当地群众编成突击队，直扑中间，哪里蝗虫多向哪里打，哪里力量弱向哪里增援，并联系各队防区。前半夜主要是摸，黎明时大量埋歼与包围，太阳出山，阴坡打游击消灭小股。指挥部宣布计划后，一声号响，各个侦查员作向导，各路大军背着武器，在朦胧的月光下，向指定的地方出发了。

不久，战斗开始，各个山上、沟里响起一片激烈的打蝗声。五区群众把山坡包围，向下压缩，压缩到沟底时，蝗虫有1尺多厚。锹镢队就急忙地活埋，连架队呼呼地打，连架打坏了，有人专门编新的，好像军队上的供给处一样，源源补充。一区用手挴蝗虫的一声不响，四五个人伙着一条口袋，平列地向前推进，两只手在庄稼上一挴，四五十个蝗虫就被俘虏，装进口袋。一块地完了，又转移到另一块，天明时，几路合拢到一起扑打。在战斗中，各个英雄大显身手，羊角村田书记是个荣誉军人，今年60岁了，他不怕疲累，不怕寒冷，深夜里打得起劲的时候，又把上衣脱光，赤着臂，和蝗虫决战。羊角160个人，在他影响下，一夜一早晨，打了3.6万斤。黄漳冯元来，露水浸透了衣服，他也干脆脱掉，赤身和蝗虫拗战。武委会主任崔卯元，用手代瓢，不管一切，一直摸歼。娘子军也是连摸带打，非常活跃。横岭村山上50多的老汉李大来，一夜捉蝗4口袋，又细致又耐心。官滩村梁王保打蝗，没有鞋穿，赤着脚跑来跑去。这样一连打了三夜，打蝗150万斤，蝗虫的主力打垮了，残余四向逃散，接着也被消灭。

圪道歼灭大战，是全太行区剿蝗大战的最后一战，组织严密，收效大，不但抢救了左权县8 000亩庄稼，也对附近县份，甚至全太行区，都起了保卫作用。

"蝗虫飞过了太行山，可是它飞不过咱们的人山！"人们这样欢呼着。

附录一
新中国成立以来蝗虫防治
有关领导讲话报告选编

农业部杨显东副部长关于《新中国开始
用飞机来消灭蝗虫》的讲话*

（1951 年 7 月 11 日）

我今天要向大家讲的是用飞机消灭蝗虫的事情，这在我们中国是从来没有做过的。我们知道蝗虫的为害，在中国历史上是时常有的事。飞蝗来的时候，往往是遮天蔽日，过去以后，留下来的是赤地千里，农民辛辛苦苦耕种的庄稼，都被吃光。抗日战争前有一年，在河北省的黄骅县，蝗虫闹的很凶，连窗户上的纸都被吃光，甚至有小孩的耳朵、鼻子和面孔都被咬伤了。由这种情形可以看到，蝗虫对于农民的生产和生活的威胁是多么严重。

过去国民党反动派和其他反动的统治者，只晓得用各种方法来剥削农民，当然不会用什么办法来保护农民的生产，也就不会对蝗灾采取什么有效的措施。今天，人民政府不但用种种政策来保护生产，用种种方法来提高生产，而且还帮助农民克服自然灾害。人民政府不只是动员和组织群众捕打蝗虫，还利用科学的药剂和喷粉器来消灭蝗虫。最近还试用飞机来消灭蝗虫。想大家还记得，几个月前，人民政府还用飞机炸开了绥远的冰坝，防止了黄河的水灾。这样伟大的事情之所以在今天发生，是因为今天的政府真正是人民的政府，是真正为人民服务的政府。这又是和共产党贤明的领导分不开的。

---

* 原载《中国农报》1951 年第 3 卷第 4 期第 4 - 5 页。

今年春季以来，发生蝗蝻的地区很广，从五月起，在华北、华东、中南和西北九个省区的湖滨、海岸、荒地、芦苇和草原许多地方，都发生了蝗虫。这里面，尤以河北、皖北、山东几个地方比较严重。中央人民政府，决定在河北省的黄骅县和皖北的泗洪县，两个蝗灾比较严重、蝗虫比较集中的地方，试用飞机撒布"六六六"药粉来消灭蝗虫。在黄骅和泗洪两个地方，飞机工作了十五天，撒药粉撒了三百一十四次，一共用了三万多公斤的"六六六"药粉，除治了三万亩面积的蝗虫，杀虫的效率在百分之九十以上。

用飞机撒药粉消灭蝗虫的效率是很高的。除治三万亩的蝗虫，如果用一千架手摇喷粉器来撒药粉，大约要三天到五天；如果用一万个民工来捕打，至少也要三天。根据我们在黄骅初步试验的效果来看，一架飞机一天工作六小时，可以消灭三千二百亩的蝗虫；一架手摇喷粉器，一天工作七小时，只能消灭八亩的蝗虫。这样，一架飞机一天六小时的工作，等于四百架手摇喷粉器一天七小时的工作。再和人力比较，一个人一天捕打十小时，一般的只能消灭六分地到一亩地左右的蝗虫，所以，一架飞机一天六小时的工作，等于三千到五千人一天十小时的工作。根据苏联的经验，一架飞机一天工作六小时，可以消灭九千亩的蝗虫，不过那是专门治虫的飞机。如果我们也改用专门治虫的飞机，并有了足够的经验，工作效率还是可以提高的。

自然，这次飞机灭蝗，还是个初步的试验工作，这次试验，有几个收获：第一是：这次试验证明飞机灭蝗是有效的，无论是对跳蝻或者是对飞蝗，都是有效的。在这个试验当中，我们已经创造了极有价值的基本经验，并且训练出了一批新的干部。凡是参加了这个工作的专家、教授、学生、技术人员和各级干部，都实地学习了不少新的知识和技术。其次，由于政府对这次的蝗灾如此重视，不只是组织了群众捕打蝗虫，并采取了新的有效措施，特别是人民空军参加了灭蝗工作，广大的群众认识到我们人民空军不只是保卫国家，不只是在战场上消灭敌人，而且还参加了灭蝗——向自然灾害作斗争的伟大任务，因而，更加认识到今天的政府是真正为人民办事的政府。当灭蝗飞机在黄骅机场降落的时候，黄骅开了一个一千多人的欢迎大会，在大会上，全县人民代表、劳动模范倪彭盛说："以前闹蝗虫，有谁来管你？今天中央人民政府派飞机来，帮助我们消灭蝗虫。这告诉我们，这才是我们自己的政府。也只有在毛主席和共产党领导之下，才会有这样的事出现。"他又说："我们黄骅原来有土匪、地主恶霸、水灾、蝗虫四大灾害，政府已经领导我们除了土匪、地主恶霸和水灾三大灾害，现在毛主席又派飞机帮助我们除最后一害了。"在皖北泗洪方面：农民见到飞机撒药粉灭飞蝗，药粉撒过以后，飞蝗纷纷中毒落地，知道飞机杀蝗虫的确有效，都非常兴奋，热烈鼓掌，衷心感谢人民政府。很多人还节省下自己每天的口粮，买鸡蛋、咸鱼、杏子等等，去慰劳工作人员。一位妇女劳动模范杜大娘说："过去国民党飞机来了，光下炸弹，今天人民政府派飞机来治蝗虫，我们一定要好好生产，来报答毛主席！"

应当说，我们第一次试用飞机撒药粉治蝗虫，有这些成绩，是和我们的人民空军的不怕艰苦，全体工作人员的努力，和群众的热烈支持和拥护，分不开的。

关于今后防除病虫害工作的方针，我们认为，还是以组织人力捕打为主，科学药剂防治为辅。在今天，还不能靠飞机来解决全部或者大部的灭蝗问题，在目前的国家经济情况和工业条件之下，只有在虫灾特别严重，而且害虫又集中的地区，或者不能组织人力捕打的地区，或者人力捕打来不及的地区，才能重点使用飞机。

但是，用飞机治虫是有发展前途的，而且将来在其他农业生产上，还可以更广泛地使用飞机。例如用飞机防治棉花害虫、果树害虫和森林害虫，用飞机撒布肥料等等。又如森林中失了火，也可以用飞机来灭火。最近苏联还用飞机撒一种杀草的药剂，消灭庄稼中的杂草。

这次用飞机治蝗虫，虽然还是第一次，而且还是试验性质的，但是，给我们新中国农业的发展，指出了一个新的方向，画出了一幅美丽的远景，我们一定要依照这个方向努力奋斗，把这个美丽的远景，变成更美丽的现实。

农业部杨显东副部长在冀、鲁、豫、皖、苏五省灭蝗会议上的讲话*

（1959 年 4 月 9 日）

这次会议是在 1959 年全国农业生产更大跃进的新形势下召开的。通过交流经验和热烈讨论，同志们在统一思想、统一认识的基础上，提出力争在四至五年内根除蝗害的奋斗目标，研究了今后灭蝗工作的方针、办法等，并且拟定了五省根治蝗害的实施规划。这次会议在消灭飞蝗工作上说，是个有历史意义的会议，充满了跃进精神的会议，它将把我们的灭蝗工作，推进到彻底解决几千年遗留下来的蝗害的新阶段。因此，我们认为，这个会议开的是适时的，也是成功的。根据会议讨论结果，我想谈以下几个问题：

（一）解放以来，蝗区广大群众在党的正确领导下，在对蝗害作斗争中取得了巨大的成绩。表现在：

第一，大大压低了虫口密度，控制了飞蝗的为害。根本改变了解放前飞蝗几年一次大发生的"遮天蔽日，禾草皆光"的落后面貌。在我国农药器械不足和机械化还未实现的情况下，作出了这样大的成绩，这是一件大事，是通过人为的努力掌握控制了飞蝗危害的创举。

第二，部分地区出现了有蝗面积稳定下降，接近根除蝗害的局面。像河北省的丰润、清河，山东省的高唐、东阿，江苏省的建湖、阜宁，安徽省的阜阳等县（市）。虽然这些地区在五省有蝗面积中所占的比例不大，但却给人们在灭蝗工作上指出了方向，清醒了头脑，树立了榜样，坚定了根除蝗害的信心。山东、河北代表表示要总结这些先进地区的经验，加以推广，是非常必要的。希望同志们这样办。

第三，掌握了蝗虫发生规律，积累了许多丰富的组织领导经验和技术经验。这些已在五省根除蝗害规划和典型经验中具体讲到，这里不再重复。

（二）1958 年的农业生产大跃进和部分地区接近根除蝗害局面的出现，给我们在灭蝗工作中提供了这样的启示：根除蝗害的时机逐渐成熟了，亟须提到工作日程上来。通过这次会议的充分讨论和先进地区的典型经验介绍，特别是听了五省的规划意

---

* 原载农业部全国植物保护总站《植物保护文件汇编（一）》，1988 年第 267 - 273 页。冀、鲁、豫、皖、苏五省灭蝗会议于 1959 年 4 月山东济宁召开，出席会议的有山东、河北、河南、江苏、安徽省农业（林）厅负责植保工作的厅长，每省一位灭蝗工作成效较好的县负责干部和部分治蝗专家。会议讨论研究了灭蝗方针、办法，拟定了根治蝗害的实施规划。

见及山东省济宁专区消灭水、旱、蝗综合规划介绍以后，使我们进一步理解到根除蝗害不仅有巨大的可能性，而且具备了充分的现实意义。具体表现在以下几个方面：

第一，蝗虫危害庄稼是很严重的，如不迅速根除，就不能保证农业生产大跃进和大丰收，同时，年年灭蝗需要投入很多的劳力、物力、财力。根据 1958 年统计，全国共发生夏秋蝗面积共 4 600 多万亩，以每亩治蝗费 0.3 元计，共需 1 300 多万元，这笔钱可买拖拉机 2 300 多个标准台，蝗区五省可平均分到 460 台左右拖拉机，这是一个不小的数字。用工 4 144 多万个，这样庞大的人力、物力、财力在蝗虫问题彻底解决之后，用于其他生产，作用是非常大的。

第二，农业发展纲要，从全国粮棉指标看，基本完成了，今后还将有更大的跃进。这就是要求植物保护工作积极跟上来。因此我们的灭蝗工作也得来一个大跃进，以便突破一点，取得经验，促进植保工作的全面更大跃进。

第三，1958 年我国农业生产取得了空前未有的大跃进，振动了全世界，今后我们将继续取得更大跃进，如果蝗害还不能根除，甚至个别地方来一个迁移起飞，那将使我国在政治上受到损失。一般说来，蝗虫的继续发生和危害，是一个国家在科学技术上的落后的标志之一，随着我国的十二年科学发展规划的提前完成，根本解决蝗害问题，这不仅会摘掉科学技术落后的帽子，而且它将大大丰富我国植保科学的新内容，并推动这门科学继续向前发展。同时广大蝗区群众为了增加生产，增加收入，逐步提高生活，对蝗虫危害是深恶痛绝的。我们如不迅速解决这个问题，将在政治上脱离群众。因此，根除蝗害是具有重大经济意义、政治意义和科学意义的。但是，蝗虫究竟能不能根除呢？根据大家的报告和讨论，一致认为：根除蝗害是完全可能的。主要是：

1. 在人民公社更加巩固的基础上，可以在更大范围内，合理安排和调度劳力和生产资料。特别是最近中央分级管理政策的彻底执行，将更进一步调动广大干部和广大群众的生产积极性，这是根除蝗害的重要保证。

2. 前边已经提到，我们对蝗虫的发生规律已经初步掌握了，经验有了，办法有了，样子有了，事情就好办了。

3. 随着国家治河、治湖工程及各地河网化规划的逐步实施，大地园林化，耕作园田化，耕作治虫机械化，农、林、牧、副、渔全线大革命的不断发展，将为根除蝗害提供必要良好的条件。

特别重要的是，党对灭蝗工作是非常重视的。"八字宪法"公布之后，各级党委都把"保"列到日程上来了。"计千条计万条，党的领导第一条，党委重视，事情就好办了。"因此，我们就必须适应这一客观形势的发展，把灭蝗工作推向一个根除蝗害的这一新阶段，以促进整个农业生产的更大跃进，更大丰收。

（三）关于治蝗方针问题。在会议上，大家讨论很热烈，提出了许多宝贵的意见。总合大家的意见，拟定为："猛攻巧打，积极地改造蝗区自然环境，采用各种方式方法，迅速根除蝗害。"我个人认为这样提是妥当的。

这里需要说明一下，如何理解根除蝗害的问题。我个人的体会是：根除蝗害，就是经过采取各种有效防治办法以后，将蝗虫的虫口密度压低到最低限度，蝗虫的为害消灭了，有蝗面积绝对的缩小了，从而使我们不必再要年年花费很多人力去灭蝗，而只需要少数人力加以监视，防止其再发生。

在治蝗方针方面，大家认为：从植物保护角度来讲，采用各种方式方法，猛攻、巧打，大力消灭蝗虫，仍然是主要的。改造蝗区自然环境，应当是积极的结合。既要反对只注意前者，忽视利用改变蝗区自然环境这一有利条件的片面观点。同时，也要反对过分强调改变蝗区自然环境，而放松当前灭蝗工作的依赖思想。我们要把改变蝗区自然环境，作为根除蝗害的重要方法之一，但不是唯一的方法。

就 1959 年的情况来看，大力压低虫口密度，猛攻巧打消灭蝗虫为害是具有现实意义的，这是一方面因为改造大自然的规划，将分期分批完成，而另一方面，今年的小麦大丰收，全年粮食大丰收，都是与我们的灭蝗工作直接有关。当然，改造大自然的计划也不是遥遥无期的。黄河、淮河、洪泽湖等治河、治湖工程，已经列入了国家计划。而地区性的农田水利工程，河网化、畦田化等规划的完成，将是更快的。我们应该积极运用这些条件。山东聊城专区提出：坚决组织四个战役，消灭蝗虫为害，还要求作到四结合：即有意识的结合河网化、水利化；结合耕作园田化；结合开垦小夹荒、植树造林；结合黄河、运河复堤等。我们认为：这个经验是很好的。

（四）几个具体工作：

第一，要求五省代表同志，将这次会议精神及本地区的规划，回去向党委汇报，进一步将根除蝗害计划，特别是 1959 年的规划安排落实。规划要达到公社、管理区、生产队，并且列入他们的生产计划。作规划时，要注意秋蝗的防治计划。过去很多地区对防治夏蝗是非常重视的，这是好的。但对秋蝗则重视不够、打得不好。应该看到秋蝗治得好扫残彻底，会减少来年夏蝗发生面积，省工省药。河北唐山专区的经验是非常深刻的。他们的作法是："彻治夏蝗，狠治秋蝗，连续扫残，长期监视。"已将有蝗面积压缩到 30％（由 100 万亩左右，压缩到 30 多万亩）这些经验很好，应该广泛介绍。

第二，各省应该根据土洋并举的方针，大抓工具改革，修配整理旧有的喷粉工具，创造一批新的土农械，安排好必要时人工捕打的高效工具，提高工作效率，节省人力、物力。当然，药械不足这是事实，农业部将尽量想办法支持。但今年原材料不足，这也是实际情况。总之，大家尽量想办法，特别要注意用药的节省。今年 5 月间，农业部准备在南京召开农械评比会。请各省注意选出一批，以便评比推广。

第三，根据各地经验。要合理组织劳动力，专门培养一批侦查员、喷药手。使治蝗专业人员向多面手发展。同时，把治蝗工作熟手，尽量从其他战线上调到治蝗工作岗位上来。把专人固定下来，实行"三包五定"的办法，建立责任制和检查验收制度。这都是保证工作质量和提高劳动效率的先进经验。

灭蝗与麦收、防汛等互争劳力的问题。从灭蝗角度讲，是如何打巧仗。省工、省药，达到多、快、好、省的问题。虽然，各地创造了一些经验，但还缺乏系统的总结，急需加以总结推广。同志们总结后，我们可以通报各地推行。

第四，为了把灭蝗工作搞好，各蝗区要有强有力的组织领导，健全的专业机构、完整的预测预报网以及必需的专业队伍。同时，各蝗区还必须进一步发扬共产主义大协作，条件好的地区，要帮助条件差的地区。在毗邻地区，还要作好联防工作。

第五，沿海蝗区，地广人稀，年年需要调入劳力灭蝗，生活条件较苦。要注意安排群众的食宿、饮水、卫生等问题。必须组织医务人员到蝗区，必须保证群众的适当休息和身体健康。否则，将造成政治上的不良影响。

第六，根据大家要求，拟在夏蝗结束后，组织一次联合检查评比，总结夏蝗战役，布置秋蝗战斗任务。

（五）这次会议是我们根除蝗害的誓师大会。我们在几年内，根除蝗害的规划是宏伟的，有革命英雄主义气魄的。这个规划的实现，将促进我国农业的更大发展。而且还可以把每年在治蝗方面所耗费的巨量劳力和物力，直接用到生产上去。它不仅具有伟大的经济意义，而且还具有重大政治意义。因此，我们应该广泛利用一切宣传工作，扩大宣传，造成根除蝗害的声势。自然，这并不是说，在今后就不存在困难了，事实上，目前我们就在劳力和药械上供应等方面存在困难，而且今后也还会在工作中遇到新困难。但是，我们相信，只要我们继续贯彻执行政治挂帅，群众路线，不断进行技术革命，充分利用一切有利条件，苦干、巧干、实干几年，我们是一定能够完成根除蝗害的光荣任务。

最后，我们希望灭蝗先进的地区戒骄戒躁，高举红旗，继续前进，广大地区，突飞猛进，勇往直前。充分作好一切准备工作，首先打好 1959 年根除夏蝗第一仗，为提早实现根治蝗害规划而奋斗。

农业部朱荣副部长在治蝗工作座谈会总结讲话（记录稿）*

（1965 年 2 月 14 日）

这次河北、河南、山东、江苏、安徽五省治蝗工作座谈会，从二月十日开始，开了五天。会议开得比较及时，也开得比较好。这次会议各地汇报了情况，交流了经验，并对今年的蝗情和治蝗工作作了估计和部署。现根据会上讨论的问题，讲几点意见：

一、一九六四年治蝗工作的情况

一九六四年治蝗工作取得了很大的成绩。这一年夏蝗、秋蝗发生五千七百万亩（包括部分扩散面积），比一九六三年增加一倍多，是解放以来发生面积最大的一年。这主要是因为一九六三年秋季，冀、鲁、豫遭受了一次特大洪水，洪涝成灾，退水又较快，适宜秋蝗产卵，因而不仅老蝗区发生严重，还出现了大面积的新蝗区，虫口密度也比较高。但在蝗情这样严重的情况下，由于各地党政加强了领导，植保部门积极发挥了助手的作用，依靠人民公社集体抗灾的巨大威力，采取集中力量打歼灭战的办法，经过反复战斗，最后终于把严重的蝗虫灾害压了下去，保证了农业生产的顺利进行。这是一个很大的胜利，取得了很多新的经验。归结起来，主要有如下几方面：

（一）采取综合措施，进行大规模防治。一九六四年蝗虫发生面积大，采取陆空配合、多兵种作战的防治面积也很大。初步统计，飞机防治一千七百多万亩，人工喷药一千五百多万亩，毒饵防治五百六十多万亩，人工捕打六百多万亩，共防治面积四千四百多万亩（其中可能有一部分是不需要防治的虚数）。采取这样综合性的措施，进行大面积防治，不仅有力地保证了当年生产，把蝗虫为害大大压低，而且为今年治蝗工作打下了基础。如果没有去年这样大面积防治，今年的蝗情就会比现在估计的严重得多了。

（二）出现了一些真正依靠群众、勤俭治蝗的样板。在治蝗工作上，长期存在的由国家大包大揽的偏向（每年国家开支一千万元以上），各地都知道不对，但如何克服这种偏向，这是长期未解决的问题。去年各地出现了一些依靠群众、自力更生、奋发图强、勤俭治蝗的样板，就为解决这个问题创造了条件。特别是河北和江苏部分地区勤俭治蝗的经验，充分证明了治蝗工作是可以按照总路线的精神，实现多快好省的。河北去年防治秋蝗时，接受了防治夏蝗花钱多、用工多、浪费大的教训，认真加

---

* 农业部植物保护局文件农植防〔65〕字第 16 号。

强了领导，积极贯彻了国家与集体合理负担治蝗经费的政策，并根据秋蝗发生特点，实行技术革命，提出"药治为主，毒饵为主，挑治为主"的口号，大面积推广了麦糠、麦麸毒饵治蝗技术。用麦糠、麦麸毒饵治蝗虫的效果好、成本低（每亩药料六分钱），全省去年防治秋蝗七十八万多亩，只用了九十万元，平均每亩投资一角一分，比防治夏蝗每亩投资二角八分，减少了一角七分。这就是多快好省的防治办法。此外，各地在飞机防治、人工喷药以及"治改"结合逐步压缩蝗区面积等方面，也出现了许多又好又省的经验，对发展治蝗工作有重要的意义。

（三）在蝗情测报工作上，许多地方已经逐步形成了一套比较完整的测报系统。这就是以测报站为中心，以固定侦查员为骨干，以临时侦查员或生产队侦查员为基础的一套完整的测报系统。同时逐步普及了武装侦查的办法。有了这套系统，就等于布下了天罗地网，使治蝗工作能够及时地集中力量打歼灭战。

但是，去年的治蝗工作，还存在不少缺点。主要是：

（一）工作比较被动。对去年大面积发生蝗虫的新情况，事前估计不足，存在麻痹大意思想。有些地区对夏蝗估计不足，有些地区夏蝗打了胜仗，而对秋蝗又有所放松。因此，有的是夏蝗被动，有的是秋蝗被动，未做到全面主动、全局主动。特别是新蝗区，由于缺乏思想、物资准备，缺乏治蝗经验，蝗虫一来，处处被动。

（二）有些地方的治蝗机构不健全，治蝗队伍没有系统地完整地建立起来，已经建立的，也很复杂，阶级斗争很尖锐，特别是测报队伍不健全，测报工作不严密、不及时。这是造成防治工作被动，造成大面积扩散的重要原因之一。

（三）依赖国家、依赖飞机防治的思想没有彻底扭转。有些地方，不是根据不同地区、不同蝗情，采取不同的作战办法，而是当伸手派，一味依赖国家，等待飞机喷药，结果在经费和农药方面，都造成很大浪费。

二、对一九六五年治蝗斗争形势的估计

去年治蝗工作取得的胜利，为今年治蝗斗争打下了基础。根据五省估计，今年夏蝗发生面积约在一千五百万亩左右，比去年较轻。按地区来说，河北、山东、河南等北方蝗区可能轻于去年，苏北、皖北等南方蝗区可能重于去年。按发生重点来说，河北的衡水、邢台、邯郸专区，河南的安阳、新乡专区，山东的菏泽专区，蝗虫发生可能比较严重。秋蝗如何？这主要看夏蝗战役打得好坏和气候变化情况，才能确定。

今年的蝗情，虽然总的估计会轻于去年，但也要看到今年有很多不利因素。这主要是去年秋蝗战役打得很不平衡，有些地方根本没有治，残蝗较多；五省去秋粗种和迟种的小麦面积大，有些地方收麦季节可能推迟，有利于蝗虫的发生；大批干部下去

蹲点后，治蝗队伍有所削弱；农药、药械比较缺；部分灾区的群众生活还有困难，部分年年受灾的老灾区群众生活困难更大。这些不利因素，都必须充分估计到，切实防止麻痹大意和侥幸心理。要从思想上、组织上、物质上、技术上作好充分准备，切不可掉以轻心。有了准备，如果到时蝗情很轻，就更有利于消灭它；如果到时很重，我们也有力量对付，能打主动仗。

上面所说的不利因素，主要是从治蝗工作的角度来说的。就整个形势来说，那是一片大好形势。社会主义建设和社会主义革命的形势都很好，特别是大批干部下去搞"四清"和蹲点后，随着"四清"运动的逐步深入，"二十三条"的传达贯彻，都将会进一步提高干部和群众的社会主义觉悟，调动干部和群众的生产积极性。随着农业生产高潮的逐步形成，各级党政对植保工作也将进一步重视。因此，只要业务部门真正做好助手，认真总结去年治蝗工作的经验，高举依靠群众、勤俭治蝗的样板。并切实做好技术传授和各项准备工作，再加上有关部门的大力支持，就一定能把治蝗工作全面转向主动，打好治蝗战役。

三、一九六五年治蝗工作必须革命化

今年新的农业生产高潮已经逐步形成。治蝗工作是直接为今年农业生产高潮服务的，是光荣而艰巨的工作。特别是许多蝗区都是灾区和老灾区，治蝗战役能否打好，对灾区的恢复和发展有着重大的关系。因此，各地必须以革命化的精神，来抓好治蝗工作，努力把治蝗工作推向一个新的发展阶段。根据这次会议讨论的意见，今年的治蝗工作应该突出抓好如下几个方面：

（一）实现思想革命化。治蝗是向自然开战，敌人就是蝗区。我们要像徐寅生同志打乒乓球那样，把蝗虫当作蒋介石的脑袋来打。这就不仅要有技术，而且要有高度的政治觉悟，要用毛泽东思想来武装干部和群众，才能把治蝗的战役打好。怎样实现思想革命化呢？（1）要以阶级斗争为纲，以生产为中心，用不断革命、彻底革命的精神去武装干部和群众。特别是要经常加强对植保队伍的政治思想工作，使他们懂得为了革命、为了加速社会主义建设，为了灾区恢复和发展生产而工作的道理，使他们既想革命，又能革命，能打仗、能过硬。（2）要用主席的战略思想来武装干部和群众。根据治蝗战役战场广阔、敌人分布隐蔽的特点，必须从战略上藐视敌人，树立雄心壮志，相信一定能把蝗虫消灭，又要从战术上重视敌人，认真做好调查研究工作，做好汇报工作，做好技术训练和物质准备工作，不打无准备之仗。（3）要以群众路线、勤俭治蝗的思想来武装干部和群众。提倡自力更生、奋发图强、艰苦奋斗、勤俭节约，反对躺在国家身上，反对一切由国家包下来的思想。总之，只要我们真正以毛泽东思

想来武装干部和群众，就一定能够打好灭蝗的胜仗，我们植保战线的同志，就会像徐寅生同志那样，在治蝗工作上，写出一些具有辩证唯物主义思想的文章。

（二）正确解决国家与集体的关系，合理负担治蝗经费。治蝗工作是国家与集体的共同的战斗任务，也是群众性的工作。因此，随着蝗情的变化，集体必须合理负担一部分治蝗经费，主要依靠群众，发动群众来作好治蝗工作。为了解决这个问题，近两三年来各地都搞出试点，有了经验，特别是去年各地出现了一些依靠群众、勤俭治蝗的典型，这就为全面推广创造了条件。根据各地提出的意见，在经费负担上，可划为三条杠杠：（1）沿海、滨湖、河泛、洼泊、水库等国有大片荒地蝗区，治蝗工作，应依靠群众、发动群众；治蝗经费，应由国家负担，或主要由国家负担。（2）内涝农田蝗区（包括小片夹荒地）治蝗工作，要加强领导，充分发动群众，依靠人民公社集体抗灾的威力；治蝗经费，主要由受益单位负担（包括公社、生产队、国营农、林、牧场）。（3）连续受灾或当年遭受重灾的蝗区，要在贯彻群众路线、自力更生的基础上，国家给予大力支持，经费酌情补助。这样才能体现国家和集体相结合的治蝗方针。这样做，国家绝不是把蝗区丢掉不管，而是更要加强领导，加强组织和发动群众工作，加强调查研究，做好技术训练和指导工作，把治蝗工作搞得更加出色。

（三）加强调查研究，根据不同蝗区，不同蝗情，从实际出发，采取不同的措施。要灵活运用主席的战略战术思想，根据不同的情况，采取不同的战术，用不同的武器去对付不同的蝗情。总的是要实行四结合，即治与改结合，土与洋结合，地与空结合，喷粉与撒饵结合。（1）合理使用飞机防治。过去每年飞机防治都在二千万亩左右，这对大片蝗虫的消灭，发挥了多快好省的作用。但现在蝗情已有了新的变化，即沿海、滨湖老蝗区发生轻了。内涝农田的蝗虫重了，过去是大片蝗群，现在是点片较重。因此，如果不按照新的情况，采取综合措施，只按老框框办事，只知道用飞机防治，就会脱离实际，脱离群众，造成浪费。为了控制和逐步压缩飞机治蝗面积，各省都作了一些规定。因为各地条件不同，全国暂时不作统一规定。各省可按照自己的规定执行，只要经过审批，控制得紧一些就成了。关键还是大力贯彻勤俭治蝗的精神，用毛泽东思想来指导治蝗工作。这样，盲目用飞机治蝗的现象就可能逐步减少。（2）地面喷粉治蝗要进一步发挥更大的作用。必须尽量修理好现有的喷粉器，同时要就地取材，积极推广麻袋或布袋撒粉器。用手撒药，浪费太大，必须严格禁止。（3）毒饵治蝗要放到重要位置上来考虑。毒饵是老办法，但河北省利用百分之七十麦糠、百分之三十麦麸作饵料则是新创造。这种办法治蝗效果好（蝗虫喜欢吃，药效时间长，同时可药杀地下害虫）、效率高、省药、省钱、省工、不受工具和气候的影响。这是治蝗技术上的新发展，是贯彻勤俭治蝗的重要办法。各地应大力宣传，积极示范，逐步推广。饵料以群众自筹为主，重灾区可由国家支援一些。(4) 按照不同蝗情，不同特点来防治。如各地提出的重点挑治、武装侦查、带药侦查、边查边治等，都是针对点片蝗虫进行防治的好办法，简便易行，经济有效，可因地制宜推广。(5) 农田蝗区特别是粗种麦田，应在小麦返青后，立即耙磨、中耕，可以破坏百分之三、四十蝗卵。易涝地区应修筑台田条田，逐步改变蝗虫发生的环境，有利于根治蝗害。

(四) 普遍建立和健全以测报站为中心，以固定测报员为骨干，以临时测报员或生产队测报员为基础的技术队伍。认真做好侦查工作，主动地准确地掌握蝗情。这是贯彻多快好省，节省人力、物力、财力，花小钱、省大钱的好办法。必须认真抓好。(1) 要从上到下建立健全组织，特别是重点蝗区，要在不增加编制的情况下，固定专人领导这一工作，指定专业干部掌握蝗情。(2) 加强治蝗队伍的政治思想工作和技术训练工作。要结合当地的"四清"运动，从政治上、经济上、思想上和组织上进行彻底整顿。暂时尚未进行"四清"的单位，要结合每次战役休整，每次业务会议和技术训练，来抓阶级斗争，进行社会主义教育，煞住歪风，解决一些突出问题。(3) 认真抓好测报工作和武装侦查工作。(4) 依靠治蝗队伍、贫下中农以及民兵，管好机场、药械、财产，防止"四不清"，防止敌人破坏。(5) 关心治蝗队伍的生活，粮食标准应适当提高，鞋子也要适当解决。

(五) 各级党政要加强领导，有关部门要大力协作，业务部门要主动做好助手。治蝗工作是一项长期的任务，目前蝗虫对农业生产的威胁虽已大大减轻，但如果麻痹大意，不经常去抓，就容易出问题。因此，各级党政还要加强领导，每年至少要亲自抓四次，即夏蝗战役准备阶段、夏蝗战役开始、总结夏蝗战役部署秋蝗战役、秋蝗战役和全面总结，都要亲自抓。平时靠业务部门管。总的要求做到五落实，即领导、队伍、蝗情、措施、经费和物资药械都要落实。全年分两个战役打，首先要把夏蝗战役打好。

四、认真做好第三个五年计划治蝗工作的准备

一九六五年是为第三个五年计划作准备的一年，在第三个五年计划内，治蝗工作如何搞法，各地回去要认真研究。总的是要贯彻"治改并举"、群众路线、勤俭治蝗的方针，逐步压缩蝗虫为害，逐步把蝗虫老根据地一块一块地吃掉，使治蝗工作真正为建设稳产高产农田服务，为实现《全国农业发展纲要》服务。为了做好第三个五年计划，我们建议各地：(1) 组织农业科学技术和农业行政部门的力量，采取三结合的办法进行调查研究，摸清各种类型地区蝗情的新变化、蝗情的特点和规律。(2) 全面地系统地总结治蝗工作的经验和教训，特别要总结各种治蝗样板的经验。(3) 然后在这个基础上，制定"治改并举"的治蝗规划。

国务院副总理田纪云写给全国治蝗
工作暨先进表彰会议的贺信*

（1990 年 3 月 8 日）

全国治蝗工作暨先进表彰会议代表：

值此全国治蝗工作暨先进表彰会议召开之际，特向你们表示热烈祝贺，并通过你们向奋战在第一线的广大植物保护工作者表示亲切问候。

蝗虫是我国农业上的一大害虫，解放前曾频繁暴发成灾，严重影响了农业生产和人民生活。新中国成立后，党和政府十分重视治蝗工作，在周恩来总理的亲自关怀下，经过广大干部、群众、科技人员和植保工作者的共同努力，基本控制了蝗虫的为害，保障了农业的安全生产。这些成绩的取得，凝结了广大治蝗人员辛勤的劳动。为此，我谨向广大治蝗工作者表示衷心的感谢。你们为我国农业发展作出了重大贡献，祖国感谢你们，人民感谢你们！

但是，必须看到，蝗虫还没有完全根除。全国还有 2 000 万亩的蝗虫适生地，蝗虫在一些地区还有成灾的危险，决不能放松警惕。蝗虫对农业生产的危害，已引起国际社会的关注，被列为"国际减灾十年"的内容之一，我们更应该做好这项工作。希望各级人民政府、植保部门和全体植保工作者发扬成绩，克服困难，树立坚持不懈、长期治蝗的思想，加强监测与协作防治，为农业生产的发展做出更大的贡献。

祝会议圆满成功！

田纪云

一九九〇年三月八日

---

* 1990 年 3 月 8—11 日，农业部在北京召开全国治蝗工作暨先进表彰会议。8 日上午，国务院秘书三局周锁洪局长在会上宣读了国务院副总理田纪云写给全国治蝗工作暨先进表彰会议的贺信。

农业部陈耀邦副部长在全国治蝗工作
暨先进表彰会议上的讲话

(1990 年 3 月 8 日)

同志们：

这次全国治蝗工作及先进表彰会议主要议题有两个方面，一是总结交流 1989 年的治蝗工作经验，部署 1990 年的治蝗工作；二是表彰新中国成立以来在治蝗工作中作出突出贡献的先进集体和先进个人。下面我就有关问题讲几点意见：

一、1989 年治蝗工作情况及 1990 年治蝗工作的意见

1989 年从全国来讲，蝗虫属中等发生年，局部地区偏重发生。据统计，全国夏、秋蝗（飞蝗）发生面积共 1 550 万亩，防治 600 万亩（其中飞机防治 140 多万亩）。发生面积较大的有山东、河北、河南三省，发生面积分别为 450 万、300 万、230 万亩，其余七省、区、市共发生 570 万亩。发生的总面积基本与 1988 年持平。夏蝗发生较重的有山东黄河入海口和东平湖，河南省武陟、巩县等部分黄河滩区以及河北献县等地；秋蝗发生重的是山东微山湖地区，由于长期干旱，180 万亩水面仅剩 40 余万亩，致使秋蝗严重发生的达 30 多万亩，而且蝗虫密度比较高，出现了即将起飞的险情。河南黄河滩也出现了点片的高密度群居型飞蝗。总的来说，1989 年的治蝗工作开展比较好，取得了很大成绩。

去年蝗虫防治工作之所以搞得好的原因，归纳起来主要是：（1）党中央、国务院重视发展农业，各级政府和农业部门加强了领导，层层建立了防蝗指挥机构，落实了岗位责任制；（2）地区和部门之间的协作配合比较好。如天津与河北，山东与河南、江苏等省、市分别组织了联防协作组，加强了对毗邻蝗区的查蝗、治蝗工作，避免或减少了漏查漏治现象。各级财政部门在财力比较困难的情况下，也及时安排了必要的灭蝗补助经费。1989 年中央财政补助山东、河北等 8 省市 420 万元（不包括新疆）。地方各级财政也安排了 500 多万元，有力地支持了防蝗工作。民航部门及时调动飞机，保证治蝗工作按期进行。此外，商业、化工、石油等部门也千方百计安排治蝗农药和燃油等，基本满足了治蝗工作的需要。（3）各级植保站、治蝗站在准确测报的基础上，认真贯彻了"狠治夏蝗、抑制秋蝗"的策略，在防治适期采取地面和飞机防治相结合等一系列有效措施，及时控制了蝗虫的扩展和蔓延。

但也应该看到，还有部分蝗区对治蝗工作重视不够，思想上麻痹松懈，蝗情掌握

还不够准确及时，出现了一些漏查漏治现象，个别地方的治蝗经费下达不及时，农药储备不足，这些问题造成了防治工作的被动。

根据 1989 年的秋残蝗调查结果，全国共有残蝗面积 800 多万亩，结合中央气象台中长期天气预报，初步分析，1990 年夏蝗预计仍将中等发生，发生面积 750 万～800 万亩，可能达到防治指标的面积有 350 万～400 万亩。河北沧州沿海和山东黄河入海口的滨海滩涂、微山湖及河南、陕西的部分黄河滩等将是监测和防治的重点。其他地区也可能出现局部高密度蝗虫。为了有效地控制蝗害，进一步做好今年的治蝗工作，各地应该做好以下几方面的工作：

（一）抓好治蝗机构的建设，稳定治蝗队伍。近年来，农业部和地方联合建设了一批以治蝗为主的区域性测报站，许多省市也自行建立了一些专业性的治蝗站，对搞好治蝗工作起了很大作用，但与目前治蝗任务的要求还有一定差距。因此，今后要继续加强这方面的建设，同时要充实人员，加强培训，不断提高治蝗人员的素质，充分发挥现有治蝗站的职能作用。另外，各地还反映治蝗工作比较艰苦，劳动报酬和福利待遇比较低，造成队伍不够稳定，希望各地妥善解决好这方面的问题。

（二）加强蝗情监测。蝗虫是一种暴发迁飞性害虫，搞好蝗情监测对指导防治、克服工作被动十分重要。特别是重点蝗区省、地（市）、县一定要有专人负责常年治蝗工作，乡、镇必须有固定的蝗情侦查员，及时、准确地反映蝗虫发生动态。对近年来蝗情变化比较大的地区，更要加强监测工作。

关于蝗区勘察工作，从 1987 年正式部署以来，山东、河北、河南、安徽等省的勘察工作已基本接近完成，需要进一步做好总结工作。其它尚未完成的省（市、区）要加紧做好此项工作，争取尽快查清蝗区演变情况，为今后制订蝗区综合治理措施奠定基础。

（三）大力推行承包治蝗。农村实行生产责任制以后，组织群众性大面积治蝗有一定难度，随着我国全面改革的深入发展，自 1985 年以来，河北、山东等省在开展承包治蝗方面已取得比较成功的经验，各地可因地制宜进行推广，并不断完善、创新，采用多种形式的承包责任制，把责、权、利有机地结合起来，充分调动治蝗人员的积极性，提高防治效益。

（四）尽早做好治蝗物资的准备。治蝗工作时间性强，任务重，带有救灾性质，必须有备无患，尽早作好农药、药械及燃油等物资的准备工作。从今年蝗虫发生和农药的产销情况来看，治蝗药剂的供应更好于去年。各地植保部门要尽快提出用药计划，积极、主动地配合供销部门做好农药的采购和储备工作。需要使用飞机防治的地方，要提前向民航部门提出计划，做好衔接工作。对治蝗用的机械燃油要及时向石油供应部门申报用油计划，以保证灭蝗工作的急需。关于治蝗经费问题，多年来，中央和地方各级财政给予了很大支持，各地要继续贯彻"勤俭治蝗"的精神，认真管好、用好。对一些蝗虫发生严重而地方财政又确有困难的蝗区，可按国办发〔1986〕12号"国务院办公厅转发农牧渔业部关于做好蝗虫防治工作紧急报告的通知"的精神，及时向有关部门反映，争取尽早得到解决。但不能有"等、靠、要"的思想，遇到紧急情况，一定要千方百计坚决把蝗虫治下去，切不可贻误战机，造成不良后果。

（五）进一步提高认识，加强对治蝗工作的领导。蝗灾是一种世界性自然灾害，根据有关专家的分析，全球性的异常气候将延续到本世纪末下世纪初，将有利于蝗虫的发生。这已引起国际社会的关注，联合国已把控制蝗灾列入 1990—2000 年"国际减灾十年"计划。控制蝗害同样也是我国"减灾十年"的一项重要内容。

近年来，我国蝗虫发生情况总的讲是相对比较稳定，但部分地区也时有变化，如黄河中下游沿岸及入海口，每年都要淤出新的河滩、海滩，一些大型水库、湖泊、淀洼脱水，部分已改治的蝗区又退耕还苇、养草等均造成了新的蝗虫发生地。海南、广西、山东烟台等地也纷纷出现新的情况。如果气候适宜，防治工作抓得不好，蝗虫仍有暴发成灾的可能。因此，各级领导要树立长期治蝗的思想，加强对治蝗工作的领导，建立必要的治蝗领导机构，明确分工，落实责任，做好地区和部门间的协调配合，保证蝗虫不起飞、不为害。

二、发扬成绩，表彰先进，为治蝗工作再立新功

蝗虫是我国历史上一大自然灾害，解放前曾频繁暴发成灾，给农业生产造成了巨大损失。新中国成立以来，党和政府十分重视治蝗工作，制定了"改治并举"的治蝗方针，通过兴修水利、开垦荒滩、植树造林、治沙治碱等大规模的蝗区治理活动和积极开展大面积的化学防治等一系列行之有效的措施，使蝗灾基本得到了控制。我国治蝗工作所取得的成绩，与有关部门的亲密配合和治蝗工作者的辛勤劳动是分不开的。长期以来，大批基层治蝗人员在人烟稀少的荒滩、海涂、洼地，头顶烈日，风餐露宿，在十分艰苦的条件下，年复一年地坚持查蝗、治蝗工作，为控制我国蝗害做出了显著成绩，对于他们的功劳，党和人民是不会忘记的。为此，我部决定对治蝗工作中涌现出来的先进集体和个人进行表彰和奖励。这次会议评选出的 20 个先进集体和 98 名先进个人，主要是县和县以下植保站、治蝗站中长期从事治蝗工作并作出显著成绩的单位和个人（其中包括已离退休的治蝗干部及长期聘用的非国家治蝗干部以及民航系统的机组人员和地勤服务人员）。他们是治蝗战线的代表者，他们坚持四项基本原则，以献身农业、服务人民的精神，精心组织治蝗工作，准确掌握蝗情，及时发布预

报，不断研究和探索灭蝗技术，工作任劳任怨、积极肯干。这些同志中，连续从事治蝗工作二三十年以上的占一半以上，他们把青春年华贡献给新中国的治蝗事业，有的退休后让自己的儿子接班继续治蝗，不愧为新的"愚公"。这些先进人物的奉献精神是十分可贵的，他们的事迹值得我们全体治蝗战线的同志学习，值得我们全体植保战线的同志学习，通过这次表彰会，希望你们再接再厉，发扬成绩，努力工作，为进一步做好今年的工作再立新功。

最后，我代表农业部向这次到会的先进集体代表和先进个人表示最热烈的祝贺，向你们并通过你们向全体奋战在治蝗战线的同志表示亲切的慰问和崇高的敬意！同时也向所有支持治蝗工作的部门和单位表示衷心的感谢！希望大家把会议的精神带回去，在今后的治蝗工作中作出更大的成绩，为保障农业丰收作出新的贡献！

农业部吴亦侠副部长在八省（市）
秋季治蝗工作会议上的讲话

——紧急行动起来，加大防治力度，坚决打胜防治蝗虫的黄淮海战役

（1995年7月30日）

我部召开这次会议，是为了贯彻李鹏总理和姜春云副总理的重要批示精神。参加会议的有来自八个蝗区省（市）的农业厅局长、植保站长和治蝗专职干部，国家民航总局、化工部、全国供销总社也应邀派员参加了会议。会议期间，传达了李鹏总理和姜春云副总理的重要批示精神，考察了河南省中牟县蝗区，总结交流了夏蝗防治情况，分析了秋季蝗情，研究了秋蝗防治工作。大家认为这次会议是开得必要和及时的，达到了预期的目的。下面讲三个方面意见。

一、要认真总结夏蝗防治工作的成绩和经验教训

今年夏季蝗虫发生的特点之一是：发生范围广、来势猛、密度高、需要防治的面积大。据统计，冀、鲁、豫、陕、皖、津等九个省（市）夏蝗发生面积达1 250万亩，比去年同期增加50％，需要防治的面积700多万亩，比去年增加近一倍。蝗虫发生区涉及150多个县（市、区），其中以河北黄骅、沧县、安新，河南中牟、武陟，山东河口、寿光、无棣，天津静海、北大港以及陕西大荔等30多个县（市、区）发生比较严重，蝗群密度每平方米高达数百至几千头。第二个特点是出现了一些新的蝗情。如河南驻马店、商丘，河北霸州、大城、文安等这些已经治理过的内涝蝗区，今年发生了密度比较高的蝗虫；另外，河北安新、河南嵩县、安徽源溪等一些蝗虫一向发生很轻甚至多年没发生蝗虫的水库、洼淀，也因长期干旱脱水，造成今年蝗虫暴发。第三个特点是蝗虫的发生期和发育进度不整齐，给防治增加了难度。

在控制今年夏蝗为害的过程中，各地党政领导、农业植保部门都很重视，加强了虫情监测，加大了防治力度，并投入了大量的人力和物力，取得了可喜的成果，没有造成大的危害。总结今年夏蝗防治成功的经验，主要有以下几点：

一是各级领导高度重视。如河南省马忠臣省长和李成玉副省长多次过问治蝗工作，并深入蝗区考察蝗情，部署治蝗工作；山东省省长李春亭和副省长王玉玺、邵桂芳都很重视治蝗工作，在一天之内就组织了临时治蝗指挥机构，落实了治蝗经费；天津市市委书记高德占、市长张立昌、副市长朱连康都对治蝗工作作过批示；河北省省委副书记李炳良、副省长陈立友以及安徽省副省长王昭耀等也作出批示，

要求农业厅密切注视蝗情，采取措施，派出人员，到各地督促治蝗。此外，重点蝗区地、县也成立了行政首长挂帅的治蝗指挥机构，积极发动群众，并挤出资金支持治蝗。

二是有关部门协同作战。在夏蝗防治工作中，财政、民航、化工、供销等有关部门给予很大支持与配合。如财政部上半年及时安排了 500 万元治蝗补助经费，天津、山东、河南、江苏等省地方各级财政在经费困难的情况下也挤出 1 000 多万元支持治蝗。民航部门在飞机不足的情况下，及时调出 6 架飞机，满足天津、山东、河南等省市治蝗工作的需要，空勤和地勤人员冒着高温和酷暑，急治蝗之所急、应治蝗之所需，连续作战。此外，济南空军、北京空军在飞机治蝗上也积极配合，一些地区的供销、水利、气象、武警等有关部门也投入了治蝗行动。由于这些部门的支持与配合，提高了治蝗救灾的战斗力，加快了控制蝗虫的进程。从 6 月上旬到 7 月上旬，经过一个月的团结奋战，八省市累计防治面积 690 万亩，有效控制了夏蝗为害，取得了显著成效。

三是虫情测报准确及时。为使防治工作做到有的放矢，各地植保部门在去年查秋残蝗和今春查越冬蝗卵的基础上，及时准确地作出了发生期和发生程度预报，蝗虫发生后，又派出了大量人员，认真开展拉网普查，多数地方做到了蝗情明确，不漏查、不漏报、不漏治。之所以这样，主要是这些地方对治蝗工作重视，查蝗治蝗人员的待遇解决得比较好，巩固和健全了蝗虫监测体系，培养了一支技术过硬且能吃苦耐劳的蝗虫监测防治队伍。

四是科学治蝗效果好。只有依靠科学治蝗，才能提高防效、降低防治成本。根据不同地区蝗虫的不同发生特点，各地采取了喷粉和喷雾防治相结合，飞机防治和地面防治相结合，堵窝挑治和全面普治相结合，专业队防治和群众防治相结合等办法，及时有效地控制了蝗害。

在此，我代表农业部对八省（市）的党政领导、第一线的科技人员，对财政、民航、化工、供销、军队等表示衷心的感谢！但是，我们在看到治蝗成绩的同时，也要看到存在的一些问题。如有的地方对蝗虫发生的严重程度估计不足，蝗虫突然严重发生时，缺乏足够的思想准备，防治工作仓促上阵，十分被动。究其主要原因是：有的地方监测力量薄弱，蝗情掌握不准，有的地方治蝗经费落实不好，药械准备不足，致使贻误了战机，防治效果不理想，甚至造成小范围内蝗虫扩散为害。另外，还有个别地方用药不当，引起农药中毒事故的发生。对上述问题，我们要有清楚的认识和足够的估计，因此要认真总结经验和教训，防止在秋蝗防治过程中重蹈覆辙。

二、要充分认识秋蝗防治工作的重要性、紧迫性和艰巨性

（一）从政治影响上看，认识治蝗的重要性。大家知道，解放前，在黄河流域、中原地带，老百姓流传一句话叫"水、旱、蝗、汤"，以此来表述旧社会的灾难。每次蝗灾暴发，常造成"飞蝗蔽天、赤地千里、禾草皆光、饥荒四起"。对蝗虫的危害，历代封建王朝都束手无策，给农业生产和人民生活造成了巨大影响。解放后，党和政府十分重视对蝗灾的治理，周总理生前很关心治蝗工作，曾亲自作过批示，要求各级政府把治蝗工作作为一件大事来抓。经过几十年的长期改造和治理，蝗虫适生面积已由 50 年代初的 6 000 多万亩压缩到目前的 1 500 多万亩，这是新中国控制蝗灾取得的巨大成绩，也是国际上公认的。但近年来，尤其今年蝗虫属偏重发生年，局部地区大发生。为此国务院领导非常重视。李鹏总理 6 月 30 日在新华社《国内动态清样》反映"天津发生大面积夏蝗"作批示："请春云同志阅处"。姜春云副总理接到李鹏总理批示后于 7 月 2 日批示："刘江同志：近期天津及河北、河南、山东等多省市发生大面积蝗虫，对农作物危害很大，灭蝗工作需要认真抓抓，望研究进一步采取措施，尽力减小灾害损失。"刘江部长立即组织研究贯彻落实，对治蝗工作进一步做出部署。总的看，建国四十多年来，在防治蝗虫工作上，应该说我们有雄厚的物质基础，有一套防治的办法和经验，也有一定的科学手段。所以，我们一定要认真贯彻国务院领导同志的重要批示精神，万万不能让蝗虫造成起飞危害，这也是充分发挥社会主义制度优越性的体现。

（二）从粮食丰收上看，认识治蝗的紧迫性。当前全国农业形势总的看是好的，一是粮食生产开局不错。夏季粮油获得丰收，夏粮总产 2 131 亿斤，比去年增产 30 亿斤以上，是历史上第二个高产年；油菜籽总产 900 万吨，比去年增加 20％以上；早稻虽然受灾，但也可能持平或略增。二是菜篮子产品丰富。上半年水产品产量增加 22％，肉类产量增加 15％，禽蛋增加 13％。市场繁荣，货源充足。三是乡镇企业保持较快增长速度，上半年全国乡村集体工业产值增长 38％。全年农业丰收的关键看秋粮。部里正在召开南北两片会议，部署秋粮生产。由于秋蝗的严重发生，对秋粮影响很大，其危害的持续时间长，前期为害玉米等秋粮作物生长，后期威胁冬小麦出苗，特别是现在不少地方的秋蝗正陆续出土，黄河滩已经出现高密度蝗虫，加上秋季气温高，蝗虫发育快，防治的有利时间不多，防治工作迫在眉睫，所以，我们要抓住战机，治住秋蝗，以利于增产、增收。

（三）从秋蝗发生特点看，认识治蝗的艰巨性。经过我们的工作，尽管夏蝗为害已有所控制，但防治后残留的蝗虫仍然很多，给秋蝗发生留下很大隐患。据考证，历

史上2 700年发生的800多次蝗灾，秋季发生的频率是最高的、为害损失也是最大的，1985年天津的蝗虫起飞，也是发生在秋季。从目前各地反映的情况分析，预计今年八省（市）秋蝗发生面积将达1 000万亩以上，需要防治的面积约700万亩，防治任务比去年同期增加近一倍。其中河南、河北的内涝蝗区、黄河滩蝗区属于重发生区，将是防治的重点；此外，渤海湾蝗区、淮北内涝蝗区以及微山湖、白洋淀等滨湖蝗区蝗虫也不少，也要加强监测，作好防治准备。由于秋蝗防治任务重，加上此时蝗区生态环境复杂、苇草茂密、农作物植株高以及秋蝗的出土和发育不整齐等，增加了查蝗治蝗的难度。因此，我们还必须认识到秋蝗防治工作的艰巨性，切不可麻痹，切不可掉以轻心，切不可心存侥幸，必须把控制蝗虫当作一项抗灾重要措施来抓，要下决心打胜这场防治蝗虫的"黄淮海"战役。

三、紧急行动起来，坚决打好治蝗的"黄淮海"战役

打好灭蝗的"黄淮海"战役，总的要求是，"今年不成灾，三年压下去"。今年目标是，要保证做到蝗虫"不起飞，不扩散，不成灾"；三年目标是"老蝗区不反复，新蝗区不增加，危害压到历史最低水平"。当前，应该重点抓好以下几项工作，即六个"切实加强"：

（一）切实加强蝗情监测和分析预报工作。预测是防治的基础，只有预测及时、准确，才可发挥主动性。为使防治工作做到有的放矢，各地必须全面监测蝗虫发生动态。对蝗虫常发地区，要加强监测力量、增加监测网点，迅速查明高密度发生区；对新出现的蝗虫发生区，要集中一定的资金和人力、物力，迅速组织查蝗治蝗队伍，开赴治蝗工作第一线，准确掌握蝗情，坚决控制住危害；对一些已经治理而尚未复发的老蝗区，也不可掉以轻心，要安排人员监视调查；另外，对一些边缘毗邻蝗区，如河北与天津、山东与江苏、河南与陕西、山西等省市，要作好联查联防工作。总之，各地要认真分析蝗情、及时作出预报、确定防治重点、制定防治计划，向当地政府和有关部门及时汇报，当好治蝗工作的参谋。

（二）切实加强治蝗资金和物资的落实工作。治蝗工作带有救灾性质，必须提前准备农药、药械，计划用飞机治蝗的地方，要尽早与民航等有关部门联系和协商。目前，河南省已储备治蝗农药420吨、维修组织机动药械4 400部，培训技术人员2 900人，其他省（市）也不同程度作了一些准备工作，但离秋季治蝗的要求还有较大的差距。特别是蝗虫发生严重的地区和新发生地区，更要作好充分物资准备。由于秋蝗防治任务重、时间紧、资金需求比较大，因此各级财政要千方百计增加投入，确保治蝗经费落实到位。各地反映经费困难，我部已专门向财政部作了汇

报，中央财政已表示要尽可能追加一部分资金，支持秋蝗防治工作。但要克服有等靠要的思想，地方财政要千方百计克服困难，先集中一些资金用于蝗虫监测和治蝗物质的准备。在治蝗经费使用上，要本着专款专用和精打细算的精神，用最少的资金，取得最大的成效，这就要求农业部门要作好计划，合理使用，请财政部门加强监督管理。

（三）切实加大科技措施，实行综合治理。治蝗工作是一项综合性的减灾工程，不能单纯依靠化学防治，必须减少残留，按照"改治并举"的方针进行综合治理。采取"狠治夏蝗，抑制秋蝗"的防治策略，加强领导，精心组织。近年来，江苏、山东、山西、天津等省市在蝗虫生态控制和生物防治方面作了许多工作，取得了新的进展，其他省也要积极探索新的治蝗途径，使蝗虫综合治理技术不断有新的发展和提高。

（四）切实加强治蝗技术的普及工作。对内要把好技术关，要进一步提高防效，降低防治成本，减少农药中毒事故的发生。在蝗虫发生区，尤其是新发生区和技术比较薄弱的地方，必须作好技术普及工作。针对今年的秋蝗发生重的情况，各地在防治上要采取"先治农田、后治荒地"和"先治高密度、后治低密度"的策略。做到群众防治与专业队防治相结合，地面防治与飞机防治相结合，普遍防治与重点挑治相结合，不漏查，不漏报，不漏治。总之，各地一定要千方百计将蝗虫消灭在三龄以前和扩散以前，决不能让蝗虫起飞造成大的灾害。

（五）切实加强蝗虫发生规律的研究，实现三年压下去的目标。蝗虫防治是一项长期性的植保工作，我们在抓好当前秋蝗防治的同时，还要作好长远治理规划，要治标和治本相结合，要针对今年蝗虫发生的新情况和新问题，研究和掌握蝗虫的发生发展规律，进一步提出今后的"改治并举"措施，力争利用三年时间，把蝗虫危害压到历史最低水平。

（六）切实加强组织领导，落实领导岗位责任制。要强调部门间的密切协作与配合，在广泛发动群众的基础上，作好秋蝗防治工作。各地经验表明，蝗虫防治得好坏，关键在领导，重在周密安排、精心组织。要在政府统一领导下，建立部门领导责任制。我们农业部门要主动工作，给政府当好参谋，发挥参谋作用，要发动和组织群众，取得有关部门的支持和配合，打一场有效控制秋蝗危害的人民战争。

这里必须要指出，对蝗虫发生后防治不力、贻误战机，造成蝗虫起飞危害的地方，要追究有关领导的责任。

同志们，党中央国务院十分重视今年的抗灾、救灾和减灾工作。前不久，国务院专门召开了全国抗灾救灾夺取农业丰收的电话会议。姜春云副总理强调，全国各地和有关部门要进一步行动起来，把抗灾、减灾夺取农业丰收作为当前农业和农村工作的中心任务来抓。要动员一切力量，坚决打好抗灾夺丰收这一仗。我们召开这次会议，也是贯彻国务院会议精神的具体行动。夏蝗防治工作刚结束不久，大家都很辛苦，但8月上旬又要进入秋蝗防治适期。摆在我们面前的秋蝗防治任务很繁重，时间很紧迫，要求大家回去后立即向政府领导汇报，进一步部署各项防治措施，紧急行动起来，加大力度，打好秋蝗防治这场"黄淮海"战役。

我们相信，只要我们坚定信心、克服困难、再接再厉、团结奋战，一定能取得今年治蝗工作的胜利，一定能实现三年压下去的目标。

农业部白志健副部长在全国夏蝗防治工作会上的讲话

——立即行动起来，狠抓各项措施落实，打好一场治蝗减灾攻坚战

（1998 年 5 月 28 日）

为了进一步贯彻落实国务院领导的指示精神，研究和部署当前及今后的蝗虫防治对策和措施，我部召开了这次会议。参加会议的有来自 9 个蝗区省市农业厅局的负责人和植保站长，国家财政部、国家民航总局等单位也应邀派员参加了会议。在一天的会议中，大家考察了山东省无棣县蝗区现场，分析了虫情，汇报了各地夏蝗防治准备工作。大家认为这次会议开得很必要和及时，达到了预期的目的。下面讲几点意见：

一、高度重视夏蝗发生的严峻形势，增强治蝗工作的紧迫感

近几年来，由于党中央、国务院的高度重视，中央农业政策的成功，加上各地政府卓有成效的工作、广大农民和农业系统干部以及科技人员的积极努力，我国农业连续几年获得丰收，农村经济全面发展，农民收入稳定增长。农业对国民经济的宏观调控实现"高增长、低通胀"作出了重大贡献，这是世界公认的。但是，随着改革开放的深入发展，以及国际政治与经济形势的变化和一些自然因素的影响，我国农业的发展面临着一些新的困难和问题。主要表现在四个方面：一是东南亚金融危机对我国农业和乡镇企业的发展已产生不良影响，东南亚是我国农产品出口的主要地区，由于金融危机的支持能力降低、经济紧缩、减少进口，致使我国农副产品和乡镇企业产品出口减少；二是乡镇企业由于多年来结构不合理、重复建设，技术、设备陈旧，管理水平低，使得潜伏的问题随着改革的深化日益明显暴露出来，因此，增速下滑的趋势尚未改观，今年要保持 18% 的增幅和实现新增 500 万人的就业，任务相当艰巨；三是当前的农业和农村经济形势不容乐观，农业连年丰收后出现的农产品购销不畅、价格下跌等问题没有根本解决，增产不增收，负担加重，挫伤了农民的积极性；四是受厄尔尼诺气候的影响，前期北方干旱、南方出现渍涝和冻害，对夏粮和早稻生产带来了不良影响，由于气候反常，使得农作物的抗逆性下降，却有利于病虫害的繁殖蔓延，各地都不同程度地出现了病虫害，有的地区发生相当严重，尤其是当前部分地区蝗灾严峻的形势，对夺取今年农业丰收构成很大的威胁。面对新的形势，我们农业部门要增强紧迫感和责任感，必须高度重视，扎实工作，千方百计夺取农业丰收。

（一）从发生程度来认识蝗灾的严峻形势。根据蝗区现场考察结果和各省市汇报的情况分析，今年夏蝗发生总的特点：一是发生面积大。初步统计，山东、河南、河

北、天津等8省市累计已发生夏蝗面积达1 200多万亩，约比常年增加40%。二是蝗虫密度高。黄河滩区和渤海湾地区，蝗虫密度普遍比常年高出2～3倍，河南中牟、山东无棣等部分蝗区偏高几十倍甚至上百倍，发生程度接近甚至超过了大发生的1995年同期水平。分省看，山东、河南、河北发生最重，其次是天津、陕西、山西、安徽、江苏等省，海南省的发生态势也是中等偏重发生。三是防治任务重。夏蝗需要采取化学防治的面积600万～800万亩，若加上秋季的治蝗任务，全年防治任务将在1 000万亩以上，比上年增加50%以上，特别是夏蝗飞机和地面防治任务十分繁重。尽管目前大部分蝗虫还处于低龄阶段，大多还发生在国有荒地，尚未直接危害农作物，但若掉以轻心，不及时加以控制，错失良机，后期势必造成蝗群聚集和迁移危害，并对农业生产构成严重威胁。因此，必须认识到蝗灾隐患的严重性，思想上切不可麻痹松懈、心存侥幸，要把控制蝗虫当作一项重要抗灾措施来抓，要认识到防治工作的艰巨性，做好一切准备，坚决打好夏蝗防治战役。

（二）从争取粮食丰收来认识治蝗的紧迫性。今年，中央要求农业发展要达到的三个目标是：力争粮食总产达到9 850亿斤，其他农产品稳定增长，农业增加值增长4%；确保乡镇企业有效增长速度达到18%，新增就业500万人；确保农民人均纯收入增长5%，力争再有1 000万以上农村贫困人口解决温饱问题。这三项目标是整个国民经济的有机组成部分，若完不成，就必然影响到国民经济增长8%、物价涨幅控制在3%以下的总目标的实现，因此任务重大。蝗虫发生区多处于贫困县乡，抓好夏蝗防治对确保农业增收、农民收入增加和农村经济发展均具有至关重要的作用。上半年，我国国民经济继续保持了稳定发展的良好势头，从目前农业形势来看，总体是好的，但受自然灾害的影响，夏粮增产的压力很大，弄不好就是减产的局面。为了使全年粮食有一个好收成，需要加强对后熟作物和秋粮作物的保护。夏蝗是今年蝗虫发生的第一代，控制不好还会加剧秋蝗（即二、三代）的危害。目前，绝大部分蝗虫已经出土，且发生期比常年有所偏早，一周以后就要进入暴食阶段，6月下旬将进入成虫聚集迁移阶段，因此，很快就要进入大面积防治的关键时期。最佳防治时间并不多，防治工作迫在眉睫，在此以前的各项准备工作务必充分周到，才能抓住战机，"狠治夏蝗、抑制秋蝗"，确保夏粮收获归仓和秋季作物的安全生长。

（三）从政治影响来认识治蝗的重要性。蝗灾是我国历史上有名的三大自然灾害（水灾、旱灾、蝗灾）之一，据记载，近2 700年来共发生大小蝗灾940多次。旧社会每次蝗灾暴发，常常造成"飞蝗蔽天、赤地千里、禾草皆光、饥荒四起"，严重影响了人民的生产、生活和社会安定。因此，蝗灾的发生往往是贫穷和落后的象征。解放后，党和政府十分重视对蝗灾的治理，从老一代革命家周总理到党的第三代领导集体都很关心治蝗工作，经过几十年的努力，蝗灾得到有效控制，蝗虫适生面积也由 50 年代的 6 000 多万亩缩小到 2 000 万亩，新中国控制蝗灾的巨大成绩，已得到国际社会的公认。但是，近年来，受异常气候的影响，非洲发生了严重蝗灾，与此同时，由于我国北方地区持续干旱以及黄河频繁断流等原因，给蝗虫孳生创造了适宜条件，并在 8 个省市多次发生严重险情，如果发生蝗虫迁飞成灾的事情，将对我们国家的声誉造成极大的负面影响。因此，江泽民、李鹏、朱镕基、温家宝等领导同志曾先后多次过问或作出批示，要求采取有力措施，坚决防止蝗灾发生。现在，尽管我们还有许多困难，但已积累了丰富治蝗经验，也有较好的物质基础和先进的科学技术，所以，我们没有任何理由让蝗虫起飞成灾造成不应有的经济损失和不良的政治影响。

二、立即行动起来，打一场治蝗减灾的攻坚战

针对蝗虫发生的严峻形势，前一段时间各地作了大量卓有成效的准备工作，其中山东、河南、河北等省还专门成立了由分管农业副省长挂帅的治蝗指挥部，对推动治蝗工作起了很好的作用；财政、民航等部门也给予了大力支持与配合；新闻媒介也非常敏捷地捕捉到这方面的信息，很早就通过内参作了反映，引起了领导的高度重视。在此，我代表农业部向各省党委、政府领导、广大治蝗工作者，对财政、民航以及新闻媒介等支持治蝗事业的同志表示衷心的感谢。关于治蝗减灾工作，总的要求是，确保蝗虫"不起飞、不成灾"。从目前蝗虫的发展态势看，夏蝗防治的目标是"压低密度、防止扩散、减少损失"；今后的治蝗目标是"老蝗区不反复，新蝗区不增加，实现蝗害可持续控制"。实现上述目标，时间急迫、任务艰巨，因此，各地要立即行动起来，打好一场治蝗减灾的攻坚战。从当前的治蝗任务和今后的治蝗要求，切实做好两个阶段的工作：

首先，当前要进一步抓好"四个落实"

一是组织协调工作的落实。蝗虫防治工作涉及的部门多、范围广，防治效果的好坏，关键还要看领导是否得力。目前，治蝗工作在中央和省里已经引起了高度重视，下一步就是要狠抓各项防治措施的落实，层层落实治蝗岗位责任制，把任务落实到基层、落实到单位、落实到个人。夏蝗防治时期正处在"三夏"大忙，在组织发动群众上要妥善安排好劳力，力争做到抗灾和"三夏"工作两不误。河南、山东在这方面已有很好的经验，值得各地借鉴。此外，还要协调好部门之间和毗邻蝗区之间的关系，我们农业部门要主动开展工作，当好政府的参谋，要在各级政府的领导下，精心组织，周密安排，搞好协调，统一部署，打一场高效率的治蝗攻坚战。

二是治蝗物资的落实。防治蝗虫的时间紧、任务重，必须提前准备农药、药械等

治蝗物资，准备机场、联系飞机以及必要调查和试验经费。从资金筹集情况看，目前已落实资金 1 600 多万元，其中中央财政补助 500 万元，地方财政安排 1 100 多万元（如山东、河北、河南省财政资金投入力度较大，分别安排 400 万、300 万、150 万元，此外，其他省市财政以及一些地县财政也有不同程度的投入）；从飞机准备情况看，目前山东、河南、河北、天津四省市已与有关航空公司签订了 7 架"运五"飞机的使用协议；从物资落实情况看，各地已订购农药 1 000 多吨、汽油 100 多吨、机动药械 1 万多台。初步估计，各项物资到位率在 60% 左右，但省际和地区之间进展不平衡，有的与夏蝗防治的实际需要还存在较大差距。当然，我们也在争取国家财政多安排资金，有关部门正在研究。因此，各地要结合实际，找出差距，克服等靠思想，尽快落实治蝗物资，争取防治工作的主动权。

三是技术服务的落实。搞好技术服务，是提高防效、降低成本的关键环节。各级农业植保部门要充分发挥作用，当好领导的参谋，作好群众的技术后盾，及时抽出精干力量，深入蝗区，搞好蝗情普查，做好技术培训和防治技术的试验、示范和推广普及工作。针对今年蝗虫的发生特点，各地植保部门要加强蝗虫监测和信息交流，在防治上要突出重点，采取"先打点、后打面""先农田、后荒地""先高密度、后低密度"的作战策略，以飞机喷洒和地面施药相结合，切实保证防治效果，防止漏查、漏报、漏治，千方百计将蝗虫消灭在三龄盛期和扩散以前，决不能让其起飞造成大的灾害。

四是安全措施的落实。蝗虫防治季节正处在高温酷暑季节，各地要严格把好安全用药关，要准备必要的医疗保健和防暑、防毒救护人员和物资，防止生产性人、畜中毒和伤亡事故发生。另外，今年使用飞机防治的面积大，动用的飞机架数多，一定要注意飞机的作业安全和停靠安全，作业时请当地公安部门要密切配合，防止意外事件发生。总之，要充分估计到各方面的问题和困难，绝不能因我们的工作疏忽和麻痹大意而影响治蝗减灾工作的大局。

第二，长远要牢固树立"两个思想"

一是战略上，要树立长期治蝗的思想。有史以来，蝗灾在我国的发生已有 2 700 年的记载，控制蝗灾并非一朝一夕和一年半载的事，尽管历史上"飞蝗蔽天，饿殍载道"的惨景一去不复返，但今后蝗灾的隐患依然存在。据近年来我部组织的蝗区勘查结果表明，目前我国还有蝗虫滋生地 2 200 多万亩，涉及 9 个省市的 151 个县，约 800 个乡镇。从地理上看，这些蝗区主要分布在黄河中下游河滩、渤海湾盐碱地以及一些内涝洼地和大型湖泊水库周围。由于消除这些特殊环境十分困难，一旦气候适宜，蝗虫便可能卷土重来、暴发成灾，所以，从防灾减灾的战略高度出发，我们必须树立长期治蝗的思想。这就要求我们今后要采取三个方面的战略：

其一，加强基础设施建设。我国治蝗的基础设施（如药库、机械、机场等）多建于五六十年代，经过长期运转和风吹雨打，已严重老化失修，在交通、通讯工具方面，发展也严重滞后，不能适应现代查蝗、治蝗的需要。为了改善治蝗设施落后的状况，我部在即将实施的《动植物保护工程》中，将增加投入，加强对蝗虫应急防治设施的建设力度；同时，各地也要多渠道增加投入，维修、扩建和增加一些必要的防治设施，尽快强化治蝗手段，提高控制蝗灾的应变能力和控制能力。

其二，加强查蝗治蝗队伍建设。目前，我国治蝗队伍正面临着青黄不接，加之一些地区经费不足等原因，造成了查蝗治蝗队伍不稳和流失等问题。按照蝗虫监测和防治的要求，每万亩蝗区需要一名查蝗员，但是，目前大多数地区没有达到这个要求，致使虫情掌握不准、防治不及时等情况时有发生。对此问题，各地要作为一件大事加以解决，今年，山东省已率先采取了措施，将原有 100 名查蝗员扩充到 300 人，大大缓解了查蝗员不足的矛盾。对查蝗员的使用和管理上，各地要转变观念，要改过去的长期任用制为现在的合同聘用制，要按劳报酬、提高待遇、加强管理，切实稳定住查蝗治蝗队伍。

其三，加强治蝗政策性扶持。控制蝗灾是一项特殊性的防灾减灾工作，对农业增产、农民增收、农村经济发展以及社会安定具有重要作用；同时，对维护我国良好的国际声誉更具有特殊的政治意义。因此，各级政府和有关部门对治蝗减灾工作要继续稳定政策、加强扶持。要按照国办发〔1986〕12 号文件的要求，在资金上继续实行"地方投入为主，中央适当补贴"的原则。近几年，河南省政府实施的"治蝗经费分级负担制"和"领导岗位责任制"，对保障治蝗工作顺利进行起了积极作用，值得各地推广和借鉴。

二是战术上，要树立科学治蝗的思想。党的十五大和九届全国人代会上，都曾提出了科教兴国战略和可持续发展战略。就我们的治蝗工作而言，在战术上也要紧紧依靠科技进步，引进先进技术，不断提高治蝗水平。为此，要求我们走出一条具有中国特色的治蝗减灾路子：

路子之一，要保护环境，减少剧毒农药使用。近年来，环保意识越来越受到国际社会的重视，80 年代我国取代"六六六"等高残留治蝗农药，对保护环境迈出了一大步，但目前我国每年在蝗区仍喷洒几千吨农药，其中不少还是剧毒农药，由于蝗区多位于河滩、沿海和湖泊，势必对环境造成一些不良影响。因此，在今后的治蝗技术上，要求我们研究部门和技术推广部门都要强化环保意识，开发生物防治技术，逐步减少化学农药的用量。

路子之二，要引进新技术，提高治蝗效率。蝗虫发生区地广人稀、环境复杂，仅仅依靠传统的防治技术，费工费时，效率较低，近年来信息技术和电子技术发展很快，有的可以用于我们的治蝗工作，如虫情传递的计算机网络技术、飞机施药的卫星定位导航技术（即GPS技术）等在国内外都有成功的例子借鉴。随着我国综合国力的增强和科学技术的发展，我们要加快高新技术的引进和攻关步伐，通过提高治蝗效率，使灾害迅速降低到最低限度。

路子之三，要改造蝗区，实现蝗灾可持续治理。分析我国蝗虫发生的原因，一方面是旱涝交替气候的影响，另一方面则是特殊生态环境（即蝗虫滋生地）的存在。对前者，我们难以改变，对后者，我们可以通过加强蝗区综合开发以及生态控制和农业防治等措施，尽量压缩蝗虫适生环境，从根本上改造蝗区，减轻蝗患，实现蝗灾的可持续治理。

总之，只有把防治蝗虫的近期目标和长远目标结合，治标措施和治本措施结合，才能使我国蝗灾得以长期有效的控制。

同志们，党中央、国务院十分重视抗灾、救灾和减灾工作。这次会议是对朱镕基总理和温家宝副总理对农业防灾工作指示的进一步落实。当前，夏蝗防治已进入临战状态，摆在我们面前的治蝗任务很繁重，时间很紧迫，因此，务请大家回去后尽快向政府领导汇报，立即动员、狠抓落实，切实做好治蝗减灾工作。

我相信，只要我们坚定信心、克服困难、团结奋战、扎实工作，一定能取得治蝗工作的全面胜利，为今年农业丰收作出应有的贡献。

农业部刘坚副部长在全国夏蝗防治现场会上的讲话

——认清形势，狠抓落实，切实推进蝗灾的可持续治理

（1999 年 6 月 7 日）

为了作好今年治蝗减灾工作，进一步落实夏蝗防治措施，研究和部署蝗灾的可持续控制对策，我部召开了这次会议。参加会议的有来自 9 个蝗区省（市）的农业厅（局）负责人、植保站长和治蝗专职干部，国务院办公厅、财政部、国家民航总局等单位也应邀派员参加了会议。在短短一天的会议期间，大家考察了河北省海兴县蝗虫发生和防治现场，汇报了各地夏蝗发生状况和防治工作进展。大家认为这次会议开得很必要和十分及时，达到了预期目的。下面讲三个方面意见：

一、总结经验教训，充分认识蝗灾的危害性及治蝗工作的艰巨性和重要性

近年来，我国自然灾害频发，特别是去年的水灾，给灾区人民造成了巨大的经济损失。今年上半年，全国农业形势总体良好，夏季粮油生产丰收在望。但是，受多种因素的影响，一些地区的病虫害加重，尤其是东亚飞蝗的严重发生，对农业生产构成严重威胁，对此，我们必须高度重视，充分认识蝗虫的危害性。

首先，从历史教训来看，要认清蝗灾的危害性。蝗灾是一种长期威胁我国农业生产的生物灾害。回顾近 2 700 多年的历史，已发生大小蝗灾 940 多次。最早有蝗灾的记载是前 707 年，唐宋时期平均 2～3 年发生一次，明清和民国时期几乎连年发生。如 1929 年，全国 11 省 168 个县遭受蝗灾，损失上亿元，当时江苏下蜀镇的蝗群将铁轨覆盖，致使火车无法通行；1943 年，河北黄骅县的蝗虫吃完了芦苇和庄稼，又像洪水一样冲进村庄，连窗纸都被吃光，甚至婴儿的耳朵也被咬破。旧中国每次蝗灾的暴发，常造成"飞蝗蔽天、赤地千里、禾草皆光、饥荒四起"，给中国人民造成了深重的灾难和惨痛的教训，因此，史书上把蝗灾与水灾、旱灾并称三大自然灾害。

新中国成立以来，党中央和国务院十分重视蝗灾的治理工作。在各级政府的重视和有关部门的共同努力下，通过采取改治并举措施，有效地削弱了蝗灾的发生和危害，蝗虫的孳生面积也由 50 年代的 6 000 万亩减少到近年的 2 000 万亩左右，治蝗工作取得了举世公认的巨大成就。但是，由于受异常气候和黄河频繁断流的影响，蝗区生态环境发生了很大变化，致使新蝗区不断产生，老蝗区出现蝗害反复，蝗虫的大发生频率上升，危害程度加重，如 1985 年天津蝗虫的跨省迁飞，1995 年、1998 年黄淮

海地区蝗虫的大暴发等。出现这些灾情，提醒我们要充分认识蝗灾危害的严重性。

第二，从当前蝗虫的发生情况来看，要认清防治工作的艰巨性。去年黄淮海地区蝗虫严重发生，虽然通过采取措施控制了蝗灾的发展，但由于发生面积大、虫口密度高和防治资金不足等原因，致使防治后残留蝗虫较多，加上去冬今春气温偏高，有利于蝗虫越冬和发育，导致今年夏蝗再度大发生。从蝗区现场考察和各省市的汇报来看，当前蝗虫发生的形势很严峻，其发生特点是面积人、虫口密度高。特别是河北、河南、山东等省的十几个县发生了严重蝗情，海南岛的蝗情还在发展，其它省市也有不同程度的发生。据初步统计，河北、山东、河南、天津、安徽、陕西等9省市夏蝗发生面积累计达1 300万亩，比常年增加50％；黄河滩区和渤海湾地区蝗蝻密度比常年同期高3～5倍，河北省的海兴、安新、黄骅、冀州、南大港、磁县，河南省的中牟、开封、兰考，山东省的无棣，天津市的北大港等蝗区出现每平方米几百头以上的高密度蝗群，发生程度接近甚至超过大发生年份。为使蝗虫不起飞、不扩散、不成灾，今年夏蝗需要采取化学防治的面积达850万亩，其中飞机防治的面积200万亩左右，防治任务比常年增加50％以上。由于蝗虫发生区交通、通讯不便，加之环境复杂，时间紧迫，防治任务十分艰巨。

第三，从社会影响来看，要认清治蝗的重要性。今年我国将迎来建国五十周年和澳门回归，作好农业防灾减灾工作对保障农业丰收和促进社会安定至关重要。尽管目前大部分蝗虫还只发生在国有荒滩、荒地，尚未进入农田直接危害农作物，但如果不及时组织防治，造成飞蝗迁飞为害，不仅农业生产将蒙受巨大损失，而且将对我国的国际形象和社会安定造成严重的负面影响（因为蝗灾的发生是贫穷落后的象征）。同时，若夏蝗防治不彻底，还将加剧秋季蝗虫的发生危害，势必对全年的农业生产构成严重威胁。因此，我们克服麻痹松懈和侥幸心理，要站在讲政治的高度和夺取农业丰收的大局来认识治蝗减灾工作的重要性。

二、立足防灾减灾，全力抓好夏蝗防治措施的落实

针对今年夏季蝗虫严重发生的态势，前一段时间各地已经积极行动起来，为夏蝗防治作了大量卓有成效的工作，总的来看，各地准备工作抓得早，虫情掌握准确，防治行动及时，各项措施得力。我部农技中心于5月初召开了夏蝗防治对策会商会，会同9个省市植保站研究制定了防蝗技术对策。与此同时，各省也加大了工作力度，如河南、山东、河北等省委、省政府领导十分重视蝗虫防治工作，相继成立了防蝗指挥部，重点蝗区市、县也相应成立了由有关部门主要领导组成的治蝗领导小组，切实加强了对治蝗工作的组织领导；另外，财政、民航、生资、新闻媒介等部门对治蝗工

给予了大力支持。在此，我代表农业部对9省市的党政领导和全体治蝗工作者，对财政、民航、生资、新闻单位等支持、关心防蝗减灾工作的同志们表示衷心的感谢！6月初以来，各地防治夏蝗的局部战役已在一些地区陆续打响，当前已进入全面防治的关键时期，为了实现控制蝗虫"不起飞、不成灾"的目标，各地要加大力度，坚决打好夏蝗防治战役。根据当前的蝗情和防治工作进展，各地要进一步抓好"三项落实"，确保"三个到位"：

（一）全面落实治蝗领导责任制，确保组织协调工作到位。防治蝗虫是一项特殊的农业防灾减灾工作，党中央、国务院领导十分重视，要求采取坚决的措施，控制蝗灾的蔓延。作好这项工作，需要农业、财政、航空、气象、生资等部门协同作战。河北、河南、山东等省的经验表明，防治蝗虫效果的好坏，关键在于组织领导力度。因此，各地要进一步推行治蝗工作行政首长负责制和技术部门岗位责任制，把各项防治措施落实到基层，把各项任务落实到单位和个人。我们农业部门的主要职责是摸清虫情，提出防治方案，及时向各级政府汇报，为领导决策当好参谋，同时，要积极争取有关部门支持与配合，在各级政府的统一领导下，精心组织，周密安排，团结协作，坚决控制蝗虫的迁飞、扩散和危害。

（二）切实落实治蝗资金，确保防治物资足额到位。今年治蝗工作时间紧、任务重、防蝗减灾资金需求量大，完成夏季防蝗任务预计需要资金4 000万元。从目前来看，已通过各种渠道筹集资金2 300多万元，其中中央财政补助500万元，蝗区省级财政安排近1 200万元（山东400万、河北300万元、河南150万、天津100万元，其他省250万元），蝗区各地县财政筹集600万元，与实际需要相比，治蝗资金尚短缺42.5％左右。截至今日，各地已订购各种对路治蝗农药1 200多吨、准备汽油100余吨、维修和添置药械1万多台，山东、河北、河南、天津签订了7架飞机防蝗作业合同，初步估计各项物资的到位率在60％左右。由于资金不足，有的治蝗物资难以到位，将造成施药覆盖面不足、防治不彻底。在这个问题上，我们一定要吸取"有钱买棺材，无钱治病"的教训。为了保证夏蝗防治顺利进行，各级农业部门要进一步向当地政府汇报蝗情，加强防蝗宣传工作，积极争取各级财政增加投入和落实配套资金；同时我部也尽量争取中央财政增加投入。但在上级治蝗资金尚未到达时，各地不要等靠，要想办法先集中资金用于应急防治物资的购置，确保飞机和地面应急防治工作的开展。

（三）认真落实蝗情报告制度，确保治蝗技术服务到位。准确掌握蝗情是作好防治工作的基础，各地农技植保部门要安排专人密切重视蝗情的发展，对重点蝗区和新出现的蝗区要全面摸清蝗情底数，防止漏查、漏报和误报。在蝗虫发生期间，要建立蝗情定期汇报制度,重发生区要2天一报,一般发生区要5天一报,对潜伏性蝗区要10天一报。在蝗虫防治的关键时期,重点蝗区要建立专人值班制度,确保信息传递畅通。植保技术人员要根据蝗情,分类指导防治,作好技术培训。在防治中要突出重点,从战略上采取"狠治夏蝗、抑制秋蝗"的策略,从战术上采取"四个结合",即堵窝防治与普遍防治相结合,地面防治与飞机防治相结合,群众防治与专业队防治相结合,应急防治与生态控制相结合,通过增加技术到位率,来提高防蝗效果。同时,要安排有关人员作好安全用药知识的指导和防毒防暑等工作,注意飞行作业安全,防止人畜中毒和其它伤亡事故发生,确保治蝗减灾工作全面胜利。

三、着眼标本兼治,切实推进蝗灾的可持续治理

有关研究表明,受全球性异常气候的影响,我国旱涝灾害将频繁发生,而蝗虫的发生与水旱灾害又密切相关,特别是黄河频繁断流、沿海湖滩淤积、土壤的盐碱化以及植被的破坏等,均导致蝗虫孳生环境在增加。目前,我国蝗虫适生区还有2 000万亩,这些都是环境复杂和难以治理的硬骨头,因此,我们在做好当前工作的同时,还必须树立长期治蝗的思想,要把防治蝗虫作为一项长期性的植保防灾减灾工作来进行规划,要通过标本兼治,推进蝗害的可持续控制。要实现这一目标,今后必须进一步加强以下工作:

(一)加强查蝗治蝗队伍建设。针对当前查蝗、治蝗队伍不稳的现状,各地要根据蝗虫监测和防治的需要,落实我部提出的"每个蝗区县有一名懂技术的治蝗干部,每万亩蝗区有一名查虫员"的要求。要积极改善查蝗、治蝗人员的工作和生活条件,稳定查治蝗队伍,提高蝗情监测和预报质量,提高信息传递速度。在蝗虫常发区和重灾区,要建立一支高素质的应急防治队伍,切实提高防灾减灾的战斗力和专业服务能力。

(二)加强应急防治设施建设。我国的治蝗基础设施多建于五六十年代,经过长期使用,大多数防蝗设施(如防蝗机场、喷药机械和药库等)已严重老化失修,不能满足现代治蝗的需要。为了改变治蝗设施落后的现状,去年我部通过"动植物保护工程"在5个重点蝗区实施了蝗虫应急防治建设项目,今年该项目已开始发挥作用,今天的防治现场是对项目成果的一次实地检验,展示了快速控制蝗灾效果。但由于投资有限,还有许多有待建设的飞机防蝗设施以及地面应急防治设施。为改善今后的治蝗条件,从中央到地方都要多渠道争取资金,加大治蝗基础设施建设,配备必要的交通、通讯和施药设备,提高抗御蝗灾的能力。

(三)加大生物防治技术开发力度。保护环境是促进国民经济可持续发展的基本

国策，近年来国内外利用生物农药防治蝗虫试验示范工作已取得良好进展，初步显示了生物防治技术在可持续控制蝗害中的作用。今后要加大治蝗新技术的研究与开发，积极推广生物治蝗技术，尽量减少化学农药的使用，保护天敌资源，降低环境污染。

（四）加快蝗区生态治理进程。这几年，在财政部的支持下，我部在部分蝗区组织实施了蝗虫生态治理项目，各地通过研究、试验和示范，成功地探索了改造滩涂、封育草场、改变蝗区植被结构等综合治理措施，达到了改造蝗区生态环境、抑制蝗虫发生的目的。我国现有 2 000 万亩的蝗虫适生区的一半可以进行生态改造，因此，今后各地要制定中长期规划，加快蝗区生态治理步伐，力争每年压缩蝗区面积 50 万～100 万亩，通过 10～20 年的努力，逐步减少蝗虫孳生环境，压缩发生规模，降低蝗虫暴发频率，实现蝗灾的可持续控制。

同志们，今年的防蝗减灾工作已在各蝗区紧锣密鼓展开，目前正进入防治夏蝗决战阶段。摆在我们面前的防治任务很繁重，时间很紧迫，务请大家回去后立即向政府领导汇报会议精神，紧急行动起来，狠抓各项措施的落实，打胜夏蝗防治战役，迎战秋蝗防治。

尽管现时的防蝗工作困难很多，但我们也有很多有利因素，有中央领导和各级政府的高度重视，有相关部门的支持和配合，有较雄厚的物质基础，有丰富的防治经验和先进的技术手段，我相信，只要我们坚定信心、克服困难、万众一心、全力奋战，就一定会夺取今年防蝗减灾工作的全面胜利，为农业丰收作出应有的贡献，以优异成绩迎接国庆五十周年和澳门回归。

农业部刘坚副部长在全国治蝗工作暨表彰会议上的讲话[*]

——加强领导，狠抓落实，确保蝗虫不起飞不扩散不成灾

（2001 年 5 月 14 日）

同志们：

针对今年东亚飞蝗将大发生的严峻形势，为了贯彻落实温家宝副总理等国务院领导关于蝗虫防治工作的重要批示精神，总结"九五"期间治蝗工作的成绩和经验，安排部署今年蝗虫防治工作，部里决定在天津市召开全国治蝗工作暨表彰会议。会议期间，全国农业技术推广服务中心通报了近年来国内外蝗虫发生形势及治蝗对策，有关省（区、市）汇报了去年蝗虫防治情况及今年发生趋势和治蝗准备情况，通报表彰了全国蝗虫防治先进集体和先进工作者。下面，我就今年蝗虫防治工作讲三点意见。

一、回顾"九五"，认真总结蝗虫治理经验

受气候异常、生态环境恶化等因素影响，"九五"以来，我国蝗区范围扩大，发生面积增加，暴发频率提高，对农业生产构成了严重威胁。特别是 2000 年飞蝗发生范围之广、面积之大为多年来所罕见，涉及 12 个省（区、市）的 160 个县，发生总面积超过 200 万公顷次，防治任务比 1995 年增加了一倍。

对此，党中央、国务院及蝗区各级地方党委、政府高度重视，有关部门密切配合、协同作战，采取切实有效的措施，蝗虫防治工作取得了显著成效。据统计，"九五"期间全国完成飞蝗防治面积累计达 500 万公顷次，尤其是 2000 年防治飞蝗 150 多万公顷次，实施生态控制 16 万公顷，及时有效地控制了蝗虫为害。在蝗虫连年大发生的情况下，创造了连续 15 年蝗虫不起飞、不大面积成灾的显著成绩，不仅保障了农业生产安全，减轻了灾害损失，维护了蝗区社会稳定，而且提高了我国的国际声誉。

回顾"九五"，总结治理蝗虫的成功经验，主要有以下几个方面：

一是加强组织领导。"九五"期间，国务院领导针对蝗虫防治工作先后作了 5 次重要批示，陈耀邦部长以及河南、河北、山东、天津、新疆等重点蝗区省（区、市）的省委书记、省长（市长、主席）曾多次作出批示、指示，分管领导亲自组织、指挥，确保了蝗虫防治指挥工作落实到位。在组织保障方面，我部成立了治蝗指挥部，

---

[*] 原载《植保技术与推广》2001 年第 21 卷第 6 期第 3-5 页。

强化了全国治蝗协调指挥工作。河南、山东、河北、新疆、天津等省（区、市）政府及重点蝗区的地、市、县政府也相继成立了治蝗指挥部或领导小组。在蝗虫防治的关键时期，各级党政领导深入第一线，安排、部署、指挥治蝗工作，召集有关部门解决实际问题，落实具体措施，体现了治蝗工作的政府行为。

二是防治措施及时到位。各地认真开展蝗虫调查监测，摸清了蝗虫发生规律，准确发布预报。我部及重点蝗区省（市、区）在防治关键时期，均开设治蝗专线电话和传真，建立 24 小时值班制度，及时、准确传递治蝗信息，及早制定防治预案，分类指导蝗虫防治，提出了应急化学防治、生物防治和生态控制等有效措施。在防治的行动上，广大治蝗人员克服困难，尽职尽责，确保了各项措施到位。

三是有关部门积极配合。各级农业部门在治蝗主战场上发挥了主力军作用，同时得到了有关部门的支持和配合。财政、计划、航空、气象和化工等部门积极支持，在治蝗资金划拨、基础设施建设、物资供应、气象服务等方面提供了有力保障，使蝗虫防治工作得以顺利开展。

四是推广行之有效的治蝗技术。"九五"期间，全国农技中心及蝗区植保部门，经过多年蝗区勘察和防治技术试验示范，建立了蝗灾综合治理技术体系，在蝗虫的灾变规律、生态控制、生物防治以及应用飞机和地面施药机械防治技术等方面取得了多项突破，为治蝗提供了技术保障。

五是加强舆论宣传。各级农业部门与新闻媒体密切配合，在新闻报道和技术普及上均加大了宣传力度，既增强了全社会对蝗灾危害性的认识，又消除了人们的"恐蝗"心理。

二、认清形势，增强治蝗责任感和紧迫感

蝗灾突发性、迁移性、毁灭性、政治性和长期性等特征，决定了治理蝗虫是公益性事业，是政府行为，是一项长期艰巨的任务。我们既要充分肯定"九五"期间治理蝗虫取得的成效，更要正视今年蝗虫将大发生的严峻形势，以及治理蝗虫中存在的问题和面临的困难，进一步增强做好蝗虫防治工作的责任感和紧迫感。

第一，要充分认识治蝗工作的长期性。据专家分析，近几年蝗虫年年防治，连年大发生的原因，主要有自然生态、蝗虫生物学特性和人为因素等三个方面。自然生态方面：一是全球气候异常，我国北方地区连年干旱缺水，旱灾明显加重，造成河滩裸露，湖库脱水，有利于蝗虫孳生；二是一些地区实施退耕还湖、还草、还林、还滩等生态保护措施，这些措施对改善宏观生态环境是有利的，但从微观上给蝗虫提供了大量的适生环境，适宜蝗虫孳生的区域和面积扩大；三是近年蝗虫发生基数大，防治后

的残虫量较高，虫源自然累积增加；四是农药使用量的增加，使蝗虫天敌数量减少，对蝗虫的抑制作用减弱；五是近年哈萨克斯坦等国外蝗虫大量迁入定居，提供了虫源。蝗虫生物学特性方面：一是蝗虫的适应性强。蝗虫食性复杂，可以取食100多种常见植物，对自然界有很强的适应性；二是蝗虫的繁殖能力强，一般繁殖率可达300～500倍；三是蝗虫的抗逆能力强，能在不同海拔高度和恶劣生态环境下生存。人为因素方面：一是一些新上任的领导同志和技术人员认识不足，深入实际不够，致使查蝗、治蝗出现死角，留下了潜在的蝗灾隐患；二是由于治蝗经费不足，在防治上只能保证重点蝗区，部分蝗区防治不彻底；三是防治专业服务组织不健全。目前，中央投资建立的蝗虫防治专业服务队只有5个县，大部分地区的地面防治，主要由临时雇佣的人员实施，施药质量往往较差，在一定程度上影响了防治效果；四是防治设施不足，大部分蝗区缺乏必要的施药器械、交通和通讯设备，不能适应防治工作的要求。这些因素决定了治理蝗灾的长期性和艰巨性。我国现有飞蝗孳生地130多万公顷，今后相当长一段时期内蝗灾威胁依然存在，我们必须树立长期治蝗的思想。

第二，要充分认识今年治蝗工作的紧迫性。据各蝗区调查，全国农业技术推广服务中心预测，今年夏季东亚飞蝗大发生的形势已成定局，预计发生面积93万公顷，其中需要防治面积73万公顷，发生规模、暴发强度和防治任务将接近或超过去年同期水平。另外，亚洲飞蝗、西藏飞蝗在新疆、西藏的局部地区将偏重发生；土蝗在北方农牧区也将偏重发生，局部地区有高密度发生的趋势。预计全国土蝗发生面积在460万公顷左右，发生范围和程度将接近去年。

考虑到治蝗工作的长期性和艰巨性，针对今年蝗虫严重发生的态势，在防治战略上要以飞蝗为重点，兼顾土蝗，尤以东亚飞蝗为重中之重；在防治策略上要狠治夏蝗，抑制秋蝗，控制全年，压低来年发生基数；在战术上采取"四个结合"，即重点挑治与普遍防治相结合，地面防治与飞机防治相结合，群众防治与专业队防治相结合，应急化学防治与生态控制、生物防治相结合；在防治技术上采取综合防治措施，适当加大生物防治和生态控制的比例，注意充分保护和利用自然天敌，减少化学农药对生态环境的影响。通过努力，确保实现"飞蝗不起飞成灾、土蝗不扩散为害"。

三、狠抓落实，集中力量打好夏蝗防治战役

治理蝗虫，飞蝗控制是重点，夏蝗防治是关键。现在，夏蝗防治开始进入临战期，部分蝗区夏蝗防治已拉开序幕。从几个重点省（市）了解的情况看，各地今年夏蝗防治动手较早，准备比较充分，总的看开局是好的。最近，温家宝副总理对治蝗工

作作了明确批示。蝗区各地要认真贯彻落实，紧急行动起来，切实加强领导，层层抓落实，确保组织领导、资金物资、人员技术及时到位，做到查蝗不留死角、治蝗不留空白，全力打好新世纪蝗虫防治的第一战。

一要全面落实责任制。蝗区各级政府要建立健全行政首长负责制，科学制定防治预案，层层落实责任，明确部门分工，加强组织协调。尤其是重点蝗区的各级治蝗指挥部或领导小组要切实负起责任。我部将于 6 月中旬分组派人深入重点蝗区检查落实，各省（区、市）也要有计划地派人深入下去检查督促，保证各项措施落实到位，做到查蝗不留死角，治蝗不留空白。

二要及早落实治蝗措施。落实蝗虫防治措施，关键是落实资金。各省要在中央防蝗经费的基础上，及时向政府主管领导汇报，积极争取有关部门的支持，确保应急防治经费足额及时到位。同时，在机场维护、飞机调度、药械准备、农药储备、技术培训等方面，要优先安排，做到有备无患。

三要落实蝗情报告制度。及时监测、准确掌握和预报蝗情是蝗虫防治的基础。蝗区各级植保部门要安排专人密切监测蝗情发展，对重点蝗区和新出现的蝗区要摸清蝗情基数，防止漏查、漏报和误报。在蝗虫防治的关键时期，重点蝗区要继续建立治蝗值班制度，确保信息传递畅通和防治及时。同时，要建立相对稳定的防治队伍，选用责任心强、踏实肯干的治蝗人员。

四要加大生物防治和生态控制力度。要积极试验推广蝗虫生物防治技术，搞好蝗区生态控制示范区建设，尽量减少使用化学农药，保护生态环境。各地要采取改善植被条件、培育良性生态环境、保护利用天敌等非化学的综合防治措施，控制蝗虫孳生环境，降低暴发频率，积极推进蝗虫可持续治理。同时，要依靠科技进步和技术创新，加大治蝗新技术的研究与开发，提高治蝗技术含量。

五要加强治蝗基础设施建设。我部正在积极与国家计委协商，争取把蝗虫防治基础设施建设列入有关建设项目，分区域集中建设治蝗物资仓库，配备施药机械，装备查蝗、治蝗必要的交通、通讯设施，建立全国蝗虫防治指挥系统，加强治蝗应急队伍建设。蝗区各地也要搞好规划，筹措资金，突出重点，加强治蝗基础设施建设，增强抗御蝗灾能力，提高治蝗质量和效率。

六要加强舆论宣传。一是加强蝗虫发生规律和发生形势的科学宣传，做好长期治蝗的思想准备；二是加强治蝗技术的普及宣传，提高治蝗人员的科技素质；三是宣传治蝗工作搞得好的经验和典型。

七要注意治蝗安全。去年新疆飞机治蝗发生了机毁人亡的意外事故，对此各地要吸取教训，严防类似事件再次发生。此外，在高温季节治蝗，还要防止农药中毒事故发生，注意生态环境安全，尽量避免农药对牲畜和其他有益生物的杀伤。在农牧区治蝗施药前，要采取有效措施告示周围居民，切实保障人民生命安全、保证生产安全。

同志们，今年夏蝗防治战役即将全面展开，治蝗任务艰巨，时间紧迫。蝗区各地要强化领导，团结协作，扎实工作，狠抓落实，认真做好夏蝗防治工作，确保今年"飞蝗不起飞成灾，土蝗不扩散为害"。

农业部刘坚副部长在全国蝗虫防治工作会议上的讲话

——认清形势，狠抓落实，全力做好蝗虫防治工作

（2004 年 5 月 13 日）

同志们：

针对今年农牧区蝗虫偏重发生的态势，为了贯彻国务院领导的批示精神，实现"飞蝗不起飞成灾，土蝗不扩散危害"的目标，部里决定召开这次会议，主要是分析今年蝗虫发生态势，总结交流近年来的治蝗工作经验，安排部署蝗虫防治工作。会上，8 个省区介绍了情况，夏敬源同志通报了全国蝗虫发生形势和防治对策。下面，我就今年和今后的蝗虫防治工作讲三点意见：

一、认清形势，明确今年的治蝗任务和目标

近年来，受异常气候的影响，在全球一些地区蝗灾频繁发生，如中亚地区、澳大利亚等国家发生了严重的蝗虫灾害。从我国的情况看，北方大部地区持续干旱，致使土地沙化、盐碱化以及草原退化等现象逐年加重，给蝗虫的发生创造了适宜条件。另外，这几年退耕还湖、保护湿地等力度加大，也增加了蝗虫的适生面积。据全国农业技术推广服务中心、全国畜牧兽医总站的预测和各省反映的情况分析，今年飞蝗和农牧区土蝗仍是一个偏重发生年，预计全年飞蝗发生 3 250 万亩（其中东亚飞蝗 3 000 万亩，亚洲飞蝗和西藏飞蝗 250 万亩），农区土蝗 1 亿亩，草原蝗虫 3 亿多亩。总体看，发生程度与去年相当，但应防治面积有所增加，高密度点片增多，防治难度加大。对此，我们要有清醒的认识，要给予高度重视。

首先，从农业发展的要求认清治蝗工作的重要性。蝗虫不仅是一个毁灭性害虫，也是一个有社会政治影响的害虫，一旦暴发成灾，将对多种农作物和草原造成毁灭性打击。历史上"飞蝗蔽天，禾草皆光"的例子不胜枚举。去年内蒙古的草原蝗虫、西藏飞蝗造成了严重危害，黄淮海地区东亚飞蝗也出现严重的蝗情，引起了胡锦涛总书记、温家宝总理和回良玉副总理的高度关注。今年中央、国务院对"三农"工作特别是粮食生产十分重视，千万不能因为蝗虫问题影响农业和粮食生产的大局。因此，我们要充分认识到蝗虫发生的严重性和防治工作的重要性。

第二，从蝗虫发生的特点认清治蝗的复杂性。从各省反映的情况分析，今年蝗虫发生的主要特点：一是黄淮海地区的东亚飞蝗产卵不集中、高密度点增多、发生期提早；二是新疆亚洲飞蝗受境外迁入的影响，越冬卵量偏高；三是部分新发生区潜在隐

患大，如西藏、吉林、辽宁、广西的局部地区；四是草原蝗虫和农区土蝗发生面积增加。加之蝗虫发生区的生态环境复杂、发生时间不统一以及蝗虫种类的差异大等情况，增加了防治工作的复杂性。

第三，从蝗虫发生的程度认清防治任务的艰巨性。今年飞蝗防治的重点区域在黄淮海地区；土蝗发生的重点区域在内蒙古、新疆的草原、农牧交错区以及长江流域部分稻区。全年需要防治飞蝗 2 400 万亩、农区土蝗 7 000 万亩、草原蝗虫 2.3 亿亩。要实现"飞蝗不起飞成灾、土蝗不扩散危害"的目标，防治任务十分艰巨。

近几年，我们每年都召开治蝗工作会议，各省也都进行部署，一方面大家积累了工作组织和技术防治经验，但另一方面容易产生麻痹思想。我再次告诫大家，对防治蝗虫工作不可有丝毫麻痹和懈怠，蝗区各地要把蝗虫防治工作作为当前农牧部门的一项重要工作，切实抓紧抓好。

二、狠抓落实，全面做好今后蝗虫防治工作

今年蝗虫的发生面积大，防治任务重。农区防治的重点是飞蝗，而夏蝗防治又是关键，因此，要继续采取"狠治夏蝗、控制秋蝗"的策略，同时还要加强对土蝗的控制；牧区和半农半牧区防治的重点是亚洲小车蝗、意大利蝗等草原蝗虫。现在，蝗虫已陆续进入发生期，特别是夏蝗防治已进入临战时期，从几个重点蝗区省了解的情况看，虫情调查和防治准备工作比较主动，但在资金筹集、农药、机械和飞机落实方面还有较大差距。针对今年蝗虫发生情况，各级农业部门和治蝗指挥机构要在思想上作好充分准备，切实加强领导，要根据防治预案，加大各项工作力度，在狠抓落实上下功夫。

为确保今年治蝗目标的实现，要切实做到以下"四个落实"：

一是落实责任制。蝗虫防治工作属于政府行为，涉及的部门较多。做好这项工作，首先要落实领导责任制。要继续实行各级行政首长负责制，重点蝗区，要完善治蝗指挥机构，各级治蝗指挥部或领导小组要切实负起责任；没有设立指挥机构的蝗区，根据属地化管理的原则，政府主管领导，特别是农业部门主要负责人要主动负起责任。我们将把各省（区、市）的治蝗指挥机构和责任人名单报国务院，并印发给大家。第二要明确部门分工负责制。各级治蝗指挥机构要明确成员单位的职责分工，加强组织协调，避免出现重大灾情后互相推诿，影响大局。第三要强化督查制度。在防治关键时期，要派人深入重点蝗区检查督促，确保各项措施落实到位。第四要建立值班制度和虫情报告制度。在蝗虫发生和防治关键季节，设立值班人员和值班电话，重点蝗区每周通报两次情况，一般蝗区每周至少通报一次，对重大灾情，要及时向当地

政府和上级主管部门反映，确保信息畅通。

二是落实技术措施。各级植保和草原技术部门要明确专人，加强蝗虫监测，及时准确发布蝗情，特别要注意行政区域相邻地区、人口稀少地区，绝不能漏查漏报，监测责任要明确，明确区域，责任到人。根据蝗虫发生态势，要科学制定飞机和地面防治方案和安全措施。对技术薄弱地区，要提早安排技术培训，加强生物防治、生态控制和其他先进实用技术的示范推广。并组织精干技术人员到实地开展技术指导，进一步提高技术到位率。特别是一些新发生地区、牧区、边远地区，要加大治蝗技术培训力度，要保证有熟悉治蝗技术的农技人员，确保技术服务到位。

三是落实资金和物资。目前，天津、河北、内蒙古、山东、河南等省（区、市）已初步落实资金 2 000 多万元，但与防治的需求相比还有较大缺口，各地会后要抓紧争取财政部门增加防治经费投入。同时，我部也在积极争取中央财政增加补助经费，但各地不要等待，要先安排资金提早做好防治物资的准备，避免临阵磨枪和工作出现被动。决不能因为资金紧缺而影响治蝗工作。此外，要加快蝗虫应急防治站等项目建设进度，尽早发挥其作用。

四是落实应急防治行动。根据今年蝗虫发生的特点，各地要早准备、早行动，在东亚飞蝗发生区，6 月份是采取大面积防治行动的关键时期，有关飞机调度、地面防治队伍组织动员、防治机械维修、技术培训以及后勤保障等方面要提早行动，确保在 5 月底以前完成各项准备工作。对亚洲飞蝗、西藏飞蝗和草原蝗虫发生区，也要在 6 月 10 日前确保完成相应准备工作。通过及时采取飞机和地面防治相结合、专业队防治和群众防治相结合、化学防治和生物防治相结合等防治行动，切实提高防治效果。

这次会议后，各地对以上四项工作要逐一检查，逐项落实，对准备工作没有落实到位的，要限期到位。各级农业部门要积极向当地党委、政府及时汇报，当好参谋和助手，还要主动与有关部门加强联系和协调，形成工作合力。

三、认真总结经验，牢固树立科学治蝗的思想

我国蝗虫防治已有 2 700 多年的历史，古代蝗灾损失严重，很大程度上受制于落后的科学技术。建国以来，我国蝗虫控制技术的研究取得了长足进步，从化学防治、生态控制，到现代信息技术的应用，都积累了许多成功经验。如山东、河北、江苏、安徽、河南等省，通过对海滩、河滩和湖滩的植被改造，有效地压缩了蝗虫孳生环境；天津、内蒙古、青海、新疆等省地通过采用生物防治技术，减少了化学农药对环境的污染；河北、吉林、新疆等省区发展牧鸡牧鸭治蝗增加了农牧民收入。此外，一些省在飞机防治和"3S"技术的应用方面也取得了突破。上述技术的推广应用，对

控制蝗灾发挥了重要作用。但我们还应看到，由于异常气候的影响和生态环境的变化，蝗虫的发生也有了新的变化。近五六年来，蝗虫连年偏重发生，而且还不断产生新的飞蝗发生区，向北、向边远地区扩散，土蝗发生也日趋严重。这些新情况不能不引起我们的注意，必须从战略的层面，从长效机制的角度研究我国治蝗工作。

必须标本兼治。"治标"重点是要根据各种蝗虫的危害损失，科学制定相应的化学和生物防治指标，通过减轻蝗虫发生程度，确保"飞蝗不起飞成火、土蝗不扩散危害"；"治本"重点是考虑对蝗虫孳生地的生态治理，通过恢复植被、改善植被结构或其他农业和水利措施，从根本上逐步减少蝗虫适生环境，压缩蝗虫发生范围。各地已有了成功经验，要抓紧制定治本的规划，明确可以改善生态环境的面积、采取的措施、需要的年限、可使蝗虫的发生面积减少到什么程度，等等。

必须重视环境保护。防治蝗虫是一项特殊的防灾减灾工作，每年都要喷洒数千吨化学农药，在减轻蝗虫危害的同时，也对农田、草原、水域以及其他有益生物造成了一定的负面影响。由于蝗虫防治是长期性的任务，因此，今后不仅要注重防治效果，还要强化环保意识。通过加大生物防治、生态控制和科学用药力度，最大限度保护生态，减少环境污染。要加大生物防治的研究力度，如：利用微孢子虫、绿僵菌治蝗，进一步总结和研究牧鸡牧鸭、招引椋鸟治蝗，制定研究、示范、推广计划。

必须树立长期作战的思想。我国属于蝗灾频发区，长期以来，蝗虫防治体系一直不健全，致使蝗虫发生后仓促应战的情况时有发生。由于蝗虫的杂食性、适应性和繁殖率高的原因，在今后较长一段时期，蝗灾难以根除，治蝗工作将是一项长期性的任务。因此，对重点发生区和常年发生区，一定要建立比较稳定的治蝗专业体系，科学制定生态控制规划，稳定治蝗经费投入渠道，研究制定科学的蝗虫防治管理办法，加强对蝗虫灾变规律和防治新途径、新方法的研究。这些问题的解决，对推动今后我国蝗灾的可持续治理至关重要，因此，有必要重视研究建立治蝗的长效机制。

最后，我再强调一下小麦后期管理工作。据我部最近农情调度和会上各省反映的情况看，当前小麦长势继续向好的方面发展，如果后期不出现大的自然灾害，夏粮可望有个好收成。但是，小麦生长的后期是灌浆、成熟、收获的关键时期，还有许多变数，仍需强化后期麦田管理，重点抓好以下三项工作：

一要继续抓好病虫害防治工作。进一步落实组织领导责任制，把小麦条锈病等病虫害的防治，作为夺取小麦丰收的一场重大战役抓到底。当前，西北一些地区由于4月中下旬降雨较多，错过了药剂防治的最佳时期，需要采取各种补救措施，严格控制病害的扩散蔓延；黄淮麦区要做到严防死守，把病害控制在点片发生范围。

二要指导农民加强田间管理。据气象部门预报，5月中下旬黄淮海部分地区大风天气较多，旱情还将持续发展；江淮麦区阴雨天气偏多。对不利气候可能造成的干热风、倒伏、烂场雨、穗发芽等自然灾害，各级农业部门要加强工作指导，督促各地完善应急防治预案，普遍开展"一喷三防"（喷施叶面肥，防病虫、防倒伏、防干热风和早衰），最大限度降低自然灾害造成的损失。

三要组织好小麦跨区机收工作。我部已制定了今年小麦跨区机收工作方案，印发了《关于做好 2004 年农机跨区作业管理工作的通知》，5 月 9 日召开了 10 个省农机管理部门参加的跨区机收工作会议。全国大规模小麦机收会战将于 5 月底开始从南到北展开。时间紧迫，各级农业部门要抓紧做好各项准备工作，确保机手发动、跨区机收作业队组建、信息发布、机具检修检验、人员培训、作业证发放登记等工作落实到位，努力提高机收率，减少收割损失。

同志们，这次会后，治蝗行动将全面展开，任务艰巨，时间紧迫，各地要加强领导，精心组织，团结协作，扎实工作，做到重大灾情早发现、早报告和早行动，争取防治工作的主动权，确保今年"飞蝗不起飞成灾、土蝗不扩散危害"。同时，认真做好夏收小麦后期管理，力争夏粮有一个好收成。

农业部范小建副部长在全国蝗虫防治工作视频会议上讲话

——认清形势，明确目标，切实做好今年蝗虫防治工作

（2005 年 5 月 19 日）

同志们：

蝗虫发生和防治的关键季节就要到来，为了分析今年蝗虫发生态势和防治工作面临的形势，进一步明确蝗灾治理目标，安排部署今年的防治工作，部里决定召开这次全国蝗虫防治工作视频会。刚才，5 省（市、区）分别介绍了今年蝗虫发生形势和防治工作安排情况。下面，我就今年蝗虫防治工作讲三点意见。

一、认清形势，进一步增强紧迫感和责任感

近几年来，受异常气候和农牧业生态环境变化等因素的影响，我国农作物和草原重大病虫害发生呈上升趋势，特别是蝗虫在黄淮海地区以及西北和华北的农牧区严重发生，新疆边境地区境外蝗虫也频繁侵袭，对农牧业生产和社会稳定构成了严重威胁。据我部预测分析，今年我国蝗虫总体仍呈偏重发生态势，预计发生飞蝗 3 000 万亩次、农区土蝗 1 亿亩、草原蝗虫 3.7 亿亩，发生面积、程度与去年基本相当，今年蝗虫防治工作十分繁重，对此，各地要有清醒的认识，要从政治的高度切实抓好蝗虫防治工作。

首先，要从履行政府职能的角度认清治蝗工作的重要性。做好蝗虫防治工作，政府部门特别是我们农业部门负有不可推卸的责任，这不仅是一项技术工作，而且是一项严肃的政治任务。今年以来，温家宝总理、回良玉副总理多次作出重要批示，要求把防灾减灾工作作为农业工作的重点，切实抓紧抓好。杜青林部长在 4 月 18 日部常务会上也对今年的农业减灾工作，特别是重大病虫害防治提出了明确要求。我们要认真贯彻中央领导的指示精神，根据农业部总体部署，把蝗虫防治各项措施落到实处。

第二，要从保障农业生产安全的角度认清治蝗工作的重要性。蝗灾是一个毁灭性的生物灾害。历史上"飞蝗蔽天，禾草皆光"的例子不胜枚举，曾给农业生产和人民生活造成过深重灾难。新中国成立以来，各级政府投入了大量的人力物力，为控制蝗灾作出了不懈努力，特别是"十五"期间，国家加大了治蝗基础设施建设和防灾投入力度，使飞蝗重发区监测和控制能力得到加强，蝗灾发生程度受到遏制，飞蝗年发生面积由建国初期的 5 500 万亩次下降到 3 000 万亩次左右，实现了"飞蝗不起飞成灾"的防治目标。但是，由于北方地区干旱和土地次生盐碱化，南方一些地区实行免耕种

植和退田还湖、还草，增加了飞蝗适生环境。一旦遇到适宜气候，极易暴发蝗灾。此外，受各种因素的影响，农区土蝗如中华稻蝗、亚洲小车蝗、越北腹露蝗等也呈逐渐加重的趋势，已成为一些地区威胁农业特别是粮食生产的主要害虫，做好蝗虫防治工作直接关系到粮食生产和农民增收，关系到农村的稳定，不能有丝毫松懈。

第三，要从确保生态安全的角度认识治蝗工作的重要性。由于干旱和超载过牧造成草原退化，草原蝗虫在内蒙古、新疆、甘肃、青海等省（区）已经连续 8 年大面积发生，程度逐年加重。据统计，1996 年以前草原蝗虫年发生面积仅 8 000 万亩左右，1997 年超过 1 亿亩，1998 年上升到 2 亿亩，2001 年达到 3 亿亩，2004 年超过 4 亿亩。蝗虫的严重发生反过来又加剧了草原生态环境的恶化，形成恶性循环。近年来，虽然草原治蝗工作取得了一定的成绩，但由于起步较晚，基础薄弱，监测、预警与防治体系不健全，设施和手段落后，应急防控能力较弱，致使草原蝗虫严重发生的态势没有得到根本扭转，加强草原蝗虫防治工作刻不容缓。对此，中央领导提出明确要求，回良玉副总理作出重要批示："草原重大病虫害的连年暴发，已成为破坏草原生态系统的重要因素。要加强监测和应急防治基础设施建设，加大应急防治经费投入，增强监测预警和应急防治能力，保护好草原生态环境。"治蝗工作直接关系草原生态安全，直接关系牧区农牧民生产生活，需要切实加强。

第四，要从维护边疆稳定发展的角度认识治蝗工作的重要性。近几年以来，部分周边国家发生的蝗虫大量扩散、迁飞进入我国新疆、内蒙古等边境地区，严重威胁当地农牧业生产。国家安排专项资金，加大边境地区蝗虫防治力度。我部加大了工作力度，协助地方开展防治工作。当地党委、政府每年都要投入大量人力、物力，全力防治。尽管如此，境外蝗虫的威胁仍然存在。由于我国边境线漫长，相邻的一些国家与我国接壤的不少地区亚洲飞蝗发生严重，蝗虫很容易扩散、迁飞进入我国境内，而这些国家还没有与我国建立起有效的防治工作协作机制，边境防治工作处于情况不明、信息不畅、被动防治的不利局面，加之边境地区地广人稀，条件较差，防治难度大。我们要看到做好边境防治工作面临的特殊困难，更要看到边境地区大多是少数民族聚集地，做好防治工作直接关系到民族团结和边疆稳定，对此我们必须要有足够清醒的认识。

做好今年蝗虫防治工作，意义十分重大。各地农业、畜牧部门要从政治高度和农业、农村经济发展的大局，进一步增强责任感和紧迫感，对蝗虫发生造成的潜在危害不可低估，对境外飞蝗扩散迁飞带来的隐患不可低估，对防治工作的难度不可低估，充分认识防治任务的艰巨性，切实做好蝗虫防治工作。

二、理清思路，进一步明确治蝗工作目标任务

今年是执行《国家突发公共事件总体应急预案》的第一年，面对蝗虫防治工作的严峻形势，各地要按照应急预案的有关规定，按照依法行政、科学行政的要求，全面部署和推进蝗虫防治工作。在工作思路上要坚持"一个方针"，即"预防为主，综合治理"的方针。抓好"两大重点"，强化飞蝗应急防治，增加土蝗控制面积。统筹"三个区域"，农区要继续采取"狠治夏蝗、控制秋蝗"的策略，重点抓好飞蝗的防治；牧区要突出亚洲小车蝗和意大利蝗等草原蝗虫的控制；边境地区要狠抓外来亚洲飞蝗的治理。注重"四个结合"，即地面防治与飞机防治相结合，群众防治与专业队防治相结合，化学防治与生物生态防治相结合，重点挑治与普遍防治相结合。

今年蝗虫防治的任务是：夏季飞蝗需要防治的面积在 1 350 万亩以上（其中东亚飞蝗 1 100 万亩，亚洲飞蝗 200 万亩，西藏飞蝗 50 万亩），重点地区是山东东营、滨州、菏泽，河北沧州，天津大港，河南黄河滩以及海南、江苏、安徽、西藏、四川、陕西和山西等省的部分地区。农区土蝗需要防治的面积为 5 000 万亩，主要集中在山西、内蒙古、黑龙江、广东等省区。草原蝗虫需要防治面积 2 亿亩左右，重点是内蒙古、新疆、青海、甘肃、黑龙江等省区。边境地区需要防治 100 万亩，重点是新疆阿勒泰和塔城地区。今年蝗虫防治的具体目标是：飞蝗发生密度控制在每平方米 1 头以内；农区土蝗平均密度控制在每平方米 5 头以内；草原蝗虫平均密度控制在每平方米 10 头以内；农区和草原的蝗灾损失分别控制在 5% 和 10% 以内，努力做到"飞蝗不起飞成灾，土蝗不扩散危害，入境蝗虫不二次迁飞"。

三、落实责任，加大今年治蝗工作力度

当前，蝗虫已陆续发生，夏蝗防治已进入临战状态。从对各地了解的情况看，今年蝗情调查和防治准备工作比较主动，但在资金筹集、农药、机械和飞机落实方面还有较大差距。各级农业、畜牧部门和治蝗指挥机构要针对存在的问题，切实加强领导，研究应对措施，加大工作力度。

一要全面落实治蝗领导责任制。蝗虫防治是一项公益性很强的政府行为，农牧部门要在当地政府的统一领导下，密切与财政、计划、航空、气象等部门联系，开展工作。各地多年的实践经验表明，蝗虫防治工作做得好坏，关键在于领导重视和责任明确。蝗虫常发区要建立和完善治蝗指挥协调机制，加强对防灾工作的组织领导，实行治蝗属地责任制和行政首长负责制。各地都要建立健全治蝗指挥协调机构，没有设指挥协调机构的，农业部门也要切实负起责任来，提出防治方案，及时向政府汇报。各

级治蝗指挥协调机构要明确成员单位职责，加强组织协调。农牧部门要精心组织，周密安排，积极争取有关部门支持，充分发挥蝗虫防治的主体作用。要强化工作的督导，在蝗虫防治关键时期，重点蝗区各级农牧部门都要派人深入防治一线检查指导工作，确保各项措施落到实处。

二要切实加强监测预警工作。准确掌握蝗情是做好防治工作的基础，各地农牧部门要跟踪监测境内外蝗虫发生、发展动态，及时准确发布预报和报告蝗情，对重点蝗区和新出现的蝗区要全面普查，防止漏查、漏报和误报。在蝗虫发生与防治的关键期间，要实行治蝗值班制度和零报告制度，定期逐级报告蝗虫发生和防治情况，重点蝗区每周报告两次，一般蝗区每周通报情况一次，重大灾情及时报告，确保信息传递畅通。各有关省（区、市）要从 5 月 20 日开始，开通值班电话、传真和电子信箱，安排专人，每周向农业部治蝗办公室报告情况。若出现蝗虫迁飞、境外迁入、防治事故等重大情况，要迅速反应，提出处理意见。一旦发现重大蝗情，要立即派人到现场指导防治，毗邻省区要特别注重治蝗协作。

三是提早落实治蝗资金和物资。今年的治蝗任务繁重，资金需求量大。目前，我部掌握的情况看，山东、河南、河北、江苏、天津、内蒙古等 8 个省区市已安排部分资金，订购了治蝗农药 500 多吨，汽油 100 余吨，维修和添置大中型药械 5 万多台，与实际需要还有较大缺口。各级农业部门要克服"等、靠、要"的思想，主动向当地政府汇报蝗情，积极争取财政支持，千方百计备足治蝗物资，确保各项防治行动落实到位。6 月份是夏蝗大面积应急防治的关键时期，各地务必在 5 月底以前完成有关飞机调度、地面防治队伍组织动员、防治机械维修、技术培训以及后勤保障等准备工作。草原蝗虫防治物资的筹备和相关准备工作也应在 6 月 10 日前完成。

四是加强防治技术指导和培训。蝗虫防治技术性很强，要按照标本兼治和可持续治理的要求，精心策划防治技术，因地制宜开展生物防治、生态控制和化学防治相结合的综合治理措施。在防治关键时期，技术人员要深入基层，加强防治工作指导。要根据不同区域和蝗虫发生程度，现场指导制定防治方案。高密度区要及时组织开展应急化学防治，中低密度区要加大生物防治技术的示范和推广力度，尽量避免化学农药对环境的影响。农区飞蝗发生区要通过植被改造和利用生物多样性等措施，强化源头治理。草原蝗虫防治要在化学应急防治的同时，大力推广应用牧鸡牧鸭、招引椋鸟、微孢子虫、绿僵菌等生物防治技术。各级农牧部门要采取灵活多样的形式，加强对查蝗治蝗人员和农牧民的技术培训，广泛动员农牧民积极参与监测和防治工作。飞机作业和人工施药事关飞行安全和人畜安全，操作人员上岗前必须进行安全知识和操作规范培训，防止人畜中毒和其它伤亡事故发生。

这里，我再强调一下红火蚁防控工作。自去年底以来，局部地区发现了红火蚁，我部对防治工作多次作出部署和安排，已经制定防治预案，安排专门经费用于普查和扑灭。各地要切实提高对红火蚁防控工作的认识，农业部门要履行职责，争取政府的重视和有关部门的大力支持，加强领导，精心组织，确保预防和控制所需资金等措施的落实。从新西兰、澳大利亚等国家防治红火蚁的经验看，只要发现早，封锁控制严格，防治措施到位，红火蚁是可防、可控、可治的，经过连续 3～5 年的科学防控，也是可以根除的。对当前的防治工作，我再强调以下几点：

一是对红火蚁发生区，要采取严格的封锁控制和科学扑杀措施。

二是对没有发现红火蚁的适生区，要强化监测和检疫。

三是针对红火蚁防控中存在的突出问题，要认真组织相关研究和科普宣传与培训。

同志们，实现今年粮食稳定增产和农民持续增收的任务异常艰巨，我们要全面贯彻中央一号文件的精神，牢固树立抗灾夺丰收的思想，扎扎实实作好各项工作，坚决打赢蝗虫防治这场硬战，为实现全年农业发展目标做出应有的贡献。

农业部范小建副部长在 2006 年全国蝗虫
防治工作视频会议上的讲话

（2006 年 5 月 15 日）

同志们：

当前，华南地区蝗虫已达到三龄盛期，北方地区的蝗虫也陆续进入出土高峰，夏蝗防治的关键时期即将来临，为了认真贯彻落实全国植物保护工作会议精神，总结经验，强化责任，分析今年蝗虫发生态势和防治工作面临的形势，安排部署今年的蝗虫防治工作，部里决定召开这次全国蝗虫防治工作视频会议。刚才，5 省（市、区）分别总结了去年的蝗虫防治情况，分析了今年蝗虫发生形势，介绍了下一步的防治工作安排。下面，我讲三点意见。

一、认真总结经验，牢固树立植物保护工作新理念

2005 年，全国蝗虫发生程度有所缓解。北方东亚飞蝗和亚洲飞蝗常发区发生较轻，中哈边境地区境外蝗虫基本没有迁入危害，但部分地区发现了新的蝗情，海南西南部、广西中部东亚飞蝗严重暴发，四川石渠和西藏阿里等局部地区也发生高密度西藏飞蝗，此外，内蒙古和河北的农牧交错区土蝗发生也比较严重。为了实现治蝗目标，各级农业部门做了大量卓有成效的工作，及时预测了蝗虫发生趋势，制定了防治预案和处置方案，召开了专门的会议，在防治关键时期多次组织工作组；各级治蝗办公室实行了严格的蝗情报告制度和 24 小时值班制度。去年全国飞蝗发生 2 814 万亩，草原蝗虫发生 1.9 亿亩，农区土蝗发生 9 100 万亩，各级财政投入农牧区治蝗经费约 1.85 亿元（其中中央 1 亿元），全年累计完成防治面积 9 889 万亩次（其中防治飞蝗 2 125 万亩次、农区土蝗 3 500 万亩次、草原蝗虫 4 264 万亩次），总体防治效果在 90％以上，直接挽回经济损失 20 亿元以上。6—7 月份我到天津、河北、山东考察蝗虫防治工作，所到之处，感到各地蝗虫防治抓得很扎实，相关措施落实较好。我看关键是做到了组织指挥到位、物资准备到位、技术措施到位和督促检查到位，而这"四个到位"又取决于各级领导的高度重视、相关部门的密切配合、财政资金的大力支持和治蝗人员的辛勤工作，四者缺一不可。

虽然我们较好地完成去年的治蝗任务，但各地的防治工作开展也很不平衡，还有许多方面需要加强和改进。比如，去年海南有的地方治蝗应急机制没有建立，致使蝗虫突然暴发后不能有效地应对；有的地方领导把蝗灾当成一般的病虫灾害对待，防治

责任制没有落实；有的地方"等、靠、要"思想严重，在资金投入上过分依赖中央财政，防治资金不能及时到位；还有的地方忽视防蝗队伍建设，专业人员很少，技术储备不足。这些问题的存在，造成蝗虫防治工作十分被动，给蝗灾的发生和蔓延留下隐患，需要我们认真总结，引起高度重视。

最近，我部在湖北襄樊市召开了全国植保工作会议。在这次会议上，我们认真总结了植保工作取得的成绩和经验。总的看，新中国成立以来，特别是改革开放以来，我国植保工作对提升农业综合生产能力，促进农业结构调整和农民增收，推进农业科技进步，保障生态安全起到重要的不可替代的作用。什么时候重视植保工作，植保工作发展了，农业生产发展就快，就更平稳；什么时候削弱植保工作，植保事业受挫折，农业生产发展就受到影响和制约。同时，我们还深刻地认识到，生物灾害是自然灾害，又不同于自然灾害；既是生物疫病，又不同于人畜疫病；是可防、可控、可治的。需要以科学发展观为指导，从生产安全、食品安全、公共安全乃至国家安全的高度去认识。必须充分认识到我国生物灾害防控面临的严峻形势，以及植保工作与发展现代农业和建设社会主义新农村的不适应性；必须坚持"预防为主、综合防治"的植保方针，需要政府牵头，有关部门参与，建立应急防控机制；必须树立公共植保和绿色植保的理念，加强新型植保体系建设，提高我国生物灾害防控能力。蝗虫防治工作是植保工作的重要组成部分，蝗虫防治作为政府行为在我国已经有 2 000 多年的历史，即使在科技发达的今天，控制蝗灾仍然极具复杂性、长期性和艰巨性。尽管近年来我国蝗灾发生程度有所控制，但其孳生环境尚未根除，一旦气候适宜，蝗虫就有暴发成灾的危险，越是平常发生年份，越不引起人们注意，这时候就越容易出问题，不仅影响农业生产和生态环境，影响农业的可持续发展，并导致不良的社会影响。因此，我们要认真汲取过去的经验和教训，充分认识到控制蝗灾的经济意义和社会意义，要做到未雨绸缪，要以新的植保理念来指导治蝗工作。

首先，从建设社会主义新农村的要求看，治蝗工作必须树立新的植保理念。提高农业综合生产能力、促进生产发展是建设新农村的基础，我国蝗虫发生区主要涉及16 个省（区、市）的 600 多个县（市、旗），这些地方地广人稀，经济相对比较落后，农牧民生活也比较困难，常年受到蝗虫的危害。如果蝗灾得不到有效控制，生产就不能发展，农民就不能脱贫，新农村建设就难以进行。新农村建设需要发展植保公共服务，而防治蝗虫又是植保公共服务的重要内容。因此，做好蝗虫防治工作，政府部门特别是农业部门负有不可推卸的责任，这不仅是一项技术工作，而且是一项严肃的政治任务。要从履行政府职能的角度，牢固树立治蝗是公共防灾的思想，把控制好蝗灾作为保障新农村建设的一项重要措施落到实处。

第二，从确保粮食安全的要求看，治蝗工作必须树立新的植保理念。我国粮食已连续两年增产，要保持粮食持续稳定发展，任务十分艰巨，除了要做好政策扶持和提升生产能力的增产措施，还需要抓好防灾保产措施。蝗灾是一种暴发性、迁移性和毁灭性的生物灾害。历史上"飞蝗蔽天，禾草皆光"造成粮食歉收、饥荒四起的例子不胜枚举。新中国成立以来，各级政府投入了大量的人力和物力，为控制蝗灾作出了不懈努力，使蝗灾发生程度受到遏制，飞蝗孳生区由建国初期的5 500万亩下降到目前的3 000万亩左右，实现了"飞蝗不起飞成灾"的目标。但是，蝗灾的隐患尚未根本消除，加之持续干旱气候、滩涂淤积和土地次生盐碱化等因素的影响，飞蝗适生环境还有增加趋势。此外，中华稻蝗、亚洲小车蝗、越北腹露蝗等也逐年加重，并成为一些地区威胁粮食生产的主要害虫。特别是东亚飞蝗发生区，多位于粮食主产区附近的国有荒地和农田夹荒地，其暴发后大量迁入农田危害，而且这种迁移或迁飞常常是跨地区甚至跨国界的，所以农民自己不愿意防治，也没有能力去控制，这就需要政府组织，进行有效地防控。

第三，从保护生态安全的要求看，治蝗工作必须树立新的植保理念。近年来，由于干旱和超载过牧造成草原退化，有利于草原蝗虫在内蒙、新疆等地连年大面积发生，部分地区还有逐年加重趋势。蝗虫的严重发生破坏了草原植被，反过来又加剧了草原生态环境的恶化，形成恶性循环。这些年在当地政府的重视和农牧部门的努力下，草原蝗虫防治工作取得了明显成效，蝗虫发生程度得到遏制，治蝗技术也取得了新进展。但草原蝗虫重发生的态势没有得到根本扭转，蝗虫对草原生态的破坏还令人担忧，若不加强监测与防治，其危害程度还会反弹。草原治蝗直接关系草原生态安全和农牧民生产生活，具有较强的公益性，因此，必须树立治蝗是公共防灾和绿色防灾的思想，采取切实措施保障生态安全和草原牧业生产安全。

第四，从维护社会稳定的要求看，治蝗工作必须树立新的植保理念。解放前，每次大的蝗虫起飞，都引起饥荒、社会动荡甚至改朝换代；在现代社会，蝗虫的起飞危害，对国家声誉、政府形象以及市场波动和社会稳定也会产生严重的负面影响。近几年部分周边国家蝗虫大量迁飞进入我国新疆、内蒙古等边境地区，严重威胁当地农牧业生产，这些地区地处边境，又多是少数民族聚集地和贫困地区，如果对境外迁入的蝗虫控制不好，就会影响到边疆的正常生产、生活和社会稳定；如果我们自生的蝗虫控制不好飞到国外，就会造成不良的国际影响和外交纠纷；如果野外的蝗虫控制不好飞进城市，就会引起居民的"恐虫"心理，扰乱正常的生活和工作秩序，破坏城市生态环境。防止蝗虫起飞是国务院领导同志多次批示的要求，也是治蝗的基本目标和工作底线。

总之，做好蝗虫防治工作，意义十分重大，各地农业、畜牧部门要从讲政治和"三农"工作大局的高度，进一步增强责任感，坚持"预防为主，综合防治"的方针，牢固树立新的植保理念，切实做好蝗虫防治工作。

二、科学判断形势，努力推进蝗灾的可持续控制

据预测分析，今年我国蝗虫总体发生程度接近去年，预计夏季各种蝗虫发生面积将达到 2.83 亿亩，其中飞蝗发生面积约 1 800 万亩、农区土蝗发生 7 500 万亩、草原蝗虫发生 1.9 亿亩。从不同区域看，东亚飞蝗在黄淮海地区中等偏轻发生，在华南部分地区中等偏重发生；西藏飞蝗在四川西部和西藏东南部中等发生；亚洲飞蝗在新疆北部偏重发生；农区和草原蝗虫中等偏重发生。尽管今年蝗虫的发生面积和程度与去年基本相当，但出现一些新特点和新情况，主要表现在以下几个方面：

一是气候因素复杂。蝗虫的发生与旱涝灾害密切相关。多年的经验表明，"水来蝗退，水退蝗来"，目前北方地区持续干旱，造成湖泊、水库、河滩水位下降，有利于蝗虫孳生和繁殖，山东、河南、河北、陕西、海南等省常发蝗区，预计在 20 多个县将出现局部高密度蝗虫。从国家气象中心的预测看，5—6 月气候变化复杂，旱情加重还可能导致新的蝗情发生。

二是偶发蝗区虫情加重。近年来，由于生态环境的恶化，造成一些偶发区的蝗虫发生频率上升，如广西、广东、四川、西藏以及吉林和辽宁的局部地区均发生了多年少见的严重蝗情，从预测情况看，今年上述地区还会不同程度发生蝗虫，而且目前海南、广西、广东已经发生，其他地方还会发生高密度蝗群。

三是边境蝗虫仍有隐患。我国边境线长，与邻国接壤地区分布的湖泊、湿地多，是境外蝗虫的重要孳生地，常年易发生蝗灾并危及我国。1999—2004 年，哈萨克斯坦、吉尔吉斯斯坦、蒙古等国蝗虫频繁扩散、迁飞进入我国新疆阿勒泰、塔城、伊犁和内蒙古锡林郭勒盟等地。主要迁入种类为亚洲飞蝗、意大利蝗和亚洲小车蝗，严重威胁当地农牧业生产。通过中哈两国联合治蝗，初步控制了境外蝗虫的迁入，但是，从我国派专家出国考察的情况看，外来蝗患尚未消除，今年还有诸多不确定因素，边境地区蝗情决不能麻痹大意。

此外，从最近的预测情况看，今年北方农牧交错区蝗虫属于中等偏重发生年份，特别是内蒙古、新疆、河北、山西的农牧交错区，环境复杂，蝗虫种类多，发生期不整齐，加之又多是少数民族地区，因此这些地方蝗虫的发生情况复杂，农牧部门在防治区域上有交叉，也容易出现疏漏。

鉴于上述情况，我们对今年的蝗灾形势不可盲目乐观，对防治任务的复杂性和艰

巨性不可低估，对境外蝗虫的威胁不可掉以轻心。要按照全国植保工作会议上的部署和要求，明确治蝗工作的新思路和新对策，重点是要强化"五个统筹协调"：

一要强化农区和草原的统筹协调。蝗虫的危害不分农田和草原，但其防治常常按部门和专业划分，各地治蝗指挥和协调部门一定要统筹协调草原和农区的治蝗工作，相关部门要分工协作，密切配合，统筹安排各项防治行动。尤其是新疆，要协调好农区、兵团和草原的治蝗工作，要划分职责范围，其他农牧交错区和毗邻地区，也要搞好联查联防行动。

二要强化常发区和偶发区的统筹协调。蝗虫的发生伴随环境的变化而变化，针对今年的新情况，我们不仅要加强常年发生区的蝗虫监测和防治，而且要密切关注新蝗区、老蝗区等偶发区的发生情况，特别是一些新滩涂和新弃耕的撂荒地不能忽视。要合理安排人力和物力，统筹协调好各个区域的蝗虫防控工作。

三要强化国际和国内的统筹协调。在认真搞好国内蝗虫监测、防治的同时，充分利用中哈治蝗联合工作组联络渠道，及时主动与哈方联系，联合组织边境地区蝗虫考察、监测和防控工作，定期开展信息交流，通报蝗虫发生和防治情况，建立联合防控工作机制，确保防控目标的实现。

四要强化应急防治和可持续控制的统筹协调。蝗虫的暴发性和突发性强，防治措施要贯彻"绿色植保"理念，推广环境友好型技术，走综合治理的道路。对高密度蝗虫，要采取快速的应急化学防治措施，对中低密度地区，要加大生物防治和生态调控力度，从防灾减灾和保护生态环境的角度，统筹协调好应急防治和可持续控制的关系。

五要强化能力建设与工作推动的统筹协调。防治蝗虫既需要硬件和软件的配套，又需要体系建设和常规经费的支持。因此，各级农牧部门要统筹协调，一方面要注重能力建设，对已经立项建设的蝗虫应急防治站和机场，省级治蝗主管部门要加强管理，在紧急情况下要统筹调配使用；对设施薄弱地区，要积极争取新的项目建设，提高蝗虫监测和防治能力。另一方面要注重工作推动，积极争取扩大各级财政专项和转移支付预算，统筹项目管理，保障正常工作的开展。

治蝗工作是一项长期而艰巨的任务，我们在完成近期工作的同时，还要有长远的考虑。去年，我部已组织制定了《全国蝗灾治理"十一五"计划》，明确了今后几年的治蝗任务和目标，希望各省、区、市也要尽快制定本地的治蝗规划，注重长短结合和标本兼治，力争经过几年的努力，逐步压缩蝗虫发生规模，使治蝗工作取得新的突破。

三、切实强化责任，扎实做好今年的治蝗工作

今年夏季蝗虫的防治任务是：夏季飞蝗需要防治 1 300 万亩以上，其中东亚飞蝗 1 000 万亩、亚洲飞蝗 180 万亩、西藏飞蝗 120 万亩；农区土蝗需要防治的 5 000 万亩；草原蝗虫需要防治面积 1.3 亿亩。只要夏蝗防治得好，秋蝗防治任务就会有所减轻，反之，难度就会更人，尤其是东亚飞蝗发生区，需要继续坚持"狠治夏蝗，控制秋蝗"的策略。具体目标是：飞蝗发生密度控制在每平方米 1 头以内；农区土蝗平均密度控制在每平方米 5 头以内；草原蝗虫平均密度控制在每平方米 10 头以内；生物防治和生态控制的比率比上年增加 5～10 个百分点，确保"飞蝗不起飞成灾，土蝗不扩散危害，入境蝗虫不二次迁飞"。

为实现上述目标，各级农业、畜牧部门和治蝗指挥机构要尽快向辖区政府主管领导汇报，认真研究制定今年的防控措施，切实做好以下五项工作：

一要强化领导责任制。防治蝗虫必须坚持治蝗属地管理和行政首长负责制，要按照《国家突发公共事件总体应急预案》的要求，制定和完善应急防治预案。常发区要健全治蝗指挥协调机构，偶发生区或新发生区也要明确阶段性的领导和协调部门，加强对防灾工作的组织领导。农牧部门要提早制定防治方案，及时报告当地政府和上级主管部门，在政府的统一领导下，积极开展工作。若出现蝗虫迁飞、境外迁入、防治事故等重大情况，要迅速反应，提出处理意见。一旦发现重大蝗情，要立即派人到现场指导防治，毗邻省区要特别注重治蝗协作。

二要做好监测预警和值班报告。各地农牧部门要全面监测、跟踪境内外蝗虫发生动态，及时准确发布预报和报告蝗情，防止漏查、漏报和误报。在蝗虫发生与防治的关键期间，要实行治蝗值班制度和虫情报告制度，定期报告蝗虫发生和防治情况，一般蝗情每周通报一次，重点蝗情每周报告两次，重大灾情及时报告。各有关省（区、市）要配备必要的通讯设施，保障通讯条件，确保信息传递畅通。从 5 月 20 日开始，要求各级开通值班电话、传真和电子信箱，安排专人，按时向农业部治蝗办公室报告情况。这里我再次强调一下农业部的治蝗值班电话：农区是 64194531，草原是 64194616。

三要做好治蝗资金和物资准备。今年治蝗的面积与去年接近，但防治的难度和工作的复杂性增加了，资金需求可能会更大，因此各级财政的投入力度只能加大不能减少。目前，我部掌握的情况看，山东、河南、河北、江苏、天津、新疆、内蒙古等 12 个省区市已初步安排资金 3 600 万元，订购了治蝗农药 800 多吨，预订飞机 11 架，维修和添置大中型药械 4 万多台，与实际需要还有较大缺口。各级农牧部门要主动向

当地政府汇报蝗情，想方设法备足治蝗物资。对蝗虫防治专项资金，要严格资金管理，提高使用效率，对挪用、滥用财政资金等行为要严肃查处，决不手软。6月份是夏蝗防治的关键时期，各地务必在5月底以前完成有关飞机和地面防治的各项准备工作。草原蝗虫防治物资的筹备和相关准备工作也必须在6月10日前完成。

四要加大生物防治等新技术的示范推广力度。蝗虫防治要树立绿色植保理念，按照可持续治理的要求，注重长短结合和标本兼治，科学制定防治方案，示范推广生物防治等技术，加强防治技术培训。对蝗虫发生较轻的年份和区域，适宜开展生物防治和生态控制，因此我们要抓住这个有利的时机，大力推广成熟的生物防治等可持续控制技术，降低蝗虫暴发频率，巩固治蝗成果。另外，对急需解决的关键技术，要组织有关专家联合攻关，尽快普及"3S"技术在蝗虫监测和防治中的应用；对蝗虫分布不清楚的地方，要组织人力开展蝗区勘查，全面摸清底数；在敏感地区使用化学农药时，要通过新闻媒体向社会公告，说明注意事项。特别是飞机作业和人工施药事关飞行安全和人畜安全，操作人员上岗前必须进行安全知识和操作规范培训，防止人畜中毒和其他伤亡事故发生。

五要切实开展防控行动及和督查指导。各地要根据蝗虫发生情况，及时启动防治预案，组织防治行动。为了确保防治措施落实到位，各级领导和指挥部办公室要加强治蝗督导检查，要在蝗虫防治的关键时期，针对重点蝗区和可能暴发蝗虫的敏感地区，派出工作组或专家指导组，督促、指导防控工作，检查资金物资准备和各项措施落实情况，千万不能因为我们工作疏漏和思想麻痹而造成重大灾害。

同志们，2006年要实现"粮食增产、农民增收、农业增效"的目标，尤其是要确保两年较大幅度增产后仍能稳定发展，任务异常艰巨。蝗虫等生物灾害防控工作要紧紧围绕这一目标，认真贯彻前一阶段国务院春耕生产会议和全国植保工作会议的精神，结合实施"三大战略""九大行动"，早动员，早部署，早准备，早落实。特别是要结合今年的粮食综合生产能力增强行动，明确目标任务，牢固树立抗灾夺丰收的思想，扎扎实实作好各项工作，将蝗虫危害控制在最低限度，为实现全年农业发展目标做出新贡献。

农业部副部长范小建在全国蝗虫防治
工作视频会议上的讲话

(2007 年 5 月 18 日)

同志们：

当前，华南地区蝗虫已开始防治，北方地区蝗虫也将陆续孵化出土，蝗虫防治的关键时期即将到来。为了全面分析今年全国的蝗虫防控形势，理清防控思路，明确防控目标与任务，安排部署全年的防控工作，农业部决定召开这次全国蝗虫防治工作视频会。刚才，5 个省（区）分别介绍了今年蝗虫发生形势与防治工作安排情况。下面，我就今年蝗虫防治工作讲几点意见。

一、客观分析今年蝗虫防控的严峻形势

去年全国共发生蝗虫 2.47 多亿亩（次），其中飞蝗 2 724 万亩，农区土蝗 7 000 万亩次，草原蝗虫 1.5 亿亩。总的看，去年东亚飞蝗发生面积减少，局部地区发生加重，新发区增加；西藏飞蝗高密度蝗群发生点多；亚洲飞蝗发生有所缓解；农区土蝗发生程度有所加重；草原蝗虫发生面积减少。全年共防治蝗虫 8 621 万亩（次），其中飞蝗 1 605 万亩，农区土蝗 3 000 万亩次，草原蝗虫 4 016 万亩。由于各级政府的高度重视、财政等有关部门的大力支持和农业部门的不懈努力，实现了"飞蝗不起飞成灾，土蝗不扩散危害，入境蝗虫不二次迁飞"的治蝗目标。虽然去年蝗虫防控工作成绩显著，但由于气候干旱、生态恶化、资金短缺等原因，去年蝗虫防治后遗留的残蝗还比较多，因此我们必须清醒地认识到，2007 年蝗虫防控形势依然严峻。

据我部组织的专家会商分析预测，2007 年，东亚飞蝗夏蝗预计发生 1 430 万亩，在环渤海湾沿海、华北湖库、黄河河南和山东段滩区以及海南岛等蝗区中等发生，局部地区仍可能出现较大面积的高密度点片；黄河流域的陕西和山西段滩区、沿淮蝗区、广西桂中中部、广东西南沿海部分地区偏轻发生。西藏飞蝗预计发生 300 万～500 万亩，在四川甘孜、阿坝州和西藏日喀则、昌都、林芝、山南等地草原和农牧交错区中等发生，沿金沙江、雅砻江部分河谷地带可能出现高密度点片。亚洲飞蝗预计发生 162 万亩，在新疆阿勒泰、伊犁、塔城、博尔塔拉蒙古自治州、昌吉回族自治州、巴音郭楞蒙古自治州、阿克苏、克孜勒苏柯尔克孜自治州等地中等发生，其中阿勒泰、伊犁、塔城、巴音郭楞蒙古自治州、克孜勒苏柯尔克孜自治州局部可能出现高密度点片。农区土蝗预计发生 7 000 万亩次，在东北中西部、河北和山西北部、内蒙

古、新疆北部农牧交错区偏重发生。草原蝗虫预计危害面积约1.7亿亩，主要在内蒙古中东部、新疆北部、青海环湖地区、甘肃西北部和东北松嫩平原发生。分析今年蝗虫防控形势，主要有以下特点：

第一，气候因素的多变性。气候多变和高温干旱往往有利于蝗虫的发生。大家应清楚地记得，2005年由于持续干旱，海南省东亚飞蝗严重暴发，去年冬季以来，海南蝗区又持续干旱，今年蝗虫发生形势仍不容乐观；近10年来青藏高原气候有所变暖，降雨偏少，这也是西藏和川西北地区西藏飞蝗频繁发生的主要因素；另外，我国东部蝗区去年秋季气温高，秋残蝗发育完全，产卵期明显延长，产卵量大（3月份山东挖卵调查，每个卵块的卵量高达145粒），加之去冬今春蝗区降水偏少，气温偏高，蝗卵越冬成活率比上年高3个百分点。国家气象中心预测结果显示，4、5月份的气候总体上对蝗蝻孵化出土和发育有利。

第二，蝗虫发生的复杂性。尽管这几年蝗虫的发生危害程度有所减轻，但我们必须清醒地看到，蝗灾（害）每年都有新情况。如东亚飞蝗2005年在海南岛、2006年在山东河口区和利津县均出现每平方米1 000头以上高密度蝗群，广西来宾市已连续两年出现较高密度东亚飞蝗秋蝗，最高密度达到每平方米1 700多头。西藏飞蝗在四川和西藏发生面积扩大，发生程度加重，从往年几十万亩增加到2006年的300多万亩，涉及37个县；2006年在四川石渠、甘孜和西藏江达、葛尔等县出现了高密度蝗群，每平方米密度1 000头以上；在西藏中印边境地区，还发现印度蝗虫迁入的迹象。近两年亚洲飞蝗在新疆边境地区发生程度有所缓解，但哈萨克斯坦境内靠近我方一侧仍然存在大量孳生地，其迁入有不确定性，对新疆边境地区构成的威胁不能完全解除。此外，农区土蝗在河北坝上、新疆伊犁、山西北部等地密度居高不下，草原蝗虫在内蒙古呼盟、通辽、赤峰发生加重。以上情况充分表明，蝗虫灾害变得更加复杂，存在更多的不确定性。

第三，防控工作的艰巨性。蝗虫发生环境复杂，从海拔－150米的沙漠盆地到4 200多米的青藏高原都有发生，加之蝗虫发生环境的复杂性、种类的多样性、危害时间的突发性与季节性强等特点，加之一些地区发生偏早，世代重叠，从客观上增加了防控的难度。另一方面，目前，一些蝗区的地方政府正在换届，少数党政领导思想上对蝗灾危害性的认识不足，有的常年发生区有麻痹松懈和厌战情绪，还有不少地方财力困难、监测防治手段落后，此外在民族地区，西藏飞蝗的防治还要受一些思想观念的影响（不杀生）等等，这些问题的存在，从主观上增加了防控的难度。我们一定要认真分析，落实各项措施，切实做好应对重大蝗灾的准备。

二、充分认识做好蝗虫防控工作的重大意义

治蝗减灾工作直接关系到农业增产和农民增收，直接关系到农村社会稳定和和谐社会建设，关系到现代农业发展和社会主义新农村建设。我们必须充分认识，高度重视，切实做到思想认识不放松，组织动员不削弱，对策措施不打折扣。

首先，要从保障国家粮食安全与农民增产增收的高度认识治蝗工作的重要性。2006年，我国社会主义新农村建设开局良好，取得了两个"突破"：一是粮食生产20年来首次实现连续三年增产；二是农民收入20年来首次实现连续三年增幅超过6%。要实现2007年继续增产、增收，任务十分艰巨，形势仍然严峻。切实抓好今年蝗虫防控工作，确保今年治蝗目标的实现，对保障粮食安全、农民增收意义十分重大。

第二，要从维护农村稳定与和谐社会建设的高度认识治蝗工作的重要性。蝗灾是一种毁灭性的生物灾害，曾给农业生产和人民生活造成过深重灾难。目前，我国蝗虫主要发生在经济欠发达地区、少数民族地区和边境地区，一旦灾情暴发，不能及时控制，势必影响农牧民安居乐业，影响民族团结与边疆稳定，影响社会主义新农村及和谐社会建设，我们必须从这样的政治高度认识治蝗工作的重要意义。

第三，要从推进现代农业与现代植保的高度认识治蝗工作的重要性。今年是积极发展现代农业的重要一年，现代农业离不开现代植保，治蝗工作又是推进现代植保的重要途径。前些年，在植保工程项目支持下，已在重点蝗区建立了一批蝗虫地面应急防治站和治蝗专用机场，并配备了大、中型施药器械，此外GPS蝗区勘查和飞机防治导航技术也逐步成熟。在今年的蝗虫防治中，要充分发挥这些现代装备、技术和专业防治队的作用，进一步提高蝗虫防治组织化程度和现代化水平，提高应急防控能力，通过构建现代治蝗新模式，保障现代农业的发展。

第四，要从贯彻公共植保和绿色植保理念的高度认识治蝗工作的重要性。蝗虫防治是公益性很强的政府行为，是对政府应急处置突发性生物灾害能力和服务意识的考验。在治蝗资金保障、物资调用、专业防治队组建等管理和组织方面，必须体现政府的公共职能；在生物防治、应急防治等防控措施应用方面，必须体现绿色植保理念，能否用科学的治蝗态度，能否有效地控制蝗害，直接影响到政府服务"三农"的形象。因此，我们要从标本兼治和可持续发展的要求出发，牢固树立和贯彻落实"公共植保""绿色植保"理念，将蝗灾损失降低到最低程度。

今年下半年，要召开党的十七大。保证农业和农村经济的健康发展，做好今年的蝗虫防治工作意义重大。各级农业部门必须从政治和全局的高度，提高认识，增强责任感，要把蝗虫防治工作做得更细、更实，更加有力。

三、进一步明确目标任务和防控思路

根据前期的预测及目前的发生态势，今年夏季飞蝗需要防治 1 400 万亩以上，其中东亚飞蝗 1 000 万亩，亚洲飞蝗 150 万亩，西藏飞蝗 250 万亩；草原蝗虫需要防治面积 1 亿亩；农区土蝗需要防治 4 500 万亩。防治目标是：飞蝗发生密度控制在每平方米 1 头以内；农区土蝗平均密度控制在每平方米 5 头以内；草原蝗虫平均密度控制在每平方米 10 头以内；高密度蝗区的应急防治处置率达 90％以上；生物防治和生态控制比率达 30％以上点；总体防治效果达 95％以上，确保"飞蝗不起飞成灾，土蝗不扩散危害，入境蝗虫不二次迁飞"。

为了更好地完成今年的夏蝗防治任务，进一步提高防治效果，今年蝗虫防治工作，要继续贯彻落实"公共植保"和"绿色植保"理念，坚持"改治并举，综合防治"的治蝗方针和"狠治夏蝗，控制秋蝗"的策略；要按照科学发展观和现代农业的要求，采取生物防治、生态控制和应急防治相结合的措施，努力提升现代治蝗工作水平，切实推进蝗灾可持续控制。在具体防控对策上，要重点把握以下原则：

一要突出"四个区域"。根据今年蝗虫发生的特点，要特别重视高密度蝗区、干旱蝗区、毗邻蝗区和偶发蝗区的监测和防治。对于河北沧州、山东东营、四川石渠等近年出现的高密度蝗区，因其是蝗虫起飞、扩散和危害上的重要隐患，要充分做好应急防治准备；对于海南等持续干旱蝗区，要严密监视湖泊、水库和河道的水位情况，并充分估计到因干旱可能造成的蝗虫发生面积和防治任务增加，制定必要的防灾预案；对于农牧交错和川藏、鲁豫等毗邻蝗区，要搞好联查联治，加强信息沟通，防止出现漏查漏治；对于偶发和新发蝗区，因其往往存在蝗虫监测和防治的薄弱环节，要增加人力和物力，全面监测并采取必要的挑治措施。

二要注重"四个结合"。蝗虫发生危害具有长期性和跨地区、跨行业、跨国界等特点，因此，只有采取长短结合、农牧结合、省间结合和国内外结合的防控对策，才能达到良好的效果。在长短结合方面，要抓住今年蝗虫密度较低的机遇，更加重视短期的应急防治和长效防治措施的有机结合，在防治对策上从过去的"数量型"治蝗向"质量型"治蝗转变，优化源头控制，扩大生物防治和生态控制比例，逐步实现标本兼治；在农牧结合方面，主要是西藏飞蝗、亚洲飞蝗发生区域，要加强农牧部门在防治工作上的分工协作，明确责任区域，协调应用生态控制和应急处置措施；在省间结合方面，重点要开展毗邻蝗区的联查和联治，防治出现防治死角；在国内外结合方面，要按照中哈两国治蝗合作协议的框架，继续开展信息交换、联合考察和技术交流等活动。同时，积极推进中印边境西藏飞蝗联合防控机制的建立。

三要狠抓"四个环节"。一是防控预案,蝗灾属于突发性生物灾害,各地要按照《国家突发公共事件总体应急预案》的要求,制定和完善各级应急防治预案,同时要根据今年蝗虫发生的特殊性,进一步制定应急工作方案,争取防治工作的主动权。二是监测预警,重点要加强东亚飞蝗、亚洲飞蝗、西藏飞蝗以及其他草原蝗虫和农区蝗虫优势种的监测预报,特别是近几年西部新发生蝗虫的地方,要尽快建立监测队伍,在提高蝗虫监测和预报水平上下功夫。三是应急防控,重点要加强蝗虫防治技术的集成创新、治蝗手段的改善、防治专业队伍的扩建,利用现代技术和现代装备提升现代治蝗水平。四是运行机制,要建立运转有效的内外治蝗合作机制,完善各级治蝗指挥协调机构的定期联系制度;对已经建成的蝗虫应急防治站和治蝗机场,要加强管理和指导,确保正常运行,提高治蝗减灾执行力;针对边境地区的防蝗工作,重在巩固和完善中哈治蝗合作机制,同时积极探索与国际组织或其他国家的治蝗合作,不断提升治蝗效率。

四、切实强化各项保障措施的落实

根据前一阶段的治蝗工作准备情况和今年的防治任务,下一步要切实抓好"六个到位":

一是组织指挥到位。蝗虫防治属于政府主导的公共防灾行为,各级治蝗指挥机构要加强领导,农牧等有关行政部门要切实负起责任,提早制定防治方案并报告当地政府和上级主管部门,在政府的统一领导下,积极开展工作,若出现蝗虫迁飞、境外迁入、防治事故等重大情况,有关领导和治蝗负责人要第一时间到达现场调查灾情,及时提出处理意见,果断采取处置措施,督促和指导防治行动,毗邻省区和相关部门要加强治蝗协作。

二是落实责任到位。各地要按照公共植保和绿色植保的要求,切实强化治蝗工作属地管理和行政首长负责制,并按照《国家突发公共事件总体应急预案》的要求,制定和完善应急防治预案。对西藏飞蝗和亚洲飞蝗发生区域,各地要本着"统筹规划,分工协作"的原则,明确农业、畜牧业、兵团、垦区等部门的监测和防治区域,将任务分解到单位,责任落实到人员;对农田和草原交错地带,有关部门要做好联查、联防。

三是物资准备到位。今年飞蝗发生面积略大于去年,防治的难度和工作的复杂性增加,资金需求可能更大。从目前我部掌握的情况看,山东、河南、河北、天津、新疆等省(区、市)初步落实的资金为2 000万元,已订购治蝗农药500多吨,预订飞机5架,维修和添置大中型药械2万多台,与实际需要相比,缺口大于上年同期。对此,各级农业部门要高度重视,主动向当地政府汇报,争取各级财政增加投入,千方百计备足对路治蝗物资,确保各项防治行动能有效开展。6月份是夏蝗防治的关键时期，各地务必在 5 月底以前完成治蝗飞机调度和地面防治的各项准备工作。草原蝗虫防治物资的筹备和相关准备工作也必须在 6 月 10 日前完成。

四是信息传递到位。准确、及时地传递蝗虫发生防治动态，是确保治蝗工作指挥到位的关键，对此，各地农牧部门要全面监测、跟踪境内外蝗虫发生动态，及时准确发布预报，防止漏查、漏报和误报。在蝗虫发生与防治的关键时期，要实行治蝗值班制度和虫情报告制度，定期报告蝗虫发生和防治情况，一般蝗情每周通报一次，重点蝗情每周报告两次，遇到重大灾情，县级治蝗部门要在第一时间上报情况，将重大情况直接上报省和农业部治蝗办公室，谁不报谁负责；同时还要在第一时间联系传媒，主动引导媒体正面报道，防止新闻误导造成不良的社会影响和群众恐慌。从 5 月 21 日开始，各级治蝗指挥机构要开通值班电话、传真和电子信箱，安排专人按时向农业部治蝗办公室报告情况。这里我公布一下农业部的治蝗值班电话：农区是 64194531，草原是 64194616。

五是技术指导到位。要科学制定防治方案，加强技术的集成创新，加快生物防治、生态控制以及"3S"技术的推广应用；对西部蝗虫新发生区域和技术薄弱的偶发蝗区，要加大技术培训和普及力度，组织人力开展蝗区勘查，全面摸清底数；对沿海、沿江（沿河）、沿湖（沿库）以及自然保护区中的蝗虫发生区，属于化学农药敏感使用地区，在这些区域要重点考虑生物防治措施，因蝗虫密度较高确需采取化学防治时，要提前通过新闻媒体向社会公告，说明注意事项；对飞机作业和草原人工施药，要加强技术指导，确保飞行安全和人畜安全。

六是督查指导到位。各地要根据蝗虫发生情况，及时启动防治预案，组织防治行动。在蝗虫防治的关键时期，各级领导和指挥部办公室要加强治蝗督导检查，针对重点蝗区和可能暴发蝗虫的敏感地区，派出工作组或专家指导组，督促、指导防控工作，检查防治物资和各项措施准备情况，确保防治措施落实到位，决不能因为工作疏漏和思想麻痹而造成重大灾害。

同志们，近三年来，我国粮食连年增产，农民收入持续增加，今年继续实现粮食增产、农业增效、农民增收的任务十分艰巨。去年以来，受各种自然和生物灾害的影响，给今年夺取粮食丰收增加了难度。蝗灾是可防可控的，我们绝不能因为蝗虫危害而影响今年粮食生产，绝不能因为蝗虫灾害而影响农民增收。我们必须认真贯彻国务院春季农业生产工作会议精神，牢固树立防灾夺丰收的思想，结合实施粮食综合生产能力增强行动，早动员，早部署，早准备，早落实，扎扎实实做好各项工作，全面提高治蝗减灾水平，为实现今年农业和农村经济发展目标做出新贡献，以优异的成绩迎接党的十七大胜利召开！

农业部危朝安副部长在全国蝗虫
防治工作视频会议上的讲话

（2008 年 4 月 30 日）

我国蝗虫防治工作从南到北即将展开，各项准备工作迫在眉睫。为此，农业部决定召开这次全国蝗虫防治工作视频会，主要任务是分析形势、交流经验、明确目标、部署工作。刚才，天津、内蒙古、山东和四川 4 个省（区、市）分别介绍了今年的蝗虫发生形势和防治工作安排情况。下面，我就做好今年的治蝗工作讲三点意见：

一、准确把握蝗虫发生形势

近几年来，我国蝗灾总体上得到有效遏制，防治工作取得明显成效。但是，由于气候异常、环境变化以及境外迁入等原因，蝗虫发生出现了一些新的情况，西藏飞蝗发生范围扩大，东亚飞蝗出现反弹，草原蝗虫和农区土蝗连年大面积发生。去年，四川、西藏、山东、内蒙古和新疆等地均出现了高密度蝗虫发生区域，秋蝗残留基数较高，冬季气温有利蝗卵越冬，给今年蝗虫发生提供了有利条件，对农牧业生产和生态安全构成了严重威胁。据预测，今年全国蝗虫总体发生程度将重于上年，呈现以下四个方面特点：

——从东亚飞蝗发生看，将出现发生面积持平，高密度区域增加的态势，全年将发生 2 400 万亩，其中夏蝗发生 1 300 万亩，天津大港，河北黄骅、海兴、南大港，山东河口、垦利、无棣、沾化、东明、郓城、鄄城、微山，河南长垣、台前、范县，陕西大荔等 24 个县（市、区）可能出现高密度蝗虫发生区域。据天津市监测，2007 年秋残蝗是 2003 年以来面积最大、密度最高的一年，残蝗 46 万亩，比 2006 年增加 11 万亩，北大港水库高密度点片达 20 多处，最高密度每亩达 3 000 头。今年春季挖卵每平方米最高密度达 400 粒，也是 2003 年以来蝗卵密度最高的一年。

——从西藏飞蝗的发生看，将出现发生面积扩大，危害程度加重的态势，全年将发生 400 万～500 万亩，四川甘孜、阿坝，西藏阿里、拉萨、日喀则、昌都等河谷地区将出现局部高密度蝗虫发生区域，对青稞、大麦和牧草构成威胁。据四川调查，西藏飞蝗每平方米平均蝗卵密度达 23.4 粒，比去年增加 32%。

——从亚洲飞蝗的发生看，将出现境内发生面积减少，境外迁入威胁加大的态势，虽然今年预计发生面积 140 万亩左右，但新疆阿勒泰、塔城、伊犁等地可能出现较高密度，加上今年气候的不确定性，哈萨克斯坦境内靠近我方一侧仍然存在大量孳生地，迁入的可能性较大，对新疆边境地区农牧业生产构成的威胁不能轻视。

——从土蝗的发生看，将出现草原蝗虫持续严重，农区土蝗局部加重的态势，预计全年发生土蝗 2.67 亿亩，其中草原土蝗危害面积约 2 亿亩，严重危害区域将集中在内蒙古东部、新疆北部、青海东部、四川北部和西部，以及西藏西南部；农区土蝗发生 6 700 万亩，内蒙古、河北和山西北部、吉林和辽宁西部、黑龙江中西部、新疆天山北部将偏重发生。

鉴于上述情况，各地要高度重视，全面、准确地把握蝗虫发生形势，因地制宜做好防蝗准备工作。

二、要切实增强防控工作的责任感和紧迫感

蝗灾是一种极其严重的生物灾害，长期以来，控制蝗灾主要依靠政府行为。今年各级政府分管农业的领导和农业部门负责人调整较多，各地防蝗指挥部办公室要主动向分管领导汇报蝗虫的特殊性、暴发后的危害性，以及防治工作的重要性和紧迫性，进一步增强各级领导对治蝗工作的认识与重视程度。同时，对于目前蝗虫防治工作中存在的基础薄弱、投入不足、可持续治理技术覆盖率不高，尤其是查蝗治蝗队伍不稳定等问题，各地要有足够的认识，采取有力的措施加以解决，确保蝗虫防治工作的顺利开展。

第一，要增强长期治蝗的意识，切实控制蝗虫危害。蝗虫的发生在我国已经有两三千年的历史，建国以来，中央和有关地方政府高度重视，采取"改治并举，综合防治"的措施，飞蝗孳生区面积逐年压缩，蝗灾危害逐步得到遏制。但是，受气候干旱和生态环境变化的影响，我国蝗灾的"内忧"和"外患"仍难以消除。从"内忧"看，老蝗区不能完全根除，新蝗区又不断出现，目前还有近 3 000 万亩飞蝗孳生区有待治理，其他近 3 亿亩农田和草原蝗虫也频繁危害，特别是西藏飞蝗和北方农牧区土蝗呈加重趋势。从"外患"看，我国蝗灾受哈萨克斯坦、印度等周边国家迁入的影响，根除蝗患难度很大。去年秋蝗出现反弹，再一次警示我们，蝗虫防治不能麻痹大意，必须长期作战，做好打持久战的准备，切实控制蝗虫危害。

第二，要增强抗灾保丰收的意识，切实保护农牧业生产。农区蝗虫对小麦、玉米、青稞、大豆等多种作物都会造成危害，一旦暴发成灾，对粮食生产会造成毁灭性的打击；草原蝗虫不仅造成牧草减产，而且对草原生态环境也会产生不良影响。今年初南方遭遇多年罕见的低温雨雪冰冻灾害，北方部分地区干旱十分严重，汛期以后的气候不确定性很大，确保今年农业稳定发展的任务艰巨。因此，我们要从确保农牧业生产，尤其是粮食安全的高度，牢固树立抗灾保丰收的思想，决不能因为蝗灾造成农

牧业减产减收。

第三，要增强治蝗的政治意识，坚决避免造成不良的社会影响。两千多年的治蝗经验和教训证明，蝗虫不是一般的害虫，是政治性害虫，蝗灾的发生不仅事关粮食和农业安全及生态安全，而且还会造成人们恐慌和社会动乱。在过去，蝗灾的暴发表明科技落后、经济贫穷、政府无能；在当今社会，如果发生蝗灾，不仅造成严重的经济损失，更重要的是损害政府形象。新中国成立以来，我国蝗灾控制取得巨大成效，但也曾出现过蝗虫起飞，引起国内外广泛关注，造成了不良的影响。今年是我国改革开放 30 周年，尤其是北京奥运会期间正值蝗虫发生时期，对此，我们一定要从政治高度来认识治蝗工作，坚决防止失防失控情况的出现。

三、明确目标任务，全力做好今年防控工作

针对 2008 年蝗虫发生和防治的严峻形势，我们要进一步明确治蝗目标与任务，科学制定防治策略。

今年全国防蝗工作要继续坚持：确保"飞蝗不起飞成灾，土蝗不扩散危害，入境蝗虫不二次起飞"的防控目标，农区飞蝗处置比例达 90% 以上，飞蝗虫口密度控制在每平方米 1 头以内；土蝗处置比例达 60% 以上，平均密度控制在每平方米 5 头以内；草原蝗虫处置率提高到 50% 以上，平均密度控制在每平方米 10 头以内。

具体的防治任务是：农区重点对 12 个省（区、市）的飞蝗重发生区和土蝗重发生区实施应急处置 6 500 万亩次，其中飞蝗 2 500 万亩次，土蝗 4 000 万亩次；牧区重点对内蒙古、新疆、四川、甘肃、青海和西藏等 13 个省（区）和新疆生产建设兵团防治草原害虫 1 亿亩次。

要继续坚持"狠治飞蝗、控制土蝗，狠治夏蝗，控制秋蝗，全面监测、重点防控"的防治策略，做到飞机防治与地面防治相结合，化学防治与生物防治相结合，专业防治与群防群治相结合。

为实现 2008 年的治蝗目标和任务，我们必须牢固树立公共植保和绿色植保理念，密切配合，上下联动，各级治蝗主管部门要早行动、早部署、早准备，突出做好以下几项工作：

一要强化领导责任制。蝗虫防治必须坚持属地管理和行政首长负责制，常发区要健全治蝗指挥机构，各省级蝗虫防治指挥部主要领导名单和联系方式会后要及时报农业部备案。偶发区或新发区也要明确主管领导和协调部门。要争取同级主管领导亲自挂帅，领导协调治蝗工作，农牧部门要全力以赴，强化责任，落实任务。农业、畜牧和垦区要明确各自监测防治区域，毗邻地区要特别注重治蝗协作。按照《国家突发公

共事件总体应急预案》的要求，各地要尽快制定或完善蝗虫应急防治预案。

二要加强监测预警力度。蝗灾发生是一个动态的过程，各地要针对今年蝗虫发生的新情况和新问题，在系统调查的基础上，加大拉网式普查的力度，全面、系统跟踪蝗虫发生动态，进一步明确防治重点区域、最佳防治时间，及时准确发布蝗情，坚决杜绝漏查、漏报和误报现象。同时，要加强查蝗治蝗队伍建设，切实改善工作条件，确保监测预警和防控工作落到实处。

三要坚持信息报告和值班制度。在蝗虫发生与防治的关键期间，要实行信息报告制度和值班制度，定期报告蝗虫发生和防治情况。从 5 月 1 日起，一般蝗情每周上报一次（周三），重点蝗情每周上报两次（周三、周五），重大灾情随时报告。从 5 月 20 日起，飞蝗区开通值班电话、传真和电子信箱，安排专人，每周向农业部治蝗办公室报告情况。若出现蝗虫迁飞、境外迁入、防治事故等重大情况，要迅速提出处理意见，并立即处置。

四要做好治蝗资金和物质准备。蝗虫防治工作即将进入关键时期，但各地防蝗物资尚未完全到位。农业部门要尽快向当地政府汇报，协商财政部门，务必尽早落实并下拨资金，以便迅速开展飞机预定、农药采购、机械配备等各项准备工作。针对今年西藏飞蝗发生的严峻形势，藏区农牧部门要进一步加大对西藏飞蝗监测力度，提早准备防蝗物资，组建防治队伍，牢牢把握防治工作的主动权。我部也将对西藏飞蝗的防控工作给予重点支持。

五要加强工作督查和技术指导。各级农牧部门要针对重点蝗区和可能暴发蝗虫的敏感地区，派出工作组或专家指导组，督促指导防控工作，检查资金物资准备和各项措施落实情况。同时，要安排得力技术人员，精心制定防治方案，深入实地指导防治行动；对西藏飞蝗等新发生区，要加强技术培训，向基层领导和群众宣传蝗虫的知识，普及科学防治技术，开展新技术示范，提高防治效果。

同志们，蝗虫防治既是政策性很强的公共植保行为，也是一项技术性很强的防灾减灾工作。今年的情况更为特殊，任务更为艰巨，各地要紧急行动起来，把这项工作纳入重要议程，切实做到组织指挥到位、落实责任到位、资金准备到位、信息传递到位、技术服务到位和督查指导到位，认真落实好各项措施，不折不扣地完成今年的治蝗目标和任务，坚决打好今年防蝗治蝗这场攻坚战，为实现全年农牧业发展目标作出新贡献，为经济社会全面发展作出更大的贡献。

农业部副部长危朝安在全国农作物重大病虫害暨
蝗虫防控工作视频会议上的讲话

（2010 年 6 月 9 日）

同志们：

今天，我们召开这次会议，主要是贯彻落实中央领导的指示精神，分析当前病虫害发生特点与防控形势，对下一步防控工作进行动员部署，确保各项措施落实到位。刚才广西、湖南、山东和内蒙古 4 个省（区）作了很好的发言，值得各地学习借鉴。

今年以来，极端异常气候给农业生产带来严重挑战，经过多方不懈努力，今年夏粮有望再获好收成。病虫害防控工作扎实主动，关口前移，准确监测，及时防治，有效控制了病虫危害，为保障夏粮生产发挥了重要作用。当前，南方早稻正在拔节孕穗，中稻栽插接近尾声，玉米、大豆等旱地作物正处于出苗管理的关键时期，病虫害防控进入新的重要阶段，特别是"两迁"害虫和蝗虫陆续进入发生危害高峰，防控形势不容乐观。

一是水稻"两迁"害虫呈大发生态势。据全国农技中心组织各级植保机构监测，5 月份以来，受南方大范围降雨和气流的影响，稻飞虱、稻纵卷叶螟大量从境外迁入我国西南、华南等地。截至 6 月 8 日，全国"两迁"害虫已累计发生 7 000 多万亩，迁入时间早、峰次多、数量大、范围广。贵州省"两迁"害虫迁入虫量比常年增加 2 倍以上，秧田期虫量与大发生的 2008 年相当。云南南部 29 个县出现 15 次以上稻飞虱迁入峰，其中 21 个县超过防治指标，8 个县超过大发生指标。如果防治不到位，6—8 月份，"两迁"害虫将继续扩展蔓延，华南、西南、江南、长江中下游及江淮稻区可能大发生。

二是水稻病毒病存在暴发流行的威胁。今年"两迁"害虫发生的显著特点是，白背飞虱不仅迁入量大，还传播蔓延南方水稻黑条矮缩病，对水稻生产构成严重威胁。据监测，广西部分地区早稻稻株的带毒率在 40% 以上，田间白背飞虱带毒率为 50%，湖南道县发病重的田块病株率甚至超过 10%。目前病毒病已在部分稻区开始发生，如果白背飞虱控制不力，将进一步加速病毒病的传播蔓延。

三是蝗虫在部分地区偏重发生。从目前情况看，土蝗发生偏重，飞蝗发生推迟。新疆三个地州农牧交错区发生了高密度的意大利蝗，平均密度每平方米 500 头，最高达 4 000 头，对当地的胡麻、小麦、油菜等作物造成了危害。内蒙古农区和草原蝗虫也大面积发生。东亚飞蝗尽管在主要蝗区发生比常年推迟 7 天左右，但随着气温回升，将很快进入 3~4 龄盛期，渤海湾和黄河滩区部分蝗区将出现高密度点片，西藏飞蝗、亚洲飞蝗也可能在西南、西北局部出现高密度蝗群。同时，今年雨水偏多，蜜源植物多，草地螟重发生的概率明显增加。

四是部分地区发生了新的植物疫情。稻水象甲在贵州的 14 个县发生，香蕉穿孔线虫、棉花粉蚧等植物疫情在部分地区也呈扩散蔓延态势。受各种因素的影响，今后还可能发生新的疫情。

面对当前病虫害严重发生发展的新形势，各级农业部门及时监测、主动防控，开展了大量卓有成效的工作，但各地工作进展很不平衡，一些地区还存在亟待解决的问题：

一是防控责任落实不够到位。特别是"两迁"害虫发生严重地区，有些工作仍停留在农业部门内部，没有引起当地政府的足够重视，还没有形成有效的部门联动机制，防控措施难以落到实处。二是新病虫害的监测防控不够到位。对新传入的南方水稻黑条矮缩病，监测难度大，群众不易识别，对其危害性认识不足，一家一户难以预防。三是技术指导和物资准备不够到位。一些地区基层植保队伍薄弱，工作手段落后，造成防控技术指导不到位，防控效果不理想。还有一些地方资金落实困难，药剂和药械等防控物资储备不足，不能满足防控需要。

抓好当前病虫害防控工作，事关早稻、秋粮生产安全，事关全年粮食生产大局，意义重大，形势紧迫，任务艰巨。为了全面做好今年农作物重大病虫防控工作，确保区域性重大病虫不造成重大损失，局部性重大病虫害不暴发成灾，重大疫情的传播蔓延得到有效阻截，当前要着力抓好以下四项工作。

第一，全面落实防控责任。病虫害防控工作"七分行政、三分技术"，各地要紧紧依靠防控指挥部强有力的领导，全面落实属地管理的要求，层层落实责任制，切实做到"守土有责"，确保一方平安。我部继续实施司局级干部分片包干联系督导制度，各省（区、市）也要落实分管厅局领导牵头、有关处室领导参加的分片包干责任制，加强督促检查，确保措施落实到位。在重大病虫防控的关键时期，组织广大干部包片包村，广泛发动群众，实行群防群治，联防联控，确保重大病虫害损失降到最低程度。

第二，全力做好监测与防控。要充分发挥全国 900 个病虫害监测预警区域站的作用，加大监测调查频度，严密监视虫情发展动态，强化数字化预报、电视预报和手机短信发布信息，及时指导防控行动。各地要在实行重大病虫周报制的基础上，强化病虫信息的收集、传递和上报工作，重大灾情实行 24 小时值班上报制度。水稻产区要密切关注水稻病毒病的发生发展动态，高度重视，全力做好监测防控工作。6—7 月要重点抓好华南、西南、江南外来虫源迁入区的防控，通过"治虫防病"措施，尽量把虫源、毒源、病源控制在本地；7—8月重点抓好长江流域、西南和江南的防控。8—9月重点做好东北稻瘟病的防控。蝗虫重点发生区，特别是西北、华北和黄淮海农牧区要守土有责，扎实做好蝗虫的应急防治，同时，要加强信息沟通和部门间行动配合，实行区域联防联控，确保蝗虫不起飞危害。

第三，扎实推进专业化统防统治。各地要落实好我部统防统治"百千万行动"，充分发挥专业化统防统治组织在水稻"两迁"和蝗虫等重大病虫防控工作中的主导作用。各地要在资金、物资和人员培训等方面加大对专业化防治组织的支持力度，农业部门要加强对专业化防治组织的信息服务、技术指导和作业监管，通过专业化统防统治组织带动病虫防控工作的全面开展。各地都要扶持、培育和组建一批拉得出、用得上、打得赢的专业防治队伍，对关键区域和重大病虫实行统防统治全覆盖。

第四，确保防控物资落实到位。蝗虫发生区，要备足药剂、药械，提前衔接飞机防治工作，开展必要的应急防控演练，保持高水平的应急处置能力。对水稻"两迁"害虫和病毒病等重大病虫，各地农业部门要积极推荐一批高效、安全的对路农药，及时组织定购一批应急防控药剂，多渠道争取资金投入，努力完成重大病虫防控任务。要加强农药市场监管，加大水稻病虫防治用药的质量抽查力度，严厉打击制售假劣农药的违法行为，确保农民用上"放心农药"。

同志们，今年病虫害防控工作要求高、任务重、责任大。我们一定要再接再厉，增强责任感、紧迫感和使命感，加大力度，切实打好农作物重大病虫害和蝗虫防治攻坚战，绝不能因为监测预警不到位而错失防治时机，绝不能因为防控措施不到位而造成病虫暴发成灾，为夺取全年粮食和农牧业丰收作出更大贡献。

附录二
新中国成立以来蝗虫防治
工作部署文件选编

中央人民政府财政经济委员会关于
继续加强害虫防治工作的指示[*]

发往机关：各大区农林部，各省、行署农林厅（处）

入夏以来，各种虫害相继发生，其中尤以蝗蝻、棉蚜、稻螟最为普遍和严重，严重地威胁着今年的农业生产。自五月份以来，发生蝗蝻的地区，计有皖北、苏北、山东、河南、湖北、河北、平原、山西、新疆等九个省区，一百五十余个县市，面积约达二百八十余万亩。经过各地人民政府组织群众大力捕灭和人民空军协助喷杀后，一部分地区的蝗蝻已经基本消灭，另一部分地区则没有消灭或没有彻底消灭，虫情仍在继续发展中，还有一部分地区是在扑灭之后，又重新产生，不少残余蝗蝻现已散移田间，吃害作物，有些已经羽化起飞，捕打更加困难。棉花蚜虫自六月上旬逐渐发展，遍及全国各植棉区，受害棉苗，叶子卷缩枯萎。红蜘蛛在部分棉田中亦开始发生，对于棉花生产影响极大。水稻产区自四月以来，稻螟蛾亦普遍发现，许多地方虽实行了秧田治螟，如浙江、福建等省获得很大成绩，但仍未根本消灭，稻苞虫和行军虫亦开始在湖南、山东、河北等省发现，棉花的卷叶虫（长江流域），烟草的蚜虫和青虫亦在发生，同时根据过去经验，估计今年大量发生秋蝗，亦将是不可避免的。因而，虫害的威胁仍甚严重，为了保证丰收，各地区的农事机关必须在现有治虫基础上再接再厉，加强领导，整顿治虫机构，充分准备药械，深入宣传教育，发动和组织广大群

---

[*] 原载《中国农报》1951年第3卷第4期第4—5页。

众，继续及时地予以捕灭。为此，特作如下指示：

（一）已经发生蝗蝻的地区，必须大力组织群众继续捕打，要争取短期内迅速消灭，坚决不使起飞。如有起飞蝗群，应采用最迅速的方法通知飞向地区，迅速组织群众力量予以捕灭，不使产卵，以免秋蝻发生。已经产卵地区应大力进行查卵、挖卵，要在孵化前予以彻底消灭。并须注意捕灭散居型蝗虫。

（二）棉蚜和红蜘蛛繁殖极快，容易蔓延成灾，必须继续不懈地进行除治，方能收到较大效果，各地区人民政府农事机关应继续准备防治药剂（如棉油皂、烟叶、硫磺、石灰等），并将喷雾器尽快地贷放到群众手里，务使现有药械全部使用起来，并发挥它的最高效能。

（三）防治螟虫，在许多地区已经获得初步成绩，今后应根据各地具体情况，掌握螟虫发生发展的规律，开展群众性的治虫运动，及时评选模范予以表扬和奖励，以提高和巩固群众治虫的情绪。

（四）行军虫、稻苞虫、蟋蟀、浮尘子、棉花卷叶虫、烟蚜、烟青虫等都已发生或即将发生，各地必须按照各种害虫发生季节，预作准备，严加检查，并收集各地行之有效的防治办法加以推广，作到及时发现、及时领导群众捕灭。

（五）各地人民政府农业领导机关应健全已有的防治病虫机构，并广泛地建立情报组织。利用农隙召集区村干部和劳动模范等进行短期的技术训练，使一切简单的除虫技术为广大群众所掌握。

加强爱国主义生产运动的宣传，通过各种会议进行教育，树立群众治虫的信心，组织流动的虫害展览会、放映幻灯，用实物对比和算细账的办法，说明虫害损失的严重性，激发群众治虫的情绪。目前防除虫害必须继续贯彻以人工捕打为主，药械为辅的方针，掌握"打早、打小、打了"的精神，要求做到"虫害发生在哪里，立即消灭在哪里"，坚决不使虫害蔓延成灾。

主任　陈云

一九五一年七月十三日

中央人民政府政务院关于一九五二年
防治农作物病害虫害的指示[*]

一九五一年各种农作物的虫害和病害曾严重发生，尤以蝗虫、棉蚜、稻螟、黑穗病为最重，经各级人民政府的大力领导和广大群众积极防治，幸未造成大害。但由于事前对病虫害估计不够，药械准备不足，未能将病虫害的为害，减少至可能的最小限度。去冬气候较暖，害虫越冬死亡率不大，估计今年的蝗虫、棉蚜、稻螟和其他病虫害有更加严重发生的可能。为保证单位面积增产，各级人民政府必须遵照本院颁布的《关于一九五二年农业生产的决定》加强防治病虫害的组织工作，特作如下指示。

一、抓紧防治重心：凡是经常发生病虫害的区域，必须提高警觉，及早预防，贯彻防重于治的方针，首先应实行提早春耕，清除杂草、稻根及谷茬，以减少棉蚜、螟虫等的发生。普遍推行浸种、拌种以预防各种黑穗病与棉病。要求察哈尔、绥远、甘肃在三年内把黑穗病发病率降低到百分之五以下。选换抗锈品种以预防小麦黄锈病。在虫害方面，必须抓紧防治为害最严重的蝗虫、蚜虫、螟虫、卷叶虫。在历年蝗虫严重地区建立治蝗站，必须把蝗蝻消灭在三龄以前；夏收以前，普遍防治棉蚜一次；夏收以后，动员一切力量展开继续不断的治蚜斗争。长江流域应大力防治棉卷叶虫。水稻区要做好合式秧田，进行捕蛾采卵，厉行四季治螟；陕西、河南、皖北等地应推广拉网法防治小麦吸浆虫；果品产区，应有重点地使用各种药剂防治梨、苹果、枣、柑橘等主要病虫。各地针对不同病虫，确定当地防治重心，用各种不同的方法进行防治。对一切病虫防治工作，必须把"早治、普遍治、连续治、彻底治"的积极精神贯彻到底。

二、充分准备药械：各级人民政府必须及早充分准备病虫药械，组织群众，做好整修喷雾器、喷粉器的工作。对棉油皂、烟草、石灰硫磺合剂等应根据政务院财政经济委员会一九五一年十一月二十一日指示及中央人民政府农业部所定棉油剂规格，及早完成供应计划，以便有重点地配备使用。并应以组织群众力量为主，克服单纯依赖政府发放药械的思想。各种有效杀虫治病植物如除虫菊、豆丝子、野生鱼藤、苦树皮、阳桃根、蓬灰等，也必须根据当地条件充分利用。关于药剂的推广供应，在没有使用习惯的地区，应进行重点示范，在已有使用习惯的地区，应采取企业经营的方式，由各地合作社办理。产棉地区应普遍动员植棉户，栽培相当于植棉面积百分之一

---

* 原载《农业科学通讯》1952年第3期第3页。

的烟草，以充裕治蚜药剂的供应来源。

三、加强技术指导：各地病虫防治机构应掌握病虫发生规律，指导群众适时地进行防治。举办各种短期训练班、座谈会，传播有效的防治方法及药剂的合理配合与使用，把科学技术交给广大群众。并组织技术干部结合各级农场深入农村实地指导，解决技术上的问题。各地试验研究机构应结合群众经验，研究防治当地主要病虫害的有效方法，以提高防治技术。

四、建立情报制度：由于过去情报组织不健全、不普遍，病虫发生时常忽视不报，或以轻报重，以重报轻，失去正确性与时间性，因而无法精确地组织力量配备药械，适时防治，以致减低效能。今后必须以村为基点，建立经常情报制度。病虫害防治站应在专县人民政府领导下组织情报网，尤其在蝗虫、棉蚜、红蜘蛛、稻螟经常发生地区，情报网的组织更应健全与普遍，掌握病虫发生与发展的真实情况，立即上报，及时组织力量进行防治，要求做到"病虫发生在哪里，即消灭在哪里"。

五、发动与组织群众，普遍地开展防治病虫运动。防治农作物病虫害，是实现农业增产的重要措施之一。各地人民政府必须加强对农民进行爱国增产运动的宣传教育，通过各种会议启发群众防治病虫的积极性和创造性，评选与表扬模范，提高群众对病虫灾害作斗争的信心；必须加强病虫防治的领导，统一调配人力、物力，集中组织力量，克服各种困难，掌握治虫防病的普遍性与连续性的特点，坚持贯彻防治工作。目前特别要克服对病虫害估计不足的麻痹思想，积极进行预防工作。

一九五二年三月二十六日

中央人民政府农业部为成立天津、徐州治蝗工作组希查照并转知蝗区各专县及病虫防治站查照的函[*]

（农防字第 873 号）

主送机关：华东、中南农林部、华北行政委员会农林水利局，河北、平原、河南、山东省农林厅，皖北、苏北行署，北京、天津、徐州市人民政府

抄送机关：中国科学院昆虫研究室、华北农业科学研究所、天津专署、徐州病虫害防治站

我们为了共同做好一九五二年治蝗工作，并结合实际进行试验研究，特联合中国科学院昆虫研究室和华北农业科学研究所成立天津、徐州两个治蝗工作组，协助地方政府计划防治蝗虫和进行试验研究与检查等工作。兹将这两个治蝗工作组的组织及其任务分述于下：

天津治蝗工作组：以天津为中心，协助河北省及山东省胶济线以北地区（包括淄博、昌潍两蝗区）的治蝗工作。该组工作，由我部郭守桂、徐崇杰和华北农业科学研究所邱式邦、李光博等四同志负责进行；并由邱式邦同志领导。其通信地点，暂由津浦线杨柳青天津专署转交。

徐州治蝗工作组：以徐州为中心，协助苏北、皖北、鲁南、豫东及平原省的湖西一带的治蝗工作。该组工作，由我部郭尔溥、范国桢、王润黎和中国科学院昆虫研究室马世俊、钦俊德、尤其儆等六位同志负责进行，并由郭尔溥、马世俊、钦俊德三同志为核心组。其通信地点，暂由徐州西关博爱街三十七号徐州病虫害防治站转交。

以后关于治蝗工作的推广防治和试验研究问题，请各大区省专有关机关，按照该两组工作地区就近径与联系，以期协助防治，共同研究，交流经验，将治蝗工作效能逐渐提高；至于蝗虫情报，除随时径报我部外，并请就近分知治蝗工作组参考。特函查照，并请转知蝗区各专县及病虫害防治站查照。

部长　李书城

一九五二年五月十四日

---

[*] 原载农业部全国植物保护总站《植物保护文件汇编（一）》1988 年第 177-178 页。

中央人民政府农业部关于防治蝗虫、棉蚜的紧急通知[*]

今年蝗虫、棉蚜等害虫的发生，一般的比往年为早；而且一开始，发生虫害的面积就比去年为大。最近各地迭电告急，情况至为严重。如河北省发生蝗蝻地区已达七十个具，面积有八十多万亩。皖北泗洪一县发生蝗虫的面积就有二十多万亩，而且密度稠的地方用碗一捞就可装满。山东省也有十多县发现了蝗虫，惠民专区六个县蝗虫出土的面积已有三十多万亩，六县中广饶、垦利两县蝗卵密度每平方公尺有十至四十块，最近正是蝗卵孵化盛期，蝗情将更严重。棉蚜在河南省商丘、洛阳等专区已普遍发生，严重者棉苗仅露真叶时就有蚜虫一百多个；河北省严重者每株有蚜虫二百多个。面对这一严重情况，本部特作下列通知：

一、目前已进入扑蝗斗争的决战时期。夏蝗必须消灭在六月中旬以前，在这一紧张阶段中，各地必须切实掌握蝗情，组织农民力量，用尽各种方法予以彻底消灭。否则不但现在要造成灾害，还会发生秋蝗，遗害更大。

二、各地棉蚜已普遍发生，正在迅速发展。尚未收麦地区必须发动农民先行普治一次。已经治过的地区须继续彻底除治。此外，各地应即抓紧时机准备药械。有喷雾器的地区合作社应即积极推销，发动互助组和农业生产合作社购买药械，并组织农民合伙购买，以加强治蚜的力量。同时，各地还应注意对危害棉苗的红蜘蛛的防治。某些地区忙于治蝗，而忽视了治蚜和治红蜘蛛工作的，也应及时纠正。

目前防治上述害虫已成为争取一九五二年粮棉丰收的重要关键，各地必须大力发动农民组织起来，通过互助组、农业生产合作社，适当的调配劳力，做到治虫、生产、防汛三不误。

部长 李书城

一九五二年六月三日

---

* 原载《中国农报》1952 年第 12 期第 26 页。

中央人民政府农业部希即做好一九五三年
治蝗的准备工作的函[*]

（农防字第 1091 号）

主送机关：华北行政委员会农林水利局，华东、中南、西北军政委员会

　　　　　农林部，河北、平原、山东、安徽、河南、新疆省人民政府

　　　　　农林厅，苏北行署农林处

根据今年十一月我部在济南召开的全国治蝗座谈会的精神，"在一九五三年防治飞蝗的工作要贯彻'防重于治'、'药剂为主'的方针"，因此，药剂需要数量将要大大增加，技术指导也将更加繁重；鉴于现有条件，远赶不上未来的需要，故必须立即做好下列各点，为一九五三年治蝗工作打下有利的基础：

（一）建立、健全治蝗机构与培养干部。经验证明：凡有治蝗机构和普遍培养治蝗干部的地区，在实施治蝗工作上，多已起了一定作用。一九五三年的治蝗工作是以"药剂防治为主"的开始，对于药械的使用技术，如不进行普遍的宣传教育与指导，就不可能获得预期效果。经查，各蝗区原有治蝗机构不多，且有的不健全，很难顾及全面，尤其缺乏干部，赶不上工作发展的需要。因此，蝗区各省必须根据全国治蝗座谈会的精神，选择适当地点，增设治蝗站，已设立的要予以充实并给予必须的配备。一面抓紧时间，采用调训、招训等方式，分区召开治蝗训练班培养干部，以加强治蝗的力量。

（二）停止耕掘蝗卵与贯彻查卵工作。耕翻或挖掘蝗卵，只能减少蝗蝻发生的密度，很难缩小蝗蝻发生的面积，且进行耕翻不仅浪费人力畜力，还增加了防治上的困难，业已在此次全国治蝗座谈会中予以批判。但个别地区仍在布置这一工作，必须立即停止耕掘而贯彻查卵办法。由于查卵工作是治蝗工作的最重要的一环，不论正在查卵或尚未查卵的地区均需参照我部"侦查蝗虫试用办法"进行普遍的、深入的检查，并逐级上报。

（三）确定治蝗经费与订购药械。治蝗经费已经并入农业经费分配各区省，有些省区已经参照我部成六电知数字自行确定，此事关系一九五三年治蝗药械的准备工作，希望尚未确定治蝗经费的省区迅速确定。由于药械的订购、加工修配、分运等工作在短时间内不可能做好，故在治蝗经费确定后，应迅速按照全国治蝗座谈会议定的

---

[*]　原载农业部全国植物保护总站《植物保护文件汇编（一）》1988 年第 183 - 185 页。

《一九五三年治蝗用六六六粉和手摇喷粉器的两种产销协议书》与《修理手摇喷粉器协议书》分别直接和厂方签订合同，做到及时供应，不误使用季节。

（四）有些蝗区的管辖省份，因行将调整省区建制而有所变更，因此，所有改隶省区的原设治蝗机构、治蝗人员以及治蝗物资，应随同改隶关系全部移交，务使治蝗工作不受影响；所有一九五三年的治蝗经费，也应照蝗区面积原分配数字，出原管区、省，拨归接管蝗区的省份支配。

以上各点，希查照执行。

附　一九五二年全国治蝗座谈会总结

部长　李书诚

一九五二年十一月二日

附

一九五二年全国治蝗座谈会总结[①]

一九五二年十一月四日至十日，本部在济南召开了全国治蝗座谈会，参加座谈的代表包括各地治蝗领导干部、治蝗劳动模范及治蝗专家等一百二十三人。座谈会通过小会座谈结合大会报告的方式，广泛地讨论了治蝗工作中各项主要问题，每一问题，都以科学技术结合灭蝗实际斗争，认真地总结了一年来治蝗运动的经验。对于治蝗突击观点、单纯挖卵耕卵、组织领导、使用药械以及如何进行侦查、掌握灭蝗有利时机等重要问题，都深入地进行了讨论分析，使大家在思想认识上提高了一步。特别明确了一九五三年的治蝗工作以"药械为主"的方针，对于今后治蝗工作将有极大的推动与帮助。下面是座谈会总结全文：

一、基本情况和除治成绩

一九五一年全国蝗区蝗虫大发生后，由于事先准备不够，以至除治被动，未能将蝗虫彻底消灭，残留飞蝗遗卵甚多，又以去冬今春（按：指一九五二年，以下同）雨雪稀少，气候温暖，蝗卵越冬死亡率很低。今年夏蝗自五月上旬开始孵化出土，一般

---

① 为更详细了解一九五二年全国治蝗座谈会议精神，附文《一九五二年全国治蝗座谈会总结》采用了农业部在《中国农报》（1953 年第 2 期第 22－27 页）发表的全文。

蝗区无论在面积上或密度上均较去年严重。根据各地区统计材料，在全国范围内有河北、平原、山东、安徽、河南、广西、湖北、湖南、福建、辽东、山西、陕西、青海、新疆、绥远、四川、甘肃、察哈尔及苏北等十九个省区、七十五个专区、五百九十四个县（市）、一个盐区和一个盟旗，发生面积达三千七百七十九万余亩（包括飞蝗、土蝗、稻蝗及竹蝗）。其中，就飞蝗而论，夏蝗发生在河北、平原、山东、安徽、河南、新疆及苏北等七个省区，共计一千四百二十六万余亩，秋蝗仍发生在以上六个省区（新疆除外），共计三百九十一万余亩，夏秋蝗合计一千八百一十八万余亩。土蝗发生在河北、平原、山西、绥远、山东、安徽、河南、新疆、青海、甘肃、辽东、察哈尔及苏北等十三个省区，共一千四百七十万亩。稻蝗发生在湖南、湖北、广西、陕西、山西、安徽及苏北等七个省区，共计二百八十万亩。竹蝗发生在福建、湖南、广西及四川等四个省，共计二百一十万亩。发生密度最大的每平方公尺有蝻一千至两万个，一般的二、三十个至四、五十个，最小的也有五六个。在防治工作上，由于各级党政领导的重视，广大干部和群众的努力，以及施用了大量的治蝗药剂，经过四个月的激烈战斗，一般的均能把蝗虫消灭在跳蝻阶段，取得了全面的胜利。共计动用了七千六百五十万个日工，喷粉器万余架、药粉六百万斤、麦麸二百九十二万斤，防治了蝗虫二千九百七十万余亩，估计挽救了粮食一百七十四亿九千六百万斤，有力地保证了一九五二年的农业丰产。

倘若把去年的治蝗工作和今年的治蝗工作比较一下，就可以很显著的看出，在今年防治将近三千万亩的蝗虫，比较去年一千三百万亩，增大到二点三倍，而在使用人工上却由去年一亿九千万个日工，减少到七千六百余万个日工，以每工五千元（旧币，后同）计算，今年就比去年节省了人民币五千六百七十余亿元。若从每亩使用人工上来计算，今年只有去年的六分之一。

今年夏蝗发生了一千四百余万亩，因能以人工结合药剂及时地、主动地把夏蝻大部消灭在幼龄期，使秋蝗仅发生了三百九十余万亩，减少了防治上的许多困难。到九月上旬，秋蝗防治工作基本上已胜利结束，较去年提前一个月完成任务。这一点可以说是今年治蝗工作的显著提高，同时也可以说明，防治工作只要有计划地逐步改进，就可以完全控制蝗虫的发生和发展。

此外，通过治蝗运动，密切了政府和群众的关系，进一步提高了政府在群众中的威信。如山东惠民专区群众反映"毛主席真是救命恩人"。农民在捕蝗工作中互助变工，解决了捕蝗与生产的矛盾，进一步体会到组织起来的优越性，启发了群众对组织起来的要求。在喷药粉和撒毒饵中，提高群众对科学技术的认识。并由于贯彻了爱国主义的思想教育，提高了干部和群众的积极性与创造性，在爱护国家资财方面，也有很多表现。另外，在蝗区，一般的都注意了技术普及工作。全国从中央、大区、省、专到县，都采取了训练班、座谈会、研究会及短期传授等方式，训练了掌握侦查、喷粉，及使用毒饵等技术的干部及群众，据不完全统计，已达四万两千八百余人，为明年大量使用药械治蝗，打下了良好基础。

二、治蝗工作中的几个问题

（一）克服临时突击治蝗的错误思想，树立长期治蝗的正确观点

蝗虫是我国历史上的最大害虫，二千多年以来严重的破坏着农业生产。今年在全国范围内有十九个省发生了轻重不同的蝗情，有不少地区蝗虫连续发生，群众连续防治，因此，防治蝗虫就成为向自然灾害进行的长期性斗争！但在今年治蝗运动中，有部分地区对于治蝗工作的长期性认识不足，扑灭蝗害只作临时突击，不作长期打算，一旦蝗虫发生，形成仓皇应战，领导陷于被动，以致蝗情扩展，造成人力、物力的浪费。山东德州专区即由于缺乏长期治蝗思想，看到去年发生十一万亩蝗虫，情况并不严重，以为今年没有问题，疏忽大意毫无准备，夏蝻发生后，没有及时发现，以致麦收后迅速扩展到一百二十一万亩，吃毁了几万亩麦苗，花费了二百零三万个日工，才扑灭下去。另一方面，山东惠民专区防治秋蝻时由于改变突击为经常工作，进行了一系列的准备，训练了大批骨干，建立侦查等制度，正确掌握蝗情，灭蝗工作便很顺利地进行。无棣县捕蝗指挥部到十一月上旬还未撤销，继续进行整修喷粉器、查卵等准备工作。正因为他们找到了消灭蝗虫的窍门，就有信心把大草洼中的蝗虫彻底消灭。

有些地区虽设立了临时防蝗站，当蝗虫来了成立站，蝗虫过后站撤销，虽也起了一定作用，但对于长期有计划地进行治蝗工作是不利的。因为治蝗是贯彻全年性的工作，夏秋蝗虫发生时固应大力除治，冬春两季虽不是蝗虫发生的时期，尤须抓紧做好侦查、训练、订计划、修配药械等一系列的准备工作；因为准备工作的好坏是关系着"防重于治"方针的贯彻，是治蝗成败的关键。

（二）加强蝗虫的侦查工作

灭蝗如同作战，要百战百胜，就必须知己知彼，因此蝗区侦查工作是进行灭蝗斗争的先决条件。侦查工作包括查卵、查蝻、查成虫三个密切联系的环节，是贯彻全年性的工作，单独进行这三项工作中之任何一项或两项都不能很好地达到侦查的目的。事实证明，只有做好侦查工作，确实掌握蝗情的地区，才能有计划地做好各项准备工作，主动地、及时地把蝗蝻消灭在三龄以前。河北黄骅在夏蝗发生前，组织了五百人进行拉大网式的轮番检查，彻底掌握了蝗情，得以从容做好准备工作，选择有利时机，于三周内把六万亩夏蝻基本消灭在点片发生的幼龄阶段。安徽泗洪于去冬今春也

做好了侦查工作，才把所发生的夏蝻大部消灭在三龄以前；山东新海连市在蝗区内进行了侦查工作，根据查卵结果推测发生面积是四万五千亩，实际发生面积是四万六千六百亩，精确程度达百分之九十七，也保证了主动、及时的除治。相反的，山东东平六区因事前未做侦查，仅凭道听途说，即发动了一百五十人，结果在早上两小时内只捉到三个蝗虫，扑空而回，引起群众不满。河南中牟二区也因事前未做好侦查工作，即动员群众四千五百人，一天才捕打蝗蝻九斤十二两，浪费了很多人力。

（三）组织起来，提高治蝗效能

1. 组织起来解决灭蝗与生产、治河等在劳力与时间上的矛盾：当蝗情严重时，正是农事生产最忙的季节。因此灭蝗与生产、治河、防汛以及防治其他虫害等工作在时间上与劳力分配上发生了矛盾，这些矛盾如果不很好地解决，不但影响捕蝗，也严重地影响农业生产。但由于各地大力贯彻组织起来，广泛开展临时性的互助组，使劳力合理分工，解决了上述矛盾。例如安徽金寨县汤汇区瓦基乡全乡一千八百人，按劳力强弱，前后方适当分工，订立"双包合同"，抽调整劳动力四百人往前方灭蝗；留一百八十六个整劳动力在后方搞生产；五十一个老大爷组织十一个放牛组，负责放牧一百二十九头牛；四十二个老奶奶组成十一个临时托儿所，照顾九十六个小孩；一四四个妇女组成八个收麦和八个推磨小组，供应前方口粮。河北大名县发动群众五万二千多人在前方灭蝗，后方组织妇女、老年人等整半劳动力四万五千四百四十二人，锄苗六万七千三百二十一亩，并治蚜三万四千九百六十亩。平原梁山八区刘庄通过互助，兼顾灭蝗、生产、防汛。以上各地均做到灭蝗与其他工作互不耽误，并大大发挥了妇女、老年人的潜在力量。通过灭蝗运动，互助组一般得到很大发展和提高。单就河北霸县、蓟县、大名、三河及平原南旺等五县统计，在灭蝗中发展了生产互助组有五百五十个，不但解决了劳力不足的困难，并教育了广大群众进一步认识了组织起来的优越性，启发了他们对组织起来的要求。

2. 组织起来使用药械：在进行药剂除治工作时，必须贯彻组织起来集中使用的精神。河北黄骅、安徽泗洪、山东无棣、新海连市等地在治蝗中以脱离生产的干部为领导，以党、团员为骨干，按照军事编制把喷粉手严密组织起来。因此，在喷粉时各队员均能行动迅速，遵守纪律、服从指挥，掌握了喷粉技术，充分发挥了药械的效能。无棣县十一区由于对喷粉民工严密组织，深入教育，五十二具喷粉器使用四十五天，仅损坏两具。安徽泗洪、山东无棣、沛县等地一般喷粉手对于"毛主席发下来的灭蝗武器"爱护备至，不少队员在下雨时脱下衣服，遮盖喷粉器，宁愿自己挨淋，而不使它受潮，保证了它的功能。但有部分地区药械不多又分散使用，未发挥应有的作用；喷粉队员临时拼凑，组织不健全，教育不够，指挥不便，以致形成若干重复喷撒现象，造成药剂的浪费。

3. 组织起来多方面地发挥集体创造：蝗区情况各有不同，在灭蝗时可按实际情况，发挥集体智慧，灵活运用各种有效办法进行除治。除应用喷粉药杀、毒饵诱杀及人工除治外，尚可应用生物除治等办法。例如平原梁山八区刘庄，地势低洼，打秋蝗时水深草长，棱角丛生，刺脚损鞋，不但不能喷粉和使用毒饵，进行人工捕打也有困难。该村农民林成珍（后选为灭蝗模范）便组织养鸭户利用一万两丁只鸭子，在八天内消灭了八里长、六里宽面积上的蝗蝻。苏北宿迁县晓店区亚腰湖群众用了二九八八三只鸡在两千亩面积上，先后共消灭了四万八千斤蝗蝻，既节省人力、时间，消灭得也比较彻底。据平原梁山、苏北宿迁、山东凫山等六县统计，即组织了一五五八一三只鸭和鸡消灭蝗蝻，在我国以生物除治害虫，得到了新的发展。

4. 组织联防，合力治蝗：在灭蝗工作中，各地政府一般均强调"层层负责，分片包干"，大大地加强了干部的责任心，迅速有力地推动了灭蝗运动。但有部分地区存有狭隘的地域观念。如片面地强调分片包干，便易产生各自为政的现象。例如苏北泗阳黄圩区与淮阴县吴集区互相挖沟阻止蝗蝻迁入，二沟之间无人过问。河北沧县与山东南皮县交界处发生夏蝻五万亩，由于彼此缺乏联系，致使大部蝗蝻发展到四、五龄，有的已成飞蝗。后经沧县县长主动与南皮县县长协商组织联合指挥部，统一计划，联合捕打，并做到相互支援。沧县喷粉队在南皮县严重蝗区协助除治，南皮县群众热烈欢迎，自动送茶、送水，照顾备至，很快地把蝗虫消灭，还加强了两县群众的团结。天津专区在静海、文安、武清、宝坻等有关七县的结合地区建立了三个联防指挥部，由专署地委等负责干部亲自掌握。山东新海连市更远道支援淮北盐特区，均有力地保证了全部蝗虫的彻底消灭。

（四）重视药械工作

1. 为什么今后治蝗以"药剂除治为主"？随着我国财经情况的根本好转，治蝗药械已能大量生产，给今后使用药剂治蝗提供了有利条件。同时，两年来经验证明：使用药械比人工捕打不仅可以节省人力、物力，并能提高治蝗效率。今年大量使用了毒饵，各地反映比喷粉尤为节省，用毒饵比喷粉节省人工一倍，比人工捕打节省百倍以上。

2. 加强群众政治思想教育及科学技术的教育，保证药剂发挥高度效能，以避免发生浪费现象：使用药械的民工必须经过技术上的训练，长期固定的担任这一工作，技术才能逐渐熟练，不断提高。如河北黄骅训练了近千名喷粉手，由于进行了政治教育，提高了思想觉悟，在高度的爱国主义的精神下，创造了大面积上每亩喷粉一斤半、效果仍达百分之九十以上的新记录，大大地节省了国家的资财；但平原省南旺县开始时因不懂药效，每亩喷药量高达二十到三十斤。又如安徽泗洪经过训练的五百名喷粉手，每亩用药三到四斤，以后临时补充的二百五十多名新喷粉手，未经训练，技术差，每亩喷粉达十五斤，且因掌握不了喷粉器使用技术，发生了不应有的损坏。

3. 应根据不同环境、不同条件合理使用药剂：注意掌握有利时机，集中使用，把蝗蝻消灭在点片发生的幼龄阶段。如等到蝗蝻蔓延扩散后再进行除治，必然造成人力物力的浪费。不少地区在蝗蝻密度稀的地方，先用人工压缩到一定程度，再使用药剂歼灭，这是节省药粉又节省人工的办法。但明年在"药剂为主"的新方针下是否再用人工压缩，要根据具体情况算算细账后再行决定。

药械必须根据蝗情的轻重缓急重点集中使用，防止无计划的平均分配。有些地区未掌握这一原则，例如苏北灌云县杨集区曾把喷粉器平均分配给各乡二架，结果不能发挥药械应有的作用。

4. 选用经济易得的毒饵饵料：根据今年经验，使用毒饵治蝗是比较经济的办法，但很多蝗区是灾区或因交通不便，使主要饵料（麦麸）供应常感困难。我们应当积极地发挥群众的创造性，就地取材，找出麦麸的代用品。今年山东沾化群众创造出当地出产廉价的南瓜丝代替麦麸制作毒饵，全县共用八万五千六百余斤南瓜丝，消灭了九千余亩的蝗蝻，效果在百分之九十以上，而且药效能延续四五天。当地麦麸六百元一斤，南瓜丝一千元九斤，所以不仅解决了麦麸供应、运输、储藏等困难，在费用上也节省了许多。今后各地应根据当地情况，选择麦麸的代用品。

5. 做好药械的保管和运输：几年来事实证明，凡重视这一系列工作的地方，药械损失就较少。如安徽、山东、河北有些地区使用喷粉器时有专人负责登记、编号，用后进行检查修理，集中保管。但也有不少地区，对国家财产不认真爱护，药械无专人负责，用后不注意保养，随便乱放。如山东苍山三十六架喷粉器就有二十六架不知下落。平原省巨野县因保管不好，十二架新喷粉器就有七架着水生锈，不能使用。安徽凤阳有三千多斤"六六六"粉受潮失效。明年药械使用数量加大，保管储藏更须注意。否则，不仅影响到明年治蝗工作，并造成国家资财的损失。

6. 检查、修配喷粉器：据各地报告，喷粉器一般损坏到三分之一左右，各地必须抓紧冬季时间进行检查、修理，以免误了明年的使用。

7. 注意药械手的健康："六六六"粉是一种含有毒性的杀虫药剂，如果吸入人体、吹到眼内，或于出汗时接触到皮肤，对于健康都是有害的。所以，使用时必须注意工作人员的卫生健康，喷粉时须戴口罩、风镜，以保护呼吸器官及眼睛，并注意于工作完毕后用清水洗净手脸。

8. 统一调配药械的使用：各地应有计划、有重点地统一分配药械。但蝗蝻发生情况受气候影响甚大，尚不能完全掌握，各大区、省的药械基本上以自用为原则，必要时应由中央根据各地蝗情轻重合理调配。

（五）停止单纯的耕卵、挖卵工作

事实证明：各蝗区所进行的单纯耕、挖蝗卵工作，既不能实现"防重于治"的方针，并造成了劳民伤财的恶果。如去秋今春，河北省有二十九县大规模地组织人力、畜力进行了挖卵、耕卵工作，共浪费人工二十二万四千余工，开支小米四十四万九千余斤。仅天津专区单纯耕卵，即动员了牲畜万余头。另外在安徽泗洪发动了三万民工大规模地连续挖卵十五天，也浪费了不少人力。还有苏北灌云、山东铜北等县也动员了不少人力和数百头牲口进行耕卵、挖卵工作，结果仅能减少蝗蝻的发生密度，并不能减少蝗蝻发生的面积。耕挖过的地面高低不平，反而增加灭蝗的困难，所以天津专区有些地区不得不用石磙压平后再行捕打。另外由于耕翻卵地后，卵块破碎，散布土内，深浅不一，孵化时间参差不齐，延长除治时间，增加捕打次数，造成人力、物力及时间上的严重浪费。

各地单纯的耕卵、挖卵工作，是极不彻底的治蝗措施，同时也是脱离群众的。如河北天津专区及安徽泗洪等地，于去秋今春耕卵挖卵，结果引起了群众的不满，降低了政府领导治蝗的威信。因此，单纯耕卵、挖卵工作在目前并不是什么经验，而是失败的教训，痛苦的教训。这是应该向各蝗区干部、群众反复说明的。

再有苏联的治蝗经验是我们治蝗的好榜样。他们对于挖卵工作，早已认为是不彻底的办法而不用了。所以我国各地进行耕卵、挖卵是和苏联先进治蝗经验不相符合的。

三、一九五三年的治蝗方针与措施

（一）治蝗方针

由于整个治蝗工作的发展和需要，在明年的治蝗工作中就必须贯彻"防重于治""药械为主"的方针，其主要原因有以下几点：

1. 国家财政经济好转，可以大量支援治蝗工作。

2. 两年来，全国蝗区建立了防蝗机构，普遍地培养训练了大批干部和群众，在药械的使用、保养和修理方面，都积累了丰富的经验。

3. 由两年来的经验证明，使用药械除治蝗虫，可以大量节省人力，一般的要节省一百倍以上。特别是在地广人稀的地区，动员人工捕打更困难，更需要使用药械。

4. 过去我国所用药械，多由国外输进，数量少、价格高，限制了大量推广。现在我国可以大量生产供应价格低廉的药械。

5. 药剂治蝗已收到显著的成绩，各蝗区群众迫切要求药械，以解决灭蝗与生产的矛盾现象。

以药械为主，并不是绝对不使用人工，而是在特殊情况和必要的条件下，仍需使用相当人力，才能解决问题。故人工与药械必须结合使用，任何一方面都不能孤立起来。

（二）治蝗的几项重要措施

1. 建立与充实治蝗组织机构

（1）在主要蝗区建立专业性的治蝗站二十三处：河北省六处，山东省六处，安徽省三处，河南省三处，新疆省一处，江苏省四处。（原有临时治蝗站二处，应加以整顿，改为长期专业性的治蝗站）。

（2）为了及时动员组织人力投入灭蝗斗争，各蝗区于夏蝗发生以前，应成立临时性的灭蝗指挥部，根据蝗虫发生情况，有计划地组织治蝗队伍。

（3）为了组织力量联合治蝗，应根据治蝗工作需要，各省及各专县间应成立临时联合治蝗机构，以加强治蝗联防工作。

2. 做好治蝗药械准备工作

（1）根据侦查结果，有计划的增购喷粉器、六六六药粉及麦麸等治蝗物资。

（2）及时检查喷粉器损坏情况并及早组织修配。

3. 加强蝗区侦查工作，掌握有利时机

（1）凡发生秋蝗地区应组织群众于秋后检查残余飞蝗及其产卵地点、面积、密度，作出标志、绘制图表逐级上报。凡夏蝗、秋蝗产卵后，被水淹没而未发生秋蝗的地区，亦须于水退后前往检查。其详细办法可参照本部"一九五一年过冬蝗卵检查办法"（一九五一年九月二十八日九二号通报）及"侦查蝗虫试用办法"（一九五二年十月六日）办理。

（2）待春季解冻后，检查蝗卵过冬死亡率。四月下旬起，检查蝗卵孵化情况，并监视幼蝻活动，掌握有利时机，彻底进行歼灭，并做到全部消灭夏蝗，争取不使秋蝗发生或少发生。在庄稼地内，蝗蝻可能为害时，随即用药消灭；在荒地内可俟第一批孵化出土后十天到十五天后（秋蝻七天），开始大力使用药剂彻底消灭，蝗蝻孵化不整齐的地区，十天后再用药一次。

4. 加强宣传教育工作

蝗区各级政府必须采取座谈会、研究会等方式总结交流经验。举办培训班，提高干部治蝗技术水平，并训练药械手及侦查人员。为了广泛推广治蝗科学技术知识，应有计划的编印宣传品。

5. 加强蝗虫试验研究工作

根据目前治蝗工作的迫切需要，组织各方面力量进行蝗虫试验研究工作，如研究土蝗、稻蝗、竹蝗的防治方法，节省使用药粉的方法，试验治蝗毒饵麦麸代用品及其他有关治蝗技术问题。

附

关于治蝗技术的几个重要问题

——全国治蝗座谈会研究小组报告

一、侦查蝗情与掌握除治的有利时机

治蝗的成败，首先决定于侦查工作做得好坏，因此苏联历来就把侦查工作列为治蝗的最主要部分。三年来国内不少地区如河北黄骅、山东新海连市等地的经验也充分证明了这一点。采用"药剂为主"的新方针后，如不做好侦查工作，只能使以往"人力突击"现象转变为"药剂突击"，将造成很大浪费。因此，各地今后必须在侦查工作上投入足够的力量，保证做好这一工作。在荒地辽阔、人烟稀少、侦查困难的蝗区，要有计划地建盖侦查屋子或购置帐篷，并解决侦查员的其他困难，使能安心深入蝗区长期掌握蝗情。

三查工作（查卵、查蝻、查成虫）是一系列连续的工作，不能分割孤立。要做好秋季查卵，必须先监视好秋季残蝗的活动，凡当年发生秋蝗或有秋蝗降落地区，不论荒地、熟地都要查卵。夏季或秋季蝗虫产卵后水淹的地区，必须作出标志，俟水退以后再去检查。个别特殊地区蝗卵被沙土掩埋很深（如河南）也须作出标志，便于第二年注意检查孵化。查卵取样多少和样的大小，须根据当地环境、蝗卵密度及人力条件而定。环境一致的大片荒地，每十亩地至少取样一个，每个样四平方市尺，环境不一致的蝗区取样自须加多。为了节省查卵的劳力，一亩地内的残蝗数目若不满三十个可以不查卵，但必须把这样的地区作出标志，绘制图表，至蝗卵孵化时再去检查。查卵取样不一定要正方形，长方形也可以，因此在麦田或其他庄稼地内必须而且也可以查卵。取样改为长方形后对麦苗可以不致损害或少受损害。查蝻以目测法在离蝻群稍远处，估计每平方市丈的约数，以免惊动逃去。报告蝗虫面积以亩计，不以里计，并须报告密度。查成虫用步测法，如有蝗群迁飞他处，应立即上报并通知邻区，飞蝗过境也要通知邻区。

消灭蝗虫要掌握有利时机，假若"一有发生立即消灭"，就会造成巨大浪费。凡环境一致、孵化整齐、并切实掌握了治蝗技术的情况下，可用药剂一次歼灭。一般地区可于蝗蝻大部到二龄时（夏蝗开始孵化后十至十五天，秋蝗约七天），先用药剂一次消灭其主力；俟后一批孵化大部又达二龄时，再用药一次歼灭其残余。庄稼地内在蝗虫可能为害时就要除治，不能等待。

二、采用毒饵灭蝗

一九五二年施用毒饵治蝗已取得显著成绩。一九五三年准备在有利条件的地区大面积推广。夏蝗期若临时在当地收购大量麦麸（饵料）必有困难，因此，必须预先通过合作社订购麦麸，并计划解决运输及储藏上的问题。在贮运期间严防麦麸受潮、发酵生霉，以免不适宜于配制毒饵，造成损失。一年来经验证明：事先有计划地做好布置，麦麸的收购、运输和贮藏都不如想象中的困难，说明没有条件的地区可以创造条件。

根据经验，毒饵除治各龄蝗虫（包括一、二龄）都有效。有些地区反映毒饵对一、二龄幼蝻无效，可能是由于温度太低，时间不适合或毒饵没有拌好。一般是幼蝻吃毒饵后死得更快，但必须掌握技术，注意天气，并组织起来大量使用。毒饵要按中央农业部的标准配合适配制，药与麦麸必须先行干拌，然后加水，切忌前一日加水拌好，致毒饵发酵失效。若在大量使用毒饵时，可先将麦麸与药粉拌好备用，免失时机。要求撒饵的效率高，必须组织好，准备好运输、挑水、拌饵、撒饵，各部门要做到互不相误。撒布时，十个人作一字形排列，人与人相距一丈五尺，各人用手顺风向一个方向撒布。撒布时间以早晨四至九时为最好，傍晚撒饵，夜间有被风雨冲失的危险。根据安次、静海、无棣、沛县、铜北等处的经验，毒饵用量一般情形下每亩施用三斤（干饵），蝗虫严重地区可用四斤干饵。

凡杂草短小、稀疏的荒地、作物幼苗地或有相当株行距的高大作物（高粱、玉米、谷子）阳光能够射入，蝗蝻可以自由活动的环境下，均能撒布毒饵。植物生长高大茂密的地区或地面有积水的地区，不适宜用毒饵。

各龄蝗蝻取食毒饵后的中毒时间，与温度高低有关。在摄氏三十度的温度下，一龄蝻一般经十五分钟开始中毒（蹬腿），二龄与三龄蝻为十五至二十分钟，四龄与五龄蝻为三十分钟。

三、喷药粉治蝗

凡发生蝗虫的盛草和密集的芦苇地，及阳光不能射到地面、蝻群不易活动之处，或积水地，蝗蝻在植物上时，可用手摇喷粉器喷撒百分之零点五的"六六六"粉剂毒死蝗蝻。

各地反映喷粉每亩使用量视草的深度、气温及蝗蝻密度与龄期大小决定，一般为二至三斤；三斤以上就是浪费。

喷粉人员应选择整劳力、生产积极分子或劳动模范等为对象，事前必须予以训练；其内容为喷粉器使用、保养、修理和治蝗简单必要的科学知识。要组织喷粉队集中使用。喷粉队的编制要有喷射手、运药员、侦查员、检查员、保管统计员、修理员和指导员（指导员要有政治与技术水平），订出奖励与交接制度。每一喷粉器应编制号码，专人负责。凡是没有训练，不组织喷粉队，分散使用，没有订出制度的地区均不能发挥应有的效能，并造成浪费。

喷粉方式各地区的经验是：使用喷粉器时，一般以喷粉手排成一字形齐头并进，间隔为五尺；左手握导管，右手摇动把手，喷头随着前进动作自然摆动（故意摆动及硬着不动都不合适），要做到动作快慢一致，喷头高低一致，和队伍排列距离一致。喷粉器不要倒摇，雨前和刮大风时不宜撒粉，装粉时以装到一半不超过容器中轴为宜，过满易损刮板，出粉不爽。经验证明：喷粉能整天施用，中午的效能且较早晚为高。

喷粉队每次出发前必须检查喷粉器，如有损坏应即修复。每次撒粉后应将喷粉器内余粉倒出，并将各处余粉擦净，在日光下暴晒干燥后放于干燥之处。灭蝗告一段落后应擦油和修理，分套装箱妥为保管。安徽泗洪、山东无棣及新海连市都这样做，喷粉器很少损坏，不这样做的如山东苍山县，三十六架喷粉器有二十九架不知下落。

在正常天气下，喷粉后三天内继续有效，但效率逐渐降低。

山东沛县喷粉时为了单纯完成"定员、定额、定量"的任务，把喷粉器的喷头拔掉，造成了药粉的严重浪费；河北黄骅县认为拔掉喷头可以节省药粉也是不对的，因此喷粉时不应拔掉喷头。

在蝗蝻密度稀的地方，一九五二年治夏蝗时，蓟县、泗洪等县，创造了用人工压缩至相当程度后再喷粉，认为既可节省人工，又不浪费药粉。但是否采用人工压缩后再喷粉，或直接喷粉，必须先计算一下压缩多大面积，需多少人工，能节省多少药粉，共合多少费用，是否合算，然后再行决定。三龄以前的幼蝻活动力不大，压缩很困难，以直接喷粉为经济。

四、发动人工捕打应注意的问题

人工捕打，在过去是消灭蝗虫的主要办法，今后在"药剂为主"的治蝗方针下，已经成为次要办法，其中劳民伤财不能解决问题的挖卵、耕卵法已在总结中予以批判，不应再用。

挖封锁沟的方法，在以往未确定消灭蝗蝻于三龄以前，又无药械可用的时期曾起过一定的作用，但是几年来经验证明：挖封锁沟耗费巨大人力，难获良好效果。如黄骓县在一九五一年除治夏蝗工作中，先后以二十九万两千五百余个民工，挖成长达一百三十三万五千六百六十丈（合八千九百余华里）的封锁沟，几乎把每一片蝗群都用封锁沟包围起来，甚至在比较大的封锁圈内还加挖好几个小封锁圈或纵横沟。虽然在每一条封锁沟内都或多或少的死了些蝗蝻，但始终未能把它封锁住，以致面积逐渐扩大到三十余万亩。今后我们以药剂为主，且在做好侦查工作的基础上坚决把蝗蝻消灭在三龄以前，封锁沟的作用已不复存在，故不再采用。

在人工捕打中有许多有效办法，但要根据不同情况因地制宜、灵活运用。在药剂毒杀后，存留零星残蝗，面积大、密度稀，可配合人力以拉大网方式进行清剿，以达彻底消灭的目的。

湖边地区养鸭的很多，可组织养鸭户，驱鸭群啄食蝗蝻，效果很好。如在有水的庄稼地或芦苇地内，蝗蝻栖息在庄稼或芦苇上，使用毒饵、喷粉或人工捕打都不方便，最好是利用鸭群啄食。平原省梁山县八区刘庄群众创造了在鸭群前方由人拉长绳或竹竿把蝗蝻击落在水面以便鸭群啄食的方法，值得各地学习。

柴草不缺乏的地区，在查明蝗卵面积和密度后可于蝗蝻将孵化时进行烧草留点，不仅能促进蝗蝻孵化，并能使孵化齐一，迫使蝗蝻集中点片草里，便于集中消灭。在柴草缺乏地区，可改为割草留点。蝗蝻孵化后在不缺乏柴草的长草地区，征得当地群众同意，可采用袋形火烧法。先在蝗群四周打好火道，以免火势蔓延，造成意外，然后自下风头开始点火，逐渐点至上风，火势随风势迅速蔓延，将蝗蝻烧死在草里，可节省许多人力。

中央人民政府农业部发出治蝗紧急通知
新疆、江苏、安徽等发生蝗害地区
正积极地有效地展开治蝗工作[*]

【新华社北京二十九日电】中央人民政府农业部于五月二十八日发出治蝗紧急通知。通知全文如下：

目前各地蝗蝻大部已届三龄，不少地区，因查卵不周密，夏蝻发生面积超过各地估计，特别是新疆、安徽等省超出原计划面积的一倍或一倍以上。现在治蝗工作已进入最紧张阶段，各地须注意解决以下几个问题：

一、使用药剂，必须配合足够的人力，并普遍深入查蝻，做到消灭在三龄以前。

二、防治飞蝗，以使用药剂为主，但仍须辅以人工捕打，因药械有限，只能在蝗蝻密集地区使用，密度过稀的飞蝗跳蝻，尽可能组织人工扑灭，不用药械。今年夏蝻发生面积超过预计面积的地区，必须纠正单纯依赖药剂思想，以免误事。

三、喷粉器不够的，可试用已介绍的布袋撒粉法。

【新华社北京二十九日电】五月中旬以来，新疆、江苏、安徽、山东、河南等省发生蝗害地区，蝗蝻开始进入三龄，现正积极地有效地展开灭蝗工作。新疆省已查出蝗蝻面积一百六十五万亩，孵化期较去年约早二十天，目前一般已到三龄，有的已到四龄、五龄。江苏省蝗区蝗蝻也已长到三龄，东海、铜北等县部分地方并已进入四龄。安徽省沿淮河各县，已查出蝗蝻面积八十余万亩，目前百分之八十以上的蝗蝻在一龄、二龄，少数已进入三龄。河北省沧县专区黄骅等县三万九千多亩地中发现蝗蝻，正在一龄。丰南县并发现土蝗二万二千多亩。山东省蝗区大部分蝗蝻已进入二龄，少部分已进入三龄，沂水县地区并发现土蝗二十余万亩。

中央人民政府农业部根据各地蝗蝻发生情况，又拨给河南、山东药粉四百五十吨。江苏和新疆两省飞机治蝗，已分别在本月二十日和二十二日正式开始。江苏省预计半月可以基本扑灭。新疆省预计半月到二十天也可以基本扑灭。河南省已消灭散居型跳蝻三万亩。江苏省经过训练的七千多名药械手已于五月下旬先后出动，他们不仅自己掌握了配药和喷药技术，还把这些技术到处传授给农民，大大增强了农民治蝗的信心。

---

* 原载 1953 年 5 月 31 日《新华日报》。

中央人民政府农业部通知各地继续彻底消灭蝗蝻 *

中央人民政府农业部在二十五日发出通知，要求各蝗区继续贯彻治蝗方针，做到彻底消灭蝗蝻。

通知中说：目前治蝗工作由于各级领导机关的重视和蝗区农民的努力，已有了一定的成绩。据不完全统计，各蝗区共发动和组织九万五千多人，消灭夏蝗一百六十八万四千多亩（人工捕打七十八万五千多亩，药械除治八十九万九千多亩）。这次各地灭蝗，大多贯彻了"以药械为主"的方针，掌握有利时机，将蝗蝻消灭在三龄以前。但由于今年蝗虫发生地区广，密度稀，孵化期极不一致，再加上土蝗数量较多，所以就增加了各地捕打上的困难，少数地区夏蝗现在已成了飞蝗。

为了迅速并彻底消灭蝗害，通知中要求各地掌握今年夏蝗、秋蝗连续发生的特点，树立连续作战和长期治蝗的思想，及时作好灭蝗准备，并采取分期分区分股消灭的办法，将飞蝗消灭在原产地。对土蝗仍以人工捕打为主，但在密度大、危害作物严重的地区，可使用毒饵诱杀或药械除治。

通知中指出了各蝗区目前应做的工作，指出江苏、安徽等省消灭夏蝗工作已基本结束或即将结束的地区，需组织一定人力打扫战场，消灭残蝗，并总结消灭夏蝗的经验，作好消灭秋蝗的准备，将治蝗工作贯彻到底。

---

* 原载 1953 年 6 月 28 日《新华日报》。

中央人民政府农业部植物保护司关于《掌握治蝗有利时机，消灭蝗蝻于三龄以前》的通知*

根据山东、安徽、河北、江苏四省初步调查，已发现蝗卵面积三百余万亩。根据气象台的报告，今年许多地区将有长时间的干旱。干旱与蝗虫有很密切的关系，因为在干旱的年份，蝗虫所产的卵，除少数被天敌所寄生或食害者外都可孵化。因此，今年蝗虫仍有大发生的可能，各地必须提高警惕，做好一切治蝗准备工作。

一九五三年的治蝗方针，除继续贯彻"防重于治"外，还必须贯彻"药剂为主"的新方针。

飞蝗产卵，一般是点片集中的，初孵化的跳蝻也是点片集中地生活着，到三龄以后才扩散迁移，蝗蝻面积就将大大增加。在以"药剂为主"的方针下，要抓紧时间，在跳蝻面积没有扩大以前把它消灭。因此必须把它消灭在三龄以前。过去有些地方领导上提出的"发生在哪里，消灭在哪里"的口号是正确的；但是有些地方领导上对于治蝗警惕性虽很高，而对于蝗虫孵化参差不齐的规律性了解不够，错误地提出了"随时发生，立即消灭"或"随生随打"的口号，反造成"边打边生"的现象，造成人力上的浪费。治蝗必须"掌握有利时机"在去年就已经明确地提出了。今年在"药剂为主"的新方针下，掌握有利时机就尤其重要，如果仍"随生随打"，不仅浪费人力，且浪费国家资财。

什么是有利时机呢？就是在一个地区的蝗蝻已大部孵化，而最早孵化的蝗蝻将要扩散迁移之前，时间越迟越好；因为时间越迟，孵化的越多，一次用药所发挥的作用也就越大；但是如果太迟了，等到面积扩散以后再进行除治，用药的数量就要增加。一般说来，以最早孵化的蝗蝻开始脱第二次皮而变为三龄，大多数还在二龄和一龄时为适宜。具体地说，就是夏蝗第一批孵化以后，经过十至十五天，秋蝗第一批孵化以后经过七天，开始用药，可以获得最大效果。这样做，在孵化比较整齐的地区，就是最早孵化与最迟孵化日期相差只有半个月左右的地区，一次用药后即可解决问题；在孵化不整齐的地区，第一次施用的药剂失效后（在正常天气下，喷粉后三天内继续有效，撒毒饵后五天内继续有效，但效力逐渐降低），继续孵化出来的蝗蝻仍可生存，等到这些后孵化的蝗蝻中最大的长成第三龄、多数还在第二龄和第一龄时，再用药一次，就可解决问题。故第一次用药消灭其主力，第二次用药消

---

* 原载《中国农报》1953年第8期第14-15页。

灭其残余。

要掌握有利时机，把蝗蝻消灭于三龄以前，必须做好药械准备、人员训练与组织、查清蝗卵分布与蝗蝻孵化情况，并监视幼蝻活动等一系列准备工作，才能主动作战，达到预期目的；否则，还会打被动仗，造成浪费。

现在距蝗蝻孵化时期不远，各地应抓紧时间，做好准备，使一九五三年的治蝗工作取得更大的胜利。

中央人民政府农业部植物保护司关于
《做好药械治蝗工作》的意见 *

中央农业部在总结三年来防治蝗虫的工作中，发现使用药械除治蝗虫比人工捕打可以节省劳力百倍以上，而且又能把蝗虫更迅速地消火于二龄以前。今年防治飞蝗的方针是以"药剂为主"，但"药剂为主"并不是单纯地依靠药械，而是要发动人力使用药械进行除治，做到药械与人力更加密切的配合。因为大规模的使用药械防治蝗虫还是一个比较新的工作，而治蝗的"六六六"粉，又是一种含有毒性的杀虫药剂，如果使用不当，不但不能发挥药械效能，且会发生药害和形成浪费的现象。为了做好今年药械治蝗工作，特提出以下几点意见：

（一）做好侦查工作（查卵、查蝻、查成虫），才能正确地掌握蝗情，主动地战胜蝗灾。今年各地蝗区已准备了大量的治蝗药械，如果放松了侦查工作，就会发生盲目地使用药械，造成不应有的浪费和损失。侦查蝗情是一个长期性、连续性的工作。目前有些地区对于这一工作还没有重视起来，如在侦查人员的配备上，还没有投入足够的力量，有的地区把复杂的侦查工作，推给未经训练的人员去担任，这样就难把侦查工作做好。

（二）"六六六"粉是最有效的治蝗药剂，但目前尚未具备普遍使用的条件，因此必须集中起来使用于地广人稀、劳力困难和蝗情严重的地区。为了使群众确实掌握技术，凡使用药械的民工，必须经过短时期的技术训练，把喷粉队或撒饵队严密地分别的组织起来担任药械手工作。如一九五二年在山东蝗区，因事前认真地训练了大批积极分子，健全了使用药械组织，结果就充分地发挥了药械效能；但有些地区，把药械平均分散到县、区、乡，而不是有计划的集中起来统一调配，组织使用，致使蝗情严重的地区感觉到药械不足，而有的地区则又大量积压，造成损失。因此今年各地在使用药械治蝗组织领导上，必须及时克服平均主义及本位主义的思想。

（三）使用毒饵治蝗是最经济而有效的办法，凡在杂草短小、稀疏的荒地、作物幼苗地或有相当株行距的高大作物地，阳光能够射入，蝗蝻可以自由活动的环境下，均可撒布毒饵。有很多蝗区是灾区，或有的地区交通不便，临时收购麦麸感到困难的，必须事先通过合作社订购麦麸，有计划的解决运输及贮藏问题，并尽量利用麦麸的代用品（如南瓜丝等），以保证即时使用。凡蝗蝻发生在盛草及芦苇地，阳光不能

---

* 原载《中国农报》1953 年第 9 期第 8-9 页。

射入，蝗群不易活动之处或有小面积的积水地，蝗蝻在植物上时，均以喷撒"六六六"粉为适宜。此外在蝗蝻密度较稀、劳力不大缺乏的地区，可先用人工压缩至相当程度后再喷粉毒杀，则可节省人工和药粉。但在进行这一工作时，必须事先仔细计算，以达到药械合理使用的目的。

（四）去年山东、安徽、河北等省部分地区，由于对于喷粉民工进行了政治思想教育，不仅创造了每亩地喷粉一斤半，效果仍在百分之九十以上的新记录（如河北黄骅）。且在药械的储运、保管方面，都有专人负责，做到充分发挥药械的效能。但也有些地区，对国家财产不爱护，药械无专人负责，用后不加保养，而造成喷粉器不知下落，或不能使用以及"六六六"粉受潮失效等重大损失，今年防治飞蝗使用药械的数量比往年大大增多，因此技术指导工作就特别重要。为此，各地应加强对干部、民工的爱国主义增产节约教育，使其自觉的爱护与节省药械，以防止造成国家资财的损失和浪费。

中央人民政府农业部植物保护司关于
《一九五三年的夏蝗防治工作》的意见 *

由于解放后三年来积极的防治，一九五三年蝗虫发生情况已经起了变化，历来严重为害的群居型飞蝗已变为密度较小的散居型飞蝗了。

今年全国除新疆外，发生夏蝗面积共三百五十万亩，仅为一九五二年夏蝗发生面积的百分之二十五；且绝大部分是密度小、孵化不整齐、不成群迁移的散居型飞蝗。蝗蝻的密度每平方丈一般有三四十头，最密的约有一万头（一九五二年一般的每平方丈有蝻二三百头，最密的竟达二十万头）。孵化时期，黄河以南的蝗区大部在四月底五月初开始；北部蝗区比往年迟了二十多天，河北通县专区迟至六月初，幼蝻才出土。

由于治蝗组织的日趋严密，并不断改进了技术、提高了效率，今年的夏蝗防治工作，基本上已由被动转入主动；大部地区贯彻了"防重于治"的方针，把蝗蝻消灭于三龄以前，因之，捕打飞蝗已成个别现象。今年夏蝗防治工作有如下三个特点：

一、加强了治蝗组织，掌握了蝗情。今年蝗区各省都组织了治蝗指挥部，全国共建立二十一个蝗虫防治站和五个防治组。初步统计，各站在蝗蝻出土前就训练了五万余名侦查员和药械手。徐州蝗虫防治站根据蝗虫发生实际情况，建议并帮助铜北县纠正了治蝗工作的突击观点；江苏省新海连市治蝗站还设立了两个蝗虫孵化观察站，配合田间观察；这些机构在工作中都发挥了积极作用。

二、贯彻"药剂为主"方针，节省了大量人力。由于国产"六六六"药粉的大量供应和治蝗技术的逐渐提高，今年采用了"药剂为主"的治蝗方针，一千一百余万斤"六六六"药粉、一百余万斤毒饵用的麦麸和新添置的一万四千多架喷粉器，都在蝗蝻出土前运到各主要蝗区。这一方针的贯彻，不仅缩短了治蝗时间，而且节省了大量人力。如安徽省泗洪县广泛应用喷粉、毒饵，七天内消灭了两万五千余亩蝗蝻，所用日工不到一万个。群众反映：过去打蝗虫，三个月还打不净，今年几天就打完了，也没耽误生产。江苏省铜山县一九五一年治蝗以人工为主，平均每亩要六个多日工，一九五二年开始重点用药，每亩所用日工减至三四个，一九五三年改以药剂为主，每亩只用四分之一个日工，仅为一九五一年二十五分之一，大大节省了人力。

三、飞机治蝗解决了防治困难。今年除在微山湖重点使用飞机灭蝗外，又得到苏联政府派来的灭蝗团和飞机的援助，帮助新疆治蝗，仅在北疆就抢救了六十万亩田

---

* 原载《中国农报》1953 年第 18 期第 24－25 页。

禾，并保障了三十万亩田地不受侵害。飞机治蝗解决了广大荒漠地区缺人缺水和湖沼地区苇高水深的困难。据微山湖灭蝗指挥部估计，该区飞机治蝗节省了五十万个日工，以每工四千元计，共达二十亿元，而飞机治蝗的所有用费，尚不到七亿元。

防治夏蝗虽然有了显著成绩，但由于蝗情的基本改变和工作中存在着缺点，因此，在防治秋蝗工作中，必须根据新情况，提出改进办法。兹提出几个主要问题和意见如下：

一、关于处置散居型飞蝗问题。由于大部地区所发生的夏蝗是散居型飞蝗，因此，对于这种情况，有些地区不知如何处理；有些地区认为蝗虫密度太小，不必再治了，这样麻痹大意是危险的；而另外也有些地区则机械地执行彻底治蝗的精神，提倡向捉虱子一样把蝗虫捉光，捉不光就不收兵，这种做法事实上也有困难。根据各地经验和苏联专家的意见，对于散居型飞蝗的对策应该是：凡每方丈密度只有一二个的，可暂不防治，但应严密监视其发展；密度已逾三个的，可用人工或结合药械防治；十个以上的可用药剂防治。各地必须加强侦查工作，正确掌握蝗蝻密度，依以上原则灵活运用。

二、关于侦查问题。侦查工作的缺点主要是一九五二年秋没有查清越冬卵的分布，侦查技术也有偏差，查报卵块的面积、密度不切实，蝗情掌握不准确。一般是所报数字超过发生面积，如河北省根据报告作了三百万亩的准备，而实际发生一百五十一万亩，其中飞蝗只有二十三万亩，结果积存了大量药剂。也有些地区查的不周到，认为没有蝗虫的地区，突然发生蝗虫，弄得手忙脚乱，被动突击。河南阌乡、安徽宿县事前没有进行查卵，也未作治蝗准备，六月初发现大批蝗虫，大部已四五龄，部分是成虫，虽已迅速组织大批人员，调运药械，但已造成部分庄稼的损失。今后必须加强侦查工作的领导和侦查员的训练。侦查员要经过慎重选择，长期固定，以加强其责任心；并应适当照顾他们的生活和生产，使能安心工作。

三、土蝗防治工作必须引起重视。山东惠民专区的夏蝗中就有一大部分是土蝗。根据今年的情况看来，不少地区的土蝗对庄稼的威胁比飞蝗还大，各地区必须重视防治土蝗问题，对待密度大、为害庄稼的土蝗，要和飞蝗同样用药械防治。

四、治蝗剩余药剂的处理。由于夏蝗发生的面积和密度小，用药少，各地区还积存大量药剂；此项余药除可用于秋蝗外，还可防治土蝗、稻蝗、黏虫、稻苞虫、蟋蟀、地下害虫等。各地应很好组织使用，避免滥用和浪费。并要很好保存，避免损失和药效减退。

目前，有些地区秋蝗已陆续发生，应切实掌握秋蝻活动情况，对飞蝗、土蝗或混生的土、飞蝗，凡为害庄稼严重，均须用药剂配合人工大力防治；麦麸和水供应方便的地方，特别是庄稼地，以撒布毒饵为宜。

中央人民政府农业部关于加强秋蝗防治工作的指示 *

（〔53〕农字 415 号）

据报告，江苏省宝应、高邮两县对防治秋蝗的工作麻痹大意，致使目前秋蝗蔓延达十余万亩。这些秋蝗多是群居型，密度一般为每平方丈三百至五百头，个别地方密度达五千至一万头，而且百分之九十已经化为成虫，将群起迁飞。江苏铜山、安徽霍邱，山东梁山、峄县亦有类似情况。以上各地正组织群众积极除治。各有蝗害省份，应接受江苏遭受虫害的教训，教育干部和群众，克服麻痹思想，并掌握秋蝗发育成虫较快，为害期长，且多是飞蝗与土蝗混生等特点，严密侦查，结合防汛、排水、除草等工作，发动群众，使用喷粉、撒饵，人工捕打及其他有效办法，进行除治，保证秋苗不受危害。秋蝗密度过稀和秋蝗防治工作即将结束的地区，要切实监视蝗虫活动，打下今年秋冬查卵和明年防治工作的基础。

一九五三年八月二十日

---

* 原载《中国农报》1953 年第 16 期第 21 页。

农业部检发一九五六年治蝗工作方案希即研究执行的通知

（〔55〕农保东字第 190 号）

主送机关　河北、山东、江苏、河南、安徽、甘肃、青海、广东、广西等省
农业（林）厅　新疆维吾尔及内蒙古自治区农业（牧）厅　天津
市农林水利局

抄送机关　全国人民代表大会常务委员会　国务院第三、七办公室、法制局
最高人民监察院　中共中央农村工作部　中国科学院昆虫研究所
农业科学院筹备小组　华北农业科学研究所　北京农业大学　人
民日报社　本部计划局

一九五六年治蝗工作方案，业经我部第一八三次部务会议通过。特检发给你厅
(局)，希即研究执行。

附　一九五六年治蝗工作方案一份

中华人民共和国农业部

一九五五年十二月二十七日

附

一九五六年治蝗工作方案

一九五五年据我国主要蝗区河北、山东、河南、江苏、安徽等省不完全统计，共
发生夏、秋蝗一千四百六十四万余亩，防治一千二百一十余万亩，被害面积十三万七
千余亩，损失粮食约二百八十四万余斤。

根据国家提出的在七年内基本消灭蝗虫等主要害虫的要求，从一九五六年起，蝗
区各省必须控制蝗虫，不使为害农作物，为根治蝗虫造成有利条件。

一、治蝗任务与要求

（一）严格控制已治蝗区（包括农田），巩固既得成果。将治蝗主力集中在滨海及
湖沼等蝗虫原产地。加强蝗虫原产地的调查研究和防治工作，查清蝗虫发生规律。对农
田及其附近蝗区必须坚决消灭在孵化阶段，不使为害，并在秋收后播种前进行深耕。对
大面积荒地的蝗虫，必须消灭在三龄以前。对边远少数民族地区的农田、牧场及其附近

的土蝗，在绝大部分已经孵化出土而最早羽化的成虫尚未开始产卵时，必须立即进行防治，力求做到消灭。一般土蝗严重地区，由各省自行确定当作危险害虫处理。

（二）必须大力防治夏蝗、抑制秋蝗发生。六月上旬以前消灭夏蝗主力，结合麦收进行扫残。八月上旬消灭秋蝗主力，紧接着肃清残余。

（三）一九五六年计划防治蝗虫面积初步确定为一千三百二十六万五千亩。其中喷粉约七百三十四万六千五百亩，撒饵约二百六十万八十五百亩，人工约九十万亩。计划用飞机治蝗的面积：河北省一百万亩（在沧县、天津、唐山三个专区大片荒地上），青海省五十万亩，新疆维吾尔自治区四十五万亩，江苏省二十万亩，山东省二十万亩，天津市六万亩（见第一表）。以上蝗区，各省（区、市）详细防治计划（应分专区和县）及具体实施办法，必须在一九五六年一月底以前报农业部。

二、治蝗方法

治蝗方法以手摇喷粉器喷粉为主，毒饵诱杀次之。蝗虫集中、面积广、密度大，特别是沿海、沿湖人烟稀少的蝗区，可重点使用飞机及动力喷粉器。面积大、密度稀的蝗区，用药剂结合人工防治。飞蝗每方丈在二头以上者，用药剂防治，二头以下者，用人工结合药剂防治。飞蝗和土蝗混生地区，以飞蝗的密度作标准进行防治。土蝗以毒饵诱杀为主，喷粉次之。

三、治蝗具体措施

（一）健全侦查制度

1. 为了全面掌握蝗情及来年可能发生的面积，从四月下旬起至十一月中旬止，严格地进行侦查工作。十月上旬以前做好查残工作，十一月底以前完成查卵工作。

2. 各地侦查工作，应以技术推广站及蝗虫防治站为主，依靠合作社有领导、有计划地分组进行，并要做到分片包干，在侦查工作繁忙的时候，可雇用临时侦查员。在沿海滨湖大面积荒洼蝗区，可雇用少数长期侦查员（侦查员条件：高小文化程度、身体健康、农业生产合作社社员、家庭劳动力多的青年积极分子。其生活补助费每月最多不超过十五元）。

3. 侦查员应定期填表汇报蝗情。在蝗虫发生期间至少三天报告一次，防治时期一天一报，紧急时随时报告。报告表由蝗区省（区、市）农业（林）厅（局）印发。

（二）做好药械准备和供应工作

1. 各蝗区必须于一九五六年一月底完成清理和整修现在所有治蝗药械。并准备充足的喷粉器零件及修理工具，在治蝗期间要组织修理工匠到蝗区随时进行修理。各蝗区省需用的零件和工具数量应于一九五六年一月底以前要通知上海药械厂订购。

2. 一九五六年全国蝗区共需增加手摇喷粉器八千四百五十架，百分之零点七五"六六六"二千二百万零五千斤，百分之一"六六六"一百六十六万斤，百分之一点五"六六六"三百八十四万三千余斤（见第二表）。各蝗区省（区、市）所需不同规格的治蝗药械，除本年积存者外，不足之数量必须在本年内订购，并报农业部。保证明年四月以前将百分之七十的药剂调运到使用地点，其余的在六月中旬以前运到。但各蝗区省必须掌握一定的机动数量，存放在交通方便的适当地点，以便调运。治蝗药械在使用与保管期间，均应指定专人保管，建立领用制度，不使丢失或损坏失效。

（三）治蝗技术训练

分三级：

省级：冬季训练专县级植物保护干部五至七天。

专级：训练县级农业干部及区生产助理员、推广站推广员，时间三天，在三月底以前完成。

县级：训练侦查员、药械手，在四月底以前完成。

以上训练工作，应组织农业院校师生协助，并可结合其他干部训练进行。

（四）健全与恢复治蝗机构

1. 蝗区的技术推广站应加强治蝗工作。在蝗虫发生时，应以治蝗为主要任务。蝗虫重点县应指定或增设治蝗专业干部一人，计划一九五六年在河北、山东、江苏、安徽、河南、新疆维吾尔自治区等蝗区一四〇个重点县各配备治蝗专业干部一人，已增设的不再增加（见第三表）。

2. 在滨海、湖沼等未设技术推广站的蝗区，应设蝗虫防治站，计江苏洪泽湖区一处，山东惠民滨海区一处，河北沧县及天津滨海区各一处。各站均由省农业（林）厅直接领导。每站设治蝗干部二十至二十五人，站内行政干部不得超过二人，干部在各蝗区省原有治蝗人员编制内调配。其中技术干部一般须中等农业技术学校毕业，身体健壮，政治条件好。现有人员不合乎要求者，应即进行调整，不得滥竽充数。治蝗干部均应专职专用，调动时应报请省农业（林）厅批准。如何健全与恢复原有治蝗机构，提高干部质量，由蝗区各省根据具体情况自行办理，并报农业部备查。

3. 主要蝗区各省增设治蝗组，由省农业（林）厅调派治蝗有经验的干部充任。

（五）治蝗时期动员工作

1. 蝗区各省（区、市）在蝗虫发生时期，根据实际需要建立各级治蝗指挥组织，各级领导应掌握治蝗重点，创造典型经验，以指导全面，并应及时督促、检查，随时随地发现问题，解决问题。

2. 组织蝗区各级联防制度，乡与乡、区与区、县与县、专与专、省与省间应互通情报，互相督促，互相支援。

3. 蝗虫发生时期，蝗区各地领导应随时掌握蝗情，及时订出具体防治计划，组织足够力量，大力进行防治。农业生产合作社在治蝗工作中应起带头作用，形成广大群众的治蝗运动。必须做到及时治、全面治、彻底治。

（六）建立定期治蝗会议、汇报、检查及奖励制度

1. 蝗区省、专、县各级领导在治蝗工作期内，应根据虫情分别召开治蝗会议，汇报情况，交流经验，布置工作。

2. 在蝗虫发生期间，蝗区的区分所或技术推广站至少三天向县报告一次，县向专三天一报，专区向省（区、市）及省（区、市）向部均至少七天一报。紧急时应随时上报。

3. 建立逐级定期检查制度。四月检查夏蝗准备工作，六月检查夏蝗防治成绩和秋蝗准备工作，八月检查秋蝗防治情况及消灭残蝗工作。

4. 蝗区各省（区、市）应于八月底以前作好第二年防治蝗虫初步计划和预算报部，十二月底以前将查卵结果及第二年防治蝗虫修正计划和预算报部。

5. 奖励办法：凡对侦查和治蝗工作有成绩或有发明创造，使治蝗工作收到很大效果的干部或群众，个人或团体，应分别予以物资和精神奖励。凡对侦查和治蝗工作不力，或有蝗虫故意不报因而造成损失者，应酌情予以处分。

以上各项奖惩办法，由各蝗区省（区、市）根据具体情况拟订送农业部批准执行。其中有特殊成绩或发明者，可专案呈请农业部根据情况予以奖励。

蝗区各省（区、市）应根据七年内消灭蝗虫的要求，研究五年做到基本消灭，两年扫尾的办法。对本省（区、市）治蝗工作作出全面规划，订出任务、进度、措施，并将此规划于一九五六年一月底以前报农业部。

第一表　一九五六年计划防治蝗虫面积

单位：万亩

省份	喷粉面积	撒饵面积	飞机喷粉面积	人工捕打	小计
河北省	250.00	50.00	100.00		400.00
山东省	250.00	80.00	20.00	50.00	400.00
江苏省	73.00	36.00	20.00	20.00	149.00
河南省	45.00	15.00		10.00	70.00
安徽省	80.00	20.00		10.00	110.00
新疆维吾尔自治区	15.15	29.85	45.00		90.00

（续）

省份	喷粉面积	撒饵面积	飞机喷粉面积	人工捕打	小计
甘肃省	10.00	10.00			20.00
青海省	7.50	7.50	50.00		65.00
天津市	4.00	2.00	6.00		12.00
内蒙古自治区		10.50			10.50
合　计	734.65	260.85	241.00	90.00	1 326.50

第二表　一九五六年各省、市、区所需治蝗药械计划数量

单位：万斤，架

省份	0.75%"六六六"	1.0%"六六六"	1.5%"六六六"	手摇喷雾器	备注
河北省	750.00		157.00		
山东省	800.00	1.00	30.00	3 000	
江苏省	219.00		30.00	2 000	
河南省	120.00			1 500	
安徽省	240.00			1 500	
新疆维吾尔自治区		165.00	79.375		发给"六六六"原粉由省自行加工
甘肃省	30.00		1.25	200	
青海省	22.50		75.937 5	50	
天津市	12.00		9.25	50	
内蒙古自治区	7.50		1.562 5	150	
合计	2 200.50	166.00	384.375	8 450	

注：表内药粉数量是按防治任务计算出的需要数量，各省尚积存一部分药粉，查清后须扣除。

第三表　一九五六年蝗区应设治蝗干部的重点县及干部数量（每县一人）

省份	人数	县数	蝗区重点县名称
河北省	41	41	魏县、大名、宁晋、饶阳、安平、冀县、蠡县、博野、清苑、安新、高阳、定兴、涿县、新城、雄县、容城、安次、宝坻、武清、霸县、文安、青县、静海、宁河、沧县、献县、黄骅、景县、盐山、孟村、肃宁、滦县、丰润、玉田、乐亭、三河、蓟县、香河、无极、深泽、深县
山东省	35	35	鱼台、嘉祥、微山、济宁、凫山、梁山、郓城、无棣、沾化、垦利、利津、广饶、阳信、聊城、阳谷、东阿、博平、茌平、莘县、寿光、潍县、昌邑、东平、平阴、苍山、禹城、齐河、临邑、胶县、长清、德县、郯城、临沂、乐陵、恩县

（续）

省份	人数	县数	蝗区重点县名称
江苏省	15	15	沛县、铜山、邳县、睢宁、新沂、淮阴、淮安、泗阳、沭阳、宿迁、灌云、高邮、宝应、滨海、阜宁
河南省	4	4	商水、浚县、内黄、民权
安徽省	10	10	颍上、阜南、凤台、宿县、灵璧、寿县、霍邱、凤阳、阜阳、濉溪
新疆维吾尔自治区	35	35	
合计	140	140	

国务院第七办公室关于《农业部关于治蝗座谈会的报告》的批复[*]

（〔57〕国七农字第 35 号）

〔57〕农保瑞字第 43 号报告阅悉。同意你部对五省治蝗座谈会所讨论的关于要求补助今年治蝗经费，加强和恢复治蝗机构和土蝗防治经费等问题的处理意见以及对今年秋蝗发生的估计和防治工作的布置。目前河北省已有十余万亩农田发生秋蝗，希抓紧对秋蝗防治工作的督促检查，作到迅速发现及时扑灭，防止成灾。

一九五七年八月一日

抄送：中共中央农村工作部

附件

农业部关于治蝗座谈会的报告

（〔57〕农保瑞字第 43 号）

国务院第七办公室：

我部于 7 月 5—9 日召开了河北、河南、山东、江苏、安徽及天津市的治蝗座谈会。总结了今年防治夏蝗经验并布置了秋蝗防治工作。

今将蝗虫防治情况和各省提出的要求报告如下。

一、夏蝗防治情况

今年河北等五省、一市夏蝗发生和扩散面积共 1 550 万余亩，估计够药治标准（每亩 120 头）的，约占 60% 左右，是解放以来最严重的一年。经各地党、政大力领导，已于六月底前基本完成了治蝗任务，全面转入扫残。据统计，共防治 1250 万亩，其中药剂防治的 936 万亩（含飞机防治 191 万亩）。在这次防治夏蝗工作中，冀鲁豫三省内涝蝗区的防治工作是很被动的，人力物力上的浪费也是很大的。如河北省魏县、大名一带蝗蝻出土时情况不明，9 月上旬发现时，蝗虫 34 万亩，已至 3～4 龄，防治时大部变为成虫，扩散成百万余亩。如早为防治，原只须撒药粉一次即可消灭主

---

[*] 原载农业部全国植物保护总站《植物保护文件汇编（一）》1988 年第 245-249 页。

力，扩散后须撒粉二三次，并每日动员人工十万人，连续防治 3~4 日。同时因为扩散后防治不彻底，秋蝗任务加大，并造成今后防治的被动局面。

今年蝗虫发生特点是：沿海、滨湖蝗区的夏蝗发生面积和密度均较往年小，蝗情轻微，而内涝蝗区蝗情较重，其中尤以河北、河南、山东三省毗连的内涝蝗区（临清、馆陶、武城、魏县、大名、邱县、内黄）为最甚。主要因为去年长期积水，水退后，大批散蝗产卵，种麦又不耕耙。历来不是主要蝗区，当地领导不够重视，未能及早准备，因之，不但发生和扩散面积广、密度大，而且防治极其被动，人力和物力的浪费很大，夏蝗主力虽被消灭，大面积残蝗已变为成虫并且交尾产卵，因而秋蝗将大量发生。特别是历来飞蝗迁飞成灾，也多以秋蝗的可能性为最大。

这次会议对秋蝗防治工作着重指出：首先应切实掌握残蝗活动产卵情况，及时进行查孵化，并须深刻认识秋蝗时期，天气炎热，雨水较多，蝗蝻发育快，以及夏、秋蝗发生时间相距很近等不利情况，抓紧时间，迅速做好准备，大力组织群众，充分利用一切可能利用的工具和办法，掌握有利时机力求于 8 月上旬以前一次喷药消灭秋蝗主力，紧接开展秋蝗扫残工作，代表回省后迅速召开治蝗会议布置秋蝗防治工作，准备及时开展灭蝗战斗。

二、治蝗工作中存在的问题

1. 要求补助今年治蝗经费。河北、河南、山东及安徽四省代表反映，今年治蝗任务远远超出原订计划，经费支出感到困难，要求中央补助 719 万元。经我们研究，除了夏蝗防治经费由各省负担外，安徽省秋蝗无需补助，对秋蝗防治确有困难的河北、河南、山东三省应适当补助，按三省秋蝗药治计划总面积的 60% 给予补助，并以每亩防治费用 0.5 元折算，共需 268.5 万元（附表 1），拟从我部危险病虫害抢救费中拨给。

2. 加强和恢复治蝗机构。战胜飞蝗为害是一个长期、艰巨的任务，在蝗区没有根治以前，如防治准备工作稍有疏忽，蝗虫随时都有大发生的可能。1953 年在蝗区曾建立治蝗站 23 处，现只剩下 18 处，几年来除江苏省外，其他省区多有时撤销、有时恢复，干部调动频繁，不能熟习专业，使治蝗工作造成很大损失。如河北省 1953 年撤销了治蝗站，1954 年蝗情即无法掌握，只报查卵面积 16 万亩，而 1955 年夏蝗发生面积为 85 万亩，秋蝗 600 余万亩。山东省 1953 年撤销了治蝗站，1954 年治蝗工作也非常被动，造成的损失约合 157 万元，我们认为：撤销或削弱治蝗机构是造成治蝗工作被动的原因之一。要求各省对现有治蝗机构应当加强，撤销不合理的决定，应当恢复并使治蝗干部能专门从事治蝗工作，不要乱拉他们。

3. 土蝗防治经费问题。近年来，山东、河北、河南、山西、陕西和内蒙古等省区，土蝗为害日趋严重，过去仅对边远少数民族地区的农田、牧场及其附近的土蝗，由国家供给防治费用，一般严重地区由各省自行确定当作危险害虫处理。各地要求国家统一解决土蝗防治经费问题，我们考虑到土蝗经费全部由国家包治费用太大，也不合理，但对于发生在大面积荒地，转入农田为害的土蝗，由群众负担防治确有困难，应由国家补助。据估计，像上述情况的土蝗面积，在河北、山西、陕西、内蒙古等六省区至少有 500 余万亩，是否可按荒地土蝗发生面积的半数，每亩以 0.2 元防治费用给予补助，每年共需款 50 万元（附表 2），并由今后农业经费中作为危险害虫抢救费拨给各地。

以上意见，妥否，请批示。

一九五七年七月十九日

附表 1　1957 年五省一市治蝗经费使用情况表一份（略）

附表 2　土蝗防治补助费一份（略）

国务院第七办公室转发农业部
关于 1957 年防治秋蝗的报告[*]

（〔57〕国七陶字第 28 号）

河北、河南、山东、江苏、安徽、天津等省市人民委员会并转农业（林水）厅（局）：

现将农业部关于 1957 年防治秋蝗的报告转发给你们。报告中提出的，为了争取明年治蝗工作的胜利并纠正治蝗工作中的被动、忙乱和浪费等现象，建议各地要做的几项工作是很重要的。希接受今年的经验教训，结合各地具体情况，认真研究执行。

一九五七年十月五日

抄送：农业部

附件

农业部关于 1957 年防治秋蝗的报告

（〔57〕农保轩字第 68 号）

国务院第七办公室核转国务院：

今年蝗虫发生比往年严重，由于蝗区的党和政府的正确领导和干部、群众的努力，虽然消灭了秋蝗的为害，但在防治工作中还存在着不少问题。为了争取明年治蝗工作的胜利并纠正治蝗工作中的被动、忙乱和浪费等现象，兹将 1957 年防治秋蝗的报告送请审核，如可用，请转发河北、河南、山东、安徽、天津等 6 省市人民委员会并农业（林水）厅（局）参考。

附　1957 年防治秋蝗的报告

一九五七年九月二十七日

---

[*] 原载农业部全国植物保护总站《植物保护文件汇编（一）》1988 年第 255－260 页。

附

1957 年防治秋蝗的报告

截至 9 月 27 日，河北、山东、河南、安徽、江苏、天津等 6 省市，秋蝗发生和扩散面积共 1 272 万亩。其中河北省蝗情比较严重，据 8 个专区 85 个县的统计，发生面积达 560 万亩，占 6 省市秋蝗面积的 67％以上，一般每方丈有蝗蝻 30～50 头，稠的 1 000～10 000 头。该省不但夏蝗严重地区发生了秋蝗，而且很多夏蝗较轻的地区也发生了秋蝗，尤其低洼积水地区，因天气干旱陆续脱水，残余夏蝗趋集产卵，发生更重。山东省发生 182 万亩，河南省 138 万亩，安徽省 55 万亩，江苏省 35 万亩，天津市 9 400 亩。这些省份的沿海、滨湖和淮河流域地区，由于 7 月份雨水大，蝗区大部分被淹，蝗情轻微，发生面积小，密度稀，一般每方丈在 5 头左右。黄河以北的内涝地区，由于夏蝗发生较重，防治不彻底，残蝗遗卵多，加以气候适宜，孵化率高，发生比较严重。如山东省的临清、馆陶，河南省的浚县、内黄等毗连县份，发生面积均在 30 万亩以上，一般密度在 10～100 头，稠的甚至在 1 万头以上。

各级领导由于吸取了夏蝗防治的经验教训，对秋蝗防治工作是比较重视的。积极准备了足够的农药和一部分器械，加强了治蝗的组织，整训了治蝗干部和民工，并注意了查孵化等工作。因而当秋蝗发生后，在党政领导下，迅速组织了大批干部和群众，投入了灭蝗战斗。根据 6 省市不完全统计，共防治了 900 万亩，其中飞机防治 240 万亩。大部分蝗区均于 8 月 20 日前基本完成了秋蝗防治任务，转入扫残阶段。

今年虽然控制了秋蝗为害，但在防治中还存在着不少问题。据我部工作组在河北、河南、山东毗连蝗区和河北天津专区的大城、永清两县检查，有些地区前期由于防汛、排涝、除草等工作任务重，对治蝗工作曾迟了一步，因蝗蝻发育快，龄期已大，扩散迅速，以后虽动员群众突击防治，但已错过有利时机；有些地区因夏蝗发生较轻或新脱水地区，事前缺乏侦查，蝗情掌握不住，因而发现晚，防治慢，加以药械准备不足，形成被动。一般地区技术指导跟不上，侦查员对飞蝗、土蝗认识不清，在侦查中把土蝗当作飞蝗，扩大了防治面积，增加了防治任务；有的治蝗干部对蝗蝻龄期分不清，如河北大城、永清两县，直到成虫达到 70％以上时，才开始突击防治，虫口密度虽稀，但由于成虫食量大，为害严重，使不少农作物被咬成花叶现象，部分地块严重的被吃成光杆；有的在喷粉时，把喷粉器的导粉管全部去掉，开到最大粉门，乱喷乱撒；有的因喷粉器不够，用手撒粉，每亩撒约四五斤，造成很大浪费。

根据今年蝗虫发生和防治情况看，估计明年夏季飞蝗还会严重发生。为了争取明年治蝗工作的胜利并纠正治蝗工作中的被动、忙乱和浪费等现象，建议各地做好以下几项工作：

一、加强蝗虫侦查工作

（1）目前必须做好查残蝗工作。注意成虫活动产卵情况，划定冬季查卵范围，认真细致地进行冬季查卵。于11月底以前完成查卵工作，明春从4月下旬起，严格地、有计划地进行查孵化、查蝗蝻，保证三查工作的质量，掌握可靠的蝗情，及时组织力量，才能把夏蝗消灭在三龄以前。对内涝蝗区更要特别注意抑制秋蝗的发生。

（2）各地侦查工作，要有领导、有计划地分组进行，做到分片包干。每个长期侦查员，担任侦查面积，不能少于1万亩。各农业社原有的义务侦查员，要配合侦查搞好普查工作；义务侦查员由社内记工，没有义务侦查员的社，今后也要固定专人，以便提高侦查技术。

二、健全与恢复治蝗机构和加强技术训练

几年来的经验证明，治蝗站是保证及时开展治蝗工作、消灭蝗虫为害的重要措施，撤销或削弱治蝗机构是造成治蝗工作被动原因之一。各省对现有治蝗机构应当加强，已撤销的应当恢复，原来没有的地区，应根据需要增设，并使治蝗干部能专门从事这一工作，不要乱拉乱用。冀、鲁、豫三省毗连的内涝蝗区，必须加强治蝗力量，组织联防。利用今冬、明春，对蝗区的治蝗干部和侦查员、药械手进行技术训练。训练方式，省、专、县三级：省级在冬季训练专级治蝗、植保干部5～7天；专级训练县级植保、治蝗干部3天，在3月底以前先完成；县级训练区、乡干部和侦查员、药械手，在4月底以前完成。同时要广泛宣传教育，大力传授治蝗技术，使农业社的干部和社员，均能识别飞蝗和土蝗的龄期及一般的防治技术。

三、做好治蝗的长期规划及明年的具体防治计划

（1）各地蝗区应根据历年蝗虫发生防治情况和今冬查卵结果，制定明年防治计划，做好预算。建立各级联防制度，乡与乡、区与区、县与县、专与专，省与省间互

通情报，互相督促，互相支援，避免交界地区遗漏防治。

（2）抓紧清理和修理现有治蝗药械，并准备好明年所需的喷粉器零件及修理工具，保证明年 4 月以前将 70％的药械运到使用地点。各省要掌握一定的机动数量，存放在交通方便及适当地点，以便机动补充供应。药械要指定专人负责，集中仓库保管，防止潮湿失效和损坏，并要建立领用制度，严格控制，以免发生丢失和浪费现象。

四、总结治蝗工作

今年要求凡发生蝗虫地区，逐级地认真总结工作。对治蝗重视、防治及时的单位和治蝗积极的干部、群众应进行表扬；对治蝗不力，使农作物遭受损失的应给予批评。

农业部呈报山东菏泽、济宁两专区发现飞蝗的情况[*]

（〔58〕农保轩字第 67 号）

国务院第七办公室、中央办公厅、总理办公室：

山东菏泽、济宁两专区最近发现飞蝗，仅城武、滕县、金乡、嘉祥、定陶等 5 县发现 129 200 亩，但从何飞来？据报城武县 8 月 27 日晚 8 时由东南方向飞来一批飞蝗降落在塔红庙乡，面积达 3 200 亩，密度每平方丈 20 头左右。定陶县 23 日晚 12 时发现有一批飞蝗从西南向东北方飞去，27 日晚 9—11 时又发现从东南向西北飞。金乡县 27 日晚由东南飞来，落在普胜乡、王禄乡共 22 000 亩，密度每平方丈 30 头，经两天防治后残蝗 1~2 头。嘉祥县 29 日晚由西南飞来的蝗虫，落在梁保寺乡 50 000 亩，张楼乡 35 000 亩，30 日晚又从西南飞来一批落在瞳里乡 10 000 亩，每平方丈 20~30 头，据该县汇报飞来的蝗虫与当地蝗虫颜色不同，发现飞蝗后立即进行防治，梁保寺乡从 30 日开始每天出动 7 800 人灭蝗，每人一天捕捉飞蝗 500~700 个；张楼乡一天发动 3 500 人，一天一人捕蝗 5 斤多，另外撒施毒饵的面积达 30 000 亩。31 日晚 8—10 时由梁保寺乡上空（从西南飞向东北）飞过三批，有一批密度最大的把月光遮住了，目前该批蝗虫下落不明，济宁专署当晚已通知汶上县检查，省农业厅通知东平县检查。

目前微山、汶上等县靠近湖区飞蝗面积有所扩大，实际情况尚未查清。

飞蝗起飞的区、省农业厅于 29 日晚电话通知，菏泽、济宁等 18 个县进行检查提高警惕，彻底消灭秋蝗残余，并提出两项措施：

一、各县必须立即彻底消灭秋蝗。

二、组织乡、社警惕外地飞来的飞蝗，降落在哪里就消灭在哪里，并注意辨明蝗虫飞来的方向，向哪里飞，急速通知邻区。

此外，省农业厅已于 8 月 30 日派出 3 人去菏泽，9 月 1 日又派出 3 人去济宁协助灭蝗。

目前北京缺乏治蝗的"六六六"粉，我们已指示山东从该省商业部存药（约 15 000 吨）和准备结合秋播消灭地下虫害的药剂迅速调出支援，并大力发动群众捕打，及时消灭，保证秋季丰收。

一九五八年九月一日

抄送：第二商业部

---

[*] 原载农业部全国植物保护总站《植物保护文件汇编（一）》1988 年第 265－266 页。

农业部关于夏蝗防治情况和秋蝗防治计划的报告*

（〔59〕农保伟字第 68 号）

国务院七办并报总理：

兹将河北、山东、河南、安徽、江苏五省防治夏蝗情况和防治秋蝗的安排简报如下：

（一）今年五省有发生夏蝗面积共二千四百多万亩。防治了二千一百多万亩，其中一半左右是飞机防治的。大部蝗区防治工作在六月二十日结束，少数地区到六月底结束。

今年防治夏蝗工作进行得比较及时、彻底。但是，尚有部分地区，如山东省的济宁、菏泽专区，河南省的滑县、河北省的武清等地，由于夏蝗发生面积广，密度大，出土不齐，残蝗面积仍不小，有的已经产了卵，需要在秋季继续防治。

由于去冬今春进行了一些改造蝗区自然条件的工作，因而缩小了夏蝗发生的面积。据江苏、河北、河南等省的十七个县、市不完全统计，共改造蝗区一百八十六万亩。如江苏省宿迁县采用蓄水养鱼，并利用湖水改种水稻等办法改造了骆马明湖蝗区四十一万亩，这个县一九五八年发生夏蝗六十一万亩，今年仅发生七万亩。看来，结合农、林、牧、副、渔的全面发展，进行对蝗区的改造，还是根除蝗害的一个好办法。

（二）估计今年秋蝗发生面积可能达到一千六百万亩到一千八百万亩。预计盛发期在七月中旬，防治适期在七月下旬到八月上旬。防治秋蝗需要作的一些准备工作已经大体上作好了安排，问题是飞机少了些。

在防治夏蝗期间，使用了三十三架飞机（不包括甘肃、新疆、黑龙江三省消灭土蝗用的四架飞机）。不仅节省了大量人力物力，防治效果也高。使用人工喷粉器，一人一天只能防治二十五亩，每亩用 1% 六六六粉三斤，防治效果百分之九十左右，使用安二型飞机治蝗，一架飞机一天能防治二万五千或三万亩，每亩用 2.5% 的六六六粉一斤，防治效果在百分之九十以上，并且不糟蹋庄稼。而防治秋蝗需用的飞机，经与民航局商量，只能分配七架到九架（防治棉花等其它作物虫害用的飞机未包括在内），这样，就只能防治二百到三百万亩秋蝗，其余一千四、五百万亩要靠人工防治。和防治夏蝗比较，防治秋蝗所需要的人力将要大得多，而在防治秋蝗期

---

* 原载农业部全国植物保护总站《植物保护文件汇编（一）》1988 年第 274－275 页。

间，也是其它病虫害盛发期，蝗区正是防涝紧张时期，劳动力更加不足。根据这个情况，我们除告诉各省务必事先妥善安排劳力，准备好物资，做好防治秋蝗的各项具体组织工作外，经与民航局联系，必要时再由空军和该局高级两航校调出部分飞机，支援秋蝗防治。

一九五九年七月十八日

农业部检送 1960 年蝗虫发生防治情况的报告[*]

（〔60〕农保伟字第 83 号）

国务院农林办公室、中央农村工作部：

兹送上关于一九六○年蝗虫发生防治情况的报告，请审阅指示。

附件　关于一九六○年蝗虫发生防治情况的报告

一九六○年十月七日

附件

关于一九六○年蝗虫发生防治情况的报告

一九六○年据河北、山东、河南、江苏、安徽等五省统计，发生夏、秋蝗面积 3 800 多万亩（夏蝗 2 500 多万亩、秋蝗 1 200 多万亩），防治面积 2 700 多万亩，占发生面积 71％强，其中飞机防治面积初步估计达 1 900 万亩，占总防治面积 70.3％强。但据我们典型调查分析，夏、秋蝗实际发生面积不超过 3 000 万亩，比各省上报面积（包括扩散面积）减少 20％。

今年蝗虫发生的特点是发生面积和发生密度都比去年减少。夏、秋蝗面积约比去年 4 800 万亩减少 37.5％；密度一般每平方丈 2～5 头，密的几十头，比去年一般每平方丈 20～30 头，密的几百头显著减少。

蝗虫面积缩小的原因：主要是各地结合发展生产、深翻土地、兴修水利、垦荒种植、绿化造林等农田基本建设工作，大力改造蝗区，有利于生产，不适宜蝗虫发生。密度稀是由于连年防治，特别是今夏重点蝗区大面积使用飞机防治，治得及时、彻底。几年来实践证明，"改治并举"的治蝗方针是正确的，并积累了丰富的经验。在蝗区改造方面，安徽省总结出"五改"（改荒地为良田、改旱田为水田、改洼地为水库、改粗放为精耕细作、改田沿路旁闲地为果园），"六化"（水稻化、园田化、河网化、农田化、养殖化、绿化）、"三养"（养鸡、养鸭、养鱼）的经验。山东省聊城专区蝗区经连年改造，蝗虫面积已由 1957 年 288 万亩至 1960 年压缩到 30 万亩。去年

---

[*] 原载农业部全国植物保护总站《植物保护文件汇编（一）》1988 年第 288－291 页。

聊城专区寿张县的关门口蝗区（5万亩）还用飞机灭蝗，今年已成为一望无际的小麦丰产方；该县鹅鸭坡过去是个"千年不行犁，万年不下种"杂草丛生的飞蝗老窝，去冬在县委领导下，建立起新村，创办了农业中学，大力进行开垦，现在已变成旱涝保收的粮、棉生产基地。

在治蝗方面，河北省提出"巧打初生，猛攻主力，彻底扫残"，凡是贯彻好的地区，都把蝗虫消灭在点片发生阶段扩散以前，控制了蝗虫的发生发展。

从自然条件分析，今春干旱，湖区与水库大面积脱水，黄、淮、卫、运等河，滩地暴露，适宜夏蝗发生，但在夏蝗发生期间，各级领导对治蝗工作很重视，动手早，抓得紧，并出动飞机50架，陆空联合作战，齐头并进，消灭夏蝗比较及时、彻底。秋蝗阶段，由于七月份多雨，部分内涝地区被淹，秋蝗面积一般都比去年减少，河南秋蝗面积仅占去年的45%，江苏占21.3%，安徽占12.4%。

今年秋蝗面积虽小，但各地区灭荒扩种任务大，劳力紧张，有些地区对防治秋蝗放松了一些，动手晚，进度慢，直到成虫期才集中力量消灭主力，加以最近湖洼水位下降，残蝗集聚退水地带产卵，留下祸根，增加了明年夏蝗防治任务。

目前三秋工作正在高潮，内涝蝗区在播种冬麦过程中如能实现深耕细耙、园田化，不仅是一项主要增产措施，而且也起到破坏蝗卵、根除蝗虫为害的作用。去秋山东省集中部分拖拉机等农业机具支援济宁等专区沿湖内涝蝗区，扩大种麦面积，不仅获得丰收，今年蝗虫面积也迅速下降。三秋过后各蝗区准备紧密结合冬春大搞水利、垦荒、造林，有计划、有步骤地继续改造蝗区工作，搞得多，搞得彻底，不仅对根除蝗害起着决定作用，而对减少明年夏蝗防治任务更有其现实意义。

国务院农林办公室转发农业部关于夏蝗防治工作的报告[*]

（〔62〕农林发文 29 号）

河北、河南、山东、江苏、安徽、湖北六省人民委员会并告农业厅：

现将农业部关于夏蝗防治工作的报告转发你们，报告中所提的问题和意见，请研究进行。

今年的夏蝗防治工作，除山东省去年遭灾严重的德州、惠民和聊城三个专区进度缓慢外，其它地区都已基本结束，正进行扫残。但湖北省又有飞蝗和稻蝗夹杂发生。因此，各地决不可麻痹大意。夏蝗防治进度缓慢的地区和湖北省，要抓紧尽快防治；夏蝗防治基本结束的地区，也要认真复查，以免遗漏。同时，对秋蝗防治也必须做好准备。望责成各级治蝗指挥部及农林部门，对于药械调运、修配及机场、地勤等工作；和粮、棉产区的蝗区及蝗区的受灾社、队的治蝗准备工作，都进行一次认真的检查，并帮助其解决困难。另外，要充分利用群众性的预测预报组织，加强蝗情侦查工作，力争做到及时发现，及时防治和消灭。

今年各种病虫害较多，要抓紧防治，特别是棉花病虫害的防治应抓紧进行，要抓紧对药物的准备和械具的修理，药械等缺乏的也要发动群众利用土工具和土办法防治。

一九六二年六月二十五日

已抄：农业部、民航总局、全国供销合作总社、财政部及华北、华东、中南局农办

附件

农业部关于夏蝗防治工作的报告

（〔62〕农保伟字第 13 号）

国务院农林办公室：

为了做好今年夏蝗防治工作，我部曾于二月间通知河北、河南、山东、江苏、安徽、湖北六省农业厅派人来京汇报，总结和交流了治蝗经验，分析了去秋蝗情，对今

---

* 原载农业部全国植物保护总站《植物保护文件汇编（一）》1988 年第 283 - 287 页。

年夏蝗发生作出初步估计，在汇报会上对治蝗飞机也做了初步安排。三月下旬，国务院农林办公室召集民航总局、林业部和我部讨论治虫飞机问题，明确指出应以治蝗为主。四月，我部发出治蝗工作通知，要求各地抓紧督促检查治蝗准备工作的进行情况，成立与加强治蝗指挥部；并派人分赶重点蝗区，协助检查治蝗工作的准备和防治情况。在夏蝗发生初期，不断催促各地掌握蝗情，及时防治。六月，我部成立治蝗临时办公室，加强治蝗工作，并派人分赴山东、湖北协助治蝗工作。

截至六月十九日，据河北、河南、山东、江苏、安徽五省先后汇报，夏蝗发生面积共计二千六百余万亩，其中河北四百五十六万亩，河南三百二十九万亩，山东一千五百七十万亩，江苏二百二十三万亩，安徽一百一十七万亩（土蝗除外）。同去年夏蝗发生面积比较，山东扩大六百八十多万亩，江苏略有增加，河北、河南、安徽有所减少，五省发生总面积比去年约增加二百万亩。严重地区主要是河北沧州专区和山东聊城、德州、惠民专区，由于去年秋涝，秋蝗多未防治，加之今年天旱，故发生面积大、密度稠，高密度蝗群较往年多。此外，湖北发生飞蝗和稻蝗夹杂发生的五十八万亩。山东省聊城、德州两专的作物受害面积约一百万亩。河北、河南各省也有危害情况。河南南阳专区和安徽太和、阜阳、临泉、界首等县土蝗严重，为害大豆、芝麻。

以上五省已经防治面积共计一千零四十五万亩，其中使用飞机防治七百六十二万余亩。总的看来，防治面积不及发生面积的半数，因为有的密度稀，未列入防治计划，故发生面积和防治面积悬殊较大。目前河南、江苏的治蝗工作基本结束，正在进行扫残，安徽计划在二十五日结束，河北的邢台、山东的菏泽等专区也基本结束。结束较迟的为山东聊城、德州、惠民等地（约在六月底）。湖北即将开展防治稻蝗。

在防治夏蝗中，当前存在的主要问题是蝗区防治进度不平衡。在去冬水灾严重的地区，蝗虫发生面积大、密度稠，群众口粮紧，困难较多，防治进度比较迟缓。例如山东省德州、惠民和聊城三个专区，去年遭受严重水灾，到六月十三日止，防治面积仅占发生面积的47.2%。一般地区，蝗虫发生面积和密度小，领导上抓得紧，防治进度也比较快，如河南省飞蝗防治工作到六月十五日已基本上消灭了主力，现在进行扫残。

今年防治夏蝗用的六六六药粉准备的比较充足，但撒药工具和零件缺乏，影响小片夏蝗的防治工作。旧有喷粉器损坏多、修复少，新的又没有增加；撒粉用的麻袋和布袋等也未能解决，药械不配套。

各地农田中发生的蝗虫，有些生产队因缺乏购药资金，使防治工作受到影响，各地应该及时解决。

当前蝗虫防治工作将要结束，秋蝗防治工作即将开始。各地蝗区必须认真进行扫残，及时总结夏蝗防治经验，提出秋蝗防治任务和具体措施。首先要进行复查，摸清蝗情，做好药剂调运、器械修配、机场准备以及其他地面后勤等工作。根据蝗区的不同情况，有计划、有重点的进行防治。特别是对受灾地区和农田附近蝗区，应抓紧有利时机，对药械、飞机等及早安排。各级治蝗指挥部组织，应根据蝗情变化的具体情况组织人力、调配物资积极进行防治。

这一报告，如无不妥之处，拟请即批转河北、河南、山东、江苏、安徽、湖北六省人委及财政部、民航总局、全国供销合作总社。

中华人民共和国农业部

一九六二年六月二十日

农业部关于转发治蝗工作座谈会纪要的通知[*]

（〔65〕农保真字第7号）

河北、山东、河南、江苏、安徽、陕西、内蒙古、新疆、山西省、自治区农业（林）厅：

我部于二月间召开了河北、河南、山东、江苏、安徽五省治蝗工作座谈会，现将纪要发给你们，希认真研究，结合当地具体情况，贯彻执行。

今年治蝗工作必须革命化。首先要实现思想革命化，学习大寨精神，依靠群众，自力更生，奋发图强，勤俭治蝗，做到又快又好又省；其次，合理使用国家治蝗经费，克服国家大包大揽的作法，杜绝浪费；第三，在认真做好调查研究，掌握蝗情的基础上，因地制宜采取不同的治蝗措施，实行治改结合、土洋结合、地空结合、喷粉与撒毒饵结合，力争消灭在点片阶段。因此，要求各个蝗区从思想上、组织上、物资上、技术上，充分做好准备，在防治工作开始以前，做到领导落实，队伍落实，蝗情落实、措施落实，物资、经费落实。

希望你们所掌握的治蝗样板，经常向我部反映情况。

附件　治蝗工作座谈会纪要

一九六五年三月二十七日

抄报：国务院农林办公室

附件

治蝗工作座谈会纪要

二月十日至十四日，我部邀请河北、河南、山东、安徽、江苏等五省有关同志，座谈了去年治蝗工作的情况和经验，讨论了今年治蝗工作革命化的问题。现将座谈情况纪要如下：

一、一九六四年治蝗工作的情况

去年，五省发生夏、秋蝗面积约计五千七百万亩（包括扩散面积），比一九六三

---

* 原载农业部全国植物保护总站《植物保护文件汇编（一）》1988年第381-385页。

年增加一倍多，是解放以来发生面积最大的一年。但由于各级党政领导亲临督战，有关部门通力合作，充分发挥了人民公社集体抗灾的巨大威力，因地制宜地采取了防治措施，终于战胜了近几年来较重的一次蝗害，保证了农作物基本没有受害。五省大规模地用了陆空配合、多兵种联合作战的综合防治措施，防治夏、秋蝗面积达四千四百万亩。并出现了一批依靠群众、自力更生、发奋图强、勤俭治蝗的典型。

当前治蝗工作存在的主要问题：（1）依赖国家、大包大揽的思想没有彻底解决。近年蝗情由重变轻，虫口密度由稠变稀，内涝农田重于沿海、滨海湖蝗区，客观情况变了，但单纯依赖国家、依赖飞机、向上伸手的思想和做法，没有跟着变；（2）不少蝗区满足已有的成绩，放松了蝗情侦查，削弱了治蝗队伍，忽视了药械修配，一旦蝗虫发生严重，手忙脚乱，工作被动，蝗虫边打边扩散。由于上述问题，致使近年来每年防治面积都在三千万亩以上，国家投资达一千万元以上，浪费很大。

二、一九六五年治蝗斗争的形势

根据各地分析，今年夏蝗发生的总趋势可能略轻于去年。从地区来看，河北、山东、河南三省发生面积和密度都将少于去年，苏北、皖北可能重于去年。从发生的重点来看，河北的衡水、邢台、邯郸专区，河南的安阳、新乡专区，山东的菏泽专区，蝗虫发生可能比较严重。

由于今年蝗情总的趋势会轻于去年。因此，必须切实防止麻痹大意和侥幸心理，要从思想上、组织上、物质上、技术上作好充分准备，切不可掉以轻心。有了准备，就能打主动仗，如果蝗情发生比较轻，可以迅速战胜它；如果蝗情发生比较重，也有力量对付它。

三、一九六五年治蝗工作必须革命化

（一）首先要实现思想革命化。要以阶级斗争为纲，以生产为中心，经常加强政治思想教育，用不断革命、彻底革命的精神来武装干部和群众，使他们敢于斗争、敢于胜利。要提倡在治蝗工作上运用毛主席的战略、战术思想，既要树立雄心壮志，相信一定能够把蝗虫消灭，又要认真进行调查研究，掌握蝗虫规律，做好技术训练和物资准备工作，不打无准备的仗。同时大力培养和树立依靠群众、自力更生、奋发图强、勤俭治蝗的样板，使治蝗工作真正实现又快、又好、又省。

（二）国家与集体要合理负担治蝗经费。根据蝗情的变化情况和各地的实践经验，治蝗经费的负担，应按照不同蝗区，作出合理规定：

1. 沿海、滨湖、河泛、洼泊、水库等国有大片荒地蝗区，治蝗工作应依靠群众；

治蝗经费应由国家负担或主要由国家负担。

2. 内涝农田蝗区（包括集体的小片夹荒地）治蝗工作要加强领导，充分发挥人民公社集体抗灾的力量；治蝗经费主要由受益单位负担（包括公社、生产大队、生产队、国营农场、牧场等）。

3. 连续受灾或当年遭受重灾的内涝蝗区，在贯彻群众路线、自力更生的基础上，国家给予人力支持，酌情补助防治经费。各地应结合当地具体情况，加以研究贯彻。

（三）认真贯彻治改结合、土洋结合，地空结合、喷粉撒饵结合的综合治蝗措施。在加强调查研究的基础上，根据不同蝗区，不同蝗情，因地制宜，灵活运用。

1. 合理使用飞机。飞机防治应控制在密度高、大片蝗区使用。目前，内涝农田蝗区密度稀，点片集中，应以地面防治为主。飞机防治标准由各省自行制定，要严格审批手续，不准随便扩大飞机防治的面积。

2. 大力推行地面人工喷药。切实修理好现有药械，充分发挥三用机、喷粉器的作用。在喷粉器不足的地区，要强调就地取材，推广麻袋、布袋撒粉器。

3. 大力推广河北省创造的麦糠、麦麸毒饵防治法（七十斤麦糠，三十斤麦麸，二斤2.5%六六六；每亩用毒饵三四斤，成本六分钱），效果好，省药、省钱、省工，不受工具、天气限制，应积极示范，逐步推开。饵料以发动群众自筹为主，重灾区可由国家适当支援。

4. 重点挑治、武装侦查、带药侦查、边查边治的方法，都是针对点片蝗虫进行防治的好办法，简便易行经济有效，可因地制宜推广。

5. 农田蝗区，特别是粗种麦田，应在小麦返青前后，进行耙磨、中耕，破坏蝗卵。易涝地区应结合修筑台田、条田，改变农田蝗区发生环境。

（四）普遍建立和健全以治蝗站、测报站为中心，以固定侦查员为骨干，以临时侦查员或生产队查虫员为基础的治蝗技术队伍。加强测报工作，准确地掌握蝗情，主动防治。并依靠他们和当地的贫下中农、民兵组织，管好所有固定机场、财物以及农药械等，防止遭受损失，防备敌人破坏。

（五）加强对治蝗工作的领导。主要蝗区应建立和健全治蝗指挥部，有关部门要密切协作，业务部门要加强调查研究，搞好样板，不断总结经验，使今年的治蝗工作真正做到领导落实、队伍落实、情况落实、措施落实、物资经费落实。

（六）认真总结十五年来治蝗工作的经验教训，为制订第三个五年的治蝗工作计划作好准备。

农业部关于检发《一九六七年冀、鲁、豫、苏、皖五省治蝗汇报会纪要》的函

（〔67〕农保基字第五号）

河北、天津、山东、河南、江苏、安徽、陕西、山西省（市）农业（农林）厅（局）：

现将《一九六七年冀、鲁、豫、苏、皖五省治蝗工作汇报会纪要》发给你们。我部认为，这次会议对治蝗工作中两个阶级、两条路线斗争的揭发、治蝗方针的修改及治蝗经费负担的改变是正确的、可行的。希望你们根据当地具体情况，参照执行。

目前，夏蝗防治已进入紧张阶段，特别是沿湖地区，蝗虫发生比较严重。希望蝗区的各级领导和革命造反派同志们应坚决执行毛主席"抓革命，促生产"的伟大指示，立即行动起来，发动广大群众，在治蝗工作上打一场人民战争，力争革命、治蝗双胜利。

附件　如文

一九六七年五月五日

抄报：国务院农林办公室

抄送：重点蝗区专、县，农垦部，公安部，全国供销总社

附

冀、鲁、豫、苏、皖五省治蝗工作汇报会纪要（摘要）

（一九六七年四月二十七日）

遵照毛主席"抓革命，促生产"的伟大指示，我部于四月二十日至二十四日在济南市召集冀、鲁、豫、苏、皖五省农业厅及重点专、县的有关同志汇报了治蝗工作。会上，交流了勤俭治蝗经验，研究了治蝗工作问题。

一、治蝗工作

解放以来的治蝗工作，在毛主席和党中央的英明领导下，蝗区广大人民群众和干部，努力奋斗，积极防治，使蝗虫大为减少，蝗区面积也大为缩小，从根本上改变了历史上蝗虫飞迁成灾的落后面貌。控制了蝗害，这是十七年来治蝗工作的主流。但我

们也清楚看到，在治蝗工作上虚报蝗情，盲目扩大防治面积，挪用治蝗经费，浪费国家资财很大。据会上估计，从一九五九年以来，每年夏秋两季防治蝗虫三四千万亩，国家投资一千万元以上，至少浪费损失一半左右。

二、坚定不移地贯彻勤俭治蝗的方针

会议认真检查了　九六五年五省治蝗座谈会上大家提出的"依靠群众，自力更生，勤俭治蝗"的方针。大家认为，这一方针是正确的，可行的，并已取得显著成效。例如，河北省一九六六年治蝗三百多万亩，由于依靠群众，发挥了集体经济力量，自力更生、因地制宜地推行各种有效措施，全年国家仅投资四十多万元，比过去几年的一、二百万元下降百分之六十至八十，防治工作更加主动、彻底。

蝗虫是《农业发展纲要》第十五条规定的要消灭的十一种大病虫害之一。为了早日完成这一任务，会上建议在原有治蝗方针上加上"根除蝗害"一句，指出治蝗工作的奋斗目标。修改后的治蝗方针是："依靠群众，自力更生，勤俭治蝗，根除蝗害"。

三、关于改变治蝗经费负担问题

解放以来，防治蝗虫（指飞蝗）所用的一切经费（包括药械费、飞机防治费、机场维修费、民工补助费等），是全部由国家包下来的，这对治蝗工作控制蝗害起了积极作用。一九五八年以后，随着蝗情蝗区的变化，农村集体化的发展，有些地区把部分农田治蝗经费改由社、队自行负担。在一九六五年五省治蝗座谈会上，农业部根据各地经验，提出了一个治蝗经费负担的三条意见。经过两年试行证明，治蝗经费逐步改由生产单位负担，可以发挥群众的积极性、创造性，减少国家投资，克服浪费现象，正确地处理了全民和集体的关系，这是一个发展方向。

会议认为：内涝蝗区的治蝗经费，可由所在地的社、队自行负担，和其他农田病虫害统一安排防治。沿海、滨湖、水库等处的大片国有荒洼地蝗区，凡是划归国家企事业或集体生产单位经营的林地、苇田、农田等有固定收益的治蝗经费，由受益单位负担；凡是收益少或无人经营的蝗区，治蝗经费仍由国家负担。

根据河北等省经验，治蝗经费由社、队或国营企事业单位负担的蝗区，各级农业部门绝不能放手不管，而更要加强领导，特别是蝗情侦查工作，必须仍由县级农业部门统一组织，设立固定的群众查蝗员（点），国家给以适当补助，每年按时检查，密切监视蝗情变化，保证及时防治。

四、治蝗工作要注意的几个问题

（一）各级负责领导治蝗的单位，必须彻底清除治蝗工作中的本位主义、经验主义。

（二）蝗区要组成一支革命化的基层治蝗队伍，配备工作人员查蝗治蝗。

（三）随着蝗区、蝗情的不断变化，防治对策、措施要因地制宜，因时制宜。不论是社、队负担治蝗经费或国家负担治蝗经费的蝗区，都要建立长期蝗情侦查工作，采取治蝗干部与群众侦查相结合的办法，切实掌握蝗情，分析蝗情，及早准备，及时防治。当前，蝗虫大部分发生在特殊环境（如路边、沟边、堤岸、小片夹荒等），集中在点、线上，采用带药侦查，随出土随消灭，最为经济有效。对农田内的蝗虫，及时进行挑治，把蝗蝻消灭在点片阶段。对集中大片、密度较大的蝗区，要集中力量，打歼灭战。

随着农业生产的发展，各地要注意蝗区改造问题，及时总结经验，积极推广。

农林部转发一九七三年治蝗工作座谈会纪要

（〔74〕农林农字第2号）

天津、山东、河北、河南、江苏、安徽等省（市）农业（林）局：

坝将一九七三年治蝗工作座谈会纪要转发给你们参考。

建国以来，在毛主席和党中央领导下，治蝗工作取得了很大成绩，基本上控制了飞蝗危害，保证了农业生产的发展。但近几年，由于林彪反革命路线的干扰破坏，有些地区放松了治蝗工作，蝗情又有回升。去年有的地区已出现群居型蝗群，几乎造成起飞危害。因此，各地必须充分认识：只要蝗虫的适生环境没有得到彻底改造，蝗虫就有发生的可能性，特别是内涝蝗区。

飞蝗是灾害性害虫，更要提高警惕，决不能掉以轻心，必须加强领导，做出规划，逐步消灭。

新疆、内蒙古的亚洲飞蝗区，近年来也有回升。为了确保农、牧业生产的发展，亦应加强防治工作。

附件　一九七三年治蝗工作座谈会纪要

一九七四年二月二日

抄送：新疆、内蒙古、山西、陕西等省、区农业（林）局，中国科学院动物研究所，中国农林科学院，原中国农科院植保所，河北省植保土肥所，中国民航总局

附

一九七三年治蝗工作座谈会纪要

农林部于一九七三年十二月十八日至二十二日邀请津、冀、鲁、豫、苏、皖六省市农业局负责治蝗工作的干部和中国科学院动物研究所、中国农林科学院、中国民航总局、原中国农科院植保所、河北省植保土肥所等单位的科技人员，座谈和交流了治蝗经验。分析了一九七四年夏蝗发生趋势，研究了防治意见。会议期间听取了陈永贵同志的报告，受到一次深刻的路线教育。

（一）

会议以批林整风为纲，总结治蝗经验。大家一致认为，建国以来，在毛主席革命

路线指引下，治蝗工作取得了很大成绩。通过治水改土，植树造林、垦荒种植，大搞农田基本建设等一系列措施，使飞蝗发生基地大幅度压缩，减少了蝗虫发生数量，基本控制了危害。

但是，近几年由于林彪反党集团的干扰破坏，治蝗工作有所放松，加以气候反常，各地蝗虫又有不同程度的回升。一九七三年夏蝗发生比较严重。六省市共发生六百九十八万余亩，其中夏蝗发生四百五十四万亩。在沿海、沿黄河的主要蝗区还出现了点片高密度的群居型蝗群，这是近年来少见的现象。后经各地加强领导，及时采取措施，积极防治，没有造成危害。全年六省市共防治夏、秋蝗达三百零一万亩，其中，使用飞机防治一百一十八万亩，对保证农业丰收起到了积极作用。

（二）

大家通过对蝗虫消长规律的分析，进一步明确了旱、涝、蝗三者的辩证关系和内涝蝗区"先涝后旱，蚂蚱连片"的规律。根据一九七三年秋查残结果和气候条件，分析了一九七四年夏蝗将比一九七三年有扩大发生的趋势。六省市估计夏蝗将发生六百四十八万亩，计划防治四百二十万亩，在堤埝、土岗、田埂等环境，将出现点片高密度群居型蝗群。其根据是：

（1）六省市主要蝗区查出残蝗六百六十余万亩，其中每亩有蝗六头以上够防治标准的面积占一半多，基本构成了一九七四年夏蝗较大发生的虫源。

（2）一九七三年秋大部蝗区降水较多。河北、山东、河南等省的内涝及沿海蝗区均有不同程度的秋涝积水。河北省邢台、邯郸等地区东部，七、八月降雨量超过常年二三倍。全省沥涝面积达四百余万亩。由于土壤湿度大和"铁茬麦"多（约有五十六万）有利于残蝗集中产卵。估计一九七四年夏蝗将有严重发生的可能。其他各省市内涝蝗区也有类似情况。沿海、河泛等蝗区夏蝗发生程度将与一九七三年相似。

（三）

搞好一九七四年夏蝗防治，需要着重抓好以下几项工作。

1. 加强路线教育，做好思想工作

认真学习十大文件，继续深入开展批林整风运动，加强党的基本路线教育，狠批林彪反革命修正主义路线，及其对治蝗工作的危害，提高广大干部群众的路线觉悟，树立治蝗保丰收的革命思想，认真做好治蝗工作。

改造蝗区是一项长期战斗任务。只要旱、涝灾害不能彻底控制，适宜蝗虫发生的环境就依然存在，蝗虫灾害就有发生的可能性，灭蝗斗争就不能停止。那种认为"蝗虫少了，成不了大灾"，"蚂蚱在荒洼，治不治没啥"的盲目乐观和轻敌麻痹思想是极端有害的，这是当前治蝗工作的主要思想障碍。要教育干部、群众，今昔对比，记取历史教训。如果放松警惕，造成蝗虫起飞，给农业生产造成危害，这不仅造成经济损失，在政治上也有不良影响。

2. 明确方针，落实政策，调动广大干部、群众治蝗的积极性

随着治蝗工作的开展，河北省对治蝗工作方针提出："依靠群众，勤俭治蝗，改治并举，根除蝗害"。大家认为这一方针能更好地贯彻群众路线，坚持勤俭办一切事业的原则，通过改治的途径，达到根除蝗害的目的。是符合当前治蝗要求的，建议各省、市、自治区认真贯彻这一方针。

搞好治蝗工作，要继续摆正国家与集体的关系，落实有关政策，合理负担治蝗经费，继续推行国有荒地由国家负担；有收益地方，谁收益，谁治蝗。对灾区社队国家酌情给予适当支援的原则规定。治蝗经费省、市应列入财政计划，农业部门应加强管理，节约使用，管好用好。

长期不脱产的蝗虫侦查员是治蝗尖兵，各蝗区应考虑恢复或重建。生产队对长期不脱产的侦查员，应按同等劳动力记工，参加所在队分配。

3. 恢复健全治蝗组织

恢复和健全治蝗组织是做好治蝗工作的组织保证。河北省丰南、黄骅、中捷、南大港，天津市宝坻、蓟县，山东省惠民地区及利津、垦利等县，先后重建了治蝗站，在一九七三年治蝗工作中起到了很大作用。尤其是河北省丰南县治蝗站，从解放初期建站以来，做出了显著成绩。他们的经验是：长期稳定，季节治蝗，常年抓改。其他重点蝗区县的治蝗站也应根据需要迅速恢复和健全。一般蝗区县要有人负责治蝗工作。治蝗专业人员和长期侦查员要保持相对稳定。

4. 狠抓关键措施

（1）抓好蝗虫测报工作。蝗虫测报是勤俭治蝗消灭蝗害的重要环节。各地治蝗站和蝗区的病虫测报站应把蝗虫测报工作列为主要任务，专业测报要与群众查蝗相结合，做好查卵、查蝻、查成虫工作，准确掌握蝗情，适时发布预报，当好领导参谋，指导防治。

（2）狠治夏蝗，抑制秋蝗。狠治夏蝗必须巧打初生，猛攻主力，彻底扫残。根据秋残蝗集中沟边、堤埝等环境产卵的特点，应进行带药侦查，反复查治，把蝗蝻消灭在点片阶段，不使扩散。对大面积蝗虫，要掌握有利时机，大打人民战争，把主力消灭在三龄以前，并要彻底扫残。

（3）做好治蝗准备工作。根据夏蝗防治任务，及早把农药、器械运到蝗区。对器械要进行检查维修，需要补充的要与商业部门联系落实。对储备的治蝗药剂要检查药效，有机治任务的地区要与民航部门密切协作，配好指挥班子，落实机场、农药及地面人员等。

各地应举办治蝗技术训练班，为社队培训一批查蝗、治蝗技术力量。

（4）加强联防与协作。根据互助合作、团结治蝗的精神，天津、山东、河北、河南、江苏等省市通过协商已组成三个联防区（山东与河南、山东与江苏、河北与天津）。要及时召开联防会议，制定方案，推动防治工作。

根据全国测报座谈会要求，凡是参加蝗虫测报协作单位，仍继续协作。每年应将秋季查残结果和对下年夏蝗预测于十二月底以前报农林部，并抄送原中国农科院植保所。

（5）积极改造蝗区。改造蝗区是消灭蝗害的根本措施。目前各省市在改造蝗区工作上创造了许多经验，在我国沿海、滨湖、内涝等未经改造的蝗区，要进行调查研究，全面规划，综合治理。因地制宜的结合兴修水利、垦荒种植、植树造林、蓄水养殖等措施制订蝗区改造计划，以逐年压缩蝗区，根除蝗害。

5. 加强领导

做好治蝗工作，根本在路线，关键在领导。各地应认真贯彻执行"依靠群众，勤俭治蝗，改治并举，根除蝗害"的方针，把治蝗工作列入领导议事日程。组织农业、商业、交通等有关部门协作，抓好治蝗典型，认真总结推广先进经验，及时消灭蝗害，为保证一九七四年农业丰收作出贡献。

国家农委转发农业部《关于继续加强

我国飞蝗防治工作的报告》

（国农〔79〕办字25号）

河北、河南、山东、江苏、安徽、天津、新疆、内蒙古、湖北、广西、云南、西藏等省、市、自治区革命委员会：

现将农业部《关于继续加强我国飞蝗防治工作的报告》发给你们，请参照执行。去年中东、北非、美国西部发生了恐怖性蝗灾。我国由于近几年连续干旱，湖泊、河流水位下降，滩地增大，飞蝗也有回升。一九七八年夏、秋蝗发生面积达一千二百余万亩，比一九七七年增加将近一倍。据调查，去年秋季残蝗面积大、遗卵多，今年夏蝗将可能大量发生。望各地提高警惕，加强领导，及早做好准备，切实把夏蝗治好，避免秋蝗暴发，造成被动。同时各地应抓好蝗区改造工作，制订改造蝗区的规划，并把这一规划纳入农业发展规划之内，争取早日根除我国的蝗害。

国家农委

一九七九年五月八日

关于继续加强我国飞蝗防治工作的报告

国家农委：

根据去年中东、北非和美国西部发生恐怖性蝗灾和我国飞蝗回升扩展的情况。最近，我们召集江苏、安徽、山东、河南、河北、天津、内蒙古、新疆等省、市、自治区主管治蝗工作的同志对治蝗工作专门进行了讨论和研究。大家认真总结了建国以来的治蝗经验，分析了今年飞蝗发生趋势，检查了当前在治蝗工作中存在的问题，研究了今后进一步根除蝗害，加强治蝗工作的意见。现将情况报告如下：

（一）

建国以来，在党中央毛主席的领导下，在周总理亲自关怀下，我国治蝗工作成绩巨大。经过建立专业治蝗队伍和群众运动相结合，大力进行防治，使旧社会遗留下来的飞蝗灾害基本上得到了控制，没有造成起飞危害。治蝗的技术水平也有提高。解放初期主要靠人工扑打，随着农药工业的发展很快转向了用化学农药防治，一九五一年开始使用飞机治蝗。在一九五九年制订的"改治并举，根除蝗害"的方针指导下，各个蝗区通过开垦荒地、植树造林等措施，大大压缩了飞蝗的适生面积。到一九七八年，全国已改造了四千五百多万亩，比全国原有飞蝗区面积六千多万亩减少了百分之七十五。国外认为我国在短时间内控制了飞蝗灾害是一个奇迹，对我国的治蝗工作评价很高。

（二）

但近十余年来，由于林彪、"四人帮"的干扰破坏，大部分治蝗专业机构被砍掉，人员减少，治蝗飞机场也被破坏。河北省原有治蝗机场十三个，现在能用的只有六个。一九六五年以前，全国共有治蝗站三十二处、治蝗专业干部三百二十九人、蝗情长期侦查员一千八百人。现在治蝗站只剩下十四处、治蝗干部一百二十七人、长期侦查员六百零二人，使治蝗工作受到严重影响。

特别值得注意的是，由于我们只看到治蝗的成绩，而对治蝗工作的反复性、长期性和艰巨性认识不足，强调得不够，在干部群众中滋长了一种盲目乐观、麻痹轻敌的思想情绪。好像我国的蝗灾已经解决，治蝗工作已经结束了！这是造成去年飞蝗回升的原因之一。江苏省泗洪县沿湖蝗区原有八十四万亩，蝗虫密度每平方丈有成千上万头。经过二十年的积极改治，到一九七〇年飞蝗面积只剩下三百七十亩，每平方丈有蝗虫不足一头。但由于一九七六、一九七七两年连续干旱，洪泽湖水位下降，大面积湖滩暴露，蝗虫向退水地区集聚，繁殖蔓延，去年秋蝗暴发二十四万亩。连三代散居型成虫也集中产了卵，这在过去是极少见的。山东省昌邑县沿海二十万亩蝗区，改种水稻后消灭了蝗虫适生基地，但去年由于干旱无水，水稻不能种植，稻田又成了蝗虫适生地。事实证明，过去已改造的蝗区仍存在着很大的反复性，决不能看成一劳永逸。同时，在我们治蝗工作上出现了一些新的情况：一是建国初期，治蝗主要在内涝农田蝗区，村庄集中，便于组织群众就地防治。现在治蝗，主要在沿海、滨湖和河泛区，离村较远，组织群众防治较困难；二是出现了新蝗区。据山东省去年普查，在黄河入海口又增加了七十多万亩新蝗区。有些水库因连续干旱，库水下降，蝗虫适生滩地也有所增大；三是内涝蝗区的夹荒地、水渠、堤坝已成了蝗虫的适生基地。我国治蝗工作的成绩既要充分肯定，但对治蝗工作的反复性、长期性、艰巨性也要有足够的估计和认识，麻痹轻敌思想是没有根据的。

（三）

据调查，由于去年秋季残蝗面积大、蝗卵多，冬季以来气温偏高，今年天气预报，三至五月份仍偏旱，有利于蝗卵越冬和蝗蝻成活。预计东亚飞蝗将属大发生年份。发生面积约七百八十万亩左右，比去年增大二百五十余万亩，预测：

（1）洪泽湖蝗区，渤海湾沿岸的垦利、利津沿海蝗区和沿淮的阜南河泛蝗区，夏蝗将严重发生。泗洪等县将出现群居型蝗群。

（2）微山湖下级湖的微山和沛县，黄河滩地由武陟到东明一带，以及冀、津等地的水库、湖泊、洼淀蝗区，夏蝗也将偏重发生。

（3）内涝蝗区的夹荒地、渠道、堤坝等特殊环境，夏蝗将有高密度的点、线发生。

（4）新疆的亚洲飞蝗，将在博斯腾湖的小湖区偏重发生，局部地区可能出现高密度蝗群。

另外，湖北和广西曾因天气干旱，分别于一九六一年和一九六三年先后发生东亚飞蝗一百多万亩和四十六万亩。近几年南方各省持续干旱，也应提高警惕。西藏、云南两省、区，还应警惕沙漠蝗的侵袭。

（四）

为了更好地完成今年的治蝗任务，加快蝗区改造速度，彻底根除蝗患，巩固治蝗成果，保护我国农业生产的发展，当前需要做好以下几方面的工作：

1. 治蝗工作是一项长期的任务，要牢固树立常备不懈的思想。我国尚有一千五百万亩蝗区没有改造，这些蝗区主要集中在人烟稀少的沿海、滨湖和河泛区。改造这些蝗区不像以往改造内涝蝗区容易，在侦查蝗情和防治工作上也比以往困难。而且蝗虫发生与气候条件极为密切，就是已改造的蝗区如连续几年干旱，蝗虫仍会发生危害。旧的蝗区改造了，还会出现新的蝗区。因此，应教育干部群众充分认识治蝗工作的反复性、艰巨性和长期性。只要存在着蝗虫发生的适生环境，蝗虫就会发生；在蝗虫的适生环境未改变之前，治蝗工作就不能停止。任何松懈麻痹思想都会给我国的农业生产造成危害和损失。

2. 继续贯彻"依靠群众，勤俭治蝗，改治并举，根除蝗害"的方针。飞蝗是迁飞性、暴食性和长远性的害虫，要正确处理好局部和全局、眼前和长远的关系。蝗区范围内的县、社、队以及国营农场、林场、油田和水库等管理部门都应积极参加治蝗工作。在治蝗季节要接受本地治蝗部门的技术指导，听从指挥。所需药械，按过去规定，已改造为农田的蝗区，由社队解决；沿海、滨湖、湖泛区的荒洼、堤埝由治蝗部门负责组织解决。今后在治蝗中，不仅要搞好当年的测报、防治，更重要的是要做好蝗区的改造工作。改造飞蝗的适生环境，是根治蝗害的基本途径，各地应把改造蝗区的规划纳入整个农业发展规划。

3. 加强治蝗站的建设。重点蝗区的地、县两级要恢复和建立治蝗站，配备专职治蝗技术干部。新疆博斯腾湖地区应尽快建站，迅速摸清亚洲飞蝗发生规律。治蝗站的人员可在农业部门内部调剂解决。

要依靠群众，搞好治蝗工作。治蝗专业干部与社队的长期侦查员结成一支治蝗骨干力量，这是我国治蝗工作中一条成功的经验，应继续坚持。在原内涝农田蝗区，主要发动和组织社队群众进行查治。沿海、滨湖、河泛等蝗区因村稀人少，可按过去规定，设长期侦查员，在他们脱产期间，按照"六十条"精神和各地具体情况给予适当补贴。要做好侦查员的技术训练和思想教育工作，充分调动他们的积极性，做好治蝗工作。

4. 逐步实现治蝗机械化、现代化。使用动力药械治蝗工效高，效果好，成本低，节省劳力。沿海蝗区洼大人稀，动员组织周围社队大量人力进行防治比较困难，除大面积发生需要使用飞机防治外，较小面积和点片发生的应积极发展地面机械防治，各地应优先供应治蝗用的动力药械。有条件的地区应逐步配备一些拖拉机、交通工具和报话机等，以提高机械化的水平。六六六农药在蝗区已使用二十多年，对环境污染严重，应逐步改用马拉松、乐果和杀螟松等高效低毒农药，并应尽量发展超低量喷雾防治。各地对已建造的飞机场、药库要抓紧进行维修，严加保护。

5. 治蝗经费的安排。飞蝗发生面积历年虽有所减少，但要根据治蝗工作的长期性、反复性和艰巨性的特点，合理安排。在冀、鲁、豫、苏、皖、津、新、蒙等飞蝗重点地区，防治飞蝗经费不宜大量压缩，而且应调剂，集中使用，特别是今年飞蝗严重发生的可能性很大，要尽可能恢复到较高年份的经费水平。各级农、牧业部门和财政部门对已安排的治蝗经费要管好、用好，不得挪作他用。

上述意见如无不妥，请转发各有关省、市、区研究执行。

农业部

一九七九年四月十八日

农牧渔业部批转一九八四年全国
治蝗工作座谈会纪要的通知
（〔84〕农保站字第4号）

河北、河南、山东、江苏、安徽、天津、陕西、山西省、市农牧（渔、林）业厅（局），新疆治蝗灭鼠指挥部：

最近，全国植保总站在河北省沧州召开了治蝗工作座谈会，对今后治蝗工作提出了具体意见。现将治蝗工作座谈会纪要发给你们，请参照执行。

一九八四年四月三日

附件　如文

抄送：中国科学院动物所、中国农业科学院植保所、新疆哈密农机所

附件

一九八四年全国治蝗工作座谈会纪要

一九八四年三月二十日至二十四日，全国植保总站在河北沧州召开了全国治蝗工作座谈会，会议着重总结了近五年来的治蝗工作，交流了经验，分析了一九八四年夏蝗的发生趋势，安排了防治任务，讨论了进一步加强治蝗工作的意见。现将会议情况纪要如下：

（一）当前蝗区变动的新情况

蝗虫是我国历史上严重危害农作物的一大害虫。建国以来，在党和各级政府的领导下，在我国劳动人民和科学工作者的共同努力下，贯彻执行了"改治并举"的治蝗方针，使蝗害基本上得到了控制。建国初期，我国蝗区面积达六千多万亩，已改造四千五百多万亩，还有蝗区面积一千五百万亩左右。

党的十一届三中全会以来，农村普遍实行联产承包责任制，进一步放宽了政策，调动了广大农民的生产积极性。实行科学种田，精耕细作，使四百多万亩内涝蝗区的蝗害得到了控制。由于近年来气候异常和人为因素的影响，蝗区出现了新的变化。如山东、河北、天津等省、市沿海蝗区，荒地面积大，村稀盐碱地多，生产条件差，耕作粗放，又遇持续干旱少雨，是蝗虫严重发生的主要地区；河南、山东的黄河滩地，由于河水水位不定，河滩经常变动，黄河入海口向渤海湾每年延伸数公里，使原有蝗

区难以改造，新蝗区不断增加，在黄河尚未彻底治理以前，治蝗工作仍不能放松；安徽境内的淮河水系，因旱涝变化，蓄洪分洪道蝗区亦常有变动；江苏、山东、河北等地的湖泊、洼淀、水库由于旱涝变化水位不定，蝗害时有发生，正如当地群众所说"水来蝗退，水退蝗来"。上述蝗区虽然在 1979—1982 年间，蝗情相对比较稳定。但是 1982 年秋残蝗遗卵多，降雨适宜，致使 1983 年蝗情有所回升。山东、河北的沿海蝗区，河南、山东的黄河滩蝗区，又出现高密度蝗蝻群。因此，局部蝗区，控制蝗害是一个长期而又艰巨的任务，决不能掉以轻心。

（二）一九八四年夏蝗发生趋势预测

据五省一市去秋查残和今春查卵结果，预计夏蝗除新疆亚洲飞蝗发生较轻外，其它蝗区东亚飞蝗将中等偏重发生，局部蝗区将出现高密度蝗蝻群。据河南、山东、河北、江苏、安徽、天津等五省、市秋季残蝗面积为 764.93 万亩，其中每亩 6 头以上残蝗面积为 355.39 万亩。预计夏蝗发生面积为 594.5 万亩，计划防治面积为 347.8 万亩，其中飞机防治面积为 107.5 万亩。

会议认为，今年夏蝗重点发生地区为：黄河滩及黄河入海口主要在山东的垦利、东明、长清县，河南的长垣、封丘、武陟等县；沿海蝗区中，山东的寿光县，河北的黄骅县、海兴县、南大港农场等可能出现成片的高密度蝗蝻群。

今年严密监视，实行挑治的地区：主要是一些洼淀、湖库蝗区。这些地区虽然密度较稀，但局部夹荒地或小部分退水区，将出现点、线高密度蝗蝻群。

（三）进一步加强治蝗工作的意见

为了进一步做好蝗区改造和蝗虫防治工作，与会代表提出了加强蝗虫防治工作的几点意见：

1. 提高认识，加强领导

一九七九年全国治蝗工作会议以后，治蝗工作虽然有了新的起色，但是有些地区仍然存在麻痹思想。一些地方对治蝗工作的长期性和艰巨性认识不足，撤销或合并了治蝗机构，致使专业治蝗队伍不够稳定，给查治工作带来了一定的困难。这些情况应引起重点蝗区各级领导的重视，治蝗工作只能加强，不能削弱。要恢复和健全必要的治蝗组织和队伍，并解决好治蝗专业人员年龄老化、急需培养接班人的问题。还要妥善解决治蝗物资和交通工具。

2. 总结经验，积极推行治蝗承包责任制和岗位责任制

农村普遍实行联产承包责任制以后，各蝗区在查蝗治蝗中，积极试行了承包责任制，已取得一定经验。河北省丰南县、沧州地区南大港农场，实行划片承包治蝗的办法；山东省无棣县实行五定一验收（定面积、定指标、定遍数、定报酬、定奖罚、验

收质量）；潍坊地区各有蝗县实行三级治蝗承包责任制（即县与公社订合同、公社与治蝗专业队或侦查员订合同，层层搞责任制），大大推动了治蝗工作的开展。实践证明，实行治蝗专业承包责任制，使治蝗人员责、权、利三者统一起来，从而调动了治蝗干部和侦查员的积极性，增强了责任心，提高了查治质量。同时为国家节约了经费，也适应了新形势。大家认为，查治蝗虫的新形势目前还刚刚开始，各地要在总结经验的基础上，进行试点，创造经验，积极推广。

3. 搞好蝗情侦查，改进防治策略

搞好蝗情侦查，正确掌握蝗情是搞好治蝗工作的关键。代表们指出，各地要迅速采取措施，在重点蝗区恢复和健全蝗情侦查和测报队伍，做好蝗情的监测工作。江苏重点蝗区，徐州、淮阴、扬州等1980年就恢复了治蝗站，并固定专人开展此项工作。河南省今年在长垣县、温县黄河滩蝗区，建立查蝗为主的病虫测报站。山东省组织力量在1982年冬和1983年春对蝗区进行了全面的勘查，绘出蝗区分布图930幅，并建立了档案，为改造蝗区和侦查蝗情及承包防治，打下了良好的基础。

在改进防治策略方面，河北省提出把全省蝗区重新划分为重点防治区、一般防治区和监测区，明确了治蝗工作的重点和有计划有步骤地推行间歇防治的策略，值得各地参考。代表们认为，当前各地可根据实际情况把沿海蝗区及黄河滩等蝗情严重发生的地区，列为重点防治区，把洼淀、湖库等蝗情不稳定的地区列为重点监视防治区，把已得到改造蝗情比较稳定的内涝蝗区列为监视区。因蝗情制宜，搞好治蝗工作。

会议期间，江苏省泗洪县介绍了放宽防治指标的试验，他们把防治指标由每平方丈2头放宽到5头，提高了经济效益。建议各地进一步试验，总结经验逐步推广。此外，在治蝗策略上，大家认为"狠治夏蝗，抑制秋蝗"，实行间歇防治等，应因地制宜推广应用。

4. 治蝗药剂上，积极做好取代六六六的工作

去年国务院作出停产六六六的决定以后，必然带来治蝗药剂的改革。目前主要蝗区尚存有一部分六六六，用完为止。会议期间，新疆、天津、江苏、河南等省、市、区介绍了应用马拉松油剂、敌百虫、稻丰散、马敌合剂等农药取代六六六粉剂，以及应用航空和地面超低容量喷雾技术的经验。各地可因地制宜选用药剂，进一步做好试验、示范和推广工作。

随着治蝗药剂的改革，施药器械也必须相应配合，各地应抓紧做好配套药械的准备与试验工作。会上新疆哈密农机所介绍了拖拉机牵引式WCD-250型弥雾机的使用情况，引起与会代表的重视。

5. 制定规划，为改造蝗区、根除蝗害做出贡献

会议要求各地在做好一九八四年夏蝗防治工作的同时，要进一步认真贯彻"改治并举"的治蝗方针，农业部门主动与水利、农垦、区划办等有关部门联系和协作，在制定"七五""八五"和长远规划中，在发展农业生产、兴修水利过程中，把改造蝗区的计划纳入长远规划中去，有计划、有步骤地对蝗区进行开发、利用和改造。初步规划要求，到1990年把现有蝗区面积再压缩四分之一，为改造蝗区、根治蝗害作出更大的贡献。

国务院办公厅转发农牧渔业部关于做好
蝗虫防治工作紧急报告的通知

（国办发〔1986〕12号）

山东、河北、河南、江苏、安徽、山西、天津、新疆、内蒙古、陕西省、自治区、直辖市人民政府，国务院有关部门：

农牧渔业部《关于做好蝗虫防治工作的紧急报告》，已经国务院同意，现转发给你们，请遵照执行。有关情况请及时告农牧渔业部。

国务院办公厅

一九八六年二月六日

关于做好蝗虫防治工作的紧急报告

国务院：

建国以来，我国治蝗工作取得了很大成绩，蝗虫发生面积已从解放初期的六千万亩压缩到一千多万亩，蝗区基本得到改造，控制了蝗灾。这项成绩在国际上影响很大。

近年来，有的蝗区由于干部思想麻痹，放松了对治蝗工作的领导，蝗虫又有滋生蔓延的苗头。一九八三年开始，山东的长青、寿光、东明，河北的黄骅、岗南水库，河南的长垣、封丘，山西的芮城、永济，新疆塔城等地出现了大面积群居型蝗虫。特别值得注意的是，去年九月天津北大港水库出现了东亚飞蝗起飞的严重情况，飞蝗在河北省黄骅、盐山、献县①、孟村四个县和两个国营农场降落，有十几万亩芦苇被吃光，一万多亩农田受害。遗蝗范围东西宽六十华里，南北长二百余华里，面积二百五十万亩左右。这是建国以来第一次出现蝗虫起飞，如不采取紧急措施，不仅在经济上将造成重大损失，而且会影响我国的国际声誉。

为了防止蝗虫起飞，并逐步根除蝗害，需要做好以下工作：

一、抓紧部署，狠治夏蝗，控制秋蝗。天津北大港蝗虫起飞是一个危险的信号，必须引起足够的重视，特别是：黄河出海口（山东东营市），黄河滩（山东东明、河南长垣、封丘、兰考、中牟），沿海洼地（河北黄骅、海兴、山东寿光），水位不稳定

---

① 献县未遗落蝗虫，献县应更正为沧县（原文件有误）。

的湖、库、洼淀（山东和江苏的微山湖、下汲湖，河北南大港、岗南水库，天津北大港、独流减湖、七里海）及淮河分洪道等重点蝗区，开春后要立即组织治蝗队伍，侦查蝗情，争取在四、五月份备足药械，坚决把夏蝗消灭在三龄以前，抑制秋蝗，控制其危害，决不能让蝗虫起飞。

根治蝗害要贯彻"改治并举"的方针，农业部门要与水利、农垦等各有关部门密切协作，制订改造蝗区的规划，有计划、有步骤地对蝗区进行综合开发利用，彻底根除蝗害滋生的条件。

二、及时解决治蝗经费问题。治蝗工作带有救灾性质，大多数蝗区是国有荒滩、苇洼地，需要发动群众开展防治工作。地方财政部门对重点地区应在经费上给予必要的补助，用于购置药械。蝗害严重的地方经费确有困难的，可报上级财政部门酌情补助。

三、为了做好蝗情的监测和防治工作，各有关蝗区要加强重点治蝗站的建设，充实人员，配备必要的施药器械和交通工具。按蝗区面积配备必要的查蝗治蝗人员，组织好治蝗队伍。农业部门要抓紧进行技术培训，对新的治蝗人员要普遍培训一次。各级植保部门应坚持"开方卖药"，作好技术服务工作。

四、我部拟于近期召开有关省、自治区、直辖市主管部门领导、专家和技术人员参加的治蝗工作会议，落实治蝗任务，制订防治措施。

以上报告如无不妥，请批转蝗区有关省、自治区、直辖市参照执行。

农牧渔业部

一九八六年一月四日

抄送：财政部、水电部、商业部、化工部、中国民航局、国家气象局、中科院动物所、农科院植保所、河北农科院植保所

农牧渔业部印发《全国治蝗工作会议纪要》的函

（〔1986〕农农字第 13 号）

各省、自治区、直辖市、计划单列市 农牧渔业厅（局）：

现将《全国治蝗工作会议纪要》印发给你们，望各地认真落实纪要中提出的各项防蝗措施，做好今年的夏蝗防治工作。

附件　全国治蝗工作会议纪要

中华人民共和国农牧渔业部

一九八六年四月十日

附件

全国治蝗工作会议纪要

（一九八六年三月二十二日）

为了贯彻《国务院办公厅转发农牧渔业部关于做好蝗虫防治工作紧急报告的通知》（国办发〔1986〕12 号）精神，部署今年的治蝗工作，农牧渔业部于一九八六年三月二十日至二十三日在天津召开了全国治蝗工作会议。参加会议的有山东、河北、河南、江苏、安徽、天津、陕西、山西、内蒙古、新疆等十省、自治区、直辖市农（牧、渔）业厅（局）、植保站；泗洪、东明、北大港区（县）防蝗站；商业部、水电部、化工部、中国民航局、国家气象局；中国科学院动物所、中国农科院植保所等单位的代表共五十五人。会议期间，代表们汇报了近年来各地防蝗工作的情况，对天津北大港蝗区进行了现场考察，研究了今年的防蝗工作。农牧渔业部朱荣同志出席会议并讲了话。会议纪要如下。

一、我国蝗虫防治工作情况、经验和问题

蝗害在我国历史上和水灾、旱灾并列为农业生产上三大自然灾害。解放前曾多次大发生，给人民造成了巨大损失。如一九四二年河南西华、安徽一带数十县蝗虫特大发生，蝗蝻盖地，农业无收成，民不聊生，外迁逃荒者数以千万计。解放后在党和政府的领导下，采取"改治并举"方针，通过开垦荒地、治沙治碱、兴修水利、治理芦洼，大规模改造自然环境等，基本控制了蝗害，蝗虫发生基地大大减少。蝗虫面积由

解放初期的六千多万亩降低到一九八四年的一千五百多万亩左右，共治理了蝗区四千五百多万亩，蝗区县由三百多个减少到一百四十九个。我国治蝗工作成绩是突出的，经验是丰富的。在长期的治蝗斗争中，我们总结出了一套比较成功的治蝗措施。如河南省突击抓了内涝蝗区的综合治理工作，六百九十万亩内涝蝗区全部得到治理，改变了蝗区面貌。江苏省徐州地区，从一九五八年以来修筑大堤，控制湖水，稳定水位，堤外开沟排水，改旱作为水稻，使微山湖一百多万亩蝗区得到了改进；河北省沧州、唐山地区，山东省滨海蝗区也都得到了不同程度的改造，蝗虫防治技术也有了很大提高。各地由于坚持了"依靠群众，勤俭治蝗，改治并举，根除蝗害"的治蝗方针，使我国的治蝗工作获得很大的成绩，对保障农业丰收起了很大作用，在国际上也受到好评。

但是，近年来一些地方领导对治蝗工作的长期性和艰巨性认识不足，思想上有些麻痹，防治组织也不健全，放松了防蝗工作。以至于去年九月下旬，东亚飞蝗从天津北大港水库起飞，沿途经过河北省献县①、黄骅、沧州、海兴、盐山等五个县和两个国营农场，遗蝗范围东西宽六十华里，南北长二百余华里，蝗虫遗卵面积二百五十万亩左右。这是建国三十六年以来蝗虫第一次起飞。这是一次严重的事故，应引起我们高度重视。要按照《国务院办公厅转发农牧渔业部关于做好蝗虫防治工作紧急报告的通知》的要求，采取一切有效措施，确保今后蝗虫不再起飞。

二、团结奋斗，再展宏图，为根除蝗害再做贡献

会议认为，为了有效地控制蝗害并保证蝗虫不起飞，今后应做好以下几项工作：

（一）进一步提高对治蝗工作的认识。会议认为，目前我国蝗区发生面积是基本稳定的，科学的治蝗技术也比较成功，各地都有控制蝗虫的成功经验。只要我们思想重视，措施得力，控制蝗害，保证蝗虫不再起飞是完全有可能的。但是也应看到我国目前还有蝗区一千多万亩，老蝗区难以迅速改造，新蝗区又不断产生。如黄河中下游一段，包括河南省长垣、封丘县，山东省东明县的滚动河滩，黄河出海口山东东营市的泥砂沉淀，每年向外要延伸三华里，形成新的海滩蝗区。据山东有关部门估计，这类蝗区已达七十多万亩。山西省运城地区、陕西省渭南地区，由于三门峡淤滩逐年扩大形成新的河泛蝗区。由于气候变化，旱涝交替，各地蓄水库洼不断变化，也形成一些新的蝗区，如河北省岗南水库、天津市北大港水库等。此外，近年来新疆、内蒙古、山西、河北等省（区）广大农牧区的土蝗；湖北、江苏、福建、广东等省的稻蝗

---

① 献县未遗落蝗虫，献县应更正为沧县（原文件有误）。

也有明显回升。我们必须认识治蝗工作的艰巨性、长期性和复杂性，及时采取有力措施才能控制蝗害。

（二）加强领导，健全防蝗组织。为了加强对全国治蝗工作的领导，农牧渔业部成立治蝗领导小组，具体治蝗工作由全国植保总站负责。各重点蝗区要明确治蝗工作的负责人及工作小组，抓好蝗虫防治工作。要建立健全一支查蝗治蝗队伍，首先要调整和充实蝗区重点治蝗站和植保站的力量。解放后我国治蝗工作获得成绩的一条重要原因就是建立了一支专业技术人员和群众相结合的查蝗治蝗队伍，这支队伍通过技术培训，在实践中提高了技术水平，在治蝗工作中做出了贡献。随着蝗区面积的逐年缩小，目前许多地方的治蝗队伍有所削弱，有些重点蝗区的治蝗队伍解体了，没有固定的治蝗人员。遇有蝗情时临时抽调人员，这些人员未掌握治蝗技术，临阵磨枪，仓促上阵，造成工作被动。会议认为，各重点蝗区原有的防蝗站要充实人员、设备和交通工具，新蝗区确有必要增设治蝗站的应迅速建立。设有植保站的蝗区要固定二至三名专职治蝗人员。不能胜任治蝗工作的要进行调整，要挑选思想好、身体好、有技术知识的青年补充治蝗队伍。在治蝗季节以前，要对治蝗人员普遍进行技术培训和考核，决不能滥竽充数，要妥善解决他们的待遇问题。各级治蝗组织要建立岗位责任制，明确分工，责任到人，分片包干，联系报酬。

（三）由于蝗区连片，省间、县间要加强联系和协作，互相支援，团结治蝗，共同搞好毗邻地区的治蝗工作。在联防范围内的各有关单位要随时互通情报。毗邻蝗区在蝗蝻出土、除治和查残时期应开展联查联防，杜绝漏洞和死角。

（四）在治蝗工作中要继续贯彻"改治并举"的方针，按不同类型蝗区进行分类指导，因地制宜采取不同的对策，狠治夏蝗、抑制秋蝗，集中力量把蝗蝻消灭在三龄盛期以前，保证蝗虫不起飞，对蝗虫发生密度高的地区，要在人力物力和财力上给予保证。

（五）关于治蝗经费问题，一些地方反映地方财政安排有困难。可按国务院办公厅文件第二条的规定："地方财政部门对重点地区应在经费上给予必要的补助，用于购置药械。蝗情严重的地方经费确有困难的，可报上级财政部门酌情补助。"

（六）摸清蝗情制定治蝗工作规划。根据"改治并举"的治蝗工作方针，根除蝗害涉及水利、气象、农垦等许多部门，各地要做出规划，把治蝗工作纳入"七五""八五"规划中去。为了做好蝗区改造规划，农牧渔业部将在适当时间组织有关方面专家对蝗区进行一次全面考察，通过考察摸清情况，提出蝗区改造及综合开发规划。

（七）加强对蝗虫的监测工作，不断提高预测预报质量。全国植保总站负责发布蝗虫发生的趋势预报，各地要根据当地情况，按照"飞蝗预测预报办法"，认真做好预测预报工作，及时指导防治工作的开展。

（八）发扬愚公精神，搞好今年的治蝗工作。根据去年的秋蝗查残情况，预计今年夏蝗将是一个中等发生、局部严重的年份。全国估计夏蝗防治面积为三百三十万亩左右，其中河北省一百六十万亩，山东省七十万亩，河南省七十万亩，安徽省一十五万亩，天津市二十万亩。新疆要注意做好塔城地区亚洲飞蝗的防治工作。其他有蝗省区要根据预测预报及时做好防蝗工作。为了做好今年夏蝗防治工作，各地要备足农药，修理和配备相应的施药器械，做好一切物资准备工作。各级植保部门坚持"既开方、又卖药"，做好技术服务工作。

会议代表一致表示，今年的治蝗工作已引起各级领导的重视，回去后要立即进行具体部署，抓紧落实各项治蝗措施，一定要把今年蝗虫防治工作做好，团结奋斗，再展宏图，为根除蝗害再做贡献。

农业部印发《关于进一步做好治蝗工作的报告》的通知

（〔1988〕农农字第 26 号）

山东、河北、河南、江苏、山西、陕西、天津、安徽、新疆、海南等省（自治区、直辖市）人民政府：

我部"关于进一步做好治蝗工作的报告"已经国务院批准，现印发你们，请研究执行。有关情况及问题，请及时告我部。

附件 关于进一步做好治蝗工作的报告

中华人民共和国农业部

一九八八年七月二十八日

抄送：山东、河北、河南、江苏、山西、陕西、天津、安徽、新疆、海南省（自治区、直辖市）农（牧渔）业厅（局）

附件

关于进一步做好治蝗工作的报告

东亚飞蝗是我国历史上一大自然灾害，解放前曾频繁暴发成灾。解放后党和政府十分重视治蝗工作，制定了"改治并举"的治蝗方针，采取兴修水利、开垦荒地、发展农林生产和积极防治等措施，将四千五百多万亩内涝宜蝗荒滩改造成良田，多年来没遭蝗灾，对保障农业丰收起了很大的作用，在国际上也受到好评。

近些年来，由于蝗区环境发生了一些变化，治蝗工作中存在的一些问题没有得到解决，致使蝗区面积有所增大，并多次出现险情。一九八五年秋季，天津北大港蝗虫起飞，波及范围二百五十万亩；一九八六年秋，河南巩县又出现了四千余亩高密度蝗蝻群，险些起飞；一九八七年海南岛发生了多年未见的飞蝗达七十五万亩；陕西黄河区段出现了新的"鸡心滩"，一些老蝗区都有高密度发生的点、片；今年五月下旬，河北平山县岗南水库发生了三万多亩密度很高的蝗蝻，经采取紧急防治措施后才得以控制。另外，土蝗发生为害也逐年加重。

目前在蝗虫防治工作中的主要问题是：

一、蝗区不断变动，改造现有蝗区存在一定困难，黄、淮两大水系尚未得到彻底根治，为蝗虫孳生繁殖留下隐患。黄河入海口及河床滚动，不断出现新的海滩、河滩，一些大型水库长期脱水和退耕还苇、还草等原因，使蝗区不断变动，宜蝗面积有所扩大。

二、查蝗治蝗队伍不稳定，掌握不住蝗情。过去建立的蝗情监测站，大多名存实亡，有多年经验的查蝗员，因工作艰苦、报酬低、长期不能转正，多数已改行，漏查漏治情况时有发生，不断出现险情。

三、治蝗物资和经费不足。对于飞蝗的防治，常常是时间紧迫、十万火急，但防蝗对路农药贮备不足，有时短缺；侦查用交通工具和通讯联络困难；经费十分不足。

为有效地控制蝗害，进一步做好治蝗工作，保护农业生产，建议认真解决以下几个问题：

一、加强对治蝗工作的领导。治蝗工作是一项复杂、艰巨、长期的抗灾任务，要掌握蝗区不断出现的新情况和潜在的威胁，不能盲目乐观、麻痹大意。新老主要蝗区各级政府，都要建立包括政府主管领导和有关部门领导参加的治蝗领导小组，并进行卓有成效的工作，保证飞蝗不起飞，不造成为害。

二、各蝗区省、区、市，要尽快查清本地蝗区的变动情况。要组织业务班子，确定负责人，制定工作计划，适当安排经费，争取用三年时间查清本省、区、市的蝗区变动情况，为蝗区的综合治理奠定基础。

三、稳定蝗情查治队伍，合理解决查蝗员的报酬。蝗区各省、区、市要改善查蝗人员的报酬和福利待遇，稳定治蝗队伍。

四、保证治蝗的物资供应。各蝗区省、区、市对治蝗所需农药，应有一定的贮备。在广无人迹的芦苇、草丛、荒滩上侦查蝗情，工作条件艰苦，应配备必要的交通工具和通讯设备，所需治蝗经费仍按国办发〔1986〕12号文执行。

一九八八年七月五日

农业部关于认真做好蝗虫监测与防治工作的通知

（〔1991〕农农函字第 33 号）

河北、山东、河南、安徽、江苏、天津、山西、陕西、海南、新疆、广西省（自治区、直辖市）农业（农林、农牧、农牧渔业）厅（局）：

今年夏蝗的防治工作已经结束。从总的情况看，夏蝗为中等发生年，只有天津北大港、河南中牟、山东垦利、东平、河北沧州等部分地区密度较高。由于各地部署早，准备工作充分，防治及时，取得了较好的效果。初步统计，今年夏蝗发生面积约 700 万亩，防治 300 多万亩（其中飞机防治 70 多万亩）。但也有个别地方出现大面积漏查漏治，给农业生产造成为害。如河北献县，由于长期放弃对已经改造的老蝗区郭庄、垒头、十五级三个乡的子牙河套大洼（面积 6 万亩）进行监测，今年麦收后蝗虫（群居型飞蝗）扩散到春播作物为害，2 200 亩谷子、高粱和夏播玉米基本被吃光，群众报告乡政府，农业局植保站才得知信息。经调查发生面积为 2.9 万亩（郭庄乡 6 500 亩，垒头乡 6 500 亩，十五级乡 1.6 万亩），虫口密度一般为 40～50 头/米²，高者超过 100 头/米²。从龄期看，6 月 24 日县农业局调查时，20%～30% 已羽化为成虫，50%～60% 是 4 龄、5 龄期，其余是 3 龄期。到我部 6 月 27 日接到报告，28 日派人去调查时，除河堤上是 4、5 龄期外，农田里的蝗虫已基本上全羽化为成虫。

河北献县出现这一严重情况暴露出的问题是：一、对蝗虫的监测，不仅要做好对现有蝗区的监测，对已经改造好的老蝗区也决不能放弃监测。各蝗区要以此为戒，凡是放弃了对已改造老蝗区进行监测的地方，要立即恢复监测工作，决不允许再发生类似情况，否则要追究领导责任。二、发现蝗情的时间过迟，发现后又没有足够的农药、药械防治，说明我们一些领导思想麻痹，没有真正树立起长期治蝗、常备不懈的观念。防蝗工作如同防洪、防火一样，任何时候都不能麻痹大意。蝗区各级政府和农业部门的同志必须高度重视防蝗工作。

防治秋蝗的时间即将到来，凡是对夏蝗未进行防治的蝗区（包括已经改造、多年未发生蝗虫的蝗区），都要认真做好监测工作和防治准备工作。要建立明确的岗位责任制，哪个环节出了问题就要追究哪个环节的责任，一定要确保农作物不受为害。

中华人民共和国农业部

一九九一年七月八日

抄送：河北、山东、河南、安徽、江苏、天津、山西、陕西、海南、新疆、广西省（区、市）植保（植检）站、治蝗办

农业部、国家发展计划委员会、国家经济贸易委员会、科技部、财政部关于进一步加强蝗虫灾害治理工作的意见

（农农发〔2002〕6号文）

为了贯彻落实《中共中央国务院关于做好2002年农业和农村工作的意见》（中发〔2002〕2号）和国务院领导的批示精神，进一步加强蝗虫灾害（简称蝗灾）的监测与控制，建立快速扑灭机制，实现长期可持续治理的目标，确保农业生产安全，农业部、国家发展计划委员会、国家经济贸易委员会、科技部和财政部就进一步加强蝗灾治理工作提出以下意见。

一、要高度重视蝗灾治理工作

蝗灾具有暴发性、迁移性和毁灭性等特点，历史上与水灾、旱灾并称为农业三大自然灾害。20世纪80年代中期以来，受全球气候变暖、生态环境恶化和蝗虫灾变规律等因素的影响，我国蝗虫发生范围扩大、暴发频率上升、危害程度加重，对农业生产构成严重威胁。

据统计，"九五"期间全国迁飞性蝗虫（简称飞蝗）年均发生面积2 500万亩次，非迁飞性蝗虫（简称土蝗，包括农区土蝗和草原蝗虫）年均发生面积2.2亿亩次（其中草原蝗虫1.86亿亩次），分别比"八五"期间扩大800万亩次和5 000万亩次。目前，我国飞蝗发生区涉及16个省、200个县，其中重发生区100个县；土蝗发生区涉及20余个省、500个县，其中重发生区200个县。综合分析，预计今后5～10年内我国蝗虫发生呈进一步加重的态势，存在严重的蝗灾隐患。

对此，蝗区各地和有关部门要提高对蝗灾治理工作长期性和艰巨性的认识，增强责任感和紧迫感，牢固树立长期可持续治蝗思想，采取综合措施，切实加强蝗灾治理工作。

二、蝗灾治理的思路和目标

（一）基本思路

坚持"改治并举、综合防治"的方针，加强蝗情监测，增强应急防治能力，采取应急防治、综合治理和生态控制等措施，改善蝗区生态环境，压缩蝗虫适生面积，推进蝗灾的可持续治理。

"十五"期间，重点加强治蝗基础设施建设，加快科技进步和技术创新，提高蝗

灾应急控制能力和治蝗科技含量，确保"飞蝗不起飞成灾，土蝗不扩散危害"。

2006—2010 年，重点加大综合治理、生态控制力度，推广生物多样性控害及精准施药等技术，改善蝗区生态环境，逐步实现蝗灾可持续治理。

（二）治理目标

2002—2005 年，建立高效、快捷的蝗虫监测及应急控制体系，组装配套可持续治理技术。到 2005 年，蝗虫测报准确率由目前的 90％提高到 95％，蝗虫密度达标区域的防治覆盖率由目前的 60％提高到 80％，其中生物防治和生态控制的比例达到 25％和 15％；蝗虫适生区面积比 2001 年压缩 20％；力争将蝗灾损失率控制在 5％以内，基本遏制蝗虫连年猖獗危害的势头。

2006—2010 年，巩固和完善蝗虫监测及应急控制体系，降低蝗灾的暴发频率，减少化学农药用量，压缩蝗虫发生面积。到 2010 年，蝗虫测报准确率达到 98％，蝗虫密度达标区域的防治覆盖率达到 90％，其中生物防治和生态控制的比例达到 35％和 20％；蝗虫适生区面积比 2001 年压缩 30％；力争将蝗灾损失率控制在 3％以内，基本实现蝗灾可持续治理。

（三）重点治理区域

1. 黄淮海等东亚飞蝗发生区。重点加强山东、河南、河北、天津等省（直辖市）河滩、沿海和湖库蝗区东亚飞蝗的治理，兼顾陕西、山西、安徽、江苏、海南、广东和辽宁等省东亚飞蝗发生区的防治。

2. 新疆等亚洲飞蝗发生区。重点加强新疆西北部地区亚洲飞蝗的治理，监控国外蝗虫的迁入危害，兼顾吉林、内蒙古等省（自治区）亚洲飞蝗偶发区的防治及西藏、四川等省（自治区）西藏飞蝗发生区的防治。

3. 草原蝗虫发生区。重点加强内蒙古、新疆、青海、甘肃等省（自治区）草原意大利蝗、西伯利亚蝗、亚洲小车蝗、痂蝗、雏蝗等蝗虫的防治，兼顾西藏、四川、宁夏、陕西、山西、河北等省（自治区）草原蝗虫的防治。

4. 北方农区土蝗发生区。重点加强东北、华北、西北旱作农区和农牧交错带黄胫小车蝗、日本黄脊蝗、大垫尖翅蝗、短星翅蝗、笨蝗等土蝗优势种的控制，兼顾华南、长江中下游、洞庭湖和鄱阳湖周边稻区的中华稻蝗、竹蝗、蔗蝗、越北腹露蝗等土蝗的防治。

三、蝗灾治理的主要措施

（一）加强蝗情监测预报工作

蝗区各地要充分利用现有病虫测报站，建立健全监测网络，做好蝗情监测工作，及时发布蝗情预报。要利用最新植保科研成果、计算机网络和地理信息系统等高新技术，改进蝗虫测报技术和方法，提高测报的时效性和准确性，为制订防治预案和组织应急防治提供科学的依据。

（二）加强蝗灾治理基础设施建设

"十五"期间，国家将继续把蝗灾治理基础设施建设纳入"动植物保护工程"及其它相关项目，增加资金投入，有关省（自治区、直辖市）也要将治蝗设施建设作为农业基础设施建设的重点加大投入力度。重点建设国家蝗灾控制调度中心、地面蝗虫应急防治站、农用航空站、蝗虫防治简易机场和治蝗高新技术创新基地。农业部根据规划和基本建设程序提出年度项目计划，并组织实施。

1. 建立国家蝗灾控制调度中心。在农业部建立全国蝗灾控制调度中心，重点装备蝗灾发生及防治动态演示系统、全球卫星定位设备和远程指挥通讯设备，开发全国蝗情监测、指挥调度管理系统，增强治蝗指挥调度能力。

2. 建设地面蝗虫应急防治站。在重点蝗区建设区域性地面蝗虫应急防治站，重点配置防治药械、运载、防毒、通讯和监测设备，建设农药和药械仓库、技术培训等设施，每个地面应急防治站的作业半径为 50 公里。

3. 建设并完善农用航空站和治蝗简易机场。进一步加强辽宁、山东、江苏、天津、黑龙江农垦、新疆兵团等农用航空站建设，新增部分农用飞机，完善机场地面设施；同时，在山东、河北、河南、山西、新疆、内蒙古等省（自治区）蝗虫常发区新建或扩建若干个治蝗简易机场，重点建设飞机跑道、停机坪和药库、加药导航等设施，每个机场的作业半径为 150 公里。

4. 建设治蝗技术创新基地。建立生物治蝗农药中试基地、新型施药器械开发中试基地、蝗虫资源综合利用实验室、农区生态治蝗示范区和草原生态治蝗示范区。

（三）确保蝗虫防治财政专项经费投入

各级政府要按照财力和蝗虫灾害的实际情况，把蝗虫防治经费纳入年度财政预算，保证治蝗资金及时足额到位。蝗虫防治专项经费主要用于蝗情监测、购买治蝗物资、治蝗机场及药械维护、生物防治和生态控制示范以及组织应急防治行动等。财政部将会同农业部制定蝗虫防治专项经费管理办法，切实加强对专项经费的监督管理。

（四）加强蝗灾综合治理技术的研究和推广

国家将继续加大对蝗灾可持续治理技术的研究、示范和推广力度，并纳入"十五"有关重点科研攻关、技术引进和示范推广项目。同时，加强与周边有关国家蝗虫防治的信息交流与技术合作。积极引进国外先进的查蝗、治蝗技术和设备，提高我国蝗灾治理整体水平。

1. 蝗情监测预警技术。加强蝗情测报及地理信息系统等应用技术研究，提高蝗情测报预警的准确性、时效性。

2. 生物防治及生态控制技术。开展治蝗微生物制剂及天敌保护利用技术的研究和开发，减少环境污染，逐步达到长期控制蝗灾的目的。在沿海、河泛、内涝及滨湖蝗区，开展植被改良、水位调节、自然天敌保护利用及生物多样性控害等生态控害措施的试验、示范，完善综合防治配套技术。在草原蝗区，加大牧禽控蝗和微生物治蝗技术的示范推广力度。

3. 化学防治技术。加快高效、低毒、低残留化学农药的筛选和推广应用，开发新型施药器械和全球卫星定位施药技术，提高蝗虫应急防治效率，保护蝗区生态环境。

4. 蝗虫灾变规律研究。组织科研、教学和农技推广等部门开展第二次蝗区勘察和协作攻关，进一步摸清蝗虫的中长期灾变规律，建立地理信息防治决策管理系统，因地制宜实施分区治理对策。

5. 蝗虫资源综合利用技术。探索蝗虫蛋白源的开发途径，开展蝗虫采集技术、加工工艺和营养物质的综合利用等方面的试验研究，探索化害为利的治蝗途径。

6. 典型蝗区治蝗配套技术综合示范。选择不同类型的蝗区，针对当地生态环境和地理条件，建立蝗虫灾情监测预警示范系统；对各种治蝗技术进行综合配套的应用试验，并进行有机的配套集成和优选，提出适合不同类型地区的综合控制蝗灾的配套技术及规范，通过技术培训和推广，尽快在治蝗工作中得到大规模应用。

（五）推进治蝗新技术产业化

国家将继续组织实施应用高新技术控制蝗虫的产业化项目，支持治蝗生物农药、特效化学药剂等新型农药品种及新型施药技术的开发和改造，加快治蝗新技术产业化进程。

1. 治蝗特效化学药剂和生物制剂的产业化。根据蝗灾可持续治理的需要，研究开发新型高效、低毒、低残留的治蝗化学药剂和生物制剂，尽快实现产业化。同时，在产业化的过程中，筛选蝗虫微孢子虫、绿僵菌等微生物高毒株系，完善配套技术，提高防治效果。

2. 高效施药器械和技术的产业化。针对蝗区生态特点，开发新型飞机治蝗配套设备和地面施药器械，加快产业化进程。同时，加快我国飞蝗地理信息管理系统的开发利用，逐步引入全球卫星定位施药技术等，贮备新一代技术产品，使治蝗技术向精准高效型转变。

（六）建立高效的蝗灾防治管理机制

蝗灾治理是社会公益事业，是一项复杂的系统工程，涉及农业、计划、财政、科技、航空、气象和军队等部门。为提高蝗灾治理特别是应急防治工作效率，要建立有关部门分工协作的运行机制。蝗区各地和有关部门要明确分工，各司其职，协同配合，切实做好蝗灾治理工作。每年年初，农业部门负责制定"蝗虫防治预案"，有关部门根据预案，按照各自的职责分工，分别落实相关措施。在蝗虫常发区建立治蝗行政首长负责制，落实治蝗责任制，保证蝗情监测和防治措施及时落实到位，积极推进蝗灾可持续治理。

二〇〇二年三月

农业部关于切实加强治蝗安全工作的紧急通知

天津、河北、山西、内蒙古、辽宁、吉林、黑龙江、江苏、安徽、山东、河南、广东、海南、四川、西藏、陕西、新疆等省（自治区、直辖市）农业（农牧、农林）厅（委、局），新疆生产建设兵团农业局：

当前，正值夏季东亚飞蝗防治的关键时期。蝗区各级农业部门要认真落实江泽民总书记关于加强安全生产的重要指示和全国安全生产电视电话会议精神，把治蝗安全作为重点工作来抓，坚决防止安全事故的发生，现就做好治蝗安全工作紧急通知如下：

一、牢固树立安全第一思想。飞蝗飞机、地面应急防治事关飞行安全和人畜安全，事关蝗区农业生产和农村稳定。蝗区各级农业部门必须从实践"三个代表"的高度，从改革发展稳定的大局出发，牢固树立"安全第一，预防为主"的观念，坚决克服侥幸心理和麻痹思想，把安全生产摆上十分突出的位置，采取有力措施，强化管理和防范手段，确保治蝗行动顺利展开。

二、狠抓安全生产措施落实。夏季飞蝗防治正值高温季节，极易造成人畜农药中毒事件。蝗区各地要组建蝗虫应急防治专业队，上岗前要进行严格的操作技能培训和安全检查，穿好防毒服、防毒手套和戴好口罩，严禁未经培训和未采取安全措施的防治人员参加治蝗行动，防止农药中毒事故发生。查蝗人员要注意人身安全，装备必要的通讯设备，在荒滩和芦苇地查蝗时注意交通安全，避免迷失方向和失踪事故的发生。要因地制宜采取化学应急防治、生物防治和生态控制等措施，科学合理使用农药，减轻农药对环境的影响，在沿海、濒湖地区，特别是人畜饮水水源地，严禁使用高毒、高残留农药，确保人畜饮水和渔业生产安全。在组织飞机防治时，要配合航空管理部门加强对机组人员的安全教育和管理，确保飞行作业安全。

三、建立安全生产责任制。蝗区各级农业部门要按照国务院办公厅《关于在全国范围内立即组织开展安全生产大检查的通知》要求，认真落实责任制，层层狠抓落实。各单位一把手要对安全生产负总责，分管领导具体负责，要将治蝗安全责任层层分解，具体落实到人。要认真贯彻落实国务院《关于特大安全事故行政责任追究的规定》，发生特大治蝗安全事故要严肃追究有关领导者和直接责任者的责任。要严格按照国务院有关部门的规定，建立和完善治蝗安全事故报告制度，一旦发生事故，要及时、准确地上报事故情况，坚决杜绝迟报、漏报和瞒报现象。

中华人民共和国农业部

二○○二年六月十一日

附录三
2000—2019 年中国与哈萨克斯坦治蝗合作活动实录

◎2000 年 9 月 8—22 日

受农业部派遣，以农业部全国农业技术推广服务中心（以下简称全国农技中心）朱恩林处长为团长的农业部蝗虫防治考察团一行六人赴哈萨克斯坦进行了为期 15 天的考察活动，着重讨论了中哈边境地区协作治蝗问题，考察团与哈国农业部植物保护司草签了《中哈治蝗合作意向书（草案）》。

考察团人员名单：朱恩林（全国农技中心防治处处长，团长）、左孟孝（农业部种植业管理司农情处副处长）、黄辉（全国农技中心防治处农艺师）、王建强（全国农技中心测报处农艺师）、哈文光（新疆维吾尔自治区治蝗灭鼠指挥部办公室主任）、沙力达里汗·穆汗（新疆维吾尔自治区阿勒泰地区治蝗站站长）。

◎2002 年 12 月 23 日

在北京，中华人民共和国农业部部长杜青林与哈萨克斯坦共和国外交部部长托卡耶夫①签订《中华人民共和国农业部与哈萨克斯坦共和国农业部关于防治蝗虫及其它农作物病虫害合作的协议》。

◎2003 年 10 月 20—24 日

中华人民共和国农业部与哈萨克斯坦共和国农业部在中国新疆乌鲁木齐市举行了治蝗联合工作组第一次会议。双方同意成立中哈治蝗联合工作组，由中方和哈方的有关官员和技术人员组成，确定联合工作组每两年召开一次工作会议，会议轮流在两国举行，由主办国负责会议的筹备和费用，决定 2004 年在中国召开第第一次治蝗技术专家研讨会，2005 年在哈萨克斯坦共和国举行联合工作组第二次会议；同意每年 3—

---

① 2019 年 3 月，西姆若马尔特·克梅列维奇·托卡耶夫就任哈萨克斯坦共和国总统。

10 月在两国边境蝗虫发生区域开展联合调查活动，并加强经常性的互相通报蝗虫等病虫害发生与防治信息，紧急蝗灾时及时召开联合工作组会议，研究应急控制措施，并采取边境地区的治蝗行动。

中方代表团人员名单：陈萌山（农业部种植业管理司司长，团长）、蒋湘梅（农业部种植业管理司农情信息处副处长）、王戈（农业部种植业管理司基地与体系建设处副处长）、袁芳（农业部国际合作司欧洲处项目官员）、朱恩林（全国农技中心防治处处长）、黄辉（全国农技中心防治处农艺师）、负旭疆（全国畜牧兽医总站草业饲料处处长）、艾则孜·克尤木（新疆维吾尔自治区农业厅厅长）、迪拉娜·艾山（新疆维吾尔自治区农业厅植物保护站站长）、哈文光（新疆维吾尔自治区治蝗灭鼠指挥部办公室主任）。

哈方代表团人员名单：哈谢诺夫·沙克塔斯（哈萨克斯坦农业部植物保护和检疫司司长）、普切利尼科娃·塔提亚娜（哈萨克斯坦农业部植物保护和检疫司处长）、尤苏波娃·古丽娜（哈萨克斯坦农业部植物保护和检疫司国家杀虫剂登记处专家）、罗希娜·发里达（哈萨克斯坦农业部东哈萨克斯坦地区局植保处处长）、茹马巴耶夫·阿布拉依汗（哈萨克斯坦农业部阿拉木图地区局植保处处长）、萨吉托夫·阿巴依（哈萨克斯坦农业部科学技术中心主任）。

◎2004 年 10 月 27—30 日

中哈双方在北京召开中哈治蝗合作第一次专家技术研讨会，交流了两国蝗虫监测与防控技术情况。

◎2006 年 6 月 5—9 日

中华人民共和国农业部与哈萨克斯坦共和国农业部在哈萨克斯坦阿拉木图市举行了联合防治蝗虫及其他农作物病虫害工作组第二次会议。双方交换了 2005 年两国蝗虫防治情况、预测了 2006 年蝗虫发生情况；双方同意每年 5—9 月每月两次以固定表格形式交换两国边境地区蝗虫发生和扩散信息，12 月相互交换一次综合信息，每年 6月份在边境地区开展联合调查，分成两个小组，每组由双方各派出 2 名专家；同意在蝗虫调查、预测和生物防治方法等领域开展科学合作研究，制定合作研究计划草案，决定 2007 年在中国上海举行工作组第三次会议。

中方代表团人员名单：夏敬源（全国农技中心主任，团长）、宁鸣辉（农业部种植业管理司植保植检处副处长）、罗健（农业部畜牧业司草原处副处长）、陈立军（国际合作司亚非处调研员）、陈志群（全国农技中心防治处农艺师）、苏红田（全国畜牧总站草业处农艺师）、哈文光（新疆维吾尔自治区治蝗灭鼠指挥部办公室主任）、赵红山（新疆维吾尔自治区农业厅植保站站长）、古丽曼·海如拉（新疆维吾尔自治区治蝗灭鼠指挥部办公室助理农艺师）。

哈方代表团人员名单：哈山沃夫·萨赫塔什（哈萨克斯坦农业部植物卫生安全司司长，团长）、琵琪列尼卡瓦·塔提亚娜（哈萨克斯坦农业部植物卫生安全司植物保护及检疫处处长）、玉苏普沃夫·古丽娜尔（哈萨克斯坦农业部植物卫生安全司植物产品安全和试验登记处首席专家）、若曦娜·帕丽达（哈萨克斯坦农业部东哈萨克斯坦州植物保护处处长）、萨比托夫·阿拜（哈萨克斯坦农业部种植业研究中心植物保护学院院长）。

◎2007 年 12 月 9—12 日

中华人民共和国农业部与哈萨克斯坦共和国农业部在上海市举行了联合防治蝗虫及其他农作物病虫害工作组第三次会议。会议交流了 2007 年两国蝗虫发生和防治情况，相互通报了 2008 年两国边境地区蝗虫发生和扩散趋势，总结回顾了 5 年合作情况。粮农组织代表安妮·莫娜通报了世界蝗虫发生和防治情况。双方同意每年 5—10 月每月交换一次边境蝗虫发生信息，12 月交换一次综合信息。同意每年 6 月份开展边境地区蝗虫联合调查，组成两个专家组，每组双方各派 3 名专家。同意《中华人民共和国农业部与哈萨克斯坦共和国农业部关于防治蝗虫及其它农作物病虫害合作的协议》的效力再自动延期 5 年（到 2012 年 12 月）。决定 2008 年在中国新疆乌鲁木齐市召开中哈治蝗合作第二次专家技术研讨会，2009 年在哈萨克斯坦阿斯塔纳市召开中哈治蝗合作工作组第四次会议。

中方代表团人员名单：夏敬源（全国农技中心主任，团长）、宁鸣辉（农业部种植业管理司植保植检处副处长）、罗健（农业部畜牧业司草原处副处长）、陈立军（农业部国际合作司亚非处调研员）、朱恩林（全国农技中心防治处处长）、苏红田（全国畜牧总站草业处副处长）、哈文光（新疆维吾尔自治区畜牧厅草原站书记）、穆晨（新疆维吾尔自治区治蝗灭鼠指挥部办公室主任）、杨栋（新疆维吾尔自治区农业厅植保站防治科科长）。

哈方代表团人员名单：哈谢诺夫·萨（哈萨克斯坦农业部国家监督委员会副主席，团长）、阿里姆库洛夫·达（哈萨克斯坦农业部国家监督委员会植物卫生安全局植物产品安全和试验登记处资深专家）、尤苏罗娃·古（哈萨克斯坦农业部国家监督委员会植物卫生安全局植物产品安全和试验登记处资深专家）、扎纳巴耶夫·穆（哈萨克斯坦农业部国家监督委员会植物卫生安全局植保处资深专家）、苏列伊迈诺娃·婕（哈萨克斯坦农业部国家植物卫生诊断和预测中心主任）。

◎2008 年 11 月 20—23 日

中哈双方在中国乌鲁木齐市举行了中哈合作治蝗第二次专家技术研讨会，中方来自农业部种植业管理司、全国农技中心、全国畜牧总站、中国农业大学、重庆大学、新疆维吾尔自治区农业厅、新疆维吾尔自治区畜牧厅、新疆维吾尔自治区社会科学院、新疆维吾尔自治区农业厅植物保护站、新疆维吾尔自治区畜牧厅治蝗灭鼠指挥部办公室、新疆兵团植物保护站以及新疆中哈接壤的伊犁、阿勒泰、塔城等 27 名专家参加了会议，哈萨克斯坦农业部国家监督委员会、农业部国家监督委员会国家植物卫生诊断和预测中心、阿拉木图州监督委、东哈萨克斯坦州监督委、农业部国家监督委员会阿拉木图州预测预报中心的 8 名专家参加了会议。双方专家交流了两国蝗虫监测与防控技术进展。

◎2009 年 11 月 25—28 日

中华人民共和国农业部与哈萨克斯坦共和国农业部在哈萨克斯共和国坦阿斯塔纳市举行了联合防治蝗虫及其他农作物病虫害工作组第四次会议。双方交流了 2009 年两国蝗虫发生和防治情况，相互通报了 2010 年两国边境地区蝗虫发生和扩散趋势，总结了过去尤其是近两年双方合作情况。双方同意每年 6—10 月每月交换一次边境蝗虫发生信息，12 月交换一次综合信息，若出现蝗虫暴发情况，及时相互通报。同意 2010—2011 年每年双方各组成两个专家组，每组双方各派 3 名专家，开展边境地区蝗虫联合调查。决定 2010 年在哈萨克斯坦阿拉木图市召开中哈治蝗合作第三次专家技术研讨会，2011 年在中国海南省召开中哈合作治蝗工作组第五次会议。

中方代表团人员名单：钟天润（全国农技中心副主任，团长）、李新一（全国畜牧总站草业处副处长）、熊延坤（全国农技中心防治处农艺师）、穆晨（新疆维吾尔自治区治蝗灭鼠指挥部办公室主任）、艾尼瓦尔·木沙（新疆维吾尔自治区农业厅植保站站长）、古丽曼·海如拉（新疆维吾尔自治区治蝗灭鼠指挥部办公室农艺师）。

哈方代表团人员名单：苏莱曼诺夫·塞里克（哈萨克斯坦农业部农工业总体监督委员会主席，团长）、尤苏罗娃·古（哈萨克斯坦农业部农工业总体监督委员会卫生安全管理局植物栽培农产品安全和农药登记处处长）、阿里姆库洛夫·达（哈萨克斯坦农业部农工业总体监督委员会卫生安全管理局植物栽培农产品安全和农药登记处首席专家）、扎纳巴耶夫·穆（哈萨克斯坦农业部国家农工业总体监督委员会卫生安全管理局植保处首席专家）、苏列伊迈诺娃·婕（哈萨克斯坦农业部国家植物卫生诊断和预测中心主任）。

◎2010 年 12 月 13—15 日

中哈双方在哈萨克斯坦阿拉木图市举行了中哈治蝗合作第三次专家技术研讨会，来自全国农技中心、全国畜牧总站、新疆维吾尔自治区治蝗灭鼠指挥部办公室、新疆维吾尔自治区农业厅植物保护站的 5 名治蝗专家，来自哈萨克斯坦农业部、哈萨克斯坦阿拉木图州和东哈萨克斯坦州预测预报中心的 8 名专家参加了会议。双方专家交流了蝗虫监测与防控技术应用情况，中方专家重点介绍了近年来中国蝗区主要绿色防控技术应用情况。

◎2011 年 11 月 28 日至 12 月 1 日

中华人民共和国农业部与哈萨克斯坦共和国农业部在中国海南省海口市举行了联合防治蝗虫及其他农作物病虫害工作组第五次会议。会议总结了过去两年开展的工作，讨论了未来两年合作计划，交流了 2011 年两国边境地区蝗虫发生和防治情况，相互通报了 2012 年两国边境地区蝗虫发生和扩散趋势、开展调查与防治时间及所要采取的防治措施。双方同意，2012 年在中国新疆召开第四次专家技术研讨会，2013 年在哈萨克斯坦南哈萨克斯坦州举行第六次工作组会议，在相互关注的其他农作物病虫害监测与防治技术方面开展合作，优先在蝗虫生物防治技术方面开展合作，积极探讨相互合作的机制、方式。

中方代表团人员名单：陈生斗（全国农技中心主任，团长）、何新天（全国畜牧总站副站长）、王建强（农业部种植业管理司植保植检处副处长）、罗健（农业部畜牧业司草原处调研员）、张利利（农业部国际合作司亚非处主任科员）、杨普云（全国农技中心防治处处长）、洪军（全国畜牧总站草原处副处长）、朱景全（全国农技中心防治处农艺师）、艾尼瓦尔·木沙（新疆维吾尔自治区农业厅植物保护站站长）、穆晨（新疆维吾尔自治区治蝗灭鼠指挥部办公室主任）、古丽曼·海如拉（新疆维吾尔自治区治蝗灭鼠指挥部办公室副科长）。

哈方代表团人员名单：哈山沃夫·萨克塔什（哈萨克斯坦共和国农业部农业总体国家监督委员会主席）、阿里木库洛夫·达米尔（哈萨克斯坦共和国农业部农业总体国家监督委植物安全处农作物产品安全与农药登记办公室首席专家）、玉素甫娃·古丽娜尔（哈萨克斯坦共和国农业部农业总体国家监督委植物安全处农作物产品安全与农药登记办公室首席专家）、加纳巴耶夫·穆合塔尔（哈萨克斯坦共和国农业部农业总体国家监督委植物安全处植物保护办公室首席专家）、艾里耶夫·穆合塔尔（哈萨克斯坦共和国农业部农业总体国家监督委植物卫生鉴定与预测预报研究中心主任）。

◎2013 年 8 月 26—30 日

中华人民共和国农业部与哈萨克斯坦共和国农业部在哈萨克斯坦南哈萨克斯坦州奇姆肯特市举行了中国与哈萨克斯坦联合防治蝗虫及其他农作物病虫害工作组第六次会议。会议总结了中哈两国合作治蝗成效，认为过去 11 年来在边境地区开展的蝗虫防治工作取得了显著的成效，双方边境地区蝗虫灾害发生率大幅度降低，蝗虫迁飞到对方境内危害现象明显减少，农作物和牧业生产损失大幅度降低，边境地区农牧业生产安全得到有效保护。双方同意，从 2014 年起，中哈联合防治蝗虫及其他农作物病虫害工作组会议与专家技术研讨会合并举行，每两年一次，轮流举行；2015 在中国西安市举办第七次工作组会议与第五次专家技术研讨会，并邀请共同邻国俄罗斯以观察员身份参加下一次会议，提高区域合作防治蝗虫的效果。双方在边境地区毗邻县各自建立 10 个蝗虫临时联合监测点，每个监测点根据需要配备若干台蝗虫野外信息数据调查设备，中方在会议期间向哈方捐赠了 2 台蝗虫调查设备（设备为俄语操作系统，调查软件为俄语版本），并同意下次会议中方将继续向哈方捐赠 8 台蝗虫调查设备。

中方代表团人员名单：陈生斗（全国农技中心主任，团长）、叶安平（农业部国际合作司处长）、丁斌（农业部种植业管理司副处长）、杨普云（全国农技中心处长）、董永平（全国畜牧总站副处长）、朱景全（全国农技中心农艺师）、赵新春（新疆维吾尔自治区畜牧厅副厅长）、古丽曼·海如拉（新疆维吾尔自治区治蝗灭鼠指挥部办公室副科长）、伊力亚尔·达吾提江（新疆维吾尔自治区农业厅植物保护站科长）。

哈方代表团人员名单：哈山沃夫·萨克塔什（哈国农业部农业总体国家监督委主席）、阿里木库洛夫·达米尔（哈国农业部农业总体国家监督委首席专家）、加纳巴耶夫·穆合塔尔（哈国农业部农业总体国家监督委首席专家）、苏莱曼沃夫·阿勒玛特（哈国农业部农业总体国家监督委首席专家）、赛力夫别克·杰恩斯（哈国农业部农业总体国家监督委阿拉木图州植物保护处处长）、杜苏沃夫·别热克波力（哈国农业部农业总体国家监督委东哈州植物保护处处长）、艾里耶夫·穆合塔尔（哈国农业部农业总体国家监督委植物卫生鉴定与预测预报研究中心主任）。

◎2015 年 11 月 24—28 日

中华人民共和国农业部与哈萨克斯坦共和国农业部在中国陕西省西安市举行了中国与哈萨克斯坦联合防治蝗虫及其他农作物病虫害工作组第七次会议和第五次专家技术研讨会。会议总结了过去两年双方开展的工作，讨论了未来两年合作计划，交流了 2015 年两国边境地区蝗虫发生和防治情况，分别通报了 2016 年两国边境地区蝗虫可能发生的趋势。双方总结了项目实施以来，尤其是近两年防治蝗虫及其他农作物病虫害的合作情况、成效与存在问题。会议认为，两国农业部认真履行 2002 年 12 月 23 日在北京签订的《中华人民共和国农业部与哈萨克斯坦共和国农业部关于防治蝗虫及其它农作物病虫害合作的协议》，合作成效显著。中国农业部于 2014 年 8 月 11 日照会哈萨克斯坦，中方已完成协议生效所必需的国内法律程序，于 2015 年 6 月 30 日收到哈萨克斯坦关于协议生效的照会，根据协议第十三条的规定，该协议于 2015 年 6 月 30 日起对双方正式生效。双方同意，2017 年在哈萨克斯坦阿斯塔纳市举办第八次联合工作组会议与第六次专家技术研讨会。会议期间中方向哈方捐赠了 6 台蝗虫野外调查设备（设备为俄语操作系统，调查软件为俄语版本），并同意在未来继续向哈方捐赠 10 台蝗虫调查设备。双方欢迎俄罗斯派观察员参加本次会议，并希望加强与俄罗斯的交流与合作，提高区域合作防治蝗虫的效果，建议继续邀请俄罗斯等中哈共同邻国以观察员身份参加下一次会议。

中方代表团人员名单：陈生斗（全国农技中心主任，团长）、贠旭江（全国畜牧总站副站长）、陈立军（农业部国际合作司处长）、王建强（农业部种植业管理司副处长）、黄涛（农业部畜牧业司草原处副处长）、杨普云（全国农技中心处长）、洪军（全国畜牧总站副处长）、朱景全（全国农技中心副处长）、麦迪·库尔曼（新疆维吾尔自治区治蝗灭鼠指挥部办公室书记）、艾尼瓦尔·木沙（新疆维吾尔自治区农业厅植物保护站站长）、古丽曼·海如拉（新疆维吾尔自治区畜牧厅治蝗办副科长）。

哈方代表团人员名单：热合木别克沃夫·布冉（哈萨克斯坦农业部农业总体国家监督委主席，团长）、阿米尔顾金·热合木（哈萨克斯坦农业部农业总体国家监督委植物安全处处长）、加纳巴耶夫·穆合塔尔（哈萨克斯坦农业部农业总体国家监督委首席专家）、杜苏沃夫·别热克波力（哈萨克斯坦农业部农业总体国家监督委东哈州植物保护处处长）、沃恩达斯恩沃夫·加拉斯（哈萨克斯坦农业部农业总体国家监督委阿拉木图州植物保护处处长）、阿依纳别克沃夫·叶尔江（哈萨克斯坦农业部农业总体国家监督委植物卫生鉴定与预测预报研究中心主任）、杜塞姆别克沃夫·巴合提江（哈萨克斯坦农业部植物保护及植物检疫学院副校长）、阿勒木库洛夫·达米尔（哈萨克斯坦农业部植物保护及植物检疫学院植物保护办公室主任）、乌斯潘沃夫·阿力别克（哈萨克斯坦农业部植物保护及植物检疫学院生物技术研究室主任）。

俄罗斯观察员：李迪诺夫·葛罗吉（俄罗斯国家植物保护研究院植物保护研究所所长、研究员）。

◎2017 年 12 月 21—24 日

中华人民共和国农业部与哈萨克斯坦共和国农业部在哈萨克斯坦阿斯塔纳市举行了中国与哈萨克斯坦联合防治蝗虫及其他农作物病虫害工作组第八次会议与第六次专家技术研讨会。会议总结交流了 2017 年两国边境地区蝗虫发生和防治情况，分别通报了 2018 年两国边境地区蝗虫可能发生的趋势。会议认为，两国农业部认真履行合作协议，合作成效显著，协议于 2015 年 6 月 30 日起对双方正式生效，根据协议第十三条规定，协议有效期为 5 年，到期如其中任何一方没有正式书面通知另一方要求终止本协议，本协议将自动延长 5 年。双方同意 2019 年在中国深圳市召开工作组第九次会议与第七次专家技术研讨会。中方在会议期间向哈方捐赠了 6 台蝗虫调查设备

（设备为俄语操作系统，调查软件为俄语版本），并决定下次会议再捐赠 5 台调查设备。双方同意在中哈边境地区大力推广应用生物治蝗技术和微生物制剂，共同推进边境蝗虫可持续治理，保护边境地区生态环境，哈方支持中国生产的生物农药在哈国推广应用，双方同意加强科研院校专家之间的合作，建立合作机制。双方建议，加强与联合国粮农组织沟通和交流中哈蝗虫防治合作的经验与模式，并希望联合国粮农组织提供技术培训、防治设备等方面的支持。

中方代表团人员名单：贠旭疆（全国畜牧总站副站长，团长）、朱景全（全国农技中心副处长）、赵中华（全国农技中心推广研究员）、王强（全国农技中心处长）、陈吉军（新疆维吾尔自治区治蝗灭鼠指挥部办公室副主任）、古丽曼·海如拉（新疆维吾尔自治区治蝗灭鼠指挥部办公室副科长）。

哈方代表团人员名单：玛尔斯·阿勒玛别克（哈萨克斯坦农业总体国家监督委员会副主席）、苏莱曼沃夫·阿勒马提（哈萨克斯坦农业部农业总体国家监督委员会植物检疫和植物安全处处长）、加纳巴耶夫·木合塔尔（哈萨克斯坦农业部农业总体国家监督委员会植物检疫和植物安全处首席专家）、卡德力沃夫·努尔哈力（哈萨克斯坦国家预测预报中心主任）、哈吉别克瓦·阿吉尔（哈萨克斯坦阿拉木图州农业监督委员会主席）、卡里莫夫·阿依别克（哈萨克斯坦东哈萨克斯坦州农业监督委员会主席）、阿吉别诺夫·瓦列里（哈萨克斯坦国立农业技术大学教授）、对森别科夫·巴合提江（哈萨克斯坦植物保护植物检疫研究所副所长）、阿里木库洛夫·达米尔（哈萨克斯坦植物保护植物检疫研究所研究员）、尼亚孜别克·江（哈萨克斯坦植物保护植物检疫研究所办公室主任）。

◎2019 年 12 月 19—23 日

中华人民共和国农业农村部与哈萨克斯坦共和国农业部在中国北京举行了中国与哈萨克斯坦联合防治蝗虫及其他农作物病虫害工作组第九次会议与第七次专家技术研讨会。会议交流了 2019 年两国边境地区蝗虫发生和防治情况，分别通报了 2020 年两国边境地区蝗虫可能发生的趋势，总结了项目实施以来尤其是近两年合作情况、成效与存在问题。会议认为，过去 17 年来，中哈两国通过合作治蝗，推动双方加强了边境地区蝗虫监测与防控工作，取得了显著成效。近年来，双方边境地区蝗虫发生程度显著降低，蝗虫迁飞到对方境内为害现象明显减少，农作物和牧业生产损失较大幅度降低，边境地区农牧业生产安全得到有效保护。这种结果是中哈合作治蝗项目推动实现的。同时，双方边境地区蝗灾的威胁尚未消除，双方同意 2020 年合作协议到期后，自动延长 5 年，延续到 2025 年 6 月 30 日。双方同意，从 2020 年开始，双方每年召开一次联合工作组会议与技术研讨会，建议与联合调查工作结合开展，两国轮流召开，时间在 7—8 月份。双方同意，2020 年在哈萨克斯坦东哈萨克斯坦州厄斯克门市召开联合工作组第十次会议与第八次专家技术研讨会，并邀请俄罗斯、乌兹别克斯坦派观察员参加会议。双方同意，共同编写中哈合作治蝗宣传手册，用中哈双语印刷。建议共同成立一个编写小组，通过双方联络员进行具体协商、落实。双方建议，拓展在农药领域的合作，中方建议哈方派一个农药方面的考察组访问中国，研讨相关合作内容，下一次会议期间，再商讨拓展双方在植物检疫和其他病虫害方面的合作议题。中方在会议期间向哈方捐赠了 5 台蝗虫调查设备（设备为俄语操作系统，调查软件为俄语版本），用于边境蝗虫联合调查工作。

中方代表团人员名单：朱恩林（农业农村部种植业管理司副司长，团长）、王福祥（全国农技中心副主任）、赵立军（农业农村部国际合作司处长）、宁鸣辉（农业农村部种植业管理司处长）、程映国（全国农技术中心首席专家、处长）、朱景全（全国农技中心副处长）、王卓然（国家林业与草原局草原管理司处长）、柴守权（国家林业和草原局森林和草原病虫害防治总站处长）、熊玲（新疆维吾尔自治区林业与草原局副处长）、杨建国（北京市植物保护站副站长）、卡哈尔曼·胡吉（新疆维吾尔自治区植物保护站 书记、副站长）、陈吉军（新疆维吾尔自治区治蝗灭鼠指挥部办公室书记、副主任）、古丽曼·海如拉（新疆维吾尔自治区治蝗灭鼠指挥部办公室科长）。

哈方代表团人员名单：马尔斯·阿勒马别克（哈萨克斯坦农业部农工综合体国家监督委员会主席，团长）、加纳巴耶夫·穆合塔尔（哈萨克斯坦农业部农工综合体国家监督委员会国家植物检疫局首席专家）、喀热姆沃夫·阿依别克（哈萨克斯坦农业部农工综合体国家监督委员会东哈萨克斯坦州监督委主席）、杜曼沃夫·热依纳提（哈萨克斯坦农业部农工综合体国家监督委员会国家植物检疫诊断及预测预报中心主任）、阿勒木库洛夫·达米尔（哈萨克斯坦农业部国立植物保护及植物检疫研究所研究中心主任）、尼亚兹别克沃夫·江（哈萨克斯坦农业部国立植物保护及植物检疫研究所副所长）。

附录四
农业部表彰全国治蝗先进集体和先进工作者名单

1990 年农业部表彰全国治蝗先进集体和先进工作者名单

一、先进集体（20 个）

山东省惠民地区植保站；山东省菏泽地区植保站；山东省微山县防治蝗虫站；山东省泰安市东平县植保站；山东省寿光县植保站；河北省平山县防蝗植保站；河北省安新县植保站；河北省丰南县植保站；河北省黄骅县植保站；河南省温县植保植检站；河南省封丘县植保植检站；河南省范县植保植检站；江苏省泗洪县蝗虫防治站；江苏省沛县蝗虫防治站；安徽省阜南县蝗虫中心测报站；安徽省嘉山县植保站；天津市大港区农林局防蝗站；新疆维吾尔自治区哈密地区巴里坤蝗虫鼠害测报防治站；陕西省渭南地区植保植检站；山西省运城地区植保站。

二、先进工作者（98 名）

高蕙林（山东省植保总站）；常兆芝（山东省植保总站）；顾成志（山东省济宁市植保站）；夏志贤（山东省曹县植保站）；宋恒奎（山东省垦利县治蝗站）；张鸿君（山东省垦利县治蝗站）；李忠祥（山东省东营市河口区植保站）；张庆之（山东省寿光县植保站）；潘庆田（山东省利津县植保站）；王永栋（山东省平阴县植保站）；邵允周（山东省梁山县植保站）；杜树国（山东省无棣县植保站）；张庆臣（山东省鱼台县植保站）；郭汝顺（山东省沾化县植保站）；王士则（山东省东明县治蝗站）；颜廷焕（山东省微山县植保站）；刘增忠（山东省菏泽地区植保站）；张洪亮（山东省菏泽地区植保站）；王春山（山东省惠

民地区植保站）；白景歧（山东省惠民地区植保站）；段振国（河北省清苑县植保站）；杜瑞云（河北省迁西县植保站）；王殿兴（河北省文安县植保站）；刘小发（河北省蠡县植保站）；安贺玲（河北省丰南县植保站）；沈振东（河北省海兴县植保站）；王玉甫（河北省南大港农场植保站）；龚宝潭（河北省中捷农场防蝗站）；刘金良（河北省沧州地区植保站）；董振远（河北省唐山市防蝗站）；杨建国（河北省衡水市植保站）；张长荣（河北省植保总站）；李炳文（河北省植保总站）；王振庄（河北省植保总站）；吴恩浩（河南省植保植检站）；张德桢（河南省新乡市植保站）；何一诚（河南省濮阳市农牧局）；蒋化民（河南省温县植保植检站）；王太平（河南省孟津县植保站）；段宝亮（河南省荥阳县植保站）；王克曾（河南省兰考县植保站）；韩银（河南省开封县植保植检站）；徐昭华（河南省范县植保站）；关玉斌（河南省长垣县植保站）；苏向才（河南省灵宝县农技中心）；赵锡成（河南省武陟县植保站）；柳文（河南省封丘县植保站）；邵玉德（河南省郑州市邙山区植保站）；李恩玉（河南省中牟县农业局）；沈崇本（江苏省徐州市植保植检站）；朱福良（江苏省淮阴市农业局植保站）；刘于成（江苏省连云港市植保站）；尤其杰（江苏省宝应县治蝗站）；熊忠楼（江苏省滨海县植保站）；王一清（江苏省盐城市郊区植保站）；许福元（江苏省洪泽县植保站）；蒋华业（江苏省淮阴县赵集乡农科站）；姬庆文（江苏省泗洪县治蝗站）；刘经武（江苏省铜山县植保站）；许西位（江苏省沛县农技推广中心）；李志强（江苏省沛县治蝗站）；吴成余（安徽省六安地区植保站）；刘化体（安徽省宿县地区植保站）；肖剑（安徽省滁县地区植保站）；葛道廉（安徽省淮南市植保植检站）；李大付（安徽省阜南县蝗虫测报站）；顾绍驼（安徽省怀远县植保站）；王介禄（安徽省霍邱县植保站）；沈子宏（安徽省颍上县王岗区农牧渔业站）；尹德英（安徽省灵璧县植保站）；叶永昌（安徽省天长县植保站）；李强（安徽省五河县植保站）；张昶（安徽省凤台县农林局）；吴福海（天津市大港区防蝗站）；魏守福（天津市东郊区农林局植保站）；闻福安（天津市蓟县植保站）；高佩雨（天津市西郊区农林局防蝗站）；刘俊彩（天津市静海县植保站）；李志强（陕西省韩城市植保站）；侯安民（陕西省大荔县农技中心植保站）；高佳发（陕西省渭南垦区管理处）；允玉岳（陕西省华阴县植保站）；沈维山（新疆维吾尔自治区蝗虫鼠害预测预报防治中心）；艾买提（新疆维吾尔自治区巴州畜牧科研所）；文济武（新疆维吾尔自治区博尔塔拉蒙古自治州畜牧局）；王元信（新疆维吾尔自治区博湖县治蝗站）；廉和平（山西省永济县植保站）；张相科（山西省河津县农技中心）；李彩存（山西省芮城县植保站）；王润黎（全国植物保护总站）；黄曼莉（中国民航局企业管理局通用航空处）；钟树康（山东省民航局机务处）；张治强（东方航空公司十三飞行大队）；郝智章（内蒙古飞行局专业科）；马思秋（广州民航局十五飞行大队）；李西盈（广州民航局十六飞行大队）；何大运（西北航空公司二十一飞行大队）；胡国义（乌鲁木齐民航局第九飞行大队）。

1995 年农业部表彰全国蝗虫治理
工作先进集体和先进工作者名单

（农农发〔1996〕2 号）

一、先进集体（7 个）

天津市植保植检站

山东省垦利县农业局

河南省植物保护植物检疫站

河北省黄骅市植保植检站

山西运城地区植保站

陕西省大荔县农业技术推广中心

安徽省五河县植保站

二、先进工作者（54 名）

山东省：	常兆芝	王春山	梁国俊	李金玉	张春学
	蔡建义	蔡启学	刘汉舒	董慈祥	侯素玲
河南省：	赵洪勋	曹向海	孙学平	沙广乐	汤曼筠
	赵宗林	袁书钦	雒魁虎	吕国强	王志明
河北省：	李永山	王贵生	王文祥	梁占强	齐贵林
	孙锡生	刘俊祥	杨彦杰	辛少杰	
陕西省：	沈宝成	冯新忍	郝平琦	谷同斋	贠玉岳
山西省：	杨富钧	王向荣	李占业	白印珍	
安徽省：	方大润	严厚永	马标	谢长举	武玉臻
天津市：	于志宣	李顺功	高提仁	陆建高	韩保峰
江苏省：	王茂涛	高传民	苏良聪		
海南省：	何谭连	金宝红			

全国农业技术推广服务中心：朱恩林

1996—2000 年农业部表彰全国蝗虫
防治先进集体和先进工作者名单

（农农发〔2001〕11 号）

一、先进集体（18 个）

天津市植保植检站；河北省植保总站；河北省沧州市农业局；河北省保定市农业局；山东省植保总站；山东省东营市农业局；山东省菏泽市植保站；河南省植保植检站；河南省开封市植保植检站；河南省洛阳市植保植检站；安徽省植物保护总站；山西省植保植检总站；陕西省植物保护工作总站；江苏省徐州市植保站；海南省儋州市植保植检站；新疆维吾尔自治区额敏县农技站；新疆维吾尔自治区治蝗灭鼠指挥部办公室；新疆维吾尔自治区塔城地区测报站。

二、先进工作者（100 名）

天津市：谢建军　张志武　谢志庚　窦　锋　于喜田　张永田

河南省：雒魁虎　赵永谦　凌中南　吕国强　李振国　胡机焕　沙广乐
　　　　李坚强　冯之杰　王太平　蔡　娟　孙学平　赵锡成　史绪浩
　　　　徐振生　索世虎

山东省：任宝珍　王同伟　段培奎　王厚振　罗守玉　孙卫东　秦承元
　　　　蔡启荣　孙　平　尤桂爱　赵佰灵　高兴文　李秀深　张玉龙
　　　　张秀安　董慈祥　杨来景　赵金和　牛俊平　徐黎明

河北省：李永山　张书敏　唐铁朝　王贵生　孙锡生　李振华　刘俊祥
　　　　鲍长胜　陈红岩　任春光　梅勤学　邢永会　刘俊田　杨玉杰

安徽省：王明勇　谢长举　沈言根　王贺胜　夏宝远　蔡广成　邵开俊

山西省：方　果　王向荣　马苍江　景竹兰　任照国　郜潮峰　景金爱

陕西省：王继洲　谷卫忠　张和平　柳树斌　畅华民　周维刚

江苏省：陈新和　张开朗　李友政

海南省：陈金雄　吕垂明　李　鹏

新疆维吾尔自治区：阿不都外力　哈文光　熊　琳　张　泉　杨　栋
　　　　　　　　　牙合甫·吾甫尔　文勇林　张春生　夏正汉　伊生春
　　　　　　　　　李　宏　沙力达里汗　郭成宽　李新鲁

西藏自治区：达娃卓玛

全国农业技术推广服务中心：黄　辉　王凤乐　王建强

附录五
中国蝗虫词汇 100 例

1. 博蝗

《荒政策会》：今蝗害稼，民有饿殍之忧，譬之赈济，因以博蝗，岂不两得？

2. 考蝗

《筹集篇》：考蝗之名，始见于《月令》。

3. 蛰蝗　种蝗

《捕蝗汇编》：隔岁复发之蝗，实有蛰蝗、种蝗之异。

4. 初蝗

《捕蝗汇编》：本年之初蝗尤迟，则多在四月以后耳。

5. 禳蝗

《治蝗全法》：此言以德禳蝗，犹须以力治蝗。

6. 病蝗

张景欧《蝗患》：移时视之，惟黄沙一片，病蝗三五而已。

7. 冀蝗

张景欧《蝗患》：如此而冀蝗不尽情狂肆。

8. 旱蝗

《史记·孝文本纪》：西汉后元六年（前158年），天下旱蝗，帝加惠，令诸侯毋入贡。

9. 虫蝗

《吕氏春秋·孟夏纪》：孟夏行春令，则虫蝗为败。

10. 不蝗

《吕氏春秋·审时》：得时之麻，必芒以长，疏节而色阳，小本而茎坚，厚枲以均，后熟多荣，日夜分复生。如此者不蝗。

11. 大蝗

《汉书·武帝纪》：西汉建元五年（前 136 年），夏五月，大蝗。

12. 复蝗

《汉书·五行志》：西汉太初三年（前 102 年）秋，复蝗。

13. 量蝗

《汉书·平帝纪》：西汉元始二年（公元 2 年），民捕蝗诣吏，以石斗受钱。师古曰：量蝗多少而赏钱。

14. 螽蝗

《晋书·愍帝纪》：西晋建兴五年（317 年）七月，司、冀、青、雍四州螽蝗。

15. 螟蝗

《后汉书·杨震传》：重以螟蝗，羌虏抄掠，三边镇扰，战斗之役至今未息。

16. 去蝗

张景欧等《飞蝗之研究》：是欲去蝗以利民。

17. 灾蝗

《后汉书·光武帝纪》：莽末，天下连岁灾蝗。

18. 兴蝗

《后汉书·和帝纪》：东汉永元八年（96 年），诏刺史、二千石详刑辟，理冤虐，恤鳏寡，矜孤弱，思惟致灾兴蝗之咎。

19. 苦蝗

《后汉书·南匈奴列传》：东汉建初元年（76 年），时皋林温禺犊王复将众还居涿邪山，南单于闻知，遣轻骑出塞击之，斩首数百级。其年，南部苦蝗，大饥。

20. 遭蝗

《后汉书·五行志》：东汉永平十五年（72 年），蝗起泰山，弥行兖、豫。未数年，豫章遭蝗，谷不收，民饥死县数千人。

21. 被蝗

《后汉书·安帝纪》：东汉永初七年（113 年），诏"郡国被蝗伤稼十五以上，勿收今年田租"。

22. 多蝗

《后汉书·宋均传》：东汉中元元年（56 年），山阳、楚、沛多蝗，其飞至九江界者，辄东西散去。

23. 生蝗

《后汉书·五行志》：东汉永兴元年（153 年）七月，郡国三十二蝗。《春秋考异邮》曰：贪扰生蝗。

24. 若蝗

《论衡·商虫篇》：应时而有蜍者生，或言若蝗。

25. 主蝗虫

《河图秘征篇》曰：帝贪则政暴而吏酷，酷则诛深必杀，主蝗虫。

26. 蜍蝗

《艺文类聚·灾异部》：高式至孝，常尽力供养。永初中蜍蝗为灾，独不食式麦。

27. 蝇蝗

《古今注》：蝇虎，形如蜘蛛，而色灰白，喜捕蝗，一名蝇蝗。

28. 飞蝗

《晋书·五行志》：东晋太元十六年（391 年）五月，飞蝗从南来，集堂邑县界，害禾稼。

29. 又蝗

《晋书·天文志》：东晋太元十五年（390 年）八月，兖州又蝗。

30. 胡蝗

《晋书·愍帝纪》：东晋建兴五年（317 年），石勒竟取百姓禾，时人谓之"胡蝗"。

31. 且蝗

《南史·宋本纪》：南朝宋元嘉三年（426 年）秋，旱，且蝗。

32. 有蝗

《宋书·范泰传》：南朝宋元嘉三年（426 年），有蝗之处，县官多课民捕之。

33. 致蝗

《资治通鉴·陈纪》：南朝陈武永定元年（557 年）七月，河南、北大蝗。齐王问魏郡丞崔叔瓒："何故致蝗?"对曰："土功不时，蝗虫为灾。"

34. 积蝗

民国《沧县志》：清光绪十六年（1890 年），沧县大蝗，居民捕蝗交官，每斗换仓谷五升，仓中积蝗如阜。

35. 掇蝗

《旧唐书·五行志》：唐贞观二年（628 年），太宗在苑中掇蝗，祝之曰："人以谷为命，而汝害之，但当食我，无害吾民。"

36. 造蝗

关鹏万等《飞蝗概说》：阿拉伯人之传说，神以造人类之余粕造蝗，时夺人之食而杀人。

37. 奏蝗

《旧五代史·汉书·隐帝纪》：后汉乾祐二年（949年）六月，滑、濮、澶、曹、兖、淄、青、齐、宿、怀、相、卫、博、陈等州奏蝗，分命中使致祭于所在川泽山林之神。

38. 虽蝗

白居易《新乐府·捕蝗》：贞观之初道欲昌，文皇仰天吞一蝗。一人有庆万民赖，是岁虽蝗不为灾。

39. 小蝗

苏轼《东坡八首并序》：蜀中稻熟时，蚱蜢群飞田间，如小蝗，不害稻。

40. 遗蝗

苏轼《雪后北台书壁》：遗蝗入地应千尺，宿麦连云有几家。

41. 知蝗

《救荒活民书》卷二：吴遵路知蝗不食豆苗，虑其遗种为患，故广收豌豆，教民种食。

42. 推蝗

《救荒活民书》卷三：汉儒推蝗为兵象。

43. 死蝗

《宋史·王旦传》：宋大中祥符九年（1016年），天下大蝗，使人于野得死蝗，帝以示大臣。明日，执政遂袖死蝗进曰："蝗实死矣，请示于朝，率百官贺。"

44. 以蝗

《宋史·真宗本纪》：宋天禧元年（1017年）九月，以蝗罢秋宴。

45. 亦蝗

《宋史·五行志》：宋嘉泰二年（1202年），浙西诸县大蝗，时浙东近郡亦蝗。

46. 皆蝗

《宋史·五行志》：宋绍兴三十二年（1162年），余杭、仁和、钱塘皆蝗。

47. 旧蝗

《文献通考·物异考》：宋淳熙十年（1183年）六月，淮浙旧蝗遗育害稼。

48. 为蝗

《金史·五行志》：金天会二年（1124年），曷懒移鹿古水霖雨害稼，且为蝗所食。

49. 见蝗

《金史·宣宗本纪》：金兴定元年（1217年）三月，宫中见蝗。

50. 告蝗

欧阳修《答朱寀捕蝗诗》：不如宽法择良吏，告蝗不隐捕以时。

51. 疾蝗

《古诗类编·梦蝗》：发为疾蝗诗，奋扫百笔秃。

52. 梦蝗

《古诗类编·梦蝗》：梦蝗千万来我前。

53. 借蝗

《江苏省昆虫局十七、十八年年刊》：盐城县捕蝗简章，遇有塞会、演戏等事，公安分局实行禁止，以免借蝗扰乱，别生事端。

54. 既蝗复水

《元史·世祖本纪》：元至元二十九年（1292 年）八月，以广济署屯田既蝗复水，免今年田租九千二百十八石。

55. 似蝗

《康熙字典》螽：土螽似蝗而小，善跳者也。

56. 备蝗

陈芳生《捕蝗考》分备蝗事宜及前代捕蝗法两部分。

57. 如蝗

钱炘和《捕蝗要诀》：至间有青色、灰色，其形如蝗者，名土蚂蚱，又谓之跳八尺。

58. 辨蝗　别蝗　识蝗　分蝗

钱炘和《捕蝗要诀》：清咸丰六年（1856 年）七月，直隶布政使钱炘和刊发捕蝗要说二十则：辩蝗之种；别蝗之候；识蝗之性；分蝗之形，等等。

59. 群蝗

李炜《捕除蝗蝻要法三种》：群蝗高飞，宜率众齐至垄首施放铳炮，敲击响器，摇旗呼喊，蝗不敢下。

60. 蝻蝗

梁道奂《高阳捕蝗曲》：愿求爷爷别地捕，蝻蝗不到我村庄。

61. 老蝗

刘青藜《劚蝗子》：老蝗来，谷苗秃，老蝗去，蕃尔族。

62. 干蝗

《捕蝗纪略·害虫贮用法》：每日各饲以干蝗十余枚，则鸡必肥壮，产卵且多。

63. 幼蝗　成蝗

戴芳澜《说蝗》：变蜕时期之蝗，名曰幼蝗，末次变蜕后之蝗称曰成蝗。

64. 土蝗

尤其伟《飞蝗》：我国有蝗虫八十余种，江苏产生最普通者有二属，一曰土蝗属，一曰飞蝗属。

65. 雌蝗

张景欧《飞蝗之研究》：雌蝗一生产卵 4～5 次，平均寿命 29.3 天。

66. 雄蝗

张景欧《飞蝗之研究》：雄蝗一世而言，则交配至少百数十次之多，不交配之雄蝗，则死亡甚速。

67. 写蝗

张景欧《飞蝗之研究》：蝗虫见于数千年以前，故昔人写蝗之书，为数甚多。

68. 产蝗

陈梓《鸭捕蝗》：江头产蝗地无缝，老农披蓑惊晓梦。

69. 行蝗

《资治通鉴·汉纪》：汉神爵四年（前 58 年），河南界中又有蝗虫，府丞义出行蝗。

70. 捕蝗

《汉书·平帝纪》：西汉元始二年（公元 2 年）夏四月，郡国大旱蝗，遣使者捕蝗，民捕蝗诣吏，以石斗受钱。

71. 杷蝗

《论衡·顺鼓篇》：蝗虫时至，吏卒部民堑道作坎，榜驱内于堑坎，杷蝗积聚千斛数，正攻蝗之身，蝗犹不止。

72. 攘蝗

《会稽典录》：郑弘为邹令，东汉永平十五年（72 年），蝗发太山、郡国被害，过邹不集，郡以状上，诏书以为不然，自朕治京师，尚不能攘蝗，邹令何人，而令消弭，遣案验之。

73. 避蝗

《尔雅翼》：农家下种以原蚕矢杂禾种之，或煮马骨和蚕矢泄之，可以避蝗。

74. 驱蝗

《东观汉记》：司部灾蝗，台召三府驱之，司空掾梁福曰："普天之下，莫非王土，不审使臣，驱蝗何之。"

75. 讨蝗

《晋书·苻坚载记》：幽州蝗，广袤千里。所司奏刘兰讨蝗幽州，经秋冬不灭，请征下廷尉诏狱。

76. 杀蝗

《旧唐书·姚崇传》：唐开元四年（716 年），姚崇遣御史分道杀蝗。

77. 获蝗

《旧唐书·五行志》：唐开元四年（716 年），卒行埋瘗之法，获蝗一十四万石，乃投之汴河，流者不可胜数。

78. 食蝗

《旧唐书·五行志》：唐开元二十五年（737 年），贝州蝗食苗，有白鸟数万群飞食蝗，一夕而尽。

79. 菜蝗

陆游《剑南诗稿·杜门》：烧灰除菜蝗，送芋谢牛医。

80. 除蝗

《新唐书·姚崇传》：汉光武诏曰："勉顺时政，劝督农桑，去彼螟蜮，以及蝥贼"，此除蝗谊也。

81. 蒸蝗

《新唐书·五行志》：唐贞元元年（785 年）夏，民蒸蝗，曝，扬去翅足而食之。

82. 吞蝗

《旧五代史·五行志》：后汉乾祐元年（948 年），敕禁罗弋鸲鹆，以其有吞蝗之异。

83. 祭蝗

《新五代史·晋本纪》：后晋天福八年（943 年）六月，祭蝗于皋门。

84. 吹蝗

《宋史·五行志》：宋天禧元年（1017 年）六月，江淮大风，多吹蝗入江海。

85. 摸蝗

《打蝗斗争》：月光明亮，摸蝗的人影，好像潮水一般在山上、山丘上闪动。

86. 掘蝗

《宋史·孝宗本纪》：宋淳熙十年（1183 年），春正月，命州县掘蝗。

87. 吐蝗

《清史稿·灾异志》：清顺治三年（1646 年），初蝗未来时，先有大鸟类鹤，蔽空而来，各吐蝗数升。

88. 治蝗

顾彦《治蝗全法》附录：清咸丰六年（1856 年），吏科伍辅祥奏陈治蝗诸法疏，恭请钦定颁行。

89. 查蝗

杨惟义《海州治蝗报告》：欲预知某地将来是否能发生蝗虫，不可不先事调查。查蝗方法，亦尚易行。

90. 易蝗

颜光敏《驱蝗诗附记》：清乾隆十七、十八两年，直隶大蝗，严旨督捕，复准州县以米易蝗。

91. 烧蝗

乾隆二十四年（1759年）《户部条例》：烧蝗须掘一坑，深宽约五尺，长倍之。

92. 买蝗

民国《馆陶县志》：光绪二十一年（1895年）四月，蝗食麦苗，官劝富室买蝗捕杀。

93. 灭蝗

毛泽东《论联合政府》：灭蝗、治水、救灾的伟大群众运动，收到了史无前例的效果。

94. 防蝗

《打蝗斗争》：号召敌占区、游击区一切正义人士及爱国同胞进行防蝗工作。

95. 打蝗

《打蝗斗争》：1944年，中国历史上出现了一件了不得的大事情，这就是太行区二十五万人民的打蝗战争。

96. 挖蝗

《打蝗斗争》：趁着蝗虫还没出生，没有长起翅的时候，开展一个大规模的、热烈的挖蝗捕蝗运动。

97. 捉蝗

《打蝗斗争》：9月1日夜里，天忽然晴了，月亮挺明，捉蝗的人又增加了一倍。

98. 剿蝗

《打蝗斗争》：打蝗运动中，剿蝗捷报好像雪片一样飞传在街头上。

99. 啮蝗

付维枟《虎患息》：竟有细蜂来蔽野，群飞啮蝗蝗尽僵。

100. 吮蝗

戴芳澜《说蝗》：一种红蜘蛛者，亦常吮蝗之血而杀之。

附录六
蝗灾相关难检字表

在研究和考证历史蝗灾过程中，查阅的资料不少属于古籍，因此也遇到有很多难读的文字，为便于读者参阅，特将一些不常见的难读文字按照笔画整理如下。

三画		六画		阽	diàn
弋	yì	邠	bīn	坋	fèn
四画		忉	dāo	芾	fú
卬	áng	沍	hù	旰	gàn
廿	niàn	玑	jī	沆	hàng
冗	rǒng	耒	lěi	诃	hē
殳	shū	甪	lù	吰	hóng
刈	yì	讴	ōu	奂	huàn
亓	qí	芃	péng	迥	jiǒng
五画		芑	qǐ	纶	lún
犮	bá	汜	sì	沔	miǎn
弁	biān	厍	shè	佞	nìng
氾	fán	圳	zhèn	狃	niǔ
毌	guàn	七画		陂	pí
宄	guǐ	坌	bèn	圻	qí
邗	hán	抃	biàn	仝	qiān
邙	máng	杓	biāo	虬	qiú
仫	mù	岑	cén	芟	shān
邛	qióng	苌	cháng	豕	shǐ

（续）

字	拼音	字	拼音		
吃	shì	殁	mò	九画	
吮	shǔn	侔	móu	恻	cè
陉	xíng	呶	náo	虿	chài
迓	yà	拈	niān	觇	chān
欤	yú	茑	niǎo	昶	chǎng
忮	zhì	孥	nú	柽	chēng
阼	zuò	弩	nǔ	炽	chì
八画		瓯	ōu	剉	cuò
畀	bì	泮	pàn	笃	dǔ
闷	bì	苘	qǐng	枹	fú
帛	bó	戕	qiāng	祓	fú
苻	chí	茕	qióng	垓	gāi
徂	cú	囷	qūn	荄	gāi
怛	dá	诜	shēn	茛	gèn
砀	dàng	帑	tǎng	浃	jiā
籴	dí	匋	táo	洊	jiàn
枋	fāng	绁	xiè	莒	jǔ
昉	fǎng	炘	xīn	骇	hài
绂	fú	岫	xiù	曷	hé
杲	gǎo	盱	xū	垎	hé
诟	gòu	泫	xuàn	祜	hù
岵	hù	佯	yáng	恪	kè
戽	hù	迤	yǐ	眖	kuàng
剀	kǎi	峄	yì	胪	lú
岢	kě	鸢	yuān	荦	luò
刳	kū	昀	yún	闾	lú
刲	kuī	耘	yún	袂	mèi
沴	lì	郓	yùn	虻	méng
戾	lì	帙	zhì	洺	míng
氓	méng	帚	zhòu	骈	pián
黾	měng	邾	zhū	胊	qú
杪	miǎo	杼	zhù	洳	rù
旻	mín	怍	zuò	殇	shāng

（续）

矧	shěn	亳	bó	胼	pián
峙	shì	铂	bó	耆	qí
姝	shū	逋	bū	蚑	qí
畇	tián	宸	chén	挈	qiè
砼	tiǎn	鸱	chī	鸲	qú
洧	wěi	倅	cuì	桡	ráo
鄅	wú	鸫	dōng	蚋	ruì
枲	xǐ	鸟	diào	涘	sì
枵	xiāo	赅	gāi	莘	shēn
荥	xíng	皋	gāo	眚	shěng
庠	xiáng	鸪	gū	倏	shū
哓	xiāo	罟	gǔ	悚	sǒng
庥	xiū	莞	guān	隼	sǔn
昫	xū	涡	guō	铄	shuò
匽	yǎn	盍	hé	郯	tán
垚	yáo	翃	hóng	倜	tì
胤	yìn	桓	huán	栩	xǔ
宥	yòu	豗	huī	珦	xiàng
囿	yòu	唧	jī	浥	yì
祐	yòu	剞	jī	眙	yí
畭	yú	桀	jié	邕	yōng
爰	yuán	悭	qiān	圄	yǔ
柘	zhè	栲	kǎo	畛	zhěn
轸	zhěn	刳	kū	陬	zōu
栉	zhì	栳	lǎo	牂	zāng
陟	zhì	砾	lì	**十一画**	
胄	zhòu	埒	liè	晡	bū
斫	zhuó	鸰	líng	埠	bù
胙	zuò	倮	luǒ	寀	cǎi
禹	chēng	旄	máo	铤	chán
十画		袅	niǎo	坻	chí
畚	běn	恁	nín	笞	chī
猦	bì	旆	pèi	敕	chì

（续）

铳	chòng	琅	láng	嘗	chì
啜	chuò	亵	mào	楮	chǔ
猝	cù	寐	mèi	遄	chuán
脞	cuǒ	湎	miǎn	殚	dān
埭	dài	铙	náo	谠	dǎng
惮	dàn	埤	pí	傎	diān
谛	dì	殍	piǎo	椟	dú
掇	duō	掊	póu	牍	dú
惇	dūn	嗄	shà	屦	jué
棻	fēn	绶	shòu	葑	fēng
偾	fèn	睢	suī	赓	gēng
桴	fú	硙	wèi	琯	guǎn
脯	fǔ	阌	wén	晷	guǐ
淦	gàn	晞	xī	缑	gōu
蛊	gǔ	偕	xié	鹄	hù
掴	guāi	鸺	xiū	遑	huáng
崞	guō	勖	xù	喙	huì
涸	hé	谞	xuè	赍	jī
鸻	héng	偃	yǎn	戢	jí
斛	hú	谒	yè	殛	jí
瓠	hù	猗	yī	葭	jiā
扈	hù	勚	yì	喈	jiē
逭	huàn	雩	yú	颉	jié
秽	huì	圉	yǔ	蛣	jié
阍	hūn	辄	zhé	絜	jié
裰	jìn	梓	zǐ	恺	kǎi
旌	jīng	渚	zhǔ	揆	kuí
掬	jū	十二画		稂	láng
鄄	juàn	媪	ǎo	欹	qí
朘	juān	焙	bèi	詈	lì
绮	qǐ	傧	bīn	椋	liáng
龛	kān	葳	chǎn	窗	luán
揩	kèn	赐	cì	缗	mín

（续）

傩	nuó	裨	bì	虞	yú
愞	nuò	摈	bìn	蜎	yuān
葺	qì	塍	chéng	韫	yùn
葚	rèn	掣	chè	訾	zǐ
堧	ruán	靦	miǎn	滓	zǐ
搔	sāo	瘏	tú	畷	zhuì
畲	shē	碓	duì	十四画	
湜	shí	滉	huàng	魃	bá
谥	shì	溷	hún	瘥	cuó
飧	sūn	窠	kē	槁	gǎo
傥	tǎng	髡	kūn	閤	gé
渥	wò	漗	kuò	潢	huáng
鹉	wú	犍	jiān	箕	jī
鹜	wù	裾	jū	霁	jì
蒠	xǐ	嗫	niè	瘕	jiǎ
墅	xì	辔	pèi	僭	jiàn
翛	xiāo	碛	qì	窭	jù
飨	xiǎng	愆	qiān	剟	jué
惺	xīng	稔	rěn	蜫	kūn
巽	xùn	筮	shì	缧	léi
喓	yāo	筲	shāo	酹	lèi
揖	yí	嵊	shèng	漉	lù
鹆	yù	溯	sù	摝	lù
粥	yù	誂	tiǎo	雒	luò
掾	yuàn	滐	wā	髦	máo
愠	yùn	焪	wèi	鞁	mò
粢	zī	痦	wù	缪	móu
眦	zì	歆	xīn	鼐	nài
蛰	zhé	鄢	yān	槃	pán
跖	zhí	鄞	yín	鄱	pó
十三画		媵	yìng	綦	qí
鹎	bēi	鄘	yóng	鹙	qiū
碚	bèi	猷	yóu	箑	shà

（续）

劚	zhú	飔	xié	穑	sè
嗾	sǒu	蕈	xùn	濉	suī
睢	suī	蝝	yuán	腊	tē
莚	xǐ	櫾	yóu	薙	tì
蜪	táo	牖	yǒu	橐	tuó
慝	tè	缯	zēng	隰	xí
瘥	yì	薵	zī	獬	xiè
蜡	zhà	箸	zhù	殪	yì
摭	zhí	**十六画**		燠	yù
十五画		濒	bīn	鹧	zhè
魃	bá	澶	chán	臻	zhēn
舖	bū	瘳	chōu	颛	zhuān
廛	chán	憝	duì	**十七画**	
憧	chōng	篝	gōu	豳	bīn
幢	chuáng	薨	hōng	黜	chù
踖	cè	穄	jì	醢	hǎi
儋	dān	熸	jiān	㿉	huī
幡	fān	徼	jiào	鹪	jiāo
瘝	guān	踽	jǔ	鹫	jiù
虢	guó	廥	kuài	鹩	liáo
澔	hào	濑	lài	懋	mào
槥	huì	壈	lǎn	縻	mí
鹡	jí	罹	lí	邈	miǎo
鹣	jiān	鹨	liù	篾	miè
觐	jìn	耨	nòu	嚅	rú
噍	jiào	憩	qī	濡	rú
駉	jiōng	蝼	qī	螫	shì
蕲	qí	擎	qíng	邃	suì
鹠	liú	麇	qún	疃	tuǎn
戮	lù	霎	shà	罅	xià
酺	pú	歙	shè	鹬	yù
壝	wéi	噬	shì	曾	zēng
澍	shù	澨	shì	擢	zhuó

（续）

十八画		曝	pù	二十二画	
魙	cù	螫	qì	饕	tāo
簟	diàn	襦	rú	鬻	yù
鹽	gǔ	蟺	shàn	驈	yù
鳏	guān	蠋	zhú	二十三画	
鞨	hé	二十画		趱	zǎn
镬	huò	鳜	guì	蠲	juān
爇	ruò	醵	jù	攫	jué
黠	xiá	馨	xīn	籯	yíng
燹	xiǎn	瓒	zàn	二十四画	
黟	yī	二十一画		蠹	dù
鹯	zhān	瓘	guàn	衢	qú
十九画		躏	lìn	二十五画	
蹴	cù	曩	nǎng	鬣	liè
攒	cuán	鹏	tī	躧	xǐ
谶	chèn	趯	tì	三十画	
鄙	líng	鼙	pí	爨	cuàn

附录七
二十五史蝗灾记载勘误

在查阅二十五史中有关蝗灾记载时，发现原文表述中有不准确之处，现勘误以供读者参考。

◎唐仪凤元年（676 年）

河西蝗，独不入肃州。　　　　　　　　中 4134；上 4550（《新唐书·王方翼传》）

注：原文为仪凤间河西蝗，未注明年份。据《酒泉市志》记载，仪凤元年"河西蝗伤禾"而增改年份。河西，方镇名，治所今甘肃武威，肃州，今甘肃酒泉。时王方翼任肃州刺史。

◎元至元三年（1337 年）

六月，怀庆温县、汴梁阳武县蝗。　　　中 1108；上 7371（《元史·五行志》）

注：温县，原文为温州，怀庆有温县而无温州，今改温县。

◎元至正十九年（1359 年）

忻、汾二州及孝义、平遥、介休三县……皆蝗，食禾稼、草木俱尽，所至蔽日，碍人马不能行，填坑堑皆盈，饥民捕蝗以为食，或曝干而积之，又罄，则人相食。

　　　　　　　　　　　　　中 1108；上 7371 - 7372（《元史·五行志》）

注：忻，忻州，原文为沂州，山西无沂州而有忻州，今改山西忻州。

◎清顺治三年（1646 年）

九月，洪洞蝗，宁乡蝗。　　　　　　　中 1510；上 9020（《清史稿·灾异志》）

注：宁乡，原文为宣乡，经查无此地名，而乾隆《汾州府志》和康熙《宁乡县志》均有顺治三年"宁乡蝗"的记载。宣乡为宁乡误。宁乡，今山西中阳。

◎清顺治四年（1647年）

七月，吉州、武乡、陵川、辽州、大同蝗。

中 1510；上 9020 《清史稿·灾异志》

注：陵川，原文为陵州，清代有陵川而无陵州。据《陵川县志》记载，顺治四年"飞蝗蔽天，食苗几尽"。陵州为陵川误。陵川，今山西陵川。

◎清顺治十三年（1656年）

正月，徐沟蝗。 中 1510；上 9021 《清史稿·灾异志》

注：徐沟，原文为徐海，清代无此地名，而雍正《山西通志》、乾隆《太原府志》记有顺治十三年徐沟"蝗"，《清徐县志》有顺治十三年徐沟"飞蝗食苗"的记载。徐海为徐沟误。徐沟，今山西清徐县东南。

◎清康熙九年（1670年）

七月，阳信大旱蝗，食稼殆尽。 中 1511；上 9021 《清史稿·灾异志》

注：阳信，原文为阳□，缺信字。据民国《阳信县志》康熙九年"秋蝗害稼"的记载而补信字。阳信，今山东阳信。

◎清康熙三十年（1691年）

七月，昌邑、潍县、真定、卢龙、平度、曲沃、临汾、襄陵蝗。

中 1511；上 9021 《清史稿·灾异志》

注：襄陵，原文为襄阳，《襄阳县志》无蝗灾记载，而光绪《襄陵县志》有"六月蝗发"的记载。襄阳为襄陵误。襄陵，治所在今山西襄汾西北。

◎清康熙三十一年（1692年）

春，洪洞、临汾、襄陵、河津蝗。 中 1512；上 9021 《清史稿·灾异志》

注：原文中在河津后面无蝗字，今据光绪《河津县志》康熙三十一年"旱蝗"的记载而增补。河津，今山西河津。

◎清康熙三十三年（1694年）

五月，高苑、乐安蝗，宁阳蝗。 中 1512；上 9021 《清史稿·灾异志》

注：乐安，原文为乐□蝗，今据咸丰《青州府志》康熙三十三年"高苑、乐安蝗"的记载，补"安"字。乐安，今山东广饶。

◎清雍正三年（1725年）

冬，海阳、普宁蝗。　　　　　　　　　中1512；上9021（《清史稿·灾异志》）

注：普宁，原文为普宣，查无此地名。据乾隆《普宁县志》记载，雍正三年"蝗"。普宣为普宁误。普宁，今广东普宁。

◎清乾隆十三年（1748年）

夏，兰山、郯城、费县、沂水、蒙阴旱蝗。

中1512；上9021（《清史稿·灾异志》）

注：兰山，原文为兰州，而兰州各志在乾隆十三年均无蝗灾记载；旱蝗，原文中为旱，缺蝗字。今据乾隆《沂州府志》乾隆十三年"兰山、郯城、费县、沂水、蒙阴旱蝗，赈济"的记载而增改。兰山，旧县名，治所今山东临沂兰山区。

◎清道光二十七年（1847年）

夏，应城螟生，元氏旱蝗，沾化蝗。中1514；上9021（《清史稿·灾异志》）

注：元氏旱蝗，原文为元氏旱，缺"蝗"字，今据民国《元氏县志》道光二十七年"元氏大旱，飞蝗四至"的记载而增补。

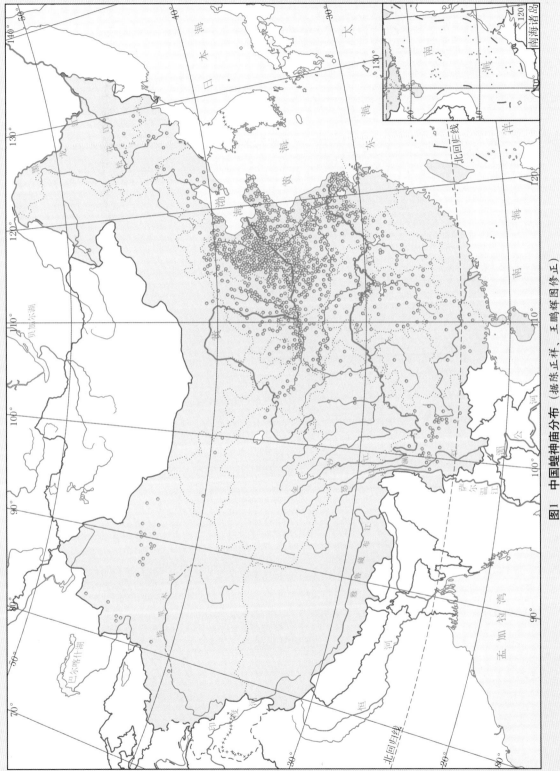

图1　中国蝗神庙分布（据陈正祥、王鹏辉图修正）

图2　山西新绛县阳王镇稷益庙壁画"捕蝗图"（该寺庙建于明正德二年，保存有壁画130余米²）

图7　近代消极求神治蝗

图8　民国挖沟治蝗（1929年，江苏）

图9　20世纪50年代初挖沟治蝗

图10　1951年北京市院校师生下乡扑打蝗虫

图11　20世纪50年代初火烧蝗虫

图12　20世纪50年代人工撒施毒饵治蝗（河北）

图13　20世纪50年代人工喷六六六粉治蝗（河北）

图14　20世纪50—60年代拖拉机喷粉治蝗（河北）

图15　20世纪60年代拖拉机喷粉治蝗（河北南大港）

图16　20世纪50年代初期人工扑打和飞机喷六六六农药治蝗

图17　20世纪50—60年代飞机喷粉治蝗（河北）

图18　20世纪60年代四人抬机械喷粉治蝗（河北）

图19　20世纪70—80年代拖拉机载机喷粉治蝗（河北）

图20　20世纪80年代车载动力机喷雾治蝗（河北）

图21　地面应急防治队列队出发（2001年，山东）

图22　地面应急防治队田间治蝗（2001年，山东）

图23　甘蔗地烟雾机喷药治蝗（2005年，广西）

图24　藏族群众喷药治蝗（2006年，四川石渠）

图25　地面应急防治队以背负式喷雾机治蝗（2007年，河南）

图26　地面应急防治队赴北大港水库治蝗（2008年，天津）

图27　车载式超低量治蝗施药机械（20世纪90年代，新疆）

图28　大型车载式弥雾机治蝗（2009年，天津北大港水库）

图29 用于治蝗的直升机（2005年，河北）

图30 用于治蝗的农-5型飞机（2007年，山东）

图31　运-5型飞机超低量喷雾治蝗（1999年，山东东营）

图32　山东黄河口治蝗专用机场（2003年启用，山东东营）

图33 运-5型飞机喷雾治蝗（2008年，天津）

图34 亚洲飞蝗防治效果（2004年，新疆吉木乃）

图35　东亚飞蝗防治效果（2008年，天津北大港水库）

图36 无人机防治蝗虫（2018年，山东潍坊）